THE BOOK OF
SHELLS

世界の貝大図鑑

形態・生態・分布

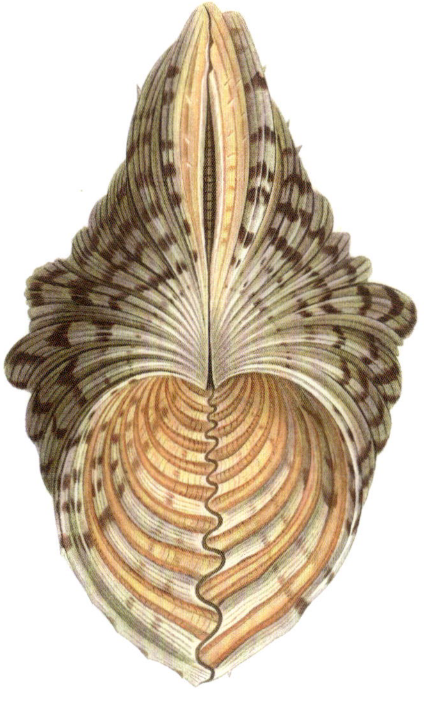

THE BOOK OF
SHELLS

世界の貝大図鑑

形態・生態・分布

M.G.ハラセウィッチ & ファビオ・モレゾーン【著】
平野弥生【訳】

柊風舎

THE BOOK OF SHELLS
by M. G. Harasewych & Fabio Moretzsohn

Japanese translation rights arranged with
The Ivy Press Limited, East Sussex through
Tuttle-Mori Agency, Inc., Tokyo

Printed in China

Creative Director PETER BRIDGEWATER
Publisher JASON HOOK
Art Director MICHAEL WHITEHEAD
Editorial Director CAROLINE EARLE
Commissioning Editor KATE SHANAHAN
Designer GLYN BRIDGEWATER
Photographs M. G. HARASEWYCH
Additional Research STEVE LUCK, COLIN SALTER
Illustrator CORAL MULA
Map artwork RICHARD PETERS

PICTURE CREDITS

The publisher would like to thank the following individuals and organizations for their kind permission to reproduce the images in this book. Every effort has been made to acknowledge the pictures, however we apologize if there are any unintentional omissions.

Fotolia: 6 /© iofoto; 18 /© www.fzd.it; 19 / © Simon Gurney.

M. G. Harasewych: 2–5, 7–9, 14–17, 22–25, 28–637.

Fabio Moretzohn: 20–21.

Nature Picture Library: 11 /© Constantinos Petrinos; 12 /© Nature Production.

Science Photo Library: 13 /© Douglas Faulkner.

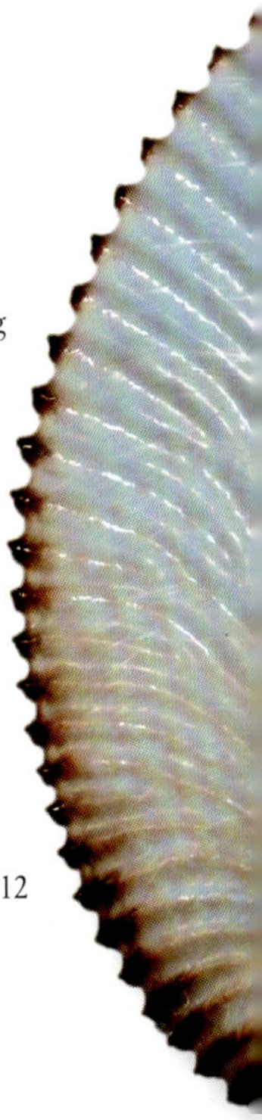

目　次

序　6

はじめに　8

軟体動物とは何か？　10

貝殻とは何か？　14

貝殻の収集　18

貝殻を同定する　22

世界の貝　26
ヒザラガイ類　28
二枚貝類　36
ツノガイ類　168
腹足類　174
頭足類　630

付録　638
参考文献　640
軟体動物の分類　641
索引　和　名　646
　　　学　名　649
　　　英語名　653
謝辞　655
訳者あとがき　655

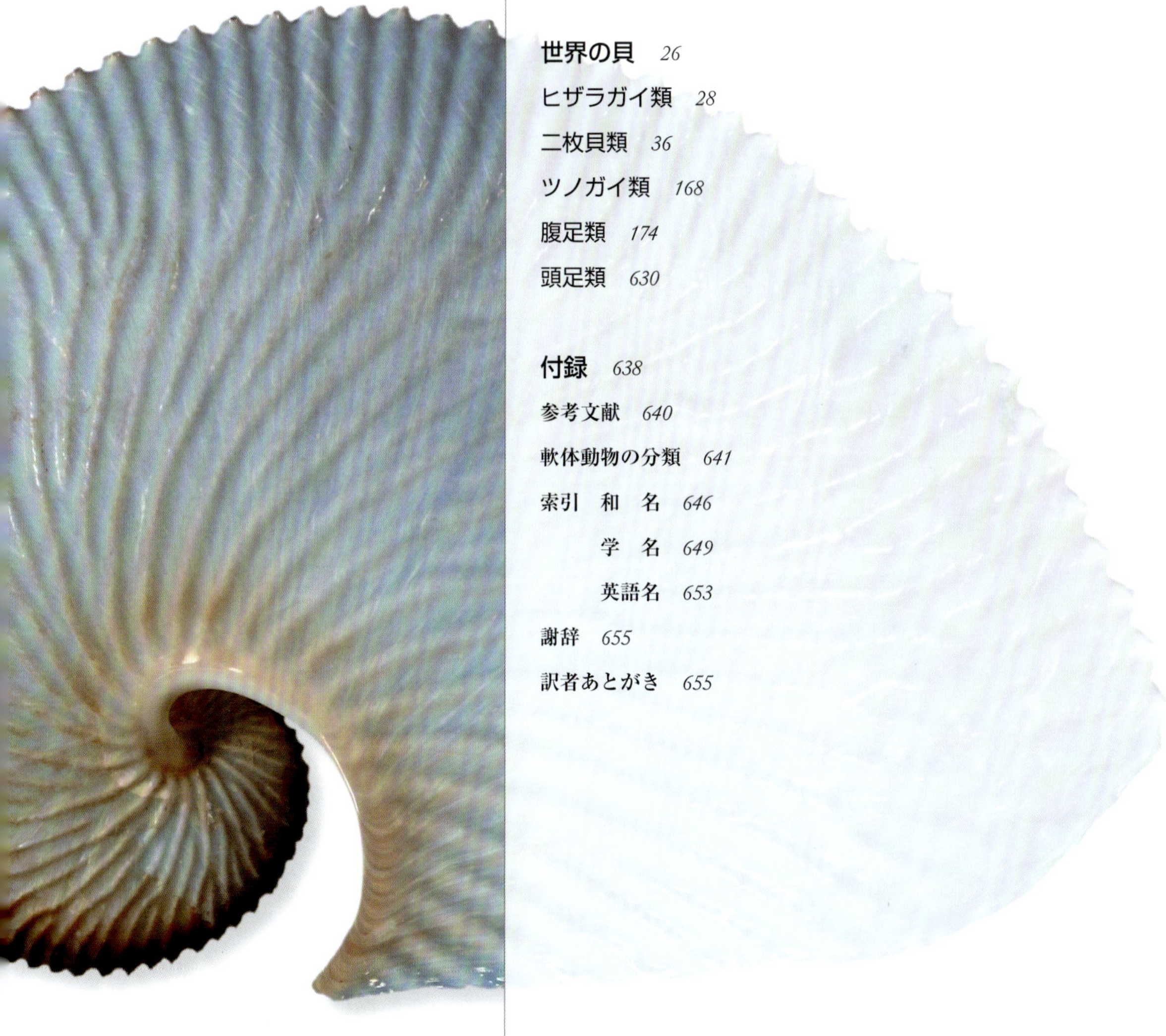

右：**貝殻の複雑な彫刻や形は確かにわれわれの目を楽しませてくれる。しかし、それだけではない。それらは貝の生息場所や過去の出来事についてさまざまなことを物語っている。**

序

貝殻は、軟体動物が体の外側にもつ骨格である。古代の巻物や粘土板のように、貝殻は、それを作った軟体動物が経験した過去の出来事を記録している。それは、生まれて間もない幼生（ようせい）期から何年、何十年、ときには百年以上にも及ぶ一生のあらゆる局面を記録に留める。もし化石化すれば、その情報は、さらに何億年も保存されることになるだろう。

壊れずに残っていれば、幼生期の殻すなわち胎殻（たいかく）が、幼生が親の体や殻の中あるいは卵嚢（らんのう）の中で稚貝（ちがい）になるまで育ってから這い出してきたか、それとも浮遊幼生としてしばらく水中を漂ってから親に似た姿に変態したかを教えてくれることがある。すべての貝殻は、動物自体の成長に伴って殻の端に新しい部分が付け足されて大きくなる。具体的に言えば、ヒザラガイ類では殻板（かくばん）の縁に、二枚貝類では2枚の殻の縁に、ツノガイ類、腹足（ふくそく）類および頭足（とうそく）類では殻口（かくこう）の縁に新しい部分が付け足される。従って、ちょうど樹木の年輪のように、殻にはその成長の記録が成長線として刻まれている。時には非常に緻密に。例えば、潮間帯（ちょうかんたい）に棲む二枚貝の中には潮が満ちている時に外套膜が殻の成分を分泌し、潮が引いている時には殻を溶かして成分を再吸収するものがいるが、そのような貝では、潮の干満のたびに目に見える層が殻の縁に形成される。

貝殻にはゆっくりと一定の速度で大きくなるものもあれば、ときどき急速に大きくなるものもある。ときどき急速に大きくなるものでは、貝殻の成長線と成長線の間が広く、腹足類の場合にはしばしば縦張肋（じゅうちょうろく）（成長の停滞期に外唇縁（がいしんえん）に形成される肥厚（ひこう）部）が見られる。大多数の軟体動物は成体になるまでは一定の速度で比較的速く成長し、成体になるとエネルギーを成長から繁殖に振り向ける。成体になってもそれまで同様に成長するものもいるが、成長の速度はずっと遅くなる。なかにはタカラガイ類のように、成熟すると殻が大きさの成長を妨げるような形に変わってしまい、それ以上は大きくならないものもいる。そのような貝では、成貝（せいがい）の姿が幼貝（ようがい）と劇的に違っている。また、大きさはさほど変わらなくても、殻形（かくけい）が変わってからも殻の厚みは増加し続けるので、成貝の殻は幼貝より重い。

貝殻の目立つ特徴の多くは遺伝し、その動物の系統を知る手がかりとなる。イタヤガイ類の殻、スイジガイ類の殻、小室に仕切られたオウムガイ類の殻などの独特な殻の形態は、それらの動物を綱や科、そして属のレベルまで正しく同定する助けになる。しかし、似た形の貝殻をもっているからといって必ずしも系統が同じとは限らない。例えば、平たいカサガイ形の殻は特定の生息場所に適応した結果として生じることが多く、多くの系統で独立に進化したことがわかっている。

貝殻の形や状態などに関する細かな特徴を見ると、それぞれの種について、さらにそれぞれの個体についてさえ多くの情報を得ることができる。大きな縦張肋や棘のある殻をもつ貝は、硬い底質の上で暮らしている。一方、先細で細長い滑らかな殻は、砂や泥に潜る貝に特有である。同様に、襞飾りのついた優美な棘が壊れずに残っている二枚貝の殻は、その貝が波当たりのおだやかな潮下帯に棲んでいたことを、逆にぼろぼろの殻すなわち殻表の摩耗した殻は、ずっと波にさらされていたことを示している。傷跡や殻の途中まであいた孔は、その貝が捕食者の攻撃を受けたことがある証拠である。また、殻表についた付着生物や穿孔性カイメン類、そして共生生物の痕もすべて、その殻をつくった貝の暮らしや一生について何かを教えてくれる。

優美な形や色、傷のない完璧なものの美しさを賞讃するのは、われわれ人間の性である。しかし、それぞれの貝殻を、それをつくった動物の自叙伝として「読む」時間をもつことも、美しい貝殻を愛でるのと同じように楽しいことである。

上：ピンクガイ *Strombus gigas*
この3枚の写真は、幼貝から成貝になるまでにどれだけ貝殻の形が変わるかを示したものである(p.301 参照)。

はじめに

上：マツバガイ
Cellana nigrolineata
(p.181 参照)

海辺や湖畔あるいは川岸に行ったことのある人、森や庭を散策したことのある人なら誰でも、おそらく何らかの貝殻を見たり手に取ったりしたことがあるだろう。多くの人はそれらの貝殻を家に持ち帰り、それ以上は貝殻のことを深く考えることなく本棚や靴箱の上、あるいは庭に置いて、ささやかな貝殻コレクションを楽しんだことがあるのではないだろうか。しかし、立ち止まって、軟体動物がつくり出す殻の形の驚くべき多様さに思いを馳せ、その形の一つ一つが、長い進化の歴史の中でそれぞれの軟体動物の独特な生き方に合わせて生み出されたものであることを考えてみたことがある人は少ないだろう。

すべての貝殻は軟体動物によって作られたものだが、すべての軟体動物が貝殻をつくるわけではない。貝殻を作る軟体動物について言えば、その大多数は海に棲んでおり、熱帯から極域（きょくいき）まで、そして波しぶきしか当たらない海岸の高い所から深い海溝（かいこう）の底まで、世界中の海に広く分布している。軟体動物は海で生まれ、海で多様化してきたが、別々に何度も起こった新天地への移住の結果、現在ではかなりの種が陸地や淡水にも棲んでいる。

現生種（げんせいしゅ）の数で言えば、海で最も多様な動物群は軟体動物門である。よく知られた馴染み深い軟体動物は目立つ大きめの種だが、軟体動物の多様性を高めているのは小型種である。ある最近の研究によると、ニューカレドニアに棲む有殻（ゆうかく）の軟体動物は、最も小さなものが 0.4mm、最も大きなものは 450mm で、平均の大きさは 17mm であったという。また、平均すると 50mm より大きな種は全体の 16% に満たず、大多数の種はそれよりずっと小さかったという。

この本で紹介する 600 種の貝殻をご覧いただく時に、この本に取り上げた貝は現在までに知られている軟体動物のごく一部で、大きなものに

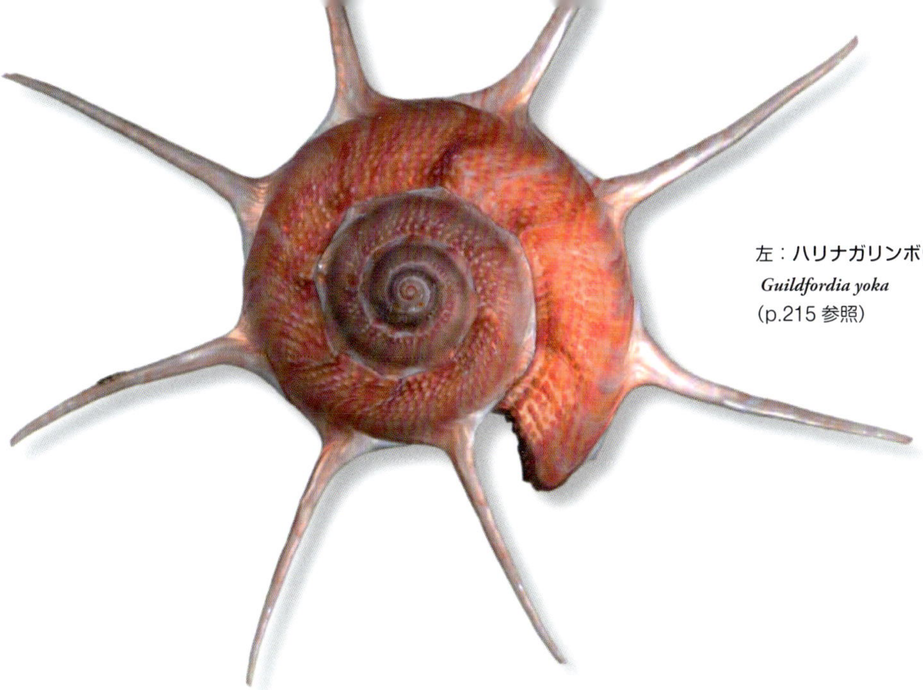

左：ハリナガリンボウガイ
Guildfordia yoka
(p.215 参照)

偏っているということを頭に入れておいていただくといいかもしれない。もし、実際の大きさの分布が反映されるように種を選んで本を作るとすると、非常に小さな貝がほとんどのページを占めることになる。とはいえ、海産の軟体動物の主要な系統のほとんどを紹介できるように掲載種を選んだ。そして、軟体動物の進化について現在考えられている分岐パターンに従って、それらを並べてある。

下：タケボウキガイ
Pinna rugosa
(p.66 参照)

本書では、5つの主要な綱（こう）の種を紹介している。綱ごとの掲載種数は、実際の綱に含まれる種の数を反映したものだが、各綱の掲載種は明らかに大型で馴染み深いものに偏っている。また、希少な種や最近発見された種も、大きさの大小に関わりなく、比較的多く掲載している。軟体動物の科の数は優に600を超えるので、本書では取り上げられなかった科がたくさんある。その一方、科によっては近縁種間でも貝殻の大きさや形が異なることがあり、そのような科の種は、他の科より明らかに多く紹介している。

それぞれの科に含まれる種は、系統関係に関係なく、写真撮影した貝殻の大きさに従って小さいものから順に並べてある。そして、それぞれの貝殻の実物大の写真を載せ、ほかに拡大（場合によっては縮小）写真や、19世紀のエングレービングの技法で作成した挿絵を添えた。5mmに満たない貝殻の写真は、殻の詳細な形状がわかるように走査型電子顕微鏡で撮影したものである。

軟体動物とは何か？

軟体動物とは、地球上の動物の中で最も古く、かつ最も多様な動物群の１つ、軟体動物門に分類される動物の総称である。すべての分類群がそうであるように、軟体動物門も同じ系統の動物から構成されている。言い換えれば、軟体動物門に含まれる種は、現存しているものも絶滅したものもすべて共通の１つの祖先種から派生したものである。

初期の軟体動物

最古の軟体動物は小さく（1 〜 2mm）、海産で、体の前に頭、腹側に足、後方に外套腔を備えた左右相称動物であった。その外套腔には 1 対の鰓、嗅検器と呼ばれる感覚器、生殖門や排出孔、そして肛門があった。頭には口があり、その中にはしなやかな鑢のような、軟体動物に特有のリボン状の摂餌器、すなわち歯舌をもっていた。足は 1 本の細長い器官で、それを使って移動していた。足の上には、心臓や腎臓、中腸腺や生殖腺といった主要な器官が集まった内臓塊があった。中枢神経には 3 対の神経節があり、1 対ずつ体の各部、すなわち頭、足、内臓の働きを制御していた。体を覆うクチクラ層には石灰質の棘や鱗片があり、体を保護していた。

長い地質学的時間をかけて、この共通祖先の子孫たちは分化し、多様化して、それぞれが固有の特性や形態をもつ多様なグループに枝分かれした。これらの枝のうち最初の最も太い枝すなわち軟体動物門の各綱はカンブリア紀に分岐した。その後、腹足綱や二枚貝綱、頭足綱は相当な解剖学的変化を遂げ、さまざまな構造を作り上げ、新しい環境に急速に進出していった。一方、他の綱（多板綱、単板綱、掘足綱など）の種はほ

左：**ホラガイ**
Charonia tritonis
ホラガイは、ヒトデ類を捕食する数少ない動物の１つである（p.381 参照）。

とんど形を変えることなく、また多様性も比較的低いままに今日まで存続してきた。つまり､これらの綱の種は原始的な体のつくりを保持している。軟体動物は太古の昔から地球上に存在し、非常に多様なので、すべての綱に共通に見られる軟体動物固有の特徴がほとんどない。

ヒザラガイ類（多板綱）

ヒザラガイ類は、8 枚の殻板（かくばん）が少しずつ重なり合って縦に並んだ貝殻をもち、表面をクチクラ性の装飾に覆われた肉帯（にくたい）（筋肉質の帯状の構造）がその周りを取り囲む細長く平たい左右相称の体をもつ。足は長くて筋肉に富み、何対も（6 ～ 88 対）の鰓が並んだ長い外套腔がその両側にある。頭部は退化して小さく、眼や触角（しょっかく）はない。ヒザラガイ類に特有の光感覚細胞が多数、殻板の中に枝状管を伸ばしている。すべてのヒザラガイ類は海産で、大多数の種はかなり浅い海の岩石底に棲み、藻類やカイメンを削り取って食べている。

単板類（単板綱）

単板類は、比較的小さな（0.7 ～ 37mm）卵形の左右相称の軟体動物で、カサガイ類のような単一の円錐状の貝殻をもち、その殻には一続きに並ぶ 8 対の筋肉痕がある。単板類は絶滅したと考えられていたが、1957 年に初めて現生種が発見され、それから今日までに 30 種の現生種が記載されている。ほとんどの種が深海（174m ～ 6489m）産で、泥底や岩石底、礫底に棲み、堆積物中の有機物や小型の動物を食べて暮らしている。

二枚貝類（二枚貝綱）

二枚貝綱は、軟体動物門の中で2番目に種数の多い綱である。二枚貝類は、弾力のある靱帯でつながれた2枚の殻片（右の殻と左の殻）からなる貝殻をもち、その中に左右相称の体が収まっている。頭は退化しており、歯舌はない。大多数の二枚貝は大きな外套腔をもち、そこに大きな鰓がある。その鰓は呼吸器官として機能するだけでなく、水中から食物となる有機物粒子を濾しとる働きがある。二枚貝の原始的な種の中には細かい堆積物中の有機物を直接摂取するものがいる。また、数は少ないが、共生藻や共生細菌から栄養を得るように特殊化した二枚貝のグループもあり、さらに深海産の二枚貝には小型甲殻類や多毛類などを捕まえて食べるものもいる。大多数の種は砂や泥に潜って暮らしている。なかには木材や粘土、あるいはサンゴの骨格に潜り込むものもいる。さらに、岩などの硬いものに細長い糸（足糸）でしっかり付着するもの、片方の殻（殻片）を接着してしまうものもいる。いくつかの異なるグループに、淡水に適応したものが知られる。

上：海底に横たわる
ツキヒガイ
Amusium japonicum

ツノガイ類（掘足綱）

掘足類すなわちツノガイ類は、600種前後の現生種を含む小さな綱をなす。左右相称の長い体をもち、先細で両端が開いた管状の湾曲した貝殻にその体を完全に収納することができる。ツノガイ類には眼も鰓もない。貝殻の一端がもう一端より大きく、大きいほうの端から足を出し、その足を使って軟質底に潜り、小さいほうの殻の端を海底の上に少しだけ出して暮らしている。ツノガイ類は、頭糸と呼ばれる多数の細い糸状の触手を使って海底の堆積物中の微生物を捕まえて食べる。

腹足類（腹足綱）

腹足類すなわち巻貝類は、軟体動物門の中で最も種数が多い。すべての腹足類は幼生期に捩れを経験する。捩れとは、もともと軟体部の後端にあった外套腔が180°回転して頭の上にくる現象で、この捩れの結果、腹足類は螺旋状に巻いた単一の貝殻をもつ左右非対称な動物になる。腹足類には、顕微的な殻（0.3mm）をもつものから非常に大きな殻（1m）をもつものまで、さまざまな大きさのものがいる。そして、貝殻が体の外にあるものだけでなく、体の中にあるもの、貝殻を全くもたないものもいる。二枚貝類と同様に、腹足類も海洋や淡水のあらゆる場所に生息している。また、他綱の軟体動物には例のない、肺を発達させて陸上に進出したものもおり、森や山、さらに砂漠にも腹足類は棲んでいる。食性も多様で、植食者、肉食者、寄生者、濾過食者、腐食者、さらに化学合成によって独立栄養生活を営むものもいる。

頭足類（頭足綱）

最古の頭足類は、体の外側に殻をもっていた。その殻は小室に仕切られ、小室の間が細い管でつながれており、その頭足類は殻の中に気体を溜めて浮くことができた。その後の進化の過程で、圧倒的多数の頭足類が体の外側の殻を失った。コウイカ類やツツイカ類などは、さまざまな程度に退化した殻を体内にもっているが、タコ類は全く殻をもたない。また、いくつかの系統では、水を勢いよく吹き出して得られるジェット推進を利用するだけでなく、鰭（ひれ）を波打たせて泳ぐ能力も発達させている。

頭足類は、世界中の海洋のあらゆる深度に生息している。多くは沿岸域の浅海に棲んでいるが、なかには、表層であれ深海であれ、岸から遠く離れた外洋を泳いだり漂ったりしながら一生を送る外洋性のものもいる。また、大きさもまちまちで、小さなものは体長25mmほどだが、大きなものは体長14mを超える。有名なダイオウイカも、そしてダイオウイカよりも大きく、これまでに知られる最大の無脊椎動物であるダイオウホウズキイカも頭足類の仲間である。すべての種が捕食性で、頭部には吸盤を備えた筋肉質の腕が口の周りにあり、その腕を使って餌動物を捕まえる。そしてオウムの嘴のような顎板（がくばん）と歯舌を使ってそれを食べる。

左：**海底で休むオウムガイ** ***Nautilus pompilius***
オウムガイは、現存する頭足類の中では非常に数少ない、体の外側に殻をもつ種の1つである（p.632参照）。オウムガイ類は、殻の小室の中に気体を出し入れすることによって浮力を調節することができる。

貝殻とは何か？

殻とは、大雑把に言えば、特定の生物の体を包んでいる外被で、たいてい生物の体を保護する役割をもつ。有孔虫のような微生物から大型のカメまで、多くの生物がいろいろな物質を使って「殻」をつくり出す。

殻はどのように作られるか？

刺胞動物門のサンゴ、節足動物門のカニやフジツボ、棘皮動物門のウニ、腕足動物門のホウズキガイ、外肛動物門のコケムシなど、いろいろな無脊椎動物に石灰質の殻を体の外側につくるものが知られる。しかし、英語で shell、とくに seashell と言えば、ほとんど間違いなく、軟体動物のつくる石灰化した外骨格すなわち貝殻のことが思い出されるだろう。そして、この貝殻が、この本のテーマである。

貝殻は、すべての軟体動物がもつ特殊化した組織、外套（外套膜）によってつくられる。この外套の一部からはコンキオリンと呼ばれるタンパク質の薄い層が分泌され、その薄い層と軟体部の間の狭い空間に他の細胞から炭酸カルシウムを含む液体が分泌される。そして、その炭酸カルシウムが結晶化してコンキオリン層の内側にくっつき、連続的に鉱化した殻がつくられる。すべての軟体動物の貝殻は、軟体部の組織の外につくられる。また、脊椎動物のもつ骨と違って、貝殻には細胞や DNA は含まれない。

どんな軟体動物でも、貝殻は、その端に新しいコンキオリンの帯が付加され、その上で炭酸カルシウムが結晶化することで大きくなる。また、殻の内側に引き続きコンキオリンの層と炭酸カルシウムが分泌されて、貝殻が厚くなる。

二枚貝類

二枚貝類の貝殻は別々の2枚の殻（殻片）でできている。二枚貝類も非常に小さな幼生の時は、石灰化していない帽子形の単一の殻をもっている。幼生の成長に伴って、殻は次第に2枚の外套膜で包まれるようになる。この2枚の外套膜にはそれぞれ別の石灰化を促す部位が発達する。そのため、後生殻すなわち幼生の変態後につくられる貝殻は、それぞれの種に特有の大きさと特徴を備えた2枚の殻で構成されることになる。大多数の二枚貝類では左右の殻は鏡像関係にある。また、多くの二枚貝類の殻は3層からなる。一番外側は殻皮層で、種によっては殻皮層が非常に厚い。残りの2層は殻の外層と内層で、外層の表面には鱗片や棘などの殻表構造が形成される。なかには、体の割に殻が非常に小さくなった二枚貝や、長い円筒形の管をつくり、その一部に殻が組み込まれる二枚貝もいる。

二枚貝類の殻（外面）

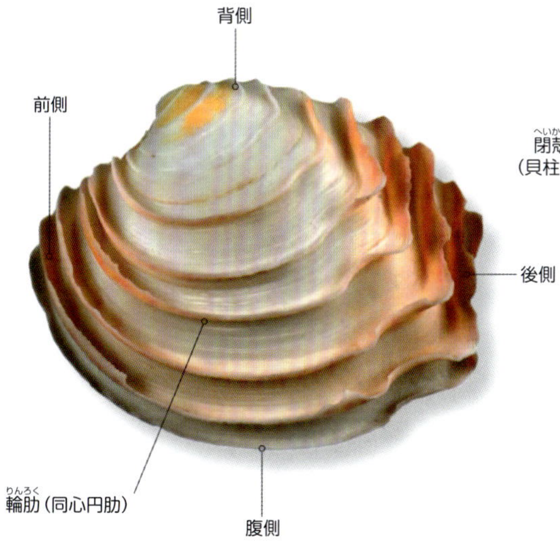

二枚貝類の殻（内面）

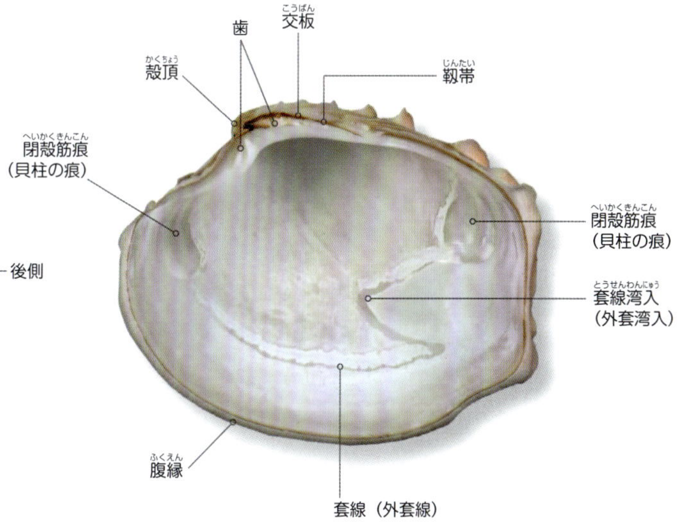

二枚貝類の殻（背側）

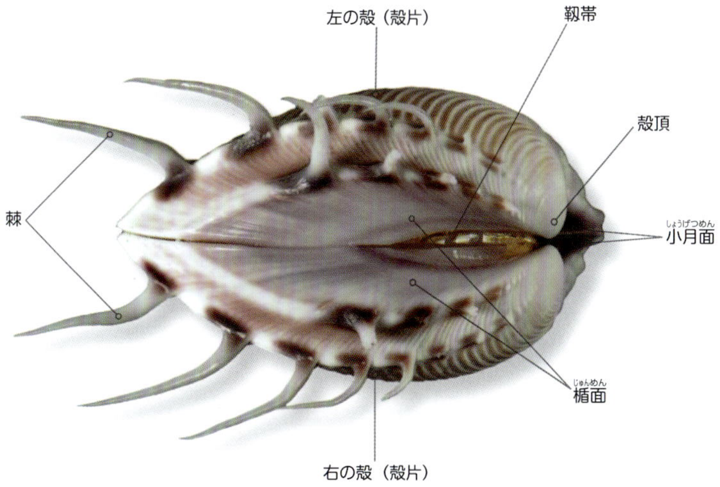

ツノガイ類の殻

ツノガイ類

ツノガイ類の管状の殻も、最初は小さな帽子のような形をしている。しかし、幼生の体の成長に伴って、その体を包むように殻が前後に伸び、左右の縁が癒合して管状になる。変態後は、管状の殻の前端に次つぎに新しい部分が付け足されて殻が成長する。ツノガイ類の殻は 2 〜 4 層のアラゴナイト（炭酸カルシウムの結晶形の 1 つで霰石とも呼ばれる）の層と殻皮層からなる。殻は、成長に伴って長さと前端の開口部の直径が増大し、さらに内面の壁が厚くなる。また、外套によって殻の窮屈な部分が溶かされて、殻の後端は常に適当な大きさに保たれる。

ヒザラガイ類

ヒザラガイ類の殻は 8 枚の殻板で構成されており、そのうちの前端の 1 枚は頭板、後端の 1 枚は尾板、そして間にある 6 枚は中間板と呼ばれる。それぞれの殻板は 4 層からなり、最も外側に殻皮層、そのすぐ下に表層、その次に最も厚くて硬い層、連接層があり、一番内側に円柱状の結晶が規則的に並んだ殻質下層がある。殻板は、殻板直下にある筋肉と、表層と連接層の間に入り込んでいる肉帯によって連結されている。肉帯の上皮はクチクラで覆われており、種によって、その上に無数のタンパク質性の毛や、石灰質の棘や顆粒、あるいは鱗片を備える。

ヒザラガイ類の殻

腹足類と頭足類

頭足類の殻形成も、簡単なつくりの帽子形の殻から始まる。その殻の縁はほぼ円形で、そこに新しい部分が付け足されて殻が成長すると、やがて殻は円錐形になる。絶滅した頭足類には、そのまま殻が成長を続け、細長い円錐形の殻を体の外にもつものがいた。そのような頭足類では殻の上部が周期的に隔壁で仕切られ、軟体部は常に殻底近くに収まっていた。殻の形は異なるが、オウムガイ属 *Nautilus* の少数の現生種だけは今も体の外側に殻をもっている。その他の現生の頭足類では、殻が体内にあったり、それが著しく小さくなっていたり、消失していたりする。

腹足類の殻も最初は帽子形で、それは幼生のもつ殻の形である。しかし、腹足類の幼生は捩れと呼ばれる、体が180°捩じれて左右非対称になる現象を経験する。その結果、殻は螺旋状に巻き、ほとんどは巻きの向きが右巻きである。螺旋に巻いた殻をもつようになったおかげで、腹足類は呆然とするほど多様な殻の形をもつようになったが、その多くは特定の生息環境への適応の結果として生じたものである。従って、収斂進化のために遠縁のものの間に形の類似した殻が見られることは珍しくない。頭足類の場合と同様、腹足類のいくつかの系統にも殻が退化して小さくなったもの、体内に殻をもつもの、殻を失ってしまったものがいる。

腹足類の殻

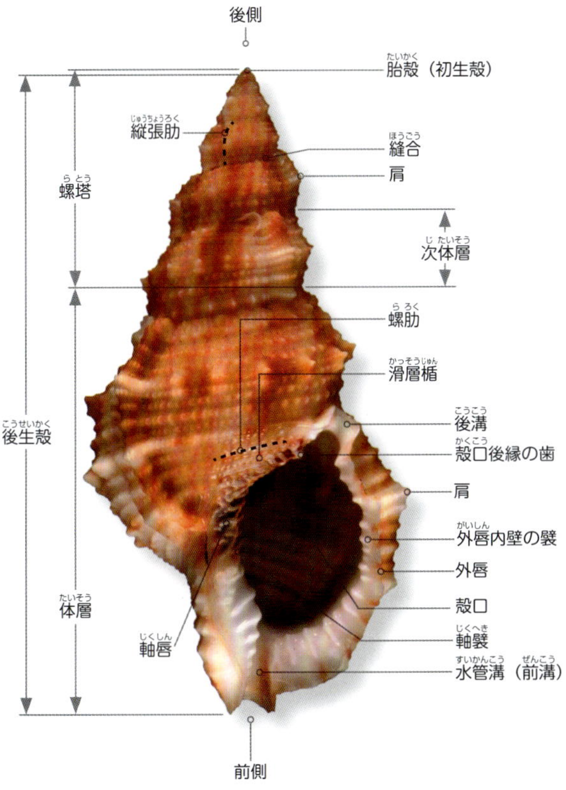

頭足類の殻

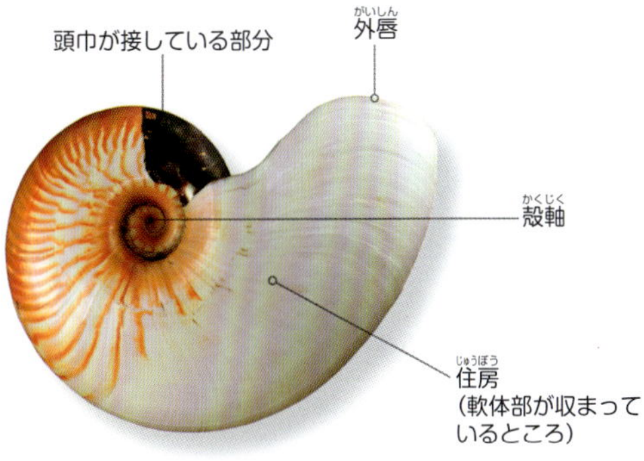

貝殻の収集

先史時代から、ヒトは貝殻を手に入れ、それらを宝物として大切にしてきた。貝殻は、道具や通貨としても使われてきた。また、装飾品や祭具にも貝殻が使われたり、その絵が描かれたりしている。海から遠く離れた地域を含めてさまざまな場所で、貝殻はそこの文化になくてはならない特別なものであり続けてきた。

貝殻収集の歴史

貝殻を標本として集めるビジネスは、遅くともローマ時代にはもう始まっていた。貝殻のコレクションと思われる人工遺物は、ポンペイの遺跡でも見つかっている。中世後期にそれまで知られていなかった世界が知られるようになって、ヨーロッパの人々は遠い地から持ち帰られた珍奇なものに魅了されていった。商人や貴族は、貝殻をはじめ珍しいものを収集し、富みや権力の象徴とした。その莫大な収集品を整理し、体系づけて公表するために学者が雇われた。そのようにしてまとめられたコレクションの多くが、現在の主要な博物館の基盤をなしている。

上：貝殻収集家の中には、別の趣味と合わせて、例えば切手に描かれたことのある貝殻を集めたりする人もいる。想像力を膨らませれば、貝殻もいろいろな集め方ができる。

いろいろな収集の仕方

貝殻の収集の多くは、多様性の非常に高い貝殻をできるだけ幅広く集めることを意図して行われる。しかし、なかにはもっと特殊な収集をする人もいる。例えば、特定の地域や生息場所に生息する貝殻だけを収集する人、また、興味のある特定のグループに対象を絞って、近縁なものだけを集めるという人もいる。タカラガイ類、イモガイ類、アッキガイ類、ガクフボラ類、マクラガイ類、そしてイタヤガイ類などはそのような収集の対象として最も人気のあるグループである。さらに、成貝（せいがい）の大きさが10mmを超えない微小な貝だけを好んで集める人もいる。

左：貝殻を見つけるのは、難しいことではない。あちこちの海岸に何千もの貝殻が打ち上げられている。そこには、その重さのために海の漂流物からは分離されて、優美な形や模様のある多くの魅力的な貝殻が集まっている。

貝の見つけ方

　自分のコレクションに新しい標本が加わるのはそれだけで嬉しいものである。新しい標本を得るにはいろいろな方法がある。嵐の後に貝を探しながらぶらぶらと砂浜を歩いたり、潮の引いた時に岩礁海岸を歩きながら貝を拾ったり、あるいは少し深い所に棲んでいる貝を素潜りやスキューバ潜水で採ったり、なかにはもっと特別なやり方、例えば、岩をごしごしこすって岩の表面についている貝を集めたり、採泥器などで海底をさらったり、罠を仕掛けたり…どれも新しい標本を得るよい方法である。このような方法では、採集する貝を自分で選ぶことができるだけでなく、本来の生息場所で貝を観察する機会をもつこともでき、それぞれの貝が生息環境にどのように適応しているかを理解するきっかけをつかむこともできる。しかし、貝を採集するのに許可や漁業権が必要な所があり、生きた貝の採集が制限あるいは禁止されている所もあるので、注意が必要である。また、採集を行う時は自然環境に十分に配慮し、自然への影響を最小限に抑えるように注意しなければならない。例えば、岩や石をひっくり返して、その下に棲んでいる貝を探したら、その岩や石を元どおりに戻しておくというような配慮が必要である。

基本的な採集用具

　採集用具は採集の方法によって異なり、また、採集を始めれば、すぐに各自の採集のスタイルに合った、お好みの採集用具が見つかるだろう。基本的なものとしては、プラスチックのバケツ、何枚かのビニール袋、岩の割れ目などから小さな貝を引っ張り出すためのピンセット、ヒザラガイ類やカサガイ類、二枚貝類などを岩から剥がすための洋食ナイフや箆などが必要である。海底の砂や泥の中に潜っている貝を採るために、庭いじりで使う小さな鋤や篩もあると便利だろう。他には、デジタルカメラや携帯型 GPS なども採集地の記録を残すのに重宝だが、最も大切な道具は、採集した標本のそれぞれについての重要な情報を記録しておくための鉛筆とラベル、そしてノートである。

採集データの記録

ある標本の価値は、その標本の希少さや完璧さだけで決まるのではなく、その標本について得られる情報の質によっても左右される。標本の情報として、最小限、正確な採集場所、水深、採集日を記録しておく必要がある。また、採集した時間帯や生態学的な情報、例えば、「干潮時に干出していた岩の上」だとか、「海草群落の端の細砂底に潜っていた」などといった生息状況に関する情報も標本の価値を高める。そのような詳細な情報が書かれたラベルを見れば、誰でも迷うことなくその標本が採集された場所に行くことができるはずである。

標本の作製

家に海水水槽がなければ、すぐに採集してきた貝の軟体部すなわち身を殻から取り出して処理しなければ、その貝殻をコレクションに加えることはできない。そこで、生きた貝をお湯に入れ、沸騰させて数分待つ。そうすると、身が殻から剥がれやすくなる。貝が冷えて触れるようになったら、ピンセットや歯科用器具を使って、巻貝の場合は、途中で切らないように巻いている殻から注意深く引き出し、二枚貝の場合は殻の内面についた身をへらなどを使って取り除く。たまに、一度では上手く行かないことがある。その場合は、もう一度、お湯に入れて沸騰させる。

採集してきた貝を袋ごと冷凍庫に入れて凍らせてから処理する方法もある。1日ぐらいしたら取り出し、解凍して、身を注意深く取り除く。この方法では、しばしば冷凍と解凍を何回か繰り返す必要がある。そうすることで、殻からの身離れがよくなり、途中で切れることなく一度に身を殻から取り出せる。人によっては（多くの博物館も）、採集した貝殻をなるべく自然の状態のまま残すことを好む。しかし、なかには貝殻を薄めた漂白剤につけた後、歯科用器具や歯ブラシを使って丹念に殻の表面についた付着生物や殻皮を取り除いてから標本にする人もいる。

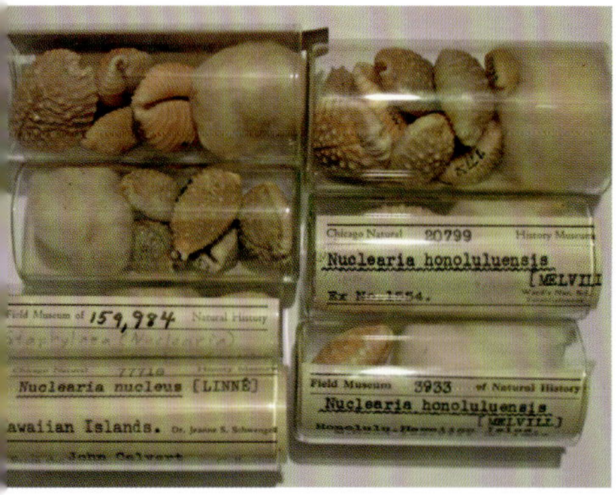

上：貝の専門家にとっては、それぞれの標本についての正確な情報を記入したラベルとともに標本を整理することが極めて重要である。

標本の整理

標本を整理する時は、同じ時に同じ場所で採集した同種の標本はひとまとめにして、詳しい採集データを記入したラベルをつけて保存する。標本の同定が終わったら、そのラベルに種の学名（属名と種小名）も記入する。多くの人は自分が集めた貝の目録をつくっている。目録は手書きのこともあるが、最近はパソコンで表計算ソフトを使って作成したものが多い。目録を作っておくと、標本が増えてコレクションが大きくなった時に標本の記録を一覧できて、便利である。

ものを収集していれば、たいていの場合、ある時点で専用の保管場所が必要になる。かなりの数の貝殻をもっている収集家の多くは、博物館と同じようなやり方、すなわち、多くの浅い引き出しのある金属製のキャビネットを使って、その引き出しに紙の整理箱やプラスチックのケースを並べ、それぞれに標本を１個または複数、採集データの記入されたラベルとともに入れて保管している。その際、標本を系統関係に従って整理して保管することが多いので、非常に近縁なものは同じ引き出し、あるいはすぐ近くの引き出しに収蔵されることになる。そうしておくことで、個々の標本をキャビネットから見つけるのが容易になるだけでなく、新しい標本をすでに同定された標本と見比べることができて便利である。

収集家の多くは、標本が複数あるものは、その一部を他の人がもっている別の種の標本と交換したり、珍しい種の標本を貝商から購入したりして標本の種数を増やしている。また、世界の多くの都市には貝好きの人たちが集まる同好会のようなものがある。そのような会の中には毎年、貝の展示会を開催しているところもあり、自分のもっている標本の一部を多種多様な組み合わせで紹介したりできる。

下：貝殻標本の整理の程度は、人によってまちまちである。たくさんの標本を含むコレクションは、強い太陽光線によって貝殻の色が褪せるのを防ぐために、キャビネットの浅い引き出しの中に保管されていることが多い。

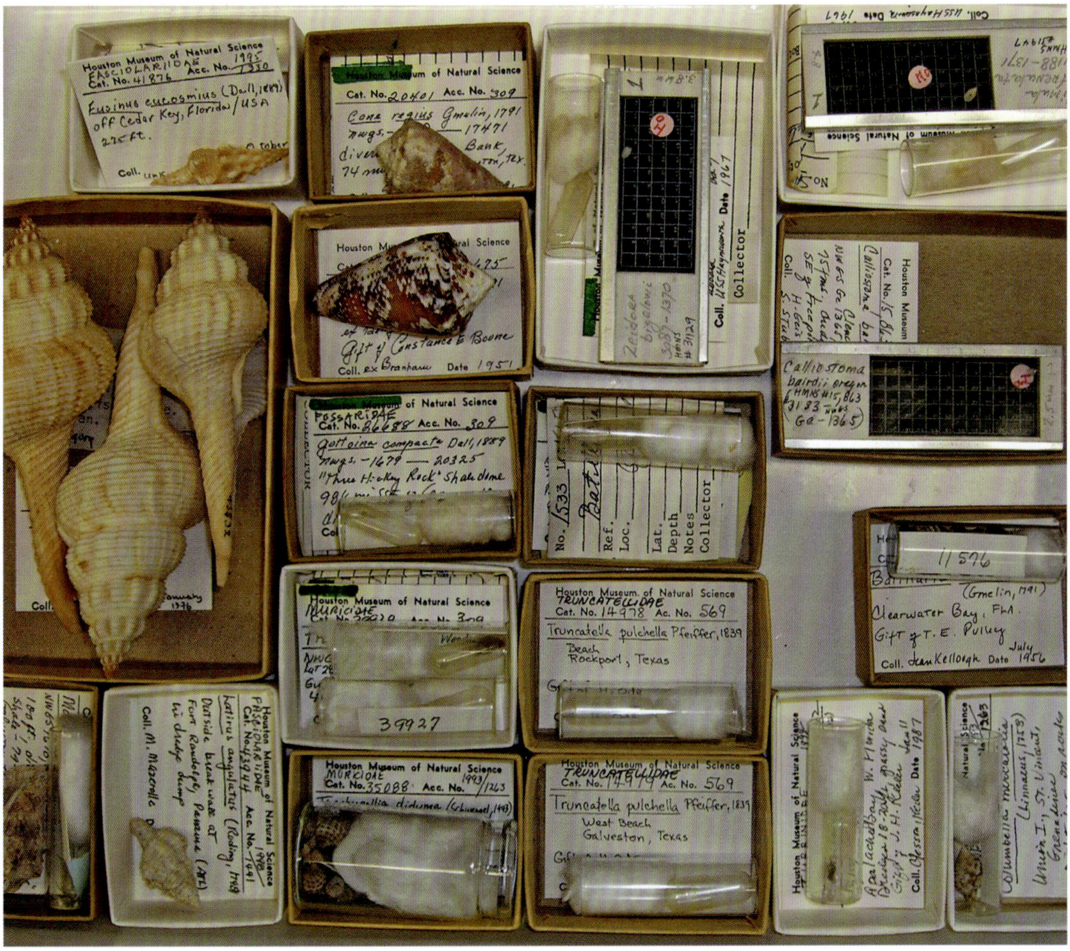

貝殻を同定する

貝殻を同定するのは、非常に困難なことに思えるかもしれない。現在の地球上にはおよそ10万種もの軟体動物が生息していることを考えると、なおさらである。同定というのは、可能性のないものを排除しながら、可能性の幅を次第にあるいは素早く狭めていくことと考えればよいだろう。例えば、同定しようとしている貝殻が海産のものであるということを知っているだけで、貝殻をもっていない種、そして海に棲んでいない種をすべて直ちに可能性から排除することができる。

綱を同定する

貝殻を同定するための最初の、そして最も基本的なステップは、その殻が軟体動物門のどの綱のものであるかを決めることである。それには、その殻がいくつの部分からできているかを見ればよい。

もし、その殻が8つの部分、すなわち8枚の殻板でできていたら、それはヒザラガイ類の殻、つまり約1,000種の現生種を含む多板綱の貝の殻である。もし、それが2枚の殻片でできていたら、二枚貝綱（約20,000種を含む）の貝、単一の殻（蓋は数に入れない）であったら、ツノガイ類すなわち掘足綱（約600種を含む）か頭足綱（体の外に殻をもつものは6種）あるいは腹足綱（50,000種以上を含む）の種のものである。

ツノガイ類ならば、先細で両端が開いた長い管状の殻をもっている。頭足類であれば、殻は大きく、平巻きで、中が小室に仕切られ、それらの間が連結管でつながれている。単一の殻で、このどちらにも当てはまらなければ、その殻は巻貝類（腹足類）のものである可能性が高い。

選択肢を減らす

殻を綱まで同定することができたら、綱より下の、より小さなグループにどんどん分類していく。そうして分類していくと、ある属の2、3の種まで候補が絞られたり、上手くすれば種まで同定できたりすることもある。同定したい殻を名前の分かっている標本や図鑑などの写真と見比べて分類し、分かるところまで同定する。

この本に載っている種は、既知種の1%にも満たないということを忘れないでほしい。それでも、よく見つかる種の同定にはこの本が役に立つことも多いだろう。この本だけでは同定できない場合は、他の本を見たり、ネット検索をしたりすることが必要になる（巻末の参考文献を参照）。

ツノガイ類の殻の形

ツノガイ類の多様性は比較的低く、世界で約600種が知られるのみである。各種の間に見られる殻の形態の差異もあまり多くない。

現存するツノガイ類は2つの主要なグループに分けられる。1つはゾウゲツノガイ目 Dentaliida で、この類の殻は常に殻口部が最も幅広く、そこから後端に向かって徐々に細くなる。もう1つはクチキレツノガイ目 Gadilida で、この類には、殻口部が最も幅広い殻をもつものだけでなく、中ほどが最も幅広い殻をもつものもいる。それぞれの目の種は、殻の横断面の形、縦肋の有無やその形状、殻の後端に縦に切れ込みが入っているか、頂管が突出しているかなどの特徴によってそれぞれさらに細かく分類される。

殻口が最も幅広い殻

この形の殻をもつ種の例：
p. 171 ～ 173

殻の中ほどが最も幅広い殻

この形の殻をもつ種の例：
p. 170

腹足類の殻の形

腹足綱は軟体動物門の中で最大のグループで、その種数の多さは他の綱を大きく引き離している。腹足綱は、カサガイ目 Patellogastropoda、ワタゾコシロガサガイ上目 Cocculiniformia、古腹足上目 Vetigastropoda、アマオブネガイ上目 Neritopsina、新生腹足上目 Caenogastropoda、異鰓上目 Heterobranchia など、いくつもの主要な系統に分けられる。

系統によっては、種間で殻の形がほとんど違わないものあるが、なかには同じ系統でも殻の形が非常に多様で、著しく異なる殻の形がいろいろ見られるものもある。そのため、例えば、カサガイ目の種はみな低い円錐状の帽子形の殻をもっているが、低い円錐状の帽子形の殻をもつ種がみなカサガイ目の種というわけではない。帽子形の殻は軟体動物門全体に広く見られ、腹足類の主要なグループのすべてがそのような殻をもつ種を含んでいる。

下に示した殻の基本形から、同定しようとする腹足類の標本にあったものを探すことで、ある程度、可能性を狭めることができるだろう。各基本形の欄には、そのような殻が見られる可能性のある科の例として、その形に近い殻をもつ種が掲載されているページを示してある。同定しようとする殻には、形の他にも殻表に棘があるなどの特徴があり、そのような特徴のために殻の形が分かりにくい場合があるかもしれない。棘などの特徴は、殻形によって可能性を絞った後に、さらに同定を進める時に重要になる。

同定しようとする貝殻にぴったりの種がこの本の中に見つかることもあるだろう。しかし、腹足類の多様性を考えると、非常によく似たものが見つかってもぴったりとはいかず、同定は科あるいはせいぜい属レベルに留まることが多いと思われる。科や属まで同定したら、種まで同定するためにさらに勉強が必要になる。そのために役立つ、お薦めの文献やホームページのいくつかを巻末に参考文献として示してある。

帽子形

この形の殻をもつ種の例：p. 179、182、186、192、208、247、309、317、386、452、628

耳形

この形の殻をもつ種の例：p. 200 ～ 201、207、223、357 ～ 358

低い円錐形

この形の殻をもつ種の例：p. 218 ～ 219、222、227、231、271、273 ～ 276、278 ～ 279、608

高い円錐形

この形の殻をもつ種の例：p. 248、259、264 ～ 268、307、387、392、429、599、616

逆円錐形

この形の殻をもつ種の例：p. 540、586、589、598

卵形

この形の殻をもつ種の例：p. 226、493、505、623

紡錘形／双円錐形

この形の殻をもつ種の例：p. 286、293、299、343、375、377、438、444、474、550、581

鎚矛形（先の膨らんだ棍棒形）

この形の殻をもつ種の例：p. 372 ～ 373、408、461、472

球状

この形の殻をもつ種の例：p. 245、359、389、470

扁圧された球状

この形の殻をもつ種の例：p. 199、228、240、243、269、280、282、356、612

樽形

この形の殻をもつ種の例：p. 369 ～ 371、455、562、617

洋梨形

この形の殻をもつ種の例：p. 361 ～ 364、368、383

不定形／巻きがゆるいもの

この形の殻をもつ種の例：p. 260 ～ 261、285、322 ～ 323、469、558、629

外唇が大きく広がったもの

この形の殻をもつ種の例：p. 294、300、303

二枚貝類の殻の形

二枚貝綱は軟体動物門の中で腹足綱に次いで多様性の高いグループだが、殻の形の多様性は腹足類よりずっと低い。二枚貝綱は、おもに鰓の構造に基づいて、原鰓亜綱 Protobranchia、翼形亜綱 Pteriomorphia、古異歯亜綱 Palaeoheterodonta、異歯亜綱 Heterodonta の 4 亜綱に分けられる。

砂に潜って暮らしている二枚貝類は左右対称の貝殻をもつことが多いが、硬いものに付着して暮らしている貝や自由生活を送っている貝では左右の殻が非対称になる傾向が見られる。腹足類の場合と同様に、殻形の中には特定のグループだけに見られるものもあるが、多くのグループに共通に見られるものもあり、その場合は殻形の類似性は系統を反映したものというより共通の生息場所への適応の結果と考えられる。

同定しようとする二枚貝の殻の形を、殻表の棘などは無視して下の殻形の一覧と見比べてみよう。同じような形の殻をもつものの間で科や属、種などを区別する時には、蝶番の形状、殻の大きさや色模様、殻表彫刻などが役に立つ。同定に役立つ形質について詳しく勉強するには巻末の参考文献を参照してほしい。

丸く、円盤状

この形の殻をもつ種の例：p. 49、93、106、110、117、121、138、140、151

三角形で、櫂状

この形の殻をもつ種の例：p. 51、54、104、158

三角形で、斧状

この形の殻をもつ種の例：p. 48、66、67、102、142、146

扇形

この形の殻をもつ種の例：p. 69 ～ 90、128

不定形／非対称

この形の殻をもつ種の例：p. 43、57 ～ 63、96 ～ 98、103、105、111、166 ～ 167

舟形

この形の殻をもつ種の例：p. 44、47、92、95、99、114 ～ 115、125、159

ハート形（前後から見て）

この形の殻をもつ種の例：p. 118 ～ 119、123 ～ 124

細長い楕円形

この形の殻をもつ種の例：p. 40、55、94、120、143、152 ～ 153、155、164 ～ 165

長方形

この形の殻をもつ種の例：p. 154、156

ヒザラガイ類の殻の形

ヒザラガイ類は、頑丈な肉帯に取り囲まれた 8 枚の殻板からなる貝殻をもつ。

現存するヒザラガイ類は、サメハダヒザラガイ亜目 Lepidopleurina、マボロシヒザラガイ亜目 Choriplacina、ウスヒザラガイ亜目 Ischnochitonina、ケハダヒザラガイ亜目 Acanthochitonina の 4 つの亜目のいずれかに分類される。これら 4 つのグループは、殻板の表層の有無、着生板の有無などで区別される。これらの特徴は、殻板を1枚ずつバラバラにしなければ観察できないので、ヒザラガイ類の同定は非常に難しい。しかし、比較的よく知られた種は、殻板表面の彫刻のパターンや、肉帯の上にある顆粒、小針、鱗片、棘などによって同定できる場合がある。

楯のような形

この形の殻をもつ種の例：p. 33 ～ 34

頭足類の殻の形

現生の頭足類の多様性はかなり高いが、体の外側に殻をもつものは原始的な 6 種だけで、すべてオウムガイ属 *Nautilus* に分類される。そのうち、2 種は殻の両側に臍孔をもつが、他の 4 種は臍孔をもたない。現生種で体の内部に巻いた殻をもつのは、トグロコウイカ *Spirula spirula* だけである。

一方、何百種もの頭足類が、退化した殻を体の内部にもっている。例えば、何十種もいるコウイカ類も体の内部に退化した殻をもち、その殻は「イカの骨」と呼ばれる。アオイガイ属 *Argonauta* の雌がつくる、巻いた薄い「殻」は卵を保育するための入れ物であって、アオイガイ類は、殻をもたない頭足類すなわちタコの仲間である。

ヘルメット形

この形の殻をもつ種の例：p. 632

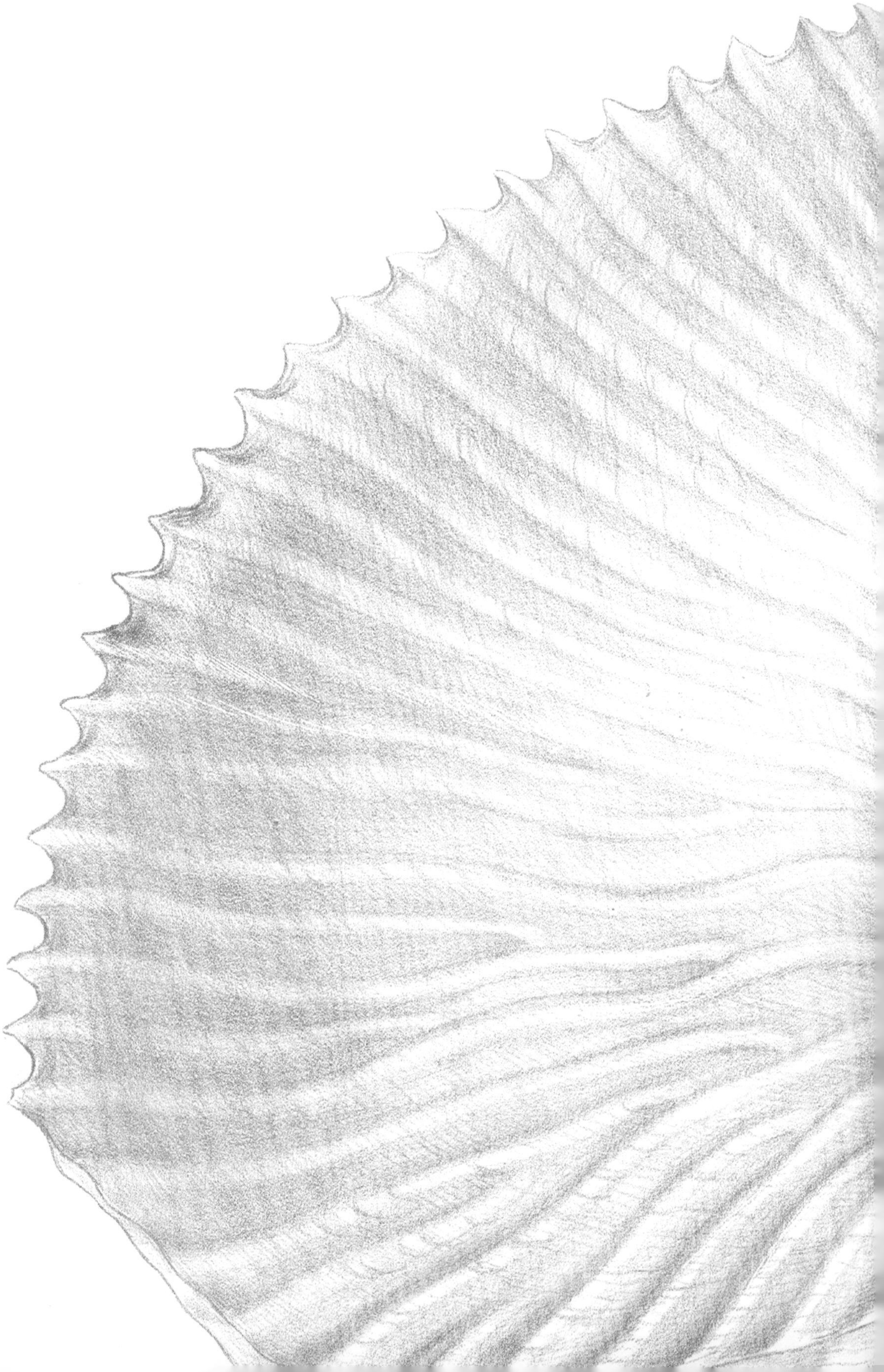

世界の貝

ヒザラガイ類

CHITONS

ヒザラガイ類は原始的な軟体動物で、8 枚の殻板からなる貝殻をもつ。殻板は、クチクラで覆われた筋肉質の肉帯によって、しっかりと体に固定されている。およそ 1000 種が現存し、3mm から 40cm ぐらいまで、さまざまな大きさのものが知られる。すべて海産で、多くは熱帯や温帯の潮間帯から潮下帯浅部に生息し、岩礁などの硬い底質の上に棲む。大多数のヒザラガイ類は、特殊な感覚器官を使って岩表面の「味見」をしてから、そこに生えている藻類や付着動物を削り取って食べる。一部のヒザラガイ類は捕食性で、この類では肉帯の一部が大きく広がっていて、その下に入り込んだ小型の甲殻類などの無脊椎動物を捕まえて食べる。

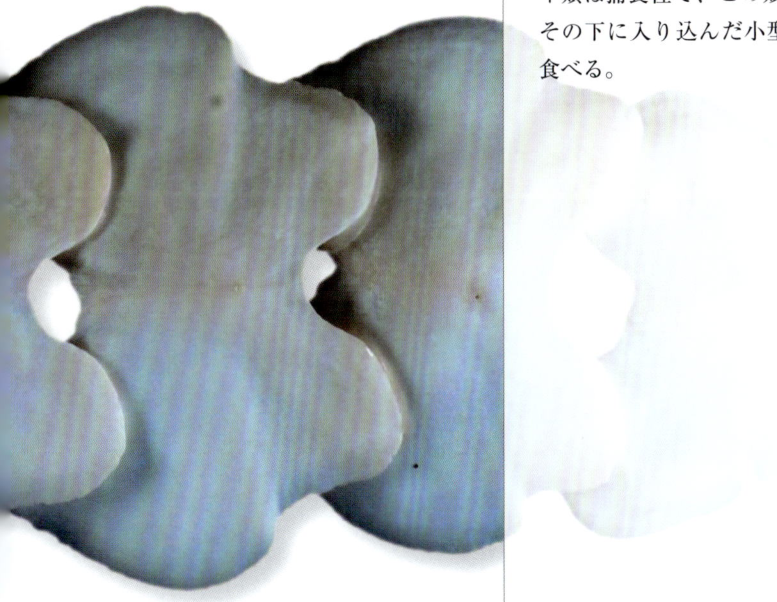

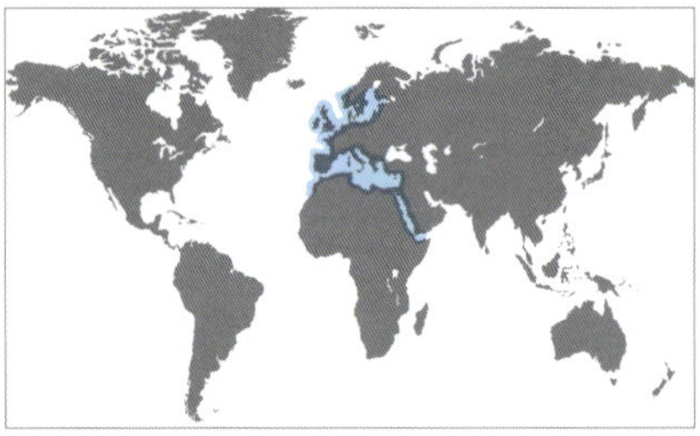

科	ウスヒザラガイ科　Ischnochitonidae
貝殻の大きさ	15 〜 25mm
地理的分布	ヨーロッパの大西洋沿岸と地中海および紅海
存在量	ふつう
生息深度	潮間帯から水深 1000m
生息場所	サンゴモの上など
食性	グレーザーで、副次的に堆積物摂食もする

貝殻の大きさ
15 〜 25mm

写真の貝殻
25mm

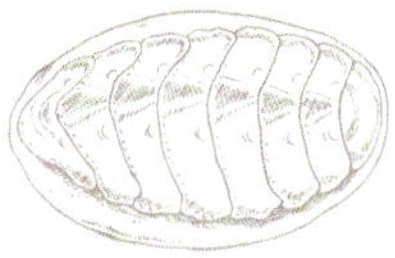

Callochiton septemvalvis (Montagu, 1803)

ナメリヒザラガイ

SMOOTH EUROPEAN CHITON

ナメリヒザラガイは、7 枚の殻板をもつという意味の学名がつけられてはいるが、典型的なヒザラガイ類の特徴を備えており、他のヒザラガイ類同様、殻は 8 枚の殻板でできている。本種を記載したモンタギュー（Montagu）は、7 枚の殻板をもつものと思ったのだが、後に、記載のもとになった標本は異常個体で殻板が 1 枚少ないものだとわかった。地中海や紅海をはじめ、スカンジナビア半島からカナリア諸島までヨーロッパの大部分の浅海に生息し、赤いサンゴモ類の上などでよく見つかる。グレーザーだが、堆積物中の有機物を摂取することもある。ウスヒザラガイ科には世界で約 200 種の現生種が知られている。

近縁種

オーストラリアの南オーストラリア州やビクトリア州に生息する *Ischnochiton wilsoni* Sykes, 1896 の貝殻は、より細長く、ピンクがかった白の地に多数の縦筋が入ったものが多い。筋の色は殻板の中央部では灰色がかり、その両側では褐色である。西オーストラリア州からタスマニア州にかけて分布するホソヒザラガイ *Stenochiton longicymba* (Blainville, 1825) は、体が非常に細長く、幅が長さの 1/5 にも満たない。

実物大

ナメリヒザラガイの殻は中型で、幅が広く、輪郭は楕円形。各殻板はゆるやかに盛り上がり、中央の背部は稜をなす。体幅は体長の半分以上あり、体が幅広い。殻板の表面は肉眼では滑らかに見えるが、実際は、拡大しないと見えない微細な斜めの肋（ろく）や顆粒（かりゅう）がある。肉帯は広く、小棘（しょうきょく）で覆われる。肉帯の色はオレンジがかった赤で、少数の放射状の白色帯をもつこともある。殻板の背面（外面）は赤レンガ色からオレンジで、わずかに緑や、黄みのかかったオレンジを帯びていることもある。

科	ウスヒザラガイ科　Ischnochitonidae
貝殻の大きさ	25 ～ 40mm
地理的分布	オーストラリアの西オーストラリア州からタスマニア州にかけて
存在量	ふつう
生息深度	潮下帯浅部
生息場所	海草の葉や葉鞘の上
食性	グレーザーで、海草や海草上に生える藻類を食べる

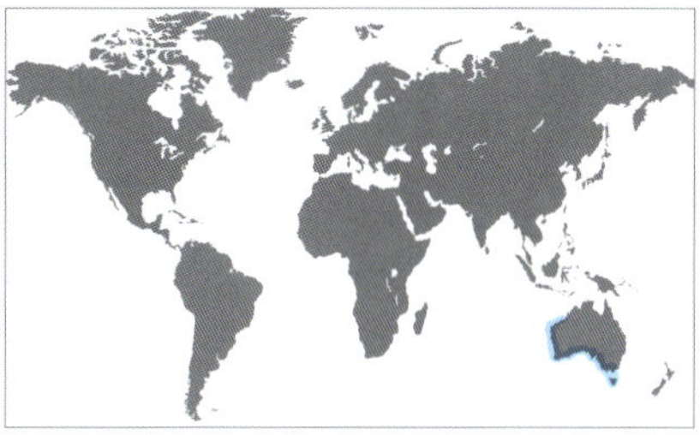

貝殻の大きさ
25 ～ 40mm

写真の貝殻
37mm

Stenochiton longicymba (Blainville, 1825)

ホソヒザラガイ

CLASPING STENOCHITON

ホソヒザラガイは、現存するヒザラガイ類の中で最も細長い殻をもち、殻長と殻幅の比は約 7：1 である。化石種にはさらに細長い殻をもつものも知られ、最も細長いものでは殻長が殻幅の 32 倍に達する。ホソヒザラガイは、西オーストラリア州からタスマニアまでオーストラリア南部に分布している。潮下帯浅部のポシドニア属の 1 種 *Posidonia australis* などの海草の葉や葉鞘の上で暮らしており、細長い殻はそのような生き方に適応した結果である。海草の上に生える藻類だけでなく、海草自体も食べる。

近縁種

西インド諸島やメキシコ湾に分布する *Ischnochiton papillosus* (C. B. Adams, 1845) は、浅海産の小型種で、テキサス州では最もふつうに見られるヒザラガイである。殻板は緑がかり、表面には細かい顆粒や細い筋がある。南極大陸に棲むコオリヒザラガイ *Nuttallochiton mirandus* (Thiele, 1906) は、大きな殻と広い肉帯をもち、殻板は高く山形になり、表面に強い放射肋をもつ。

実物大

ホソヒザラガイの殻は中型で、高く盛り上がり、非常に細長い。殻の高さが殻幅の半分以上になり、長さが幅の 6、7 倍にも達することがある。頭板と尾板は半楕円形だが、その他の殻板は長方形である。殻板の表面は滑らかで、細かい網目模様がある。肉帯は非常に狭く、殻板の幅は体の後縁に近づくにつれてわずかずつ広くなる。殻の色は褐色で、クリーム色がかった白い斑点や筋模様が入る。

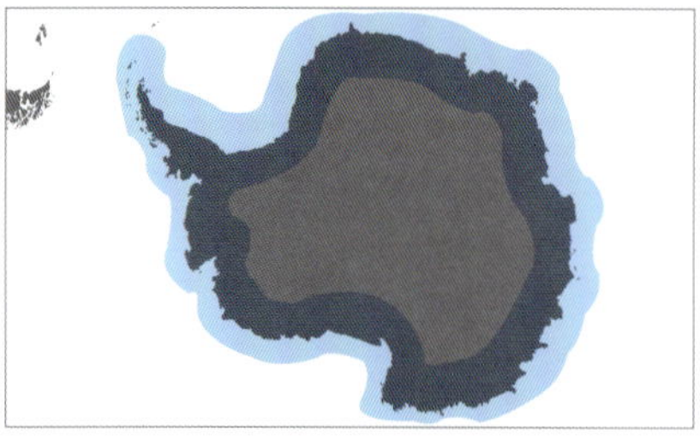

科	ウスヒザラガイ科　Ischnochitonidae
貝殻の大きさ	30 ～ 120mm
地理的分布	南極大陸周辺
存在量	ふつう
生息深度	水深 30 ～ 1400m
生息場所	岩礁や岩の上など
食性	グレーザーで、コケムシや有孔虫を食べる

貝殻の大きさ
30 ～ 120mm

写真の貝殻
38mm

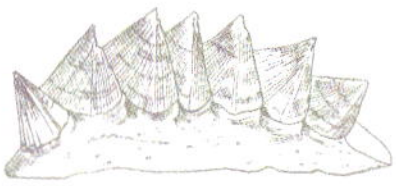

Nuttallochiton mirandus (Thiele, 1906)

コオリヒザラガイ

NUTTALLOCHITON MIRANDUS

コオリヒザラガイは、非常に高く盛り上がった殻をもち、その8枚の殻板を幅広い革のような肉帯が取り巻いている。南極大陸周辺の海に棲む普通種で、沖合の浅海から深海まで生息する。おもにコケムシや有孔虫を食べるグレーザーで、歯舌を使ってコケムシ群体の大きなかけらも飲み込むことができる。ここに示した固定標本の写真では、各殻板が離れているように見えるが、生時は、前後の殻板は一部重なり合う。繁殖期には雌も雄も体の後部を曲げて、それぞれ卵と精子を水中に放出する。本種は、六放海綿類（ガラス海綿類）といっしょに見つかることが多い。

近縁種

ヒメコオリヒザラガイ *Nuttallochiton hyadesi* (Rochebrune, 1889) は、アルゼンチンのティエラ・デル・フエゴ諸島沖の深海や南極圏のウェデル海に産する。その殻板はコオリヒザラガイのものに似るが、表面の彫刻がより細かい。ヨーロッパの大西洋沿岸や地中海に生息するナメリヒザラガイ *Callochiton septemvalvis* (Montagu, 1803) は、広い楕円形の殻をもち、殻はオレンジがかった赤や赤レンガ色のことが多い。

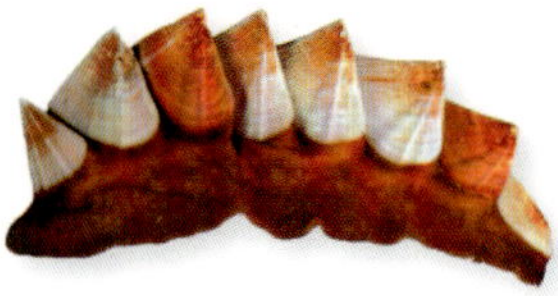

実物大

コオリヒザラガイの殻は中型から大型で、細長い楕円形。横から見ると鋸の歯のように見える。殻板は高く山形になり、硬いがもろく、逆V字形で中央に切れ込みがある。表面には8～10本の強い放射肋があり、それらと交差する細い成長線が見られる。頭板の放射肋は他の殻板のものより強い。肉帯は皮革状で幅広く、表面は微小な細長い棘に覆われる。殻の色はクリーム色がかった白で、ときに赤褐色に染まる。

科	ヒゲヒザラガイ科　Mopaliidae
貝殻の大きさ	35 〜 76mm
地理的分布	アラスカからバハカリフォルニアまで
存在量	ふつう
生息深度	潮間帯
生息場所	岩礁海岸
食性	夜行性のグレーザー

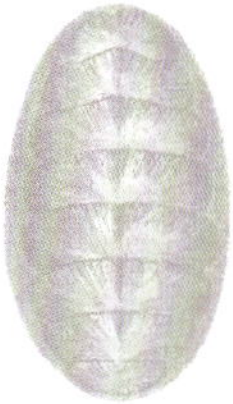

貝殻の大きさ
35 〜 76mm

写真の貝殻
47mm

Mopalia lignosa (Gould, 1846)

ジュンリンヒゲヒザラガイ

WOODY CHITON

ジュンリンヒゲヒザラガイは、アラスカからメキシコのバハカリフォルニアにかけての岩礁潮間帯でふつうに見られる。外洋に面した海岸の海底や大きな転石の側面を生息場所として好み、コケムシや有孔虫だけでなく、アオサや珪藻なども食べる。岩礁に棲む他の一部のグレーザーのように、ヒザラガイ類の歯舌歯は先端に磁鉄鉱が沈着し、摩滅しにくくなっている。ヒゲヒザラガイ科の種の多くは幅広い革質の肉帯をもち、肉帯には毛、剛毛あるいは棘などがあるが、他の科に見られる鱗片をもつ種はいない。ヒゲヒザラガイ科には世界で約 55 種が知られ、そのうち 20 種ほどが北東太平洋に生息する。

近縁種

同じくアラスカからバハカリフォルニアにかけて生息するコケヒゲヒザラガイ *Mopalia muscosa* (Gould, 1846) の肉帯には、硬い毛の密集したところがある。ロシアのカムチャッカ半島からアリューシャン列島、そして南カリフォルニアにかけて分布するスルスミヒザラガイ *Katharina tunicata* (Wood, 1815) は、大型のヒザラガイで、大きいものでは 130mm にもなる。この種は幅広い黒色の革のような肉帯をもち、背中の大部分がこの肉帯によって覆われるため、各殻板は、小さな菱形の部分だけが露出する。

ジュンリンヒゲヒザラガイの殻は中型で広楕円形。厚い革質の肉帯は褐色（写真では肉帯は見えない）で、ときに緑か、地色より淡い褐色の斑紋が入り、短い毛を備える。なかには殻板の筋模様がより不規則で、斑紋のあるものもいる。殻板表面には 1 本の V 字形の強い肋と、いくつもの細い放射状の線がある。殻の色は淡褐色から緑がかった濃褐色までさまざまで、よく目立つ淡褐色あるいは淡緑色の筋模様がある。

実物大

科	クサズリガイ科　Chitonidae
貝殻の大きさ	10 ～ 100mm
地理的分布	合衆国フロリダ州からベネズエラにかけての大西洋沿岸および西インド諸島
存在量	ふつう
生息深度	潮間帯から水深 4m
生息場所	岩礁海岸
食性	夜行性のグレーザーで、藻類を食べる

貝殻の大きさ
10 ～ 100mm

写真の貝殻
64mm

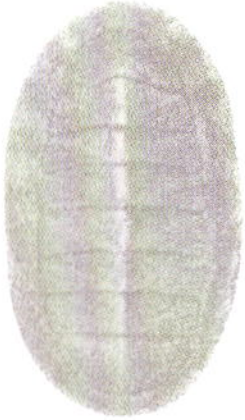

Chiton tuberculatus Linnaeus, 1758

カリブヒザラガイ

WEST INDIAN CHITON

カリブヒザラガイの殻は中型で楕円形。肉帯は鱗片で覆われる。殻板の表面には、三角形の部分の左右それぞれに 8 ～ 9 本の波打った強い縦肋があるが、殻板中央部は滑らか。頭板と尾板には顆粒状の小瘤が多数ある。肉帯には白色帯と緑がかった黒色帯が交互に並び、殻板の背面は灰色がかった緑から褐色がかった緑。きれいに洗った殻板の腹面は緑がかった白または青みがかった白である。

カリブヒザラガイは、カリブ海産のヒザラガイ類の中では最大の種の 1 つである。殻は美しく、鱗片に覆われた肉帯には白色の帯と緑がかった黒色の帯が交互に並ぶ。多くのヒザラガイ類と同様、夜間に活動し、岩の上の藻類を削り取って食べる。「帰巣」行動を示し、摂餌のために少し動き回った後も元の場所に戻って休む。12 年も生きることがある。本種をはじめヒザラガイ類は局所的に高密度で出現し、石灰岩の生物浸食に大きく関わることがある。クサズリガイ科の貝は殻板の縁に櫛の歯状の突起を備える。この科には世界で約 100 種が知られている。

近縁種

カワリオオヒザラガイ *Chiton glaucus* Gray, 1828 は、ニュージーランド原産で、人為的にオーストラリア南部にも分布を広げている。この貝はニュージーランド産のヒザラガイ類の中では最も多産し、殻表がほとんど滑らかな濃緑色の殻をもつ。フロリダ州からカリブ海南部およびメキシコ湾にかけて生息するトゲトゲヒザラガイ *Acanthopleura granulata* (Gmelin, 1791) も多産し、大きさはカリブヒザラガイと同じぐらいだが、より細長く、肉帯には鱗片でなく短い棘がある。

実物大

科	ケハダヒザラガイ科　Acanthochitonidae
貝殻の大きさ	100 〜 400mm
地理的分布	北海道からアリューシャン列島、アラスカを経てカリフォルニア南部まで
存在量	局所的にふつう
生息深度	潮間帯から水深 20m
生息場所	岩礁海岸
食性	夜行性のグレーザーで、紅藻を食べる

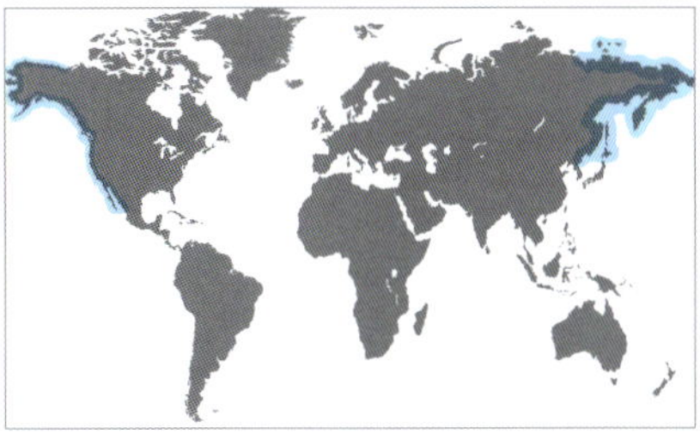

貝殻の大きさ
100 〜 400mm

写真の貝殻
160mm

Cryptochiton stelleri (Middendorf, 1846)

オオバンヒザラガイ

GUMBOOT CHITON

オオバンヒザラガイは、世界最大のヒザラガイで、150mm ほどまでのものが多いが、長さ 400mm、重さ 800g に達することがある。ヒザラガイ類の中で唯一、8 枚の殻板すべてが、ヒザラガイ類特有の厚い革質の外套、すなわち肉帯によって完全に覆われている。広い足は黄色またはオレンジ。オオバンヒザラガイの肉は硬いが、原住民にとっては伝統的な食料源である。成長が遅く、150mm ほどに育つのに通常は 20 年ほどかかり、25 年以上生きられる。再生産が遅い上に乱獲されているため、本種の保全に関心がもたれている。

オオバンヒザラガイの殻は大きくて厚く、各殻板はゆるく連結されるのみ。非常に大きな体の割に殻板はずっと小さく、革のような外套の中に完全に埋没している。殻板は、きれいに洗ってつなぐと哺乳動物の背骨のように見える。ばらばらにした殻板の多くは蝶のような形で、よく海岸に打ち上げられる「蝶貝」として知られる。殻板は白や薄緑がかった青のことが多い。

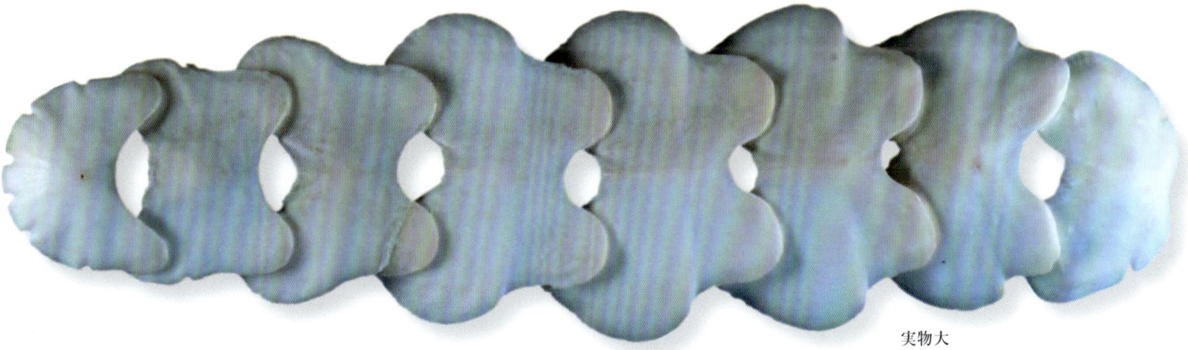

実物大

近縁種

オオバンヒザラガイは、オオバンヒザラガイ属 *Cryptochiton* 唯一の種である。比較的近縁な種としては、例えば、西大西洋中部に棲む *Acanthochitona pygmaea* (Pilsbry, 1893) が挙げられる。この貝は小型で、殻の色は鮮やかなオレンジから緑まで変異に富む。肉帯は幅広く、殻板を部分的に覆い、表面にガラス質の棘の束が並ぶ。

二枚貝類

BIVALVES

その名が示しているように、二枚貝類は 2 枚の殻（左殻と右殻）からなる側扁した貝殻をもつ。殻は弾性のある靭帯で背側が接合され、靭帯が緊張すると貝殻が開く。貝殻を閉じるには閉殻筋を収縮させる。多くの分類群では、殻を接合している蝶番の部分に細かい歯が並んでいて、この歯のおかげで 2 枚の殻が正確に合わさるようになっている。

二枚貝類は、およそ 20,000 種の現生種が存在し、水界の大部分の場所に棲んでいる。海産種は潮間帯から深海までさまざまな深度、極域から熱帯までさまざまな海域に生息する。また、二枚貝類は河口の汽水域、河川や小川、湖などの淡水にも進出している。

二枚貝類には、長さ 1mm ほどの小型種から 1m を超える大型種までさまざまな大きさのものがいる。多くの二枚貝には大きな鰓を収容できる広い外套腔があり、大多数の種では鰓は呼吸だけでなく、水を濾して水中から餌の粒子を集めるためにも使われる。原始的な種の中には、直接、堆積物中の有機物を食べるものもいる。また、一部の特殊化した二枚貝は体内に共生藻や共生細菌をもち、それらから栄養を得ている。深海には、小型甲殻類や蠕虫類を捕食する種も生息する。大多数の二枚貝は砂や泥の中に潜って暮らしているが、木材や粘土、サンゴの骨格の中に棲み込むものもいる。タンパク質でできた、糸のような構造（足糸）で固い基質に付着して生活するものもいれば、殻の 1 枚を完全に岩などに接着してしまうものもいる。

科	クルミガイ科　Nuculidae
貝殻の大きさ	3 〜 10mm
地理的分布	カナダのノバスコシアから中央アメリカにかけて
存在量	多産
生息深度	水深 5 〜 30m
生息場所	泥底に埋在
食性	堆積物食者
足糸	成貝にはない

貝殻の大きさ
3 〜 10mm

写真の貝殻
6mm

Nucula proxima Say, 1822

アメリカマメグルミガイ

ATLANTIC NUT CLAM

アメリカマメグルミガイは、豊富に存在する微小な二枚貝で、最大でも 10mm に満たない。埋在性で泥底の表面近くに埋まって暮らし、有機堆積物をあさって食べる。2 枚の長い唇弁をもち、それを使って堆積物を口に運ぶ。クルミガイ科の現生種は世界で約 160 種が知られ、この類は深海に最も多く生息する。本科には既知の二枚貝類中最小のものがいくつか含まれるが、なかには長さ 50mm ほどになる、より大きな種もいる。

アメリカマメグルミガイの殻は非常に小さく、薄いが硬く、膨らみ、斜めになった卵形。2 枚の殻は同形同大で、殻表は滑らかだが、殻の内面に細い放射肋が見られる。蝶番部には三角形の強い歯がいくつも平行に並び、殻の腹縁には細かいぎざぎざがある。殻の外面は薄い灰色、内面は白で真珠光沢がある。

近縁種

フロリダキーズおよびメキシコ湾からコロンビアにかけて分布する *Nucula calcicola* Moore, 1977 は、現存する二枚貝類中最小のものの 1 つで、その小さな貝殻は長さ 2mm にも満たず、サンゴ砂の中に棲む。日本から中国に生息するオオキララガイ *Acila divaricata* (Hinds, 1843) は、アメリカマメグルミガイより大きく、分岐肋をもつ。

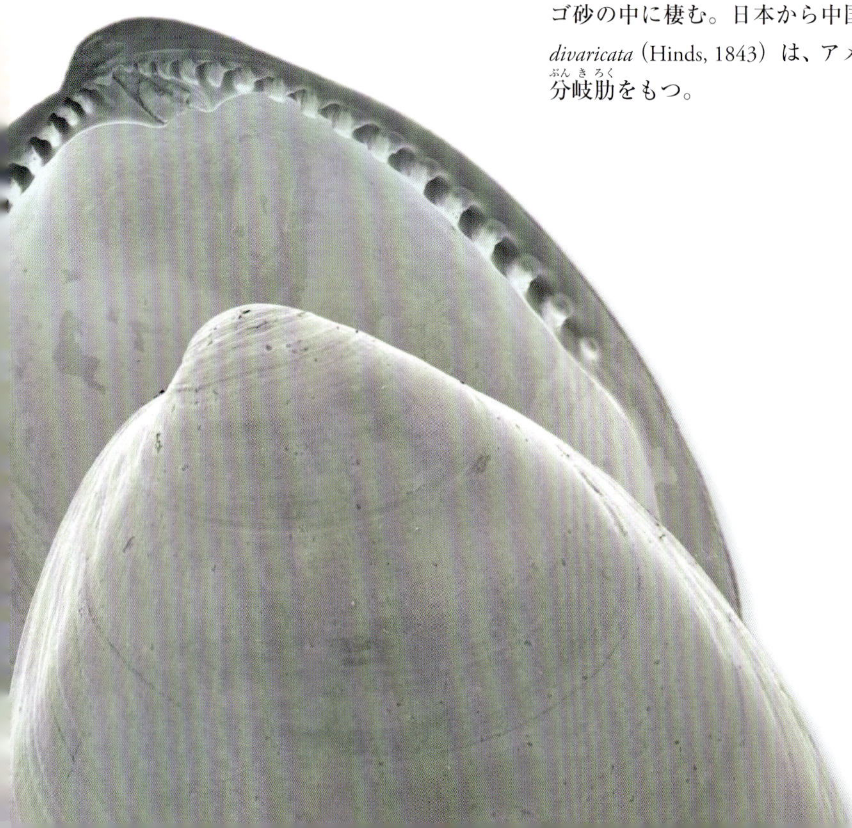

実物大

科	クルミガイ科　Nuculidae
貝殻の大きさ	18 ～ 30mm
地理的分布	日本から中国
存在量	少産
生息深度	水深 15 ～ 500m
生息場所	泥底などに埋在
食性	堆積物食者
足糸	成貝にはない

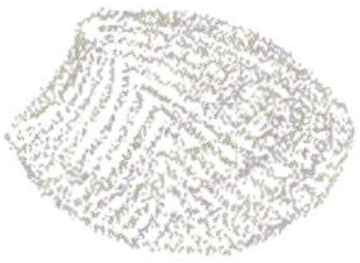

貝殻の大きさ
18 ～ 31mm

写真の貝殻
31mm

Acila divaricata (Hinds, 1843)

オオキララガイ

DIVARICATE NUT CLAM

オオキララガイは、殻の形態が変異に富み、貝殻の特徴、とくに貝殻の形に基づいて数種の亜種が記載されている。しかし、殻の形は異なるものの、殻表の彫刻はすべての亜種で似通っている。本種は埋在性で、泥底や砂底の表面近くに棲む。比較的浅い潮下帯から深海まで、さまざまな水深に生息する。クルミガイ類の成貝はたいてい堆積物食者のようだが、幼貝は鰓を使って水中から有機物粒子を濾しとって食べることができる。なかには、成貝になっても濾過食が可能な種もいる。

近縁種

日本産のキララガイ *Acila insignis* (Gould, 1861) は、オオキララガイより小さく、殻の形がもっときれいな卵形だが、殻表の彫刻は似ている。カナダのノバスコシア州から中央アメリカまで分布するアメリカマメグルミガイ *Nocula proxima* Say, 1822 は、非常に小さく、殻表が滑らかで殻内面が白く真珠のように光沢のある殻をもつ。

オオキララガイの殻は小さく、厚く堅固で卵形。殻頂は突出し、殻の後端に向く。殻の後縁が突き出て後端は尖る。この貝の主要な特徴は、どちらの殻にも強い分岐肋があることである。褐色の厚い殻皮をもつ。殻の内面は滑らかで、白く真珠光沢があり、ほぼ同じ大きさの小さな卵形の閉殻筋痕が2つある。

実物大

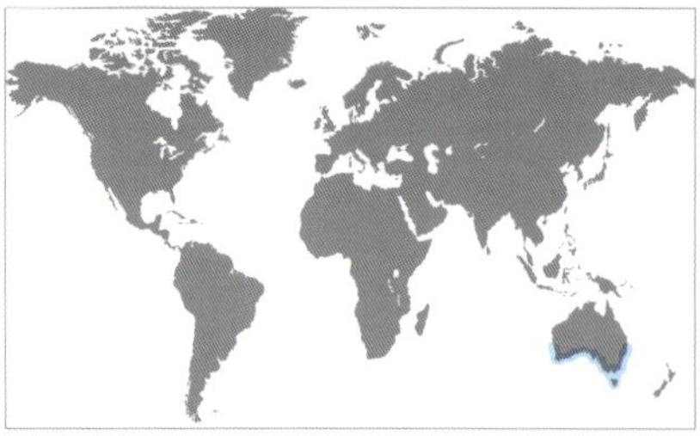

科	キヌタレガイ科 Solemyidae
貝殻の大きさ	30 ～ 59mm
地理的分布	オーストラリアの南オーストラリア州およびタスマニア州
存在量	ふつう
生息深度	潮下帯から水深 10m
生息場所	泥底や砂底に埋在
食性	変則的な堆積物食者
足糸	ない

貝殻の大きさ
30 ～ 59mm

写真の貝殻
43mm

Solemya australis Lamarck, 1818

ミナミキヌタレガイ

AUSTRALIAN AWNING CLAM

ミナミキヌタレガイは、原始的な二枚貝で、有機物含量の多い嫌気的な砂底または泥底に埋もれて生活している。変則的な堆積物食者で、底質中の硫黄を酸化する共生細菌が鰓に棲んでいて、この共生細菌から栄養を得ることができる。キヌタレガイ科の中には消化器官がなく、完全に共生細菌に依存して生きている種もいる。殻は有機物含量が高くてもろいため、乾くとひびが入ることが多い。キヌタレガイ類は穴を掘ることに適応しており、U 字形あるいは Y 字形の穴に棲む。キヌタレガイ科には約 30 種の現生種が知られ、極域を除く世界中の海のあらゆる深さに生息している。本科の化石記録はデボン紀まで遡ることができる。

近縁種

カナダのノバスコシアからアメリカ合衆国フロリダ州にかけて生息するフロリダキヌタレガイ *Solemya velum* Say, 1822 は、ミナミキヌタレガイによく似た殻をもつが、より小さく、黄みがかった褐色の殻皮をもち、放射条紋の色がより薄い。アイスランドからアンゴラにかけての大西洋沿岸および地中海に分布する *Solemya togata* (Poli, 1795) は、キヌタレガイ属 *Solemya* のタイプ種である。この種の貝殻はキヌタレガイ科の貝にしては大きく、長さ 90mm に達することがある。

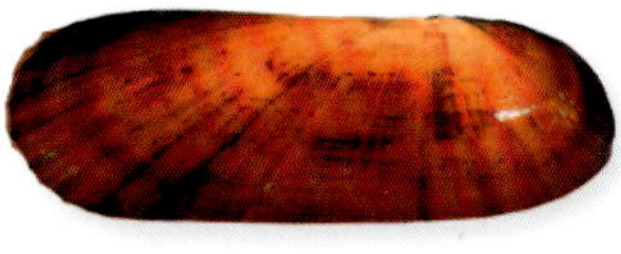

実物大

ミナミキヌタレガイの殻は薄くてもろく、形は細長い円筒形。本種の特徴は、つやつやした濃褐色の殻皮の縁にひだ飾りがあり、それが殻の縁を超えて張り出していることである。蝶番部に歯はなく、殻頂は体の前方にある。左右の殻は同形同大で、殻表には広く平たい斜めの放射肋がある。殻の内面は滑らかで、大きさの異なる 2 つの閉殻筋痕がある。殻の外面は濃褐色で、殻頂は白い。殻の内面は灰色で、殻頂から 1 本の白い畝状隆起部が伸びる。

科	ロウバイガイ科／シワロウバイガイ科　Nuculanidae
貝殻の大きさ	12 ～ 44mm
地理的分布	グアテマラ西部からパナマにかけて
存在量	少産
生息深度	水深 13 ～ 73m
生息場所	砂底や泥底
食性	本来は堆積物食者
足糸	成貝にはない

貝殻の大きさ
12 ～ 44mm

写真の貝殻
15mm

Nuculana polita (Sowerby I., 1833)

ミガキソデガイ

POLISHED NUT CLAM

ミガキソデガイは、大きくて殻の彫刻も独特なため、容易に識別できる。ロウバイガイ科の多くの種は殻に強い輪肋をもつが、ミガキソデガイの殻は大部分が滑らかで、肋はなく、殻の後半分に平行に並ぶ斜めの細い筋が刻まれる。ロウバイガイ類は埋在性で、有機物含量の多い砂底や泥底に部分的に埋もれて暮らす。本来は堆積物食者だが、濾過摂食もできる。ロウバイガイ科には世界で 200 ～ 250 種が知られ、多くは深海で発見されている。ロウバイガイ科の最古の化石記録はデボン紀のものである。

近縁種

アメリカ合衆国ノースカロライナ州からアルゼンチンにかけての広い緯度範囲に分布する *Propeleda carpenteri* (Dall, 1881) は、後縁が非常に長く伸びた小さな殻をもつ。メキシコ西部からパナマに生息する *Adrana suprema* (Pilsbry and Olsson, 1935) は、ロウバイガイ科の中でも最大の貝の 1 つで、長さが 100mm を超えることがある。この貝の殻は後縁だけでなく、前縁も長く伸びる。

実物大

ミガキソデガイの殻はロウバイガイ科のものにしては比較的大きく、側扁し、輪郭は長楕円形に近い。殻頂は小さく、蝶番の中ほどにあり、後方を向く。交板は強く、山形の歯が並ぶ。左右の殻は同形同大で、前縁は丸く、後縁は長く伸びて尖る。殻表はほとんど滑らかだが、平行に並ぶ細い斜めの筋が刻まれ、かすかな同心円状の成長線も見られる。殻の色は白。

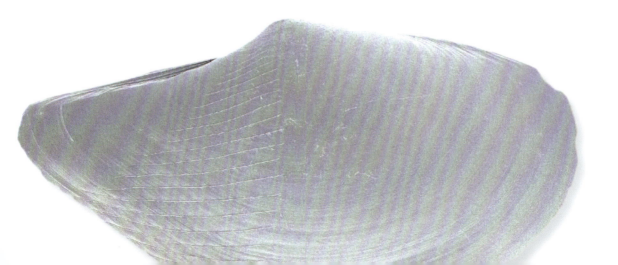

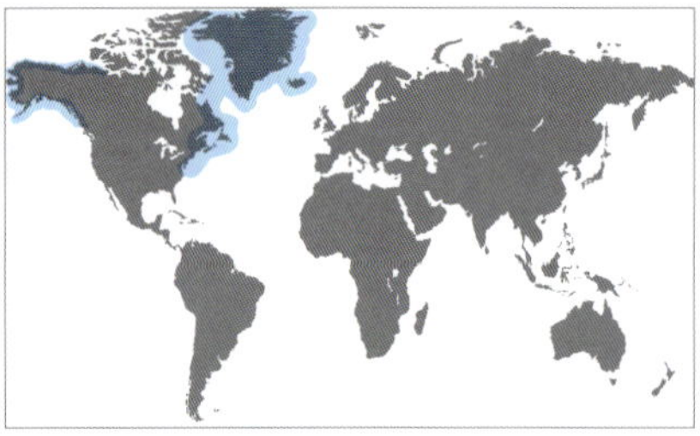

科	ナギナタソデガイ科　Yoldiidae
貝殻の大きさ	35 ～ 70mm
地理的分布	グリーンランドから合衆国ノースカロライナ州；アラスカからピュージェット湾
存在量	ふつう
生息深度	水深 18 ～ 760m
生息場所	泥や砂に埋在
食性	堆積物食者
足糸	ない

貝殻の大きさ
35 ～ 70mm

写真の貝殻
55mm

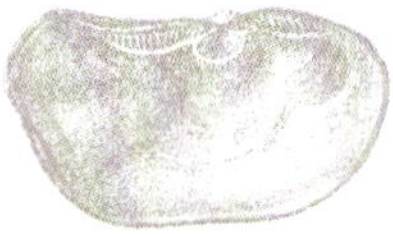

Yoldia thraciaeformis Storer, 1836

フネソデガイ

BROAD YOLDIA

実物大

フネソデガイは、埋在性の二枚貝で、泥底や砂底に埋もれて有機堆積物を摂取して暮らしている。鰓の繊毛運動によって水を水管から汲み入れ、補足的に濾過摂食によっても栄養を摂取することができる。この働きによって、本種をはじめとするナギナタソデガイ類はバイオターベーション（生物撹乱）、すなわち堆積物をかき混ぜて水中に戻すことに一役買っている。場所によっては、有毒な堆積物も撹拌されて水中に拡散してしまうため、商業的に重要な種を含め他の生物に悪影響を及ぼすこともある。ナギナタソデガイ科には世界で約 90 種の現生種が知られ、熱帯海域にも温帯海域にも生息している。

近縁種

北極海両側に生息する *Portlandia arctica*（Gray, 1824）は、殻が小さく、輪郭が非常に変異に富むが、四角形に近く後縁が尖る殻をもつものが多い。キヌタレガイ科に分類される *Solemya togata*（Poli, 1795）は、アイスランドからアンゴラまで分布し、殻皮の縁の襞飾りが殻縁の外側まで伸びる葉巻形の薄い殻をもつ。

フネソデガイの殻はナギナタソデガイ科にしては大きく、側扁し、輪郭は楕円形で角張っている。殻の後端は截断状で幅広く、殻の前端は丸い。殻頂は突出し、殻の中心からそれて前方に寄る。交板は広く、中ほどに大きな三角形の靱帯受、すなわち内靱帯の付着部がある。靱帯受の前後に強い歯が並ぶ。殻表には同心円状の成長線が見られる。殻皮はくすんだ淡褐色で光沢がある。

科	フネガイ科　Arcidae
貝殻の大きさ	50 ～ 120mm
地理的分布	紅海からインド西太平洋
存在量	ふつう
生息深度	水深 1 ～ 50m
生息場所	細砂底や貝砂底
食性	濾過食者
足糸	ある

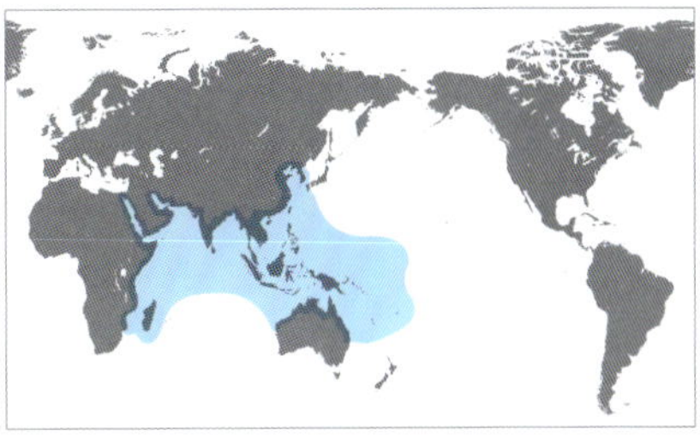

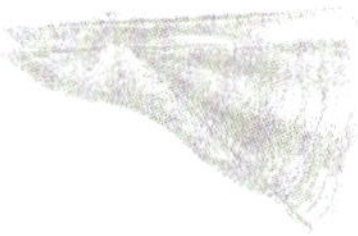

貝殻の大きさ
50 ～ 120mm

写真の貝殻
53mm

Trisidos tortuosa (Linnaeus, 1758)

タマズサガイ

PROPELLOR ARK

タマズサガイは、特徴的な捩じれ方をした殻をもつため、同定が容易である。フネガイ科の普通種で、紅海からインド西太平洋の熱帯域、北は南日本から南はオーストラリアにかけて広く分布する。浅海で、貝殻片を大量に含む泥っぽい砂や細かい砂に半分埋もれて見つかることが多い。ビョウブガイ属 *Trisidos* の貝はみな捩じれた殻をもつが、おそらくタマズサガイの殻が最も大きく捩じれている。本種は特別長い足糸をつくるが、この足糸を周りの貝殻片にくっつけて、細かい砂の中に貝殻を固定するのに役立てている。

近縁種

インド西太平洋に産するヤグラビョウブガイ *Trisidos semitorta* (Lamarck, 1819) は、タマズサガイよりも捩じれの小さい貝殻をもつ。大きさもわずかに小さいが、貝殻の膨らみが大きいため、容積はタマズサガイより大きいかもしれない。アメリカ合衆国のノースカロライナ州からブラジルにかけて分布するコンドルノハガイ *Arca zebra* (Swainson, 1833) は、100 個を超える小さな歯のある長い蝶番をもつ。うわさによると苦みがあるらしいが、この貝は食用になる。

実物大

タマズサガイの殻は中型で細長く、側扁し、長く真っすぐな蝶番を中心にして捩じれている。殻表には細い放射肋とさらに細い同心円状の成長線があり、それらが交差する。殻頂は前方に寄り、殻の前端から蝶番の長さの 1/3 ほど後ろにある。このあたりから、殻は時計回りに約 90° 捩じれ、その結果、殻の後端が前端に対して 90° の角度をなす。殻の外面は白からやや黄色がかった白で、殻の内面は外面より色が薄い。殻皮は褐色である。

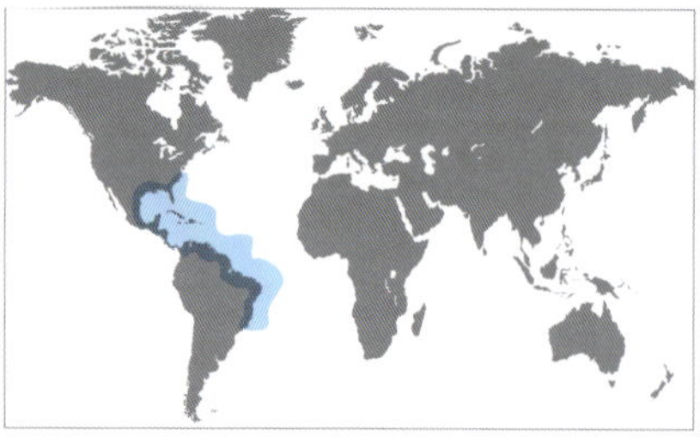

科	フネガイ科　Arcidae
貝殻の大きさ	50 〜 100mm
地理的分布	合衆国ノースカロライナ州からブラジルにかけて
存在量	ふつう
生息深度	潮間帯から水深 140m
生息場所	岩やサンゴに付着
食性	濾過食者
足糸	ある

貝殻の大きさ
50 〜 100mm

写真の貝殻
66mm

Arca zebra (Swainson, 1833)

コンドルノハガイ

ATLANTIC TURKEY WING

コンドルノハガイの殻は中型で細長く、輪郭はほぼ長方形。蝶番は長くまっすぐで、蝶番部の歯の数は 100 を超えることがある。殻頂は突出し、蝶番の反対側の殻縁には狭い足糸開口（そくしかいこう）が開く。殻表にはよく目立つ 24 〜 30 本の不規則な放射肋があり、成長脈と交差する。殻長（かくちょう）は殻高（かくこう）の 2 倍ほどである。外面は白く、紫がかった褐色の不規則な縞模様がある。殻の内面は、中央部が白く周縁は赤褐色。

コンドルノハガイは、フネガイ科の普通種で、潮間帯や浅海の岩の下面やサンゴの枝に足糸で付着している。白い殻に紫がかった褐色の特徴的なジグザグ模様があり、七面鳥の翼に似ているため、Turkey Wing（七面鳥の翼）という英語名がつけられている。若い貝はたいてい色彩が鮮明だが、成長に伴って色が褪せる。他のフネガイ類と同様、外套膜に光を感受する小さな眼点（がんてん）があり、光強度の変化や陰に反応する。コンドルノハガイはベネズエラでは重要な食料源となっている。

近縁種

ワシノハガイ *Arca navicularis* Bruguière, 1789 とタマズサガイ *Trisidos tortuosa* (Linnaeus, 1758) は、ともに紅海からインド西太平洋に広く分布する。ワシノハガイはコンドルノハガイより小さいが、よく似た殻をもち、沿岸住民によって採取されて食用にされる。タマズサガイの殻はコンドルノハガイより大きく、より強く側扁し、さらに殻の中ほどで長い蝶番を中心にして捩じれている。

実物大

科	フネガイ科　Arcidae
貝殻の大きさ	35 〜 80mm
地理的分布	紅海からインド西太平洋にかけて
存在量	ふつう
生息深度	潮間帯から水深 25m
生息場所	足糸で岩やサンゴに付着
食性	濾過食者
足糸	ある

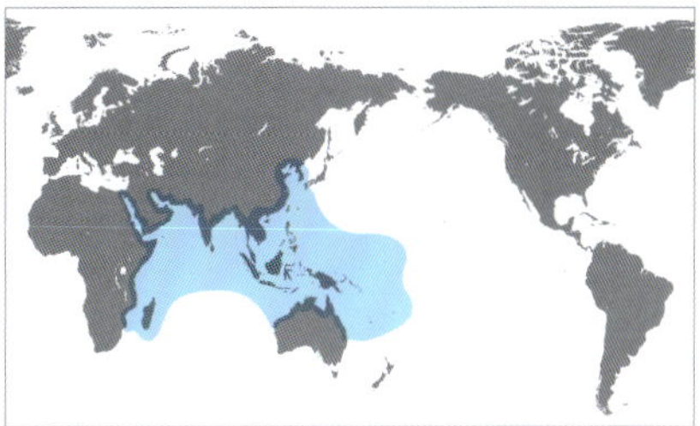

貝殻の大きさ
35 〜 80mm

写真の貝殻
74mm

Barbatia amygdalumtostum (Röding, 1798)

ベニエガイ

ALMOND ARK

ベニエガイは、フネガイ類の普通種で、浅海の岩の割れ目や岩の下に頑丈な足糸で付着して生活する。分布域が広く、紅海から南はマダガスカルまでインド洋全域に渡って分布し、さらに西太平洋にも生息する。若い貝の殻には、白い殻頂から放射状に伸びる 2 本の白い条紋（じょうもん）があるが、この模様は大きく育った貝では不鮮明になる。他のフネガイ類と同様、殻皮は厚く多数の毛を備える。左右の殻は大きさが異なり、貝が利用できる生息空間の形によって殻の形が変わる。

ベニエガイの殻は中型でいくぶん側扁し、輪郭は長方形に近い。殻頂は低く、前縁近くにある。交板は白っぽく、多くの小さな歯をもつ。殻の腹縁と背縁がほぼ平行で、前縁と後縁は丸い。放射肋と同心円状の線が交差し、殻表に多数の顆粒を形成する。殻の外面は赤褐色で、多数の毛で覆われた褐色の殻皮に覆われる。殻の内面は白く、紫がかった褐色に染まる。

近縁種

地中海およびマデイラ諸島に産する *Barbatia clathrata* (Defrance, 1816) は、貝殻が非常に小さく、殻表には放射肋と輪肋があり、それらが交差するところに顕著な瘤（こぶ）が形成される。メキシコからペルーにかけて生息するダイオウサルボウガイ *Anadara grandis* (Broderip and Sowerby I, 1829) は、フネガイ科の中で最も大きな殻をもち、長さ 150mm に達する。この貝は食用にされており、養殖対象種となる可能性がある。

実物大

科	フネガイ科 Arcidae
貝殻の大きさ	75 ～ 150mm
地理的分布	バハカリフォルニアからペルーにかけて
存在量	ふつう
生息深度	潮間帯から潮下帯浅部
生息場所	マングローブ林や泥底
食性	濾過食者
足糸	ある

貝殻の大きさ
75 ～ 150mm

写真の貝殻
121mm

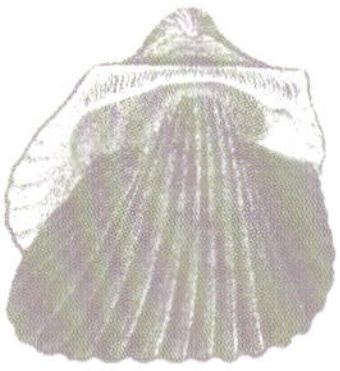

Anadara grandis (Broderip and Sowerby I, 1829)

ダイオウサルボウガイ

GRAND ARK

実物大

ダイオウサルボウガイは、フネガイ類中最大の種の1つで、最大記録は長さ156mmを超える。輪郭が丸みを帯びた三角形の非常に重い殻をもつ。先史時代から食用にされていたようで、メキシコやペルーでは、本種の殻が出土する貝塚がいくつも見つかっている。最近は大量に漁獲されている。本種の中新世の化石がカリブ海で見つかるが、現在は東太平洋だけに生息している。フネガイ科には世界で250種が知られ、その多くは暖かい海に棲む。本科は長い化石記録をもち、最も古いものは恐竜時代にまで遡ることができる。

近縁種

日本から中国に分布するアカガイ *Scapharca broughtonii* (Schrenck, 1867) は、ダイオウサルボウガイに似た殻をもつが、大きさは中型から大型で、ダイオウサルボウガイよりは小さく、形はより丸みを帯び、より多くの放射肋をもつ。この貝も食用になる。アメリカ合衆国のノースカロライナ州からブラジルにかけて生息するコンドルノハガイ *Arca zebra* (Swainson, 1833) は、殻がほぼ長方形で、長くまっすぐな交板には100個に及ぶ多数の歯が並ぶ。この貝の殻の地色は白で、紫がかった褐色のジグザグ模様がある。

ダイオウサルボウガイの殻はフネガイ科にしては大きく、厚くて重く、膨らんでいて、輪郭は背の高い斜角三角形状。殻頂は大きく突出し、殻の中央にある。交板はよく発達し、まっすぐで、約50個の歯を備える。左右の殻はほぼ同じ大きさで、後縁が前縁よりも長い。殻表には、幅が広くて平たく強い放射肋が約26本ある。殻は白いが、外面は茶色の厚い殻皮に覆われる。殻の内面は白磁色。

海洋は、地球の環境において重要な地位を占め、生命が誕生したところでもある。海洋を理解することは、地球環境を理解する第一歩であり、生命体としての私たち自身を理解するためにも必要不可欠である。本書は、海洋の誕生から現在までの歴史、海に棲む多様な生物とその生活にいたるまで、広範な話題をテーマごとに最新の情報に基づいて、美しい写真・明解な図表・イラスト・海底地形図とともに解説。巻末には約500項目の詳細な用語解説を付記し、海洋についての総合的な理解に役立つ「読む百科事典」！

組見本（45%）

海洋で生き残るためには、その環境に完全に適応することが求められる。それぞれの海産生物種は、それらがさらされる固有の物理的環境に対処する、それ自身の巧みなやり方を発達させた。

海洋における
生活様式

海洋の環境

鍵となる言葉

- 代謝
- 恒常性
- 外温動物
- 内温動物
- 浸透性
- 浸透圧調節

水は単純だが特異的な物質である。その注目に値する特性が、この惑星で私たちの知るような生命の豊富さと多様性の進化を可能にした。地球の歴史の最初の９割の期間、すべての生命は、完全に海洋の領域に限られていた。今日でさえ、そこに出現する生物の数と多様性は驚くばかりである。海洋は生命に必要な栄養塩類、溶解ガス、そして無機塩類を提供する。酸素が豊富であり、その表面は太陽光の途絶えることのない供給を受けている。水温は地域によって異なるものの、陸上よりずっと安定している。しかし、このような一般的には良好な条件にもかかわらず、海洋の生命は環境変化と生物学的進化および物理的挑戦と厳しい競争の世界にある。

単細胞から複雑な巨大生物までのすべての生物にとって、変化する体外の世界に対して細胞構造と化学の内的バランスを維持する能力は、生存のための第一の条件である。これは恒常性と呼ばれる過程である。海洋環境の挑戦に対抗するために進化してきた適応力は、すばらしく多様で巧妙でもある。しかしすべての種は、自分の生存の条件の最適な範囲がある。これらの限界から押し出されるとその生物はストレスを受け、正常な代謝機能は止まり、生殖はだんだんと困難あるいは不可能になる。最終的に耐性のレベルを越えると、その生物はもはや生き残ることができない。

訪れる人間を除いて最も南に生息する哺乳類のウエッデルアザラシは、かたく押し固められた海氷に小さな呼吸孔を開けておくために懸命に働かなければならない。それらの丸々とした形と厚くはれぼったい体は、厳しい南極の冬の間、それらを寒さから断熱する。

海洋のさまざまな地域の平均温度は、外洋と沿岸海域（下）の両方で比較的狭い範囲におさまる。陸上では温度はずっと極値に達し、記録上の最高温度は58℃、最低温度は−88℃である。

熱と光　海の表面の太陽光は、直接にせよ間接にせよ、海の生命のほとんどの種類にエネルギーを供給する光合成の過程に動力を供給する。上にある大気とは違って、海水は急速に光を吸収するので最上層だけが豊富なエネルギーの供給を受ける。したがって、光合成生物はこの有光層に留まるための多くの適応を発達させた。有機物に依存する従属栄養生物の大半は、同様に食物が豊富な場所で生活しなければならない。

しかしながら多くの生物は、まったく太陽光のない生活に適応している。弱光層――そこでは光のわずかな名残りがなお通過する――の下は永久に暗黒の世界である。ある生物にとっては、これは上から機械的に沈降してくる食事の間の長い飢餓の時間と、食物を探し、捕食を避け、交配相手を引きつけるための、視覚以外の感覚が強化されることを意味する。ほかの生物は化学合成細菌の近くに棲み家を見つける。それらは成長するために化学エネルギーを利用する。

海水に吸収された太陽光のほとんどは、直接熱に変換される。海洋は世界の熱－エネルギー貯蔵庫として働き、海流が海水を動かすことで気候を調節し緩和する。暑さと寒さの極値は陸上よりずっと穏やかであるが、水温はなお海洋における生命の分布にとって最も重要な調節要因のひとつである。平均温度は０～40℃までに及ぶが、海洋の90%は常に５℃以下である。ほとんどの海産動物は外温的（冷血的）で、体温をまわりから得ていて、それゆえにいかなる温度変化にも直接影響を受ける。それらは普通狭い耐性の限界を持ち、それで特定の緯度帯もしくは水深に限られる。卵、幼生、若虫はその種の成体よりも感受性が高い傾向があるので、将来の世代の成功は気候条件と海洋の海流に大きく影響される。その海流は弱い若虫をその生存には暖かすぎたり寒すぎる海域に運ぶかもしれない。

対照的に、海産哺乳類と鳥類は内温的（温血的）である。それらの代謝は体内で熱を生み出し、外部の変動にもかかわらず一定の体温維持を可能にする。この能力は典型的にはより多くの食物とすぐれた絶縁が必要である。すべての種類の生物にとって、温度は体の細胞内の化学変化速度を強力に制御する。その結果として、熱帯海域に棲む生物は、極海域のものより早く生長し、頻繁に生殖し、一般に短く生き、活発な生活を送る。

クジラ類の多くの種は夏を食物供給の豊富な高緯度地方で過ごし、それから冬が近づくと温暖な海域に移動する。セイウチやウエッデルアザラシのような哺乳類は、きわめて厚い絶縁体を備えているので、冬の間中、地球上で最も寒冷で苛酷な環境に留まる。海水温が氷点下になると、それらの代謝は低下し、呼吸孔を開けたままにしておくために定期的に氷を割らなければならない。

温度の変異巾

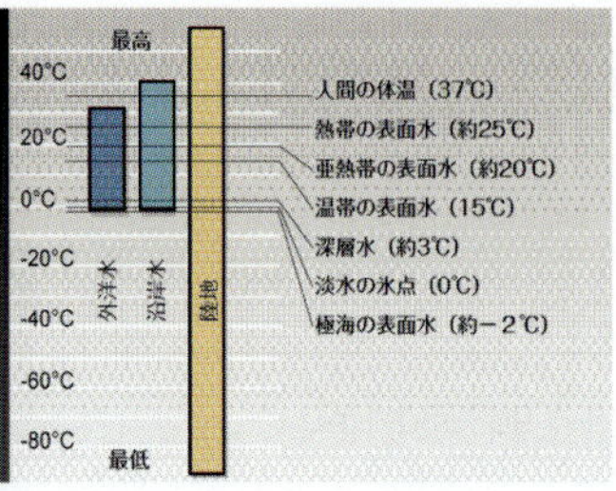

塩水への耐性　すべての生物は、
の50%以上という
でいる。海産生物の体液は、一般に海水と
解塩類を同じ比率で含んでいる。しかし、
わりより多いこともあれば少ないこともあ
それらは恒常性を維持する方法を進化させ
かった。

細胞膜は半透性で、水とほかのある分
きる。結果として、植物細胞は栄養元素を
一方で動物の代謝からの老廃物は放出でき
ら、ほとんどの細胞にある、濃度の高い液
低濃度の液体――たとえばまわりの海水―
壁を通して拡散する傾向がある。この過程
知られている。そしてそれが抑制されるこ
と、脱水と死にいたらしめることがある。

そのような生物を弱らせる浸透性は、
れる機構によって制御されている。それは
類の濃度を調節する。たとえば、海産の魚
を飲み込み、ほとんど排尿せず、余分な塩
殊な細胞から排泄する。しかし、外洋のほ
生物は、このやり方で体液を調整できない
に耐えなければならない。幸運なことに、
分濃度はきわめて安定している。

沿岸域――湾、河口、岩礁プール――
対して、塩分濃度は潮の干満ごとに劇的に
マネキ類はこのような環境で繁殖している
にいる仲間は繁殖できない。なぜならば、
高度に効率的な浸透圧調節を進化させたか

圧力への対処　海洋のあらゆる場
物理的条件は、明
水圧である。それは上層にある水柱の重さ
ｍの水深ごとに水圧は１気圧、地球表面に
の全重量による圧力と同じ単位、増加する
水圧は100気圧、深海の海溝の海底付近の
んと1000気圧となる。表面に生育するほと

このベラ類のような海産魚は体から余分な塩類を
酸素を取り出すときと同様に鰓を使う。

食の民俗世界を書きとどめるときは、今をおいてはない

食に関する民俗が豊かに伝承されていたころの〝食の民俗〟を書きとどめておかなければならない。
高度経済成長期以前の食の民俗、手のとどく過去に生きていた食の民俗世界を書きとどめるときは、今をおいてはない。
食の民俗は、それ自体にとどまることなく、この国の人びとの多様な民俗、民俗思想と深くかかわっているのである。
そして、本書に収載されたさまざまな食の民俗は、これからの日本人の〝食〟や〝生き方〟などに多くの示唆を与えてくれるにちがいない。

●近畿大学名誉教授
野本寛一

本書の特色

- 約300項目、図版400点以上の読み・楽しむ事典
- 食素材の栽培・獲得・収集などに関する民俗の記述が充実
- 民俗のリアリティを重視する点から、伝承地・伝承者の氏名・生年などをできる限り明記
- 執筆者の直接的な聞きとりや観察を重視
- 食素材や調理・食法に限らず、年中行事、人生儀礼、設備、食器など食にかかわる諸民俗にも言及
- 専門的な語彙を避けたわかりやすい記述
- 巻末に食物・食法索引、食とその周辺民俗索引、素材の獲得方法索引付き

続刊予定

二 「住（すまい）の民俗事典」（森 隆男 編）
三 「衣（ころも）の民俗事典」（「衣の民俗」研究会 編）

食 その伝承を未来に繋ぐ

Ⅴ 食とその関連民俗

1 **食と信仰**（食の神々、竈神など）
2 **人生儀礼と食**（出産と餅、葬儀の餅、白蒸しなど）
3 **年中行事と食**（年とり餅と雑煮、年とり魚、小正月、初午、亥の子、エビス講など）
4 **食と場**（祭りと直会、浜下り、溝掘り・堰づくり・池浚え、サビラキ・サナブリ、漁撈と食など）
5 **食の流通**（鯖街道、塩の道、市と門前、行商など）
6 **食にかかわる設備と用具**（臼、箕、篩、井戸、囲炉裏、竈、甕、地下ムロ、茶碗、箸など）
7 **食の民俗拾遺**（食事の回数、救荒食物、饐え飯の復活、水餅の蘇生、獣骨・魚骨など）

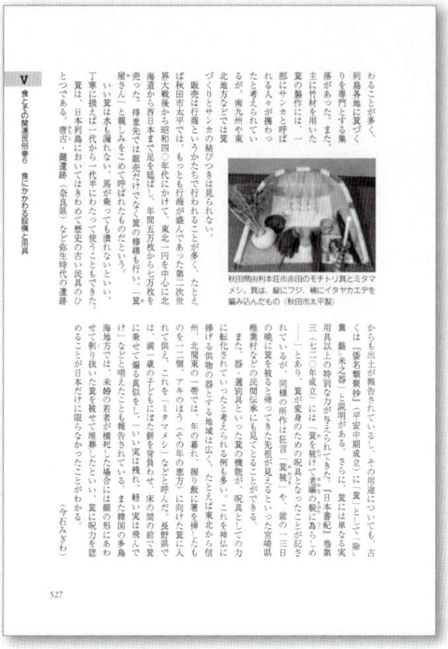

秋田県由利本荘市赤田のモチトリ箕とミタマメシ。箕は、縁にフジ、横にイタヤカエデを編み込んだもの（秋田市太平製）

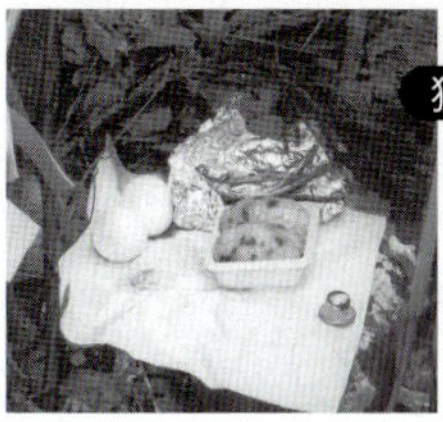

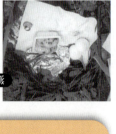

狼に手向けられた供物
岩手県上閉伊郡大槌町

味噌たまりをとった道具
宮崎県東臼杵郡椎葉村下福良

コラム

旬と自然暦
穀物と民謡
食のことわざ
食い合わせの伝承
北原白秋と食の民俗
弁当と携行食品
宮沢賢治と食の民俗
長塚節と食の民俗
民間薬・病人と食
鍋と丼
中野重治と食の民俗
修験道と食物
昔話と食
トレイ以前
葉包みの食物
遊びと食
東海道の名物食と民俗土壌
落穂拾いとツボ餅
膳椀講の消滅
町屋の暮らしと季節食
贈答とトシノミ
土産と裾分け
狼・狐の祭りと食
主婦権の譲渡

執筆者（五十音順）

赤羽正春　谷阪智佳子
飯田辰彦　田村　勇
池田哲夫　太郎良裕子
板橋春夫　土田　拓
市川秀之　筒江　薫
井筒桃子　寺田一雄
伊藤高雄　當間一郎
伊藤良吉　富山　昭
今井敬潤　内藤正敏
今石みぎわ　永澤正好
岩城こよみ　中村羊一郎
遠藤由美子　野地恒有
大友義助　野村史隆
大村和男　野本寛一
岡　恵介　萩原左人
小川直之　橋都　正
加藤幸治　花部英雄
金田久璋　菱川晶子
亀井千歩子　日比野光敏
川合正裕　藤井弘章
川島健二　増田昭子
川島秀一　松岡元気
川野和昭　三国信一
岸本誠司　三石　学
木村裕樹　森　隆男
胡桃沢勘司　八木洋行
小池和貴　安室　知
櫻井弘人　山﨑彩香
佐々木長生　山田英之輔
鈴木秋彦　山本志乃
関　章人　吉川雅章
髙橋　正　義永忠孝
立花弘資

民俗学や食文化、日本人の食に関心のある方々に広くおすすめします。

民俗学、文化人類学、歴史学、文学、食物学などの研究者、料理研究家、食品関係者、学校図書館・公共図書館

食 その伝承を確かに記録する

Ⅰ 食素材とその獲得

1 栽培（穀類、豆、芋、根菜、蓮、葱、瓜、果実など）
2 採集（栗や栃などの堅果類、山芋などの根茎類、山菜、茸、昆虫など）
3 漁撈（鹹水魚、淡水魚、渓流魚、河川遡上魚、貝類、海藻など）
4 狩猟（猪、鹿、雉子、鴨など）
5 家畜・家禽（山羊、鶏など）

盆の供物
滋賀県蒲生郡日野町中山

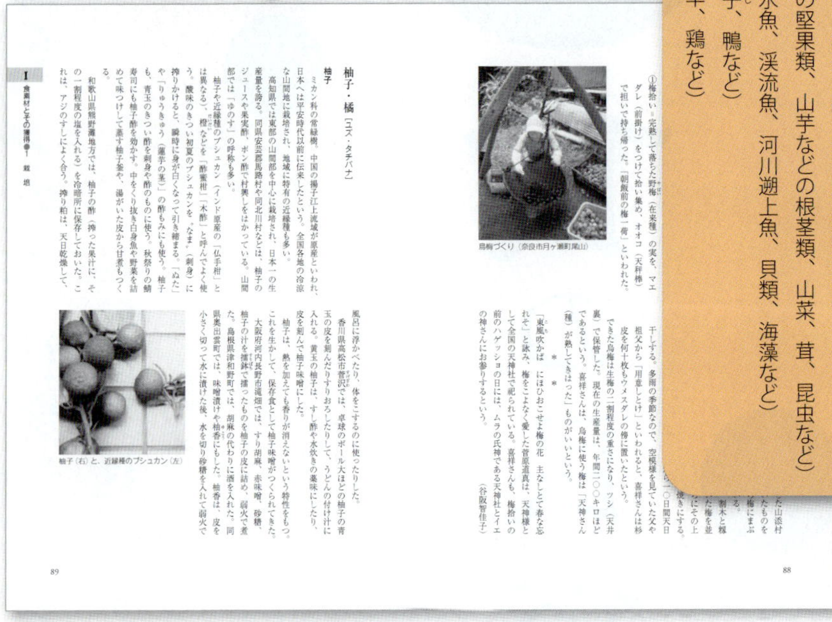

Ⅱ 調製・加工・調理

1 形状調製・調理（粒食、粉食、搗練食、麺類、粥など）
2 味つけ・調味料（塩味、酸味、甘味、香辛料、油脂、出汁、旨味など）

シトギ搗き
愛知県北設楽郡東栄町小林

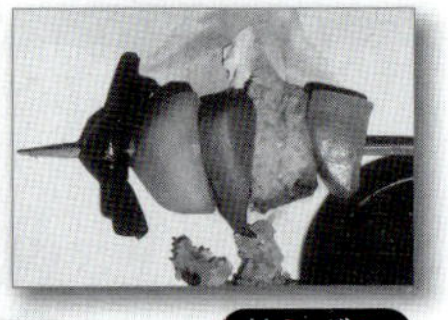
サシグシ
「修験道と食物」

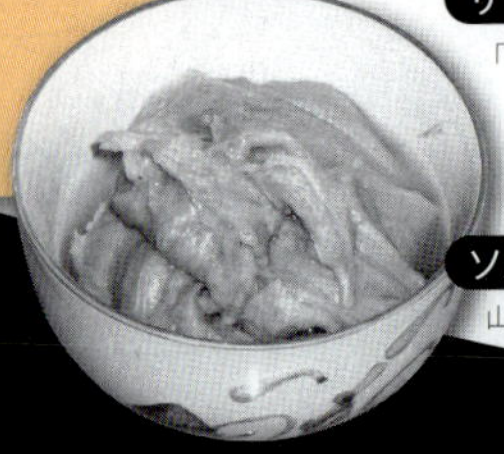
ソバネリ
山形県村山市

Ⅲ 加工・保存

1 乾燥（干物、乾物）
2 凍化（凍み餅、凍み大根など）
3 発酵（ナレズシ、嘗め味噌、納豆）
4 塩蔵ほか（漬けもの）
5 貯蔵（土中、雪中）

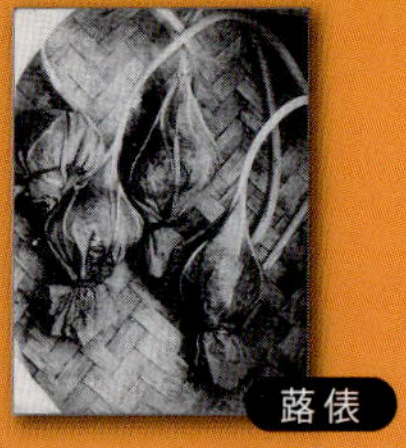
藁俵
三重県伊賀市治田

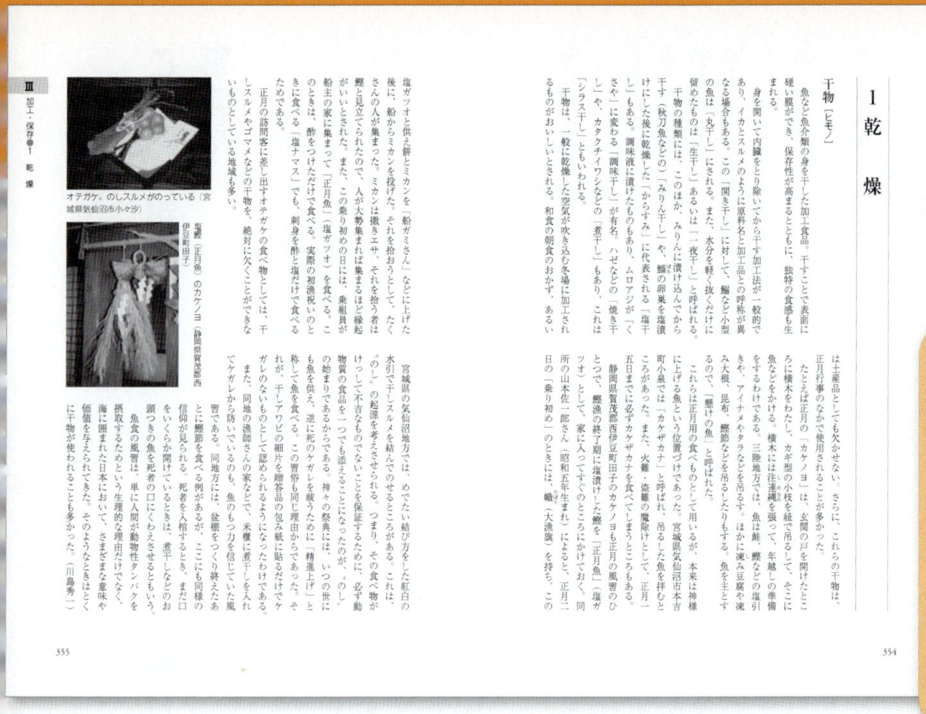

食 その伝承を自省の緒とする

柚餅子を軒下で乾燥させる
京都市右京区嵯峨越畑

柚餅子を広げ干しで乾燥させる
奈良県吉野郡十津川村

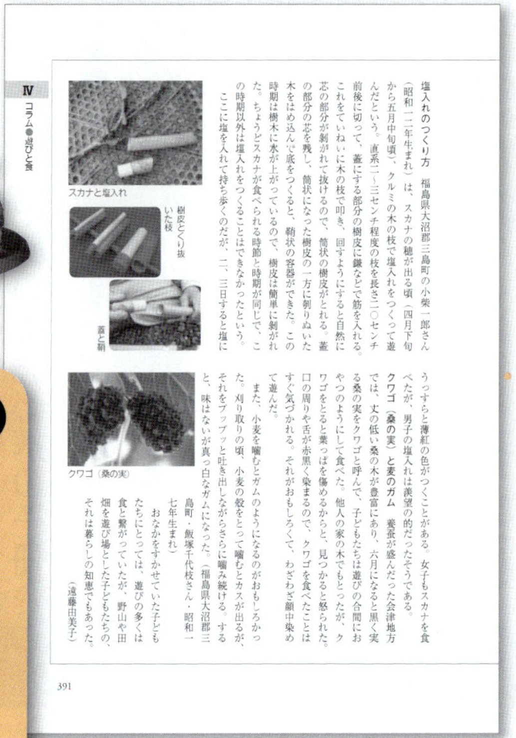

Ⅳ 嗜好品と間食

酒、茶、柚餅子、フナヤキ、ポン菓子、カキモチ、小麦饅頭、サーターアンダギーなど

サーターアンダギー
沖縄の揚げ菓子

日本人は、何を、どのように食べてきたのか――
「読む」民俗事典三部作　第一弾刊行

食の民俗事典

野本寛一 編

明治・大正・昭和――伝承者数六〇〇人
食素材、食法、食の民俗世界を、フィールドワークから初めて紡ぐ

［A5判・上製・函入り・664頁・定価：本体 15,000円＋税］
ISBN978-4-903530-51-2 C0539

柊風舎
〒161-0034 東京都新宿区上落合 1-29-7 ムサシヤビル 5F
TEL：03-5337-3299　FAX：03-5337-3290　URL：http://www.shufusha.co.jp/

これは奇蹟のような事典だ

学習院大学文学部教授 ● 赤坂憲雄

獣は喰らい、人は食べる。それゆえに、人が食べるところに文化が生まれ、民俗が育まれてきた。どんなものを食べているか、それによって、その人がどんな文化を抱いた存在であるかが知られる。だから、食の民俗を仲立ちとするとき、人とその文化は広く深く、まるごと問われることになる。

それにしても、これは途方もない歩行と思索のはてに産み落とされた、奇蹟のような事典である。野本寛一という民俗学者がいて、はじめて可能となった仕事であることは言うまでもない。ここにはたくさんの具体的な地名と、語り手の名前が登場する。

それらの人々からじかに得られた見聞や知恵や情報だけが、じつに禁欲的に集められている。こうした食の記憶の膨大なアーカイヴが民俗事典のかたちで編まれるのは、おそらく最後となるだろう。誤解を怖れずに言ってみれば、これはわれらの『美味礼讃』である。

わたしはひたすら、その厳粛な表情に打たれながら、尽きることのない食をめぐる瞑想へと導かれてゆくことにしよう。

後世への贈り物

国立民族学博物館名誉教授 ● 石毛直道

地域の産物を、伝統的な料理法で食べるのが主流であった民衆の食事が、おおきな変化をとげたのが20世紀後半である。後世の人びとは、それは日本人の食生活の歴史における大変革の時代にあたると位置づけるであろう。

21世紀の現在になると、民衆の伝統的な食を体験した人の数もすくなくなり、食の民俗伝統が消滅しかけている。全国各地での農業、漁労、狩猟、採集などによる食材の獲得法にはじまり、その伝統的な食べ方や、調理道具や食器、行事食の慣行などの民俗にいたるまで、高齢者の聞き書きにもとづきながら解説したのが、この事典である。写真もふんだんに使用されている。調べるための事典としての利用のほか、読む事典としても楽しめる。

かつての食の伝承者がすくなくなった現在は、このような事典編纂の最後の機会である。それは後世の人びとへの贈り物でもある。

民俗学・食文化論のための生涯必携の一冊

東京農業大学名誉教授 ● 小泉武夫

「民俗学」に関する著書は歴史上極めて多く、また現代でもさまざまな視点からこれを解説している専門書も少なくない。

しかし、これまでの多くの書物は、「民俗学」という領域があまりにも広範囲なため、そこに展開されるさまざまな事象を論じるには、広く浅くといった、いわゆる総論的論法を取らざるを得なかった。

ところが本書『食の民俗事典』は、日本人の「食」の周辺に漂よう民俗文化のみに絞って編成されているので、食に係るあらゆる伝統的な生活文化や民間伝承、さらには伝承文化を全て網羅しているので、盤石そのものなのである。

そのため本書は、日本人の食に伴なう生活文化の歴史は勿論、食に係わる知恵や工夫、発想などがさまざまな視点から解決されていて、とても理解しやすいのである。またこのような民俗学からの食文化大系は、これまでほとんど世に出されていなかったので、待望の一冊ということができる。

民俗学のみならず、食文化論にも興味を抱く方々にもぜひお奨めできる生涯必携の一冊である。

■書店名

■注文書

食の民俗事典　定価：本体 15,000円＋税
ISBN978-4-903530-51-2 C0539
冊　申し込みます

お名前

ご住所

柊風舎（しゅうふうしゃ）
〒161-0034 東京都新宿区上落合 1-29-7 ムサシヤビル 5F
TEL：03-5337-3299　FAX：03-5337-3290　URL：http://www.shufusha.co.jp/

者】
リク・ストウ（Dorrik Stow）
サウサンプトン大学　海洋地球科学学部・海洋研究センター教授。専門は堆積学・海洋地質学・石油地質学。特に深海堆積物に関する研究は、世界的に高く評価されている。

者】
野一男
茨城大学理学部教授　理学博士
専門・地質学
野 浩
茨城大学理学部教授　理学博士
専門・動物分類学

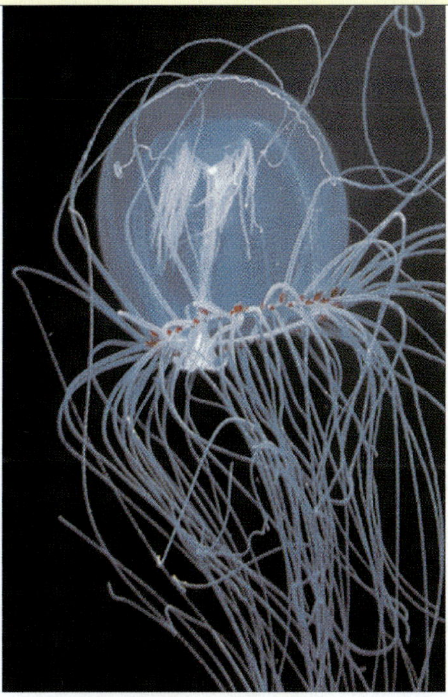

ては、これらの圧力は破滅的なものであろう。実際、19世紀の海洋生物学者は、深海は棲むのに適さないため生物はいないに違いないと一般に信じていた。

もちろん今では、豊富で多様な生物の群集が深海底に生息していることを私たちは知っている。一体、いかにしてこれが可能なのだろうか？ 事実、その説明は本当にまったく簡単である。というのは、高度に圧縮性があるのは、気体であって液体ではないということである。したがって、深海の生き物は主に水からなり、気体をまったく含まない、そしてそれらが棲んでいる場所の厳しい水圧は明らかに問題にはなっていない。しかしながら、表層で生活し、それから食物を求めて深層に潜ることのできる魚類やクジラ類には、かなり特殊な適応が必要である。

海洋で生活するうえでの最高の適応のひとつはその環境と一体になることである。たとえば、クラゲ類の95%は水でできている。

参照項目

塩、太陽、海水準
なぜ、海は塩辛いのか　66–69
熱、光、音　70–71
海洋の層状構造　72–73

複雑な群集
海洋の生息場所　194–95

173

主要目次

序　章　海の開拓者／海の魅力／発見のための大航海／海洋科学の先駆者／現代の海洋学研究

海洋のしくみ

第１章　**運動するプレート**（16項目）
海の惑星／プレートテクトニクスと時間／海洋の背骨／衝突とすべり／過去の海洋

第２章　**パターンとサイクル**（16項目）
山頂からトラフまで／陸が海に出会うところ／海洋底のパターン／海底谷・斜面・扇状地／島の一生

第３章　**塩、太陽、海水準**（16項目）
なぜ、海は塩辛いのか／熱、光、音／海洋の層状構造／海面の上昇と降下

第４章　**静かに、すみやかに、そして強く**（20項目）
波に乗る／潮汐のリズム／巨大な表層流／深海の静かな循環／海洋と気候

第５章　**海洋に秘められた富**（14項目）
石油とガス／再生可能な海洋エネルギー／海から得られる鉱物

海洋底地形図（10図）
大西洋／インド洋／太平洋／極洋

海洋における生命

第６章　**進化と絶滅**（13項目）
生命の開花／歴史的な展開／大量絶滅

第７章　**生命の網目**（19項目）
生命の多様性／循環、網目、そして流れ／植物プランクトンの世界／動物プランクトン／藻類の海中林

第８章　**海洋における生活様式**（22項目）
海洋の環境／水中での運動／高度化した感覚／生計を立てる／性の出会い

第９章　**複雑な群集**（20項目）
海洋の生息場所／海岸線の生物群集／湿地／サンゴ礁／外洋／深海底

第10章　**脆弱な環境**（18項目）
生きている資源／海洋汚染／生息場所の破壊

結　論　未来への挑戦／気候変動／新しい地球規模の知識／私たちの共同遺産

用語解説（約500項目）
参考文献／図版出典
索引（約2200項目）

推薦の言葉

（50音順）

次代を担う子供たちの理科教育の副教材

京都大学総合博物館 教授　**大野照文**

私たち人類にとって解決しなければならない最大の課題は、地球環境問題への取り組みでしょう。地球温暖化、地球規模での水不足や食料不足、資源の枯渇、熱帯雨林の消失や産業廃棄物による環境破壊や海水の汚染といった問題を解決するには、まず地球とは何かを知ることが大切です。そして、これらのことを考えるうえで地表の３分の２以上を占める海を無視することはできません。地球上の水の98%は海水で、そこには陸上の動植物の３倍の生物が棲んでいます。また、海水には二酸化炭素を吸収したり、地球規模で気候を調整したりするはたらきがあります。本書では、そのような海の成り立ち、海水の動き、海の生物の生態などが、全ページに美しいカラーの図や写真を使って解説されています。次代を担う子供たちの理科教育の副教材として、理科クラブの参考書として、活用できるでしょう。学校や地域の図書館にぜひ１冊そろえたい本として推薦いたします。

海に対する見方や理解の仕方へのヒント

東京大学海洋研究所 教授　**宮崎信之**

地球は約45億年前に形成され、地球上の生命は35億年以上前に海で誕生した。この海は、私たちにとって宇宙よりは身近であるが、未知で不思議なことが多く、大変魅力的な世界である。ヒトはさまざまな進化の過程を経て、約700万年前に猿の系統から分かれ、地球に出現した生物である。この恵まれた地球の環境のなかで、人々はチタン、タングステンなどの希少鉱物資源、石油や天然ガスなどのエネルギー源、沿岸から外洋に分布するさまざまな魚介類を利用してきた。

しかし、ヒトの個体数が増加し、その生産活動が盛んになるにつれ、地球環境を悪化させるようになった。化石燃料の使用が高まることによって、地球温暖化が指摘されるようになり、その対策が緊急の課題として世界の人々に認識されるようになってきた。また、漁業による乱獲や沿岸開発による海洋生物のハビタットの破壊などにより海洋生物の種類や個体数を減少させてきた。さらに、人工有害化学物質による海洋汚染が生物の生理的なバランスを乱したり、ウイルスなどに対する抵抗力を低下させたりして生物の繁殖や生存に深刻な影響を与えるようになった。海を守ることは私たちの生活や健康に密接に関係しているにもかかわらず、海で起きている現象に対する知識は限られており、しかも幅広い分野にわたるため、海のことを総合的に理解することは困難であった。

本書の前半部では地質学的な特徴について最新の情報を含めて分かりやすく解析している。後半部では、生命の起源、生物の進化、生物相互関係、生物多様性、海の環境など、現在、生物が直面している諸問題を最新の情報をもとに記述している。海には進化の過程を経てさまざまな形態をした生物が沿岸から外洋、さらには表層から数千mを超える深海まで生息しており、極めて多様性に富んでいる。この複雑な生物の世界を理解していくには、有効な視点が必要である。本書では、さまざまな生物グループの特徴を具体的に紹介しながら、海の生物の相互関係をバランスよく紹介している。最後の結論では、生物多様性の保護、環境保全、気候変動への取り組み、海の利用や管理など、私たちの共同遺産である海の未来を守るための基本的な理念を述べている。

これまで海に関する書物は数多く出版されているが、海に関する最新の科学的な知見をもとに広い視野から系統的にまとめた書物は少ない。著者は、これまで蓄積されてきた海に関する知識をユニークな視点で整理し、読者に海を総合的に紹介することに果敢に挑戦し、見事に成功を収めているといえる。訳者はフィールド経験が豊富で海洋動物全般に精通した専門家でもあり、分かりやすく翻訳していることから、大変読みやすい本に仕上がっている。本書はただ単に海の知識を網羅しているだけでなく、海に対する見方や理解の仕方にもヒントを与えてくれることから、地球惑星科学、地質学、生物学、環境学の高等学校や大学の教科書の副読本として、また一般の人々向けの啓蒙書としても、是非、利用して頂きたい書物のひとつである。

科	ヌノメアカガイ科　Cucullaeidae
貝殻の大きさ	60 〜 120mm
地理的分布	東アフリカから日本およびオーストラリアにかけて
存在量	ふつう
生息深度	水深 5 〜 250m
生息場所	砂底や泥底
食性	濾過食者
足糸	成貝にはない

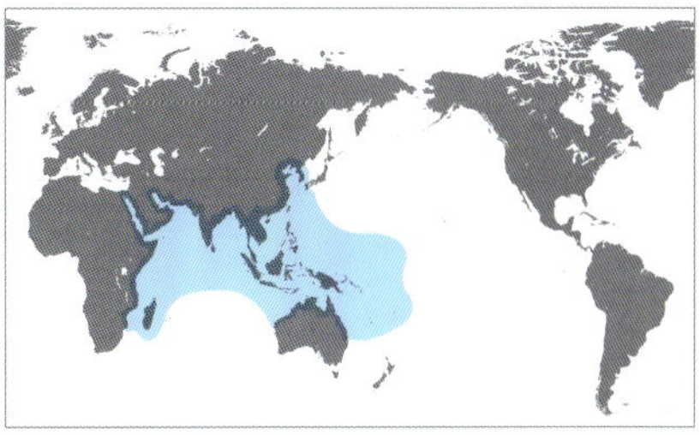

貝殻の大きさ
60 〜 120mm

写真の貝殻
98mm

Cucullaea labiata (Lightfoot, 1786)

ヌノメアカガイ

HOODED ARK

ヌノメアカガイ科はジュラ紀まで遡ることができる長い化石記録をもつが、現生種はこのヌノメアカガイのみである。本科は、蝶番の構造や、殻の内側に後閉殻筋（こうへいかくきん）の付着場所となる大きな突起があることで、近縁のフネガイ科と区別することができる。ヌノメアカガイは大きな二枚貝で、体の前端を下に向けて砂底や泥底に棲む。幼貝は足糸をもつが、成貝になると足糸は消失する。

近縁種

近縁のフネガイ科、とくにリュウキュウサルボウ属 *Anadara* の貝の中には、サルボウガイ *Anadara subcrenata* (Lischke, 1869) のように、一見ヌノメアカガイに似たものがいる。サルボウガイは日本から中国にかけて分布し、その貝殻はヌノメアカガイより小さくて短く、殻表には平たく強い肋をもつ。しかし、そのまっすぐな蝶番や大きく目立つ殻頂がヌノメアカガイを彷彿させる。

ヌノメアカガイの殻は大きく、薄いが堅固で、膨らみ、四角形から三角形状。殻頂は高く突出し、長くまっすぐな蝶番の中央近くにある。蝶番部には中央部に小さな歯、両側にはそれらよりやや長い歯が並ぶ。殻表には 100 を超える細い放射肋と輪肋がある。殻の内側にある湾曲した突起は、後閉殻筋が付着する場所である。殻の外面は紫がかった小麦色で、黄色っぽい殻皮に覆われる。殻の内面は紫で縁は白い。

実物大

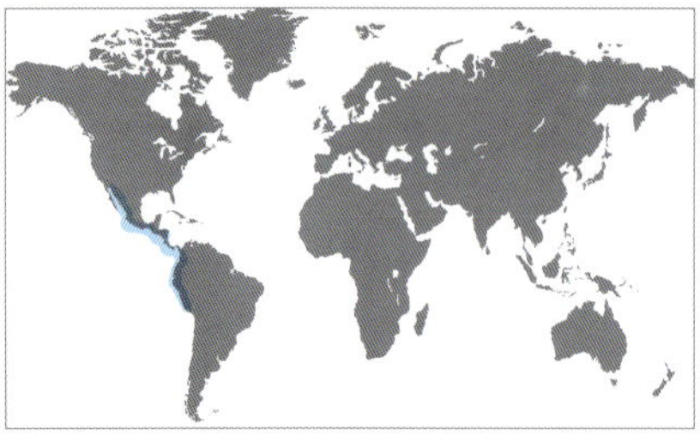

科	タマキガイ科　Glycymerididae
貝殻の大きさ	25 ～ 40mm
地理的分布	カリフォルニア湾からペルーにかけて
存在量	ふつう
生息深度	水深 4 ～ 24m
生息場所	軟質底
食性	濾過食者
足糸	成貝にはない

貝殻の大きさ
25 ～ 40mm

写真の貝殻
37mm

Glycymeris inaequalis (Sowerby I, 1833)

アラスジウチワガイ

UNEQUAL BITTERSWEET

アラスジウチワガイは、カリフォルニア湾からペルーにかけて生息する普通種で、沖合の泥底や砂底に棲む。タマキガイ科の他種同様、若い貝は足糸で他物に付着するが、成貝は自由生活を送る。タマキガイ属の大型種のいくつかは食用に漁獲され、その味から、タマキガイ科の貝は英語では通称、Bittersweet Clam（ほろ苦く甘い二枚貝）と呼ばれる。タマキガイ科には世界で約 50 種の現生種が知られ、極域と深海を除き広く分布する。この科の化石記録は白亜紀まで遡ることができる。

近縁種

カリフォルニア湾からメキシコのアカプルコまでの限られた海域に生息するオオタマキガイ *Glycymeris gigantea* (Reeve, 1843) は、タマキガイ科最大の種の 1 つで、なかには殻長が 100mm を超えるものもいる。ノースカロライナ州からテキサス州にかけて分布するアメリカタマキガイ *Glycymeris americana*（Defrance, 1826）は、ひょっとするとタマキガイ科中最大で、この科の貝にしては長い蝶番をもつ。

アラスジウチワガイの殻は中型で、厚くて硬く、輪郭は丸みを帯びた斜角三角形状。殻頂は小さく、後方に曲がる。蝶番は湾曲し、歯がアーチ状に並ぶ。左右の殻はほぼ同形同大。殻表には 10 本ほどの強い放射肋と多くの放射細肋があり、それらが弱い成長線と交差する。放射肋は貝殻の中央のものが最も強い。殻の外面は白く、多少ジグザグになった褐色の色帯が並ぶ。殻の内面は白磁色。

実物大

科	タマキガイ科　Glycymerididae
貝殻の大きさ	12 ～ 110mm
地理的分布	合衆国のノースカロライナ州からテキサス州
存在量	希少
生息深度	潮間帯から水深 50m
生息場所	砂底
食性	濾過食者
足糸	成貝にはない

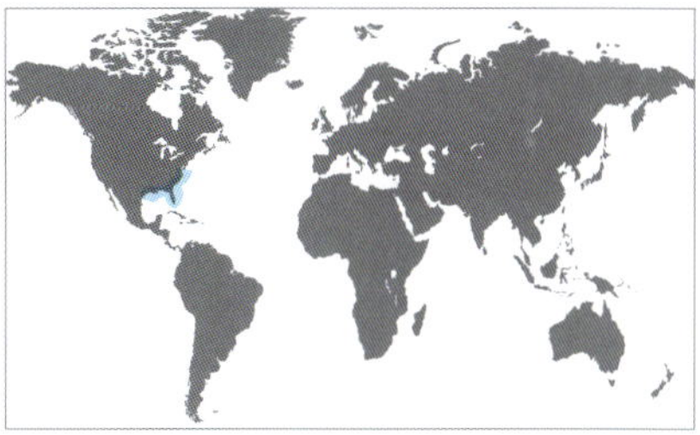

貝殻の大きさ
12 ～ 110mm

写真の貝殻
57mm

Glycymeris americana（Defrance, 1826）

アメリカタマキガイ

GIANT AMERICAN BITTERSWEET

アメリカタマキガイは、タマキガイ科の最大種の1つで、アメリカに生息するタマキガイ類の中では最大である。少産から希産で、比較的浅い海で見つかることが多い。貝殻は丸く、やや側扁し、放射肋および放射細肋がある。タマキガイ科には穴掘りの能力が低いと思われる貝がいるが、本種もそうで、砂底の表面直下に棲んでいる。夜間に活動すると考えられている。大多数のタマキガイ類は円形から卵形の殻をもち、なかには滑らかな殻をもつものもいるが、たいていは殻表に強い放射肋がある。また、殻の腹縁にぎざぎざがある。

実物大

近縁種

ノルウェーからカナリア諸島および地中海にかけて分布するホンタマキガイ *Glycymeris glycymeris*（Linnaeus, 1758）は、タマキガイ科およびタマキガイ属のタイプ種である。この貝の身は美味で、とくにフランスでよく食べられている。カリフォルニア湾からペルーにかけて分布するアラスジウチワガイ *Glycymeris inaequalis*（Sowerby I, 1833）は、普通種で、アメリカタマキガイより小さく、輪郭が丸みを帯びた斜角三角形状で強い放射肋のある殻をもつ。

アメリカタマキガイの殻はタマキガイ科のものにしては大きく、厚くて硬く、側扁し、輪郭は円形。殻頂は小さく、蝶番の中央付近にある。交板は幅広く、交歯（こうし）がゆるやかな曲線を描いて1列に並ぶ。左右の殻は同形同大で、長さのほうが高さよりわずかに長い。殻表にはやや弱い放射肋があり、放射肋上には放射細肋（さいろく）が並ぶ。殻の腹縁には、細かいが顕著なぎざぎざがある。殻の外面は灰色がかった小麦色で、黄褐色の斑紋がある。殻の内面は白磁色。

科	シラスナガイ科／オオシラスナガイ科　Limopsidae
貝殻の大きさ	20 〜 33mm
地理的分布	日本近海
存在量	少産
生息深度	水深 100 〜 800m
生息場所	砂泥底
食性	濾過食者
足糸	ある

貝殻の大きさ
20 〜 33mm

写真の貝殻
33mm

Limopsis tajimae Sowerby III, 1914

オオシラスナガイ

TAJIMA'S LIMOPSIS

実物大

オオシラスナガイの殻は小型から中型で、厚くて硬く、側扁し、輪郭は斜めに傾いた楕円形。殻頂は小さく、殻の中央にある。交板はまっすぐで幅広く、それぞれ数個ずつの歯をもつ。左右の殻は大きさも形もほぼ同じで、長さより高さが高い。殻表はほとんど滑らかで細い成長線が刻まれるが、厚くて毛の生えた殻皮に覆われるため、成長線は不鮮明。殻そのものは外面が白で、内面は白磁色。

オオシラスナガイは、多数の毛の生えた濃褐色の殻皮をもつ。日本および台湾の沖合の水温の低い深海に棲み、砂泥底の表面やごく浅い所に埋もれて生活している。小さな足糸で貝殻片や小石に付着する。足糸の付着力が弱く、海底に潜る力も乏しいため、簡単に外れて海底に転がってしまう。水管も触手もないが、外套膜の縁に眼点をもっている可能性がある。世界には約 25 種のシラスナガイ科の現生種が知られ、多くは寒帯や温帯の深海に棲む。この科の化石記録は白亜紀まで遡ることができる。

近縁種

アメリカ合衆国マサチューセッツ州からフロリダ州にかけての大西洋およびメキシコ湾に分布する *Limopsis cristata* Jeffreys, 1876 は、殻の輪郭がほぼ円形で、淡黄色の薄い殻皮に覆われた非常に小さな貝殻をもち、一見、小型のタマキガイ類のように見える。バハカリフォルニアからパナマにかけて生息する *Limopsis panamensis* Dall, 1902 は、多数の毛の生えた殻皮に覆われた、やや膨らんだ小さな卵形の殻をもつ。この貝も深海に棲むが、局所的に多産する。

科	イガイ科 Mytilidae
貝殻の大きさ	25 ～ 63mm
地理的分布	合衆国マサチューセッツ州から中央アメリカ
存在量	ふつう
生息深度	潮間帯から水深 0.6m
生息場所	岩などに足糸で付着
食性	濾過食者
足糸	ある

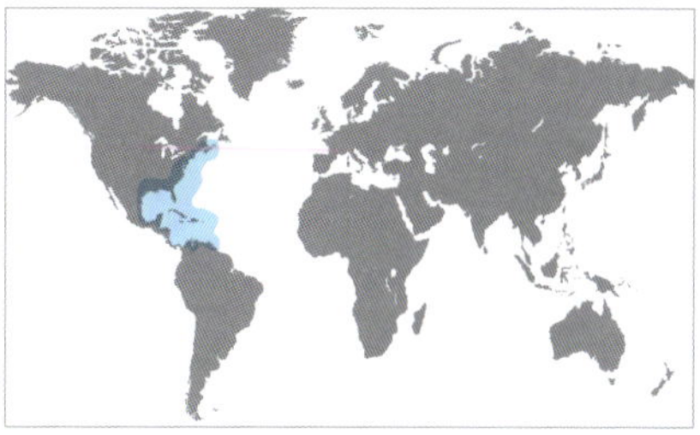

貝殻の大きさ
25 ～ 63mm

写真の貝殻
47mm

Ischadium recurvum (Rafinesque, 1820)

ソリカエリイガイ

HOOKED MUSSEL

ソリカエリイガイは、表在性（ひょうざい）イガイ類の 1 種で、河口域のカキ礁にふつうに見られ、足糸で岩や貝殻に付着している。アメリカイリエヒバリガイ *Brachidontes exustus* (Linnaeus, 1758) などの他のいくつかのイガイ類より低い塩分濃度に耐えることができる。本種より大きく、より多産するイガイ類の多くは商業目的で漁獲されている。イガイ類はたいてい表在性で、足糸で他物に付着して生活するが、なかにはサンゴ礁や石灰岩に穴をあけて棲み込むものもいる。正確な種数については専門家の間でも異論があり、イガイ科の現生種の数は 250 ～ 400 の間と考えられる。世界のあらゆる海域に分布し、潮間帯から深海までさまざまな深度に生息する。イガイ類の最も古い化石はデボン紀のものが知られる。

ソリカエリイガイの殻は中型で硬く、やや膨らむ。輪郭は三角形で、前方が強くかぎ形に曲がる。殻頂は殻の前端にあり、交板は狭く、3、4 個の小さな歯を備える。左右の殻はほぼ同形同大で、殻表には高く盛り上がった細い放射肋がある。放射肋は同心円状の成長線と交差し、殻の後縁付近では枝分かれする。殻の外面は青みがかった黒から、周縁部では栗色になる。殻の内面は紫がかり、白い縁取りがある。

近縁種

インド太平洋の熱帯域に産するクジャクガイ *Septifer bilocularis* (Linnaeus, 1758) の殻は、大きさや形、殻表の彫刻もソリカエリイガイに似ているが、それほど強くかぎ形に曲がらない。カナダ東海岸からアメリカ合衆国フロリダ州にかけて生息するスジヒバリガイ *Geukensia demissa* (Dillwyn, 1817) もソリカエリイガイに似ているが、貝殻の幅がより広く、前端がそれほど尖らず、殻の色が黄色から褐色である。

実物大

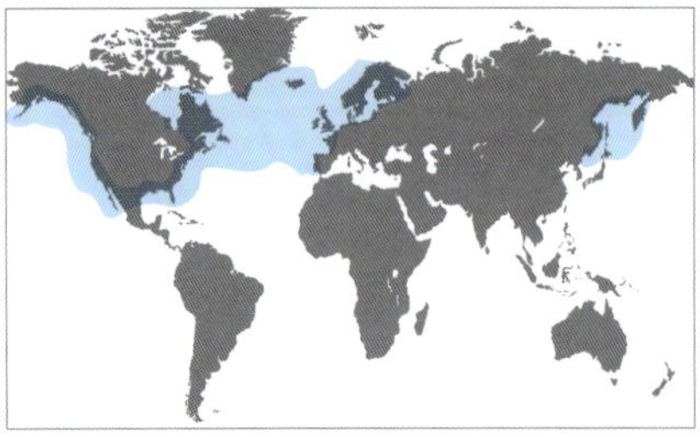

科	イガイ科　Mytilidae
貝殻の大きさ	50 〜 160mm
地理的分布	北半球の亜寒帯海域；アメリカ合衆国
存在量	多産
生息深度	潮間帯から水深 40m
生息場所	足糸で岩に付着
食性	濾過食者
足糸	ある

貝殻の大きさ
50 〜 160mm

写真の貝殻
76mm

Mytilus edulis Linnaeus, 1758

ヨーロッパイガイ

COMMON BLUE MUSSEL

実物大

ヨーロッパイガイは、種小名の *edulis*（食べられる）が示すように食用になり、何世紀にも渡り、とくにヨーロッパで食用に採取されてきた。ヨーロッパでは今でも非常によく食べられていて、自然集団から採取されるだけでなく養殖も行われている。分布域が広く、ヨーロッパのみならず西大西洋および太平洋の北部海域の硬い基質のある海岸ならどこでも見られる。潮間帯に生息するものは、それより深い所にいるものに比べて小型である。群棲し、密度が高い所では 1㎡あたり 1000 個もの貝が強靭な足糸でしっかりと岩に付着している。

近縁種

アラスカからメキシコにかけて分布するカシュウイガイ *Mytilus californianus* Conrad, 1837 は、最も大きなイガイ類の 1 種で、250mm 以上に成長する。ヨーロッパイガイ同様、食用にされる。インド西太平洋原産のミドリイガイ *Perna viridis* (Linnaeus, 1758) は、外来種として各地に分布を広げ、今では世界に広く分布している。最近、アメリカ合衆国のフロリダ州でも移入が確認されたが、おそらくバラスト水とともに持ち込まれたと考えられる。

ヨーロッパイガイの殻は中型から大型で、硬く、輪郭はほぼ三角形で後縁は丸い。殻頂は殻の前縁にあり、蝶番部には細かいぎざぎざがいくらか見られるが、歯はない。殻表には同心円状の細い線が並ぶ。殻の外面は褐色からほとんど黒で、光沢のある黒っぽい殻皮に覆われる。殻の内面には真珠光沢があり、濃い紫あるいは青の幅広い縁取りがある。

科	イガイ科 Mytilidae
貝殻の大きさ	50 〜 115mm
地理的分布	カナダ東海岸からメキシコ湾にかけて
存在量	ふつう
生息深度	潮間帯から潮下帯浅部
生息場所	塩性湿地や海草の周辺など
食性	濾過食者
足糸	ある

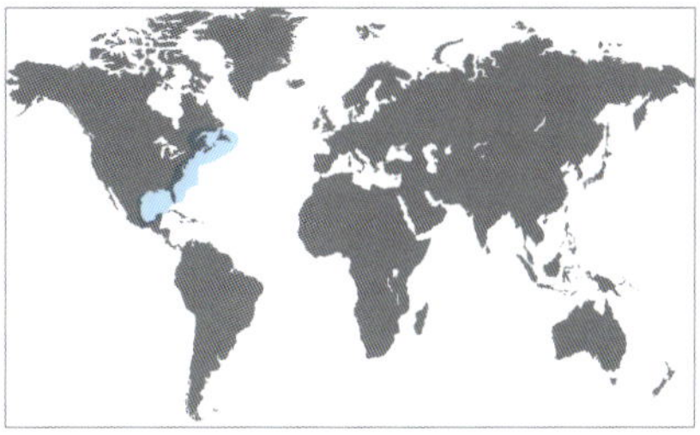

貝殻の大きさ
50 〜 115mm

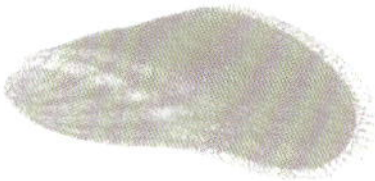

写真の貝殻
77mm

Geukensia demissa (Dillwyn, 1817)

スジヒバリガイ

ATLANTIC RIBBED MUSSEL

スジヒバリガイは、干潟潮間帯で岩や他のイガイ類に足糸で付着して砂や泥に埋もれて生活しており、ヒガタアシ *Spartina alterniflora* の根の周辺でよく見つかる。わずかに汚染された場所でよく育つように思われる。密度の高い二枚貝床(しょう)を形成し、1m^2あたり 10,000 個の貝が群棲していることがある。深い所のほうが殻の成長速度が速いが、そこでは捕食者にさらされる時間も長くなるため死亡率も高くなる。生息密度が高いので、生態学的に重要な種だと思われる。本種は 1880 年代に、養殖のために持ち込まれたバージニアガキ *Crassostrea virginica* (Gmelin, 1791) とともに、意図せずカリフォルニアにも移入されている。

近縁種

同属種の *Geukensia granosissima* (Sowerby III, 1914) は、アメリカ合衆国のフロリダ州からメキシコのキンタナ・ロー州に生息し、殻がスジヒバリガイに似るが、より多くの放射肋をもつ。この種をスジヒバリガイの亜種とみなす研究者もいる。マサチューセッツ州から中央アメリカにかけて分布するソリカエリイガイ *Ischadium recurvum* (Rafinesque, 1820) の殻は、スジヒバリガイより小さく、強くかぎ形に曲がっていて殻頂が尖り、分岐した放射肋をもつ。

スジヒバリガイの殻は中型で、薄いが硬質。いくぶん膨らみ、細長く、扇形である。殻頂は低く、殻の前縁近くに位置する。交板は狭く、歯を欠く。左右の殻はほぼ同形同大で、腹縁にぎざぎざがあり、殻表には非常に多くの分岐した放射肋がある。殻の外面は色の変異に富み、黄褐色から濃褐色。殻の内面は白でときに虹色の光沢がある。

実物大

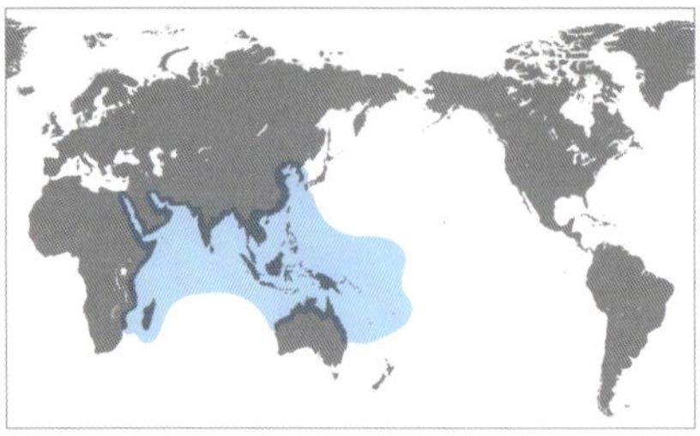

科	イガイ科　Mytilidae
貝殻の大きさ	70 〜 200mm
地理的分布	インド洋から南西太平洋にかけて
存在量	局所的に多産
生息深度	潮間帯から水深 20m
生息場所	足糸で岩に付着
食性	濾過食者
足糸	ある

貝殻の大きさ
70 〜 200mm

写真の貝殻
83mm

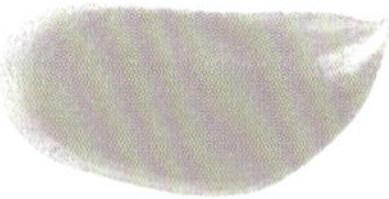

Perna viridis (Linnaeus, 1758)

ミドリイガイ

GREEN MUSSEL

ミドリイガイは、インド西太平洋が原産で、食用になる。成長が速く、さまざまな環境に耐性をもつため、容易に新しい場所に定着して侵略的外来種になりやすい。アメリカ合衆国フロリダ州など多くの地域に外来種として移入している。商船のバラスト水とともに幼生が持ち込まれたと考えられている。また、西インド諸島では島から島へ「アイランドホッピング」によって分布が広がりつつある。汚染の指標生物として利用でき、さらに食用目的で養殖できる可能性がある。ミドリイガイは大きく育つと 200mm に達することがあるが、多くはその半分以下の大きさである。

近縁種

ペルナイガイ *Perna perna* Linnaeus, 1758 は、南大西洋の両側に生息し、潮間帯および潮下帯浅部に高密度のイガイ床を形成する。大型種で、商業目的で乱獲されている。北方海域に広く分布するヨーロッパイガイ *Mytilus edulis* Linnaeus, 1758 もやはり市販されており、とくにヨーロッパでは伝統的なシーフードとして人気が高い。

実物大

ミドリイガイの殻は中型から大型で、やや薄いが硬く、膨らんでいて、輪郭は三角形。殻頂は尖り、殻の前端にある。交板は狭く、右殻の交板には1つ、左殻の交板には2つの歯がある。殻表には成長線と、かすかな放射条がある。若い貝の殻は緑で縁は青みを帯び、成貝では褐色斑が広がる。殻の内面は淡い青緑色で光沢がある。

科	イガイ科　Mytilidae
貝殻の大きさ	75 ～ 130mm
地理的分布	インド太平洋
存在量	ふつう
生息深度	潮間帯から水深 20m
生息場所	穿孔性で石灰岩や死サンゴの中に棲む
食性	濾過食者
足糸	ある

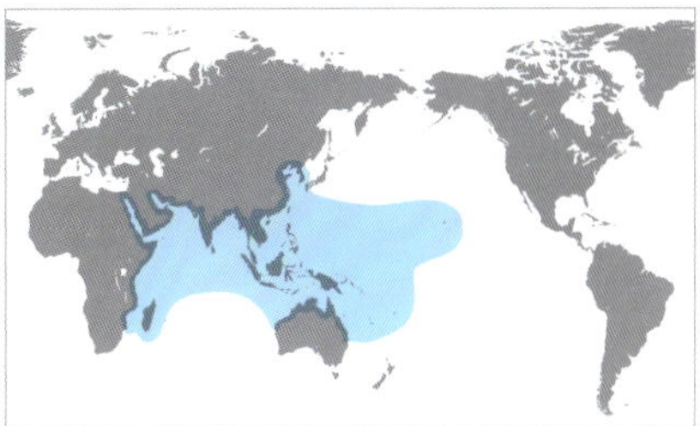

貝殻の大きさ
75 ～ 130mm

写真の貝殻
118mm

Lithophaga teres (Philippi, 1846)

クロシギノハシガイ

CYLINDER DATE MUSSEL

クロシギノハシガイは、イガイ科の中でも穿孔性二枚貝として知られる1つのグループ、イシマテガイ類に分類され、その類の中では最大級の大きさを誇る。イシマテガイ類の中には、本種のように死サンゴや石灰岩に穿孔するものもいるが、生きたサンゴの中に棲むように適応した種もいる。生きたサンゴに棲むものは、サンゴの成長に伴って巣穴の口が塞がれないように、常に開いたままにする必要がある。シギノハシガイ属 *Lithophaga* の多くの種は外套膜から分泌される酸を利用して穴をあけるが、さらに貝殻を鑢のように使って岩やサンゴに穴をあけていく種もいる。イシマテガイ類は幼貝の時に穴を掘り始め、口の狭い大きな深い穴を掘り上げる。

近縁種

アメリカ合衆国ノースカロライナ州からブラジルにかけて生息する *Botula fusca* (Gmelin, 1791) は、機械的な方法、すなわち貝殻を鑢のように使って軟らかい石灰岩を削って穿孔する。殻が著しく摩耗するため、常に修復する必要がある。フロリダ州やベネズエラなどで見られるスジヒバリガイ *Geukensia demissa* (Dillwyn, 1817) は、カニ類の捕食を逃れるため潮間帯に棲み、ときに大群を成している。

クロシギノハシガイの殻は中型で膨らみ、形は細長い円筒形である。殻頂は殻の前端近くにあり、蝶番は殻長の半分ほどで、歯を欠く。殻の上部は表面が滑らかだが、下部の殻表には殻の前後軸に直角に走る多くの細い肋がある。殻は厚い褐色の殻皮に覆われる。殻の内面は虹色の光沢がある。

実物大

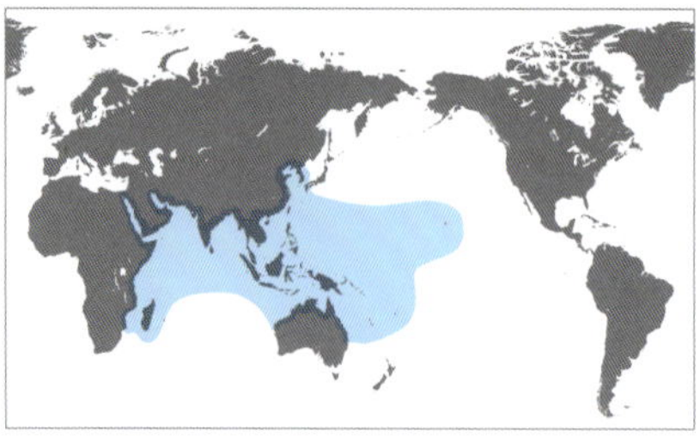

科	ウグイスガイ科　Pteriidae
貝殻の大きさ	75 ～ 300 mm
地理的分布	紅海からインド太平洋にかけて
存在量	ふつう
生息深度	潮下帯浅部から水深 65m
生息場所	足糸で岩に付着
食性	濾過食者
足糸	ある

貝殻の大きさ
75 ～ 300mm

写真の貝殻
170mm

Pinctada margaritifera (Linnaeus, 1758)

クロチョウガイ

PEARL OYSTER

実物大

クロチョウガイは、天然真珠および養殖真珠の主要な母貝の1種である。紅海からインド太平洋に広く分布し、アメリカ合衆国フロリダ州にも移入されている。潜在的にはどの貝も真珠をつくることができ、実際に多くの貝が真珠をつくるが、クロチョウガイのつくる真珠は最も高品質である。種小名の *margaritifera* は真珠を産むものという意味である。真珠層および真珠の色は変異に富み、白から灰色、そして黄色やバラ色、緑を帯びるものなどさまざまである。濃い灰色や褐色の有名なタヒチ黒真珠も本種によってつくられる。ウグイスガイ科には約 60 種の現生種が知られ、世界中の暖海に広く分布している。

近縁種

イバラウグイスガイ *Pinctada longisquamosa* (Dunker, 1852) は、アメリカ合衆国フロリダ州からベネズエラにかけての大西洋沿岸およびカリブ海に生息する小型種で、長い鱗片突起を備え、斜めに傾いた殻をもつ。この貝の真珠層はごくわずかしかない。インド太平洋域および紅海に産するマベガイ *Pteria penguin* (Röding, 1798) は、ウグイスガイ科の大型種で、タイやフィリピンでは真珠を得るためだけでなく食用としても養殖されている。

クロチョウガイの殻は大きくて厚く、輪郭は円形に近い。耳状部は前後とも発達が悪い。殻表にはいくつもの平たい鰭状の鱗片が同心円状に並び、周縁部の鱗片は殻縁を超える。蝶番はまっすぐで、歯を欠く。殻の外面は濃褐色あるいは緑で白い放射条紋をもつ。殻の内面には厚く艶やかな真珠層があり、その色は銀色から緑や濃灰色まで変異に富むが、殻の縁は真珠層を欠き、黒っぽい。

科	ウグイスガイ科　Pteriidae
貝殻の大きさ	100 ～ 300mm
地理的分布	紅海からインド太平洋にかけて
存在量	ふつう
生息深度	潮下帯浅部から水深 35m
生息場所	足糸で刺胞動物のヤギ類や岩に付着
食性	濾過食者
足糸	ある

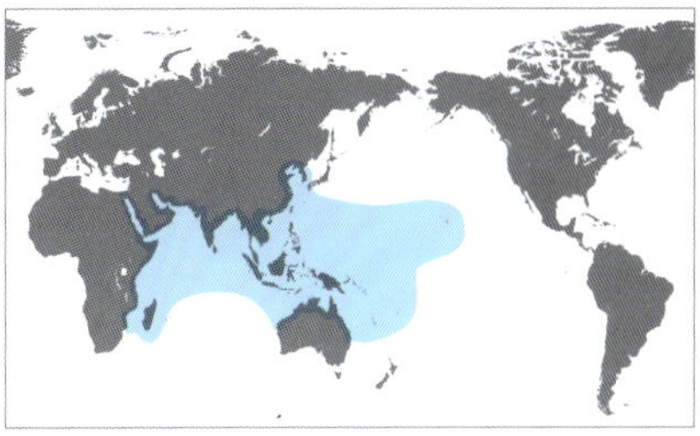

貝殻の大きさ
100 ～ 300mm

写真の貝殻
183mm

Pteria penguin (Röding, 1798)

マベガイ

PENGUIN WING OYSTER

マベガイは、半球真珠（マベ真珠）の主要な母貝である。半球真珠は貝殻の内面に付着した状態でつくられるため、半球状になる。本種はタイやフィリピンで養殖されているほか、分布域のいたる所で食用に、また真珠を得るために採取されている。真珠養殖では、望みの形の玉を手術によって貝の外套膜に入れて真珠をつくらせる。貝はその玉を何層もの薄い真珠層で覆い、数年経つと真珠が出来上がる。真珠の質は、大きさ、色、形、そして光沢で決まる。天然真珠、とくに球状のものはめったになく高価だが、養殖真珠は比較的手頃な値段で購入できる。

近縁種

アメリカ合衆国南東部からブラジルにかけて生息するイワツバメガイ *Pteria colymbus* (Röding, 1798) は、ウグイスガイ類の普通種で、刺胞（しほう）動物のヤギ類に付着して生活している。若いマベガイのように長い翼状（よくじょう）部をもつが、殻はずっと小さい。紅海およびインド太平洋域に産するクロチョウガイ *Pinctada margaritifera* (Linnaeus, 1758) は、有名なタヒチ黒真珠など最も質の高い真珠をつくる。

マベガイの殻は大型で硬く、斜めに傾いた楕円形で、膨らみ、後方に伸びる１本の長い翼状部を備える。最も目立つ特徴はこの翼状部で、若い貝ではこれが非常に長い。それ以外の部分は各部が釣り合って成長するので、成貝は相対的に短い翼状部を備えた背の高い殻をもつ。殻表には同心円状の成長線が並ぶ。殻の内面は光り輝く真珠層で覆われるが、縁には真珠層のない部分があり、その幅が広い。殻の外面は、黒っぽくて厚い殻皮で覆われる。

実物大

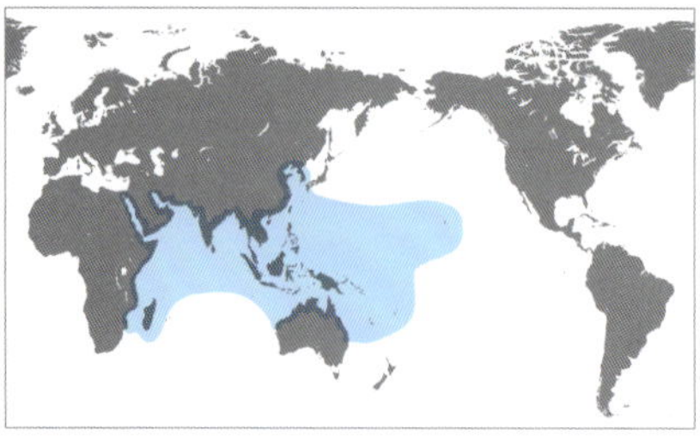

科	マクガイ科　Isognomonidae
貝殻の大きさ	80 ～ 140mm
地理的分布	インド太平洋
存在量	ふつう
生息深度	潮間帯から水深 10m
生息場所	足糸で岩やマングローブの根に付着
食性	濾過食者
足糸	ある

貝殻の大きさ
80 ～ 140mm

写真の貝殻
99mm

Isognomon ephippium（Linnaeus, 1758）

マクガイ

SADDLE TREE OYSTER

マクガイは、殻の輪郭が丸みを帯びており、比較的容易に他のマクガイ類と区別できる。マクガイ科の大多数の種は、本種より形の不規則な殻をもつ。右側の殻には足糸湾入があり、貝はこの右殻を下にして横になり、大きな束になった足糸でマングローブの根や岩に付着する。タイでは食用に採取され、市場で売られている。マクガイ類に特有の特徴は、数本の短い溝が蝶番に沿って並ぶことである。マクガイ科の化石種の多くは現生種よりずっと殻が厚い。世界には約 20 種の現生種が知られ、大多数は暖かい海に棲んでいる。

マクガイの殻は中型で厚く、輪郭は不規則ながら丸みがあり、高さと長さがほぼ同じである。蝶番はまっすぐで、耳状部は短く、翼状にならない。蝶番部には歯がなく、幅 1mm ほどの溝が 12 本ほど、蝶番に沿って並ぶ。殻表には平たい鱗片が同心円状に並ぶ。殻の内面には真珠層があるが、周縁部は広く真珠層を欠き、中央付近に大きな筋肉痕が 1 つある。殻の外面は小麦色から紫がかった褐色。

近縁種

シュモクアオリガイ *Isognomon isognomon*（Linnaeus, 1758）は、同じくインド太平洋に産し、殻形が非常に変異に富むが、たいてい殻長より殻高が高い。またこの貝は殻を立てて暮らしている。

フロリダ州からブラジルにかけて生息するソメワケアオリガイ *Isognomon bicolor*（C. B. Adams, 1845）は、縁のでこぼこした卵形の小さな殻をもち、しばしば 2 色（小麦色と紫色）に染め分けられた殻をもつので、*bicolor*（2 色の）という種小名がつけられている。この貝は潮間帯から潮下帯浅部の岩に足糸で付着して生活し、ときに高密度に群棲する。

実物大

科	シュモクガイ科／シュモクガキ科　Malleidae
貝殻の大きさ	60 〜 100mm
地理的分布	インド太平洋
存在量	少産
生息深度	水深 5 〜 20m
生息場所	カイメンの中に深く埋没
食性	濾過摂食
足糸	成貝にはない

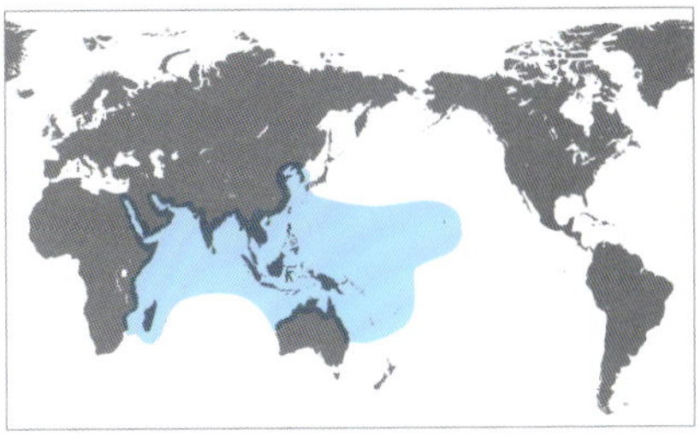

貝殻の大きさ
60 〜 100mm

写真の貝殻
83mm

Vulsella vulsella（Linnaeus, 1758）

ホウオウガイ

SPONGE FINGER OYSTER

ホウオウガイは、浅海のカイメンの中に深く埋没して生活する二枚貝である。若齢貝は 1 本の足糸をもつが、後に足糸を消失する。幼貝の殻は輪郭が卵形だが、成長するにつれて背腹に伸びて指形になるため、その形に因んで Sponge Finger Oyster（カイメンに棲む指形の二枚貝）という英語名がつけられている。ホウオウガイは濾過食者で、入水域から取り入れた水からプランクトンを濾しとって食べる。シュモクガイ類は、シュモクガイ（下記参照）のように自由生活性のものでさえ、不規則な形の殻をもつ。シュモクガイ科の現生種は世界で約 15 種が知られ、熱帯および亜熱帯の海に生息する。本科の最古の化石記録はジュラ紀まで遡ることができる。

ホウオウガイの殻は中型で薄く、不定形。幼貝は斜めに傾いた卵形の殻をもつが、成長すると殻が背腹に伸びる。蝶番は短く、歯はなく、三角形の靭帯窩（じんたいか）が 1 つある。殻表には同心円状の細い成長線が並び、不規則な放射肋がそれらと交差する。放射肋は不連続なこともある。殻の内面には真珠層があるが、殻縁はそれを欠く。

近縁種

オーストラリアに産する *Vulsella spongiarum* Lamarck, 1819 もやはりカイメンと密接な関係をもって生活している。この種は高密度で見つかることが多く、乾燥重量で約 220g のカイメンに、1800 個もの貝が入っていたことがある。シュモクガイ *Malleus albus* Lamarck, 1819 は、インド太平洋に生息する大型種で、蝶番の両端に長く伸びた翼状突起のある細長い殻をもつため、その形から Hammer Shell（金槌（かなづち）形の貝）という俗称で呼ばれる。

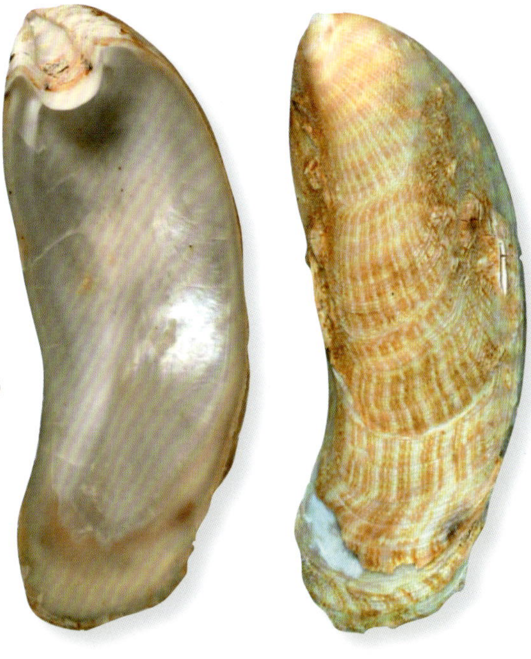

実物大

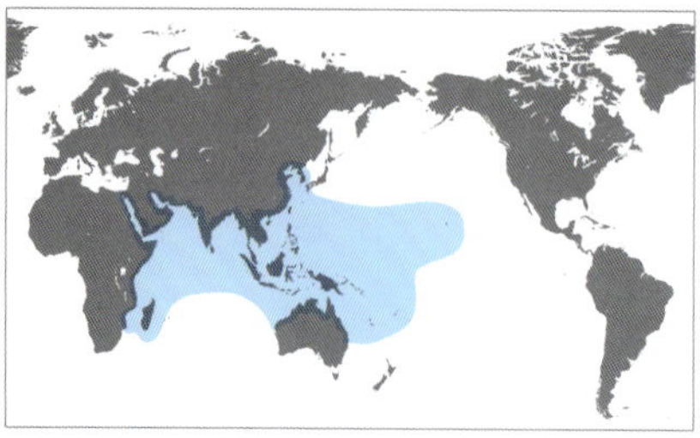

科	シュモクガイ科／シュモクガキ科　Malleidae
貝殻の大きさ	150 ～ 300mm
地理的分布	インド太平洋
存在量	ふつう
生息深度	水深 1 ～ 30m
生息場所	泥砂底
食性	濾過食者
足糸	成貝にはない

貝殻の大きさ
150 ～ 300mm

写真の貝殻
180mm

Malleus albus Lamarck, 1819

シュモクガイ（シュモクガキ）

WHITE HAMMER OYSTER

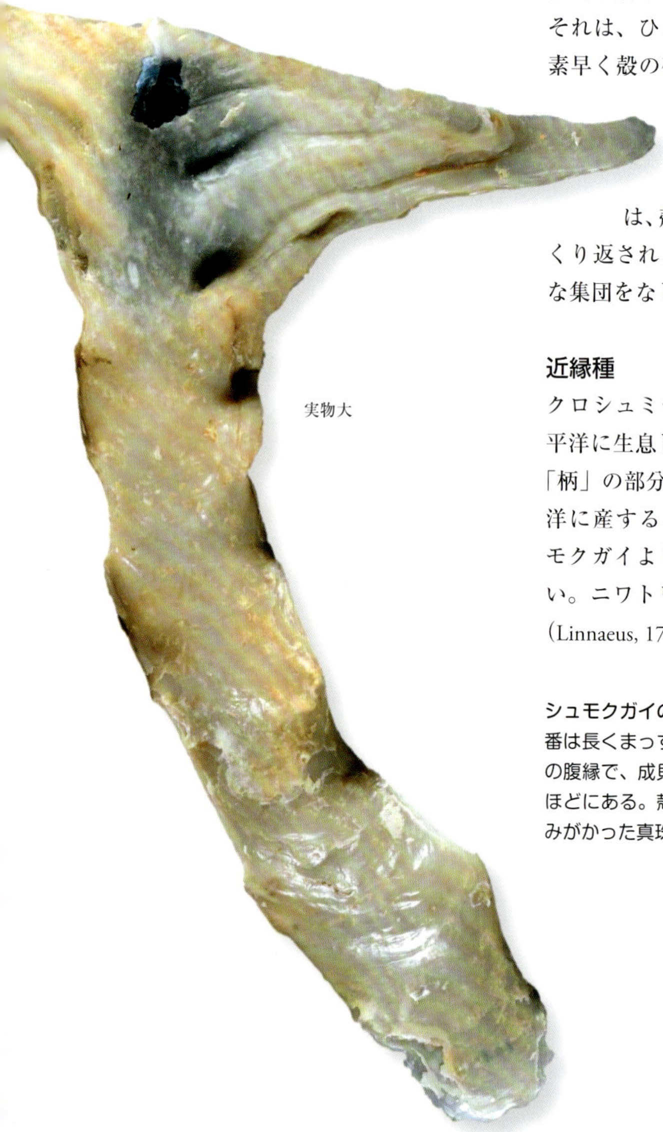

実物大

シュモクガイは、鶴嘴あるいは金槌のような形をした非常に特徴的な殻をもつ。他のシュモクガイ類同様、殻の形は不規則だが、それは、ひとつには殻の破損と修復のためで、外套膜はかなり素早く殻の破損部分を修復できる。若齢貝の殻は短いが、成長に伴って殻が非常に長くなる。シュモクガイは細かく泥っぽい砂の上で自由生活を送り、成長途上で足糸を消失する。蝶番両端から伸びる長い突起は、殻を軟らかい海底に固定させるのに役立ち、殻がひっくり返されるのを防ぐ。シュモクガイは、場所によっては大きな集団をなしていることがある。

近縁種

クロシュミセンガイ *Malleus malleus*（Linnaeus, 1758）もインド太平洋に生息し、シュモクガイに似た殻をもつが、色はより濃く、「柄」の部分が一方向に曲がっていることが多い。インド西太平洋に産するニワトリガキ *Malleus regula*（Forskål, 1775）は、シュモクガイより小さく細長い殻をもち、蝶番両端の張り出しがない。ニワトリガキはよくシュモクアオリガイ *Isognomon isognomon*（Linnaeus, 1758）とともに密集している。

シュモクガイの殻は大きくて厚く、形は不規則ながら金槌のようである。蝶番は長くまっすぐで、前端も後端も長く張り出す。金槌の「柄」の部分は殻の腹縁で、成貝では著しく発達し、縁が波打つ。殻頂は殻の背縁の蝶番の中ほどにある。殻の外面はくすんだ白で、内面の靭帯付近には灰色あるいは青みがかった真珠層がある。

科	イタボガキ科　Ostreidae
貝殻の大きさ	40 ～ 80mm
地理的分布	合衆国ノースカロライナ州からブラジルにかけて
存在量	多産
生息深度	潮間帯から水深 104m
生息場所	刺胞動物のヤギ類や岩などに付着
食性	濾過食者
足糸	ない

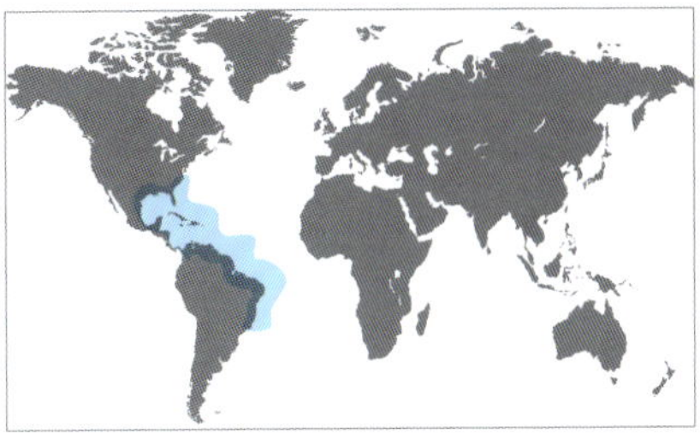

貝殻の大きさ
40 ～ 80mm

写真の貝殻
54mm

Lopha frons (Linnaeus, 1758)

アメリカトサカガキ

FROND OYSTER

アメリカトサカガキは、小型のカキで、刺胞動物のヤギ類や岩などの硬い基質に付着して生活する。殻の形は変異に富み、ヤギ類の上で成長すると細長くなり、左の殻には、ヤギ類の茎につかまるための突起が発達するが、岩の上で成長した貝の殻はより卵形に近い。カキは世界中で主要な食料源であり経済的に重要なため、商業的に重要な種はよく研究されている。本種は商業漁業の対象とはなっていない。イタボガキ科には世界で約50種が知られ、熱帯から温帯の海に生息する。

近縁種

インド太平洋域に生息するトサカガキ *Lopha cristagalli* (Linnaeus, 1758) は、殻縁がジグザグになった紫色の非常に独特な殻をもち、他のカキと同様、硬い基質に付着して生活する。アラスカからパナマにかけて分布する *Ostrea conchaphila* Carpenter, 1857 は、唯一の東太平洋原産のカキだが、マガキ *Crassostrea gigas* (Thunberg, 1793) などの外来種との競合のため、現在は絶滅が危惧されている。

実物大

アメリカトサカガキの殻は小さく、側扁し、硬く不定形だが、輪郭は通常、細長いか卵形に近いかのどちらかである。左の殻を岩に接着しているか、左の殻にクラスパー（把握器）と呼ばれる突起があり、それでヤギ類につかまっている。殻の縁には鋸歯状のぎざぎざがある。本種の殻はしばしばカキなどの生物で覆われている。殻の色は赤みがかった褐色から濃褐色。

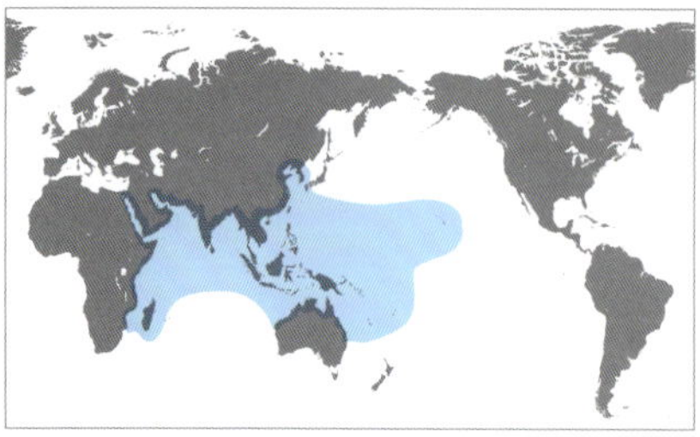

科	イタボガキ科　Ostreidae
貝殻の大きさ	75 ～ 200mm
地理的分布	インド太平洋
存在量	ふつう
生息深度	水深 5 ～ 30m
生息場所	岩やサンゴに接着
食性	濾過食者
足糸	ない

貝殻の大きさ
75 ～ 200mm

写真の貝殻
79mm

Lopha cristagalli (Linnaeus, 1758)

トサカガキ

COCK'S COMB OYSTER

トサカガキは、非常に独特な殻をもち、左右両方の殻に強く角張った褶曲が見られ、殻縁がジグザグである。イタボガキ科の大多数の貝は白あるいはくすんだ灰色の殻をもつが、トサカガキの殻は灰色がかった紫である。潮下帯浅部に棲み、左殻にある棘で岩やサンゴにつかまって生活している。ジグザグになった殻縁は 2 枚の殻をぴったりと合わせるのに役立ち、捕食者に殻を剥がされることを防ぐ。両方の殻に褶曲状の折れ目があるため、殻の内側の空間は狭い。西太平洋では食用に採取されるが、食料としての商業的関心はほとんどもたれていない。

近縁種

バージニアガキ *Crassostrea virginica* (Gmelin, 1791) は、西大西洋産だが、今ではヨーロッパ、北アメリカ太平洋岸などさまざまな地域に持ち込まれ、商業的に重要な種となっている。日本および東南アジア原産のマガキ *Crassostrea gigas* (Thunberg, 1793) は、同じく商業的に重要な大型のカキで、やはり多くの地域に移入されている。

実物大

トサカガキの殻は中型で硬く、輪郭は卵形で縁が強く角張る。各殻の殻頂から 4 ～ 8 本ほどの非常に大きく、鋭く尖った褶曲状の折れ目が放射状に入る。そのため、腹縁には V 字状の山と谷が交互にでき、左右の殻の山と谷がうまくかみ合うようになっている。殻表には細かいミミズ状の疣があり、殻頂の近くに何本かの棘がある。殻縁の内面にも小さな疣があるが、殻内面の大部分は滑らかである。殻の外面はたいてい灰色がかった紫で、内面は小麦色である。

科	イタボガキ科　Ostreidae
貝殻の大きさ	100 〜 300mm
地理的分布	カナダからブラジルにかけての大西洋岸とメキシコ湾
存在量	ふつう
生息深度	潮間帯から水深 9m
生息場所	岩や他の貝などの硬い基質に接着
食性	濾過食者
足糸	ない

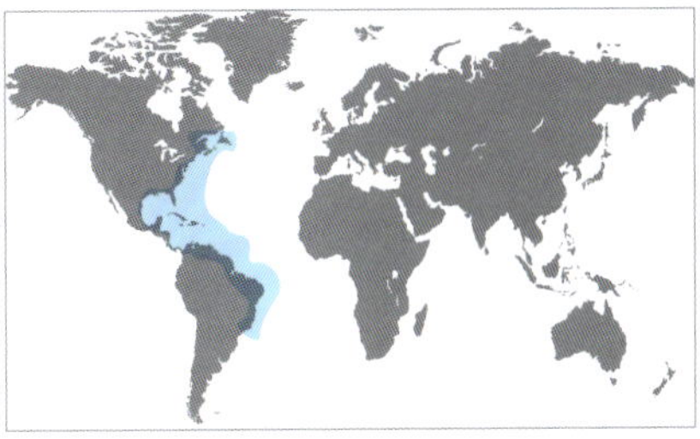

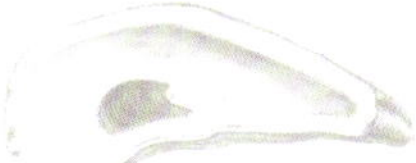

貝殻の大きさ
100 〜 300mm

写真の貝殻
300mm

Crassostrea virginica（Gmelin, 1791）

バージニアガキ（アメリカガキ）

EASTERN AMERICAN OYSTER

バージニアガキは、西大西洋で最も乱獲が進んでいる二枚貝である。何世紀にも渡って食用に採取され、養殖もされてきた。広大なカキ礁（しょう）を形成して多くの生物に隠れ家を提供したり、水中の懸濁（けんだく）物を除去して水の濁りを抑えたりするため、河口域の生物群集にとって重要な構成員となっている。濾過速度は 1 時間あたり約 38 リットルにも及ぶ。左の殻のほんの一部分を硬い基質に接着している。バージニアガキは多くの卵を産み、雌は 1 回の繁殖期に 1 億個を超える卵を産むことができる。カキ類は美味しい食べ物として人気があり、生のまま、あるいは揚げたり、煮たり、加工して缶詰にしたりして広く食べられている。

近縁種

アメリカ合衆国フロリダ州からウルグアイにかけて生息するカリブガキ *Crassostrea rhizophorae*（Guilding, 1828）は、河口域に生息し、マングローブの 1 種 *Rhizophora mangle* の支柱根の上についている。生息域全域で大量に採取されており、乱獲と汚染によって個体数が激減してしまった集団もある。日本原産のスミノエガキ *Crassostrea ariakensis*（Fujita, 1913）は、大きく重い殻をもち、日本および東太平洋で養殖されている。

実物大

バージニアガキの殻は大きくて厚く、白亜質で不定形。形の変異が非常に大きく、右の写真のような細長いものが多いが、輪郭が卵形のものもある。左殻（貝の下側の殻で、これで基質に接着している）はカップのようにくぼみ、右殻は平たい。左殻の表面には同心円状のひだや成長線が並んでいることが多い。殻の外面は灰色がかった白。内面は光沢のある白で、紫の丸い閉殻筋痕がある。

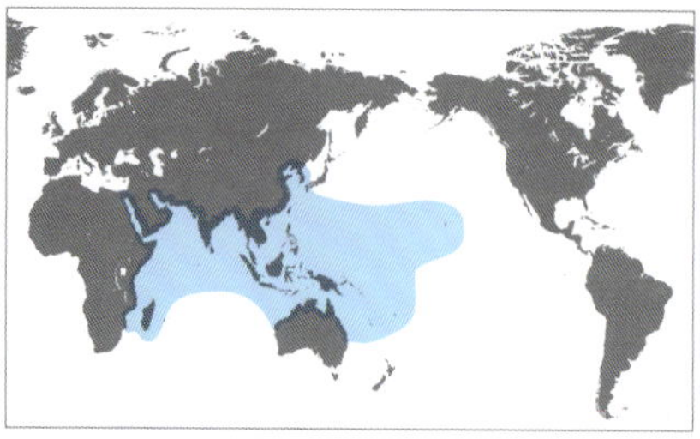

科	ベッコウガキ科　Gryphaeidae
貝殻の大きさ	100 〜 300mm
地理的分布	インド太平洋
存在量	少産
生息深度	潮下帯浅部から水深 35m
生息場所	岩やサンゴに付着
食性	濾過食者
足糸	ない

貝殻の大きさ
100 〜 300mm

写真の貝殻
96mm

Hyotissa hyotis (Linnaeus, 1758)

シャコガキ

HONEYCOMB OYSTER

シャコガキの殻は大型で厚くて重く、輪郭は不規則な卵形。左右の殻とも殻表に放射肋があり、放射肋上には中空の棘や鱗片を備える。殻の腹縁は波打ち、丸みを帯びたジグザグがある。殻の内面は肉眼では滑らかに見えるが、拡大して見ると多数の孔があり、ハチの巣状になっていることが分かる。殻内面の中央付近には単一の大きな筋肉痕がある。殻の外面は紫がかった黒から淡褐色までさまざまで、内面は青みを帯びた白。

シャコガキは、大型のカキで、熱帯インド太平洋が原産だが、アメリカ合衆国のフロリダにも持ち込まれている。拡大すると蜂の巣のように見える構造が殻にあることから、英語ではHoneycomb Oyster（蜂の巣のようなカキ）と呼ばれる。殻の構造などの特徴から近縁のイタボガキ科 Ostreidae の貝と区別できる。外套膜は黒褐色から黒で、鰓までも黒ずんでいる。岩やサンゴ、沈船、石油掘削装置などの硬い基質に殻を接着する。殻表に海藻や被覆性生物が生い茂り、うまく背景に紛れていることが多い。世界には 5 種のベッコウガキ科の現生種が知られる。

実物大

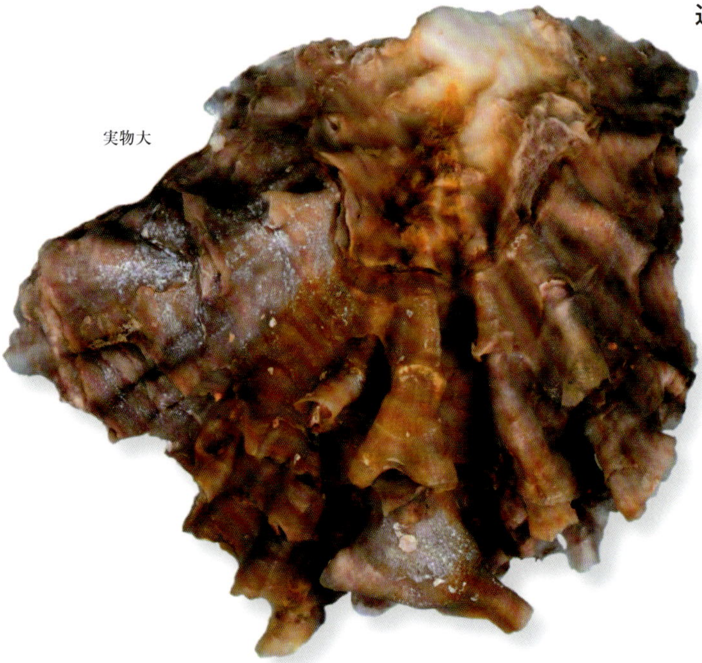

近縁種

西大西洋、ヨーロッパ、インド太平洋、そして紅海と、世界に広く分布するベッコウガキ *Neopycnodonte cochlear* (Poli, 1795) は、深い茶碗状の小さな殻をもつ。この貝は最も深い所に生息するカキで、水深 2100m の深海から得られた記録がある。イタボガキ類のトサカガキ *Lopha cristagalli* (Linnaeus, 1758) は、インド太平洋域に生息し、縁が大きくジグザグになった紫色の殻をもつ。

科	ハボウキガイ科　Pinnidae
貝殻の大きさ	35 〜 235mm
地理的分布	紅海からインド太平洋にかけて
存在量	ふつう
生息深度	潮間帯から水深 40m
生息場所	岩礁や礫底
食性	濾過食者
足糸	ある

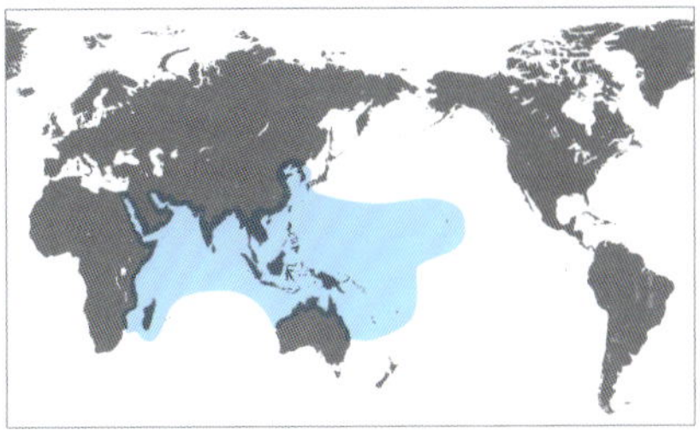

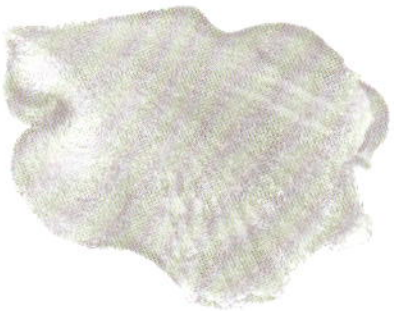

貝殻の大きさ
35 〜 235mm

写真の貝殻
131mm

Streptopinna saccata (Linnaeus, 1758)

カゲロウガイ

BAGGY PEN SHELL

カゲロウガイは、ハボウキガイ類の中で最も形の不規則な貝で、カゲロウガイ属 *Streptopinna* の唯一の種である。他のハボウキガイ類と同様、尖った殻の前端を海底の砂や礫の中に深く埋め、足糸で岩盤に付着して生活している。幅の広い後端は海底の上に出したままである。軟体部は地色が白から青みがかった緑で、白と黒の斑紋がある。ハボウキガイ科には世界で 22 種が知られ、世界中の熱帯から亜熱帯の海に分布するが、インド西太平洋に生息する種が多い。

カゲロウガイの殻は中型でしなやかでもろく、半透明で輪郭は三角形状。形は不規則で、生息環境によって変化する。殻表には 5 〜 12 本の放射肋があるが、殻の前端付近に肋が不明瞭な三角形の部分があり、そこは殻表が滑らかである。放射肋は殻によって滑らかなものも、ざらざらしているものもある。殻の後端は幅広く、縁が波打ち、2 枚の殻の間に隙間が開く。殻の内面は一部が真珠層に覆われる。殻の外面は灰色がかった白から黄色や赤褐色まで、さまざまな色をしている。

近縁種

バハカリフォルニアからエクアドルにかけての太平洋沿岸およびガラパゴス諸島に生息するタケボウキガイ *Pinna rugosa* Sowerby I, 1835 は、ハボウキガイ類の大型種で、メキシコ西部ではアメリカ先住民に食料として利用されている。この貝は殻表に管状の大きな棘をもつ。アメリカハボウキガイ *Atrina seminuda* (Lamarck, 1819) は、アメリカ合衆国南東部からアルゼンチンにかけて分布する普通種で、殻がタケボウキガイに似ているが、やや小型である。

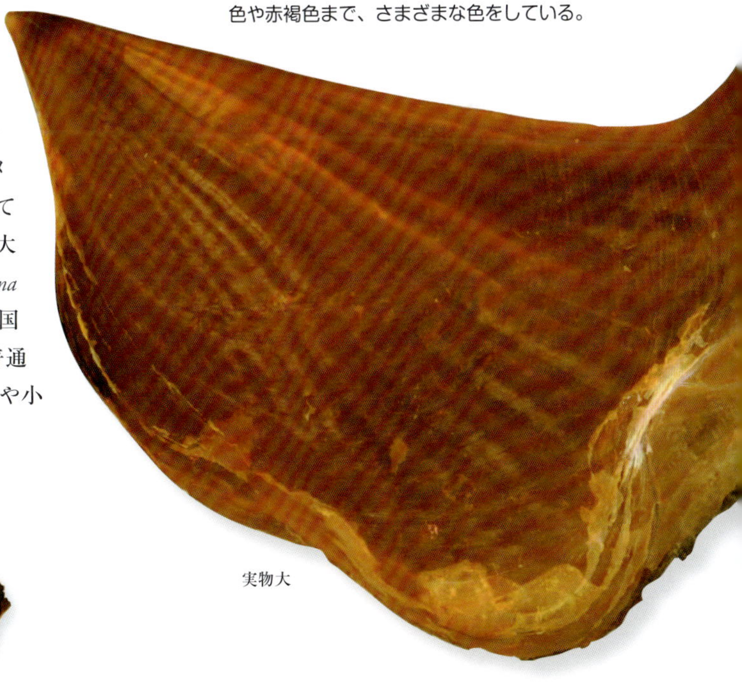

実物大

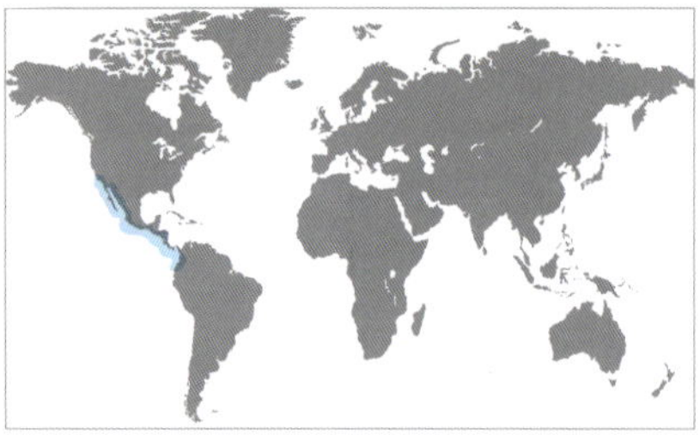

科	ハボウキガイ科 Pinnidae
貝殻の大きさ	100 〜 590mm
地理的分布	バハカリフォルニアからエクアドルにかけての太平洋沿岸およびガラパゴス諸島
存在量	ふつう
生息深度	潮間帯から潮下帯浅部
生息場所	マングローブの間の泥底
食性	濾過食者
足糸	ある

貝殻の大きさ
100 〜 590mm

写真の貝殻
162mm

Pinna rugosa Sowerby I, 1835

タケボウキガイ

RUGOSE PEN SHELL

実物大

タケボウキガイは、波の穏やかな内湾やマングローブ林の泥底にふつうに見られる大型のハボウキガイ類の1種である。メキシコ西部のソノラ州では、持続的利用が可能な食料資源として昔から原住民のセリ族に利用されてきた。ハボウキガイ類の殻は石灰化の程度が弱く有機物含有量が多いため、閉殻筋の収縮によって殻前方の殻間の隙間が閉じてしまうほどにしなやかである。乾いた殻は割れやすく、よく亀裂が入る。何となく昔の羽根ペンに形が似ているため、ハボウキガイ類は英語では、Pen Shell（ペンのような貝）と呼ばれる。別名、Razor Clam（カミソリのような二枚貝）とも呼ばれるが、これは海底から突き出た殻の後端が鋭利であることによる。

近縁種

地中海に産するシシリアタイラギ *Pinna nobilis* Linnaeus, 1758 は、地中海では最大の二枚貝で、世界的にも最大級の二枚貝の1つである。この貝の長い足糸は、ローマ時代から布を織るのに使われていた。シチリアハボウキガイ *Pinna rudis* Linnaeus, 1758 もヨーロッパ産の大型のハボウキガイ類の1種で、地中海からカナリア諸島にかけて生息する。この貝の殻は形態が非常に変異に富む。

タケボウキガイの殻は大きく、しなやかでもろく、半透明で輪郭は細長い三角形。約8列に並ぶ大きな管状の棘をもち、棘は殻の後端近くのものが最も大きい。老齢貝では棘はすり減って小さくなっていることがある。殻の前端は細く尖り、表面は滑らか。後端は広く、殻長の半分ほどの幅がある。殻の外面は淡褐色あるいは小麦色で、殻の内面は一部が真珠層で覆われる。

科	ハボウキガイ科 Pinnidae
貝殻の大きさ	150 ～ 300mm
地理的分布	合衆国ノースカロライナ州からメキシコ湾および西インド諸島にかけて
存在量	ふつう
生息深度	潮間帯から水深 11m
生息場所	砂泥底
食性	濾過食者
足糸	ある

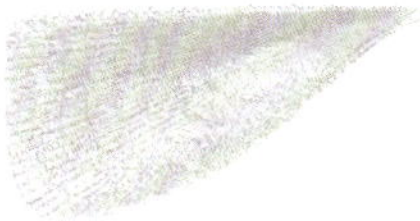

貝殻の大きさ
150 ～ 300mm

写真の貝殻
249mm

Atrina serrata (Sowerby I, 1825)

オロシガネタイラギ

SAW-TOOTHED PEN SHELL

オロシガネタイラギは、ハボウキガイ類の普通種で、アメリカ合衆国南東部、メキシコ湾、そして西インド諸島に生息する。殻表に小さく鋭利な鱗片が何列も放射状に並んでいることで、本種だと識別できる。ハボウキガイ類は殻の長さの半分以上を海底の堆積物中に埋めて生活し、足糸で堆積物の下にある小さな岩などに殻を固定している。殻はもろく壊れやすいが、修復も速い。クロタイラギ属 *Atrina* の貝殻には大きな後閉殻筋痕があり、真珠層も広い。近縁のハボウキガイ属 *Pinna* では閉殻筋痕が小さく、やや前方に位置する。また、真珠層が小さく、1 本の溝によって背腹 2 つの部分に分断される。

近縁種

カタタイラギ *Atrina rigida* (Lightfoot, 1786) は、オロシガネタイラギと地理的分布が似ており、よくいっしょに海岸に打ち上げられる。カタタイラギの殻は色が濃く、殻表に大きな鱗片が並んだ放射肋がある。メキシコでは食用にされる。東アフリカからポリネシアにかけて生息するクロタイラギ *Atrina vexillum* (Born, 1778) は、大きく、殻表が滑らかな幅広い殻をもつ。この貝の殻の色は赤褐色から黒である。

オロシガネタイラギの殻は中型から大型で、薄くてもろく、軽く、三角形状で、半透明である。殻表には輪郭のはっきりした小さな鱗片状突起が 30 ほどの放射列をなして並ぶ。殻の背部にある蝶番はまっすぐで歯を欠き、腹縁は丸く、その後端は角張る。後閉殻筋痕は大きく殻の中央にあり、真珠層は殻の長さの約 3/4 に達する。殻の外面は淡褐色で、内面の真珠層には虹色の光沢がある。

実物大

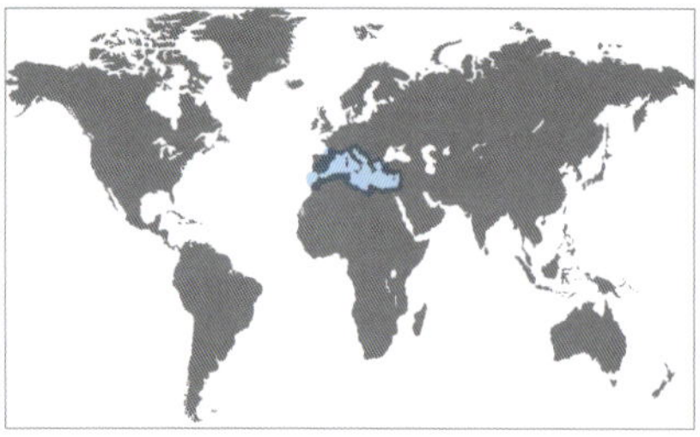

科	ハボウキガイ科　Pinnidae
貝殻の大きさ	200 ～ 1000mm
地理的分布	地中海
存在量	ふつう
生息深度	低潮線付近から水深 60m
生息場所	砂底や泥底や礫底
食性	濾過食者
足糸	ある

貝殻の大きさ
200 ～ 1000mm

写真の貝殻
425mm

Pinna nobilis Linnaeus, 1758

シシリアタイラギ

NOBLE PEN SHELL

実物大

シシリアタイラギは、最も大きな二枚貝の 1 つで、長さが本種を超える二枚貝はオオシャコガイ *Tridacna gigas*（Linnaeus, 1758）とエントツガイ *Kuphus polythalamia*（Linnaeus, 1767）だけである。他のハボウキガイ類と同様、長い足糸で殻を固定し、堆積物中に半分埋もれて生活している。ローマ時代から 19 世紀後半まで、本種の足糸は、sea silk（海の絹）と呼ばれる質の高い金色の布を生産するために使われていた。しかし食用に乱獲されたため、また汚染の影響もあって絶滅の危機にさらされている。数種の甲殻類がハボウキガイ類と密接な関係をもつが、このことはアリストテレスの時代から知られていた。

近縁種

ハボウキガイ *Pinna bicolor* Gmelin, 1791 は、大型種で東アフリカからハワイにかけて広く分布する。この貝の細長い殻には淡褐色と濃褐色の色帯あるいは条紋が交互に並ぶことがあるため、学名に *bicolor*（2 色の）という種小名がつけられている。アメリカ合衆国南東部や西インド諸島に生息するオロシガネタイラギ *Atrina serrata*（Sowerby I, 1825）は、ハボウキガイ類の普通種で、無数の小さな鱗片状突起のある殻をもつ。

シシリアタイラギの殻は非常に大きくて厚く、細長く、櫂のような形である。殻表には一部重なり合う鱗片が多数ある。鱗片には小さく目立たないものも顕著なものもあり、老齢貝では殻が滑らかになる傾向があり、幼貝のほうが鱗片がより顕著である。左右の殻は、後端が広くて丸く、前端の尖った殻頂に向かって次第に細くなる。殻の外面は淡褐色、内面はオレンジ色で、その前半分は真珠層で覆われる。

科	ミノガイ科　Limidae
貝殻の大きさ	25 〜 75mm
地理的分布	合衆国ノースカロライナ州からブラジルにかけて
存在量	ふつう
生息深度	潮下帯浅部から水深 225m
生息場所	サンゴ礁付近の岩石底
食性	濾過食者
足糸	ある

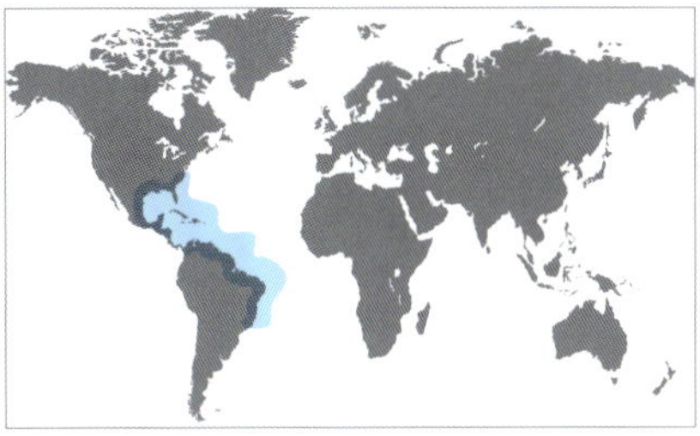

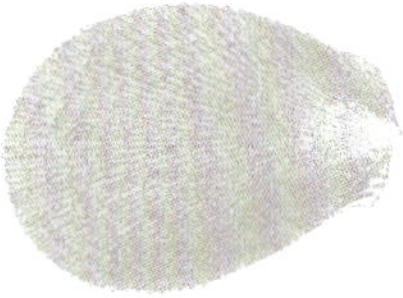

貝殻の大きさ
25 〜 75mm

写真の貝殻
37mm

Lima scabra (Born, 1778)

バハマハネガイ

ROUGH LIMA

バハマハネガイは、比較的少数の遊泳能力をもつ二枚貝の1種である。軟体部は鮮やかなオレンジで、敏感に反応するねばねばした長い触手をたくさんもつ。捕食者を感知すると足糸をはずし、岩の割れ目の棲みかを離れ、ホタテガイのように2枚の殻を急速に開いたり閉じたりしながら素早く泳いで逃げる。しかしホタテガイとは異なり、殻を垂直に立てて泳ぐ。その際たくさんある触手が櫂のように動いて水をかき、遊泳を助ける。捕食者に触られると、ねばねばした触手を何本か切り離し、その攻撃を遅らせる。世界にはミノガイ科の現生種が125種ほど知られ、熱帯から温帯の海に生息している。

近縁種

地中海に産するホンミノガイ *Lima lima* (Linnaeus, 1758) は、多数の棘を備えた殻をもつ。(西大西洋に生息する類似の二枚貝はホンミノガイではなく、別種、カリブミノガイ *Lima caribaea* d'Orbigny, 1853である)。モエギオオハネガイ *Acesta rathbuni* (Bartsch, 1913) は、フィリピンの深海に産する珍しい貝で、ミノガイ科の中では最大である。モエギオオハネガイは幅広い卵形の滑らかな黄色い殻をもつ。

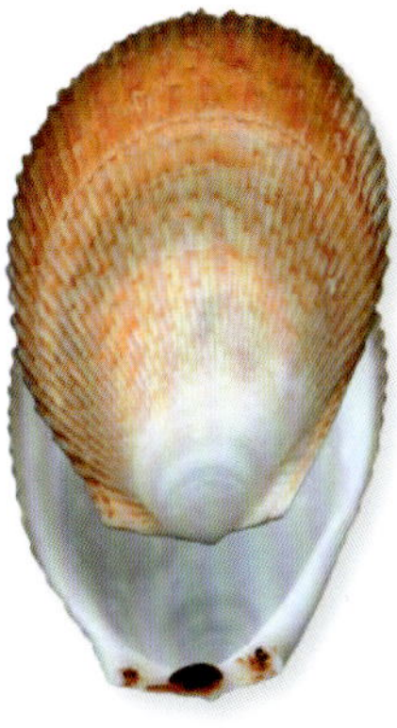

実物大

バハマハネガイの殻は小さくて軽く、輪郭は細長い卵形。左右の殻はほぼ同形同大で、殻表には平たく細長い鱗片状突起が並ぶ放射肋が22 〜 34本ほどある。そのため、殻表はざらざらしている。殻縁はぎざぎざで、蝶番の近くに足糸開口がある。殻の外面は白だが、淡褐色の薄い殻皮に覆われる。殻の内面は滑らかで白磁色。

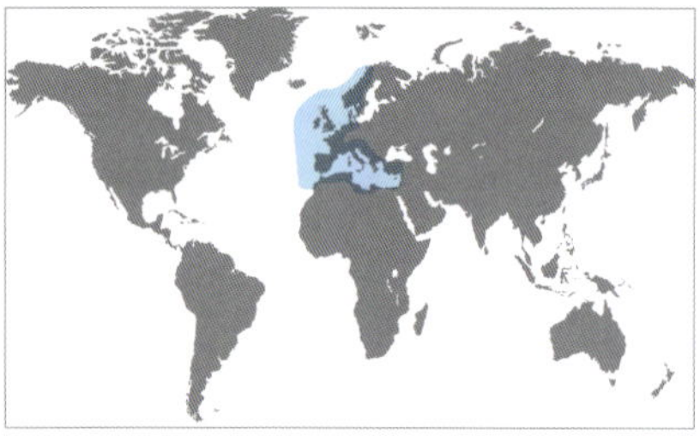

科	ミノガイ科　Limidae
貝殻の大きさ	90 〜 200mm
地理的分布	ノルウェーからアゾレス諸島にかけての大西洋および地中海
存在量	局所的にふつう
生息深度	水深 40 〜 3200m
生息場所	深海産サンゴに付着
食性	濾過食者
足糸	ある

貝殻の大きさ
90 〜 200mm

写真の貝殻
103mm

Acesta excavata（Fabricius, 1779）

ヨーロッパオオハネガイ

EUROPEAN GIANT LIMA

ヨーロッパオオハネガイの殻は大型で薄く、輪郭は斜めに傾いた卵形。幼貝では殻は半透明である。殻頂は小さく尖り、前方に向く。殻頂の後方には耳状部（翼）があり、蝶番部には歯がなく、靱帯受となる三角形のくぼみがある。2 枚の殻はほぼ同形同大。殻表には細い放射肋と同心円状に並ぶ成長線があり、殻の内面は光沢がある。殻の外面は淡い灰色で、それより濃い灰色の放射条紋があり、これらの放射条紋は殻を透かして内面からも見ることができる。

ヨーロッパオオハネガイは、ヨーロッパ産のミノガイ類の中では最も大きい。大陸棚の深海サンゴ *Lophelia pertusa* の群落に棲む（足糸で、このサンゴに付着する）が、このサンゴの上に棲む二枚貝の中でも最大である。また、急峻な斜面でサンゴが生えていないような所にも棲んでいる。ノルウェーのフィヨルドでは、水深 40m ほどの比較的浅い所でもふつうに見られるが、その他の場所では、ずっと深い所に出現する。地中海産のものはやや小型であることが多い。本種は、オオハネガイ属 *Acesta* のタイプ種である。軟体部はオレンジ色で、多数の触手を備える。ミノガイ類には遊泳できるものもいるが、本種は泳げない。

近縁種

日本および中国に産するスダレオオハネガイ *Acesta marissinica* Yamashita and Habe, 1969 は、ミノガイ科中最大の種の 1 つで、幅広く薄い殻をもつ。深海に棲み、中国では多産する。アメリカ合衆国ノースカロライナ州からブラジルにかけて生息するバハマハネガイ *Lima scabra*（Born, 1778）は、鱗片の並ぶ放射肋のあるやや小型で薄い殻をもつ。この貝は泳ぎの名手で、ねばねばした赤い触手をもつ。

実物大

科	イタヤガイ科 Pectinidae
貝殻の大きさ	25 〜 50mm
地理的分布	合衆国カリフォルニア州からメキシコ西岸にかけて
存在量	ふつう
生息深度	潮間帯の潮溜まりから水深 250m
生息場所	大型褐藻類などの上
食性	濾過食者
足糸	ある

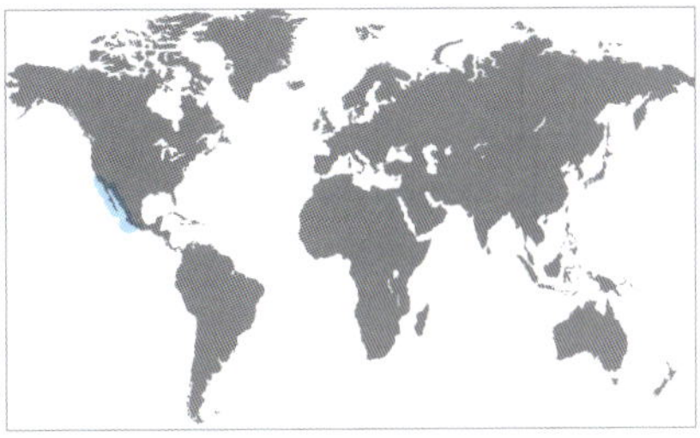

貝殻の大きさ
25 〜 50mm

写真の貝殻
27mm

Leptopecten latiauratus (Conrad, 1837)

コハクニシキガイ

KELP SCALLOP

コハクニシキガイは、イタヤガイ類の普通種で、海草や岩、大型褐藻（かっそう）、ときにはコシオリエビ類に足糸で付着して生活している。殻の形は変異に富み、他所の貝より大きく斜めに傾いた殻をもつ集団もある。非常に浅い所から、かなり深い所まで生息している。カリフォルニアでは中新世（500 万年以上前）以降の化石も見つかっている。世界には 400 種近いイタヤガイ科の現生種が生息し、インド太平洋、東太平洋、カリブ海で最も多様性が高い。

実物大

近縁種

西インド諸島からブラジルにかけて分布する *Leptopecten bavayi* Dautzenberg, 1900 は、殻表に約 20 本の細く鋭い放射肋のある非常に小さな扇形の殻をもつ。南日本からニューヘブリデス諸島にかけて生息するオオシマヒオウギガイ *Gloripallium speciosum* (Reeve, 1853) は、色彩変異に富むカラフルな殻をもつ。この貝の殻表には、多数の鱗片が並んだ幅広い肋が 12 本ほどある。

コハクニシキガイの殻は小さくて薄く、非常に軽い。輪郭は楕円形で、わずかに膨らむ。殻表には 12 〜 16 本の幅広い放射肋があり、同心円状の細い成長線と交差する。前後の耳状部は殻の大きさの割に幅広く、前後でわずかに大きさが異なる。前方の耳状部は足糸湾入のそばにあり、6 本の放射肋を備える。殻の外面は褐色がかった灰色からオレンジで、白あるいは褐色の山形紋がある。内面の色も同様である。

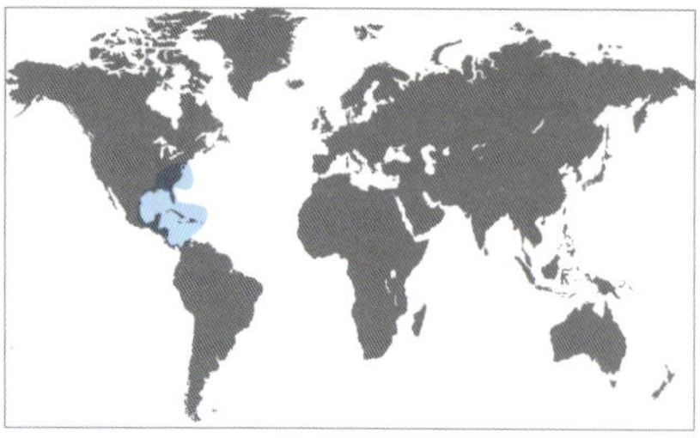

科	イタヤガイ科 Pectinidae
貝殻の大きさ	15 ～ 53mm
地理的分布	合衆国フロリダ州およびメキシコ湾からコロンビアにかけて
存在量	ふつう
生息深度	水深 1 ～ 20m
生息場所	岩礁や礫底
食性	濾過食者
足糸	ある

貝殻の大きさ
15 ～ 53mm

写真の貝殻
31mm

Caribachlamys pellucens (Linnaeus, 1758)

ウロコキンチャクガイ

KNOBBY SCALLOP

ウロコキンチャクガイは、最近まで *Caribachlamys imbricata* (Gmelin, 1791) として知られ、*Caribachlamys pellucens* という学名は無効だと考えられていた。ある博物館で、リンネ (Linnaeus) 自身によってラベルがつけられた 1 つの標本が見つかり、この学名が有効名であること、そしてリンネが本種の命名者として適格であることが認められた。本種は、外套膜に 10 本の長い触手と多数の短い触手、そして 26 個の微小な眼点をもつ。

近縁種

ブラジルニシキガイ *Caribachlamys ornata* (Lamarck, 1819) は、アメリカ合衆国フロリダ州からブラジルにかけての大西洋岸およびメキシコ湾に生息し、ウロコキンチャクガイに殻の形が似るが、殻表には 18 本の放射肋があり、瘤(こぶ)はない。紅海からインド太平洋にかけて分布するニシキガイ *Chlamys squamata* (Gmelin, 1791) は、放射肋に鱗片の並ぶ、やや細長い殻をもつ。この貝の身は食べられるが、漁業対象にはなっていない。

実物大

ウロコキンチャクガイの殻は小さくて軽く、薄いが硬く、輪郭は丸みのある扇形。左の殻は平たく、右の殻はわずかに膨らむ。前後の耳状部の大きさは著しく異なる。殻表には 8 ～ 10 本の放射肋があり、右殻の肋上には鱗片、左殻の肋上には瘤があり、鱗片や瘤は同心円状の列をなす。左殻の外面はオフホワイトからバラ色で、赤っぽい長方形の斑紋があり、右殻は色がやや薄い。殻の内面は白で部分的に紫や黄色に染まる。

科	イタヤガイ科　Pectinidae
貝殻の大きさ	25 ～ 60mm
地理的分布	南日本からニューヘブリデス諸島にかけて
存在量	ふつう
生息深度	潮下帯浅部から水深 50m
生息場所	岩礁や礫底
食性	濾過食者
足糸	ある

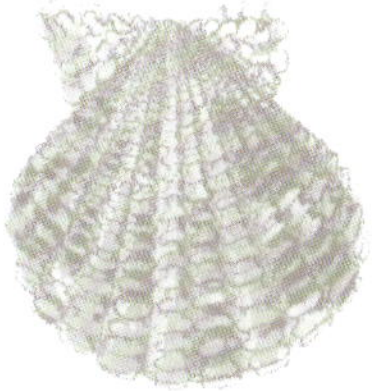

貝殻の大きさ
25 ～ 60mm

写真の貝殻
36mm

Gloripallium speciosum (Reeve, 1853)

オオシマヒオウギガイ

SPECIOUS SCALLOP

オオシマヒオウギガイは、死んだサンゴの骨格や岩などの硬い基質の下側に足糸で付着していることが多い。イタヤガイ類はすべて表在性、すなわち堆積物や基質の表面に棲み、足糸で付着して生活するか自由生活を送るかのどちらかである。少数ながら幼貝の時は自由生活を送り、成貝になると硬い基質に殻を接着して固着生活に入る種もいる。イタヤガイ科の貝は世界中に分布し、オオシマヒオウギガイがそうであるように殻の形や彫刻、色模様が多様で美しいため、貝殻収集家に最も人気があるものの 1 つである。

実物大

近縁種

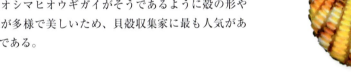

インド太平洋域に多産するチサラガイ *Gloripallium pallium* (Linnaeus, 1758) は、殻の形はオオシマヒオウギガイに似ているが、より大きく、殻表には強い放射肋が 13 ～ 15 本ほどある。また、各肋上には 3 本ほどの放射細肋があり、その上に細かい鱗片が並ぶ。ウミギクガイモドキ *Pedum spondyloideum* (Gmelin, 1791) は、インド太平洋の熱帯域に生息し、イシサンゴ類の骨格の割れ目に入り込んで生活する。

オオシマヒオウギガイの殻は小さく、硬くて厚く、軽く、カラフルで、輪郭は卵形。左右の殻ともいくぶん膨らみ、大きさも形もほぼ同じで、ともに前後の耳状部の大きさが異なる。どちらの殻にも約 12 本の強い放射肋があり、肋上には鱗片が並ぶ。これらの鱗片は同心円状の肋をなしているように見える。耳状部にも鱗片の並ぶ放射肋が 4 本ほどある。殻の外面は白だが、黄色やオレンジなどさまざまな色に染まり、褐色斑紋が入る。殻の内面は白く、外面の色が透けて見える。

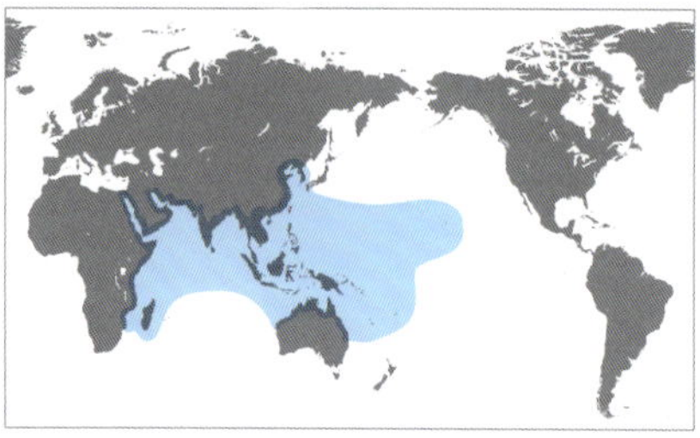

科	イタヤガイ科 Pectinidae
貝殻の大きさ	25 ~ 75mm
地理的分布	紅海からインド太平洋にかけて
存在量	少産
生息深度	水深 1 ~ 50m
生息場所	岩石底や礫底
食性	濾過食者
足糸	ある

貝殻の大きさ
25 ~ 75mm

写真の貝殻
43mm

Chlamys squamata (Gmelin, 1791)

ニシキガイ

SCALY PACIFIC SCALLOP

実物大

ニシキガイは、食べられる貝で、フィリピンでは食用に採取されることがある。イタヤガイ類はすべて幼貝の時には足糸をもっているが、成貝になると自由生活を送るようになるものもいる。しかし、ニシキガイをはじめとするカミオニシキ属 *Chlamys* の種および近縁属の種はすべて生涯に渡って足糸をもち、岩や礫(れき)に付着して暮らしている。イタヤガイ類は非常に多様で、その分類が難しい。同定には、殻の微小な彫刻、右殻にある足糸湾入の大きさや耳状部の相対的大きさなどの細部の特徴が重要である。殻表に放射肋や放射細肋がある種が多く、なかには棘や鱗片のある種もいる。

近縁種

ヒヤシンスガイ *Equichlamys bifrons* (Lamarck, 1819) は、オーストラリアの南オーストラリア州とタスマニア州に生息する大型の貝で、商業目的で採取される。この貝の外套膜の縁には 64 個の小さな青い眼点がある。アメリカ合衆国フロリダ州南部から西インド諸島に分布するウロコキンチャクガイ *Caribachlamys pellucens* (Linnaeus, 1758) は、殻表に 8 ~ 10 本の放射肋がある殻をもち、左殻には肋上に瘤がある。

ニシキガイの殻は小型から中型で、やや長く薄い。左殻は右殻より平たく、前後の耳状部の大きさが異なる。右殻は左殻より膨らみが強く、深い足糸湾入を備える。どちらの殻にも主要な放射肋が 10 ~ 12 本ほどと、それらの間にやや細いものが 6 ~ 7 本ある。殻表にはさらにいくつかの棘状の鱗片がある。耳状部にも肋が数本ある。殻の色は外面も内面も柔らかいオレンジ、ピンク、あるいは褐色から紫とさまざまで、しばしば不規則な条紋または斑紋が見られる。

科	イタヤガイ科　Pectinidae
貝殻の大きさ	25 ～ 58mm
地理的分布	紅海および熱帯インド西太平洋
存在量	少産
生息深度	潮下帯浅部から水深 20m
生息場所	砂底や礫底
食性	濾過食者
足糸	ある

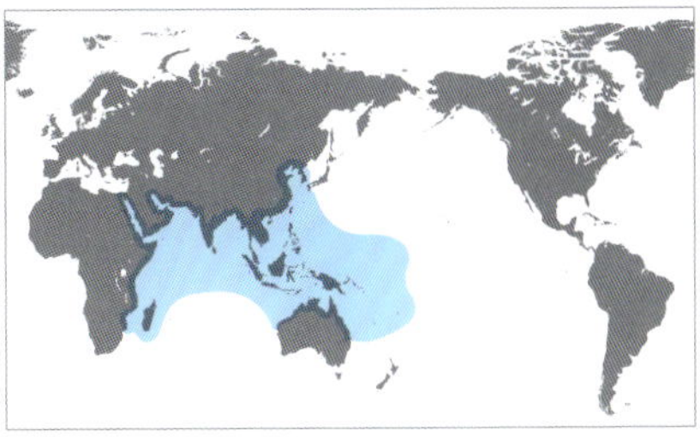

貝殻の大きさ
25 ～ 58mm

写真の貝殻
58mm

Decatopecten plica（Linnaeus, 1758）

ヒナキンチャクガイ

PLICATE SCALLOP

ヒナキンチャクガイは、広い分布域をもち、その大部分ではめったに見られない貝であるが、スエズ湾ではふつうに見られる。殻はやや長く、大きな畝状の放射肋が数本あり、腹縁が波打つ。本種は海草の周囲で見つかる。必要なら泳ぐことができる。カニ籠にかかって引き上げられることがあるが、比較的小型なため漁業対象とはなっていない。イタヤガイ類は外套膜の縁に小さいながらよく発達した眼点をもっている。眼点は鮮やかな色をしていることもあり、なかには 100 以上に及ぶ眼点をもつ種もいる。イタヤガイ類の眼点は光強度の小さな変化を感知でき、危険を察知すると逃走反応を引き起こす。

近縁種

キンチャクガイ *Decatopecten striatus*（Schumacher, 1817）は、日本から熱帯西太平洋にかけて生息し、ヒナキンチャクガイによく似た殻をもつが、放射肋の数が異なり（キンチャクガイは4、5本）、殻の色がより濃い。コブナデシコガイ *Lyropecten nodosus*（Linnaeus, 1758）は、放射肋上に中空の瘤のある大型の殻をもつ。

ヒナキンチャクガイの殻は中型で硬く、やや長い。耳状部は小さく、前後ほぼ同じ大きさ。左右の殻の殻表にはそれぞれ５～９本ほどの太い放射肋がある。肋間は広くあき、中央の肋が最も大きい。殻表には多数の細い放射条もあり、放射肋および放射条は、細い成長線と交差する。殻の内面にも肋が見られ、それらは殻縁付近でより顕著である。殻の外面は白から赤までさまざまで、殻の色より淡い斑紋や筋模様がある。殻の内面は光沢のある白で殻縁付近に幅広い褐色帯あるいは赤色帯がある。

実物大

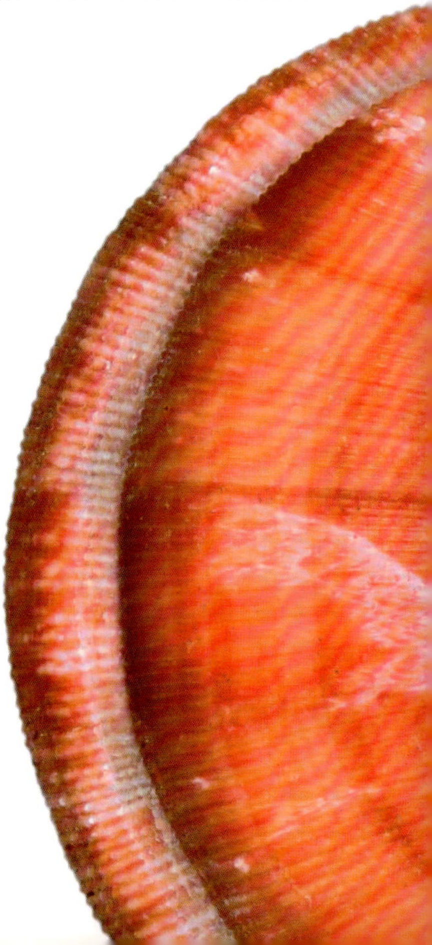

科	イタヤガイ科　Pectinidae
貝殻の大きさ	30 ～ 75mm
地理的分布	アメリカ合衆国東岸からメキシコ湾まで
存在量	少産
生息深度	水深 150 ～ 425m
生息場所	砂底や礫底
食性	濾過食者
足糸	成貝にはない

貝殻の大きさ
30 ～ 75mm

写真の貝殻
59mm

Aequipecten glyptus (Verrill, 1882)

トライオンニシキガイ

TRYON'S SCALLOP

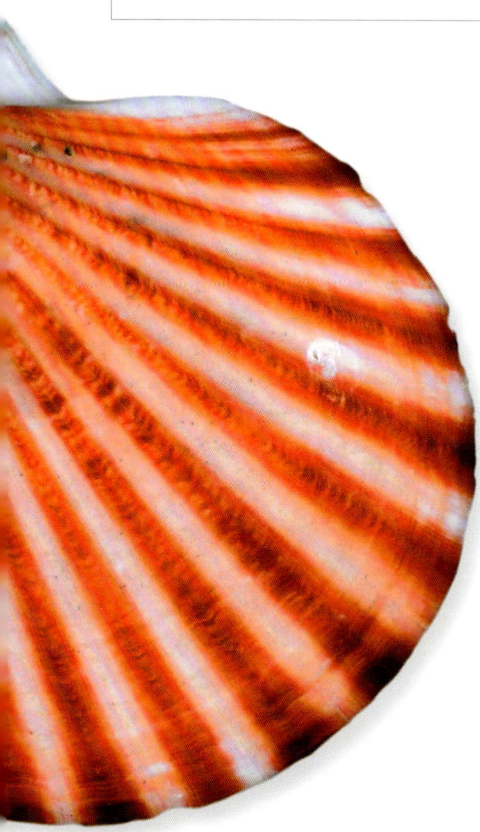

トライオンニシキガイは、食べられるが、比較的小型で数も少ないことから漁業の対象とはなっていない。深所の砂底や礫底で、岩などの硬いものに足糸で付着して生活する。本種のように足糸を使って付着生活をするイタヤガイ類では、右殻にある足糸湾入に 1 列に並ぶ歯（櫛歯）をもつが、それらは束になっている足糸をバラバラに引き離した状態に保ち、付着力を高めるのに役立っている。イタヤガイ類には非常に小さな貝から、殻の径が 300mm 近くにもなる大きな貝までさまざまな大きさのものがいる。

近縁種

フロリダキーズからベネズエラにかけて生息するカリブツキヒガイ *Euvola laurenti* (Gmelin, 1791) は、外面がほとんど平滑で内面に細い放射肋のある殻をもつ。この貝はベネズエラでは漁業対象になっている。アザミヒヨクガイ *Aequipecten muscosus* (Wood, 1828) は、アメリカ合衆国ノースカロライナ州からブラジルにかけて分布する小型種で、食用になるが漁業対象とはなっていない。

トライオンニシキガイの殻は中型で薄く、平たく、輪郭は丸い。左殻が右殻よりも平たく、前後の耳状部はほぼ同じ大きさ。殻表には 17 本ほどの放射肋がある。放射肋は同心円状の成長線と交差し、殻の腹縁に向かってより平たく幅広くなり、殻頂付近では小さな棘に覆われる。左殻では肋の部分が赤褐色あるいはピンクに染まり、肋間が白い。右殻は全体に色が薄い。殻の内面は白。

実物大

科	イタヤガイ科 Pectinidae
貝殻の大きさ	50 〜 100mm
地理的分布	熱帯インド太平洋
存在量	ふつう
生息深度	潮下帯浅部
生息場所	イシサンゴ類の骨格の割れ目に足糸で付着
食性	濾過食者
足糸	ある

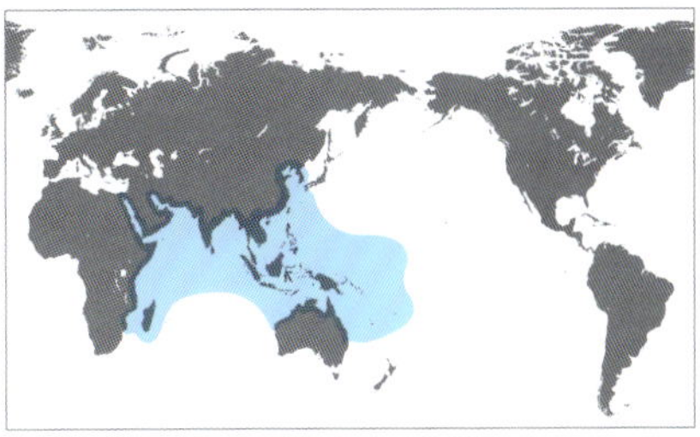

貝殻の大きさ
50 〜 100mm

写真の貝殻
69mm

Pedum spondyloideum（Gmelin, 1791）

ウミギクガイモドキ

PEDUM OYSTER

ウミギクガイモドキは、ハマサンゴ属 *Porites* の種など、イシサンゴ類の骨格の割れ目に埋もれて暮らしている。限られた空間で成長するため、殻は形がやや不規則で平たい。外套膜は美しい青緑で、多数の赤い眼点を備える。これらの眼点によって危険を感知でき、上を影がよぎると貝は素早く殻を閉じる。ウミギクガイモドキはサンゴの天敵のオニヒトデ *Acanthaster planci* に水の噴射を浴びせて不快感を与え、宿主のサンゴをこの捕食者から守るのに役立っている可能性があることがわかっている。

ウミギクガイモドキの殻は中型で薄く、膨らみは弱く、輪郭は長方形に近い。殻の輪郭は幼貝の時は丸いが、サンゴ骨格の割れ目で成長するにつれ、殻がやや長くなり、成貝では殻高が殻長の 2 倍に及ぶことがある。右殻は左殻より幅広い。右殻には深い足糸湾入があり、左殻には多数の放射肋がある。殻の外面はオフホワイトで、褐色の殻皮で覆われる。殻の内面は白で紫に染まる。

近縁種

オオヒノデニシキガイ *Hinnites gigantea*（Gray, 1825）は、イタヤガイ類では数少ない、硬い基質に殻を接着する種の 1 つである。殻は非常に大きく、イタヤガイ類の殻というよりカキの殻に似ている。ナンキョクツキヒガイ *Adamussium colbecki*（E. A. Smith, 1902）は、南極大陸周辺の浅海に多産し、そこの生物群集の主要な構成員となっている。この貝は、半透明で非常に薄い平たい殻をもつ。

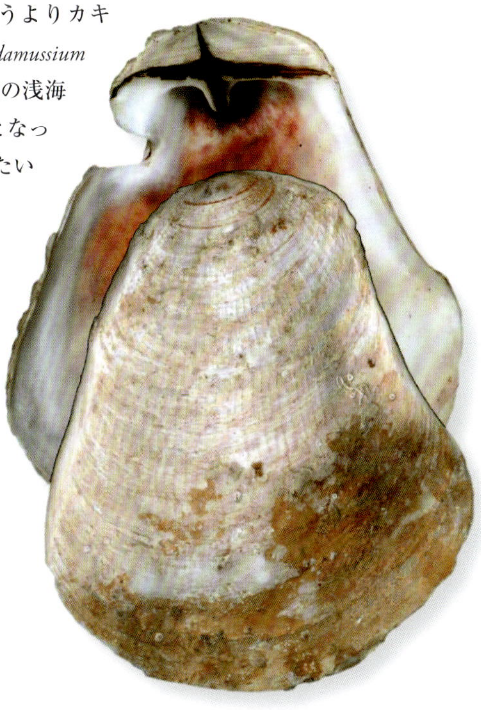

実物大

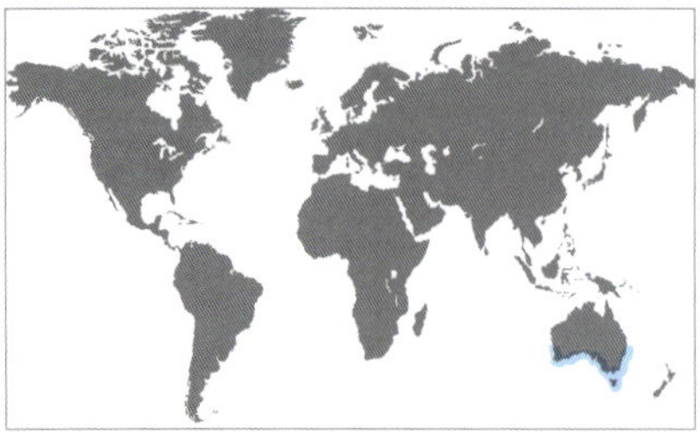

科	イタヤガイ科　Pectinidae
貝殻の大きさ	50 〜 140mm
地理的分布	オーストラリアの南オーストラリア州とタスマニア州
存在量	ふつう
生息深度	潮間帯から水深 40m
生息場所	砂底
食性	濾過食者
足糸	成貝にはない

貝殻の大きさ
50 〜 140mm

写真の貝殻
80mm

Equichlamys bifrons (Lamarck, 1819)

ヒヤシンスガイ

BIFRON'S SCALLOP

実物大

ヒヤシンスガイは、大型の自由生活性の貝で、かつては商業目的で採取されていた。外套膜の縁には 64 個の小さな青い眼点がある。オーストラリア南部の冷たい海に棲み、成長には季節性が見られ、晩春から晩秋までよく成長する。晩秋に水温が低下すると、その後の成長は遅くなるか、止まってしまうことさえあり、この時季に成長線が形成される。従って、貝殻の成長線を調べれば、この貝の年齢が分かる。イタヤガイ類は濾過食者で、植物プランクトンを食べる。鰓の繊毛運動によって水とともに植物プランクトンを外套腔に吸い込み、鰓で水を濾して、餌となる植物プランクトンを口に運んで食べる。

近縁種

紅海からパキスタンにかけて生息するセキトリニシキガイ *Chlamys townsendi* (Sowerby III, 1895) は、最大級のイタヤガイ類の 1 種で、褐色がかった紫の厚い殻をもつ。ヒナキンチャクガイ *Decatopecten plica* (Linnaeus, 1758) は、紅海から熱帯インド太平洋にかけて広く分布し、5 〜 9 本の大きな放射肋のある、やや長い殻をもつ。

ヒヤシンスガイの殻は大きく強靭で、輪郭は丸い。殻は 2 枚とも膨らみ、左殻のほうが右殻より膨らみが強い。前後の耳状部はほぼ同じ大きさで、足糸湾入は細長い裂け目状。殻表には丸みのある強い放射肋が 9 本ほどあり、肋間は広い。耳状部にも肋がある。左殻は紫で殻頂付近がいくらか白染し、右殻は肋の部分が白く、肋間は淡い紫。殻の内面は紫である。

科	イタヤガイ科 Pectinidae
貝殻の大きさ	60 ～ 100mm
地理的分布	南極大陸周辺
存在量	多産
生息深度	水深 15 ～ 4850m
生息場所	砂底
食性	濾過食者
足糸	成貝にはない

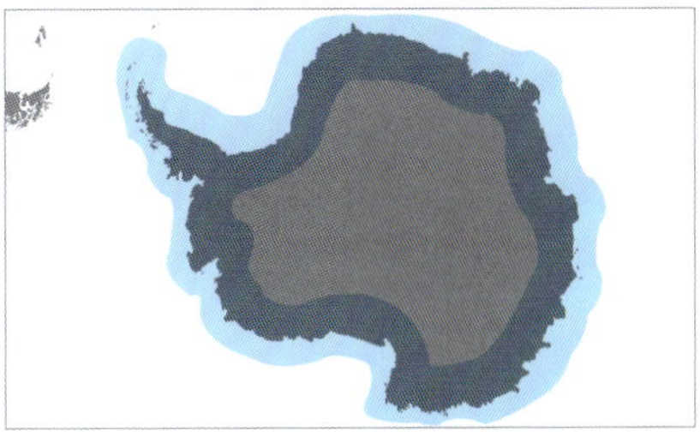

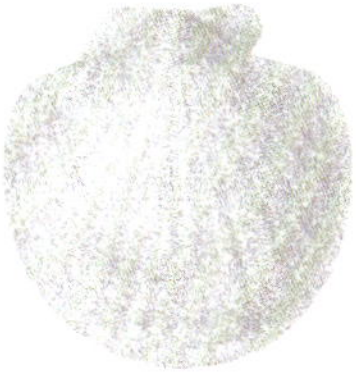

貝殻の大きさ
60 ～ 100mm

写真の貝殻
84mm

Adamussium colbecki（E. A. Smith, 1902）

ナンキョクツキヒガイ

COLBECK'S SCALLOP

ナンキョクツキヒガイは、南極大陸に分布する軟体動物の中では最もよく研究されたものの1つで、浅海域ではその生態系にとって重要な種の1つとなっていると考えられている。潮下帯浅部から4850mの深海まで生息する。いくつかの研究が行われてはいるが、現地の気象状況のため年間を通じて成長を追うことは困難である。1年の大半は成長や代謝は遅いが、夏には成長速度は温帯種と同じくらい速くなると考えられている。

近縁種

アメリカ合衆国南部からメキシコ湾にかけてのやや深い所に生息するトライオンニシキガイ *Aequipecten glyptus*（Verrill, 1882）は、食用になるが漁業対象にはなっていない。この貝の殻は卵形で、約17本の赤っぽい放射肋があり、肋間は白い。インド西太平洋の熱帯域に産するタカサゴツキヒガイ *Amusium pleuronectes*（Linnaeus, 1758）は大型で、台湾では漁業の対象になっている。

実物大

ナンキョクツキヒガイの殻は大きくて非常に薄く、半透明で、輪郭は丸い。左殻は平たく、右殻もわずかに膨らむのみ。耳状部は小さく、前後ほぼ同じ大きさである。殻表には、殻頂付近でやや顕著になる約12本の弱い放射肋と、非常に細い成長線がある。殻の外面は白から紫までさまざまで、殻の内面には虹色の光沢がある。

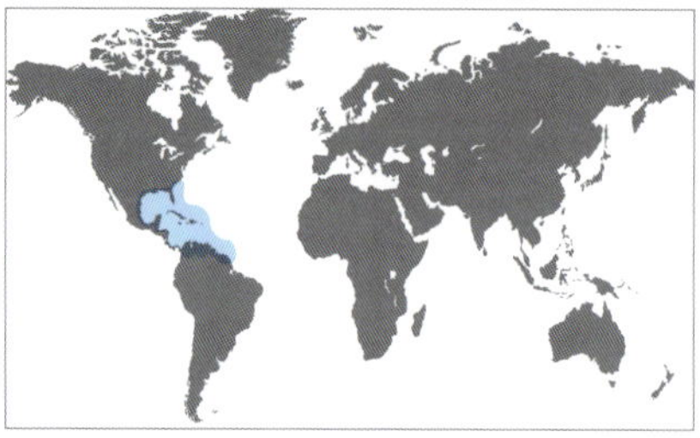

科	イタヤガイ科　Pectinidae
貝殻の大きさ	60 ～ 90mm
地理的分布	合衆国フロリダ州からベネズエラにかけて
存在量	ふつう
生息深度	水深 9 ～ 50m
生息場所	砂泥底
食性	濾過食者
足糸	成貝にはない

貝殻の大きさ
60 ～ 90mm

写真の貝殻
84mm

Euvola laurenti（Gmelin, 1791）

カリブツキヒガイ

LAURENT'S MOON SCALLOP

カリブツキヒガイは、ベネズエラに生息するイタヤガイ類の中で最もふつうに見られる種で、チャイロツキヒガイ *Euvola papyracea*（Gabb, 1873）とともにトロール漁業の対象となっている。イタヤガイ類は殻の中央に単一の閉殻筋をもち、種によっては閉殻筋がかなり大きい。大型のイタヤガイ類の多くは、本種のように食用になる。大きくて丸いこの類の閉殻筋、すなわち貝柱は美味しいものとして非常に高く評価され、世界的に需要が高まりつつある。イタヤガイ類の漁は、多くの国で経済的に重要なものとなっている。新鮮なうちは、カキと同様、軟体部全体が食べられるが、工場で加工されるのは貝柱のみである。

近縁種

アメリカ合衆国フロリダ州からブラジルにかけて分布するチャイロツキヒガイ *Euvola papyracea*（Gabb, 1873）は、カリブツキヒガイに似ているが、殻の色が内外ともより濃く、殻の大きさがわずかに大きい。西太平洋に生息するコガタツキヒガイ *Amusium obliteratum*（Linnaeus, 1758）もカリブツキヒガイに似た殻をもつが、殻はより小さく、殻表に放射肋が見られる。

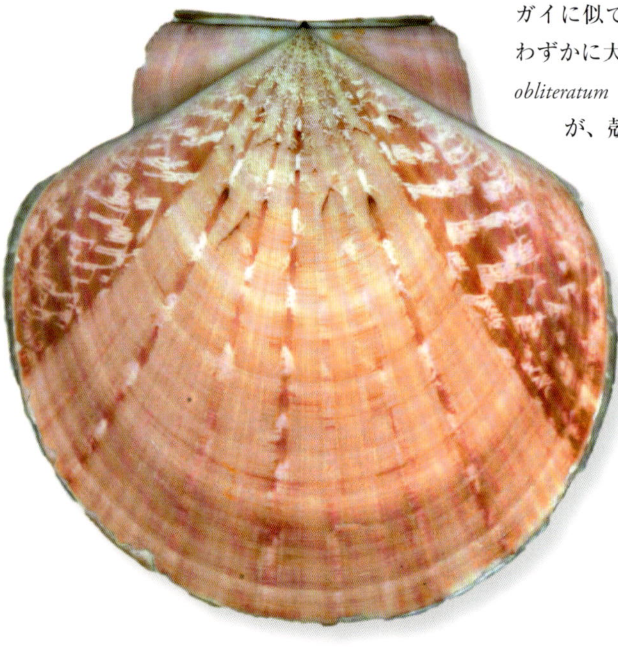

実物大

カリブツキヒガイの殻は中型で薄く、輪郭は丸く、殻表は滑らかで光沢がある。左殻はほぼ平坦かわずかに膨らむのみだが、右殻は膨らみ、この膨らんだ右殻を下にして海底に横たわる。前後の耳状部はほぼ同じ大きさである。殻表は滑らかで、殻の内面に、対をなす放射肋が約 20 対ある。左殻の外面は赤みがかった褐色で、右殻は左殻より色が薄い。殻の内面はクリーム色である。

科	イタヤガイ科　Pectinidae
貝殻の大きさ	80 〜 140mm
地理的分布	ニューカレドニアからオーストラリアにかけて
存在量	ふつう
生息深度	潮間帯から水深 80m
生息場所	砂底
食性	濾過食者
足糸	ある

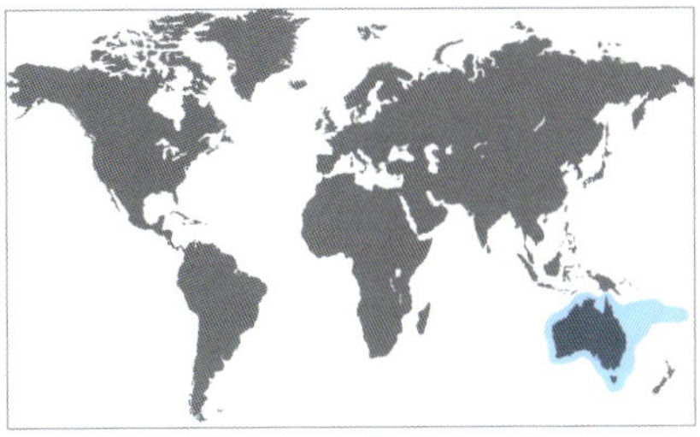

貝殻の大きさ
80 〜 140mm

写真の貝殻
98mm

Amusium balloti（Bernardi, 1861）

ナンヨウツキヒガイ

BALLOT'S MOON SCALLOP

ナンヨウツキヒガイは、おそらくツキヒガイ属 *Amusium* の最大種で、オーストラリアでは漁業対象となっている。機敏に泳ぐので、漁にはオッターボード（網口開口板）を取り付けたトロール網を使う必要がある。対照的に、多くのイタヤガイ類は桁網（けたあみ）で採取される。イタヤガイ類の中には 2 枚の殻を力強く開閉して泳ぐものがいるが、それらの貝は殻を開く時に水を取り入れ、殻を閉じる時にその水を蝶番の両側から吹き出し、その推進力で殻の開く方に進むことができる。また、外套膜の縁にある襞の 1 枚（内褶）を使って水の噴射方向を変え、進む向きを変えられる。自由生活性の種はしばしば泳ぐが、足糸で他物に付着して生活する種はごく稀にしか泳がない。

ナンヨウツキヒガイの殻は大きく円盤状で、薄いが重く、光沢がある。左右の殻はほぼ同じ大きさで、殻表には非常に細い輪肋と放射条があるのみでほぼ滑らか。各殻の内面には 42 〜 50 本ほどの細い放射肋があり、これらの肋はしばしば対をなす。前後の耳状部は小さく、大きさも形も同じ。左殻は濃いピンクで、同心円状の赤褐色の色帯といくらかの斑紋があり、右殻は白く、やはり斑紋が入る。殻の内面は白い。

近縁種

日本など西太平洋沿岸に生息するツキヒガイ *Amusium japonicum* Linnaeus, 1758 は、ナンヨウツキヒガイに非常によく似た殻をもつが、右殻の内面に 48 〜 54 ほどの放射肋があり、殻の外面は赤レンガ色。大量に採取されている。カナダのラブラドル半島からアメリカ合衆国ノースカロライナ州にかけて分布するマゼランツキヒガイ *Placopecten magellanicus*（Gmelin, 1791）は、アメリカ大陸沿岸に産するイタヤガイ類中最大の貝で、やはり大量に漁獲されている。

実物大

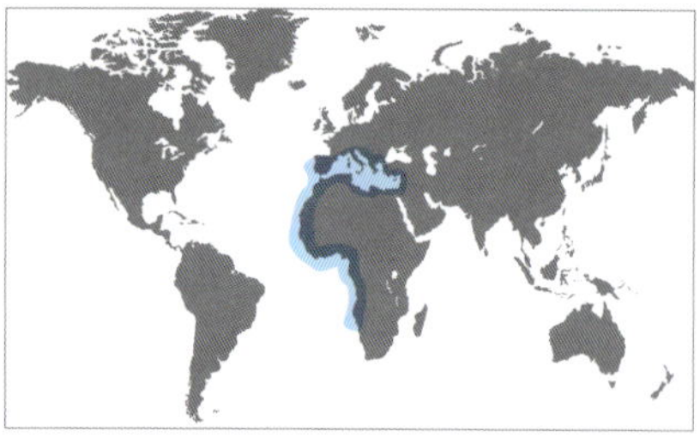

科	イタヤガイ科　Pectinidae
貝殻の大きさ	80 ～ 150mm
地理的分布	地中海およびポルトガルからアンゴラにかけての大西洋
存在量	ふつう
生息深度	水深 25 ～ 250m
生息場所	砂底や泥底や礫底
食性	濾過食者
足糸	成貝にはない

貝殻の大きさ
80 ～ 150mm

写真の貝殻
128mm

Pecten maximus jacobaeus（Linnaeus, 1758）

ジェームズホタテガイ

ST. JAMES SCALLOP

ジェームズホタテガイは、最も泳ぎの速いイタヤガイ類の1種として名高く、捕食者のヒトデから逃げるためにわずか3秒の間に3m泳いだという記録がある。ヨーロッパに生息するイタヤガイ類の中では最大で、地中海のいたる所で漁業対象となっており、とくにイタリアで漁獲量が多い。中世の巡礼者は本種の殻を帽子や上着につけて、スペインのサンチャゴ・デ・コンポステーラへ巡礼の旅に出かけたので、このしきたりに因んで、本種は Pilgrim Scallop（巡礼者のホタテガイ）としても知られる。その巡礼は、聖ヤコブ（聖ジェームズ、あるいはフランス語でサンジャックとも）を讃えるために行われたものであったので、本種には聖ヤコブに因んだ名前がつけられている。

近縁種

ノルウェーからマデイラ諸島およびカナリア諸島にかけて分布するヨーロッパホタテガイ *Pecten maximus maximus*（Linnaeus, 1758）は、ジェームズホタテガイに似た殻をもち、大きさも似ているが、殻の縁がより滑らかである。カリブツキヒガイ *Euvola laurenti*（Gmelin, 1791）は、フロリダキーズからベネズエラにかけて生息し、外面がほぼ滑らかで、内面に細い放射肋のある殻をもつ。

実物大

ジェームズホタテガイの殻は大きくて硬く、幅広い扇形である。上の殻（左殻）は平たくて重く、下の殻（右殻）は膨らんでいて軽い。前後の耳状部はほぼ同じ大きさで、両方を合わせると殻長の半分ほどの長さになる。各殻の殻表には14～17本ほどの幅広い放射肋があり、同心円状の細い線も並ぶ。右殻は白で、左殻は褐色あるいは白や黄色、紫のものが多い。

科	イタヤガイ科　Pectinidae
貝殻の大きさ	50 〜 170mm
地理的分布	カリブ海からブラジルにかけて
存在量	ふつう
生息深度	潮間帯から水深 150m
生息場所	足糸で岩に付着
食性	濾過食者
足糸	ある

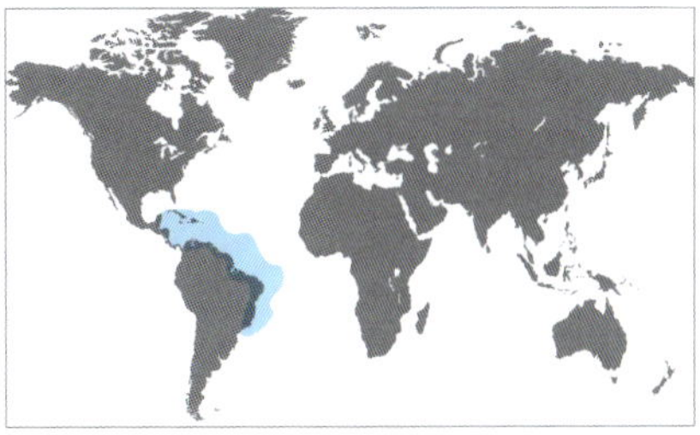

貝殻の大きさ
50 〜 170mm

写真の貝殻
140mm

Lyropecten nodosus (Linnaeus, 1758)

コブナデシコガイ

LION'S PAW

コブナデシコガイは、西大西洋産のイタヤガイ類中最大の種の1つで、殻表に中空の瘤を備えた太い放射肋がある独特な殻をもつ。殻の色は赤褐色のものが多いが、鮮やかな赤や黄色、オレンジのものもある。南米のいくつかの場所では食用にするため、本種の養殖法の開発が進められている。飼育下では、浅い所のほうが深い所より速く成長するが、生存率は深い所のほうが高い。本種は、岩や沈船、人工礁などの堅い基質に付着して生活している。

近縁種

アメリカ合衆国ノースカロライナ州からフロリダ州およびメキシコ湾にかけて生息するイボナデシコガイ *Nodipecten fragosus* (Conrad, 1849) は、非常によく似ていてよく混同されるが、コブナデシコガイのほうがより南に分布し、肋の上の瘤の数がより少ない。ガラパゴスニシキガイ *Nodipecten magnificus* (Sowerby, I, 1835) は、ガラパゴス諸島固有種の可能性があり、大きな濃い赤色の殻をもつ。

コブナデシコガイの殻は大きく、厚くて重く、いくぶん膨らみ、輪郭は幅の広い扇形である。各殻の殻表には大きく太い放射肋が 7 〜 10 本ほどあり、肋上には中空の瘤があり、それらが同心円状の列をなす。殻表全体に強い放射細肋があり、輪肋と交差する。前後の耳状部は大きさが異なり、後耳は前耳の半分ほどの長さである。殻の内面では、太い放射肋の所が溝状にくぼむ。殻の色は外面が赤褐色から鮮やかなオレンジあるいは黄色などさまざまで、内面は紫がかった褐色である。

実物大

科	イタヤガイ科　Pectinidae
貝殻の大きさ	120 〜 200mm
地理的分布	カナダのラブラドル半島から合衆国ノースカロライナ州
存在量	ふつう
生息深度	水深 2 〜 380m
生息場所	砂底
食性	濾過食者
足糸	成貝にはない

貝殻の大きさ
120 〜 200mm

写真の貝殻
144mm

Placopecten magellanicus (Gmelin, 1791)

マゼランツキヒガイ

ATLANTIC DEEPSEA SCALLOP

実物大

マゼランツキヒガイは、アメリカ大陸沿岸に生息するイタヤガイ類中最大の種で、最も重要な漁業対象種の1つである。生息する水深帯が広く、沿岸域では乱獲によって数が激減しつつあるが、自然のままの沖合では、個体群の状態はまだ健全なようだ。食用としてのイタヤガイ類への需要が世界的に高まる中、この類の漁獲高はそれを満たすことができないと予測されるため、現在、とくに中国、日本、ヨーロッパやオーストラリアなどでは、数種の養殖が行われている。1984年には、世界で養殖されたイタヤガイ類の94%が日本で養殖されたものだったが、2004年には中国が最大の生産国となり、全世界の生産量の約80%を占めるようになった。

近縁種

ノルウェーから西アフリアにかけての大西洋沿岸と地中海に生息する *Pseudoamussium septemradiatum* (Müller, 1776) は、殻表にゆるやかに曲がった幅広い放射肋が7本ある、丸みを帯びた小さな殻をもつ。ジェームズホタテガイ *Pecten maximus jacobaeus* (Linnaeus, 1758) は、ポルトガルからアンゴラにかけての大西洋沿岸と地中海に分布する。この貝はヨーロッパ産のイタヤガイ類の中では最大で、漁業の対象となっている。

マゼランツキヒガイの殻は大きく、輪郭は円形。左右の殻はほぼ同大で、ともにわずかに膨らむ。前後の耳状部の大きさもだいたい同じ。殻表には無数の細い放射条があり、放射条は左殻のほうがやや顕著である。殻は滑らかに見えるが、殻表には微細な鱗片があり、触るとざらざらする。右殻はオフホワイトで、左殻は赤褐色のことが多いが、ときに薄紫や黄色のこともある。殻の内面はクリーム色で光沢がある。

科	ワタゾコツキヒガイ科　Propeamussiidae
貝殻の大きさ	3 ～ 4.8mm
地理的分布	バハカリフォルニアからエクアドルにかけて
存在量	少産
生息深度	水深 2 ～ 355m
生息場所	砂底
食性	濾過食者
足糸	ある

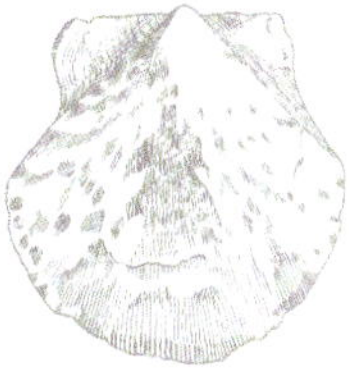

貝殻の大きさ
3 ～ 5mm

写真の貝殻
5mm

Cyclopecten pernomus (Hertlein, 1935)

ウロコハリナデシコガイの仲間

PERNOMUS GLASS SCALLOP

本種は、パナマ産のワタゾコツキヒガイ類の中では最小で、成貝でも長さが 5mm に満たない。殻の色は変異に富むが、白地に褐色からオレンジの斑点模様をもつものが多い。潮下帯浅部から深海まで生息する。ワタゾコツキヒガイ科には世界で約 200 種の現生種が知られるが、大部分は深海または極海に棲む。本科の化石記録は石炭紀まで遡ることができる。

近縁種

南大西洋に産する *Cyclopecten perplexus* Soot-Ryen, 1960 は、イタヤガイ類中最小の種の 1 つで、大きくても殻長が 1.5mm ほどにしかならない。この貝は鰓の中で幼生を保育することが知られているが、イタヤガイ類で保育習性が報告されたのはこの貝が初めてである。西太平洋に生息するシンテイツキヒガイ *Propeamussium watsoni* (Smith, 1885) は、殻が大きくてもろく、内面に放射肋がある。

Cyclopecten pernomus の殻はとても小さくてもろく、輪郭は丸い。左殻の殻表には細い放射条が見られるが、右殻の殻表は肉眼では滑らかに見える。左殻のほうが右殻より大きい。殻の前後の耳状部は大きさがわずかに異なる。殻の色は変異に富むが、白地に不定形の褐色斑紋をもつものが多い。なかには黄色やオレンジ、ときに黄みを帯びた白い殻をもつものもいる。

実物大

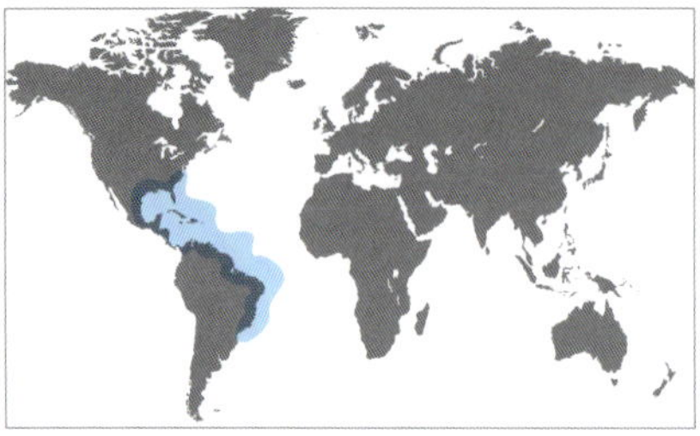

科	ウミギクガイ科　Spondylidae
貝殻の大きさ	76 ～ 150mm
地理的分布	合衆国ノースカロライナ州からブラジルにかけて
存在量	ふつう
生息深度	潮間帯から水深 140m
生息場所	硬い基質に殻を接着
食性	濾過食者
足糸	ない

貝殻の大きさ
76 ～ 150mm

写真の貝殻
87mm

Spondylus americanus Hermann, 1781

アメリカショウジョウガイ

AMERICAN THORNY OYSTER

アメリカショウジョウガイは、大きく、多数の棘のある彩りの美しい殻をもつ。メキシコ湾の沖合に設置された何千という石油掘削装置の上には、本種がとくにたくさんついている。本種の最大サイズの世界記録は殻長 241.5mm だが、これはおそらく棘の長さも含めたものと思われる。右殻を岩やサンゴなどの硬いものに接着して成長する。殻の表面はカイメンやサンゴなどの海産生物に覆われており、見事に背景に溶け込んでいる。

近縁種

西太平洋に産するショウジョウガイ *Spondylus regius* Linnaeus, 1758 は、殻表に長大な棘がまばらにあり、それらの間に毛のような細い棘がある。ネコジタウミギクガイ *Spondylus linguaefelis* Sowerby II, 1847 は、西太平洋および中央太平洋に生息し、殻表に短く細い棘をもつ。その棘の数はおそらくウミギクガイ類の中で最も多い。

実物大

アメリカショウジョウガイの殻は大きくて重く、硬く、輪郭は卵形から円形。左右の殻は大きさと形が異なる。殻表には放射肋があり、そこから棘が立ち上がる。棘の長さは 75mm にもなることがある。基質に接着されて動かない右殻は、上側の左殻よりも大きい。蝶番部には丸みのある大きな歯があり、左右の殻の歯が球関節のように上手く噛み合うことで 2 枚の殻が接合されている。殻表の色は白から黄色や赤までさまざま。殻の内面は白く、周縁部は赤紫に染まる。

科	ウミギクガイ科　Spondylidae
貝殻の大きさ	80 ～ 130mm
地理的分布	熱帯西太平洋
存在量	ふつう
生息深度	水深 5 ～ 50m
生息場所	岩の上やサンゴ礫の間
食性	濾過食者
足糸	ない

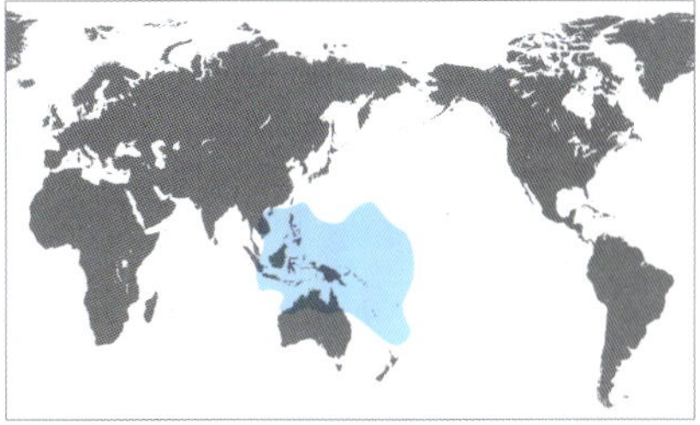

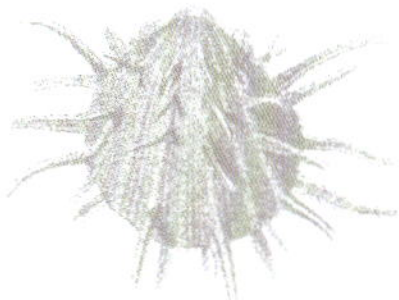

貝殻の大きさ
80 ～ 130mm

写真の貝殻
89mm

Spondylus regius Linnaeus, 1758

ショウジョウガイ

REGAL THORNY OYSTER

ショウジョウガイは、最も魅力的なウミギクガイ類の1種で、非常に長い棘を備えた殻はとくに美しい。最も長い棘をもつものは、波当たりの弱いおだやかな海域に見られる。交板には大きな歯が2つずつあり、左右の殻の歯が球関節状の接合をする。これはウミギクガイ科によく見られる特徴である。本科には世界で70種ほどの現生種が知られ、その多くは熱帯から亜熱帯の海で見られる。

近縁種

アメリカ合衆国ノースカロライナ州からブラジルにかけて生息するアメリカショウジョウガイ *Spondylus americanus* Hermann, 1781 は、ショウジョウガイに似た殻をもち、ときに長い棘をもつことがあるが、たいていは棘がより短く、棘と棘の間が狭い。アフリカ北西部および地中海に産するウミダリアガイ *Spondylus gaederopus* Linnaeus, 1758 は、比較的短い扁平な棘をもつ。

実物大

ショウジョウガイの殻は、ウミギクガイ科の貝にしては大きくて硬く、膨らみ、輪郭は円形に近い。左右の殻はほぼ同形同大で、下側になっている右殻も、上側の左殻と同じ殻表彫刻をもつ。それぞれの殻表には太い放射肋が6本あり、それらの上にゆるやかに曲がった長くて強い棘がまばらに並ぶ。太い放射肋の間には、放射細肋が6、7本ずつあり、完全な貝殻には細かい棘もたくさんある。殻の外面はふつう赤褐色から薄いバラ色で、右の写真のようなオレンジの殻は稀である。殻の内面は青みがかった白。

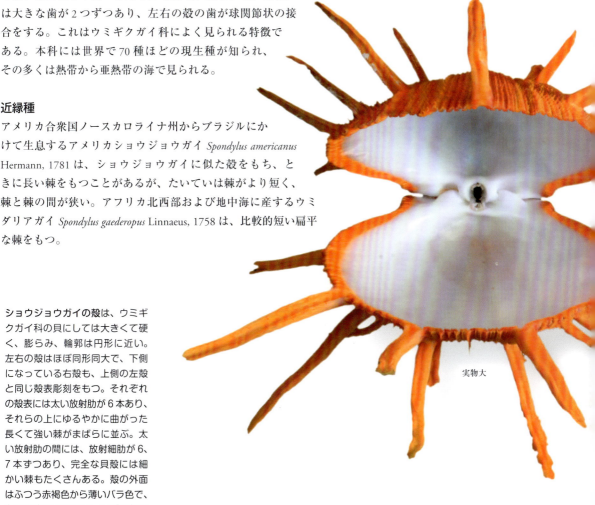

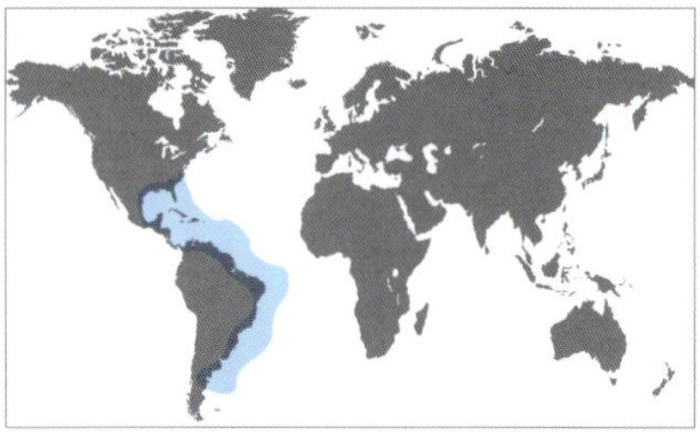

科	ネズミノテガイ科　Plicatulidae
貝殻の大きさ	12 〜 40mm
地理的分布	合衆国ノースカロライナ州からアルゼンチンにかけて
存在量	ふつう
生息深度	潮間帯から水深 120m
生息場所	硬い基質に殻を接着
食性	濾過食者
足糸	ない

貝殻の大きさ
12 〜 40mm

写真の貝殻
31mm

Plicatula gibbosa Lamarck, 1801

マメガキ

ATLANTIC KITTEN'S PAW

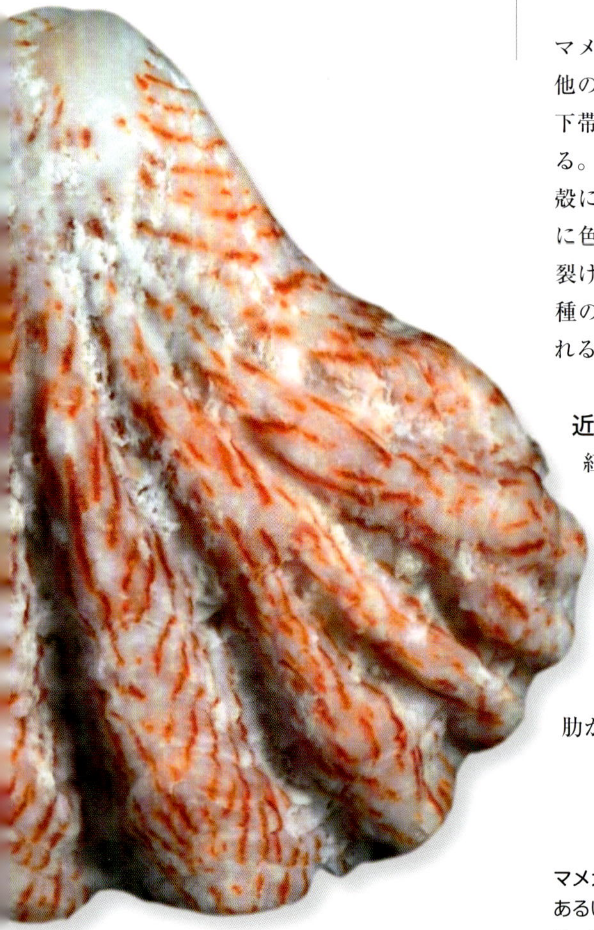

マメガキは、多産する二枚貝で、右の殻の一部分を岩やサンゴ、他の貝の殻などの硬いものに接着して生活する。潮間帯から潮下帯浅部に生息しているものが多いが、やや深い所でも見られる。本種の空殻は大量に砂浜に打ち上げられる。新鮮なうちは殻に濃い赤色の線が見られるが、浜に打ち上げられた殻は急速に色褪せる。交板にある大きな歯のおかげで、2 枚の殻の間は裂け目程度にしか開かない。ネズミノテガイ科には世界で約 10 種の現生種が知られるが、ほとんどは暖かい海の浅い所で見られる。

近縁種

紅海からインド西太平洋にかけて広く分布するネズミノテガイ類が 2 種いる。エダウネイシガキモドキ *Plicatula plicata* (Linnaeus, 1767) とカスリイシガキモドキ *Plicatula australis* Lamarck, 1819 である。前者はマメガキに似た殻をもち、殻表の彫刻も似ている。この貝の殻の形にはかなりの変異が見られ、マメガキよりも細長い殻をもつものもいる。後者は卵形の丸みのある殻をもち、その殻表には多くの放射肋がある。

マメガキの殻は小型で硬く、側扁し、輪郭は扇形あるいは涙形。殻頂は小さく、殻の背側中央にある。交板は短く、それぞれ 2 個ずつ大きな歯を備える。右殻は左殻とほぼ同じ大きさだが、左殻より膨らみが強い。殻表には 5 〜 12 本の幅広い放射肋がある。殻の内面は滑らか。殻の腹縁は波打っている。殻の外面は灰色がかった白で、灰色または赤色の線が多数入る。殻の内面は白い。

実物大

科	ナミマガシワガイ科　Anomiidae
貝殻の大きさ	25 ～ 56mm
地理的分布	インド西太平洋
存在量	ふつう
生息深度	潮間帯
生息場所	マングローブの根の上
食性	濾過食者
足糸	ある

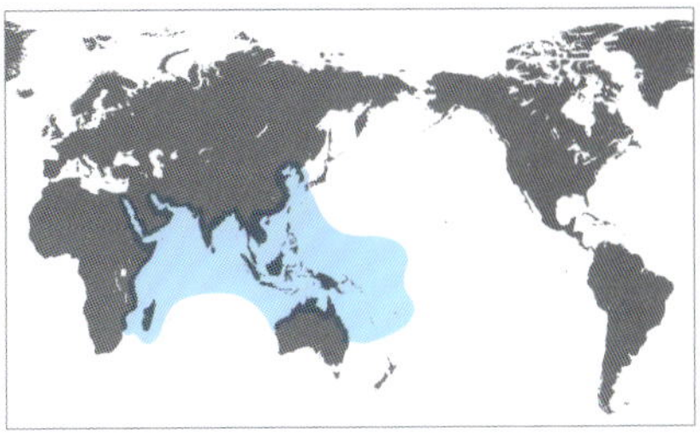

貝殻の大きさ
25 ～ 56mm

写真の貝殻
40mm

Enigmonia aenigmatica (Holten, 1802)

オカナミマガシワガイ

MANGROVE JINGLE SHELL

オカナミマガシワガイは、最も興味深い二枚貝の 1 つである。カサガイ類のような笠形の殻をもち、右殻には孔があいている。足糸をもつが、それを捨てて移動もする。リボン状の足でマングローブの根の上を這い回ったり、木に登ったりすることができる。半陸生で、長い間空気中に出ていても耐えられる。マングローブの葉の上で育った貝は殻が金色だが、その他の場所に生息するものは赤紫（このページの写真のように）である。世界には約 15 種のナミマガシワ科の現生種が知られ、その多くは温帯に生息する。この科の化石記録はジュラ紀まで遡ることができる。

近縁種

カナダ東岸からアルゼンチンにかけて分布するアメリカナミマガシワガイ *Anomia simplex* d'Orbigny, 1853 は、円形から卵形に近い不整形の黄みがかった透明な殻をもつ。アメリカ合衆国東海岸の砂浜に打ち上げられるものではこの貝の殻が一番多い。インド西太平洋の熱帯域に生息するマドガイ *Placuna placenta* (Linnaeus, 1758) は、大きく非常に平たい殻をもつ。この種の若齢貝の殻は透明で、しばしばガラス板の代わりに使われる。

オカナミマガシワガイの殻は中型で、非常に薄くてもろく、側扁し、輪郭はやや細長いものから幅広い卵形のものまでさまざま。左殻（上側）はカサガイ類の殻のような形で膨らみ、中心近くにある殻頂から殻縁にかけて 1 本の細長い裂け目がある。右殻（下側）は薄く、へこみ、細長い裂け目だけでなく、中央には大きな孔があり、この孔から軟らかい足糸を出す。左右の殻とも殻表には同心円状の成長線がある。左殻は赤褐色あるいは金色で、右殻は半透明で銀白色。

実物大

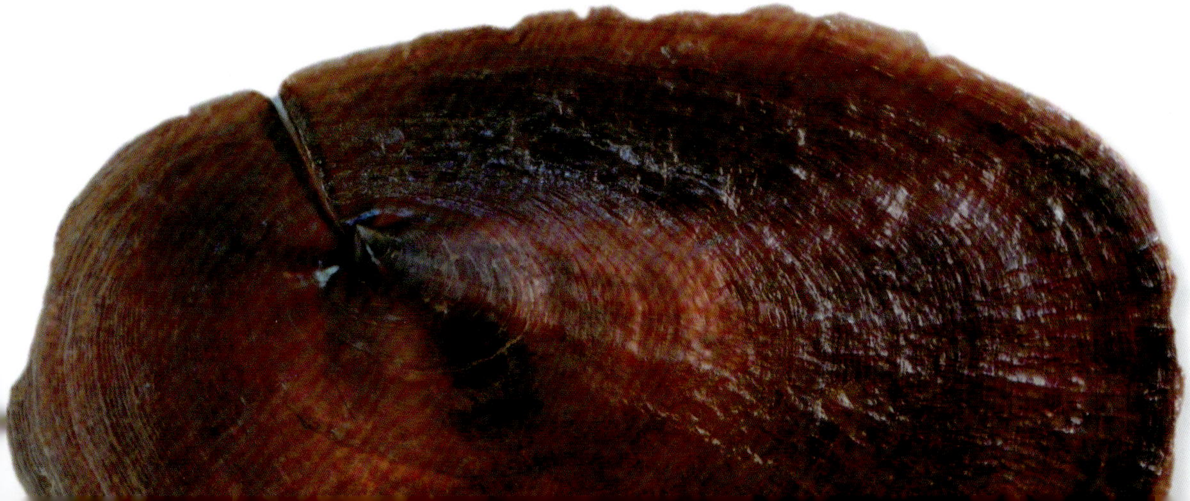

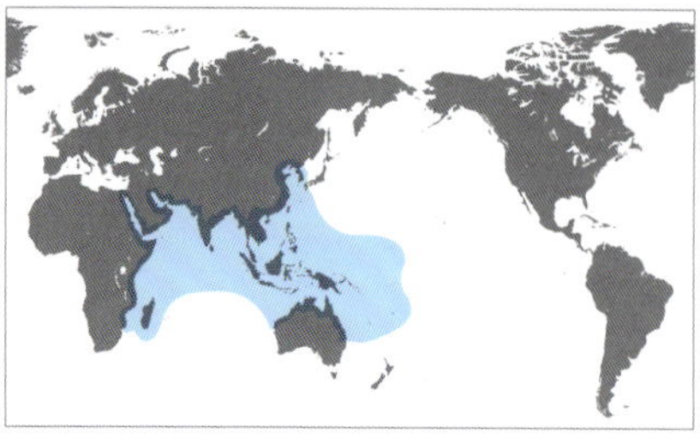

科	マドガイ科 Placunidae
貝殻の大きさ	100 ～ 200mm
地理的分布	熱帯インド西太平洋
存在量	多産
生息深度	潮間帯から水深 100m
生息場所	泥砂底
食性	濾過食者
足糸	ある

貝殻の大きさ
100 ～ 200mm

写真の貝殻
106mm

Placuna placenta (Linnaeus, 1758)

マドガイ

WINDOWPANE OYSTER

マドガイの殻は中型から大型で、薄くてもろく、半透明で、輪郭はほぼ円形。２枚の殻は大きく側扁し、右殻は平坦で、左殻はわずかに膨らむのみ。殻表には細い成長線があるだけで、ほとんど滑らかである。殻の内面には、殻頂から伸びる１本のＶ字形の隆起部と、中心付近に閉殻筋痕が１つある。殻は銀白色で、小さな殻ではほとんど無色である。

マドガイは、間違いなく最も平たい二枚貝の１つで、軟体部がどうやってこの狭い空間で生きられるのか、なかなか想像できない。本種は、波の穏やかな潟湖や入り江、そしてマングローブ湿地などに多産し、うっすらと泥を被って右殻を下にして横たわっている。長い伸長性の足をもつが、足は移動のためではなく、外套腔内を掃除するために使われる。殻は薄く半透明で、とくに若齢貝の透明な殻は何世紀にも渡ってガラス板の代わりに使われてきた。フィリピンでは主要な漁業対象種で、現在も工芸品やランタンに本種の殻が利用されている。

近縁種

西太平洋の熱帯域に生息するクラマドガイ *Placuna ephippium* (Philipsson, 1788) は、マドガイに似た殻をもつが、その殻はより硬く、やや不透明である。カナダからアルゼンチンまで分布するアメリカナミマガシワガイ *Anomia simplex* d'Orbigny, 1853 は小さく、不整形で透明な殻をもつ。この貝の右殻には孔があいており、そこから足糸を出して基質に付着する。

実物大

科	サンカクガイ科　Trigoniidae
貝殻の大きさ	25 ～ 50mm
地理的分布	オーストラリアに固有
存在量	ふつう
生息深度	水深 6 ～ 80m
生息場所	砂や砂泥に埋在
食性	濾過食者
足糸	ある

貝殻の大きさ
25 ～ 50mm

写真の貝殻
37mm

Neotrigonia margaritacea (Lamarck, 1804)

シンサンカクガイ

AUSTRALIAN BROOCH CLAM

シンサンカクガイは、形態が6500万年に渡ってほとんど変わっておらず、生きた化石と見なされている。サンカクガイ科の現生種は本種を含めて6種ほどだが、この類は中生代（2億5000万年前～6550万年前）には非常に多様性が高く、全世界に広く分布していた。現生種はすべてオーストラリアに固有である。膨らんだ殻をもつにもかかわらず、非常に活発で、素早く海底に潜ることができ、海底の砂や砂泥に半分埋もれて生活している。殻は虹色に輝く真珠層をもち、アクセサリーなどに使われる。

近縁種

シンサンカクガイ属 *Neotrigonia* の現生種の殻はみなよく似た彫刻をもつ。オーストラリア東部に産する *Neotrigonia lamarcki* (Gray, 1838) は、シンサンカクガイに似た殻をもち、殻表には約24本の放射肋をもつが、殻の色は紫がかった褐色である。オーストラリア南部に生息するベドネルシンサンカクガイ *Neotrigonia bednalli* Verco, 1907 は、殻表に約26本の放射肋をもち、殻の色が白からピンク、赤あるいは紫と変異に富む。

実物大

シンサンカクガイの殻は小さく、厚くて硬く、輪郭は丸みを帯びた三角形。左右の殻とも殻表に約24本の強い放射肋があり、多数の同心円状の成長線がそれらと交差する。殻の内面の殻縁付近には、外面の放射肋に対応する溝がある。交歯は大きく、V字形で溝があり、殻の内面と同じく真珠光沢のある白色からピンク色。殻の外面は厚い褐色の殻皮に覆われる。

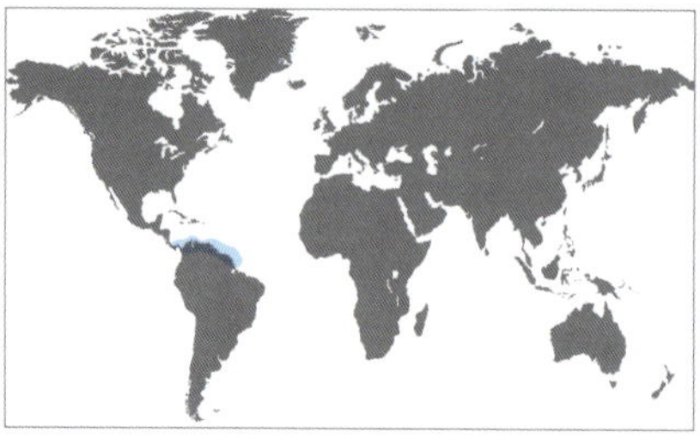

科	モシオガイ科　Crassatellidae
貝殻の大きさ	40 ～ 80mm
地理的分布	パナマからベネズエラにかけて
存在量	希少
生息深度	水深 29 ～ 38m
生息場所	砂底や泥底などの軟質底
食性	濾過食者
足糸	成貝にはない

貝殻の大きさ
40 ～ 80mm

写真の貝殻
80mm

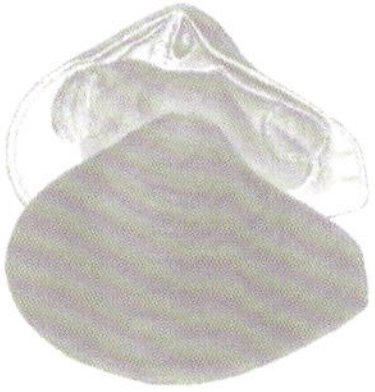

Eucrassatella antillarum (Reeve, 1842)

カリブモシオガイ

ANTILLEAN CRASSATELLA

カリブモシオガイは、モシオガイ類の中では大きく、希少で、沖合の軟質底に棲む。本種の化石は鮮新世以降のものが見つかっており、生きた貝はパナマおよびベネズエラの沖合から見つかっている。モシオガイ類は軟質底の表面直下に潜って生活する。この類には外套腔で卵を幼貝になるまで保育するものがいる。モシオガイ科には世界で約 40 種の現生種が知られ、その多くは熱帯から亜熱帯の浅海に生息する。本科の化石記録はデボン紀まで遡ることができる。

近縁種

アメリカ合衆国ノースカロライナ州からコロンビアにかけて分布するアメリカモシオガイ *Eucrassatella speciosa* (A. Adams, 1852) は、カリブモシオガイより小さく、殻表にやや強い輪肋がある。オーストラリアの西部および南部に生息する *Eucrassatella donacina* (Lamarck, 1818) は、モシオガイ科の中で最大の種で、その殻はオーストラリア先住民によって道具として使われてきた。

実物大

カリブモシオガイの殻は中型で、厚くて硬く、わずかに膨らみ、輪郭は丸みを帯びた亜三角形。殻頂は大きく、後方がわずかに尖る。左右の殻は同形同大で、後方が嘴状に張り出す。殻表は大部分滑らかで、同心円状の細い成長線が見られる。蝶番部は大きくて短く、1つの大きな三角形の靭帯受と 2、3 個の長い斜めの歯を備える。殻の外面は褐色で、殻頂は色が薄い。殻の内面は栗色がかった褐色で、腹縁が白色帯で縁取られる。

科	エゾシラオガイ科　Astartidae
貝殻の大きさ	10 ～ 35mm
地理的分布	北極海からアフリカ西岸にかけて、そして地中海
存在量	ふつう
生息深度	水深 5m の浅海から 2000m の深海まで
生息場所	泥底や礫底などに部分的に埋もれて生活
食性	濾過食者
足糸	成貝にはない

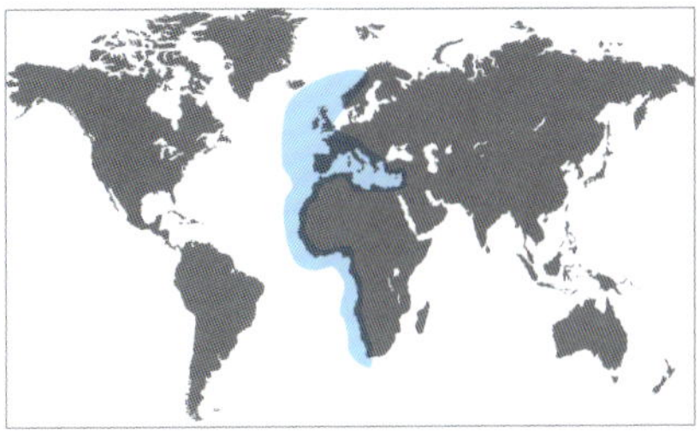

貝殻の大きさ
10 ～ 35mm

写真の貝殻
35mm

Astarte sulcata（da Costa, 1778）

ヒメエゾシラオガイ

SULCATE ASTARTE

ヒメエゾシラオガイは、ハコダテシラオガイ属 *Astarte* のタイプ種である。ヨーロッパ北西部イギリス諸島周辺でふつうに見られる二枚貝だが、地中海やアフリカ北西部でも見つかる。泥底や砂底、砂礫底に部分的に埋もれて生活する埋在性二枚貝で、しばしば殻に黒い泥がこびりついている。岸よりの浅海でも見つかるが、沖合で見つかることのほうが多く、2000m の深海からの記録もある。エゾシラオガイ科には約 50 種の現生種が知られ、その大部分が北極から寒帯にかけての冷たい海に生息する。本科の最も古い化石は、デボン紀のものが知られる。

実物大

近縁種

周寒帯性分布を示すエゾシラオガイ *Astarte borealis*（Schumacher, 1817）は、ヨーロッパではノルウェーからイギリス諸島にかけて出現する。この貝は最大級のエゾシラオガイ類の 1 つで、長さは 55mm に達する。殻は非常に重く、殻表は厚い殻皮に覆われる。アメリカ合衆国フロリダ州および西インド諸島からメキシコ湾にかけて分布する *Astarte smithii* Dall, 1886 は、深海産の小型種で、淡褐色の殻をもつ。

ヒメエゾシラオガイの殻は小型で、厚くて硬く、輪郭は幅の広い卵形。殻頂は突出し、わずかに殻の前に寄り、後方に向く。交板は厚く、右殻に 2 歯、左殻に 3 歯を備える。殻表には約 20 本の強く平たい輪肋がある。左右の殻は同形同大で、殻を閉じた時には殻間に隙間があかない。腹縁には細かいぎざぎざがある。殻外面は白亜色で、褐色の厚い殻皮に覆われる。殻の内面は白い。

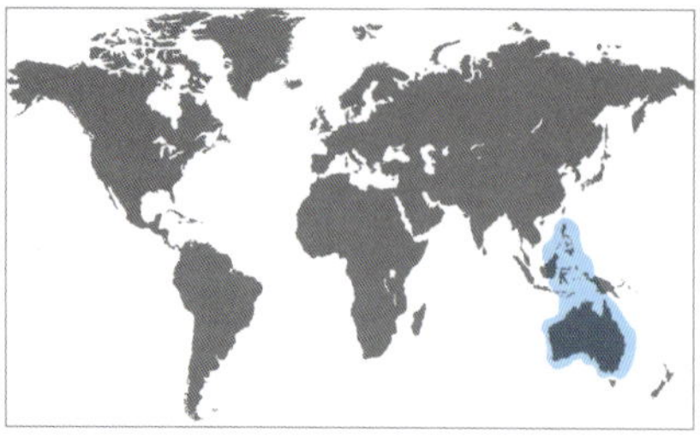

科	トマヤガイ科　Carditidae
貝殻の大きさ	30 〜 75mm
地理的分布	フィリピンからオーストラリアにかけて
存在量	ふつう
生息深度	潮間帯から水深 30m
生息場所	砂底
食性	濾過食者
足糸	ある

貝殻の大きさ
30 〜 75mm

写真の貝殻
45mm

Cardita crassicosta Lamarck, 1819

フトウネトマヤガイ

AUSTRALIAN CARDITA

フトウネトマヤガイは、トマヤガイ科の中で殻表の鱗状突起が最も多い種の 1 つである。オーストラリアの限られた地域にのみ生息する多くのトマヤガイ類と異なり、本種はオーストラリア全域で見つかる。トマヤガイ類はたいてい足糸で硬い基質に付着し、岩の割れ目、岩や礫の下などに半ば隠れるように暮らしており、なかには底質中に浅く潜っているものさえいる。多くの種は浅海に棲むが、深海で見つかる種も少数いる。全種ではないが、外套腔の中で卵を幼貝になるまで保育するものがいる。トマヤガイ科の貝は世界で 50 種ほどが知られ、本科にはデボン紀に遡る長い化石記録がある。

近縁種

地中海とその周辺の大西洋海域に産するマルトマヤガイ *Cardita antiquata*（Linnaeus, 1758）は、色彩変異の激しい小型種で、強い放射肋を備えた丸みのある殻をもつ。紅海から西太平洋にかけて生息するアマボウシ *Beguina semiorbiculata*（Linnaeus, 1758）は、トマヤガイ類中最大の種の 1 つで、大きいものは殻長が 100mm を超える。この貝の殻には弱い放射肋がある。

フトウネトマヤガイの殻は中型で硬く、鱗片に覆われ、輪郭は台形。殻頂は小さく、殻の前方にある。殻の腹縁は前方がへこむ。2 枚の殻は同形同大で、殻表に 11 〜 14 本の放射肋をもつ。殻の後方は広がり、逆立った大きな鱗片状突起を備える。殻の外面はピンク、オレンジ、黄色、褐色から白まで色の変異に富む。殻の内面は白い。

実物大

科	ウミタケガイモドキ科　Pholadomyidae
貝殻の大きさ	75 〜 130mm
地理的分布	カリブ海からコロンビアにかけて
存在量	極めて希少
生息深度	潮間帯から水深 25m
生息場所	砂底
食性	堆積物食者
足糸	ない

貝殻の大きさ
75 〜 130mm

写真の貝殻
79mm

Pholadomya candida Sowerby I, 1823

ウミタケガイモドキの仲間

CARIBBEAN PIDDOCK CLAM

本種は、最も希少な二枚貝の1つで、生きた化石と考えられている。19世紀はじめには標本がいくつか得られていたが、その後、コロンビアのカリブ海沿岸で新たに標本が得られるまでは絶滅したと信じられていた。新たな標本の中には生きた貝も含まれていたが、それは浅海の粗い砂の中に深く埋もれた状態で発見された。癒合した1対の大きな水管をもち、それらを2枚の殻の隙間から外に伸ばしている。ウミタケガイモドキ科は、ジュラ紀から白亜紀にかけて栄えた祖先的な埋在性二枚貝の一群で、現生種は約10種が知られるのみである。

Pholadomya candida の殻は非常に薄くてもろく、後方が伸長し、そこに水管の出る隙間があいている。殻頂は大きくて目立ち、丸みがあり、殻の前方にあって2枚の殻の殻頂が著しく接近している。殻頂近くでは殻縁が張り出す。蝶番部はほとんど滑らかで、短い小瘤とくぼみが1つずつ、そして短い外靱帯がある。殻表には強い放射肋があり、同心円状の成長線がそれらと交差する。殻の中央部にある8、9本の放射肋は他の肋より顕著で、その部分では放射肋は顆粒が連なったようになり格子模様をなす。殻の内面は真珠層で覆われ、多数の小さなくぼみがある。殻の色は外面も内面も白。

近縁種

本科の現生種はすべて希少で、インド太平洋海域に分布するウミタケガイモドキ *Pholadomya pacifica* Dall, 1907、ニュージーランドに生息する *Pholadomya maoria* Dell, 1963、日本に産するタカシマウミタケガイモドキ *Pholadomya takasimensis* Nagao, 1943 とモスソウミタケガイモドキ *Pholadomya levicaudata* Matsukuma, 1989、そしてヨーロッパに分布する *Panacca loveni* (Jeffreys, 1881) など、大部分の種は深海産である。

実物大

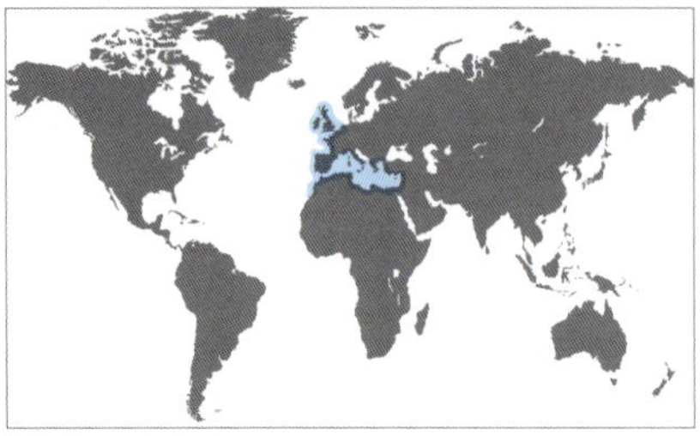

科	ネリガイ科　Pandoridae
貝殻の大きさ	13 〜 40mm
地理的分布	イギリスからカナリア諸島にかけての大西洋沿岸と地中海
存在量	ふつう
生息深度	低潮線付近から水深 20m
生息場所	砂底や泥底
食性	濾過食者
足糸	ある

貝殻の大きさ
13 〜 40mm

写真の貝殻
31mm

Pandora inaequivalvis (Linnaeus, 1758)

サザナミネリガイ

UNEQUAL PANDORA

サザナミネリガイは、体を横にして浅海の泥底や砂底の表面、あるいはその中に浅く埋もれて暮らしている。左右の殻の大きさは著しく異なり、下側の殻（左殻）は上側の殻（右殻）より大きく、膨らみも強い。右殻はほとんど扁平で、2 枚の殻の間には、軟体部を収容する空間がわずかしかない。水管は非常に短く、貝は水管を上方に曲げて海底の堆積物を吸い込まないようにしている。本種は、*Pandora* 属のタイプ種である。世界にはネリガイ科の現生種が 25 種ほど知られ、その大多数は北半球で見つかっている。本科の化石記録は漸新世まで遡ることができる。

実物大

サザナミネリガイの殻は小さくて薄く、側扁し、輪郭は三日月形。殻頂は小さく、殻の前半部にある。交板はいくぶん狭く、歯はなく（しかし、二次的に形成される歯のような隆起が見られる）、内靭帯を備える。左殻は、ほぼ扁平な右殻より大きく、やや膨らむ。殻表には細い同心円状の線があり、殻の内面は滑らかで光沢がある。殻の外面は灰色がかった白で、殻の内面は白く、その後縁付近はピンクに染まる。

近縁種

紅海からインド洋にかけて生息する *Pandora ceylanica* Sowerby I, 1835 は、サザナミネリガイ同様、小さくてもろく、著しく側扁した殻をもつが、殻の後端がより長く伸長し、尖っている。バハカリフォルニアからペルーまで分布する *Pandora arcuata* Sowerby I, 1835 は、*arcuata* という種小名が示しているように殻の後背縁がアーチ形になっている。この貝はエクアドルやペルーで最もよく見つかる。

科	サザナミガイ科 Lyonsiidae
貝殻の大きさ	15 ～ 31mm
地理的分布	合衆国ノースカロライナ州からブラジルにかけて
存在量	ふつう
生息深度	水深 5.5 ～ 11m
生息場所	カイメンの中で育つ
食性	濾過食者
足糸	ある

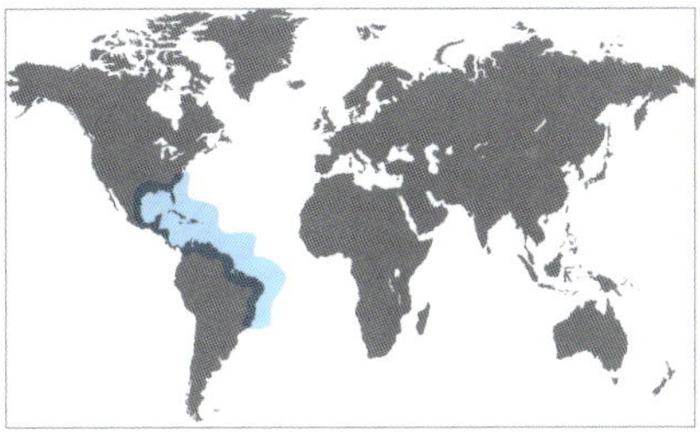

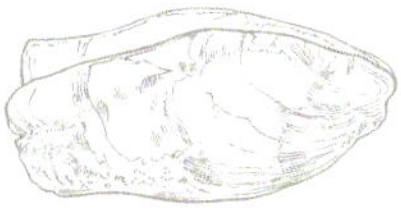

貝殻の大きさ
15 ～ 31mm

写真の貝殻
31mm

Entodesma beana (d'Orbigny, 1853)

ウスオビクイガイ

PEARLY LYONSIA

ウスオビクイガイは、カイメンの中に棲み込む小型の二枚貝である。生活空間が狭いことがあり、殻の形は不規則で変異に富む。殻は薄く半透明。軟体部は鮮やかなオレンジ色で、分離した短い水管を備える。他のサザナミガイ類同様、濾過食者である。サザナミガイ類の多くは軟質底の堆積物中に殻を立てて埋もれて生活するが、オビクイ属 *Entodesma* の中には、岩の割れ目やカイメンあるいはホヤの孔の中に隠れ棲むものもいる。なかには細く長い足糸をもち、それらで礫に付着して生活しているものもいる。世界には約 45 種のサザナミガイ科の現生種が生息し、本科の化石は暁新世以降のものが知られている。

近縁種

アリューシャン列島からカリフォルニアにかけて分布する *Entodesma navicula* (A. Adams and Reeve, 1850) は、おそらくサザナミガイ科中最大の貝で、殻長は 141mm に達する。その殻は薄く、乾くともろい。カナダのノバスコシアからアメリカ合衆国ノースカロライナ州にかけて生息する *Lyonsia hyaline* (Conrad, 1831) は、小型で内面が真珠層で覆われるもろい殻をもつ。この貝の殻では、殻頂の周囲のように殻皮が浸食されているところでは外側から真珠層が見える。

ウスオビクイガイの殻は小型から中型で、薄くてもろく、半透明で、輪郭は不規則だが卵形から長方形に近い。殻頂は小さく、殻の前方にある。交板は狭く、歯を欠く。左右の殻は大きさが異なり、右殻より左殻のほうが大きく、殻の前縁と後縁では、２枚の殻の間に隙間があく。殻表には不規則な同心円状の線と弱く浮き出た放射肋がある。殻は半透明で真珠光沢がある。

実物大

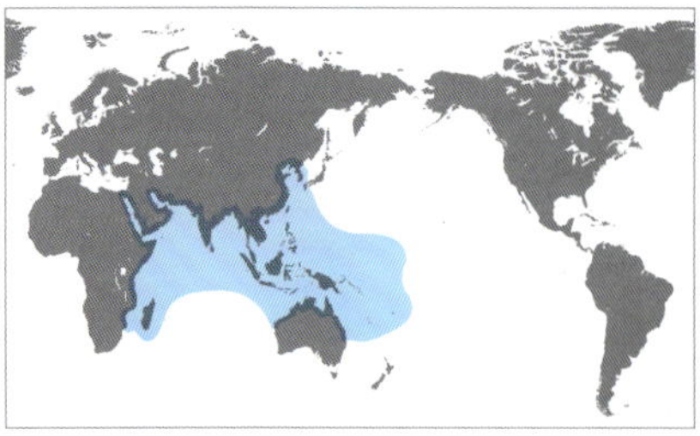

科	ハマユウガイ科 Clavagellidae
貝殻の大きさ	75 ～ 200mm
地理的分布	インド西太平洋
存在量	少産
生息深度	水深 40 ～ 80m
生息場所	砂底や泥底
食性	濾過食者
足糸	ない

貝殻の大きさ
75 ～ 200mm

写真の貝殻
134mm

Brechites penis (Linnaeus, 1758)

ジョウロガイ

COMMON WATERING POT

ジョウロガイの殻は非常に小さく、卵形で、大きな石灰質の管に埋没している。左右の殻は大きさが異なり、ともに交板を欠く。石灰質の管の前端には、多数の短い管を備えた孔のあいた円盤と襞飾りのある襟状部がある。その石灰質の管は前端から後端に向かって徐々に細くなり、後端は狭く開口し、そこから水管を海底の上に出すことができる。管表面には同心円状の細い線が見られる。殻も石灰質の管もともに白亜色である。

ジョウロガイは、非常に独特な変わった二枚貝である。幼貝は自由生活を営み、普通の形の殻をもつ。しかし軟体部が成長を始めると、石灰質の管を形成し、やがて幼貝時の痕跡的な殻はその中に埋没する。管の前端は広く、そこをずっと海底の泥や砂に埋めたまま暮らす。その前端部には、多くの短い管と襞飾りのある襟状部のついた丸い円盤があるが、その部分はヒナギクの花あるいは如雨露（じょうろ）の蓮口を思わせる。管の後端は狭くて開口しており、そこがちょうど海底表面にくるように保たれている。ハマユウガイ科には世界で約 15 種の現生種が知られる。

実物大

近縁種

日本に産するツツガキ *Brechites giganteus* (Sowerby III, 1888) は、ハマユウガイ科最大の種で、その石灰質の管は長さ 400mm 以上になる。礫の混じった砂底に棲み、管の一部を海底から突き出している。熱帯西太平洋に生息するヨリメツツガキ *Penicillus philippinensis* (Chenu, 1843) は、小さな殻をもち、ジョウロガイに似た石灰質の管をつくるが、砂粒や砂利、貝殻片などを管に付けていることが多い。

科	オキナガイ科　Laternulidae
貝殻の大きさ	32 〜 63mm
地理的分布	日本から香港にかけて
存在量	ふつう
生息深度	潮間帯から潮下帯浅部
生息場所	泥底やマングローブ林
食性	濾過食者
足糸	ない

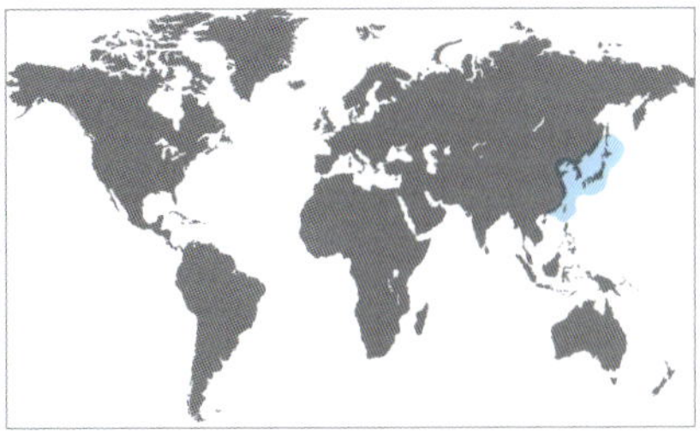

貝殻の大きさ
32 〜 63mm

写真の貝殻
60mm

Laternula spengleri（Gmelin, 1791）

オキナガイの仲間

SPENGLER'S LANTERN CLAM

本種は、泥の中に棲む二枚貝で、暖かい海域の潮間帯および潮下帯浅部に生息する。海底に浅く埋もれて生活しているが、潜るのが遅く、大きな貝は、動かされると元通りに海底に潜れないことがある。オキナガイ類は弾性のある靱帯を使う代わりに、曲がりやすい薄い殻そのものを曲げて殻を開ける。殻頂には1本の裂け目があり、殻を曲げるのに役立っている。オキナガイ科には約10種の現生種が知られ、ほとんどはインド西太平洋に、そして1種は南極周辺に分布している。オキナガイ科の化石記録は三畳紀まで遡ることができるが、本科の種間の系統関係はよくわかっていない。

近縁種

沖縄から熱帯西太平洋にかけて分布するヒロクチソトオリガイ *Laternula truncata*（Lamarck, 1818）は、本種に非常によく似た殻をもち、同種の可能性がある。インド西太平洋に生息するオキナガイ *Laternula anatina*（Linnaeus, 1758）は、オキナガイ科の中では最もふつうに見られる貝の1つで、丸みのある後端がアヒルの嘴に似た、やや細長い殻をもつ。

Laternula spengleri の殻は中型で非常に薄く、極度にもろく、半透明で、輪郭は細長い楕円形。殻頂は小さく、殻の中央に位置し、殻頂を横切るように1本の裂け目が入っている。蝶番部は構造が変化して、殻頂の下の部分が伸びてスプーン状に張り出し、歯はない。殻表は見た目には滑らかだが、同心円状の細い成長線に加えて微視的な顆粒や棘があるため、サンドペーパーのような手触りである。殻の外面は灰色で白い殻皮に覆われる。殻内面の色はオフホワイトで真珠光沢がある。

実物大

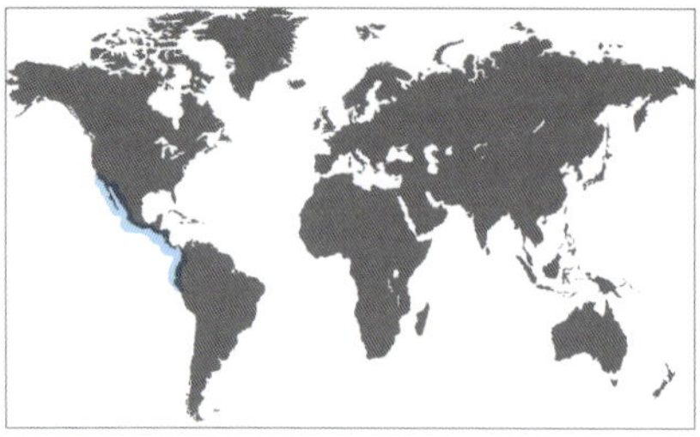

科	リュウグウハゴロモガイ科　Periplomatidae
貝殻の大きさ	40 〜 65mm
地理的分布	南カリフォルニアからペルーにかけて
存在量	ふつう
生息深度	潮下帯から水深 20m
生息場所	泥底や砂底
食性	濾過食者
足糸	ない

貝殻の大きさ
40 〜 65mm

写真の貝殻
50mm

Periploma planiusculum Sowerby I, 1834

ヒラリュウグウハゴロモガイ

WESTERN SPOON CLAM

ヒラリュウグウハゴロモガイの殻には、殻頂の直下に突出したスプーン形の靭帯受がそれぞれ1つずつあり、内靭帯の付着場所として働いている。本種は普通種で、右殻が上にくるように横になって泥や砂の中に深く埋もれて生活している。右殻は左殻より大きく、少し膨らんでいる。種小名 *planiusculum* は、平たい左殻に因んでつけられたものである。リュウグウハゴロモガイ科には世界で約35種の現生種が知られている。

近縁種

ニカラグアからパナマにかけての太平洋沿岸に生息する *Periploma pentadactylus* Pilsbry and Olsson, 1935 は、風変わりな小さい殻をもつ。大多数のリュウグウハゴロモガイ類の殻には放射肋は見られないが、この貝の殻表にはかぎ爪のように見える強い放射肋がある。アメリカ合衆国サウスカロライナ州からブラジルにかけて分布するハナビラリュウグウハゴロモガイ *Periploma margaritaceum* (Lamarck, 1801) の殻も小さいが、その輪郭はほぼ楕円形で、後端は截断状である。

実物大

ヒラリュウグウハゴロモガイの殻は中型で、薄くてもろく、側扁し、輪郭は長方形。殻の後端は前端よりも短い。殻頂は小さく、頂端が尖り、殻の後端に向いている。蝶番部は細く、歯を欠くが、殻頂の下に長い靭帯受が突出する。左右の殻は大きさが異なり、右殻のほうが大きく、膨らみも左殻より強い。殻表は滑らかで、同心円状の細い線が並び、ときに小さな疣も見られることがある。殻の色はクリーム色。

科	スエモノガイ科 Thraciidae
貝殻の大きさ	40 ～ 100mm
地理的分布	ヨーロッパからアフリカ西岸にかけての大西洋岸および地中海
存在量	少産
生息深度	潮間帯から水深 60m
生息場所	細砂底や泥底や礫底
食性	濾過摂食および堆積物摂食
足糸	成貝にはない

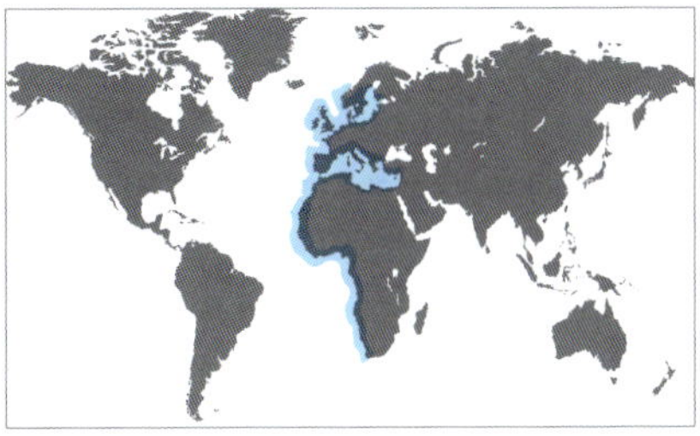

貝殻の大きさ
40 ～ 100mm

写真の貝殻
47mm

Thracia pubescens (Pulteney, 1799)

セイヨウスエモノガイ

PUBESCENT THRACIA

セイヨウスエモノガイは、スエモノガイ科の最大種の1つで、ヨーロッパ産のものの中では最大である。細かい砂や泥に埋もれ、浅海にも沖合のやや深い所にも生息している。海底に潜る速度は遅いが、海底から取り出されても再び潜ることができる。スエモノガイ類には非常に薄い殻をもつものが多い。入水管と出水管は分離しており、それぞれ別の粘液の管をつくる。スエモノガイ科には世界で約30種の現生種が知られ、多くは温帯から寒帯の海に棲む。

近縁種

北極周辺に分布する *Thracia myopsis* Möller, 1842 は、カナダのブリティッシュコロンビア州南部にも生息する。この貝は中型で、長方形に近い卵形の殻をもつ。オホーツク海から北日本にかけて分布するスエモノガイ *Thracia kakumana* Yokoyama, 1927 の殻は大きくて厚く、セイヨウスエモノガイの殻に似ているが、よりずんぐりしている。

セイヨウスエモノガイの殻は中型で、薄くて壊れやすく、膨らんでいて輪郭はやや細長い長方形。殻頂は殻の中ほどにあり、小さく、内側に巻き込んでいる。蝶番部は細く、歯はない。殻頂の下に、靭帯受として働く三角形の孔がある。左右の殻は大きさが異なり、右殻のほうが大きい。殻表には不規則な同心円状の線が並び、さらに細かい顆粒が散在する。殻の外面は白いが、しばしばオレンジ色に染まり、淡黄色の殻皮で覆われる。殻の内面は白磁色。

実物大

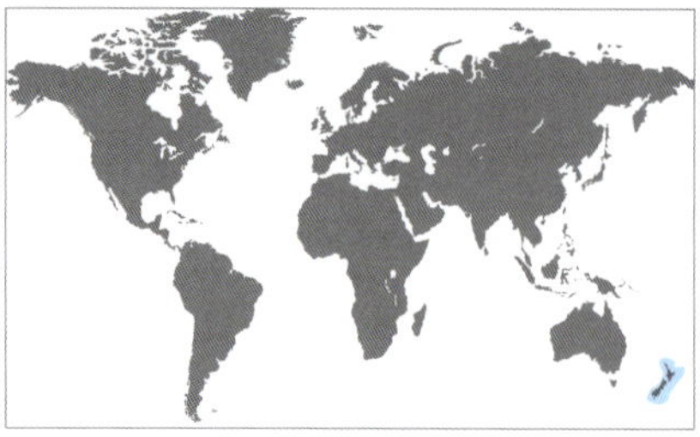

科	ミツカドカタビラガイ科　Myochamidae
貝殻の大きさ	30 〜 40mm
地理的分布	ニュージーランド
存在量	ふつう
生息深度	潮間帯から水深 20m
生息場所	砂質干潟など
食性	濾過食者
足糸	ない

貝殻の大きさ
30 〜 40mm

写真の貝殻
37mm

Myadora striata (Quoy and Gaimard, 1835)

オオミツカドカタビラガイ

STRIATE MYADORA

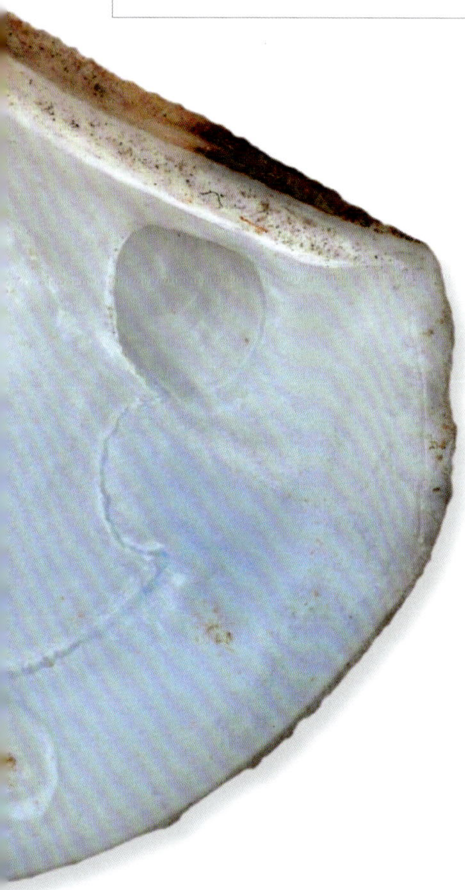

オオミツカドカタビラガイは、ニュージーランド固有種で、波当たりの強い海岸の砂質干潟などに棲み、潮間帯から潮下帯浅部にかけて見られる。左右の殻は形が異なり、左殻は扁平で、右殻はわずかに膨らむ。ミツカドカタビラガイ属 *Myadora* の貝殻は、ネリガイ科 Pandoridae の *Pandora* 属の殻に似て、殻の後縁が伸長し、殻頂が小さい。しかし、*Pandora* 属の種では、貝殻は右殻のほうが左殻よりも扁平である。トゲイセエビやゴウシュウマダイなどがオオミツカドカタビラガイを捕食する。世界には約 20 種のミツカドカタビラガイ類が現存するが、すべてインド太平洋に生息している。この科の化石記録は中新世まで遡ることができる。

近縁種

オオミツカドカタビラガイや、オーストラリア南部に固有の *Myadora delicata* Cotton, 1931 をはじめ、ミツカドカタビラガイ属 *Myadora* の貝は、自由生活を営む。しかし、同じミツカドカタビラガイ科の貝でも *Myochama anomioides* Stutchbury, 1830（やはりオーストラリア南部に生息する）などの *Myochama* 属の貝は、他の軟体動物の殻、とくに二枚貝の殻に付着して暮らす。

実物大

オオミツカドカタビラガイの殻は小さくて薄く、側扁し、輪郭は三角形に近い卵形。殻頂は鋭く尖り、殻の中ほどにあって後方を向く。交板は比較的よく発達している。左右の殻は大きさと形が異なり、左殻は平たく、右殻はいくぶん膨らむ。殻の前背縁は膨らみ、後背縁はわずかにへこみ、腹縁は丸い。殻表には不規則な同心円状の線が見られる。殻の色は外面がオフホワイトで、内面は白い。

科	オトヒメゴコロガイ科　Verticordiidae
貝殻の大きさ	13 ～ 23mm
地理的分布	東大西洋
存在量	少産
生息深度	水深 120 ～ 1100m
生息場所	軟質底
食性	濾過食者
足糸	ある

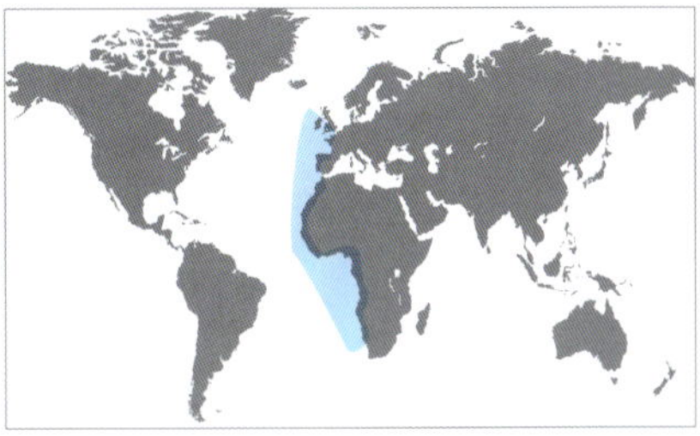

貝殻の大きさ
13 ～ 23mm

写真の貝殻
18mm

Spinosipella acuticostata (Philippi, 1844)

フロリダウネシゲゴコロガイ

SHARP-RIBBED VERTICORD

フロリダウネシゲゴコロガイは、湾曲した大きな殻頂をもつ珍しい深海産二枚貝である。西大西洋からも多くの報告があるが、最近の研究により、本種は東大西洋産種であることが明らかになった。かつてブラジルから本種と同じ学名で報告されていた貝は、別種として記載され、*Spinosipella agnes* Simone and Cunha, 2008 の学名がつけられている。オトヒメゴコロガイ類は殻の内側に巻き込んだ大きな殻頂をもち、たいてい殻表に強い放射肋がある。世界には 50 種ほどのオトヒメゴコロガイ科の現生種が知られるが、とくにオーストラリアで多様性が高い。大多数は深海産で、深海帯（水深 4000 ～ 6000m）に生息しているものもいる。本科の化石記録は暁新世まで遡ることができる。

フロリダウネシゲゴコロガイの殻は小さく、厚くて硬く、膨らんでいて輪郭は四辺形。殻頂は大きく、殻の前方に向き、内側に巻き込んでいる。交板は発達が悪く、右殻の交板には丸い歯が 1 つあり、左殻には、その歯を受ける孔があいている。殻表には上が尖った強い放射肋が 12 ～ 14 本ある。それらの放射肋は殻縁付近では殻の内面からも見られる。殻の外面は白から灰色で、殻の内面は白磁色である。

近縁種

オーストラリアに産する *Spinosipella ericia* (Hedley, 1911) は、フロリダウネシゲゴコロガイに似た殻をもつが、より小さく、殻表には、微小な細い棘が並ぶ 18 本の強い放射肋がある。この貝も深海で見られる。ニュージーランドおよびオーストラリアに生息する *Euciroa galathea* (Dell, 1956) は、大きな卵形の殻をもつ。その殻表には弱い放射肋があり、殻の内面は真珠光沢がある。

実物大

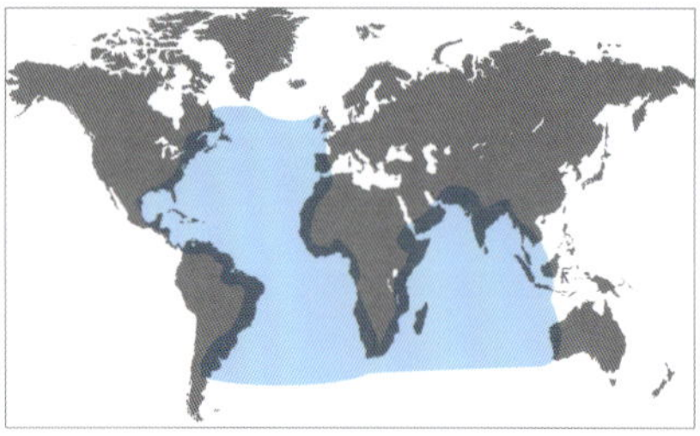

科	スナメガイ科　Poromyidae
貝殻の大きさ	11 ～ 16mm
地理的分布	大西洋およびインド洋
存在量	希少
生息深度	水深 2084 ～ 3730m
生息場所	深海
食性	肉食性で多毛類などの無脊椎動物を食べる
足糸	ある

貝殻の大きさ
11 ～ 16mm

写真の貝殻
14mm

Poromya tornata (Jeffreys, 1876)

スナメガイの仲間

TURNED POROMYA

本種は、肉食性の小型二枚貝で、非常に深い所に棲むため稀にしか採集されない。大西洋とインド洋からの報告がある。スナメガイ類は多くが深海に棲み、小さな薄い殻をもつ。近縁な他の二枚貝類と同じく肉食性で、変形して大きく広がった赤い入水管を使って多毛類や甲殻類などの小型無脊椎動物を捕食する。水管の周りには環状に並んだ触手があり、餌動物を見つけるのに役立つ。スナメガイ科には世界で約 50 種の現生種が知られ、この類の化石記録は白亜紀まで遡ることができる。

近縁種

フロリダからウルグアイにかけて分布する *Poromya rostrata* Rehder, 1943 の殻は本種の殻同様小さくてもろく、輪郭は丸みのある三角形状だが、殻頂は小さい。この貝は本種よりずっと浅い所で見つかる。パナマ湾（東太平洋）産の *Poromya perla* Dall, 1908 も非常によく似ているが、さらに小さく、本種と同じく深海で見つかる。

実物大

Poromya tornata の殻は小さく、薄くてもろく、膨らんでいて輪郭は丸みのある三角形。殻頂は非常に大きく、内側に曲がり、殻の中ほどにあって前方を向く。交板は狭く、それぞれ歯を 1 つずつ備える。左右の殻はほぼ同大。殻表は滑らかで、同心円状の細い成長線が見られ、微視的な顆粒が放射列をなして並ぶ。殻の外面は白く、褐色がかった黄色の殻皮で覆われる。殻の内面は白磁色。

科	シャクシガイ科　Cuspidariidae
貝殻の大きさ	12 〜 50mm
地理的分布	北大西洋からブラジルにかけて
存在量	少産
生息深度	水深 120m から 2925m
生息場所	軟質底
食性	肉食者で無脊椎動物や有孔虫を食べる
足糸	ない

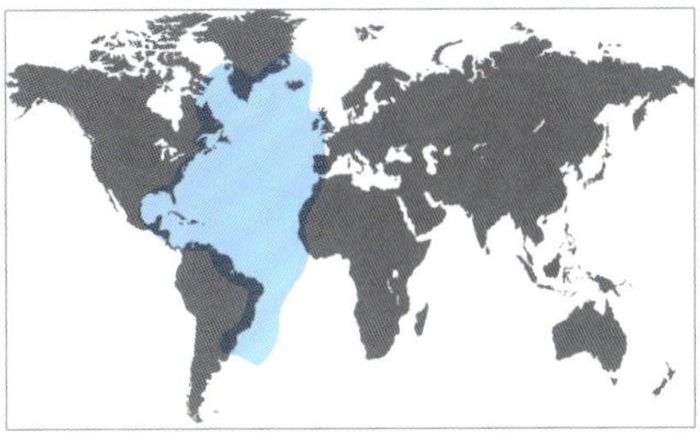

貝殻の大きさ
12 〜 50mm

写真の貝殻
50mm

Cuspidaria rostrata (Spengler, 1793)

クチバシシャクシガイ

ROSTRATE CUSPIDARIA

クチバシシャクシガイは、後縁が非常に長く伸長して管のような部分（嘴状部）を形成した殻をもつ。肉食性で多毛類や甲殻類などの小型無脊椎動物や有孔虫（ゆうこうちゅう）（動物ではなく原生生物）を食べる。海底の砂や泥に埋もれ、嘴状部の先端が海底表面の少し上にくるようにして暮らしている。水管の先端には感覚器として働く触手があり、それらを使って餌を探す。餌を探知すると、水管を普段の2倍もの長さに伸ばすことができ、餌を外套腔に吸い込む。世界には約200種のシャクシガイ科の現生種が知られ、その大多数は深海に棲む。

実物大

近縁種

オーストラリア北西部に生息する *Cuspidaria gigantea* Prashad, 1932は、嘴状部がクチバシシャクシガイのものよりさらに長い、大きな殻をもち、その殻表には同心円状の細い線が並ぶ。この貝は1000m以深の深所に棲む。チリに産する *Cardiomya cleriana* (d'Orbigny, 1846) は、短く幅広い嘴状部を備えた小さな殻をもつ。この貝の殻表には強い放射肋がある。

クチバシシャクシガイの殻は中型で薄く、膨らみ、輪郭は卵形で、わずかに湾曲した長い管状の嘴状部がある。殻頂はいくぶん突出し、交板は薄く、右殻の交板には歯が１つある。左右の殻はほぼ同形同大。殻の前縁は丸く、後縁には長い嘴状部が伸びる。嘴状部は殻長のほぼ半分を占める。殻表には同心円状の線が並ぶ。殻の内面は滑らかで光沢がある。殻は外側も内面も白く、外側は黄みを帯びた殻皮で覆われる。

科	ツキガイ科　Lucinidae
貝殻の大きさ	12 ～ 37mm
地理的分布	合衆国ノースカロライナ州から中央アメリカまで
存在量	ややふつう
生息深度	浅海から水深 90m
生息場所	軟質底
食性	濾過食者
足糸	成貝にはない

貝殻の大きさ
12 ～ 37mm

写真の貝殻
30mm

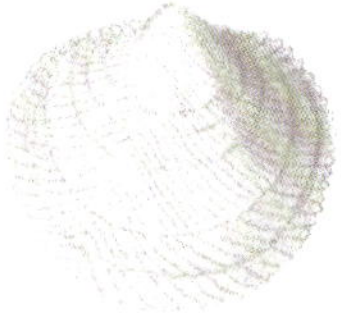

Divaricella dentata (Wood, 1815)

フロリダセワケツキガイ

TOOTHED CROSS-HATCHED LUCINE

フロリダセワケツキガイの殻は中型で薄く、膨らみ、輪郭は円形。殻頂は小さく、殻のほぼ中央にある。交板はよく発達し、歯はない。殻の背縁と腹縁には鋸歯状のぎざぎざがある。左右の殻は同形同大で、殻の間に隙間はあかない。殻表には多数の斜めの溝が刻まれ、成長休止期を表す４～７本の同心円状の成長障害線と交差する。殻の内面は滑らか。殻は外面も内面も白いが、内面はやや黄みを帯びる。

実物大

フロリダセワケツキガイは、殻の表面に多数の特徴的な斜めの溝を備え、さらに成長休止期が数個の同心円状の帯の境目として殻にはっきり表れている。他のいくつかのツキガイ類と同様、交板には歯がないが、殻の背縁と腹縁内側に鋸歯状のぎざぎざがあるため、*dentata*（歯がある）という種小名がつけられている。沿岸域の浅い所だけでなく、沖合にも生息し、軟質底で見つかる。ツキガイ科の多様性に関しては、最近の推定で世界には500種にも上る現生種が存在すると見積もられており、本科の貝は潮間帯から深海帯にいたるまで幅広い深度から得られている。また、本科の化石はシルル紀以降のものが知られる。

近縁種

日本に産するセワケツキガイ *Divaricella soyoae* (Habe, 1951) の殻は、大きさも形もフロリダセワケツキガイの殻に似ているが、殻表の斜めの溝の間隔が本種よりもわずかに広い。セワケツキガイはやや深い所に棲む。紅海からインド西太平洋に生息するツキガイ *Codakia tigerina* (Linnaeus, 1758) は、強い布目状彫刻のある大きな厚い殻をもつ。ツキガイは商業漁業の対象になっている。

科	ツキガイ科　Lucinidae
貝殻の大きさ	25 〜 60mm
地理的分布	合衆国メリーランド州からコロンビアにかけて
存在量	ふつう
生息深度	潮間帯から水深 3m
生息場所	砂底
食性	濾過食者
足糸	成貝にはない

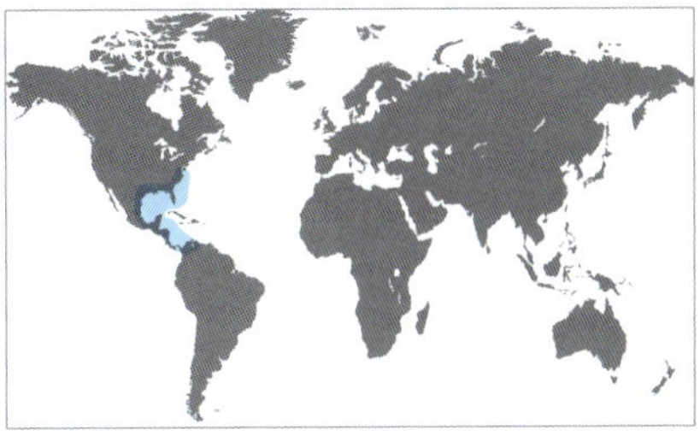

貝殻の大きさ
25 〜 60mm

写真の貝殻
43mm

Lucina pensylvanica (Linnaeus, 1758)

スジツキガイ

PENNSYLVANIA LUCINE

スジツキガイは、後方に 1 本の深い放射状の溝を備え、その溝のために後腹縁に V 字形の切れ込みができた円形の殻をもつことで、他の西大西洋産のツキガイ類とは容易に区別できる。他のツキガイ類同様、鰓に化学合成細菌を棲まわせており、硫化水素を大量に含む堆積物中に深く埋もれて生活している。化学合成細菌のおかげでスジツキガイは、貧酸素状態になるために大多数の二枚貝類には棲めないような場所でも元気に暮らすことができる。そのため、そのような環境ではしばしば二枚貝類の優占種となっている。

近縁種

アメリカ合衆国ノースカロライナ州から中央アメリカにかけて分布するツキガイ類には、*Lucina leucocyma* (Dall, 1886) とフロリダセワケツキガイ *Divaricella dentata* (Wood, 1815) の 2 種がいる。前者は小型で丸みを帯びた三角形の殻をもち、殻の表面には丸みのある太い放射肋が4本あって、それらが殻縁で丸く突出する。後者は縁に鋸歯状のぎざぎざがある円形の殻をもつ。その殻表には多数の斜めの溝が刻まれ、溝の向きが殻の前方で変わるため、その部分に山形の模様ができる。

スジツキガイの殻は中型で膨らみ、輪郭は円形。殻頂は強く捩じれて前方を向く。左右どちらの殻にも殻頂付近から後縁にかけて 1 本の深い溝があるが、その他の部分では殻表はおおむね滑らかで、同心円状の細い成長線が見られる。殻の色は純白で、外面は黄色っぽい殻皮に覆われる。殻の内面は白く滑らかである。

実物大

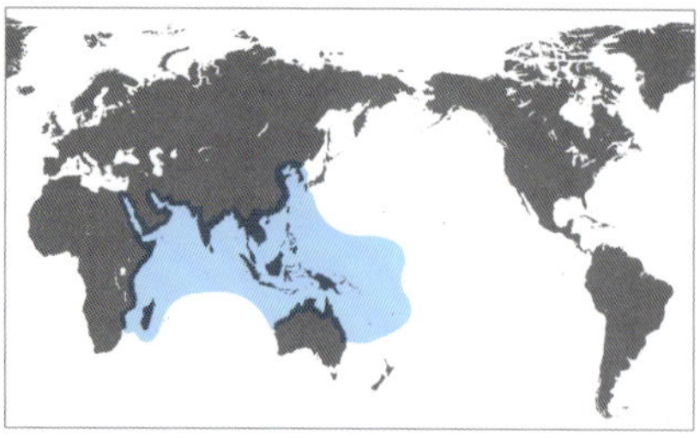

科	ツキガイ科　Lucinidae
貝殻の大きさ	50 ～ 100mm
地理的分布	インド洋東部から西太平洋にかけて
存在量	ふつう
生息深度	潮間帯から水深 20m
生息場所	サンゴ砂の中に埋在
食性	濾過食者
足糸	成貝にはない

貝殻の大きさ
50 ～ 100mm

写真の貝殻
55mm

Fimbria fimbriata (Linnaeus, 1758)

チヂミカゴガイ

COMMON BASKET LUCINE

実物大

チヂミカゴガイの殻は中型で厚くて硬く、輪郭は楕円形。殻頂は丸く、殻の前方を向く。左右の殻はほぼ同形同大。殻の間に隙間はあかない。殻表には多数の放射肋があり、輪肋と交差する。輪肋は強く、殻縁では薄板状になる。殻の外面は白磁色で、背縁がうっすらとピンクに染まる。殻の内面は黄みがかった白で殻縁はピンクを帯び、蝶番部はしばしば山吹色に染まる。

チヂミカゴガイは、くっきりと浮き出た輪肋と放射肋が交差して殻表に格子状の彫刻をなす大きな卵形の殻をもつ。浅海のサンゴ砂に完全に埋もれているか、砂の上に露出した状態で見つかる。南日本やフィリピンでは食用に漁獲されて販売され、貝殻もまた貝殻細工や石灰の製造に利用されている。他のツキガイ類（典型的なツキガイ類は入水管をもたない）と異なり、本種は短い入水管をもつ。また、他にも解剖学的特徴に違いがあるため、カゴガイ属 *Fimbria* は別科に分けるべきだと考える研究者もいる。

近縁種

南西太平洋に生息するカゴガイ *Fimbria soverbii* (Reeve, 1841) の殻は、チヂミカゴガイの殻よりわずかに大きく、殻表の輪脈がより太く、肋間がより広い。紅海からインド西太平洋にかけて分布するツキガイ *Codakia tigerina* (Linnaeus, 1758) は、輪郭が円形に近く、布目状の彫刻のある側扁した大きな殻をもつ。地域によっては、ツキガイは食用にされる。

科	ツキガイ科　Lucinidae
貝殻の大きさ	20 〜 75mm
地理的分布	紅海からハワイにかけて
存在量	ふつう
生息深度	浅海から水深 200m
生息場所	泥っぽい海底
食性	濾過食者
足糸	成貝にはない

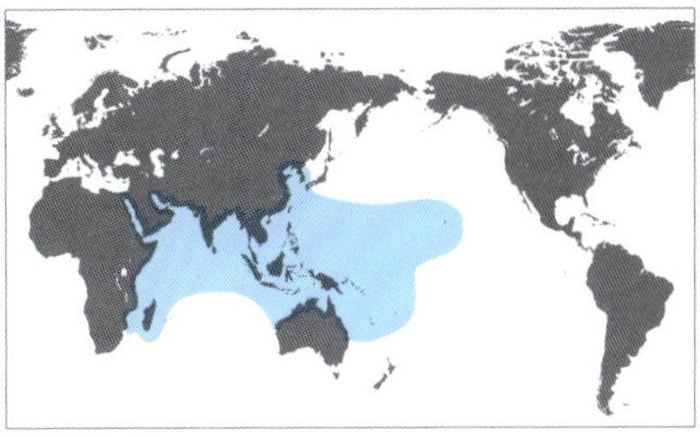

貝殻の大きさ
20 〜 75mm

写真の貝殻
63mm

Anodontia edentula（Linnaeus, 1758）

カブラツキガイ

TOOTHLESS LUCINE

カブラツキガイは、殻形や殻表の彫刻が変異に富む薄質の殻をもち、浅海の泥底や泥砂底、あるいはマングローブ林などに棲む。紅海からハワイまで、広くインド西太平洋域に分布する。ハワイのミッドウェイなどでは、この貝の空き殻が砂浜に大量に漂着する。ハワイ産のものはかつて別種とされていたが、主要な違いはハワイ産のものがやや小型なことで、おそらく同種と考えられる。本種はカブラツキガイ属 *Anodontia* のタイプ種である。学名は、属名の *Anodontia* も種小名の *edentula* もともに「歯がない」という意味で、交板に歯がないことに由来する。

近縁種

アメリカ合衆国ノースカロライナ州からベネズエラにかけて生息するキカブラツキガイ *Anodontia alba* Link, 1807 は普通種で、殻は薄く円形で、色は外面が白色で内面は黄色い。この貝は、通称 Buttercup Lucine（キンポウゲ色のツキガイ）として知られ、殻はよく貝細工に使われている。チヂミカゴガイ *Fimbria fimbriata*（Linnaeus, 1758）は、インド洋東部から西太平洋にかけて分布し、殻は卵形で厚く、浮き出た輪肋と放射肋が交差して殻表に格子状彫刻をなす。

カブラツキガイの殻は中型で薄く、膨らみ、輪郭は円形に近い。殻頂は膨らみ、殻の前方に向く。交板は狭く歯はない。左右の殻は同形同大で、殻の間に隙間はあかない。幼貝では、殻表の彫刻は放射肋が主であるが、成長するにつれて放射肋は相対的に弱くなり、成長休止期を示すものを含めて同心円状の線のほうが目立つようになる。殻は、外面も内面も白い。

実物大

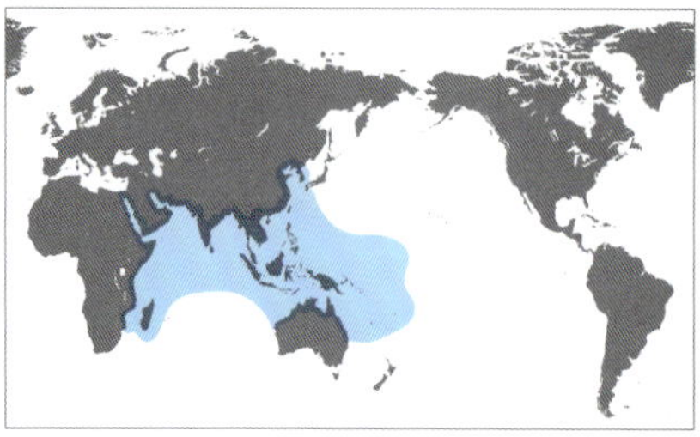

科	ツキガイ科　Lucinidae
貝殻の大きさ	60 〜 130mm
地理的分布	紅海からインド西太平洋にかけて
存在量	ふつう
生息深度	潮間帯から水深 20m
生息場所	砂底
食性	濾過食者
足糸	成貝にはない

貝殻の大きさ
60 〜 130mm

写真の貝殻
64mm

Codakia tigerina（Linnaeus, 1758）

ツキガイ

PACIFIC TIGER LUCINE

ツキガイは、大型の二枚貝で紅海から西太平洋にかけて広く分布し、浅海でふつうに見られる。砂底、とりわけサンゴ礁周辺の砂底に埋もれて生活する。本種はフィリピンやトンガで食用に漁獲されている。身はビンロウジと一緒に噛んで、嗜好品としても楽しまれ、殻は貝細工や石灰の材料として利用される。殻は厚く、殻表には100本以上の放射肋があって輪脈と交わり、布目状の彫刻をなす。種小名の *tigerina* はよく間違って tigrina と綴られている。

近縁種

バハカリフォルニアからパナマにかけて分布するウチアカツキガイ *Codakia distinguenda*（Tryon, 1872）は、ツキガイ科の現生種の中で最大で、殻長が150mmに達する。この貝の殻はツキガイに非常によく似ている。インド洋東部から西太平洋にかけて生息するチヂミカゴガイ *Fimbria fimbriata*（Linnaeus, 1758）も大型種で、食用になる。この貝の殻は卵形で、殻表にくっきりと浮き出た輪肋と放射肋がある。

ツキガイの殻は大きく、重くて硬く、側扁し、輪郭は円形に近い。殻頂は小さく、重厚な蝶番部のほぼ中央にあって殻の前方を向く。殻表には強さも間隔もほぼ同じ輪肋と放射肋があり、布目状の彫刻を形成している。そのため、殻表は触るとざらざらする。殻の外面はクリーム色から白で、殻頂が黄色またはピンクに染まることがある。殻の内面は黄色で、縁が白く、背縁はピンクに染まる。

実物大

科	フタバシラガイ科 Ungulinidae
貝殻の大きさ	12 ～ 27mm
地理的分布	ポルトガルからセネガルにかけての大西洋沿岸および地中海
存在量	ふつう
生息深度	潮間帯から水深 5m
生息場所	岩の割れ目
食性	濾過食者
足糸	ある

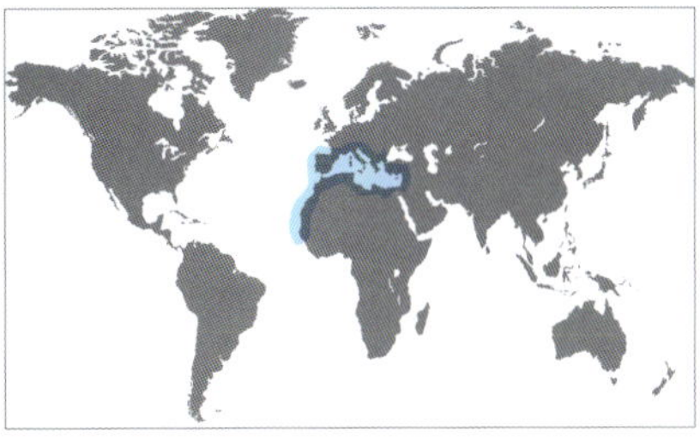

貝殻の大きさ
12 ～ 27mm

写真の貝殻
27mm

Ungulina cuneata (Spengler, 1782)

ナガフタバシラガイ

ROSY DIPLODON

ナガフタバシラガイは、岩の割れ目に棲む小型の二枚貝で、ポルトガルからセネガルにかけての大西洋沿岸および地中海の浅海に生息し、地中海西部で最もふつうに見られる。棲み場所の岩の割れ目の形によって殻形はさまざまである。フタバシラガイ類の貝では、殻表にたいてい粗い輪肋があり、蝶番部の中央の歯が2つに分かれている。本種はナガフタバシラガイ属 *Ungulina* のタイプ種である。フタバシラガイ科には世界で約50種の現生種が知られ、その大多数は寒海または深海に生息する。

近縁種

イギリス諸島からアンゴラにかけて分布するセイヨウフタバシラガイ *Diplodonta rotundata* (Montagu, 1803) は、殻表に同心円状の線が並ぶ円形の殻をもち、潮間帯から水深3850mの深海まで生息する。アメリカ合衆国ノースカロライナ州からアルゼンチンにかけての大西洋およびメキシコ湾に生息する *Phlyctiderma semiaspera* (Philippi, 1836) は小型で、ほぼ円形の白亜色の殻をもつ。この貝の殻表は滑らかに見えるが、微視的な孔が何本もの同心円状の列をなして並んでいる。

実物大

ナガフタバシラガイの殻は小型で、膨らみ、厚く、輪郭は不規則な円形。殻の形態は変異に富み、殻表には同心円状の線が並ぶが、貝殻によって線が明瞭なものも不明瞭なものもある。交板には主歯が2つあり、中央にある歯は2つに分かれている。殻の色は赤褐色あるいは緑がかった褐色で、殻の内面はピンクを帯びる。

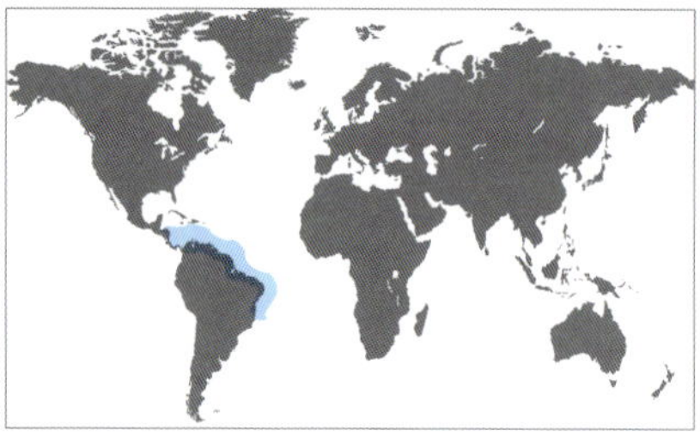

科	キクザルガイ科 Chamidae
貝殻の大きさ	25 ～ 50mm
地理的分布	メキシコのキンタナ = ロー州からブラジルにかけて
存在量	少産
生息深度	水深 2 ～ 76m
生息場所	貝殻砂底や粗砂底
食性	濾過食者
足糸	ない

貝殻の大きさ
25 ～ 50mm

写真の貝殻
46mm

Arcinella arcinella (Linnaeus, 1767)

カリブウニザルガイ

TRUE SPINY JEWEL BOX

カリブウニザルガイの殻は小型から中型で、厚くて硬く、輪郭は不規則ながら円形から亜正方形に近い。殻頂は低い。本種の特徴は、殻表に長く細い棘が 16 ～ 35 本の放射列をなして並び、棘列間に粗い顆粒が散在することである。接着する殻は決まっておらず、左殻でも右殻でも接着する。殻の色は白から黄色あるいはピンクまでさまざまで、殻の内面は赤紫に染まる。

カリブウニザルガイは、大多数の種が殻に多少の棘または葉状の突起をもつキクザルガイ科の中でも最もたくさんの棘をもつ種の 1 つである。最初は硬い基質に殻を接着して生活するが、成貝は貝殻片の積もった海底や粗砂底で自由生活を営む。キクザルガイ類はいくぶんカキに似ているが、カキが閉殻筋を 1 つしかもたないのに対し、キクザルガイ類は 2 つの閉殻筋をもつという違いがある。さらにカキと異なり、左右どちらの殻でも基質に接着することができ、同一種でも個体によって接着する殻が異なることがある。キクザルガイ類の殻頂は前方を向く。本科には約 70 種の現生種が知られ、その多様性は熱帯の浅海域で最も高い。本科の化石記録は白亜紀まで遡ることができる。

近縁種

アメリカ合衆国ノースカロライナ州からテキサス州にかけて生息するウニザルガイ *Arcinella cornuta* Conrad, 1866 の殻は、カリブウニザルガイの殻に非常によく似ているが、わずかに小さい。また、やや長めで、より重く、殻表の棘の数が少ない。インド西太平洋に産するヒレインコガイ *Chama lazarus* (Linnaeus, 1758) は、殻表に幅広い葉状の棘を備えた大きな殻をもち、一生を通じて殻を硬い基質に接着して生活する。

実物大

科	キクザルガイ科 Chamidae
貝殻の大きさ	50 〜 140mm
地理的分布	紅海からインド西太平洋にかけて
存在量	ふつう
生息深度	潮間帯から水深 30m
生息場所	岩などに貝殻を接着
食性	濾過食者
足糸	ない

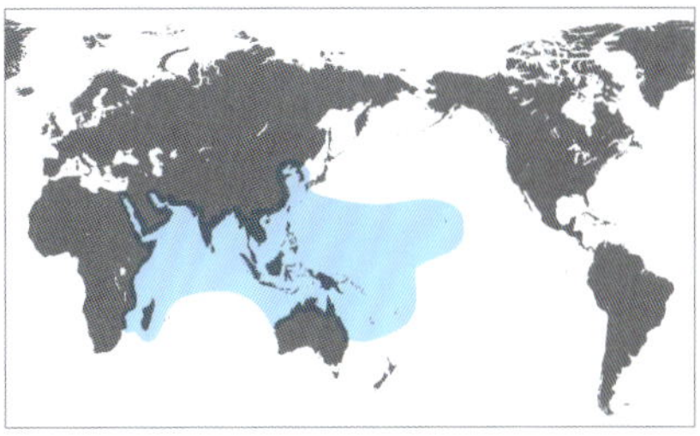

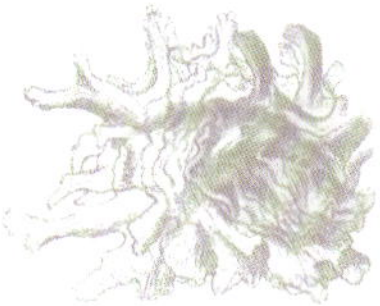

貝殻の大きさ
50 〜 140mm

写真の貝殻
58mm

Chama lazarus (Linnaeus, 1758)

ヒレインコガイ

LAZARUS JEWEL BOX

ヒレインコガイは、おそらくキクザルガイ科最大の貝で、紅海からインド西太平洋にかけて広く分布する普通種である。殻には右殻にも左殻にも、襞飾りのついた長い棘や葉状の突起が多数ある。浅海の水の澄んだ所に生息し、懸濁物の多い所や汽水域には棲めないため、外海に面した海岸でより多く見られる。場所によっては本種を採取して食用にする地域もあるが、最近は美しい殻を楽しむために採取されることが多い。左殻が右殻より平たく、この左殻を硬い基質に接着して生涯を過ごす。

近縁種

カリフォルニア湾からエクアドルにかけての太平洋沿岸およびガラパゴス諸島に生息する *Chama frondosa* Broderip, 1835 は、殻表に多数の葉状突起を備えた殻をもつ。保存状態のよいこの貝の殻の標本は非常に少ない。メキシコのキンタナ＝ロー州からブラジルまで分布するカリブウニザルガイ *Arcinella arcinella* (Linnaeus, 1767) は、幼貝の時は殻を接着して固着生活を送るが、成貝は自由生活性である。この貝の殻表には、どちらの殻にも多数の長く細い棘がある。

ヒレインコガイの殻は中型から大型で、厚くて硬く、輪郭は卵形から円形。殻頂は小さく、わずかに前方に寄る。交板はよく発達し幅広い。左殻が右殻より平たくて小さく、この左殻で硬い基質に接着する。左右の殻とも同心円状の列をなして並ぶ長く幅広い葉状の突起で覆われている。殻縁はぎざぎざである。殻の色は灰色がかった白から黄みを帯びた白までさまざまで、淡褐色や赤、ピンクなどに染まる。殻の内面は褐色がかる。若齢貝の殻のほうが、大きく成長した殻よりも色が鮮やかである。

実物大

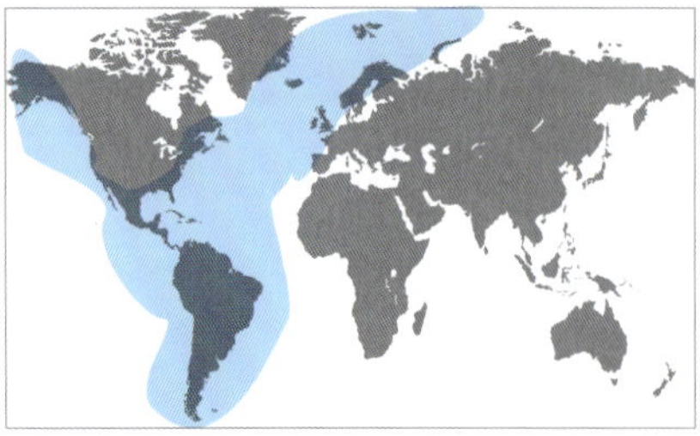

科	キヌマトイガイ科　Hiatellidae
貝殻の大きさ	20 〜 70mm
地理的分布	北大西洋からアルゼンチンにかけての大西洋および東太平洋や南極周辺の島々
存在量	ふつう
生息深度	潮間帯から水深 900m
生息場所	岩の割れ目に足糸で付着
食性	濾過食者
足糸	ある

貝殻の大きさ
20 〜 70mm

写真の貝殻
30mm

Hiatella arctica (Linnaeus, 1767)

ハナシキヌマトイガイ

ARCTIC SAXICAVE

ハナシキヌマトイガイの殻は中型で硬く、形は不整形ながら楕円形に近く、殻表には皺が多い。殻頂はわずかに突出し、殻の前方に寄る。殻の前端縁は後端縁よりずっと短い。左右の殻はたいていほぼ同じ大きさだが、殻の成長が不規則なため大きさが異なることもある。殻表には不規則な同心円状の成長線がある。成長線は皺状になっていることが多い。殻の外面は白亜色で、褐色の殻皮に覆われる。殻の内面は白く光沢がある。

実物大

ハナシキヌマトイガイは、北大西洋の両岸から南はアルゼンチン、さらに東太平洋や南極周辺の島々まで広く分布する。本種にはさまざまな殻形のものが見られるが、それらはすべて同一種だと見なされている。しかし最近、ブラジル産のものについて行われた一連の研究によると、ブラジルのものは少なくとも 2 種に分かれ、2 種の間には産卵の時間、卵の色、殻の放射肋の特徴などに違いがあることが示されている。キヌマトイガイ科の貝には殻が非常に変異に富むものが多く、この類の系統分類は見直しが必要である。本科には世界で約 25 種の現生種が知られ、亜南極海域などの冷たい海に棲む貝もいる。

近縁種

オーストラリアおよびニュージーランドに産する *Hiatella australis* (Lamarck, 1818) は、さまざまな形状の細長い殻をもち、殻表には粗い輪肋がある。この貝も足糸で岩の割れ目に付着し、そこで成長する。スペインからアフリカ西岸のナミビアにかけての大西洋および西地中海に生息するヨーロッパナミガイ *Panopea glycymeris* (Born, 1778) は、長い水管をもつ大型の二枚貝で、厚くて重い殻をもち、砂や泥に深く潜って暮らしている。

科	キヌマトイガイ科　Hiatellidae
貝殻の大きさ	150 ～ 300mm
地理的分布	スペインからナミビアにかけての大西洋と西地中海
存在量	少産
生息深度	水深 10 ～ 100m
生息場所	砂底や泥底や礫底
食性	濾過食者
足糸	ある

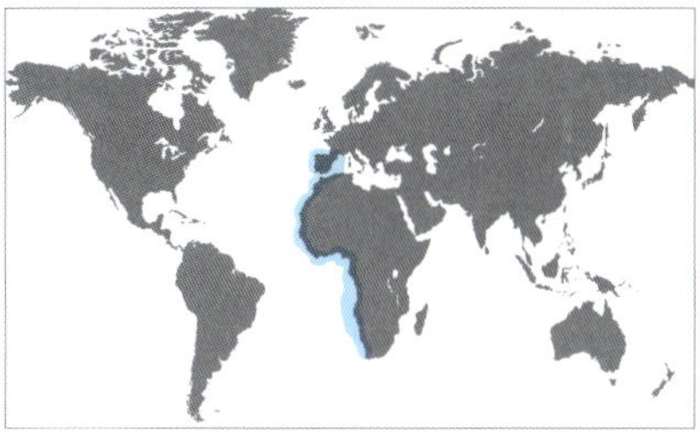

貝殻の大きさ
150 ～ 300mm

写真の貝殻
231mm

Panopea glycymeris (Born, 1778)

ヨーロッパナミガイ

EUROPEAN PANOPEA

ヨーロッパナミガイは、ヨーロッパ最大の二枚貝で、埋在性二枚貝類の中では世界一の大きさを誇る。殻は厚くて重く、2枚の殻の間には3か所に隙間があく。水管は非常に長く、約450mmに達し、完全には殻の中に収納できない。本種は砂底や泥底や礫底に深く埋もれて生活する。捕食者から逃げるために穴を掘ってさらに深く潜ることはできないが、代わりに長い水管を収縮させ、この行動によってほとんどの敵の攻撃を阻止できる。主要な捕食者である人間でさえ、その大きな殻を棲みかの穴から取り出すのには苦労する。長命で、168年も生きることがある。

近縁種

アラスカからカリフォルニアにかけての太平洋沿岸に生息するアメリカナミガイ *Panopea generosa* (Gould, 1850) は、ヨーロッパナミガイに似た殻をもち、やはりキヌマトイガイ科の最大種の1つである。アメリカ先住民の言葉で「深堀り」を意味するグイダック（geoduck）の名で知られる。北大西洋からアルゼンチンにかけての大西洋、さらに東太平洋や南極海域にも分布するハナシキヌマトイガイ *Hiatella arctica* (Linnaeus, 1767) は、ヨーロッパナミガイよりずっと小型で、殻表に同心円状の皺が並んだ殻をもつ。

実物大

ヨーロッパナミガイの殻は大きく、厚くて重く、輪郭は長方形に近い。殻頂は低くて幅広く、殻のほぼ中央に位置する。交板には、それぞれ1個の歯がある。左右の殻は大きさも形も似通っていて、殻間に広い隙間があく。殻表には不規則な同心円状の強い成長線がある。殻の外面はオフホワイトで、淡褐色の殻皮に覆われる。殻の内面は白磁色。

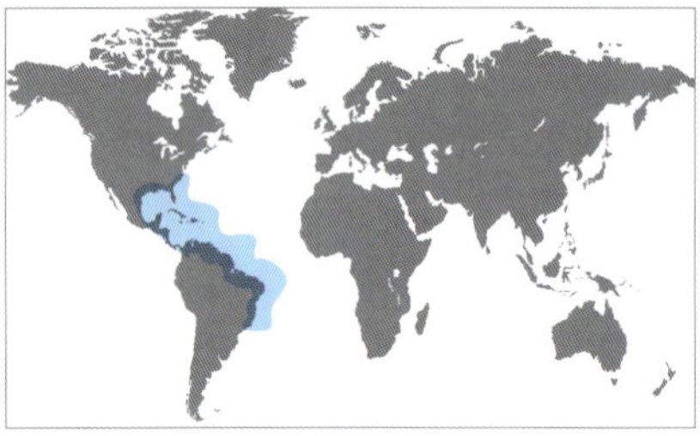

科	ツクエガイ科　Gastrochaenidae
貝殻の大きさ	20 ～ 30mm
地理的分布	合衆国ノースカロライナ州からブラジルにかけて
存在量	少産
生息深度	水深 10 ～ 60m
生息場所	死サンゴの骨格などに穿孔して生活
食性	濾過食者
足糸	ある

貝殻の大きさ
20 ～ 30mm

写真の貝殻
26mm

Spengleria rostrata Linnaeus, 1758

アメリカサヤガイ

ATLANTIC SPENGLER CLAM

実物大

アメリカサヤガイの殻は中型から小型で、薄いが頑丈。輪郭は細長い長方形で殻の後端は截断状。左右の殻の間には腹側前縁に広い隙間があく。殻の背側後部には、１本の強い放射溝で他から分けられ、他より一段高くなった三角形の部分がある。この部分には何本もの畝があり、表面は黄褐色の殻皮に覆われている。殻の他の部分は滑らかで、細い成長線のみが見られ、色は白い。

アメリカサヤガイは、穿孔性の二枚貝で、石灰岩やサンゴ骨格の中で捕食者から守られながら成長する。濾過食者で、2 本の水管は長く、末端で分離して Y 字状をなし、入水管と出水管が別々の孔から岩やサンゴ骨格の表面に出る。殻の縁で基質をこすることによって機械的に穴を掘るが、補助的に外套膜がつくる分泌物を利用する可能性もある。本種をはじめ、穿孔性の生物はサンゴ岩を破砕し、細かい石灰質の堆積物をつくる働きをする。ツクエガイ科には約 15 種の現生種が知られ、世界中の熱帯および亜熱帯の浅海に分布している。

近縁種

サヤガイ *Spengleria mytiloides* (Lamarck, 1818) とツクエガイ *Gastrochaena cuneiformis* Spengler, 1783 の 2 種はアメリカサヤガイに近縁で、ともに熱帯西太平洋に生息する。サヤガイは、殻の大きさと形がアメリカサヤガイに似る。ツクエガイは、沖縄に生息するサンゴの穿孔性生物の中では最も ふつうに見られるものの 1 つで、生きているサンゴにも死サンゴにも棲む。しかし、この貝はサンゴ骨格よりも石灰岩中から見つかることのほうが多い。

科	アイスランドガイ科　Arctictidae
貝殻の大きさ	67 ～ 130mm
地理的分布	北大西洋の両側
存在量	多産
生息深度	水深 15 ～ 255m
生息場所	細砂底から粗砂底
食性	濾過食者
足糸	ない

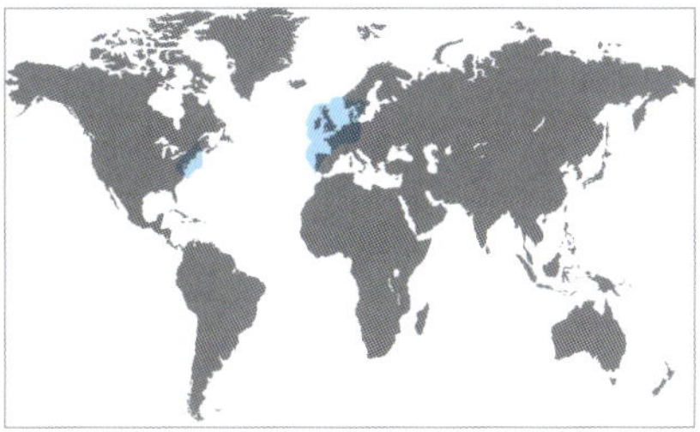

貝殻の大きさ
67 ～ 130mm

写真の貝殻
67mm

Arctica islandica (Linnaeus, 1767)

アイスランドガイ

OCEAN QUAHOG

アイスランドガイは、最も長命な軟体動物、さらに群体をつくらないものに限れば最も長命な無脊椎動物の1種と考えられている。ある最近の研究によれば、本種の貝の中には 405 ～ 410 年は生きていると考えられるものがいるという。非常にゆっくり成長し、成熟するのも遅く、7 ～ 14 年経ってやっと繁殖できるようになる。水管はなく、無酸素状態でも数日間は耐えられる。商業漁業の対象となっており、とくにヨーロッパで食用にされ、寿司ネタとして人気がある。殻皮は厚く光沢があるが、乾燥した殻でははがれやすい。三畳紀に現れ、かつては栄えていたグループの唯一の生き残りである。

近縁種

ホンビノスガイ *Mercenaria mercenaria* (Linnaeus, 1758) は、マルスダレガイ科 Veneridae の貝で、アイスランドガイとそれほど近縁ではないが、殻の形や大きさがよく似ている。しかし、套線湾入があるなどの特徴によってアイスランドガイと区別することができる。アイスランドガイ科に最も近縁なのはフナガタガイ科である。その1種、スエヒロフナガタガイ *Trapezium oblongum* (Linnaeus, 1758) は、熱帯インド太平洋域に生息し、輪郭が長方形に近い殻をもつ。

アイスランドガイの殻は中型で、厚くて重く、輪郭はほぼ円形。殻頂は大きく、丸みを帯び、殻の前方に寄る。交板は厚く、それぞれ3個の主歯を備える。左右の殻は大きさも形も同じで、どちらの殻にも殻表に細い同心円状の成長線がある。殻の腹縁内側は滑らか。殻の色はオフホワイトだが、外面は褐色または黒の厚い殻皮に覆われる。

実物大

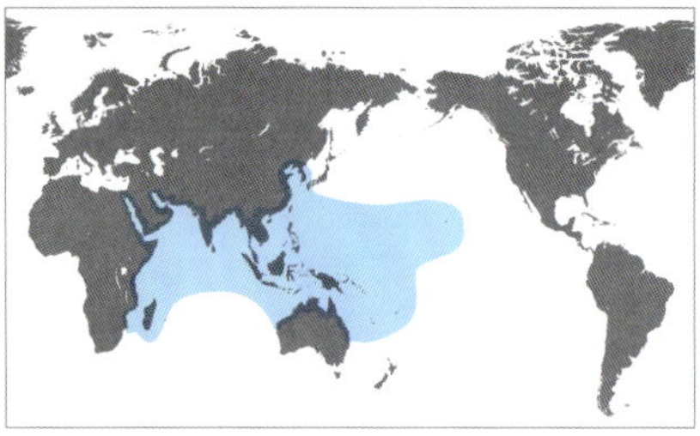

科	コウボネガイ科　Glossidae
貝殻の大きさ	20 〜 40mm
地理的分布	紅海から熱帯インド西太平洋にかけて
存在量	ふつう
生息深度	水深 7 〜 70m
生息場所	砂底や泥底
食性	濾過食者
足糸	成貝にはない

貝殻の大きさ
20 〜 40mm

写真の貝殻
38mm

Meiocardia moltkiana (Spengler, 1783)

カノコシボリコウボネガイ

MOLTKE'S HEART CLAM

カノコシボリコウボネガイは、小型の二枚貝で、その殻には殻頂から後腹縁にかけて走る 1 本の強い稜（りょう）がある。殻頂は大きく、内側に巻き込み、前方に曲がる。左右の殻が合わさったところを殻の前側から見ると心臓の形に見える。本種もそうだが、コウボネガイ科には広域に分布すると見なされている種がいくつか含まれており、さらに分類学的研究を進める必要がある。本種は幼貝の時だけ、数本の繊維でできた細い足糸を 1 本もつ。世界には約 10 種のコウボネガイ科の現生種が知られ、そのほとんどはインド太平洋で見つかっている。本科の化石は暁新世以降のものが知られている。

近縁種

日本やハワイに産するテリコウボネガイ *Meiocardia hawaiana* Dall, Bartsch, and Rehder, 1938 は、輪郭が正方形に近い小さな殻をもつ。左右の殻が合わさったところを前側から見るとやはりハート形をしている。それぞれの殻には殻頂の後から腹縁にかけて走る 1 本の角張った稜がある。ノルウェーからモロッコにかけての大西洋ならびに地中海に生息するリュウオウゴコロガイ *Glossus humanus* (Linnaeus, 1758) は、大きくて膨らんだ薄い殻をもち、最も大きなコウボネガイ類の 1 つである。

実物大

カノコシボリコウボネガイの殻は小型で、厚くて硬く、大きく膨らみ、左右の殻が合わさるとハート形。殻頂は大きく、内側に巻き込み、殻の前方を向く。交板はよく発達し、それぞれ 2 個の歯を備える。左右の殻はほぼ同形同大で、それぞれの殻に 1 本ずつ殻頂から後腹縁にかけて走る稜があり、その稜より前方に鮮明な輪肋がある。殻の外面は白く、ときに赤褐色の斑紋をもつ。殻の内面は滑らかで白い。

科	コウボネガイ科　Glossidae
貝殻の大きさ	50 〜 120mm
地理的分布	ノルウェーからモロッコにかけての大西洋および地中海
存在量	局所的に多産
生息深度	水深 7 〜 250m
生息場所	砂底や泥底
食性	濾過摂食
足糸	成貝にはない

貝殻の大きさ
50 〜 120mm

写真の貝殻
79mm

Glossus humanus (Linnaeus, 1758)

リュウオウゴコロガイ

OXHEART CLAM

リュウオウゴコロガイは、よく知られたヨーロッパ産の二枚貝で、とぐろを巻いたような殻頂のある殻は哺乳類の心臓に似ている。この殻頂の形によって、他のヨーロッパ産の二枚貝から容易に区別できる。場所によっては多産するが、沖合に生息するため簡単には採集できない。本種はめったに食材としては売られていない。比較的浅い所から深所まで分布し、砂や泥に浅く埋もれて水中の有機物粒子を濾し取って食べて生活している。水管はなく、代わりに外套膜縁の一部が丸まって入水域と出水域を形成する。殻皮は厚いが、殻頂部では摩耗していることが多い。

近縁種

インド西太平洋に生息するカノコシボリコウボネガイ *Meiocardia moltkiana* (Spengler, 1783) は、殻の後方に鋭い稜を備え、殻頂が内側に巻いた小さな殻をもつ。コウボネガイ科の例に漏れず、この貝の殻もハート形である。西太平洋に産するセキトリコウボネガイ *Meiocardia vulgaris* (Reeve, 1845) は、カノコシボリコウボネガイに非常によく似ているが、この貝よりもさらに小さく、浅海の砂底に棲んでいる。

リュウオウゴコロガイの殻は中型で、薄いが硬く、軽い。膨らみが強く、形は球状で哺乳類の心臓の形に似る。殻頂は大きく、内側に巻き込み、殻の前方を向く。交板はよく発達し、それぞれ2歯を備える。左右の殻は大きさも形もほぼ同じで、殻表には同心円状の細い線が並ぶ。殻の外面はくすんだ白または淡黄褐色で、厚い赤褐色の殻皮に覆われる。殻の内面は滑らかで白い。

実物大

科	オトヒメハマグリ科　Vesicomyidae
貝殻の大きさ	150 〜 260mm
地理的分布	ガラパゴス諸島沖の深海の熱水噴出域周辺
存在量	局所的にふつう
生息深度	水深 2450 〜 2750m
生息場所	表在底生性で熱水噴出口周辺に棲む
食性	共生細菌をもち、化学合成独立栄養
足糸	成貝にはない

貝殻の大きさ
150 〜 260mm

写真の貝殻
200mm

Calyptogena magnifica Boss and Turner, 1980

ガラパゴスシロウリガイ

MAGNIFICENT CALYPTO CLAM

ガラパゴスシロウリガイの殻は大きく、重くて硬く、いくぶん膨らみ、輪郭は長方形に近い。殻頂は大きいが低く、殻の前方に寄る。交板はよく発達しているが、歯は比較的小さい。左右の殻はほぼ同形同大で、殻の間にはわずかに隙間があく。殻表には不規則な同心円状の成長線が並ぶ。殻の外面は白亜色で、淡褐色の殻皮に覆われる。殻の内面は白磁色。

1977 年にガラパゴスリフトが発見されるまでは、深海の生物はすべて浅海から降ってくる有機物に依存して生きており、結局は太陽光のエネルギーに依存していると考えられていた。ガラパゴスシロウリガイは、この定説を覆す初めての事例となった生物の 1 つである。硫黄酸化細菌との共生によって、本種は海底の裂け目から漏れ出てくる炭化水素から生きるためのエネルギーを得ることができる。この共生のおかげで、本種やハオリムシ類などの生物は、海底の熱水噴出域や冷水湧出域の周辺で元気に大きく成長することができる。オトヒメハマグリ科には世界で約 30 種が知られるが、そのほとんどは深海に生息し、硫黄の豊富な熱水噴出域や冷水湧出域に分布が限られているものもいる。

近縁種

コスタリカ沖およびオレゴン沖の冷水湧出域だけで見つかっている *Calyptogena diagonalis* Barry and Kochevar, 1999 は、大型で、ガラパゴスシロウリガイに似た殻をもつ。日本の相模湾に産するシロウリガイ *Calyptogena soyoae* Okutani, 1957 もまた炭化水素が湧出する所に出現し、密度が高い所では 1 ㎡あたり 1000 個もの貝が生息する。玄武岩質の岩の上で暮らすガラパゴスシロウリガイと異なり、シロウリガイは埋在性で海底の堆積物中に埋もれて生活している。

実物大

科	ザルガイ科　Cardiidae
貝殻の大きさ	20 〜 60mm
地理的分布	合衆国フロリダ州からブラジルにかけての西大西洋 およびアンゴラからカーボベルデにかけての東大西洋
存在量	少産
生息深度	潮間帯から水深 20m
生息場所	砂底や海草群落
食性	濾過食者
足糸	成貝にはない

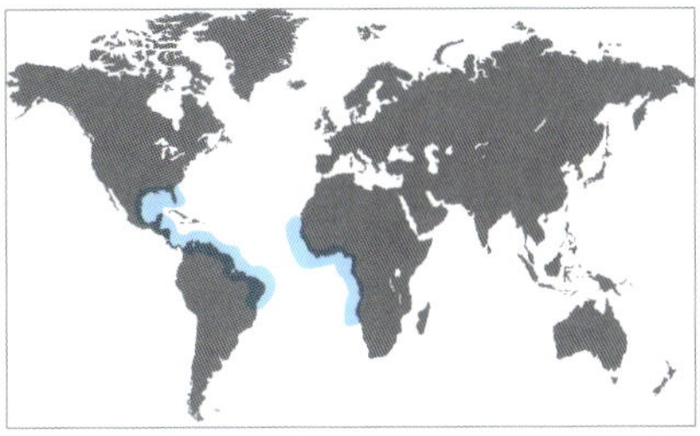

貝殻の大きさ
20 〜 60mm

写真の貝殻
23mm

Papyridea soleniformis (Bruguière, 1789)

フロリダオナガトリガイ

SPINY PAPER COCKLE

フロリダオナガトリガイは、大西洋の両側に生息し、アメリカ合衆国フロリダ州からブラジルまでの西大西洋沿岸とメキシコ湾、東側はアフリカ西岸のアンゴラからカーボベルデまで分布する。形と色が変異に富む薄くてもろい殻をもつ。ザルガイ類の足は筋肉質で頑丈なので、捕食者から逃げるために素早く海底に潜ることができ、さらには短い距離であれば泳ぐことさえできる。世界には約 250 種のザルガイ科の現生種が知られ、その大多数が温帯から熱帯域の浅海に棲む。本科の化石と同定されているものでは、三畳紀の化石が最も古い。

近縁種

バハカリフォルニアからペルーにかけて分布するパナマオナガトリガイ *Papyridea aspersa* (Sowerby I, 1833) は、大きさと形、そして色がフロリダオナガトリガイに非常によく似た殻をもち、本種の亜種と見なされることもある。紅海からインド西太平洋にかけて生息するリュウキュウアオイガイ *Corculum cardissa* (Linnaeus, 1758) の殻は、前後に著しく扁圧され、左右に大きく広がっている。さらに殻頂から後腹縁にかけて鋭い稜が走るため、左右の殻が合わさると殻がハート形になる。

フロリダオナガトリガイの殻は小型から中型で、薄くてもろく、側扁し、輪郭は卵形に近い。殻頂は低く、わずかに前方に寄る。左右の殻はほぼ同形同大で、殻の後方で殻間に隙間があく。殻表には 40 〜 48 本の顕著な放射肋があり、それらが同心円状の細い線と交差する。殻の後縁には鋸歯状のぎざぎざがあり、後端付近の数本の放射肋には微小な棘が並ぶ。殻の外面は白またはピンクで赤褐色の斑紋が入る。殻の内面は白く光沢があり、外面の色が透けて見える。

実物大

科	ザルガイ科　Cardiidae
貝殻の大きさ	20 〜 40mm
地理的分布	合衆国カリフォルニア州南部からエクアドルにかけて
存在量	ふつう
生息深度	潮間帯から水深 100m
生息場所	砂底や礫底
食性	濾過食者
足糸	ない

貝殻の大きさ
20 〜 40mm

写真の貝殻
30mm

Americardia biangulata (Broderip and Sowerby I, 1829)

アツハナザルガイ

WESTERN STRAWBERRY COCKLE

アツハナザルガイは、大きさが小型から中型で、多くの幅広い平らな放射肋がある四角張った殻をもつ。浅海の岩礁付近の砂底や礫底でふつうに見られるが、沖合のやや深い所にも生息する。また、バハカリフォルニアでは鮮新世の化石が見つかっている。ザルガイ類は、2 枚の殻を合わせた形が心臓に似ていることから、英語では heart cockles（ハート形の貝）と呼ばれることもある。殻の形も大きさも変異に富み、小さなものから非常に大きなものまでさまざまで、最大の二枚貝として知られるシャコガイ類（以前は別科、シャコガイ科に分けられていた）もザルガイ科に含まれる。大多数の種の殻表に放射肋がある。ザルガイ類では、2 つの閉殻筋はほぼ同じ大きさである。

近縁種

北太平洋の日本からカリフォルニアにかけて分布するオオイシカゲガイ *Clinocardium nuttallii* (Conrad, 1837) は、太平洋北部に生息するザルガイ類の中では最大で、殻長は 140mm 以上になる。この貝の殻表には多数の強い放射肋がある。アフリカ西岸に生息するワダチザルガイ *Cardium costatum* Linnaeus, 1758 は、上が鋭く尖った細い中空の放射肋のある、非常に独特な大きくて幅広い殻をもつ。

アツハナザルガイの殻は小型から中型で、厚く、わずかに光沢があり、輪郭は四角張っている。殻頂は突出し、大きく膨らみ、殻の中央にあって後方に曲がる。交板は厚く、左右の殻とも種々の大きさの強い歯を備える。左右の殻はほぼ同形同大で、殻の前端は丸く、後端は截断状。殻表には約 26 本の幅広く低い放射肋がある。殻の外面は黄みを帯びた白で褐色の斑紋が入る。殻の内面は白く、ところどころ紫あるいは赤に染まる。

実物大

科	ザルガイ科 Cardiidae
貝殻の大きさ	15 ~ 55mm
地理的分布	紅海からインド西太平洋にかけて
存在量	多産
生息深度	潮間帯から水深 50m
生息場所	砂底や泥底
食性	濾過食者
足糸	ない

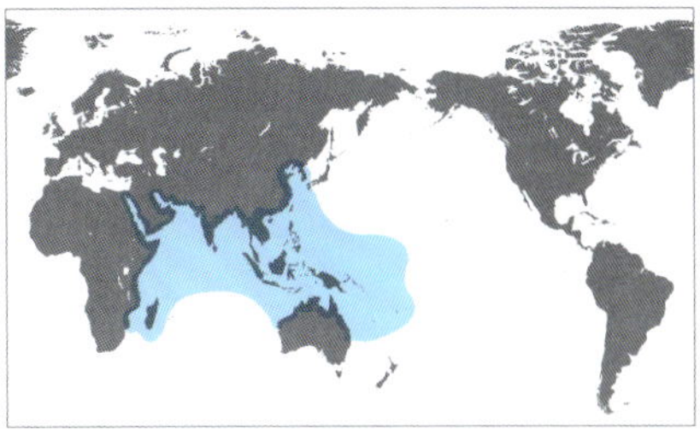

貝殻の大きさ
15 ~ 55mm

写真の貝殻
37mm

Lunulicardia retusa (Linnaeus, 1758)

モクハチアオイガイ

BLUNTED COCKLE

モクハチアオイガイは、殻の輪郭が不等辺四角形で、1 本の強い放射状の稜を備え、殻長より殻高が高い。紅海からインド西太平洋にかけて広く分布し、波の静かな内湾の砂干潟に多産する。オーストラリア北西部では漁獲対象として関心が持たれている。本種には水管はない。普段は海底に浅く埋もれて暮らすが、鎌形の大きな足をもち、それを使って素早く砂中に潜ることができる。また、その筋肉質の足を使って底質から跳び出し、はらりと翻ってヒトデなどの捕食者から逃れることもできる。

実物大

近縁種

紅海などに産するスベリヒシガイ *Lunulicardia hemicardium* (Linnaeus, 1758) の殻は、輪郭が不等辺四角形から三角形で 1 本の放射状の稜を備え、モクハチアオイガイの殻に似るが、それよりやや幅広で、殻表の放射肋の数が多い。紅海からインド西太平洋にかけて分布するリュウキュウアオイガイ *Corculum cardissa* (Linnaeus, 1758) は、前後に強く扁圧され、横に広がった殻をもち、殻に鋭い稜があるため、2 枚が合わさった殻を前後から見るとハート形である。

モクハチアオイガイの殻は中型で硬く、膨らみ、輪郭は不等辺四角形。殻頂は突き出て先端が尖り、殻の後方に寄る。交板はよく発達し、湾曲し、殻頂の下では肥厚する。殻頂の前側の部分(小月面)は深くくぼむ。左右の殻は大きさも形もほぼ同じ。殻表には、丸い小瘤が並んだ放射肋が 18 ~ 27 本と、放射状に出る 1 本の鋭い稜がある。殻は内面も外面も白く、外面には褐色の斑点がある。

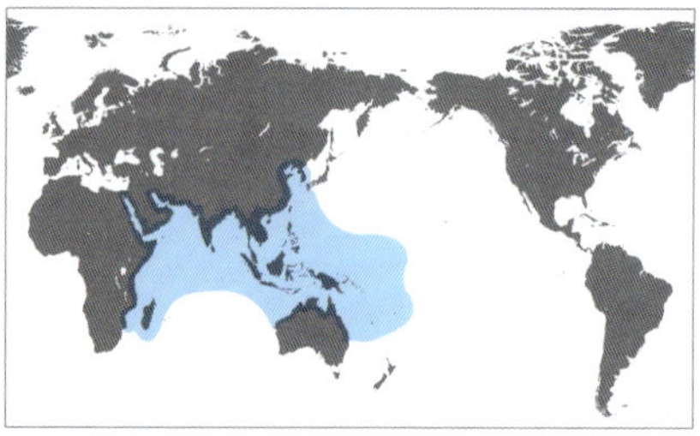

科	ザルガイ科 Cardiidae
貝殻の大きさ	40 〜 80mm
地理的分布	紅海からインド西太平洋にかけて
存在量	多産
生息深度	潮間帯から水深 20m
生息場所	礁の間砂底
食性	濾過食者
足糸	ある

貝殻の大きさ
40 〜 80mm

写真の貝殻
41mm

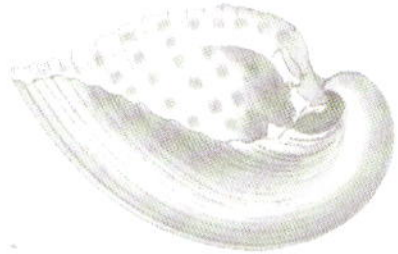

Corculum cardissa (Linnaeus, 1758)

リュウキュウアオイガイ

TRUE HEART COCKLE

リュウキュウアオイガイは、珍しいゆがみ方をした殻をもつ。すなわち、前後に強く扁圧され、横に広がって鋭い稜をなすため、前後から見るとハート形である。それぞれの殻は、片側がへこみ、反対側は膨らむ。サンゴ礁周辺に棲む普通種で、高密度の集団をつくることがある。殻のへこんだ側を下にして浅海の砂底に横たわっている。殻は薄く、小さな半透明の「窓」があり、そこから太陽光が殻の内側に届く。近縁なシャコガイ類と同様、リュウキュウアオイガイは外套膜や鰓の中に共生藻を宿し、共生藻から栄養を得る。本種の殻は貝細工に利用される。

近縁種

南太平洋に産するフシリュウキュウアオイガイ *Corculum dionaeum* (Broderip and Sowerby I, 1829) は、リュウキュウアオイガイに非常によく似た殻をもつが、ずっと小型で、殻長は 20mm ほどにしかならない。この貝はリュウキュウアオイガイの 1 つの形態型にすぎない可能性がある。インド洋東部から熱帯西太平洋に生息するオオシャコガイ *Tridacna gigas* (Linnaeus, 1758) は、現存する二枚貝類の中で最大の種である。この貝も共生藻をもち、共生藻が生産するエネルギーのおかげで成長が速い。

実物大

リュウキュウアオイガイの殻は中型で薄く、前後に扁圧されるが横に大きく広がっていて、2 枚の殻を合わせるとハート形に見える。殻頂は重なり合い、鋭く曲がる。左右の殻は大きさや形が不揃いで、殻形は変異に富む。殻表には放射肋があり、横に張り出した部分が強い稜をなし、稜には棘状の突起がある。殻の外面は白から黄色やピンクまでさまざまで、内面の色も同様である。

科	ザルガイ科　Cardiidae
貝殻の大きさ	100 〜 125mm
地理的分布	モーリタニアからアンゴラにかけて
存在量	少産
生息深度	沖合、水深 70m ぐらいまで
生息場所	砂底
食性	濾過食者
足糸	ない

貝殻の大きさ
100 〜 125mm

写真の貝殻
107mm

Cardium costatum Linnaeus, 1758

ワダチザルガイ

GREAT RIBBED COCKLE

ワダチザルガイは、人目を引く特徴的な殻をもち、放射肋に強い稜があるため識別が容易である。モーリタニアからアンゴラにかけてのアフリカ西岸に生息し、沖合の軟質底に埋もれて生活している。時折、嵐の後に幾千もの殻が岸に打ち上げられる。貝殻そのものの化石は稀にしか見つからないが、アンゴラのルアンダ近辺の鮮新世の地層には本種の内型化石が多産する。

近縁種

地中海西部およびアフリカ北西岸に生息する *Cardium indicum* Lamarck, 1819 は、殻の前方と後方の放射肋上に鱗片があり、殻の色がピンクあるいは淡黄褐色を帯びている点でワダチザルガイと異なる。また、2 枚の殻の間に本種より大きな隙間があく。アメリカ合衆国ノースカロライナ州からブラジルにかけて分布するアメリカツメザルガイ *Trachycardium egmontianum* (Shuttleworth, 1856) は普通種で、鱗片が並んだ強い放射肋をもつ。インド太平洋に産するネッタイザルガイ *Plagiocardium pseudolima* (Lamarck, 1819) は、最大のザルガイ類の 1 つで、殻は前後から見るとハート形をしていて、殻表に幅広く平たい放射肋を多数備える。

ワダチザルガイの殻は大型で薄く、膨らみ、殻の後方には 2 枚の殻の間に隙間があく。最も際立った特徴は、放射肋に強い稜があり、その断面が鋭角三角形であることで、放射肋はそれぞれの殻に 16 〜 17 本ある。殻の内面では、それらの放射肋のところが幅広く浅い溝となっている。殻表には同心円状の細い成長線もあり、放射肋と交差する。長い蝶番はほぼまっすぐで、強い主歯（しゅし）および側歯（そくし）をもつ。殻の外面は純白あるいはオフホワイトで、肋間のいくつかが橙褐色に染まる。

実物大

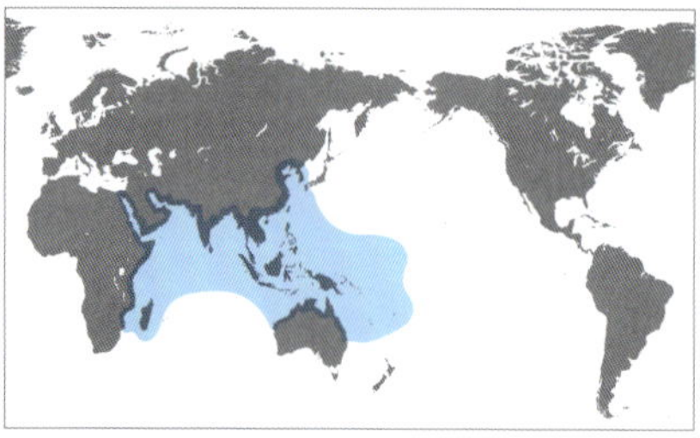

科	ザルガイ科　Cardiidae
貝殻の大きさ	70 〜 150mm
地理的分布	紅海からインド西太平洋にかけて
存在量	ふつう
生息深度	潮下帯浅部から沖合にかけて
生息場所	泥砂底
食性	濾過食者
足糸	ない

貝殻の大きさ
70 〜 150mm

写真の貝殻
130mm

Plagiocardium pseudolima (Lamarck, 1819)

ネッタイザルガイ

GIANT COCKLE

ネッタイザルガイは、最大のザルガイ類の 1 つである（最近、ザルガイ科に移されたシャコガイ類を除けば）。通常は殻長 150mm ぐらいまでだが、最も大きなものでは、モザンビークで採集された 181mm の標本がある。紅海からインド西太平洋にかけての分布域のいたる所で食用に採取されている。他の多くのザルガイ類と同様、非常に活発で、頑強な足を使って動き回る。ザルガイ類の殻の特徴は殻表に強い放射肋をもち、蝶番部に外側に曲がった歯を備えることである。また、閉殻筋痕は 2 つある。

近縁種

アメリカ合衆国バージニア州からテキサス州およびメキシコ湾に分布するクレンチオオザルガイ *Dinocardium robustum* (Lightfoot, 1786) もザルガイ類の大型種で、やはり食用になる。この貝の殻は殻長より殻高のほうが高く、斜めに傾いた卵形をしている。アメリカ合衆国フロリダ州からブラジルにかけての大西洋沿岸に生息し、東大西洋にも産するフロリダオナガトリガイ *Papyridea soleniformis* (Bruguière, 1789) は、楕円形の薄い殻をもち、浅海底の海草の周辺に棲む。

実物大

ネッタイザルガイの殻は非常に大きくて重く、膨らみ、2 枚の殻が合わさったところを前後から見るとハート形。左右の殻は互いに鏡像関係をなし、大きく丸みのある殻頂をもつ。殻表には 36 〜 40 本ほどの平たい放射肋があり、同心円状の成長線と交差する。殻の中ほどから腹縁にかけては、放射肋上に杯状の棘が並び、それぞれの棘から殻皮上に剛毛が出る。殻の外面は淡黄色から赤褐色で、腹縁付近には同心円状の紫の色帯が並ぶ。殻の内面は白い。

科	ザルガイ科　Cardiidae
貝殻の大きさ	150 〜 400mm
地理的分布	熱帯インド西太平洋
存在量	ふつう
生息深度	潮間帯から水深 6m
生息場所	幼貝は岩などの硬い基質の上；成貝は砂底
食性	共生藻をもつ
足糸	成貝にはない

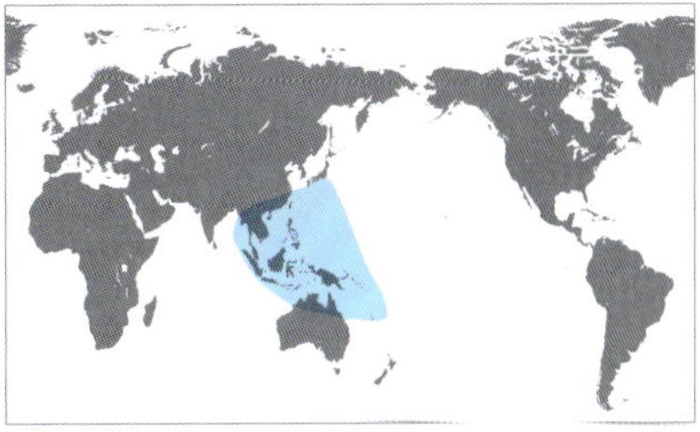

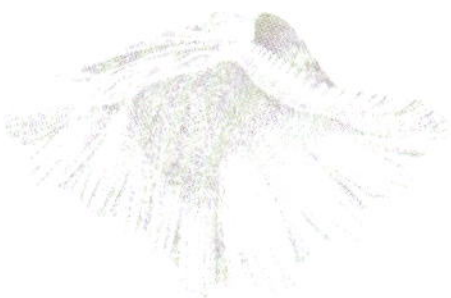

貝殻の大きさ
150 〜 400mm

写真の貝殻
147mm

Hippopus hippopus (Linnaeus, 1758)

シャゴウガイ

BEAR PAW CLAM

シャゴウガイは、三角形の殻をもち、殻表の彫刻がシャコガイ類の中で最も強い。殻の形のみならず、少数の強い放射肋と、鱗片の並んだ多数の放射細肋をもつことによって、他のシャコガイ類から容易に区別できる。幼貝は足糸で硬い基質に付着しているが、成長に伴い足糸を失い、成貝は砂底で自由生活を送る。食用にも貝細工用にも採取される。シャコガイ類には 2 属 9 種が知られ、2 種がシャゴウガイ属 *Hippopus*、7 種がオオシャコガイ属 *Tridacna* に分類されている。後者は別の独立した科、シャコガイ科 Tridacnidae に分類されていたが、最近の研究ではこの属もザルガイ科の一員であることが示されている。

近縁種

フィリピン、インドネシアやニューギニアに産するミガキシャゴウガイ *Hippopus porcellanus* Rosewater, 1982 の殻は、シャゴウガイのものよりわずかに薄く、輪郭が半円形で、やや平たい滑らかな放射肋をもつ。西太平洋の熱帯域に生息するヒレナシシャコガイ *Tridacna derasa* (Röding, 1798) は、最も滑らかな殻をもつ貝の 1 つである。この貝はシャコガイ類の中では最も深い所に棲むものの 1 つで、水深 35m あたりでも見られる。

実物大

シャゴウガイの殻は大型で、非常に厚くて重く大きく膨らみ、輪郭は三角形。殻表には 7 〜 12 本ほどの太い放射肋と多数のやや細い放射肋があり、それらの上に短い鱗片が並ぶ。蝶番は殻長の半分ほどで、殻の腹縁（生時には上を向いている）は長く、波打つ。幼貝の殻には足糸開口があるが、成貝ではそれはほとんど閉じてしまう。殻の外面はクリーム色がかった白で、紫や褐色の斑紋がある。殻の内面は白い。

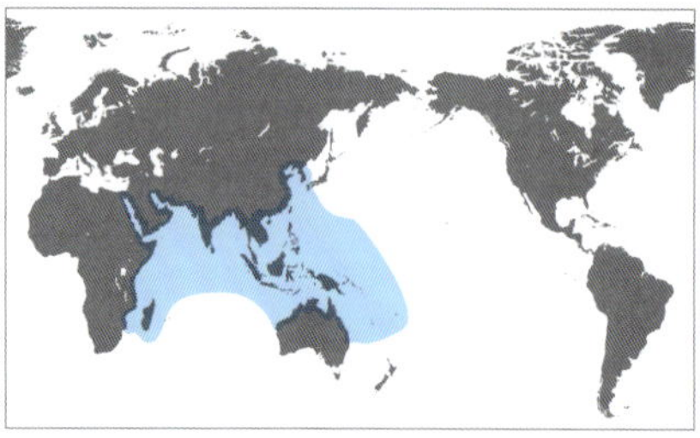

科	ザルガイ科　Cardiidae
貝殻の大きさ	150 〜 450mm
地理的分布	ハワイを除くインド太平洋
存在量	局所的にふつう
生息深度	潮間帯から水深 10m
生息場所	やや遮蔽的な場所のサンゴ礁
食性	共生藻をもつ
足糸	ある

貝殻の大きさ
150 〜 450mm

写真の貝殻
155mm

Tridacna squamosa Lamarck, 1819

ヒレシャコガイ

FLUTED GIANT CLAM

ヒレシャコガイは、ザルガイ科の中で2番目に重い殻をもつ。本種より重いのはオオシャコガイ（下記参照）だけである。浅海の水の澄んだ所で、一生を通じて足糸でサンゴ礁に付着して暮らす。他のシャコガイ類同様、食用や殻の販売のために採取される。乱獲のため、かつては豊富にいたシャコガイ類は絶滅が危惧されるようになり、1983年にまずオオシャコガイ、1985年にはすべてのシャコガイ類の身や殻の国際取引を規制することが決まった。それ以来、自然集団を回復させるために、また、食用に供するためにシャコガイ類の養殖が進められてきた。シャコガイ類は、観賞用としても人気が高まりつつある。

ヒレシャコガイの殻は非常に大きく、厚くて重く、輪郭は半円形。幼貝の時はいくぶん側扁するが、成貝では強く膨らむ。足糸開口は中ぐらいの大きさで、その縁に6〜8個の鋸歯状のぎざぎざがある。殻表には、葉状の大きな鱗片が並ぶ5、6本の幅広い放射肋がある。鱗片は、殻表に浮き上がる同心円状の輪紋をなし、繊細で壊れやすい。殻の外面はたいてい灰色がかった白だが、オレンジあるいは黄色に染まることがある。殻の内面は白磁色。

近縁種

インド洋東部から熱帯西太平洋に生息するオオシャコガイ *Tridacna gigas*（Linnaeus, 1758）は、殻をもつ軟体動物の中で最も大きく、最も重い。殻はヒレシャコガイに似るが、オオシャコガイの殻には葉状の鱗片はなく、腹縁はより大きく波打つ。西太平洋に産するヒレナシシャコガイ *Tridacna derasa*（Röding, 1798）は、ヒレシャコガイより大きく、シャコガイ類の中で2番目に大きな殻をもつが、殻の重さはヒレシャコガイのほうが重い。

実物大

科	ザルガイ科　Cardiidae
貝殻の大きさ	170 〜 350mm
地理的分布	紅海からインド西太平洋にかけて
存在量	ふつう
生息深度	潮下帯浅部から水深 20m
生息場所	浅海のサンゴの中に棲み込んでいる
食性	共生藻をもつ
足糸	ある

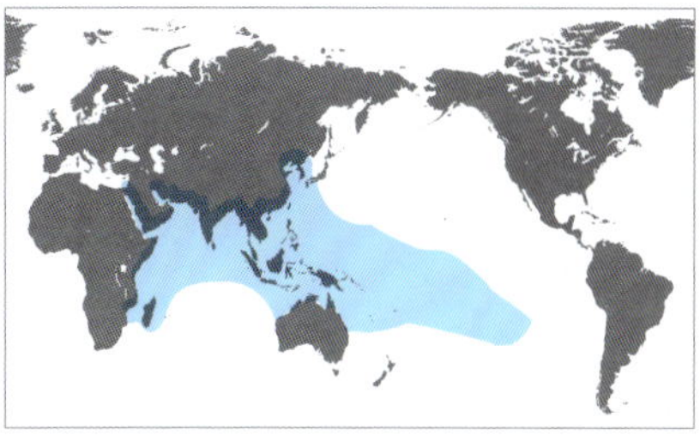

貝殻の大きさ
170 〜 350mm

写真の貝殻
171mm

Tridacna maxima (Röding, 1798)

シラナミガイ

ELONGATE GIANT CLAM

シラナミガイは、サンゴ骨格に浅い穴を掘り、その中に体の一部または全部をはめ込んで暮らしており、幼貝の時も成貝になっても足糸で基質に付着している。本種はシャコガイ類の中で最も長い殻をもつ。シャコガイ類は幼貝の時は主として濾過摂食によって生活するが、成長に伴って、大きな外套膜の中に棲まわせている褐虫藻（かっちゅうそう）との共生関係を発達させる。シャコガイ類の生育に最適な条件は、水が澄んでいて水深が浅く、水が暖かいことなどである。シャコガイ類は殻の腹縁側を大きく開き、外套膜を太陽光線にさらしている。褐虫藻はシャコガイ類との共生によって外敵から保護され、シャコガイ類は褐虫藻が生産した栄養を利用できる。

シラナミガイの殻は大きく、厚くて重く、輪郭は細長い楕円形。殻表には 6 〜 12 本の盛り上がった幅広い放射肋があり、そのうち殻中央部にある 5、6 本は他の肋よりずっと強い。放射肋上には、逆立った低い鱗片が同心円状に等間隔に並ぶ。蝶番は殻長の半分に満たない。足糸開口は大きく、その縁には襞がある。殻の色は外面も内面も灰色がかった白で、時にピンクがかったオレンジあるいは黄色に染まる。

近縁種

インド洋東部および西太平洋に生息するヒメシャコガイ *Tridacna crocea* Lamarck, 1819 は、シラナミガイによく似た殻をもつが、より小型で殻の輪郭はやや角張り、三角形に近い卵形である。ヒメシャコガイも一生涯、足糸で基質に付着して暮らす。ヒレシャコガイ *Tridacna squamosa* Lamarck, 1819 は、紅海からインド西太平洋にかけて広く分布し、殻表に葉状の大きな鱗片のある非常に特徴ある殻をもつ。

実物大

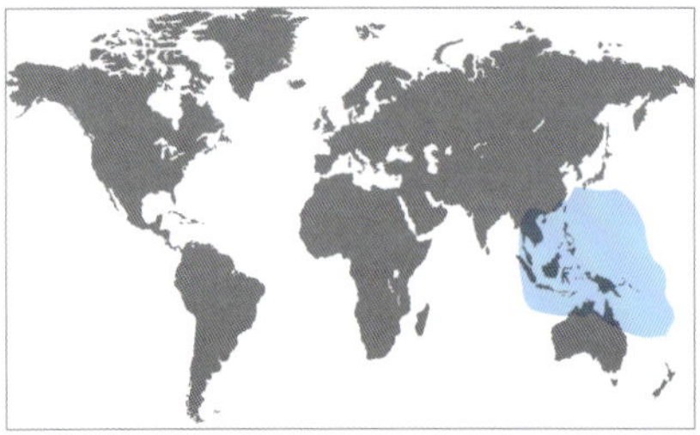

科	ザルガイ科　Cardiidae
貝殻の大きさ	300 〜 1370mm
地理的分布	インド洋東部から熱帯西太平洋にかけて
存在量	かつてはふつう
生息深度	水深 2 〜 20m
生息場所	サンゴ礁周辺の砂底
食性	共生藻をもつ
足糸	成貝にはない

貝殻の大きさ
300 〜 1370mm

写真の貝殻
756mm

Tridacna gigas（Linnaeus, 1758）

オオシャコガイ

GIANT CLAM

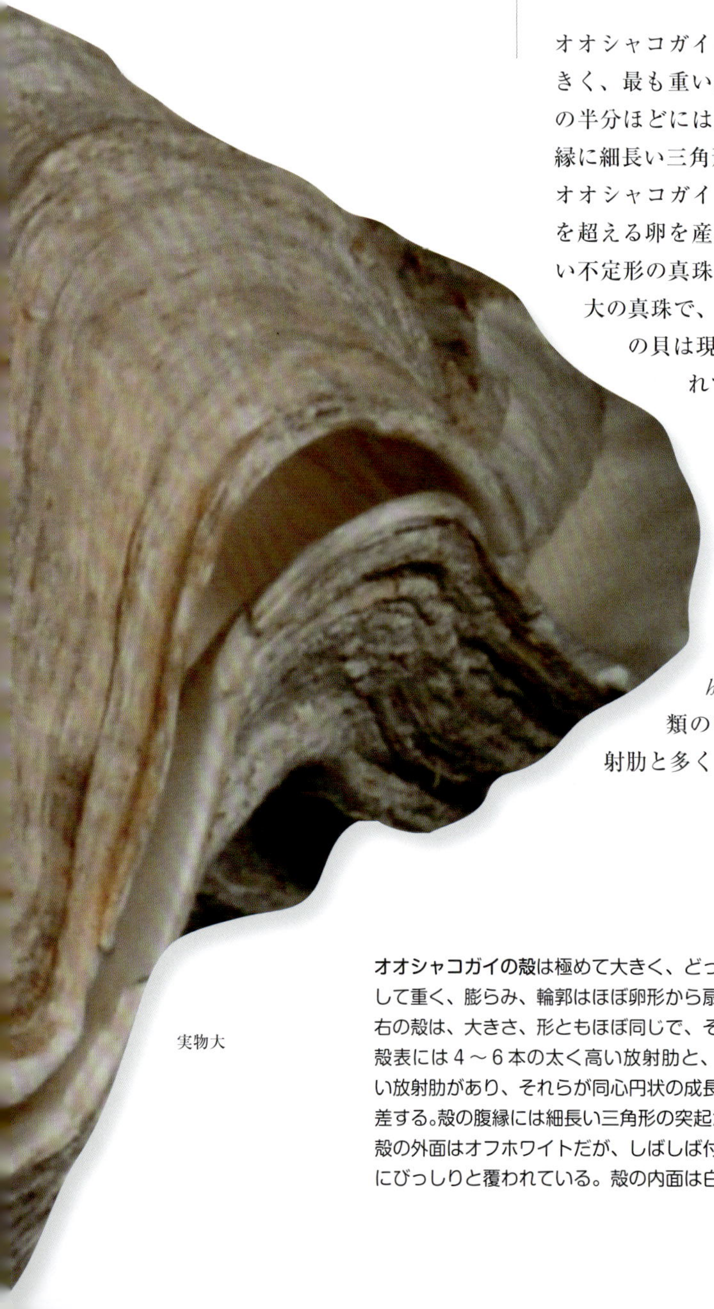

オオシャコガイは、これまでに知られる二枚貝類の中で最も大きく、最も重い。大きなものは殻長 1370mm に達し、多くがその半分ほどには成長する。その比類ない大きさに加え、殻の腹縁に細長い三角形の突起をもつことで容易に識別が可能である。オオシャコガイは雌雄同体で、大きなものは 1 繁殖期に 1 億個を超える卵を産卵する。アラーの真珠として名高い、光沢のない不定形の真珠は、あるオオシャコガイがつくり出した史上最大の真珠で、径が 240mm ほどもある。シャコガイ属 *Tridacna* の貝は現在、絶滅が危惧されており、国際取引が規制されている。

近縁種

紅海からインド西太平洋熱帯域に分布するシラナミガイ *Tridacna maxima*（Röding, 1798）は、サンゴ骨格中に棲んでいる。この貝の外套膜は色が鮮やかで、色変異に富む。インド西太平洋熱帯域に生息するシャゴウガイ *Hippopus hippopus*（Linnaeus, 1758）は、殻形がシャコガイ類の中で最も三角形に近く、殻表に数本の幅広い放射肋と多くのやや細い放射肋がある。

実物大

オオシャコガイの殻は極めて大きく、どっしりとして重く、膨らみ、輪郭はほぼ卵形から扇形。左右の殻は、大きさ、形ともほぼ同じで、それぞれ殻表には 4 〜 6 本の太く高い放射肋と、より弱い放射肋があり、それらが同心円状の成長線と交差する。殻の腹縁には細長い三角形の突起がある。殻の外面はオフホワイトだが、しばしば付着生物にびっしりと覆われている。殻の内面は白磁色。

科	マルスダレガイ科　Veneridae
貝殻の大きさ	3 ～ 5mm
地理的分布	カナダのノバスコシアから合衆国テキサス州にかけての大西洋沿岸およびバハマ諸島
存在量	局所的に多産
生息深度	潮間帯から水深 5m
生息場所	入り江や河口域
食性	濾過食者
足糸	ある

貝殻の大きさ
3 ～ 5mm

写真の貝殻
3mm

Gemma gemma (Totten, 1834)

マメツブガイ

AMETHYST GEM CLAM

マメツブガイは、マルスダレガイ科の中で最小の貝の1つで、入り江や河口の泥干潟に棲み、1㎡あたり10万個という高い密度で出現することがある。単一の足糸をもち、それを使って殻を軟質底に固定する。西大西洋に広く分布するだけでなく、誤ってカキとともに持ち込まれたため、現在ではアメリカ合衆国カリフォルニア州やワシントン州にも生息しており、現地では侵略的移入種と見なされている。攻撃的な貝ではないが、日和見主義者で条件が揃えば急速に増えて在来の二枚貝類を駆逐する可能性がある。マルスダレガイ科は、現存する二枚貝類の科の中では最も多様性が高く、世界には800種の現生種が知られ、温帯域にも熱帯域にも生息している。

近縁種

アメリカ合衆国フロリダ州からテキサス州にかけて生息するチャイロマメツブガイ *Parastarte triquetra* (Conrad, 1846) も非常に小さいマルスダレガイ類の1種で、マメツブガイに似た殻をもつが、殻高はより高く、殻の色が小麦色から褐色である。オーストラリア南部に固有のイジンノユメハマグリ *Bassina disjecta* (Perry, 1811) は、薄板状の幅広い輪肋のある殻をもち、英語圏では Wedding Cake Venus（ウェディングケーキのようなマルスダレガイ）という名で知られる。

実物大

マメツブガイの殻は非常に小さくて薄いが、強靭である。殻は膨らみ、輪郭は幅広い卵形から三角形のものまでさまざまだが、殻高と殻長がほぼ等しい殻をもつものが多い。殻頂は中央付近にあり、殻はかなり滑らかで光沢がある。殻表には同心円状の成長線が並ぶ。殻の色は灰色がかった白から薄紫まで変異が見られ、殻頂周辺が紫に染まる。殻の内面は白っぽい。

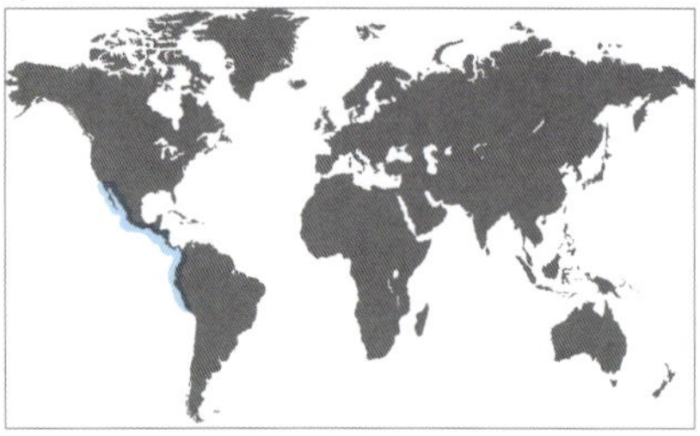

科	マルスダレガイ科　Veneridae
貝殻の大きさ	30 ～ 80mm
地理的分布	メキシコ西岸からペルーにかけて
存在量	ふつう
生息深度	潮間帯から水深 25m
生息場所	砂底埋在性
食性	濾過食者
足糸	ない

貝殻の大きさ
30 ～ 80mm

写真の貝殻
31mm

Pitar lupanaria (Lesson, 1830)

マボロシハマグリ

SPINY VENUS

マボロシハマグリは、最も人目を引く二枚貝の1つで、長い棘の立った色彩の美しい殻をもつ。本種が分類されるマルスダレガイ科ユウカゲハマグリ属 *Pitar* の大多数の貝は棘のない殻をもち、マボロシハマグリに殻に棘をもつ貝はほんのわずかしかいない。本種はその中で最も長い棘をもち、水管を取り囲むように棘を上に向けて浅海の砂に埋もれて暮らしている。棘によって水管が捕食者から保護されているのかもしれない。マボロシハマグリの殻はよく砂浜に打ち上げられており、嵐の後にはとくにたくさん見つかる。

近縁種

ツキヨノハマグリ *Pitar dione* (Linnaeus, 1758) は、カリブ海産の姉妹種で、アメリカ合衆国フロリダ州からベネズエラにかけて生息する。マボロシハマグリより短い棘をもつ個体が多いが、殻の形や色は非常によく似ている。紅海からハワイにかけて広く分布するアラヌノメガイ *Periglypta reticulata* (Linnaeus, 1758) は、マボロシハマグリより大きく、地域によっては食用に採取される。この貝の殻は硬く、薄板状の強い輪肋をもつ。

実物大

マボロシハマグリの殻は中型で、いくぶん厚くて硬く、膨らみ、輪郭は丸みを帯びた三角形。殻表に幅広く、鰭状に立つ輪肋がある。殻の前方のほうが輪肋がより強く、殻の後端には長短さまざまな棘が2列の放射列をなして並ぶ。殻頂は突出し、前方を向く。殻の外面はクリーム色がかった白から淡いピンクで、紫に染まり、棘の基部には紫の斑紋がある。殻の内面は白い。

科	マルスダレガイ科　Veneridae
貝殻の大きさ	30 ～ 60mm
地理的分布	紅海からインド太平洋にかけて
存在量	ふつう
生息深度	潮下帯浅部から水深 25m
生息場所	サンゴ礁の砂地
食性	濾過食者
足糸	ない

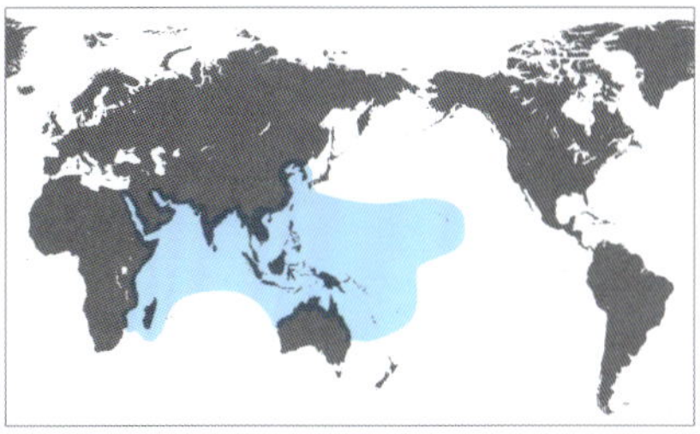

貝殻の大きさ
30 ～ 60mm

写真の貝殻
44mm

Lioconcha castrensis (Linnaeus, 1758)

マルオミナエシガイ

CAMP PITAR VENUS

マルオミナエシガイは、貝殻収集家の間で人気のある美しい殻をもつ。インド太平洋全域に渡って、サンゴ礁域の浅海の砂地でふつうに見られる。漁獲して食用にする国もあり、殻は貝細工に使われる。多くの埋在性二枚貝類と同様に、砂に潜るときは筋肉質の足を砂の中に差し込んで潜り始める。まず、足は形を変えて錨のような働きをする。そして、次に足の筋肉を収縮させて、殻を砂の中に引っ張り込む。マルスダレガイ科には、非常に多様な形や大きさの貝が含まれ、その多くが経済的に重要である。

近縁種

メキシコ西岸からペルーにかけて生息するマボロシハマグリ *Pitar lupanaria* (Lesson, 1830) は、殻表に長い棘をもつので容易に識別できる。西大西洋に生息するバハマカガミガイ *Dosinia discus* (Reeve, 1850) は、輪郭がほぼ円形で側扁した殻をもつ。

マルオミナエシガイの殻は重く、ほぼ卵形で殻高より殻長が長い。殻頂は突出して丸く、殻の前方に寄る。殻表は滑らかで光沢があり、細い成長線が並ぶ。左右の殻は同形同大で、いくぶん膨らむ。交板はよく発達し、それぞれ 3 個の主歯を備える（主歯よりも前側歯のほうがよく発達している）。殻の内面も滑らかで光沢があり、色は白く、套線湾入は非常に浅い。殻の外面はクリーム色がかった白で、褐色あるいは黒の大きなテント形の模様がある。

実物大

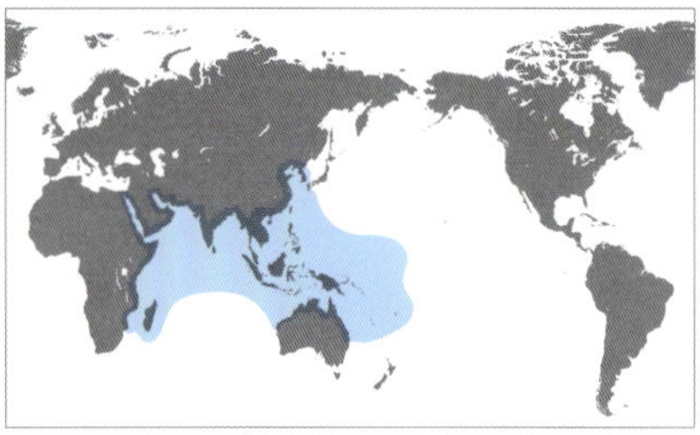

科	マルスダレガイ科 Veneridae
貝殻の大きさ	35 〜 80mm
地理的分布	紅海から熱帯インド西太平洋にかけて
存在量	ふつう
生息深度	潮間帯から水深 20m
生息場所	干潟や浅海の砂底
食性	濾過食者
足糸	ない

貝殻の大きさ
35 〜 80mm

写真の貝殻
47mm

Paphia textile (Gmelin, 1791)

サラサスダレガイ

TEXTILE VENUS

サラサスダレガイの殻は中型で頑丈。いくぶん膨らみ、輪郭はやや細長い楕円形。殻頂は著しく前方に寄り、殻前端から殻長の1/3ほどのところにある。左右の殻は同形同大で、殻の間に隙間はあかない。後背縁はほとんどまっすぐで、腹縁はゆるやかに湾曲する。殻表は滑らかで光沢があり、同心円状のかすかな成長線だけが見られる。殻の外面はクリーム色からピンクがかった褐色で、淡褐色のジグザグ模様がある。殻の内面は白い。

実物大

サラサスダレガイは、紅海からインド西太平洋の熱帯域にかけて生息し、そもそも広い分布域をもつ。また、スエズ運河を通ってその北の地中海にも入り込んだ数少ない種の1つである。地中海東部のやや深い所では、本種が軟体動物の優占種となっていることがある。本来の分布域では、イヨスダレガイ *Paphia undulata* (Born, 1778) と同所的に生息しており、2種は文献でもしばしば混同されている。イヨスダレガイは食用になり、とくにタイで大量に漁獲されている。サラサスダレガイは埋在性の二枚貝で、泥干潟や砂底に浅く潜っている。いくつかの同属他種やリュウキュウアサリ属 *Tapes* の貝と同様、サラサスダレガイもしばしば食用に採取される。

近縁種

アメリカ合衆国ノースカロライナ州からメキシコ湾にかけて生息するビノスワスレ *Macrocallista nimbosa* (Lightfoot, 1786) は、長さ180mm以上に達し、マルスダレガイ科の中でも最大の種の1つである。この貝は、一見、巨大なサラサスダレガイのように見える。ニオナリイワホリガイ *Petricola pholadiformis* (Lamarck, 1818) は、カナダ東岸から西インド諸島にかけて分布し、粘土や軟らかい岩などに穴をあけてその中に棲み込む。この貝殻は、ニオガイ類のテンシノツバサガイ *Cyrtopleura costata* (Linnaeus, 1758) の殻に似る。

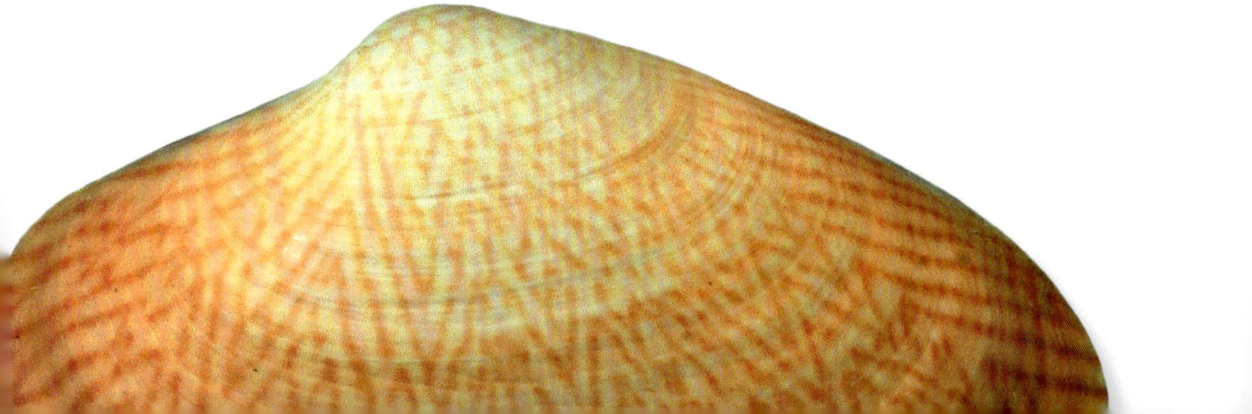

科	マルスダレガイ科 Veneridae
貝殻の大きさ	25 ～ 70mm
地理的分布	カナダ東岸から西インド諸島にかけて；移入種として東大西洋にも分布
存在量	ふつう
生息深度	潮間帯から水深 8m
生息場所	泥岩などの軟らかい岩に穿孔
食性	濾過食者
足糸	成貝にはない

貝殻の大きさ
25 ～ 70mm

写真の貝殻
51mm

Petricola pholadiformis (Lamarck, 1818)

ニオナリイワホリガイ

FALSE ANGEL WING

ニオナリイワホリガイは、北西大西洋原産で、カナダ東岸から西インド諸島およびメキシコ湾にかけて生息する。また、1800年代に東大西洋にカキとともに持ち込まれている。潮間帯や潮下帯浅部の泥炭や泥岩や粘土、あるいは石灰岩などに穴を掘って入り込む。岩石中に入り込むため、殻の形はしばしば不整形になる。貝殻は、ニオガイ類のテンシノツバサガイ *Cyrtopleura costata* (Linnaeus, 1758) の殻に似るが、テンシノツバサガイのほうが大きく魅力的である。ニオナリイワホリガイは食用に採取され、つり餌としても利用される。本種をはじめ、以前は別科のイワホリガイ科 Petricolidae に分類されていた貝は、最近の研究によってマルスダレガイ科の一員であることが明らかになった。

近縁種

ブラジルからウルグアイにかけて生息する *Petricola stellae* Narchi, 1975 は、ニオナリイワホリガイに似た貝殻をもつが、より小型で放射肋の数が少ない。また、両者の間には軟体部の内部形態にも違いがある。この貝は、多毛類 (*Phragmatopoma lapidosa*) が潮間帯につくった礁で見つかることもある。バハカリフォルニアからニカラグアにかけて分布するニシノニオナリイワホリガイ *Petricola parallela* (Pilsbry and Lowe, 1932) は、イワホリガイ属 *Petricola* の中で最も細長い殻をもつ。

実物大

ニオナリイワホリガイの殻は中型でもろく、膨らみ、輪郭は細長い楕円形。殻頂は盛り上がり、殻の前方にある。交板は幅が狭く、右殻には 2 個、左殻には 3 個の歯がある（ニオガイ類の蝶番部には歯がないので、この特徴によってニオガイ類と区別できる）。殻表には約 60 本の放射肋があり、同心円状の成長線と交差する。殻の前側にある 10 本ほどの放射肋は他よりずっと強い。殻の色は白亜色あるいはオフホワイトで、ときにピンクを帯びる。

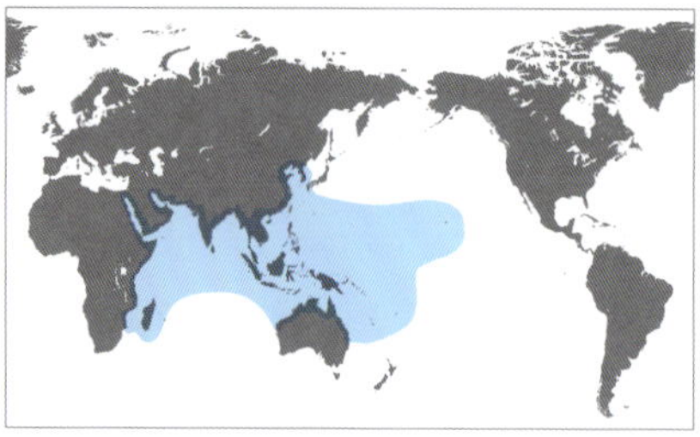

科	マルスダレガイ科　Veneridae
貝殻の大きさ	50 〜 100mm
地理的分布	紅海からインド太平洋にかけて
存在量	ふつう
生息深度	潮間帯から水深 25m
生息場所	サンゴ礁周辺の砂底や泥底
食性	濾過食者
足糸	ない

貝殻の大きさ
50 〜 100mm

写真の貝殻
54mm

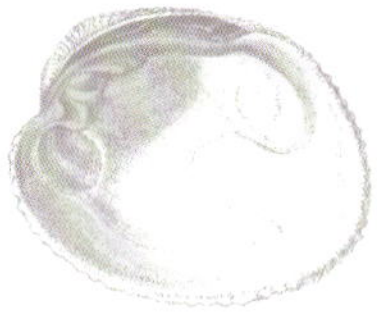

Periglypta reticulata（Linnaeus, 1758）

アラヌノメガイ

RETICULATE VENUS

アラヌノメガイは、紅海からインド太平洋にかけて広く分布する。円形あるいは正方形に近い大きな貝殻をもち、殻の色や形が変異に富む。潮間帯から浅海にかけてふつうに見られ、とくにサンゴ礁周辺の砂底や泥底に埋もれて暮らしている。殻を閉じた状態では 2 枚の殻の間に隙間があかないので、水管を海底表面まで伸ばすためには殻を少し開けておく必要がある。外套膜の縁がファスナー状になっていて、殻を開けていても、2 本の水管だけを出して他のところは外套腔をしっかり閉じられるようになっている。

近縁種

バハカリフォルニアからペルーにかけての太平洋岸およびガラパゴス諸島に分布する *Periglypta multicostata*（Sowerby I, 1835）は、マルスダレガイ科中最大の種の 1 つで、殻長は 150mm を超えることがある。この貝の殻表には強い輪肋がある。カナダ東岸からメキシコ湾にかけて生息するホンビノスガイ *Mercenaria mercenaria*（Linnaeus, 1758）も大型のマルスダレガイ類の 1 種で、殻表に強い輪肋をもつ。これら 2 種はともに食用に採取される。

実物大

アラヌノメガイの殻は中型から大型で、厚くて硬く、膨らみ、輪郭は円形あるいは正方形に近い。殻頂は大きく、前側がくぼむ。交板は幅広く、それぞれ 3 個の強い歯を備える。殻表には小瘤の並んだ波状の輪肋と細い放射肋があり、それらが交差して布目状彫刻をなす。殻の外面はクリーム色で褐色の斑紋がある。殻の内面は白で、蝶番部はオレンジ色である。

科	マルスダレガイ科　Veneridae
貝殻の大きさ	40 〜 75mm
地理的分布	オーストラリアのニューサウスウエールズ州から南オーストラリア州にかけて
存在量	ふつう
生息深度	潮下帯浅部から水深 50m
生息場所	砂泥堆
食性	濾過食者
足糸	成貝にはない

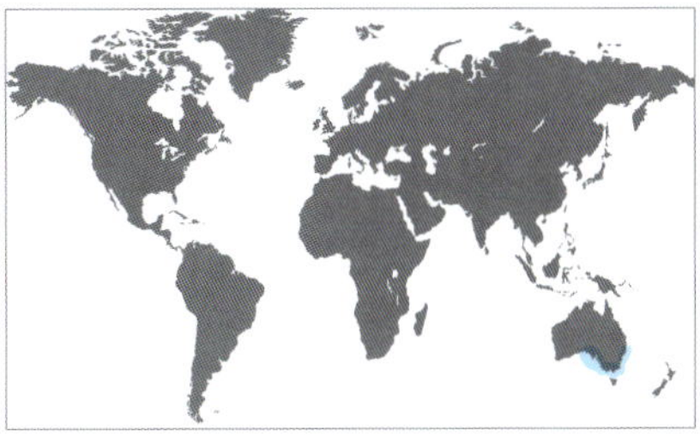

貝殻の大きさ
40 〜 75mm

写真の貝殻
63mm

Bassina disjecta（Perry, 1811）

イジンノユメハマグリ

WEDDING CAKE VENUS

イジンノユメハマグリは、輪郭が丸みを帯びた三角形で、上縁がうねった薄板状の輪肋を備えた独特の美しい殻をもつ。温帯に分布し、潮下帯浅部の砂泥堆で見つかることが多い。殻の後縁が海底表面近くにくるようにして浅く潜っている。軟体部には入水管と出水管があり、それらの繊毛の働きで水を出し入れすることによって海底に埋もれたまま生活することができる。薄板状の輪肋は、海底の砂泥中に殻を固定するのに役立つ。

近縁種

同属の *Bassina pachyphylla*（Jonas, 1839）は、地理的分布がイジンノユメハマグリに似ているが、殻の形や色、彫刻は大きく異なり、殻表が滑らかで褐色と淡褐色の放射帯をもつ。メキシコ西岸からペルーにかけての太平洋沿岸に生息するマボロシハマグリ *Pitar lupanaria*（Lesson, 1830）は、丸みを帯びた三角形の光沢のある殻をもつ。この貝の殻の後縁には長い棘が放射状に2列に並び、殻表に鰭状に立ち上がった輪肋がある。

イジンノユメハマグリの殻は中型で、薄いが硬く、側扁し、輪郭は丸みのある三角形から楕円形。最も目立つ特徴は、上縁のうねった薄板状の輪肋が6〜8本ほど広い間を置いて殻表に並んでいることである。殻頂は小さく、前方を向く。左右の殻の大きさは等しく、形も同じ。殻の外面は白く、ときに輪肋がピンクに染まる。殻の内面も白い。

実物大

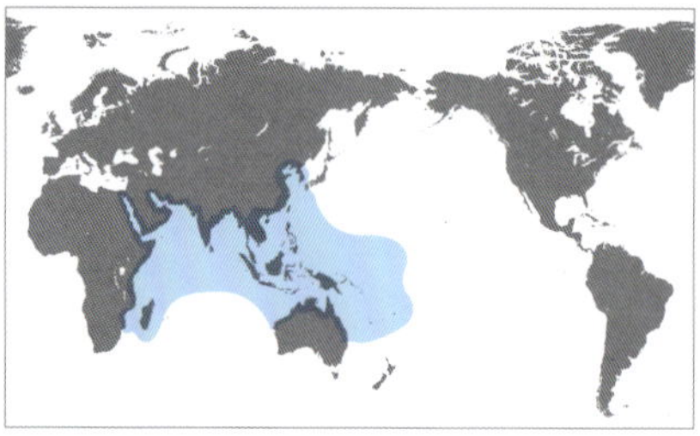

科	マルスダレガイ科　Veneridae
貝殻の大きさ	60 〜 100mm
地理的分布	紅海からインド西太平洋にかけて
存在量	ふつう
生息深度	潮間帯から水深 20m
生息場所	砂底
食性	濾過食者
足糸	ない

貝殻の大きさ
60 〜 100mm

写真の貝殻
70mm

Callista erycina (Linnaeus, 1758)

フジイロハマグリ

REDDISH CALLISTA

フジイロハマグリは、潮間帯および浅海の砂底中に埋もれて暮らしている。切れ切れになった褐色と小麦色の放射条紋があり、殻表にくっきりした平らな輪肋が並ぶ艶のある優美な殻をもつ。場所によっては食用に採取されるが、商業的には重要な種ではない。マルスダレガイ類にはこれといった適応形質がなく、たいていみな内部形態が似ている。この類は 1 対の大きな閉殻筋をもち、2 個の閉殻筋の大きさはだいたい同じである。左右の殻は大きさ、形とも同じであることが多いが、種によって殻の大きさはさまざまで、小さなものでは 1.5mm から大きなものでは 170mm と、同じ科の中でも約 100 倍の開きがある。

近縁種

イギリス諸島からアフリカ北西部にかけての大西洋と地中海に生息するヨーロッパワスレガイ *Callista chione* (Linnaeus, 1758) は、フジイロハマグリに似た大きな殻をもつが、殻の表面は滑らかである。地中海では漁獲され販売されている。バハカリフォルニアからペルーにかけての太平洋沿岸およびガラパゴス諸島に分布するダイオウカガミガイ *Dosinia ponderosa* (Gray, 1838) は、大きくて重い殻をもつ。先史時代、この貝はアメリカ先住民によって食用にされ、殻は道具として利用されていた。

実物大

フジイロハマグリの殻は中型から大型で、厚くて重く、膨らみ、輪郭は丸みを帯びた三角形。殻頂は大きくて丸く、前方を向く。交板は厚く、各 3 歯を備え、比較的長い外靱帯をもつ。殻表には同心円状に線が刻まれ、その結果、幅広く平たい輪肋が形成される。殻の内面は滑らかで、2 つの大きな閉殻筋痕が見られる。殻の外面は淡黄色で、褐色の放射条紋や線が入る。殻の内面は白いが、殻縁はオレンジに染まる。

科	マルスダレガイ科　Veneridae
貝殻の大きさ	75 ～ 150mm
地理的分布	カナダ東海岸からメキシコ湾にかけて
存在量	ふつう
生息深度	潮間帯から水深 15m
生息場所	軟質底、海草の周辺に多い
食性	濾過食者
足糸	ない

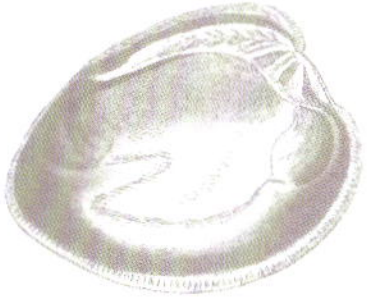

貝殻の大きさ
75 ～ 150mm

写真の貝殻
104mm

Mercenaria mercenaria (Linnaeus, 1758)

ホンビノスガイ

NORTHERN QUAHOG

ホンビノスガイは、アメリカ合衆国東海岸で漁獲される二枚貝の主要なもので、カキに次いで価値が高い。何千年にも渡ってアメリカ先住民に食料として利用されており、海岸に沿って大きな貝塚がいくつも残されている。英語名の quahog（クォーホグ）はアメリカ先住民の言葉で二枚貝を意味する。先住民はこの貝の殻でウォンパム（wampum）と呼ばれる貝殻玉を作り、通貨として使っていた。縁近くの殻で作られた紫の玉はとくに価値が高かった。学名の *Mercenaria mercenaria* は「賃金」を意味するラテン語に由来する。アメリカ合衆国ロードアイランド州では、州の貝に選ばれている。

近縁種

アメリカ合衆国のニュージャージー州から中央アメリカにかけて分布するカンペチェビノスガイ *Mercenaria campechiensis* (Gmelin, 1791) の殻は、形や殻表彫刻がホンビノスガイに似るが、より大きくなり、殻表全体に輪肋がある。この貝はかつてホンビノスガイの亜種とされたことがあったが、分子系統解析によって別種であることが確認されている。

ホンビノスガイの殻は大きく、厚くて重く、膨らみ、輪郭は丸みを帯びた三角形。殻頂は大きくて丸く、前方が捩じれる。左右の殻は同形同大で、どちらの殻にも中央部を除き、殻表に粗い輪肋が密に並ぶ。成貝では殻の中央部は滑らか。腹縁には細かいぎざぎざがある。殻の外面はくすんだ灰色からオフホワイトで、殻の内面は白く、縁周辺がしばしば紫に染まる。

実物大

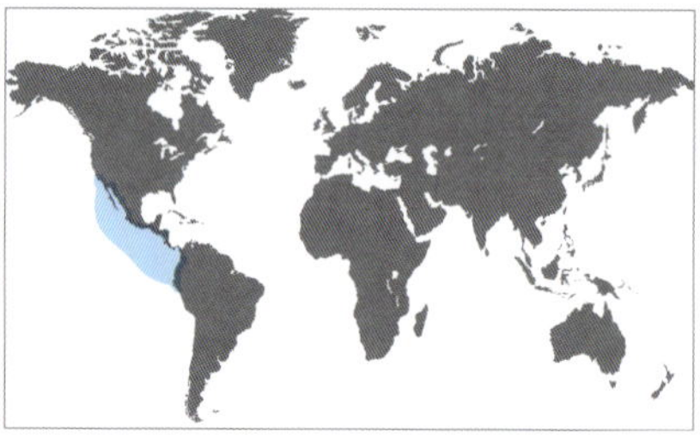

科	マルスダレガイ科　Veneridae
貝殻の大きさ	75 ～ 150mm
地理的分布	バハカリフォルニアからペルーにかけての太平洋沿岸およびガラパゴス諸島
存在量	ふつう
生息深度	3 ～ 60m
生息場所	平らな泥地や砂地、海草の周辺
食性	濾過食者
足糸	成貝にはない

貝殻の大きさ
75 ～ 150mm

写真の貝殻
129mm

Dosinia ponderosa (Gray, 1838)

ダイオウカガミガイ

PONDEROUS DOSINIA

ダイオウカガミガイは、同属種の中で最も大きく、マルスダレガイ科全体で見ても最大級の大きさである。先史時代には、その厚くて重い殻をアメリカ先住民が道具として使っていた。その際、殻の腹縁を割って使うことを好んだようだ。しかし、道具にするよりも食用に漁獲されたことのほうが多かったと思われる。ダイオウカガミガイは泥底や砂底の表面近くに埋もれて暮らし、海草の周辺に多く、浅海でふつうに見られる。ペルー北部やエクアドルでは、鮮新世および中新世後期の化石層でもよく見つかる。

近縁種

アメリカ合衆国のバージニア州からテキサス州にかけての大西洋沿岸とバハマ諸島に分布するバハマカガミガイ *Dosinia discus* (Reeve, 1850) は、殻形がダイオウカガミガイに似るが、より小さく、殻表に同心円状の細い溝が並ぶ。紅海から西太平洋にかけて生息するフジイロハマグリ *Callista erycina* (Linnaeus, 1758) の殻は、大きくて厚く、卵形に近い三角形で、殻表には同心円状の強い成長脈と褐色や小麦色の放射条紋がある。

実物大

ダイオウカガミガイの殻は大きく、厚くて重く、いくぶん膨らみ、輪郭はほぼ円形。殻頂は尖り、厚い交板の中ほどにあって前方に鋭く曲がる。左右の殻は同形同大。殻表には同心円状の細い成長線が並ぶが、中央部は比較的滑らかで光沢がある。殻の内面は滑らかで、大きさも形状も異なる2つの閉殻筋痕がある。殻の外面は白く、黄褐色の殻皮に覆われる。殻の内面も白い。

科	ニッコウガイ科　Tellinidae
貝殻の大きさ	8 ～ 15mm
地理的分布	合衆国ノースカロライナ州からブラジルにかけて
存在量	多産
生息深度	水深 5 ～ 180m
生息場所	沖合の砂底
食性	濾過食者
足糸	ない

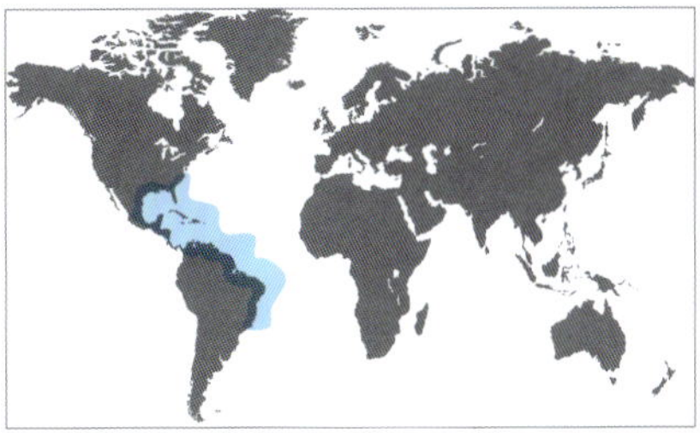

貝殻の大きさ
8 ～ 15mm

写真の貝殻
11mm

Strigilla pisiformis (Linnaeus, 1758)

マメニセザクラガイ

PEA STRIGILLA

マメニセザクラガイは、小型の二枚貝で、バハマ諸島では沖合に多産するが、しばしば海岸にも大量に打ち上げられる。殻は貝細工に用いられ、とくにアメリカ合衆国のフロリダ州でよく使われている。殻表の彫刻が同属他種によく似る。ニッコウガイ類は2つの閉殻筋痕をもち、それらは形が異なることがあるものの大きさはほぼ等しい。ニッコウガイ類は素早く海底に潜ることができ、軟質底に深く埋もれて暮らしている。水管が非常に長く、伸びると殻長の5倍以上にもなる。ニッコウガイ科には約350種の現生種が知られ、世界中の海に分布している。

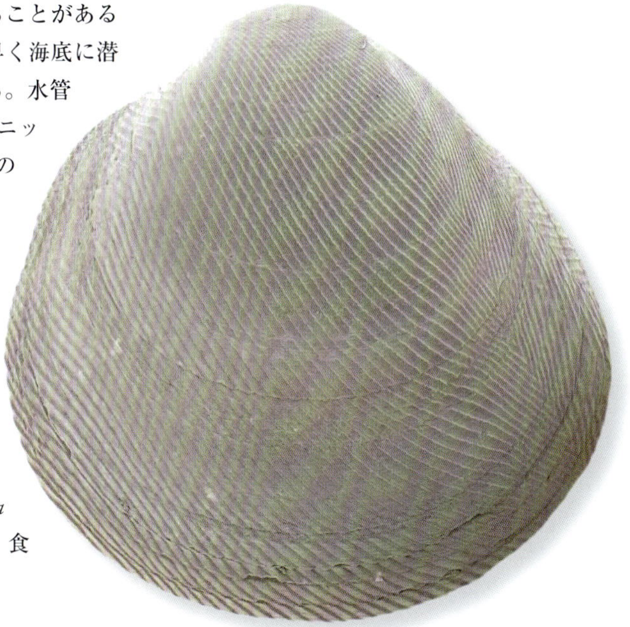

近縁種

マメニセザクラガイ同様、ノースカロライナ州からブラジルにかけて分布する *Strigilla mirabilis* (Philippi, 1841) は、殻の大きさと彫刻が非常によく似ているが、輪郭がやや長めの卵形で、殻の後縁付近に山形の彫刻が4～6個ある。インド西太平洋に生息するコノハザクラガイ *Phylloda foliacea* (Linnaeus, 1758) は、大きく幅広い卵形の殻をもち、食用に採取され、殻は貝細工に使われる。

マメニセザクラガイの殻は薄く、小型で膨らみ、輪郭は卵形。殻は滑らかで、殻表には多数の斜めの線が刻まれ、殻の後縁付近には山形の彫刻が2組ある。交線は短く、靱帯も短い。殻頂はピンクを帯び、中央よりわずかに前方に寄る。殻は内外ともに白く、内面の最も深くくぼんだところはピンクに染まる。

実物大

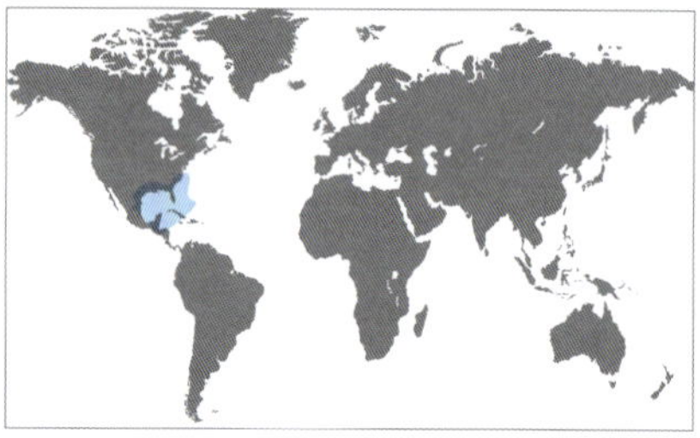

科	ニッコウガイ科　Tellinidae
貝殻の大きさ	25 〜 40mm
地理的分布	合衆国ノースカロライナ州から中央アメリカにかけて
存在量	少産
生息深度	潮間帯から水深 10m
生息場所	砂底
食性	懸濁物食者
足糸	ない

貝殻の大きさ
25 〜 40mm

写真の貝殻
39mm

Tellidora cristata (Récluz, 1842)

ニヨリトゲウネガイ

WHITE CRESTED TELLIN

ニヨリトゲウネガイは、ニッコウガイ類にしては風変わりな形をしている。殻は三角形状だが、腹縁は丸く弧を描き、背側の前縁と後縁に鋸歯状突起の並んだ隆起部がある。この独特な殻形のおかげで、容易に識別できる。多くのニッコウガイ類と異なり、浅く軟質底に埋もれており、内湾や潟湖、河口干潟などで見つかる。懸濁有機物粒子を食べる。本種はめったに見つからない珍しい貝だが、大多数のニッコウガイ類は多産するために生態系にとって重要で、多くの種が人類のみならず、さまざまな動物に食べられている。ニッコウガイ科の化石記録は白亜紀まで遡ることができる。

近縁種

カリフォルニア湾からエクアドルにかけて分布する *Tellidora burneti* (Broderip and Sowerby I, 1829) は、太平洋産の類似種で、その殻はニヨリトゲウネガイよりわずかに大きいが、形はよく似ている。アメリカ合衆国ノースカロライナ州からブラジルにかけて生息するナツゾラニッコウガイ *Tellina radiata* Linnaeus, 1758 は、幅広いピンクの放射条紋のある大きな殻をもち、日の出を連想させるため、英語では Sunrise Tellin（日の出のような模様をもつニッコウガイ）と呼ばれる。

実物大

ニヨリトゲウネガイの殻は小さく、薄く、著しく側扁し、輪郭は三角形。殻頂は尖り、殻の中ほどにある。交線は短く、靭帯もかなり短い。左右の殻は同じぐらいの大きさだが、左殻のほうが右殻よりも平たい。殻表には細いが鮮明な同心円状の成長線が見られ、背側の前縁と後縁に数個ずつの鋸歯状の突起がある。殻の色は内外とも真っ白である。

科	ニッコウガイ科　Tellinidae
貝殻の大きさ	50 ～ 105mm
地理的分布	合衆国サウスカロライナ州からブラジルにかけて
存在量	ふつう
生息深度	潮間帯から水深 100m
生息場所	砂底埋在性
食性	懸濁物食者
足糸	ない

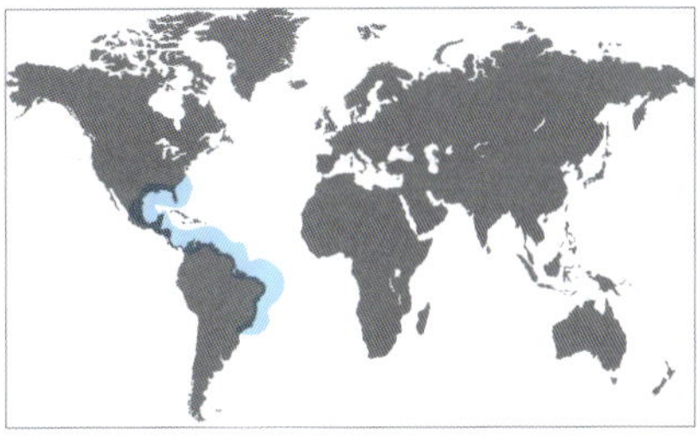

貝殻の大きさ
50 ～ 105mm

写真の貝殻
73mm

Tellina radiata Linnaeus, 1758

ナツゾラニッコウガイ

SUNRISE TELLIN

ナツゾラニッコウガイは、多くの種を含むニッコウガイ科の中でも最大の種の1つである。浅海の砂底に埋もれており、かなりふつうに見られる。ピンクの放射条紋のある美しい白い殻が日の出を連想させるため、Sunrise Tellin（日の出のような模様のあるニッコウガイ）という英語名がつけられている。かの大企業、シェル石油は、現在は赤と黄のホタテガイのシンボルマーク（ヨーロッパ産のジェームズホタテガイ *Pecten maximus jacobaeus* を図案化したもの）で世界的に知られるが、1900年、この会社がシェル・トランスポート・アンド・トレーディングと呼ばれていた時には、ナツゾラニッコウガイを図案化したマークが使われていた。よく知られるホタテガイのマークは1904年に考案されたもので、以来、長い年月の間に少しずつ改訂されて現在の形と色になった。

近縁種

バハカリフォルニアからメキシコ、さらにコロンビアまで分布するサラサヒノデガイ *Tellina cumingii* Hanley, 1844 は、後端が狭まった細長い殻をもち、殻表には細い薄板状の輪肋が並ぶ。アメリカ合衆国ノースカロライナ州から西インド諸島にかけて生息するマボロシニッコウガイ *Tellina magna* Spengler, 1798 は、おそらく現存するニッコウガイ類中最大で、長さ140mm以上に達する。

ナツゾラニッコウガイの殻はニッコウガイ科にしては大きく、硬くて滑らかで、輪郭は細長い楕円形。殻の前縁は丸く、後縁はやや狭まる。殻はおおむね滑らかで光沢が強く、殻表には同心円状の細い線が見られる。殻の内面には交線の近くに2個の大きな閉殻筋痕がある。殻は内外とも白いが、外側にはピンクあるいはバラ色の放射条紋が入り、殻頂は鮮やかな赤。殻の内面は中央部が黄色に染まり、腹縁周辺では外側の色が透けて見える。

実物大

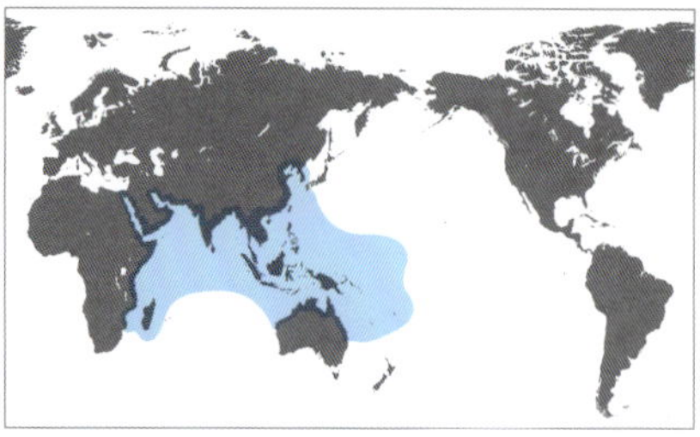

科	ニッコウガイ科　Tellinidae
貝殻の大きさ	75 〜 100mm
地理的分布	ペルシア湾から西太平洋にかけて
存在量	局所的にふつう
生息深度	潮間帯から水深 50m
生息場所	砂泥底
食性	堆積物摂食および濾過摂食
足糸	ない

貝殻の大きさ
75 〜 100mm

写真の貝殻
87mm

Phylloda foliacea (Linnaeus, 1758)

コノハザクラガイ

FOLIATED TELLIN

実物大

コノハザクラガイは、色彩の美しい大きな殻をもつ。本種は潮間帯から水深 50m ぐらいまでの砂泥底で見つかる。ニッコウガイ類は殻を横に寝かせて、たいてい深く底質中に埋もれて暮らす。入水管と出水管は分離し、それぞれ独立に動かせる。どちらも長いが、入水管のほうが出水管より長い。入水管を掃除機のように使って、海底表面の有機物片を吸い込んで食べる。

近縁種

西大西洋に産するニッコウガイ類の中に、殻が白く、背縁に強いぎざぎざがある小型の貝が 2 種いる。*Phyllodina squamifera* (Deshayes, 1855) とニヨリトゲウネガイ *Tellidora cristata* (Récluz, 1842) である。前者はアメリカ合衆国ノースカロライナ州からブラジルにかけて分布し、やや細長い楕円形の殻をもつ。後者はノースカロライナ州から中央アメリカにかけて生息し、腹縁が丸く張り出した三角形の殻をもつ。

コノハザクラガイの殻は大きく、薄くて軽く、著しく側扁し、輪郭は幅広い三角形状。殻頂は小さく、殻のほぼ中央にある。交板は狭く、右殻には 2 歯を備えるが、左殻には歯がない。殻の前方で 2 枚の殻の間にわずかに隙間があく。殻の前端は丸く、後端は截断状になっている。殻表には繊細な同心円状の彫刻があり、殻の後方には斜めの稜が走る。また、殻の後縁には棘状突起もある。殻の外面は黄色がかったオレンジあるいは赤で、殻の内面はピンクを帯びる。

科	フジノハナガイ科　Donacidae
貝殻の大きさ	12 ～ 25mm
地理的分布	合衆国バージニア州からメキシコ湾西部にかけて
存在量	場所や季節によっては多産
生息深度	潮間帯から水深 0.3m
生息場所	砂浜
食性	濾過食者
足糸	ない

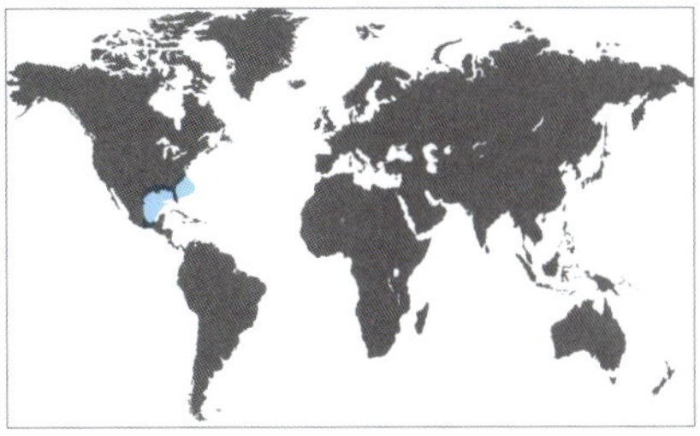

貝殻の大きさ
15 ～ 25mm

写真の貝殻
17mm

Donax variabilis Say, 1822

コチョウナミノコガイ

COQUINA DONAX

コチョウナミノコガイは、外洋に面した砂浜の砕波帯に生息する。小型で、砂に浅く埋もれているだけなので、打ち寄せる波の乱流によって砂浜を上へ下へと動かされ、波が遠ざかると素早く再び砂の中に潜る。本種の殻は色彩の個体変異が著しい。そのような色彩多型は、鳥などの捕食者が本種を探し出すための正確なイメージを持つのを妨げるので、捕食者に対する防御に役立っていると考えられている。しかし、人間にはたやすく見つけられ、大量に採取されて美味しいスープを作るのに使われる。フジノハナガイ科の現生種は、世界で約 60 種が知られる。

近縁種

ナミビアから南アフリカにかけて分布するコガネナミノコガイ *Donax serra* Röding, 1798 は、コチョウナミノコガイがよりも大きく、殻は後縁がもっと尖り、よりくさび形に近い。この貝がごくふつうに見られる南アフリカでは、食用として、また釣り餌として非常によく利用されている。インド洋に生息するダイオウナミノコガイ *Hecuba scortum*（Linnaeus, 1758）の殻は三角形で、後縁が突き出て尖る。

コチョウナミノコガイの殻は小さく、頑丈で、細長いくさび形。殻頂は比較的小さく、殻の後方にある。交板はよく発達し、それぞれ 2 歯をもつ。左右の殻は同形同大で、殻表には放射肋がある。放射肋は殻の後方のものが最も強い。殻の後端が截断状で、前端は丸く、腹縁の内側に鋸歯状のぎざぎざがある。殻外面の色は非常に変異に富み、純白から黄色、赤、紫、ピンクなどさまざまで、放射条紋のあるものもないものもある。内面の色も変異に富む。

実物大

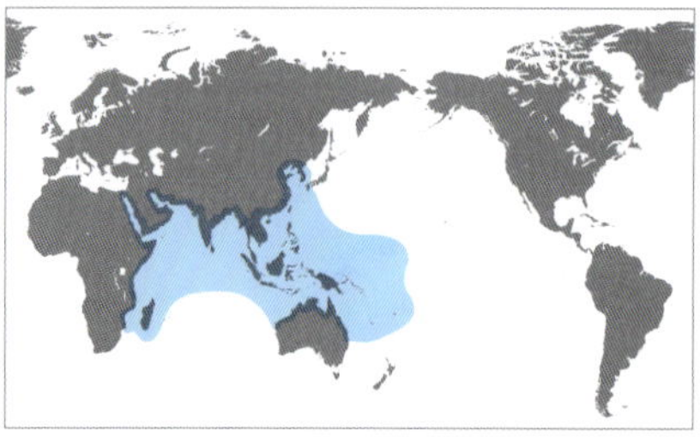

科	フジノハナガイ科　Donacidae
貝殻の大きさ	50 〜 90mm
地理的分布	インド西太平洋
存在量	ふつう
生息深度	潮間帯から潮下帯浅部
生息場所	内湾の泥底
食性	濾過食者
足糸	ない

貝殻の大きさ
50 〜 90mm

写真の貝殻
63mm

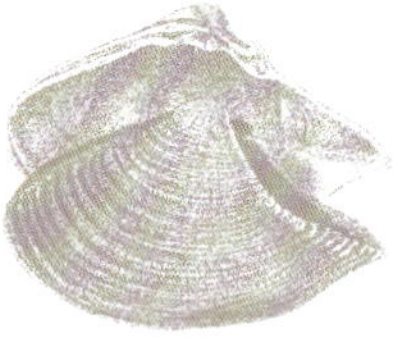

Hecuba scortum (Linnaeus, 1758)

ダイオウナミノコガイ（トゲナミノコガイ）

LEATHER DONAX

ダイオウナミノコガイの殻は中型で厚く、膨らみ、輪郭は三角形。殻頂は突出し、殻のほぼ中央にあり、後方を向く。交板はよく発達し、それぞれ2歯を備える。左右の殻はほぼ同形同大で、後端が突き出て尖る。殻表には細い放射肋とやや不規則な輪肋があり、それらが交差して殻の中央部に布目状彫刻をなす。また、ときに殻の後方に棘状突起がある。殻の外面は灰色がかった白で、内面は紫に染まる。

ダイオウナミノコガイは、後縁が突き出て尖り、湾曲した鋭い竜骨状隆起を備える独特な三角形の殻をもつため、容易に識別できる。フジノハナガイ科の貝としては大きく、大多数のフジノハナガイ類は本種より小さい。インド西太平洋に広く分布し、ところによってはごくふつうに見られる。インドでは漁獲され、販売されている。ダイオウナミノコガイは、内湾の潮間帯から浅海にかけての泥底の表面直下に殻を立てて埋もれて生活している。殻をしっかり閉じることができ、閉じると2枚の殻の間に隙間があかない。水管は比較的短い。

近縁種

オーストラリアに産するピピガイ *Donax deltoides* Lamarck, 1818は、三角形の殻をもち、ニューサウスウェールズ州では最もふつうに見られる大型二枚貝である。海沿いの貝塚ではこの貝の殻がよく見つかるが、このことは、かつてこの貝がオーストラリア先住民の重要な食料だったことを示している。アメリカ合衆国ニュージャージー州から中央アメリカにかけての大西洋沿岸およびメキシコ湾に生息するコチョウナミノコガイ *Donax variabilis* Say, 1822は、潮間帯上部にも生息し、ときに多産することがある。この貝はくさび形の小さな殻をもち、殻の色彩変異が著しい。

実物大

科	シオサザナミガイ科 Psammobiidae
貝殻の大きさ	12 〜 20mm
地理的分布	合衆国フロリダ州南部からブラジルにかけて
存在量	局所的にふつう
生息深度	潮間帯から水深 1m
生息場所	砂浜の傾斜地
食性	濾過食者
足糸	ない

貝殻の大きさ
12 〜 20mm

写真の貝殻
14mm

Heterodonax bimaculatus (Linnaeus, 1758)

カリブコムラサキガイ

SMALL FALSE DONAX

カリブコムラサキガイは、華麗な小型の二枚貝で、砂浜の傾斜地に生息しており、殻長の 10 倍近い深さまで素早く砂に潜ることができる。波が打ち寄せる時に、水中に懸濁する有機物粒子を濾し取って食べる。種小名の *bimaculatus*（2 つの斑点をもつ）は、殻の内側に紫がかった赤色の楕円形の斑点をもつことに因む。この斑点は色が薄いこともある。主要な捕食者は魚類で、魚たちはこの貝の長い水管の先端をついばんで食べる。身を守るために水管の先端を自切する（切り捨てる）ことがある。世界にはシオサザナミガイ科の現生種が約 130 種知られ、熱帯および温帯の浅海から深海まで広く分布している。

カリブコムラサキガイの殻は小さくて硬く、側扁し、輪郭は丸みを帯びた三角形。殻頂は尖り、殻の中央よりわずかに後方に寄る。殻の後端は截断状。殻表は滑らかで、多数の細い同心円状の成長線が見られる。殻内面には艶があり、2 つの閉殻筋痕がある。殻の外面はクリーム色がかった白からオレンジや紫まで変異に富み、放射状に並んだ紫の斑点あるいは放射条紋がある。殻の内面は外面よりも色が鮮やかである。

近縁種

インド西太平洋の熱帯域に産するムラサキガイ *Soletellina diphos* (Linnaeus, 1771) は、大型の二枚貝で泥底に生息する。台湾では重要な漁獲対象種で、分布域の他の地域でも食用に採取される。アメリカ合衆国ノースカロライナ州からブラジルにかけて生息するカリビアマスオガイ *Asaphis deflorata* (Linnaeus, 1758) は、砂礫底でふつうに見られる。この貝の身は砂が入っていてじゃりじゃりするため、釣り餌としては利用されるが、食用にはされない。

実物大

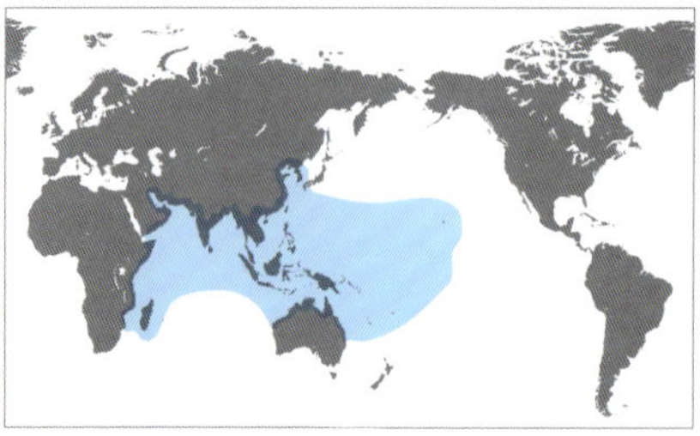

科	シオサザナミガイ科　Psammobiidae
貝殻の大きさ	50 〜 120mm
地理的分布	インド西太平洋の熱帯域
存在量	ふつう
生息深度	潮間帯から水深 30m
生息場所	埋在性で泥底に棲む
食性	堆積物摂食および濾過摂食
足糸	ない

貝殻の大きさ
50 〜 120mm

写真の貝殻
61mm

Soletellina diphos (Linnaeus, 1771)

ムラサキガイ

DIPHOS SANGUIN

ムラサキガイは、台湾では商業的に重要な貝の1つであり、食用に漁獲される。フィリピンでも美味しいものの1つに数えられている。しかし、赤潮中の有毒藻類を食べて毒を蓄積し、食べた人に貝中毒を引き起こすことがある。他のシオサザナミガイ類と同様、活発に海底に潜る。たいていは浅海の泥底に棲み、30cm 近く潜っていることもある。殻を閉じた時も2枚の殻の間にわずかな隙間があき、殻の前縁の隙間からは側扁した丈夫な足を、後縁の隙間からは長い水管を外へ伸ばしている。本種は、ムラサキガイ属 *Soletellina* のタイプ種である。

近縁種

紅海からインド西太平洋の熱帯域にかけて分布するマスオガイ *Gari elongata* (Lamarck, 1818) とリュウキュウマスオガイ *Asaphis violascens* (Forsskål, 1775) など、他のシオサザナミガイ類の普通種も、身が美味しいと評判が高いため、よく採取される。しかし、アメリカ合衆国フロリダ州からブラジルにかけて生息するカリビアマスオガイ *Asaphis deflorata* (Linnaeus, 1758) のように、同じシオサザナミガイ類でも砂を含んだじゃりじゃりした食感のために食料としてはあまり利用されないものもいる。

実物大

ムラサキガイの殻は薄いが硬く、側扁し、輪郭は細長い楕円形。殻頂は低く、殻の前方にある。殻の前縁は丸く、後方は前縁より細く、ときに後端が尖る。左右の殻はほぼ同形同大で、殻を閉じても前後にわずかに隙間があく。殻表には強い彫刻はなく、細い同心円状の成長線が見られるのみ。殻の外面は濃い紫で、2本の白い放射条紋のある褐色の殻皮に覆われる。殻の内面も濃い紫。

科	シオサザナミガイ科 Psammobiidae
貝殻の大きさ	45 ～ 75mm
地理的分布	紅海からインド太平洋にかけて
存在量	ふつう
生息深度	潮間帯から水深 20m
生息場所	粗砂底や砂礫底
食性	懸濁物食者
足糸	ない

貝殻の大きさ
45 ～ 75mm

写真の貝殻
50mm

Asaphis violascens (Forsskål, 1775)

リュウキュウマスオガイ

PACIFIC ASAPHIS

リュウキュウマスオガイは、海底に深く潜って生活しており、海底面から約 20cm 下まで潜ることができる。粗砂底や砂礫底に棲む。紅海からインド洋全域、さらに太平洋中部まで分布し、熱帯域の浅海でふつうに見られる。食用に採取され、場所によっては販売されている。殻は貝殻細工に使われる。中国には、1 ㎡に 60 個もの本種の貝が生息する所がある。シオサザナミガイ類は埋在性の二枚貝で、有機物含有量の多い所でよく見つかる。なかには濾過食者もいるが、大多数の種は堆積物食者だと考えられている。

リュウキュウマスオガイの殻は中型で厚く、いくぶん膨らみ、輪郭は細長い卵形。殻頂は丸く、殻の前方にある。交板にそれぞれ２つの主歯を備える。殻の前縁は丸く、後縁はほぼ截断状。殻表には多数の強い放射肋とやや弱い同心円状の成長線がある。殻の外面は白く、紫またはオレンジの放射条紋が入る。殻の内面は黄色と紫に染まる。

近縁種

アメリカ合衆国フロリダ州からブラジルにかけて分布するカリビアマスオガイ *Asaphis deflorata* (Linnaeus, 1758) はリュウキュウマスオガイに非常によく似ている。しかし、放射肋がより細く、消化管の特徴などの解剖学的形質も異なる。フロリダ州南部からブラジルにかけて生息するカリブコムラサキガイ *Heterodonax bimaculatus* (Linnaeus, 1758) は、波当たりの弱い入り江の砂浜の傾斜地に棲み、機敏に砂に潜る。この貝は色彩の美しい小さな殻をもつ。

実物大

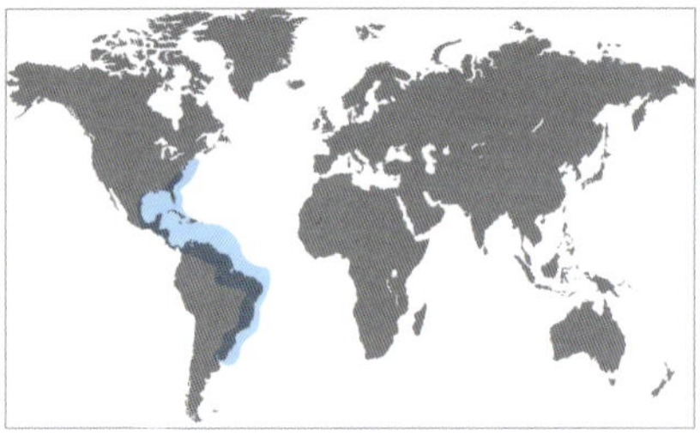

科	アサジガイ科 Semelidae
貝殻の大きさ	25 ～ 34mm
地理的分布	合衆国ノースカロライナ州からウルグアイにかけて
存在量	ふつう
生息深度	水深 1 ～ 20m
生息場所	砂底や泥底
食性	堆積物および懸濁物摂食
足糸	ない

貝殻の大きさ
25 ～ 34mm

写真の貝殻
32mm

Semele purpurascens (Gmelin, 1791)

スミレアサジガイ

PURPLISH AMERICAN SEMELE

スミレアサジガイは、アメリカ合衆国ノースカロライナ州からウルグアイまで広い緯度帯に分布する。活発に海底に潜ることができ、有機物含量の多い砂底や泥底に深く潜って生活する。長い入水管を使って海底表面に積もった堆積物を食べたり、入水管から取り入れた海水を鰓で濾して懸濁物粒子を集めて食べたりする。アサジガイ科には約 65 種の現生種が知られ、世界中の海に分布するが、その半数近くは東太平洋から見つかっている。本科の化石記録は始新世まで遡ることができる。

スミレアサジガイの殻は薄く、わずかに膨らみ、輪郭は卵形。殻頂は小さく、先が尖り、殻の中央よりわずかに後方に寄る。交板は狭く、各 2 個の主歯と 1 つの内靱帯を備える。左右の殻は同形同大で、殻の縁は丸い。殻表は滑らかで、同心円状の細い成長線が見られる。殻の外面は灰色またはクリーム色で、紫やオレンジの斑紋がある。殻内面は光沢があり、紫やオレンジ、あるいは褐色の斑紋が入る。

近縁種

マルアサジガイ *Semele proficua* (Pulteney, 1799) は、スミレアサジガイに地理的分布が似るが、さらに南のアルゼンチンまで分布している。これら 2 種は殻の大きさも似るが、マルアサジガイの殻は輪郭が卵形から円形で、殻表は滑らかで白い。マゼラン区（チリとアルゼンチンに渡る）に生息するアルメハガイ *Semele solida* (Gray, 1828) は、スミレアサジガイよりずっと大きく、輪郭がほぼ円形で厚くて重い殻をもつ。また、殻の色はオフホワイトで模様がない。

実物大

科	アサジガイ科　Semelidae
貝殻の大きさ	40 〜 80mm
地理的分布	ペルーおよびチリの沿岸
存在量	ふつう
生息深度	潮間帯から水深 20m
生息場所	砂底
食性	濾過食者
足糸	ない

貝殻の大きさ
40 〜 80mm

写真の貝殻
56mm

Semele solida（Gray, 1828）

アルメハガイ

SOLID SEMELE

アルメハガイは、商業的に重要なアサジガイ類の1つで、ペルーからチリにかけて分布する。現地で商業漁業の対象となっている10種の二枚貝のうちの1種で、多くの国、とくにアジア諸国に輸出されている。生のまま販売されるだけでなく、冷凍品や塩蔵品もあり、むき身や半殻の状態で売られる。湧昇流のおかげで、チリおよびペルーの沿岸は世界的に最も高い生産力を有する海域となっている。アルメハガイは埋在性で、潮間帯から潮下帯浅部の砂底に潜って生活する。チリで行われた研究によると、本種の平均密度は1㎡あたり13個体、寿命は11年であったという。

近縁種

アメリカ合衆国カリフォルニア州からバハカリフォルニアにかけての太平洋沿岸に生息するシワアサジガイ *Semele decisa*（Conrad, 1837）は、アサジガイ科の中で最も大きな種の1つで、その殻は厚く、輪郭は卵形で、殻表に1本の放射状の陵といくつもの太い輪肋がある。ノースカロライナ州からウルグアイにかけて分布するスミレアサジガイ *Semele purpurascens*（Gmelin, 1791）は、小さくて薄い殻をもつ。この貝の殻の内面は紫に染まり、縁が白く、色彩が美しい。

アルメハガイの殻は中型で、厚くて重く、側扁し、輪郭はほぼ円形。殻頂は小さく、殻の中央にあって、わずかに前方を向く。交板は非常によく発達し、それぞれに4歯を備える。4歯のうち、2歯は厚い。左右の殻はほぼ同形同大で、殻表にはやや不規則な輪肋がある。殻の外面はオフホワイトで、褐色の殻皮に覆われる。殻の内面は白く、蝶番部はすみれ色に染まる。

実物大

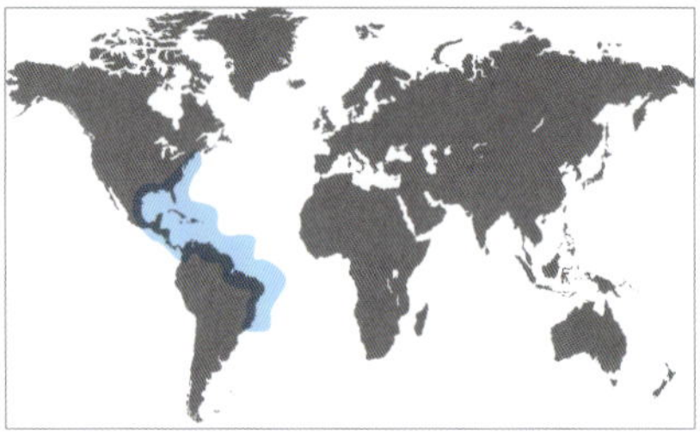

科	キヌタアゲマキガイ科　Solecurtidae
貝殻の大きさ	50 〜 100mm
地理的分布	合衆国マサチューセッツ州からブラジルにかけて
存在量	ふつう
生息深度	潮間帯から水深 10m
生息場所	砂底や泥底
食性	堆積物および懸濁物摂食
足糸	ない

貝殻の大きさ
50 〜 100mm

写真の貝殻
68mm

Tagelus plebeius (Lightfoot, 1786)

アゲマキガイモドキ

STOUT AMERICAN TAGELUS

アゲマキガイモドキは、埋在性の二枚貝で、有機物含量の多い砂底や泥底に深く埋もれている。塩性湿地、マングローブ沼沢地や干潟などでふつうに見られ、そのような場所で堆積物や水中の懸濁物を食べて暮らしている。場所によっては食用に採取される。キヌタアゲマキガイ類の中には人間の食用にはならないが、釣り餌として利用されるものもある。本類の貝は殻を立てた状態で、ほぼ一生を底質中に潜って過ごす。なかには殻の中に収容しきれない長い水管をもつ種もいる。キヌタアゲマキガイ科には 40 種ほどの現生種が知られ、それらは世界の熱帯から温帯にかけての暖かい海に生息している。本科の化石記録は白亜紀まで遡ることができる。

近縁種

アメリカ合衆国カリフォルニア州からメキシコにかけて分布するマテナリアゲマキガイ *Tagelus californianus* (Conrad, 1837) は、キヌタアゲマキガイ科最大の種の 1 つで、殻長が 120mm を超えることがある。この貝の殻はアゲマキガイモドキよりも長くて分厚く、身は釣り餌になる。地中海とアフリカ西岸に生息するチレニアキヌタアゲマキガイ *Solecurtus strigilatus* (Linnaeus, 1758) は、浅海でふつうに見られ、食用に採取される。

アゲマキガイモドキの殻は中型でゆるやかに膨らみ、輪郭は細長い楕円形からほぼ長方形。殻頂は低く、先が尖らず、殻の長い辺のほぼ中ほどにある。蝶番部には、それぞれ小さな 2 主歯を備える。左右の殻は同形同大で丸みを帯び、殻を閉じた時にも両端に大きな隙間があく。殻表は滑らかで、やや不規則な弱い同心円状の成長線が並ぶ。殻の外面は白または小麦色で、黄褐色あるいは褐色の厚い殻皮に覆われる。殻の内面は白い。

実物大

科	キヌタアゲマキガイ科　Solecurtidae
貝殻の大きさ	50 〜 100mm
地理的分布	地中海からアフリカ西岸にかけて
存在量	ふつう
生息深度	潮間帯から水深 15m
生息場所	砂底や泥底
食性	堆積物および懸濁物摂食
足糸	ない

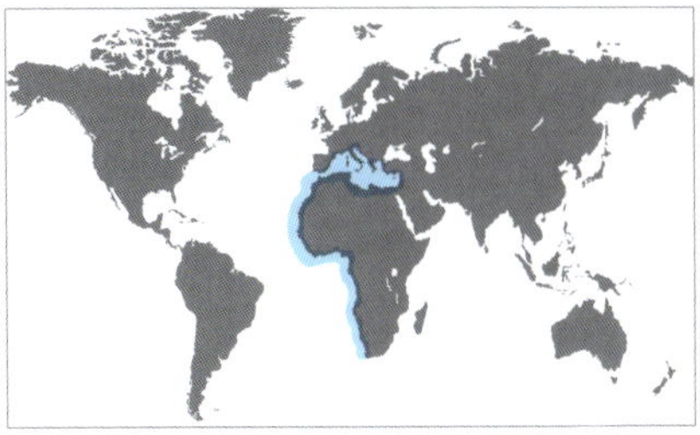

貝殻の大きさ
50 〜 100mm

写真の貝殻
77mm

Solecurtus strigilatus（Linnaeus, 1758）

チレニアキヌタアゲマキガイ

SCRAPER SOLECURTUS

チレニアキヌタアゲマキガイは、殻が大きくカラフルで、また、殻表に斜めの彫刻があることで、同所的に生息する他のキヌタアゲマキガイ類と容易に区別できる。砂底や泥底で、20cm ほどの深さに潜って暮らす。長く太い水管は完全には殻の中に引っ込めることができない。本種は、斜めになったＹ字形の穴を掘り、Ｙの字の下の縦線にあたる穴に殻を置き、その穴から枝分かれした上の２本の穴のそれぞれに１本ずつ水管を伸ばしている。機敏に底質中に潜ることができ、逃避反応の際には外套腔から水を吐き出して、さらに素早く潜る。場所によっては、食用に採取されて販売されている。

近縁種

インド西太平洋域産のキヌタアゲマキガイ *Solecurtus divaricatus*（Lischke, 1869）は、チレニアキヌタマアゲマキガイに殻の大きさや形が似るが、同心円状の成長線と放射肋が交差する殻表彫刻がより顕著である。この貝は東南アジア全域で食用に採取されている。アメリカ合衆国マサチューセッツ州からブラジルにかけて生息するアゲマキガイモドキ *Tagelus plebeius*（Lightfoot, 1786）の殻は、より細長く、殻表がより滑らかで、分厚い殻皮で覆われている。

実物大

チレニアキヌタアゲマキガイの殻は中型で、薄いが硬く、膨らみ、輪郭は長方形。殻頂は低く、殻の長い辺のほぼ中ほどにある。右殻には２歯、左殻には１歯を蝶番部に備える。左右の殻は大きさも形も似ており、殻の両端に隙間があく。殻表には強くて粗い成長脈、それらと斜めに交差する細い筋が並ぶ。殻の外面は小麦色からピンクで、２本の白色条紋がある。殻の内面は白く、部分的にピンクに染まる。

科	マテガイ科　Solenidae
貝殻の大きさ	75 ～ 170mm
地理的分布	ノルウェーからセネガルにかけての大西洋沿岸および地中海
存在量	ふつう
生息深度	潮間帯から水深 20m
生息場所	砂底や泥底
食性	濾過食者
足糸	ない

貝殻の大きさ
75 ～ 170mm

写真の貝殻
76mm

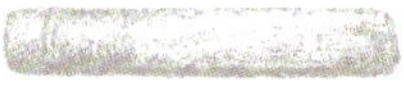

Solen marginatus Pulteney, 1799

マラガカミソリガイ

GROOVED RAZOR CLAM

マラガカミソリガイの殻は薄くてもろく、輪郭は細長い長方形。殻頂は平たく不明瞭。交板は幅が狭く、それぞれ１歯を備える。左右の殻は同形同大で、殻の前側に隙間があく。殻表には同心円状の細い線が並び、殻の背縁のすぐ後ろに１本の顕著な溝が走る。殻の色はオレンジがかった淡褐色で、淡褐色の殻皮に覆われる。殻の内面は白で、部分的にピンクに染まる。

マラガカミソリガイは、マテガイ類中最大の貝の１つである。普通種で、きれいな砂や泥に埋もれて生活しており、素早く底質中に潜ることができる。地中海では食用に採取され、各地の市場で売られている。この貝の採取方法の１つは、巣穴（巣穴には鍵穴のような開口部がある）に塩を入れ、貝が巣穴から砂の表面に出て来たところを捕まえるというものである。世界には約 60 種のマテガイ科の現生種が知られ、大多数は潮間帯から浅海に生息しており、とくに水温の高い熱帯域に多い。本科の化石として最も古いものは始新世の地層から得られている。

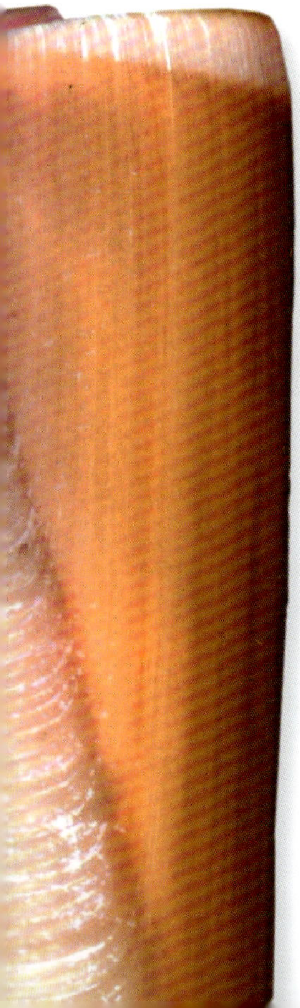

近縁種

日本からインドネシアにかけて分布するオオマテガイ *Solen grandis* Dunker, 1861 は、その名が示すようにマテガイ科中最大の貝の１つである。この貝の身は美味とされる。西インド洋に産するインドダンダラマテガイ *Solen ceylonensis* Leach, 1814 は、やはり大型のマテガイ類の１種である。この貝の殻の背縁と腹縁は非常にまっすぐで、前端も後端もほとんど細まることなく、両端が垂直に切り立っている。

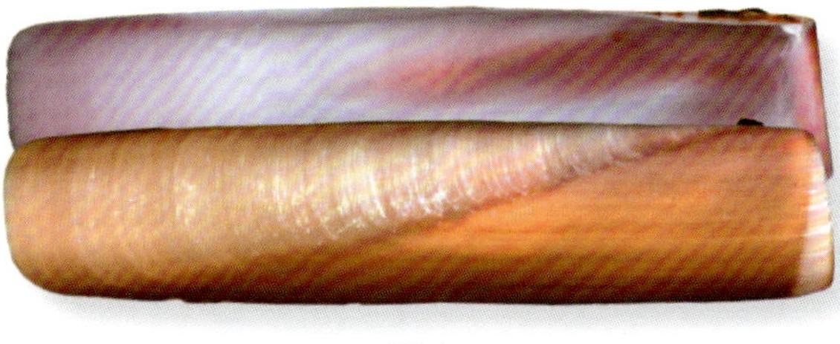

実物大

科	ユキノアシタガイ科　Pharidae
貝殻の大きさ	40 ～ 80mm
地理的分布	インド西太平洋
存在量	ふつう
生息深度	水深 5 ～ 35m
生息場所	砂底や泥底
食性	濾過食者
足糸	ない

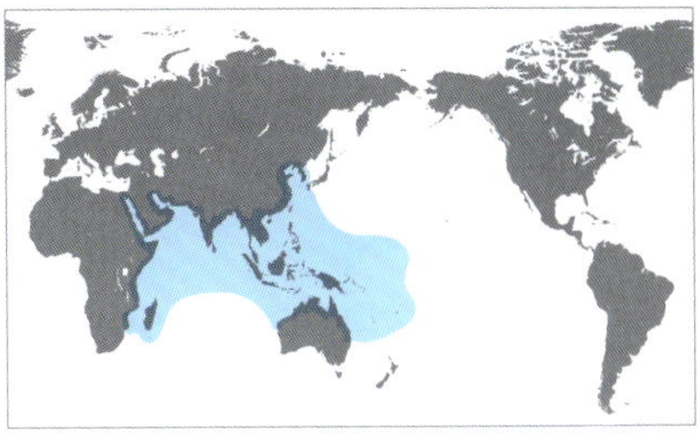

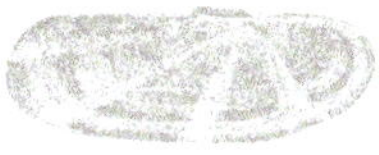

貝殻の大きさ
40 ～ 80mm

写真の貝殻
50mm

Siliqua radiata (Linnaeus, 1758)

オオシボリミゾガイ

SUNSET SILIQUA

オオシボリミゾガイは、それぞれの殻の内面に、殻頂から腹縁に向かって放射状に伸びる 1 本の特徴的な白っぽく強い畝状隆起をもつ。この畝のところの殻の外面には、白色の帯が入る。本種はミゾガイ属 *Siliqua* のタイプ種で、同属他種の殻にも同様の隆起があるが、近縁なマチャガイ属 *Ensis* の殻には、それがない。オオシボリミゾガイは普通種で、潮下帯浅部の細砂底や泥底に棲む。ユキノアシタガイ科には世界で約 65 種が知られ、本科の化石記録は白亜紀まで遡ることができる。

実物大

近縁種

アラスカからロシアにかけて生息するダイコクオオミゾガイ *Siliqua patula* (Dixon, 1789) は、大型のユキノアシタガイ類の 1 つで、卵形から楕円形の殻をもつ。この貝は食用になり、商業目的で採取されるだけでなく、潮干狩りの対象ともなっている。ノルウェーからイベリア半島にかけての大西洋沿岸ならびに地中海に分布するヨーロッパマテガイモドキ *Ensis siliqua* (Linnaeus, 1758) は、長くて細い殻をもつ。

オオシボリミゾガイの殻は中型で薄くてもろく、光沢があり、非常に側扁し、輪郭は細長い楕円形。殻頂は不明瞭で、殻の前方にあり、幅の狭い交板と小さな歯を備える。左右の殻は同形同大で、殻表には同心円状の細い線とかすかな放射条がある。各殻の内面には、1 本の強い畝状隆起が殻頂から腹縁に向かって放射状に入る。殻の外面は白く、4 本の幅広い紫色の放射条紋がある。殻内面の色も外面と同様。

科	ユキノアシタガイ科　Pharidae
貝殻の大きさ	150 ～ 230mm
地理的分布	ノルウェーからイベリア半島までの大西洋沿岸および地中海
存在量	ふつう
生息深度	潮間帯から水深 70m
生息場所	細砂底や泥底
食性	濾過食者
足糸	ない

貝殻の大きさ
150 ～ 230mm

写真の貝殻
162mm

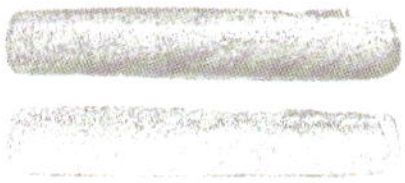

Ensis siliqua (Linnaeus, 1758)

ヨーロッパマテガイモドキ

GIANT RAZOR SHELL

ヨーロッパマテガイモドキは、ユキノアシタガイ科の最大種で、殻長 230mm、殻高 25mm に達することがある。殻は非常に細長く、形が昔のカミソリに似ているため、英語では俗に razor clam（カミソリ貝）とか jackknife clam（ジャックナイフ貝）などと呼ばれる。干潟や沖合の細砂底に深い縦穴を掘って、その中で暮らす。約 6m の深さまで急速に潜ることができる。マテガイモドキ属 *Ensis* の貝の殻はみな互いによく似ており、同定には閉殻筋痕が有用である。ヨーロッパマテガイモドキはかつてベルギー周辺にも豊富に生息していたが、現在は同属別種のジャックナイフガイ *Ensis directus*（Conrad, 1843）がそこで優占している。

ヨーロッパマテガイモドキの殻は大きく、薄くてもろく、膨らみ、輪郭は細長い長方形。殻頂は不明瞭で、殻の前端近くにある。交板は狭く、小さな歯が並ぶ。殻表には滑らかな同心円状の線が並び、殻頂から後腹縁にかけて走る１本の斜めの線が入る。２枚の殻は同形同大で、閉じても殻の両端に隙間があく。殻の外面は白っぽいが、所どころ紫褐色に染まり、黄褐色の殻皮に覆われる。殻の内面は白く、所どころほのかに紫に染まる。

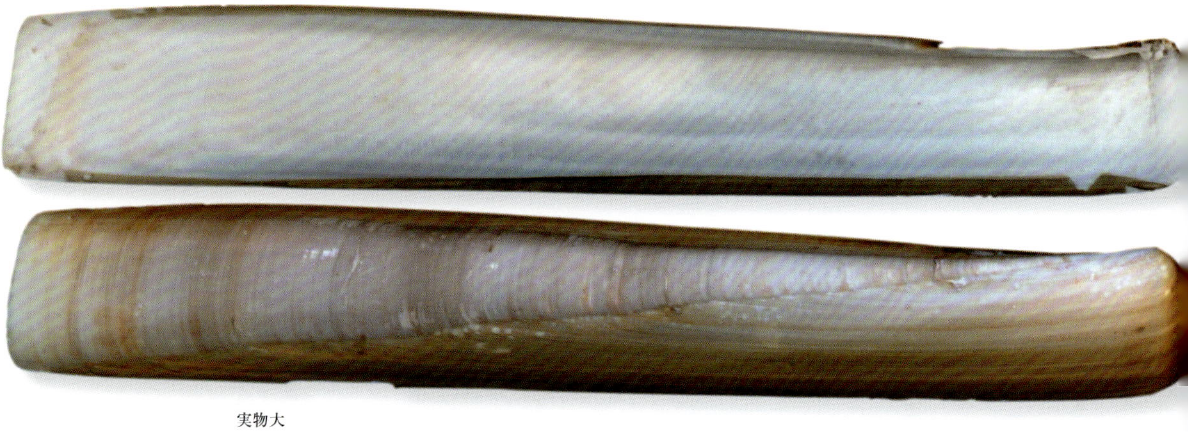

実物大

近縁種

パナマ西部に産する同属の *Ensis tropicalis* Hertlein and Strong, 1955 の殻は、ヨーロッパマテガイモドキの殻よりも小さく細長い。その殻長は殻高の約 10 倍になり、殻はわずかにアーチ形に曲がる。インド西太平洋に生息するオオシボリミゾガイ *Siliqua radiata*（Linnaeus, 1758）は、殻表に濃紫色の幅広い放射条紋がある卵形から楕円形の殻をもち、Sunset Siliqua（夕陽のようなミゾガイ）という英語名がつけられている。

科	バカガイ科　Mactridae
貝殻の大きさ	38 〜 83mm
地理的分布	合衆国ニュージャージー州からアルゼンチンにかけて
存在量	ふつう
生息深度	潮間帯から水深 11m
生息場所	砂底
食性	濾過食者
足糸	ない

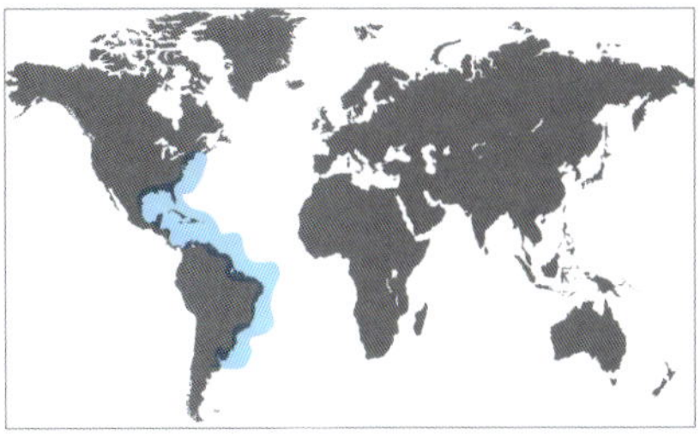

貝殻の大きさ
38 〜 83mm

写真の貝殻
70mm

Raeta plicatella（Lamarck, 1818）

アメリカヤチヨノハナガイ

CHANNELED DUCK CLAM

アメリカヤチヨノハナガイは、バカガイ科の普通種で、バラバラになった空き殻がよく岸に打ち上げられているが、生きた貝はめったに見つからない。殻はとても薄く、殻の中で最も厚い部分が交板であるため、打ち上げられたものではこの部分だけになった殻が最も多い。埋在性の二枚貝で、筋肉質の足で素早く砂の中に潜ることができる。殻頂の下に大きなスプーン状の弾帯（内靱帯）をもつのがバカガイ類の特徴である。本類には世界で約 150 種の現生種が知られ、そのほとんどが浅海に生息する。バカガイ科の最も古い化石は白亜紀のものが知られる。

近縁種

アメリカ合衆国ノースカロライナ州からブラジルにかけて生息するフロリダヤチヨノハナガイ *Anatina anatina*（Spengler, 1802）は、アメリカヤチヨノハナガイに似た殻をもつが、より細長く、殻表はより滑らかである。カナダのノバスコシアからアメリカ合衆国ノースカロライナ州まで分布するアメリカウバガイ *Spisula solidissima*（Dillwyn, 1817）は、商業的に重要な二枚貝である。この貝は西大西洋産の二枚貝の中では最大のものの 1 つで、その種小名 *solidissima*（非常に硬い）が示しているように、硬く厚い殻をもつ。

実物大

アメリカヤチヨノハナガイの殻はとても薄くてもろく、軽い。輪郭は幅広い卵形で膨らむ。殻頂は小さいが、先が尖っていて目立ち、殻の前縁を向いている。殻の前縁は幅が狭く突き出る。交板はよく発達し、左殻には 3 歯、右殻には 2 歯を備え、殻頂の下にはスプーン状の内靱帯がある。殻表には滑らかな輪肋があり、それらが殻の内側では溝となって見える。殻の色は白い。

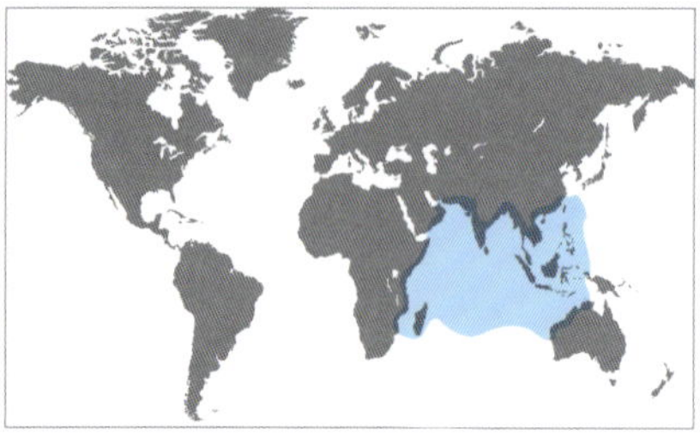

科	バカガイ科　Mactridae
貝殻の大きさ	40 ～ 95mm
地理的分布	インド洋からフィリピンにかけて
存在量	ふつう
生息深度	水深 1 ～ 20m
生息場所	砂底
食性	濾過食者
足糸	ない

貝殻の大きさ
40 ～ 95mm

写真の貝殻
78mm

Mactra violacea Gmelin, 1791

ムラサキアリソガイ

VIOLET MACTRA

ムラサキアリソガイは、食用となるバカガイ類の1つで、分布域全域で食用に採取され、インドでは商業漁業の対象となっている。浅海の砂底に埋もれて生活し、比較的大きく育つ。大型で大量に出現するバカガイ類は、多くが食用にされ、商業漁業の対象となっている。バカガイ類の身は、わずかにぴりっと舌を刺すような味がすると言われている。水管は癒合し、しばしば殻の後端から伸びる殻皮層の鞘に包まれ、縮めると殻の中に完全に収容できる。また、バカガイ類は強靭な足をもち、素早く底質中に潜ることができる。

近縁種

アラスカからカリフォルニアにかけての浅海に生息するヤマナリアメリカミルクイ *Tresus capax*（Gould, 1850）は、バカガイ科の最大種で、アラスカでは、潮間帯に生息する二枚貝の中でもっとも大きい。この貝の殻は厚くて重く、長さ 280mm に達する。カナダのノバスコシアからアメリカ合衆国ノースカロライナ州にかけて分布するアメリカウバガイ *Spisula solidissima*（Dillwyn, 1817）は、大西洋産の二枚貝類の中では最も大きな種の1つで、局所的に多産する。

実物大

ムラサキアリソガイの殻は中型で薄くてもろく、光沢があって、輪郭は丸みを帯びた三角形状。殻頂は突出し、殻の中ほどにあって、わずかに前方に向く。交板は比較的厚く、殻頂の下に1つの大きなスプーン状のくぼみがある。左殻の交板には3歯、右殻の交板には2歯を備える。左右の殻はほぼ同形同大。殻表は滑らかで、同心円状の細い線が見られる。殻の外面は白から紫までさまざまで、殻頂近くの色が他の部分より濃いことが多い。殻の内面は淡い紫である。

科	バカガイ科 Mactridae
貝殻の大きさ	80 ~ 120mm
地理的分布	ベトナムからオーストラリア南部にかけて
存在量	ふつう
生息深度	潮間帯から水深 15m
生息場所	砂底や泥底
食性	濾過食者
足糸	ない

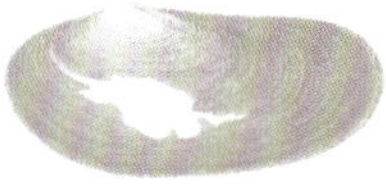

貝殻の大きさ
80 ~ 120mm

写真の貝殻
75mm

Lutraria rhynchaena Jonas, 1844

ミナミオオトリガイ

SNOUT OTTER CLAM

ミナミオオトリガイは、オーストラリアの南部および東部では非常によく知られた貝である。ベトナムにも分布し、豊富に生息していて漁獲対象となっている。ベトナムでは経済的に重要な二枚貝で、養殖も行われている。約1年で市場に出せる大きさに成長する。身は香りがよく、タンパク質に富み、美味とされる。本種は最低潮位面以深の砂底あるいは泥底に深く潜って暮らしている。長い水管を海底表面まで伸ばしており、海底に潜っている時は、水管が本種の存在を知るための唯一の手掛かりである。

近縁種

ノルウェーからモロッコにかけての大西洋沿岸および地中海に生息するモシキオオトリガイ *Lutraria lutraria* (Linnaeus, 1758) は、ミナミオオトリガイより大きく、より卵形に近い殻をもつ。この貝がふつうに見られる所では食用とされるが、身の質は高くないと言われている。アメリカ合衆国ニュージャージー州からアルゼンチンにかけて分布するアメリカヤチヨノハナガイ *Raeta plicatella* (Lamarck, 1818) は、とても薄い殻をもち、バラバラになった殻がよく砂浜で見つかる。

実物大

ミナミオオトリガイの殻は中型で厚くて硬く、膨らみ、輪郭は細長い楕円形。殻頂は小さく殻の前縁近くにある。交板は厚く、大きなスプーン状のくぼみがある。左右の殻はほぼ同形同大で、殻を閉じた時にも殻の間に広い隙間があく。殻の前縁は短く、やや角張った弧を描き、後縁は長く伸びて丸い。殻の背縁と腹縁はほぼ平行である。殻の外面はオフホワイトで、褐色の殻皮に覆われる。殻の内面は白磁色。

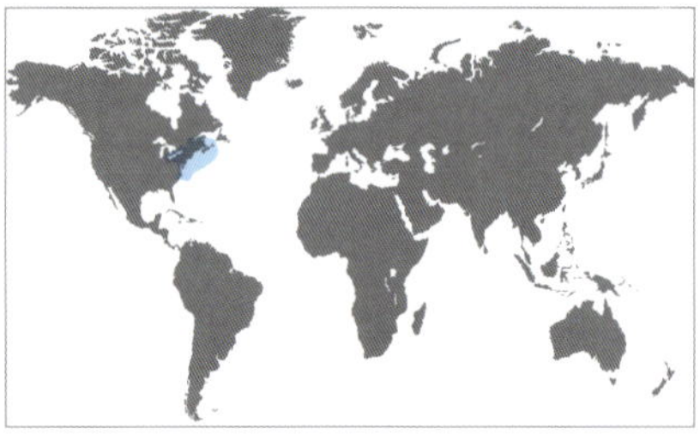

科	バカガイ科　Mactridae
貝殻の大きさ	102 〜 200mm
地理的分布	カナダのノバスコシアから合衆国ノースカロライナ州にかけて
存在量	多産
生息深度	潮間帯から水深 130m
生息場所	砂中埋在性
食性	濾過食者
足糸	ない

貝殻の大きさ
102 〜 200mm

写真の貝殻
116mm

Spisula solidissima（Dillwyn, 1817）

アメリカウバガイ

ATLANTIC SURF CLAM

アメリカウバガイは、西大西洋産の二枚貝類の中では最大の種の1つである。寿命は長いもので30年、殻長は226mmに達することがある。商業的に重要な種の1つで、おもにアメリカ合衆国ニュージャージー州沖やジョージズ海堆で漁獲されている。激しい嵐のあとには殻が岸に打ち上げられるが、ある嵐のあとに16kmほどの海岸に推定5千万個もの殻が打ち上げられたことがある。商業漁業は沖合で行われるが、砂浜で本種が見つかるのが砕波帯（surf zone）なので、Atlantic Surf Clam（大西洋の砕波帯に棲む二枚貝）という英語名をもつ。エゾバイ類やヒトデ類の捕食から逃れるために、筋肉質の足を使って跳ぶことができる。

アメリカウバガイの殻は大型で、厚くて硬く、輪郭は三角形に近い卵形。殻頂は高く突出し、殻の中ほどにあって前方を向く。交板は厚く、内靭帯の付着部である1つの大きなスプーン状のくぼみがある。殻表は滑らかで、同心円状の細い成長線が並ぶ。殻の外面はオフホワイトで、黄褐色の薄い殻皮に覆われる。殻の内面は白い。

近縁種

中部カリフォルニアからバハカリフォルニアにかけて生息するカシュウウバガイ *Spisula hemphillii*（Dall, 1894）は、東太平洋では数少ない大型のバカガイ類の1種である。この貝はアメリカウバガイに似た殻をもつが、前方がより長く伸びる。インド西太平洋産のムラサキアリソガイ *Mactra violacea* Gmelin, 1791は、アメリカウバガイより小さいが、やはり似た殻をもつ。この貝の殻は淡褐色の殻皮に覆われるが、殻頂周辺は殻皮がしばしば摩滅しているために薄紫の殻が見えている。

実物大

科	チドリマスオガイ科　Mesodesmatidae
貝殻の大きさ	13 〜 57mm
地理的分布	カナダのニューファンドランド島から合衆国ニュージャージー州にかけて
存在量	ふつう
生息深度	潮間帯から水深 100m
生息場所	砂底
食性	濾過食者
足糸	ない

貝殻の大きさ
13 〜 57mm

写真の貝殻
30mm

Mesodesma arctatum (Conrad, 1831)

ホクベイチドリマスオガイ

ARCTIC WEDGE CLAM

ホクベイチドリマスオガイは、埋在性の二枚貝で砂底に棲み、波当たりの強い砂浜の潮間帯でよく見つかる。そのような場所で見つかる他の二枚貝類と同じく、大きな筋肉質の足をもち、それを使って素早く砂中に潜ることができる。その際、底質中に侵入しやすいように、くさび形の殻の突き出た方（前）を下に向ける。ナンタケット島では、更新世の化石が生きた貝のすぐ近くで見つかる。チドリマスオガイ類の大型種の中には、ニュージーランドやチリで食用に漁獲されて売られているものがある。世界には約 40 種のチドリマスオガイ科の現生種が知られる。

近縁種
ペルーからチリにかけて生息するナンベイチドリマスオ *Mesodesma donacium* (Lamarck, 1818) は、くさび形の大きな殻をもつ。この貝は食用に、また釣り餌にするために盛んに採取されている。ニュージーランド固有種のトヘロアガイ *Pophies ventricosa* (Gray, 1843) は、おそらくチドリマスオ科最大の種で、殻長 100mm 以上に成長することがある。おもに砂浜の潮間帯に生息し、かつては食用に盛んに採られていたが、現在は保護され、採取が禁止されている。

ホクベイチドリマスオガイの殻は中型で、厚くて硬く、側扁し、殻表は滑らか。形はくさび形で、殻頂が突き出て、殻の後方に寄る。交板は厚く、殻頂の下に１つのスプーン状のくぼみがあり、両方の殻とも交板には強い歯を備える。殻の後縁は短く、ここがくさびの底辺にあたる。殻の前端は丸い。左右の殻はほぼ同形同大で、殻表に同心円状の細い線が並ぶ。殻の外面は白っぽく、黄色っぽい殻皮に覆われる。殻内面はクリーム色で、閉殻筋痕は輪郭がはっきりしている。

実物大

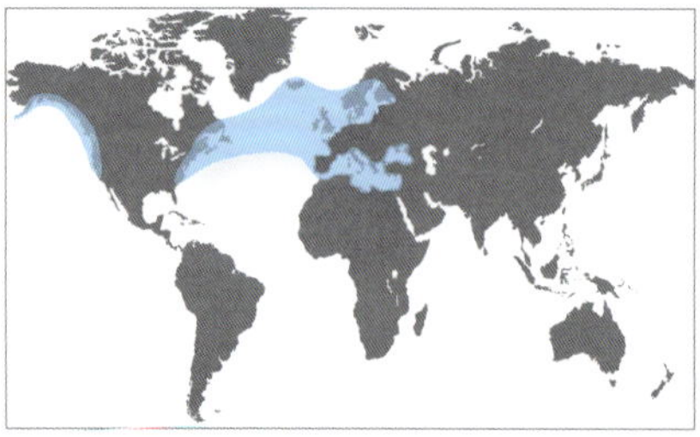

科	オオノガイ科　Myidae
貝殻の大きさ	75 〜 150mm
地理的分布	ラブラドル半島から合衆国ノースカロライナ州にかけての西大西洋、西ヨーロッパ、地中海、アラスカからカリフォルニアにかけての太平洋沿岸
存在量	ふつう
生息深度	潮間帯から水深 75m
生息場所	砂底や泥底
食性	濾過食者
足糸	成貝にはない

貝殻の大きさ
75 〜 150mm

写真の貝殻
92mm

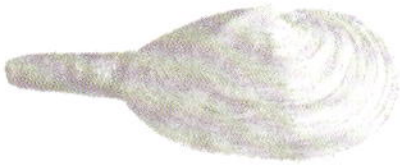

Mya arenaria Linnaeus, 1758

セイヨウオオノガイ

SOFT SHELL CLAM

セイヨウオオノガイは、北大西洋両側が原産の大型の二枚貝で、食用になる。養殖用のカキとともに誤って持ち込まれ、アラスカからカリフォルニアにかけての太平洋岸にも生息する。泥や砂、砂利などに深く埋もれて暮らし、水管の先端だけが底質表面に出ている。何かに驚くと、neck（首状のもの）と呼ばれる水管を引っ込める。アメリカ合衆国の二枚貝漁業において 3 番目に重要な種である。セイヨウオオノガイはまた、セイウチやセイヨウマダラなどの大型捕食者の主要な餌でもある。オオノガイ科には世界で約 25 種が知られ、その多くが北半球に分布する。

セイヨウオオノガイの殻は中型から大型で、いくぶん厚くて硬く、膨らみ、輪郭は細長い卵形。殻頂は大きくて目立ち、殻の後縁に寄る。左の殻の交板には殻頂の下にスプーン状の突起がある。右殻が左殻よりわずかに大きく、２枚の殻の間には広い隙間があく。殻表には同心円状の皺のような成長線がある。殻の外面は白亜色で、小麦色あるいは灰色の薄い殻皮に覆われる。殻の内面は白い。

近縁種

エゾオオノガイ *Mya truncata* Linnaeus, 1758 は、北半球の寒帯域に生息する。その種小名 *truncata*（切り取られた）が示すように、この貝の殻は、後端が切り取られたかのように殻の後縁が短く、後端が切り立っている。グリーンランドやアイルランドではふつうに見られ、美味しい貝として知られる。アメリカ合衆国ジョージア州からウルグアイにかけて分布する *Sphaenia fragilis*（H. Adams and A. Adams, 1854）は、壊れやすい小さな殻をもち、岩の割れ目に足糸で付着して暮らしている。

実物大

科	クチベニガイ科　Corbulidae
貝殻の大きさ	20 〜 28mm
地理的分布	日本からベトナムおよび中国にかけて
存在量	ふつう
生息深度	潮間帯から水深 30m
生息場所	泥底
食性	濾過食者
足糸	ある

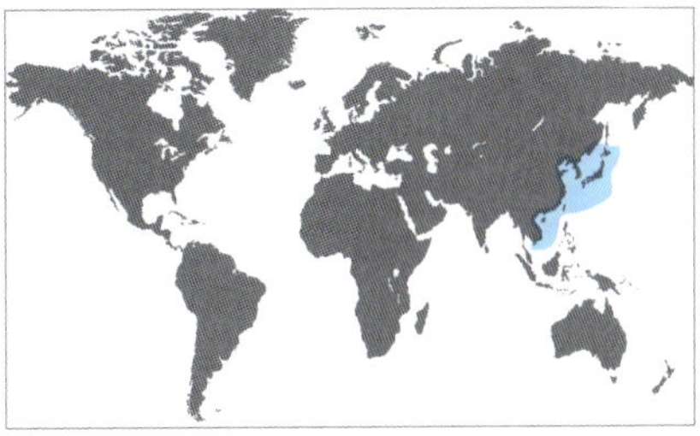

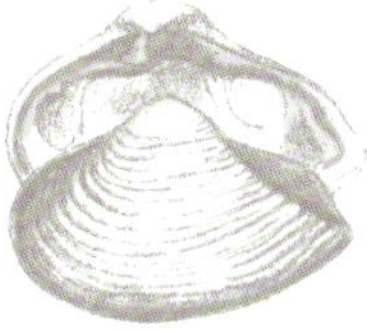

貝殻の大きさ
20 〜 28mm

写真の貝殻
26mm

Corbula erythrodon（Lamarck, 1818）

クチベニガイ

RED-TOOTHED CORBULA

クチベニガイ科の大多数の種は小さいので、その中ではクチベニガイは大型である。日本からベトナム、そして中国沿岸にかけて分布し、潮間帯から潮下帯浅部で見られる。他のクチベニガイ類と同様、濾過食者で埋在性。1 本の細い足糸をもち、それで砂利などに付着して泥に埋もれて暮らしている。殻をしっかりと閉じることができ、隙間はあかない。クチベニガイ類は、さまざまな塩分濃度や酸素濃度に耐えることができ、汚染にも強い。クチベニガイ科には世界で約 100 種の現生種が知られ、多くが浅海に生息している。本科の化石は、ジュラ紀以降のものが知られている。

クチベニガイの殻は中型で非常に厚くて重く、膨らみ、輪郭は三角形に近い卵形。殻頂は大きく、わずかに後方に向く。交板はよく発達し、右殻の交板に強い歯を1つだけ備える。右殻が左殻より大きく、膨らみも強い。殻表には太くて低い輪肋が並ぶ。殻の内面は滑らかで、輪郭のはっきりした閉殻筋痕がある。色は外面も内面も白く、外面は褐色の薄い殻皮に覆われ、内面は周縁部が紫がかった赤に染まる。

近縁種

ノルウェーからアンゴラにかけての大西洋沿岸および地中海に生息するイギリスコダキガイ *Varicorbula gibba*（Olivi, 1792）は、多産し、潮間帯から深所まで生息する。この貝は、変異に富んだ小さな殻をもつ。パナマからエクアドルにかけて分布する *Corbula amethystina*（Olsson, 1961）は、大きく厚い殻をもち、殻の大きさがクチベニガイに似るが、殻の後縁がもっと長く嘴状に伸び、殻頂はより小さく、殻表の輪肋はもっと弱い。

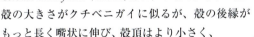

実物大

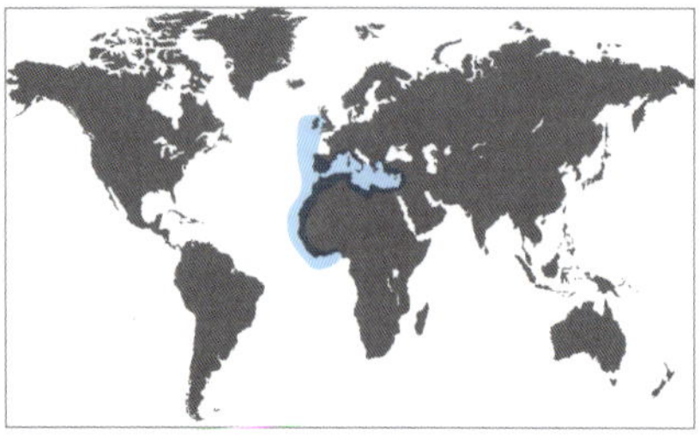

科	ニオガイ科　Pholadidae
貝殻の大きさ	15 〜 40mm
地理的分布	アイルランドからコートジボアールにかけての大西洋沿岸および地中海
存在量	ふつう
生息深度	潮下帯浅部から水深 300m
生息場所	泥や木材、砂岩中に埋在
食性	濾過食者
足糸	ない

貝殻の大きさ
15 〜 40mm

写真の貝殻
30mm

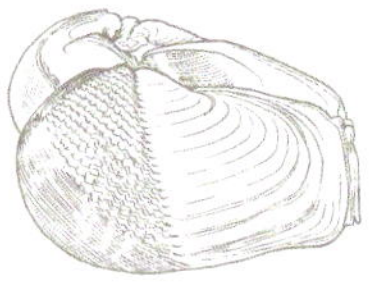

Pholadidea loscombiana Goodall *in* Turton, 1819

ニオガイ類の１種

PAPER PIDDOCK

本種は、沈木や泥、砂岩などに穿孔する普通種である。幼貝は殻の前腹縁にある隙間から小さな足を出している。しかし、成熟すると足は退化し、殻の隙間は閉じる。水管は長く、癒合する。外套膜に発光器官をもつ。殻はもろいが、比較的硬い底質に穴をあけるための鑢(やすり)の役目を果たす。ニオガイ類は付属の「殻」、すなわち前板や中板や後板をもつ（一部しかもたない種もいる）ため、もともとはリンネによってフジツボ類やヒザラガイ類とともに「多殻類 Multivalva」というグループに分類されていた。ニオガイ科の化石の最も古いものは石炭紀のものが知られる。

近縁種

アメリカ合衆国マサチューセッツ州からブラジルにかけて生息するテンシノツバサガイ *Cyrtopleura costata*（Linnaeus, 1758）は、殻が大きく、薄く、細長くて白い。殻表には多数の鱗片が並んだ放射肋がくっきりと浮き出ている。この美しい貝は天使の翼を連想させるので、英語でも Angel Wing（天使の翼）と呼ばれる。インド西太平洋に生息するペガサスノツバサガイ *Pholas orientalis* Gmelin, 1791 は、テンシノツバサガイに似た殻をもつが、より小さく、もっと細長い。

実物大

Pholadidea loscombiana **の殻**は中型で薄くてもろく、膨らみ、輪郭は細長い卵形。殻頂は低く、内側に巻き込んでいて、殻の前方にある。成貝では交板に歯がない。左右の殻は大きさも形も似ている。幼貝の時は、殻の前側に隙間があくが、成貝になると殻に薄い張り出し部（被板）が形成され、それによってこの前腹縁の隙間が閉じられる。また殻の後縁にはキチン質の管状部が発達する。殻表には、殻の中ほどにある１本の放射状の溝で分断されたざらざらの輪肋が並ぶ。殻の色はオフホワイト。

科	ニオガイ科　Pholadidae
貝殻の大きさ	100 ～ 200mm
地理的分布	合衆国マサチューセッツ州からブラジルにかけて
存在量	局所的にふつう
生息深度	潮間帯から水深 1m
生息場所	泥底
食性	濾過食者
足糸	ない

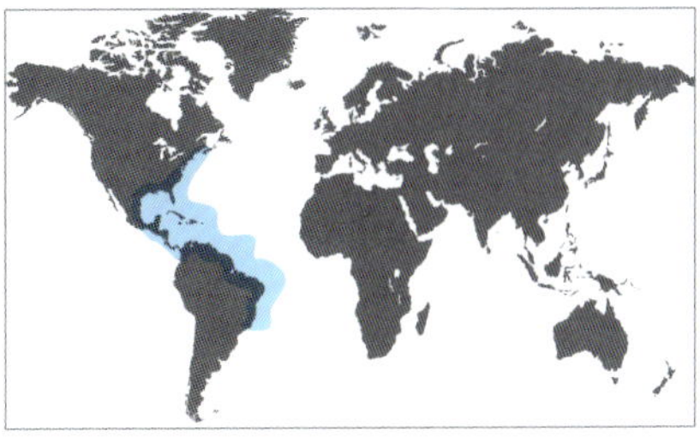

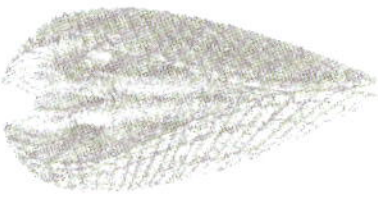

貝殻の大きさ
100 ～ 200mm

写真の貝殻
183mm

Cyrtopleura costata (Linnaeus, 1758)

テンシノツバサガイ

ANGEL WING

テンシノツバサガイは、ニオガイ科の中で間違いなく最も美しく、かつ最大である。ニオガイ類は埋在性の二枚貝で、泥や粘土、石灰岩や頁岩（けつがん）、木材などに穴をあけて入り込む。殻表に肋や鱗片のある細長く薄い殻をもち、その殻と筋肉質の足を使って底質に穴をあける。場所によってはふつうに見られ、潮下帯浅部の軟らかい泥の中に深さ 1m ぐらいまで穴を掘って潜っている。メキシコやキューバでは商業漁業の対象になっている。成長が速いため、養殖できる可能性がある。世界には約 100 種のニオガイ科の貝が知られる。

近縁種

本種と似た地理的分布を示すカンペチェニオガイ *Pholas campechiensis* Gmelin, 1791 は、殻もテンシノツバサガイに似るが、より小さく、もっと細長い。地中海に産するヒカリニオガイ *Pholas dactylus* Linnaeus, 1758 もやはり似た殻をもつが、膨らみがより小さく、より細長く、殻の彫刻がそれほど顕著でない。アメリカ合衆国サウスカロライナ州からメキシコ湾にかけて生息する *Jouannetia quillingi* Turner, 1955 は、テンシノツバサガイより小さい球状の殻をもち、軟らかい頁岩中に穴をあけて棲み込む。

実物大

テンシノツバサガイの殻は大型で薄くてもろく、細長い。左右の殻は同形同大で、膨らみ、殻の前方に隙間があく。殻表には強く浮き出た放射肋があり、それらの上に並ぶ短い棘状の鱗片が殻全体として同心円状の列をなす。殻の内面には殻表の彫刻に対応した凹凸がある。蝶番部に歯はなく、その縁は反転して殻頂を覆い隠す。他のニオガイ類と同様、殻の内面の殻頂の下に対になったスプーン形の突起（棒状突起）が伸びる。この突起は筋肉の付着部として働く。棒状突起と三枚目の「殻」（中板）は空き殻では欠落していることが多い。殻は白亜色で、ときにうっすらとピンクに染まる。

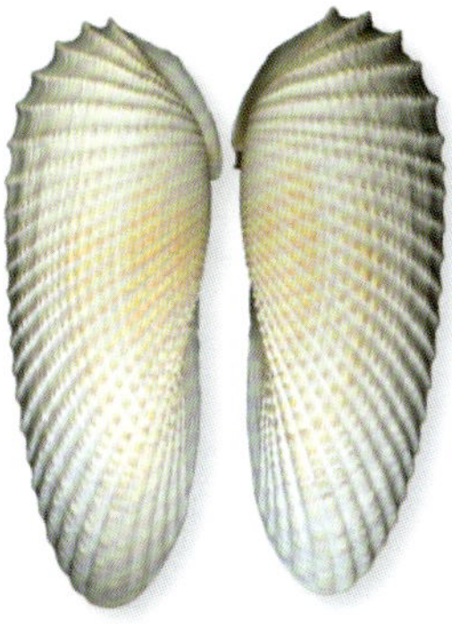

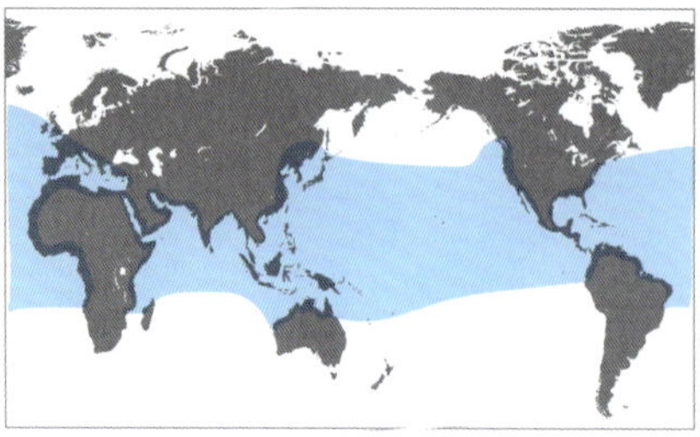

科	フナクイムシ科　Teredinidae
貝殻の大きさ	2 ～ 12mm
地理的分布	世界中に分布
存在量	ふつう
生息深度	潮間帯から水深 8m
生息場所	主に木材中に穴を開けて入り込む
食性	本来は食材性だが濾過摂食もする
足糸	ない

貝殻の大きさ
2 ～ 12mm

写真の貝殻
3mm

Teredo navalis Linnaeus, 1758

フナクイムシ

NAVAL SHIPWORM

フナクイムシは、木造船や桟橋をはじめとする木製の構造物に穴をあけてそれらを壊すので、おそらく最も大きな経済的損失をもたらす二枚貝であろう。フナクイムシ類は退化した小さな殻とミミズ状の細長い体、そして穴の口をふさぐための、尾栓と呼ばれる石灰質の構造をもつ。フナクイムシ類の殻には種間の違いがほとんど認められず、殻よりも尾栓のほうが種の同定に有用である。フナクイムシ類はその変形した殻を使って木材をこすり、機械的に穴をあける。フナクイムシ科には世界で約70種の現生種が知られ、多くは熱帯の浅海に生息する。

近縁種

インド太平洋に生息するエントツガイ *Kuphus polythalamia*（Linnaeus, 1767）は、殻こそ小さいが、オオシャコガイ *Tridacna gigas*（Linnaeus, 1758）の貝殻よりも長く伸びる厚い石灰質の棲管を作る。他のフナクイムシ類と異なり、この貝はマングローブ林の泥中に棲む。世界に広く分布するヤセオオフナクイムシ *Bankia carinata*（Gray, 1827）は、フナクイムシにとてもよく似た殻をもつが、尾栓がいくつかの節に分かれている。

フナクイムシの殻は痕跡的で非常に小さくて薄く、膨らみ、3つの部分からなる。輪郭はヘルメット状。左右の殻は同形同大で、殻の前腹縁と後縁に広い隙間があく。殻縁に1つの深い直角の切れ込みがある。殻の前方には殻表に微小な鋸歯状突起が列をなして並ぶ。鋸歯状突起はフナクイムシが木を削る時に使われる。殻頂の近くには1本の長くて細い畝状隆起がある。殻の色は白く、櫂状の単純な尾栓も同様に白い。

実物大

科	フナクイムシ科　Teredinidae
貝殻の大きさ	150 〜 1532mm
地理的分布	インド太平洋
存在量	ふつう
生息深度	潮下帯浅部
生息場所	マングローブ林の泥底
食性	濾過食者
足糸	ない

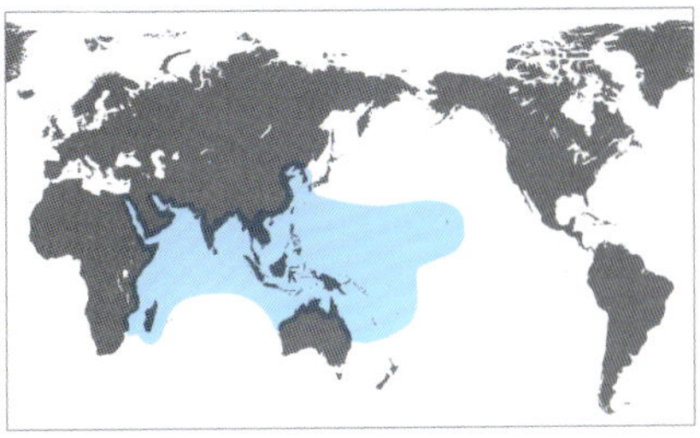

貝殻の大きさ
150 〜 1532mm

写真の貝殻
863mm

Kuphus polythalamia (Linnaeus, 1767)

エントツガイ

MUD TUBE CLAM

エントツガイは、貝殻をもつ軟体動物の中で最大の長さを誇る。殻そのものは小さいが、非常に長い石灰質の棲管（下の写真を参照）をつくる。この棲管はオオシャコガイの貝殻より長く成長することがあり、長さ 1532mm にもなることがある。他のフナクイムシ類は沈木に穴をあけて入り込むが、本種はマングローブ林の泥の中に潜って、そこで海水を濾して餌をとって暮らしている。フナクイムシ類は退化した小さな殻とミミズ状の長い体をもち、なかには本種のように石灰質の管をつくる貝もいる。また、共生細菌を宿すため、セルロースを分解できる。

近縁種

フナクイムシ類の殻は小さく、採集と同定が容易でないため、収集家にはあまり人気がない。フナクイムシ *Teredo navalis* Linnaeus, 1758 は、世界各地に分布する普通種で、フナクイムシ類の中で最もよく知られた種の 1 つである。西大西洋に生息する *Neoteredo reynei* (Bartsch, 1920) と *Nausitora fusticula* (Jeffreys, 1860) の 2 種は、マングローブの木に穴をあけて棲み込む。

実物大

エントツガイの殻は比較的小さいが、本種は非常に長くて重い石灰質の棲管をつくる。棲管の形は円筒形で不揃い。管の前端は丸く、後端（開口部）に向かって徐々に細くなり、後端では互いにくっついた２本の管（上の写真）になる。エントツガイは、この２本の管から入水管と出水管を棲管の外に出す。棲管の長さが 1000mm のある個体では、管の前端の直径が 120mm、細くなった後端の直径は 40mm であった。殻はほんの数 cm の長さしかなく、白い石灰質の管の中にぴったり収まっている。

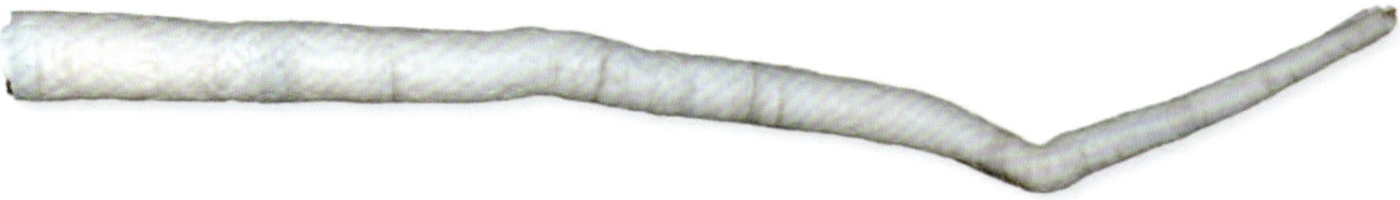

ツノガイ類

SCAPHOPODS

ツノガイ類は、ゆるやかに湾曲した先細の長い管状の殻をもつ。この殻の形はゾウの牙のようだが、中空で両端が開いている。殻の表面に光沢があって滑らかなものも、殻表に縦肋をもつものもある。貝殻の大きさは3mmから15cmまでさまざまで、小型種には中央部が両端より幅広い殻をもつものもいる。約600種の現生種のすべてが海産で、潮下帯から深海まで分布し、軟質底に潜って暮らしている。両端の開口部のうち大きいほうが殻の前端（殻口）で、そこから足を出して海底に穴を掘って潜り、小さいほうの後端（殻頂）の開口部を海底表面付近から少し出している。ツノガイ類は、頭部の上にある2つの葉状部から多数の細い触手を海底表面に広げ、それらを使って小さな餌を捕らえる。歯舌には粉砕に向いた特殊化した歯をもち、捕らえた餌をその歯で砕いて食べる。

潮下帯以深に棲み、海底に潜って生活しているため、生きたツノガイ類が私たちの目に触れることはめったにないが、貝殻は時折、海岸に打ち上げられる。

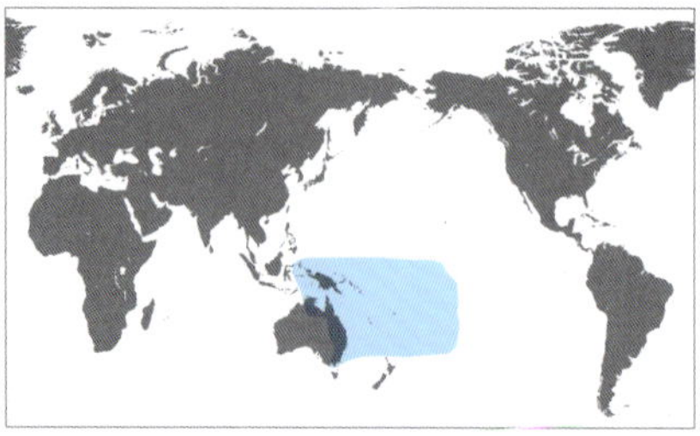

科	クチキレツノガイ科　Gadilidae
貝殻の大きさ	4.0 ～ 4.3mm
地理的分布	南太平洋西部
存在量	少産
生息深度	水深 10 ～ 285m
生息場所	サンゴ砂底や泥底
食性	雑食性で微生物、おもに有孔虫を食べる

貝殻の大きさ
4.0 ～ 4.3mm

写真の貝殻
4.1mm

Cadulus simillimus Watson, 1879

ハラブトツノガイ類の1種

CADULUS SIMILLIMUS

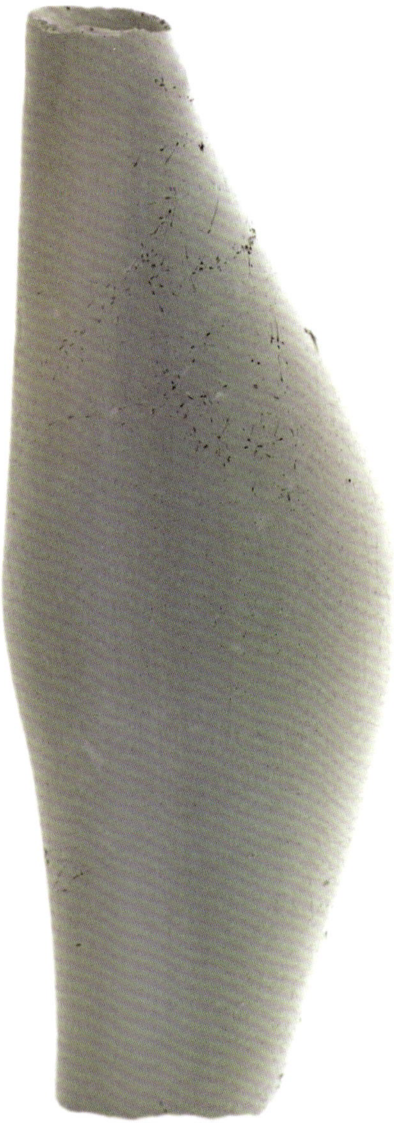

本種は、西太平洋熱帯域に産するクチキレツノガイ類の1種で、非常に小さい。比較的浅い所から相当な深さまで生息し、サンゴ砂底や泥底に埋もれている。他のクチキレツノガイ類と同様、貝殻の両端は狭まり、管状の殻の中央部が最も幅広い。クチキレツノガイ類には光沢のある小さな薄い殻をもつものが多く、殻はときに半透明のこともある。本種はとりわけ短くて太い殻をもち、わずかに曲がったずんぐりした瓶のような形をしている。クチキレツノガイ類には、殻頂にV字形の切れ込みのある種がいる。また、殻口が斜めになっているものもいる。

近縁種

アメリカ合衆国フロリダ州やメキシコ湾に産する *Gadila mayori* (Henderson, 1920) は、非常に小さい半透明の殻をもち、やはり殻の両端が狭まり、中央部が膨らむ。この貝は沖合の砂底あるいは泥底に棲む。中部日本から西太平洋熱帯域にかけて生息するダイオウハラブトツノガイ *Polyschides magnus* (Boissevain, 1906) は、クチキレツノガイ科にしては比較的大きな殻をもち、長さ30mm以上になる。この貝の殻はゆるやかに湾曲し、表面に光沢があって、殻頂には切れ込みが4つある。殻口は殻の最大直径よりわずかに狭いだけである。

実物大

***Cadulus simillimus* の殻**は非常に小さくて薄く、半透明で光沢がある。殻はごくわずかに湾曲し、両端が狭まっていて、太くて短い瓶のような形をしている。殻頂の開口部は狭く円形で、切れ込みはなく縁は平滑。殻口も円形で、殻頂の2倍ほどの幅があり、殻口の縁は殻がさらに薄い。湾曲した殻の凹面側にもわずかな膨らみがある。殻表面は滑らかで、色は白っぽく半透明。

科	ゾウゲツノガイ科　Dentaliidae
貝殻の大きさ	50 〜 100mm
地理的分布	紅海からオーストラリアにかけて
存在量	少産
生息深度	潮間帯から水深 40m
生息場所	砂底
食性	雑食性で微生物、おもに有孔虫を食べる

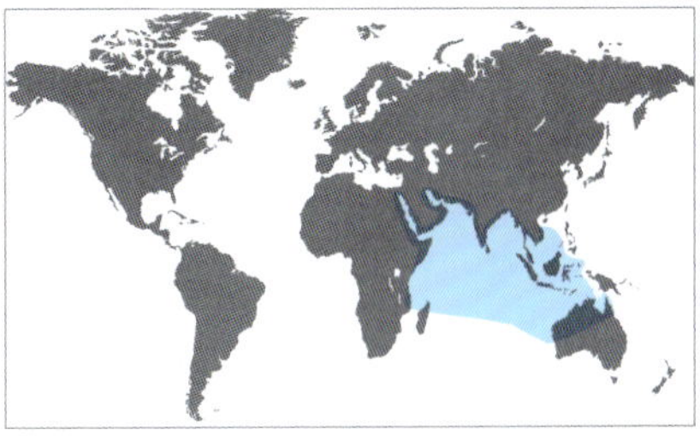

貝殻の大きさ
50 〜 100mm

写真の貝殻
80mm

Dentalium elephantinum Linnaeus, 1758

ゾウゲツノガイ

ELEPHANT TUSK

ゾウゲツノガイは、殻が大きくて厚く、前方が濃い緑で後方に向かってだんだん色が薄くなるため、容易に識別できる。体の後端（細いほう）を海底表面から突き出した状態で砂底に潜って生活している。本種はゾウゲツノガイ属 *Dentalium* のタイプ種である。ツノガイ類の空き殻はしばしばヤドカリやホシムシに利用される。ヤドカリの中にはツノガイ類の殻にだけ棲み、片方のはさみが殻の口をふさぐ蓋の役目をするように特殊化したものもいる。世界には 200 種を超えるゾウゲツノガイ科の現生種が知られ、この科の化石記録は三畳紀中期にまで遡ることができる。

近縁種

日本からフィリピンにかけて分布するマルツノガイ *Dentalium vernedei* Sowerby II, 1860 は、おそらくツノガイ類最大の種で、長さは約 150mm に達する。マルツノガイの殻は細長く先細で、色は黄色っぽい。インド太平洋に生息するミズイロツノガイ *Dentalium aprinum* Linnaeus, 1758 は、ゾウゲツノガイ科の普通種で、ゾウゲツノガイにやや似ているが、殻がより小さくて細長く、殻の緑色が薄い。

ゾウゲツノガイの殻は大きく、厚くて硬く、重い。色彩が美しく、わずかに湾曲する。殻の前端は円形で幅広く、後端の 3 倍ほどの幅がある。後端には切れ込みが 1 つある。殻表には殻全長に渡って走る約 10 本の丸みを帯びた強い縦肋と、細い成長線がある。殻の色は前端付近では濃い緑で、後端に向かってだんだん白っぽくなる。

実物大

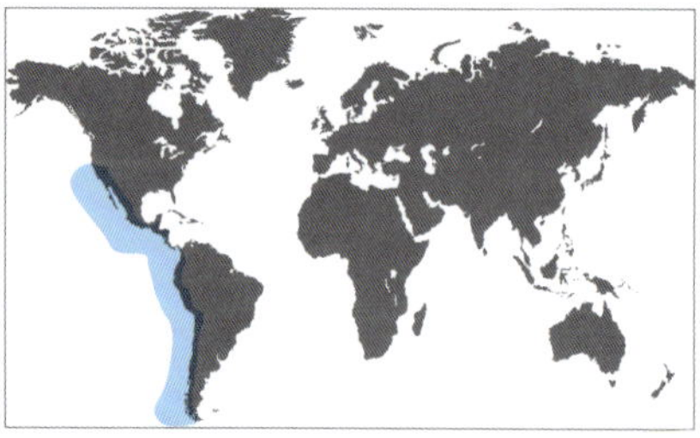

科	ゾウゲツノガイ科　Dentaliidae
貝殻の大きさ	50 〜 100mm
地理的分布	合衆国カリフォルニア州からチリにかけて
存在量	ふつう
生息深度	水深 1500 〜 3300m
生息場所	砂底や泥底
食性	雑食性で微生物、おもに有孔虫を食べる

貝殻の大きさ
50 〜 100mm

写真の貝殻
95mm

Fissidentalium megathyris (Dall, 1890)

ヤスリツノガイの仲間

COSTATE TUSKSHELL

Fissidentalium megathyris の殻は大きく、厚くて頑丈で、幅が広い。殻前端の開口部は円形で、その幅は後端の狭い開口部の７倍を超える。殻はわずかに湾曲するのみで、凸面側の殻頂（殻後端）に１本の長いスリットが入る。殻表には殻のほぼ全長に渡って走る多数の縦筋があり、細い成長線がそれらと交差する。前端の開口部の周囲には、表面が滑らかで殻の薄い環状の部分があって、殻口を取り巻いている。殻は白亜色で、淡褐色の殻皮に覆われる。

本種は、深海産の大きなツノガイで、カリフォルニア沖からチリにかけての太平洋に生息する。多くのツノガイ類と同様、おもに底生性の有孔虫類を食べ、1 個体の胃から 188 個もの有孔虫が見つかったことがある。体が大きいため、生息場所では有孔虫の重要な捕食者となっている可能性がある。ツノガイ類は頭糸（頭部にある触手）で餌を捕まえ、それを口吻の中に運び、歯舌で細かく砕いて食べる。ツノガイ類の餌になるものとして、他に貝形虫類や二枚貝の稚貝（幼貝）、卵などが知られる。ツノガイ類は多くが深海で見つかるため、浅海に棲む軟体動物に比べるとあまりよく研究されていない。

近縁種

オーストラリア産の *Laevidentalium lubricatum* (Sowerby II, 1860) は、普通種で、潮間帯から水深 1000m ぐらいまで生息する。この貝は中型で、殻表が滑らかでわずかに湾曲した細長い殻をもつ。紅海からオーストラリアにかけて分布するゾウゲツノガイ *Dentalium elephantinum* Linnaeus, 1758 は、丸みを帯びた縦肋のある大きな幅広い殻をもつ。この貝の殻は前端が濃い緑で、後端に向かってだんだん白っぽくなる。

実物大

科	ゾウゲツノガイ科　Dentaliidae
貝殻の大きさ	60 ～ 90mm
地理的分布	紅海からインド西太平洋にかけて
存在量	少産
生息深度	水深 45 ～ 155m
生息場所	砂底
食性	雑食性で微生物、おもに有孔虫を食べる

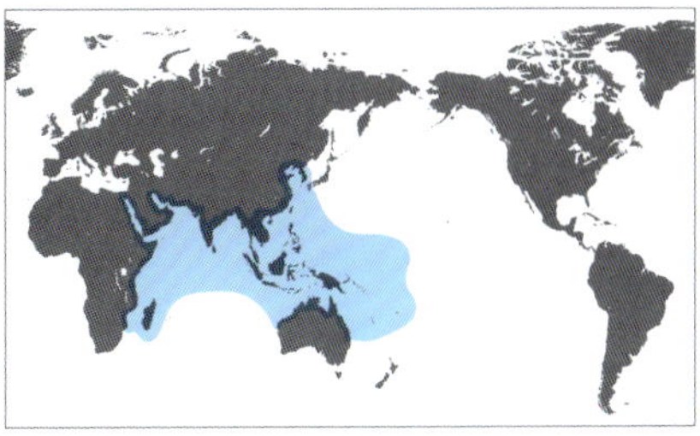

貝殻の大きさ
60 ～ 90mm

写真の貝殻
96mm

Antalis longitrorsa (Reeve, 1842)

イトマンツノガイ

ELONGATE TUSK

イトマンツノガイは、長くほっそりした滑らかな殻をもち、沖合の砂底に埋もれて生活している。分布域が広く、紅海からインド西太平洋に広く分布する。他のツノガイ類と同様、貝殻はゆるやかに湾曲した細長い円錐形の中空の管で、両端が開口する。殻の前端が殻口で、たいてい最も幅が広く、そこから筋肉質の円筒形の足が伸びる。後端は殻頂で、その縁にはしばしば1つまたはそれ以上の切れ込みがあったり、1本のスリットがあったりする。殻頂部を周期的に切り捨て、開口部の直径を増加させて呼吸のための水流を確保している。

近縁種

日本からフィリピンにかけて生息するニシキツノガイ *Dentalium formosum* Adams and Reeve, 1850 は、中型から大型で比較的短い、ずんぐりした殻をもつ。この貝の殻には多数の低い縦肋があり、色は栗色から赤レンガ色で、最も色彩の美しいツノガイ類の1種である。紅海からオーストラリアにかけて分布するゾウゲツノガイ *Dentalium elephantinum* Linnaeus, 1758 は、約10本の丸みを帯びた縦肋のある大きな厚い殻をもつ。この貝もツノガイ類では数少ない、色彩の美しい種の1つで、殻は前端が濃い緑で後端に向かって徐々に白っぽくなる。

イトマンツノガイの殻は中型で薄く、ほっそりしていて長く、わずかに湾曲する。前端の開口部は円形で、比較的狭く、後端の開口部の約3倍ほどである。殻は尖った後端に向かって徐々に細くなる。殻表は滑らかで、非常に細い成長線が見られる。殻は半透明で、色はオレンジからオフホワイトまでさまざまである。

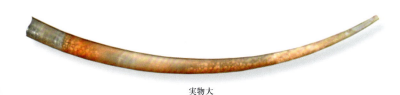

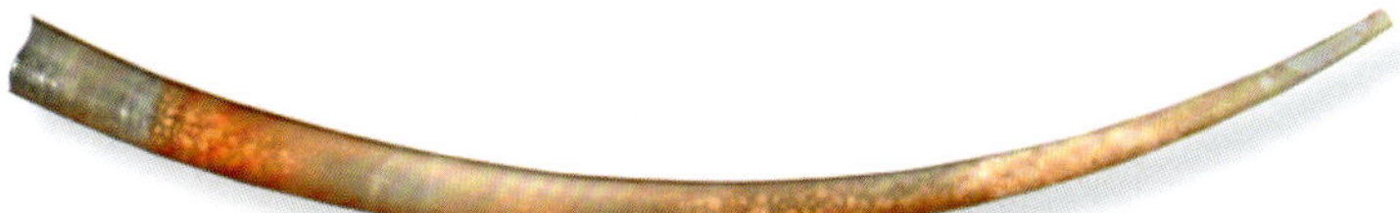

実物大

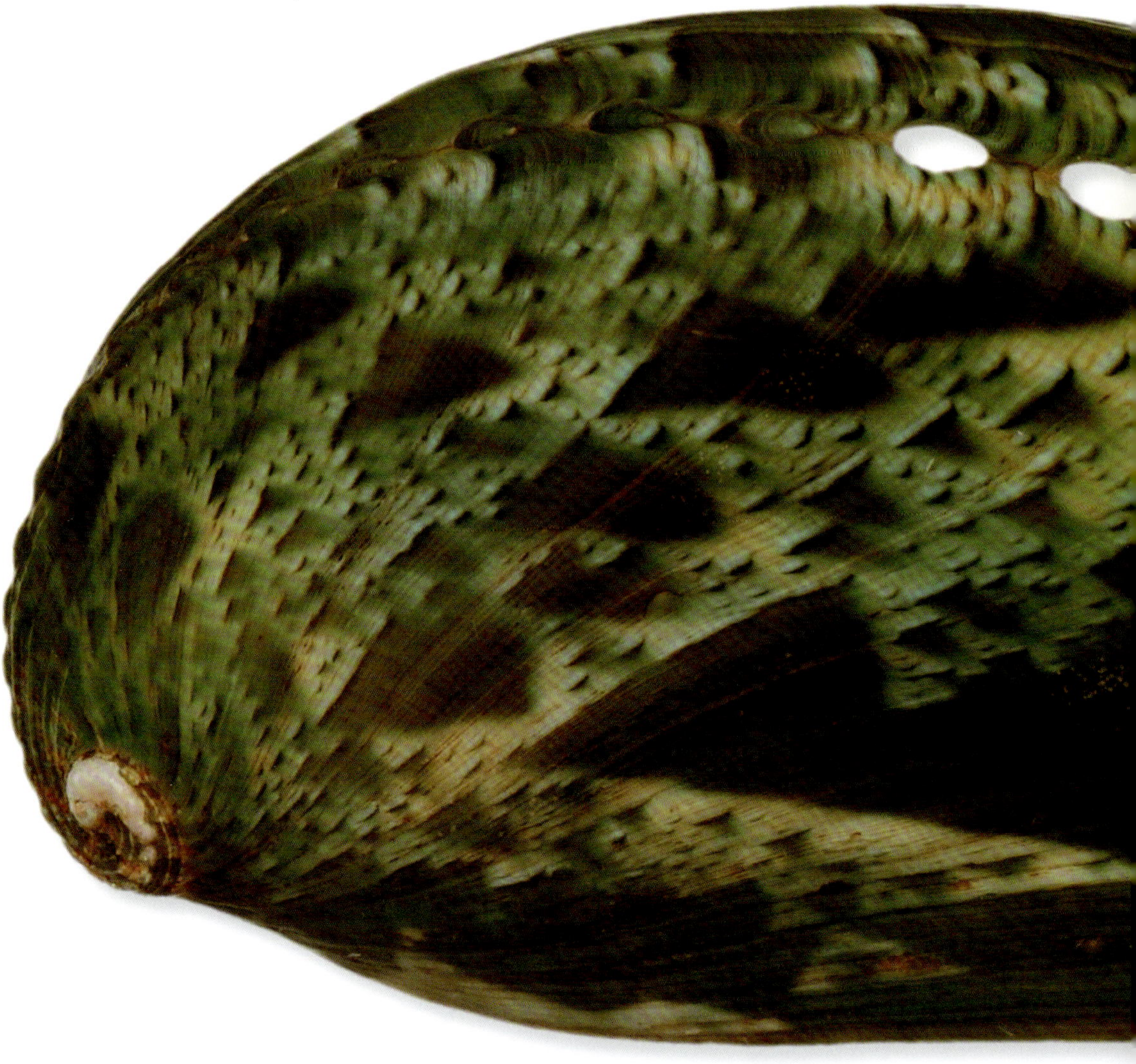

腹足類

GASTROPODS

約10万種の現生種を含む腹足綱は、軟体動物門最大の綱で、かつ最も多様性が高い。すべての腹足類は、その幼生期に捻れを経験する。捻れは、もともと後ろにあった外套腔がぐるりと回って頭の上にくるまで貝の体が捩じれ、左右非対称になる変化である。腹足類は螺旋状に巻いた単一の殻をもつことが特徴だが、分類群によって、殻は笠形であったり、退化あるいは消失していたりすることもある。大多数の腹足類の殻は左右非対称で右巻きだが、右巻きと鏡像関係になる左巻きの殻をもつ種や、右巻きの種でも突然変異で左巻きになっているものもいる。

腹足類は、潮間帯から最も深い海溝まで、そして赤道から両極まで、あらゆる海洋環境に棲む。また、いくつものグループが淡水域に進出しており、さらに空気中で呼吸する能力を発達させて、山岳地帯や砂漠を含むさまざまな陸上環境に生息場所を広げたグループもある。

腹足類には、長さがわずか1/3mmほどの小さなものから、大きなものでは1mにもなるものもいる。大多数の種は移動能力をもち、いろいろな底質の上を這ったり底質中に潜ったりできるが、なかには硬い基質に殻を接着するもの、他の生物の体表や体内に寄生するものもいる。植食者もいれば肉食者も、寄生者、濾過食者、デトリタス食者もいる。さらにごく少数ではあるが、化学合成独立栄養生活を営めるものもいる。

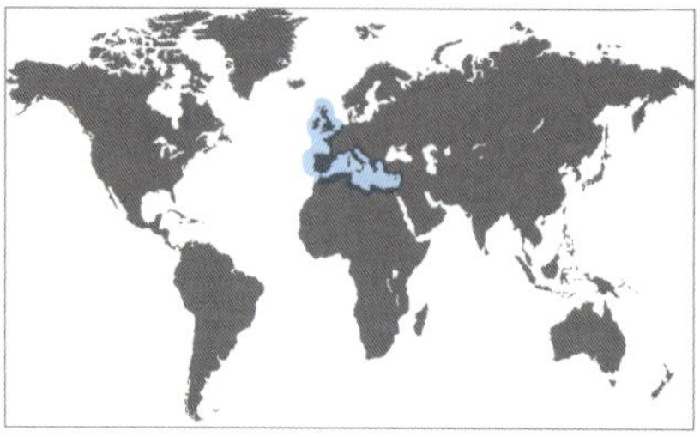

科	ツタノハガイ科　Patellidae
貝殻の大きさ	20 ～ 70mm
地理的分布	西ヨーロッパの大西洋沿岸および地中海
存在量	多産
生息深度	潮間帯
生息場所	岩礁海岸
食性	グレーザーで、微小藻類を食べる
蓋	ない

貝殻の大きさ
20 ～ 70mm

写真の貝殻
25mm

Patella vulgata Linnaeus, 1758

セイヨウカサガイ

COMMON EUROPEAN LIMPET

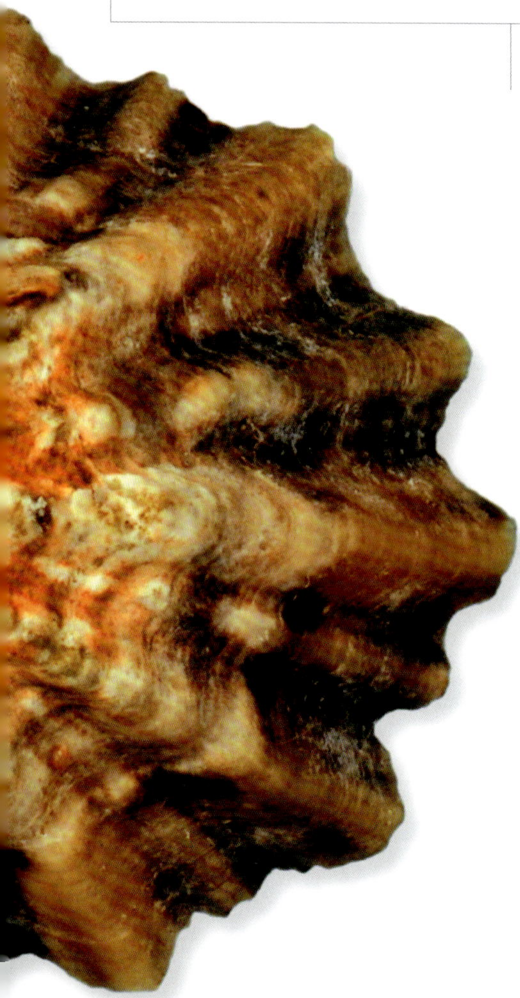

セイヨウカサガイは、ツタノハガイ属 *Patella* ならびにツタノハガイ科のタイプ種である。とくに英国やアイルランドの海岸に多く生息しているが、地中海でも見つかる。潮間帯の岩礁に棲む。波のおだやかな所より、強い波の当たる岩礁でよく見られ、岩礁上部に棲む個体は、下部に棲むものよりたいてい殻高が高い。他のいくつかのツタノハガイ類と同様、雄性先熟で、最初は雄として機能し、より大きく成長すると雌に変わるという性転換を行う。セイヨウカサガイは、何世紀にも渡って食用とされてきた。世界には、70 種を超えるツタノハガイ科の貝が知られている。

近縁種

多くの太い放射肋をもつサビイロカサガイ *Patella ferruginea* (Gmelin, 1791) は、地中海固有種で、ヨーロッパ海域で最も絶滅の恐れが高い海産生物である。南アフリカに生息するニチリンカサガイ *Patella variabilis* Krauss, 1848 は、その種小名、*variabilis*（変異に富む）が示しているように貝殻の大きさや形、色が変異に富む。アフリカ南部に分布するチリレンゲガイ *Patella cochlear* Born, 1778 は、スプーンあるいは涙のしずくのような形の殻をもつ。

セイヨウカサガイの殻は円錐状で、高さの高いものも低いものもある。殻は幅広く、輪郭は卵形。なかにはほとんど滑らかな殻もあるが、たいていは殻表に粗い放射肋がある。殻の縁にぎざぎざのあるものもないものもある。殻頂は中央あるいは中央近くにあり、わずかに前方に寄る。殻の外面は淡褐色から灰色。殻の内面は淡いオレンジで、筋肉痕はたいてい周りより色が淡い。

実物大

科	ツタノハガイ科　Patellidae
貝殻の大きさ	50 〜 100mm
地理的分布	南アフリカからモザンビークにかけて
存在量	ふつう
生息深度	潮間帯
生息場所	岩礁海岸
食性	グレーザーで、殻状褐藻を食べる
蓋	ない

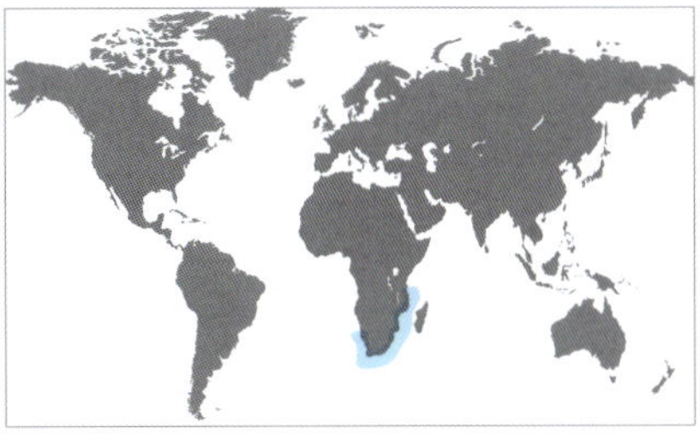

貝殻の大きさ
50 〜 100mm

写真の貝殻
60mm

Patella longicosta Lamarck, 1819

トガリウノアシガイ

LONG-RIBBED LIMPET

トガリウノアシガイは、貝殻の形がかなり変異に富むにもかかわらず、いくつか知られる星形をした貝の中でも最も長い放射肋をもつことで容易に識別できる。放射肋は殻の強度を増し、殻に当たる砕波の力を消散させることにも役立つ。おもに南アフリカに生息するが、モザンビークでも見つかり、岩礁潮間帯でふつうに見られる。その生態はよく調べられており、いくつもの研究から、この種は縄張りをもつこと、また、イソイワタケ *Ralfsia verrucosa* と相利関係をもち、この海藻を餌として利用する一方、家痕(かこん)すなわち貝が帰って休む岩のくぼみの周囲で、この海藻の「庭」を手入れして管理することがわかっている。

近縁種

アフリカ南部に産するトゲトゲカサガイ *Patella barbara* Linnaeus, 1758 は、トガリウノアシガイよりも小さく、殻表により多くのもっと鋭い放射肋のある星形の殻をもつ。オーストラリア南部に生息するホシガタカサガイ *Patella chapmani* Tenison-Woods, 1876 もトガリウノアシガイより小さな星形の殻をもつが、放射肋は 8 本で丸みがある。また、アフリカ南部に生息するチリレンゲガイ *Patella cochlear* Born, 1778 の殻は、スプーン形あるいは涙形である。

トガリウノアシガイの殻は大きく、厚くて硬く、星形である。大きく目立つ放射肋が 10 本あり、それらが殻縁から放射状に突き出るため、殻の縁が星形になる。また、大きな肋の間には、少数のより小さな放射肋がある。殻は低く、幅広い。殻の外面は濃褐色あるいは淡褐色で、しばしば藻類で覆われている。殻の内面は真珠光沢のある白で、中央には褐色がかった筋肉痕がある。

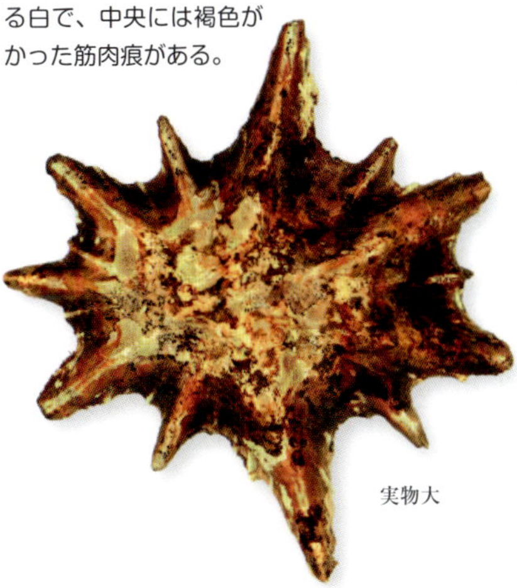

実物大

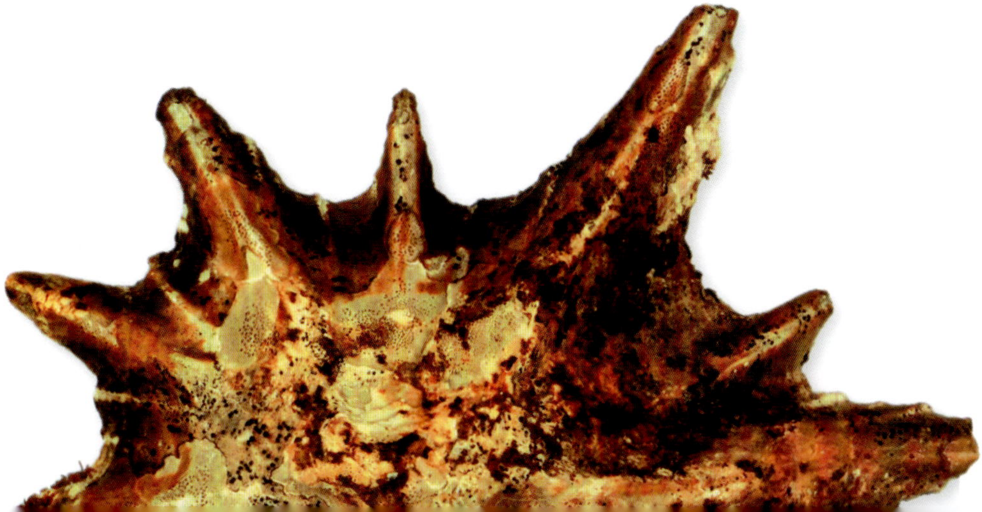

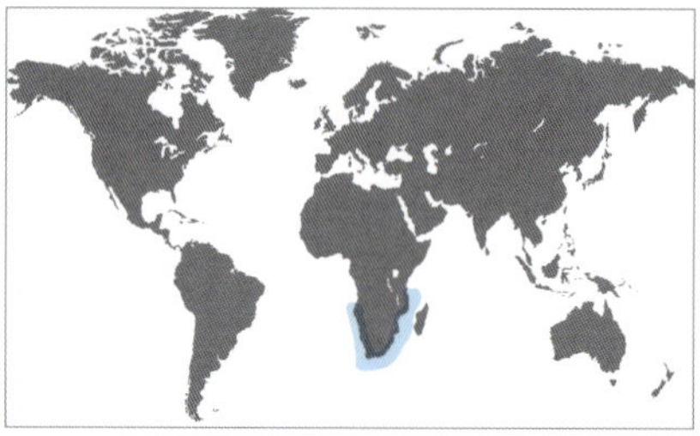

科	ツタノハガイ科　Patellidae
貝殻の大きさ	20 〜 70mm
地理的分布	アフリカ南部沿岸に固有
存在量	多産
生息深度	潮間帯
生息場所	岩礁海岸
食性	グレーザーで、被覆性のサンゴモを食べる
蓋	ない

貝殻の大きさ
20 〜 70mm

写真の貝殻
65mm

Patella cochlear Born, 1778

チリレンゲガイ

SPOON LIMPET

チリレンゲガイの殻は円錐状で殻高は低い。輪郭は変異に富み不規則ながら、常に前端部が摘まれたように狭くなり、スプーンあるいは涙のしずくのような独特な形をしている。殻の外面には大小の放射状の溝が刻まれ、外側表面は摩耗していたり、他物に覆われていることが多い。スカシガイ類と異なり、殻頂に孔はない。殻の内面は光沢があり、淡い灰色から青みがかったものや褐色のものなどがあり、濃い灰色あるいは黒い馬蹄形の筋肉痕が見られる。

実物大

チリレンゲガイは、スプーン形の独特な貝殻をもつ。南アフリカ産のカサガイ類の中では最もふつうに見られ、容易に観察できるため、その生態がよく研究されている。被覆性のサンゴモを食べるグレーザーで、他のいくつかのカサガイ類と同じく縄張り行動を示し、自分の摂餌場所を他の貝から守る。カサガイ類は広い筋肉質の足をもち、その足によって波当たりの強い海岸の岩礁にもしっかりと付着しつづけることができる。そのため、世界中の岩礁潮間帯で最もよく目につく軟体動物となっている。いくつかのカサガイ類は食用となり、なかには美味しい貝として知られるものもいる。カサガイ類は成長が遅い上に乱獲されたために多くの種が絶滅の危機に瀕しており、現在は漁獲規制の対象となっている。

近縁種

「カサガイ」という一般名称は、類似した殻をもつもののそれぞれ独立に進化したいくつかの分類群の軟体動物に用いられている。「真のカサガイ」は、カサガイ目の腹足類のことを指し、南アフリカに産するトガリウノアシガイ *Patella longicosta* Lamarck, 1819 やインド太平洋域に生息するツタノハガイ *Patella flexuosa* Quoy and Gaimard, 1834 などのツタノハガイ科の種もこのグループに含まれる。現存する最大の種は、バハカリフォルニアからペルーにかけて生息するメキシコダイオウカサガイ *Patella mexicana* Broderip and Sowerby I, 1829 だが、この貝は現在、深刻な絶滅の危機にある。

科	ツタノハガイ科　Patellidae
貝殻の大きさ	40 ～ 120mm
地理的分布	ナミビアおよび南アフリカ
存在量	ふつう
生息深度	潮下帯浅部から水深 7m
生息場所	海中林
食性	グレーザーで、葉上藻類を食べる
蓋	ない

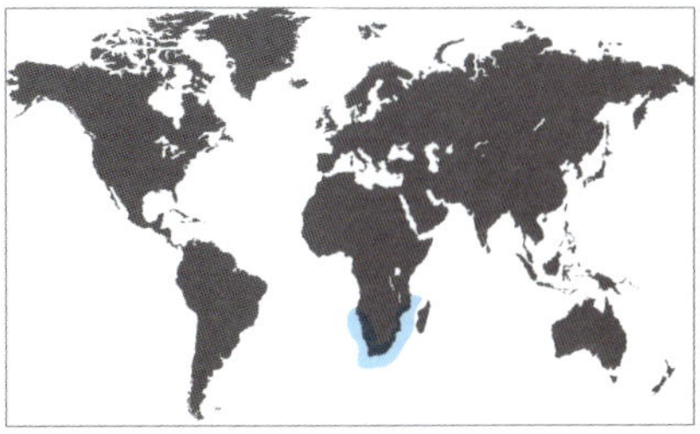

貝殻の大きさ
40 ～ 120mm

写真の貝殻
69mm

Patella compressa Linnaeus, 1758

トリオイガサガイ

KELP LIMPET

トリオイガサガイは、独特の細長い殻をもつので容易に識別できる。大多数のカサガイ類と異なり、岩礁には棲まず、大型褐藻類の中でも最大の大きさを誇るカジメ属の1種 *Ecklonia maxima* の上で暮らしている。この褐藻の上に生える葉上性藻類を食べ、褐藻の茎を上ったり下りたりしながら、他の貝から自分の縄張りを守っている。幼貝は通常、この褐藻の葉部の上に寄り集まっているが、成貝は茎部に棲むので、幼貝は成貝との競争を避けることができる。成長するにつれて、円柱状の褐藻の茎部にうまく付着できるように殻底の形が変化する。

近縁種

ゴシキカサガイ *Patella miniata* Born, 1778 とダチョウウノアシガイ *Patella granatina* Linnaeus, 1758 は、ともに南アフリカに生息し、輪郭が楕円形で殻表に多くの放射肋のある似通った貝殻をもつが、前者の筋肉痕は白く、後者の筋肉痕は濃褐色なので区別できる。西ヨーロッパの大西洋沿岸および地中海に産するセイヨウカサガイ *Patella vulgata* Linnaeus, 1758 は、粗い放射肋のある殻をもつ。この貝の殻は変異に富み、なかには他の個体より背の高い殻をもつものもいる。

実物大

トリオイガサガイの殻は大きく、輪郭は細長い楕円形で、側扁する。殻高はいくぶん高く、殻頂は中心付近にあって後方に曲がる。幼貝では殻は比較的丸いが、成長に伴ってだんだん細長くなる。殻頂付近に滑らかな部分を残し、殻表には多数の細い放射肋とかすかな螺条が入る。殻の外面は棲みかの褐藻と同色で、オレンジがかった淡褐色から灰色。内面は灰色がかった白で、その周縁部はオレンジに染まる。

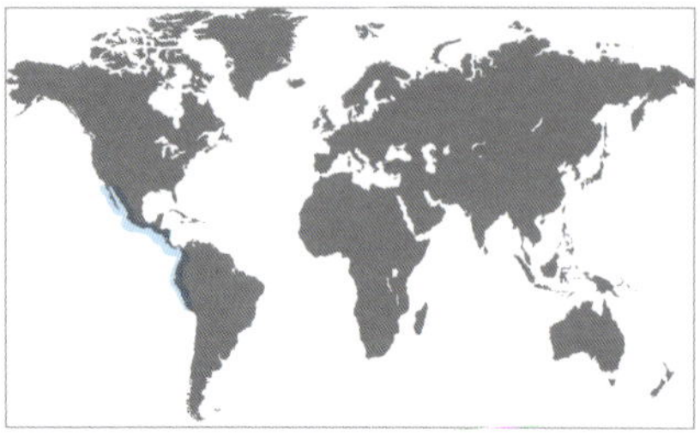

科	ツタノハガイ科　Patellidae
貝殻の大きさ	150 ～ 350mm
地理的分布	バハカリフォルニアからペルーにかけて
存在量	以前はふつう
生息深度	潮間帯から潮下帯浅部
生息場所	岩礁海岸
食性	グレーザーで、藻類を食べる
蓋	ない

貝殻の大きさ
150 ～ 350mm

写真の貝殻
301mm

Patella mexicana Broderip and Sowerby I, 1829

メキシコダイオウカサガイ

GIANT MEXICAN LIMPET

メキシコダイオウカサガイの殻は大きく、とても厚くて重く、輪郭は幅広い楕円形。幼貝では放射肋が殻の縁から突き出ているが、成長するにつれて殻縁がより滑らかになる。成貝では殻は摩耗して白亜色になっていることが多い。殻の前端は後端よりわずかに狭く、殻高は低い。殻の色は内外とも白く、筋肉痕は淡褐色で馬蹄形である。

メキシコダイオウカサガイは、カサガイ類の中で最大で、長さ300mm以上に成長することがあるが、過去30年間に見つかった貝殻の大部分はこの半分に満たない。かつては普通種であったが、身が美味で乱獲された結果、今では絶滅の危機に瀕している。そのため、この貝はメキシコ中で保護の対象となっている。カリフォルニア湾では絶滅したようで、他のほとんどの場所でも小さな貝殻しか見つからなくなった。今や、人間が容易には近づけない場所で、強烈な波に「守られながら」細々と生き残っている。軟体部は黒く、白斑がある。その昔、トルテカ族はOyohualliと呼ばれるしずく形の首飾りを作るのにこの貝の殻を使っていた。

近縁種

アフリカ南部に生息するトガリウノアシガイ *Patella longicosta* Lamarck, 1819は、長い放射肋のある星形の殻をもつ。ナミビアから南アフリカにかけて分布するナミビアカサガイ *Patella argenvillei* Krauss, 1848は、メキシコダイオウカサガイに似るが、殻はより小さく、放射肋も細い。また、ニュージーランドのケルマデク諸島に産するケルマデクカサガイ *Patella kermadecensis* Pilsbry, 1894は、大きくて幅広い殻をもつ。

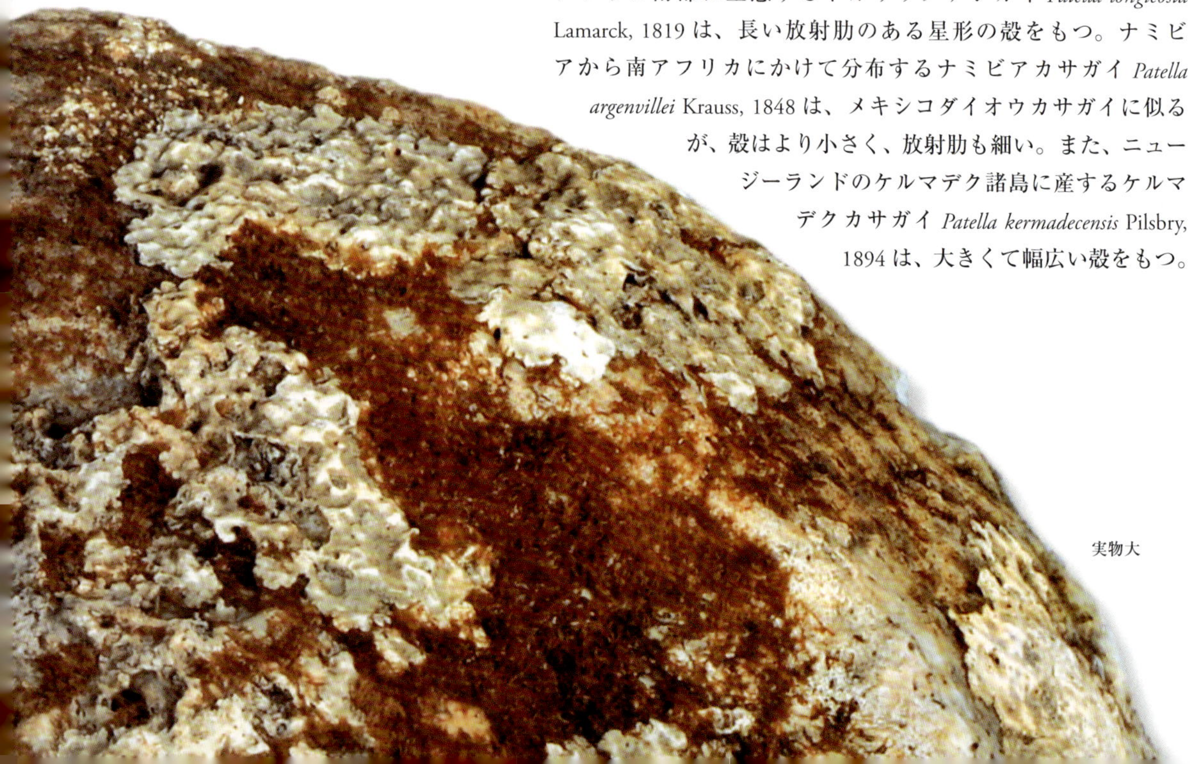

実物大

科	ヨメガカサガイ科　Nacellidae
貝殻の大きさ	30 ～ 80mm
地理的分布	日本から韓国および台湾にかけて
存在量	ふつう
生息深度	潮間帯
生息場所	岩礁海岸
食性	グレーザーで、藻類を食べる
蓋	ない

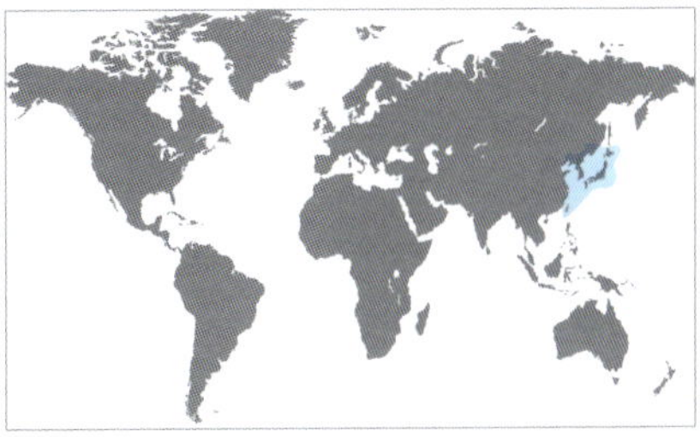

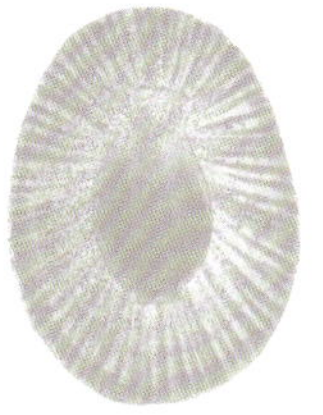

貝殻の大きさ
30 ～ 80mm

写真の貝殻
31mm

Cellana nigrolineata (Reeve, 1854)

マツバガイ

BLACK-LINED LIMPET

マツバガイは、潮間帯にふつうに見られるカサガイ類の1種で、日本から韓国および台湾にかけて分布する。英語では Black-lined Limpet（黒い線のあるカサガイ）と呼ばれるが、殻には（ここに示した写真のように）オレンジの放射状の条紋(じょうもん)があることが多い。しかし、黒い条紋をもつこともあり、殻の形や色は変異に富む。大部分のヨメガカサガイ類と同じく食用になり、食料として採取され、美味しい貝として知られる。ヨメガカサガイ類の中には、産み出した卵を外套腔に保持して幼貝になるまで保育するものもいる。ヨメガカサガイ科には世界で約40種の現生種が知られるが、その大多数はインド太平洋域に生息している。なかには大型海藻の上で暮らす種もいるが、大多数は岩礁潮間帯に棲むグレーザーである。

近縁種

小笠原諸島固有種のカサガイ *Cellana mazatlandica* (Sowerby II, 1839) は、殻表に40本ほどの丸くて高い放射肋のある大きな卵形の殻をもつ。この貝の殻は縁が波打ち、色は淡褐色あるいはオレンジである。ペルーからチリにかけて分布するアカガネカサガイ *Nacella clypeater* (Lesson, 1831) の殻は卵形から円形で、横から見ると円錐状で殻高は低い。この貝の殻表には多数の低い放射肋があり、殻の内面は真珠光沢があって中心部が黒い。

実物大

マツバガイの殻は中型で薄くて軽く、円錐状。殻頂は比較的高く、中心から外れて殻の前方に寄る。殻表には低い放射肋と同心円状の細い成長線があり、滑らかで艶があるものも、ざらざらしているものもある。殻の外面は淡黄色の地に黒い放射条紋があるものから、灰色の地にオレンジの放射条紋のあるものまでさまざま。殻の内面には真珠光沢があり、中心部はオレンジがかった褐色に染まる。

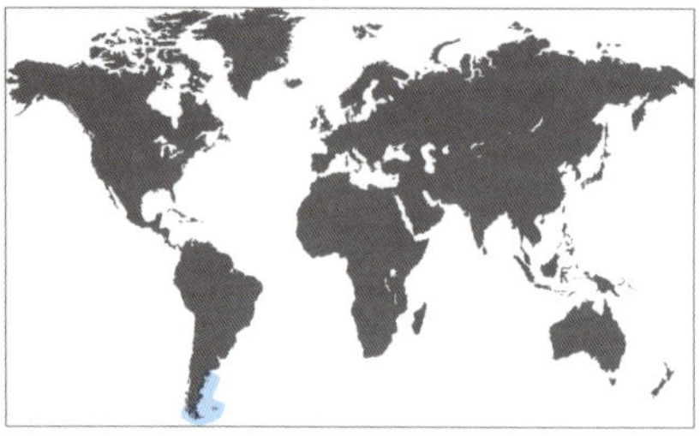

科	ヨメガカサガイ科　Nacellidae
貝殻の大きさ	14 〜 48mm
地理的分布	アルゼンチンおよびチリ南部
存在量	ふつう
生息深度	潮間帯から水深 100m
生息場所	岩礁海岸
食性	グレーザーで、藻類を食べる
蓋	ない

貝殻の大きさ
14 〜 48mm

写真の貝殻
43mm

Nacella mytilina (Helbling, 1779)

ナンキョクカサガイ

MYTILINE LIMPET

実物大

ナンキョクカサガイは、殻こそ薄いが屈強なカサガイで、潮間帯に棲むが、より深い所でも見つかる。グレーザーで、長い歯舌をもち、それを使って岩礁に生える微小な藻類をかき取って食べる。歯舌というのは軟体動物に固有の摂餌器官で、カサガイ類の歯舌には何百という微小な歯が並んでいる。歯は使うとすり減り、また剥がれてしまうので、常に新しい歯が準備されており、ヨメガカリガイ類には殻長の5倍もの長さの歯舌をもつものがいる。本種を含む *Nacella* 属の貝は南極とその周辺に分布が限られているが、本属以外のヨメガカサガイ類はたいてい熱帯域で見られる。*Nacella* 属の多様性は、南アメリカ大陸南端部で最も高い。

近縁種

南アメリカ最南端、アルゼンチンとチリの間に位置するティエラデルフエゴ諸島に産するフエゴカサガイ *Nacella fuegiensis* (Reeve, 1855) は、40 〜 60 本の放射肋のある中型の殻をもつ。殻の色は濃褐色から赤褐色で、変異に富む。日本から台湾にかけて生息するマツバガイ *Cellana nigrolineata* (Reeve, 1854) は、黒またはオレンジの放射条紋のある卵形の殻をもつ。

ナンキョクカサガイの殻は中型で薄く、半透明で、輪郭はやや長い卵形。殻高はいくぶん低い。殻頂は小さく、曲がり、殻の前方にあって先端が尖る。殻表は滑らかで光沢があり、細い放射肋と同心円状の細い成長線が交差する。殻の外面は淡褐色から黄褐色で、薄い殻皮に覆われている。殻の内面は灰色で、中央は淡褐色に染まる。

科	ヨメガカサガイ科 Nacellidae
貝殻の大きさ	45 ～ 90mm
地理的分布	小笠原諸島に固有
存在量	多産
生息深度	潮間帯
生息場所	岩礁海岸
食性	グレーザーで、藻類を食べる
蓋	ない

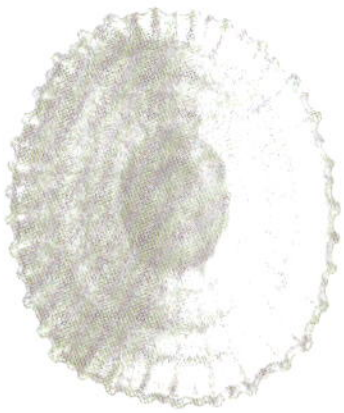

貝殻の大きさ
45 ～ 90mm

写真の貝殻
53mm

Cellana mazatlandica (Sowerby II, 1839)

カサガイ

BONIN ISLAND LIMPET

カサガイは、非常に限られた地理的分布を示し、日本の小笠原諸島だけに生息する。小笠原諸島は 30 ほどの島々からなり、東京から南に 1000km ほどのところ、東京とグアムの中間にある。本種は潮間帯の岩礁に棲み、局所的に多産する。野外研究によって、寿命は 3、4 年ほどであることが示されている。1966 年に養殖のためにグアムに移植されたが、その試みは失敗に終わった。しかし、小笠原諸島内での移植実験は成功している。産地を誤って、本種にはメキシコ西部の都市、マサトランに因んだ *mazatlandica* という種小名がつけられている。1891 年に貝類学者ピルスブリーによって、ずっと相応しい種小名、*boninensis*（小笠原諸島に生息するという意）が提唱されたが、*mazatlandica* に先取権があり、この名が今も使われている。

近縁種

インド西太平洋の熱帯域に産するオオベッコウガサガイ *Cellana testudinaria* (Linnaeus, 1758) は、やや透明感のある、弱い殻表彫刻のある殻をもつ。ハワイ固有種で、現地で opihi と呼ばれる *Cellana sandwicensis* Pease, 1861 は、強い放射肋をもつ点がカサガイに似るが、より小型でやや長い殻をもつ。この貝は美味しい貝として人気があるので、乱獲を防ぐために漁獲量が制限されている。

実物大

カサガイの殻は中型で比較的薄く、円錐状で輪郭は卵形。殻頂は鋭く尖り、中心を少しはずれて前方に寄る。殻表には鱗片状突起の並ぶ強い放射肋が 40 本ほどあり、肋間にやや弱い放射細肋が 1 本ずつある。また、殻にはさまざまな色の同心円状の色帯があるが、その色帯と重なる同心円状の成長線も刻まれる。殻縁は波打つ。殻の外面はたいていくすんだ淡褐色からオレンジ。内面は銀白色で、縁が淡褐色に染まり、筋肉痕は褐色である。

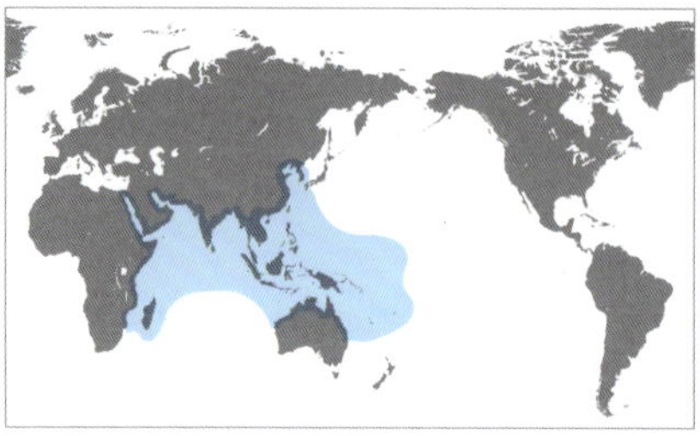

科	ヨメガカサガイ科 Nacellidae
貝殻の大きさ	35 ～ 100mm
地理的分布	インド西太平洋の熱帯域
存在量	多産
生息深度	潮間帯から潮下帯浅部
生息場所	岩礁海岸
食性	グレーザーで、藻類を食べる
蓋	ない

貝殻の大きさ
35 ～ 100mm

写真の貝殻
66mm

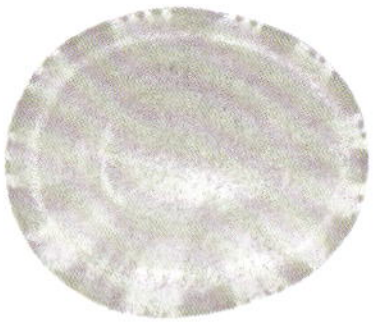

Cellana testudinaria (Linnaeus, 1758)

オオベッコウガサガイ

COMMON TURTLE LIMPET

オオベッコウガサガイの殻は大きく、やや透明感があり、円錐状で殻高は低く、輪郭は幅広い卵形。殻頂は殻の正中線上、殻の前縁から殻長の 1/3 ほど後ろにある。殻表の彫刻は弱く、多数の低く丸みのある細い放射肋と同心円状の成長線が見られる。殻の外面は緑がかった褐色で、濃褐色の放射条紋が入り、ジグザグ形あるいは山形の模様がある。殻の内面は青みを帯びた銀白色で、薄い灰色から黄褐色の筋肉痕がある。

オオベッコウガサガイは、南西太平洋熱帯域ではふつうに見られる貝で、外海に面した海岸の潮間帯や低潮線直下の火山岩上に棲む。歯舌には、比較的少数の丈夫で細長い歯が並ぶ。歯の先端は酸化鉄でコーティングされ、岩から藻類をかき取る時に歯が摩耗しにくくなっている。ヨメガカサガイ属 *Cellana* の貝の中には非常に長い歯舌をもつものがいる。これらの貝の歯舌の長さは殻長の 5 倍にもなり、殻長に対する歯舌の長さの割合が腹足類の中で最も高い。また、ヨメガカサガイ科の中には殻の下に保育嚢をもち、卵を稚貝になるまで保育するものもいる。保育嚢で育った稚貝は、孵化後、這って親から離れて行く。オオベッコウガサガイは分布域全域で食用にされている。

近縁種

オーストラリア南部に生息するヒマワリガサガイ *Cellana solida* (Blainville, 1825) は、縁が波打ち、殻表に丸みを帯びた強い肋のある殻をもつ。日本の小笠原諸島に固有のカサガイ *Cellana mazatlandica* (Sowerby II, 1839) は、ヒマワリガサガイに似た幅の広い殻をもつが、殻の内面中央に褐色の筋肉痕があり、縁も似た色に染まる。

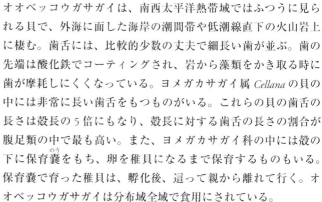

実物大

科	エンスイカサガイ科　Acmaeidae
貝殻の大きさ	15 ～ 21mm
地理的分布	西インド諸島の小アンティル諸島
存在量	少産
生息深度	水深 415 ～ 1050m
生息場所	粗い砂や貝殻片などの上
食性	グレーザー
蓋	ない

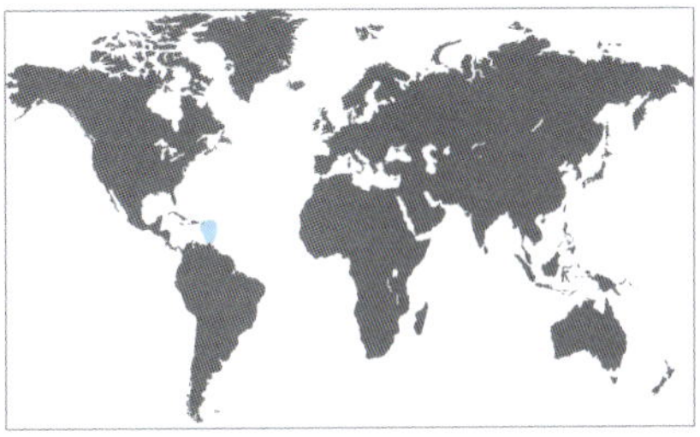

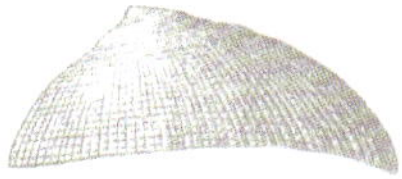

貝殻の大きさ
15 ～ 21mm

写真の貝殻
21mm

Pectinodonta arcuata Dall, 1882

ワタゾコシロアミガサガイの仲間

ARCUATE PECTINODONT

本種は、小型の深海産カサガイで、西インド諸島のセントトーマス島およびセントルチア島に生息している。粗い砂や貝殻片、溶岩砂、泥などさまざまな底質から見つかっている。この貝には眼がなく、歯舌の各列に並ぶ歯の数が他のエンスイカサガイ類よりも少ない。本種はワタゾコシロアミガサガイ属 *Pectinodonta* のタイプ種である。本属は他に数種を含み、ニュージーランドとオーストラリアで最も多様性が高い。かつてエンスイカサガイ科に含められていた多くの種がユキノカサガイ科 Lottiidae に分類しなおされたため、現在では、エンスイカサガイ科には 10 種ほどの現生種が含まれるだけである。

近縁種

ニカラグアからパナマにかけての太平洋沿岸に生息する *Acmaea subrotundata* Carpenter, 1865 は、輪郭が円形に近い小さな褐色の殻をもつ。この貝の殻頂は殻の中央か、中央をわずかに外れたところにある。アラスカからバハカリフォルニアにかけて分布するエンスイカサガイ *Acmaea mitra*（Rathke, 1833）は、背の高い円錐形の小さな白い殻をもつ。この貝には、殻表の滑らかなものと、同心円状の成長線が見られるものがいる。

実物大

Pectinodonta arcuata **の殻**は小型で、薄いが硬く、輪郭はやや細長い卵形で、背が高い。殻頂は丸く光沢があり、殻の前縁を向き、殻の側面は膨らむ。殻表には多数の細い放射肋と、それらと交差する同心円状の成長線があって、布目状の彫刻をなす。殻縁は滑らかなものも、わずかにぎざぎざになっているものもある。殻の色は外面がオフホワイトで、内面は白く、その縁と中心部はベージュに染まる。

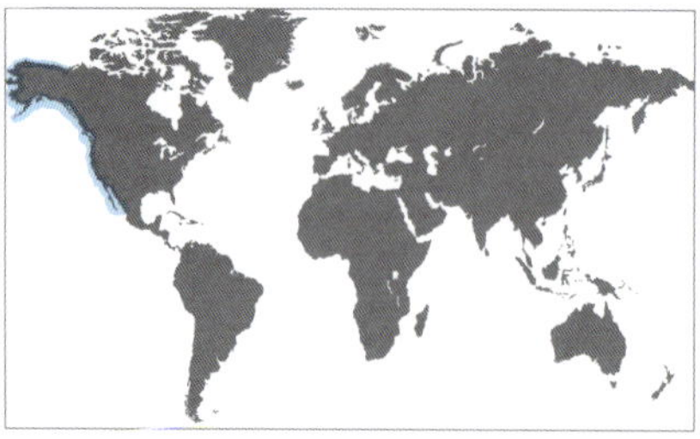

科	エンスイカサガイ科　Acmaeidae
貝殻の大きさ	19 〜 38mm
地理的分布	アラスカからバハカリフォルニアにかけて
存在量	ふつう
生息深度	潮間帯下部から水深 30m
生息場所	岩石底
食性	グレーザー
蓋	ない

貝殻の大きさ
19 〜 38mm

写真の貝殻
29mm

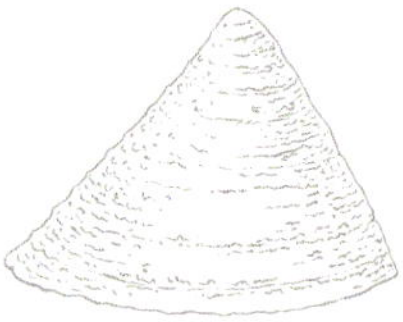

Acmaea mitra (Rathke, 1833)

エンスイカサガイ

WHITE-CAP LIMPET

実物大

エンスイカサガイは、大多数のエンスイカサガイ類よりも背の高い殻をもち、殻高が殻長の約 80％に達することがある。アラスカからバハカリフォルニアにかけての冷水域の潮間帯下部から沖合に棲み、岩石底に生える藻類を食べて暮らしている。本種の殻はよく岸に打ち上げられている。エンスイカサガイ類は世界に広く分布し、潮間帯下部から深海までさまざまな深さに生息する。大多数の種は岩石底に棲むが、ワタゾコシロアミガサガイ属 *Pectinodonta* の中には沈木やハオリムシ類（深海に棲む多毛類）の棲管の上で見つかる貝もいる。エンスイカサガイ類は、ユキノカサガイ科 Lottiidae よりも、深海産カサガイ類として知られるシロガサガイ科 Lepetidae に近縁である。ユキノカサガイ科の貝は浅海に生息する。

近縁種

相模湾に産するワタゾコシロアミガサガイモドキ *Bathyacmaea nipponica* Okutani, Tsuchida, and Fujikura, 1992 は、水深 1100 〜 1200m の深海に棲む。殻高が比較的高く、輪郭が卵形で、殻表に多くの太い放射肋のある小さな殻をもつ。小アンティル諸島に生息する *Pectinodonta arcuata* Dall, 1882 の殻は薄く、輪郭が細長い卵形で、背が高く、側面が膨らむ。

エンスイカサガイの殻は中型で厚く、背の高い円錐状で、輪郭は卵形。殻頂は尖り、殻の中央付近にあり、殻の後縁や両側縁よりも殻前縁に近い。殻の側面は、殻前方でわずかに膨らみ、後方では直線的か、わずかにへこむ。殻表には同心円状の成長線があるが、サンゴモに覆われていて見えないことが多い。殻縁は薄く、鋭利。殻の色は外面が白亜色で、内面は灰色である。

科	シロガサガイ科　Lepetidae
貝殻の大きさ	11 ～ 25mm
地理的分布	北日本からベーリング海を経て合衆国ワシントン州まで
存在量	多産
生息深度	潮下帯浅部から水深 145m
生息場所	泥場の岩の上
食性	堆積物食者
蓋	ない

貝殻の大きさ
11 ～ 25mm

写真の貝殻
21mm

Cryptobranchia concentrica（Middendorff, 1851）

ハモンシロガサガイ

RINGED BLIND LIMPET

ハモンシロガサガイは、シロガサガイ科の中で最も大きく、最もふつうに見られる貝の1つである。北太平洋から北極海にかけての冷たい海に棲み、潮下帯浅部から沖合のより深い所まで分布している。その英語名が示すように、本種には眼がない。また鰓もなければ、他の腹足類が餌を捜し出すために使っている化学感覚器（嗅検器）もない。大多数のカサガイ類と異なり、藻類を食べるのではなく、堆積物を食べていると考えられている。シロガサガイ科の現生種は少なく、たぶん 20 種に満たない。大多数の種は世界の冷水域に生息し、たいてい深海に棲んでいる。

実物大

近縁種

千島列島から北海道にかけて生息するスゲガサガイ *Limalepeta lima*（Dall, 1918）は、シロガサガイ科の貝にしては大型の殻をもち、殻長が 30mm に達する。この貝の殻は、輪郭が卵形で、背の低い円錐状である。スカンジナビア地方からアゾレス諸島にかけて分布する *Lepeta fulva*（Müller, 1776）は、たいてい赤またはオレンジの非常に小さな殻をもつ。この貝は、潮下帯浅部から深海までさまざまな深度に生息する。

ハモンシロガサガイの殻は小さく、薄いが頑丈で、輪郭は卵形。殻高は比較的低く、丸いものも尖っているものもある。その位置は殻の前縁寄りで、殻の前方に向く。殻表には同心円状の成長線と微細な放射条線がある。成長線には細いものと襞状になったものがある。殻縁は滑らかで薄い。殻の色は外面がオフホワイトで、内面は白磁色である。

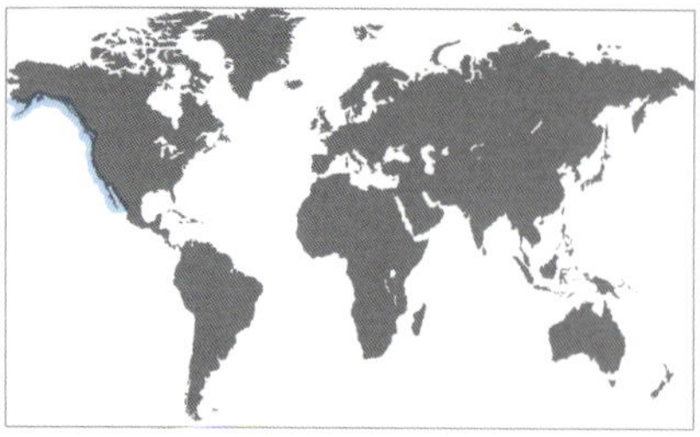

科	ユキノカサガイ科　Lottiidae
貝殻の大きさ	10 ～ 38mm
地理的分布	アラスカ南部からバハカリフォルニアにかけて
存在量	多産
生息深度	潮間帯から潮下帯浅部
生息場所	大型褐藻の茎や付着根
食性	グレーザーで、藻類を食べる
蓋	ない

貝殻の大きさ
10 ～ 38mm

写真の貝殻
13mm

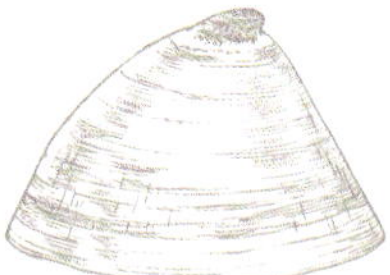

Lottia insessa (Hinds, 1842)

カシュウツボミガイ

SEAWEED LIMPET

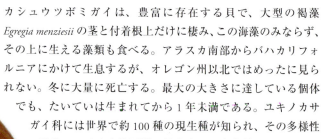

カシュウツボミガイは、豊富に存在する貝で、大型の褐藻 *Egregia menziesii* の茎と付着根上だけに棲み、この海藻のみならず、その上に生える藻類も食べる。アラスカ南部からバハカリフォルニアにかけて生息するが、オレゴン州以北ではめったに見られない。冬に大量に死亡する。最大の大きさに達している個体でも、たいていは生まれてから 1 年未満である。ユキノカサガイ科には世界で約 100 種の現生種が知られ、その多様性は北アメリカ大陸西岸で最も高い。大多数のユキノカサガイ類は、岩礁潮間帯に生える藻類をかき取って食べる。

近縁種

インド西太平洋に生息するリュウキュウウノアシガイ *Patelloida saccharina* (Linnaeus, 1758) は、殻の形態が非常に変異に富むが、殻表の放射肋が殻縁から突き出ているため輪郭は星形である。アメリカ合衆国のワシントン州からバハカリフォルニアにかけて分布するナスビガサガイ *Lottia gigantea* (Sowerby I, 1834) は、ユキノカサガイ科の最大種である。この貝はその生息場所の生態系にとって重要な種で、それを除去すると、やがてカサガイ類や藻類の多様性が低くなる。

実物大

カシュウツボミガイの殻は中型で比較的厚く、やや光沢があり、輪郭は卵形から細長い卵形まで変異が見られる。殻頂は丸く、殻の前縁に寄る。殻高が殻長の 3/4 ほどに達することがある。殻表には細い放射条線と、それらと交差する細い成長線があるが、ほとんど滑らかである。殻の色は外面が淡褐色から赤褐色で、内面も似た色だが、内面の縁に近い部分は色がより淡く、中央部は色が濃い。

科	ユキノカサガイ科　Lottiidae
貝殻の大きさ	15 〜 50mm
地理的分布	熱帯インド西太平洋
存在量	多産
生息深度	潮間帯から水深 6m
生息場所	岩礁海岸
食性	グレーザー
蓋	ない

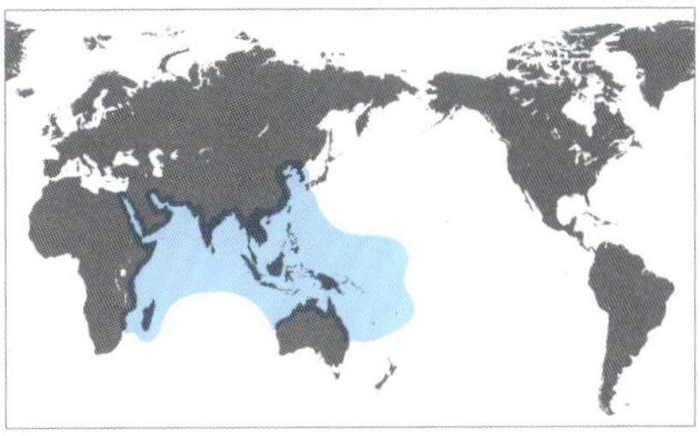

貝殻の大きさ
15 〜 50mm

写真の貝殻
34mm

Patelloida saccharina (Linnaeus, 1758)

リュウキュウウノアシガイ

PACIFIC SUGAR LIMPET

リュウキュウウノアシガイは、岩礁海岸、とくに外海に面した岩礁海岸の潮間帯から潮下帯に多産するカサガイである。スリランカからメラネシア、また日本からオーストラリアにかけて広く分布する。殻は星形で、フィリピンでは貝殻細工に使われている。その解剖学的特徴に基づいて、ユキノカサガイ類およびユキノカサガイ類に近縁なカサガイ類は最も原始的な腹足類と見なされている。しかし、カサガイ様の殻をもつ腹足類のすべてが近縁であるわけではない。似たような生息場所への適応として、いくつものグループで笠形の殻が独立に進化している。スズメガイ科 Hipponicidae のフウリンチドリガイ *Cheilea equestris* (Linnaeus, 1758) や、アッキガイ科 Muricidae のアワビモドキ *Concholepas concholepas* (Bruguière, 1789) は、ほんの一例に過ぎない。

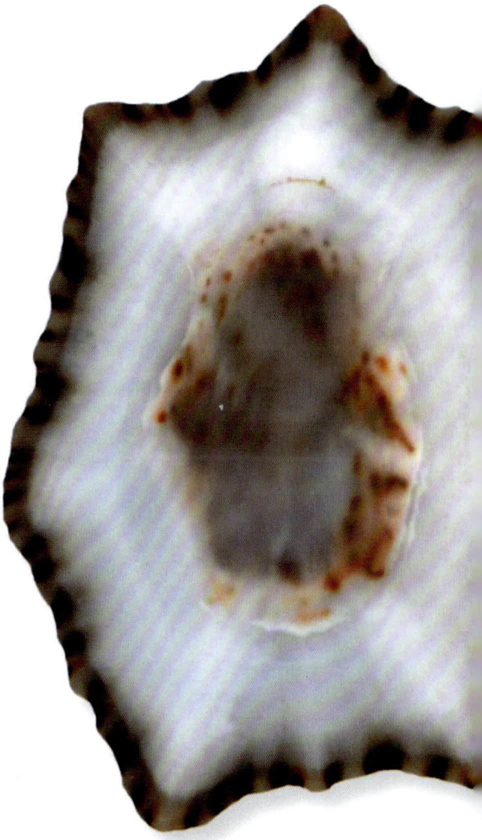

近縁種

韓国や日本などに産するツボミガイ *Patelloida conulus* Dunker, 1871 は、輪郭が卵形で、殻高が殻長と同じぐらいある背の高い小さな殻をもつ。同じく日本や韓国に生息するオボロヅキコガモガイ *Lottia lindbergi* Sasaki and Okutani, 1994 は、リュウキュウウノアシガイと同じぐらいの大きさだが、輪郭が卵形で殻頂の尖った殻をもつ。この貝は幼貝の時は殻表に弱い放射肋があるが、成長に伴って殻表が滑らかになる。

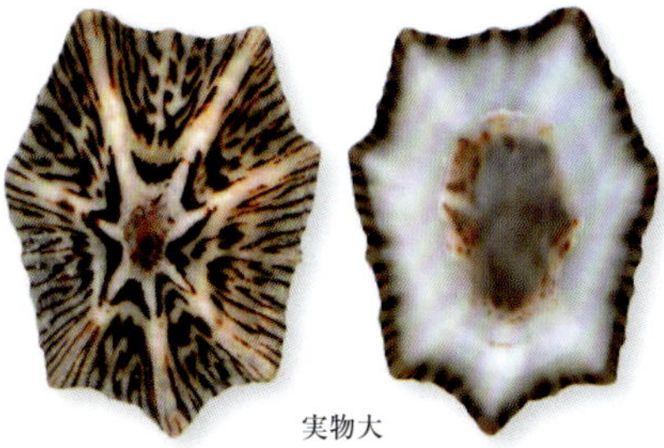

実物大

リュウキュウウノアシガイの殻は中型で硬く、光沢がなく、水かきのある鳥の足のような形をしている。殻高は比較的高く、殻頂は殻の中央付近にあり、しばしば摩耗している。殻表にくっきりと浮き出て、殻縁から突き出る強い放射肋が7〜9本あり、放射肋と放射肋の間には放射細肋がある。殻の色模様は変異に富み、色の濃いものから薄いものまでさまざまで、放射肋の間に模様のあるものもないものもある。殻の内面は白いが、その縁は色が濃い。

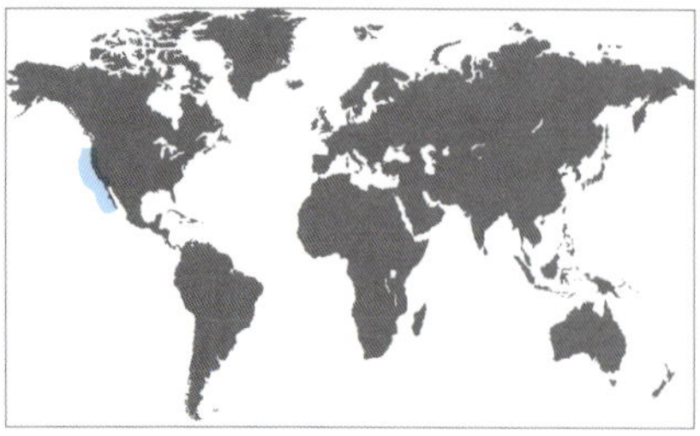

科	ユキノカサガイ科　Lottiidae
貝殻の大きさ	38 〜 121mm
地理的分布	合衆国ワシントン州からバハカリフォルニアにかけて
存在量	ふつう
生息深度	潮間帯上部から中部
生息場所	岩礁海岸
食性	グレーザー
蓋	ない

貝殻の大きさ
38 〜 121mm

写真の貝殻
82mm

Lottia gigantea (Sowerby I, 1834)

ナスビガサガイ

GIANT OWL LIMPET

ナスビガサガイの殻は大きいが軽く、輪郭は卵形で背は低い。殻頂は、殻の前端から殻長の1/8ほど後に寄ったところにある。殻の外面はしばしば摩耗しているが、その周縁部にはたいてい白っぽい放射条線が見られる。殻の内面は、中央部が淡褐色で殻縁には1本の褐色帯が巡らされる。筋肉痕は青みがかった白で、前側が開いた馬蹄形。

ゲノムサイズが比較的小さいため、ナスビガサガイについては盛んに分子生物学的研究が行われており、この種は、ゲノムの全塩基配列が解読されている数少ない軟体動物の1つである。本種のゲノムサイズは約5億塩基対で、他の軟体動物の平均、18億塩基対に比べると小さい。本種には縄張り行動が見られ、家痕（かこん）周辺の面積1000㎠ほどの岩表面を精力的に守り、この「庭」に生える微小藻類を手入れする。ナスビガサガイはその生息場所にとって重要な貝で、本種を除去すると他のカサガイ類の密度が一時的に増加するが、やがて岩表面の微小藻類が食べ尽くされて大部分のカサガイ類がいなくなってしまう。

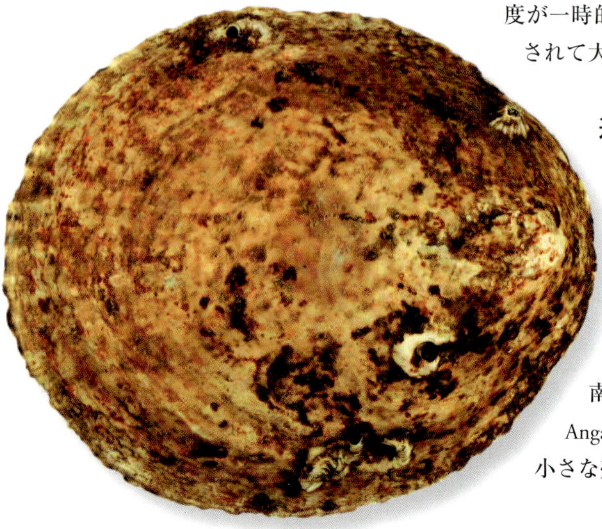

実物大

近縁種

アラスカからバハカリフォルニアにかけて生息するタテガサガイ *Tectura scutum* (Rathke, 1833) は、中央付近に殻頂があり、斑点模様の入った背の低い殻をもつ。ペルーからフォークランド諸島にかけて分布する *Scurria scurra* (Lesson, 1830) は、殻表が滑らかで、背の高い小さな殻をもつ。オーストラリア南部に産するゴウシュウウノアシガイ *Patelloida alticostata* Angas, 1865 は、殻表に丸みのある放射肋が20本ほどある小さな殻をもつ。

科	ワタゾコシロガサガイ科　Cocculinidae
貝殻の大きさ	3 〜 5mm
地理的分布	プエルトリコ海溝
存在量	希少
生息深度	水深 5200 〜 8600m
生息場所	沈木
食性	グレーザー
蓋	ない

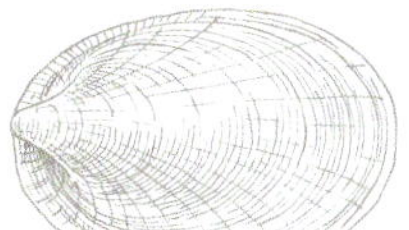

貝殻の大きさ
3 〜 5mm

写真の貝殻
5mm

Macleaniella moskalevi Leal and Harasewych, 1999

ワタゾコシロガサガイ類の１種

MOSKALEV'S MACLEANIELLA

本種は、これまでに知られている中では最も深い所に生息する軟体動物である。大西洋で最も深いプエルトリコ海溝の、しかもその最深部に近い水深 8600m の海底から採集されたことがある。プエルトリコ海溝の斜面はいずれも非常に急峻で、周辺の島々から流れ出した木や分解しつつある植物体などが、定常的に海溝内に沈み込む。本種は、水を吸って重くなり海溝に沈んだ木片の上で見つかっている。ワタゾコシロガサガイ科には世界で約 50 種の現生種が知られ、その多くは、深海帯や超深海帯などの非常に深い海に生息するが、なかには比較的浅い所に出現するものもいる。

実物大

近縁種

ケイマン諸島とジャマイカの間にあるケイマン海溝に産する *Fedikovella caymanensis*（Moskalev, 1976）は、ワタゾコシロガサガイ類中 2 番目に深い生息深度の記録をもつ。この貝は布目状の彫刻のある小さな殻をもち、本種より少しだけ浅い所に棲む。日本に生息するワタゾコシロガサガイ *Cocculina japonica* Dall, 1907 は、輪郭がやや細長い卵形の比較的大きな殻をもつ。その殻頂は小さく、殻の中央付近にあり、殻表には放射状に並ぶ刻点列と同心円状の細い成長線がある。

Macleaniella moskalevi **の殻**は非常に小さくて薄く、アーチ形に盛り上がり、輪郭はやや細長い卵形。殻頂は後方に曲がり、殻の後端近く、殻の最も高い所より少し下にある。殻高は殻長の半分ほどである。殻表は滑らかに見えるが、走査型電子顕微鏡で観察すると、低い放射脈と細い成長線が形成する布目状の彫刻がある。殻口は広く、殻縁は滑らかで、殻の内側に１枚の隔板がある。

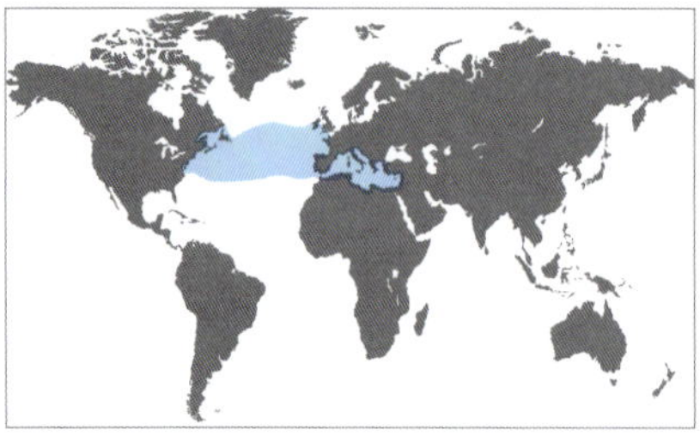

科	アディソニア科　Addisoniidae
貝殻の大きさ	8 〜 20mm
地理的分布	地中海からアゾレス諸島にかけてと合衆国北東部
存在量	少産
生息深度	水深 70 〜 1830m
生息場所	砂底
食性	デトリタス食者
蓋	ない

貝殻の大きさ
8 〜 20mm

写真の貝殻
19mm

Addisonia excentrica (Tiberi, 1857)

アディソニア・エクセントリカ

PARADOXICAL BLIND LIMPET

実物大

Addisonia excentrica の殻は小型で、薄くてもろく、比較的背が高い。殻はカサガイ類に似るが、左右非対称である。殻頂は尖り、殻の後方にあって殻の最も高い所より少し下に位置し、曲がっている。殻の成長の初期に胎殻は脱落する。殻の外面には同心円状の細い成長線があり、殻の内面は滑らかである。殻口は幅広い卵形で、殻縁は滑らか。色は外面も内面も白い。

本種は、深海産の小型のカサガイ形の貝で、比較的広い地理的分布を示し、地中海からアゾレス諸島にかけての東大西洋とアメリカ合衆国北東部に分布する。比較的背が高く、殻表が薄い殻皮で覆われた円錐状の殻をもつ。また、左右非対称の大きな鰓、比較的単純な形態の歯舌をもち、眼を欠く。英語で mermaid purse（人魚の財布）と呼ばれる、仔が孵化したあとのサメ類やガンギエイ類の卵殻の上やその中に棲み、そこに残る有機物を食べて暮らしている。もし、これらの魚類の卵殻を見つけたら、中をよく見てみるといいだろう。この珍しい貝が入っているかもしれない。アディソニア科の現生種は、世界で 4 種が知られるのみである。

近縁種

東太平洋に生息する *Addisonia brophyi* McLean, 1985 は、本種よりずっと小さな殻をもつ。ブラジル南東部に産する *Addisonia enodis* Simone, 1996 は、水深 80m の砂底で見つかっており、本種に似た殻をもつが、殻頂がより丸みを帯び、やや殻高が低い。

科	ケイマンアビシア科　Caymanabyssiidae
貝殻の大きさ	3mm まで
地理的分布	カリブ海のケイマン海溝
存在量	希少
生息深度	超深海、水深 6740 ～ 6800m
生息場所	動植物の遺骸の沈んだ海底
食性	沈木表面を覆うバクテリアフィルムを食べる
蓋	ない

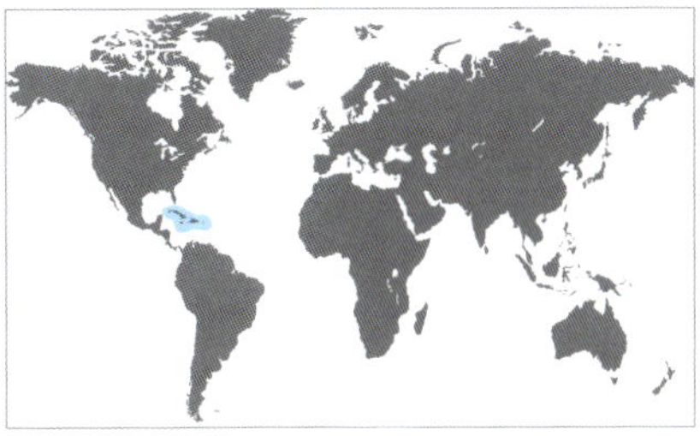

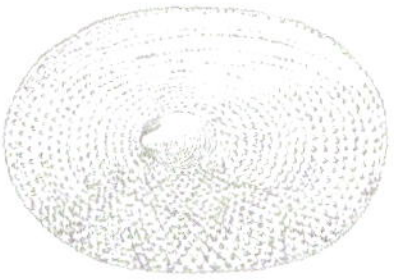

貝殻の大きさ
3mm

写真の貝殻
3mm

Caymanabyssia spina Moskalev, 1976

ケイマンアビシア・スピラ

CAYMANABYSSIA SPINA

本種は、最も深い所に生息する軟体動物の1つで、北米およびヨーロッパで最も標高の高い山をはるかに上回る深さの深海底に棲む。これより深い所に棲む軟体動物はほんの少数しか知られていない。本種は非常に小さなカサガイ形の腹足類で、厚い有機物層すなわち殻皮で覆われた殻をもつ。超深海の非常に水圧の高い所に生息しているため、もし殻が露出していたなら、殻の炭酸カルシウムが海水中に溶け出してしまうだろう。生息場所には光が届かないので、この貝には眼はなく、代わりに口のそばにある短い触手を使って餌を探す。周辺のより浅い海域から沈み込んできた沈木（陸由来）の表面の細菌類（バクテリアフィルム）を食べる。

近縁種

同じくケイマン海溝の深海帯に生息する *Amphiplica plutonica* Leal and Harasewych, 1999 は、やはりケイマンアビシア科の一員で、本種よりは大きいが、それでも殻長が 13mm に満たない小型種である。ブラジル南部に産する *Copulabyssia riosi* Leal and Simone, 2000 も深海産のカサガイ形の貝で、水深 1320m の海底平原から得られている。

実物大

Caymanabyssia spina **の殻は非常に小さくて薄く、カサガイ形で、輪郭は卵形。殻高は低く、胎殻は殻の中央より後方により、丸くて表面が滑らかである。殻のその他の部分は、同心円状に幾列にも並んだ短い棘状突起に表面が覆われる。殻皮は厚く、腹足類の中では有機物含量が最も多いものの1つである。殻の内面は滑らか。殻の色は外面が黄みを帯びた白で、内面は白い。**

科	オトヒメガサガイ科　Pseudococculinidae
貝殻の大きさ	3mm まで
地理的分布	バハマ諸島
存在量	希少
生息深度	漸深海帯、水深 520m
生息場所	泥や生物遺骸片の積もった海底
食性	植食者で分解の進んだ植物片を食べる
蓋	ない

貝殻の大きさ
3mm

写真の貝殻
3mm

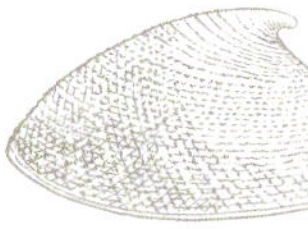

Notocrater youngi McLean and Harasewych, 1995

アミメミヤコドリガイの仲間

YOUNG'S FALSE COCCULINA

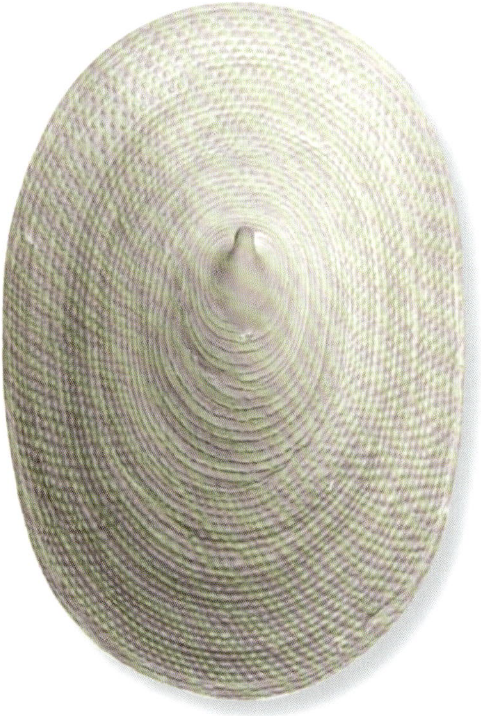

本種は、非常に小さなカサガイ形の腹足類で、バハマ諸島沖の深海に産する。他の深海産のカサガイ形の貝と同じく、暗闇の中で暮らすために眼をもたず、他の感覚器に頼って暮らしている。例えば、微細な感覚繊毛に覆われた頭部触角は、重要な感覚器である。深海にも、海藻の付着根や、周辺の海岸から海に流れ込んだ朽木などの植物の遺骸が沈んでいくが、本種はこのような植物遺骸を食べる。炭酸塩補償深度より浅い所に生息するため、その薄い炭酸カルシウムの殻が海水に溶けることはない。そのため、この貝の殻を覆う殻皮は薄い。炭酸塩補償深度よりも深い所に棲む軟体動物の殻は、むき出しになると海水に溶けてしまうので、殻の保護のために丈夫な殻皮が必要になる。

近縁種

同属種の *Notocrater houbricki* McLean and Harasewych, 1995 もバハマ諸島沖に産するが、やや浅い所（水深 410m）から得られている。本種よりもさらに小さく、殻頂の位置がもっと中央に近い。アメリカ合衆国サウスカロライナ州のチャールストン沖から発見された *Kaiparapelta askewi* McLean and Harasewych, 1995 も非常に小さい殻をもつが、殻の幅がより広い。この貝も殻と殻皮が薄く、殻表には弱い成長線がある。

Notocrater youngi の殻は非常に小さくて薄く、輪郭は卵形で、いくぶん背が高い。胎殻は肉眼には滑らかに見え、殻の後縁に寄る。殻頂周辺の殻表には弱い同心円肋と細い放射条が見られるが、より殻縁に近いところには多数の顆粒が同心円状の列をなして並ぶ。殻縁は薄く鋭利である。殻内面の筋肉痕は不明瞭。殻は白く、殻皮は薄い。

実物大

科	ペルトスピラ科　Peltospiridae
貝殻の大きさ	2 ～ 5mm
地理的分布	東太平洋海嶺の熱水噴出孔周辺に固有
存在量	希少
生息深度	水深 2635m
生息場所	熱水噴出孔周辺に限られる
食性	デトリタス食者
蓋	角質で丸く多旋型

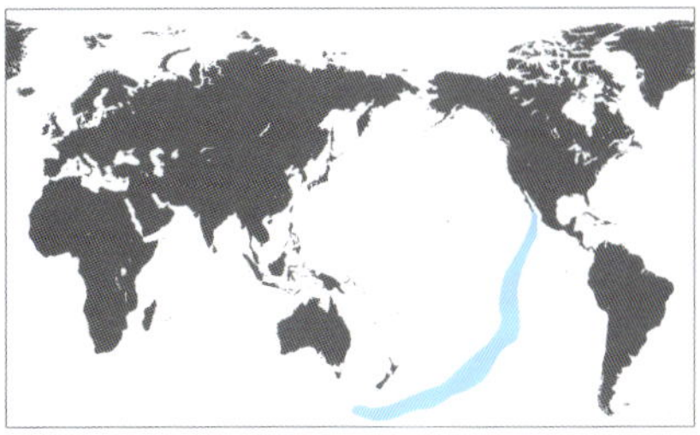

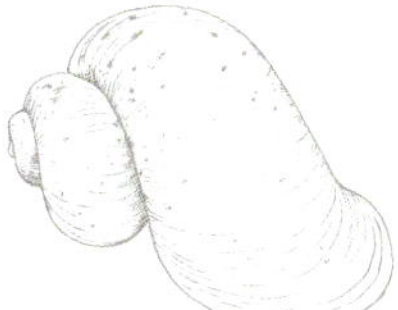

貝殻の大きさ
2 ～ 5mm

写真の貝殻
2mm

Pachydermia laevis Warén and Bouchet, 1989

パキデルミア・ラエビス

SMOOTH PACHYDERM SHELL

本種は、微小な腹足類で、東太平洋海嶺（かいれい）に沿う深海の熱水噴出域に固有で、熱水噴出孔周辺の非常に深く、かつ熱い所に棲むポンペイワームと呼ばれる多毛類 *Alvinella pompejana* の棲管に付着している。ペルトスピラ科の貝は雌雄異体だが、雄はペニスをもたず、精子は海水中に放出される。精子は泳いで雌にたどりつき、雌の卵巣内で受精が起こる。現在、ペルトスピラ科には世界で約 15 種が知られるが、すべて太平洋の熱水噴出孔周辺だけで見つかっている。

近縁種

本種が記載された時に Warén and Bouchet（1989）によって同時に記載された *Depressigyra planispira* と *Solitigyra reticulata*、そして *Lirapex humata* もこれまでのところ東太平洋海嶺の熱水噴出孔周辺からしか見つかっていない。深海のことはまだよくわかっておらず、ほんの一部しか調査されていないため、まだまだ新種が見つかる可能性が高い。

Pachydermia laevis の殻は非常に小さく、薄くてもろく、螺塔（らとう）が比較的高い。螺塔も体層も丸みを帯び、螺旋状に巻いている。しかし、最後の 1/4 ほどは巻きがゆるく、残りの部分との間に隙間があく。殻表は肉眼では滑らかに見えるが、走査型電子顕微鏡で観察すると細い成長線が見られる。殻口は円形で、縁は滑らか。殻は白く、殻口に真珠光沢はない。

実物大

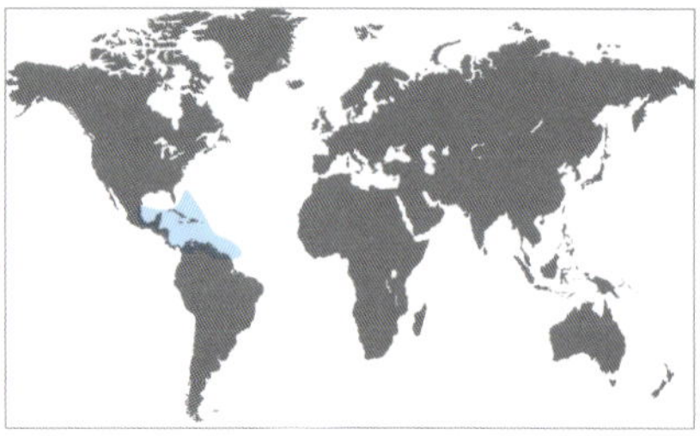

科	オキナエビスガイ科　Pleurotomariidae
貝殻の大きさ	45 〜 66mm
地理的分布	メキシコ湾南部から西インド諸島にかけて
存在量	希少
生息深度	水深 130 〜 550m
生息場所	深所の岩の多い海底
食性	肉食者でカイメンやソフトコーラルを食べる
蓋	角質で円形

貝殻の大きさ
45 〜 66mm

写真の貝殻
52mm

Perotrochus quoyanus (Fischer and Bernardi, 1856)

ヒメオキナエビスガイ

QUOY'S SLIT SHELL

実物大

ヒメオキナエビスガイは、深海産の希少な腹足類で、カイメンやソフトコーラルを食べる。オキナエビスガイ科の現生種は生きた化石と見なされ、絶滅した近縁種によく似ており、何百万年もの間、形態がほとんど変わっていない。本科のものとしては初めて見つかった現生種がヒメオキナエビスガイである。本種が見つかるまでは、オキナエビスガイ科には恐竜時代以降の化石種しか知られていなかった。殻口の外側に螺状の切れ込みがあるのが本科の特徴で、この切れ込みは、海水や体からの排泄物を殻の外に排出するための出水溝として使われる。貝が成長するにつれて切れ込みは後方から埋められ、螺層に切れ込み帯と呼ばれる、目に見える螺状の帯状部が形成される。

近縁種

アダンソンオキナエビスガイ *Entemnotrochus adansonianus* (Crosse and Fisher, 1861) は、メキシコ湾およびバミューダ諸島からブラジルにかけて生息し、殻に長い切れ込みをもつ。日本からフィリピンにかけて分布するリュウグウオキナエビスガイ *Entemnotrochus rumphii* (Schepman, 1879) は、オキナエビスガイ科の最大種である。微小貝の一群、クチキレエビスガイ科 Scissurellidae の貝も殻に切れ込みをもつが、クチキレエビスガイ類とオキナエビスガイ類はそれほど近縁ではない。

ヒメオキナエビスガイの殻は小さく、独楽形（上から見ると車輪状）で、体層に短い切れ込みがある。螺層は膨らみ、縫合線ははっきりしている。螺層に沿って、かつて切れ込みとして開いていた部分、切れ込み帯が見られる。切れ込み帯の上にも下にも殻表に細い螺肋があるが、切れ込み帯の下および殻底部の螺肋がより顕著である。殻底は膨らみ、臍孔はない。殻口は卵形で、軸唇は捩じれる。殻の色は赤みがかったものからクリーム色までさまざま。

科	オキナエビスガイ科　Pleurotomariidae
貝殻の大きさ	100 ～ 250mm
地理的分布	南日本からフィリピンにかけて
存在量	希少
生息深度	水深 300m ぐらいまでの深所
生息場所	岩石底
食性	肉食者でカイメンを食べる
蓋	角質で大きく多旋型

貝殻の大きさ
150 ～ 250mm

写真の貝殻
114mm

Entemnotrochus rumphii (Schepman, 1879)

リュウグウオキナエビスガイ

RUMPHIUS' SLIT SHELL

リュウグウオキナエビスガイは、オキナエビスガイ科の最大種である。他のオキナエビスガイ類と同様、深所に棲み、カイメンを食べる。オキナエビスガイ類はすべて角質の蓋をもち、ベニオキナエビスガイ（下記参照）などのように小さな蓋をもつものもあるが、アダンソンオキナエビスガイ属 *Entemnotrochus* の貝はすべて、殻口を塞ぐことができる大きな蓋をもつ。オキナエビスガイ類の祖先は最古の腹足類の 1 つで、約 5 億年前に地球上に出現したと考えられている。昔は、オキナビスガイ科の多様性が現在より高かったが、現生種は約 30 種が知られるのみである。深所に生息するため、大多数は希少種と考えられているが、最近の研究によると、生息場所では比較的豊富に存在しているものもいることが示唆されている。

リュウグウオキナエビスガイの殻は大きく、重いがもろい。螺塔は高く、殻口の切れ込みは細くて非常に長い。縫合は深く明瞭。螺層はわずかに膨らみ、細い切れ込み帯によって上下ほぼ半分ずつに分けられる。殻表には細い螺肋と斜めになった縦肋がある。殻は乳白色で、縦肋に沿うように赤っぽい筋模様が入る。殻口は大きく、真珠光沢を帯びる。臍孔は幅広くて深い。

近縁種

メキシコ湾南部から西インド諸島にかけて分布するヒメオキナエビスガイ *Perotrochus quoyanus* (Fischer and Bernardi, 1856) は、短い切れ込みのある小さな殻をもつ。日本やフィリピンなどから見つかるベニオキナエビスガイ *Mikadotrochus hirasei* Pilsbry, 1903 は、螺塔が高く、幅広く短い切れ込みのある中型の殻をもつ。この貝には、ときどきアルビノの白い殻も見られる。

実物大

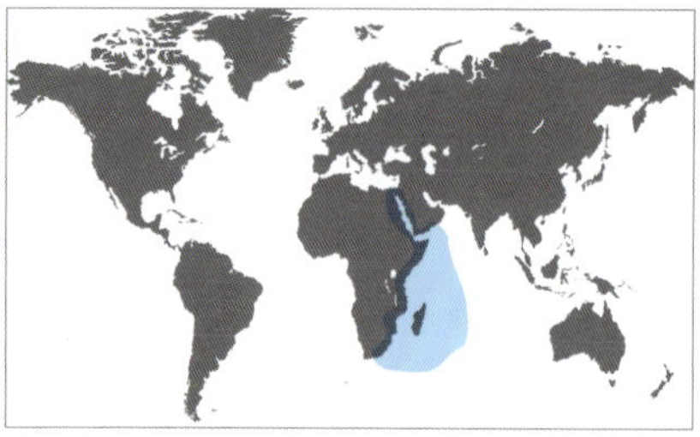

科	クチキレエビスガイ科 Scissurellidae
貝殻の大きさ	1 〜 2mm
地理的分布	紅海およびインド洋西部
存在量	ふつう
生息深度	潮間帯から水深 3m
生息場所	砂底や海藻上
食性	デトリタス食者
蓋	角質で丸く多旋型

貝殻の大きさ
1 〜 2mm

写真の貝殻
1mm

Scissurella rota Yaron, 1983

クチキレエビスガイの仲間

ROTA SCISSURELLE

本種は、紅海および東アフリカでふつうに見られる微小貝で、潮間帯から潮下帯浅部の砂底や海藻上に棲み、細かいデトリタスを食べる。クチキレエビスガイ類は、殻の肩部に切れ込みがあることで容易に識別でき、一見、小型のオキナエビスガイ類のように見える。クチキレエビスガイ類とオキナエビスガイ類は別々の上科に分類されるものの、腹足類全体で見ると比較的近縁である。クチキレガイ類の殻はたいてい白いか、ときに半透明で、殻表には美しい布目状の彫刻か縦肋が見られる。世界には、クチクレエビスガイ科の現生種が少なくとも170種知られるが、まだ記載されていない種がたくさんいる。本科の貝は潮間帯から深海までさまざまな深度から知られ、世界中の海に生息している。

近縁種

日本からオーストラリアおよびフィジーにかけて分布するコギククチキレエビスガイ *Scissurella coronata* Watson, 1885 は、殻高の低い小さな殻をもつ。この貝の殻表には、太くて強い斜めの縦肋と、それらと交差する細い螺肋がある。また、殻の切れ込みは細くて短い。キヌメコデマリクチキレエビスガイ *Anatoma crispata* (Fleming, 1828) は、バミューダ諸島からアフリカ北西部沿岸にかけての北大西洋および地中海全域にわたる広範囲に分布し、螺塔がやや高い球状の殻をもつ。この貝の切れ込みは細く、1/4 巻きほどの長さがある。

実物大

Scissurella rota の殻は非常に小さく、薄くてもろく、球状で、螺塔が小さく平べったいため渦巻き状。縫合は顕著で、体層は大きい。殻表には細い螺肋と、それらと交差するやや強い縦肋がある。殻口の切れ込みは約 1/4 巻きの長さで、その縁は隆起する。切れ込み帯には細い三日月形の浮き出し模様が並ぶ。殻口は広く、外唇は薄く、軸唇は滑らかで、臍孔は幅広く深い。殻は白く、半透明。

科	クチキレエビスガイ科　Scissurellidae
貝殻の大きさ	1 〜 4mm
地理的分布	地中海、バミューダ諸島からモーリタニアにかけての北大西洋
存在量	ふつう
生息深度	水深 15 〜 600m
生息場所	砂底や海藻上など
食性	細かいテトリタスを食べる
蓋	角質で丸く多旋型

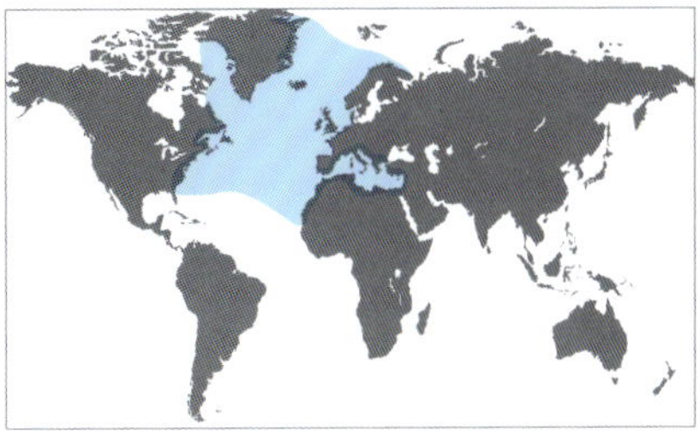

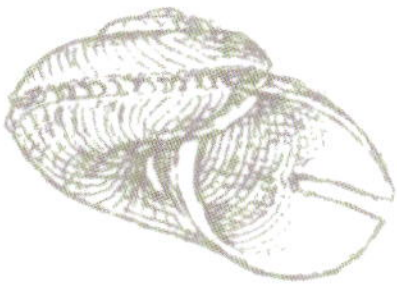

貝殻の大きさ
1 〜 4mm

写真の貝殻
4mm

Anatoma crispata (Fleming, 1828)

キヌメコデマリクチキレエビスガイ

CRISPATE SCISSURELLA

キヌメコデマリクチキレエビスガイは、コデマリクチキレエビスガイ属 *Anatoma* のタイプ種で、砂底や貝殻の多い海底、そして海藻の上でよく見つかる。バミューダ諸島からアフリカ北西部沿岸にかけての北大西洋および地中海全域など広範囲に生息する。オキナエビスガイ類と同じく、クチキレエビスガイ類の殻口の切れ込みも海水や老廃物を排出したり、卵や精子を放出したりするために使われる。殻長が 10mm 以上になる種がごくわずかいるが、大多数のクチキレエビスガイ類は微小貝である。この類の中には、夜になると何千個体も集まって集団産卵するものが知られるが、そのような種は光に集まる習性をもち、持続性の遊泳が可能である。

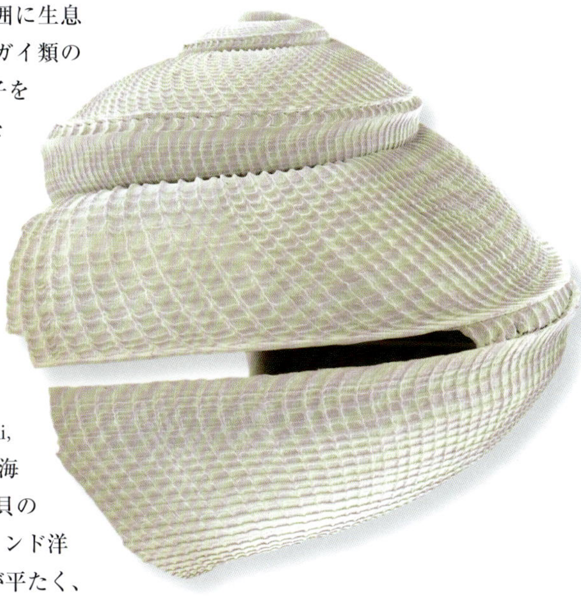

近縁種

日本の相模湾に産する *Anatoma parageia* Geiger and Sasaki, 2009 は、コデマリクチキレエビスガイ属には珍しい浅海産の貝で、非常に小さく、殻高の低い殻をもつ。この貝の体層周縁の切れ込みは比較的幅広く、短い。紅海からインド洋西部にかけて生息する *Scissurella rota* Yaron, 1983 は、螺塔が平たく、縦肋の目立つ小さな殻をもつ。

キヌメコデマリクチキレエビスガイの殻は非常に小さく、薄くてもろく、円錐状で丸みが強い。螺塔はやや高く、縫合は顕著で、螺層は膨らむ。体層周縁の切れ込みは細く、長さは1/4巻きほどで、その縁は隆起する。殻表には細い縦肋と、それらと交差する細い螺肋がある。殻口は広く、外唇は薄い。軸唇は滑らかで、縁が外側に曲がる。臍孔は狭くて深い。殻の色は白。

実物大

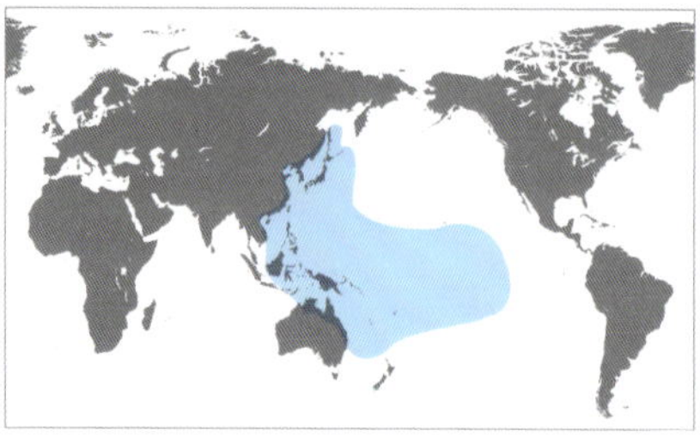

科	ミミガイ科　Haliotidae
貝殻の大きさ	7 〜 28mm
地理的分布	西太平洋
存在量	少産
生息深度	潮間帯から水深 40m
生息場所	サンゴ礁
食性	植食者で藻類を食べる
蓋	ない

貝殻の大きさ
7 〜 28mm

写真の貝殻
14mm

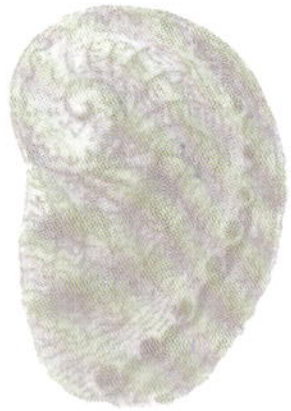

Haliotis jacnensis Reeve, 1846

コビトアワビ

JACNA ABALONE

コビトアワビは、ミミガイ類中最小の貝の1つで、西太平洋の熱帯域に生息し、日本から東はインドネシア、西はポリネシアまで分布している。潮間帯から沖合まで、サンゴ礁周辺の硬い基質の上で見つかる。他のミミガイ類と同様、殻には呼水孔と呼ばれる孔が螺状に1列に並んでいる。呼水孔は通常、盛り上がっている。殻の色は非常に変異に富み、褐色から明るい赤、黄色までさまざまである。殻表の彫刻にも変異が見られ、鱗片の並んだ強い螺肋と成長線が見られる殻がある一方、彫刻がそれほど顕著でないものもある。

近縁種

メキシコ湾から南アメリカ大陸北部にかけて分布するカリブアワビ *Haliotis pourtalesii* Dall, 1881は、稀にしか見られないアワビで、通常、深所で見つかる。この貝はオレンジの小さな殻をもつ。めったに生きたまま採集されることがない。インド西太平洋の熱帯域に生息するミミガイ *Haliotis asinina* Linnaeus, 1758は、殻表の滑らかな細長く薄い殻をもち、殻幅に対する殻長の比がミミガイ科の中で最も大きい。

コビトアワビの殻はミミガイ科のものにしては小さく、殻高が低く、輪郭は細長い卵形である。螺塔は低く、殻の後縁近くにあり、縫合はあまり目立たない。殻表には通常、鱗片の並んだ螺肋とともに成長線が見られるが、殻表がより滑らかなものもいる。殻の内面は滑らかで真珠光沢がある。呼水孔は盛り上がり、最も新しい3、4個が開いている。殻の色は非常に変異に富み、淡褐色のものから赤や黄色の色鮮やかなものまでである。

実物大

科	ミミガイ科　Haliotidae
貝殻の大きさ	27 ～ 80mm
地理的分布	紅海からインド西太平洋にかけて
存在量	ふつう
生息深度	潮間帯から潮下帯浅部
生息場所	岩石底など
食性	植食者で藻類を食べる
蓋	ない

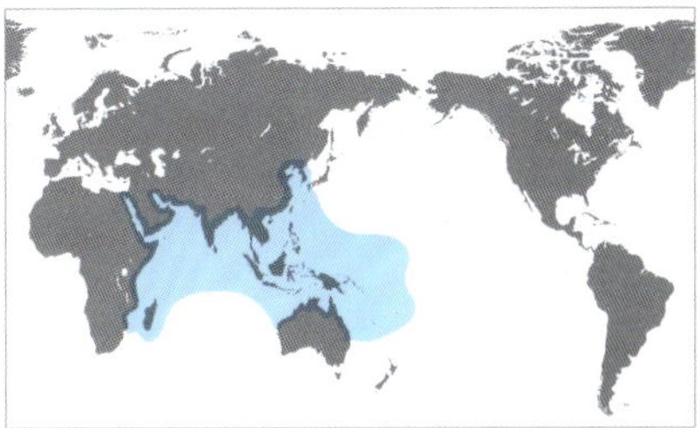

貝殻の大きさ
27 ～ 80mm

写真の貝殻
44mm

Haliotis varia Linnaeus, 1758

イボアナゴ

VARIABLE ABALONE

イボアナゴは、紅海からインド西太平洋熱帯域にかけて広く分布する普通種のアワビで、潮間帯から潮下帯浅部の岩礁やサンゴ礁、石の下などに棲む。その名（種小名の *varia* は「さまざまな」という意）が示すように、殻表の彫刻や色が非常に変異に富む。分布域が広く、変異も大きいため、この貝にはいろいろな名前がつけられてきたが、この種を最初に記載したのはリンネで、リンネがつけた名前に先取権がある。食用に採取され、殻はよく貝細工に利用される。呼水孔はわずかに盛り上がり、最も新しい4、5個の孔が開いている。

イボアナゴの殻は中型でかなり膨らみ、輪郭はやや細長い卵形。螺塔は低く、殻の後方にあり、螺層の肩は顕著である。呼水孔は楕円形でわずかに盛り上がり、最も新しい4、5個が開いている。殻の彫刻は変異に富み、不規則な放射状の畝状隆起と、それらと交差するさまざまな大きさの低い螺肋がある。殻の内面は滑らかで、銀白色で真珠光沢がある。殻の外面は褐色あるいは緑がかり、ときにクリーム色の斑紋が入る。

近縁種

アカアワビ *Haliotis rubra* Leach, 1814 は、ニューサウスウェールズ州からタスマニア島にかけて分布するオーストラリア固有の大型のアワビで、漁業対象となっている。赤褐色の卵形の殻をもつものが多く、殻表には大小の畝状隆起がある。アメリカ合衆国オレゴン州からバハカリフォルニアにかけて生息するクジャクアワビ *Haliotis fulgens* Philippi, 1845 は、ミミガイ科の最大種の1つで、乱獲されたため、今では漁獲が厳しく制限されている。養殖されており、その身とともに殻も利用されている。

実物大

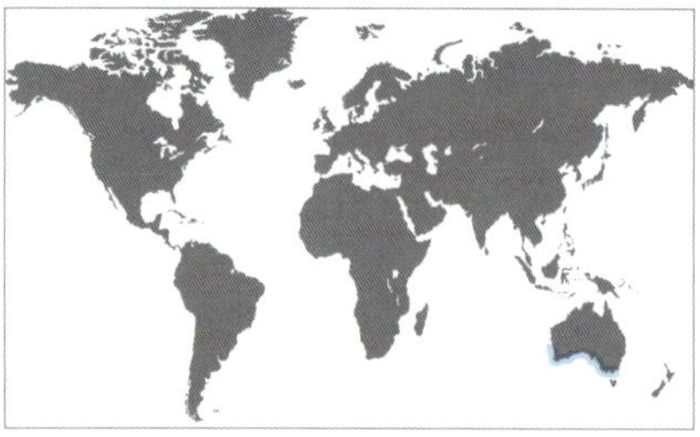

科	ミミガイ科 Haliotidae
貝殻の大きさ	48 〜 60mm
地理的分布	オーストラリア南部に固有
存在量	ふつう
生息深度	潮間帯下部から水深 30m
生息場所	岩石底
食性	植食者で藻類を食べる
蓋	ない

貝殻の大きさ
48 〜 60mm

写真の貝殻
49mm

Haliotis cyclobates Péron, 1816

マルアワビ（ネコゼトコブシ）

WHIRLING ABALONE

マルアワビの貝殻は、ミミガイ科にしては螺塔が高く、輪郭がほぼ円形なので容易に同定できる。殻表には螺肋と斜めの放射状の畝状隆起があり、ゆるやかに曲がったクリーム色の色帯が放射状に入る。オーストラリア南部に固有で、西オーストラリア州の南部からビクトリア州にかけて分布する。潮間帯下部から沖合にかけて見られ、岩石底や大きな貝殻などに付着して生活している。体外受精で、雄と雌の貝はそれぞれ大量の精子と卵を海水中に放出する。足は筋肉質で大きく、2 本の頭部触角の他に数本の小さな外套触角をもつ。

実物大

近縁種

アワビ類にはいくつかのオーストラリア固有種が知られる。例えば、赤から赤褐色の大きな貝殻をもつオーストラリアトコブシ *Haliotis roei* Gray, 1826 は、オーストラリア南部に生息する。この貝は殻の内面に質の高い真珠層をもつため、西オーストラリア州では食用としてだけでなく、殻を得る目的で商業漁業の対象になっている。西オーストラリア州から南オーストラリア州にかけて分布するミツウネアワビ *Haliotis scalaris* Leach, 1814 は、1 本の太い螺肋が目立つ複雑な彫刻のある殻をもち、最も美しく、また最も容易に識別できるアワビの 1 種である。

マルアワビの殻は中型で、中高で螺塔が盛り上がり、輪郭はほぼ円形。螺塔はミミガイ科のものにしては高く、3 層の丸みのある螺層からなり、殻の後方にある。殻表には、顆粒が連なったように見える螺肋が多数あり、斜めになった弱い放射状の肋がそれらと交差する。殻の内面は滑らかで真珠光沢がある。呼水孔は楕円形でわずかに盛り上がり、最も新しい 5、6 個が開いている。殻は褐色と緑で彩られ、斜めになったクリーム色の放射帯が入る。

科	ミミガイ科　Haliotidae
貝殻の大きさ	70 〜 100mm
地理的分布	西オーストラリア州に固有
存在量	少産
生息深度	潮下帯浅部から水深 20m
生息場所	岩石底
食性	植食者で藻類を食べる
蓋	ない

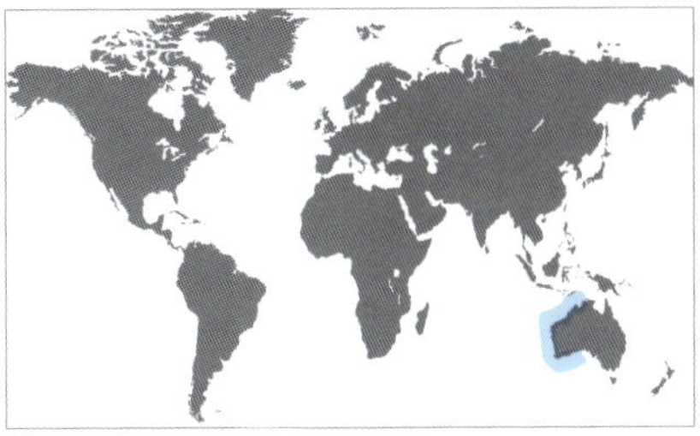

貝殻の大きさ
70 〜 100mm

写真の貝殻
66mm

Haliotis elegans Philippi, 1874

ニシキアワビ（ユメノミミガイ）

ELEGANT ABALONE

ニシキアワビは、おもに沖合の岩石底に棲み、しばしば石の下や岩礁の割れ目に隠れているため、生きた状態で見つけるのは難しい。西オーストラリア州に固有で、殻が非常に細長く、インド西太平洋の熱帯域に広く分布するミミガイ *Haliotis asinia* Linnaeus, 1758 に多少似ている。しかし、ミミガイの殻は表面が滑らかなのに対し、ニシキアワビの殻表には非常に強い螺肋が密に並んでいる。螺肋は殻の内面ではくぼんで溝状になる。足は幅広く、非常に頑強で、強い力でしっかり岩にはりつくことができる。

近縁種

地中海からアフリカ西岸にかけて生息するセイヨウトコブシ *Haliotis tuberculata* Linnaeus, 1758 は、殻表に多数の螺肋とともにそれらと交差する成長線のある中型から大型の殻をもつ。食用になり、殻の真珠層の質も高いため、何世紀にも渡って漁獲されてきた。紅海からインド西太平洋にかけて分布するイボアナゴ *Haliotis varia* Linnaeus, 1758 は、彫刻や色が極めて変異に富む卵形の殻をもつ。この種も食用に採取され、殻は貝細工の材料として利用されている。

ニシキアワビの殻は中型で、頑丈で、形は細長い楕円形。螺塔は低くて小さく、殻の後縁のすぐ近くにある。殻表には非常に強く盛り上がった螺肋がある。螺肋はわずかに曲がりくねり、成長線と交差する。殻の内面は滑らかで真珠光沢があり、螺肋の部分がへこんで溝状になっている。呼水孔は細長い楕円形で、幼貝では最も新しい8、9個の孔が開いている。成貝では、開いた孔の数に変異が見られる。殻の色は赤褐色あるいはオレンジで、クリーム色または赤みがかった放射条紋が入る。

実物大

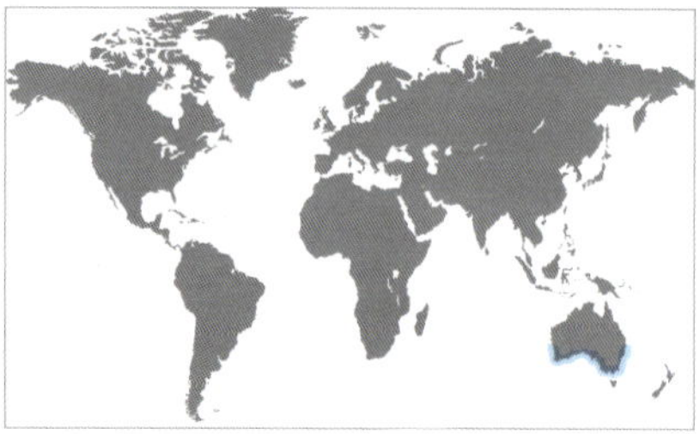

科	ミミガイ科　Haliotidae
貝殻の大きさ	60 〜 100mm
地理的分布	オーストラリア南部に固有
存在量	ふつう
生息深度	潮間帯から潮下帯浅部
生息場所	岩石底
食性	植食者で藻類を食べる
蓋	ない

貝殻の大きさ
60 〜 100mm

写真の貝殻
49mm

Haliotis scalaris Leach, 1814

ミツウネアワビ

STAIRCASE ABALONE

実物大

ミツウネアワビの殻は中型で薄く、輪郭は卵形。螺塔はやや高く、殻の後縁に寄り、3層の螺層からなる。呼水孔は盛り上がり、最も新しい4～6個が開いている。殻表には中央部の1本の強い螺肋と、この肋から1つ前の螺層の間に斜めになった薄板状隆起が放射状に並ぶ。これらの彫刻よりも弱い放射状や螺状の彫刻もある。殻の彫刻の主要なものは殻の内面からも見える。殻の内面は滑らかで真珠光沢がある。殻の色はオレンジがかった赤で、クリーム色の湾曲した放射条紋が入る。

ミツウネアワビは、オーストラリア産のアワビ類の中で最も特徴的で美しい貝の1つである。殻の外側の彫刻は複雑で、主要な特徴は、螺層の中ほどに1本の螺肋をもち、その肋から1つ前の螺層の間にいくつかの薄板状隆起が放射状に並ぶことである。オーストラリア固有種で、オーストラリア南部に生息する。潮間帯から潮下帯の岩の下などに見られ、普通種だが、多産することはない。他のアワビ類と同様、ゆるく巻いた低い殻をもつ。

近縁種

日本近海に産するメガイアワビ *Haliotis gigantea* Gmelin, 1791 は、殻が赤から褐色で大きく、殻表には比較的弱い放射状の線と螺肋がある。また殻の内側は強い真珠光沢のある真珠層で覆われている。マルアワビ *Haliotis cyclobates* Péron, 1816 は、オーストラリア南部に固有の種で、螺塔の高いほぼ円形の殻をもつ。この貝の殻は褐色と緑で彩られ、斜めになったクリーム色の放射条紋がある。

科	ミミガイ科　Haliotidae
貝殻の大きさ	60 〜 120mm
地理的分布	インド西太平洋
存在量	多産
生息深度	潮間帯から水深 10m
生息場所	岩礁域
食性	植食者で藻類を食べる
蓋	ない

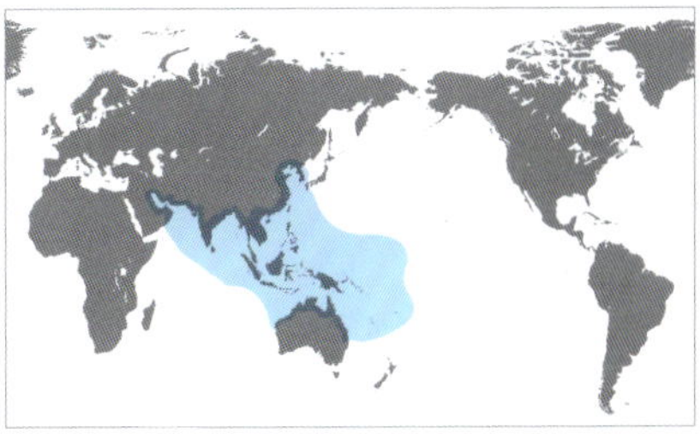

貝殻の大きさ
60 〜 120mm

写真の貝殻
77mm

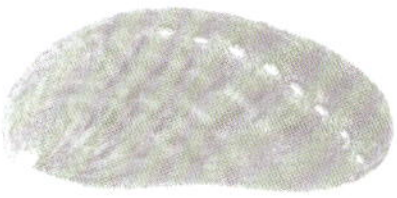

Haliotis asinina Linnaeus, 1758

ミミガイ

DONKEY'S EAR ABALONE

ミミガイは、インド西太平洋の熱帯域に生息する普通種である。アワビ類は植食者で、岩などの硬い基質に生える藻類を食べる。大きな筋肉質の足をもち、必要な時には短く「素早い」動きを何度も繰り返して捕食者から逃げることができる。アワビ類の殻には、体層の周縁近くに呼水孔と呼ばれる孔が 1 列に並んでいる。呼水孔は水を吐き出すのに使われ、殻が成長するにつれて最も古いものから順に孔が塞がれ、殻口付近に新しい孔がつくられていく。大型のアワビ類は食用とされる。また、真珠層に富む殻は宝飾品に使われる。

近縁種

インド西太平洋に生息するイボアナゴ *Haliotis varia* Linnaeus, 1758 は、小型種で殻の内面は白く真珠光沢がある。東アフリカからサモアにかけて分布するユメアナゴ *Haliotis clathrata* Reeve, 1846 は、色変異に富む小型の殻をもち、日本からインドネシアに生息するフクトコブシ *Haliotis diversicolor* Reeve, 1846 もまた小型種の 1 つである。

実物大

ミミガイの殻は薄く、輪郭は細長い楕円形で、殻頂が殻縁近くにある。殻幅に対する殻長の比はミミガイ科の中で最も大きく、その細長い殻によって容易に識別できる。呼水孔は卵形で、6、7 個の孔があいている。殻の外面は滑らかで成長線が見られ、それらが低い螺肋と交差する。色は変異に富むが、オリーブ色の地に褐色とクリーム色の斑紋のあるものが多い。殻の内面は真珠光沢があり、白く、ほのかに緑を帯びる。

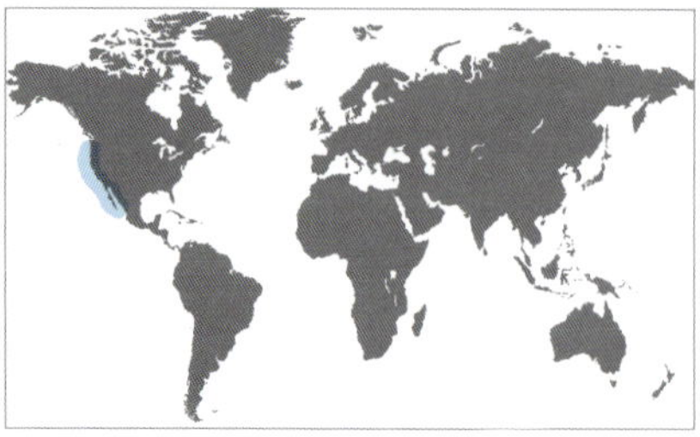

科	ミミガイ科　Haliotidae
貝殻の大きさ	75 〜 150mm
地理的分布	合衆国オレゴン州からバハカリフォルニア
存在量	以前は多産
生息深度	潮間帯から水深 5m
生息場所	岩石底
食性	植食者で藻類を食べる
蓋	ない

貝殻の大きさ
75 〜 150mm

写真の貝殻
117mm

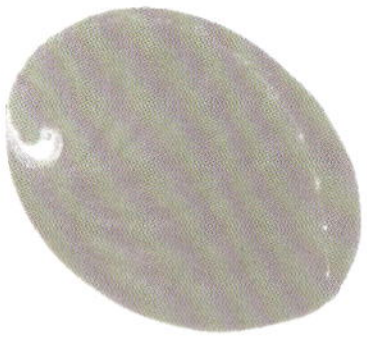

Haliotis cracherodii Leach, 1814

スルスミアワビ

BLACK ABALONE

実物大

スルスミアワビは、中型から大型のアワビで、アメリカ合衆国オレゴン州からバハカリフォルニアにかけて分布する。かつては潮間帯で最も豊富な貝であったが、乱獲のためにここ数十年の間に個体数が激減してしまった。この減少には、ウィザリングシンドロームというアワビ特有の感染症も関係している。この病気にかかったスルスミアワビは足が萎縮して岩への付着力が弱くなる。1985 年から 1992 年の間に、本種の個体群の約 20%がこのために死亡したと見積もられている。現在は近絶滅種に指定され、合衆国では漁獲量が制限されている。殻は滑らかで色が濃く、濃い青から濃い緑や黒まで、さまざまな色合いのものがある。

近縁種

アラスカからカリフォルニアにかけての東太平洋および日本に生息するカムチャッカアワビ *Haliotis kamtschatkana* Jonas, 1845 は、比較的大きな呼水孔を備え、殻の外面に皺の寄った中型から大型の殻をもつ。このアワビはカナダでは乱獲されたためすでに休漁に追い込まれている。オレゴン州からバハカリフォルニアまで分布するクジャクアワビ *Haliotis fulgens* Philippi, 1845 は、最大級のアワビで、漁はまだ行われているが、漁獲量が厳しく制限されている。クジャクアワビの殻には美しい真珠層があり、宝飾品に使われる。

スルスミアワビの殻は中型から大型で、厚く、輪郭は卵形。螺塔は小さくて低く、殻の後縁のすぐ近くにある。殻表はほぼ滑らかで成長線が見られる。殻の内面は真珠層に覆われ、でこぼこしている。本種の殻の内側は、他の大多数のアワビ類よりもでこぼこが多い。呼水孔は卵形でわずかに盛り上がり、最も新しい 5 〜 7 個が開いている。殻の外面は濃い青や濃い緑、黒などさまざまで、殻の内面は真珠光沢のある銀白色または金色。

科	ミミガイ科　Haliotidae
貝殻の大きさ	150 〜 250mm
地理的分布	合衆国オレゴン州からバハカリフォルニアにかけて
存在量	以前はふつう
生息深度	潮間帯から水深 20m
生息場所	岩礁海岸
食性	植食者で藻類を食べる
蓋	ない

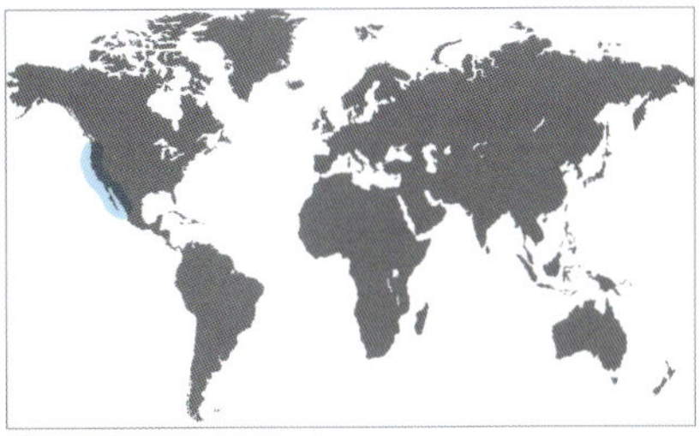

貝殻の大きさ
150 〜 250mm

写真の貝殻
205mm

Haliotis fulgens Philippi, 1845

クジャクアワビ（メキシコアワビ）

GREEN ABALONE

クジャクアワビは、アワビ類の中で最大の種の 1 つである。かつてはアメリカ合衆国北西部沿岸の潮間帯から潮下帯でふつうに見られたが、乱獲されたために数が少なくなってしまった。重要な漁獲対象種だが、今では漁獲量が厳しく制限されている。現在は、美味とされる身のみならず、宝飾品の材料となる殻を供給するために養殖が行われている。

実物大

近縁種

オーストラリア南部に産するコダイコアワビ *Haliotis brazieri* Angas, 1869 や南アフリカ産のスジマキアワビ *Haliotis queketti* E. A. Smith, 1910 は、ともに温帯域に生息するアワビである。インド西太平洋に生息するヒラアナゴ *Haliotis planata* Sowerby II, 1882 や *Haliotis fatui* Geiger, 1999 は、熱帯産の種で、熱帯産のアワビ類はたいてい、温帯産のものより小さな殻をもつ。オーストララシアはとりわけアワビ類の多様性が高く、この海域に固有の種がいくつもいる。

クジャクアワビの殻は大きく、厚くて重く、輪郭は卵形。螺塔は平たく、殻頂が殻の中心から大きく逸れ、体層は急激に膨らむ。呼水孔はわずかに盛り上がり、体層の周縁に沿うように螺状に 1 列に並び、最も新しい 5 〜 7 個が開いている。殻表には 30 〜 40 本の螺条と成長線がある。殻の内面は虹色の光沢があり、青や緑に染まる。中央には大きな筋肉痕がある。殻の外面はくすんだ赤褐色だが、付着生物にびっしりと覆われていることが多い。

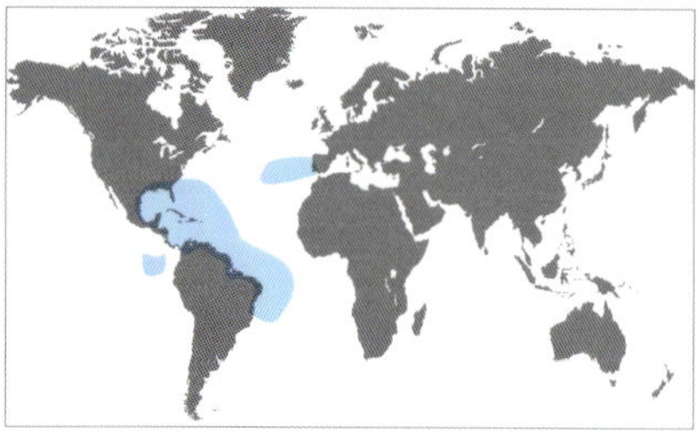

科	スカシガイ科 Fissurellidae
貝殻の大きさ	6 ～ 24mm
地理的分布	ガラパゴス諸島、合衆国ジョージア州からブラジル南部にかけての大西洋岸、ポルトガルからアゾレス諸島まで
存在量	少産
生息深度	水深 10 ～ 1170m
生息場所	岩石底
食性	植食者で藻類を食べる
蓋	ない

貝殻の大きさ
6 ～ 24mm

写真の貝殻
24mm

Emarginula tuberculosa Libassi, 1859

セバメスソキレガイ

TUBERCULATE EMARGINULA

セバメスソキレガイの殻は小型で、殻高が高く、輪郭は卵形。殻頂は強く殻の後方へ曲がり、小さく、殻の最頂部より少し下にある。殻は前方では膨らみ、後方ではへこむ。殻表には約 26 本の強い放射肋、放射肋と放射肋の間にはやや弱い放射肋があり、それらの放射肋が多数の同心円状の筋と交差して、交点が顆粒状になり、布目状の彫刻をなす。殻縁はぎざぎざで、前縁に短い切れ込みがある。殻の色はオフホワイト。（下の写真の貝には成長障害輪があり、横から撮影した写真ではそれがよく分かる。）

実物大

セバメスソキレガイは、スカシガイ類の小型種で、殻の前縁に短い切れ込みをもつ。潮下帯から深海まで分布し、岩やサンゴ礁などの硬いものの上で暮らす。大西洋の東西両側ならびにガラパゴス諸島に生息し、広い地理的分布を示す。スカシガイ科の多くの貝は殻の上部に孔をもち、本種など、いくつかの貝は殻の前縁に切れ込みをもつ。孔も切れ込みももたないものは、比較的少ない。世界には数百のスカシガイ科の現生種が生息している。本科の最古の化石は三畳紀のものが知られる。

近縁種

アラビア湾およびアラビア海に生息する *Emarginula peasei* Theile, 1915 は、殻の前縁に細く短い切れ込みのある小さな平たい殻をもつ。オーストラリアとニュージーランドに産するセキトリオトメガサガイ *Scutus antipodes* (Montfort, 1810) は、スカシガイ類にしては珍しく、孔も切れ込みもない殻をもつ。この貝の殻はほとんど平たく、輪郭が細長い卵形から長方形のため、笠形の腹足類の殻というよりは二枚貝の殻（殻片）のように見える。

科	スカシガイ科 Fissurellidae
貝殻の大きさ	16 ～ 45mm
地理的分布	合衆国フロリダ州からブラジルにかけて
存在量	ふつう
生息深度	潮間帯から水深 3m
生息場所	岩礁海岸
食性	植食者で藻類を食べる
蓋	ない

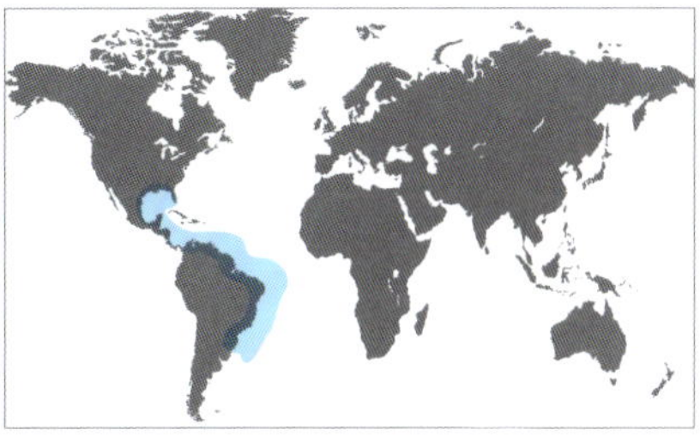

貝殻の大きさ
16 ～ 45mm

写真の貝殻
31mm

Diodora listeri (d'Orbigny, 1842)

ミドリテンガイガイ

LISTER'S KEYHOLE LIMPET

スカシガイ類は、英語では keyhole limpet（鍵穴のあいたカサガイ）と呼ばれ、殻の前縁に切れ込みがあるか、より多くの種は殻の上部に孔、すなわち「鍵穴」のあいた帽子形の殻をもつ。殻の内面は磁器のような光沢があり、前側が開いた馬蹄形の筋肉痕がある。スカシガイ類は世界中に出現し、暖海に生息するものが多いが、温帯域にも生息している。たいていは潮下帯浅部に棲み、岩などの硬い基質の上で藻類を摂食する。他のスカシガイ類同様、ミドリテンガイガイも所によっては食用とされているが、商業漁業の対象にはなっていない。

近縁種

エクアドルからアルゼンチンにかけて分布するハナヤカスカシガイ *Fissurella picta*（Gmelin, 1791）は、濃淡の放射帯が並ぶ大きな殻をもつ。南アフリカ固有種のフタエオオアナテンガイガイ *Fissurella aperta* Sowerby I, 1825 は、殻が楕円形で、大きな孔があいている。アメリカ合衆国カリフォルニア州からバハカリフォルニアにかけて生息するダイオウテンガイガイ *Megathura crenulata*（Sowerby I, 1825）は、最大級のスカシガイ類で殻長が 132mm にもなることがあり、殻の上部にあいた孔は殻長の 1/6 ほどになる。

ミドリテンガイガイの殻は厚く、やや背の高い円錐状で、輪郭は楕円形。殻表には強い放射肋とそれらよりは少し弱い放射肋が交互に並び、さらにそれらの肋間には細い放射細肋がある（つまり、３種類の放射肋が区別できる）。放射肋および放射細肋は同心円状の強い肋と交差して多数の丸みのある瘤や鱗片状の瘤を形成し、全体として布目状の模様になる。殻頂部の鍵穴形の孔はわずかに殻の前方に寄る。殻の外面は地色がクリーム色から褐色で、地色より濃い褐色の放射帯がある。内面の色は白から、やや緑がかったものまである。

実物大

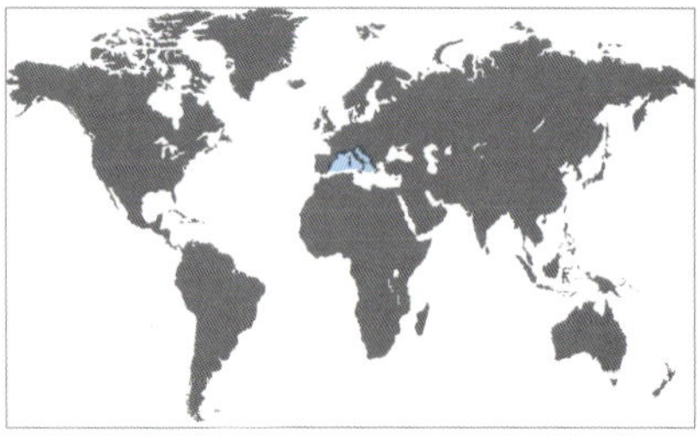

科	スカシガイ科　Fissurellidae
貝殻の大きさ	15 ～ 50mm
地理的分布	地中海北部
存在量	ふつう
生息深度	潮間帯から潮下帯浅部
生息場所	岩礁海岸
食性	グレーザー
蓋	ない

貝殻の大きさ
15 ～ 50mm

写真の貝殻
44mm

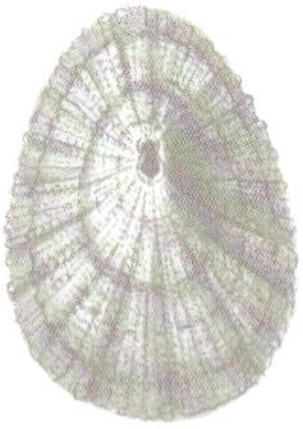

Diodora italica (Defrance, 1820)

イタリーテンガイガイ

ITALIAN KEYHOLE LIMPET

イタリーテンガイガイは、地中海北部に産する普通種で、潮間帯や潮下帯浅部の岩の下に隠れて生活する。殻の大きさや色、殻表の彫刻が非常に変異に富むため、多くの呼び名をもつ。ひょっとすると、形態の類似した複数の種が含まれているかもしれない。分子系統学的研究を行えば、本種の実態と系統分類学的位置について何か新しいことがわかるだろう。イタリーテンガイガイの軟体部はオレンジから黄色で、頭部に短い触角を備える。歯舌の各列には多数の歯が並び、歯舌全体には何千もの小さな歯がある。

近縁種

チリからアルゼンチン南部にかけて分布するパタゴニアテンガイガイ *Diodora patagonica* d'Orbigny, 1847 は、潮下帯に棲む普通種で、殻は輪郭が卵形で厚く、比較的背が高い。この貝の殻には小さな孔が 1 つあき、殻表には多数の放射肋と、それらと交差する同心円状の成長線がある。セバメスソキレガイ *Emarginula tuberculosa* Libassi, 1859 は、ガラパゴス諸島、西大西洋、ヨーロッパなどに広く生息する。この貝は殻頂が曲がり、殻縁に切れ込みのある小さな殻をもつ。

イタリーテンガイガイの殻は中型で、厚くて硬く、輪郭は卵形。殻高はやや高く、殻頂は殻の前縁に寄り、殻頂の最も高いところに鍵穴形の孔があいている。殻の後縁は前縁よりも広く、殻縁は全長にわたってぎざぎざしている。殻表には多数の強い放射肋があり、それらが同心円状の成長線と交差して布目状の彫刻をなす。殻の内面は白く滑らかで、孔の周囲は肥厚する。殻の外面はクリーム色から灰色で、緑がかった褐色の放射帯が入る。

実物大

科	スカシガイ科　Fissurellidae
貝殻の大きさ	60 ～ 132mm
地理的分布	合衆国カリフォルニア州からバハカリフォルニアにかけて
存在量	ふつう
生息深度	潮間帯から潮下帯浅部
生息場所	岩礁海岸
食性	グレーザーで、藻類や付着動物のホヤなどを食べる
蓋	ない

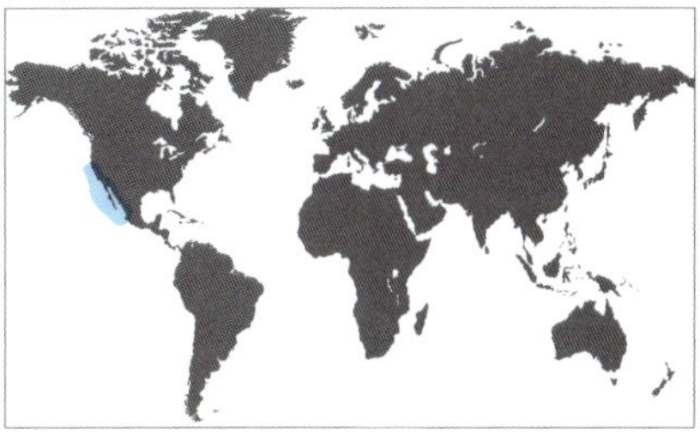

貝殻の大きさ
60 ～ 132mm

写真の貝殻
92mm

Megathura crenulata (Sowerby I, 1825)

ダイオウテンガイガイ

GREAT KEYHOLE LIMPET

ダイオウテンガイガイは、最大級のスカシガイ類の1つではあるが、最大ではない。属名の *Megathura* は「大きな扉」を意味するギリシャ語に由来し、貝殻の上にあいた大きな孔のことを指す。普通種で、たいてい潮下帯浅部の海中林（かいちゅうりん）の岩の上に棲み、藻類や群体性のホヤなどを食べて暮らしている。本種はスカシガイ科の中でも特異で、生時には黒または灰色の外套で殻の大部分が覆われ、「鍵穴」だけが見える。本種の血リンパすなわち血液（体液）は医療への利用が期待されており、いくつもの会社がこの貝の養殖に投資している。

近縁種

アメリカ合衆国フロリダ州からブラジルにかけて生息するミドリテンガイガイ *Diodora listeri* (d'Orbigny, 1842) は、放射肋と同心円肋が交差して布目状の彫刻をなす小さな殻をもつ。エクアドルからアルゼンチンまで分布するハナヤカスカシガイ *Fissurella picta* (Gmelin, 1791) は、スカシガイ類の大型種で、殻には小さな細い「鍵穴」があき、規則的に並ぶ放射帯がある。また、ブラジルに産する *Fissurellidea megatrema* (d'Orbigny, 1841) は、中型で、殻長の半分にも及ぶ特別に大きな孔のあいた殻をもつ。

実物大

ダイオウテンガイガイの殻は大きく、背が低く、厚くて、輪郭は楕円形。殻の上にあいた孔（「鍵穴」）は大きく、卵形で、殻の中央付近にある。殻表には規則的に並んだ放射肋と、同心円状の線がある。殻の縁は多少でこぼこしており、細かいぎざぎざがある。色は外面が赤褐色から灰色で、内面は白磁色。「鍵穴」の周りは白い。

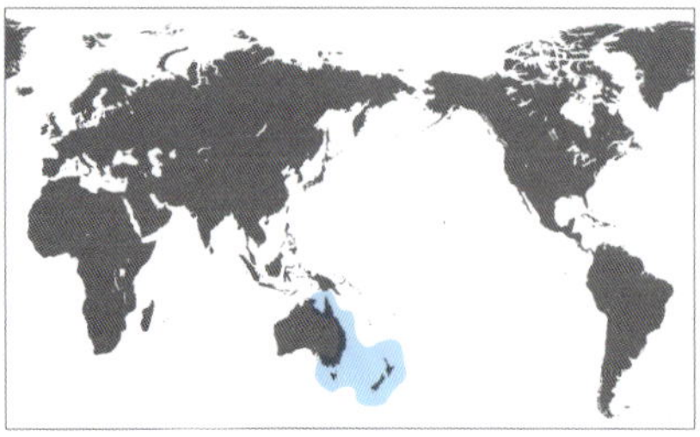

科	スカシガイ科　Fissurellidae
貝殻の大きさ	25 〜 125mm
地理的分布	オーストラリア東部からニュージーランドにかけて
存在量	ふつう
生息深度	潮間帯から潮下帯浅部
生息場所	岩石底
食性	グレーザー
蓋	ない

貝殻の大きさ
25 〜 125mm

写真の貝殻
119mm

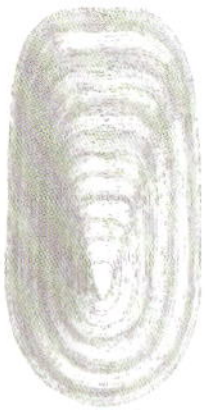

Scutus antipodes (Montfort, 1810)

セキトリオトメガサガイ

SHORT SHIELD LIMPET

セキトリオトメガサガイは、スカシガイ科の中でも最も珍しい貝の1つである。スカシガイ属 *Macroschisma* などに見られるような殻頂部の孔も、スソキレガイ属 *Emarginula* などに見られるような縁の切れ込みもない、硬い楯形の殻をもつ。外套は黒く、大きくて肉付きがよく、殻を覆っている。体は頑丈で、頭部に2本の大きくて長い触角を備える。潮間帯から潮下帯浅部でよく見られ、岩や転石の下に隠れている。オーストラリアのクイーンズランド州から南はタスマニア島、東はニュージーランドにかけて分布し、オーストラリアでは、Elephant Snail（象のような巻貝）という名でも知られる。

近縁種

日本からタイにかけて分布するオトメガサガイ *Scutus sinensis* (Blainville, 1825) は、セキトリオトメガサガイに似ているが、より小さく、前縁に浅い湾入（肛門湾入）のある殻をもち、潮間帯の岩の下で見つかる。地中海北部に産するイタリーテンガイガイ *Diodora italica* (Defrance, 1820) は、スカシガイ類に最もよく見られる。円錐形で殻頂に鍵穴形の孔のあいた殻をもつ。この種の殻は色が淡く、緑がかった褐色の放射帯がある。

実物大

セキトリオトメガサガイの殻は中型から大型で、厚く頑丈で、平たく、輪郭は細長い卵形から長方形。殻高は低い。殻頂は小さく、殻の後端から殻長の1/4ほど前に寄ったところにある。殻表は滑らかで、同心円状の成長線が見られる。殻の内面は全体に滑らか。殻の縁は滑らかで厚い。殻の色は外面が白またはオフホワイトで、内面は白。

科	サザエ科／リュウテンサザエ科　Turbinidae
貝殻の大きさ	30 ～ 80mm
地理的分布	西太平洋
存在量	少産
生息深度	水深 50 ～ 200m
生息場所	礫底
食性	植食者で藻類を食べる
蓋	石灰質で厚く卵形

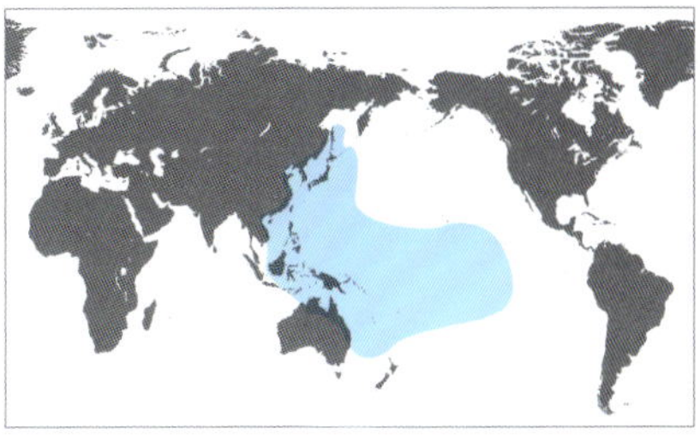

貝殻の大きさ
30 ～ 80mm

写真の貝殻
56mm

Bolma girgyllus (Reeve, 1861)

カミナリサザエ

GIRGYLLA STAR SHELL

カミナリサザエは、殻の直径の半分ほどにもなる長い葉状の棘を備えた色彩の鮮やかな殻をもち、ハリサザエ属 *Bolma* の中で最も華やかな貝である。棘は中空で非常にもろいため、完全な棘が揃った完全無欠の殻はめったに採れない。最近、フィリピンでは希少種に指定され、採取が禁じられている。殻の長い棘は、この貝が深所のおだやかな海中で暮らしていることを示す。サザエ科の他種と同様、植食者で、藻類を食べる。蓋は厚く、石灰化している。

近縁種

同じく西太平洋に生息するキンウチカンスガイ *Bolma guttata* (Adams, 1863) は、カミナリサザエに殻の形が似ているが、より小型で、やや短い棘が体層の下部にのみ 1 列に並ぶ。フィリピンからベトナムにかけて分布するミサカエカタベガイ *Angaria delphinus melanacantha* (Reeve, 1842) の殻は、螺管はやや扁圧され、その肩部に弓なりに曲がった長い棘が 1 列に並んでいる。

カミナリサザエの殻は軽く、円錐形で、螺塔が高い。螺層上部の殻表には、顆粒が螺状列をなして並び、基部にはそれらより大きな顆粒の列がある。長く突き出た葉状の棘は 2 列に並んでいるが、上の列の棘のほうがよく発達している。殻口は楕円形で、軸唇は滑らかで頑強。殻の色は淡黄色、鮮やかなオレンジ、緑がかった褐色、褐色などさまざまで、殻口が黄色またはオレンジに染まることがある。

実物大

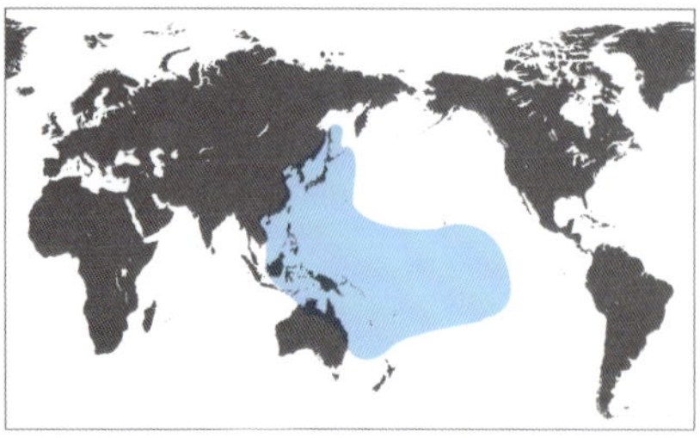

科	サザエ科／リュウテンサザエ科　Turbinidae
貝殻の大きさ	35 ～ 70mm
地理的分布	西太平洋
存在量	局所的に多産
生息深度	やや深い所
生息場所	サンゴ礁や岩石底
食性	植食者で藻類を食べる
蓋	角質で核は中央にあり、円形

貝殻の大きさ
35 ～ 70mm

写真の貝殻
69mm

Angaria delphinus melanacantha (Reeve, 1842)

ミサカエカタベガイ

IMPERIAL DELPHINULA

ミサカエカタベガイは、サンゴ礁周辺のやや深い所でふつうに見られ、局所的に多産する。フィリピンでは、本種をはじめ巻貝類の多くはたいていタングルネットと呼ばれる刺し網の 1 種で採取される。本種の殻には多数の棘があるが、棘の発達度合いには変異が見られる。なかには非常に長い棘をもつものもおり、潮流の強い場所よりおだやかな海に棲むもののほうがずっと長い棘をもつ。殻はよく藻類やサンゴなどの付着生物で覆われているので、収集されている貝殻のように完全無欠のきれいな殻にするには、非常に丹念に掃除しなければならない。大多数のサザエ類では殻の蓋は石灰質だが、本種は角質で多旋型の丸い蓋をもつ。

近縁種

西太平洋に生息するキナノカタベガイ *Angaria sphaerula* (Kiener, 1839) は、ミサカエカタベガイに似ているが、より棘が長く、螺塔もわずかに高い。同じくフィリピンに産するショウジョウカタベガイ *Angaria vicdani* Kosuge, 1980 は、さらに長い棘をもち、棘の長さは殻の直径と同じぐらいになる。太平洋南西部に分布するコブシカタベガイ *Angaria tyria* (Reeve, 1842) の殻には棘が全くないか、あっても短く、1 本の太い螺状の色帯がある。

ミサカエカタベガイの殻は厚く、やや平たく、非常に棘が多い。螺塔は低く、体層が殻の大部分を占める。螺層の肩には、殻の上方に向かって伸びる先端が内側に曲がった長い棘を備え、殻の残りの部分の殻表には、小さな棘が螺状の列をなして並ぶ。臍孔は深く、棘を備える。殻は灰色がかった紫から褐色で、殻口は丸く、その内壁は白く真珠光沢がある。

実物大

科	サザエ科／リュウテンサザエ科　Turbinidae
貝殻の大きさ	70 〜 125mm
地理的分布	日本近海
存在量	ふつう
生息深度	水深 100 〜 500m
生息場所	砂底
食性	植食者で藻類を食べる
蓋	石灰質で厚い

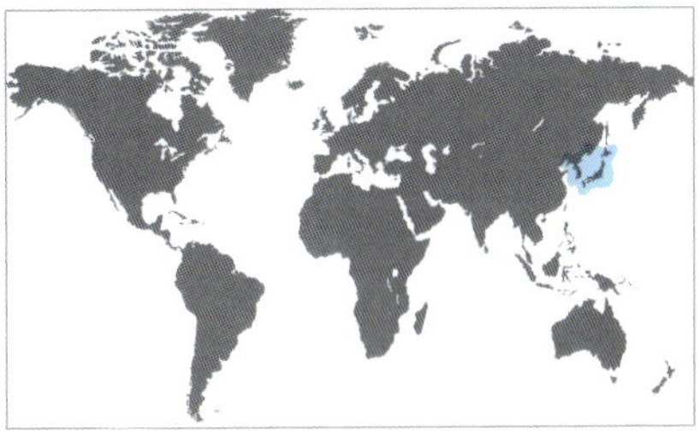

貝殻の大きさ
70 〜 125mm

写真の貝殻
102mm

Guildfordia yoka Jousseaume, 1888

ハリナガリンボウガイ

YOKA STAR TURBAN

ハリナガリンボウガイは、最も特色のある貝の1つで、非常に長い棘が放射状に突き出た平たい殻をもつ。棘は殻の周縁に沿って並ぶので、殻の有効サイズを大きくできる。棘はまた、捕食者が身を取り出すために貝殻をひっくり返すのをより難しくする。水の動きの少ない深所に生息し、水深 500m の深海からも得られる。最近、フィリピン沖の深海から本種によく似た貝が2種見つかり、新種として記載された。

近縁種

日本からオーストラリア北東部にかけて分布するリンボウガイ *Guildfordia triumphans*（Philippi, 1841）は、ハリナガリンボウガイに非常によく似た殻をもつが、より小型で棘の長さも短く、ときに本種より多くの棘をもつことがある。アメリカ合衆国カリフォルニア州からバハカリフォルニアにかけての東太平洋に生息するナミジワターバンガイ *Lithopoma undosa*（Wood, 1828）の殻は、大型で背が高く、独楽形で、螺層の周縁に沿って波打つ畝状隆起が走る。

実物大

ハリナガリンボウガイの殻は中型で平たく、円盤状で、7 〜 9 本の放射状に伸びる長い棘を備える。螺塔は低く、縫合は浅い。殻の背面は螺状の列をなして並ぶ顆粒で覆われ、腹面には斜めになった細い縦脈が並び、臍孔の周囲は滑層が肥厚する。棘は非常に長く、殻の直径ほどの長さになることがあり、まっすぐのものも多少弓なりに曲がったものもある。殻の背面は光沢のある赤褐色で、腹面はクリーム色。

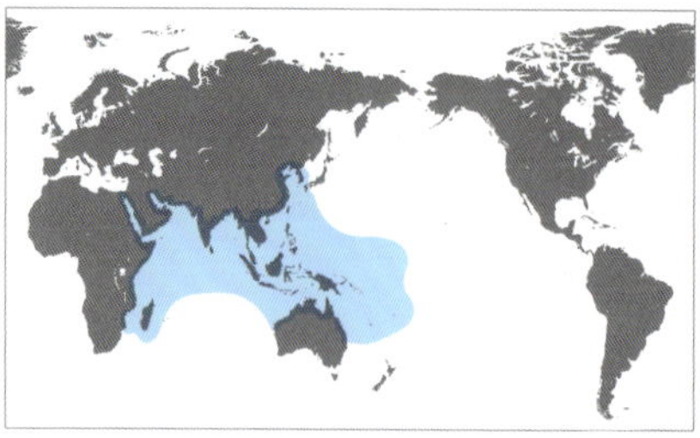

科	サザエ科／リュウテンサザエ科　Turbinidae
貝殻の大きさ	30 〜 100mm
地理的分布	紅海からインド西太平洋にかけて
存在量	ふつう
生息深度	潮間帯から水深 40m
生息場所	サンゴ礁や岩礁海岸
食性	植食者
蓋	石灰質で厚く、青みがかった緑色

貝殻の大きさ
30 〜 100mm

写真の貝殻
53mm

Turbo petholatus Linnaeus, 1758

リュウテンサザエ

TAPESTRY TURBAN

リュウテンサザエは、最も美しいサザエ類の1つで、その英語名が示すように、タペストリーのように見える複雑な模様のある色彩の美しい殻をもつ。また中央部が緑に染まった厚い円形の蓋をもつため、Cat's Eye（猫目石）という別名でも知られる。波のおだやかな海域の潮間帯から浅海にかけてのサンゴ礁や岩礁に棲む。身が食用になり、殻も美しいので採取され、さらに蓋も宝飾用に利用される。サザエ科には200種を超える現生種が知られ、その多くが熱帯域および亜熱帯域に生息する。本科の最古の化石は白亜紀のものが知られる。

近縁種

サザエ類で最大の大きさを誇るのは、オーストラリアに棲むダイオウサザエ *Turbo jourdani* Kiener, 1839 と東アフリカから太平洋中部にかけて生息するヤコウガイ *Turbo marmoratus* Linnaeus, 1758 の2種である。前者はリュウテンサザエに似た滑らかな殻をもつが、より大きく、殻頂がもっと尖っている。後者は、殻表のごつごつした非常に大きくて重い殻をもつ。この貝の殻表には強い螺肋が3本ある。

リュウテンサザエの殻は中型で、厚くて重く、独楽形。螺塔はやや高く、螺層は丸みがあって膨らみ、縫合は浅いが明瞭。殻表は滑らかで光沢がある。殻口は卵形で、外唇は厚みがあるが縁は鋭利。軸唇は滑らか。殻の色はたいてい赤やオレンジ、褐色などで、螺状の褐色帯と縦に走る薄い色のジグザグ模様あるいは山形紋がある。殻の蓋は滑らかで艶があり、青みがかった緑。

実物大

科	サザエ科／リュウテンサザエ科 Turbinidae
貝殻の大きさ	70 ～ 115mm
地理的分布	ニュージーランド
存在量	少産
生息深度	深所、水深 200m まで
生息場所	岩石底
食性	植食者で藻類を食べる
蓋	石灰質で少旋型で卵形

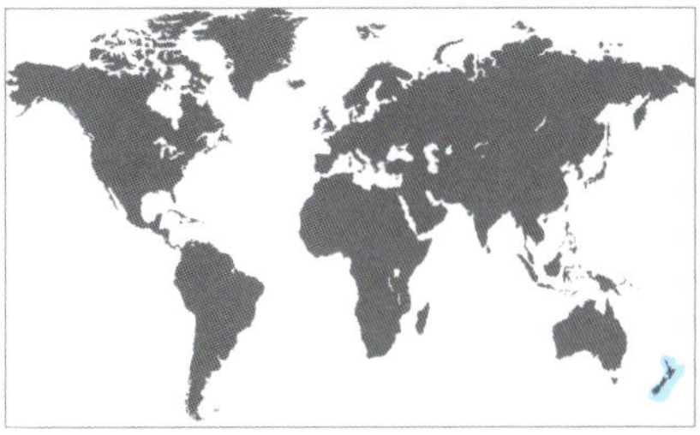

貝殻の大きさ
70 ～ 115mm

写真の貝殻
115mm

Astraea heliotropium (Martyn, 1784)

ニチリンサザエ

SUNBURST STAR SHELL

ニチリンサザエの最初の標本は、ジェームズ・クック（通称キャプテン・クック）が探検航海中にニュージーランドに立ち寄った時に採集されたものである。伝えられるところによると、発見された時、その貝はエンデバー号の錨鎖にくっついていたという。貝はイギリスに持ち帰られ、そこで記載され、すぐに収集家の間で人気になった。殻はたいていサンゴやサンゴモに覆われており、きれいに掃除するのは難しい。深所では普通種だが、ニュージーランド固有種で分布が限られているため、標本は少ない。

近縁種

アメリカ合衆国フロリダ州からブラジルにかけて分布するフロリダアザミガイ *Astralium phoebium* (Röding, 1798) は、ニチリンサザエに似るが、より小型で、棘の数がもっと多い。西太平洋の熱帯域に生息するカミナリサザエ *Bolma girgyllus* (Reeve, 1861) は、ニチリンサザエより背が高く、葉状の棘を備え、臍孔のない殻をもつ。日本からフィリピンにかけて分布するハリナガリンボウガイ *Guildfordia yoka* Jousseaume, 1888 は、殻の周縁から 7 ～ 9 本の長い棘が放射状に伸びる平たい殻をもつ。

実物大

ニチリンサザエの殻は大きくて厚く、サザエ科の貝にしては螺塔がやや高い。螺層は丸みがあるが、殻底は平たい。ひだ飾りを備えた大きな三角形の鱗片状突起が螺層の周縁に沿って1列に並ぶ。殻表は、螺状の列をなして並ぶ小瘤に覆われ、殻底では小瘤は鱗片状となる。臍孔は深く幅広い。殻の色は灰色がかった白で、殻口の内壁は真珠光沢のある白。殻の蓋は石灰質で厚く、外面は白く、殻軸筋に付着している部分は褐色である。

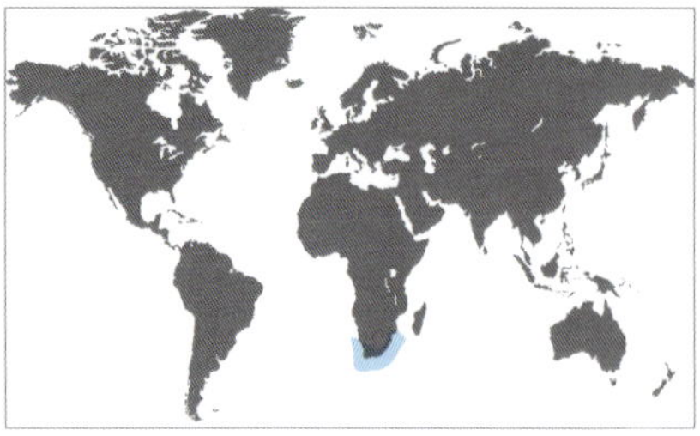

科	サザエ科／リュウテンサザエ科 Turbinidae
貝殻の大きさ	40 ～ 120mm
地理的分布	南アフリカ固有種
存在量	多産
生息深度	潮下帯浅部
生息場所	岩礁海岸
食性	植食者
蓋	石灰質で厚く、円形で疣状突起に覆われる

貝殻の大きさ
40 ～ 120mm

写真の貝殻
92mm

Turbo sarmaticus Linnaeus, 1758

リュウオウスガイ

SOUTH AFRICAN TURBAN

リュウオウスガイは、南アフリカ固有種で、南アフリカ産のサザエ類の中では最大である。現地では、Alikreukel（本種のアフリカーンス語名）または giant periwinkle（大きなタマキビの意だが、真のタマキビ類すなわちタマキビ科の貝は本種とは遠縁で、ずっと小型である）と呼ばれている。本種は食用になり、美味とされる。身が筋肉質で硬いので、煮てから細かく刻み、油で炒めて食べる。乱獲のため、現在は採取が規制され、許可を取った人のみ少数の採取が許される。軟体部は緑で、白と濃い緑の斑点や大理石模様がある。足の裏は黄色からオレンジ。殻は厚くて重い。蓋は石灰質で丸く、その外面は比較的大きな疣状突起に覆われる。

実物大

近縁種

フィリピンやインドネシアなどに生息するタツマキサザエ *Turbo reevei* Philippi, 1847 は、艶のある中型の殻をもつ。この貝の殻の色は非常に変異に富み、淡黄褐色から鮮やかな黄色、緑や赤褐色などさまざまである。オーストラリア固有のダイオウサザエ *Turbo jourdani* Kiener, 1839 は、サザエ科の最大種の１つで、螺塔が比較的高い殻と表面が滑らかで円形の白い蓋をもつ。

リュウオウスガイの殻は大きく、厚くて重く、膨らみ、ターバンのような形である。螺塔はやや低く、丸みのある殻頂と浅い縫合を備える。螺層は膨らみ、丸みがある。殻表はごつごつしていて、細い螺状線とともに縦に走る成長線が見られ、螺層の肩には小瘤が螺状の列をなして並ぶ。殻口は卵形で大きい。外唇は厚いが、縁は鋭利。軸唇は滑らか。殻の色は淡いオレンジから褐色まで変異が見られ、殻表が摩耗すると、内側の真珠層が透けて見える。殻口内は白い。

科	サザエ科／リュウテンサザエ科　Turbinidae
貝殻の大きさ	75 ～ 230mm
地理的分布	オーストラリア南部および西部に固有
存在量	少産
生息深度	潮間帯から潮下帯浅部
生息場所	潮溜まりや葉状の褐藻の間
食性	植食者
蓋	石灰質で厚く円形

貝殻の大きさ
75 ～ 230mm

写真の貝殻
217mm

Turbo jourdani Kiener, 1839

ダイオウサザエ

JOURDAN'S TURBAN

ダイオウサザエは、サザエ科の最大種の1つで、オーストラリア産のサザエ類の中では最大である。珍しい貝だが、潮間帯から潮下帯浅部に棲み、葉状の褐藻の間や、時に潮溜まりでも見つかることがある。身が食用になるだけでなく、大きな殻が収集家の間で高く評価されているために珍重される。軟体部は赤褐色である。オーストラリア南部には、以前は別種 *Turbo verconis* Iredale, 1937 とされていた、本種の形態型が生息している。この貝は大きな卵形の蓋をもち、殻の色が白っぽい。

近縁種

紅海からインド西大平洋にかけて分布するリュウテンサザエ *Turbo petholatus* Linnaeus, 1758 は、螺状の色帯や縦に走るジグザグ模様で華麗に飾られた艶のあるターバン形の殻をもち、ダイオウサザエに似ているが、より小型で、螺塔がより低く、色がずっと鮮やかである。日本から中国およびフィリピンにかけて生息するサザエ *Turbo cornutus* Lightfoot, 1786 は独楽形の厚い殻をもち、殻表に5本ほどの螺肋のあるものや、太い棘が2列の螺状列をなして並ぶものが見られる。

実物大

ダイオウサザエの殻は非常に大きく、厚くて重く、ターバン形で艶がある。螺塔は高く、頂端が尖り、縫合は顕著。螺層は丸みがあり膨らむ。体層は大きく、殻口は卵形で広く、比較的薄い外唇と滑らかな軸唇を備える。臍孔はない。殻表は滑らかで細い成長線が見られ、ときに低い螺肋が見られることもある。殻の色は外面が濃い赤褐色で、内面は白磁色。大きな円形の蓋は外面が白で、内面は薄い褐色の殻皮に覆われる。

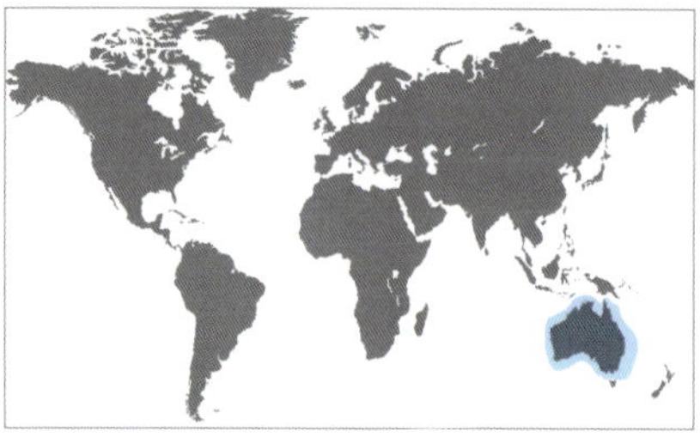

科	サラサバイ科　Phasianellidae
貝殻の大きさ	25 〜 50mm
地理的分布	オーストラリア固有種
存在量	ふつう
生息深度	潮間帯から水深 10m
生息場所	大型褐藻の上や岩の下
食性	植食者
蓋	石灰質で白く卵形

貝殻の大きさ
25 〜 50mm

写真の貝殻
49mm

Phasianella ventricosa Swainson, 1822

キジバイ

SWOLLEN PHEASANT

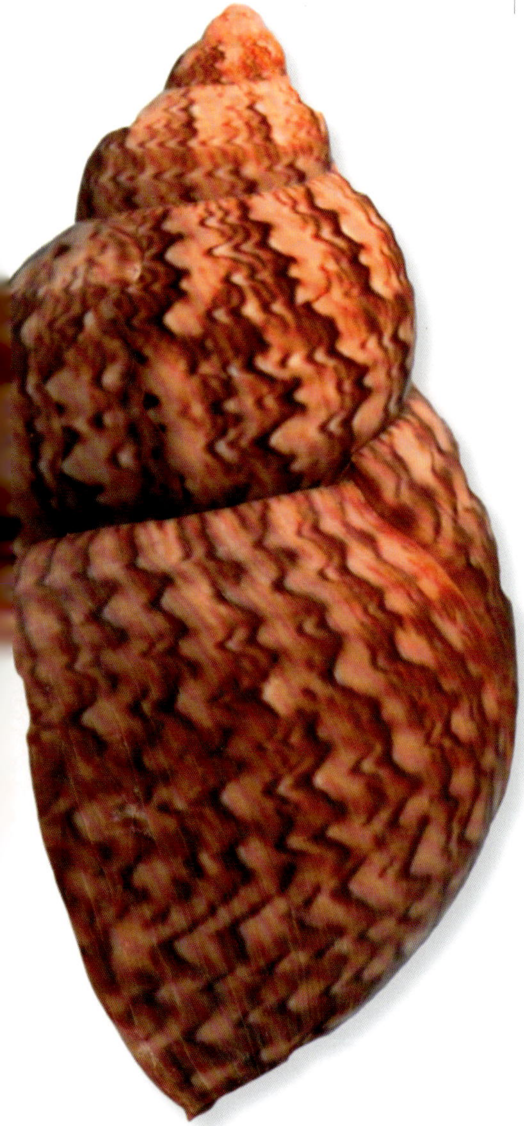

キジバイは、サラサバイ類の普通種で、螺状の色帯のあるもの、斜めの色帯のあるもの、縦縞のあるものなど色模様が非常に変異に富む。本種はオーストラリア固有種で、岩礁海岸の潮間帯から潮下帯浅部に棲み、幼貝の時は岩の下、成貝になると大型褐藻(かっそう)の上で暮らしている。しばしば、砂浜に大量に打ち上げられており、とくにニューサウスウェールズの南部では打ち上げ貝がよく見つかる。サラサバイ科には、世界で 20 種ほどの現生種が知られる。

近縁種

オーストラリア南岸およびタスマニア島に生息するオオサラサバイ *Phasianella australis*（Gmelin, 1791）は、サラサバイ科の最大種で、約 100mm になる。地中海に産するイトヒキサラサバイ *Tricolia speciosa*（Mühlfeld, 1824）は、小型のキジバイに似るが、殻は少し細長い。

実物大

キジバイの殻は中型で、頑丈で丸みのある紡錘形。螺塔はいくぶん高く、縫合は顕著で、螺層は丸みがあって膨らむ。殻表は滑らかで艶があり、殻皮はない。殻の色模様は非常に変異に富むが、たいてい地色は淡く、ピンク、クリーム色、赤褐色、白、褐色などの螺帯または縦帯や不規則な縞模様がある。

科	ニシキウズガイ科　Trochidae
貝殻の大きさ	5 ～ 21mm
地理的分布	インド西太平洋
存在量	多産
生息深度	潮間帯から水深 5m
生息場所	砂泥底
食性	植食者
蓋	角質で丸く多旋型

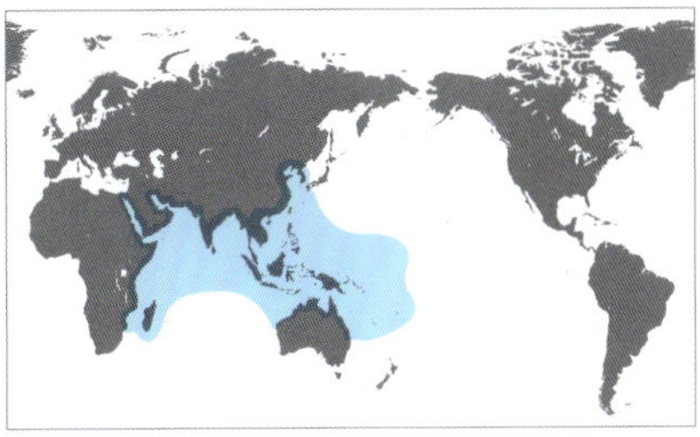

貝殻の大きさ
5 ～ 21mm

写真の貝殻
17mm

Umbonium vestiarium (Linnaeus, 1758)

サラサキサゴ

COMMON BUTTON TOP

サラサキサゴは、ニシキウズガイ科の小型種でインド西太平洋の浅海に多産する。殻表が滑らかで艶のある平たく丸い殻をもつ。色模様は変異に富む。小型であるにもかかわらず食用に採取され、スープの材料になる。殻は広く貝細工に利用され、貝殻のカーテンやネックレスを作るのに使われる。世界にはニシキウズガイ科の現生種が数百種はおり、とくに熱帯から亜熱帯にかけての浅海の硬い基質の上で暮らすものが多い。本科の最も古い化石は三畳紀のものが知られる。

近縁種

日本に産するダンベイキサゴ *Umbonium giganteum* (Lesson, 1831) は、サラサキサゴの大型個体のように見えるが、本種よりは殻形がほんの少し円錐形に近く、色模様が地味である。日本から太平洋南西部にかけて分布するヒラヒメアワビ *Stomatella planulata* (Lamarck, 1816) は小型で、体層が大きく広がった殻をもつため、一見アワビ類に似ているが、体層の周縁に孔の列はない。

実物大

サラサキサゴの殻は小さくて薄く、背腹に扁平で輪郭は円形。螺塔は非常に低く、螺層は膨らみ、縫合は細く深く、縫合部にしばしば螺状の色帯がある。殻表は滑らかで光沢があり、体層の側面は丸く膨らむ。殻口はやや三角形に近く、外唇は薄く、軸唇は滑らか。殻の地色はたいてい灰色や黄色、褐色、ピンクなどで螺状の色帯、炎模様や縞模様が入る。

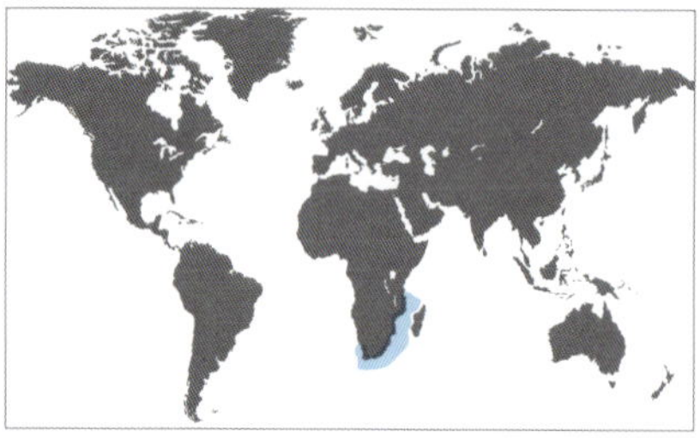

科	ニシキウズガイ科　Trochidae
貝殻の大きさ	13 〜 22mm
地理的分布	タンザニアから南アフリカにかけて
存在量	ふつう
生息深度	潮間帯から水深 2m
生息場所	岩の下
食性	植食者
蓋	角質で薄くしなやか

貝殻の大きさ
13 〜 22mm

写真の貝殻
20mm

Clanculus puniceus (Philippi, 1846)

イチゴナツモモガイ

STRAWBERRY TOP

イチゴナツモモガイは、特徴ある魅力的な小さな貝で、殻の色や手触りがイチゴに似ている。潮間帯や潮下帯浅部に生息する普通種で、岩や礫の下で時に大量に見つかる。貝殻中に含まれる特殊な色素のため、紫外線をあてると殻が蛍光を発する数少ない貝の 1 種である。

近縁種

紅海とインド洋に生息するテイオウナツモモガイ *Clanculus pharaonius* (Linnaeus, 1758) は、殻がイチゴナツモモガイに似るが、わずかに大きく、螺肋の数が多い。また螺肋には黒と白の顆粒が 1 つずつ交互に並ぶ。インド太平洋に産するサラサバテイラ *Tectus niloticus* (Linnaeus, 1767) は、白地に赤褐色の炎模様の入った大きくて重い独楽形の殻をもつ。

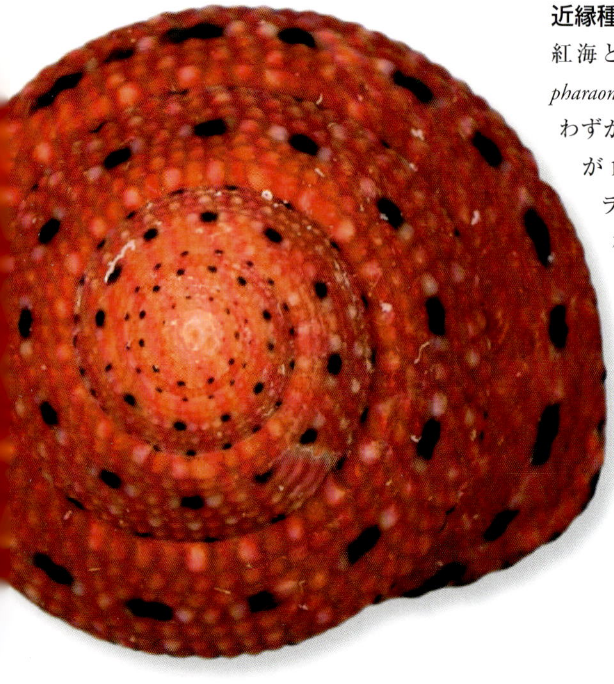

実物大

イチゴナツモモガイの殻は小さく、厚く頑丈で、艶があって独楽のような形をしている。螺塔はやや高く、螺層は膨らみ、縫合は顕著である。殻表には丸い顆粒が並ぶ螺肋が数本ある。臍孔は深く、成貝では、臍孔の周りに鋸歯状小突起が並ぶ。殻口は小さく、軸唇および外唇には突起があって殻口を保護する。外唇の縁にも黒い鋸歯状小突起が並ぶ。殻の色は濃い赤または鮮やかな赤で、一部の螺肋では、だいたい顆粒 4 つごとに 1 つが黒染する。殻口部は白い。

科	ニシキウズガイ科　Trochidae
貝殻の大きさ	15 ～ 30mm
地理的分布	日本からフィリピンにかけて
存在量	ふつう
生息深度	潮間帯から水深 10m
生息場所	サンゴ礁の岩の下
食性	植食者
蓋	ない

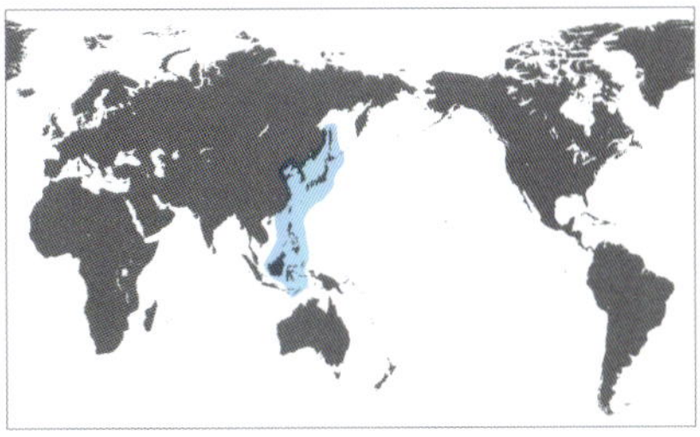

貝殻の大きさ
15 ～ 30mm

写真の貝殻
25mm

Stomatella planulata (Lamarck, 1816)

ヒラヒメアワビ

FLATTENED STOMATELLA

ヒラヒメアワビの殻は、体層が大きく広がっているので、その周縁に孔の列がないことを除けばアワビ類の殻に似る。潮間帯から潮下帯浅部の岩の下に隠れて暮らしており、この殻形の収斂は本種とアワビ類の生息場所が似通っていることに関係している。本種の殻頂および胎殻は非常に小さく、殻の後縁近くにある。殻に蓋はなく、殻の内面には真珠光沢がある。ヤモリが尻尾を切り落とすのと同じように、触ったりすると足の一部を切り離すことがある。

近縁種

日本からフィリピンまで分布するクレナイアシヤガマガイ *Stomatellina sanguinea* (A. Adams, 1850) は、殻が小さく、螺塔はやや高く、殻頂が尖っていて、螺層は丸みを帯びる。鮮やかな色の貝で、赤から黄みがかった色のものまである。タンザニアから南アフリカにかけて生息するイチゴナツモモガイ *Clanculus puniceus* (Philippi, 1846) は、顆粒の並んだ螺肋のある魅力的な濃い赤色の殻をもつ。この貝の螺肋には、だいたい顆粒 4 つごとに 1 つが黒染するものがある。

実物大

ヒラヒメアワビの殻は小さくて平たく、薄く、細長い耳状である。螺塔はほぼ平坦で、殻頂は非常に小さく殻の後縁近くにあり、体層が大きく広がる。殻表は滑らかで、かすかな螺溝と細い成長線がある。殻の内面は真珠層に覆われ、その上に細い螺状の線が入る。殻口は非常に大きく、外唇および軸唇は滑らか。殻の外面の色は変異に富むが、緑がかったものや褐色がかったものが多く、螺状の線や鳥の羽のような模様がある。殻の内面の真珠層を通して外面の色が透けて見える。

科	ニシキウズガイ科　Trochidae
貝殻の大きさ	20 〜 30mm
地理的分布	合衆国フロリダ州から西インド諸島、メキシコ湾北部
存在量	希少
生息深度	水深 230 〜 1060m
生息場所	軟質底
食性	グレーザー
蓋	角質で多旋型

貝殻の大きさ
20 〜 30mm

写真の貝殻
30mm

Gaza fischeri Dall, 1889

チュウタカラシタダミ

FISCHER'S GAZA

チュウタカラシタダミは、美しい巻貝で、アメリカ合衆国フロリダ沖から西インド諸島にかけてのカリブ海やメキシコ湾北部の深海に生息する。採れたばかりの時は、殻に淡い緑から金色やピンクなどさまざまな色合いの真珠光沢がある。標本は希少だが、姉妹種のオオタカラシタダミ *Gaza superba*（Dall, 1881）のように生息場所にはたくさんいるのかもしれない。同属種の中には、幅広い足をバタバタ動かして泳いで捕食者から逃げるものが知られる。タカラシタダミ属 *Gaza* には、現在 7 種が知られ、すべて深海に生息する。

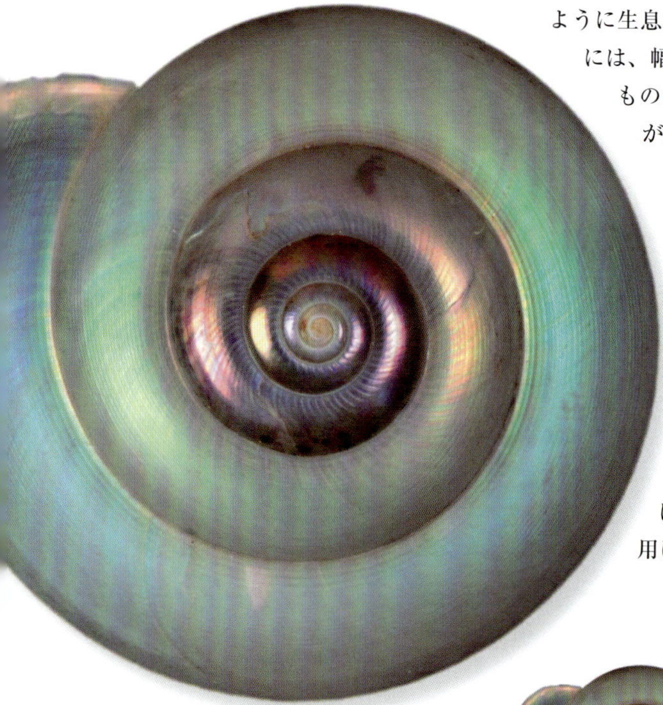

近縁種

オオタカラシタダミは、チュウタカラシタダミと同じ海域に分布し、殻も似ているが、わずかに大きく、縫合の周辺で螺層がより平たい。また、成貝は胎殻を欠き、臍孔が部分的に滑層で覆われる。インド西太平洋の熱帯域に棲むサラサバテイラ *Tectus niloticus*（Linnaeus, 1767）は、ニシキウズガイ類の中で最大で、最も重い。サラサバテイラの殻はかつてボタンを作るために使われていた。身は食用になる。

実物大

チュウタカラシタダミの殻は小さく、薄くて軽く、独楽形で螺層は丸みを帯びる。螺塔は低く、しばしば殻頂が欠けていて、そこに臍孔に続く微小な円形の孔だけが残っている。殻表は滑らかで、細い成長線と細い螺状線だけが見られる。外唇縁は外側に反り、肥厚する。成貝では大きな滑層によって広くて深い臍孔が完全に覆われている。殻には真珠光沢があり、淡い黄緑色で紫または金色を帯びる。

科	ニシキウズガイ科　Trochidae
貝殻の大きさ	36 ～ 50mm
地理的分布	ベーリング海からチリにかけて
存在量	少産
生息深度	水深 350 ～ 2140m
生息場所	砂底や泥底
食性	表層堆積物食者
蓋	角質で薄く円形

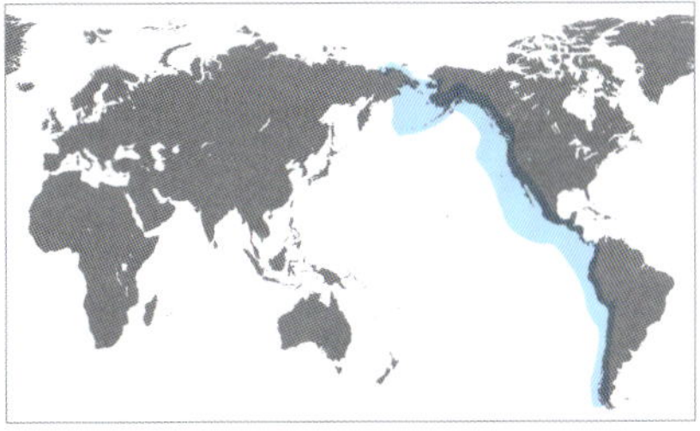

貝殻の大きさ
36 ～ 50mm

写真の貝殻
36mm

Bathybembix bairdii (Dall, 1889)

イガコガネエビスガイ

BAIRD'S BATHYBEMBIX

イガコガネエビスガイは、アラスカからチリにかけての非常に広い緯度帯に分布し、深海に生息する。トロール網によって砂底や泥底から得られている。表層堆積物食者で、有孔虫や、死んで海底に沈んだプランクトンを含む他の微生物を食べる。また、実験で海底に沈めたオオウキモ *Macrocystis pyrifera* を食べたことが報告されている。深海の巻貝類は、得られる餌の量が増えると摂食速度を速めることができる。本種の他に世界には約8種の同属種が現存しており、本種を含めすべて深海に生息する。

近縁種

日本から東シナ海にかけて分布するイガギンエビスガイ *Bathybembix crumpii* (Pilsbry, 1893) は、イガコガネエビスガイに似ているが、より小さく、殻幅はわずかに広く、殻表の結節状突起がより鋭く尖る。フロリダから西インド諸島およびメキシコ湾北部にかけて生息するチュウタカラシタダミ *Gaza fischeri* Dall, 1889 も深海産のニシキウズガイ類の1種で、やはり薄い殻をもつが、イガコガネエビスガイと異なり、殻表は滑らかである。

イガコガネエビスガイの殻は中型で、薄くて軽く、殻幅より殻高が高い。螺塔はいくぶん高く、しばしば摩耗している。縫合は細いが明瞭。螺層上部の殻表には結節状突起が3列の螺状列をなして並び、下部には顆粒が数本の螺状列をなす。殻表にはまた細い成長線も見られる。殻口は大きく、蓋は薄くて丸い。外唇も軸唇も滑らか。臍孔はない。殻の色は白いが、黄色あるいは淡いオレンジの薄い殻皮に覆われる。殻口内は白いか、黄みを帯びる。

実物大

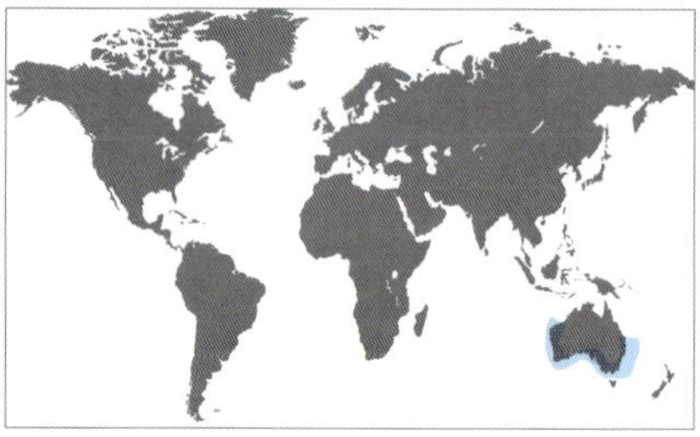

科	ニシキウズガイ科　Trochidae
貝殻の大きさ	20 ～ 40mm
地理的分布	オーストラリアのニューサウスウェールズ州から西オーストラリア州にかけて
存在量	ふつう
生息深度	潮間帯から水深 3m
生息場所	海藻上
食性	植食者
蓋	角質で薄い

貝殻の大きさ
20 ～ 40mm

写真の貝殻
27mm

Phasianotrochus eximius（Perry, 1811）

ケルプチグサガイ

GREEN JEWEL TOP

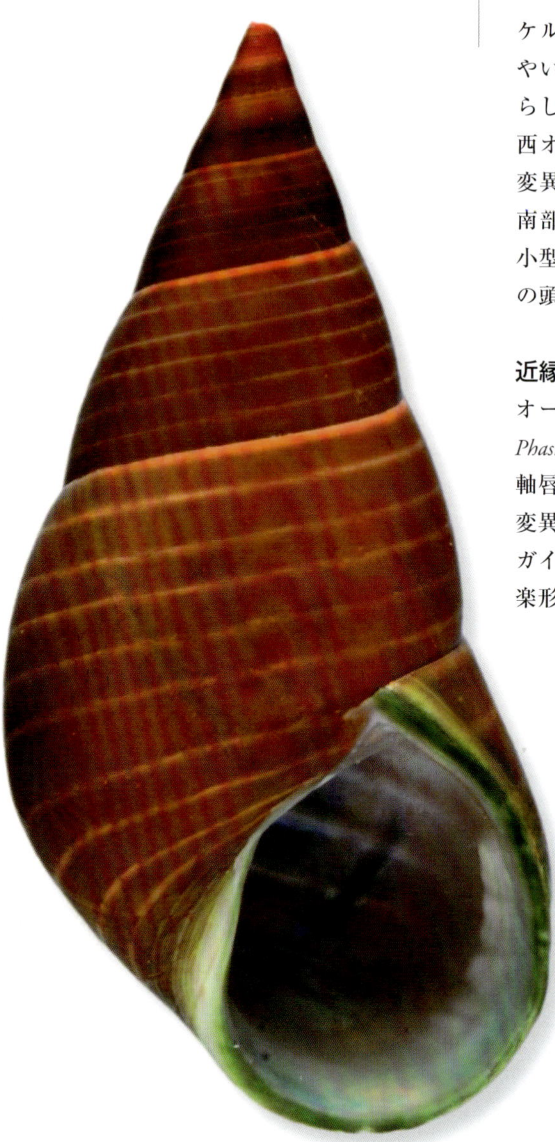

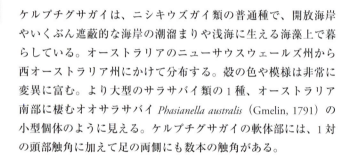

ケルプチグサガイは、ニシキウズガイ類の普通種で、開放海岸やいくぶん遮蔽的な海岸の潮溜まりや浅海に生える海藻上で暮らしている。オーストラリアのニューサウスウェールズ州から西オーストラリア州にかけて分布する。殻の色や模様は非常に変異に富む。より大型のサラサバイ類の 1 種、オーストラリア南部に棲むオオサラサバイ *Phasianella australis*（Gmelin, 1791）の小型個体のように見える。ケルプチグサガイの軟体部には、1 対の頭部触角に加えて足の両側にも数本の触角がある。

近縁種

オーストラリア南部に生息するイロガワリケルプチグサガイ *Phasianotrochus bellulus*（Philippi, 1845）は、より小型で幅が広く、軸唇に 2 歯を備える殻をもつ。この貝も殻の色や模様が非常に変異に富む。バハマ諸島など、西インド諸島に産するチャウダーガイ *Cittarium pica*（Linnaeus, 1758）は、黒と白の色帯が入った独楽形の殻をもつ。

実物大

ケルプチグサガイの殻は中型で、殻表は滑らかで艶があり、形は細長い円錐形である。螺塔は高く、螺層はわずかに膨らむのみ。縫合は深く、殻頂は小さくて尖っている。殻表は大部分滑らかで、体層には 10 本、その上の螺層には 4 本の螺溝が刻まれる。殻口は卵形で、外唇は滑らかで、通常薄いがときに厚いこともある。成貝では、軸唇に 1 歯を備える。殻の色は変異に富み、全体に緑、バラ色、褐色などのもの、不規則な線が入るものなどがある。殻口内には強い虹色光沢がある。

科	ニシキウズガイ科 Trochidae
貝殻の大きさ	38 〜 64mm
地理的分布	合衆国カリフォルニア州南部からバハカリフォルニアにかけて
存在量	少産
生息深度	水深 6 〜 30m
生息場所	岩石底
食性	植食者
蓋	角質で薄く円形

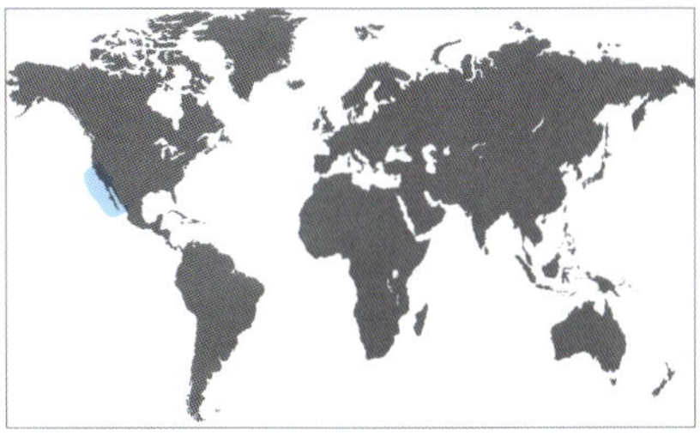

貝殻の大きさ
38 〜 64mm

写真の貝殻
43mm

Tegula regina Stearns, 1892

ジョウオウクボガイ

QUEEN TEGULA

ジョウオウクボガイは、めったに見つからない貝で、サンタカタリナ島など、アメリカ合衆国カリフォルニア州沿岸からメキシコのバハカリフォルニアにかけて生息する。*Tegula* 属には約40の現生種が含まれるが、その半数ほどは東太平洋とカリブ海の熱帯域や亜熱帯域に、残りは南北アメリカ大陸の太平洋岸および東アジアの温帯域に生息している。本属には、同一地域に共存する近縁な種のグループがいくつか認められるが、それらのグループの中では近縁種の分布が地理学的障壁や温度障壁によって大きく隔てられていない。このことは、それらの近縁種群は同所的に種分化した可能性があることを示唆する。

ジョウオウクボガイの殻は中型で厚く、独楽形。螺塔はいくぶん高く、螺層は膨らまない。縫合はぎざぎざで、縁が突出する。殻表には多数の斜めになった縦肋があり、殻底にはアーチ形の襞が並ぶ。殻口は小さく、斜めに傾き、外唇にはぎざぎざがあり、軸唇には襞が1本ある。殻の色はたいてい濃い灰色か黒だが、(ここに示した写真のように) オレンジの色帯が入ることもある。殻底は黒く、殻口内は虹色光沢があり、黄みを帯びる。

実物大

近縁種

カナダのバンクーバー島からメキシコのバハカリフォルニアまで分布するハチマキクボガイ *Tegula funebralis* (Adams, 1855) は、潮間帯の潮溜まりに棲む普通種である。この貝の殻は濃い灰色から黒だが、螺塔が摩耗して殻頂部がオレンジ色がかった褐色になっていることが多い。ノリスガイ *Norrisia norrisii* (Sowerby II, 1838) は、ジョウオウクボガイと分布が重なっているが、その殻はもっと大きい。また、螺塔が低く、臍孔があり、殻表が滑らかである。

科	ニシキウズガイ科　Trochidae
貝殻の大きさ	30 〜 67mm
地理的分布	カリフォルニア湾からメキシコ西部にかけて
存在量	ややふつう
生息深度	沖合
生息場所	海中林
食性	植食者
蓋	角質で円形

貝殻の大きさ
30 〜 67mm

写真の貝殻
44mm

Norrisia norrisii (Sowerby II, 1838)

ノリスガイ

NORRIS'S TOP

ノリスガイは、ニシキウズガイ類にしては珍しく螺層が丸みを帯び、殻表が滑らかな殻をもつ。サザエ科に分類されたことがあるが、解剖学的研究によってニシキウズガイ科に含めるべきものであることが確かめられている。角質の蓋には螺状の房飾りがあり、独特である。軟体部は鮮やかな赤である。

近縁種

ペルーからチリにかけて分布する *Tegula euryomphala* (Jonas, 1844) は、たいていは殻表が滑らかで、深い臍孔を備えた、ノリスガイより小型で螺塔のより高い、灰色の殻をもつ。アメリカ合衆国フロリダ州からブラジルにかけて分布するモヨウクボガイ *Tegula fasciata* (Born, 1778) は、殻表の滑らかな球状の小さな殻をもつ。この貝の殻には鮮やかな色のものも黒っぽいものもある。

実物大

ノリスガイの殻は膨らみ、螺塔が非常に低い。殻底はへこみ、長くて細い臍孔が開き、滑層の縁が青緑に染まる。殻口は円形で非常に大きく、浅い後溝を備える。殻の内面は真珠光沢があってつやつやしており、外面は黄褐色から栗色で、殻表は成長線があるだけでほぼ滑らかである。

科	ニシキウズガイ科　Trochidae
貝殻の大きさ	25 ~ 136mm
地理的分布	カリブ海
存在量	ふつう
生息深度	潮間帯から水深 7m
生息場所	開放海岸の岩礁
食性	植食者
蓋	角質で円形

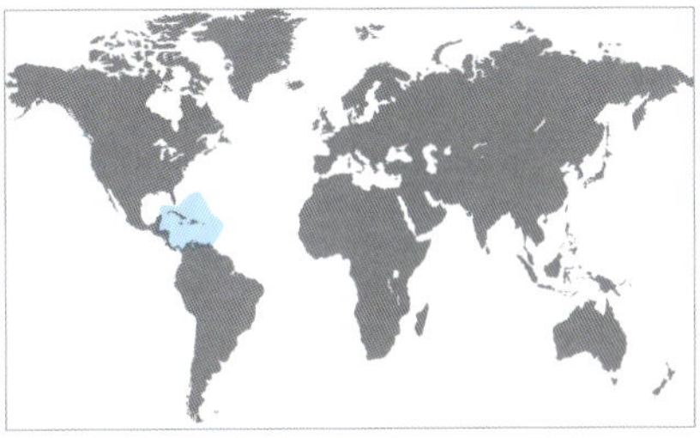

貝殻の大きさ
25 ~ 136mm

写真の貝殻
58mm

Cittarium pica（Linnaeus, 1758）

チャウダーガイ

WEST INDIAN TOP

チャウダーガイは、西インド諸島でふつうに見られ、身がかなり硬いため調理には十分な下ごしらえが必要だが食用になり、よくスープに使われる。外海に面した遮るもののない海岸の岩の上や下に大群をなしていることが多い。よく目立つ黒と白の斑紋をもつため、収集家の間では Magpie Shell（カササギのような貝）としても知られる。

近縁種

アフリカ南部に産するナンアメクラガイ *Oxystele sinensis*（Gmelin, 1791）は、やはり岩の多い場所を好む。この貝の大きさはチャウダーガイの半分ほどだが、各部の大きさの比が似ており、殻表はでこぼこしている。殻の色は鋼鉄のような灰色で、たいてい殻頂が白い。臍孔域は白く、その縁がバラ色に染まる。殻の蓋は黄色い。

実物大

チャウダーガイの殻は重く、殻表がでこぼこしている。地色はくすんだ白で、しみのように見える緑がかった黒の色帯が縦に入る。螺塔はかなり低く、縫合はやや顕著で、肩は傾斜する。殻口は円形で大きく開き、軸唇は、臍孔まで達する滑層で覆われる。殻の内面は真珠光沢があり、蓋は緑がかった褐色で多旋型である。

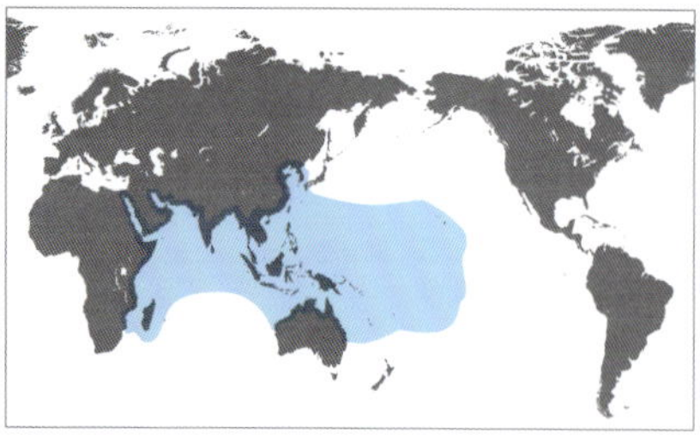

科	ニシキウズガイ科　Trochidae
貝殻の大きさ	50 〜 150mm
地理的分布	インド太平洋
存在量	多産
生息深度	潮下帯から水深 20m
生息場所	サンゴ礁の上やその周辺
食性	植食者
蓋	角質で円形

貝殻の大きさ
50 〜 150mm

写真の貝殻
97mm

Tectus niloticus (Linnaeus, 1767)

サラサバテイラ

COMMERCIAL TOP

サラサバテイラは、殻の真珠層がボタンや宝飾品に広く利用されているため、英語では commercial top（商業用ニシキウズガイ）と呼ばれる。ニシキウズガイ類中最大の貝で、その大きな足は茹でて燻製にして食用にされるため、漁業者にとってはさらに魅力ある貝となっている。現在も少しは採取されており、ほとんどが装飾用に取引されている。美しい魅力的な貝で、収集家の間でもインテリアデザイナーの間でも人気がある。

近縁種

ベニシリダカガイ *Tectus conus* (Gmelin, 1791) は、サラサバテイラより小さく、分布域がより広く、紅海にも生息している。サラサバテイラと同じく、真珠層が美しいので人気がある。殻は、外唇および殻底にやや丸みがあり、サラサバテイラより螺塔の頂端部が細い。殻表には、細かい顆粒あるいは瘤が螺状に並び、縦帯の色はピンクがかったくすんだ赤で、その輪郭がサラサバテイラより不明瞭である。

実物大

サラサバテイラの殻は、横から見ると輪郭が正三角形で、胎殻以外は殻表が滑らかである。胎殻には、不規則に螺状に並ぶ小瘤がある。成貝では、体層が横に大きく出っ張る。殻の色は白く、濃い赤褐色の幅広い縦縞が並ぶ。殻底はややへこみ、臍孔を欠く。殻口は非常に大きく、下向きに傾き、薄い外唇と、隆起部が１つある軸唇を備える。

科	ニシキウズガイ科　Trochidae
貝殻の大きさ	40 〜 105mm
地理的分布	紅海およびインド洋北西部
存在量	ふつう
生息深度	潮下帯から水深 10m
生息場所	サンゴ礁とその周辺
食性	植食者
蓋	角質で円形

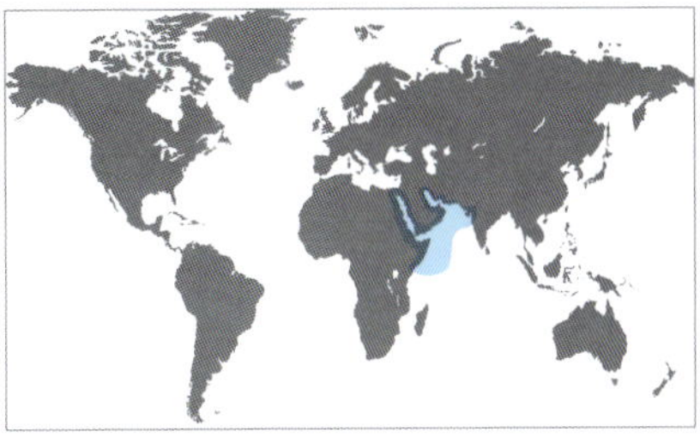

貝殻の大きさ
4 〜 105mm

写真の貝殻
103mm

Tectus dentatus (Forsskål *in* Niebuhr, 1775)

ピラミッドウズガイ

DENTATE TOP

ニシキウズガイ類はすべて植食性（ほとんどが海藻を食べる）だが、なかには海藻以外にもカイメンやコケムシなどの付着動物も食べるものがいる。ピラミッドウズガイは、サンゴ礁の上や周辺に棲み、這いながら海藻を探して食べる。紅海とインド洋北西部だけに生息し、比較的限られた地理的分布を示すが、局所的に多産する。軟体部は筋肉質の大きな足とよく発達した頭部を備え、殻は横から見ると、雪を冠ったモミの木のように見える。

近縁種

ギンタカハマガイ *Tectus pyramis* (Born, 1778) は、大きさがピラミッドウズガイに似るが、より広範囲に分布し、インド洋だけでなく太平洋にも生息している。螺塔はピラミッドウズガイより低く、殻の結節状突起の発達が本種より悪い。とくに殻口に近い下部の螺層（褐色と緑の斑紋がある）の突起の発達が悪く、それらの螺層では、結節状突起の代わりに、ずっと小さな疣状突起の集合したものになっていることがある。ギンタカハマガイより珍しい、模様のない亜種の *Tectus pyramis noduliferus* (Lamarck, 1822) は、形状も殻表の彫刻もピラミッドウズガイにもっとよく似ている。

実物大

ピラミッドウズガイの殻は背が高く、表面はでこぼこで、くすんだ白。螺層には、下方に突出する大きな結節状突起がほぼ等間隔に繊細な縫合の上に、縫合に重なるように螺状に並ぶ。殻底は平坦で、表面は滑らか。殻軸部を取り囲むように青緑色の螺帯が入る。

科	エビスガイ科　Calliostomatidae
貝殻の大きさ	30 ～ 39mm
地理的分布	合衆国ノースカロライナ州からフロリダキーズまで
存在量	少産
生息深度	水深 120 ～ 365m
生息場所	岩などの硬いものの上
食性	肉食性でカイメンやホヤなどを食べる
蓋	角質で丸く多旋型

貝殻の大きさ
30 ～ 39mm

写真の貝殻
38mm

Calliostoma sayanum Dall, 1889

セイエビスガイ

SAY'S TOP

セイエビスガイは、顆粒が並んだ螺肋のある美しい殻をもつ。深所から得られる珍しい巻貝である。エビスガイ類はたいてい岩などの硬い基質の上に棲み、餌となるカイメンやホヤ、刺胞動物のヤギ類などの近くでよく見つかる。エビスガイ類はかつて近縁なニシキウズガイ科に、その1亜科として分類されていたが、最近この科とは別の独立した科として扱われるようになった。エビスガイ科には、世界で約200種の現生種が知られる。

近縁種

ヨーロッパ西部からカナリア諸島にかけての大西洋および地中海に生息するセイヨウエビスガイ *Calliostoma zizyphinum*（Linnaeus, 1758）は、形態が非常に変異に富む殻をもつ。ニュージーランド産のトラフマウリエビスガイ *Maurea tigris*（Martyn, 1784）は、エビスガイ科の中で最大で、ベージュの地に褐色の炎模様が入った殻をもつ。

実物大

セイエビスガイの殻は小型から中型で、硬く、独楽形で、殻底に臍孔が開く。螺塔は尖り、頂端の角度はほぼ直角で、縫合はかなり明瞭。螺層は、たいてい側面がまっすぐで、周縁は丸い。殻表には、細かい顆粒が並んだ螺肋が螺層に約8～10本、殻底に約15本ある。臍孔は狭くて深く、その周りにも顕著な顆粒の並んだ肋がある。殻口は四角形に近く、外唇は滑らかで、軸唇がわずかに肥厚する。殻の色は金色がかった褐色で、螺層の周縁に沿って赤い色帯が入り、殻口内は白い。

科	エビスガイ科　Calliostomatidae
貝殻の大きさ	50 〜 100mm
地理的分布	ニュージーランドに固有
存在量	ややふつう
生息深度	潮間帯から水深 210m
生息場所	転石の間
食性	肉食性
蓋	角質で黄色っぽく円形

貝殻の大きさ
50 〜 100mm

写真の貝殻
57mm

Maurea tigris (Martyn, 1784)

トラフマウリエビスガイ

TIGER MAUREA

トラフマウリエビスガイは、同属種中最大でエビスガイ科全体で見ても最大の貝である。エビスガイ科には *Maurea* 属を含めて 7 属が含まれるが、その中で本属はエビスガイ属 *Callistoma* に次いで多様性が高い。多くの同属他種と同じく、トラフマウリエビスガイもニュージーランドに固有で、南北両島のいたる所で見つかっている。潮間帯から深所まで分布し、岩や石の上で暮らしている。更新世の地層から化石としても得られる。

近縁種

ゴマフマウリエビスガイ *Maurea punctulata* (Martyn, 1784) もニュージーランド固有種だが、殻の螺塔はトラフマウリエビスガイほど鋭く尖らず、螺層の肩がより丸みを帯び、殻表にはより太い螺肋がある。螺肋は成長線と交わり、顆粒が並んだようになる。各顆粒は殻表に高く浮き上がり、クリーム色で、淡黄褐色から茶褐色の殻の色によく映える。殻口は、水管の出るところがやや角張るが、その度合いはトラフマウリエビスガイのほうが大きい。

実物大

トラフマウリエビスガイの殻はクリーム色で、オレンジがかった褐色の幅広いジグザグの色帯が並ぶ。螺塔は高く、傾斜が急で先端は鋭く尖る。どの螺層も顆粒の並んだ細い螺肋に覆われ、わずかに膨らむが、とくに体層は殻底に向かって非常に大きく膨らむ。殻口は大きくて丸く、水管の出るところにくぼみがあって、その部分が明瞭に角張る。

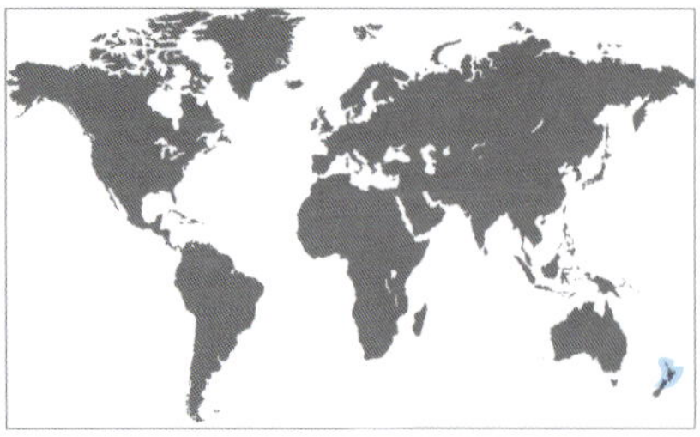

科	エビスガイ科　Calliostomatidae
貝殻の大きさ	30 〜 60mm
地理的分布	ニュージーランドの北部から中部にかけて
存在量	局所的に多産
生息深度	潮間帯から水深 90m
生息場所	砂浜
食性	肉食性
蓋	角質で円形

貝殻の大きさ
30 〜 60mm

写真の貝殻
58mm

Maurea selecta Dillwyn, 1817

マウリエビスガイ

SELECT MAUREA

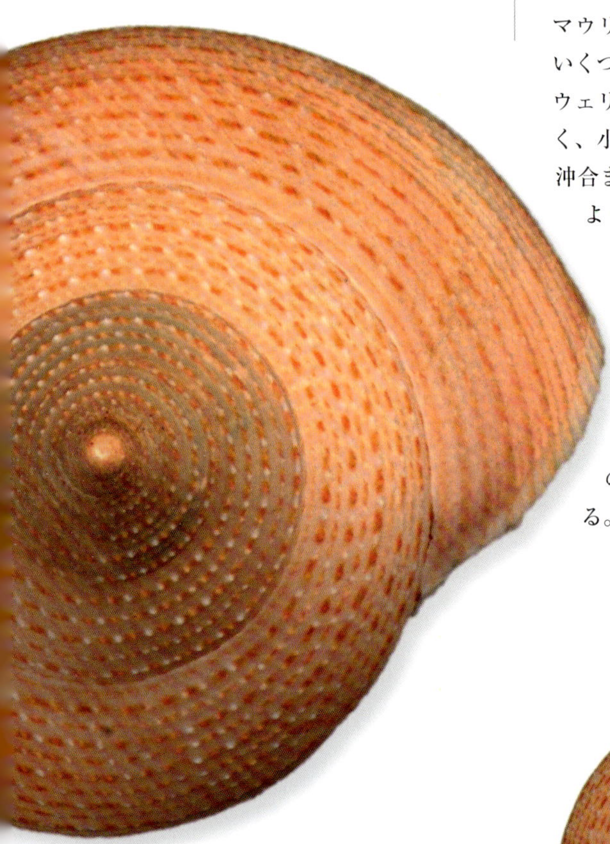

マウリエビスガイは、同属種の中でも最大級の大きさを誇り、いくつかのエビスガイ類同様、ニュージーランドに固有である。ウェリントンの西岸にとくに多く生息する。貝殻は独楽形で薄く、小瘤の並ぶ細い螺肋で優美に飾られる。砂浜の潮間帯から沖合まで見つかるが、深い所に棲むもののほうが浅い所のものよりも殻が大きくて重く、螺塔が高い傾向がある。

近縁種

ウスマウリエビスガイ *Maurea pellucida* (Valenciennes, 1846) は、ニュージーランドでも北部だけで見られる。この貝の殻表にはマウリエビスガイに似た小瘤からなる彫刻があるが、その彫刻は殻底まで及ぶ。また、螺層の肩部、とくに体層の肩部に、褐色の斑紋が入ることがある。

実物大

マウリエビスガイの殻は、横から見ると輪郭が二等辺三角形に近く、殻頂が急峻で鋭く尖る。螺層の境界が不明瞭で、縫合は体層の上のものだけが顕著。殻の地色はクリーム色から黄褐色で、オフホワイトと小麦色の非常に小さな瘤が並んだ細い螺肋がほぼ等間隔で密に並ぶ。殻底は他より色が薄く、やはり細い螺肋があるが、それらはたいてい連続した肋で瘤が並んだようにはならない。殻口は大きく、殻口から殻を通して外面の模様を見ることができる。外唇は薄く、軸唇は滑層によって肥厚する。

科	ホウシュエビスガイ科　Seguenziidae
貝殻の大きさ	4 ～ 5mm
地理的分布	合衆国ノースカロライナ州からブラジルにかけて
存在量	少産
生息深度	水深 100 ～ 1235m
生息場所	細砂底や泥底
食性	デトリタス食者
蓋	円形で薄くへこんでいる

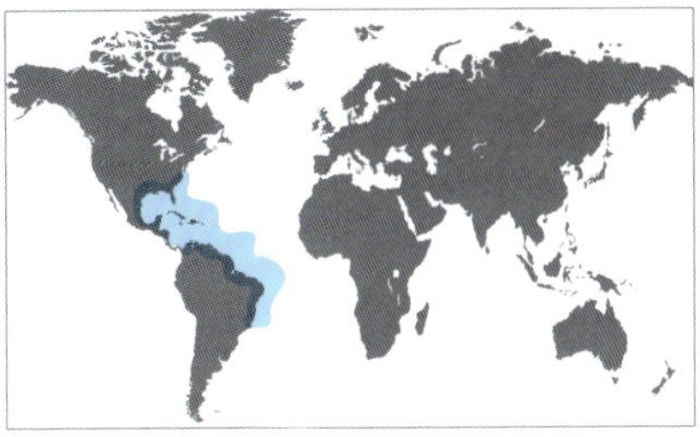

貝殻の大きさ
4 ～ 5mm

写真の貝殻
4mm

Carenzia trispinosa (Watson, 1879)

ホウシュエビスガイ類の１種

THREE-ROWED CARENZIA

本種は、ホウシュエビスガイ科の他種と同じく深海の粒の細かい泥っぽい海底に棲む小型の貝である。ホウシュエビスガイ類は底質中の有機物を食べて暮らしている。殻が小さいにもかかわらず、本科の多くの貝の殻には非常に精巧な彫刻があり、しばしば複数の竜骨状隆起や複雑な湾入、そして外唇の拡張が見られる。

近縁種

同属種の *Carenzia carinata* (Jeffreys, 1877) は、同じぐらいの水深に生息し、南はブラジル南部から北はアゾレス諸島およびカナリア諸島まで大西洋に広く分布する。この貝の殻は本種のものより低く、幅が広く、殻表は滑らかで結節状突起がない。バハマ沖の深海平原に産する *Thelyssa callisto* Bayer, 1971 は、殻の大きさが本種の 2 倍ほどで、殻表は滑らかで、螺塔にあまり段がつかない。この貝の殻底はほぼ平坦で、殻口は偏菱形である。ホウシュエビスガイ属の 1 種、*Seguenzia lineata* Watson, 1879 は、メキシコからブラジルにかけて分布し、ずっと背の高い殻をもつ。この貝の殻には臍孔がなく、外唇の縁は複雑な線を描く。

Carenzia trispinosa **の殻**は、小さく円錐形で殻底は丸みを帯び、広く深い臍孔が開く。螺塔は高く、弱く段がついている。ほぼ長方形の殻口から殻の周縁に沿って走る細い竜骨状隆起がある。竜骨状隆起より縫合寄りには、それより太い、結節状突起の並んだ螺肋があり、この螺肋と竜骨状隆起の間に弱い螺肋が入る。軸唇には、1 本の複雑な形状の襞がある。殻の外面の色素のない薄い層を透して内面の白い真珠層が見えるため、殻全体が白く見える。

実物大

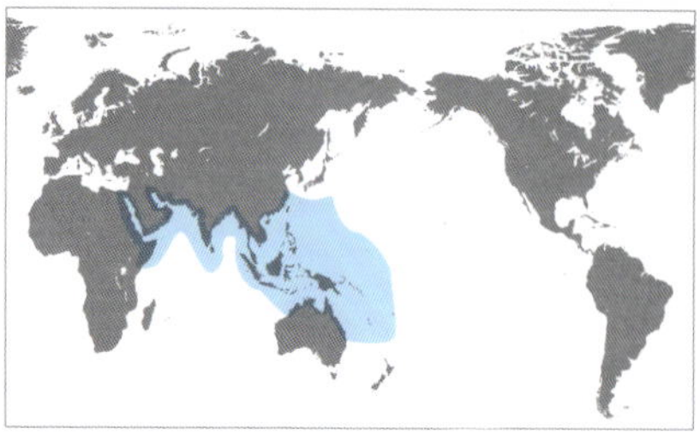

科	アマガイモドキ科　Neritopsidae
貝殻の大きさ	13 ～ 35mm
地理的分布	紅海から沖縄およびニューカレドニアにかけて
存在量	少産
生息深度	潮間帯から水深 40m
生息場所	水中洞窟などの人目につかないところ
食性	不明
蓋	石灰質で厚く、台形で白い

貝殻の大きさ
13 ～ 35mm

写真の貝殻
30mm

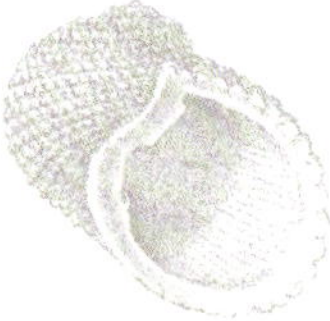

Neritopsis radula (Linnaeus, 1758)

アマガイモドキ

RADULA NERITE

アマガイモドキの殻は小型で薄く、球状。螺塔は扁平なものから比較的高いものまである。殻表には、顆粒の並んだ螺肋とそれと交差する成長線があり、ざらざらしている。その手触りが歯舌を連想させるため、学名に *radula*（歯舌）という種小名がつけられている。殻口は卵形から円形で、外唇には鋸歯状のぎざぎざがある。軸唇には中ほどに四角張ったU字形の湾入がある。殻の蓋は石灰質で厚く、台形で、軸唇の湾入にはまる四角張った突起が出ている。殻の色はオフホワイト、クリーム色、淡褐色など。殻口内は白く光沢がある。

アマガイモドキは、生きている化石と考えられている。今から約3億5千万年以上前のデボン紀中期に始まる長い化石記録をもつアマガイモドキ科の数少ない現生種の1つである。この科には約100種の化石種が知られている。アマガイモドキは250年以上前から知られており、1973年にキューバから別の種が発見されるまでは本科の唯一の現生種であると考えられていた。その後、紅海からフランス領ポリネシアにかけての海域から他にも数種の現生種が見つかった。アマガイモドキは水中洞窟などの人目につかないところではふつうに見られるが、生態はまだよくわかっていない。

実物大

近縁種

キューバおよびトリニダードに産する *Neritopsis atlantica* Sarasúa, 1973は、非常に珍しい貝で、アマガイモドキに似た小さな殻をもつ。最近、フランス領ポリネシアから発見された *Neritopsis richeri* Lozouet, 2009は、アマガイモドキよりも殻表の顆粒が低く、螺肋の数が多い。

科	アマオブネガイ科　Neritidae
貝殻の大きさ	3 ～ 10mm
地理的分布	合衆国フロリダ州からブラジル、スペイン西部からアフリカ北部、地中海、紅海
存在量	ふつう
生息深度	潮間帯から水深 3m
生息場所	海草群落や藻場
食性	植食性
蓋	石灰質で半円形

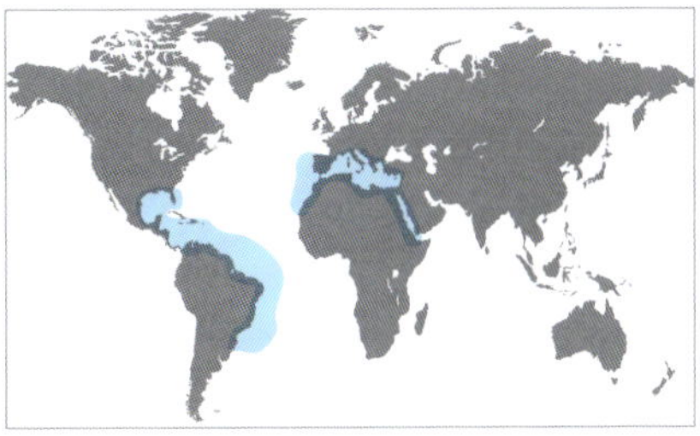

貝殻の大きさ
3 ～ 10mm

写真の貝殻
7mm

Smaragdia viridis (Linnaeus, 1758)

エメラルドカノコガイ

EMERALD NERITE

アマオブネガイ科は非常に多くの小型種を含む分類群だが、エメラルドカノコガイはその中でも最小の種の1つである。広い地理的分布を示し、南大西洋にも北大西洋にも分布し、東西両岸の亜熱帯域に生息する。アマオブネガイ類はほとんどすべての水域環境に進出しており、深海から淡水湖まで広く分布し、なかには樹上生活を送る種もいる。アマオブネガイ類がいろいろな所に棲める理由の1つは、殻口にぴったり合った蓋をもっているからかもしれない。蓋をしっかり閉じると、比較的乾燥した時季あるいは乾燥した所でも水を殻の内側に蓄えて生き延びることができる。

近縁種

インド太平洋産のヒメカノコガイ *Theodoxus oualaniensis* (Lesson, 1831) は、浅海の海草群落に生息している。この貝の殻の色はオリーブ色またはオフホワイトで、とても光沢があり、非常にさまざまな模様をもつ。例えば、黒い縁取りのある幅広いクリーム色の螺帯、青から黒の網目模様、ジグザグ状の縦帯などの模様が見られ、模様のいくつかあるいはすべてが組み合わさった複雑な模様をもつことが多い。

実物大 

エメラルドカノコガイの殻は滑らかで球状。螺塔はほぼ完全に体層の中に埋没している。殻の色は黄みを帯びた鮮やかな緑で、数本のきれぎれになった白い縦縞がある。縦縞は紫がかった黒で縁取られることもある。やや深い所に棲むものの中には、殻が白く、その濃い縁取り模様だけが見られるものもいる。軸唇には7～9個の歯と白みがかった緑の滑層楯がある。

科	アマオブネガイ科　Neritidae
貝殻の大きさ	5 ～ 10mm
地理的分布	合衆国南東部からカリブ海およびバミューダ諸島
存在量	多産
生息深度	潮間帯から水深 1m
生息場所	岩礁潮間帯および潮溜まり
食性	植食性で藻類を食べる
蓋	石灰質で少旋型、内側に 1 個の突起をもつ

貝殻の大きさ
5 ～ 10mm

写真の貝殻
12mm

Puperita pupa (Linnaeus, 1767)

テマリカノコガイ

ZEBRA NERITE

実物大

テマリカノコガイは、潮間帯から浅海に生息する小型種で、しばしば多産する。殻の模様は海水の塩分濃度によって変化し、淡水の流れ込む所に生息するものはたいてい殻が黒く、白色の斑点をもつ。かつては、この色模様をもつものは本種の 1 つの形態型として区別され、クモリカノコガイ *Puperita pupa* form *tristis* (d'Orbigny, 1842) と呼ばれていた。テマリカノコガイは、塩分濃度の違う場所に移されると、新しく分泌される外唇部に他の部分とは違う模様が形成される。殻の蓋には内側に突起が 1 つあり、殻口を蓋でしっかり閉じるのに役立つ。世界には何百種というアマオブネガイ類が熱帯域を中心に生息しており、なかには汽水域や淡水域に棲むものもいる。

近縁種

テマリカノコガイに似た模様をもつアマオブネガイ類はいろいろいる。例えば、ホンジュラスからブラジルにかけて生息している *Neritina zebra* (Bruguière, 1792) で、この貝はオレンジあるいは赤の地に黒いジグザグの縞が斜めに入った殻をもつ。フロリダ州およびカリブ海からブラジルにかけて分布するキムスメカノコガイ *Neritina virginea* (Linnaeus, 1758) は、非常に多彩な殻をもち、西太平洋産のシマカノコガイ *Neritina turrita* (Gmelin, 1791) は、黄色の地に黒色の太い縞が斜めに入った殻をもつ。

テマリカノコガイの殻は小さく、球状で、厚くて硬い。螺塔は低く、しばしば表面が摩耗している。体層は大きくて丸みを帯び、殻表は滑らかで非常に細い縦筋と螺筋が入る。ほとんどのアマオブネガイ類と同様に典型的な半月形の殻口と、その形にぴったり合った石灰質の蓋をもつ。軸唇はまっすぐで、4 個の歯と滑層楯を備える。殻の色は白で、斜めの黒い縞が不規則に入り、美しい模様をなす。殻口内は黄色からオレンジ。本種の殻も色模様が非常に変異に富み、2 つとして同じものがない。

科	アマオブネガイ科　Neritidae
貝殻の大きさ	20 〜 30mm
地理的分布	太平洋南西部
存在量	多産
生息深度	潮間帯
生息場所	マングローブ林
食性	植食性
蓋	石灰質で半円形

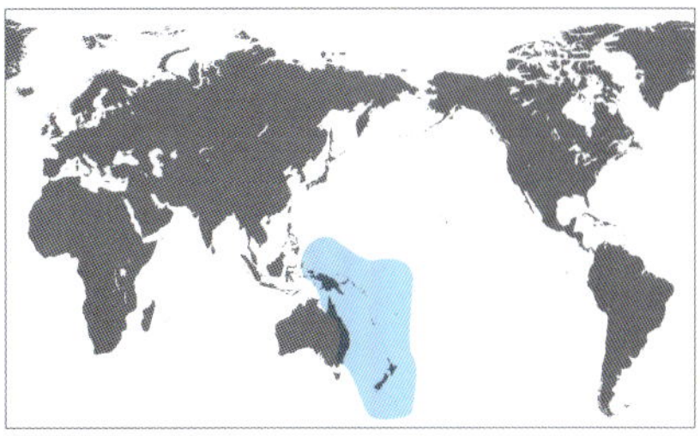

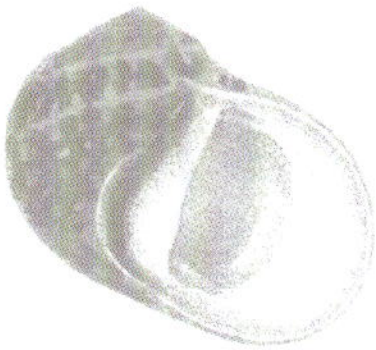

貝殻の大きさ
20 〜 30mm

写真の貝殻
24mm

Neritodryas cornea (Linnaeus, 1758)

オカイシマキガイ

HORNY NERITE

ゴシキカノコガイ *Neritina communis* (Quoy and Gaimard, 1832) やチダシアマオブネガイ *Nerita peloronta* Linnaeus, 1758 などの少数の例外を除き、アマオブネガイ類は収集家にはあまり注目されていない。これは意外なことである。なぜなら、アマオブネガイ科のようにみな似通った形の殻をもっているにもかかわらず、単に種間だけでなく種内でも殻の色や模様に大きな変異の見られる分類群は他にはほとんどないからである。アマオブネガイ類は、オカイシマキガイのようにマングローブの生える汽水環境に棲むものも含み、海水から淡水まであらゆる水環境に適応しながら進化してきているが、この類の色模様の多様性の高さはその適応力の高さにほぼ匹敵する。

実物大

近縁種

同じく太平洋南西部に生息するヒロクチカノコガイ *Neritina violacea* (Gmelin, 1791) は、オカイシマキガイとは異なる塩分濃度に適応しており、マングローブ林の中というよりはその周辺に生息する。この貝は、白地にすみれ色から紫のかなり細いジグザグの縦線の入った殻をもつ。この貝の殻口部は大きく広がった滑層楯も含めてオレンジがかった濃褐色に染まる。

オカイシマキガイの殻は球状で、螺塔が非常に低い。殻の地色は黒で、クリーム色から黄褐色の斜めの細長い斑紋が2本の螺状帯をなして並ぶ。螺塔および殻底にも同様の細長い斑紋があるが、これらの部分ではあまりきちんと並んでいない。殻口はやや下向きで、外唇と軸唇は真っ白。殻の内面から外面の模様が見える。

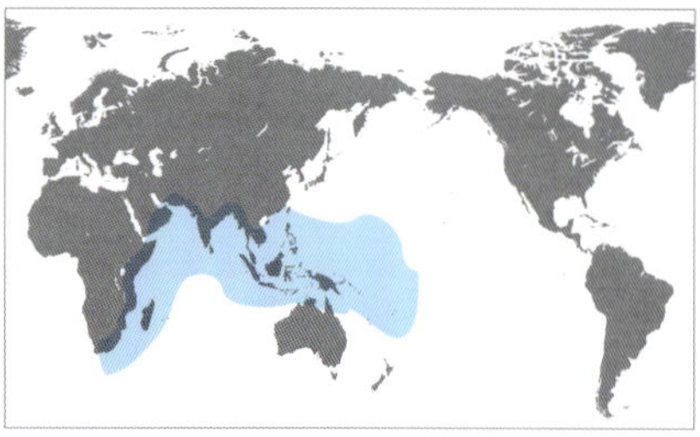

科	アマオブネガイ科　Neritidae
貝殻の大きさ	17 〜 35mm
地理的分布	アフリカ東岸から中部太平洋にかけて
存在量	ふつう
生息深度	潮間帯
生息場所	岩の上
食性	植食性
蓋	石灰質で半円形

貝殻の大きさ
17 〜 35mm

写真の貝殻
27mm

Nerita costata Gmelin, 1791

フトスジアマガイ

RIBBED NERITE

フトスジアマガイは、目もくらむほどさまざまな殻の色や模様で種の区別ができるアマオブネガイ科の中にあってあまり人目を引かない貝の1つである。しかし、殻表にはゆったりと規則的に並んだ螺肋があり、アマオブネガイ類に典型的な殻の内面構造、すなわち非常に厚い外唇と軸唇、半月形の殻口、そして殻口に並んだ2列の歯を備えている。アマオブネガイ類の例に漏れず「ベジタリアン」で、暖かく浅い海の潮間帯の岩の上で太陽の光を浴びて繁茂する藻類を食べる。

近縁種

マキミゾアマオブネガイ *Nerita exuvia* Linnaeus, 1758 も殻表に顕著な螺肋のあるアマオブネガイ類の1種で、南西太平洋の潮間帯に生息し、マングローブ周辺の岩の上で暮らしている。この貝の螺肋は濃褐色で、クリーム色から黄褐色の肋間と色調が異なる。殻口にはフトスジアマガイより多くの、より細い歯がある。軸唇の歯はとくに小さい。また、滑層上には微小な疣が並ぶ。

実物大

フトスジアマガイの殻は球状で、螺塔は体層の中に埋没し、その頂端だけが体層の上に見えている。殻表には太い螺肋があり、殻の色は濃褐色でやや色の薄い成長線が並んでいる。外唇も軸唇も白くて厚く、それぞれ7、8個と3、4個の歯を備える。軸唇は滑層に覆われ、滑層は体層から殻頂にかけて薄く広がる。

科	アマオブネガイ科　Neritidae
貝殻の大きさ	20 ～ 38mm
地理的分布	メキシコ西岸からペルーにかけて（ガラパゴス諸島にはいない）
存在量	少産
生息深度	潮間帯、浅瀬
生息場所	小さな川の河口域の岩の上
食性	植食性
蓋	石灰質で半円形

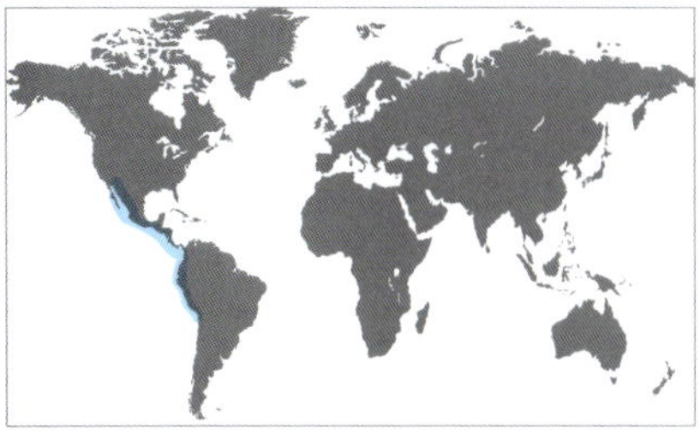

Neritina latissima Broderip, 1833

カバグチカノコガイの仲間

WIDEST NERITINA

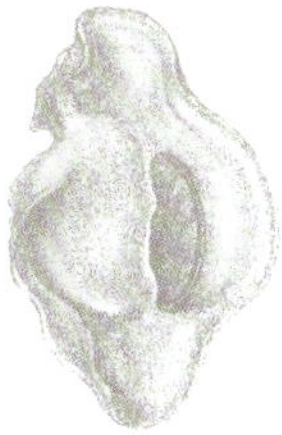

貝殻の大きさ
20 ～ 38mm

写真の貝殻
32mm

カバグチカノコガイ属の種は、薄くて滑らかな外唇、歯というより襞のような細かい凹凸がある軸唇をもつ点で他のアマオブネガイ類と異なる。カバグチカノコガイ類の最も大きな特徴は、蓋に小さな腕のようなものがついていることである。この腕のようなものは、岩の表面をしっかりつかむことに役立つ。小規模河川や小川の河口の感潮域の岩の上に群れをなして暮らし、アマオブネガイ類の本領を発揮して、干潮時の水のない状況にも塩分濃度の変化（塩水から真水まで）にも耐えている。

近縁種

ツバサカノコガイ *Neritina auriculata* Lamarck, 1816 では、滑層楯が殻の後方に本種よりさらに大きく張り出し、そのため Eared Nerite（耳つきのアマオブネガイ）と呼ばれる。この貝の殻口の上下の「耳」と外唇は薄紫がかった灰色で軸唇は白く、殻の残りの部分は緑がかった褐色で、殻表に多数の細い螺溝がある。

実物大

Neritina latissima **の殻**は球状で、螺塔は体層の中に埋没している。殻の地色はクリーム色から小麦色で、青みがかった薄紫から緑がかった褐色の網目模様が入る。殻頂は白い。しかし、大きく広がった外唇と軸唇のために殻の特徴が分かりにくくなっている。外唇と軸唇は体層の左右に広がっており、外唇は薄い灰色から薄紫がかった灰色で、滑層楯は白から黄色。軸唇にはたくさんの襞がある。

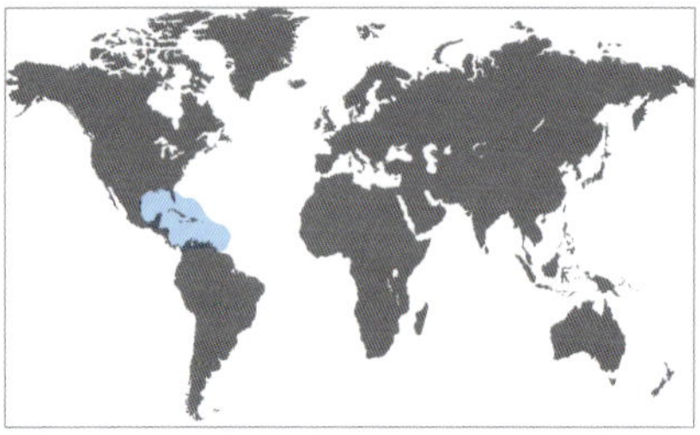

科	アマオブネガイ科　Neritidae
貝殻の大きさ	20 ～ 49mm
地理的分布	合衆国フロリダ州南西部からベネズエラにかけての大西洋岸およびカリブ海
存在量	多産
生息深度	潮間帯、高潮線付近まで
生息場所	外海に面した岩礁
食性	植食性
蓋	石灰質で半円形

貝殻の大きさ
20 ～ 49mm

写真の貝殻
32mm

Nerita peloronta Linnaeus, 1758

チダシアマオブネガイ

BLEEDING-TOOTH NERITE

チダシアマオブネガイの殻は球状で、螺塔は低い。低い螺肋には黒ずんだ赤と灰色がかった黒の斑点があり、それらが縦にジグザグに並ぶ。外唇内壁には細かい歯が並び、軸唇には4つの顕著な歯がある。殻の内面は黄色で、白い滑層楯が体層の上に薄く広がる。

殻に血しぶきを連想させる斑紋があり、軸唇に「すきっ歯」のあるチダシアマオブネガイは、見た目が冗談じみた面白い貝で、鳥類で言えばツノメドリのような存在である。その冗談じみた見た目のせいで見過ごされがちだが、殻表にはかなり美しい装飾がある。殻の蓋がしっかりと閉まり、殻の内側に湿気を閉じ込めて逃がさないようにできるので、高潮線より上部でも何とかやっていくことができる。蓋はカラフルで、外面には赤い部分と青緑の部分があり、内面が濃いオレンジである。

実物大

近縁種

サラサアマガイ *Nerita versicolor* Gmelin, 1791 は、チダシアマオブネガイと分布域や生息場所が重なっている。サラサアマガイの軸唇にも歯があるが、チダシアマオブネガイと違って軸唇全体が白く、外唇内壁にも明瞭な歯が2つある。また、螺肋がより顕著で、肋上の黒と赤の斑点は数が少なく、チダシアマオブネガイの斑紋のように縦につながって縞模様のようにはならない。

科	アマオブネガイ科　Neritidae
貝殻の大きさ	13 ～ 40mm
地理的分布	紅海からインド西太平洋にかけて
存在量	多産
生息深度	潮間帯
生息場所	砂地のそばの岩
食性	植食性
蓋	石灰質で半円形

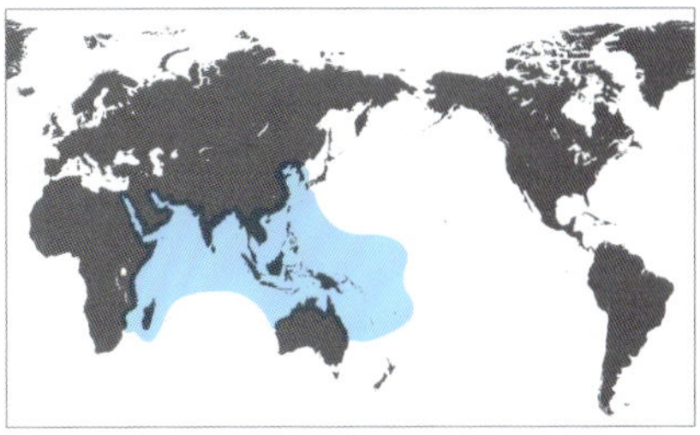

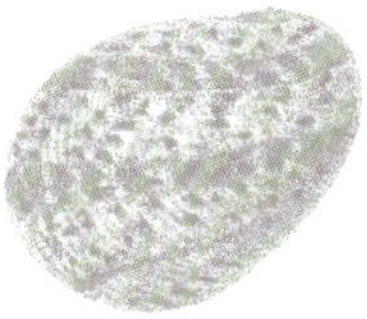

貝殻の大きさ
13 ～ 40mm

写真の貝殻
36mm

Nerita polita Linnaeus, 1758

ニシキアマオブネガイ

POLISHED NERITE

ニシキアマオブネガイには、困惑するほど多様な色と模様の組合せが見られる。ただの1個体も典型的と言えるものがなく、研究者たちが何種もの亜種を区別しようと努力してきたことも頷ける。数ある亜種の中で最もカラフルなのは、オーストラリア北部に生息するチリメンアマオブネガイ *Nerita polita antiquata* Récluz, 1841 で、この亜種は、外縁に白い部分を残して軸唇と外唇をぐるりと取り囲む黄色がかったオレンジの色帯があることで他の亜種と区別できる。アマオブネガイ類の例に漏れず、ニシキアマオブネガイも大きな群れをなし、熱帯域の潮間帯に繁茂する藻類を食べて暮らしている。

近縁種

ゴシキカノコガイ *Neritina communis* (Quoy and Gaimard, 1832) は、アマオブネガイ科の中にあっては数少ない、広域に分布する種の1つで、やはり無数の色模様のパターンが見られるが、ニシキアマオブネガイよりも色が鮮やかで目立つ。ゴシキカノコガイの螺帯は幅広く、ピンク、赤、黒、黄色やクリーム色などさまざまな色のものが見られ、斜め、または縦の黒い縞の入った螺帯で仕切られている。ゴシキカノコガイは太平洋南西部にのみ生息している。

ニシキアマオブネガイの殻は球状で、螺塔がほとんど完全に体層の中に埋没する。殻表は滑らかで、地色は通常クリーム色あるいは白や薄緑で、オレンジや白、クリーム色、赤などの螺帯がある。螺帯は単色のものも、霜降模様や縦筋模様があるものも見られる。軸唇には小さな歯があり、外唇には何本もの非常に細かい襞（隆起）がある。殻口縁は薄い黄色に染まることがある。

実物大

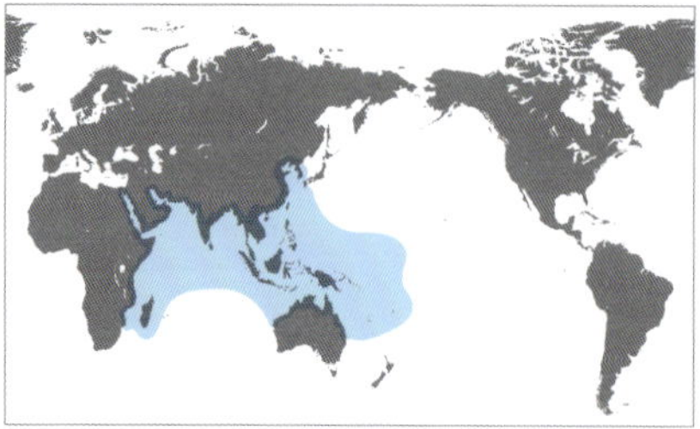

科	アマオブネガイ科　Neritidae
貝殻の大きさ	20 ～ 50mm
地理的分布	アフリカ東岸から西太平洋にかけて
存在量	ふつう
生息深度	汀線付近
生息場所	岩礁上部
食性	植食性
蓋	石灰質で半円形

貝殻の大きさ
20 ～ 50mm

写真の貝殻
36mm

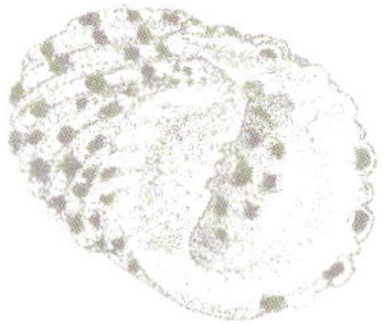

Nerita textilis Gmelin, 1791

クロフアマオブネガイ

TEXTILE NERITE

厚い殻としっかり閉まる蓋のおかげで、アマオブネガイ科の多くの種が過酷にも思える環境に耐えることができる。蓋によって水を殻の内側に閉じ込めることができるため、長い間、水から出た状態で生きることができる。さらにクロフアマオブネガイのように、高潮線より上にあって、波しぶきが当たるだけで決して冠水しない岩礁の表面を棲みかとするものもいる。たぶん波の浸食を受けないからだろう。本種は、アマオブネガイ類の中で最も美しい殻表彫刻を発達させている。

近縁種

アラスジアマガイ *Nerita undata* Linnaeus, 1758 は、成長しても小さな螺塔を持ち続け、螺肋がクロフアマオブネガイよりも平たい。また、殻がクリーム色から黄褐色で、肋の上の黒または黄緑の斑紋が多少とも縦に連なって炎模様をなす。クロフアマオブネガイよりも小さく、インド太平洋の岩礁潮間帯に生息する。

クロフアマオブネガイの殻には非常に目立つ彫刻があり、螺塔は平たい。螺肋は太く、成長線が交わってでこぼこになるため捩じれたコードのように見える。螺肋は白く、その上にやや縦長の黒色斑が点々と並ぶ。それらの黒色斑はめったに縦につながらないため、白地に黒い紐が編み込まれたように見える。殻口は歯を備え、白または薄い黄色である。軸唇は疣状突起で覆われ、軸唇部の滑層が薄いオレンジに染まる。

実物大

科	アマオブネガイ科　Neritidae
貝殻の大きさ	14 ～ 51mm
地理的分布	カリフォルニア湾からエクアドルにかけての太平洋岸およびガラパゴス諸島
存在量	ふつう
生息深度	潮間帯から潮上帯まで
生息場所	岩礁
食性	植食性
蓋	石灰質で半円形

貝殻の大きさ
14 ～ 51mm

写真の貝殻
40mm

Nerita scabricosta Lamarck, 1822

クロスジアマオブネガイ

ROUGH-RIBBED NERITE

クロスジアマオブネガイは、最大級のアマオブネガイ類の1種で、干潮時にはいつも干出する高潮帯に棲めるようになった種の1つである。分布域の北限付近では非常によく見られる貝で、分布域の南限より南には、クロスジアマオブネガイのものより滑らかで低い、より規則的に配列する螺肋をもつ亜種、*Nerita scabricosta ornata* Sowerby I, 1823 が生息する。この亜種は、ときに別の亜属、キバアマガイ亜属 *Ritena* に分類されることがある。この亜属の主要な特徴は、軸唇の滑層に幅広いでこぼこの襞が並んでいることである。

クロスジアマオブネガイの殻は球状で、螺塔は低い。体層は殻口の後側が大きく膨らむ。殻表には、所どころに細長い斑点の入った濃い灰色から黒のでこぼこの螺肋がある。肋の上の斑点は体層ではオレンジでむらがあるが、螺塔では白い。肥厚した外唇の内壁には襞状の歯の並ぶ隆起部があり、軸唇には4歯とともに滑層楯上に不規則に並ぶ襞がある。殻口内は白い。

近縁種

クロスジアマオブネガイと分布域が同じツナヒキアマオブネガイ *Nerita funiculata* (Menke, 1851) は、より小型で、比較的広い間を置いて細い螺肋が並んだ灰色の体層と、薄い灰色の平たい螺塔のある殻をもつ。この貝の外唇の内壁には細い襞が並び、軸唇の滑層にはやや細長い不定形の疣がある。

実物大

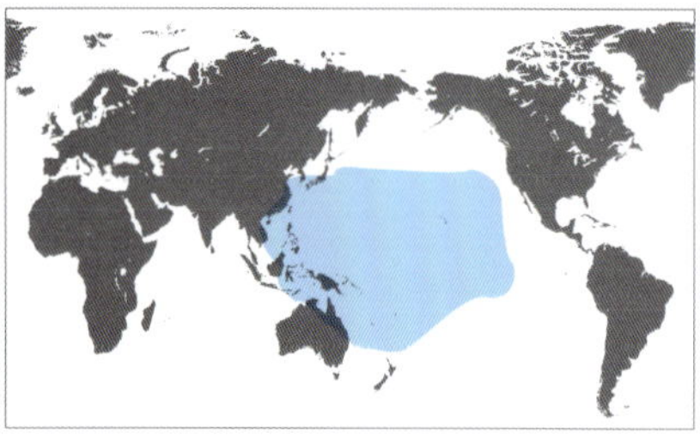

科	アマオブネガイ科　Neritidae
貝殻の大きさ	20 ～ 42mm
地理的分布	西太平洋および中部太平洋
存在量	少産
生息深度	潮間帯
生息場所	岩礁
食性	植食性
蓋	石灰質で半円形

貝殻の大きさ
20 ～ 42mm

写真の貝殻
41mm

Nerita maxima Gmelin, 1791

オオアマオブネガイ

MAXIMUM NERITE

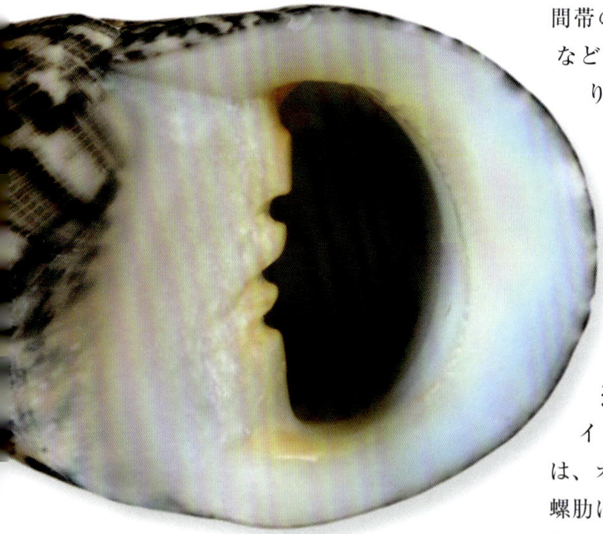

オオアマオブネガイは、夜に採餌するので、夜になると岩礁潮間帯の突き出た岩の下や岩のくぼみ、波から守られた岩の隅などで活発に動き回っているのが見られる。本種は食用になり、その学名（種小名の *maxima* は「最も大きい」という意）が示すように大きい。中部太平洋域で行われている vakacakau（干潮時に海岸に行って食用になる魚介類を採取する漁法）による漁獲物の一部となっている。この漁法（職業として行う場合も自分の楽しみで行う場合も）には高度な技能と豊富な知識が必要で、その担い手はたいてい女性である。

近縁種

インド太平洋に棲むキバアマガイ *Nerita plicata* Linnaeus, 1758 は、オオアマオブネガイより螺肋がはっきりしている。また、螺肋に濃い灰色の斑紋が点在し、それらが粗い縦縞模様をなすものが見られるが、模様のないオフホワイトからクリーム色の殻をもつもののほうが多い。キバアマガイの外唇の歯は本種のものより深く刻まれ、数が少ない。また、軸唇の歯が長く滑層楯の端まで伸びる。

オオアマオブネガイの殻は球状で、殻口部が膨らみ下方に傾斜する。螺塔は非常に低く、殻頂が白い。殻の残りの部分は白またはオフホワイトで、濃い灰色のぼやけた斑紋が散在する。この斑紋は所によって螺溝や縦に入った成長線によって縁取られ、殻全体に市松模様が入ったように見える。殻口内は白く、細かい歯の並ぶ外唇ならびに四角形の歯のある軸唇が薄い杏子色に染まる。

実物大

科	ユキスズメガイ科　Phenacolepadidae
貝殻の大きさ	13 ～ 25mm
地理的分布	紅海からインドおよびスリランカまで
存在量	局所的にふつう
生息深度	潮間帯
生息場所	砂底や泥底の岩や転石の下
食性	デトリタス食者
蓋	痕跡的

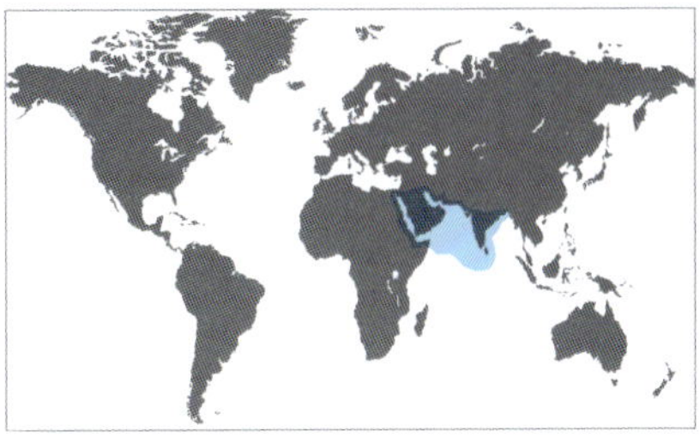

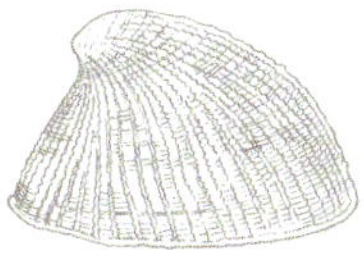

貝殻の大きさ
13 ～ 25mm

写真の貝殻
21mm

Plesiothyreus cytherae (Lesson, 1831)

カゴメミヤコドリガイの仲間

VENUS SUGAR LIMPET

ユキスズメガイ科の貝はアマオブネガイ類に近縁ではあるが、二次的にカサガイ形の殻を獲得している。大多数の種は、熱帯から亜熱帯に分布し、浅海の海底に一部が埋もれている岩などに付着して生活している。本科には、熱水噴出孔周辺の深海に生息する種のみからなる属も1つある。ユキスズメガイ類はデトリタスを食べる。また、血液中に青みがかった呼吸色素のヘモシアニンではなく赤い呼吸色素を含み、赤血球をもつ変わり者の腹足類である。

近縁種

インド太平洋の熱帯海域に生息するオキナワミヤコドリガイ *Plesiothyreus galathea* (Lamarck, 1819) は、本種より小さくて薄く、より細長い殻をもつ。また殻にはより多くの、細い放射肋があり、肋上には顆粒が並んでいる。インド洋に産する *Phenacolepas asperulata* (A. Adams, 1858) も殻が本種よりずっと小さく、細い卵形で、殻表には顆粒の並ぶ、非常に細い放射肋がある。日本からベトナムにかけて分布するミヤコドリ *Cinnalepeta pulchella* (Lischke, 1871) も本種より小さい。ミヤコドリは殻頂が殻口縁よりも後方まで伸びるオレンジの殻をもつ。

Plesiothyreus cytherae は大きくて幅広い左右相称の帽子形の殻をもつ。殻の前方は大きく膨らみ、後斜面はまっすぐかわずかにへこむ。殻表には殻頂から放射状に広がる多数の幅広い肋がある。殻が成長すると肋間の距離が広がり、間に新しい肋が形成される。殻口は幅広い卵形で、殻の内面には前方が開いた馬蹄形の筋肉痕が見られる。殻は白い。

実物大

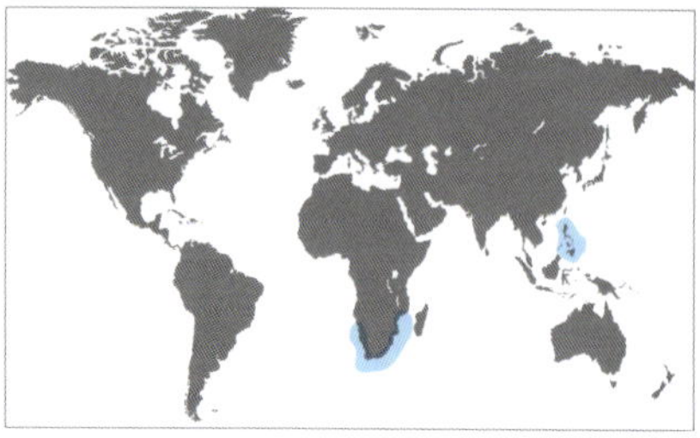

科	ワタゾコニナ科 Abyssochrysidae
貝殻の大きさ	30 ～ 50mm
地理的分布	南アフリカ、フィリピン
存在量	希少
生息深度	水深 500 ～ 2800m
生息場所	泥底
食性	堆積物食者
蓋	角質で薄く軟らかい

貝殻の大きさ
30 ～ 50mm

写真の貝殻
33mm

Abyssochrysos melanioides Tomlin, 1927

ナンアワタゾコニナ

MELANIOID ABYSSAL SNAIL

ナンアワタゾコニナは、非常に深い海に棲む少数の腹足類からなる小さな科、ワタゾコニナ科を代表する貝である。その生息深度のためにめったに採集されることはないが、生息場所の泥底にはたくさん生息している可能性がある。南アフリカ沖とフィリピンから見つかっているが、深海探査が進むとインド洋の他の場所でも見つかるかも知れない。太陽の光が届かない所で暮らすため、目は見えない。ワタゾコニナ科には世界で 6 種の現生種が知られるのみで、すべて深海産である。本科は、2 億年前に繁栄していた Pseudozygopleuridae 科に近縁であるように思われる。

近縁種

南アフリカとフィリピン、そしてインドネシアで見つかっているワタゾコニナ *Abyssochrysos melvilli* (Schepman, 1909) は、ナンアワタゾコニナよりわずかに小さく、もっと細長い殻をもち、殻皮が黄緑である。ブラジル南東部から見つかっている *Abyssochrysos brasilianum* Bouchet, 1991 は、ワタゾコニナに似ているが、殻がより小型で、螺層の数がもっと少ない。

実物大

ナンアワタゾコニナの殻は中型で薄く、細長い円錐形である。螺塔は非常に高く、殻高の約 80% を占め、螺層が 14 層ほどあり、縫合は明瞭である。殻表には縦肋が 12 ～ 14 本ほどあり、各縦肋の基部は瘤状に盛り上がる。殻口は卵形で、外唇は薄くて角張り、軸唇は滑らか。殻は白いが、黄褐色の殻皮に覆われるため金色に見える。殻口内は白い。

科	オニノツノガイ科／カニモリガイ科　Cerithiidae
貝殻の大きさ	3 ～ 6mm
地理的分布	ハワイ諸島からフランス領ポリネシアまで
存在量	多産
生息深度	潮間帯
生息場所	砂地や干潟
食性	植食者
蓋	角質で少旋型

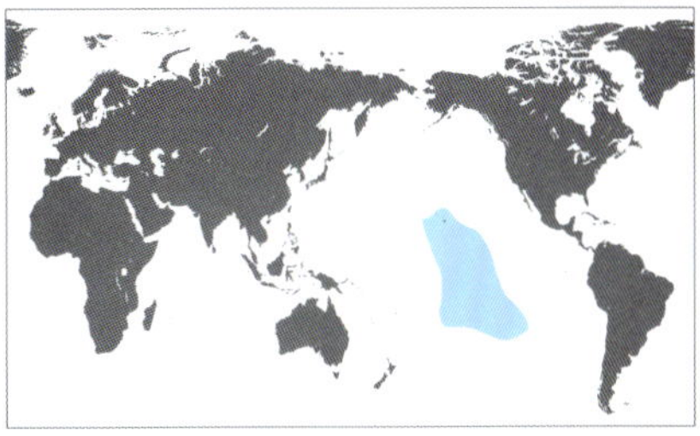

貝殻の大きさ
3 ～ 6mm

写真の貝殻
4mm

Ittibittium parcum（Gould, 1861）

オオシマチグサカニモリガイ

POOR ITTIBITTIUM

オオシマチグサカニモリガイが分類される *Ittibittium* 属は、胎殻の形が独特で、いくつかの解剖学的特徴をもつ微小なオニノツノガイ類のために創設された。オオシマチグサカニモリガイは大きな卵を産む。卵は1つ1つ別の卵殻に包まれ、ゼラチン質の短い紐状の卵塊（らんかい）として産み出される。幼生は卵殻の中でさらに成長し、幼貝となってから卵塊から這い出す。干潟などにたくさん集まって生息し、オニノツノガイ類の例に漏れず、その豊かな環境で得られる藻類や有機物砕片を食べて暮らしている。

近縁種

オオシマチグサカニモリガイは、同属種の中で最大である。同属種には、日本近海に産するタケノコチグサカニモリガイ *Ittibittium nipponkaiense*（Habe and Masuda, 1990）や、西大西洋のバージン諸島に生息する *Ittibittium turriculum*（Usticke, 1969）などがいる。

実物大

オオシマチグサカニモリガイの殻は光沢があって小さく、螺塔が非常に高く、縫合は深い。螺層の表面にはさまざまな幅のやや丸みを帯びた螺肋と弱い縦肋がある。縦肋は、ときに螺層の肩部で結節状になるが、それは、とくに下方の螺層では螺肋が肩部で盛り上がるためである。殻の色はオフホワイトからクリーム色で、栗色の縦縞が入る。殻口は卵形で、水管溝は深く、外唇は薄い。

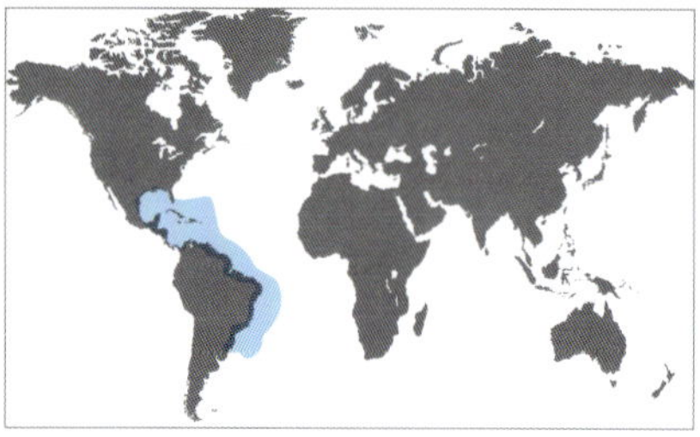

科	オニノツノガイ科／カニモリガイ科　Cerithiidae
貝殻の大きさ	15 ～ 36mm
地理的分布	合衆国フロリダ州南西部からブラジルにかけて
存在量	ふつう
生息深度	潮間帯から水深 50m
生息場所	砂地や干潟
食性	植食者
蓋	角質で少旋型

貝殻の大きさ
15 ～ 36mm

写真の貝殻
24mm

Cerithium litteratum (Born, 1778)

ハナヤカカニモリガイ

STOCKY CERITH

オニノツノガイ科の貝は数百種が知られ、世界中の熱帯から温帯の海に広く分布しているが、ヨーロッパ近海に生息する種は著しく少ない。すべての種が植食性で、泥底や砂底で藻類を漁(あさ)って食べる。たいていは、殻口によく発達した水管溝があり、その中に水管が収まる。オニノツノガイ類の多くは細長い殻をもつが、殻の彫刻の強さには種によって程度の差がある。本種の種小名の *litteratum* は「文字が書き込まれている」ことを意味し、文書に並んだ文字の列のように見える、殻の色模様のことを指している。

近縁種

ハナヤカカニモリガイの分布域の北端の浅海に生息するゴマフアラレカニモリガイ *Cerithium muscarum* Say, 1832 の殻は、もっと細長く、螺状に並んだ斑点の間がより広くあく。また、各螺層に3、4列の螺列をなして並ぶ結節状突起がある。それらの結節状突起は上下のものがつながって縦肋のようになる傾向がある。

実物大

ハナヤカカニモリガイの殻は丸く膨らみ、やや膨らんだ先細の高い螺塔を備える。地色は白からクリーム色で、縦に不規則に入る成長線で分断された、むらのある濃褐色の螺帯が並ぶ。縫合の直下の殻表には、やや低い結節状突起が螺状に1列に並ぶ。殻口は卵形で、深い前溝（水管溝）と後溝があり、殻口部の滑層は狭くて薄く、外唇には襞が1つある。

科	オニノツノガイ科／カニモリガイ科　Cerithiidae
貝殻の大きさ	35 〜 53mm
地理的分布	バハマ諸島およびキューバ北部
存在量	希少
生息深度	潮間帯から水深 1m
生息場所	砂地や干潟
食性	植食者
蓋	角質で少旋型

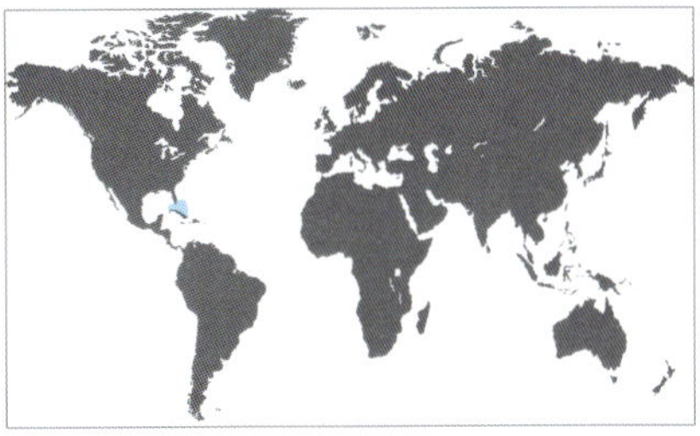

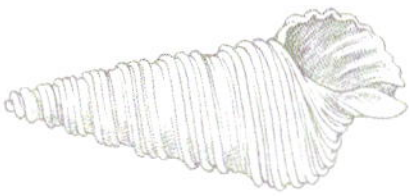

貝殻の大きさ
35 〜 53mm

写真の貝殻
32mm

Fastigiella carinata Reeve, 1848

ウネマキカニモリガイ

CARINATE FALSE CERITH

ウネマキカニモリガイは、*Fastigiella* 属の唯一の現生種だが、本属には始新世からの化石記録があり、本種と近縁と考えられる化石種がいくつか知られる。本種は、ずっと殻しか知られていなかったため何度も分類が見直されてきた。1980 年代になって生貝が初めて採集され、やっと原記載者の分類が正しかったことが確認された。依然として極めて希少な貝で、これまでに採集された標本は 200 〜 300 個に過ぎない。

近縁種

本種が分類される *Fastigiella* 属は、インド西太平洋産の貝の一群ツノブエガイ属 *Pseudovertagus* に近縁だと考えられている。ツノブエガイ属のタイプ種、ツノブエガイ *Pseudovertagus aluco*（Linnaeus, 1758）は、螺層の肩に結節状突起が螺状に並び、くっきりと段のついた非常に高い螺塔をもつ。殻の色はクリーム色で、何列にも縦に並んだ黒っぽい小斑点がある。とくに、殻の前方に多数の斑点がある。

実物大

ウネマキカニモリガイの殻は白磁色で円錐形。螺塔が高く、縫合は浅く不明瞭。殻全体に螺状の彫刻、すなわち高く盛り上がった強い螺肋がある。螺肋は縫合のすぐ下のものが最も強い。縫合の直上の螺肋は平たくなっている。殻口は卵形で、深い前溝と狭い後溝を備え、軸唇の真ん中に栗色に染まった襞が１つある。

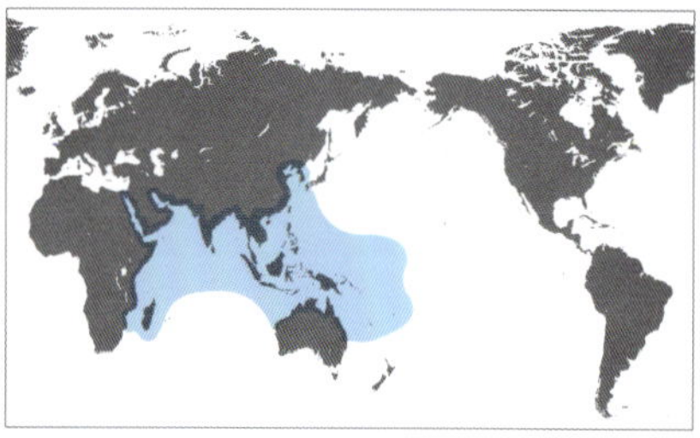

科	オニノツノガイ科／カニモリガイ科　Cerithiidae
貝殻の大きさ	25 〜 50mm
地理的分布	インド西太平洋
存在量	少産
生息深度	潮下帯
生息場所	マングローブ林周辺の砂地
食性	植食者
蓋	角質で少旋型

貝殻の大きさ
25 〜 50mm

写真の貝殻
37mm

Cerithium citrinum Sowerby II, 1855

キイロカニモリガイ

YELLOW CERITH

オニノツノガイ科の貝はすべて藻類や、植物由来のデトリタスを食べる。当然それらの藻類や植物が育つ沿岸域に棲み、そのような浅海の生息場所では最もふつうに見られる腹足類の1群となっている。オニノツノガイ科の種多様性が最も高いのはインド太平洋域で、キイロカニモリガイをはじめ、その多様な種の多くが、有機物に富んだ餌が豊富に供給されるマングローブ林やその近くで暮らしている。

近縁種

オオヨロイツノブエガイ *Cerithium novaehollandiae* Sowerby II, 1855は、オーストラリア北部にのみ生息するが、殻表の彫刻がキイロカニモリガイに似る。しかし、キイロカニモリガイより縫合がわずかに深く、縦肋は弱く、白っぽい螺層の下半分が褐色に染まる。また、殻口はより狭く、水管溝はより短く弓なりに曲がる。さらにキイロカニモリガイでは殻表の螺肋のために外唇縁が波打つが、オオヨロイツノブエガイでは外唇縁はそれほどでこぼこしていない。

キイロカニモリガイの殻は円錐形で、螺塔は高く、縫合はやや浅い。螺層はわずかに膨らみ、高く盛り上がった縦肋のおかげでさらに膨らんで見える。殻表にはさらに、でこぼこした細い螺肋が密に並ぶ。体層と、襞のある反り返った外唇はレモン色で、上方の螺層は色がより薄く、所どころ白くなる。殻口はほぼ円形で、水管溝は長い。軸唇および縫帯は白く、縫帯には濃い赤色のちらし模様がある。

実物大

科	オニノツノガイ科／カニモリガイ科 Cerithiidae
貝殻の大きさ	27 ～ 52mm
地理的分布	インドネシア東部およびパプアニューギニア
存在量	標本は希少
生息深度	潮間帯から水深 20m
生息場所	泥底や細砂底
食性	グレーザー
蓋	角質で末端に核がある

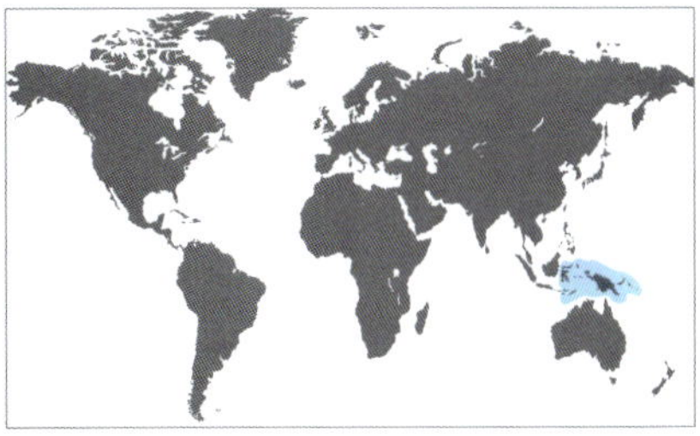

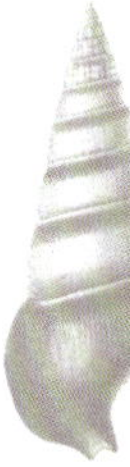

貝殻の大きさ
27 ～ 52mm

写真の貝殻
46mm

Clavocerithium taeniatum（Quoy and Gaimard, 1834）

ウスオビカニモリガイ

RIBBON CERITH

ウスオビカニモリガイの分布域は狭く、インドネシア東部とパプアニューギニアの間に限られているようである。場所によってはふつうに見られるが、博物館に収蔵されている標本は希少である。殻表の彫刻や色が変異に富み、このページの写真のように縫合のそばに鮮やかな色の螺帯をもつものもいるが、全体にもっと色の薄いものもいる。歯舌は非常に小さい。

近縁種

インド太平洋産のタケノコカニモリガイ *Rhinoclavis vertagus*（Linnaeus, 1758）とナガタケノコカニモリガイ *Rhinoclavis fasciata*（Bruguière, 1792）は、一見、ウスオビカニモリガイに似ている。しかし、タケノコカニモリガイの殻はより大きく細長く、殻口がより小さい。ナガタケノコカニモリガイはさらに大きく細長い殻をもち、殻の色模様は変異に富むが、たいてい螺状の色帯または螺状に並んだ斑紋をもつ。

実物大

ウスオビカニモリガイの殻は中型で、硬くて頑丈。形は紡錘形で、螺塔が高い。螺塔の螺層の多くには螺肋と縦肋が見られ、これらの彫刻は殻の中ほどの螺層で最も顕著である。体層と次体層は殻表がほとんど滑らか。殻口は卵形で、水管溝が後方に曲がる。外唇は肥厚し、軸唇はへこんでいて滑らか。殻の色は黄みがかった白で、縫合のそばにピンクまたは小麦色の幅広い螺帯がある。外唇と軸唇はオレンジがかった褐色に染まり、殻口内は白い。

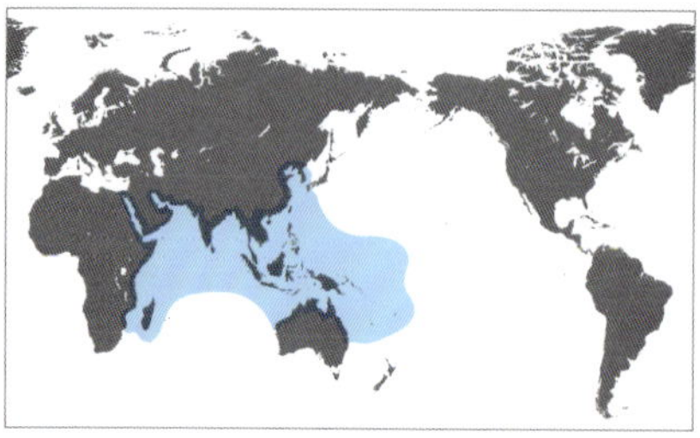

科	オニノツノガイ科／カニモリガイ科　Cerithiidae
貝殻の大きさ	35 〜 95mm
地理的分布	紅海からインド西太平洋
存在量	多産
生息深度	潮下帯から水深 18m
生息場所	サンゴ礁周辺の細砂底
食性	植食者
蓋	角質で少旋型

貝殻の大きさ
35 〜 95mm

写真の貝殻
56mm

Rhinoclavis fasciata (Bruguière, 1792)

ナガタケノコカニモリガイ

STRIPED CERITH

ナガタケノコカニモリガイの殻は魅力的で人目を引くため、収集家に根強い人気があり、Banded Creeper（縞模様のある貝）やBanded Vertagus（縞模様のあるタケノコカニモリガイ）、Punctate Cerith（小さな斑点のあるオニノツノガイ）、White Cerith（白いオニノツノガイ）、そして分布域の西部ではPharaoh's Horn（ファラオの角）など、多くの名称で呼ばれている。サンゴ礁周辺の砂地に棲み、藻類を食べて暮らしている。多くのオニノツノガイ類同様、殻の模様や彫刻、例えば色帯の色や幅、肋の強さなどが非常に変異に富む。

近縁種

ヨコワカニモリガイ *Rhinoclavis aspera* (Linnaeus, 1758) も模様にさまざまな変異が見られるが、ナガタケノコカニモリガイより殻の螺塔が低くて太く、その膨らみが強い。ナガタケノコカニモリガイの殻ではぼんやり見えるだけの縦肋はヨコカワカニモリガイではよく発達して明瞭だが、上下の螺層の縦肋がきれいに並ばない。また、水管溝はナガタケノコカニモリガイのものほど鋭く曲がらない。

実物大

ナガタケノコカニモリガイの殻は、螺塔が非常に高く、わずかに膨らみ、通常13か14層の螺層からなる。縫合はやや深く、とくに上部の螺層では、その下の短い褐色の縦縞の間にかすかな縦肋が見られることが多い。殻の色は白からクリーム色で、褐色から濃褐色の螺状の縞や色帯が入ることがある。殻口唇は肥厚して白く、軸唇の中央に１本の襞がある。水管溝は非常に鋭く外側に曲がる。

科	オニノツノガイ科／カニモリガイ科 Cerithiidae
貝殻の大きさ	60 ～ 150mm
地理的分布	インド西太平洋
存在量	多産
生息深度	潮間帯から潮下帯浅部
生息場所	砂地や礫底や礁原
食性	グレーザーで、微小藻類由来のデトリタスを食べる
蓋	角質で卵形、少旋型

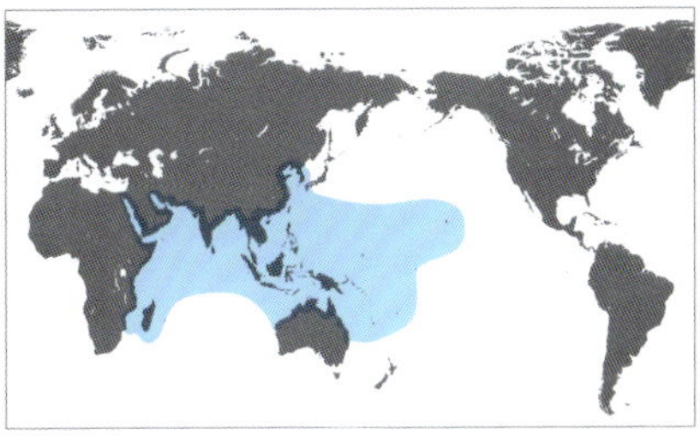

貝殻の大きさ
60 ～ 150mm

写真の貝殻
98mm

Cerithium nodulosum Bruguière, 1792

オニノツノガイ

GIANT KNOBBED CERITH

オニノツノガイは、オニノツノガイ属 *Cerithium* の最大種で、現存するオニノツノガイ類全体で見ても最大級の大きさを誇る。インド西太平洋中に広く分布し、浅海のサンゴ礁外縁付近の砂地や礫底、礁原に多産する。オニノツノガイ類は多くが形態の変異に富む上に互いに似た殻をもつため、同定が難しいが、オニノツノガイはその大きさと結節状突起のある殻の彫刻のおかげで容易に識別できる。身を食用にするため、また、殻を売るために採取される。卵塊にはリボン状の基部があり、その上に多数のゼラチン質の紐が絡み合って付着している。1 つの卵塊に 6 万 6000 個ほどの卵が詰まっていると見積もられている。

近縁種

紅海からマダガスカルにかけて分布するコウカイオニノツノガイ *Cerithium erythraeonense* Lamarck, 1822 は、オニノツノガイに近縁で、亜種と見なされることもある。オニノツノガイに殻が似ているが、より小さく細長い。アフリカ東岸から西太平洋にかけて広く分布するキイロカニモリガイ *Cerithium citrinum* Sowerby II, 1855 は、中型で、長く斜めに伸びる水管溝を備えた細長い淡黄色の殻をもつ。

オニノツノガイの殻は、オニノツノガイ科の貝にしては大きく、厚くて硬く、細長く、殻表に濃密な彫刻がある。螺塔は高く、縫合は明瞭で、螺層の周縁は強く角張る。各螺層には、結節状突起が 1 列の螺状列をなして並び、さらに何本かの弱い螺肋がある。体層および殻口は大きく、外唇は肥厚して縁が外側に広がる。成貝では外唇縁はぎざぎざである。殻の色はくすんだ白で、灰色がかった褐色の斑紋が散在する。殻口内は白い。

実物大

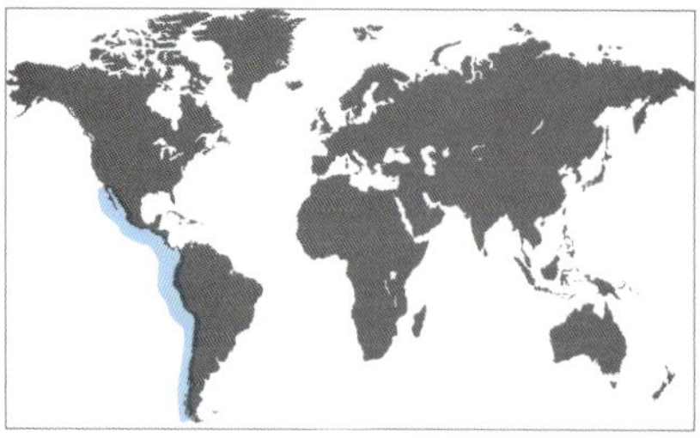

科	ウミニナ科　Batillariidae
貝殻の大きさ	12 〜 40mm
地理的分布	メキシコ西岸からチリにかけて
存在量	多産
生息深度	潮下帯から水深 27m
生息場所	河口域の岩の下
食性	植食者
蓋	角質で少旋型

貝殻の大きさ
12 〜 40mm

写真の貝殻
33mm

Rhinocoryne humboldti (Valenciennes, 1832)

トゲトゲウミニナ

RHINO CERITH

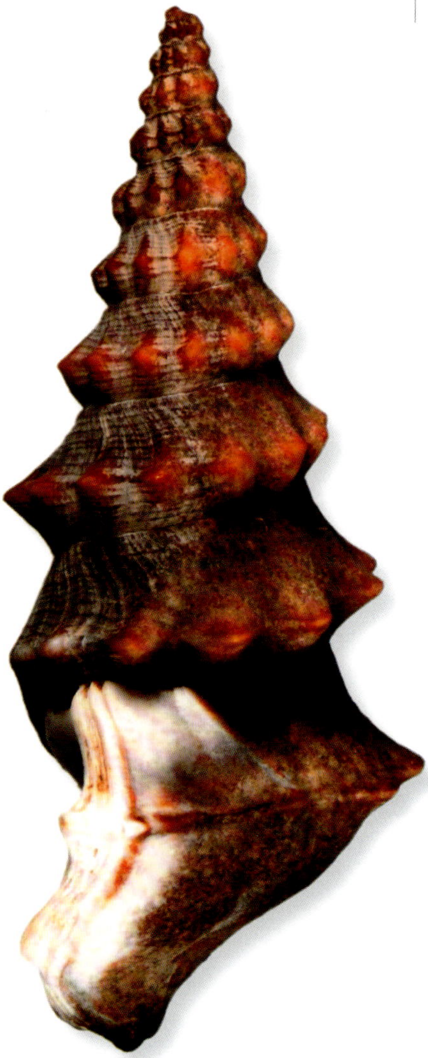

トゲトゲウミニナは、東太平洋の温帯から熱帯にかけて生息し、ウミニナ科の他の貝と同様、河口の干潟やマングローブ林などに棲む。ウミニナ類は温度や塩分濃度の大きな変化や長期間の飢餓や乾燥に耐えることができる。トゲトゲウミニナは、ウミニナ科の中にあっては例外的に明瞭な縦肋と比較的長い水管溝を備え、螺層の肩が強く張り出した殻をもつ。分布域は非常に広く、中央アメリカの熱帯域からチリ南部のチロエ島周辺の温帯域まで分布している。

近縁種

中部太平洋では局所的にふつうに見られるヨロイツノブエガイ *Cerithium lifuensis* Melvill and Standen, 1895 は、トゲトゲウミニナより殻が細長い。また、殻の色は黄色がかった薄茶色で、螺層の肩部にオフホワイトの大きな結節状突起が 1 列に螺状に並び、さらに、それらより小さな突起が螺層の中ほどに 2 列の螺列をなす。こられの螺状列は外唇縁まで達する。

実物大

トゲトゲウミニナの殻は細長く、螺塔は膨らまない。打ち上げ貝では殻頂が壊れていることがある。殻の色は栗茶色で、しばしば細い白色の縦筋や螺状の筋が入る。螺層には、その上から下まで達する大きな結節状突起が 1 列に螺状に並び、肩部を際立たせている。この螺状列は外唇縁まで伸びて、そこに突起を形成する。殻口は卵形で白く、反り返った深い水管溝を備える。殻の内面は黒い。

科	スズメハマツボ科 Dialidae
貝殻の大きさ	大きくても 2 ～ 7mm
地理的分布	インド西太平洋
存在量	多産
生息深度	潮間帯
生息場所	海藻やサンゴ礫の上
食性	植食者で紅藻や褐藻を食べる
蓋	角質で卵形

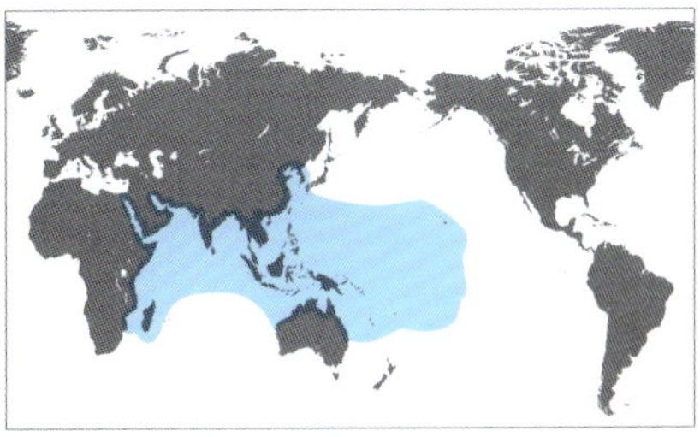

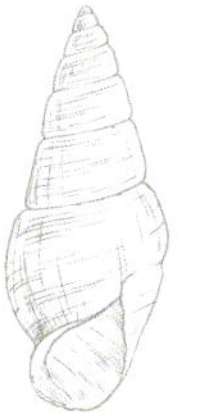

貝殻の大きさ
2 ～ 7mm

写真の貝殻
3mm

Diala albugo (Watson, 1886)

クリフハマツボ

WHITE SPOTTED DIALA

クリフハマツボは、小さな巻貝で、潮間帯の軟らかい堆積物の上や、海藻葉上、サンゴ礫底などに棲む。インド西太平洋の熱帯域に分布する。1992 年まではスズメハマツボ科の分類はかなり混乱していたため、スズメハマツボ類に形が似ているものの系統的には遠い種も多数この科に含められていた。最近行われたスズメハマツボ科の再検討により、本科に含めるべき現生種は 8 種で、すべてスズメハマツボ属 *Diala* に帰属させるべきものであることが示唆されている。これら 8 種は大なり小なり小型で、形態は変異に富み、分布がインド西太平洋に限られている。スズメハマツボ類の殻は、たいてい殻長 3 ～ 7mm ほどと小さく、螺塔が高く、殻表には螺状の彫刻だけが見られる。

近縁種

スズメハマツボ *Diala varia* A. Adams, 1860 は、紅海およびインド太平洋が原産だが、スエズ運河を経て地中海東部にも入り込んでいる。この貝の殻は形と大きさがクリフハマツボに似るが、螺層の側面がクリフハマツボよりまっすぐ。*Diala flammea* (Pease, 1868) は、インド西太平洋の熱帯域に生息し、いくつかの礁湖では湖底の砂中に棲む微小貝の優占種となっており、多い所ではティースプーン 1 杯ほどの砂の中に 50 個体もの貝が棲んでいる。

実物大

クリフハマツボの殻は非常に小さく、薄くてもろく、光沢があり、細長く、円錐状。螺塔は高く、約 7 層のわずかに膨らむ螺層からなり、縫合は細い溝状で、殻頂は滑らか。殻表には顕微的な螺状の線がある。縦肋はない。殻口は卵形で水管溝はなく、外唇も軸唇も薄くて滑らかである。臍孔はない。殻の色はクリーム色で、オレンジがかった茶色の途切れ途切れの筋が螺状に入る。殻の内面も外面と似たクリーム色である。

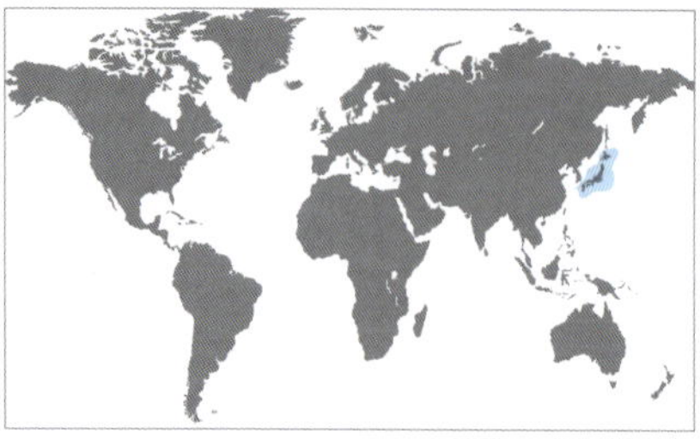

科	キリガイダマシ科 Turritellidae
貝殻の大きさ	18 ～ 40mm
地理的分布	日本固有種
存在量	希少
生息深度	水深 700 ～ 1100m
生息場所	砂泥底
食性	濾過摂食
蓋	角質で円形、多旋型

貝殻の大きさ
18 ～ 40mm

写真の貝殻
40mm

Orectospira tectiformis (Watson, 1880)

ソビエウラウズカニモリガイ

PAGODA CERITH

ソビエウラウズカニモリガイは、日本に固有の希少な深海産巻貝で、砂泥底に生息する。殻は仏塔に似ており、あまりに独特なので、どの科に帰属すべきものか研究者の頭を悩ませてきた。そのため、おもに貝殻の特徴に基づいて本種の分類は数回見直されている。歯舌の形態を見ると、キリガイダマシ科の一員であると考えられるが、キリガイダマシ科とは分けて、ウラウズカニモリガイ科 Orectospiridae に分類すべきだと考える研究者もいる。

近縁種

ウラウズカニモリガイ属 *Orectospira* の種は数種が知られるのみで、ソビエウラウズカニモリガイの他には、やはり日本固有種のウラウズカニモリガイ *Orectospira shikoensis* (Yokoyama, 1928) などが知られる。この貝の殻はソビエウラウズカニモリガイに似ているが、より小さく細長い。インド西太平洋に生息するキリガイダマシ *Turritella terebra* (Linnaeus, 1758) は、キリガイダマシ科最大種の 1 つで、多産する。

ソビエウラウズカニモリガイの殻は中型で薄く、円錐形で形が仏塔に似る。螺塔は高く、多くの螺層からなり、縫合は深い。殻頂が欠けていることが多い。殻の表面はおおむね滑らかで、縦に走る細い成長線が並び、縫合の直上には螺層の周縁に沿って小さな結節状突起が螺状に 1 列に並ぶ。それぞれの螺層が 1 つ下の螺層にわずかにかぶさる。殻口は四角張り、外唇は薄く、軸唇は滑らかで外側に反る。殻底には狭い臍孔がある。殻の色は外面も内面も白またはオフホワイト。

実物大

科	キリガイダマシ科 Turritellidae
貝殻の大きさ	60 〜 170mm
地理的分布	インド西太平洋
存在量	多産
生息深度	潮下帯浅部から水深 30m
生息場所	砂底や泥底
食性	懸濁物食者
蓋	角質で円形

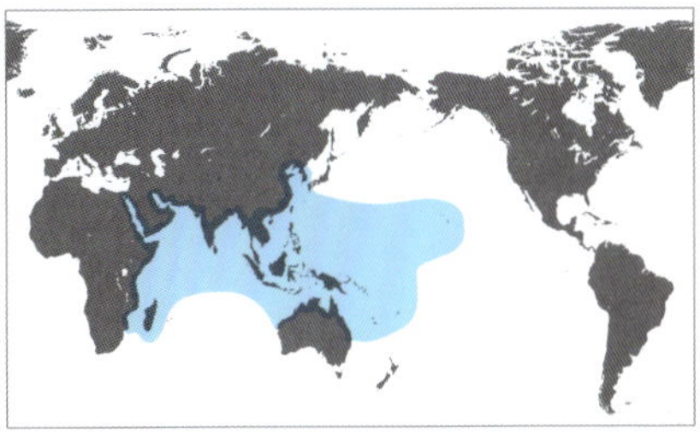

貝殻の大きさ
60 〜 170mm

写真の貝殻
141mm

Turritella terebra (Linnaeus, 1758)

キリガイダマシ

GREAT SCREW SHELL

キリガイダマシは、Great Screw Shell（巨大なねじ釘形の貝）、Common Screw Shell（たくさんいるねじ釘形の貝）、Tower Screw Shell（塔のように高いねじ釘形の貝）あるいは Screw Turritella（ねじ釘形のキリガイダマシ属の貝）など、英語圏ではさまざまな名前で呼ばれている。キリガイダマシ科の中では最大級の大きさを誇り、また多産する。螺塔の形が整っていて美しく、ひときわ背の高い殻をもつにもかかわらず、収集家に特に人気があるわけではない。おそらく、殻の色が一様に褐色で何の模様もないからだろう。だいたいどこでも多産するのだが、シンガポールでは埋め立てのために、絶滅の危険性の高い危急種に指定されている。

近縁種

インド洋に生息するブットウキリガイダマシ *Turritella duplicata* (Linnaeus, 1758) は、キリガイダマシと同様に整然とした螺塔とほぼ円形の殻口のある殻をもつが、殻がより太くて短く、各螺層には明瞭な螺肋が 2 本ある。カナリア諸島およびカーボベルデ諸島から西アフリカにかけて分布する *Turritella bicingulata* (Lamarck, 1822) の殻には、キリガイダマシのものより丸みのある螺肋があり、螺層の下から上まで伸びる細長い炎模様が並ぶ。

実物大

キリガイダマシの殻は、非常に鋭く尖った高い螺塔をもつことで有名である。成貝の螺塔には 30 ほどの螺層が見られることがある。縫合は深く、各螺層に 6 本の明瞭な螺肋があり、それらの肋の間により細い螺肋がある。ほとんど完全な円形の殻口のそばには薄い軸唇と縁の鋭利な外唇を備える。殻の色は褐色で色の薄いものから濃いものまである。

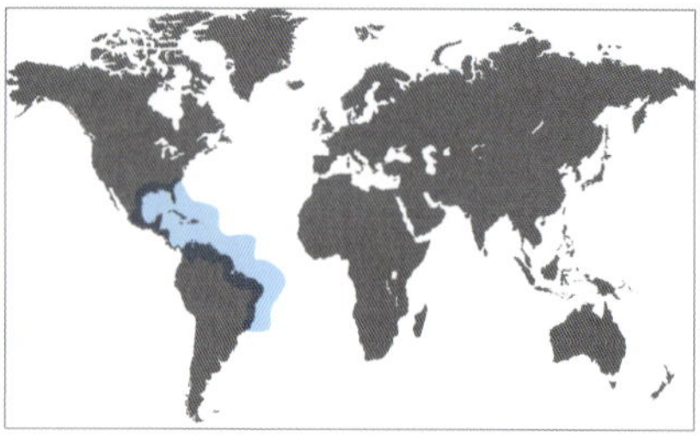

科	ミミズガイ科　Siliquariidae
貝殻の大きさ	40 〜 150mm
地理的分布	合衆国ノースカロライナ州からブラジルにかけて
存在量	ふつう
生息深度	水深 25 〜 730m
生息場所	カイメンに埋在
食性	濾過食者
蓋	角質で円錐形

貝殻の大きさ
40 〜 150mm

写真の貝殻
75mm

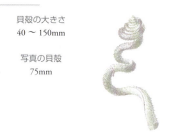

Tenagodus squamatus (Blainville, 1827)

トゲコケミミズガイ

SLIT WORM SNAIL

トゲコケミミズガイの殻は中型で、薄くてもろく、不規則に巻く。螺塔の先端には円錐形の胎殻があるが、この部分はしばしば欠けている。螺管はゆるやかに巻くか全く巻かず、1本の連続したスリットが入っている。スリットには、縁がでこぼこしないまっすぐなものも、所どころで狭まっているものもある。殻表は滑らかなものも、鱗片の並ぶ螺肋のあるものもある。殻口は丸く、外唇は単純で薄い。殻の色はオフホワイトで、スリットの縁はオレンジがかった薄茶色に染まる。

トゲコケミミズガイの殻は巻きが不規則で、螺層が完全に離れている。カイメンの中に埋もれて生活し、カイメンと同じく濾過食者である。カイメンが殻の重さを支えてくれるので、殻の形態に関するいくつかの機能的制約が緩和され、非常に不規則な殻でもやっていける。しかし、カイメンの成長に合わせて自分も成長し、つねに殻の口が外界に開くようにする必要がある。世界には約 20 種のミミズガイ科の現生種が生息している。すべてではないが、その中には本種のように、殻に途切れない 1 本の長いスリットが入っているものがいる。

実物大

近縁種

インド太平洋域に棲むオオカラミミズガイ *Tenagodus ponderosus* Mörch, 1861 は、ミミズガイ科の最大種で、長さが 400mm を超えることがある。最初の数個の螺層はいくぶん巻きはゆるいものの螺管が規則的に巻いているが、最後の部分は螺管が巻かない。アメリカ合衆国フロリダ州西部およびメキシコ湾から東はカリブ海、南はブラジルにかけて分布する *Tenagodus modestus* (Dall, 1881) の殻は、トゲコケミミズガイよりは小さく、殻のスリットは連続した溝状でなく、卵形の小孔が 1 列に連なったものである。

科	ミミズガイ科　Siliquariidae
貝殻の大きさ	40 〜 150mm
地理的分布	西フロリダからブラジルにかけて
存在量	少産
生息深度	水深 35 〜 1470m
生息場所	カイメンに埋在
食性	濾過食者
蓋	角質で円錐形

貝殻の大きさ
40 〜 150mm

写真の貝殻
93mm

Tenagodus modestus (Dall, 1881)

ミミズガイ類の1種

MODEST WORM SNAIL

本種は、沖合または深海で、カイメンの中に埋もれて暮らしている。殻の形や大きさがトゲコケミミズガイに似るが、それほど多くは見つからない。殻頂に近い所では螺層が普通の巻貝のように螺旋状に成長し、螺塔の高いキリガイダマシ類に似るが、殻頂部はしばしば欠けている。蓋は円錐形で、長い剛毛が生えている。体には短い頭部触角があり、その基部に眼がある。足は短く、外套には殻のスリットの位置にあたる所にやはり長いスリットが入っている。

Tenagodus modestus の殻は中型で、薄くてもろく、不規則な巻き方をしている。最初の数層の螺層では螺管が比較的きれいに巻いていて、キリガイダマシ類に似ていることがあるが、その先の螺管は丸く、ゆるく巻いているか全く巻いていない。殻表は滑らかで、細い成長線が見られる。スリットは卵形の小孔列からなる。殻口は丸く、外唇は肥厚したものも薄いものもある。殻の色は白から薄いオレンジ。

実物大

近縁種

西太平洋に生息するコケミミズガイ *Tenagodus anguina* (Linnaeus, 1758) は、本種より小さく、短い棘状突起の並んだ螺肋のある殻をもつ。殻には卵形の小孔が連なってできたスリットがある。アメリカ合衆国ノースカロライナ州からブラジルにかけて分布するトゲコケミミズガイ *Tenagodus squamatus* (Blainville, 1827) の殻は、本種に大きさが似るが、殻表は滑らかなものも、鱗片状突起の並ぶ螺肋を備えるものもある。コケミミズガイとは、連続したスリットをもつことで区別できる。

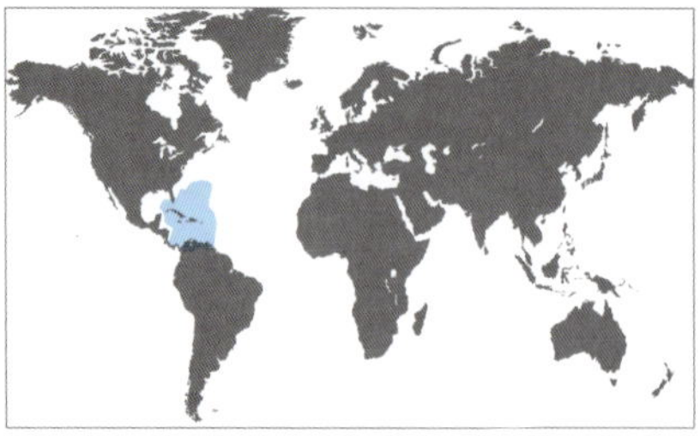

科	ゴマフニナ科 Planaxidae
貝殻の大きさ	10 〜 17mm
地理的分布	合衆国フロリダ州南東部からベネズエラにかけてのカリブ海沿岸およびバーミューダ諸島
存在量	多産
生息深度	潮間帯から水深 3m
生息場所	岩礁
食性	植食性
蓋	角質で卵形

貝殻の大きさ
10 〜 17mm

写真の貝殻
17mm

Planaxis nucleus (Bruguière, 1789)

カリブクロタマキビガイモドキ

BLACK ATLANTIC PLANAXIS

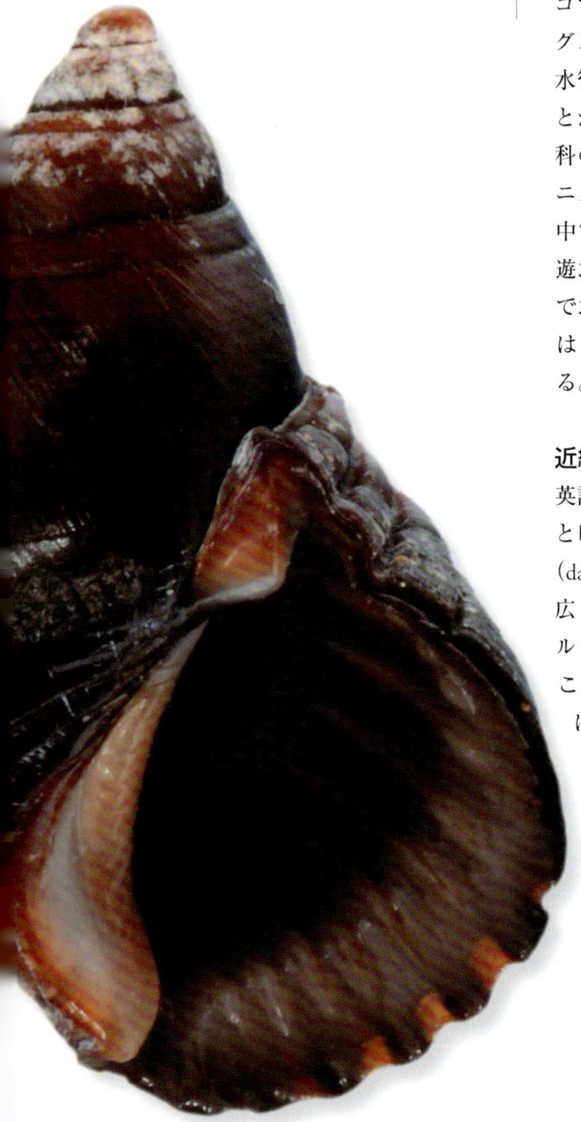

ゴマフニナ科は熱帯海域に棲む多くの巻貝からなる相当大きなグループで、殻はタマキビガイ科 Littorinidae に似るが、殻口に水管溝（前溝）と後溝をもつ点でタマキビガイ科と区別することができる。両者の間には解剖学的な違いもあり、ゴマフニナ科の貝の雄にはペニスがないが、タマキビガイ科の貝の雄はペニスをもつ。ゴマフニナ科では、卵は雌の頭部にある保育嚢の中で保育され、そこで孵化する。種によって、孵化後すぐに浮遊幼生として産み出すものも、這うことができるようになるまで幼生を産卵管の中で保育するものもいる。ゴマフニナ科の貝は 6 属に分類され、海水や汽水だけでなく淡水に棲むものもいる。

近縁種

英語圏では Dwarf Atlantic Planaxis（大西洋産の小さなゴマフニナ）と呼ばれるカリブヨコスジタマキビガイモドキ *Planaxis lineatus* (da Costa, 1778) は、本種の半分ほどの大きさで、分布域はより広く、南はブラジルまで分布する。この貝の殻の螺塔は比較的高く、体層全体に螺溝が入る。

実物大

カリブクロタマキビガイモドキの殻は丸く膨らみ、螺塔はやや低い。色は外面がベージュから紫がかった褐色で、軸唇は薄いオレンジに染まり、内面は黒っぽい。螺層は膨らみ、縫合の直下に 1 本の細い螺溝が走る。体層には縫合の下に 3 本の深い螺溝、殻底側にさらに何本かの螺溝が入る。殻口に顕著な細い水管溝と後溝を備え、外唇には長い襞が並ぶ。

科	ゴマフニナ科　Planaxidae
貝殻の大きさ	13 ～ 35mm
地理的分布	インド西太平洋
存在量	多産
生息深度	潮間帯から潮下帯浅部
生息場所	岩礁
食性	植食性
蓋	角質で薄い

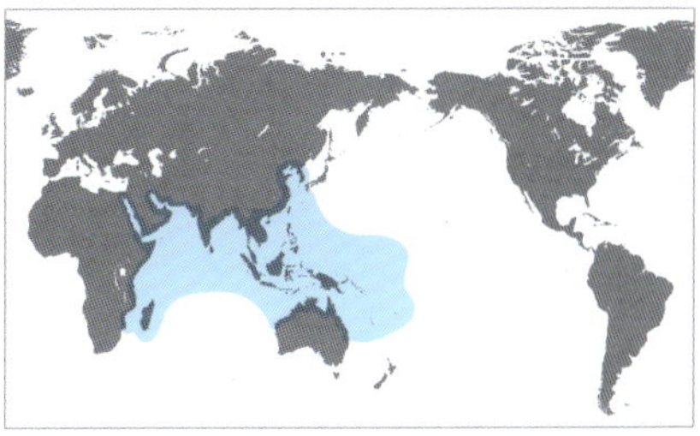

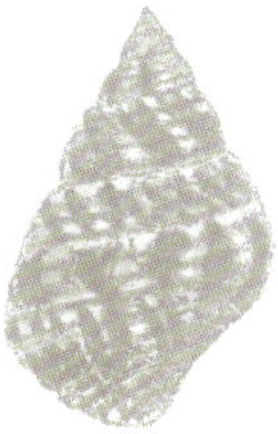

貝殻の大きさ
13 ～ 35mm

写真の貝殻
27mm

Planaxis sulcatus (Born, 1778)

ゴマフニナ

RIBBED PLANAXIS

ゴマフニナは、波当たりのおだやかな岩礁海岸の低潮線付近あるいはそれより下に生息している。そこでは波による撹乱がほとんどないため、餌の微小藻類が波によって粉砕されることがない。そのような場所に潮が引いた時に行くと、岩のくぼみや割れ目にゴマフニナがたくさん集まっているのを見ることができる。生時にはゴマフニナ類は、色が黄褐色からオレンジがかった褐色で手触りがざらざらした繊維質の殻皮をもつ。すべての種が殻に比較的鋭く尖った螺塔をもち、臍孔はもたない。

近縁種

ヨコスジタマキビガイモドキ *Planaxis labiosa* (A. Adams, 1853) には、Dwarf Pacific Planaxis（太平洋産の小さなゴマフニナ）という英語名がつけられている。その殻は高い螺塔をもち、大きさがゴマフニナの半分に満たない。殻表は滑らかで艶がある。体層の下部にはかすかな螺溝があるが、殻のどこにも螺肋はない。殻には黄褐色からくすんだ赤の細い螺帯が入り、さまざまな美しい模様がある。

実物大

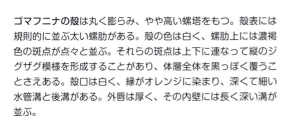

ゴマフニナの殻は丸く膨らみ、やや高い螺塔をもつ。殻表には規則的に並ぶ太い螺肋がある。殻の色は白く、螺肋上には濃褐色の斑点が点々と並ぶ。それらの斑点は上下に連なって縦のジグザグ模様を形成することがあり、体層全体を黒っぽく覆うことさえある。殻口は白く、縁がオレンジに染まり、深くて細い水管溝と後溝がある。外唇は厚く、その内壁には長く深い溝が並ぶ。

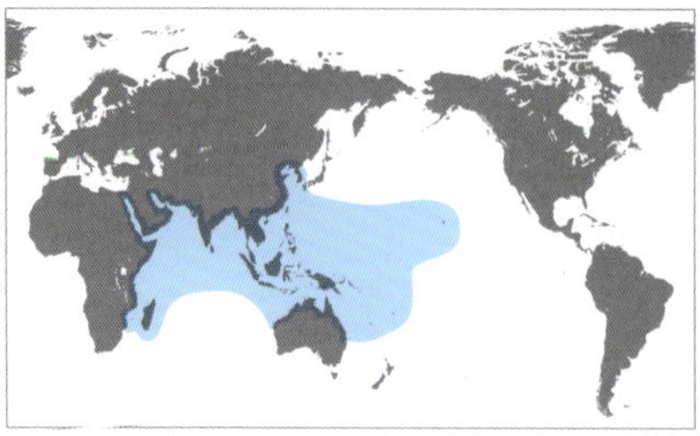

科	フトヘナタリガイ科／キバウミニナ科 Potamididae
貝殻の大きさ	20 ～ 50mm
地理的分布	インド西太平洋
存在量	多産
生息深度	潮間帯
生息場所	マングローブ林や干潟
食性	デトリタス食者
蓋	角質で円形

貝殻の大きさ
20 ～ 50mm

写真の貝殻
35mm

Cerithidea cingulata (Gmelin, 1791)

ヘナタリガイ

GIRDLED HORN SHELL

この小さな角状の貝は、フトヘナタリガイ科の他の種と同様、局所的に多産し、1㎡あたり500個体という高い密度に達することがある。マングローブ湿地や干潟だけでなく、汽水域や塩分濃度の高い養魚池などでも珪藻やバクテリア、有機物粒子などを食べて元気に生きられる。非常に大量に出現して魚のサバヒーの養殖に悪影響を与えるので、所によって、とくにフィリピンでは、有害生物と見なされている。

近縁種

同じくインド西太平洋に生息するマドモチウミニナ *Terebralia sulcata* (Born, 1778) は、殻の色がヘナタリガイよりも一様に灰色から灰色がかった褐色、すなわち、ヘナタリガイの殻にはある薄い色の小瘤がなく、体層にずっと丸みがある。オオヘナタリガイ *Cerithidea obtusa* (Lamarck, 1822) もやはりインド西太平洋に産し、体層にもっと丸みがある。また、オオヘナタリガイの殻には螺溝がないため、ヘナタリガイの殻のように小瘤で覆われた感じにはならない。

実物大

ヘナタリガイの殻は、螺層が膨らまないため側面がまっすぐで、その殻表には明瞭な縦肋と2本の黒っぽい深い螺溝があり、それらが交差して、側扁したオフホワイトの小瘤をなす。その結果、小瘤が3列の螺状列をなして並ぶ。外唇の両端は大きく張り出し、殻口が長く伸びた形になっている。殻の色はたいてい灰色から薄茶色で変異に富み、各螺層に2、3本の周りより色の薄い螺帯が入る。

科	フトヘナタリガイ科／キバウミニナ科　Potamididae
貝殻の大きさ	25 ～ 65mm
地理的分布	インド西太平洋
存在量	多産
生息深度	潮間帯
生息場所	河口干潟
食性	デトリタス食者
蓋	角質で円形、多旋型

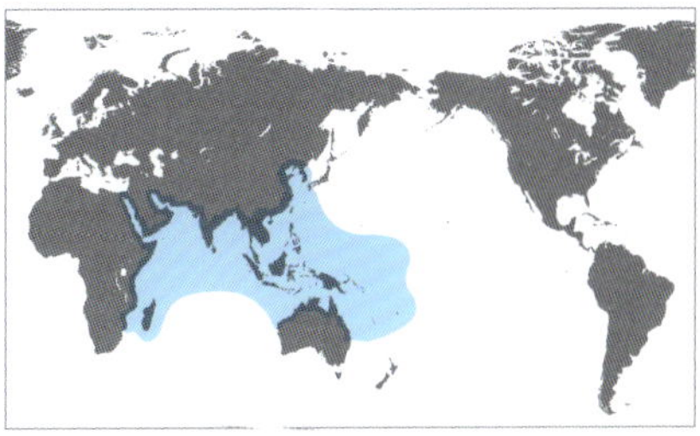

貝殻の大きさ
25 ～ 65mm

写真の貝殻
48mm

Terebralia sulcata (Born, 1778)

マドモチウミニナ

SULCATE SWAMP CERITH

マドモチウミニナは、西はマダガスカルから東はメラネシアまで分布し、マングローブの幹や根の上に棲んでいる。殻には縁の広がった外唇があり、これを使って殻を底質中に強く押し付け、乾燥や捕食者から身を守る。小型の貝ではあるが、フィリピンでは身を食料とし、殻は石灰の原料として広く利用されている。いくつか多産する種がいるので、フトヘナタリガイ類は重要な生態学的役割を果たしている。世界には、100 種を超えるフトヘナタリ科の現生種が知られ、本科の多様性はインド太平洋の熱帯域で最も高い。

近縁種

アフリカ東岸から西太平洋まで広く分布するキバウミニナ *Terebralia palustris* (Linnaeus, 1767) は、マドモチウミニナに似ているが、ずっと大きく、より長い殻をもち、やはり食用とされている。メキシコ湾からカリブ海にかけて生息する *Cerithidea pliculosa* (Menke, 1829) は、フトヘナタリガイ科の小型種で、塩性湿地に棲む。

マドモチウミニナの殻は小型で、厚くて重く、細長い紡錘形。螺塔は高く、多数の螺層からなり、縫合は深く溝状。螺塔の殻表には螺層あたり 4、5 本の螺肋と多数の縦肋があり、それらが交差した所が四角張った小瘤状になる。体層には顆粒が並ぶ螺肋もある。外唇は厚く、縁が広がり、軸唇は光沢がある。殻の色は淡褐色または濃褐色で、殻口内はクリーム色。

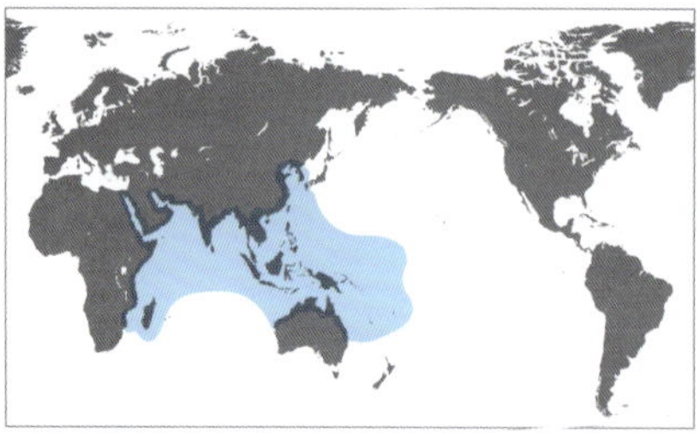

科	フトヘナタリガイ科／キバウミニナ科　Potamididae
貝殻の大きさ	48 ～ 120mm
地理的分布	インド西太平洋
存在量	多産
生息深度	潮間帯
生息場所	マングローブ林や干潟
食性	デトリタス食者
蓋	角質で円形、多旋型

貝殻の大きさ
48 ～ 120mm

写真の貝殻
82mm

Telescopium telescopium (Linnaeus, 1758)

センニンガイ

TELESCOPE SNAIL

実物大

センニンガイは、マングローブ林の潮間帯上部や干潟潮間帯に多産する貝で、そのような場所でデトリタスを食べて暮らしている。ときに何千個もの貝が集まっているのを見かけることがある。水陸両生なので長期間水から出た状態でも生きられるが、干潮時には寄り集まってじっとしている。他のいくつかのフトヘナタリガイ類と同じく、頭部触角にある1対の眼に加え、外套の上にも光を感知できる第3の眼をもつ。東南アジアでは食用にされる。

近縁種

アフリカ東岸から西太平洋まで分布するキバウミニナ *Terebralia palustris* (Linnaeus, 1767) は、フトヘナタリガイ科の最大種で、殻はやはり円錐形だが、螺溝がセンニンガイほど明瞭ではない。西アフリカおよびカーボベルデ諸島に生息する *Tympanotonus radula* (Linnaeus, 1758) は、螺塔が高く、三角形の大きな棘状突起が螺状に1列に並んだ殻をもつ。

センニンガイの殻は中型で、厚くて重く、円錐形で螺塔が高い。螺塔は多くの螺層からなり、縫合は不明瞭。螺塔の各螺層には、大きさが不揃いな4本の平たく強い螺肋があり、肋の間には深い螺溝がある。殻底は平坦で、体層の周縁は丸みを帯びる。殻口は斜めになった四角形で比較的小さく、軸唇は強く捩じれる。殻の色は焦げ茶あるいは黒で、ときに薄茶の色帯が入り、殻口内は紫がかる。

科	フトヘナタリガイ科／キバウミニナ科　Potamididae
貝殻の大きさ	40 ～ 190mm
地理的分布	アフリカ東岸から西太平洋にかけて
存在量	多産
生息深度	潮間帯
生息場所	マングローブ林や干潟
食性	幼貝はデトリタス食者だが、成貝は植食者
蓋	角質で円形、多旋型

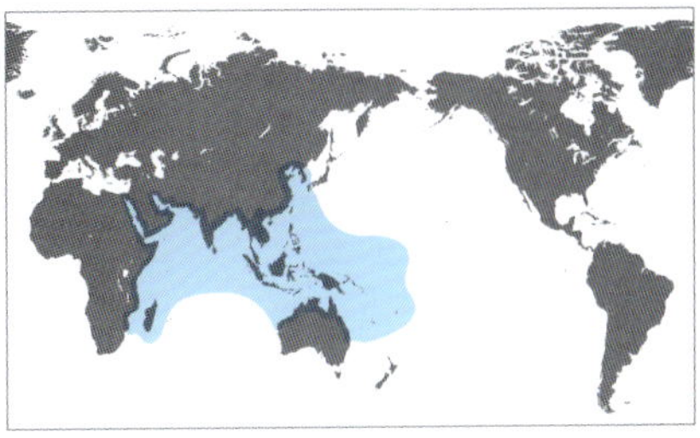

貝殻の大きさ
40 ～ 190mm

写真の貝殻
121mm

Terebralia palustris（Linnaeus, 1767）

キバウミニナ

MUD CREEPER

キバウミニナは、フトヘナタリガイ科の最大種である。他のフトヘナタリガイ類と同様、潮間帯のマングローブの間に生息するが、幼貝と成貝で生息場所の好みが異なる。幼貝から成貝へと成長する時に歯舌の微小構造が変化し、それに伴って餌を細かい有機物粒子からマングローブの落ち葉や落果（らっか）などに変える。キバウミニナはマングローブ林では豊富に生息し、よく目立つ。食用になり、分布域のいたる所で盛んに採取されている。

近縁種

インド西太平洋に産するマドモチウミニナ *Terebralia sulcata*（Born, 1778）は、やはりマングローブ林の住人だが、砂泥の積もった比較的堅い所を好む。この貝にはセンニンガイに見られるような第3の眼はなく、殻はキバウミニナより小さい。オーストラリア北部に生息する *Terebralia semistriata*（Mörch, 1852）は、キバウミニナに似ているが、殻がずっと小型で、外唇縁が外側に反る。

実物大

キバウミニナの殻は大きく、厚くて重く、円錐形。螺塔が高く、多くの螺層からなる。螺層は膨らまず、表面にはほぼ同じ太さの4本の平たい螺肋と強い縦肋がある。殻口に近い螺層では縦肋は痕跡的になる。殻口は卵形で、外唇は縁がぎざぎざで広がる。水管溝は短く、軸唇は厚い滑層で覆われる。殻の色は、たいていは一様に濃褐色だが、螺塔は色がより薄かったり表面が摩耗していたりすることがある。

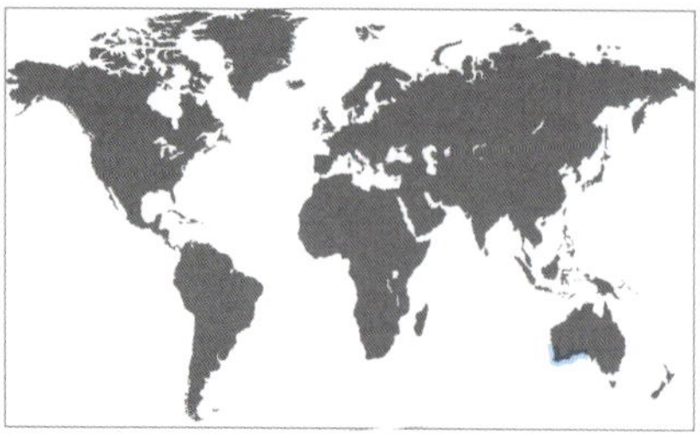

科	ディアストマ科　Diastomatidae
貝殻の大きさ	30 ～ 50mm
地理的分布	オーストラリアの西オーストラリア州南部沿岸に固有
存在量	少産
生息深度	水深 1 ～ 5m
生息場所	砂底や海草群落
食性	微小藻類やデトリタスを食べる
蓋	角質で卵形

貝殻の大きさ
30 ～ 50mm

写真の貝殻
50mm

Diastoma melanioides (Reeve, 1849)

ディアストマ・メラニオイデス

MELANIOID DIASTOMA

Diastoma melanioides の殻は中型で表面がざらざらしており、小塔状。螺塔は高く、縫合が深く、殻頂が尖る。螺層はまったく膨らまないか、わずかに膨らむのみ。初期の螺層には殻表に縦肋が並び、それらが数本の螺肋と交差する。体層に向かって螺層表面の縦肋がだんだん弱くなる。殻口は半月形で、外唇は薄く、軸唇には真ん中に１つの襞がある。殻の色は白またはクリーム色でオレンジがかった褐色の斑点または斜めの縞が入る。殻の内面は白い。

暁新世（ぎょうしんせい）から更新世（こうしんせい）にかけて生存していた多様なディアストマ科の化石種が世界中から見つかっているが、本科の貝で現在まで生き残っているのは本種のみである。本種は、潮下帯浅部の砂底や海草群落に生息し、生きている時は殻が多くの細い毛の生えた薄い殻皮に覆われるため、ふわふわに見える。生態はよく分かっていないが、微小藻類やデトリタスを食べているようである。胎殻の形態から本種の発生は直接発生、すなわち浮遊幼生期をもたないと考えられている。

近縁種

本種に一見似た多くの貝が、かつては誤って本科に含められていたが、現在は本科に近縁なウキツボ科 Litiopidae やスズメハマツボ科 Dialidae、スナモチツボ科 Scaliolidae、オニノツノガイ科 Cerithiidae などに移されている。

実物大

科	カタベガイダマシ科　Modulidae
貝殻の大きさ	15 〜 30mm
地理的分布	アフリカ東岸からフィリピンにかけて
存在量	ふつう
生息深度	潮間帯
生息場所	海草の生えた砂底
食性	植食者
蓋	角質で薄く円形

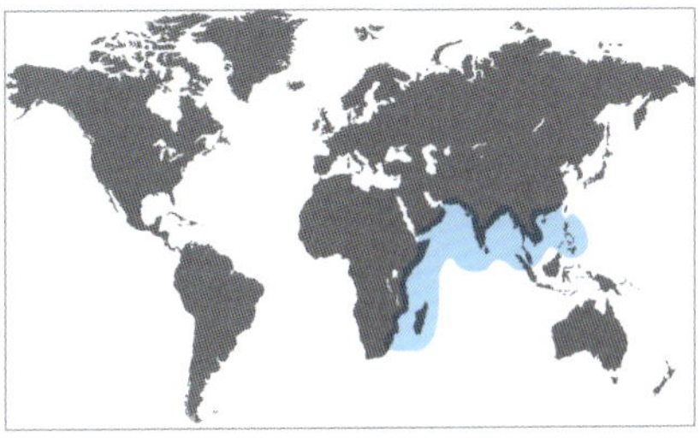

貝殻の大きさ
15 〜 30mm

写真の貝殻
28mm

Modulus tectum (Gmelin, 1791)

カタベガイダマシ

TECTUM MODULUS

カタベガイダマシは、カタベガイダマシ科の最大種である。本科はカタベガイダマシ属 *Modulus* のみからなり、その種数は 25 種に満たない。すべての種が独楽形の殻をもち、殻の軸唇基部に小さな歯を 1 つもつという特徴がある。カタベガイダマシは英語圏では Covered Modulus（帽子をかぶったようなカタベガイダマシ属の貝）や Knobby snail（瘤の多い巻貝）などとも呼ばれ、暖海の浅海域、特に海草の生える河口域に棲み、微小藻類を食べて暮らしている。

近縁種

アメリカ合衆国南東部からブラジルにかけての大西洋岸およびバミューダ諸島に生息するセイヨウカタベガイダマシ *Modulus modulus* (Linnaeus, 1758) は、たいていカタベガイダマシより小さく、殻頂の尖ったより高い螺塔をもつ。カリフォルニア湾からパナマにかけて分布するソロバンダマカタベガイダマシ *Modulus disculus* (Philippi, 1846) は、やはりたいていはカタベガイダマシより小さく、外唇の縁が波打っている。

実物大

カタベガイダマシの殻は、平たい螺塔と顕著な縦肋をもつのが特徴である。鋭く角張った肩部の下で体層が急激に広がり、殻口が大きい。殻口の内面はたいてい薄いクリーム色から白。滑らかな軸唇には、基部に顕著な歯が 1 つある。殻の外面はクリーム色から薄い黄色で、淡褐色から濃い灰色の斑紋がある。

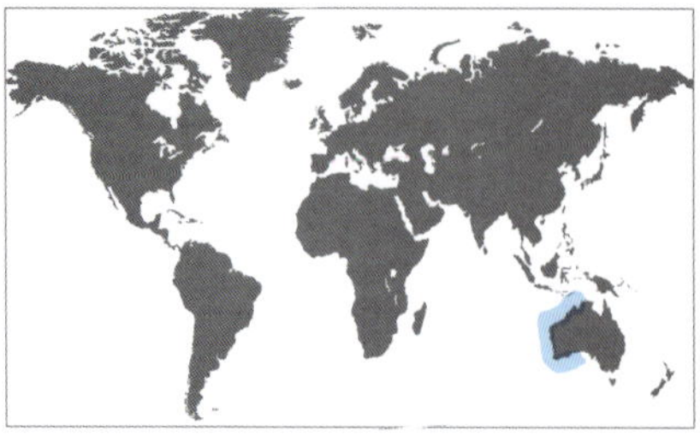

科	エンマノツノガイ科　Campanilidae
貝殻の大きさ	80 〜 215mm
地理的分布	オーストラリア西部
存在量	局所的にふつう
生息深度	水深 1 〜 10m
生息場所	砂底
食性	グレーザー
蓋	角質で中央付近に核がある

貝殻の大きさ
80 〜 215mm

写真の貝殻
88mm

Campanile symbolicum Iredale, 1917

エンマノツノガイ

BELL CLAPPER

エンマノツノガイの殻は大きく、厚くて重く、小塔形で螺塔が高い。縫合は深く、でこぼこしている。螺層はまっすぐか、わずかにへこむ。殻表は摩耗していることが多いが、先端の丸い小瘤が縫合の近くに１列の螺状列をなして並び、何本かの弱い螺状線と縦線が入る。殻口は比較的小さくて丸く、外唇は滑らかで、成貝では外側に反る。水管溝は短く、捩じれている。殻の色は白亜色。

実物大

エンマノツノガイは、エンマノツノガイ科の唯一の現生種である。本科には白亜紀に遡る長い化石記録があり、少なくとも 700 の化石種が知られる。その中には長さが 1m を超える巨大なものもあり、それらは、これまでに地球上に出現した巻貝類の中で最大級である。ソデボラ科 Strombidae の貝との競争の結果、本科の貝がほぼ全滅した可能性があると考えられている。エンマノツノガイは大きな白亜質の殻をもち、しばしば摩耗した殻にスズメガイ類の貝が付着した痕が残るため、一見、化石のように見える。

近縁種

現存するものでエンマノツノガイに最も近縁なのは、チグサカニモリ科 Plesiotrochidae の貝である。この科は殻の大きさが 25mm にも満たない小型の巻貝からなり、オーストラリア産で、仏塔形の小型の殻をもつ *Plesiotrochus penetricinctus* (Cotton, 1932) もこの科に含まれる。

科	タマキビガイ科　Littorinidae
貝殻の大きさ	3 〜 5mm
地理的分布	インド太平洋
存在量	局所的に多産
生息深度	潮上帯から潮下帯浅部まで
生息場所	岩礁海岸や藻類マットの上
食性	植食者
蓋	角質で円形、多旋型

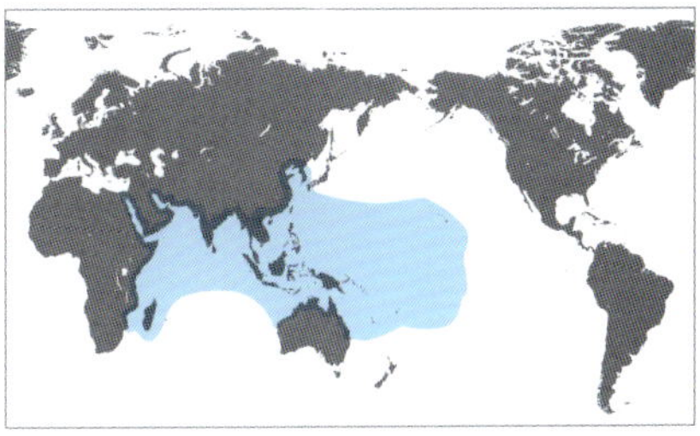

貝殻の大きさ
3 〜 5mm

写真の貝殻
4mm

Peasiella tantilla (Gould, 1849)

コビトウラウズガイの仲間

TRIFLE PEASIELLA

本種は、タマキビガイ科の小型種でインド太平洋に広く分布し、ハワイなど一部の地域では多産する。ハワイでは、外海に面した岩礁潮間帯の潮溜まりや岩の割れ目の中、岩棚の陰だけでなく、高潮線より上の潮上帯にも生息している。また、潮下帯浅部のサンゴモの上でも見つかることがある。黄色から赤褐色のカラフルな殻をもつ。タマキビガイ科の現生種は世界で 200 種が知られ、その大多数が岩礁の潮間帯あるいは潮上帯に生息する。タマキビ類の最古の化石は、暁新世後期の地層から得られている。

Peasiella tantilla の殻は非常に小さく、背が低く、円錐形。螺塔はやや高く、殻頂が尖り、縫合は深い。殻表には何本かの螺溝が入り、また、螺層の肩部に沿って１本の強い螺肋があり、螺肋の発達した成貝ではそれは竜骨状になる。殻口は卵形で外唇は角張り、軸唇は滑らか。臍孔は狭くて深い。殻の色は黄色から赤褐色までさまざまで、その上に白い斑点が並ぶか、あるいは細い褐色の線が入る。殻の内側も外側とほぼ同色である。

近縁種

インド太平洋の熱帯域に生息するヒナノウラウズガイ *Peasiella conoidalis* (Pease, 1868) は、螺層の周縁に小瘤が並んだ小さな円錐形の殻をもち、タマキビガイ類というよりニシキウズガイ科の小型種のように見える。アメリカ合衆国フロリダ州から東は西インド諸島、南は南アメリカ北部にかけて分布するシコロタマキビガイ *Cenchritis muricatus* (Linnaeus, 1758) は、殻表に小瘤が何列にも螺状に並んだ頑丈な殻をもち、岩礁海岸の潮上帯に棲んでいる。

実物大

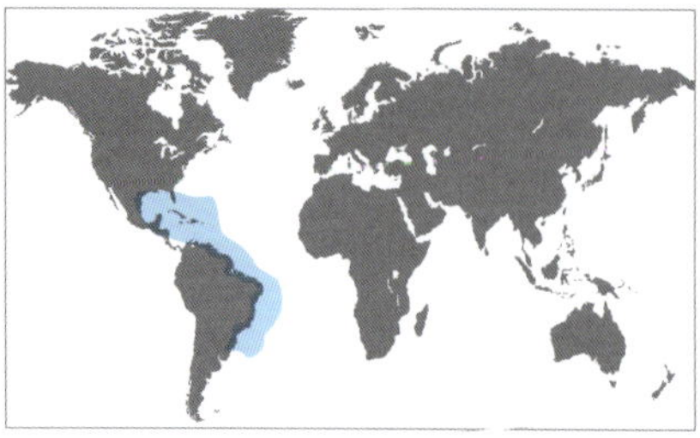

科	タマキビガイ科　Littorinidae
貝殻の大きさ	10 〜 23mm
地理的分布	合衆国フロリダ州南東部からブラジルにかけて
存在量	多産
生息深度	潮間帯
生息場所	岩礁
食性	植食者
蓋	角質

貝殻の大きさ
10 〜 23mm

写真の貝殻
15mm

Echinolittorina ziczac (Gmelin, 1791)

ジグザグタマキビガイ

ZIGZAG PERIWINKLE

ジグザグタマキビガイは、カリブ海原産だが、20 世紀後半にはパナマの西海岸でも見られるようになった。タマキビガイ科の貝は雌雄異体で、本種の場合、雌は卵を 1 つずつ別々の浮遊性のカプセルに分けて産み出す。タマキビガイ科の他の種には、海中に直接卵を産み出すもの、ゼラチン質の卵塊として産み出すもの、卵胎生で雌の輸卵管や保育嚢の中で卵が孵化するものなどがいる。

近縁種

同属の *Echinolittorina lineolata* (d'Orbigny, 1840) は、ジグザグタマキビガイの幼貝だと考えられていたことがあったが、現在では別種として区別されている。この貝は、本種よりわずかに小さい殻をもち、殻の形態は非常によく似ているが、螺層は 1 つだけ少ない。また、軸唇はより厚く、濃赤褐色である。

実物大

ジグザグタマキビガイの殻は白く球根状で、5、6 層の螺層からなるやや高い螺塔を備える。螺層は膨らみ、殻表にはかすかな螺溝が並ぶ。縫合のすぐ上に淡いものから非常に濃いものまでさまざまな色調の褐色の色帯が 1 本あり、そこから赤褐色の斜めの縞模様が伸びる。この縞模様は体層にもあり、そこではジグザグになる。殻の内面は白く、非常に幅広い濃色の横縞が入り、部分的に外面の色模様が隠れる。外唇は薄く、軸唇は薄い赤で肥厚する。

科	タマキビガイ科　Littorinidae
貝殻の大きさ	13 ～ 22mm
地理的分布	合衆国西海岸のピュージェット湾からアラスカを経て北日本まで
存在量	多産
生息深度	潮間帯
生息場所	岩礁海岸
食性	植食者
蓋	角質で丸く多旋型

Littorina sitkana Philippi, 1846

クロタマキビガイ

SITKA PERIWINKLE

貝殻の大きさ
13 ～ 22mm

写真の貝殻
18mm

クロタマキビガイは、小型のタマキビガイ類の1種で、殻表に強い螺肋をもち、多産する。アメリカ合衆国のピュージェット湾からアラスカを経て北日本までの太平洋沿岸に分布する。他のタマキビガイ類同様、波当りの弱い岩礁の潮間帯、とくに高潮帯に生息する。歯舌を使って岩の表面に生えている珪藻や他の微小藻類を削り取って食べる。本種が高密度で生息する区域では、その摂餌行動によって16年間に約10mmも岩表面が削られると推定されている。

クロタマキビガイの殻は小さく頑丈で、球状。螺塔はやや高く、殻頂が尖る。螺層は膨らみ、縫合は深い。殻幅が殻高とほぼ同じ。殻表には、約12本の強い螺肋がある。殻口は卵形で、外唇は縁が鋭利で、軸唇は滑らか。殻口には水管溝も後溝もない。殻の色はくすんだ白から錆色がかった褐色までさまざまで、ときに白い螺帯が入ることがある。軸唇は白い。

近縁種

近縁属の *Echinolittorina placida* Reid, 2009 は、最近、メキシコ湾から見つかったタマキビガイ類の1種である。メキシコ湾には自然の岩礁が残る所はほとんどないが、過去100年の間に建設された長大な防波堤のおかげで、この貝はその分布域を4500kmも広げることができた。もともとはメキシコ湾の南西部に生息していた貝だが、ずっと北まで分布を広げ、現在ではアメリカ合衆国ノースカロライナ州まで分布している。

実物大

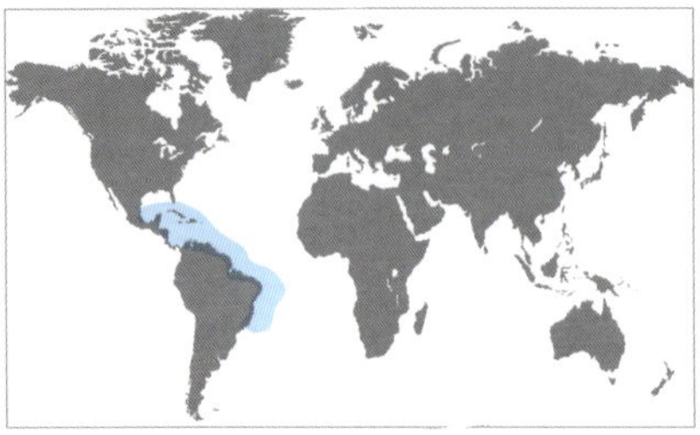

科	タマキビガイ科　Littorinidae
貝殻の大きさ	13 〜 30mm
地理的分布	合衆国フロリダ州南部から南アメリカ北部にかけてのカリブ海および大西洋沿岸、西インド諸島
存在量	多産
生息深度	潮上帯
生息場所	岩礁
食性	植食者
蓋	角質

貝殻の大きさ
13 〜 30mm

写真の貝殻
22mm

Cenchritis muricatus (Linnaeus, 1758)

シコロタマキビガイ

BEADED PERIWINKLE

タマキビガイ類は高潮線より上の海岸の高い所に群をなして生息するため、最も人目につきやすく、馴染み深い貝である。タマキビガイ類は殻口をぴったり閉じることのできる非常にすぐれた蓋をもつおかげで、潮が引いている間も殻の中に湿気を保つことができるため、そのような高い所に棲むことができる。シコロタマキビガイは、潮上帯の岩の上や、ときに木の上でも暮らし、高潮線より 10m も高い所にいることもある。卵は菱形の浮遊性のカプセルに 1 つずつ詰められて海中に産み出される。

近縁種

トゲタマキビガイ *Nodilittorina tuberculata* (Menkle, 1828) は、シコロタマキビガイと同様、殻表に螺状に並んだ小結節状突起が目立つ小型のタマキビ類の 1 種である。シコロタマキビガイの半分ほどの高さしかなく、小結節状突起の螺状列の数も、1 列あたりの突起の数もより少ない。また、同じ螺層上で上下の螺状列の突起が縦にきれいに並ぶ傾向があり、そのために突起が並んだ縦肋をもつように見える。突起は先端がかなり尖っているので、この貝は Common Prickly Winkle（たくさんいる棘だらけのタマキビガイ）と呼ばれる。

シコロタマキビガイの殻は丸く膨らみ、体層がとくに大きく膨らむ。殻表には、小結節状突起が規則的な螺状列をなしてほどよい間合いで並ぶ。螺状列は体層に約 10 列、螺層には約 5 列ある。突起は縦にきれいに並ばない。殻口は幅広くて丸く、外唇は薄く、殻口内は栗色から濃い赤である。殻の外面の色はオフホワイトで、各螺層の肩部にかすかな幅広い灰褐色の螺帯がある。

実物大

科	タマキビガイ科　Littorinidae
貝殻の大きさ	15 〜 35mm
地理的分布	インド太平洋
存在量	多産
生息深度	潮間帯
生息場所	マングローブ林
食性	植食者
蓋	角質

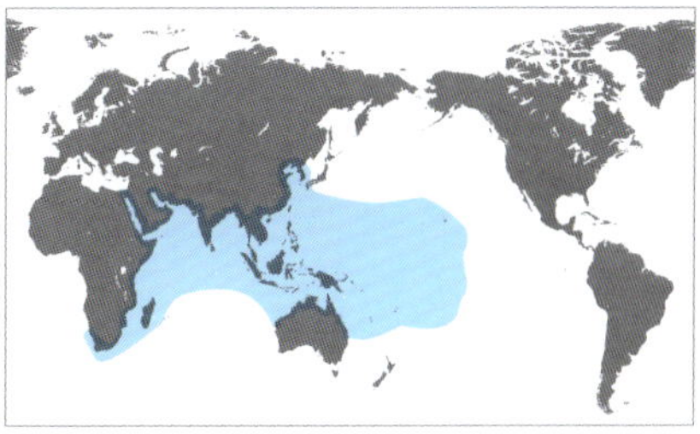

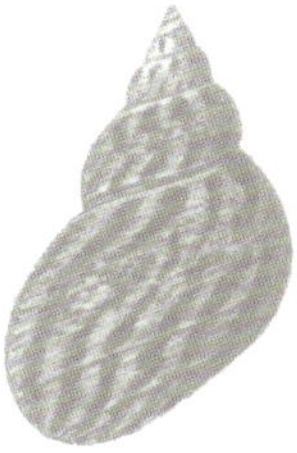

貝殻の大きさ
15 〜 35mm

写真の貝殻
26mm

Littorina scabra (Linnaeus, 1758)

ウズラタマキビガイ

MANGROVE PERIWINKLE

タマキビガイ類は環太平洋地域のいたる所に進出しており、南はチリやオーストラリアから北は熱帯域を横切って亜北極圏のシベリアやアラスカまで分布する。多くのタマキビガイ類が波打ち際とその周辺の岩礁や岩などの上に生える微小藻類を削り取って食べるが、ウズラタマキビガイのようにマングローブ林やその周辺の汽水域で分解しつつある植物片を食べて暮らしている種も多い。

近縁種

西大西洋の熱帯域に生息するアメリカウズラタマキビガイ *Littorina scabra angulifera* (Lamarck, 1822) は、殻の形態にウズラタマキビガイほど変異が見られず、螺塔はより高い。殻の模様は本種と区別がつかないが、本種と違って体層に一段高くなった螺肋がない。また、殻口後端で外唇縁がもう少し大きく軸唇側に寄っているので、殻口がより狭くなっている。

実物大

ウズラタマキビガイの殻は丸く膨らみ、やや高い螺塔を備える。螺層は膨らみ、縫合は深い。殻の色はクリーム色からベージュで、栗色や灰色の破線模様が並んだ細い螺肋がある。栗色や灰色の破線模様は所どころで結合して炎模様やジグザグ模様をなす。体層の肩部にある１本の螺肋は他のものより一段高く盛り上がる。殻の内面には外唇の奥に、殻口前端で軸唇と鈍角をなすように交わる１本の白い色帯がある。

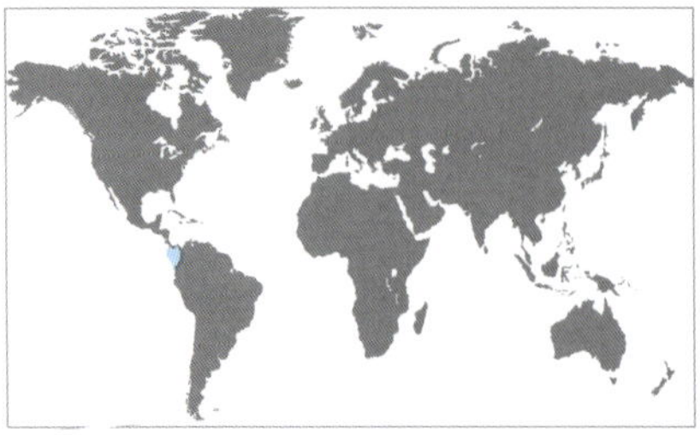

科	タマキビガイ科　Littorinidae
貝殻の大きさ	20〜30mm
地理的分布	コスタリカからコロンビアにかけて
存在量	ややふつう
生息深度	潮間帯
生息場所	マングローブ林
食性	植食者
蓋	角質

貝殻の大きさ
20〜30mm

写真の貝殻
30mm

Littorina zebra Donovan, 1825

シマタマキビガイ

ZEBRA PERIWINKLE

シマタマキビガイは、非常にカラフルな殻をもち、収集家の間ではタマキビガイ属 *Littorina* の中で最も魅力的な貝として通っている。本種はマングローブの根や幹の上に棲む。中央アメリカの西岸に固有で、やや狭い地域に分布が限られている。このことは、生息場所や水温の変化に対する本種の耐性が低いことを示す。

近縁種

トウマキタマキビガイ *Littorina modesta*（Philippi, 1846）は、やはりアメリカ大陸西岸に生息するが、シマタマキビガイより広い範囲に分布する。この貝はシマタマキビガイより小さく、殻全体が薄いクリーム色で、螺層の丸みが強い。殻表にはより強い螺肋があり、殻口はほぼ円形で黄色に染まる。外唇は薄く、本種と違って縁が張り出さない。

実物大

シマタマキビガイの殻は四角張った球状で、体層には目立つ高い肩があり、螺塔はやや低いが縫合は深い。殻の色は淡い赤褐色で、非常に細い螺肋と交差する斜めの褐色帯が並ぶ。殻口は幅広い卵形で、外唇は薄く、縁が張り出す。外唇の内壁周縁部では、殻の外面の褐色帯の端が褐色の斑点として見える。

科	タマキビガイ科　Littorinidae
貝殻の大きさ	16～53mm
地理的分布	西ヨーロッパおよび北アメリカ北東部
存在量	多産
生息深度	潮間帯
生息場所	岩礁
食性	植食者
蓋	角質

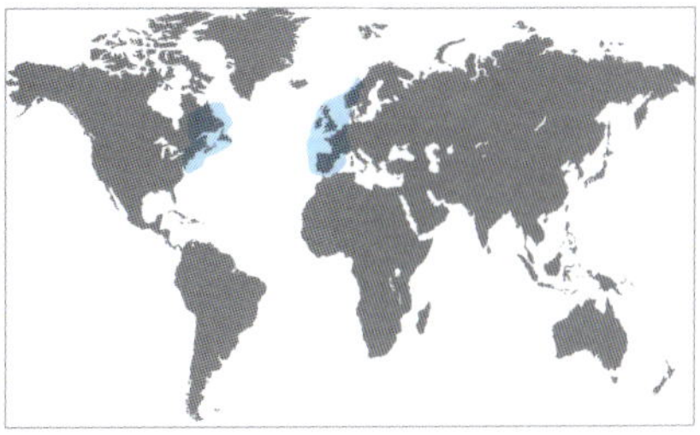

貝殻の大きさ
16～53mm

写真の貝殻
44mm

Littorina littorea (Linnaeus, 1758)

ヨーロッパタマキビガイ

COMMON PERIWINKLE

タマキビガイ科の貝はたいてい小型で、殻がさほどカラフルでもなければ殻表にこれと言った彫刻もないため、貝殻収集家にはあまり人気がない。タマキビガイ類の美しさはもっと微妙なもので、その多くは螺塔や殻口の特徴に関するものである。ヨーロッパタマキビガイは、北大西洋のいたる所に生息し、岩礁潮間帯でふつうに見られ、何千年とは言わないまでも何百年にも渡って食用になる貝として愛されてきた。

近縁種

同属の*Littorina littoralis*（Linnaeus, 1758）は、南は北米ではニューイングランドまで、ヨーロッパでは地中海まで分布する。殻の大きさはヨーロッパタマキビガイの半分にも満たず、体層はより丸みが強く、滑らかで膨らみ、螺塔が平たい。体層の色や縞模様の色が非常に変異に富む。

実物大

ヨーロッパタマキビガイの殻の色は変異に富むが、濃い栗色から濃い灰褐色のものが多い。螺塔はやや低く、縫合は繊細。殻表には成長線が並ぶ。成長線には溝状になっているものがある。殻にはたいてい細い螺帯が入るが、この螺帯は殻頂に向かって色が薄くなる。殻の内面は黒っぽく、殻口は通常白い。外唇は薄く、縁が鋭利で、殻口後端に短いV字形の切れ込みがある。

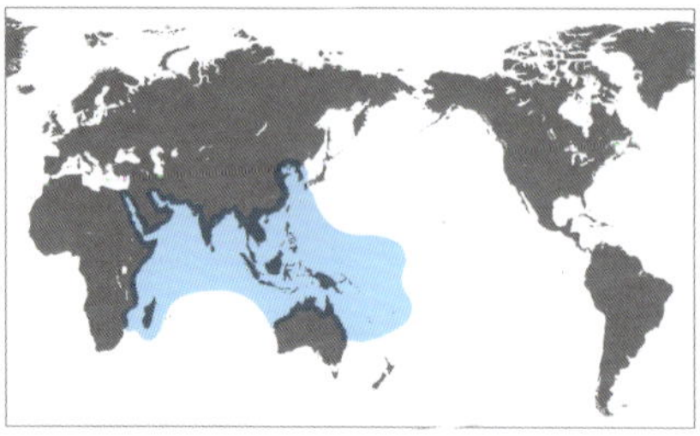

科	タマキビガイ科 Littorinidae
貝殻の大きさ	30〜65mm
地理的分布	インド西太平洋
存在量	ふつう
生息深度	潮間帯および潮上帯
生息場所	岩礁
食性	植食者
蓋	角質

貝殻の大きさ
30〜65mm

写真の貝殻
55mm

Tectarius pagodus (Linnaeus, 1758)

ブットウタマキビガイ

PAGODA PRICKLY WINKLE

ブットウタマキビガイが分類されているイガタマキビガイ属 *Tactarius* には、タマキビガイ科の最大種の多くが含まれるが、本種はその中でも最大である。タマキビガイ類の例に漏れず植食者で、岩礁潮間帯の最上部に棲む。そのため、たまにしか冠水することがないが、乾燥に強いので生きていける。雨の降っている時や湿度の高い時の夜に活動する。イガタマキビガイ属の貝はさまざまな繁殖戦略をもつ。幼生期に摂餌するものもしないものもいるが、大多数の貝では卵は浮遊性の幼生として孵化する。しかし、雌が体内で卵を保育するものも2種知られている。

ブットウタマキビガイの殻は白からクリーム色だが、肩部に竜骨状に張り出した瘤列より上の部分では栗色から濃褐色の筋が多数入るため、殻そのものの色はわかりにくい。殻表には顆粒の連なったでこぼこの細い螺肋が密に並ぶ。体層の肩部に竜骨状に張り出した瘤列より上には顕著な縦肋があり、それらの縦肋の上を横切る螺肋は波打つ。螺塔は高く、螺層の肩部に並ぶ上を向いた瘤まで伸びる縦肋がある。肩部の瘤列の下では螺肋はやや太く、白っぽい。殻口は白く、殻口の内側は淡い栗色で、幅広い溝が並ぶ。

近縁種

ガランタマキビガイ *Tectarius tectumpersicum* (Linnaeus, 1758) は、ブットウタマキビガイよりわずかに小さいが、地理的分布が重なっている。ガランタマキビガイの殻は、体層下部がより細く、また、殻表の彫刻は粗く、螺層肩部の瘤はより高く、その数が少ない。殻底に螺状に並んだ顆粒はもっと大きい。

実物大

科	ソビエツブ科　Pickworthiidae
貝殻の大きさ	大きくても1～3mm
地理的分布	合衆国フロリダ州からプエルトリコ、メキシコ湾
存在量	少産
生息深度	水深5～710m
生息場所	軟底質
食性	不明
蓋	不明

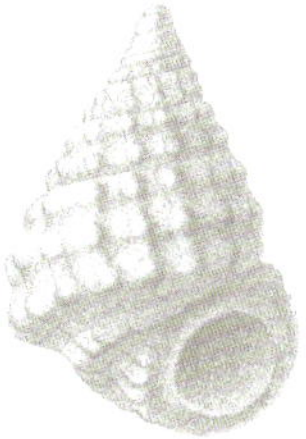

貝殻の大きさ
1～3mm

写真の貝殻
1mm

Sansonia tuberculata (Watson, 1886)

シマブクロツブの仲間

TUBERCULATE SANSONIA

本種は、ソビエツブ科に分類される微小貝である。本科の大多数の貝は、殻の大きさが最大でも5mmに満たない。空き殻は潮下帯の海底では珍しくもないが、生きた貝はめったに採れない。そのため、本種の生態はほとんどわかっていない。ソビエツブ科の貝の殻は、背の高い円錐形のものから、ほとんど平たい円盤状のものまでさまざまあり、たいてい殻表に強い縦肋と螺肋がある。

近縁種

紅海からハワイにかけて生息する *Sansonia alisonae* Le Renard and Bouchet, 2003は、本種に似た殻をもつが、より大きく、殻表の彫刻は角張り、殻頂が尖る。クリスマス島から中部太平洋のポリネシアにかけて分布する *Sherbornia mirabilis* Iredale, 1917の殻は、外唇の縁が非常に大きく翼状に広がり、この部分が殻本体よりも大きくなる。

Sansonia tuberculata の殻は非常に小さく、独楽形で、螺塔が高い。螺塔の螺層には、殻表に丸い顆粒が2列の螺状列をなして並び、体層には顆粒の列が3列ある。縫合は深い。胎殻は丸く、殻表には細い螺状線のみが見られ、他の部分と殻の彫刻が異なる。殻口は円形で殻口縁が殻軸に対して45°の角度をなし、外唇は肥厚する。殻の色は白く、殻表の丸い顆粒には光沢がある。

実物大

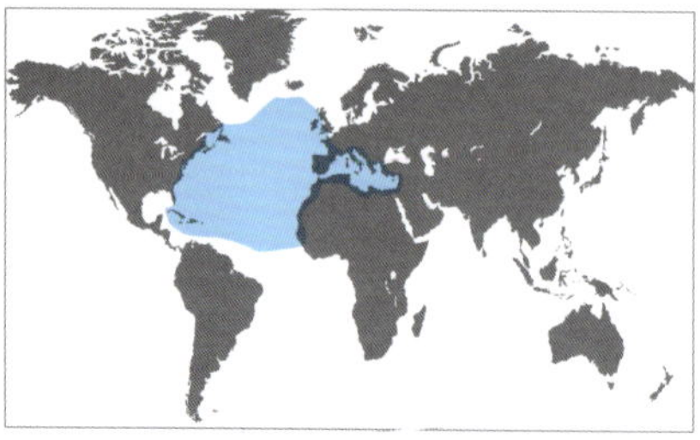

科	スケネオプシス科　Skeneopsidae
貝殻の大きさ	大きくても1〜3mm
地理的分布	北大西洋および地中海
存在量	ふつう
生息深度	潮間帯から水深70m
生息場所	潮溜まりの海藻上など
食性	微小藻類食
蓋	角質で円形

貝殻の大きさ
1〜3mm

写真の貝殻
1mm

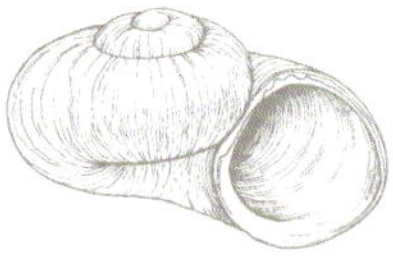

Skeneopsis planorbis (Fabricius, 1780)

スケネオプシス・プラノルビス

FLAT SKENEOPSIS

本種は、潮溜まりや沖合の海藻上で時に大量に見つかることがある微小な巻貝である。北大西洋の両側に生息し、西側ではグリーンランドからアメリカ合衆国のフロリダ州まで、東側ではアイスランドからアゾレス諸島まで分布するだけでなく、地中海にも入り込んでいる。殻は半透明で艶があり、螺塔が低く、円盤状である。通年、繁殖が可能だが、春にもっともよく繁殖する。雌は微小な卵嚢を海藻の上に産みつける。直接発生で、胚は卵嚢内で幼貝まで育ってから這い出て来る。本科には、現生種はほんの数種しか知られていない。

近縁種

オーストラリアのニューサウスウェールズ州に生息する同科別属の *Starkeyna starkeyae* (Hedley, 1899) は、同じく微小で、本種に似た殻をもつが、臍孔は閉じている。本科と他科との類縁関係はよくわかっていないが、殻の形は大きく異なるもののタマキビガイ科 Littorinidae に近縁なようだ。本科の系統分類学的位置を明らかにするには、分子系統学的研究が必要だと思われる。

Skeneopsis planorbis の殻は微小で薄く、半透明で艶があり、形は円盤状。螺塔は低く、殻頂はほぼ平ら。螺管は丸く、縫合は深い。殻表は肉眼には滑らかに見えるが、電子顕微鏡で観察すると、（このページの写真が示すように）細い成長線が並んでいる。殻口は丸く、外唇は薄く、軸唇は滑らか。臍孔は広くて深い。殻の色は新鮮なものでは茶色がかっているが、砂浜に打ち上げられたものでは白っぽい。

実物大

科	アオジタキビガイ科　Eatoniellidae
貝殻の大きさ	大きくても2〜4mm
地理的分布	南極大陸
存在量	ふつう
生息深度	水深10〜260m
生息場所	細砂底や泥底
食性	植食者
蓋	小さく、内面に突起がある

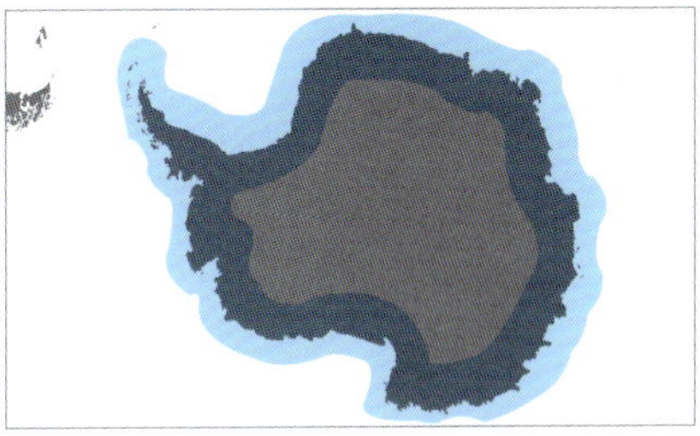

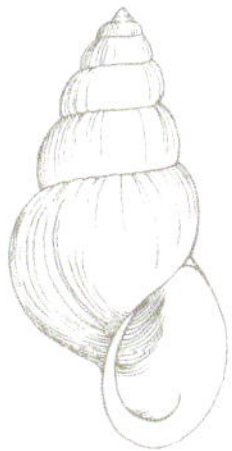

貝殻の大きさ
2〜4mm

写真の貝殻
3mm

Eatoniella kerguelenensis (Smith, 1875)

アオジタキビガイ類の１種

KERGUELEN ISLAND EATONIELLA

アオジタキビガイ科の貝の特徴は、螺塔が高く、螺管の丸い、シンプルな円錐形の小さな殻をもつことである。蓋は小さく、その内側表面から、くいのような特徴的な太い突起が出ている。本種は、南極沿岸とその周辺海域の潮下帯に何百、何千という数が集まって大群をなして出現する。いくつかの亜種が記載されており、それぞれ別の群島に生息する。珪藻や、デトリタス、藻類などを食べる。

近縁種

オーストラリア南部に産する *Eatoniella depressa* Ponder and Yoo, 1978 は、その学名が示すように（種小名の *depressa* は「低い」の意）本種より背の低い殻をもつ。この貝の螺塔は低く、殻口は本種のものより円形に近い。同じくオーストラリア南部に生息する *Eatoniella exigua* Ponder and Yoo, 1978 は、本種より螺層の数が少なく、より小さく、より膨らみの強い殻をもつ。アラスカからバハカリフォルニアにかけて生息する *Barleeia subtenuis* Carpenter, 1864 も本種より螺層の少ない殻をもつが、殻の幅はわずかに広く、殻口がやや細長い。

実物大

Eatoniella kerguelenensis **の殻は円錐形で螺塔が高く、前方は丸みがある。胎殻は滑らかで、後生殻の螺管は一様に丸く滑らか。殻口は単純で卵形に近く、縁は殻が薄い。軸唇の縁は肥厚し、前方が張り出すことがある。殻表には細い成長線のみが見られる。殻の外面は灰色で、殻口内は白い。**

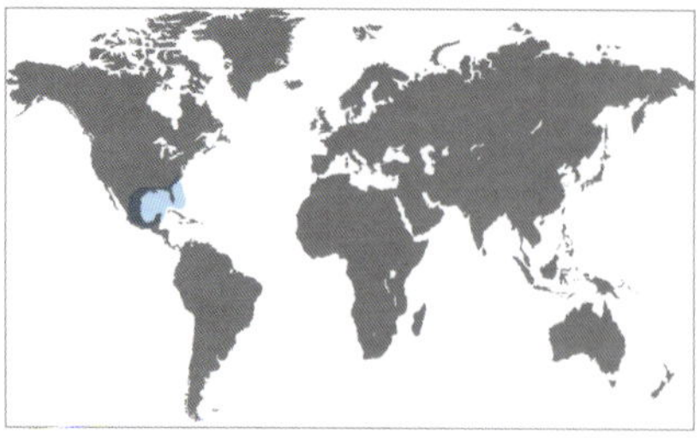

科	イソコハクガイ科／イソマイマイ科　Tornidae
貝殻の大きさ	大きくても2〜3mm
地理的分布	合衆国ノースカロライナ州からメキシコのユカタン州にかけて
存在量	ふつう
生息深度	水深20〜1170m
生息場所	軟質底
食性	デトリタス食者
蓋	角質で丸く多旋型

貝殻の大きさ
2〜3mm

写真の貝殻
2mm

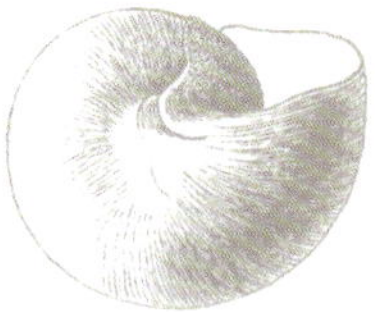

Teinostoma reclusum (Dall, 1889)

ウミコハクガイの仲間

RECLUSE VITRINELLA

Teinostoma reclusum の殻は非常に小さく滑らかで、丸みのある独楽形。螺塔はわずかに盛り上がり、螺層も体層も丸い。殻口はほぼ円形。成貝では、殻底に滑層が見られるが、幼貝では、そこにくぼみ、すなわち臍孔があることがある。殻の色は白またはクリーム色。

本種は微小な巻貝で、分類がまだ流動的な多くの種を含むイソコハクガイ科に含められている。本科は、その学名さえも最近変更された。本科の大多数の貝は非常に小さく、たいていは螺塔が平たい円盤状の、殻表の滑らかな殻をもつが、なかには殻表に螺状の彫刻があるものや低い螺塔をもつものもいる。また本科の貝には、スナモグリ類などの穴居(けっきょ)性無脊椎動物と一緒に暮らすものがいる。非常に小さいため、本科の貝の生態や内部形態はよくわかっていない。世界の温帯域から熱帯域にはおそらく何百種もの本科の貝が生息していると思われる。メキシコ湾だけでも、少なくとも45種が知られている。

近縁種

アメリカ合衆国テキサス州に産する *Circulus texanus* (Moore, 1965) は、螺塔が平たく、上から見るとほぼ円形の微小な半透明の殻をもつ。大きさは本種の半分ほどである。ノースカロライナ州からブラジルにかけてのメキシコ湾に生息するムスジスナシタダミ *Cyclostremiscus beauii* (Fischer, 1857) は、本種より大きく、13mmほどに成長し、生態が調べられている数少ないイソコハクガイ類の1種である。

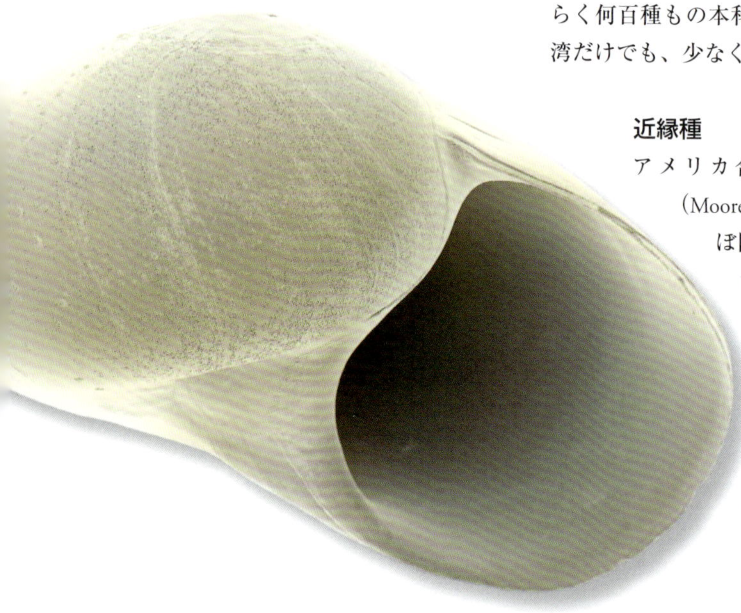

実物大

科	チャツボ科　Barleeiidae
貝殻の大きさ	大きくても2〜3mm
地理的分布	アラスカからバハカリフォルニアにかけて
存在量	ふつう
生息深度	潮下帯浅部
生息場所	砂底や岩石底
食性	デトリタス食者
蓋	石灰質で内面に突起がある

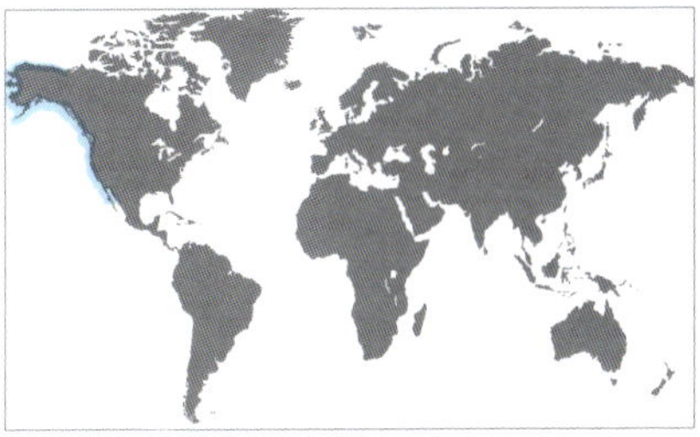

Barleeia subtenuis Carpenter, 1864

チャツボの仲間

FRAGILE BARLEYSNAIL

貝殻の大きさ
2〜3mm

写真の貝殻
3mm

多様な多くの種を含むリソツボ上科 Rissooidea の多くの科が単純であまり特徴のない微小な殻をもつグループだが、チャツボ科もそうである。本科は、おもに解剖学的特徴に基づいて他科と区別される。大多数の貝は生息場所の底質表面を覆っている藻類や細菌などを削り取って食べるか、有機物を大量に含んだ泥を飲み込んで有機物を摂取する。寿命は最大でも約 2 年である。

近縁種

同属の *Barleeia haliotiphila* Carpenter, 1864 は、本種と分布域が大きく重なるが、より大型で幅が広く、いくぶん角張った淡褐色の殻をもつ。また、本種よりやや深い所に棲み、大型褐藻の付着根や岩、アワビの殻の上などで暮らす。カワグチツボ科 Iravadiidae のゴマツボ *Iravadia trochlearis* (Gould, 1861) は、殻の大きさや形が本種に似るが、殻表に顕著な螺肋があり容易に区別できる。

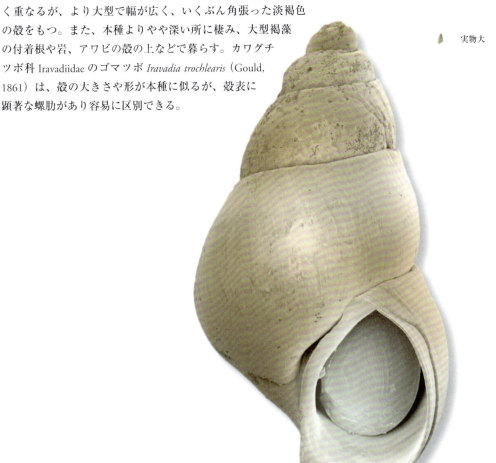

Barleeia subtenuis の殻は非常に小さくて薄く、円錐形で螺塔は高く、殻の前端部は丸い。胎殻は小さく、表面に微小な孔があいている。後生殻の螺層は一様に膨らみ、殻表には弱い螺糸と成長線がある。殻口は卵形で、前縁は広がり、軸唇の縁は肥厚する。臍孔は浅くて狭く、三日月形である。殻の外面は濃褐色から緑がかった褐色までさまざまで、殻口内は白い。

実物大

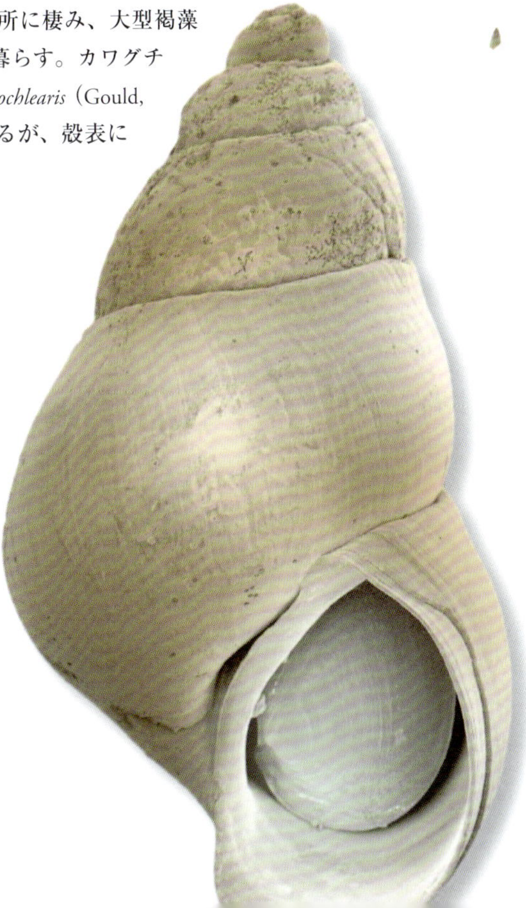

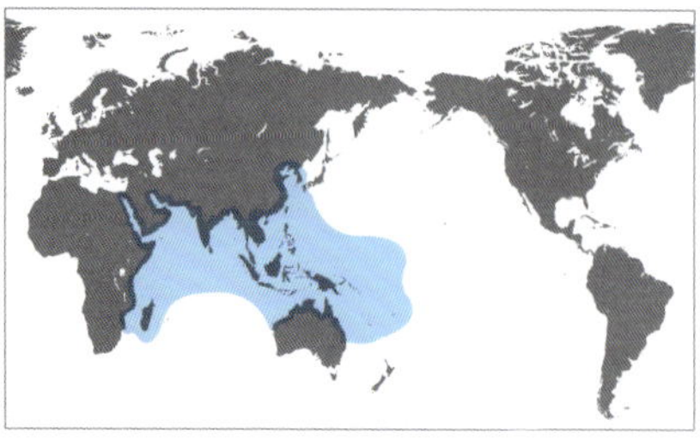

科	カワグチツボ科／ワカウラツボ科 Iravadiidae
貝殻の大きさ	3～4mm
地理的分布	インド西太平洋
存在量	ふつう
生息深度	潮間帯から潮下帯
生息場所	細砂底や泥底
食性	デトリタス食者
蓋	角質

貝殻の大きさ
3～4mm

写真の貝殻
4mm

Iravadia trochlearis (Gould, 1861)

ゴマツボ

PULLEY IRAVADIA

ゴマツボの殻は厚く、円錐形で螺塔が高く、殻の前端は丸い。殻表には顕著な太い螺肋があり、ワダチバイ *Ancistrolepis grammatus* (Dall, 1907)（p. 413 参照）の小型個体を彷彿するが、両者は近縁ではない。本種は大きくて表面の滑らかな胎殻をもつ。変態後、後生殻には強い螺肋が発達する。成熟すると、わずかに張り出す縦張肋が形成され、殻口が肥厚する。殻は灰白色で、褐色の殻皮に覆われる。

カワグチツボ科の貝は世界中から見つかっており、その殻は小さくて硬く、円錐形で螺塔が高いのが特徴である。胎殻は平たく表面が滑らかだが、後生殻では、殻表にたいてい強い螺肋か布目状の彫刻があり、殻口には成貝の印となる1本の強い縦張肋がある。軟体部はたいてい黒い。入り江や河口域の泥中など、柔らかい底質に埋もれて暮らし、泥を飲み込み、そのまわりの有機物を消化吸収する。大多数の種が浮遊幼生期をもつ。

近縁種

西太平洋に産するマンガルツボ *Iravadia quadrasi* (Böttger, 1902)は、ゴマツボより幅広い殻をもち、殻口の縦張肋は太い。また殻表の彫刻は布目状で、螺肋と縦肋の交点が顆粒状になる。イリエツボ *Iravadia yendoi* (Yokoyama, 1927) は、日本固有種で、特別背が高く細い殻をもち、殻表の螺肋は弱く、殻口の縦張肋も小さい。西太平洋の熱帯域に生息するシリブトチョウジガイ *Rissopsis typica* Garrett, 1873 も非常に細長く、ほぼ円筒形で、殻口は三角形に近い。

実物大

＊ここに示したゴマツボの学名 *Iravadia trochlearis* は、*Stosicia annulata* のシノニムとされ、現在はゴマツボの学名として *Stosicia annulata* (Dunker, 1860) が使われている。また、その分類も見直され、この種はカワグチツボ科からリソツボ科 Rissoidae や Rissoinidae 科に移されていたが、最近の分子系統分類学的研究によって Zebinidae 科に分類すべきものであることが明らかにされている。

科	ミジンギリギリツツガイ科　Caecidae
貝殻の大きさ	大きくても2〜4mm
地理的分布	合衆国マサチューセッツ州からブラジルにかけて
存在量	ふつう
生息深度	水深100m
生息場所	砂底
食性	微生物や微小な有機物粒子を食べる
蓋	石灰質で円形、多旋型

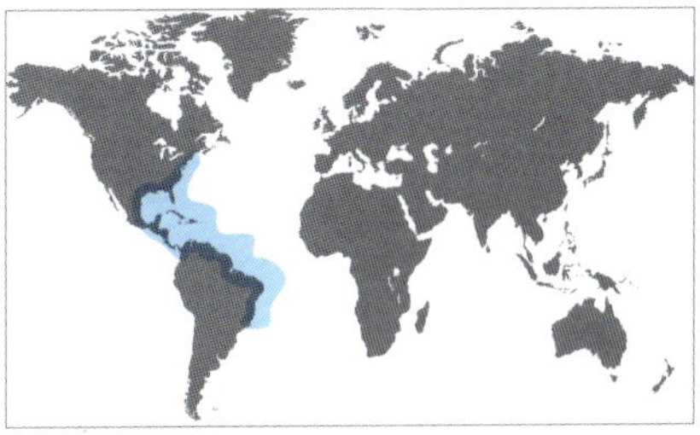

貝殻の大きさ
2〜4mm

写真の貝殻
2mm

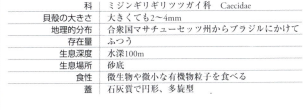

Caecum pulchellum Stimpson, 1851

ミジンギリギリツツガイの仲間

BEAUTIFUL CAECUM

本種の成貝は、大多数のミジンギリギリツツガイ類と同様わずかに湾曲した管状の殻をもつ。胎殻は渦巻き状だが変態後は殻が巻かない。ある時点で殻頂に栓、言い換えれば隔壁が形成され、胎殻がはがれ落ちる。その後も殻は成長を続け、もう一度殻頂部の剥離が起きる。後生殻には、殻の後端に先の尖った微突起が1つある。ミジンギリギリツツガイ類はたいてい浅海の岩礁上の藻類マットの中に棲み、微生物や有機物粒子を食べて暮らす。ミジンギリギリツツガイ類は世界中の海に分布し、何百という種が知られている。

Caecum pulchellum の殻は微小で、わずかに湾曲した管状である。胎殻は巻いているが、成貝では胎殻は欠失し、わずかに湾曲しただけの管状の殻になる。殻口部はいくぶん狭まり、殻口は円い。殻の後端には三角形の短い微小突起がある。殻表にはほぼ等間隔に並んだ30本ほどの環状の肋がある。肋間の溝の深さはどれもほぼ同じである。殻の色は白から淡褐色。

実物大

近縁種

メキシコ湾およびカリブ海に生息する *Caecum clava* Folin, 1867 の殻は、ほとんど湾曲せず、殻表には縦肋がある。カリブ海に産する *Caecum imbricatum* Carpenter, 1858 の殻はわずかに湾曲し、後端に向ってゆるやかに細まる。殻表には縦肋と環状の肋があり布目状の彫刻をなす。アメリカ合衆国フロリダ州からウルグアイにかけて分布する *Meioceras nitidum* (Stimpson, 1851) は、殻表が滑らかな湾曲した殻をもつ。この貝の殻は中ほどが最も太く、殻口部が狭まる。

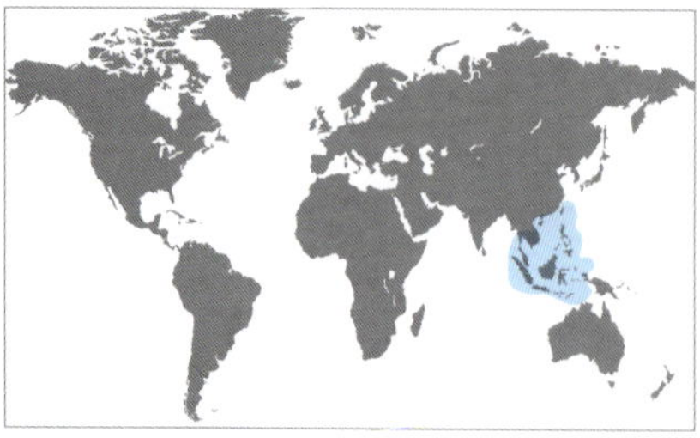

科	ソデボラ科／スイショウガイ科　Strombidae
貝殻の大きさ	20 ～ 30mm
地理的分布	台湾からインドネシアにかけて
存在量	少産
生息深度	水深 15 ～ 120m
生息場所	砂底
食性	グレーザーで、藻類を食べる
蓋	角質で細長く、かぎ爪形

貝殻の大きさ
20 ～ 30mm

写真の貝殻
21mm

Varicospira crispata (Sowerby II, 1842)

トゲカゴメソデガイ

NETTED TIBIA

トゲカゴメソデガイは、ハシナガソデガイ属 *Tibia* の貝に近縁な小型のソデボラ類で、水深 120m ぐらいまでの軟質底に生息する。フィリピンで最もふつうに見られるが、台湾やメラネシア、インドネシアなどでも見つかる。フィリピンでは希少種の 1 つに数えられており、現在は輸出が禁じられている。同属種には他に 3 種が知られ、すべてインド西太平洋に生息する。世界には 70 種を超えるソデボラ類が知られる。

近縁種

同じくインド西太平洋に生息するカゴメソデガイ *Varicospira cancellata* (Lamarck, 1816) は、同属種の中でもっともふつうに見られる。トゲカゴメソデガイに似るが、殻はより細長く、殻表の布目状彫刻がやや不規則である。また、後溝が長く、ゆるやかに曲がる。西太平洋に産するハシナガソデガイ *Tibia fusus* (Linnaeus, 1758) の殻には著しく長い水管溝がある。

実物大

トゲカゴメソデガイの殻は小さくて厚く、紡錘形。螺塔は高く、先端が鋭く尖り、縫合が深い。殻表には等間隔に並んだ強い螺肋と細い縦肋があり、それらが交差して布目状の彫刻をなす。殻口は狭く、披針形で、後溝は短く湾曲する。軸唇は滑らかで、外唇は肥厚し、多くの襞を備える。殻の色は白から明るい褐色で、殻口は白いが縁が褐色に染まる。

科	ソデボラ科／スイショウガイ科　Strombidae
貝殻の大きさ	19 〜 65mm
地理的分布	アフリカ東岸から中部太平洋にかけて、ハワイ諸島
存在量	少産
生息深度	潮間帯から水深 80m
生息場所	サンゴ礁周辺の砂底
食性	グレーザーで、藻類を食べる
蓋	角質で細長く、かぎ爪形

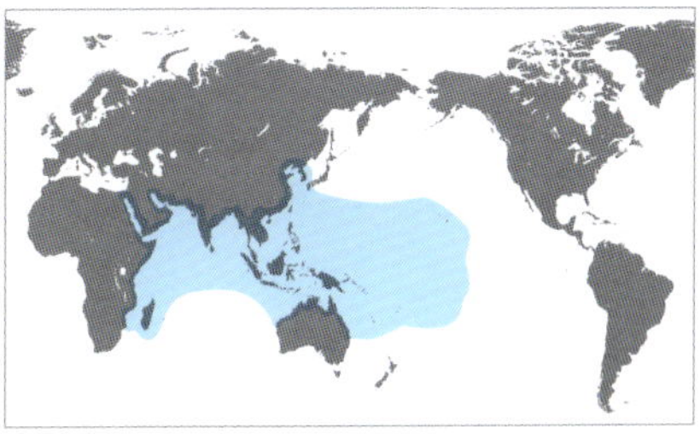

貝殻の大きさ
19 〜 65mm

写真の貝殻
45mm

Strombus dentatus Linnaeus, 1758

ミツユビガイ

SAMAR CONCH

ミツユビガイは、アフリカ東岸から中部太平洋にかけて広く分布する珍しい貝である。たいてい浅海、とくにサンゴ礁周辺の砂底で見つかる。学名（種小名の *dentatus* は歯のあるという意）は、外唇の縁に沿って並ぶ突起に由来する。多くのソデボラ類と同様、本種の殻も大きさや形状、色などに変異が見られる。小型であるにもかかわらず、場所によっては食用に採取される。軟体部は緑で斑紋があり、濃い緑にクリーム色の斑点のある吻（ふん）を備える。

近縁種

西太平洋に産するオハグロガイ *Strombus urceus* Linnaeus, 1758 は、形態変異に富む普通種で、殻がミツユビガイに似るが、螺層が角張り、殻口は長く、ミツユビガイと違って外唇縁には鋸歯状突起がない。インド西太平洋に生息するホンネジマガキガイ *Strombus gibberulus* Linnaeus, 1758 も、殻の大きさや形状、色などが変異に富む。この貝の殻は膨らんでいて殻口は長く、螺層の巻き方が不均斉である。

ミツユビガイの殻は中型で光沢があり、硬く、螺塔が高く、細長い。殻の大きさや形状、色などが変異に富む。殻表はほとんど滑らかなものも丸みのある縦肋があるものもある。殻口は比較的小さく、外唇は厚く、その縁に 3、4 本の尖った鋸歯状突起が並び、内壁には多数の黒っぽい螺条が刻まれる。殻はクリーム色で褐色の斑紋がある。外唇および軸唇は白い。

実物大

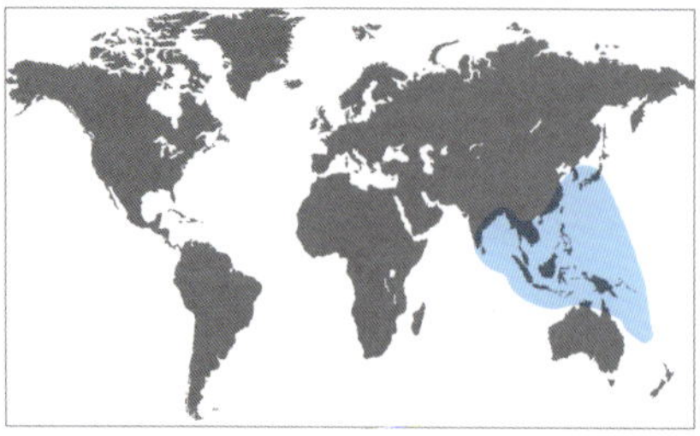

科	ソデボラ科／スイショウガイ科　Strombidae
貝殻の大きさ	30 ～ 115mm
地理的分布	インドから西太平洋にかけて
存在量	多産
生息深度	潮間帯から水深 55m
生息場所	泥砂底
食性	植食性で藻類を食べる
蓋	角質で細長く、かぎ爪形

貝殻の大きさ
30 ～ 115mm

写真の貝殻
46mm

Strombus canarium Linnaeus, 1758

サザナミスイショウガイ

DOG CONCH

サザナミスイショウガイの殻は中型で、厚くて重く、太い紡錘形。螺塔は低く滑らかなものも、高くて螺層が角張り殻表に弱い彫刻のあるものもあるが、体層は通常、殻表が滑らかで、肩が丸い。殻口は長く、外唇は翼状で肥厚する。軸唇は滑らかで光沢があり、前方が肥厚した滑層で覆われる。殻の色は白から明るい褐色で、褐色の不揃いな波状の縦線が並ぶ。殻口内は白い。

サザナミスイショウガイは、ずんぐりした重い紡錘形の殻をもつ。殻長 115mm ほどに成長することがあるが、これまでに採集されている殻の大多数はその半分ほどの大きさである。潮間帯から沖合にかけての泥砂底や藻類が繁茂する海底に多産する。殻の蓋は角質で、縁にぎざぎざのあり、かぎ爪状である。サザナミスイショウガイは東南アジアでは商業漁業の対象になっており、所によっては漁師が網を沈めるのに本種の重い殻を使っているところもある。ソデボラ属 *Strombus* の貝の多くは広範囲に分布し、局所的に多産する。

近縁種

南日本からオーストラリアおよびニュージーランドにかけて生息するホカケソデガイ *Strombus epidromis* Linnaeus, 1758 の殻は、サザナミスイショウガイより細長く、外唇縁がきれいな弧を描く。紅海から西太平洋にかけて分布するオハグロシドロガイ *Strombus plicatus* (Röding, 1798) の殻は、螺塔が比較的高く、殻表に縦肋と螺肋がある。

実物大

科	ソデボラ科／スイショウガイ科　Strombidae
貝殻の大きさ	30 ～ 77mm
地理的分布	紅海から西太平洋にかけて
存在量	少産
生息深度	潮下帯浅部から水深 90m
生息場所	砂底
食性	植食性で藻類やデトリタスを食べる
蓋	角質で細長く、かぎ爪形

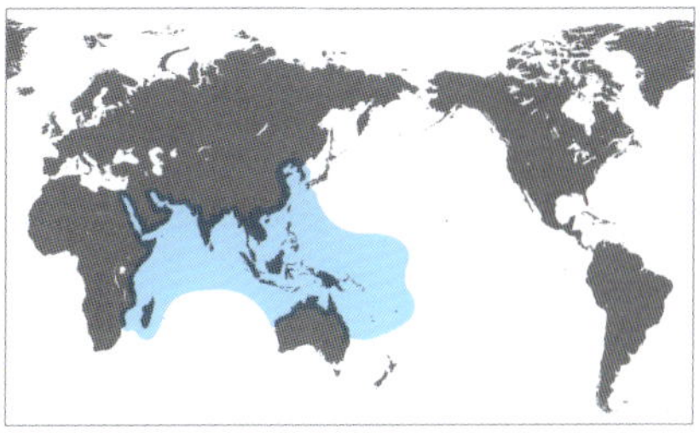

貝殻の大きさ
30 ～ 77mm

写真の貝殻
58mm

Strombus plicatus (Röding, 1798)

オハグロシドロガイ

PLICATE CONCH

オハグロシドロガイの殻は変異に富み、背が低く殻表が滑らかなものから、このページに示した殻のように、背が高く殻表に螺肋のあるものまでさまざまである。種小名の *plicatus*（襞があるという意）は、皺が寄ったように見える外唇と軸唇に因む。殻の形の違いに基づいて 4 亜種が区別され、例えば、アデン湾からスリランカにかけて生息するアラビアシドロガイ *Strombus plicatus sibbaldi* Sowerby II, 1842 はたいてい矮小で滑らかな殻をもつが、西インド洋に産するハトガタシドロガイ *Strombus plicatus columba* Lamarck, 1822 はより細長く皺の多い殻をもつ。

近縁種

インド西太平洋に生息するモンツキソデガイ *Strombus variabilis* Swainson, 1820 も、その学名（種小名の *variabilis* は「変化しやすい」という意）が示すように殻の形や色が非常に変異に富む。同じくインド西太平洋に産するタケノコシドロガイ *Strombus vittatus* Linnaeus, 1758 は、背が高いタイプのオハグロシドロガイに似る。

オハグロシドロガイの殻は中型で厚く、紡錘形。螺塔は高く、階段状で殻表に縦肋がある。体層は大きく、膨らみ、その肩に先端の丸い瘤が並び、殻表には螺肋が見られる。外唇は肥厚し、縁が広がる。外唇は滑らかなものもあるが、内壁に細い襞が並び皺が寄ったように見えるものが多い。軸唇にも細い襞が並び、その部分は褐色に染まる。殻の色は白あるいはクリーム色で、明るい褐色の斑紋がある。

実物大

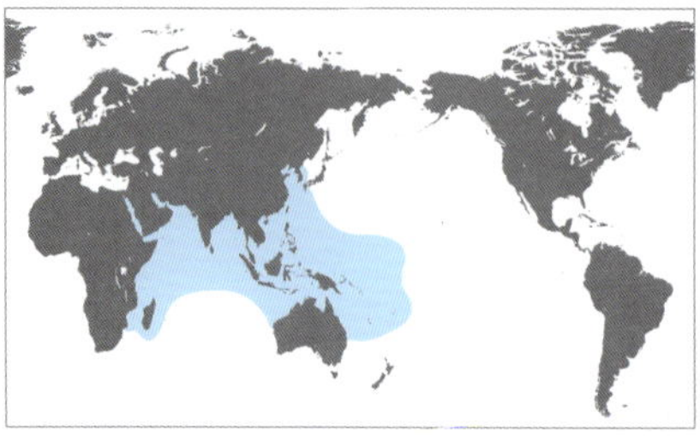

科	ソデボラ科／スイショウガイ科　Strombidae
貝殻の大きさ	30 ～ 75mm
地理的分布	インド太平洋の熱帯域
存在量	多産
生息深度	潮間帯から水深 20m
生息場所	砂底や海草群落
食性	グレーザーで、微小藻類を食べる
蓋	角質で細長く、かぎ爪形

貝殻の大きさ
30 ～ 75mm

写真の貝殻
59mm

Strombus gibberulus Linnaeus, 1758

ホンネジマガキガイ

HUMPBACK CONCH

ホンネジマガキガイは、殻が非常に変異に富む貝で、多産する。潮間帯から潮下帯浅部にかけての砂底や海草群落に棲む。深い所から得られる殻はたいてい浅い所のものより小さく、明るい色をしている。殻がカラフルで人気があり、食用にもなるため、特にフィリピンやフィジーではよく採取される。植食者なので、水族館の水槽の底に敷いた砂や岩などに生える藻類を掃除する有用な貝として販売されている。

近縁種

西太平洋に産するマガキガイ *Strombus luhuanus* Linnaeus, 1758 の殻は、円錐形で螺塔が低く、殻口は赤または濃いオレンジで、滑らかな軸唇に 1 本の濃褐色の色帯がある。インド太平洋の熱帯域に生息するムカシタモトガイ *Strombus mutabilis* Swaison, 1821 は、体層がやや角張った、螺塔の低い殻をもつ。

ホンネジマガキガイの殻は中型で硬く、紡錘形で膨らむ。螺塔はいくぶん高く、螺層の巻き方が不均斉である。背側で次体層が縫合を覆い隠すように突き出る。殻表はほとんど滑らかだが、殻の前端部と外唇縁周辺にはかすかな螺条がある。殻口は長く、外唇は肥厚し、内壁に細い襞が並ぶ。殻の色は変異に富むが、白地にさまざまな太さの黄褐色から褐色の螺帯が入るものが多い。殻口内は白く、外唇縁の少し奥が褐色やオレンジ、紫などに染まる。

実物大

科	ソデボラ科／スイショウガイ科 Strombidae
貝殻の大きさ	30 ～ 80mm
地理的分布	西太平洋
存在量	多産
生息深度	潮間帯から水深 20m
生息場所	砂底や海草群落
食性	植食者で微小藻類を食べる
蓋	角質で細長く、かぎ爪形

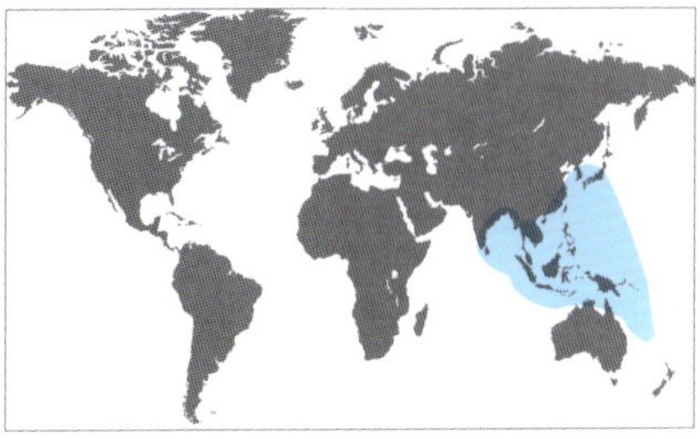

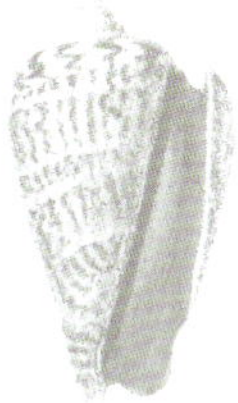

貝殻の大きさ
30 ～ 80mm

写真の貝殻
59mm

Strombus luhuanus Linnaeus, 1758

マガキガイ

STRAWBERRY CONCH

マガキガイは、非常に変異に富む殻をもつにもかかわらず、滑らかな軸唇に沿って濃褐色から黒の色帯が走ることによって容易に識別できる。多産する貝で、サンゴ礁周辺の砂底や海草群落、サンゴ礫の上などでよく見つかる。殻は円錐形で、一見イモガイ科 Conidae の殻に似るが、外唇の前縁に stromboid notch（ソデボラのノッチ）と呼ばれるソデボラ類に特有の深い U 字形の湾入があることで、ソデボラ科の貝であることがわかる。

近縁種

インド洋に産するインドマガキガイ *Strombus decorus* Röding, 1798 は、マガキガイに似た殻をもつが、軸唇に濃褐色の色帯がない。南シナ海からフィジーにかけて分布するタケノコシドロガイ *Strombus vittatus* Linnaeus, 1758 の殻は、螺塔が高く、螺塔の高さが殻高の半分ほどを占める。

マガキガイの殻は中型で厚く、円錐形。螺塔は低く、螺層は巻き方が不均斉で、縫合を覆い隠すように螺層の側面が突き出ている殻もある。殻口は細長く、外唇は肥厚する。殻表はほとんど滑らかだが、細い成長線が見られ、殻の前端には浅い螺溝が刻まれる。殻の色はたいてい白く、黄褐色から褐色の斑紋が入る。殻口内は濃いオレンジで、軸唇に沿って濃褐色の色帯が走る。

実物大

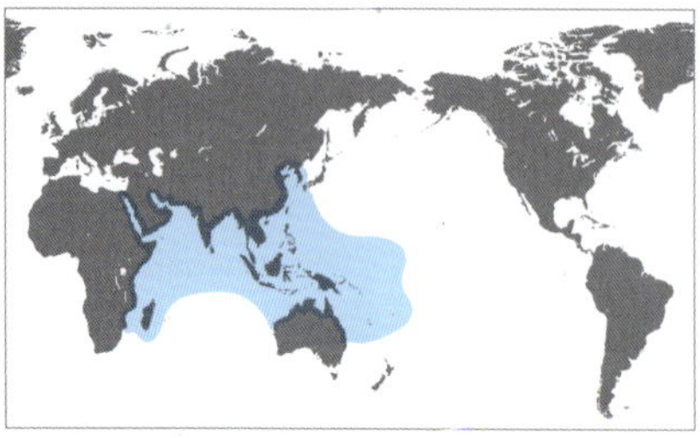

科	ソデボラ科／スイショウガイ科　Strombidae
貝殻の大きさ	50 ～ 105mm
地理的分布	インド西太平洋の熱帯域
存在量	ふつう
生息深度	潮間帯から水深 4m
生息場所	サンゴ砂底
食性	植食者で微小藻類を食べる
蓋	角質で細長く、かぎ爪形

貝殻の大きさ
50 ～ 105mm

写真の貝殻
87mm

Strombus lentiginosus Linnaeus, 1758

イボソデガイ

SILVER CONCH

イボソデガイの殻は中型で厚くて重く、螺塔は先端が尖り、低いかやや高い程度。螺塔の螺層表面に小結節状突起が螺状に並び、それらは体層では顕著な瘤となる。殻口は細長く、外唇は張り出して肥厚し、その前端縁は波打つ。ソデボラ類に特有の外唇前縁の湾入および後溝は深い。体層は広く、軸唇は滑らかで滑層で覆われる。殻の色は白く、褐色がかった灰色の斑紋がある。殻口内はピンクがかったオレンジ。

イボソデガイは、インド西太平洋の熱帯域に広く分布する。ポリネシアでは一部の地域にしか生息していないが、生息している所ではふつうに見られる。とくに水の澄んだ海域の潮間帯から水深 4m ぐらいまでの堡礁や裾礁、礁湖のサンゴ砂の積もった所や海草の生えた所でよく見つかる。軟体部には緑の斑紋があり、外套の縁は黄色い。眼は黄色く、赤で縁取られる。群れをなして生息しており、群れの大きさには小さめのものから大きなものまでさまざまある。他のソデボラ類と同様、地域によっては食用にされ、フィリピンでは市場で売られている。殻は貝細工によく使われる。

実物大

近縁種

同じくインド西太平洋の熱帯域に棲むオハグロイボソデガイ *Strombus pipus* Röding, 1798 は、イボソデガイに最も近縁だが、殻はより小さく、外唇がそれほど大きく発達しない。南西太平洋に産するヒメゴホウラ *Strombus sinuatus* Humphrey, 1786 は、何となくイボソデガイに似ているが、ヒメゴホウラの殻の外唇は縁が大きく広がって肥厚し、その後端に 4 本の指状突起を備える。

科	ソデボラ科／スイショウガイ科　Strombidae
貝殻の大きさ	35 ～ 100mm
地理的分布	沖縄から西太平洋の熱帯域
存在量	ふつう
生息深度	潮下帯浅部から水深 50m
生息場所	砂泥底
食性	植食者で微小藻類を食べる
蓋	角質で細長く、かぎ爪形

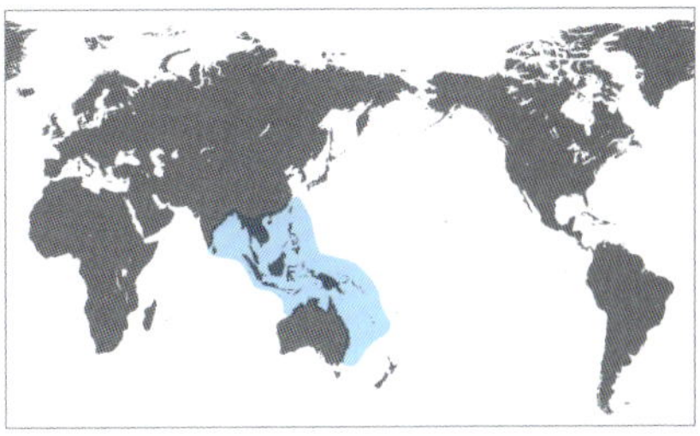

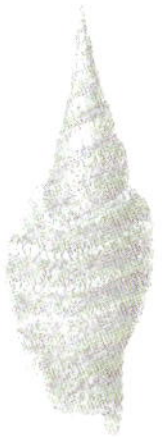

貝殻の大きさ
35 ～ 100mm

写真の貝殻
93mm

Strombus vittatus Linnaeus, 1758

タケノコシドロガイ

STRIPED CONCH

タケノコシドロガイは、ソデボラ類の普通種で、沖縄から西太平洋の熱帯域にかけて分布し、殻の形態が変異に富む。殻の形と色に基づいて3亜種が識別されている。本種は沖合の砂泥底に棲む。ソデボラ類では成熟すると、殻の外唇が張り出して肥厚する。幼貝の時は外唇が張り出さないため、成貝とはかなり違って見える。イモガイ科の殻と見間違えてしまうような貝もある。雌雄異体で、多くの種に性的二型が知られ、たいていの場合、雌が雄より大きな殻をもつ。

近縁種

オーストラリア固有種のアラフラシドロガイ *Strombus campbelli* Griffith and Pidgeon, 1834 は、タケノコシドロガイに似るが、螺塔がより低く、螺塔の螺層のうち最後の3層は殻表がより滑らかである。また体層はより幅広い。ベンガル湾およびインド洋北西部に生息するヒメゴゼンソデガイ *Strombus listeri* Gray, 1852 は、タケノコシドロガイの細長いものに似るが、殻表はほとんど滑らかである。

実物大

タケノコシドロガイの殻は中型で細長い紡錘形。螺塔は高く、先端が尖る。殻の形と色が非常に変異に富み、なかには螺塔が非常に高く、殻高の半分ほどに達する殻もある。螺塔の螺層表面には強い縦肋がある。体層では縦肋は弱く、前端付近の殻表には螺糸が並ぶ。殻口は狭く、外唇は肥厚して張り出す。殻の色は薄い黄褐色で、殻口内は白い。

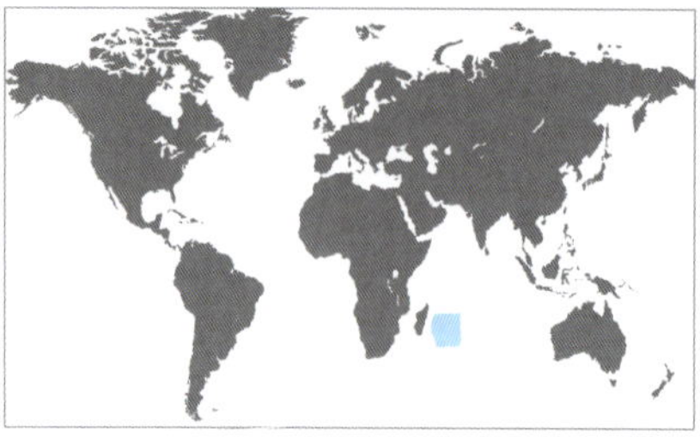

科	ソデボラ科／スイショウガイ科　Strombidae
貝殻の大きさ	70 〜 145mm
地理的分布	モーリシャス（西インド洋）
存在量	希少
生息深度	水深 4 〜 25m
生息場所	砂底
食性	グレーザーで、糸状藻類を食べる
蓋	角質で細長く、かぎ爪形

貝殻の大きさ
70 〜 145mm

写真の貝殻
95mm

Lambis violacea (Swainson, 1821)

ムラサキムカデソデガイ（ムラサキムカデガイ）

VIOLET SPIDER CONCH

ムラサキムカデソデガイは、クモガイ属 *Lambis* の中でも最も希少な貝の 1 つで、地理的分布も限られており、西インド洋のモーリシャスでしか見つかっていない。紫に染まる深い殻口によって容易に識別でき、この特徴に因んで学名がつけられている（種小名の *violancea* は「すみれ色の」という意）。殻口の色はかなり安定していて変わらないようで、100 年以上博物館に保管されている標本でもその色はほんのわずかに薄くなっているだけである。クモガイ属には 10 種ほどが知られるのみで、分布はすべてインド洋と太平洋の熱帯域に限られており、たいてい浅海の軟質底に棲む。

近縁種

南西太平洋に産する普通種、ムカデソデガイ *Lambis millepeda* (Linnaeus, 1758) と、インド西太平洋産の希少な貝、ユビサソリガイ *Lambis digitata* (Perry, 1811) は、ともにムラサキムカデソデガイに似た殻をもつが、どちらの貝も殻口内に多数の褐色の筋をもつ。

実物大

ムラサキムカデソデガイの殻は中型で厚く、広く張り出した外唇縁に 15 〜 17 本の指状突起を備える。指状突起の数や大きさには変異が見られ、外唇の後端周辺のものは前端やその周辺のものより長い。螺塔は高く、先端が尖る。水管溝は長く、弓なりに曲がる。背側の殻表には小瘤が並ぶ強い螺肋が多数並ぶ。殻は白く、褐色の斑紋が入る。殻口内は紫で、外唇は白い。

科	ソデボラ科／スイショウガイ科　Strombidae
貝殻の大きさ	80 ～ 145mm
地理的分布	南西太平洋
存在量	局所的にふつう
生息深度	潮間帯から水深 20m
生息場所	サンゴ砂底や藻類の繁茂する海底
食性	植食者で藻類を食べる
蓋	角質で細長く、かぎ爪形

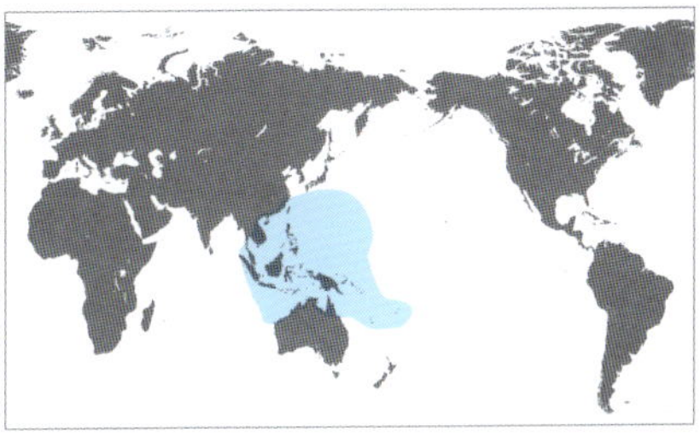

貝殻の大きさ
80 ～ 145mm

写真の貝殻
103mm

Strombus sinuatus Humphrey, 1786

ヒメゴホウラ

LACINIATE CONCH

ヒメゴホウラは、紫がかった褐色の殻口と、後縁に 4 本の指状突起を備える幅広い外唇によって容易に識別できる。潮間帯から沖合にかけてのサンゴ砂の積もった海底や藻類が繁茂する海底に棲む。生息状況は場所によって大きく異なり、稀にしか見つからない所から、フィリピンのボホール島からセブ島の間のように局所的に多産する所までさまざまである。ソデボラ類の例に漏れず、殻は成熟に達するまで成長し、成熟してからは外唇が肥厚し、殻の厚みは厚くなることがあるが、殻の成長は止まり大きくはならない。

近縁種

西太平洋に産するアツソデガイ *Strombus thersites* Swainson, 1823 は、ソデボラ属の中で最も希少な貝の 1 種である。この貝の殻は、頂端が尖った高い螺塔を備え、大きくて重く、幅が広い。マーシャル諸島およびミクロネシアに固有のコッテイソデガイ *Strombus taurus* Reeve, 1857 は、めったに見つからない貝で、外唇の後縁に 2 本の棘状突起のある堅固な殻をもつ。

実物大

ヒメゴホウラの殻は中型で硬く、やや重く、紡錘形で外唇が張り出し、螺塔が高い。螺塔の螺層は階段状になり、肩に瘤が並ぶ。体層は広く、その肩に大きな瘤が螺状に 1 列に並び、殻表には多数の細い螺状線が並ぶ。張り出した外唇の後縁からは 3、4 本の指状突起が伸びる。殻の色は白またはクリーム色で、背側には黄褐色の螺帯が入り、殻底にはジグザグの黄褐色の縦線が入る。殻口内は紫がかった褐色。

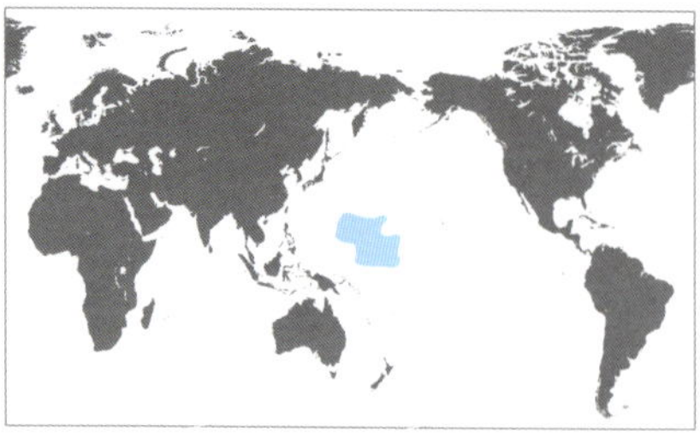

科	ソデボラ科／スイショウガイ科　Strombidae
貝殻の大きさ	80 ～ 130mm
地理的分布	マーシャル諸島およびマリアナ諸島に固有
存在量	少産
生息深度	水深 15 ～ 25m
生息場所	砂底およびサンゴ礫底
食性	植食者で藻類を食べる
蓋	角質で細長く、かぎ爪形

貝殻の大きさ
80 ～ 130mm

写真の貝殻
104mm

Strombus taurus Reeve, 1857

コッテイソデガイ

BULL CONCH

コッテイソデガイは、かつてソデボラ類の中で最も希少な貝の1つと考えられていた。最初は誤って本種の産地はインド洋だと考えられていた。しかし、スキューバダイビングが可能になり、1950年代に真の生息地が発見され、中部太平洋のマーシャル諸島およびマリアナ諸島に生息していることがわかった。沖合に棲み、殻がしばしばサンゴモに覆われるためサンゴ礫底によく溶け込んでいる。分厚い外唇から2、3本だけ突起が伸び、そのうちの1本がかなり長いことで、他のソデガイ類と区別できる。

実物大

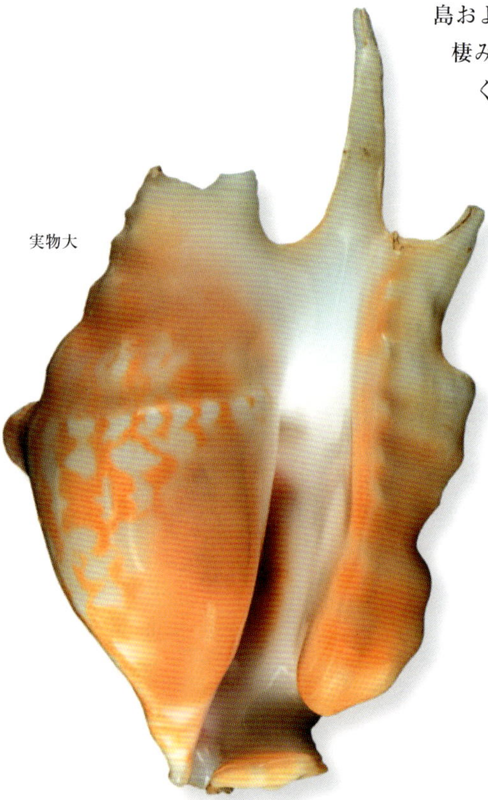

近縁種

ソマリアソデガイ *Strombus oldi* Emerson, 1965も、地理的分布が限られており、ソマリアとオマーンからのみ見つかっている。ソデボラ類の中で最も希少な種の1つで、この貝の殻の体層の殻表には数本の螺状の畝があり、それらが縁のでこぼこした外唇まで達する。アメリカ合衆国のフロリダ州からブラジル東部にかけてと西インド諸島に生息するルンバソデガイ *Strombus gallus* Linnaeus, 1758の殻は大きく、外唇は幅広く張り出して縁が波打つ。

コッテイソデガイの殻は中型で厚くて重く、円錐形で光沢がある。螺塔は高く、縫合は不明瞭。螺層の肩部に瘤が螺列をなして並ぶ。殻表には、この肩部の瘤の螺列に加えて少数の低い螺肋が並び、殻の背側には斜めになった大きな瘤が1つある。殻口は狭く、外唇は張り出して肥厚し、後方に向かって伸びる突起を後縁に2、3本備える。その突起の1本は螺塔より長い。殻の外側は白で、オレンジがかった褐色の斑紋が入り、殻口内は白く、紫がかった褐色に染まる。

科	ソデボラ科／スイショウガイ科　Strombidae
貝殻の大きさ	90 ～ 160mm
地理的分布	ベンガル湾およびインド洋北西部
存在量	ふつう
生息深度	水深 50 ～ 120m
生息場所	砂底
食性	植食者で藻類を食べる
蓋	角質で細長く、かぎ爪形

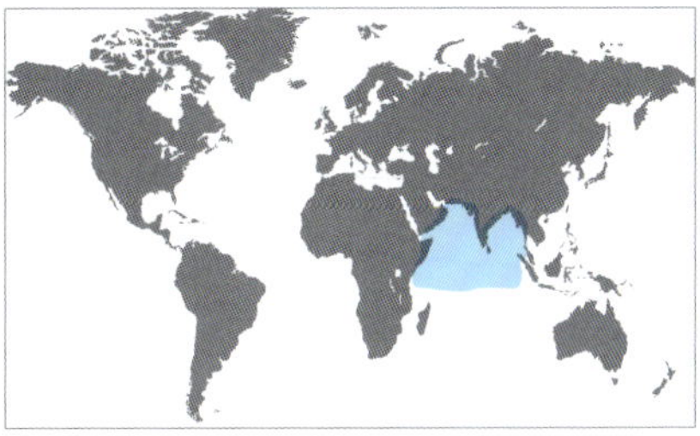

貝殻の大きさ
90 ～ 160mm

写真の貝殻
122mm

Strombus listeri Gray, 1852

ヒメゴゼンソデガイ

LISTER'S CONCH

ヒメゴゼンソデガイは、最も希少な貝の 1 つと考えられていたことがあり、1960 年代にインド洋北西部で生息地が見つかるまではほんの少数の標本しか知られていなかった。ソデボラ類の中では最も深い所に生息する種の 1 つで、水深 50 ～ 120m ぐらいの深さに棲む。じつに優美な殻をもち、張り出した広い外唇の前端付近にはソデボラ類特有の湾入があるが、その湾入が幅広い。

近縁種

西太平洋の熱帯域に産するタケノコシドロガイ *Strombus vittatus* Linnaeus, 1758 は、ヒメゴゼンソデガイに似た殻をもつが、外唇の幅がより狭く、螺塔に強い縦肋がある。同科別属のハシナガソデガイ *Tibia fusus*（Linnaeus, 1758）は、南西太平洋に生息し、非常に高い螺塔と非常に長い水管溝を備えた細長い紡錘形の殻をもつ。

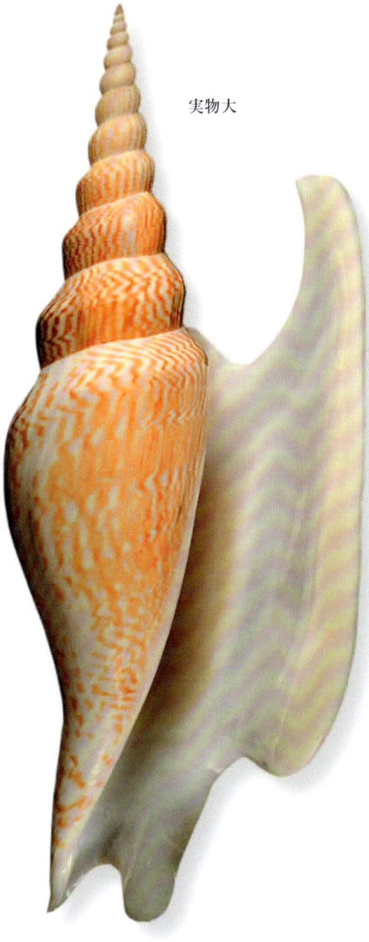

実物大

ヒメゴゼンソデガイの殻は中型で、紡錘形で細長く、軽いが頑丈である。螺塔は高く、階段状で、殻表に縦肋が見られるが、縦肋は最も新しい 3 層では不明瞭になる。体層の表面は、細い螺状線が見られるが、ほとんど滑らか。殻口は細長く、外唇が広く張り出し、その縁に後方に向かって伸びる長く平たい指状突起がある。殻は白く、黄褐色のジグザグ線が密に並ぶ。殻口内および外唇は白い。

科	ソデボラ科／スイショウガイ科　Strombidae
貝殻の大きさ	75 〜 192mm
地理的分布	合衆国フロリダ州からブラジル東部にかけてと西インド諸島
存在量	少産
生息深度	水深 0.3 〜 48m
生息場所	砂底
食性	植食者で藻類を食べる
蓋	角質で細長く、かぎ爪形

貝殻の大きさ
75 〜 192mm

写真の貝殻
152mm

Strombus gallus Linnaeus, 1758

ルンバソデガイ

ROOSTER-TAIL CONCH

ルンバソデガイは、ソデガイ類の中でもとくに特徴的な殻をもち、大きく張り出した外唇の後方に雄鶏の尾を連想させる非常に長い突起が 1 本伸びる。フロリダ州からブラジル東部にかけてと西インド諸島に分布しているが、めったに見つからない。英語の Conch という言葉は通常はソデボラ科の巻貝のことを指すが、ソデボラ科とはあまり近縁でない多くのグループの貝、とくにエゾバイ科 Buccinidae やテングニシ科 Melongenidae、イトマキボラ科 Fasciolariidae などの貝で大型で食用になるものにも使われる。そのため、これらの別科の貝と区別するために、ソデボラ類は頭に true（本物の）をつけて true conch と呼ばれたり、そのものずばり stromb（ソデボラ類）と呼ばれたりする。ソデボラ類の多くは大型で食用になり、ピンクガイ *Strombus gigas* Linnaeus, 1758 などのように商業漁業の対象となっているものもある。

実物大

近縁種

メキシコからペルーにかけての太平洋岸に生息するゴセンソデガイ *Strombus peruvianus* Swainson, 1823 は、ルンバソデガイに似るが、もっと大きく、螺塔は低い。また、翼状に広がった外唇の縁は波打たず、その後縁から伸びる突起は輪郭が三角形状である。紅海およびアデン湾に産するミツカドソデガイ *Strombus tricornis* Humphrey, 1786 もルンバソデガイに似るが、より小さく、翼状に張り出した外唇はやや短い。

ルンバソデガイの殻は中型で比較的軽く、円錐形で、螺塔は高く、螺層の肩に瘤が螺列をなして並ぶ。これらの螺状に並ぶ瘤は体層の肩では大きく、より顕著になり、体層の殻表には強い螺肋も見られる。成貝の殻では、外唇は広く張り出して肥厚し、その縁が波打ち、後方には螺塔の先端を超えて伸びる長い突起がある。殻はクリーム色でオレンジがかった褐色の斑紋がある。殻口は淡褐色から黄金色。

科	ソデボラ科／スイショウガイ科　Strombidae
貝殻の大きさ	150 ～ 310mm
地理的分布	日本からインドネシアにかけて
存在量	ふつう
生息深度	水深 5 ～ 150m
生息場所	泥底
食性	植食者で藻類を食べる
蓋	角質で披針形

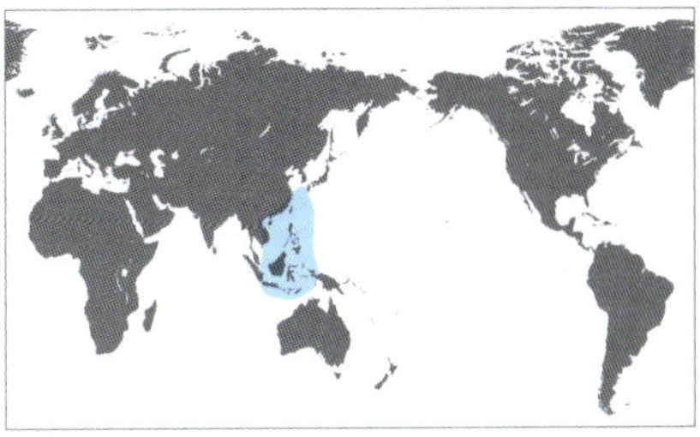

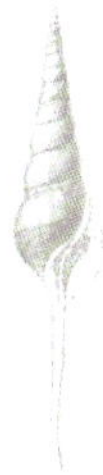

貝殻の大きさ
150 ～ 310mm

写真の貝殻
206mm

Tibia fusus (Linnaeus, 1758)

ハシナガソデガイ

SHINBONE TIBIA

ハシナガソデガイは、間違えようのないほど特色ある貝で、非常に長い水管溝を備えた紡錘形の殻をもつ。本種の水管溝は腹足類全体で見ても最長の部類で、殻本体の長さのほぼ半分（殻によって変異が見られ、殻長の 30 ～ 45% ほど）を占める。たいてい深所の泥底の上に棲み、トロール漁で採集される。このような華奢な水管溝を備えた殻が深い所から海面まで無傷で上がってくるのは驚きである。南西太平洋の比較的狭い範囲に分布し、フィリピン周辺で最もふつうに見られる。

近縁種

台湾沖からインドネシアにかけて生息するワタナベボラ *Tibia martinii* (Marrat, 1877) は、ハシナガソデガイに似るが、殻の幅は広く、水管溝はずっと短い。また殻口が長い。かつては希少な貝と考えられていたが、今ではトロール網によくかかるので、おそらく深所の生息場所にはたくさんいるものと思われる。台湾からインドネシアにかけて分布するトゲカゴメソデガイ *Varicospira crispata* (Sowerby II, 1842) は、殻表に布目状の彫刻のある小さな殻をもち、殻口の形がいくぶんハシナガソデガイに似るが、水管溝は短い。

ハシナガソデガイの殻は長くほっそりとしていて、紡錘形で、表面が滑らかで光沢があり、比較的軽い。螺塔は非常に高く、螺層の数は 19 層にもなり、縫合は深い。螺塔の殻表には弱い縦肋があるが、それらは体層に近づくにつれてさらに弱くなる。体層の殻表はほとんど滑らかで、殻口付近に細い螺状線が並ぶ。殻口は披針形で、外唇は縁に 5 本の指状突起を備え、水管溝は極めて長く、まっすぐかわずかに湾曲する。殻の色は小麦色から茶色で、殻口内は白い。

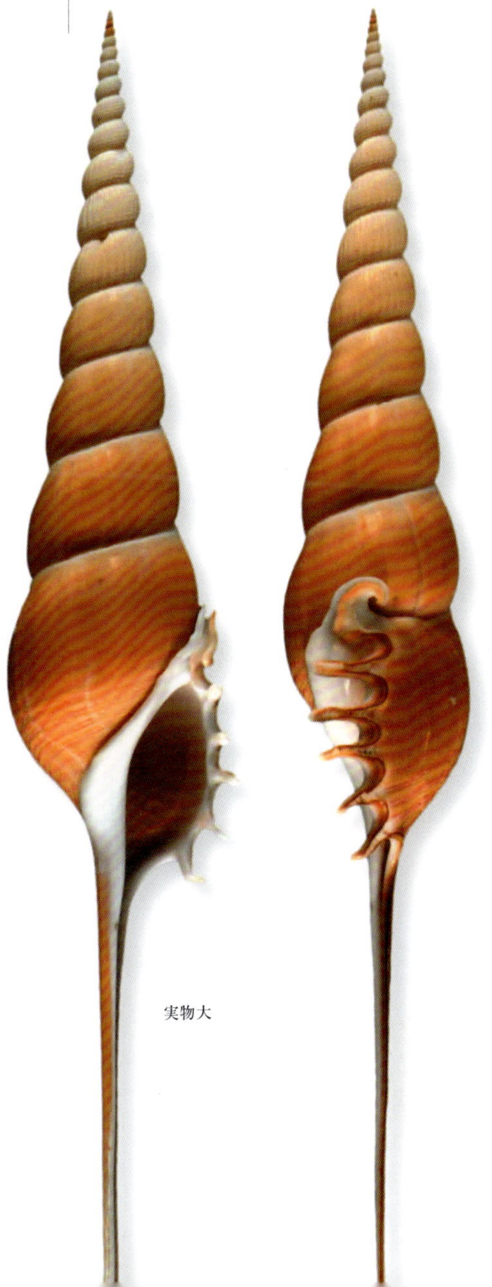

実物大

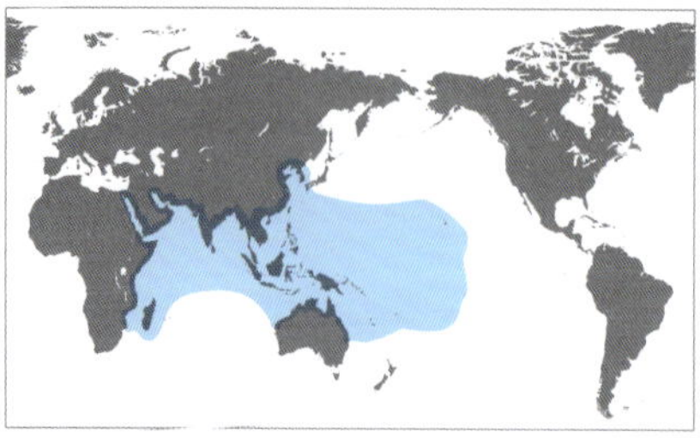

科	ソデボラ科／スイショウガイ科　Strombidae
貝殻の大きさ	85 ～ 330mm
地理的分布	インド太平洋の熱帯域
存在量	ふつう
生息深度	潮間帯から水深 25m
生息場所	粗砂底やサンゴ礫底
食性	グレーザーで、糸状藻類を食べる
蓋	角質で細長く、かぎ爪形

貝殻の大きさ
85 ～ 330mm

写真の貝殻
259mm

Lambis chiragra（Linnaeus, 1758）

スイジガイ

CHIRAGRA SPIDER CONCH

スイジガイは、殻の左側に直角に反る2本を含め6本の長い指状突起を備えた非常に特色ある殻をもつ。大型の普通種で、食用にされる。雌の貝殻は通常、雄の殻よりずっと大きい。角質でかぎ爪形の蓋をもち、それを移動に利用する。その際、貝はまず蓋の尖ったかどを海底に突き刺し、次に長い足の前端部を伸ばし、それから殻をもち上げ、それを前方へぐいと押し出して、跳ねるように動く。

近縁種

インド太平洋域に生息するアフリカラクダガイ *Lambis truncata*（Humphrey, 1786）は、クモガイ属 *Lambis* の最大種で、幅広い外唇を備えた大きな重い殻をもつ。インド西太平洋に産するサソリガイ *Lambis crocata*（Link, 1807）は、ずっと小さく、より優美な殻をもつ。

実物大

スイジガイの殻は大きく、厚くて重く、縁の張り出した広い外唇と大きな指状突起を備える。指状突起は外唇の縁に5本あり、外唇の逆側に反りかえる6本目の突起は水管溝である。螺塔は比較的低く、殻口側からは見えない。殻口は細長く、外唇内壁には細かい襞が並び、軸唇は滑らかである。殻の色は白く、褐色斑がちりばめられる。殻口内はたいていピンクである。

科	ソデボラ科／スイショウガイ科　Strombidae
貝殻の大きさ	150 ～ 350mm
地理的分布	合衆国フロリダ州からベネズエラにかけて
存在量	局所的にふつう
生息深度	水深 0.3 ～ 20m
生息場所	海草群落や砂底
食性	植食者で藻類を食べる
蓋	角質で細長く、かぎ爪形

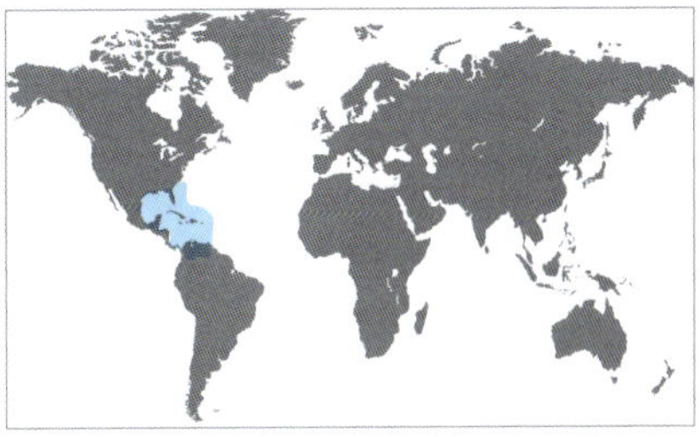

貝殻の大きさ
150 ～ 350mm

写真の貝殻
270mm

Strombus gigas Linnaeus, 1758

ピンクガイ

QUEEN CONCH

ピンクガイは、カリブ海産の腹足類の中で最も大型で商業的に最も重要な貝の 1 つである。浅海の海草群落や砂底に棲む。乱獲によって、本種の個体群は多くの地域で衰退しつつあるか、すでに絶滅している。アメリカ合衆国およびメキシコのユカタン州では、現在は採取が禁じられている。成貝は浅い所に上がってきて繁殖する。雌はゼラチン質の長い紐状の卵塊を産み、多いものでは 1 卵塊中に 50 万個近い卵が含まれている。本種は 30 年ぐらい生きることができる。

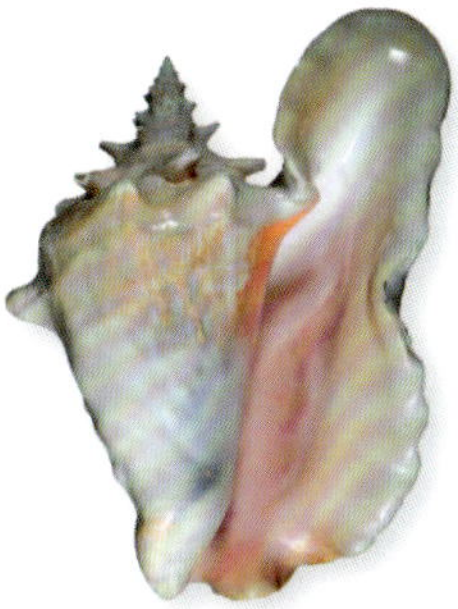

近縁種

ブラジル北東部に固有のダイオウソデガイ *Strombus goliath* Schröter, 1805 は、ソデボラ属 *Strombus* の最大種である。厚くて重い殻をもち、殻の外唇は非常に大きく、その縁は広がって大きく弧を描く。アメリカ合衆国ノースカロライナ州からブラジル東部に分布するミルクソデガイ *Strombus costatus* Gmelin, 1791 はピンクガイに似た殻をもつが、より小さい。

実物大

ピンクガイの殻は大きく、硬くて厚く、縁が広く張り出した外唇をもつ。螺塔は比較的高く、大きな瘤あるいは先端が丸い棘を備える。幼貝の殻は双円錐形で、外唇の縁は広がっていない。体層は幅広く、殻表に螺肋が並び、肩部に大きな棘が並ぶ。殻口は長くて幅広く、外唇は大きく、広く張り出した縁は波打つ。殻はクリーム色で、殻口内は鮮やかなピンクあるいはやや淡いピンクである。

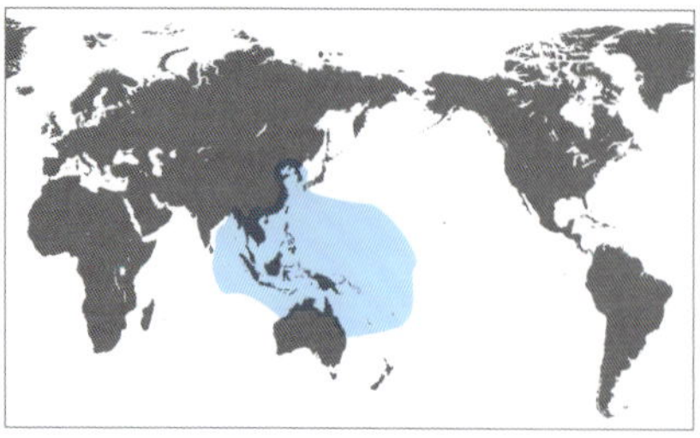

科	ソデボラ科／スイショウガイ科　Strombidae
貝殻の大きさ	220 ～ 360mm
地理的分布	インド西太平洋
存在量	ふつう
生息深度	潮下帯浅部から水深 30m
生息場所	サンゴ礁周辺の砂地
食性	植食者
蓋	角質でかぎ爪形

貝殻の大きさ
220 ～ 360mm

写真の貝殻
360mm

Lambis truncata sebae (Kiener, 1843)

ラクダガイ

SEBA'S SPIDER CONCH

ラクダガイの殻は非常に大きくて重く、螺塔はいくぶん高い。殻口は細長く、殻口側に曲がる水管溝を備える。外唇は大きく広がり、外縁に 6 ～ 8 本の指状突起がある。殻の背側はくすんだ色で、かすかにオレンジがかった殻皮で覆われる。殻口は滑層で覆われ光沢がある。殻口内の色はオレンジ、紫、ピンク、黄色などさまざま。

ラクダガイは、クモガイ属 *Lambis* の中でも最大級の殻をもち、熱帯インド西太平洋の浅海にふつうに見られる腹足類の 1 種で、原住民の食料となっている。クモガイ属の貝は、指状突起を備えた独特な幅広の外唇をもつが、突起の数は種によって異なる。貝殻に性的二型が見られる貝もあり、そのような種では通常、雌の殻の指状突起が雄のものより長い。他のソデボラ類と同様、長いかぎ爪形の蓋をもち、移動する際に貝殻を海底に一時的に固定するためにそれを使う。柄のある、美しい色彩の 1 対の眼を水管溝とそのそばにある外唇縁の湾入部から突き出して、じっと上を見上げている。本属には数種が知られ、その分布はインド太平洋の熱帯域に限られている。

近縁種

別亜種のアフリカラクダガイ *Lambis truncata truncata* (Humphrey, 1786) は、東アフリカから西太平洋にかけて分布する。この貝は平たい螺塔をもち、ラクダガイよりもっと大きくなることがある。インド西太平洋に生息するスイジガイ *Lambis chiragra* (Linnaeus, 1758) の殻にも指状突起があるが、スイジガイの指状突起は数がより少なく、もっと太くて長く、そのうちの 2 本は大きく湾曲する。

実物大

科	ソデボラ科／スイショウガイ科　Strombidae
貝殻の大きさ	275 ～ 380mm
地理的分布	ブラジル北東部に固有
存在量	ふつう
生息深度	潮下帯浅部から水深 50m
生息場所	砂底や海草群落
食性	植食者で微小藻類を食べる
蓋	角質で細長い

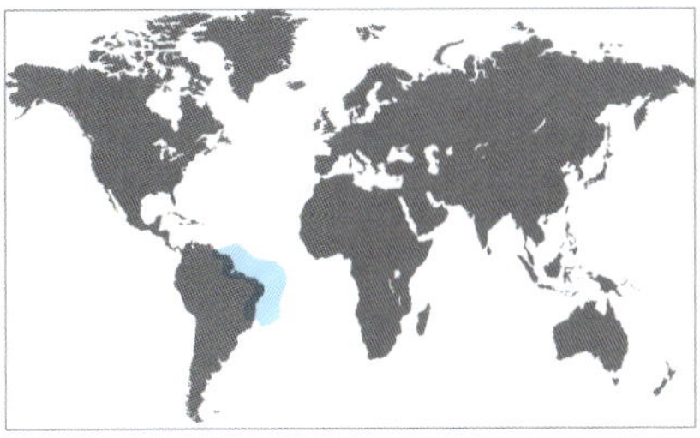

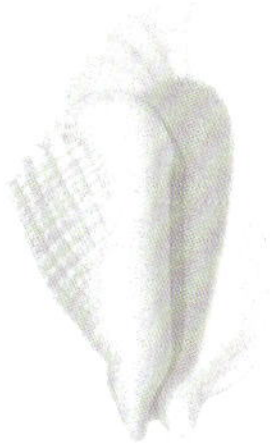

貝殻の大きさ
275 ～ 380mm

写真の貝殻
369mm

Strombus goliath Schröter, 1805

ダイオウソデガイ

GOLIATH CONCH

ダイオウソデガイは、ソデボラ科の中で最も重く、最も大きくがっしりした殻をもつので、*goliath*（聖書に登場する巨人、ゴリアテに因む）という種小名がピッタリである。ブラジル北東部に固有で、浅海に棲む。今でもまだふつうに見られるが、しばしば食用にされるため、保全に対する関心が高まっている。幼貝の殻は螺塔が殻長の半分近くを占め、ソデボラ類の殻というよりイモガイ類の殻のように見える。しかし、成長に伴って体層がより大きく膨らみ、殻が厚くなり、外唇が大きく広がって幅広く、かつ厚くなる。

近縁種

西大西洋には数種のソデボラ属 *Strombus* の貝が生息するが、ダイオウソデガイに最もよく似た殻をもつのはインド太平洋産のゴホウラ *Strombus latissimus* Linnaeus, 1758 である。しかし、ゴホウラはダイオウソデガイの半分以下の大きさにしかならない。ピンクガイ *Strombus gigas* Linnaeus, 1758 は、アメリカ合衆国フロリダ州からベネズエラにかけて分布する普通種で、螺層が階段状になった螺塔を備え、殻口内がピンクに染まった幅広い殻をもつ。

ダイオウソデガイの殻は非常に大きく、非常に重い。外唇は非常に大きく広がり、滑らかで丸みがある。螺塔は先端が尖り、比較的低い。体層は膨らみ、周縁に沿って顕著な瘤が並ぶ。殻の背側には螺肋があり、表面が淡褐色の殻皮で覆われる。殻口は長く幅広い。水管溝は短く、曲がっている。軸唇は厚い滑層で覆われ、殻口と同じく、光沢のあるオレンジから淡いピンクだが、老成貝では色褪せてクリーム色になる。

実物大

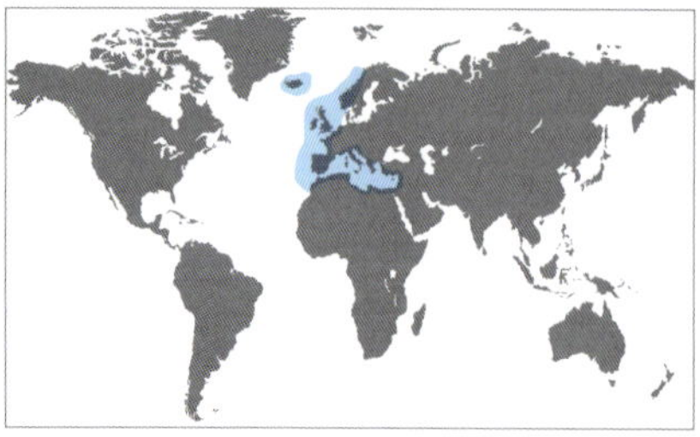

科	モミジソデガイ科　Aporrhaidae
貝殻の大きさ	26 〜 65mm
地理的分布	ノルウェーおよびアイスランドからモロッコにかけての大西洋および地中海
存在量	局所的に多産
生息深度	水深 10 〜 180m
生息場所	泥砂底や泥底
食性	デトリタス食者
蓋	角質で細長い

貝殻の大きさ
26 〜 65mm

写真の貝殻
43mm

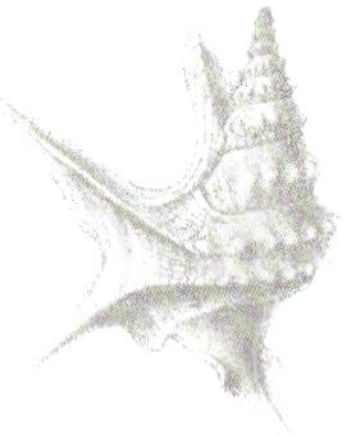

Aporrhais pespelecani (Linnaeus, 1758)

モミジソデガイ

COMMON PELICAN'S FOOT

モミジソデガイは、ペリカンの足に似た特色ある貝殻をもち、この殻の特徴に因んだ学名（種小名の *pespelecani* はペリカンの足という意）がつけられている。最初にこの貝の殻を記載したのはアリストテレスで、少なくともその時代から知られている。アドリア海では多産し、食用にされる。モミジソデガイ科はモミジソデガイ属 *Aporrhais* のみからなり、現生種は5種のみだが、多くの化石種が知られ、最古の化石記録はジュラ紀に遡る。

近縁種

ヒメモミジソデガイ *Aporrhais serresianus* (Michaud, 1828) は、モミジソデガイに似るが、殻がより繊細で、指状突起がもっと細長い。アメリカモミジソデガイ *Aporrhais occidentalis* (Beck, 1836) は、北西大西洋に生息する唯一のモミジソデガイ類の貝で、外唇は幅広いが、長い指状突起はない。

実物大

モミジソデガイの殻は小型で、縁の広がった外唇から長い突起が伸び、輪郭が水かきのある鳥の足に似ている。螺塔は高く顕著な縫合があり、殻表に顆粒の螺状列を備える。体層は大きく、殻表には顆粒の螺状列が3列ある。成貝では外唇が厚く、そこから2本の長い指状突起が伸びる。この他に、この2本より小さな突起が螺塔の近くと水管溝の近くに発達することがある。殻の色はクリーム色から褐色で、殻口内は白い。

科	モミジソデガイ科　Aporrhaidae
貝殻の大きさ	40 ～ 75mm
地理的分布	グリーンランドから合衆国ノースカロライナ州まで
存在量	ふつう
生息深度	水深 10 ～ 2000m
生息場所	泥の積もった礫底
食性	デトリタス食者
蓋	角質で細長い

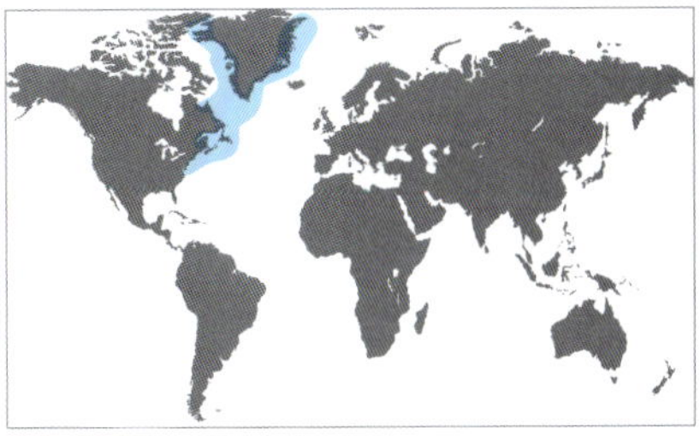

貝殻の大きさ
40 ～ 75mm

写真の貝殻
53mm

Aporrhais occidentalis (Beck, 1836)

アメリカモミジソデガイ

AMERICAN PELICAN'S FOOT

アメリカモミジソデガイは、モミジソデガイ科の中で最も厚くて最も重い殻をもつが、その殻にはこの類に特徴的な長い指状突起がない。モミジソデガイ科の中で最も原始的な種であると考えられている。活発な貝で、泥の積もった礫底の表面を動き回って珪藻や腐敗しかけた褐藻を食べるが、寒冷な季節には海底の泥の中に潜っていることが野外調査によって明らかにされている。

近縁種

ノルウェーおよびアイスランドから地中海にかけて生息するヒメモミジソデガイ *Aporrhais serresianus* (Michaud, 1828) は、非常に細かい泥の堆積した海底に棲み、アメリカモミジソデガイより小さく軽い殻をもつ。アフリカ南西部からアンゴラにかけて分布するハリナガモミジソデガイ *Aporrhais pesgallinae* Barnard, 1963 は、このヒメモミジソデガイに似た殻をもつ。

実物大

アメリカモミジソデガイの殻は厚くて重く、縁が広がった幅広い外唇を備える。本種の殻には、モミジソデガイ科の殻に特徴的な長い指状突起はない。螺塔は高く、縫合が明瞭。殻表には強い縦肋と細い螺条が見られる。幼貝の殻はオニノツノガイ類のものに似るが、成貝では外唇の縁が広がっていて明瞭に区別できる。殻口は長いが、いくぶん幅広い。殻の色はクリーム色または白。

科	モミジソデガイ科　Aporrhaidae
貝殻の大きさ	35 ～ 60mm
地理的分布	ノルウェーおよびアイスランドから地中海まで
存在量	ふつう
生息深度	沖合から水深 1000m
生息場所	細泥底
食性	デトリタス食者
蓋	角質で細長い

貝殻の大きさ
35 ～ 60mm

写真の貝殻
57mm

Aporrhais serresianus (Michaud, 1828)

ヒメモミジソデガイ

MEDITERRANEAN PELICAN'S FOOT

ヒメモミジソデガイは、モミジソデガイ科の現生種の中で最も長い指状突起をもつ。他のモミジソデガイ類同様、指状突起の数や長さには変異が見られるが、その形態や配置は本類の種同定に重要である。指状突起は、本類が潜る軟質底の上で殻を固定するのに役立つ。粒度の細かい海底に棲むものほど、指状突起が長い傾向がある。

近縁種

ノルウェーおよびアイスランドからモロッコにかけての大西洋と地中海に生息するモミジソデガイ *Aporrhais pespelecani* (Linnaeus, 1758) は、モミジソデガイ科の中で最もふつうに見られる貝で、やはり長い指状突起のある殻をもつ。西アフリカ産のセネガルモミジソデガイ *Aporrhais senegalensis* Gray, 1838 は、現存するモミジソデガイ類の中で最も小さい殻をもつ。

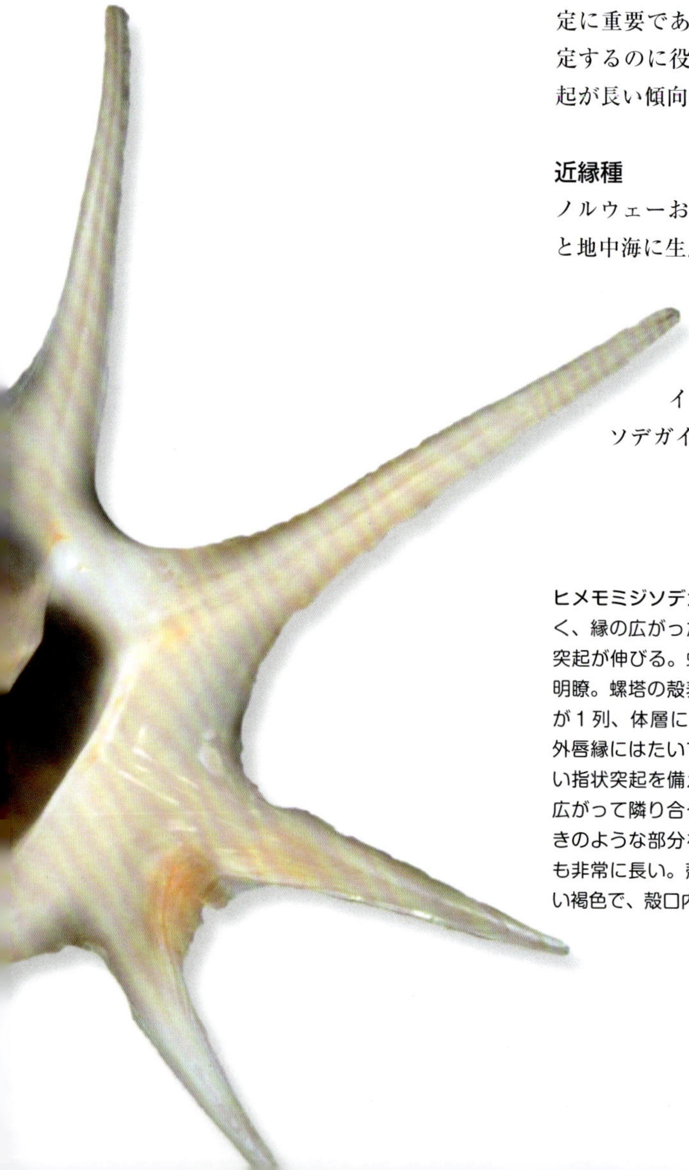

ヒメモミジソデガイの殻は薄くて軽く、縁の広がった外唇から長い指状突起が伸びる。螺塔は高く、縫合は明瞭。螺塔の殻表には螺状の顆粒列が1列、体層にはそれが3列ある。外唇縁にはたいてい4本の非常に長い指状突起を備え、それらの基部は広がって隣り合うものとの間に水かきのような部分を形成する。水管溝も非常に長い。殻の色は白から明るい褐色で、殻口内は白い。

実物大

科	トンボガイ科　Seraphsidae
貝殻の大きさ	29 ～ 75mm
地理的分布	インド西太平洋
存在量	ふつう
生息深度	潮下帯浅部から水深 30m
生息場所	砂底
食性	植食者
蓋	角質で細長く、縁がぎざぎざ

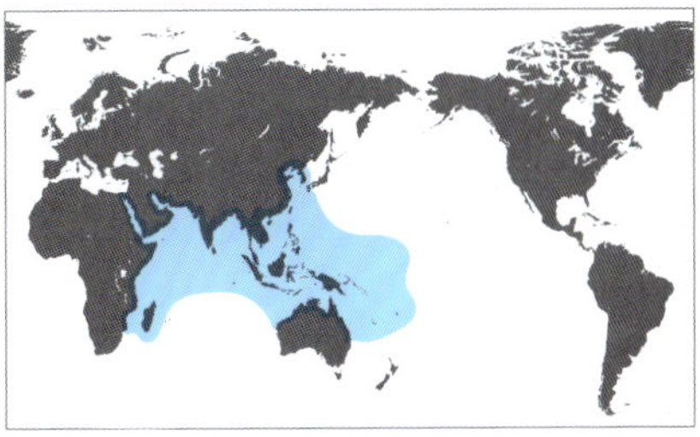

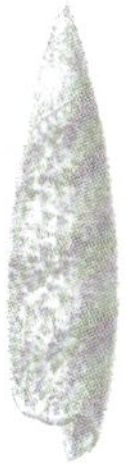

貝殻の大きさ
29 ～ 75mm

写真の貝殻
55mm

Terebellum terebellum（Linnaeus, 1758）

トンボガイ

TEREBELLUM CONCH

トンボガイは、ソデボラ類に近縁でおもに化石種からなるグループ、トンボガイ科の唯一の現生種である。トンボガイ類は暁新世に初めて出現し、始新世に最も多様性が高かった。トンボガイそのものの最古の化石は中新世のものが知られる。トンボガイは素早く砂に潜ることができ、その習性によく合った魚雷（ぎょらい）形の殻をもつ。この殻の形はソデボラ類の殻とはかなり異なるが、トンボガイも長い柄と鮮やかな虹彩を備えた眼、そして縁のぎざぎざした細長い蓋をもち、これらの特徴がソデボラ類と共通である。

近縁種

トンボガイ類はトンボガイ科の唯一の現生種だが、殻の色や模様が非常に変異に富むため、いくつかの種や亜種に分けることが提案されてきた。しかし研究の結果、それらはすべて、変異の大きな1つの種の個体群に過ぎないことが示されている。

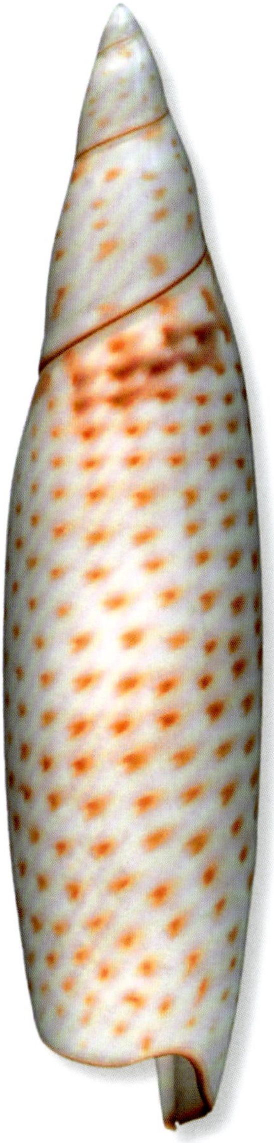

トンボガイの殻は中型で光沢があり、細長く、流線形で魚雷のような形をしている。螺塔はやや低く、殻頂が尖り、縫合は溝状で、螺層はわずかに膨らむ。殻表は滑らかで光沢がある。殻口は狭く、前端の幅が最も広い。軸唇は滑らか。外唇は滑らかで薄く、前端が截断状になっている。殻の色や模様は非常に変異に富むが、たいていは淡色の地にジグザグや螺状の線や斑点、斑紋が入る。また、縫合にもしばしば褐色の線が入る。殻口内は白い。

実物大

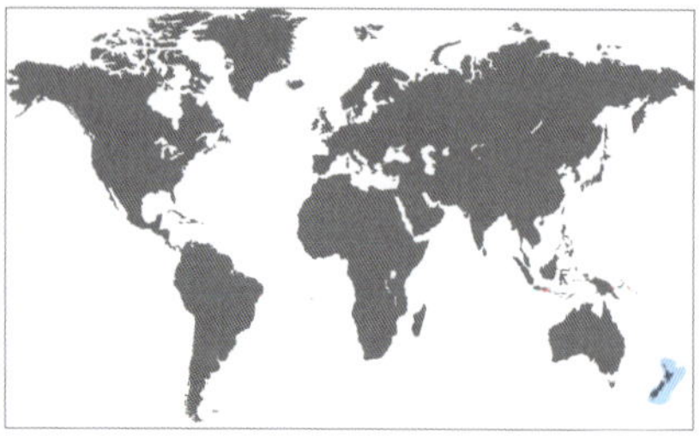

科	ダチョウボラ科　Struthiolariidae
貝殻の大きさ	50 〜 90mm
地理的分布	ニュージーランド固有種
存在量	ふつう
生息深度	潮間帯から水深 75m
生息場所	細砂底や泥底
食性	繊毛粘液摂食
蓋	キチン質で小さく、一端にかぎ爪状突起を備える

貝殻の大きさ
50 〜 90mm

写真の貝殻
75mm

Struthiolaria papulosa (Martyn, 1784)

ダチョウボラ

LARGE OSTRICH-FOOT

ダチョウボラの殻は小型で硬く、比較的重く、角張っていて、螺塔が高い。螺層も体層も角張り、肩部に螺状に1列に並ぶ先の尖った瘤と何本かの細い螺肋を備える。殻口は広く、外唇も軸唇も厚く、たいてい分厚い滑層に覆われる。殻の色は白からクリーム色で不揃いな褐色の縦縞がある。外唇および滑層は白い。蓋はキチン質で小さく、一端に先の尖った突起がある。

ダチョウボラ科の貝は、英語で ostrich-foot shells（ダチョウの足のような形の貝類）と呼ばれ、種類は少ない。ダチョウボラはこのダチョウボラ科の最大種である。かぎ爪のある蓋を海底の堆積物に突き刺して素早く足を縮めることで激しいけいれんのような動きを引き起こし、殻を何度も宙返りさせて捕食者のヒトデから逃げる。ダチョウボラ科の現生種は4種しか知られていない。

近縁種

同属種の *Struthiolaria vermis* (Martyn, 1784) は、ニュージーランド北島に固有で、ダチョウボラに似た殻をもつが、より小さく、殻表はより滑らかである。ズングリダチョウボラ *Perissodonta mirabilis* (Smith, 1875) は、サウスジョージア島およびケルゲレン諸島に産し、ダチョウボラより深い所に生息する。この貝はダチョウボラより小さく、ダチョウボラと違って殻口が肥厚しない。

実物大

科	スズメガイ科　Hipponicidae
貝殻の大きさ	15 ～ 40mm
地理的分布	西大西洋、アフリカ西岸、インド太平洋
存在量	ふつう
生息深度	潮間帯から水深 60m
生息場所	岩や他の貝の上
食性	デトリタス食者
蓋	ない

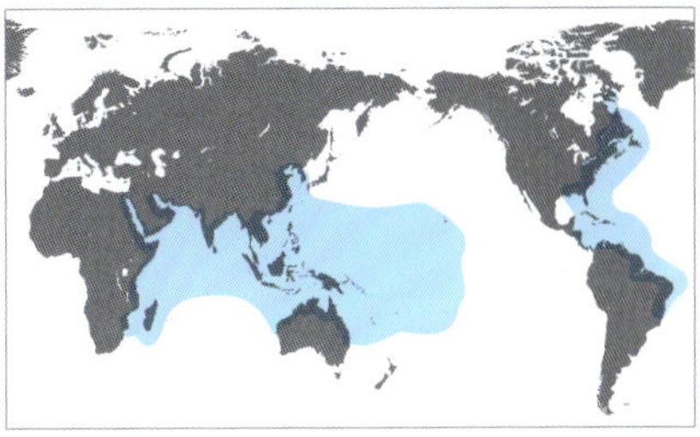

貝殻の大きさ
15 ～ 40mm

写真の貝殻
30mm

Cheilea equestris (Linnaeus, 1758)

フウリンチドリガイ

FALSE CUP-AND-SAUCER

フウリンチドリガイは、形がカサガイに似た、非常に変異に富む殻をもつ。固着性の腹足類で、殻口は貝が付着している基質表面に合った形になる。殻の内側に大きな半漏斗状の突出部があり、一見キジョウハイ類に似ている。しかしキジョウハイ類では、殻の突出部が完全な漏斗状で、まさに Cup-and-saucer（受け皿付きの茶碗）という英語名に相応しい殻の形をしている。フウリンチドリガイは他の貝の殻の上、ときに出水管の近くに付着して、その貝から排出される糞を長く伸びる吻を使って集める。少なくともいくつかの種は、最初は雄として成熟した後、雌に性転換することが知られる。

フウリンチドリガイの殻は中型で軽く、円錐形で、輪郭は円形に近く、縁がでこぼこしている。螺塔は低く、その中央付近にある殻頂は反り返って尖っている。幼貝の殻表には同心円状の成長線が、成貝の殻表では放射肋が目立つ。殻口は広く、その外縁に鋸歯状のぎざぎざがある。殻の内側には大きな半漏斗状の突出部がある。殻の色は外面も内面も白または灰色がかった白で、外面は褐色の殻皮に覆われる。

近縁種

オーストラリア南部に固有の *Cheilea flindersi* Cotton, 1935 は、おそらくスズメガイ科最大の貝の 1 つで、径が 53mm 以上になることがある。紅海およびインド洋から西太平洋にかけて分布するキクススズメガイ *Sabia conica* (Schumacher, 1817) は、内側に突出部のない円錐形の頑丈な殻をもつ。

実物大

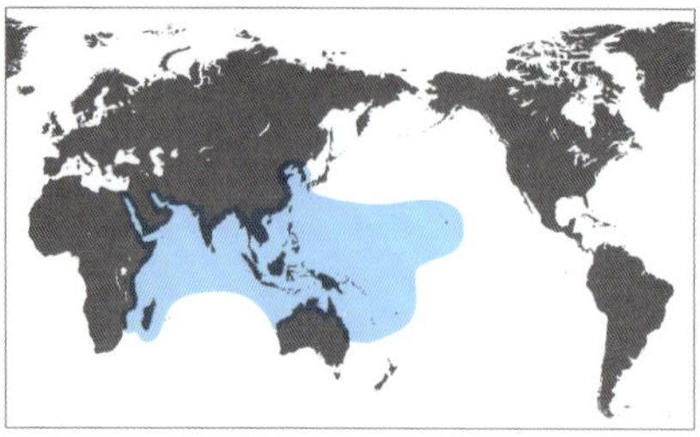

科	シロネズミガイ科　Vanikoridae
貝殻の大きさ	7 〜 25mm
地理的分布	インド太平洋、ハワイを含む
存在量	ふつう
生息深度	潮下帯から水深 25m
生息場所	岩礁やサンゴ礫底など
食性	デトリタス食者
蓋	角質で薄く卵形

貝殻の大きさ
7 〜 25mm

写真の貝殻
18mm

Vanikoro cancellata (Lamark, 1822)

カゴメシロネズミガイ

CANCELLATE VANIKORO

カゴメシロネズミガイは、インド太平洋域に広く生息し、ハワイの沖合でも見つかる。岩礁などの硬い底質の上やサンゴ礫の間などに棲み、吸盤のような足を底質に付着するために使う。シロネズミガイ属 *Vanikoro* の種の中には、もし底質から剥がされると再度付着できそうにない種もいる。シロネズミガイ科の現生種は世界で約 70 種が知られ、西大西洋に限っても 30 種近くが知られるが、本科の系統分類はまだよく調べられていない。

近縁種

インド西太平洋に生息する *Vanikoro expansa* (Sowerby I, 1842) は、カゴメシロネズミガイに似るが、殻はより小さく、成貝では殻表が本種より滑らかである。同科別属の *Macromphalina palmalitoris* Pilsbry and McGinty, 1950 は、アメリカ合衆国ノースカロライナ州からコロンビアにかけての大西洋およびカリブ海とメキシコ湾に分布し、殻表に螺状の彫刻のある、非常に小さく半透明で扁圧された殻をもつ。

実物大

カゴメシロネズミガイの殻は小さくて薄く、球状。螺塔は非常に低く、殻頂が小さく、縫合は深い。体層は非常に大きく、成貝の殻表には薄板状の縦肋と、それと交差する螺糸が見られる。縦肋は大型個体では痕跡的になる傾向がある。殻口は大きく、殻径の半分以上を占める。外唇は滑らかで縁は鋭利。軸唇も滑らかで、臍孔は狭くて深い。殻の色は内外とも白またはオフホワイト。

科	カリバガサガイ科 Calyptraeidae
貝殻の大きさ	17 ~ 40mm
地理的分布	マレーシア、南シナ海および東シナ海
存在量	ふつう
生息深度	潮下帯から水深 30m
生息場所	岩や他の貝の上
食性	濾過食者
蓋	ない

貝殻の大きさ
17 ~ 40mm

写真の貝殻
26mm

Calyptraea extinctorium Lamarck, 1822

カリバガサガイの仲間

ASIAN CUP-AND-SAUCER

カリバガサガイ類は、殻の内側が独特で、その特徴に因んで英語では Cup-and-saucer shell（受け皿付きの茶碗のような形の貝）と呼ばれる。殻は変形した渦巻き状で、殻の内側の痕跡的な薄板状の殻が、貝の内臓を保護する。多くの種では、その薄い板がくるりと巻いていて、縁が非常に高くなった受け皿の中に置かれた小さな茶碗のように見える。カリバガサガイ類は隣接的雌雄同体で、最初は雄になり、後に雌に性転換する。

近縁種

ホンカリバガサガイ *Calyptraea chinensis* (Linnaeus, 1758) も本種と同様に小型のカリバガサガイ類の 1 種で、殻の径は 25mm に満たない。この貝は、*chinensis*（中国産）という種小名に反してヨーロッパの温帯域に生息し、潮下帯の岩の上で見つかることが多い。殻の色はくすんだクリーム色で、殻頂が丸い。殻の内側の薄板には皺が寄り、湾曲していて、殻の縁のほうに傾いて殻と接着することがある。

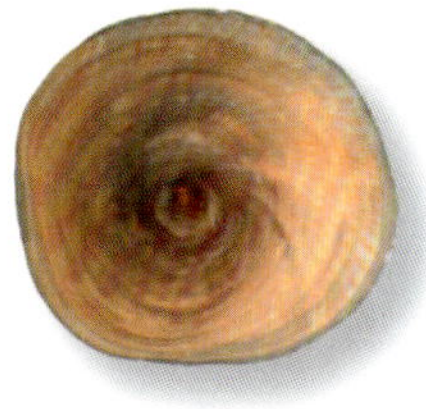

実物大

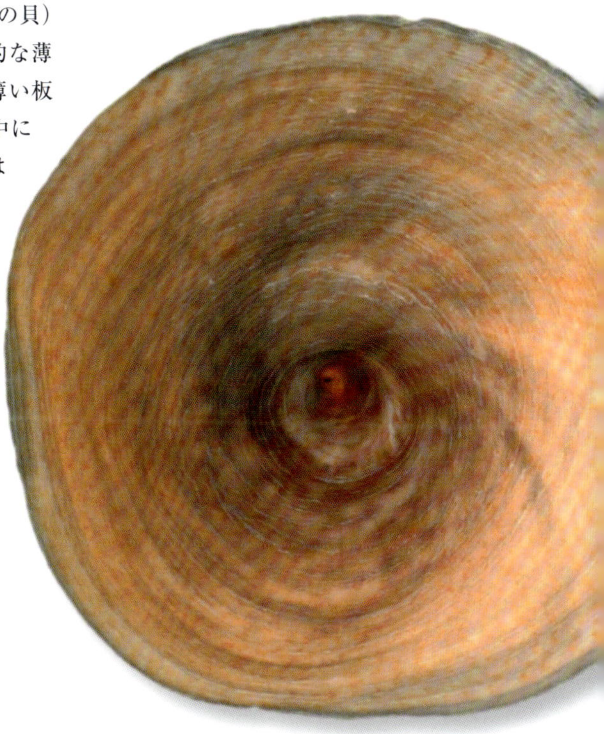

Calyptraea extinctorium **の殻**は、円錐状でカサガイ形、かすかではあるが、縫合が見られる。実際の形は、貝が何に付着するかによって変わる。殻の内側に殻頂からカーテンのような形の硬い構造が下がっている。その片方の縁は殻に付着し、もう片方は殻の中央で丸まっている。殻の外面はクリーム色から淡い小麦色で、小麦色から紫がかった褐色の非常に細い縦筋が入る。殻の内面は赤褐色で、縁は色が薄い。

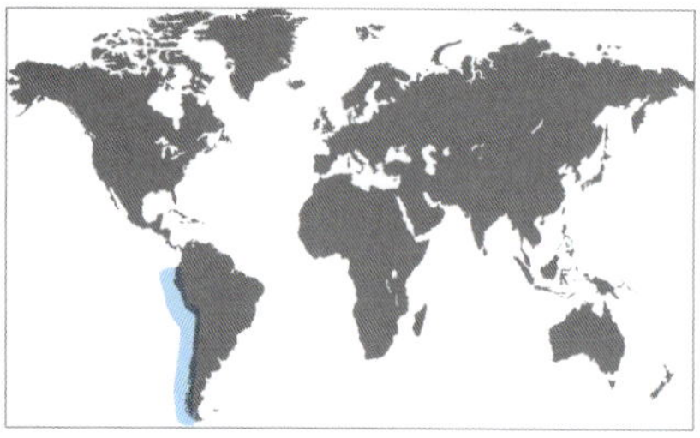

科	カリバガサガイ科　Calyptraeidae
貝殻の大きさ	25 ~ 70mm
地理的分布	エクアドルからチリにかけて
存在量	ややふつう
生息深度	沖合
生息場所	岩礁
食性	濾過食者
蓋	ない

貝殻の大きさ
25 ~ 70mm

写真の貝殻
28mm

Trochita trochiformis (Born, 1778)

メリケンカリバガサガイ

PERUVIAN HAT

メリケンカリバガサガイの殻は低い円錐形で、ピンクがかった褐色。殻表はでこぼこしており、縫合は明瞭。螺層は平たく、殻表には明瞭な縦肋が並ぶ。前後の螺層の縦肋は整列しない。殻の内面は滑らかで、殻頂部から棚状部が螺旋状に下に向かって伸びる。その縁は斜めに殻の内面に接着し、殻縁近くまで達している。棚状部は殻底の面積の半分ほどを占める。

実物大

カリバガサガイ類は、かなり移動性が低く、餌となる植物由来のデトリタスを漁って食べるのではなく、腹足類というより二枚貝類のような餌のとり方で、漂って来る餌に甘んじて暮らしている。メリケンカリバガサガイは殻底より下に、また殻底縁の外側まで広がる幅広い縁のある低い円錐形の殻をもつ。また、殻の外表面には斜めになった縦肋が並んでいる。

近縁種

キジョウハイガイ *Crucibulum scutellatum* (Wood, 1828) は、メリケンカリバガサガイの分布域より北のパナマからカリフォルニア湾にかけての太平洋沿岸で見つかる。大きさは同じぐらいで、やはり殻の外表面が肋のためにでこぼこしており、殻の内面には艶がある。しかし、キジョウハイガイでは殻の内側で棚状になっている部分が、殻から離れて反り返り、細い筋の入った白い茶碗状の突出部を形成する。

科	カリバガサガイ科　Calyptraeidae
貝殻の大きさ	18 〜 71mm
地理的分布	南カリフォルニアからチリにかけての太平洋沿岸およびハワイ、フィリピン
存在量	ふつう
生息深度	潮下帯から水深 60m
生息場所	岩や他の貝の上
食性	濾過食者
蓋	ない

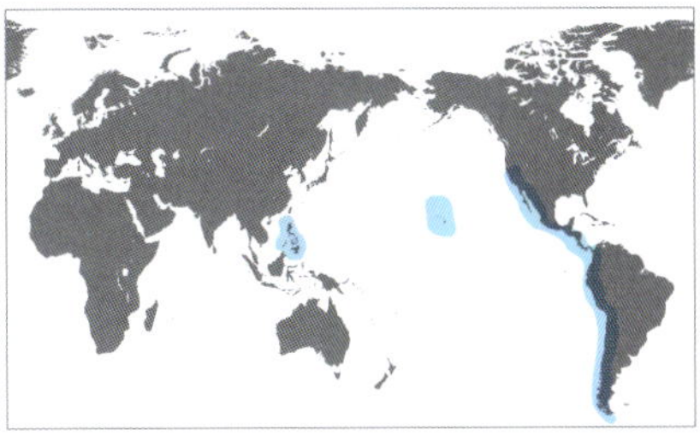

貝殻の大きさ
18 〜 71mm

写真の貝殻
29mm

Crucibulum spinosum (Sowerby I, 1824)

トゲキジョウハイガイ

SPINY CUP-AND-SAUCER

トゲキジョウハイガイの貝殻には非常に変わった彫刻があるが、よくあるように浜に打ち上げられたものはたいてい壊れてしまっていて、殻表の彫刻はよく分からない。しかし、生きた貝は海面の波の破壊力の及ばない安全な深さで、岩の上や、ときには生きた貝や死んだ貝の殻などの岩より不安定なものにしがみついて暮らしている。カリバガサガイ科の他の種と同様に殻の形にはかなりの変異が見られるが、それは、あまり移動せず棲み場所にしっかりつかまれるように殻の形を合わせる能力をもっているためである。本種は東太平洋原産だが、不注意にハワイやフィリピンに持ち込まれ、現在はずっと広い範囲に分布する。

トゲキジョウハイガイの殻は円錐形で、殻頂は丸みを帯び、反り返る。殻の外面はクリーム色からオレンジがかった黄色で、ときに同心円状の紫の色帯が入る。殻表には細い放射肋あるいはやや太い放射肋があり、殻頂部を除き、殻表は直立した細い棘で覆われる。棘には中空のものもある。殻の内面は白く、光沢があるが、しばしば大部分が栗色に染まっていて色や光沢が不明瞭。殻の内側には形のよく整った半円形の茶碗様の突出部がある。この突出部は大部分が殻の内面から離れており、その縁の一端が伸長している。

近縁種

同属種の *Crucibulum serratum* (Broderip, 1834) は、メキシコ南部からエクアドルの間にしか分布していない希少な貝である。この貝の殻の内側の突出部は他の種と違って、殻の内面に押し付けられたように付いている。殻の外面には棘はなく、放射肋が見られる。この種の分布北限域で見られる亜種 *Crucibulum serratum concameratum* (Reeve, 1859) は、真っ白の美しい殻をもち、その殻表にはやや湾曲した放射肋が並び、それらと同心円状の肋が交差する。

実物大

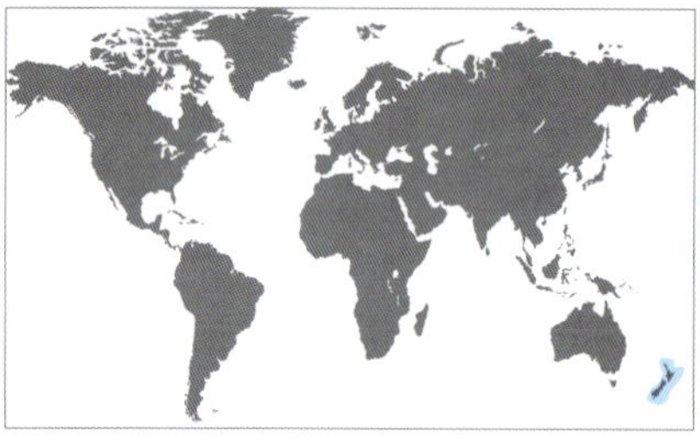

科	カリバガサガイ科 Calyptraeidae
貝殻の大きさ	15 ～ 33mm
地理的分布	ニュージーランド
存在量	ふつう
生息深度	沖合、水深 2 ～ 20m
生息場所	岩や他の貝の上
食性	濾過食者
蓋	ない

貝殻の大きさ
15 ～ 33mm

写真の貝殻
31mm

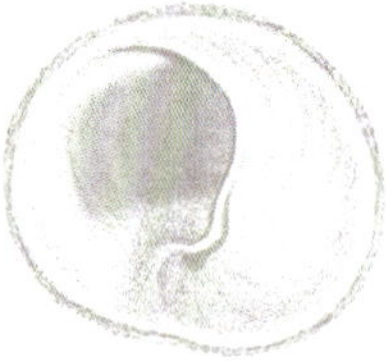

Sigapatella novaezelandiae (Lesson, 1830)

カリバガサガイ類の１種

CIRCULAR SLIPPER

本種が含まれる *Sigapatella* 属には少数の現生種が知られるのみで、そのほとんどはニュージーランドとオーストラリア周辺の温帯域に分布する。本種は、背が低く幅広い渦巻き状の殻をもつ。殻の縁はカサガイ類に似て丸く、貝が付着している底質表面に合った形になっている。殻の内側の棚状部は薄く半透明で、殻幅の 3/4 ほどで、そのそばに螺旋状に巻いた風変わりな臍孔がある。

実物大

近縁種

同属の *Sigapatella calyptraeformis* (Lamarck, 1822) は、オーストラリアの南半分にのみ生息する。本種同様、生きている貝の殻外面はざらざらした褐色の殻皮に覆われる。殻の色は変異に富むが、たいてい淡い灰褐色で、殻頂が白い。殻の内面は本種と違って全体が白く、棚状に張り出した部分の成長脈がやや不明瞭である。

Sigapatella novaezelandiae **の殻は幅が広く、背は低く、オフホワイトから栗色がかった褐色。螺層が半球状に膨らんだ、一風変わった低い螺塔を備える。殻の内側の棚状に張り出した部分には顕著な成長脈が見られる。殻の内面は白で、棚状部の上側は栗色がかった褐色から紫に染まる。殻表には表面のでこぼこした螺肋がある。**

科	カリバガサガイ科　Calyptraeidae
貝殻の大きさ	12 〜 43mm
地理的分布	カナダのノバスコシア州からブラジルにかけての大西洋沿岸およびカリブ海
存在量	ふつう
生息深度	潮下帯から水深 15m
生息場所	岩や他の貝の上
食性	植食者
蓋	ない

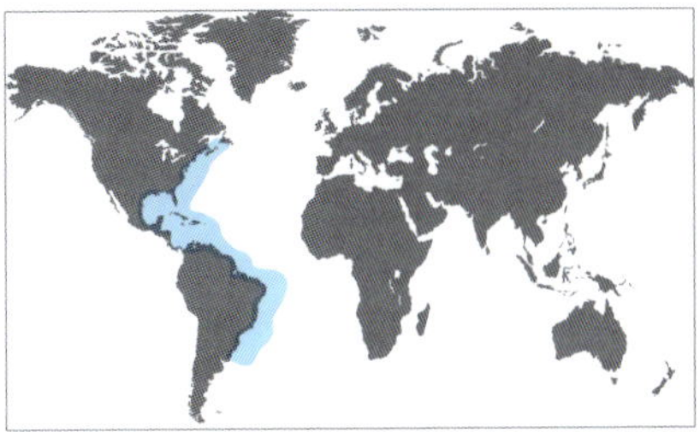

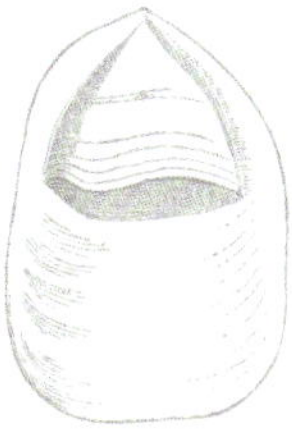

貝殻の大きさ
12 〜 43mm

写真の貝殻
44mm

Crepidula plana Say, 1822

エゾフネガイの仲間

EASTERN WHITE SLIPPER

本種は、エゾフネガイ類らしいスリッパ形の殻をもつ。すなわち、殻は細長くて平たく、傷つきやすい内臓を保護するための内側の棚状部の奥行きは浅い。岩にではなく他の貝の殻の上にはり付いた状態でよく見つかる。生きた貝の殻にも死貝の殻にも付着し、とくに表面がへこんだ所によく付いている。浅海産の大型のアッキガイ類やエゾバイ類の殻の上、さらにはカブトガニの腹面に付いていることさえある。他のカリバガサガイ類と同様に本種も隣接的雌雄同体で、小さい時は雄で、大きく成長すると雌に変わる。

近縁種

ネコゼフネガイ *Crepidula fornicata*（Linnaeus, 1758）は、北アメリカ東岸原産の貝だが、19 世紀後半にイギリスに持ち込まれ、カキ養殖場の有害生物となっている。ネコゼフネガイの殻の棚状部は、奥行きがより深く殻の中ほどまで達する。エゾフネガイ類は、最も老成した、最も大型の個体が一番下にくるように他個体の殻の上に積み重なるように集まって棲むという変わった習性をもつ。

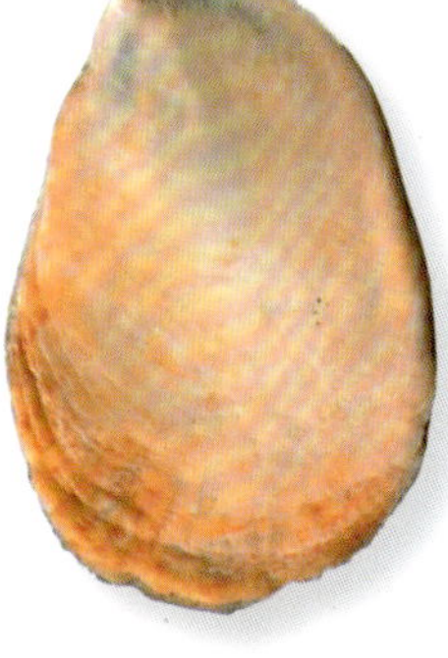

実物大

Crepidula plana **の殻**は細長い卵形で、非常に背が低い。殻の一端の殻縁の上方に、風変わりな湾曲した殻頂がある。色は白からピンクで、同心円状の細い成長線以外には殻表に彫刻は見られない。殻の内面は白く、殻頂の下にカリバガサガイ類特有の棚状部があるが、その奥行きは殻長の半分に満たない。殻の縁は薄くて鋭い。

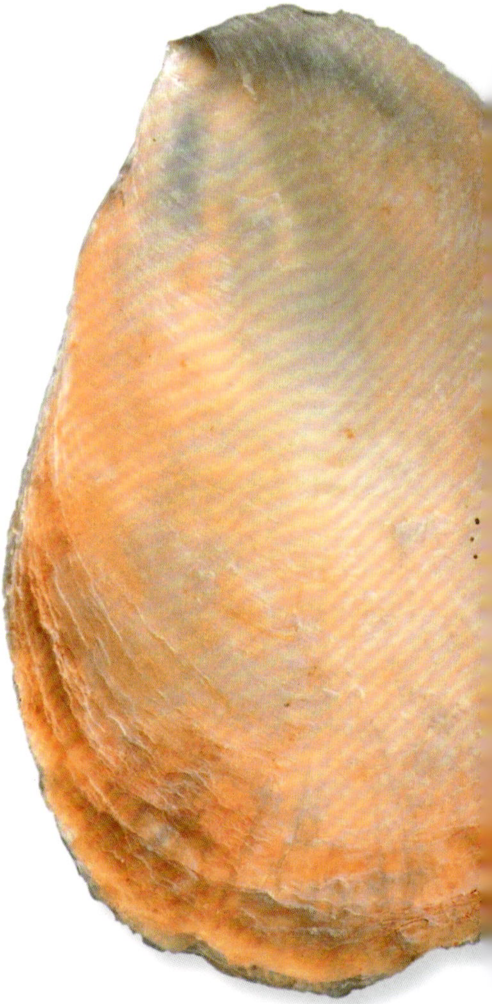

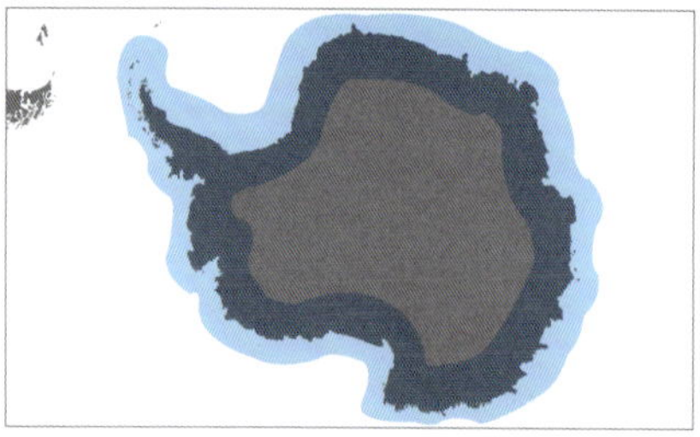

科	カツラガイ科　Capulidae
貝殻の大きさ	25 ～ 50mm
地理的分布	南極大陸周辺
存在量	少産
生息深度	水深 70 ～ 2350m
生息場所	軟質底
食性	濾過食者
蓋	角質で端に核がある

貝殻の大きさ
25 ～ 50mm

写真の貝殻
33mm

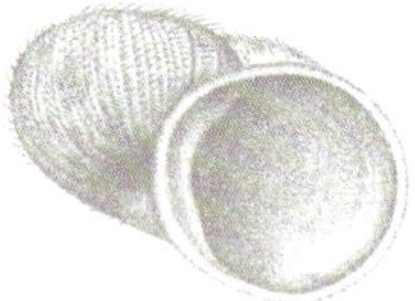

Torellia mirabilis (Smith, 1907)

ビロードナワボラ

MIRACULOUS TORELLIA

ビロードナワボラの殻は中型で球状に膨らみ、薄くて軽く、しなやか。螺塔は低く、殻頂は尖り、石灰質で表面は滑らか。縫合は深く、溝状になっている。胎殻を除き、殻は栗色の厚い殻皮に覆われる。殻皮の表面には多数の成長線が見られ、成長線上には細かい毛が密に並ぶ。殻口は大きくほぼ円形で、軸唇は縁がわずかに外側に反る。殻底に幅広く深い臍孔がある。

カツラガイ科には巻いた殻をもつ種もカサガイ形の殻をもつ種もいるが、本科の貝はみな特有の「偽吻」をもつ。この「偽吻」は口が細長く伸びたもので、その背側には 1 本のスリットが入っている。ビロードナワボラは、南極大陸周辺に分布する深海産巻貝で、その殻はほとんどが毛に覆われた厚い殻皮からできている。大部分がタンパク質でできているため、殻がしなやかで丈夫である。胎殻は炭酸カルシウムに富むが、殻が成長するにつれて炭酸カルシウムの割合が減り、殻皮の占める割合が増える。

近縁種

同属の *Torellia smithi* Warén, 1986 は、やはり南極大陸沿岸に産するが、この貝はやや螺塔の高い、小さなアマオブネガイのような殻をもち、殻全体が厚い海綿状の殻皮に覆われている。キヌガサスズメガイ *Capulus ungaricus* (Linnaeus, 1758) は、アイスランドから地中海にかけてと、グリーンランドからアメリカ合衆国テキサス州にかけて生息し、他の貝や岩に付着して生活する。

実物大

科	カツラガイ科　Capulidae
貝殻の大きさ	15 〜 60mm
地理的分布	アイスランドから地中海にかけてとグリーンランドから合衆国テキサス州まで
存在量	ふつう
生息深度	水深 25 〜 850m
生息場所	沖合の岩や貝の上
食性	濾過食者で他の貝に寄生していることがある
蓋	ない

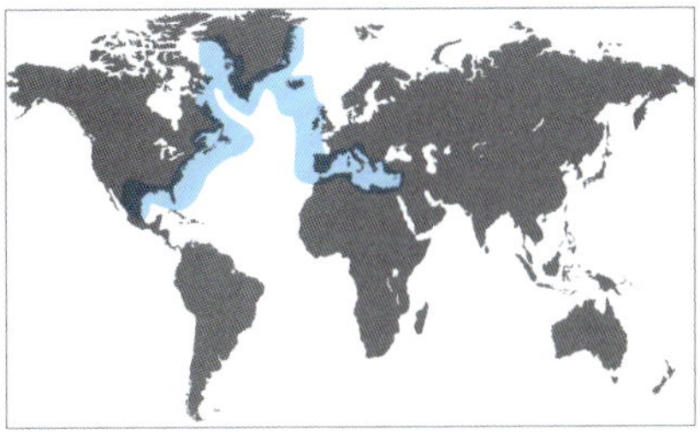

貝殻の大きさ
15 〜 60mm

写真の貝殻
50mm

Capulus ungaricus (Linnaeus, 1758)

キヌガサスズメガイ

FOOL'S CAP

キヌガサスズメガイは、ベレー帽形の殻をもち、その形がハンガリーの帽子に似ているので、*Capulus ungaricus*（ハンガリーのカツラガイ）という学名がつけられている。北大西洋の温帯域ではふつうに見られ、潮下帯浅部から深海まで生息する。岩や貝、とくにイタヤガイ類などの二枚貝の殻に付着している。鰓で水中の有機物を濾しとって食べるが、ときには付着している貝の殻に孔をあけ、その貝が濾しとって集めた餌を横取りすることもある。隣接的雌雄同体で、小さい時は雄で、大きく成長すると雌に変わる。殻はサイズが大きくなるほどもろくなり、たいてい小さい殻のほうが硬い。

近縁種

アメリカ合衆国ノースカロライナ州からブラジルにかけて分布する同属の *Capulus incurvatus* (Gmelin, 1791) は、キヌガサスズメガイより小さな殻をもち、ときに殻の巻きがほどけていることがある。日本海北部から樺太にかけて生息するエゾイソチドリガイ *Trichamathina nobilis* (A. Adams, 1867) は、キヌガサスズメガイに殻の大きさや形が似るが、殻皮はより厚く、その上に2本の螺肋がある。

実物大

キヌガサスズメガイの殻は小型で薄く、帽子形。高く盛り上がっていることも背が低いこともある。殻頂は螺旋状に巻いていて、殻の一方に大きく傾き、先端が曲がっている。殻口は広くて丸く、殻が付着している基質の表面に合った形になっている。体層が殻の大部分を占める。殻の外面は黄色がかった白またはピンクで、殻の内面は光沢のある白かピンク。殻皮は褐色で厚い。

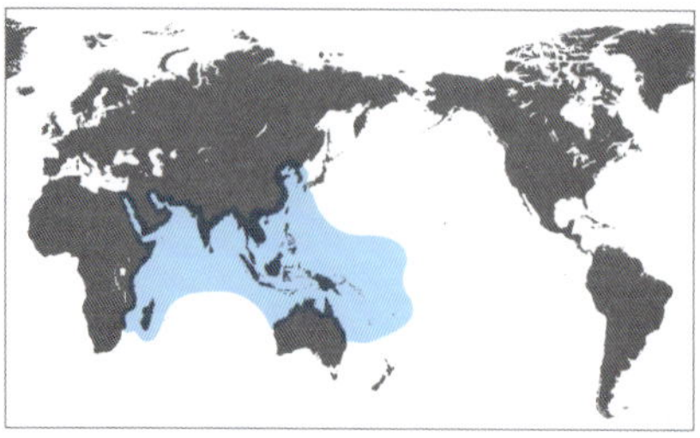

科	クマサカガイ科　Xenophoridae
貝殻の大きさ	38 〜 100mm
地理的分布	インド西太平洋
存在量	ふつう
生息深度	水深 20 〜 350m
生息場所	砂泥底
食性	有孔虫を専食する
蓋	角質で卵形

貝殻の大きさ
38 〜 100mm

写真の貝殻
74mm

Onustus exutus (Reeve, 1842)

キヌガサガイ

BARREN CARRIER SHELL

キヌガサガイは、クマサカガイ類の大型種だが、殻には殻頂付近に砂粒が付いているぐらいで、他には何も付けていない。そのため、Barren Carrier Shell（殺風景なクマサカガイ）という英語名がつけられている。大多数のクマサカガイ類は殻に異物を付けるが、キヌガサガイなど、なかにはそうしない種もいる。殻に付いた異物は、殻を目立たなくしたり、殻の強度を増したり、殻の径を大きくすることで海底の細かい泥の中で殻を安定させるのに役立つ。本種は活発に動き、足を海底に差し込んでから殻をぐいっと前方に動かすことで、跳ぶように素早く動くことができる。

実物大

近縁種

アメリカ合衆国ノースカロライナ州からブラジルにかけて生息するアメリカキヌガサガイ *Onustus longleyi* (Bartsch, 1931) は、クマサカガイ科の大多数の貝と違って厚い殻をもつ。殻には異物を全く付けていないか、少し付けているだけで、たいてい二枚貝か巻貝の殻、あるいはその破片を付けている。対照的に、ノースカロライナ州からブラジルにかけての大西洋沿岸とカリブ海に分布するメリケンクマサカガイ *Xenophora conchyliophora* (Born, 1780) の殻は、大部分が異物で覆われている。

キヌガサガイの殻は大きくて厚く、光沢がある。螺塔が低く、殻形は幅広い円錐形。殻表には殻も小石も付いていないが、殻頂付近に砂粒がいくらか付いていることがある。螺層の周縁が不規則に波打つか、螺層の周縁に沿って放射状の短い突起が並ぶ。殻表には斜めになった縦肋が並び、それらと直角に交わる多数の細い波打った肋がある。殻の色はクリーム色または明るい褐色。

科	クマサカガイ科　Xenophoridae
貝殻の大きさ	25 ～ 77mm
地理的分布	合衆国ノースカロライナ州からブラジルにかけての大西洋沿岸およびカリブ海
存在量	少産
生息深度	潮間帯から水深 100m
生息場所	砂底や礫底
食性	植食者で糸状藻類を食べる
蓋	角質で形は変異に富む

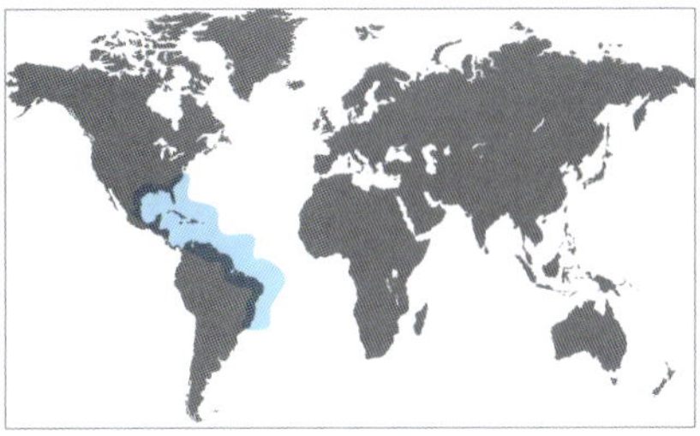

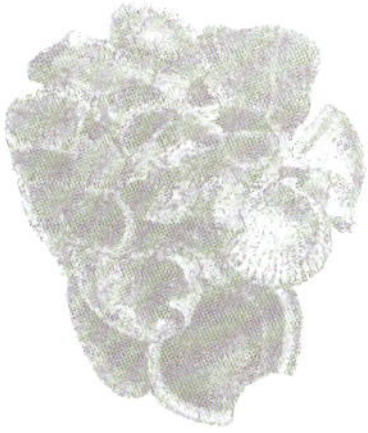

貝殻の大きさ
25 ～ 77mm

写真の貝殻
77mm

Xenophora conchyliophora (Born, 1780)

メリケンクマサカガイ

ATLANTIC CARRIER SHELL

メリケンクマサカガイは、興味深い巻貝で、生まれながらの「貝殻収集家」である。貝殻や小石、砂粒などの異物を自身の殻の上に接着するため、英語では Carrier Shell（運搬する貝）と呼ばれる。吻と触角の基部で異物を集めて自分の殻の上に運ぶ。そして、殻をきれいにしたら、外套からの分泌物を利用して運んできた異物をそこに接着する。二枚貝類の殻や殻片は、殻の内面が上を向くように接着し、巻貝の場合はたいてい殻口が上に向くように接着する。貝はこの作業を 1 時間半ほどかけて完了し、その後、新しく接着したものがしっかりくっつくように、長い時は 10 時間もじっとしている。

近縁種

アメリカ合衆国フロリダ州からブラジル南部にかけて分布するカリブキヌガサガイ *Onustus caribaeus* (Petit, 1857) は、大きな独楽形の殻をもち、メリケンクマサカガイと違って殻に異物を少ししか付けていない。インド太平洋産のカジトリグルマガイ *Stellaria solaris* (Linnaeus, 1764) は、長い中空の棘が各螺層の周縁に 17 ～ 19 本ほど並んだ大きな殻をもつ。この貝は異物を付けていないことが多いが、付けていても殻頂部の初期の螺層にしか付けていない。

メリケンクマサカガイの殻は中型で薄く、幅広い円錐形で螺塔は低い。殻の背面は大部分が貝殻や小石、殻の破片などの異物で覆われている。異物には殻縁に接着されているものもあり、それらは殻縁から大きくはみ出している。殻底には異物は付けず、その表面には斜めになった放射状彫刻があり、明るい褐色とより濃い褐色の色帯も見られる。

実物大

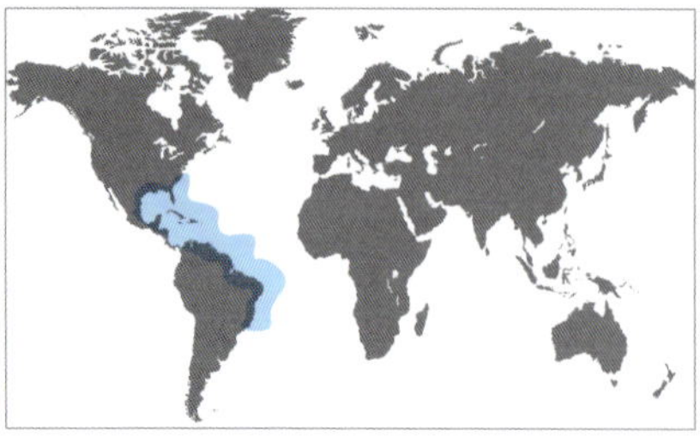

科	クマサカガイ科　Xenophoridae
貝殻の大きさ	44 ～ 100mm
地理的分布	合衆国フロリダ州からブラジル南部にかけての大西洋沿岸およびカリブ海
存在量	ふつう
生息深度	水深 20 ～ 640m
生息場所	砂底や泥底
食性	デトリタス食者
蓋	角質で薄く卵形

貝殻の大きさ
44 ～ 100mm

写真の貝殻
93mm

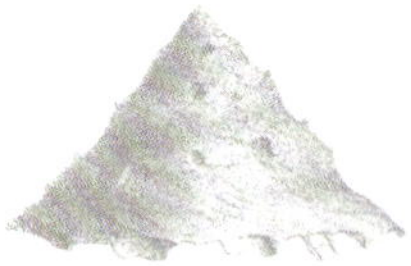

Onustus caribaeus (Petit, 1857)

カリブキヌガサガイ

CARIBBEAN CARRIER SHELL

実物大

カリブキヌガサガイの殻はクマサカガイ科にしては大きく、薄くてもろく、幅広い円錐形。螺塔は比較的高く、横から見ると殻頂は約 85° の角度をなし、殻周縁にスカート状に張り出した部分が縫合を覆い隠す。殻の背面には斜めになった螺糸が見られる。スカート状の張り出し部の下側は滑らかで、殻底には縦の成長線が並び、縁に螺状の膨らみがある。外唇は薄く、波状に曲がる。殻底に深い臍孔がある。殻の背面は淡い黄色で、底面はクリーム色、スカート状の張り出し部の下面は白い。

カリブキヌガサガイは、アメリカ合衆国フロリダ州からカリブ海、そしてブラジル南部まで、広い緯度範囲に分布している。やや深い所から深海にかけての砂底や泥底に棲む。殻の周縁に広く張り出した「スカート」の部分に異物、たいていは貝殻を少しだけ付けている。このスカートのように張り出した縁のおかげで、本種の殻は実際の殻径の 2 倍ほどの大きさがあるように見える。その部分は海底の砂や泥などの軟らかい堆積物中に殻を固定するのを助け、捕食者の攻撃から貝を守るのにも役立つ。異物をわずかしか付けていないクマサカガイ類はたいてい軟質底に棲んでいる。そのような場所では、殻に大きな異物を付けていると余計に目立ってしまうだろう。

近縁種

インド西太平洋産のタイワンキヌガサガイ *Onustus indicus* (Gmelin, 1791) の殻は、大きさや形がカリブキヌガサガイの殻に似るが、殻表に付けている異物はもっと少なく、ふつう殻頂部の初期の螺層にしか付けていない。この貝の殻にもカリブキヌガサガイ同様、スカート状の広い張り出しと臍孔がある。アメリカ合衆国ノースカロライナ州からブラジル北東部にかけての大西洋とカリブ海に生息するメリケンクマサカガイ *Xenophora conchyliophora* (Born, 1780) は、より小さな殻をもち、殻の上に多くの異物、たいていは丸ごとの貝殻や小石を付けている。この殻には臍孔もスカート状の張り出しもない。

科	クマサカガイ科　Xenophoridae
貝殻の大きさ	59 ～ 135mm
地理的分布	インド西太平洋熱帯域
存在量	ふつう
生息深度	潮下帯浅部から水深 250m
生息場所	砂底や泥底
食性	デトリタス食者
蓋	角質で卵形

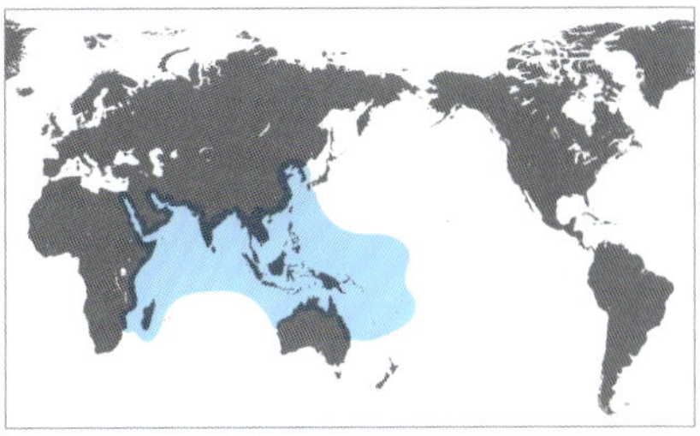

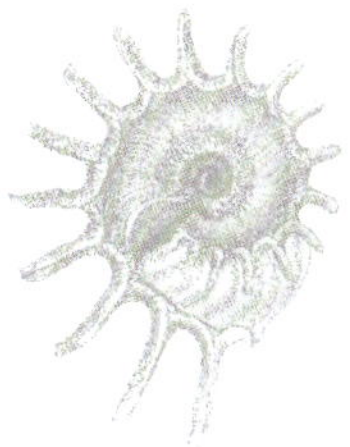

貝殻の大きさ
59 ～ 135mm

写真の貝殻
100mm

Stellaria solaris (Linnaeus, 1764)

カジトリグルマガイ

SUNBURST CARRIER SHELL

カジトリグルマガイは、螺層の周縁から突き出る長い放射状の棘をもつため、クマサカガイ科の中でも最も特徴的な貝である。それらの棘は下向きに伸び、殻を底質から持ち上げている。殻表には、殻頂部の初期の螺層にのみ小さな異物が付いている。他のクマサカガイ類と同様、本種も筋肉質の足を使って殻を持ち上げてから、殻径の半分ほど殻を前方にぐいと押し出して動く。エビのトロール漁でよく得られ、殻が貝細工に利用されている。

カジトリグルマガイの殻は大きく、薄くて軽く、幅広い円錐形で、螺塔が低い。際立った特徴は、車輪のスポークのように放射状に突き出た長い中空の棘が殻の周縁にあることである。初期の螺層から突き出た棘の端は、その次の螺層にくっつかない。殻の背面には斜めの細い肋があり、底面には斜めになった放射状の強い肋がある。殻の色は明るい褐色。

近縁種

インド太平洋の熱帯域に生息するダイオウキヌガサガイ *Stellaria gigantea* (Schepman, 1909) は、クマサカガイ科の最大種で、殻の螺塔はやや高く、たいてい螺層の周縁部のみにわずかな異物を付けている。インド西太平洋産のキヌガサガイ *Onustus exutus* (Reeve, 1842) は、殻頂付近の殻表にいくらか砂粒が付いているだけで、とくに異物を付けていない。

実物大

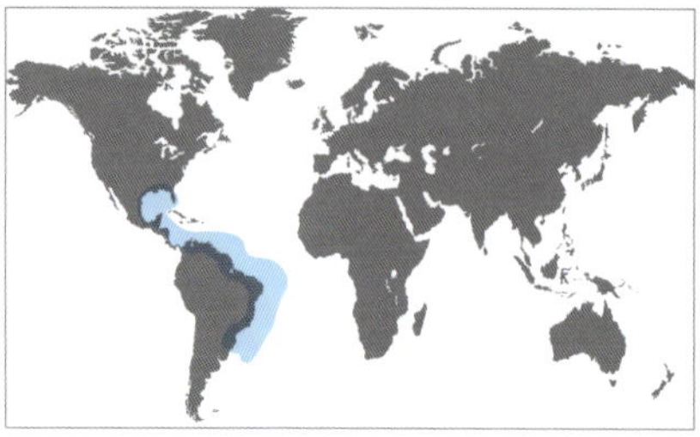

科	ムカデガイ科　Vermetidae
貝殻の大きさ	50 〜 200mm
地理的分布	合衆国フロリダ州からブラジル南部にかけて
存在量	ふつう
生息深度	潮間帯から水深 10m
生息場所	硬い基質に殻を接着
食性	濾過食者
蓋	角質

貝殻の大きさ
50 〜 200mm

集団の写真
315mm

個々の貝殻
最大 183mm

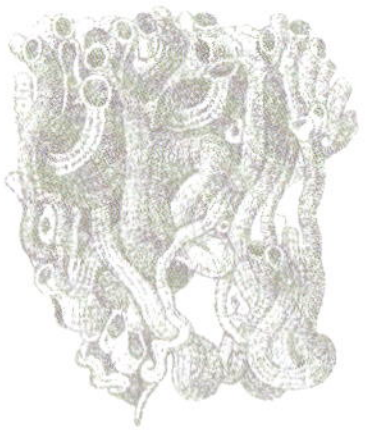

Petaloconchus varians (d'Orbigny, 1839)

ホソヘビガイ

VARIABLE WORM SNAIL

実物大

ホソヘビガイは、多くの個体が密集して、硬い基質に殻を接着して暮らしている。胎殻の最初の数層だけ螺管が巻いているが、成貝の殻は管状で巻いていない。幼貝は這い回って、その後の生活に適した基質を探し、それが見つかると定着して殻をそこに完全に接着する。多くのムカデガイ類の殻は、カンザシゴカイ類の棲管に似ており、これら 2 つのグループは何度も混同されてきた。ムカデガイ類の殻は 3 層構造になっているが、カンザシゴカイ類の棲管は 2 層構造である。

近縁種

メキシコ西部からペルーにかけて生息する *Petaloconchus innumerabilis* Pilsbry and Olsson, 1935 は、ゆるく巻いた殻をもち、非常に密に集まったコロニーを形成する。メキシコ西部に産する *Serpulorbis oryzata* (Mörch, 1862) は、ホソヘビガイと違ってコロニーをつくらず、殻の外面は皺が寄っていて、ざらざらしている。

ホソヘビガイの殻は小さく、管状。何百あるいは何千もの貝が互いに接着して大きな集団をなして成長し、多数の殻の密集した丸い塊を形成する。個々の殻の細部を観察するのは難しいが、殻は不定形で、殻口は丸い。殻の色は白っぽいものから淡褐色のものまである。

科	ムカデガイ科　Vermetidae
貝殻の大きさ	50 ～ 470mm
地理的分布	メキシコ西部に固有
存在量	ふつう
生息深度	潮間帯から水深 40m
生息場所	硬い基質に殻を接着
食性	濾過食者
蓋	ない

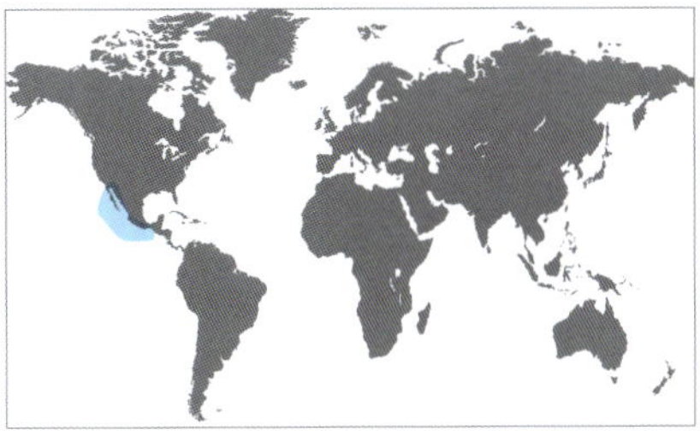

貝殻の大きさ
50 ～ 470mm

写真の貝殻
259mm

Serpulorbis oryzata（Mörch, 1862）

オオヘビガイの仲間

RICE WORM SNAIL

本種は、ムカデガイ科の最大種の1つである。大多数の個体は250mm ほどに成長するが、なかには 470mm 以上になるものもいる。初期の螺層はゆるく巻いていて硬い基質に接着しているが、成貝の殻の大部分は基質から離れており、大きく湾曲していたりほとんどまっすぐだったりする。雄は精子を精莢（せいきょう）に詰めて放出し、雌は卵を外套腔で稚貝になるまで保育する。本種は、大きく伸長性のある色鮮やかな足をもつ。ムカデガイ類の中には、ホソヘビガイ（下記参照）のようにコロニーを形成するものもいるが、本種のように単独で生活するものもいる。

Serpulorbis oryzata **の殻は大きく、表面に皺が寄っていて、管状。初期の螺層はゆるく巻くが、殻の大部分は巻いておらず、大きく湾曲しているか、ほとんどまっすぐである。胎殻はたいてい摩滅しているか破損している。殻表には多くの環状の皺があり、ざらざらしている。殻口は円形で、大きなものでは直径 15mm ほどになる。外唇は薄い。殻の色はクリーム色または小麦色。**

近縁種

アメリカ合衆国フロリダ州からブラジルにかけて生息する *Petaloconchus erectus*（Dall, 1888）は、小さな殻をもち、コロニーをつくらない。殻は、初期の螺層が巻いていて硬い基質に接着しているが、最後の部分は巻かず、直立する。ホソヘビガイ *Petaloconchus varians*（d'Orbigny, 1839）は細い管状の殻をもち、たいてい何百あるいは何千という多数の個体が密集した大きなコロニーを形成する。

実物大

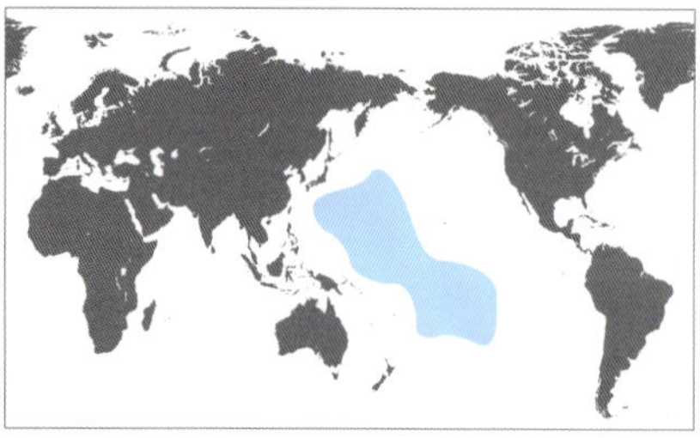

科	タカラガイ科　Cypraeidae
貝殻の大きさ	7 ～ 20mm
地理的分布	マリアナ諸島からソシエテ諸島にかけて
存在量	少産
生息深度	潮下帯浅部から水深 12m
生息場所	サンゴ礫底
食性	グレーザーで、藻類を食べる
蓋	ない

貝殻の大きさ
7 ～ 20mm

写真の貝殻
13mm

Cypraea goodalli Sowerby I, 1832

マリアナダカラガイ

GOODALL'S COWRIE

マリアナダカラガイは、タカラガイ類の中で最も小さい貝の 1 つである。本種の殻の背面にはオレンジがかった褐色の斑紋があり、この特徴によって類似種と区別できる。浅海のサンゴ礫底で見つかることが多い。軟体部は白く、わずかに黄みを帯びる。外套膜は薄く、枝分かれした微小な突起を多数備える。タカラガイ類は世界で約 250 種が知られ、インド太平洋の熱帯域で最も多様性が高い。

近縁種

モーリシャス近海に生息するオーウェンダカラガイ *Cypraea owenii* Sowerby II, 1837 は、殻縁に細かい斑点をもつ。インド西太平洋に産するスソヨツメダカラガイ *Cypraea stolida* Linnaeus, 1758 は、殻の模様が変異に富むが、背面中央に長方形の褐色斑があり、それが側面の 4 つの斑紋とつながっていることが多い。西太平洋産のホンサバダカラガイ *Cypraea ursellus* Gmelin, 1791 は、マリアナダカラガイに似た殻をもつが、ホンサバダカラガイの殻には両端に黒っぽい斑点が 2 つずつ見られる。

実物大

マリアナダカラガイの殻は小さく、軽く、細長い卵形。成貝では螺塔が露出せず、隠れた螺塔の周囲が平たくなっている。前溝も後溝も細い。殻口は狭くて長い。殻口部に並ぶ歯は、外唇上のもののほうが軸唇側のものより長い。外唇は厚く、外唇側の殻の側面に浅い溝が走る。殻は白く、背面にはオレンジがかった褐色の大きな斑紋があり、殻縁部には微細な褐色斑点が散在する。

科	タカラガイ科　Cypraeidae
貝殻の大きさ	8 〜 24mm
地理的分布	紅海からインド太平洋にかけて
存在量	ふつう
生息深度	水深 4 〜 30m
生息場所	サンゴ礁の割れ目
食性	グレーザーで、藻類を食べる
蓋	ない

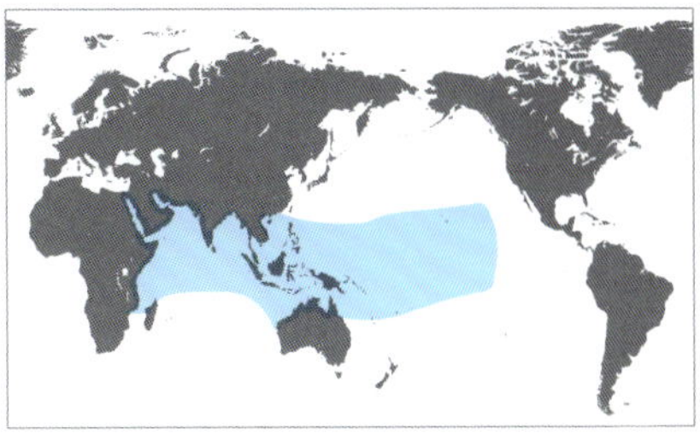

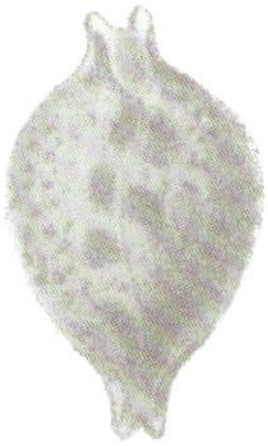

貝殻の大きさ
8 〜 24mm

写真の貝殻
18mm

Cypraea cicercula Linnaeus, 1758

チドリダカラガイ

CHICKPEA COWRIE

チドリダカラガイは、小型のタカラガイで、広範囲に分布する普通種である。たいてい浅海で見つかる。大多数のタカラガイは滑らかな殻をもつが、本種の殻表には小さな顆粒が散在する。最近までタカラガイ類（だけでなく、軟体動物全体にそうであったが）は、おもに貝殻と歯舌の特徴に基づいて分類されていたが、最近では分子遺伝学的手法を用いた研究がよく行われるようになった。最近行われたタカラガイ科に関する包括的な分子系統学的研究により、本種は、テツアキチドリダカラガイ *Cypraea margarita* Dillwyn, 1817 と姉妹種であることが確かめられている。

近縁種

ハワイおよびマーシャル諸島に生息する亜種の *Cypraea cicercula takahashii*（Moretzsohn, 2007）は、殻表の滑らかな殻をもつ。西太平洋および中部太平洋に産するコゲチドリダカラガイ *Cypraea bistrinotata* Schilder and Schilder, 1937 の殻には、背面と腹面に斑紋がある。この貝には、殻表に顆粒の散在するものも、殻表の滑らかなものもいる。

実物大

チドリダカラガイの殻は小さく、軽く、球状に膨れる。殻の両端は嘴状に突出し、細く、先端が尖る。螺塔は成貝では露出しないが、螺塔のある殻頂部に褐色の斑点がある。殻口部に並ぶ歯は長く、殻の側面まで達することもある。地理的分布域のほとんど全域に渡り、本種の殻の背面にはたいてい１本の溝と多数の顆粒があるが、ハワイでは、大多数は殻表が滑らかで（このページに示した写真のように）、顆粒が散在するものは稀である。殻の色はクリーム色または淡褐色。

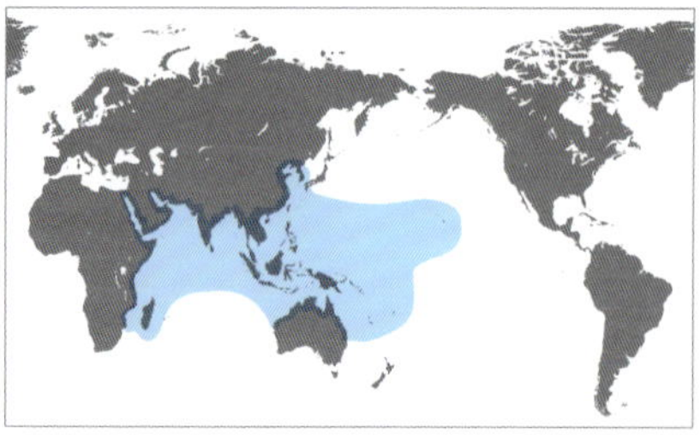

科	タカラガイ科　Cypraeidae
貝殻の大きさ	11 〜 31mm
地理的分布	インド太平洋
存在量	ふつう
生息深度	潮間帯から水深 25m
生息場所	サンゴや礫の下
食性	グレーザーで、藻類を食べる
蓋	ない

貝殻の大きさ
11 〜 31mm

写真の貝殻
22mm

Cypraea nucleus Linnaeus, 1758

イボダカラガイ

NUCLEUS COWRIE

イボダカラガイは、タカラガイ類にしては珍しく表面にぶつぶつのある殻をもつ。大多数のタカラガイ類の殻は表面が滑らかで艶があるが、イボダカラガイの殻の背面は多数の丸い疣(いぼ)で覆われ、腹面には殻口に直角に腹面を横断する細い襞が並ぶ。外套膜から色素が分泌されて殻背面に斑点模様がつけられる他のタカラガイ類と異なり、本種は、外套膜から貝殻物質が分泌されるため、殻背面に立体的な斑点、すなわち疣が形成される。本種の軟体部にはタカラガイ類の中でも最大級の長さの突起が並んでおり、突起を最大限に伸ばすとウニのように見える。

近縁種

イボダカラガイに近縁なスッポンダカラガイ *Cypraea granulata* Pease, 1862 は、ハワイ諸島の固有種で、両端が尖らない、幅広い卵形の殻をもつ。この貝の殻の背面も疣に覆われる。

イボダカラガイの殻はタカラガイ類の中では中型で、硬く、球状に膨らみ輪郭は卵形。殻の前端と後端が伸びて、細い。殻の背面は多くの疣で覆われ、ときに疣は殻を横切る細い襞によってつながれる。殻の腹側は膨らみ、表面には殻を横切る細い襞が並ぶ。殻表、とくに疣と疣の間は光沢があり、殻の色は小麦色で、両端は白い。

実物大

科	タカラガイ科　Cypraeidae
貝殻の大きさ	10 〜 44mm
地理的分布	アフリカ東海岸から中部太平洋にかけて
存在量	多産
生息深度	潮下帯浅部
生息場所	サンゴ礁周辺の潮溜まりや岩
食性	グレーザーで、藻類を食べる
蓋	ない

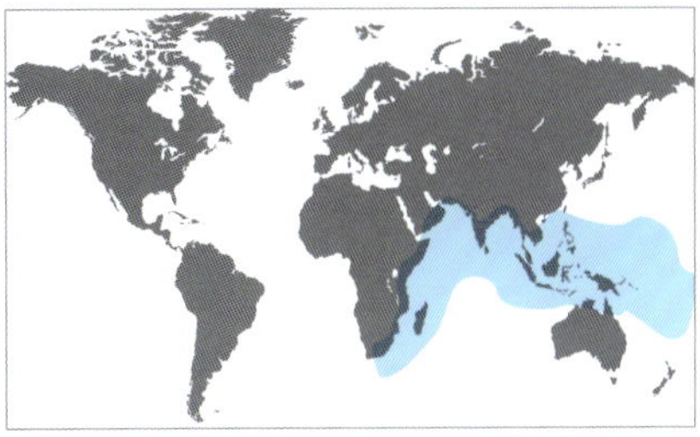

貝殻の大きさ
10 〜 44mm

写真の貝殻
20mm

Cypraea moneta Linnaeus, 1758

キイロダカラガイ

MONEY COWRIE

キイロダカラガイは、タカラガイ類の中で最も多産し、最も広範囲に分布する。アフリカ東岸、紅海、そしてパナマ沖のココ島までインド洋および太平洋の熱帯域全域に生息している。殻は、アフリカ東岸および太平洋の多くの島々で原住民の通貨として利用されていたため、「お金」を意味する *moneta* という種小名がつけられている。現在は、装飾品やアクセサリーに殻が利用されている。外套膜に黒と黄色の縞模様があり、印象的な軟体部をもつ。大多数の巻貝類と異なり、タカラガイ類は成熟すると殻口唇が厚くなり、殻はそれ以上大きくならない。ただし、その後も滑層が厚くなり、殻の厚みが増すことはある。

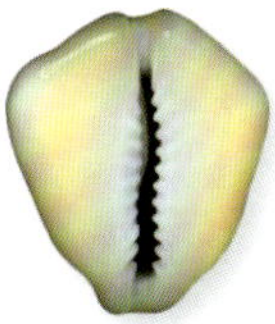

実物大

近縁種

インド西太平洋に生息するハナビラダカラガイ *Cypraea annulus* Linnaeus, 1758 は、殻の背面が緑がかった黄色で、鮮やかな黄色またはオレンジの環が入っている。フランス領ポリネシアに産するビャクレンダカラガイ *Cypraea obvelata* Lamarck, 1810 は、ハナビラダカラガイに似た小さな殻をもつが、殻側面の滑層が非常に厚く、背面にくぼみがあることでハナビラダカラガイと区別できる。

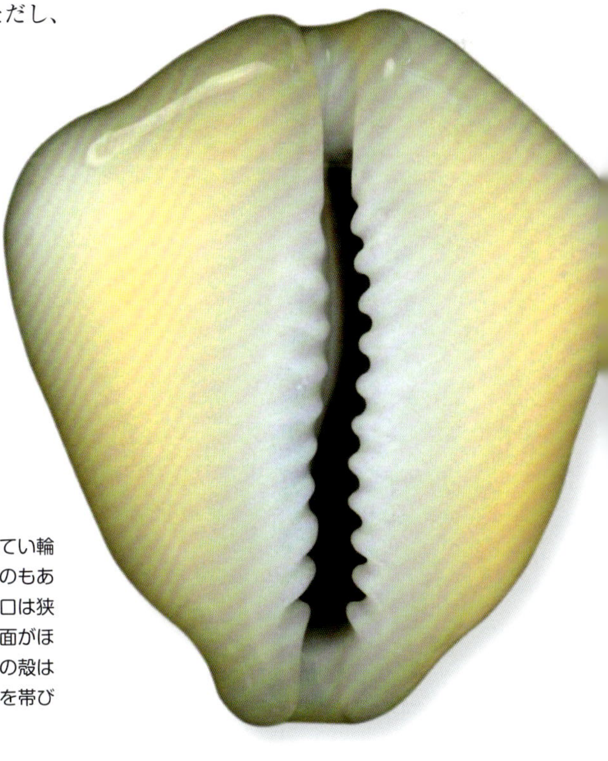

キイロダカラガイの殻は小さく頑丈で、形態は変異に富む。殻はたいてい輪郭が卵形で背腹に扁圧されているが、滑層が発達していて角張ったものもある。稀に、殻の両端が嘴状に尖るものもある。殻の腹面は平たい。殻口は狭くて長く、殻口唇には数は少ないが強い歯が並ぶ。大多数の殻は、背面がほのかに黄色に染まり、そこに３本の灰色っぽい色帯が入る。濃い黄色の殻は稀である。殻の側面や腹面、そして殻口唇の歯は白またはやや黄色みを帯びた白で、殻の内面は紫がかる。

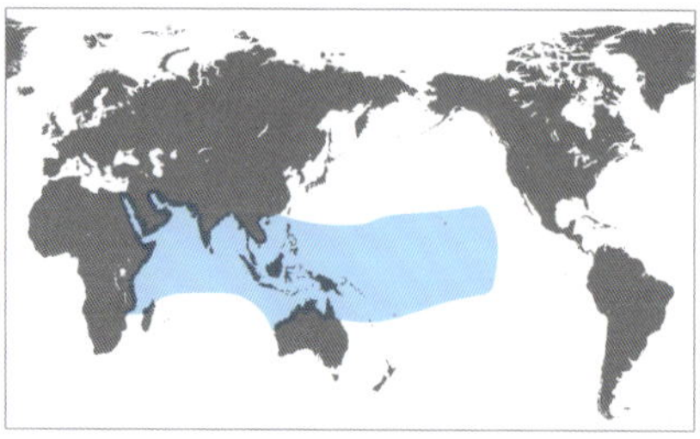

科	タカラガイ科　Cypraeidae
貝殻の大きさ	10 〜 43mm
地理的分布	紅海およびインド洋から中部太平洋にかけて
存在量	ふつう
生息深度	潮下帯浅部から水深 30m
生息場所	オレンジや赤のカイメン上やその周辺
食性	グレーザーで、藻類を食べ、ときにカイメンも食べる
蓋	ない

貝殻の大きさ
10 〜 43mm

写真の貝殻
36mm

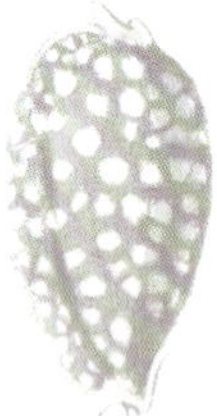

Cypraea cribraria Linnaeus, 1758

カノコダカラガイ

SIEVE COWRIE

カノコダカラガイは、大きさや色が変異に富み、類似種の中では最もふつうに見られ、最も広範囲に分布する。本種に類似した種はすべて、それらが生息場所としているカイメンの色によく溶け込む赤またはオレンジの外套膜をもつ。成貝では、外套膜がオレンジから褐色の色素層を分泌するので殻がその色になる。しかし外套膜の突起の下は色素層が分泌されないため、その部分は色が丸く抜けて、色素層の下の幼貝時の白い殻が見えている。カノコダカラガイを記載したリンネは、ラテン語で「篩（ふるい）」を意味する *cribraria* という、ぴったりの種小名を本種につけている。

近縁種

東部ポリネシアに生息するカミングダカラガイ *Cypraea cumingii* Sowerby I, 1832 は、小型の細長い殻をもち、背面の円形の斑紋の周りに褐色の細い環がある。ハワイ固有種のガスコインダカラガイ *Cypraea gaskoinii* Reeve, 1846 は、背面がオレンジがかった褐色で、側面に黒い斑点のある、球状に膨らんだ殻をもつ。オーストラリア南東部に棲む *Cypraea gravida* (Moretzsohn, 2002) は、背面の斑紋が楕円形である。

実物大

カノコダカラガイの殻は光沢があり、楕円形で、大きさや色、形が変異に富む。殻頂はへこみ、しばしば滑層に覆われる。殻の両端はわずかに伸びて嘴状になり、前溝は上方に曲がる。殻口部に並ぶ歯は外唇のもののほうが軸唇のものより太い。殻口は長くて狭く、湾曲する。殻の背面は赤褐色で、円形の白斑が散在するが、側面と両端、そして腹面は白い。スリランカ産のものには側面に斑点がよく見られるが、他の所では側面に斑点のある殻をもつものは珍しい。

科	タカラガイ科 Cypraeidae
貝殻の大きさ	15 ～ 46mm
地理的分布	インド西太平洋熱帯域
存在量	少産
生息深度	水深 3 ～ 30m
生息場所	サンゴ礁のサンゴや石の下
食性	グレーザーで、藻類を食べる
蓋	ない

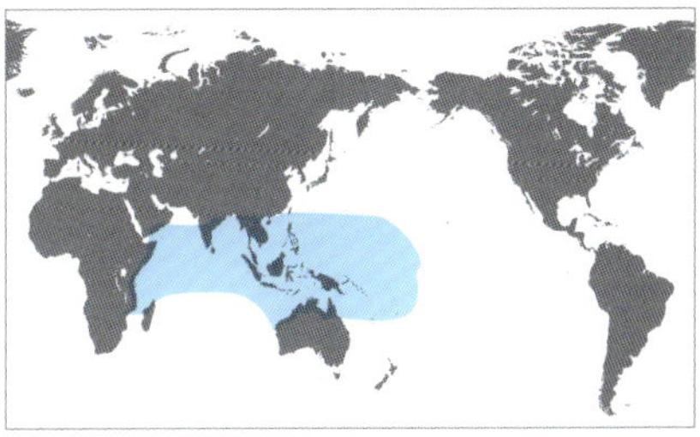

貝殻の大きさ
15 ～ 46mm

写真の貝殻
41mm

Cypraea stolida Linnaeus, 1758

スソヨツメダカラガイ

STOLID COWRIE

タカラガイ類にはニューカレドニアで黒色化が起きているものが知られるが、スソヨツメダカラガイはそのうちの 1 種である。黒色化は外套膜から大量のメラニンが分泌されるため、殻の色が通常よりずっと濃くなる現象である。また、このページに示した写真のように、通常の変異の範囲を超えて両端が伸長し嘴状になるものもいる。このような両端が嘴状になった殻をもつものはニューカレドニアの中でも、海水中に重金属、とくにニッケルが豊富に含まれる 1 つの湾で非常によく見られ、そこでは両端が嘴状になった殻をもつものと典型的な殻をもつものが混在している。両端が嘴状になった上に黒色化も起きているものは数が少なく、そのような殻は収集家に人気が高い。

近縁種

マリアナ諸島からソシエテ諸島にかけて生息するマリアナダカラガイ *Cypraea goodalli* Sowerby I, 1832 は、細長い卵形の小さな殻をもち、殻の背面に明るい褐色の斑紋がある。インド洋から中部太平洋に分布するホンサバダカラガイ *Cypraea ursellus* Gmelin, 1791 の殻には両端に 2 つずつ濃褐色の斑点があり、背面にはそれらより色の薄い斑紋がある。

スソヨツメダカラガイの殻は中型で膨らみ、輪郭は卵形。両端はわずかに肥厚し、背面に大きな四角張った明るい褐色の斑紋がある。殻口の周りに並ぶ歯は長く、腹面の幅の半分以上に達する。黒色化した殻の背面は、通常より少し濃い褐色から非常に濃い褐色、さらに黒色のものまでさまざま。両端が嘴状になった殻をもつものでは、両端が伸長し、かつ肥厚しており、極端な場合には、このページに示した殻のように前溝も後溝も上方に曲がる。

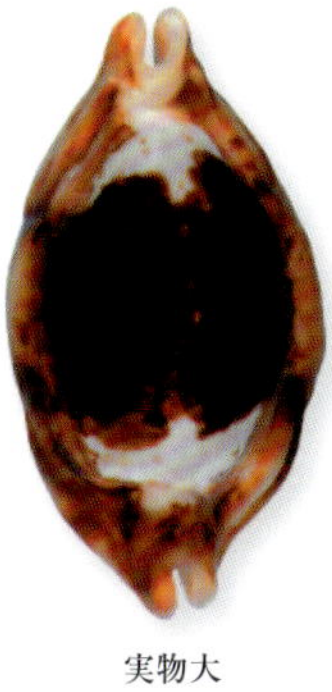

実物大

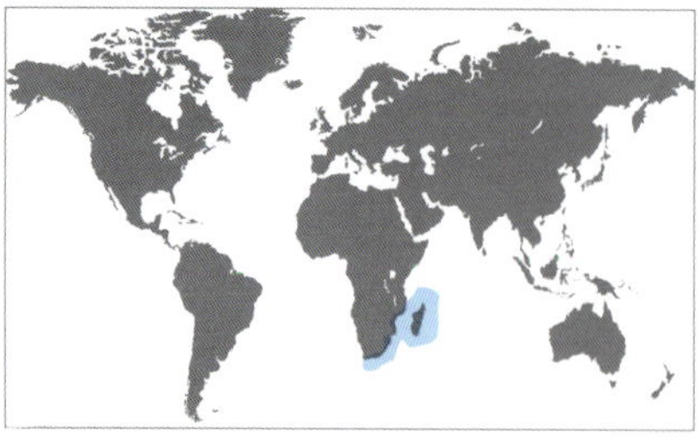

科	タカラガイ科　Cypraeidae
貝殻の大きさ	50 ～ 80mm
地理的分布	アフリカ南東部
存在量	かつては希少
生息深度	水深 60 ～ 250m
生息場所	不明
食性	カイメン食
蓋	ない

貝殻の大きさ
50 ～ 80mm

写真の貝殻
65mm

Cypraea fultoni Sowerby III, 1903

リュウグウダカラガイ

FULTON'S COWRIE

リュウグウダカラガイは、深所に棲むタカラガイで、最近まで貝類を食べる大型の魚の胃袋からたまに見つかるだけであった。民間のトロール漁船によって生きた貝が引き上げられるようになってから、まだ数十年しかたっていない。すべての軟体動物の殻は外套膜によって分泌されるが、タカラガイ類ではさらに外套膜が殻全体を包んでいる。タカラガイ類では成熟すると殻はそれ以上大きくならないが、成熟後も外套膜は色素層や色素のない層を分泌し続け、殻の背面に塗り重ねていく。リュウグウダカラガイなどいくつかの種では、色素層と半透明の層の両方が分泌されるため、殻の背面に立体的で複雑な色模様が現れる。

実物大

リュウグウダカラガイの殻は中型で重く、卵形に近い洋梨形。殻の形や色は変異に富み、同じような殻が2つとない。殻の背面は膨らみ、腹面は平たくてわずかに膨らむのみ。殻口は長くわずかに湾曲し、殻口に沿って並ぶ歯は太い。殻の背面は淡褐色で、不規則な濃褐色の立体的模様があり、側面には褐色斑点が並ぶ。腹面の色はベージュ。

近縁種

紅海およびオマーン湾に産するウラシマダカラガイ *Cypraea teulerei* Cazanavette, 1846 は、後端が広く、殻口に歯がほとんどない幅広の殻をもつ。リュウグウダカラガイに非常に近縁な種と考えられるタカラガイの中では唯一の現生種で、他の近縁種は化石種である。ウラシマダカラガイに次いで近縁と考えられる現生種は、コロンビアのカリブ海沿岸およびベネズエラに生息するネズミダカラガイ *Cypraea mus* Linnaeus, 1758 である。この貝は、ウラシマダカラガイにいくぶん似た殻をもつが、ウラシマダカラガイと異なり、殻口部に歯がある。

科	タカラガイ科　Cypraeidae
貝殻の大きさ	46 〜 110mm
地理的分布	アフリカ東岸から中部太平洋にかけて
存在量	ふつう
生息深度	水深 1 〜 10m
生息場所	サンゴ礁周辺の岩の割れ目など
食性	グレーザーで、藻類を食べる
蓋	ない

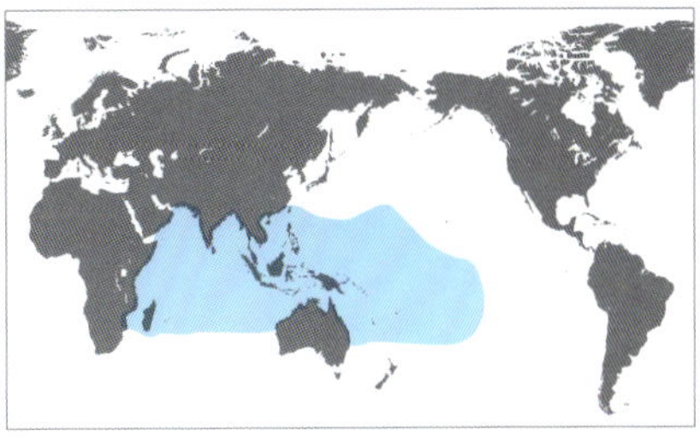

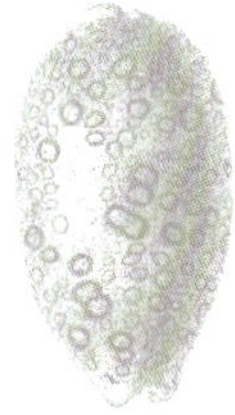

貝殻の大きさ
46 〜 110mm

写真の貝殻
70mm

Cypraea argus Linnaeus, 1758

ジャノメダカラダイ

EYED COWRIE

ジャノメダカラガイは、タカラガイ類の中でも最も特徴のある貝の 1 つで、殻の背面に輪紋あるいは眼紋が散在するため他種と間違えることがない。殻の大きさや背面の眼紋の数にはかなりの変異がある。種小名の *argus* は、ギリシャ神話に登場する巨人、アルゴス（Argus）に由来する。アルゴスは 100 の眼をもっていたと言われ、見えない所のない番人で、牝牛に姿を変えられたニンフ、イオの見張りであった。ジャノメダカラガイの軟体部は濃褐色で、外套膜は薄く、殻の模様が透けて見える。外套膜は枝分かれした長い灰褐色の突起で覆われる。

実物大

近縁種

インド洋東部から西太平洋にかけて分布するオウサマダカラガイ *Cypraea leucodon* Broderip, 1828 は、殻口部に太い歯が並び、背面に大きな円形斑が散在する殻をもつ。ナンヨウダカラガイ *Cypraea aurantium* Gmelin, 1791 は、太平洋の南西部から中部に生息し、濃いオレンジの大きな殻をもち、アサヤケダカラガイ *Cypraea porteri* Cate, 1966 は、フィリピンからオーストラリア北西部にかけて分布し、腹面がオレンジで背面に斑点模様のある中型の殻をもつ。

ジャノメダカラガイの殻は大きくて重く、細長く円筒形。殻の両側は互いにほぼ平行である。殻口は長くて狭く、その両側に並ぶ歯は細くて長い。殻頂部は平たく、部分的に厚い滑層に覆われる。殻の地色はベージュで、背面には地色より濃い色帯が 3、4 本入り、さまざまな太さの輪紋が散在する。腹面には濃褐色の斑紋が 4 つある。

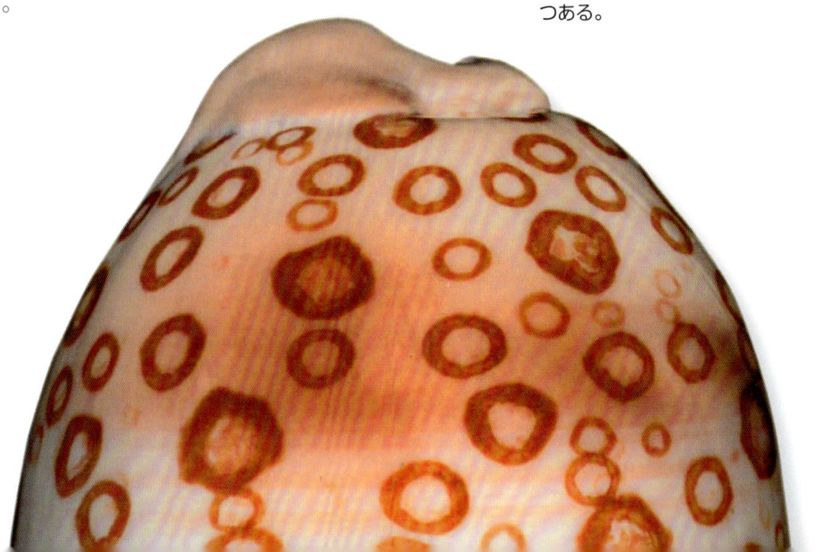

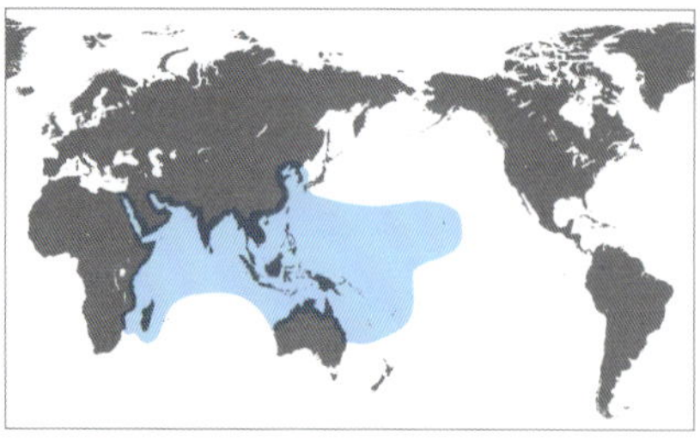

科	タカラガイ科　Cypraeidae
貝殻の大きさ	50 〜 100mm
地理的分布	インド西太平洋
存在量	ふつう
生息深度	水深 5 〜 35m
生息場所	サンゴ礁のサンゴや石の下
食性	グレーザーで、藻類を食べる
蓋	ない

貝殻の大きさ
50 〜 100mm

写真の貝殻
72mm

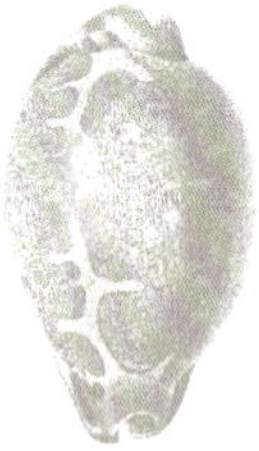

Cypraea mappa Linnaeus, 1758

ハラダカラガイ

MAP COWRIE

ハラダカラガイは、殻の背面の模様が使い古されたぼろぼろの地図を彷彿させるため、*mappa*（地図）という、ぴったりの種小名が与えられている。タカラガイ類の殻は生時は外套膜に覆われているため光沢があり、殻の背面で左右の外套膜が出会う所には、他の部分と違う色が付いていることが多く、たいていそこに、まっすぐかわずかに曲がった細い線が入る。ハラダカラガイでは、この殻背面の線が太く曲がりくねり、ときに蛇行した川の流れのように見える。

近縁種

ホシダカラガイ *Cypraea tigris* Linnaeus, 1758 は、インド太平洋に広く分布する貝で多産し、大きさや形、色が変異に富む美しい殻をもつ。別のインド太平洋産種のハチジョウダカラガイ *Cypraea mauritiana* Linnaeus, 1758 は、背部が丸く盛り上がった大きくて重い殻をもつ。この貝の殻の背面はチョコレート色で、それより淡い褐色の円形斑が散在する。

実物大

ハラダカラガイの殻はタカラガイ科にしては大きく、膨らんで背部が盛り上がり、輪郭は卵形。殻の両端は太く、縁が滑層で覆われる。殻口は狭くて長い。殻口部に並ぶ歯は腹面上に長く伸びず、ときにオレンジに染まる。殻の背面は淡褐色で、オレンジがかった褐色の線や編目模様が入り、それらより色の薄い円形斑が散在する。殻の腹面と両端はクリーム色。背面の外套膜が合う所には、縁が褐色で、曲がりくねった小麦色の太い線が入っている。

科	タカラガイ科　Cypraeidae
貝殻の大きさ	40 〜 78mm
地理的分布	インド洋東部および西太平洋
存在量	少産
生息深度	水深 50 〜 360m
生息場所	砂底や礫底
食性	グレーザーで、藻類を食べる
蓋	ない

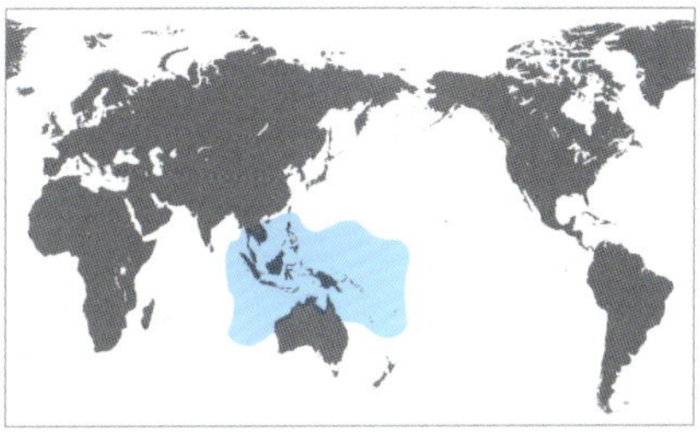

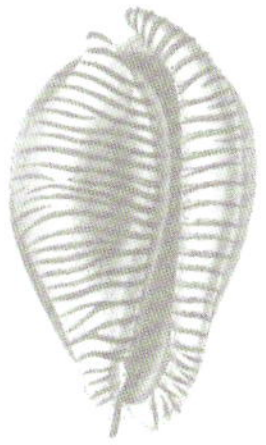

貝殻の大きさ
40 〜 78mm

写真の貝殻
78mm

Cypraea guttata Gmelin, 1791

クロユリダカラガイ

GREAT SPOTTED COWRIE

クロユリダカラガイは、殻の形や色が変異に富むが、背面に特徴的な模様があり、腹面には襞が並ぶことで容易に識別できる。触られたりしなければ、生きた貝では不透明な外套膜に殻が覆われ、模様は見えない。外套膜の突起には長くて枝分かれしたものと短い疣状のものの 2 種類がある。本種はインド西太平洋の熱帯域の深所の砂底や礫底に棲む。

近縁種

インド洋に産するラマルクダカラガイ *Cypraea lamarckii* Gray, 1825 は、背面に小さな斑点が散在し、腹面に襞のない殻をもつ。インド太平洋に生息するカモンダカラガイ *Cypraea helvola* Linnaeus, 1758 の殻は、背面に小さな斑点が密に入り、腹面が濃いオレンジか赤である。アメリカ合衆国ノースカロライナ州からブラジルにかけて分布するカリビアダカラガイ *Cypraea acicularis* Gmelin, 1791 の殻は、側面に微小なくぼみが点々と並び、腹面が白い。

クロユリダカラガイの殻は中型で、滑層によって肥厚し、洋梨形。殻の両端は尖り、嘴状になることもある。殻の腹面は独特で、強い襞が並んでいる。この襞は、殻口部の歯につながっており、殻の側面まで達し、前方は前溝まで襞が入る（ときに後溝にも入ることがある）。殻の腹面と側面は滑層に覆われて、襞が分かりにくくなっていることがある。殻の背面はオレンジがかった褐色で、大小の白点が散在する。腹面は白く、襞および滑層は褐色である。

実物大

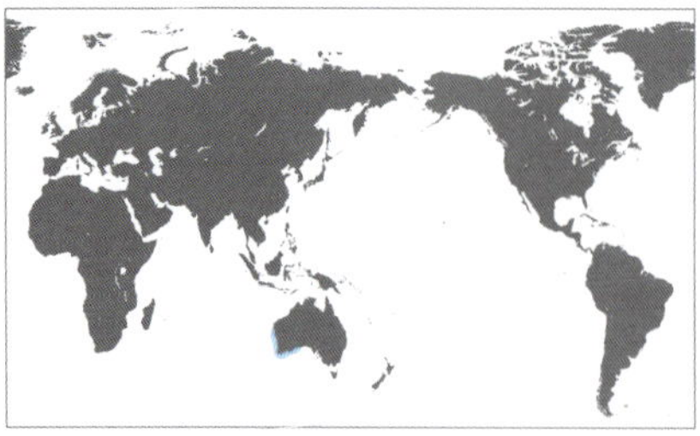

科	タカラガイ科　Cypraeidae
貝殻の大きさ	42 〜 107mm
地理的分布	オーストラリア西部および南西部
存在量	少産
生息深度	水深 5 〜 100m
生息場所	大きなカイメンの上で見つかる
食性	カイメン食
蓋	ない

貝殻の大きさ
42 〜 107mm

写真の貝殻
81mm

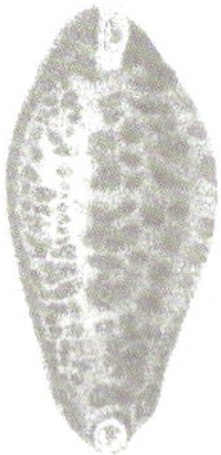

Cypraea friendii Gray, 1831

クロガネダカラガイ

FRIEND'S COWRIE

クロガネダカラガイの殻は大きく滑らかで、殻の形や色、殻口部の歯の状態が非常に変異に富む。殻は細長い卵形で、両端は嘴状。背部はわずかに盛り上がり、前溝も後溝も縁が広がる。殻の腹面は平たく、わずかに膨らむ。殻口は狭くて長く、殻の全長に及ぶ。外唇には軸唇より多くの歯が並び、なかには軸唇にはほとんど歯がない殻もある。殻の背面は、薄色の地に大きな褐色斑紋のあるものから全体に褐色のものまでさまざま。腹面の色も白から褐色まで変異が見られ、側面はたいてい背面より色が濃い。

クロガネダカラガイは、オーストラリア固有の近縁種群（*Zoila* 亜属）の1種で、収集家の間で非常に人気がある。浮遊幼生期をもつ大多数のタカラガイ類と異なり、この種群の貝は直接発生であるため、地域ごとに集団が分離しやすく、集団によって形態にかなりの変異が見られる。この類の貝は潮下帯浅部から深所まで分布し、大型のカイメンを食べて暮らす。岩の割れ目に隠れていないため、この類の殻には捕食者の魚に襲われてできたと思われる傷跡や殻の欠けた所がよく見られる。

実物大

近縁種

オーストラリア南東部に産するロッセルダカラガイ *Cypraea rosselli* Cotton, 1948 は、三角錐状の殻をもち、殻の背部が高く盛り上がり、その部分の色が濃褐色から黒である。ヘルメットダカラガイ *Cypraea marginata* Gaskoin, 1849 は、西オーストラリア州およびオーストラリア南部に生息し、殻がクロガネダカラガイに似るが、ヘルメットダカラガイの両側面は張り出している。オーストラリア南部に産するビードロダカラガイ *Cypraea thersites* Gaskoin, 1849 は、背部の盛り上がった卵形の殻をもつ。

科	タカラガイ科　Cypraeidae
貝殻の大きさ	70 〜 94mm
地理的分布	インド洋東部から西太平洋にかけて
存在量	少産
生息深度	水深 30 〜 300m
生息場所	礁の割れ目など
食性	グレーザーで、藻類を食べる
蓋	ない

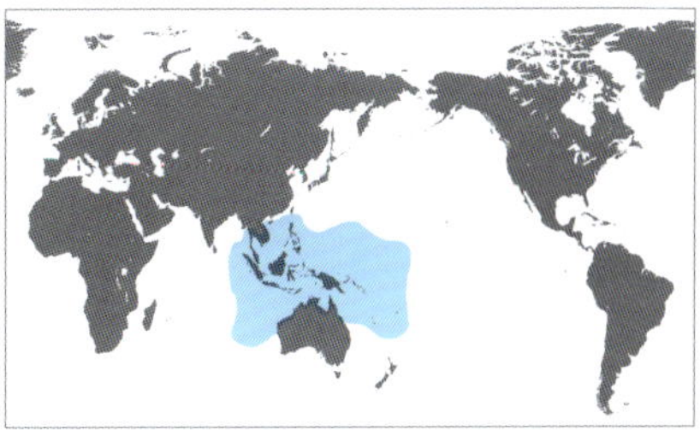

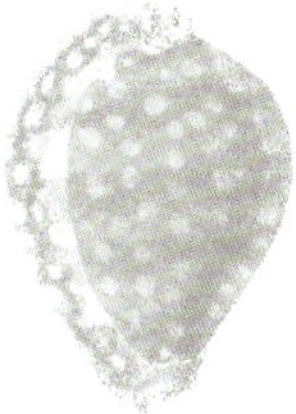

貝殻の大きさ
70 〜 94mm

写真の貝殻
86mm

Cypraea leucodon Broderip, 1828

オウサマダカラガイ

WHITE-TOOTHED COWRIE

オウサマダカラガイは、際立った特徴をもつので、発見時に得られたたった2個の標本だけで、それを新種と判断して記載するのに十分であった。種小名の *leucodon*（ギリシャ語で「白い」を意味する leuco と「歯」を意味する odon から）は、殻口に並ぶ特徴的な白い歯に由来する。岸から離れた深所の礁の割れ目や岩棚の下、あるいは洞窟に棲み、インド洋東部からフィリピンおよびソロモン諸島にかけて分布する。とくにフィリピンでは生息場所にはたくさんいると考えられるが、生息深度が深いため、たまにしか採集されない。本種の殻を得ようとして何人もの人命が失われている。殻の大きさや色は変異に富み、数種の亜種が記載されている。

近縁種

太平洋南西部および中部に産するナンヨウダカラガイ *Cypraea aurantium* Gmelin, 1791 は、背面が濃いオレンジの頑丈な殻をもつ。ソマリアから南アフリカにかけて生息するサラサダカラガイ *Cypraea broderipii* Sowerby I, 1832 の殻の背面には、薄いピンクの地に褐色の編目模様が入っている。アフリカ南東部からハワイまで分布するホシキヌタガイ *Cypraea vitellus* Linnaeus, 1758 は、いくぶんオウサマダカラガイに似た殻をもつが、殻がより細く、殻口部の歯が小さい。この貝の殻背面にも大小の斑点がある。

オウサマダカラガイの殻は大きくて重く、卵形に膨らむ。殻の前端と後端は広く、分厚い。殻の背部は丸く膨らみ、腹面は平たくてわずかに膨らむのみ。殻口は長くて狭く、湾曲し、殻口部に並ぶ多数の歯は長くて太い。殻の背面は明るい褐色からチョコレート色で、大小さまざまな白っぽい斑点が散在し、通常、1本の湾曲した太い線が入る。腹面の色はベージュで、歯は白っぽい。

実物大

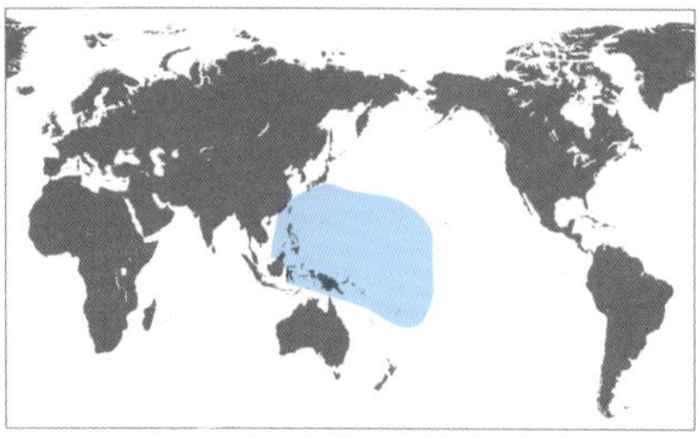

科	タカラガイ科　Cypraeidae
貝殻の大きさ	58 〜 117mm
地理的分布	南西太平洋および中部太平洋
存在量	少産
生息深度	水深 10 〜 40m
生息場所	サンゴ礁の洞窟や割れ目
食性	グレーザーで、藻類を食べる
蓋	ない

貝殻の大きさ
58 〜 117mm

写真の貝殻
93mm

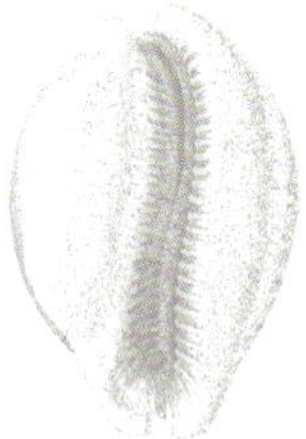

Cypraea aurantium Gmelin, 1791

ナンヨウダカラガイ

GOLDEN COWRIE

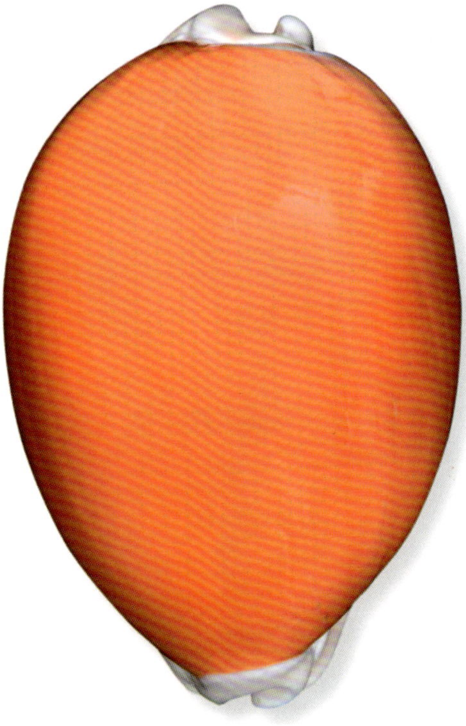

実物大

ナンヨウダカラガイは、人目を引く大きなオレンジの殻をもち、他のタカラガイと見間違えることはない。タカラガイ科の中でも最も名高い種の1つである。殻の背面の色は新しいうちは深紅だが、強い日光に曝されると色が褪せて濃いオレンジになる。大多数のタカラガイ類と同様、本種も夜行性で昼間は岩の割れ目に隠れている。タカラガイ類の外套膜は大きく、殻の左右に張り出して殻を覆う。外套膜の上には突起が生えており、背景に溶け込むためだけでなく、呼吸にも役立っている。ナンヨウダカラガイの外套膜はオレンジがかった褐色で、分枝した大きな突起と枝のない小さな突起が散在する。

近縁種

ナンヨウダカラガイに最も近縁と考えられているタカラガイ類には、例えば、インド洋東部から西太平洋にかけて生息するオウサマダカラガイ *Cypraea leucodon* Broderip, 1828 などが含まれる。この貝は殻口部に太い歯をもち、殻の背面に大きな斑点をもつ。また、サラサダカラガイ *Cypraea broderipii* Sowerby I, 1832 や、よく知られたヒメホシダカラガイ *Cypraea lynx* Linnaeus, 1758 もナンヨウダカラガイに近縁で、前者はソマリアから南アフリカまで分布し、背面に編目模様のある幅広い殻をもち、後者は紅海およびインド洋からハワイまで広く分布し、背面に色の濃い斑点のある変異に富む殻をもつ。

ナンヨウダカラガイの殻は大きく、重く、丸く膨らむ。濃いオレンジの殻の背面は滑らかで光沢があり、細かい成長線が見られることが多い（背面に何の傷もない殻は珍しい）。殻口は狭くて長く、殻口唇は肥厚し、多数の歯を備える。外唇よりも軸唇に歯が多く、外唇では歯がより太くて長く、間隔も広い。殻の腹面と側面、そして両端は白から灰色で、外唇および軸唇は殻口のそばがオレンジに染まる。大多数のタカラガイ類の殻に見られる背面の１本の縦線は本種にはなく、背面は濃いオレンジ一色である。

科	タカラガイ科 Cypraeidae
貝殻の大きさ	42 ～ 152mm
地理的分布	インド太平洋、ハワイ諸島を含む
存在量	多産
生息深度	潮下帯浅部から水深 18m
生息場所	サンゴ礁周辺の潮溜まりや岩
食性	グレーザーで、藻類を食べる
蓋	ない

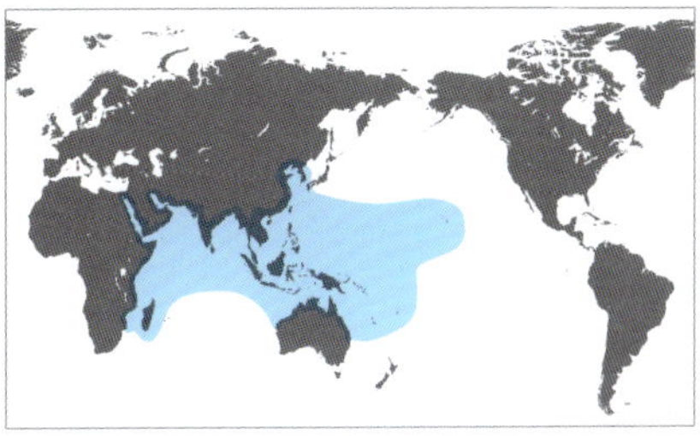

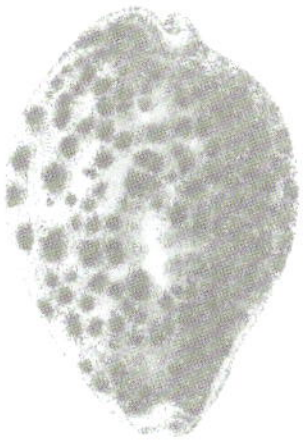

貝殻の大きさ
42 ～ 152mm

写真の貝殻
125mm

Cypraea tigris Linnaeus, 1758

ホシダカラガイ

TIGER COWRIE

ホシダカラガイは、タカラガイ類の中で最もよく知られた種の1つで、おそらく最も美しい貝の1つでもある。世界中のギフトショップで見られ、よく「地元で採れた」殻として売られているが、大多数はたぶんフィリピン産である。ホシダカラガイはホシダカラガイ属 *Cypraea* のタイプ種で、タカラガイ科のタイプ種でもある。最も変異に富むタカラガイの1つで、同じ殻は2つとない。大きさにもかなりの変異が見られ、ハワイ産の巨大な殻は最も小さな殻の3倍を超える大きさがある。しかし、このような両極端の大きさのものはめったにない。大多数のタカラガイ類と異なり、ホシダカラガイは岩の割れ目に隠れてはおらず、サンゴ礁の周辺の広々した所で見られ、日中、活動している。

近縁種

紅海からアデン湾にかけて生息するヒョウダカラガイ *Cypraea pantherina* Lightfoot, 1786 は、ホシダカラガイの姉妹種で、よく似ているが、ホシダカラガイより細長い殻をもつ。ヒョウダカラガイほど近縁ではないが、インド西太平洋には他にもホシダカラガイに比較的近縁と考えられる種がいくつかいる。例えば、背部が高く盛り上がった殻をもつハチジョウダカラガイ *Cypraea mauritiana* Linnaeus, 1758 や、地図を連想させる特徴的な曲がりくねった太い線が殻の背面に見られるハラダカラガイ *Cypraea mappa* Linnaeus, 1758 などである。

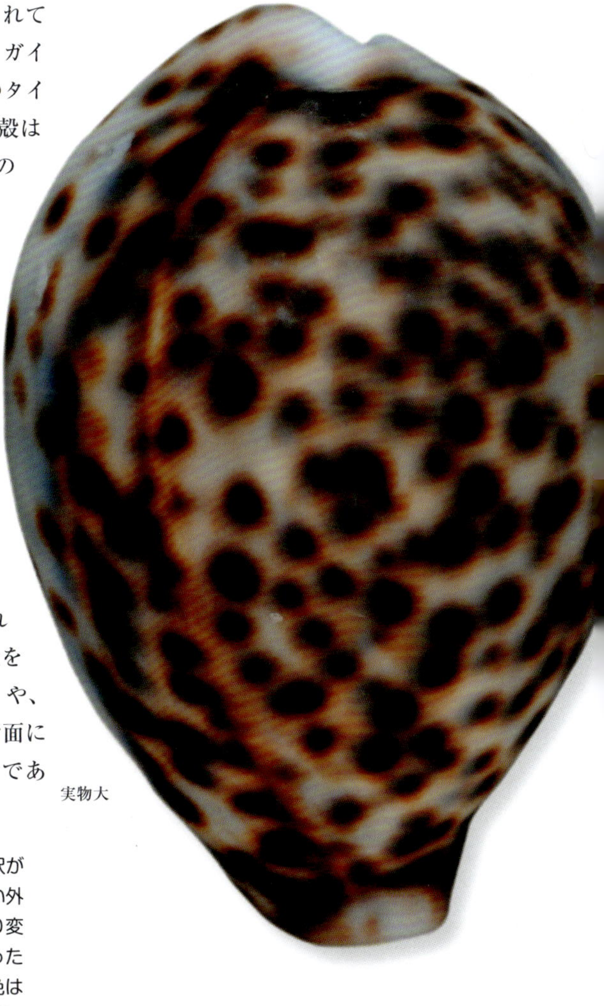

実物大

ホシダカラガイの殻は大きく、丸く膨らみ、重い。殻表は滑らかで光沢がある。殻口は狭くて長く、わずかに湾曲し、多くの強い歯の並ぶ分厚い外唇と軸唇を備える。軸唇の歯は殻軸まで達する。殻の色や模様はかなり変異に富むが、白地または青みがかった白地に、しばしばオレンジがかった黄色で縁取られる不揃いな黒斑が散りばめられたものが多い。殻の地色はほとんど真っ白（白子）から黒い（黒色化した）ものまである。たいてい湾曲した黄色またはオレンジの縦線が背面の中央近くに入る。殻の腹面や殻口、そして殻口部の歯は白い。

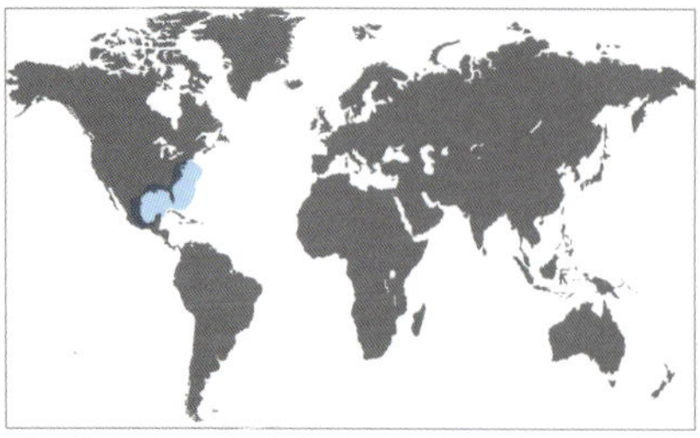

科	タカラガイ科　Cypraeidae
貝殻の大きさ	42 ～ 190mm
地理的分布	合衆国ノースカロライナ州からメキシコ湾にかけて
存在量	ふつう
生息深度	潮下帯浅部から水深 35m
生息場所	サンゴや平たい岩の下
食性	グレーザーで、藻類を食べる
蓋	ない

貝殻の大きさ
42 ～ 190mm

写真の貝殻
185mm

Cypraea cervus Linnaeus, 1771

シカダカラガイ

DEER COWRIE

シカダカラガイの殻は長く、丸く膨らみ、輪郭は細長い卵形。タカラガイ科にしては非常に大きい。殻の背面は滑らかで、腹面はわずかに膨らむ。殻口は長く、殻の全長に渡り、殻の前端で最も幅広くなっている。殻の両端は伸長し、水管溝（前溝）は広い。本種ならびに近縁種の幼貝の殻には、子鹿色（淡黄褐色）の背面に4本の太い褐色帯が並んでいる。貝が成熟すると、新しい貝殻の層がそれらの褐色帯を覆い隠し、地色が褐色になり、背面全体に何百もの不揃いな子鹿色の斑点がちりばめられる。殻口の両側に並ぶ歯は濃褐色である。

シカダカラガイは、現存するタカラガイ類の中で最大の大きさを誇る（絶滅した種の中には殻長が 300mm を超えるものもいる）。殻の大きさにはかなりの変異が見られ、成貝の殻長として知られている最小サイズと最大サイズの間には 5 倍近い開きがある。アメリカ合衆国南東部の浅海でかつてはふつうに見られたが、だんだん数が減ってきており、採集できる殻の大きさが小さくなってきている。巨大な殻はたいてい昔に深い所から採集されたものである。テキサス州では、沖合のサンゴ礁や堆に出現する。

近縁種

シカダカラガイに最も近縁な種はコジカダカラガイ *Cypraea cervinetta* Kiener, 1843 とシマウマダカラガイ *Cypraea zebra* Linnaeus, 1758 で、前者はメキシコ西岸からペルーにかけて、後者はアメリカ合衆国ノースカロライナ州からブラジルにかけて生息する。これら 2 種はどちらもシカダカラガイに似た殻をもつが、シカダカラガイのほうが殻が大きくて膨らみが強いこと、また、殻口がより広く、殻口唇の歯の間隔がわずかに広いことで区別できる。コジカダカラガイはシマウマダカラガイよりもっと殻の膨らみが弱く、シマウマダカラガイには殻の側面に眼紋がある。

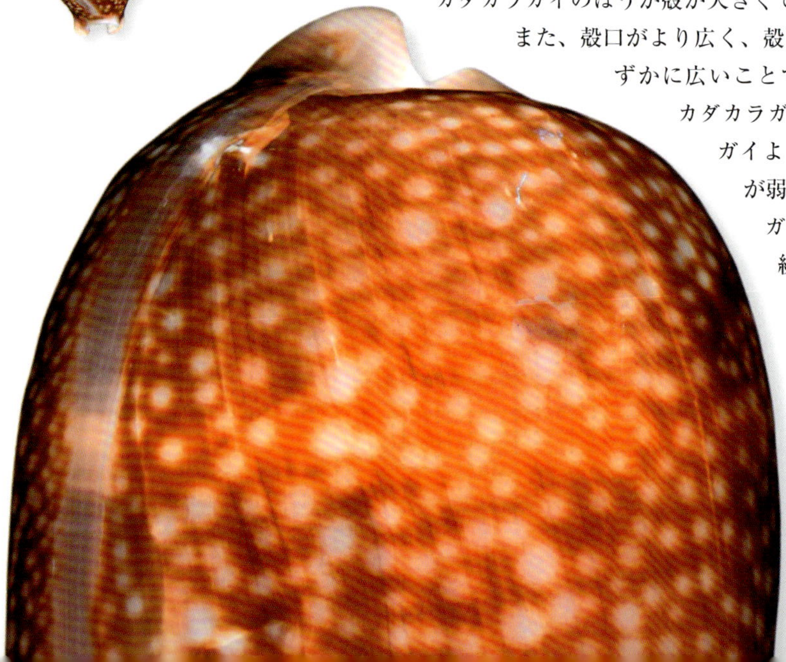

実物大

科	ウミウサギガイ科　Ovulidae
貝殻の大きさ	11 ～ 33mm
地理的分布	合衆国カリフォルニア州南部からエクアドルにかけての太平洋岸およびガラパゴス諸島
存在量	ふつう
生息深度	潮間帯から水深 15m
生息場所	岩の下や、カイメンやサンゴの上
食性	サンゴに寄生
蓋	ない

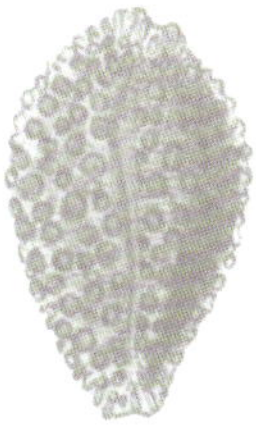

貝殻の大きさ
11 ～ 33mm

写真の貝殻
17mm

Jenneria pustulata (Lightfoot, 1786)

キノコダマガイ

JENNER'S FALSE COWRIE

キノコダマガイは、貝類全体で見ても最も特徴的な貝殻をもつ貝の1つで、ウミウサギガイ科の現生種の中で唯一、殻に小瘤をもつ。本種はイシサンゴ類に寄生する。外套膜は分枝した長い突起を備え、タカラガイ類同様、外套膜が殻を覆っている。世界には約250種のウミウサギガイ科の現生種が知られ、その多くが熱帯から亜熱帯の海に生息する。本科の最古の化石は、白亜紀中期のものが知られる。

キノコダマガイの殻は小さく頑丈で、光沢があり、形がタカラガイ類の殻に似る。螺塔は殻の内側に入り込んでおり、体層だけが見える。殻口は狭く、その両側に白い襞が並ぶ。殻の背面には多くの丸い小瘤と、殻を二分する1本の溝がある。殻の地色は灰色または褐色で、小瘤はオレンジがかった赤。小瘤にはしばしば黒の縁取りがある。殻軸と殻口縁は白い。殻表の彫刻や色は非常に変異に富む。

近縁種

インド太平洋に産するムギツブダカラガイ *Pseudocypraea adamsonii* (Sowerby II, 1832) は、小型のタカラガイのような殻をもつ。しかし、真のタカラガイ類（タカラガイ科の種）と違って、殻の背面に布目状の彫刻がある。紅海からインド太平洋にかけて生息するセムシウミウサギガイ *Calpurnus verrucosus* (Linnaeus, 1758) は、刺胞動物のウミキノコ類の上でふつうに見られる貝である。セムシウミウサギガイの殻もタカラガイ類の殻に似るが、色が白く、背部が高く盛り上がり、殻の両端に1つずつ丸い瘤がある。

実物大

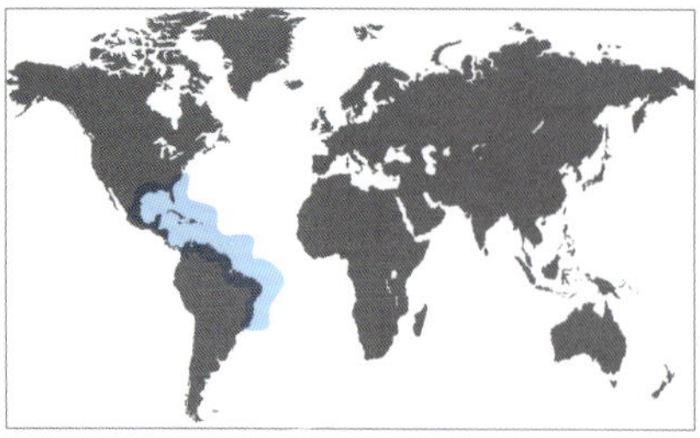

科	ウミウサギガイ科　Ovulidae
貝殻の大きさ	20 〜 39mm
地理的分布	合衆国ノースカロライナ州からブラジルにかけて
存在量	多産
生息深度	潮間帯から水深 30m
生息場所	刺胞動物のヤギ類の上
食性	ヤギ類に寄生
蓋	ない

貝殻の大きさ
20 〜 39mm

写真の貝殻
24mm

Cyphoma gibbosum (Linnaeus, 1758)

カフスボタンガイ

FLAMINGO TONGUE

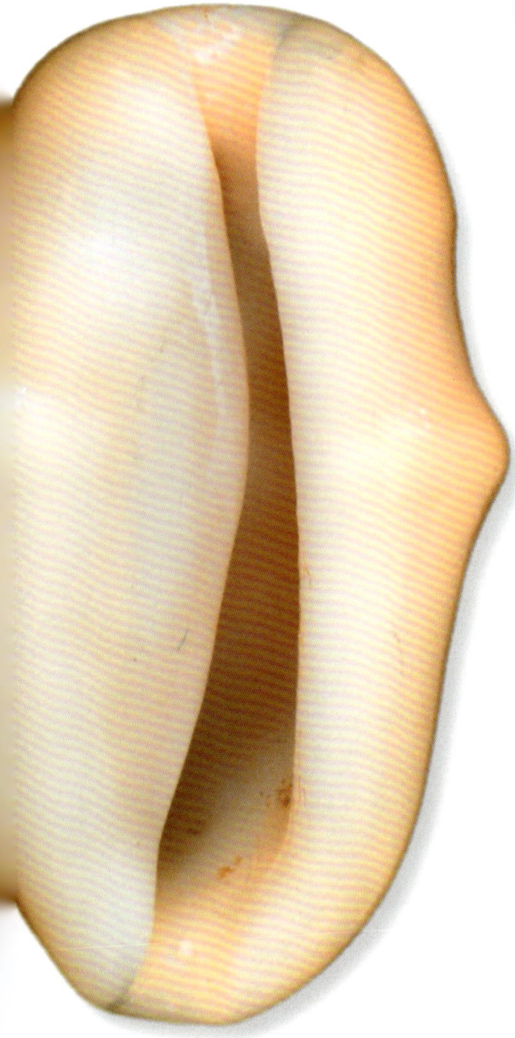

カフスボタンガイは、カリブ海の浅海域には多産し、ホソヤギ科のアカザヤギ属 *Muricea* や、同じくホソヤギ科の *Plexaurella* 属などのヤギ類の上で暮らしている。殻は滑らかで光沢があり、色は白からオレンジまでさまざまで、形も変異に富む。外套膜と足は非常にカラフルで、白地に黒で縁取られた濃い黄色の斑紋があり、人目を引く。宿主のヤギ類の上にいても簡単に見つけることができるため、水中写真家のお気に入りの被写体となっている。しかし乱獲のために数が減りつつある。

近縁種

カフスボタンガイの同属種はみな殻が似ているが、外套膜の色模様によって簡単に種を区別できる。例えば、アメリカ合衆国フロリダ州からブラジルまで分布するシモンカフスボタンガイ *Cyphoma signatum* Pilsbry and McGinty, 1939 の外套膜には黄色と赤紫の横縞模様があり、メキシコ湾からプエルトリコにかけて生息する *Cyphoma mcgintyi* Pilsbry, 1939 の外套膜には、褐色斑が散在する。

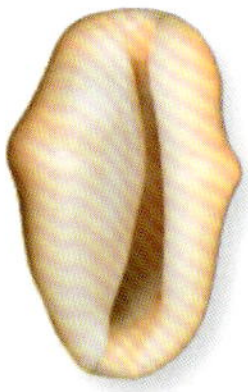

実物大

カフスボタンガイの殻は中型で、厚くて重く、輪郭は偏菱形。成貝では、殻の螺塔が内側に入り込んでおり、体層だけが見える。殻表は滑らかで光沢があり、１本の角張った幅広い畝状隆起が入る。殻の両端は幅広くて丸く、殻口は殻の前側で最も幅広くなっている。殻の色は白から淡いオレンジで、ときに一部がより濃いオレンジに染まる。殻口は白い。

科	ウミウサギガイ科　Ovulidae
貝殻の大きさ	10 〜 40mm
地理的分布	紅海からインド太平洋にかけて
存在量	ふつう
生息深度	潮間帯から水深 20m
生息場所	刺胞動物のウミトサカ類の上
食性	ウミトサカ類に寄生
蓋	ない

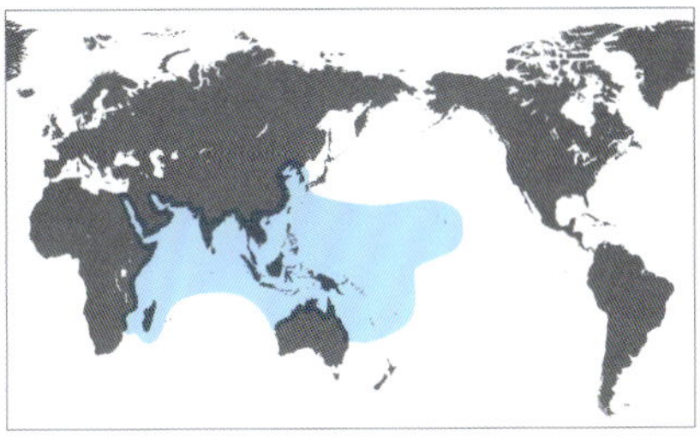

貝殻の大きさ
10 〜 40mm

写真の貝殻
31mm

Calpurnus verrucosus Linnaeus, 1758

セムシウミウサギガイ

UMBILICAL OVULA

セムシウミウサギガイは、比較的よく知られたウミウサギガイ類の1種で、殻の両端近くに丸い瘤をそれぞれ1つ備えた、非常に特徴のある殻をもつ。殻は白く、両端はピンクに染まる。殻の形や色には変異がほとんどない。本種は、熱帯の浅海でウミキノコ属 *Sarcophyton* やウネタケ属 *Lobophytum* のウミトサカ類の上に棲み、それらを食べて暮らしている。軟体部の左右に翼状の組織、すなわち外套膜をもち、外套膜を十分に伸ばした時には殻をその中に包み込むことができる。軟体部は白く、褐色あるいは黒の斑点が散在する。頭部には1本の短い水管があるが、触角はない。

近縁種

日本からフィリピンにかけて分布するハグルマケボリガイ *Rotaovula hirohitoi* Cate and Azuma, 1973 は、小型種で、黄色と紫の間違えようのない独特な殻をもつ。インド西太平洋に生息するツマベニヒガイ *Volva volva*（Linnaeus, 1758）も特徴的な殻をもつ。この貝の殻は大きく、紡錘形で、両端が非常に長く伸びている。

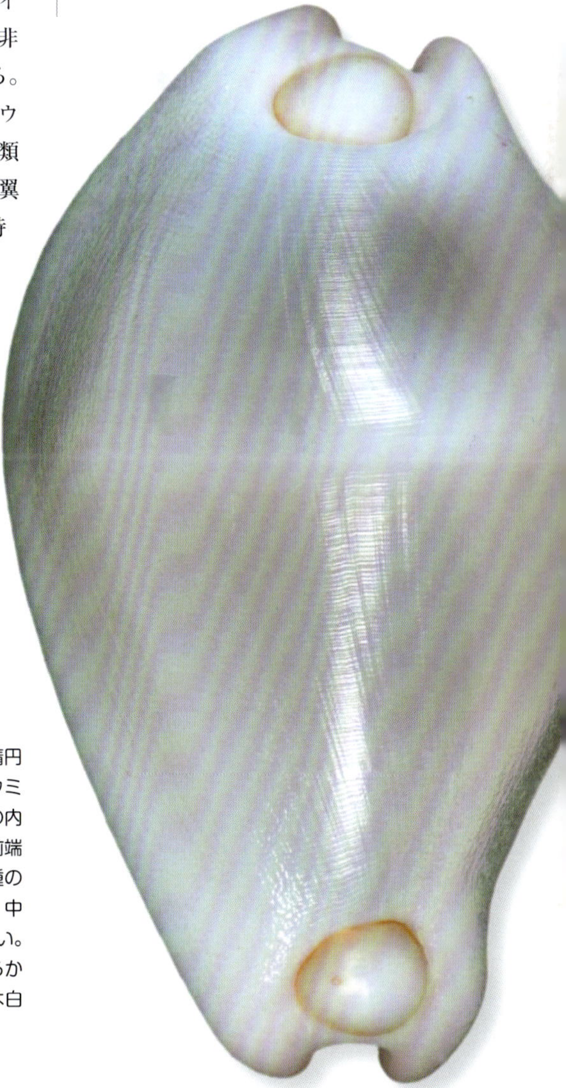

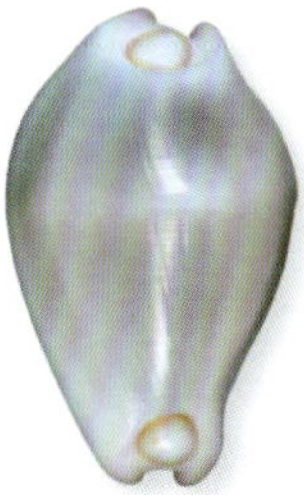

実物大

セムシウミウサギガイの殻は中型で分厚く、楕円形で膨らみ、タカラガイ類の殻に似る。他のウミウサギガイ類同様、成貝の殻では、螺塔が殻の内側に入り込んでいて外からは見えない。殻の前端と後端に丸い瘤があり、この特徴によって他種の殻と区別できる。殻の背部は高く盛り上がり、中央付近に1本の角張った稜がある。殻口は狭い。外唇は厚く、多くの歯を備えるが、軸唇は滑らかで、前方の縁に切れ込みが1つある。殻の色は白く、両端付近がピンクに染まる。

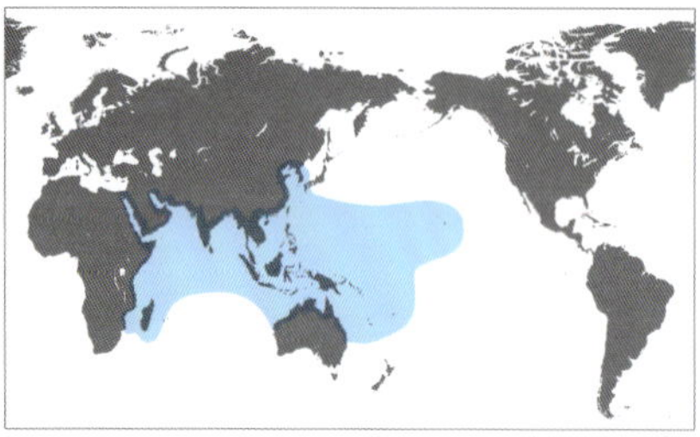

科	ウミウサギガイ科　Ovulidae
貝殻の大きさ	32 〜 120mm
地理的分布	紅海からインド太平洋にかけて
存在量	ふつう
生息深度	潮間帯から水深 20m
生息場所	刺胞動物のウミトサカ類の上
食性	ウミトサカ類に寄生
蓋	ない

貝殻の大きさ
32 〜 120mm

写真の貝殻
78mm

Ovula ovum (Linnaeus, 1758)

ウミウサギガイ

COMMON EGG COWRIE

殻の長さでは、ツマベニヒガイ *Volva volva* (Linnaeus, 1758) のようにウミウサギガイを超えるものがいるが、体の大きさでは本種がウミウサギガイ科の中で最大である。学名は、属名も種小名もともに「卵」を意味し、艶のある白い卵形の殻をよく表している。本種の殻は、メラネシアやポリネシアでは部族のシンボルマークに使われているだけでなく、装飾品としても利用されている。軟体部は真っ黒で、ビロードのような外套膜には浮き出た小さな白斑がある。本種は数種類のウミトサカ類を食べる。多くのウミウサギガイ類と同じく、タカラガイ類（タカラガイ科の種）に似た殻をもつが、このような貝の多くが最初はタカラガイ科に分類されていた。

実物大

近縁種

ソマリアからモザンビークにかけてのインド洋沿岸に生息しているソマリアムカシダカラガイ *Sphaerocypraea incomparabilis* (Briano, 1993) は、現在のところ、ウミウサギガイ科の中で最も希少な種で、この貝の発見は最近の重要な発見の 1 つに数えられる。まだ数個の標本しか知られていない。殻の形はウミウサギガイに似るが、殻の色が濃い赤褐色で殻口が広く、外唇には強い白色の歯が等間隔に並ぶ。東太平洋に産するキノコダマガイ *Jenneria pustulata* (Lightfoot, 1786) は、背面が丸い小瘤で覆われた殻をもつ。

ウミウサギガイの殻は（ウミウサギガイ科にしては）大きく、厚くて重く、卵形で膨らむ。殻の両端は長く伸び、前端のほうが後端より幅広い。殻表は滑らかで光沢がある。殻口は狭くて長く、前端部が最も幅広い。外唇縁は殻口の内側に向かって折れ曲がり、不揃いな歯が並ぶ。軸唇は滑らかで湾曲する。殻の外面は白磁色で、内面は赤褐色。

科	ウミウサギガイ科　Ovulidae
貝殻の大きさ	45 〜 186mm
地理的分布	インド太平洋
存在量	ふつう
生息深度	水深 10 〜 100m
生息場所	砂泥底
食性	肉食性で刺胞動物のウミエラ類などを食べる
蓋	ない

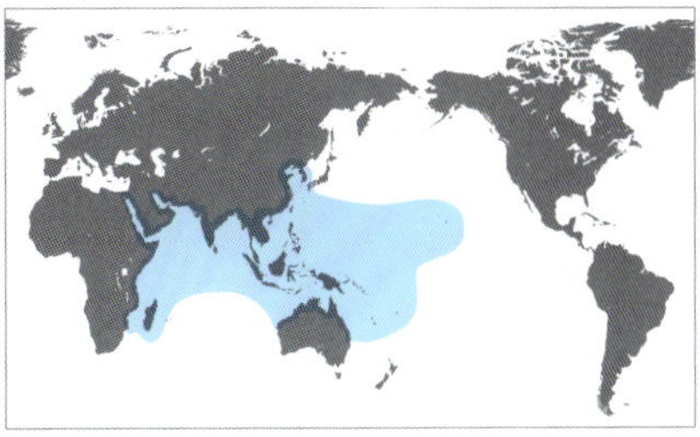

貝殻の大きさ
45 〜 186mm

写真の貝殻
91mm

Volva volva (Linnaeus, 1758)

ツマベニヒガイ

SHUTTLECOCK VOLVA

ツマベニヒガイは、ウミウサギガイ科の中でも最も特徴ある貝の1つで、丸く膨らんだ卵形の体層と非常に長い前溝と後溝を備えた殻をもつ。体層は殻の全長の約 1/3 かそれより短い。多くのウミウサギガイ類は餌生物の上に棲むが、ツマベニヒガイは砂泥底を這い回って、トゲウミサボテンモドキ属 *Actinoptilum* のウミエラ類や砂泥底に棲む他の刺胞動物を食べて暮らしている。他のウミウサギガイ類と同じく、ツマベニヒガイも餌動物の有毒物質の一部を自分の体に蓄積し、身を守るのに利用する。外套膜には濃褐色の斑紋と短い突起がある。

近縁種

日本からニューカレドニアにかけて分布するウコンフクリンガイ *Contrasimnia xanthochila* (Kuroda, 1928) は、殻が細長い卵形で薄く、色は半透明で殻の両端と外唇および軸唇が黄色に染まる。ウコンフクリンガイの軟体部は灰白色で、黒い縞および白と黒の斑点がある。紅海およびインド西太平洋に生息するウミウサギガイ *Ovula ovum* (Linnaeus, 1758) の殻は大きく、光沢があり、卵形で、外面は白く、内面が赤褐色である。

実物大

ツマベニヒガイの殻は中型で光沢があり、丸く膨らむ。形は細長い卵形で、極端に長くて細い前溝と後溝を備える。前溝と後溝はまっすぐのものも湾曲したものもある。体層は卵形で膨らみ、成貝では殻長の約 1/3 を占める。殻表は滑らかで、多くの細かい螺状線が刻まれる。殻口は狭くて長く、外唇は肥厚し、軸唇は滑らか。殻の色は真っ白からベージュまたはピンクで、末端はオレンジに染まる。殻の内面は白い。

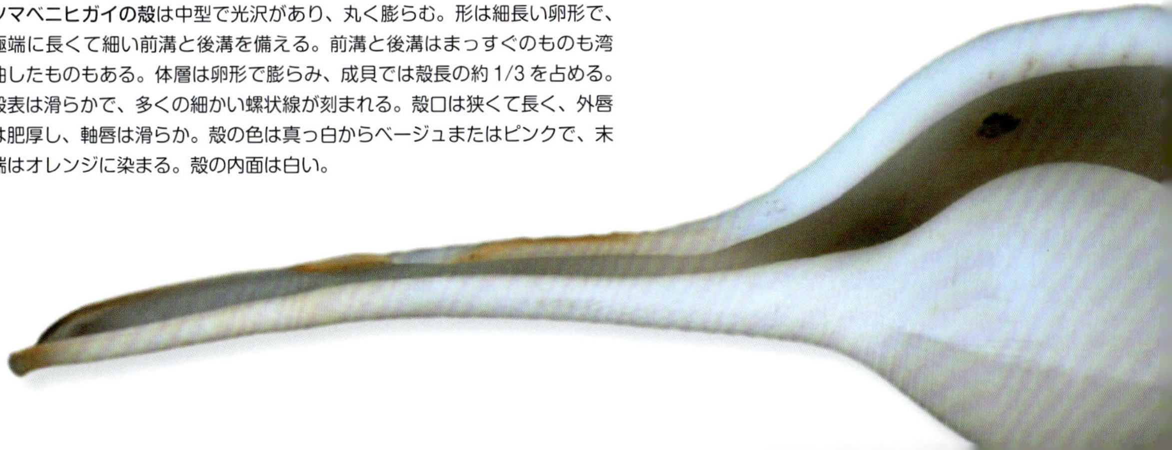

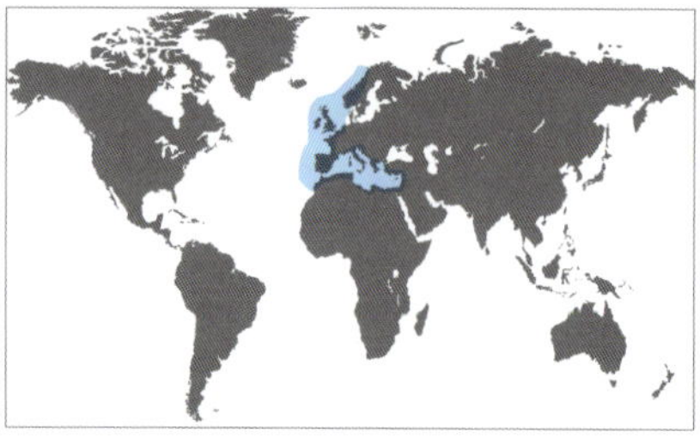

科	シラタマガイ科　Triviidae
貝殻の大きさ	3 〜 12mm
地理的分布	ノルウェーからカナリア諸島にかけての大西洋沿岸および地中海
存在量	ふつう
生息深度	水深 15 〜 150m
生息場所	岩礁や礫底など
食性	肉食性でホヤを食べる
蓋	ない

貝殻の大きさ
3 〜 12mm

写真の貝殻
12mm

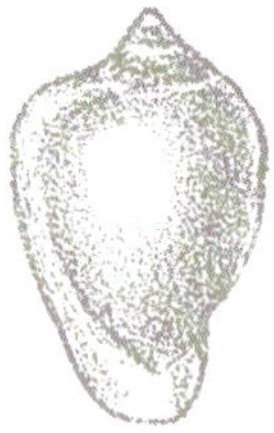

Erato voluta (Montagu, 1803)

ザクロガイの仲間

VOLUTE ERATO

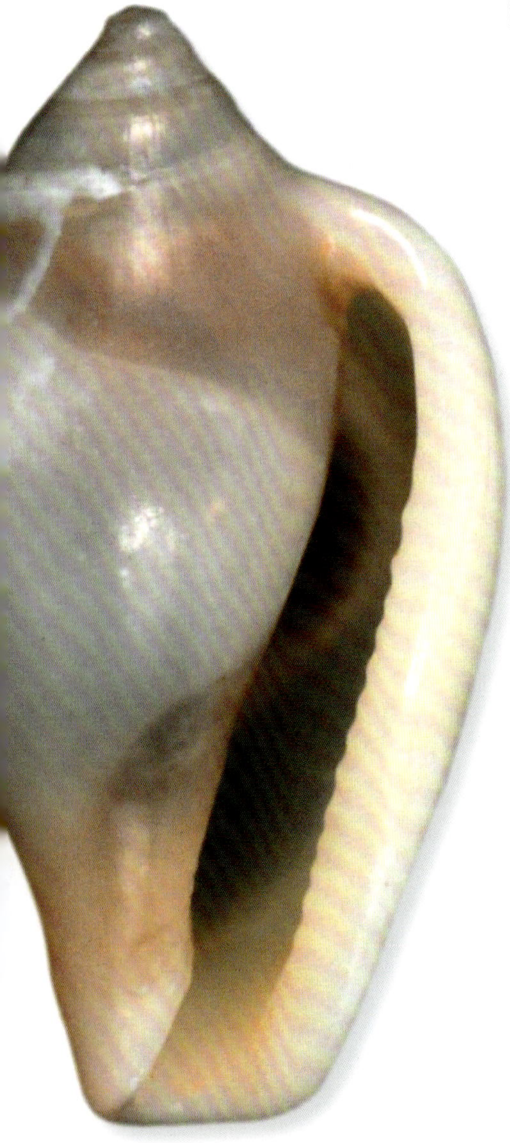

本種は、シラタマガイ科の小型種で、分布域の沖合でふつうに見られる。肉食性でホヤ類を食べる。ザクロガイ属 *Erato* および近縁属の種は別科に分類されていたことがあったが、現在は、シラタマガイ科の 1 亜科に分類されている。大多数のシラタマガイ類の殻には肋があるが、ザクロガイ類の殻表は滑らかである。ザクロガイ類はヘリトリガイ類と混同されることが多いが、軸唇の軸襞の状態によって両者を区別できる。シラトリガイ科には、ザクロガイ類 30 種を含め、約 180 種の現生種が知られ、本科の最古の化石は始新世に遡る。

近縁種

フィリピンに産する同属種の *Erato grata* Cossignani and Cossignani, 1997 は、形が本種の殻に似た小さな殻をもつが、殻表は顆粒に覆われる。アメリカビクニシラタマガイ *Trivia pediculus* (Linnaeus, 1758) は、アメリカ合衆国ノースカロライナ州からブラジルにかけて生息し、螺塔の隠れた卵形の殻をもつ。この貝の殻表には強い肋があり、背部中央に 1 本の縦溝が入っている。

実物大

***Erato voluta* の殻**は小さくて硬く、球状に膨らみ、洋梨形。螺塔は低く、先端が尖り、縫合は不明瞭。殻表は滑らかで光沢があり、細い成長線がある。殻は後方が幅広く、前端に向かってだんだん細くなる。殻口は狭くて長く、外唇は肥厚し、12 〜 18 個の歯を備え、軸唇には小さな襞が並ぶ。殻の色は灰色からクリーム色で、外唇はクリーム色。殻の内面は灰色である。

科	シラタマガイ科　Triviidae
貝殻の大きさ	7 ～ 22mm
地理的分布	合衆国ノースカロライナ州からブラジル南東部
存在量	ふつう
生息深度	潮間帯から水深 130m
生息場所	岩の下など
食性	肉食性でホヤを食べる
蓋	ない

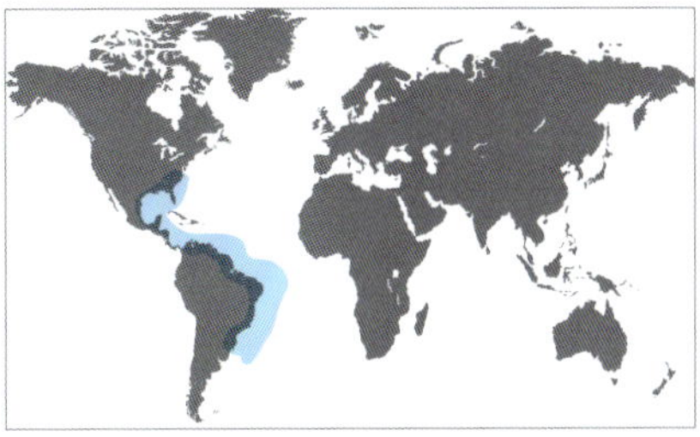

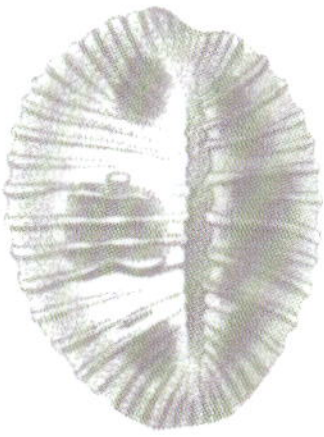

貝殻の大きさ
7 ～ 22mm

写真の貝殻
13mm

Trivia pediculus (Linnaeus, 1758)

アメリカビクニシラタマガイ

COFFEE BEAN TRIVIA

アメリカビクニシラタマガイは、形と色がコーヒー豆に似た小さな卵形の殻をもち、英語では Coffee bean trivia（コーヒー豆のようなシラタマガイ）と呼ばれる。普通種で、潮下帯浅部の岩の下やサンゴ礁の周辺でよく見つかるが、沖合にも生息する。殻長 22mm に達することがあるが、大多数はその半分ほどである。シラタマガイ類は左右に伸びる外套膜で殻を覆う。アメリカビクニシラタマガイの外套膜には透明なものも不透明なものもあり、色も青みがかった灰色や緑がかった灰色などさまざまで、表面に指状突起が散在する。

近縁種

西ヨーロッパ沿岸および地中海に産するビクニシラタマガイ *Trivia monacha* (Costa, 1778) は、アメリカビクニシラタマガイに似た小さな殻をもつが、殻の背部に溝はない。アメリカ合衆国カリフォルニア州南部からペルーにかけての太平洋沿岸およびガラパゴス諸島に生息するコーヒーシラタマガイ *Trivia solandri* (Sowerby II, 1832) は、殻表の肋がアメリカビクニシラタマガイより少なく、また強く、肋の上には顆粒が並ばない。また、アメリカビクニシラタマガイの殻表の顆粒より大きな丸い瘤が背部の溝に沿って並ぶ。

実物大

アメリカビクニシラタマガイの殻は小さく、タカラガイ形で、成貝では螺塔が大きな体層の内側に隠れている。殻表には背面から殻口まで伸びる肋が 15 ～ 18 本ならび、他に殻口まで達しない肋が何本かある。肋は背面から腹面までずっとつながっているが、背面にのみ肋上に顆粒が並ぶ。また殻の背面には殻を二分する縦溝が入っている。殻口は狭くて長く、外唇にも軸唇にも歯が並ぶ。殻の色はたいてい褐色だが、小麦色やピンクの殻もある。殻の背面には 6 個の褐色斑があり、殻口内は白い。

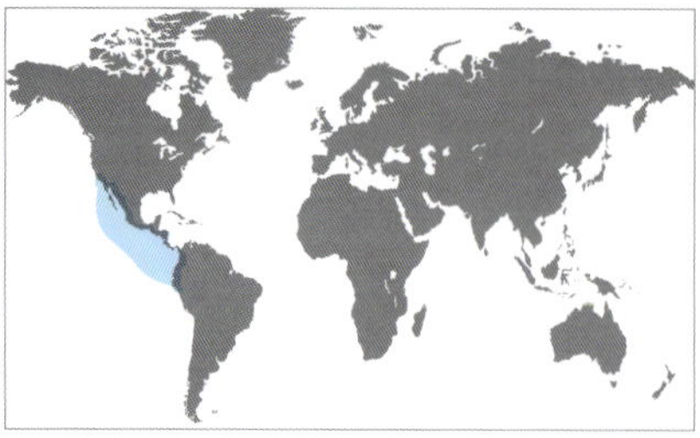

科	シラタマガイ科　Triviidae
貝殻の大きさ	10 〜 21mm
地理的分布	合衆国カリフォルニア州からペルーにかけての太平洋沿岸およびガラパゴス諸島
存在量	ふつう
生息深度	潮間帯から水深 35m
生息場所	岩石底
食性	肉食性でホヤを食べる
蓋	ない

貝殻の大きさ
10 〜 21mm

写真の貝殻
18mm

Trivia solandri (Sowerby II, 1832)

コーヒーシラタマガイ

SOLANDER'S TRIVIA

コーヒーシラタマガイの殻はシラタマガイ科にしては大きく、硬く、輪郭は卵形。成貝では、螺塔は大きな体層の内側に隠れている。殻表には背面から腹面まで連続した強い肋が 11 〜 14 本ほどあり、背面には 1 本の溝が走り、その両側の肋上には丸い小瘤がある。殻口は狭く、前端が最も幅広い。外唇にも軸唇にも歯がある。殻の色は褐色から赤褐色で、背面には 2 本の黒っぽい色帯が縦に走る。肋および殻口内は白っぽい。

実物大

コーヒーシラタマガイは、東太平洋に生息するシラタマガイ類の中では最大種の 1 つである。分布域の南部では浅海の岩の下でよく見つかるが、北部にはそれほど多くない。本種は褐色がかった地に黒と白の小斑点が散りばめられ、オレンジがかった褐色の短い指状突起を備えた外套膜をもつ。この外套膜の色や質感は、餌となる群体ボヤの上にいる時にカムフラージュの効果をもつと考えられる。軟体部には 1 本の大きな水管と 1 対の短い頭部触角を備え、各触角の基部の膨らんだところに眼がある。

近縁種

南アフリカにはシラタマガイ類の固有種が多く知られるが、*Triviella calvariola* (Kilburn, 1980) もその 1 つである。この貝はまたシラタマガイ科の最大種の 1 つでもあり、殻口に歯の並んだ球状の滑らかな殻をもつ。アメリカ合衆国ノースカロライナ州からブラジル南東部にかけて生息するアメリカビクニシラタマガイ *Trivia pediculus* (Linnaeus, 1758) は、コーヒーシラタマガイに似た殻をもつが、背面の溝に沿って並ぶ瘤がより小さく、背面の肋上に顆粒が並ぶ。

科	ハナヅトガイ科　Velutinidae
貝殻の大きさ	25 ～ 37mm
地理的分布	インド西太平洋の熱帯域
存在量	少産
生息深度	潮間帯
生息場所	岩や板状サンゴの下
食性	肉食性でホヤを食べる
蓋	ない

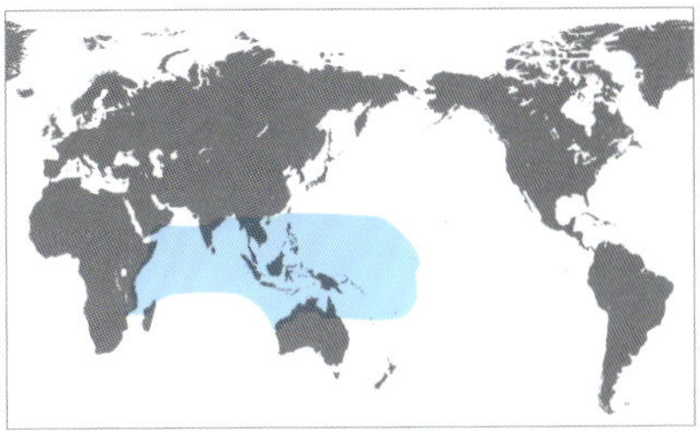

貝殻の大きさ
25 ～ 37mm

写真の貝殻
30mm

Coriocella nigra Blainville, 1824

イボベッコウタマガイ

BLACK CORIOCELLA

イボベッコウタマガイは、軟体部が大きな（長さ 100mm に達する）ナメクジ状で、殻は分厚い外套膜に完全に包まれている。外套膜の背面には多くの丸い突起あるいは襞が散在することがある。外套膜の色はたいてい黒だが、褐色あるいは赤、黄色、さらには青のこともあり、ときには斑点模様や網目模様が入る。群体性のホヤ類を食べる。ハナヅトガイ類の中には餌の色によく似ていて見つけにくいものもいるが、本種をはじめ、イボベッコウタマガイ属 *Coriocella* の貝には色が鮮やかで、体に不快な防御物質をもっていることを捕食者に警告していると思われるものがいる。

イボベッコウタマガイの殻は軟体部の大きさの割に小さく、非常に薄い。また背が低く、耳のような形である。急速に増大する少数の螺層からなり、螺塔が小さくて低く、殻口は大きく楕円形である。殻表は光沢があるが、滑らかではなく、細い成長脈が不規則に並ぶ。殻全体が白く、オレンジがかった褐色の薄い殻皮に覆われ、縫合のところには殻皮によってできるオレンジの色帯が見られる。

近縁種

地中海および北東大西洋に生息する *Lamellaria perspicua*（Linnaeus, 1758）は、イボベッコウタマガイに似た殻をもつが、ずっと小さく（12mm に満たない）、その殻は相対的により背が高くて細い。南極大陸周辺に分布する普通種 *Marseniopsis mollis*（Smith, 1902）の殻は、退化していて小さく、薄くて透明である。この種の軟体部はほぼ球状である。

実物大

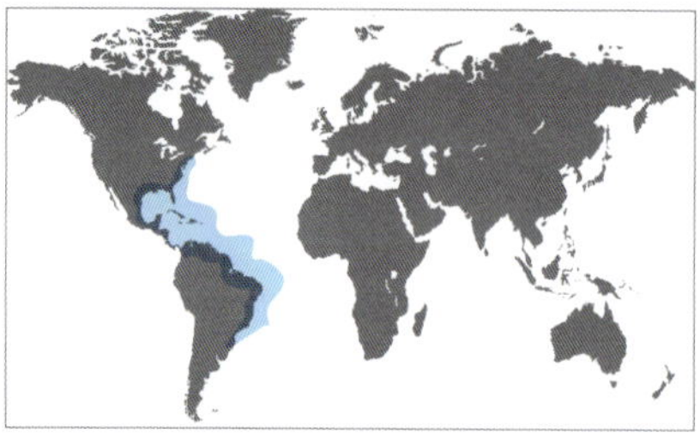

科	タマガイ科　Naticidae
貝殻の大きさ	2 ～ 8mm
地理的分布	合衆国メイン州からブラジルにかけての大西洋沿岸およびカリブ海
存在量	ふつう
生息深度	潮間帯から水深 50m
生息場所	砂地
食性	肉食性
蓋	石灰質

貝殻の大きさ
2 ～ 8mm

写真の貝殻
2mm

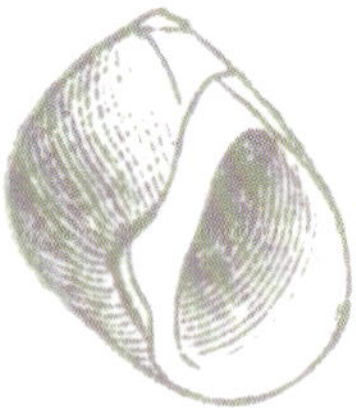

Tectonatica pusilla (Say, 1822)

クチムラサキタマガイの仲間

MINIATURE MOON SNAIL

本種は、タマガイ科の微小貝で、肉眼では殻を見るのは難しいが、小さいながら形態にも習性にもタマガイ科の特徴をすべて備えている。タマガイ科の種はみな砂地に棲み、砂の中に潜っている貝を捜し出し、不釣り合いに大きな足でそれを包み込んで食べる。タマガイ類は、副穿孔腺と呼ばれる器官をもち、捕まえた餌の貝の殻をそこからの分泌物で軟らかくしてから歯舌で殻を削り、縁が斜めになった丸い孔をあける。それから吻を使って殻の中身を取り出して食べて消化する。

近縁種

同属種の *Tectonatica micra* (Hass, 1953) は、ブラジル中部に固有の貝で、やはり非常に小さい。これまでに見つかっているものでは、最大サイズは 5mm 以下である。この貝の螺塔は、本種のものよりわずかに高く、白い殻には褐色紋がほんの少しだけ入っている。

実物大

Tectonatica pusilla の殻は球状で殻頂が丸く、螺塔は低い。螺層は丸く膨らむ。縫合はやや深く、殻表には他に成長線が見られるだけである。程度の差はあれ、臍孔は滑層によって塞がれており、外唇は薄く縁が鋭い。殻の色は全体的に白く、しばしば途切れ途切れになった褐色の幅広い螺状帯がある。

科	タマガイ科　Naticidae
貝殻の大きさ	20 ～ 29mm
地理的分布	サウスジョージア島、サウスサンドイッチ島、サウスオークニー島、サウスシェットランド島、南極半島北部
存在量	少産
生息深度	水深 25 ～ 400m
生息場所	砂底や泥底
食性	肉食性
蓋	角質

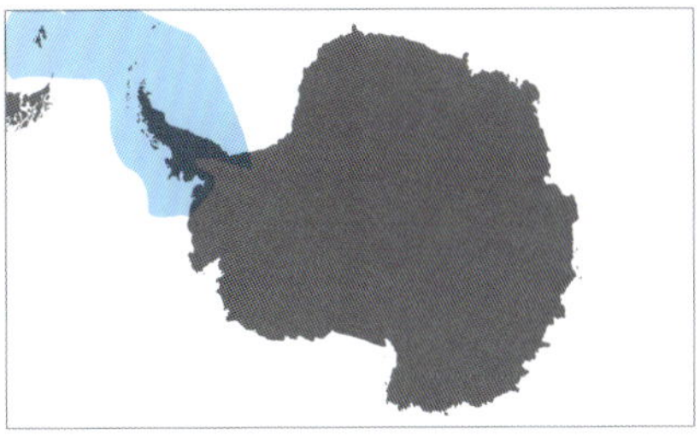

貝殻の大きさ
20 ～ 29mm

写真の貝殻
20mm

Amauropsis aureolutea (Strebel, 1908)

ホッキョクタマガイの仲間

GOLDEN AMAUROPSIS

本種を含め、*Amauropsis* 属の貝はみな冷水種で、両極の周辺に分布する。南極大陸周辺および亜南極海域で最も多様性が高いが、北極周辺や北大西洋の深海にも生息している。本種は砂底や泥底に棲み、他のタマガイ類と同様、卵を幅広い襟状の卵塊に詰めて産卵する。この卵塊は砂粒を粘液で接着してつくられたもので、その内縁は、それを産卵した貝の殻口縁と同じ曲線を描く。

近縁種

アラスカからヨーロッパ北部にかけての北極圏でふつうに見られるホッキョクタマガイ *Amauropsis islandica*（Gmelin, 1791）は、同属種の中で唯一、北極周辺に生息する貝で、南はアメリカ合衆国バージニア州まで分布している。この貝の殻は赤みがかった褐色で、殻口が白く、殻の内面は薄い小麦色から薄紫である。

実物大

Amauropsis aureolutea **の殻**は球状で、螺塔が非常に低く、殻頂は丸みがあって白い。螺層は大きく膨らみ、半球状。殻の色は小麦色から栗色がかった褐色だが、縫帯と螺塔は色が薄く、地色より濃いかすかな縦筋と螺状の筋が見られる。殻の内面は白い。殻口は卵形。軸唇はかなりまっすぐで、その縁は滑層となって張り出し、臍孔をふさぐ。

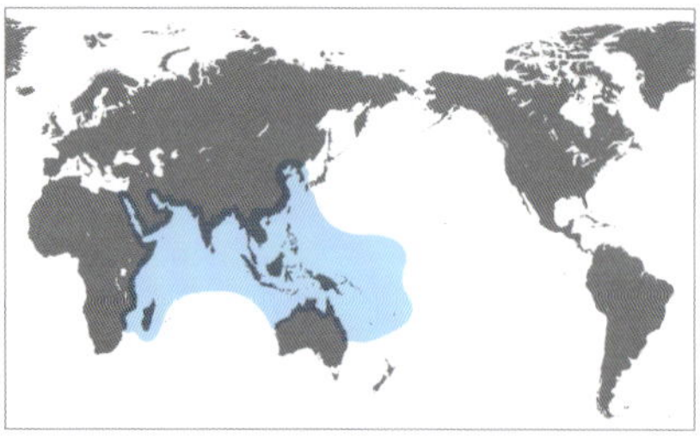

科	タマガイ科 Naticidae
貝殻の大きさ	13 ～ 35mm
地理的分布	アフリカ南東部から中部太平洋にかけて
存在量	少産
生息深度	潮下帯浅部
生息場所	砂地
食性	肉食性
蓋	石灰質

貝殻の大きさ
13 ～ 35mm

写真の貝殻
20mm

Glyphepithema alapapilionis (Röding, 1798)

フロガイ

BUTTERFLY MOON

フロガイはめったに採集されない珍しい貝で、南アフリカのナタール州からフィジーまで、インド太平洋熱帯域の非常に広い範囲に分布する。他のタマガイ類と同様、砂底に棲み、非常に大きな足を使って砂中を探り、二枚貝類などの貝類、ときには他種のタマガイ類さえ捕まえて食べる。その大きな足は、見たところ殻の中に収まりそうにもないが、意外にも完全に引っ込めることができ、ぴったりと閉まる蓋で守られている。

近縁種

フロガイの殻に見られるような特徴的な螺帯は、多少の違いはあるものの、アフリカ西岸からアメリカ西岸にかけての大西洋に生息するいくつかの近縁なタマガイ類にも見られる。それぞれアフリカ西部とアメリカ西部に生息するトラダマガイ属 *Natica* の2種、タートンフロガイ *Natica turtoni* Smith, 1890 とテンスジタマガイ *Natica caneloensis* Herlein and Strong, 1955 の殻は驚くほど似通っており、さらに両者の蓋には同様の螺溝が見られる。ただ、後者のほうが体層の色帯の数が少なく、臍孔が小さい。

フロガイの殻は球状で体層が非常に大きく膨らみ、螺塔が小さい。縫合の下には放射状の溝が並び、白からテラコッタ色のかすかな縦筋が入り、さらに白と栗色が交互に並んだ細い螺帯が、体層に4本、螺塔の螺層に1本入る。臍孔はやや小さい。殻口は白く、殻の内面はくすんだピンクである。

実物大

科	タマガイ科　Naticidae
貝殻の大きさ	12 ～ 25mm
地理的分布	フィリピンからオーストラリアのクイーンズランド州にかけて
存在量	少産
生息深度	潮下帯から水深 20m
生息場所	砂地
食性	肉食性
蓋	石灰質

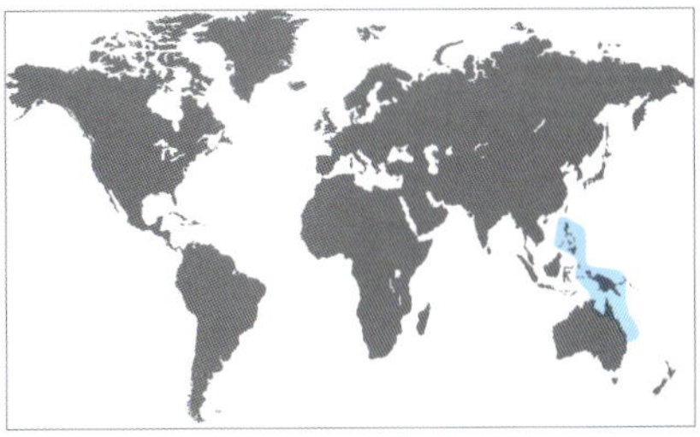

貝殻の大きさ
12 ～ 25mm

写真の貝殻
21mm

Tectonatica violacea (Sowerby I, 1825)

クチムラサキタマガイ

VIOLET MOON

タマガイ科はとても多様性の高いグループで、この科の貝は北極から南極まで、また潮間帯から深海まであらゆる海洋環境に分布を広げている。本科の化石は三畳紀以降のものが知られており、現生種は 300 種ほど知られる。クチムラサキタマガイの同属種には、小型で潮下帯のかなり浅い所に生息するものが多い。砂中に深く潜ることはなく、砂の表面に這い痕を残すので、這い痕の一端で砂に埋もれた貝を見つけることができる。クチムラサキタマガイの殻にはスミレ色に染まった独特な軸唇と滑層楯がある。

近縁種

ムラクモタマガイ *Natica arachnoidea* (Gmelin, 1791) は、インド太平洋全域に分布し、クチムラサキタマガイより浅い所で見つかる。クチムラサキタマガイと異なり、ムラクモタマガイの殻口は下向きに傾斜しない。殻の色は非常に変異に富むが、たいていは地色が白から小麦色で、濃褐色のテント形の斑紋がある。この斑紋は幅や密度が変異に富み、螺状に並ぶことが多い。

実物大

クチムラサキタマガイの殻は光沢があり、球状で螺塔が低く、縫合は細いが明瞭。色はオフホワイトで、明るい栗色の不規則な斑紋が螺状に並ぶ。殻の内面は白い。殻口は下向きに傾斜し、きれいな弧を描く外唇とまっすぐな軸唇に縁取られるため D 字形。軸唇はスミレ色に染まる。臍孔は非常に狭く、滑層で完全にふさがれていることもある。

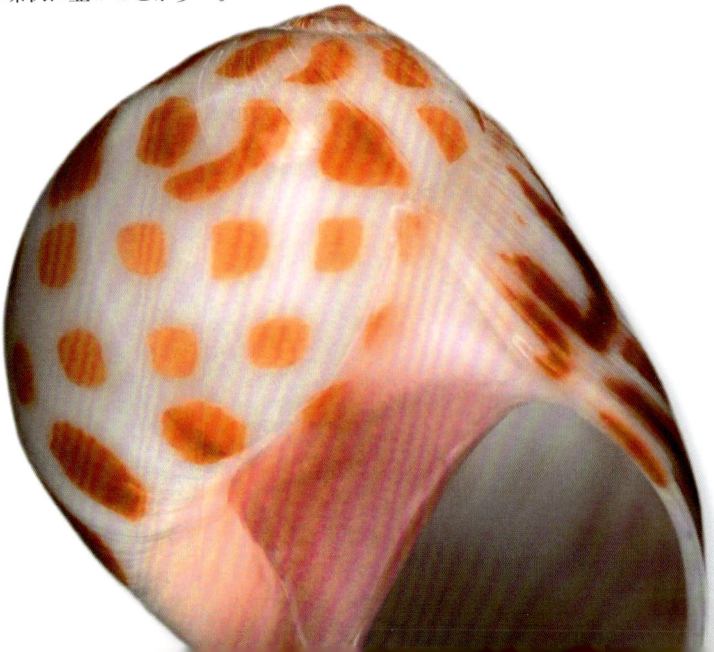

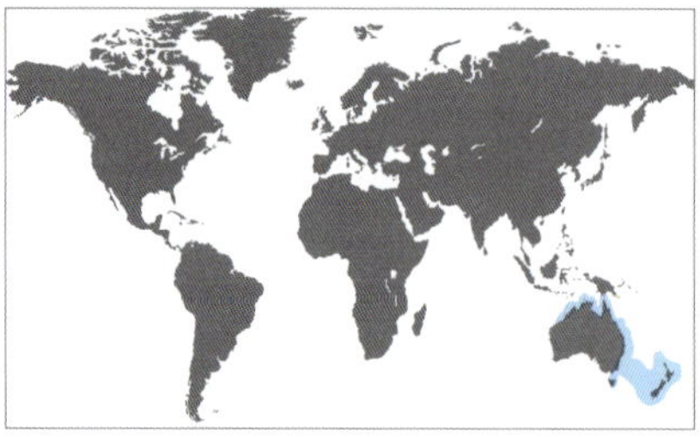

科	タマガイ科　Naticidae
貝殻の大きさ	15 〜 53mm
地理的分布	オーストラリア大陸、タスマニア島、ニュージーランド
存在量	ややふつう
生息深度	潮間帯から潮下帯
生息場所	砂地
食性	肉食性
蓋	角質

貝殻の大きさ
15 〜 53mm

写真の貝殻
21mm

Conuber conicum (Lamarck, 1822)

エンスイツメタガイ

CONICAL MOON

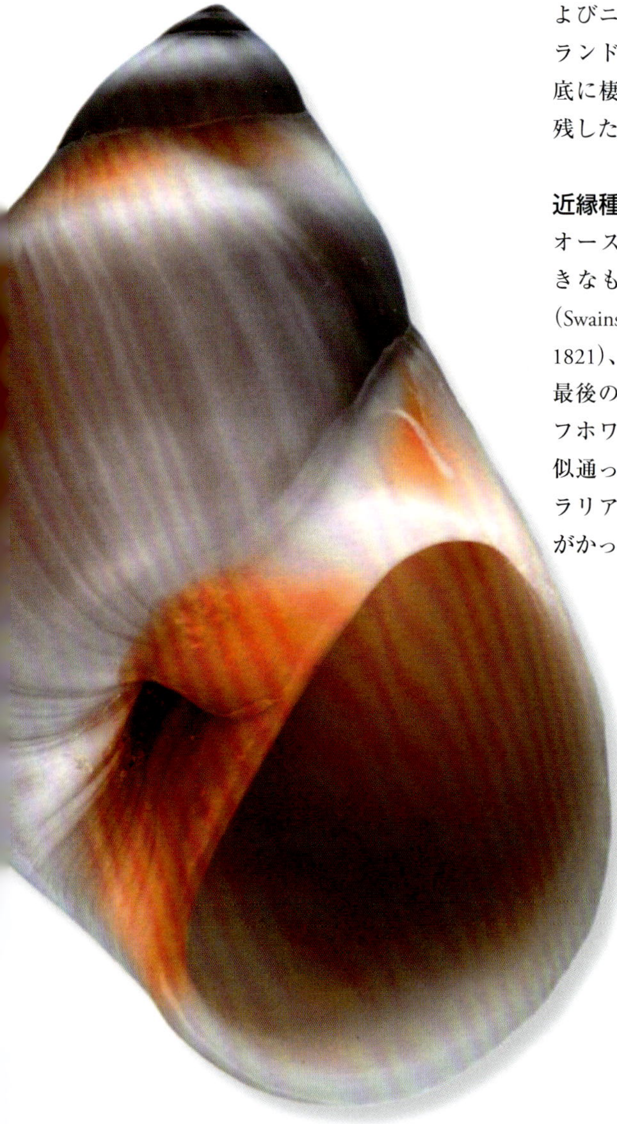

エンスイツメタガイは、タスマニア島を含むオーストラリアおよびニュージーランド近海に分布が限られている。ニュージーランドよりもオーストラリアでより多く見られる。河口域の砂底に棲み、そのような場所では干潮時に、砂や泥の上に本種が残した幅広い這い痕を見ることができる。

近縁種

オーストラリア東部には、他に3種の同属種が生息する。大きなものから順にオーストラリアツメタガイ *Conuber sordidum* (Swainson, 1821)、クチベニタマガイ *Conuber melastoma* (Swainson 1821)、ガラードトミガイ *Conuber putealis* (Garrard, 1961) である。最後のガラードトミガイは深所から得られ、希少で殻全体がオフホワイトである。他の2種はともに河口域に棲み、殻の色も似通っていて薄い灰褐色から小麦色だが、内面の色はオーストラリアツメタガイでは赤褐色、クチベニタマガイではオレンジがかった茶色である。

実物大

エンスイツメタガイの殻は卵形で、螺塔は小さく先端が尖る。螺層は丸みがあり、縫合の直下はわずかにへこむ。色は変異に富み、地色はオフホワイトから小麦色で、栗色から紫がかった褐色の縦筋が入る。殻口内はやや色が濃く、殻口後端の角および臍孔の周りはオレンジ色に染まる。

科	タマガイ科　Naticidae
貝殻の大きさ	20 ～ 40mm
地理的分布	アフリカ東岸からオーストラリア南東部にかけて
存在量	ふつう
生息深度	沖合、水深 10 ～ 30m
生息場所	砂地
食性	肉食性
蓋	石灰質

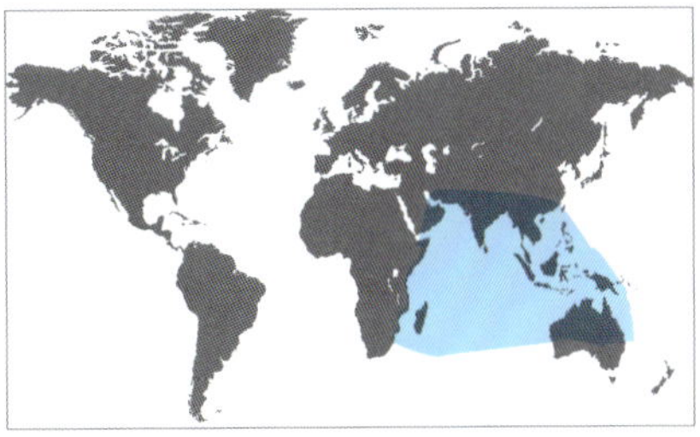

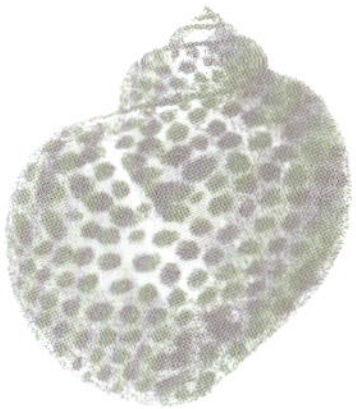

貝殻の大きさ
20 ～ 40mm

写真の貝殻
26mm

Notocochlis tigrina（Röding, 1798）

ゴマフダマガイ

TIGER MOON

ゴマフダマガイは、殻の模様に因んで英語では Tiger Moon（トラ模様のあるタマガイ）と呼ばれるが、トラの毛皮というよりヒョウの毛皮を彷彿させる。トラやヒョウなどの大型のネコ科動物と同じく捕食性の肉食動物で、幅の広い足で獲物の貝を包んで押さえ込み、その殻に孔をあけて軟体部を食べる。1日にあけられる孔の深さは 0.5mm ぐらいで、孔あけはゆっくりと進行する。餌種の殻には、ゴマフダマガイが最後まで孔をあけることに成功した、貫通した孔の他に不完全な孔がいくつも残っていることが多い。

近縁種

アフリカ西海岸に生息する *Natica variolaria* Récluz, 1844 は、たいていゴマフダマガイより少し小さいものの、色模様は似ている。しかし斑紋の大きさはより小さく、細長いものよりも円形に近いもののほうが多い。また、ずっと大きな臍孔をもっている。

ゴマフダマガイの殻は球状で、螺塔は低く幅が狭い。螺層は膨らみ、縫合の部分が角張る。地色は白からクリーム色で、褐色から濃褐色の細長い三角紋が螺状に並ぶ。臍孔は狭く、外唇は薄い。蓋は色がオフホワイトで、外唇側の縁に沿って3本の畝が並ぶ。殻の内面は白い。

実物大

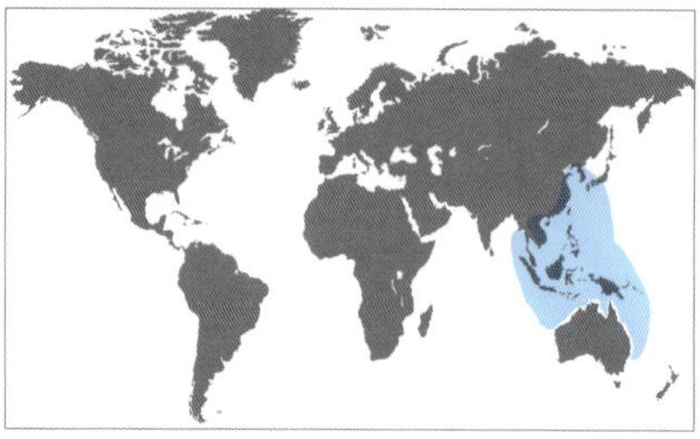

科	タマガイ科　Naticidae
貝殻の大きさ	20 〜 58mm
地理的分布	フィリピンからオーストラリアにかけて
存在量	ふつう
生息深度	潮間帯から水深 20m
生息場所	砂地
食性	肉食性
蓋	角質

貝殻の大きさ
20 〜 58mm

写真の貝殻
29mm

Natica aurantia (Röding, 1798)

キハダトミガイ

GOLDEN MOON

タマガイ類の雌は、砂茶碗と呼ばれる卵塊の中に卵をつめて産み出す。砂茶碗は、内縁が高く立ち上がり、外縁が波打った馬蹄形の独特な構造の卵塊で、ゼラチン質の分泌物と砂粒でできており、砂粒と砂粒の間に卵が1つずつ埋め込まれている。ときに、他の巻貝が砂茶碗の上に卵塊を産みつけることがある。キハダトミガイは、胎殻と初期の螺層が白く、その他の部分はオレンジ色の独特な殻をもつ。

近縁種

コハクダマガイ *Natica stellata* Chenu, 1845は、キハダトミガイと生息深度が同じで、地理的分布も重なるが、より広範囲に分布しインド洋にも生息する。殻はやはり光沢があり、色も淡いオレンジで似ているが、キハダトミガイより小さく、螺層の肩部がわずかに角張る。また、殻口がより広く、軸唇の滑層が臍孔を覆うことはない。さらに淡いオレンジの殻には地色より濃いオレンジの螺帯と縦長の炎模様が入っている。

キハダトミガイの殻は色鮮やかで、外面の大部分が淡いオレンジから濃いオレンジで光沢があり、内面は真っ白。形は球状で、螺塔は尖り、殻頂付近は白い。外唇は薄くて縁が鋭い。しばしば軸唇の白い滑層が臍孔を完全に覆っている。

実物大

科	タマガイ科　Naticidae
貝殻の大きさ	18 ～ 51mm
地理的分布	アフリカ東岸から西太平洋にかけて
存在量	ふつう
生息深度	潮間帯から潮下帯浅部
生息場所	砂地
食性	肉食性
蓋	角質

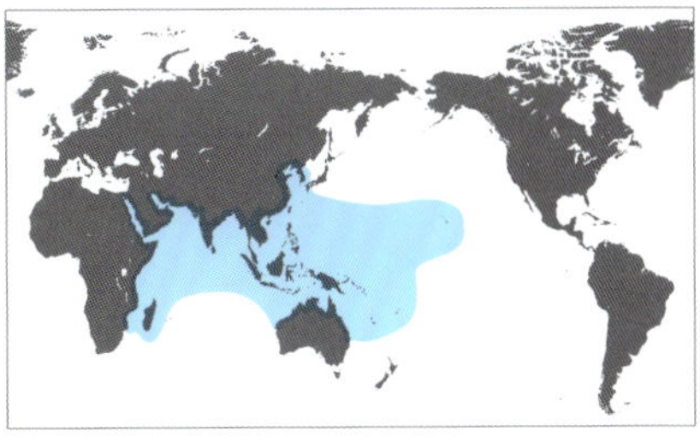

貝殻の大きさ
18 ～ 51mm

写真の貝殻
29mm

Mammilla melanostoma（Gmelin, 1791）

リスガイ

BLACK MOUTH MOON

リスガイは、インド洋から西太平洋にかけて広く分布し、浅海の砂底でふつうに見られる。他のタマガイ類同様、捕まえた餌の貝を足で包み込み、その殻にすり鉢状の孔をあけ、中の身を食べる。広いD字形の殻口をもち、臍孔も含めて軸唇部が濃いチョコレート色に染まることで容易に識別できる。

近縁種

モクレンタマガイ *Globularia fluctuata*（Sowerby I, 1825）は、西太平洋の深所に産し、めったに採集されない。一見リスガイに似ているが、螺状の色帯を横切って縦にジグザグ模様が走る。殻口はずっと広く、臍孔を通るように軸唇部の滑層に濃褐色の色帯が入ることはリスガイと似ているが、モクレンタマガイでは、その色帯の殻口寄りにほぼ同じ幅の白い部分がある。また、殻の内面はより濃い灰褐色である。

実物大

リスガイの殻は球状で、殻口が下方に伸長し、螺塔は非常に小さい。色は真珠のような艶のある白から薄い灰褐色で、さまざまな幅の栗色がかった褐色の螺帯が入る。螺帯の色は薄いものからやや濃いものまであり、螺帯を横切るように多数の縦筋が並ぶ。この模様は殻の内面にも見られることがある。蓋は濃い赤褐色。軸唇の滑層は非常に濃い褐色で、この滑層が臍孔を覆うことが多い。

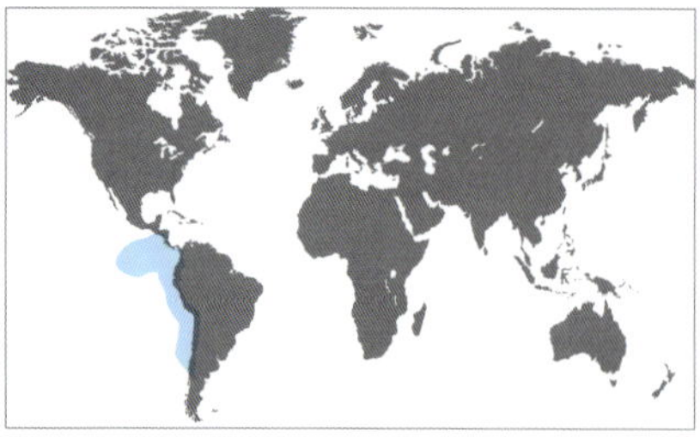

科	タマガイ科　Naticidae
貝殻の大きさ	25 ～ 70mm
地理的分布	パナマからチリにかけての太平洋沿岸およびガラパゴス諸島
存在量	ややふつう
生息深度	水深 10m までの潮下帯
生息場所	砂地
食性	肉食性
蓋	角質で小さくて薄い

貝殻の大きさ
25 ～ 70mm

写真の貝殻
29mm

Sinum cymba (Menke, 1828)

チャグチフクロガイ

BOAT EAR MOON

チャグチフクロガイの殻は大きくてかなり厚く、いくぶん細長い。殻口は大きく、殻軸に対して斜角をなす。軸唇は短く、その滑層は幅が狭いため臍孔まで達しない。殻表にはざらざらした螺肋があるのみ。殻の色は、殻頂近くは栗色がかった褐色で、殻口に近づくにつれて白っぽくなる。殻口内は茶色がかっている。

実物大

チャグチフクロガイは、フクロガイ属 *Sinum* の貝の中で最も膨らんだ殻をもつものの1つである。本属の大多数の貝は、鋭く傾斜した大きな殻口を備えた平たい殻をもつ。また、この類の軟体部は殻の割に大き過ぎて殻の中に収まり切らず、殻の蓋は殻口の大きさに対して著しく小さい。生時には大きく幅広い筋肉質の足が殻の縁を包んでおり、この足を使って砂中に潜る。パナマからチリにかけての太平洋沿岸とガラパゴス諸島に分布し、浅海の砂底に棲んでいる。

近縁種

フクロガイ *Sinum javanicum* (Griffith and Pidgeon, 1834) は、太平洋の反対側、すなわち西太平洋の日本からインドネシアにかけて分布する。この貝はチャグチフクロガイよりもわずかに小さく、殻の色は薄い黄色で、1本のかすかな紫の螺帯がある。この螺帯は殻頂に近づくにつれてだんだん色が濃くなり、胎殻も紫である。また、殻の内面は白く、非常につやつやしている。

科	タマガイ科　Naticidae
貝殻の大きさ	20 ～ 51mm
地理的分布	合衆国メリーランド州からブラジルにかけての大西洋沿岸およびカリブ海
存在量	ふつう
生息深度	潮間帯から水深 10m
生息場所	平坦な砂地
食性	肉食性
蓋	角質で小さくて薄い

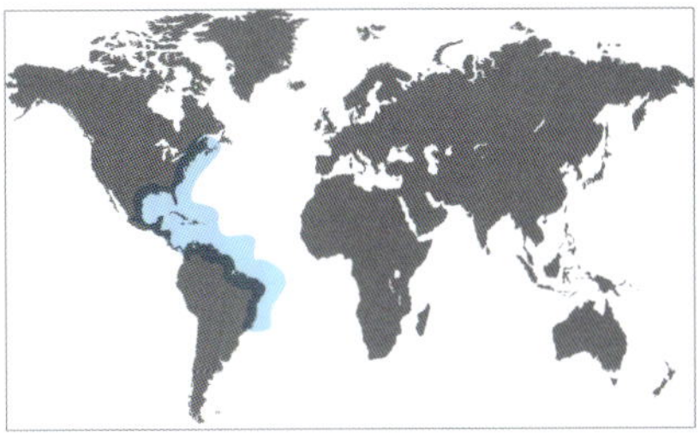

貝殻の大きさ
20 ～ 51mm

写真の貝殻
35mm

Sinum perspectivum (Say, 1831)

アメリカフクロガイ

BABY'S EAR MOON

アメリカフクロガイの殻は小さくて平たく、著しく退化しており、生時にはクリーム色の軟体部で完全に覆われている。足の前端部には鋤のような働きをする幅広い楯のような部分、前足がある。前足の組織内には特別な血体腔系があり、その中に海水を取り込むことによって前足を伸張することができる。この足を使って砂の上を這う時に幅広い這い痕を残すので、干潮時にこの這い痕を辿ると、砂に潜ったアメリカフクロガイを見つけることができる。

アメリカフクロガイの殻は小さくて薄く、平たく、ヒトの耳に似ている。殻口は、殻の大きさに対して不釣り合いに大きく、殻軸に対してほぼ直角をなす。殻口が非常に大きいため、殻口の内側にある殻軸部が見えている。軸唇は著しく短い。殻表には多数の細い螺糸がある。また、さまざまな強さの成長線も見られる。殻の色は殻口内も含めて一様に白い。殻の内面には光沢がある。

近縁種

モヨウヒメミミガイ *Sinum maculatum* (Say, 1831) は、アメリカフクロガイより数が少なく、分布域もアメリカ合衆国のノースカロライナ州からカリブ海までとより狭い。殻は似ているが背が高く、膨らみが強く、殻表の螺肋が弱い。また、殻の色が褐色から黄褐色で、軟体部は白っぽく、紫の斑点で覆われているので、本種と区別できる。

実物大

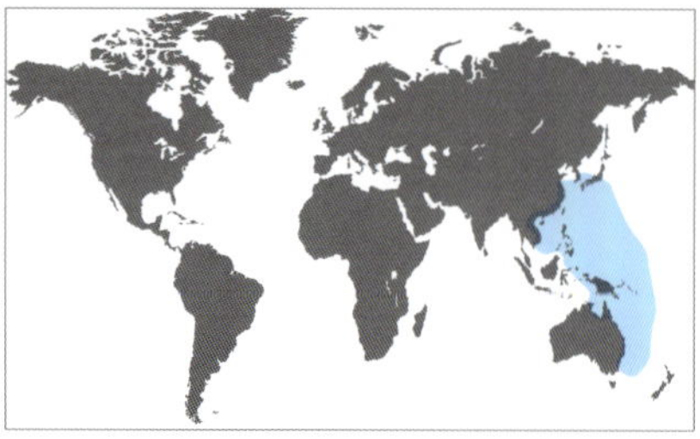

科	タマガイ科　Naticidae
貝殻の大きさ	28 ～ 35mm
地理的分布	中国からオーストラリアにかけての西太平洋
存在量	少産
生息深度	潮下帯から沖合まで
生息場所	砂地
食性	肉食性
蓋	角質で小さくて薄い

貝殻の大きさ
28 ～ 35mm

写真の貝殻
44mm

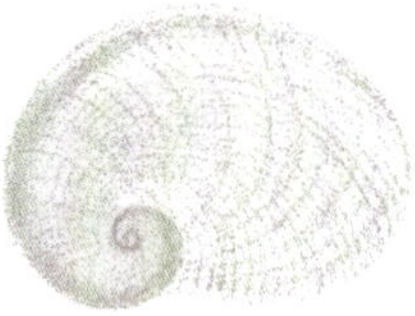

Sinum incisum (Reeve, 1864)

ツガイ

INCISED MOON

ツガイは、アメリカフクロガイ *Sinum perspectivum* (Say, 1831) と同様に平たい殻をもち、殻口からその内側にある殻軸部を見ることができる。進化の過程で殻がかなり小さくなっており、もはや軟体部全体を収納することはできない。従って、殻は軟体部全体を守ることはできず、巻いた体の一番上にある生殖巣や肝臓などの非常に傷つきやすい部分だけを保護している。

近縁種

アフリカ西海岸に固有のアフリカフクロガイ *Sinum concavum* (Lamarck, 1822) は、数少ない東大西洋産のフクロガイ類の１つである。この貝は殻の大きさや殻表の彫刻がツガイに似ているが、殻の色がクリーム色から薄茶色で、殻頂と殻底が白い。

実物大

ツガイの殻は上から見ると卵形で、平たい。殻頂から殻口に向かって螺層が急激に大きくなり、その下に非常に大きな殻口が広がる。殻の色は内外とも白だが、内面には光沢があり、外面は光沢がなく、多数の細い螺溝が並ぶ。螺溝は外唇近くでは波状にうねる。外唇は薄く、縁が鋭利。殻頂はときに紫に染まる。

科	タマガイ科　Naticidae
貝殻の大きさ	22 ～ 65mm
地理的分布	合衆国ノースカロライナ州からブラジルにかけての大西洋およびカリブ海
存在量	ふつう
生息深度	沖合、水深 60m ぐらいまで
生息場所	砂地
食性	肉食性
蓋	石灰質で少旋型

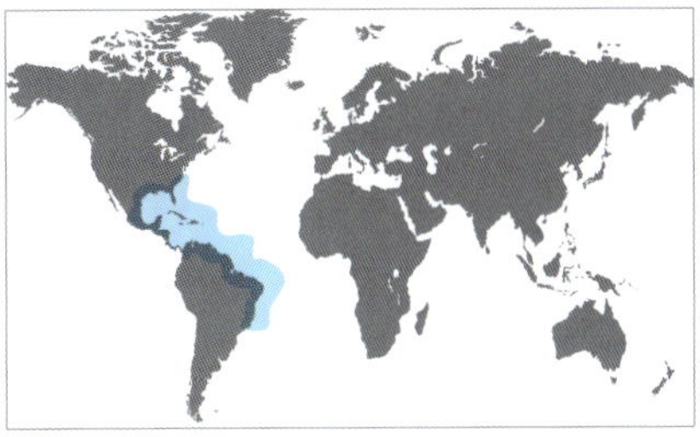

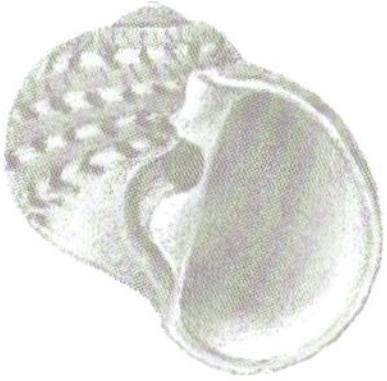

貝殻の大きさ
22 ～ 65mm

写真の貝殻
51mm

Naticarius canrena（Linnaeus, 1758）

サザナミタマガイ

COLORFUL ATLANTIC MOON

サザナミタマガイは、大きくカラフルな貝で、収集家に人気がある。軟体部は殻長の 4 倍近くあり、前足には多数の線が並び、足の横と後ろは斑点で覆われる。殻の蓋は石灰質で厚く、白色で、表面に 10 本ほどの螺状の溝が並ぶ。

近縁種

地中海でふつうに見られる同属種の *Naticarius hebraeus*（Martyn, 1786）は、タマガイ類にしては珍しく、砂より粗い砂利が堆積した所に棲む。殻の色は白からクリーム色で、栗色の小斑点や斑紋に覆われる。外唇の近くでは斑紋が 1 つにまとまり、さらに大きな斑紋になることがある。この貝の臍孔はかなり広く、その中に 1 本のやや細い顕著な滑層隆起がある。

実物大

サザナミタマガイの殻は滑らかで光沢があり、形はほぼ球形。螺塔は丸みがあって大きく、殻口はD 字形である。臍孔は大きく、軸唇の中ほどから臍孔の奥に向かって幅広い滑層隆起が走る。殻は栗色がかった褐色で、細い白色螺帯と波状の濃褐色の縦筋があり、それらが交差して複雑な模様をなしている。

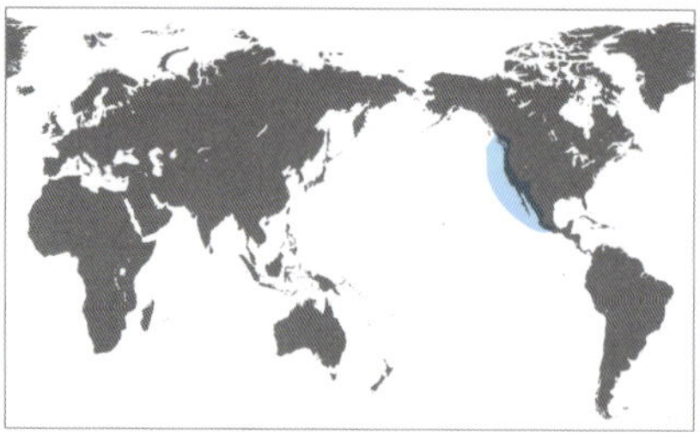

科	タマガイ科　Naticidae
貝殻の大きさ	57 ～ 166mm
地理的分布	バンクーバー島からメキシコにかけての東太平洋
存在量	ふつう
生息深度	潮間帯から水深 50m
生息場所	砂地
食性	肉食性
蓋	角質

貝殻の大きさ
57 ～ 166mm

写真の貝殻
128mm

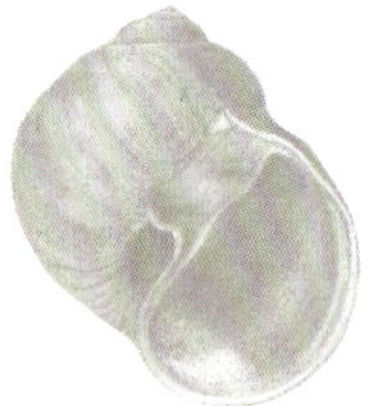

Euspira lewisii (Gould, 1847)

レーウィスタマガイ

LEWIS' MOON

レーウィスタマガイは、タマガイ科の現生種の中では最大級の大きさを誇る。雄より雌のほうがたいてい大きく長命で、雌は14年という長い寿命をもつ。生息地の砂干潟では優占する捕食者で、他のタマガイ類を含むさまざまな巻貝類や、アサリやカキなどの二枚貝類を食べる。レーウィスタマガイの貝殻は、アメリカ先住民の残した貝塚でよく見つかる。赤潮に汚染された二枚貝類を食べて、本種の体自体が有毒になることがある。

近縁種

同属種のアメリカタマツメタガイ *Euspira heros* (Say, 1822) は、レーウィスタマガイと同等に大きく、見た目もよく似ているが、この貝は北アメリカの大西洋岸に分布し、本種とは分布域が異なる。殻は淡い小麦色で、殻表には本種と同じぐらい多くの成長線がある。しかし、レーウィスタマガイの殻には螺層の周縁に沿って 1 本の浅い螺溝が走るが、アメリカタマツメタガイにはそれがなく、臍孔の色がより薄い。

レーウィスタマガイの殻は厚く、ほとんど球形で、殻表にはでこぼこした成長脈が密に並ぶ。螺塔は低く、螺層は丸みがある。臍孔は黒ずみ、部分的に白い軸唇の滑層で覆われる。縫合の少し下には1本の太く浅い螺溝があり、その端は外唇の上部に達する。殻の外面は薄いベージュから栗色で、内面はもっと色が薄い。

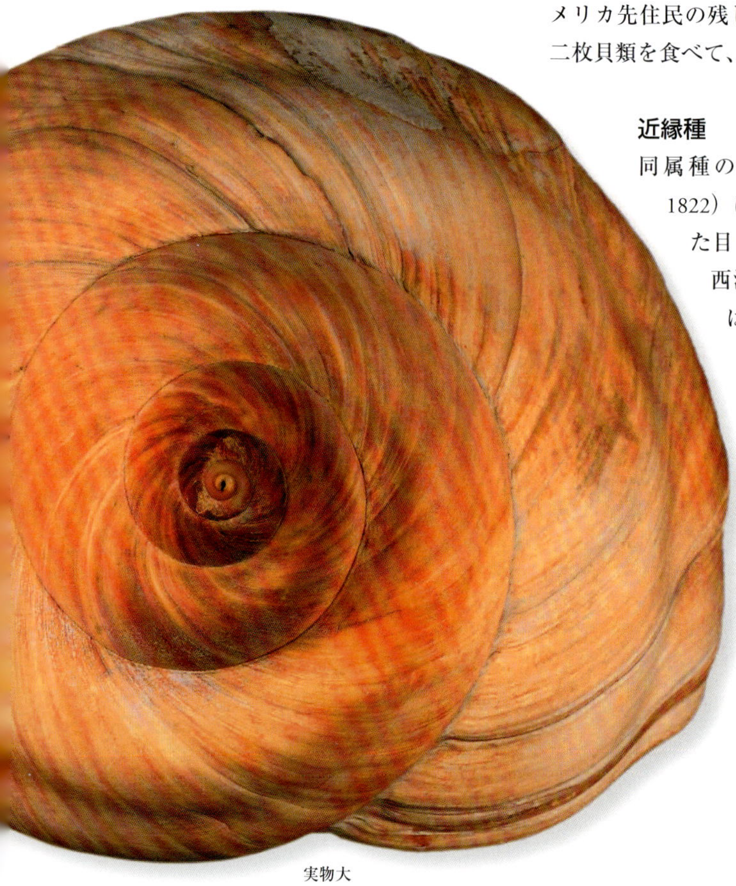

実物大

科	オキニシ科　Bursidae
貝殻の大きさ	35 ～ 75mm
地理的分布	合衆国フロリダ州からブラジルにかけての西大西洋とカナリア諸島から南アフリカにかけての東大西洋
存在量	少産
生息深度	水深 30 ～ 275m
生息場所	岩石底や礫底
食性	肉食性で多毛類などを食べる
蓋	角質で中心に核があり、卵形

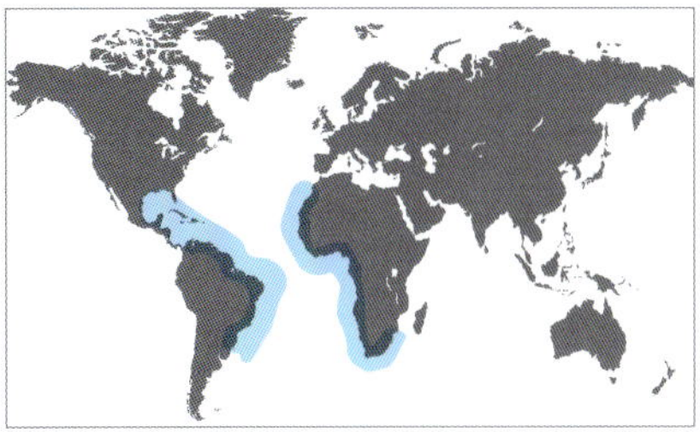

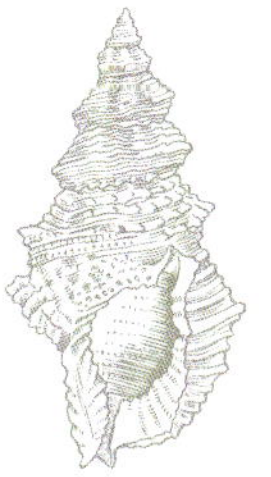

貝殻の大きさ
35 ～ 75mm

写真の貝殻
60mm

Bursa ranelloides tenuisculpta（Dautzenberg and Fischer, 1906）

タイセイヨウコナルトボラ

FINE-SCULPTURED FROG SHELL

タイセイヨウコナルトボラは、インド太平洋産のコナルトボラ *Bursa ranelloides ranelloides*（Reeve, 1844）よりも殻が細長く、殻表の彫刻が弱い。タイセイヨウコナルトボラの亜種名の *tenuisculpta*（ラテン語で「細い」や「小さい」などを意味する tenuis と「彫刻のある」を意味する sculpta から）は、殻表の彫刻が弱いことに因んでつけられたものである。軟体部はクリーム色で、オレンジと白の斑紋があり、頭部触角は黄色で黒い縞がある。世界には、熱帯や亜熱帯を中心に約 60 種のオキニシ科の現生種が生息する。本科の最古の化石は、白亜紀中期のものが知られる。

近縁種

アデン湾からケニアにかけて生息する *Tutufa bardeyi*（Jousseaume, 1894）は、オキニシ科の現生種の中で最大で、殻長が 400mm を超えることがある。アメリカ合衆国ノースカロライナ州からブラジルにかけて分布するクリイロミヤコボラ *Bufonaria bufo*（Bruguière, 1792）の殻は、背腹に扁圧され、殻表に顆粒の螺列が並ぶ。

タイセイヨウコナルトボラの殻は中型で比較的軽く、底面が丸く突き出た円錐形。螺塔は高く、縫合は深く明瞭で、殻頂は滑らか。各螺層の殻表には 5 ～ 7 列の小瘤の螺列があり、それらの瘤より大きな瘤が肩部に螺状に 1 列に並ぶ。また、およそ 240° ごとに縦張肋がある。殻口は楕円形で、外唇は肥厚し、その内壁に襞を備える。軸唇には数本の軸襞がある。殻の色はクリーム色か赤みがかった小麦色で、殻口内は白い。

実物大

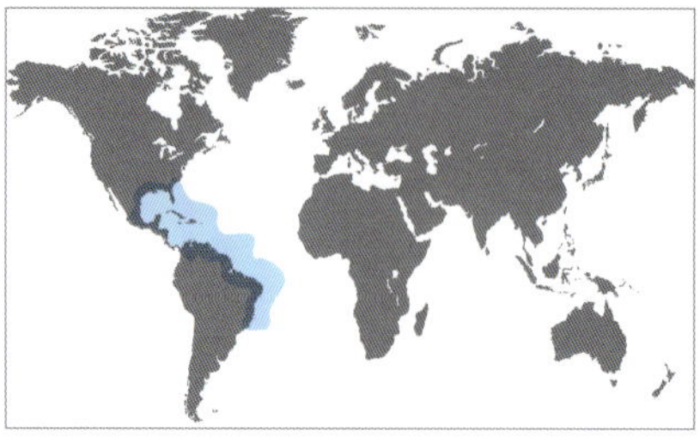

科	オキニシ科　Bursidae
貝殻の大きさ	20 ～ 70mm
地理的分布	合衆国ノースカロライナ州からブラジル北東部にかけて
存在量	ふつう
生息深度	潮間帯から水深 100m
生息場所	岩石底や砂底や泥底
食性	肉食性で多毛類などを食べる
蓋	角質で中心に核があり、卵形

貝殻の大きさ
20 ～ 70mm

写真の貝殻
64mm

Bufonaria bufo (Bruguière, 1792)

クリイロミヤコボラ

CHESTNUT FROG SHELL

クリイロミヤコボラの殻は背腹に扁圧され、およそ 180° ごとに縦張肋が出るので、上下の螺層の縦張肋がほぼきれいに縦に並ぶ。他のオキニシ類と同様、殻口には前縁の水管溝とともに後縁の縫合の直下に狭窄部、すなわち後溝がある。各縦張肋の上にはかつての後溝の跡が見られるが、開いているのは殻口にある最も新しい後溝だけである。アメリカ合衆国フロリダ州では希少だが、カリブ海ではふつうに見られ、多産するところさえある。オキニシ類は多毛類やホシムシ類を食べることが知られるが、これらの餌生物を素早く捕まえてのみ込む。

近縁種

インド西太平洋に生息するハリミヤコボラ *Bufonaria echinata* (Link, 1807) は、クリイロミヤコボラに似た殻をもつが、縦張肋の上に外向きに伸びた棘が並ぶ。棘には螺塔の高さと同じぐらい長いものもあるが、個体によっては棘が短い。ソマリアから南アフリカにかけて分布するショウジョウミヤコボラ *Bufonaria foliata* (Broderip, 1825) は、クリイロミヤコボラより大きく、外唇が幅広く縁が反り返り内壁に歯があることと殻口がオレンジがかった赤に染まることで区別できる。

実物大

クリイロミヤコボラの殻は中型で厚く、背腹に扁圧され、輪郭は楕円形。螺塔は比較的高く先端が尖り、縫合は深い。螺層は膨らまず、その側面はほとんどまっすぐ。殻表には何列もの顆粒螺列があり、それらの顆粒よりやや大きな瘤が並んだ螺列が各螺層に 1、2 列ある。殻口は小さく形は卵形。外唇は肥厚し、その内壁に襞がある。軸唇には小さな軸襞が並ぶ。縦張肋は約 180° ごとにあり、上下の螺層の縦張肋がきれいに縦に並ぶ。殻の色は淡褐色で、それより濃い褐色あるいは灰色の螺帯が入る。殻の内面は白い。

科	オキニシ科　Bursidae
貝殻の大きさ	30 ～ 115mm
地理的分布	ソマリアから南アフリカにかけてのインド洋西部
存在量	少産
生息深度	水深 25 ～ 30m
生息場所	岩石底や泥底
食性	肉食性で多毛類などを食べる
蓋	角質で卵形

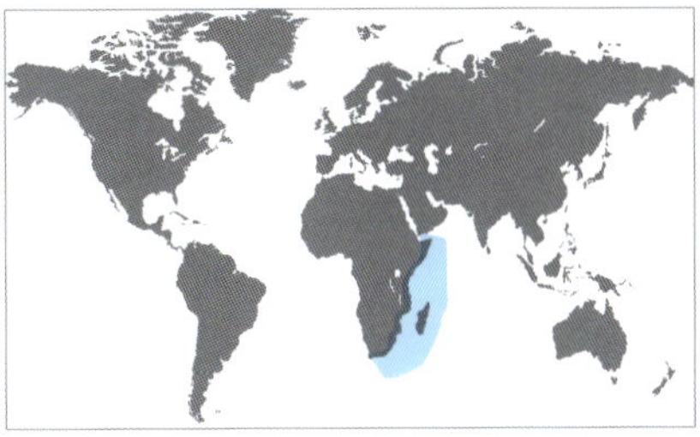

貝殻の大きさ
30 ～ 115mm

写真の貝殻
71mm

Bufonaria foliata（Broderip, 1825）

ショウジョウミヤコボラ

FRILLED FROG SHELL

ショウジョウミヤコボラは、縁が反り返って内壁に襞の並んだ幅広い外唇とオレンジがかった赤色の軸唇を備えた殻をもつ。たいていは殻の色が薄く、この鮮やかな軸唇が映えるため、オキニシ類の中でも最も人目を引く貝の1つである。螺層には180°ごとに縦張肋があり、上下の螺層のものがきれいに縦に並ぶ。南アフリカでは沖合に生息しておりめったに採れないが、他の所にはもっと多くいるのかもしれない。オキニシ科の中には、殻口の大きさに性的二型を示す貝が知られ、そのような種では、産卵雌が雄や未成熟な雌よりも大きな殻口をもつ。

近縁種

フィリピンに産する同属の *Bufonaria borisbeckeri* Parth, 1996 は、ショウジョウミヤコボラに似た殻をもつが、より小さく、殻口は白い。この貝の学名は、ドイツのテニス選手ボリス・ベッカー（Boris Becker）に敬意を表してつけられたものである。アメリカ合衆国ノースカロライナ州からブラジルにかけて生息するクリイロミヤコボラ *Bufonaria bufo*（Bruguière, 1792）の殻は背腹に扁圧され、殻表に顆粒螺列が密に並ぶ。

実物大

ショウジョウミヤコボラの殻は中型で比較的薄く、背腹にやや扁圧され、卵形。螺塔はやや低く先端は尖る。殻表には螺肋があり、数本の螺肋には瘤が並ぶ。とくに肩部に沿う螺肋上の瘤は顕著で、先が尖って棘のようになっている。殻口は披針形で、内壁に襞のある外唇、襞の並ぶ幅広い滑層に覆われた軸唇を備える。殻口の後部には長い後溝がある。殻の色はたいていクリーム色か小麦色で、ときにピンクを帯び、殻口の周りはオレンジがかった赤に染まり、色鮮やかである。

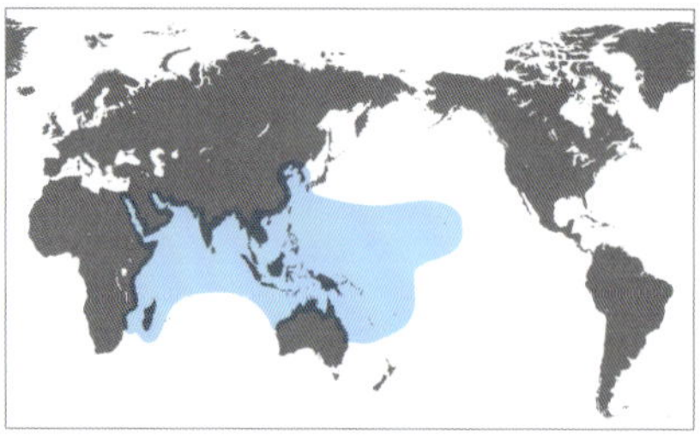

科	オキニシ科　Bursidae
貝殻の大きさ	50 〜 240mm
地理的分布	紅海からインド太平洋にかけて
存在量	ふつう
生息深度	潮間帯から水深 200m
生息場所	岩石底
食性	肉食性で多毛類を食べる
蓋	角質で端に核があり、卵形

貝殻の大きさ
50 〜 240mm

写真の貝殻
197mm

Tutufa bufo (Röding, 1798)

オオナルトボラ

RED-RINGED FROG SHELL

実物大

オオナルトボラは、オキニシ科の大型種で、殻表に並ぶ瘤がカエルの皮膚を連想させるので、英語では frog shell（カエルのような貝）として知られる。紅海から中部太平洋のハワイまで広く分布し、ニュージーランド北島のような亜熱帯域にも生息している。生息水深の幅も広く、潮間帯から約 200m の深所まで生息が確認されている。オオナルトボラはおもにサンゴ礁域の浅海で見られる。能動的に餌を捕まえる捕食者で、多毛類を専食する。

近縁種

アデン湾からケニアにかけて生息する同属の *Tutufa bardeyi* (Jousseaume, 1894) は、オキニシ科の最大種で、オオナルトボラの大型個体の 2 倍近い長さになるものもいて、殻長は 430mm ほどに達する。アメリカ合衆国フロリダ州からブラジルにかけて分布するハデウネボラ *Bursa corrugata* (Perry, 1811) は、オオナルトボラよりずっと小さな殻をもつ。ハデウネボラの殻の外唇は外縁が広がり、色がオレンジを帯びた褐色で、内壁に白っぽい短い襞が並び、独特である。

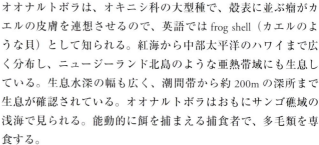

オオナルトボラの殻は大きく、硬くて重く、幅広い紡錘形。螺塔は高く、各螺層には瘤の並んだ螺肋が 2 、3 列あり、他の螺肋にはあまり目立たない小瘤あるいは顆粒が並ぶ。また 4 、5 列の螺肋の一部が膨らみ、太い畝状隆起を形成する。殻口は卵形で大きく、外唇縁は広がって波打ち、軸唇は滑らか。軸唇には薄い滑層楯があり、この滑層楯は大きく広がることもある。前溝、後溝ともよく発達する。殻の色は白または淡黄褐色で、外唇は白またはピンク。殻口の少し奥は赤褐色に染まる。

科	トウカムリガイ科　Cassidae
貝殻の大きさ	30 ～ 100mm
地理的分布	紅海からハワイまでのインド太平洋
存在量	ふつう
生息深度	潮間帯下部から水深 100m
生息場所	砂底
食性	肉食性で棘皮動物を食べる
蓋	角質で小さい

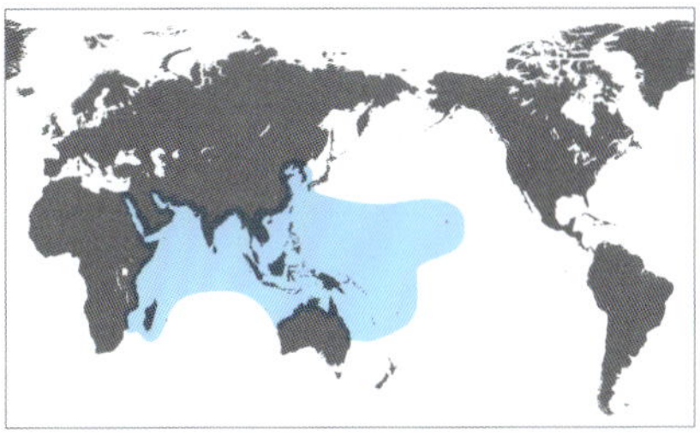

貝殻の大きさ
30 ～ 100mm

写真の貝殻
38mm

Casmaria ponderosa（Gmelin, 1791）

アメガイ

HEAVY BONNET

アメガイの殻は、このページの写真が示しているように、かなりがっしりしていて重いので、英語圏では heavy bonnet（重たい帽子形の貝）という、いかにもそれらしい名前で呼ばれている。しかし、本種の殻は変異に富み、多くの亜種や形態型が記載され、その中には殻の薄いものもある。他のトウカムリガイ類と同じく、本種も肉食で、おもに夜間に棘皮動物を食べる。トウカムリガイ類は長い吻をもつので、ガンガゼ属 *Diadema* のウニのように長い棘をもったものを食べる時でさえ、棘に邪魔されずにウニの殻まで吻をのばすことができる。トウカムリガイ科の現生種は 70 種ほど知られ、熱帯から温帯の海に棲んでいる。

近縁種

インド西太平洋に生息するヒナヅルガイ *Casmaria vibex*（Linnaeus, 1758）の殻は、アメガイの殻よりも小さくて薄く、殻表はより滑らかである。ヒナヅルガイの外唇も肥厚するが、内壁に歯はない。同じくインド洋と西太平洋に分布するカンコガイ *Phalium glaucum*（Linnaeus, 1758）は、大きさはアメガイよりも大きいが、殻はより薄く球状である。カンコガイの殻は全体に灰色で、外唇は縁が広がって外側に反り、その前縁に 3、4 本の棘が並ぶ。

実物大

アメガイの殻は中型で厚く、がっしりしていて、輪郭は長い楕円形。螺塔はやや高く先端が尖り、縫合は顕著で、螺層は膨らむ。殻表は滑らかで光沢があるが、（このページの写真のように）体層や次体層には肩部に瘤が並ぶことがある。殻口は狭く、外唇も軸唇も肥厚して滑層で覆われる。外唇の内壁には歯が、外縁には先端の尖った鋸歯状突起が並ぶ。殻の色は白またはクリーム色で、縫合の近くに褐色斑が1列に並ぶ。殻口内は白い。

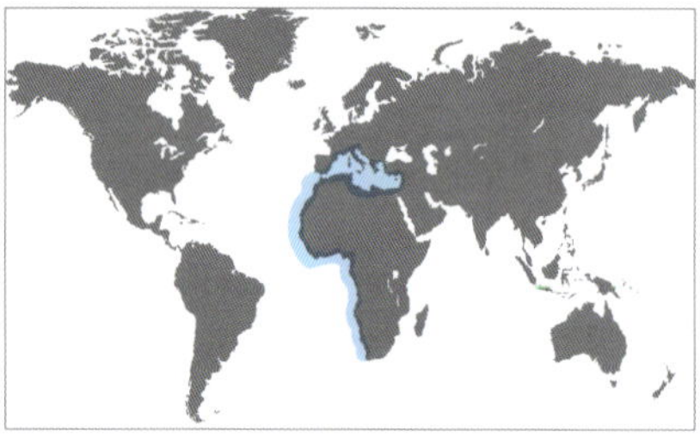

科	トウカムリガイ科　Cassidae
貝殻の大きさ	50 〜 110mm
地理的分布	地中海およびアフリカ西岸
存在量	ふつう
生息深度	水深 30 〜 150m
生息場所	泥底や砂底
食性	肉食性でウニ類を食べる
蓋	角質で薄く半円形

貝殻の大きさ
50 〜 110mm

写真の貝殻
60mm

Galeodea echinophora (Linnaeus, 1758)

イボカブトウラシマガイ

SPINY BONNET

実物大

イボカブトウラシマガイの殻は、螺塔がやや高く、水管溝の先端が上を向く。体層には 4 〜 6 本の特徴的な螺肋があり、後方の肋のほうが前方のものより瘤が多い。しばしば瘤の先端がかなり尖っているため、spiny bonnet（棘のある帽子形の貝）という英語名をもつ。外唇はクリーム色がかった白でわずかに肥厚し、縁が広がり、内壁には不明瞭な襞がある。殻の色は明るい褐色から濃褐色。

イボカブトウラシマガイは、普通種で、アドリア海ではとくによく見られるが、一度にたくさん見つかることはあまりない。本種は、まずウニの殻の一部分から棘を取り除き、それから吻を使って殻に狭い孔をあけ、そこから中身を取り出して食べる。イボカブトウラシマガイは、スペインやイタリアなどのヨーロッパの国々では食用にされ、形や殻表の彫刻が美しいので殻は収集家に好まれている。

近縁種

セイヨウカズラガイ *Phalium saburon*（Bruguière, 1792）は、やはり地中海とアフリカ西岸に生息するが、殻はイボカブトウラシマガイよりも膨らみが強く、水管溝がもっと短く幅広い。また、イボカブトウラシマガイの殻表に見られる特徴的な瘤はない。ダイオウカブトウラシマガイ *Galeodea rugosa*（Linnaeus, 1758）も分布域が似ているが、もっと北まで分布している。この貝の殻はイボカブトウラシマガイほど肩が角張らず、瘤はない。

科	トウカムリガイ科　Cassidae
貝殻の大きさ	60 〜 147mm
地理的分布	アフリカ東岸から西太平洋にかけて
存在量	ふつう
生息深度	潮間帯から水深 60m
生息場所	砂底
食性	肉食性で棘皮動物を食べる
蓋	角質で細長く扇形

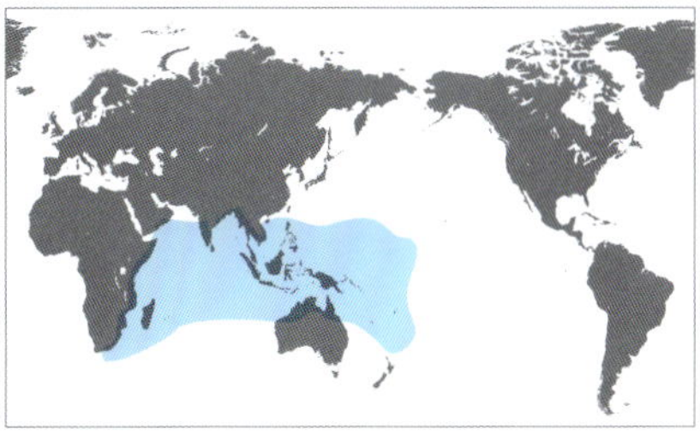

貝殻の大きさ
60 〜 147mm

写真の貝殻
77mm

Phalium glaucum (Linnaeus, 1758)

カンコガイ

GRAY BONNET

カンコガイは、タイコガイ属 *Phalium* の大型種で、殻が大きく膨らみ、殻の背面全体が灰色がかり、外唇の前縁に 3、4 個の尖った棘をもつため容易に識別できる。潮間帯から沖合の砂底に棲み、肉食性で、タコノマクラ類やウニ類を食べて暮らしている。繁殖期には雌は集まって産卵し、不規則な卵塊を産む。本種は食用になり、貝殻も売買されているため、採取される。本種をはじめいくつかのトウカムリガイ類の蓋は扇形で細長く、表面に放射状の畝や溝がある。

近縁種

日本からベトナムにかけて生息するカズラガイ *Phalium flammiferum* (Röding, 1798) は、炎模様が並んだ美しい殻をもつ。この貝の殻表には光沢があり、螺状線が刻まれ、240° ごとに縦張肋が出る。地中海とアフリカ西岸に産するイボカブトウラシマガイ *Galeodea echinophora* (Linnaeus, 1758) は、やや長い水管溝を備えた球状の殻をもち、殻表には瘤の並んだ数本の螺肋がある。

実物大

カンコガイの殻はやや大型で球状に膨らみ、輪郭は楕円形。螺塔は低く先端が尖り、縫合は顕著で、螺層は角張る。殻表は大部分が滑らかで、かすかな螺肋と成長線が交差する。螺層には 240° ごとに出る縦張肋があり、体層および次体層の肩は角張り、そこに小瘤が並ぶ。殻口は細長い半楕円形。外唇は肥厚し、内壁には襞が並び、前縁には 3、4 本の棘がある。殻は全体に灰色がかり、殻口内は褐色がかる。外唇は薄いオレンジに染まる。

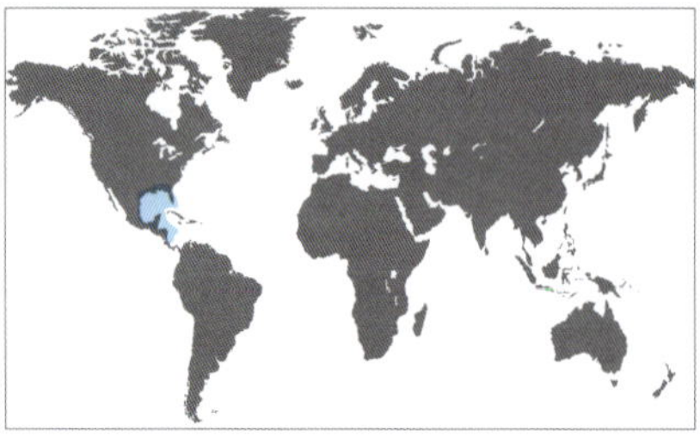

科	トウカムリガイ科　Cassidae
貝殻の大きさ	90 ～ 135mm
地理的分布	合衆国フロリダ州からメキシコ湾にかけて
存在量	少産
生息深度	水深 130 ～ 900m
生息場所	砂泥底
食性	肉食性
蓋	角質で卵形

貝殻の大きさ
90 ～ 135mm

写真の貝殻
100mm

Oocorys bartschi Rehder, 1943

バーチタマゴボラ

BARTSCH'S FALSE TUN

バーチタマゴボラの殻はやや大きく、薄いが頑丈で、丸く膨らみ、幅広い紡錘形。螺塔は低く先端が尖り、縫合は顕著で、螺層は膨らむ。殻表には低い螺肋が等間隔に並び、体層にはそれが 40 本ほどある。小さな殻には縦張肋がなさそうだが、大きな殻には少数の縦張肋が見られることがある。殻口は大きく楕円形で、外唇は縁が外側に反り返り、ぎざぎざがある。軸唇は湾曲していて表面は滑らか。殻の色は外面が桃色あるいは薄いオレンジで、内面はクリーム色。

バーチタマゴボラは、深海産のトウカムリガイ類の 1 種で、大陸棚の沖の砂泥底に棲む。あまり採集されることがないため、生態はよく分かっていない。角質の卵形の蓋をもつが、それは殻口を塞ぐには小さ過ぎる。殻は球状に膨らみ、殻表には低い螺肋が並び、体層にはそれが 40 本ほどある。本種が含まれるタマゴボラ亜科 Oocorythinae の現生種は世界で約 15 種が知られる。大多数のトウカムリガイ類とは対照的に、本亜科の貝はよく深海に出現する。別の科に分けられたこともあったが、歯舌などの解剖学的特徴はトウカムリガイ科に含めるべきものであることを示している。

近縁種

アメリカ合衆国ノースカロライナ州から西インド諸島にかけての大西洋とカリブ海、さらにインド洋にも分布するタイセイヨウタマゴボラ *Oocorys sulcata* Fischer, 1883 は、水深 1000m 以深の深海に生息する普通種である。この貝はバーチタマゴボラに似た殻をもつが、より小型で殻口が小さく、螺肋の数が少ない。東アフリカからポリネシアにかけて生息するマンボウガイ *Cypraecassis rufa* (Linnaeus, 1758) は、楕円形の殻口の周りがオレンジ色の非常に厚い滑層に覆われた大きな硬い殻をもつ。この貝はカメオを作るのに使われる貝の 1 つである。

実物大

科	トウカムリガイ科　Cassidae
貝殻の大きさ	65 ～ 200mm
地理的分布	インド西太平洋
存在量	ふつう
生息深度	潮間帯から水深 12m
生息場所	サンゴ礁周辺
食性	肉食性でウニ類を食べる
蓋	角質で薄い

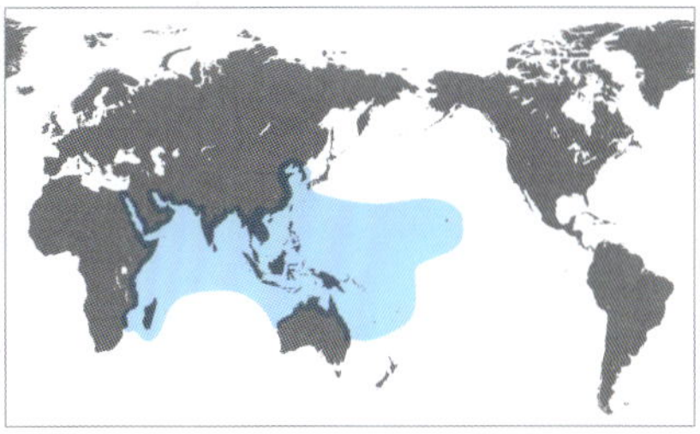

貝殻の大きさ
65 ～ 200mm

写真の貝殻
150mm

Cypraecassis rufa (Linnaeus, 1758)

マンボウガイ

BULLMOUTH HELMET

マンボウガイは、他の大型トウカムリガイ類と同様、何世紀にも渡ってカメオをつくるのに使われてきた。そのため、Cameo Shell（カメオ貝）とも呼ばれる。カメオに使われる殻はおもに東アフリカで採られたもので、イタリアに運ばれてからそこで殻に彫刻が施される。トウカムリガイ類の例に漏れず、本種も肉食性で、歯舌と酸性の分泌液を使ってウニ類の殻に孔をあけ、その中身を食べる。

近縁種

アメリカ合衆国フロリダ州およびバーミューダ島から小アンティル諸島にかけて生息するホノオトウカムリガイ *Cassis flammea* (Linnaeus, 1758) は、マンボウガイより小さく、殻口の滑層の赤みが弱く、色も薄い。また、マンボウガイの外唇には襞が 22 ～ 24 個ほどあるが、ホノオトウカムリガイの外唇には多くても 10 個ほどの襞しかない。インド西太平洋産のトウカムリガイ *Cassis cornuta* (Linnaeus, 1758) は、螺層の肩にマンボウガイのものよりずっと大きな瘤（雄では瘤は角状になることがある）があり、殻の色がたいてい灰色から白で、外唇の襞の数がやはりマンボウガイよりも少ない。

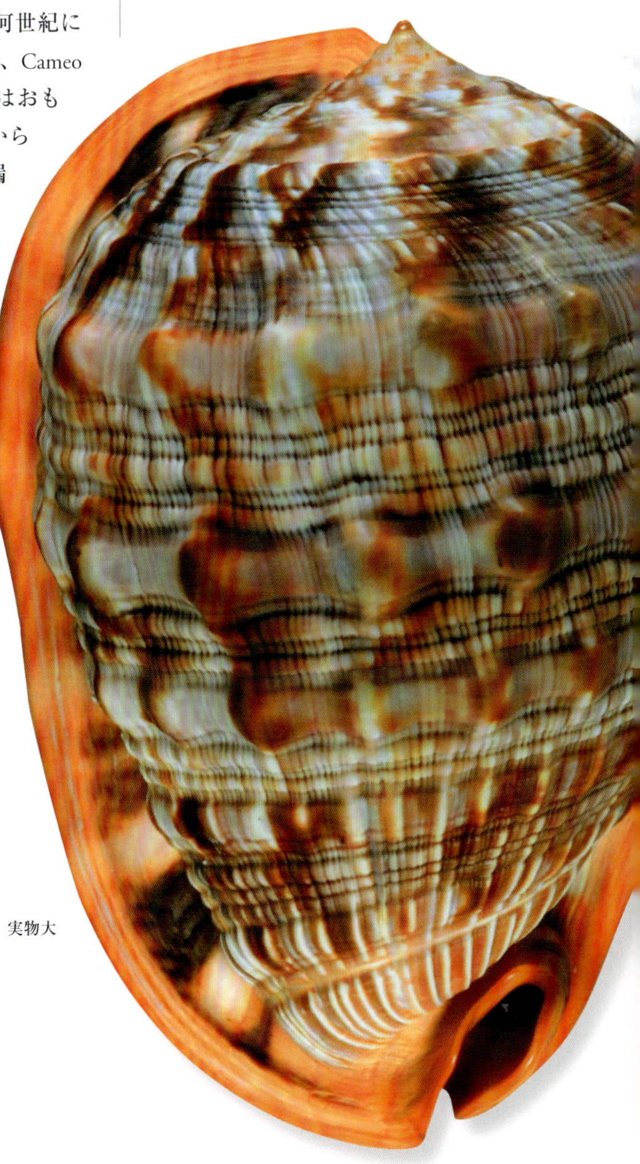

実物大

マンボウガイの殻は厚くて重く、螺塔が低い。螺層の肩は角張る。体層には、瘤が並んだ太い螺肋が 3、4 本あり、太い肋の間には、小さな瘤の並んだ、より細い螺肋がある。殻の前方には薄い色の細い縦肋が並び、殻の前端には急激に上向きに曲がった赤褐色の水管溝がある。軸唇は赤く、多数の白い襞を備え、襞と襞の間が褐色に染まる。外唇の内壁には 22 ～ 24 個ほどの色の薄い特徴的な襞が並ぶ。

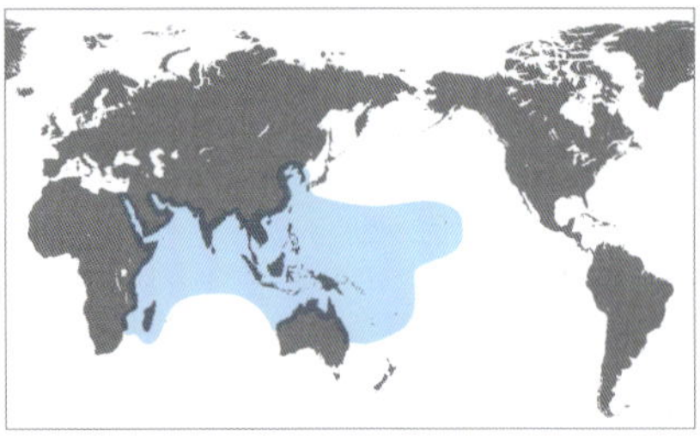

科	トウカムリガイ科　Cassidae
貝殻の大きさ	50 〜 390mm
地理的分布	インド西太平洋
存在量	ふつう
生息深度	浅海、水深 2 〜 30m
生息場所	サンゴ礁周辺
食性	肉食性でウニ類を食べる
蓋	角質で薄い

貝殻の大きさ
50 〜 390mm

写真の貝殻
200mm

Cassis cornuta (Linnaeus, 1758)

トウカムリガイ

HORNED HELMET

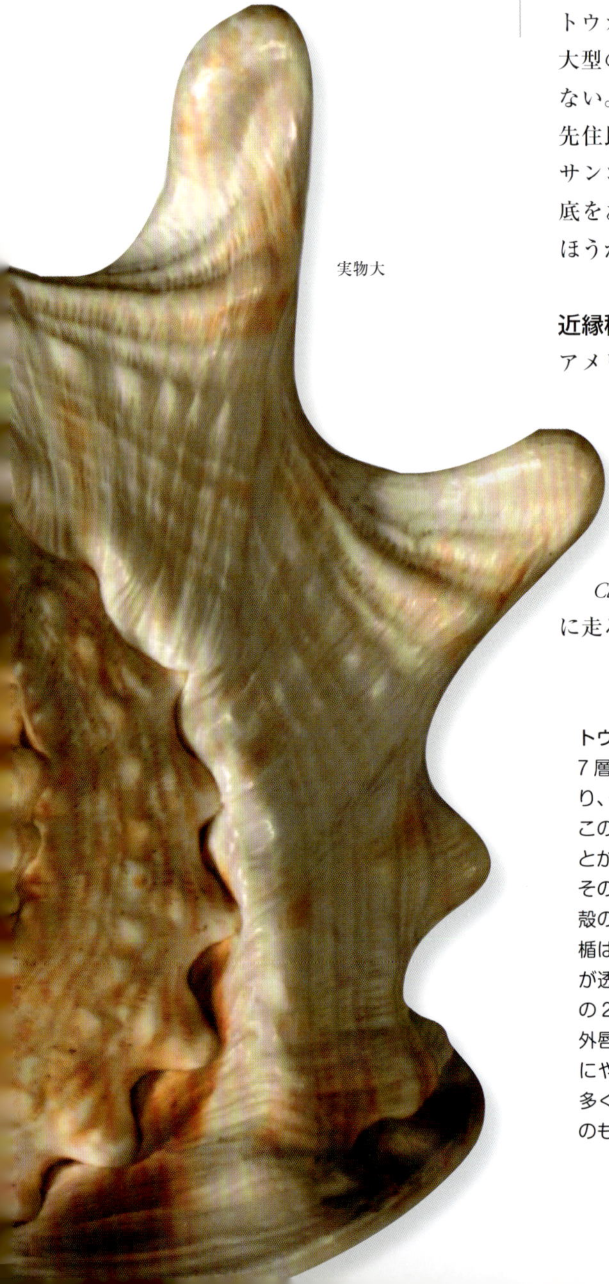

実物大

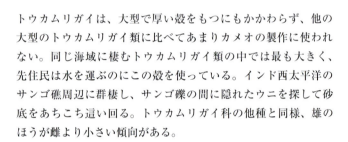

トウカムリガイは、大型で厚い殻をもつにもかかわらず、他の大型のトウカムリガイ類に比べてあまりカメオの製作に使われない。同じ海域に棲むトウカムリガイ類の中では最も大きく、先住民は水を運ぶのにこの殻を使っている。インド西太平洋のサンゴ礁周辺に群棲し、サンゴ礫の間に隠れたウニを探して砂底をあちこち這い回る。トウカムリガイ科の他種と同様、雄のほうが雌より小さい傾向がある。

近縁種

アメリカ合衆国フロリダ州から小アンティル諸島にかけてのカリブ海と大西洋、そしてメキシコ湾に分布するクチグロトウカムリガイ *Cassis madagascariensis* (Lamarck, 1822) は、トウカムリガイより小さく、殻表には顕著な螺肋があり、軸唇全長にわたって軸襞が並び、襞と襞の間が黒く染まっている。カリブ海に産するホノオトウカムリガイ *Cassis flammea* (Linnaeus, 1758) は、さらに小さく、体層に縦に走る濃色のジグザグ模様がある。

トウカムリガイの殻の螺塔は低く、約7層の螺層からなる。螺層の肩は角張り、そこに5〜7個の独特な瘤が並ぶ。この瘤は雄では突出して角状になることがある。体層には3本の螺帯があり、その上にも小さな瘤が並ぶ。その瘤は殻の前方のもののほうが小さい。滑層楯は広く、その後部では殻の色や彫刻が透けて見える。軸唇は滑層楯の前方の2/3ほどを占め、顕著な襞を備える。外唇には不明瞭な縞模様があり、内壁にやや太い襞が1列に並ぶ。歯の数は多くても12本ほどで、外唇の中ほどのものが最も大きい。

科	トウカムリガイ科　Cassidae
貝殻の大きさ	200 〜 410mm
地理的分布	メキシコ湾および合衆国南東部からバルバドスにかけて
存在量	ふつう
生息深度	水深 3 〜 27m
生息場所	砂底や海草群落
食性	肉食性で棘皮動物を食べる
蓋	角質で非常に細長い

Cassis madagascariensis spinella Clench, 1944

ジョオウカムリガイ

CLENCH'S HELMET

貝殻の大きさ
200 〜 410mm

写真の貝殻
337mm

ジョオウカムリガイは、トウカムリガイ科の最大種である。アメリカ合衆国南東部、メキシコ湾、そしてアンティル諸島の浅海の海草群落ではかなりふつうに見られる。殻はカメオのレリーフ壁飾りやブローチなどの材料として好んで使われ、殻の異なる色の層を巧みに利用した複雑な模様が掘られる。本種をはじめ、トウカムリガイ科の貝はウニ類やタコノマクラ類などの棘皮動物を食べる。

近縁種

西大西洋の温帯から熱帯にかけて生息するダイオウトウカムリガイ *Cassis tuberosa* (Linnaeus, 1758) は、滑層楯が三角形に近い形に発達した大きな厚い殻をもち、インド太平洋産のトウカムリガイ *Cassis cornuta* (Linnaeus, 1758) は、体層が大きく膨らんだ殻をもつ。また、マンボウガイ *Cypraecassis rufa* (Linnaeus, 1758) は、同じくインド太平洋の熱帯域に棲み、厚い外唇を備えた赤褐色の硬い殻をもつ。マンボウガイもジョオウカムリガイ同様、長くカメオの材料に使われている。

ジョオウカムリガイの殻は非常に大きくて硬い。丸みのある三角形の厚い滑層楯が殻口に広がり、殻が膨らんでいるように見える。螺塔は低く、螺層には 270° ごとに縦張肋がある。殻表には低い瘤もあり、3 列の螺列をなして並ぶ。瘤は螺層の肩部のものが最も大きい。殻表にはまた多数の弱い螺肋と、それらと交差する縦筋が見られる。殻口は細長く、大きな襞を備えた厚い外唇が殻口を狭めている。殻の色は白またはクリーム色で、殻口と滑層楯はオレンジがかった小麦色で光沢があり、殻口に並ぶ襞の間は濃褐色に染まる。

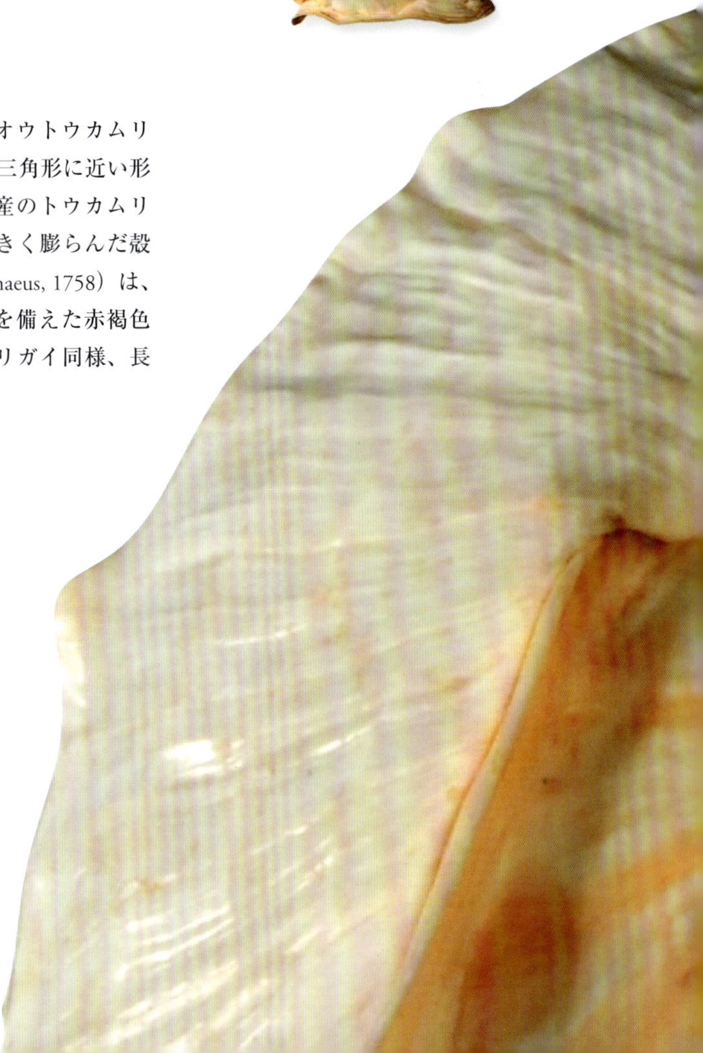

実物大

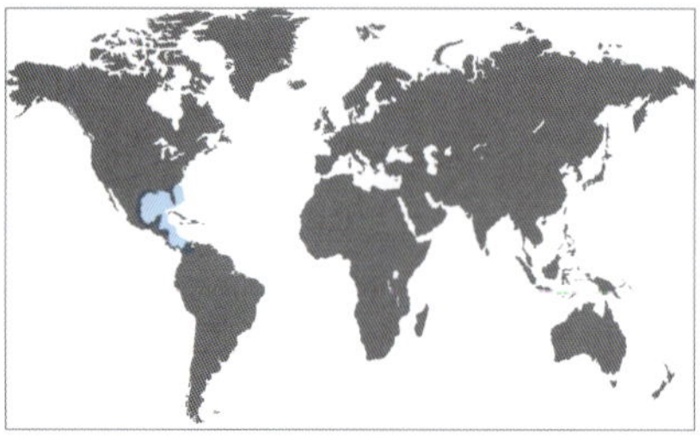

科	ビワガイ科　Ficidae
貝殻の大きさ	60 〜 165mm
地理的分布	合衆国ノースカロライナ州からベネズエラにかけての大西洋とカリブ海沿岸およびメキシコ湾
存在量	ふつう
生息深度	潮間帯から水深 175m
生息場所	砂底
食性	肉食性で無脊椎動物を食べる
蓋	ない

貝殻の大きさ
60 〜 165mm

写真の貝殻
73mm

Ficus communis Röding, 1798

シロビワガイ

COMMON FIG SHELL

実物大

シロビワガイは、アメリカ合衆国ノースカロライナ州からベネズエラにかけてのカリブ海やメキシコ湾の暖かく浅い海でふつうに見られ、時々、大量に海岸に打ち上げられる。砂底に棲み、たいてい砂の中に潜っていて、砂中に棲む多毛類などを捕まえて食べる。軟体部は大きく、左右から伸びた外套膜で殻のほぼ全体を覆うことができる。本種は、何となく似た殻をもつナシガタコブシボラ *Busycotypus spiratus*（Larmarck, 1816）と混同されることがあるが、シロビワガイのほうが殻が薄くて軽い。また、シロビワガイの殻表には平たい螺肋がある。

近縁種

インド西太平洋産のオオビワガイ *Ficus gracilis*（Sowerby I, 1825）は、シロビワガイに似た殻をもつが、殻はより細長く、螺塔がより高い。また、シロビワガイより大きくなることがある。インド太平洋に生息するビワガイ *Ficus subintermedia*（d'Orbigny, 1852）は、ビワガイ科の中で最もカラフルな殻をもつ貝の1つで、ピンクがかった褐色の殻に布目状の彫刻がある。

シロビワガイの殻は細長く、薄くて非常にもろく、イチジクのような形をしている。螺塔は非常に低く、縫合は顕著。体層は大きく、殻口は広くて長く、蓋はない。水管溝は長く伸び、先端に向かって次第に細くなる。殻表には平たく強い螺肋が並び、その間にやや弱い螺肋が入り、細い縦筋もある。殻の色はピンクがかった白あるいはベージュで、殻口は白く、殻の内面は明るい褐色に染まる。

科	ビワガイ科　Ficidae
貝殻の大きさ	80 ～ 200mm
地理的分布	インド西太平洋
存在量	ふつう
生息深度	潮下帯浅部から水深 200m
生息場所	砂底や泥底
食性	肉食性で無脊椎動物を食べる
蓋	ない

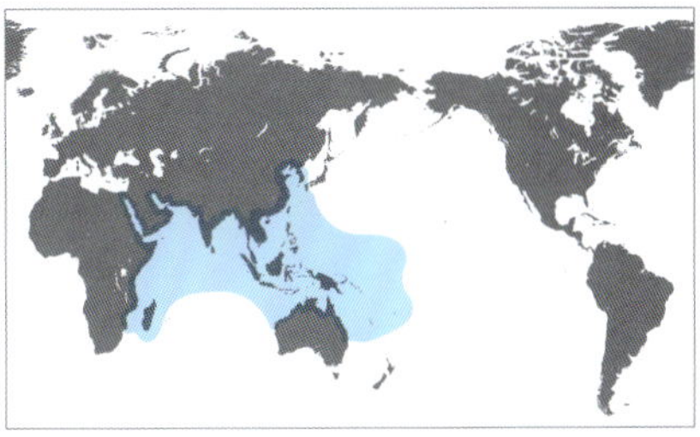

貝殻の大きさ
80 ～ 200mm

写真の貝殻
143mm

Ficus gracilis（Sowerby I, 1825）

オオビワガイ

GRACEFUL FIG SHELL

オオビワガイは、ビワガイ科の中で最も大きな殻をもつ。熱帯から温帯の大陸棚の砂底や泥底に棲んでいる。軟体部には矢じり形の大きな足と非常に長い吻をもち、この吻を使って管棲（かんせい）多毛類などを捕まえて食べる。軟体部を大きく広げた時には、左右から伸びる外套膜で殻のかなりの部分が覆われる。他のビワガイ類と同様、本種も殻形や殻表の彫刻、色にあまり変異が見られない。またビワガイ類の多くの種は互いに似通った殻をもっている。ビワガイ科は小さな科で、世界に 10 種余りが知られるのみである。

近縁種

シロビワガイ *Ficus communis* Röding, 1798 は、アメリカ合衆国ノースカロライナ州からベネズエラにかけての大西洋およびカリブ海沿岸とメキシコ湾に分布する普通種で、オオビワガイに似ているが、シロビワガイの殻のほうがわずかに幅広く、その螺塔はほとんど平坦なので、区別できる。南アフリカからニュージーランドにかけての水深 2000m を超える深海帯に生息する *Thalassocyon bonus* Barnard, 1960 は、体層の肩が竜骨状に大きく張り出した小さな殻をもち、他のビワガイ類と異なり、小さいながら蓋をもっている。

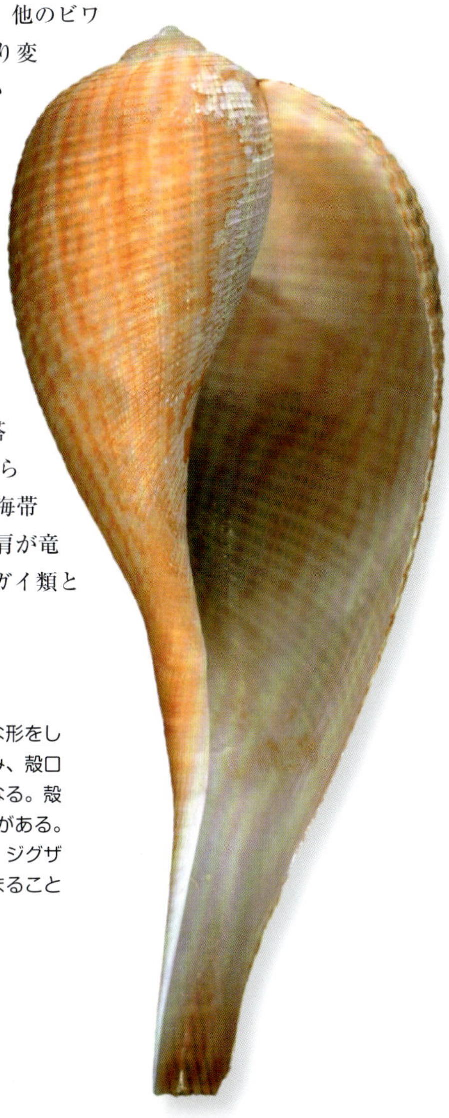

実物大

オオビワガイの殻は細長く、薄くてもろく、イチジクのような形をしている。螺塔は低く、縫合は深く明瞭。体層は大きくて膨らみ、殻口は広くて長い。水管溝は細長く、先端に向かって次第に細くなる。殻表には低いが明瞭な細い螺肋と、それらと交差する細い縦筋がある。外唇は後端が肥厚する。殻の色はオレンジから明るい褐色で、ジグザグのかすかな縦縞が並ぶ。殻口内は濃い褐色やオレンジに染まることが多いが、殻口縁は色が薄く、オフホワイトである。

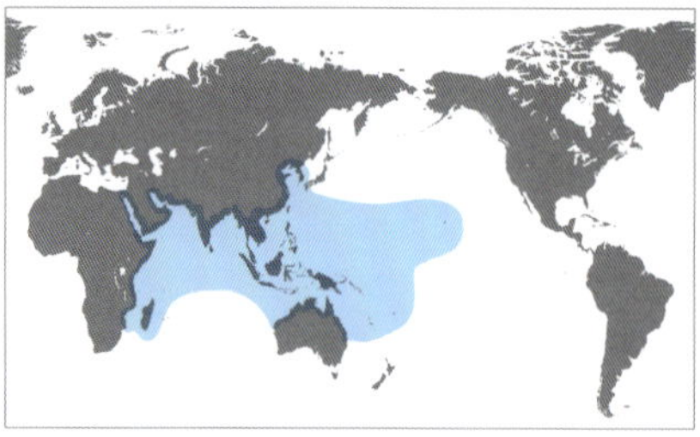

科	イボボラ科　Personidae
貝殻の大きさ	33 ～ 100mm
地理的分布	インド太平洋
存在量	少産
生息深度	潮間帯から水深 30m
生息場所	サンゴの下
食性	肉食性
蓋	角質で薄く小さい

貝殻の大きさ
33 ～ 100mm

写真の貝殻
68mm

Distorsio anus (Linnaeus, 1758)

シマイボボラ

COMMON DISTORSIO

実物大

シマイボボラの殻はイボボラ科にしては大きく、紡錘形で、膨らみ、捩じれている。螺塔はやや高く先端が尖り、縫合は曲がりくねる。殻表には螺肋と縦肋があり、それらが交差して多数の瘤が形成される。殻口は細く狭まる。外唇は肥厚して、内壁に 7 個ほどの襞を備え、軸唇にも強い襞がある。殻口には、縁が角張り、かつ波打った幅広い滑層楯がある。殻の色はクリーム色で褐色の螺帯が入る。

シマイボボラは、イボボラ科の中で最も大きく、最も強く捩じれ、そして最もカラフルな殻をもつ貝の 1 つである。軟体部も非常にカラフルで、赤またはオレンジの地に不定形の白斑が散在し、長い触角の基部に 1 対の黒い眼がある。本種は著しく長い吻をもち、それを岩の割れ目に差し込んで餌の多毛類を探す。属名の *Distorsio*（捩じれの意）は、大多数の種が大なり小なり捩じれた殻をもつイボボラ類の特徴をよく表している。イボボラ科の現生種は世界に約 20 種が知られる。

近縁種

インド西太平洋に産するカドバリイボボラ *Distorsio kurzi* Petuch and Harasewych, 1980 は、おそらくイボボラ科の中で最も強く捩じれた殻をもつ。その殻軸は、新しい螺層が形成されるたびに巻きの方向が変化しているように見え、体層には殻口の反対側に大きな膨出部がある。アメリカ合衆国ノースカロライナ州からブラジル北東部にかけて生息するフロリダイボボラ *Distorsio clathrata* (Lamarck, 1816) は、比較的捻れの弱い殻をもち、その殻表には布目状彫刻が見られる。

科	イボボラ科　Personidae
貝殻の大きさ	19 ～ 100mm
地理的分布	合衆国のノースカロライナ州から西はテキサス州、南はブラジルまで
存在量	ふつう
生息深度	潮下帯浅部から水深 300m
生息場所	砂底やサンゴの下
食性	肉食性
蓋	角質で薄く小さい

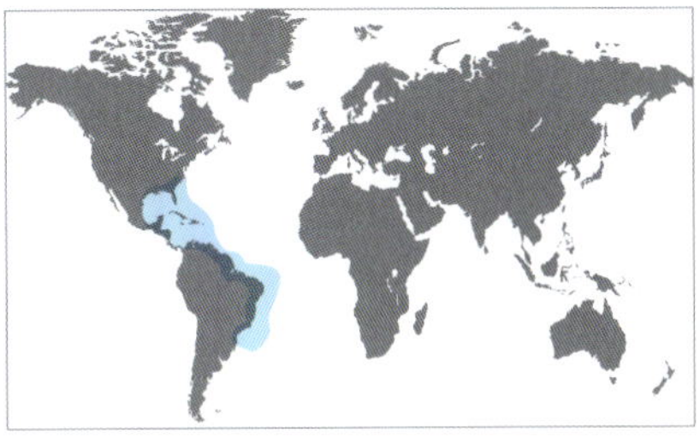

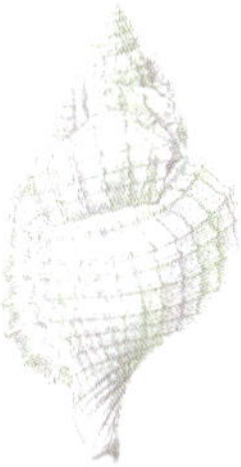

貝殻の大きさ
19 ～ 100mm

写真の貝殻
83mm

Distorsio clathrata (Lamarck, 1816)

フロリダイボボラ

ATLANTIC DISTORSIO

フロリダイボボラは、イボボラ科の普通種で、アメリカ合衆国ノースカロライナ州からブラジルまでの西大西洋およびメキシコ湾に分布し、たいてい浅海の潮下帯で見つかるが、もっと深い所から得られることもある。殻は、イボボラ科の大多数の種より捻れが弱く、背部が均一に膨らんでいる。螺層には 270° ごとに縦張肋がある。生時には、殻は多数の毛が生えた殻皮に覆われている。コロンビアからメキシコにかけての中新世の地層から、本種の最も古い化石が見つかっている。中新世より新しい地層では、もっと広範囲に本種の化石が見つかる。

フロリダイボボラの殻はイボボラ科にしてはやや大きめで、紡錘形で、捩じれる。螺塔はやや高く先端が尖り、縫合は曲がりくねっている。殻表には螺肋と縦肋があり、それらが交差した交点が盛り上がり、全体として布目状の彫刻をなす。殻口は細く狭まる。外唇は肥厚し、外唇にも軸唇にも襞がある。軸唇には深い湾入もあり、滑層楯は大きく光沢がある。殻の色は白から黄みがかった白で、滑層楯はオレンジに染まり、殻口内は白い。

近縁種

インド太平洋に生息するシマイボボラ *Distorsio anus* (Linnaeus, 1758) の殻はもっとカラフルでかなり強く捩じれており、滑層楯がもっと大きい。また、水管溝は湾曲している。ハワイに固有のゴバンシマイボボラ *Distorsio burgessi* Lewis, 1972 は、希少な貝で、殻表にフロリダイボボラにいくぶん似た布目状の彫刻がある幅広い殻をもつ。しかし、フロリダイボボラと違って、滑層楯に褐色の筋が縦横に刻まれてできた碁盤目模様があり、殻が強く捩じれている。

実物大

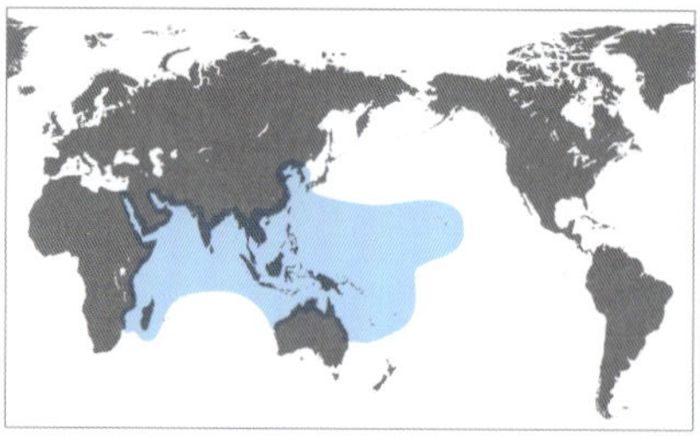

科	フジツガイ科　Ranellidae
貝殻の大きさ	31 ～ 100mm
地理的分布	インド太平洋
存在量	ふつう
生息深度	深海、水深 50 ～ 1200m
生息場所	軟質底
食性	肉食性
蓋	角質で同心円状に成長する

貝殻の大きさ
31 ～ 100mm

写真の貝殻
59mm

Biplex perca（Perry, 1811）

マツカワガイ

MAPLE LEAF TRITON

実物大

マツカワガイと、本種に近縁な数種のホラガイ類は、カエデの葉に似た特徴的な輪郭の殻をもつため、容易に識別することができる。縦張肋は翼状で約 180° ごとに出ているので、殻の周りでわずかに螺状にずれながらも上下の螺層の縦張肋が整列して殻の左右に張り出す。かつては台湾沖でマツカワガイの大型個体がよく採れていたが、トロール漁が他の場所で行われるようになってからは、本種の大型個体はめったに採れなくなった。

現在は、フィリピンでずっと小型の個体が得られている。

マツカワガイは、互いに似た殻をもつ少数の種から構成されるマツカワガイ属 *Biplex* のタイプ種である。

近縁種

日本からオーストラリアにかけて生息するクビレマツカワガイ *Biplex pulchra*（Gray, 1836）は、マツカワガイに似た殻をもつが、より小型で、殻表の顆粒はより大きい。世界の暖かい海に広く分布するカコボラ *Cymatium parthenopeum*（Von Salis, 1793）は、軸襞のある軸唇と太い縦張肋を備えた細長く分厚い殻をもつ。カコボラの殻皮は厚く、多数の毛が生えている。

マツカワガイの殻は背腹に扁圧され、翼状の長い縦張肋があり、上下の螺層の縦張肋が整列する。螺塔は高く、縫合は非常に深い。殻表には螺肋と縦肋があり、それらが交差して交点に白い顆粒が形成される。螺肋は殻の左右に張り出した平たい翼状の縦張肋の上にも伸びる。殻口はほぼ円形で、後方に 2 歯を備え、前端に湾曲した水管溝が伸びる。殻の色は淡褐色から灰色までさまざまで、殻口内は白い。

科	フジツガイ科　Ranellidae
貝殻の大きさ	30 ～ 80mm
地理的分布	インド太平洋およびブラジル北東部
存在量	少産
生息深度	潮下帯から水深 50m
生息場所	岩石底
食性	肉食性で二枚貝を食べる
蓋	角質で薄く小さい

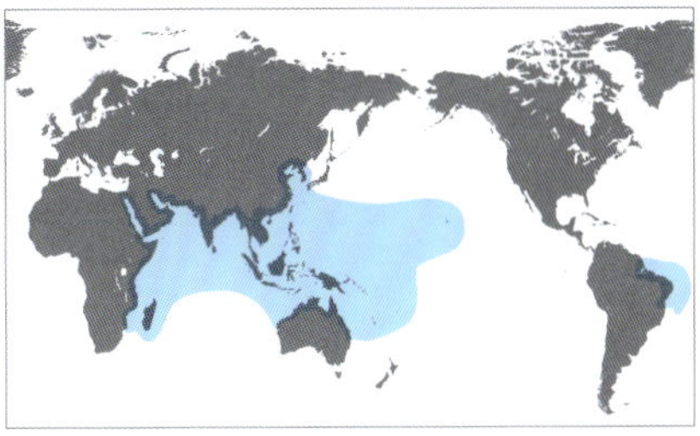

貝殻の大きさ
30 ～ 80mm

写真の貝殻
59mm

Cymatium succinctum（Linnaeus, 1771）

トウマキボラ

LESSER GIRDLED TRITON

トウマキボラは、光沢のある褐色の螺肋が並ぶ美しい殻をもつ。他のフジツガイ類と異なり、本種の大多数の殻には縦張肋が発達していない。しかし、なかにはまばらに縦張肋が出ている殻もある。殻は生時には、昆虫の翅（はね）のように脈の入った薄膜（毛ではなく）が密に並んだ殻皮に覆われている。薄膜は螺肋の上から出ている。殻皮が乾燥すると、薄膜はやがて剥がれ落ちる。ハワイではかつて、たくさんあったハボウキガイ類の群棲地で本種がよく見られた。雌は球状の卵塊を産む。

近縁種

シゲトウボラ *Cymatium cingulatum*（Lamarck, 1822）は、インド西太平洋と西大西洋、そしてアフリカ北西海岸にも生息し、広範囲に分布する。殻は幅広い球状で殻口が広く、外唇の縁がぎざぎざになっている。ヨーロッパアヤボラ *Ranella olearium*（Linnaeus, 1758）もかなり広範囲に分布する。この貝は、螺塔の高い、大きな分厚い殻をもつ。

実物大

トウマキボラの殻は中型で薄く、球状に膨らみ、紡錘形。螺塔はやや高く、螺層は丸みを帯び、縫合は顕著。殻表にはやや平たく光沢のある螺肋が12、13本ほど等間隔に並ぶ。大多数の殻には縦張肋がないが、それをまばらにもつ殻もある。殻口は半円形で、外唇は肥厚し、その縁には各螺肋の所に鋸歯状突起がある。軸唇には後縁に強い歯が1つある。殻の色は淡黄褐色で、螺肋が褐色に染まり、殻口内は白い。

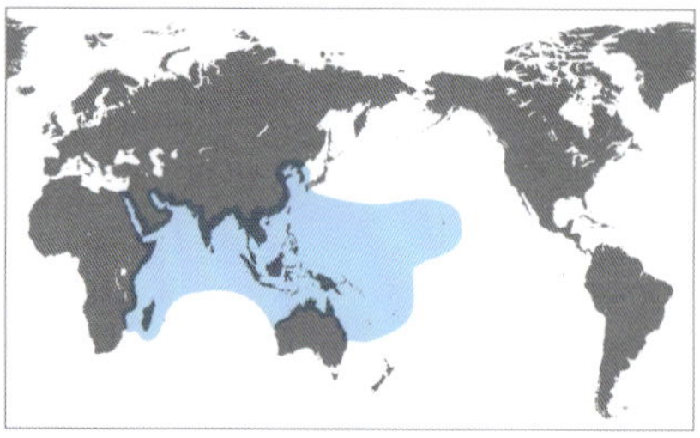

科	フジツガイ科　Ranellidae
貝殻の大きさ	50 ～ 130mm
地理的分布	紅海からインド太平洋にかけて
存在量	少産
生息深度	潮間帯から水深 28m
生息場所	サンゴの上や砂底
食性	肉食性で無脊椎動物を食べる
蓋	角質で厚く、核が縁にある

貝殻の大きさ
50 ～ 130mm

写真の貝殻
146mm

Ranularia pyrum (Linnaeus, 1758)

オオゾウガイ

PEAR TRITON

オオゾウガイは、不規則に曲がった長い水管溝を備え、殻表に多数の瘤のある硬い殻をもつ。螺層には 240° ごとに強い縦張肋がある。他のフジツガイ類と同じく肉食性の巻貝で、おもに他種の巻貝を食べるが、管棲多毛類やナマコ類など、その他の無脊椎動物も食べる。潮間帯から沖合にかけて砂底やサンゴ礁周辺で見られ、ハワイではやや深い所で見つかることが多い。食用になり、貝殻も売買されるため採取される。フジツガイ科の学名は Cymatiidae とされていたことがあるが、Ranellidae が本科の最も古い学名である。

近縁種

フィリピンからオーストラリアにかけて分布する同属の *Ranularia oblita* Lewis and Beu, 1976 は、オオゾウガイより小さく、殻は棍棒状で、水管溝が非常に長く、殻長の半分以上を占める。この水管溝は殻によって長さに変異が見られ、まっすぐなものも湾曲したものもある。インド西太平洋だけでなく大西洋にも生息するトウマキボラ *Cymatium succinctum* (Linnaeus, 1771) は、淡黄褐色の地に光沢のある褐色の細い螺肋が並んだ美しい殻をもつ。

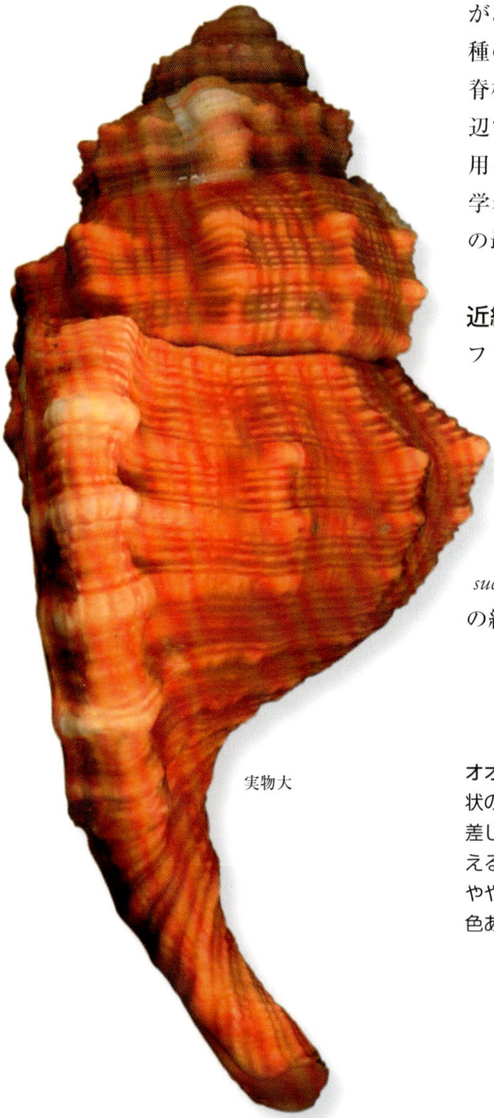

実物大

オオゾウガイの殻は中型で、厚くて硬く、洋梨形。螺塔は低く、螺層には螺状の瘤列が2列あり、縫合は顕著。殻表には螺肋と縦肋があり、それらが交差し、太い螺肋の上の交点が瘤状になる。体層は大きく、2本の縦張肋を備える。殻口は楕円形で、外唇は肥厚し、7本の襞を備える。軸唇は湾曲し、やや細い襞が並ぶ。水管溝は長く、湾曲する。殻の色はオレンジがかった褐色あるいは赤褐色で、殻口内および殻口に並ぶ襞は白い。

科	フジツガイ科　Ranellidae
貝殻の大きさ	60 〜 240mm
地理的分布	合衆国フロリダ州からブラジル南東部にかけて
存在量	ふつう
生息深度	水深 0.6 〜 150m
生息場所	砂礫底の海草の周辺
食性	肉食性で無脊椎動物を食べる
蓋	角質で厚く細長い

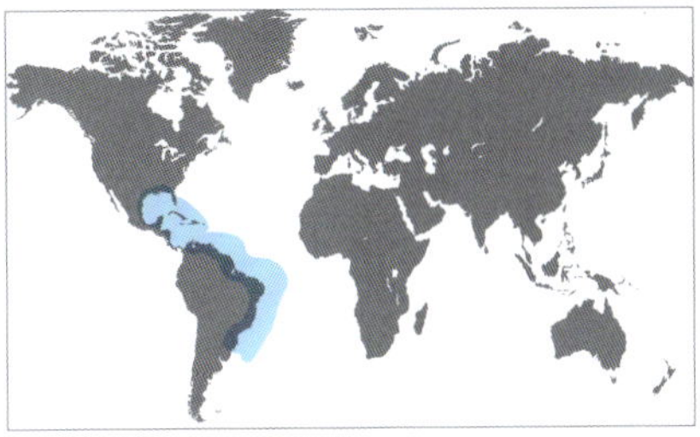

貝殻の大きさ
60 〜 240mm

写真の貝殻
127mm

Cymatium femorale (Linnaeus, 1758)

コウモリボラ

ANGULAR TRITON

コウモリボラは、大型のフジツガイ類、言い換えればホラガイ類の1種で、輪郭が三角形に近い角張った独特の殻をもつ。螺層には2つずつ、翼状の強い縦張肋があり、殻頂側から見ると殻の輪郭が三角形状である。潮下帯浅部から沖合のやや深い所にかけての砂礫底の海藻群落周辺に棲む。若い貝のほうがたいてい成貝より殻の色が鮮やかである。他のフジツガイ類と同様に肉食性で、他の軟体動物やナマコ類、管棲多毛類を食べる。

近縁種

紅海からモザンビークにかけて生息するダイオウコウモリボラ *Cymatium ranzanii* (Bianconi, 1850) は、コウモリボラに似た殻をもつが、より小さく、殻口はより大きく、縦張肋の上端はそれほど上を向かない。また、たいていはコウモリボラより殻の色が薄い。インド太平洋およびガラパゴス諸島に産するホラガイ *Charonia tritonis* (Linnaeus, 1758) は、フジツガイ科の最大種で、体層が大きく膨らみ、大きな殻口を備えた殻をもつ。また、螺塔が高く、その螺層には不規則に出る縦張肋がある。

実物大

コウモリボラの殻は大きく、厚くて硬く、角張り、輪郭はほぼ三角形。螺塔はやや高く、螺層が角張り、縫合は顕著。殻頂は細長く、成貝では欠損していることが多い。殻表には、数本の瘤の並んだ螺肋があり、さらに、それらの間に細肋がある。殻口は長く幅広い。成貝の殻では、外唇は肥厚し、縁がでこぼこになる。縦張肋は太く、上端が上を向く。水管溝は長く、先端が反り返る。殻の色は赤褐色で、縦張肋の上の瘤は白い。殻の内面は白い。

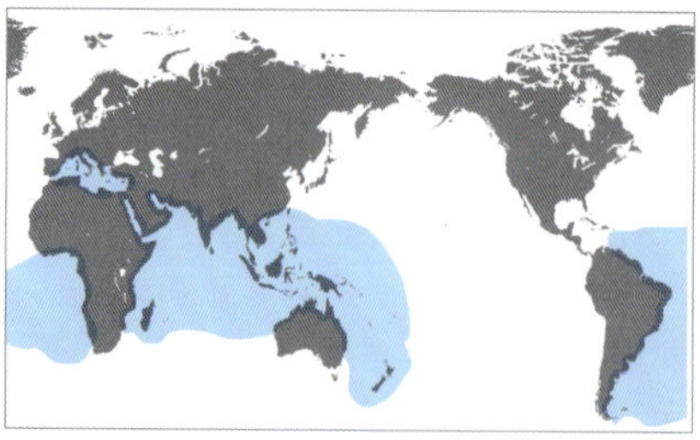

科	フジツガイ科　Ranellidae
貝殻の大きさ	90 ～ 220mm
地理的分布	地中海、大西洋中部および南部、インド洋、太平洋南西部
存在量	少産
生息深度	水深 40 ～ 410m
生息場所	砂底や泥底や貝殻底
食性	肉食性で無脊椎動物を食べる
蓋	角質で厚く卵形

貝殻の大きさ
90 ～ 220mm

写真の貝殻
175mm

Ranella olearium (Linnaeus, 1758)

ヨーロッパアヤボラ

WANDERING TRITON

実物大

ヨーロッパアヤボラは、広範囲に分布し、世界の海洋のほとんどに生息しているので、英語では俗に Wandering Triton（放浪するホラガイ）と呼ばれる。他のフジツガイ類と同じく長い浮遊幼生期をもち、その間に幼生が海流によって遠くまで運ばれる。そのため、フジツガイ類の多くは非常に広い分布域をもつ。ヨーロッパアヤボラは大きさ、殻の厚みや色などに変異が見られるが、広範囲に分布するにもかかわらず、殻形はかなり一定である。フランス北部でも深所には出現するが、そこでは南方海域の浅海に産するものよりも小さな殻をもつものが多い。

近縁種

南西大西洋および南東太平洋に産するマゼランアヤボラ *Fusitriton magellanicus* (Röding, 1798) は、ヨーロッパアヤボラより小さな殻をもち、螺層はより大きく膨らみ、殻表に布目状の彫刻がある。また、殻は多数の短い毛の生えた厚い殻皮に覆われている。紅海からインド西太平洋にかけて分布するオオゾウガイ *Ranularia pyrum* (Linnaeus, 1758) は、不規則に捩じれた長い水管溝のある、オレンジがかった褐色の堅固な殻をもつ。

ヨーロッパアヤボラの殻は大きくて厚く、紡錘形。螺塔は高く、螺層が膨らみ、縫合は深い。殻表には多数の螺肋と、それらと交差する細い成長線がある。一部の螺肋上には瘤が並ぶ。殻口は大きく、楕円形。外唇は肥厚し、内壁に襞が並ぶ。軸唇は湾曲し、滑らかで、前縁に少数の襞がある。水管溝は長く、後溝は短い。殻の色は白から淡褐色で、殻口内は白い。

科	フジツガイ科　Ranellidae
貝殻の大きさ	100 〜 490mm
地理的分布	インド太平洋、ガラパゴス諸島
存在量	局所的にふつう
生息深度	潮間帯から水深 30m
生息場所	サンゴ礁
食性	肉食性で棘皮動物を食べる
蓋	角質で同心円状に成長し、卵形

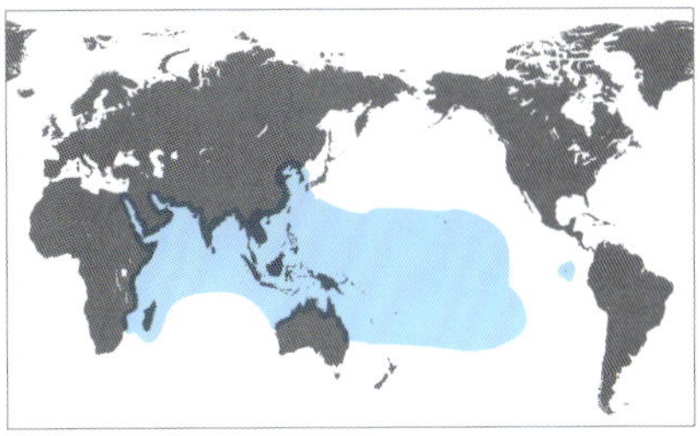

貝殻の大きさ
100 〜 490mm

写真の貝殻
437mm

Charonia tritonis (Linnaeus, 1758)

ホラガイ

TRUMPET TRITON

ホラガイは、フジツガイ科の最大種で、美しい殻を愛でるためだけでなく、食用としても何世紀にも渡って採取されてきた。また、殻頂部に孔をあけて、大きな音を出すラッパのように吹き鳴らして（数ある貝殻の中でも特によく）使われてきた。ホラガイは、ほぼ世界中の熱帯域に分布し、浅海のサンゴ礁周辺に棲む。食欲旺盛な捕食者で、棘皮動物を食べる。サンゴを食い荒し、ときに直径 1m にもなるオニヒトデ *Acanthaster planci* の数少ない捕食者の 1 つとして知られる。

近縁種

セイヨウホラガイ *Charonia variegata* (Lamarck, 1816) は、アメリカ合衆国ノースカロライナ州からブラジルにかけて分布し、殻がホラガイに似ているが、より小さく、やや短くずんぐりとしている。また、たいてい外唇に対になった襞が並び、歯と歯の間は黒い。フロリダ州南部からブラジルにかけて生息するコウモリボラ *Cymatium femorale* (Linnaeus, 1758) は、独特の角張った翼状の縦張肋を備えた厚い殻をもつ。

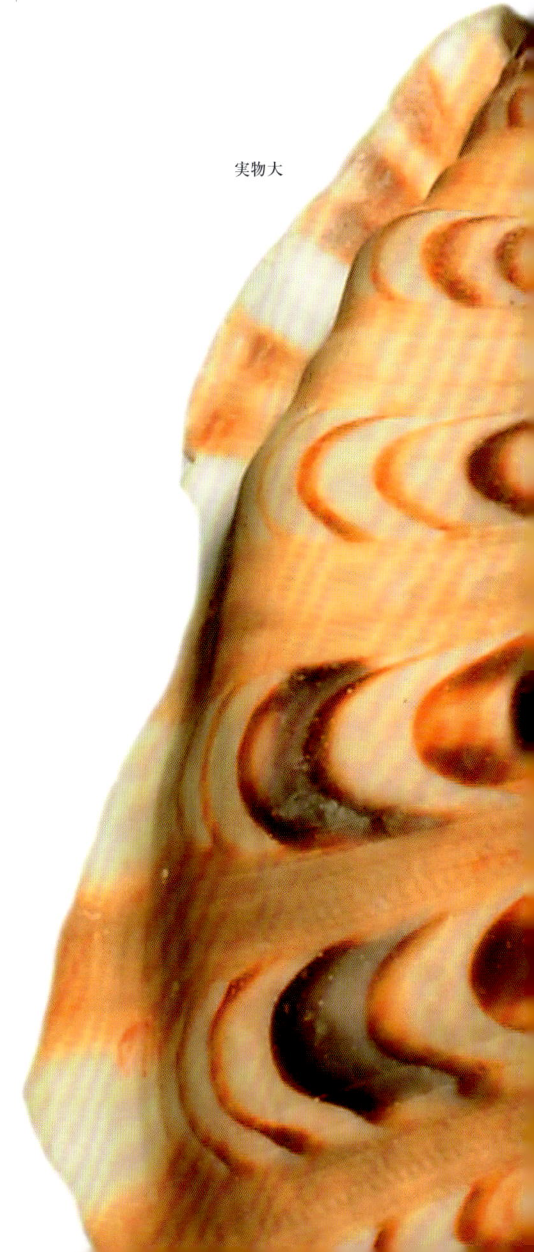

実物大

ホラガイの殻は非常に大きく、先端が尖った高い螺塔と膨らんだ体層を備える。殻口は卵形で大きく、殻のほぼ半分の長さがあり、外唇は縁が広がり、明瞭な襞を備える。また、外唇の外側が肥厚し、1 本の縦張肋となる。縦張肋は 240° ごとに出て、1 つ置きの螺層のものが縦に整列する。螺層は丸みを帯び、殻表には粗く太い螺肋が並び、隣接する太い螺肋の間に 1 本ずつ細い螺肋が入る。軸唇は厚く、顕著な軸襞がある。殻の色はクリーム色で、三日月形や不定形の褐色紋がある。殻口内はオレンジで、外唇内壁は白く、短い褐色帯が並ぶ。

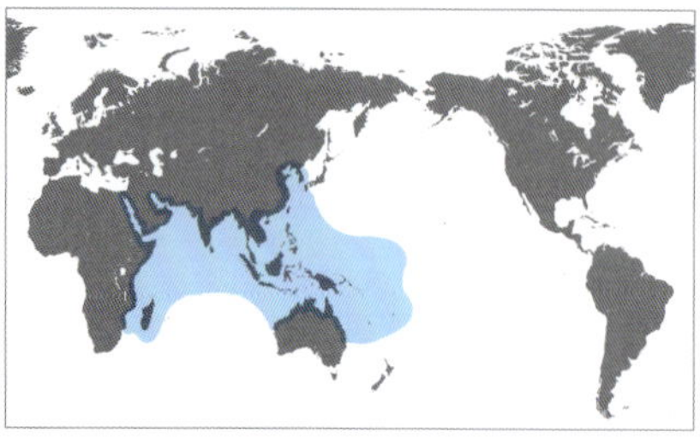

科	ヤツシロガイ科　Tonnidae
貝殻の大きさ	50 〜 150mm
地理的分布	紅海からインド西太平洋にかけて
存在量	少産
生息深度	水深 10 〜 70m
生息場所	細砂底や泥底
食性	肉食性で棘皮動物を食べる
蓋	ない

貝殻の大きさ
50 〜 150mm

写真の貝殻
68mm

Tonna sulcosa (Born, 1778)

ミヤシロガイ

BANDED TUN

ミヤシロガイは、クリーム色がかった白地に 3、4 本の褐色螺帯と多数の螺肋が並んだ卵形の独特な殻をもつ。他のヤツシロガイ類と同様、本種も殻の蓋をもたない。浅海の潮下帯から沖合のやや深い所にかけて細砂底や泥底に生息する。ヤツシロガイ類はたいてい薄い殻をもつが、本種の殻は比較的厚く、これより厚い殻をもつヤツシロガイ類は少数しかいない。ヤツシロガイ類は長い幼生期をもち、長いものでは 6 か月間も浮遊幼生として過ごすものがいる。世界には約 30 種のヤツシロガイ科の現生種が知られる。殻が薄いためか、本科の化石記録は少ないが、最古の化石は白亜紀のものが知られている。

実物大

ミヤシロガイの殻は中型から大型で、ヤツシロガイ科の貝にしては厚く、球に近い卵形。螺塔は低く、先端が紫色で尖る。螺層はわずかに膨らみ、縫合は溝状。体層は大きく、殻表には平たい螺肋が 20 本ほどある。殻口は広く、外唇は肥厚し、その内壁に襞を備え、軸唇は捩じれている。殻は地色が白で、3、4 本の褐色螺帯が等間隔に並び、濃褐色の殻皮に覆われる。殻口内は白い。

近縁種

インド西太平洋産のトキワガイ *Tonna allium* (Dillwyn, 1817) の殻は、ミヤシロガイよりも小さく、殻の膨らみが強く、殻表には 13 本ほどの丸みを帯びた強い螺肋がある。この貝には螺肋の上に点々と小麦色の斑紋が並ぶ殻をもつものもいる。成貝では、殻口が肥厚している。インド西太平洋およびガラパゴス諸島に生息するウズラガイ *Tonna perdix* (Linnaeus, 1758) は、大きく、螺肋の上に白い三日月紋のある小麦色から褐色の比較的細長い殻をもつ。ウズラガイの殻の外唇は薄く、縁が鋭い。

科	ヤツシロガイ科　Tonnidae
貝殻の大きさ	70 ～ 227mm
地理的分布	紅海からハワイまでのインド太平洋域
存在量	ふつう
生息深度	潮間帯から水深 20m
生息場所	砂底
食性	肉食性でナマコ類を食べる
蓋	ない

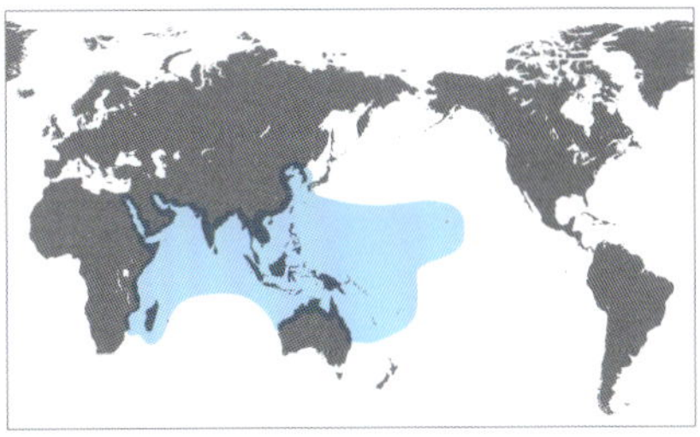

貝殻の大きさ
70 ～ 227mm

写真の貝殻
132mm

Tonna perdix (Linnaeus, 1758)

ウズラガイ

PACIFIC PARTRIDGE TUN

ヤツシロガイ類の中で最もカラフルな殻をもつのは、おそらくウズラガイだろう。殻の模様はヨーロッパヤマウズラの羽毛の模様を連想させるため、このことに因んだ名前（英語名の partridge も種小名の *perdix* もともにヤマウズラを意味する）がつけられている。他のいくつかのヤツシロガイ類のように、本種も広い地理的分布を示し、紅海からインド洋全域、さらに中部太平洋のハワイ諸島まで分布する。浅海の砂底でふつうに見られ、動かない時は砂に潜っている。食欲旺盛な捕食者で、ナマコ類を食べる。足は大きいが薄く、吻は非常に幅広い。トロール網や筌（うけ）にかかり、時々、フィリピンの市場で売られている。

近縁種

紅海からインド西太平洋にかけて分布するミヤシロガイ *Tonna sulcosa* (Born, 1778) は、美しい縞模様のある殻をもち、容易に識別できる。メキシコからペルーにかけての太平洋岸およびガラパゴス諸島に生息するエマイトキワガイ *Malea ringens* (Swainson, 1822) は、ヤツシロガイ科の貝の中で最も厚くて重い殻をもつ。この貝の殻の軸唇は、中ほどが深く湾入し、顕著な襞を備え、独特である。

実物大

ウズラガイの殻はやや細長い卵形で、大きく、薄くて軽く、もろい。螺塔は比較的高く先端が尖り、縫合は深い。殻表は比較的滑らかで、体層には 20 本ほどの平たい螺肋がある。殻口は非常に大きく、外唇は薄くて縁が鋭利で、軸唇は滑らか。殻の色は褐色で、螺肋の上に白い三日月紋が並ぶ。殻の内面は黄褐色。

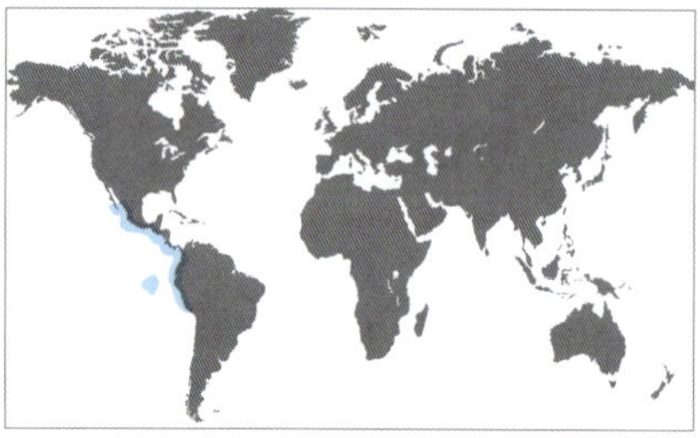

科	ヤツシロガイ科 Tonnidae
貝殻の大きさ	60 ～ 240mm
地理的分布	メキシコ西岸からペルーにかけての太平洋沿岸とガラパゴス諸島
存在量	ふつう
生息深度	潮間帯から水深 55m
生息場所	砂州や岩棚の下
食性	肉食性で棘皮動物を食べる
蓋	ない

貝殻の大きさ
60 ～ 240mm

写真の貝殻
174mm

Malea ringens (Swainson, 1822)

エマイトキワガイ

GRINNING TUN

エマイトキワガイの殻は大きく、硬くて重く、球状。螺塔は低く先端が尖り、縫合は浅い。体層は大きく、殻表に等間隔に並ぶ幅広く平たい螺肋がある。外唇は肥厚して縁が反り、縁はぎざぎざで、内壁には大きな襞が並ぶ。軸唇は、中ほどが深く湾入し、その上下に襞が数本ずつある。水管溝は短く、湾曲する。殻の色はくすんだベージュから褐色で、殻口内はオレンジに染まる。

エマイトキワガイは、ヤツシロガイ科の中で最も厚い外唇を備えた、最も大きくて重い殻をもつ。大多数のヤツシロガイ類は薄い殻をもつが、だからといって棘皮動物に対する彼らの旺盛な食欲が減るわけではない。ヤツシロガイ類は唾液腺でつくられる硫酸を使って、ウニ類の殻に孔をあけて中身を食べる。なかにはナマコ類を食べる貝もいる。

近縁種

インド西太平洋産のイトカワトキワガイ *Malea pomum* (Linnaeus, 1758) はヤツシロガイ科の最小種で、大西洋に広く分布するオオミヤシロガイ *Tonna galea* (Linnaeus, 1758) は本科の最大種の1つである。インド太平洋産のウズラガイ *Tonna perdix* (Linnaeus, 1758) は螺塔が高く、平たい螺肋の上に白い三日月紋が並んだ大きな殻をもつ。

実物大

科	クチキレウキガイ科　Atlantidae
貝殻の大きさ	2 ～ 11mm
地理的分布	全世界の暖海
存在量	ふつう
生息深度	水深 0 ～ 50m
生息場所	浮遊性
食性	肉食性で他の浮遊性巻貝類を食べる
蓋	角質で薄く台形

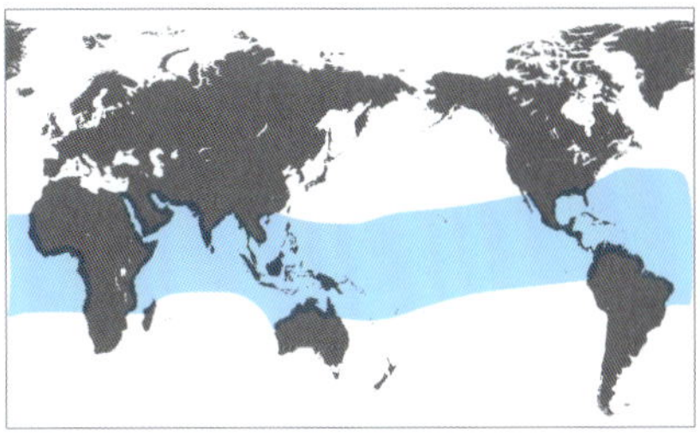

貝殻の大きさ
2 ～ 11mm

写真の貝殻
9mm

Atlanta peroni Lesueur, 1817

クチキレウキガイ

PERON'S SEA BUTTERFLY

クチキレウキガイは、終生プランクトン、すなわち一生を水中を漂ったり泳いだりして過ごす生物である。海流によって遠くまで運ばれるため、世界中の暖海に広く分布する。クチキレウキガイ科は、異足類と呼ばれる浮遊性巻貝類のグループに属する。クチキレウキガイ属 *Atlanta* の貝は、竜骨板を備えた円盤状の平たい殻をもち、その竜骨板が遊泳時に殻を安定させるのに役立つ。殻も軟体部も透明で、捕食者に見つかりにくくなっている。クチキレウキガイ科の現生種は世界に 16 種が知られる。

近縁種

クチキレウキガイ科の貝は互いに非常によく似ており、種を同定するには胎殻の顕微的特徴を見なければならないことが多い。インド太平洋に生息するトウガタクチキレウキガイ *Atlanta turriculata* d'Orbigny, 1836 は、殻が小さいことと螺塔が比較的高いことで、本属の中では最も容易に識別できる種の 1 つである。

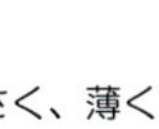

実物大

クチキレウキガイの殻は小さく、薄くてもろく、透明。また平たく、右巻きである。螺塔は非常に低く先端が尖り、縫合は深い。殻表は滑らかで、微かな成長線が見られる。体層の周縁に沿って大きな竜骨板がある。殻口はやや細長い卵形で、外唇は薄く、内唇は縁が外側に反る。殻は新しいうちは透明だが、乾くと白っぽくなる。竜骨板の基部に沿って 1 本の褐色帯が入る。

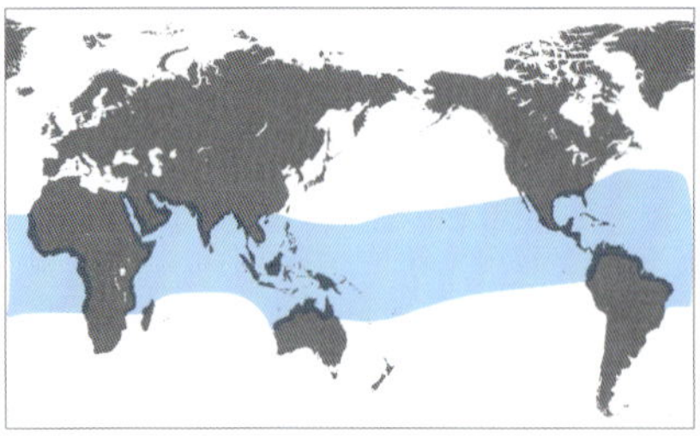

科	ゾウクラゲ科　Carinariidae
貝殻の大きさ	30 ～ 60mm
地理的分布	全世界の暖海
存在量	少産
生息深度	水深 25 ～ 670m
生息場所	外洋性
食性	肉食性で小型の動物プランクトンを食べる
蓋	ない

貝殻の大きさ
30 ～ 60mm

写真の貝殻
38mm

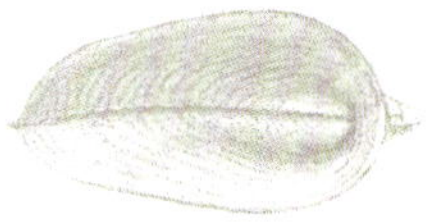

Carinaria lamarcki (Péron and Lesueur, 1810)

ラマルクゾウクラゲ

LAMARCK'S GLASSY CARINARIA

ラマルクゾウクラゲは、奇妙な形をした外洋性の巻貝である。その帽子形の殻は薄く透明で、軟体部のわずか 20% ほどを包んで内臓を保護している。クチキレウキガイ類と同様、ゾウクラゲ類も水中を遊泳あるいは漂流して一生を送るが、クチキレウキガイ類と異なり、表層付近でなく、通常やや深い所に浮いている。ゾウクラゲ類も食欲旺盛な捕食者で、小魚とか浮遊性巻貝類や甲殻類などの動物プランクトンを食べる。ラマルクゾウクラゲはたまにしか採集されず、殻が非常にもろいので、よい状態の標本はめったに見られない。ゾウクラゲ科の現生種は世界に 9 種が知られ、本科の最も古い化石はジュラ紀のものが知られる。

近縁種

インド西太平洋に棲むゾウクラゲ *Carinaria cristata* (Linnaeus, 1767) は、ゾウクラゲ科の最大種で、ラマルクゾウクラゲに似た殻を持つが、より殻が高く、殻の高さは 70mm、軟体部の長さは 500mm にもなる。ヒメゾウクラゲ *Carinaria japonica* Okutani, 1955 は、日本からカリフォルニアにかけての太平洋に生息し、背の高い三角形の殻をもち、軟体部の長さは 150mm ほどになる。

ラマルクゾウクラゲの殻は中型で、薄くて非常にもろく、側扁した帽子形で、横から見ると三角形状。胎殻は球状で、螺旋状に巻き、小さい。体層は非常に大きい。殻表には環状の襞が並び、体層の周縁によく発達した竜骨板を備える。竜骨板は殻口に向かってだんだん高くなる。殻口は細長く、殻は透明である。

実物大

科	ミツクチキリオレガイ科　Triphoridae
貝殻の大きさ	3 ～ 6mm
地理的分布	合衆国フロリダ州からコロンビアにかけて
存在量	ふつう
生息深度	水深 1 ～ 20m
生息場所	カイメンの上や周辺および砂底
食性	肉食性でカイメンを食べる
蓋	角質で薄く円形

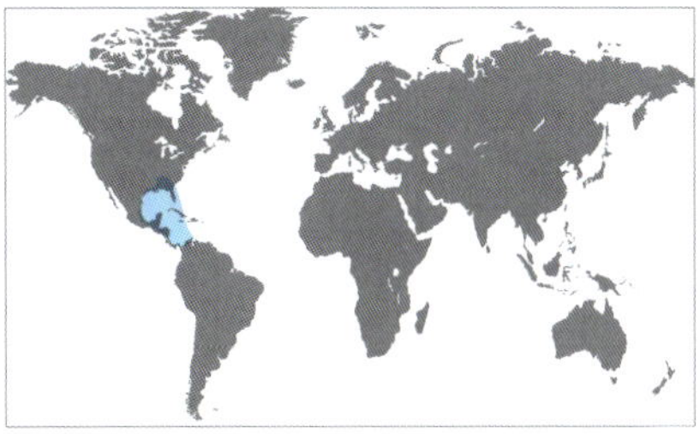

貝殻の大きさ
3 ～ 6mm

写真の貝殻
5mm

Marshallora modesta（C. B. Adams, 1850）

ミツクチキリオレガイ類の１種

MODEST TRIPHORA

本種は、アメリカ合衆国フロリダ州では最もふつうに見られるミツクチキリオレガイ類の 1 種で、殻表に複雑な彫刻がある非常に小さな褐色の殻をもつ。その彫刻は顕微鏡を使わないとよく見えない（このページの拡大写真は走査型電子顕微鏡で撮影したものである）。大多数のミツクチキリオレガイ類は左巻きの殻をもつ微小貝だが、少数ながら右巻きの殻をもつもの、なかには殻が比較的大きくなるものもいる。ミツクチキリオレガイ類はそれぞれ特定のカイメンだけを食べる肉食者で、餌のカイメンの上や周辺、あるいはその中で見つかることが多い。インド太平洋では本類の多様性が非常に高く、たった 1 つのサンプルから 80 種にも及ぶミツクチキリオレガイ類が見つかったこともある。全世界には 1000 種を超えるミツクチキリオレガイ科の現生種が生息していると考えられる。

近縁種

フィリピンに産するダイオウキリオレガイ *Tetraphora princeps*（Sowerby III, 1904）は、ミツクチキリオレガイ科の最大種で、世界で最も大きな殻の記録は 66mm である。このサイズは本科の貝にしては非常に大きい。ダイオウキリオレガイは非常に高い螺塔をもち、殻の色は褐色で、各螺層の殻表にそれぞれ 4 列の螺状の顆粒列が並ぶ。インド西太平洋に生息するハリオレガイ *Inella asperrima*（Hinds, 1843）も比較的大きい。この貝の殻は極端に細くて背が高く、針のような形をしている。色は白く、殻表には、顆粒の並んだ螺肋が各螺層に 2 本ずつある。

実物大

Marshallora modesta の殻は非常に小さく、光沢があり、左巻きで、円錐形に近い円筒形。螺塔は高い。殻頂は尖り、その殻表には顕微的な彫刻がある。縫合は明瞭で、螺層の側面はほぼまっすぐ。殻表には顆粒の並んだ螺肋があり、螺肋の数は初期の螺層では各 2 本、6、7 番目以降の螺層では各 3 本である。殻口は四角張る。外唇は薄く、前縁に湾曲し、短水管溝の上に伸びる突出部がある。殻はチョコレート色で、殻表の顆粒はより明るい褐色。

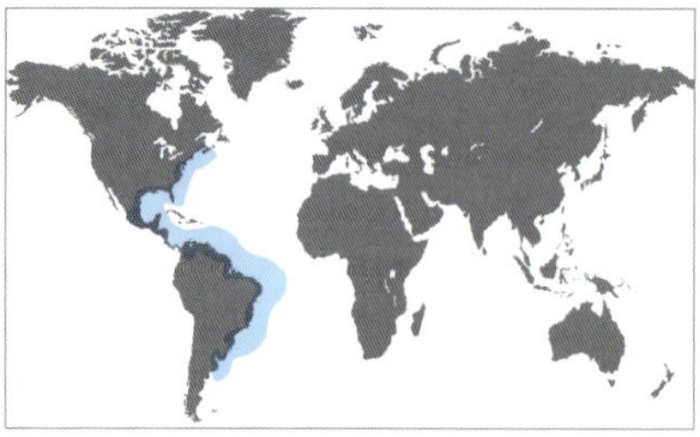

科	クリイロケシカニモリガイ科　Cerithiopsidae
貝殻の大きさ	4 〜 13mm
地理的分布	合衆国マサチューセッツ州からウルグアイにかけて
存在量	ふつう
生息深度	潮間帯から水深 80m
生息場所	カイメンの上や周辺および砂底
食性	肉食性でカイメンを食べる
蓋	角質で薄く円形

貝殻の大きさ
4 〜 13mm

写真の貝殻
4mm

Seila adamsii (Lea, 1845)

アダムズケシカニモリガイ

ADAMS' MINIATURE CERITH

アダムズケシカニモリガイは、広範囲に分布する普通種で、その大きさと殻表の彫刻によって容易に識別できる。クリイロケシカニモリガイ科の貝は、オニノツノガイ科に似た殻をもつ。そのため英語名の一部に Cerith（オニノツノガイ類）の名前が使われている。本科の大多数の種は長さが 10mm に満たない小さな殻をもつため、微小貝と呼ばれることもある。本種は、それらの大多数の種より大きい。近縁なミツクチキリオレガイ科の貝と同じく、クリイロケシカニモリガイ類はカイメン類を専食する肉食者である。また、どちらの科の貝も胎殻が種を同定するのに重要だが、成貝では胎殻が欠損していることが多い。

近縁種

オーストラリア南部に産する同属種の *Seila marmorata* (Tate, 1893) は、アダムズケシカニモリガイに似た殻をもつが、殻がよりほっそりしており、螺層にはそれぞれ 5 本ずつ螺肋がある。クリイロケシカニモリガイ科に近縁なミツクチキリオレガイ科のサビキリオレガイ *Viriola incisa* (Pease, 1861) は、インド西太平洋に生息し、ハワイでは最もふつうに見られるミツクチキリオレガイ科の貝である。サビキリオレガイも本種に似た殻をもつが、殻が左巻きである。

実物大

アダムズケシカニモリガイの殻は非常に小さく、小塔状で、螺塔が高い。胎殻は球状に膨らみ、後生殻との境界は明瞭。螺塔の螺層にも体層にも殻表にそれぞれ 3 本の四角張った強い螺肋があり、螺肋と螺肋の間に多数の細い縦筋が並ぶ。縫合が不明瞭で、各螺層を区別するのが難しい。殻口はほぼ四角形で、軸唇は滑らかで捩じれ、水管溝は短い。胎殻の色は白いが、成貝の殻の色は、オレンジから濃褐色までさまざま。

科	アサガオガイ科　Janthinidae
貝殻の大きさ	10 ～ 40mm
地理的分布	全世界の暖海
存在量	ふつう
生息深度	海面を漂う
生息場所	外洋性
食性	他の浮遊生物つまりプランクトンを食べる
蓋	ない

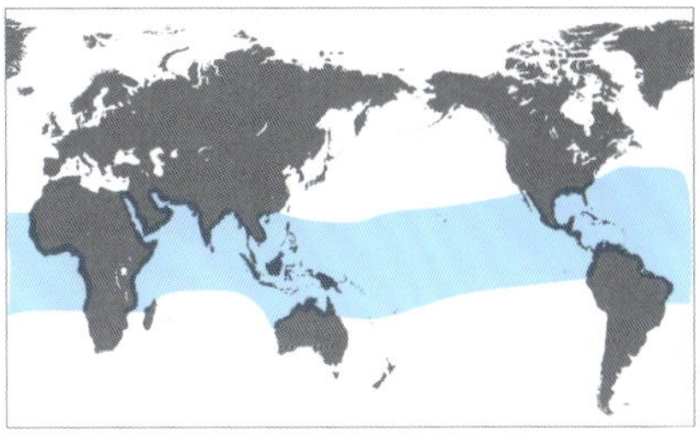

貝殻の大きさ
10 ～ 40mm

写真の貝殻
20mm

Janthina globosa Swainson, 1822

ルリガイ

ELONGATE JANTHINA

ルリガイは、「球状の」という意味の *globosa* という種小名がつけられているが、アサガオガイ属 *Janthina* の 5 種の中でとくに球形に近い殻をもつわけではない。じつは、本種の殻は他の同属種よりも長く、螺塔も比較的高い。他のアサガオガイ類と同様、粘液と気泡で浮きをつくり、それを使って海面を漂う。また、本種もそうだが、アサガオガイ類の中には非常に多産して群れをなすものがいる。群れは非常に大きくなることがあり、200 海里（約 370km）にも渡って広がっていたという報告もある。嵐の後など、ときに大量に殻が海岸に打ち上げられることがある。アサガオガイ科の現生種は世界に 8 種ほどが知られ、熱帯から温帯海域の海面を漂って暮らしている。

近縁種

大多数のアサガオガイ類は全世界の暖かい海に広く分布している。アサガオガイ *Janthina janthina*（Linnaeus, 1758）は、ルリガイよりもわずかに幅広い殻をもち、殻には淡い紫の部分と鮮やかな紫の部分がある。ヒルガオガイ *Recluzia rollandiana* Petit, 1853 は、ルリガイより小さく、殻の形は似ているが、色は茶色である。ヒルガオガイは、淡水産巻貝のスクミリンゴガイの小型個体のように見える。

実物大

ルリガイの殻は小型から中型で、薄くてもろく、球状。螺塔はやや高く、縫合が深い。螺塔の螺層も体層も丸く膨らみ、殻表には多数の斜めの筋が入り、体層では上部と下部で筋の傾きが逆になるため、山形の筋になる。殻口は広く、比較的長く、表面の滑らかな薄い外唇を備える。軸唇はまっすぐで、下方に伸びて殻底の突出部を形成し、そこで外唇と合う。殻の色は淡いすみれ色から鮮やかなすみれ色で、縫合の直下は白い。

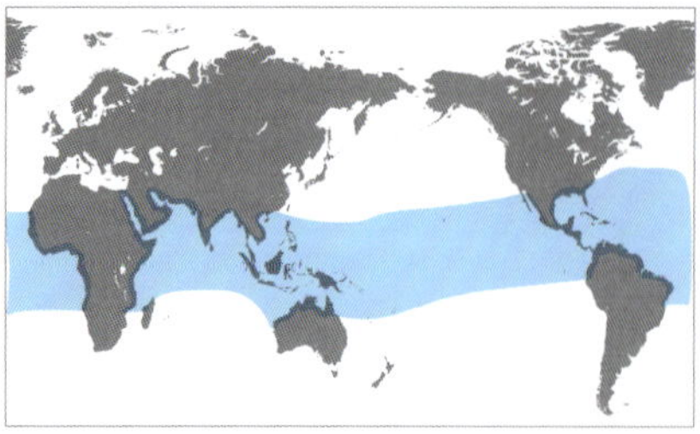

科	アサガオガイ科　Janthinidae
貝殻の大きさ	25 ～ 40mm
地理的分布	全世界の暖海
存在量	ふつう
生息深度	海面を漂う
生息場所	外洋性
食性	外洋性のクラゲを食べる
蓋	ない

貝殻の大きさ
25 ～ 40mm

写真の貝殻
34mm

Janthina janthina (Linnaeus, 1758)

アサガオガイ

COMMON JANTHINA

アサガオガイは、肉食の浮遊性巻貝の1種で、粘液で気泡を包み込んで筏をつくる。筏はやがてプラスチックのように硬くなり、この筏の下にぶら下がった状態で海面を漂う。ギンカクラゲやカツオノエボシなどの外洋性のクラゲを食べる。眼はなく、筏が進む方向を制御することはできない。大洋を漂い、運よく餌生物に出会えた時に餌を食べる。アオミノウミウシ属 *Glaucus* の浮遊性のウミウシはカツオノエボシやギンカクラゲなどの刺胞動物だけでなく、アサガオガイ属 *Janthina* の貝も食べる。

近縁種

アサガオガイ類のほとんどは、本種やルリガイ *Janthina globosa* Swainson, 1822 のように全世界の暖海に広く分布している。ルリガイの学名は「球状のアサガオガイ」という意味だが、ルリガイのほうがアサガオガイよりも殻が長い。ルリガイは淡い紫から鮮やかな紫、あるいは青みがかった紫の殻をもつ。ハブタエルリガイ *Janthina pallida* (Thompson, 1840) は、その名前（種小名の *pallida* は「色が薄い」という意）が示すように、淡いラベンダー色の殻をもち、やはり世界中の暖海に分布する。

実物大

アサガオガイの殻は小型から中型で、薄くてもろく、上から見ると輪郭はほぼ円形。螺塔は扁平で、縫合は明瞭。螺層は丸みを帯び、殻表に細い螺条と細い成長線が並ぶ。殻口は広く丸みがあり、外唇は薄くて鋭利で、軸唇は長く、わずかに捩じれる。臍孔も蓋もない。殻の上部は淡いすみれ色、殻底部は濃い紫である。

科	イトカケガイ科 Epitoniidae
貝殻の大きさ	20 〜 61mm
地理的分布	周北性
存在量	ふつう
生息深度	水深 16 〜 300m
生息場所	砂泥底
食性	イソギンチャク類に寄生
蓋	角質で卵形、多旋型

貝殻の大きさ
20 〜 61mm

写真の貝殻
22mm

Epitonium greenlandicum (Perry, 1811)

エゾイトカケガイ

GREENLAND WENTLETRAP

エゾイトカケガイは、イトカケガイ科の普通種で、比較的大きく、周北性分布を示す。西大西洋ではニューヨークでも採集されており、それが西大西洋の南限記録である。イトカケガイ類はたいてい螺塔の高い白色の殻をもち、殻表には多くの縦肋があるが、各縦肋はかつて外唇だった所を示している。エゾイトカケガイは潮下帯から深海まで分布し、活動しない時は軟らかい泥の中に潜っている。世界にはイトカケガイ科の現生種が少なくとも 250 種生息している。

近縁種

ハワイ諸島に産する *Epitonium ulu* Pilsbry, 1921 は、イトカケガイ科の中でもイシサンゴ類に寄生する種の 1 つである。この貝は、細い縦肋のある小さなもろい殻をもつ。西ヨーロッパの大西洋岸および地中海に生息するヨーロッパイトカケガイ *Epitonium clathrum* (Linnaeus, 1758) は、浅海でふつうに見られ、殻表に太い縦肋が並び、栗色の地に褐色の斑紋が入ったきれいな殻をもつ。

実物大

エゾイトカケガイの殻はイトカケガイ科にしては大きくて分厚く、細長い円錐形。螺塔は高く、縫合は明瞭で、螺層は膨らむ。殻表には 12 〜 14 本の太い縦肋があり、縦肋と縦肋の間に 7 本の平たい幅広の螺肋が並ぶ。殻口は卵形で、外唇は肥厚し、臍孔はない。殻の色は白亜色からベージュで、殻口内が白く、蓋は黒い。

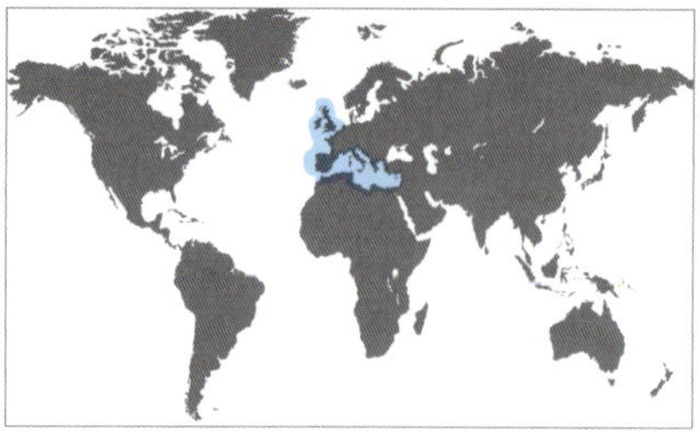

科	イトカケガイ科　Epitoniidae
貝殻の大きさ	13 ～ 40mm
地理的分布	西ヨーロッパの大西洋沿岸および地中海
存在量	ふつう
生息深度	水深 1 ～ 70m
生息場所	砂底や泥底
食性	イソギンチャク類に寄生
蓋	角質で卵形、多旋型

貝殻の大きさ
13 ～ 40mm

写真の貝殻
49mm

Epitonium clathrum (Linnaeus, 1758)

ヨーロッパイトカケガイ

COMMON WENTLETRAP

ヨーロッパイトカケガイは、多くの太い縦肋とシナモン色の螺帯あるいは斑点のある魅力的な殻をもつ。通常は潮下帯浅部の砂底や泥底に棲むが、春には岸近くに上がってきて産卵する。本種は隣接的雌雄同体で、繁殖期ごとに交互に雄と雌になる。大多数のイトカケガイ類と同じく、本種も大型のイソギンチャクに寄生し、ミナミウメボシイソギンチャクに近縁な *Anemonia sulcata* に寄生することが知られている。本種はヨーロッパで最もふつうに見られるイトカケガイである。

近縁種

アメリカ合衆国ノースカロライナ州からブラジルのサンパウロ州にかけて生息する *Epitonium krebsii* (Mörch, 1875) の殻は、ヨーロッパイトカケガイと同じく縦肋と縦肋の間に螺肋がないが、背が低く、ずんぐりしている。北ヨーロッパからカナリア諸島にかけて分布するタートンネジガイ *Epitonium turtonis* (Turton, 1819) は、ヨーロッパイトカケガイよりほっそりした殻をもつ。

ヨーロッパイトカケガイの殻は中型で細長く、塔のような形である。螺塔は高く、約 15 層の螺層からなる。殻頂は尖り（欠損していることが多いが）、螺層は膨らむ。各螺層の殻表に約 9 本の太い縦肋がある。縦肋と縦肋の間は滑らか。殻口は卵形で、外唇は肥厚し、縁が外側に反る。臍孔はない。殻の色は白っぽいもの（大西洋沿岸に多い）から、シナモン色の螺帯や褐色斑点の入ったもの（深所や地中海に多い）までさまざまである。殻口内の色は殻の外面と同様。

実物大

科	イトカケガイ科　Epitoniidae
貝殻の大きさ	21 〜 44mm
地理的分布	北ヨーロッパからカナリア諸島にかけての大西洋沿岸および地中海
存在量	ふつう
生息深度	水深 5 〜 60m
生息場所	砂底や泥底
食性	イソギンチャク類に寄生
蓋	角質で卵形、多旋型

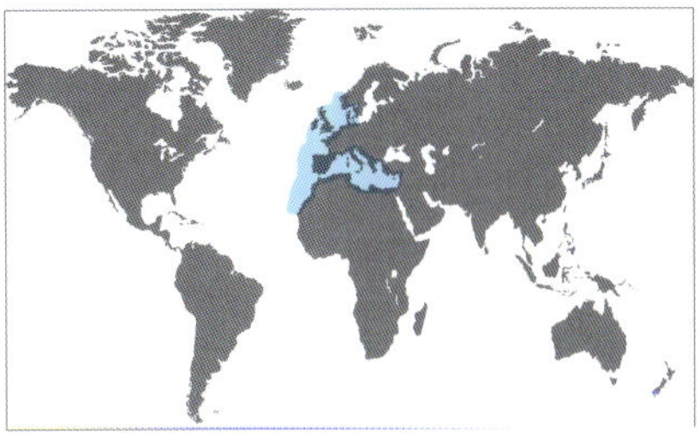

貝殻の大きさ
21 〜 44mm

写真の貝殻
55mm

Epitonium turtonis (Turton, 1819)

タートンネジガイ

TURTON'S WENTLETRAP

タートンネジガイは、優美な細長い殻をもち、なかには、このページに示した殻のように、紫がかった褐色の地色とクリーム色の縦肋が美しい対照をなすものもある。イソギンチャク類に寄生し、潮下帯浅部に生息する。最もふつうに見られるのは地中海で、地中海ではたいてい大西洋よりも深い所に棲む。また、地中海産のもののほうが大西洋産のものより大きいことが多い。

近縁種

西ヨーロッパの大西洋岸と地中海に生息するヨーロッパイトカケガイ *Epitonium clathrum* (Linnaeus, 1758) は、殻の大きさや色、殻表の彫刻がタートンネジガイに似ているが、殻はそれほど細くなく、螺層あたりの縦肋の数はより少ない。また、縦肋が板状に立つ。南西太平洋に産するミカドイトカケガイ *Epitonium imperialis* (Sowerby II, 1844) の殻は薄く、膨んでいて幅が広く、体層の殻表に約 30 本の縦肋が密に並ぶ。

タートンネジガイの殻は中型でやや厚く、細長い塔形。螺塔は高く、12 〜 15 層の螺層があり、縫合は深く、殻頂は尖る。殻表には縦肋（その数は体層で 12 本ほど）があり、縦肋と縦肋の間は滑らか。縦肋は後方に傾き、殻表に沿うように横になる。縦肋の中にはかなり幅広のものもある。殻口は卵形で、外唇は肥厚する。殻の色は淡褐色から紫がかった褐色で、2 本の赤みがかった螺帯がある。縦肋は地色より薄い淡褐色またはクリーム色で、殻口内は褐色である。

実物大

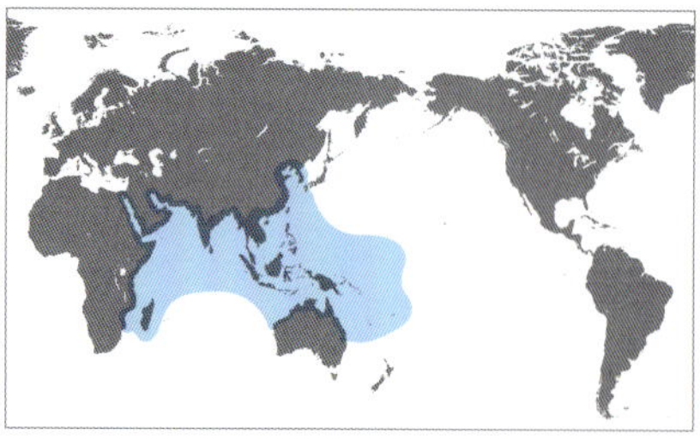

科	イトカケガイ科　Epitoniidae
貝殻の大きさ	30 〜 70mm
地理的分布	インド西太平洋
存在量	少産
生息深度	潮間帯から水深 160m
生息場所	砂底
食性	イソギンチャク類に寄生
蓋	角質で卵形、多旋型

貝殻の大きさ
30 〜 70mm

写真の貝殻
35mm

Cirsotrema varicosum (Lamarck, 1822)

チリメンニナ

VARICOSE WENTLETRAP

チリメンニナは、よく知られたインド西太平洋産のイトカケガイである。その分布域の多くの場所では、殻は 35mm ほどにしか成長しないが、日本近海では、その 2 倍に達することがある。潮間帯からかなり深い所まで分布しているが、潮下帯の砂底でよく見られる。殻表にぎざぎざのある縦肋が密に並んで格子棚のような彫刻を形成しているので、容易に識別することができる。日本の近海はイトカケガイ類の多様性が非常に高く、この海域だけで 120 種を超える種が報告されている。

近縁種

西太平洋に産するヤエバイトカケガイ *Cirsotrema rugosum* Kuroda and Ito, 1961 は、チリメンニナ属 *Cirsotrema* の最大種である。ヤエバイトカケガイの殻は、螺塔が高く、縫合は明瞭で、肩部で尖る薄板状の鋭い縦肋が殻表に並ぶ。ナガイトカケガイ *Amaea magnifica* (Sowerby II, 1844) は、イトカケガイ科の最大種で、日本からオーストラリアにかけて生息し、螺肋と縦肋のある比較的薄い殻をもつ。

実物大

チリメンニナの殻は中型で、厚くて硬く、細長い塔形で、殻表がざらざらしている。螺塔は高く先端が尖り、螺層には丸みがあり、縫合は明瞭。殻表には約 25 本のやや斜めに傾いた、ぎざぎざのある縦肋が並び、格子棚のように見える。各螺層に 2 本ずつ、縦張肋があり、不規則に配置している。殻口は丸く、外唇は厚い。臍孔はない。殻の色はくすんだ白または薄い灰色で、殻口内は白く、蓋は赤褐色である。

科	イトカケガイ科　Epitoniidae
貝殻の大きさ	25 〜 46mm
地理的分布	合衆国ノースカロライナ州からバルバドスにかけて
存在量	希少
生息深度	水深 90 〜 1480m
生息場所	砂底や岩石底
食性	イソギンチャク類に寄生
蓋	角質で円形、多旋型

貝殻の大きさ
25 〜 46mm

写真の貝殻
46mm

Sthenorytis pernobilis（Fischer and Bernardi, 1857）

ハナヤカイトカケガイ

NOBLE WENTLETRAP

ハナヤカイトカケガイは、希少な深海産のイトカケガイで、その生活史はよくわかっていない。イトカケガイ類の中でも薄い殻と短い縦肋をもつ貝は、概して大型のイソギンチャク類に寄生し、宿主のイソギンチャクの下に潜り込んで、宿主を利用して身を守っている。一方、ハナヤカイトカケガイのように大きな縦肋の並んだ、より厚い殻をもつ貝は、しばしば岩石底を這いながら小型のイソギンチャクを漁って食べる。大型のイトカケガイ類の中には小さなイソギンチャクを丸呑みしてしまうものさえいる。

ハナヤカイトカケガイの殻は中型で、膨らみ、幅広い円錐形で頑丈。螺塔はやや高く、6、7 層ほどの螺層があり、縫合は明瞭で、殻頂が尖る。殻頂の角度は約 50° である。各螺層には、殻表に刃物のように鋭い薄板状の縦肋が 12 〜 15 本ほど並ぶ。殻口は斜めに傾き、形はほぼ円形。外唇は肥厚し、縁は薄板状で後縁が角張る。臍孔はない。殻の色は白から灰白色で、蓋は黒。

近縁種

アメリカ合衆国ノースカロライナ州からブラジルのサンパウロ州にかけて生息する *Epitonium krebsii*（Mörch, 1875）は、ハナヤカイトカケガイに似ているが、殻はより小さく、わずかに細長い。また、縦肋はハナヤカイトカケガイより数が少なく、それほど強く角張らない。ガラパゴス諸島に固有の *Sthenorytis turbinum* Dall, 1908 は、ハナヤカイトカケガイに非常によく似ているが、殻がわずかに大きく、縦肋がより長く、その肩部がより鋭く尖っていることで区別できる。

実物大

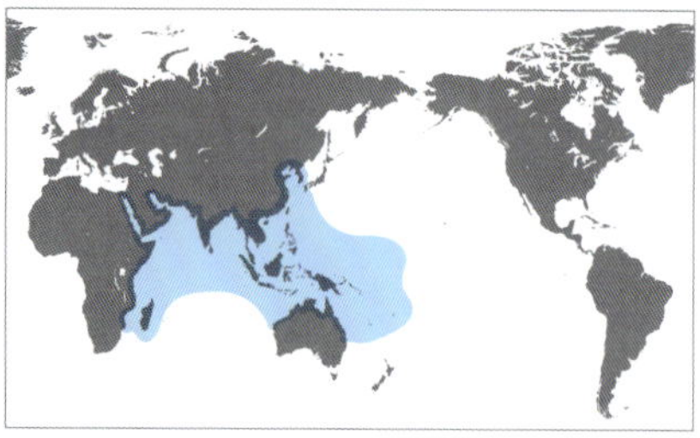

科	イトカケガイ科　Epitoniidae
貝殻の大きさ	25 〜 72mm
地理的分布	インド西太平洋
存在量	ふつう
生息深度	水深 20 〜 120m
生息場所	砂泥底
食性	イソギンチャク類に寄生
蓋	角質で卵形、多旋型

貝殻の大きさ
25 〜 72mm

写真の貝殻
57mm

Epitonium scalare (Linnaeus, 1758)

オオイトカケガイ

PRECIOUS WENTLETRAP

オオイトカケガイは、最もよく知られたイトカケガイで、収集家に高く評価されている。その優雅な殻は、巻きがゆるいため螺層が互いに接触せず、殻表に並ぶ刃のような縦肋だけが、隣接する螺層の間で接触している点で独特である。また、すべての螺層の縦肋が縦にきれいに並ぶが、これは、すべての螺層にある縦肋の数が同じことを意味する。いくつかの研究により、本種のように螺層あたりの縦肋の数の少ない貝は短命であることが示唆されている。

近縁種

アメリカ合衆国ノースカロライナ州からウルグアイにかけて分布する *Epitonium albidum* (d'Orbigny, 1824) は、各螺層に 12 〜 14 本の縦肋が並んだ細長い殻をもつ。この貝の殻も、オオイトカケガイと同様に、螺層と螺層が接触しない。西ヨーロッパの大西洋岸および地中海に生息するヨーロッパイトカケガイ *Epitonium clathrum* (Linnaeus, 1758) の縦肋は太く、上下の螺層の縦肋が縦にきれいに並んでいることもあれば、並んでいないこともある。

オオイトカケガイの殻は中型で、薄くて軽く、幅広く円錐形。螺塔は高く、螺層は丸く膨らむ。螺層同士は接触せず、殻表の縦肋だけが接触しているので、縫合は非常に深い。各螺層の殻表に 10 本か 11 本ほどの等間隔に並んだ縦肋があり、縦肋と縦肋の間は滑らかである。殻口は卵形で、外唇は肥厚する。深くて広い臍孔がある。殻の色は白またはベージュで、縦肋および殻口内は白く、蓋は黒い。

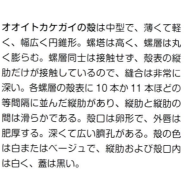

実物大

科	イトカケガイ科　Epitoniidae
貝殻の大きさ	60 〜 130mm
地理的分布	日本からオーストラリアにかけて
存在量	少産
生息深度	水深 30 〜 200m
生息場所	砂底や泥底
食性	イソギンチャク類に寄生
蓋	角質で卵形、多旋型

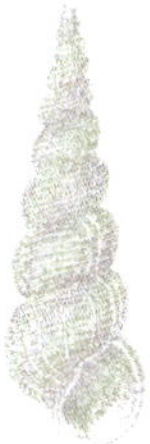

貝殻の大きさ
60 〜 130mm

写真の貝殻
85mm

Amaea magnifica (Sowerby II, 1844)

ナガイトカケガイ

MAGNIFICENT WENTLETRAP

ナガイトカケガイは、イトカケガイ科の最大種で、通常、深所に棲む。本来の生息場所では珍しい貝ではなさそうだが、本種の完全な標本（このページに示されているような）はめったにない。大多数の標本は、傷跡があったり殻頂が欠損していたりする。かつては台湾沖で大量にトロール網にかかっていたが、トロール漁が別の場所で行われるようになってから、本種の殻はあまり得られなくなった。殻が比較的薄いが、それは本種がイソギンチャクに寄生し、宿主の下の砂中に潜って外敵から身を守っていることを示唆している。

近縁種

アメリカ合衆国テキサス州からスリナム共和国にかけて生息するチャオビナガイトカケガイ *Amaea mitchelli* (Dall, 1896) は、大西洋産のイトカケガイ類の中では最大の種の1つで、ナガイトカケガイを小さくして、さらにカラフルにしたような貝である。インド西太平洋に産するチリメンニナ *Cirsotrema varicosum* (Lamarck, 1822) は、ぎざぎざのある縦肋が殻表に格子棚あるいは蜂の巣状の彫刻をなし、螺層あたり約2本の縦張肋がある殻をもつ。

ナガイトカケガイの殻は、イトカケガイ科にしては大きく、比較的薄くて壊れやすく、形は細長い円錐形。螺塔は高く、10 〜 12 層ほどの膨らんだ螺層と深い縫合がある。殻表には等間隔に並んだ螺肋と細い縦肋があり、それらに加えて何本かの強い縦肋が所どころに入り、殻表が布目状に見える。初期の螺層の殻表はいくぶん滑らかで、1本の淡褐色の螺帯が入る。殻口は卵形で、外唇も軸唇も滑らか。臍孔はない。殻の色は白亜色で、殻口部は白く、その奥は淡褐色に染まる。蓋はベージュ。

実物大

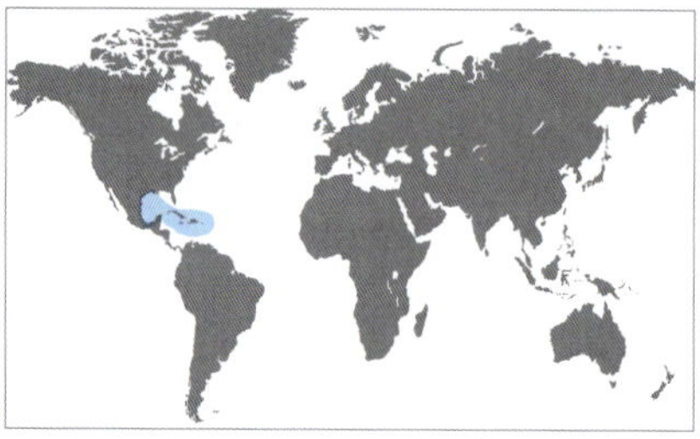

科	ハナゴウナ科 Eulimidae
貝殻の大きさ	8 ～ 22mm
地理的分布	合衆国テキサス州からカリブ海にかけて
存在量	少産
生息深度	潮間帯から水深 90m
生息場所	サンゴ礁周辺
食性	棘皮動物に寄生
蓋	角質で薄く卵形

貝殻の大きさ
8 ～ 22mm

写真の貝殻
10mm

Scalenostoma subulatum (Broderip, 1832)

オネジニナの仲間

DISTORTED EULIMA

本種の殻はゆがんでいて、その螺塔はしばしば曲がり、螺層の高さにはむらがある。多くのハナゴウナ類のように本種の殻形にも性的二型が見られ、雌のほうが雄よりも幅広い大きな殻をもつ。ハナゴウナ科はもっぱら棘皮動物を宿主とする寄生貝で、宿主から宿主へ渡り歩くことのできるものもいるが、内部寄生性で宿主の体内に深く潜り込んで暮らしているものもいる。極端な場合には殻を消失している。おそらく世界には、多くの未記載種を含む数千のハナゴウナ科の現生種が生息していると思われる。

近縁種

レユニオン島（インド洋）からフランス領ポリネシアおよびハワイにかけて分布するオネジニナ *Scalenostoma carinata* Deshayes, 1863 は、本種より大型で、殻の前方が本種よりわずかに広い。西太平洋産のヒトデナカセガイ *Thyca crystallina* (Gould, 1846) は、大多数のハナゴウナ類とは殻の形が大きく異なり、むしろキクスズメガイ属 *Hipponix* の貝のように見える。ヒトデナカセガイはヒトデ類に寄生し、殻は帽子形で非常に小さく幅広で、螺塔が低く、殻表には螺肋がある。

実物大

Scalenostoma subulatum **の殻**は小さく、薄くてもろく、半透明で円錐形。螺塔は高く捩じれている。胎殻は細長く、後生殻の螺層は膨らみ、縫合は明瞭。殻表は滑らかで光沢がある。殻口は卵形で外唇が薄く、軸唇は滑らか。殻の色は白っぽく、半透明で、縫合部は白い。

科	ハナゴウナ科　Eulimidae
貝殻の大きさ	4 ～ 14mm
地理的分布	西太平洋
存在量	ふつう
生息深度	潮間帯から潮下帯浅部
生息場所	サンゴ礁
食性	棘皮動物に寄生
蓋	角質で薄い

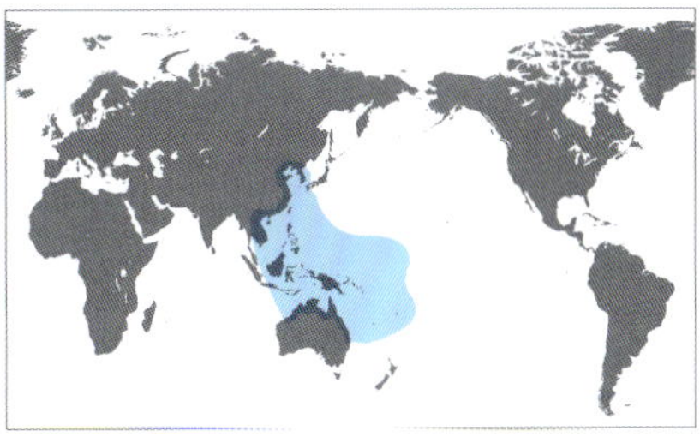

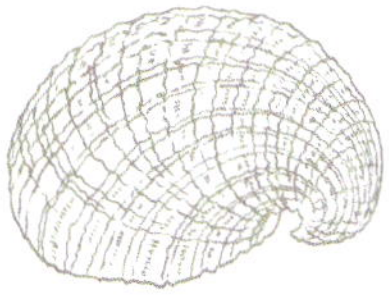

貝殻の大きさ
4 ～ 14mm

写真の貝殻
14mm

Thyca crystallina (Gould, 1846)

ヒトデナカセガイ

CRYSTALLINE THYCA

ヒトデナカセガイは、ハナゴウナ類にしては珍しく、丸く膨らんだ帽子形の殻をもつが、他のハナゴウナ類と同様、棘皮動物に寄生する。とりわけ、熱帯インド太平洋の浅海に棲む美しい青色のアオヒトデ *Linckia laevigata* やその同属種に寄生することが多い。ヒトデの体表にしっかりと付着し、蚊が血を吸うように、ヒトデの「血」、すなわち血リンパを吸う。比較的多くの個体が同時に出現することがあり、1匹のヒトデに数個のヒトデナカセガイがついていることがある。

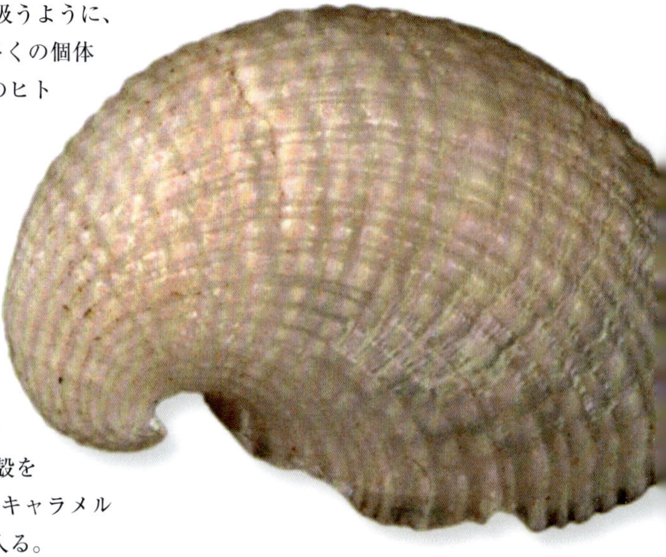

近縁種

日本に産するベニイボヒトデシロスズメガイ *Thyca nardoafrianti* (Yamamoto and Habe, 1976) の殻は、ヒトデナカセガイの殻より小さく、螺塔がより高いが、殻表にはヒトデナカセガイ同様、顆粒の並んだ螺肋がある。アメリカ合衆国ノースカロライナ州に生息する *Niso tricolor* Dall, 1889 は、ヒトデナカセガイより大きく、殻表が滑らかなピラミッド形の殻をもつ。この貝の殻の色はベージュで、縫合に沿ってキャラメル色の細い螺帯が走り、同色の弱い縦肋が所どころに入る。

ヒトデナカセガイの殻は小さく頑丈で、丸く膨らんだ帽子形。殻表はざらざらしている。螺塔は低く、殻頂は螺状に巻く。殻表には顆粒の並んだ強い螺肋があり、成長線がそれらと交差する。幼貝の殻は半透明で光沢があるが、大きく育つにつれて殻がくすんで不透明になる。殻口は大きく、丸い。殻の色は、幼貝では白っぽく半透明で、成貝ではオフホワイト。

実物大

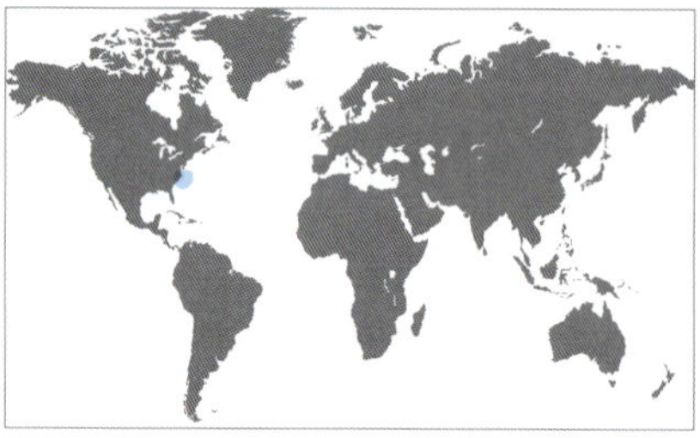

科	ハナゴウナ科　Eulimidae
貝殻の大きさ	18 〜 24mm
地理的分布	合衆国ノースカロライナ州
存在量	少産
生息深度	水深 27 〜 196m
生息場所	沖合の岩石底
食性	棘皮動物に寄生
蓋	角質で薄い

貝殻の大きさ
18 〜 24mm

写真の貝殻
24mm

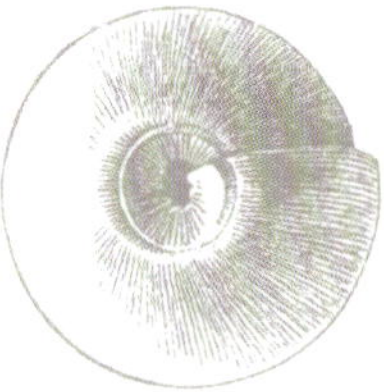

Niso tricolor Dall, 1889

ヘソアキハナゴウナの仲間

TRICOLOR NISO

本種は、ハナゴウナ科の貝にしては比較的大きな殻をもつ。アメリカ合衆国ノースカロライナ州に産し、浅海からやや深い所にかけての岩石底から、底引き網などによって他の大型のハナゴウナ類とともに採集されている。多くのハナゴウナ類は滑らかな白い円錐形の殻をもつが、本種のように色のついた殻をもつものもいる。種小名の *tricolor*（3 色のという意）は殻を彩る 3 つの色、すなわち地色の淡いベージュ、螺帯の褐色あるいはキャラメル色、そして臍孔周辺の白色の 3 色を指す。

近縁種

カリフォルニア湾からエクアドルにかけての太平洋沿岸に生息する同属の *Niso splendidula*（Sowerby I, 1834）は、ハナゴウナ科の中で最も大きくて最もカラフルな殻をもつ種の 1 つである。殻形は本種に似るが、殻の色模様はより複雑である。アメリカ合衆国テキサス州からカリブ海にかけて分布する *Scalenostoma subulatum*（Broderip, 1832）の殻は、より小さく、螺塔が高く、ゆがんでいる。

実物大

Niso tricolor の殻はハナゴウナ科にしては比較的大きく、薄く、滑らかで光沢があり、形は円錐形。螺塔は高く、12 〜 14 層の螺層からなる。縫合は明瞭で、殻頂は尖る（このページに示した殻では殻頂が摩滅している）。殻表は滑らかで、多数の成長線が並び、所どころに弱い縦肋が見られる。殻口は木の葉のような形で外唇は薄く、軸唇は滑らかで縁が外側に反る。臍孔は滑らかで深い。殻の色はベージュで、縫合に沿って濃いキャラメル色の螺帯が走り、臍孔の周辺が白い。

科	エゾバイ科　Buccinidae
貝殻の大きさ	10 〜 20mm
地理的分布	インド西太平洋
存在量	ふつう
生息深度	潮間帯
生息場所	岩の下
食性	肉食性で腐肉を食べる
蓋	角質で卵形

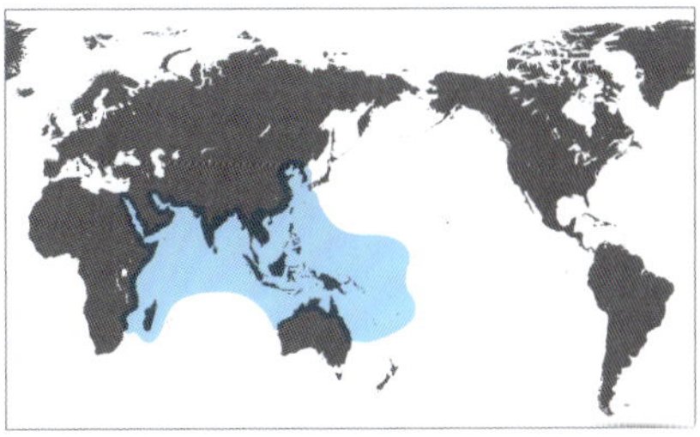

貝殻の大きさ
10 〜 20mm

写真の貝殻
18mm

Engina mendicaria (Linnaeus, 1758)

ノシガイ

STRIPED ENGINA

エゾバイ科は非常に多くの種を含み、本科の貝は熱帯海域から極洋までさまざまなところで見られる。多くは目立つ螺肋をもち、暖かい海に生息する種には非常にカラフルなものもいる。すべての種が肉食性で、なかには二枚貝類を食べるものがいるが、ノシガイをはじめ多くの種は腐肉食性で、死んだ魚を食べる。とくに冷水種には、容易には近づけない人里離れた場所に棲み、単調な殻をもつものが多いため、エゾバイ科の貝はあまり収集の対象になっていない。

近縁種

同属のホソノシガイ *Engina zonalis* (Lamarck, 1822) は、ノシガイと同じく熱帯に棲み、殻にやはり縞模様があるが、ホソノシガイの縞は白と黒である。殻はノシガイのものよりもほっそりしていて、螺塔がより急峻である。また、外唇の後端はノシガイほど張り出さず、殻口の縁は赤みがかったオレンジに染まる。

実物大

ノシガイの殻は小さく紡錘形で、つやつやしている。殻の色は大部分が黒だが、殻頂部はクリーム色。オフホワイトから黄色の非常に太い螺帯が並ぶ。螺帯は体層には３本あり、螺塔では各螺層の肩部に１本ずつある。殻表には、低い瘤が螺状に並ぶが、瘤は螺層の肩部でより顕著である。外唇は厚く、その内壁には顕著な歯が並ぶ。殻口は黄みがかったオレンジで縁取られる。

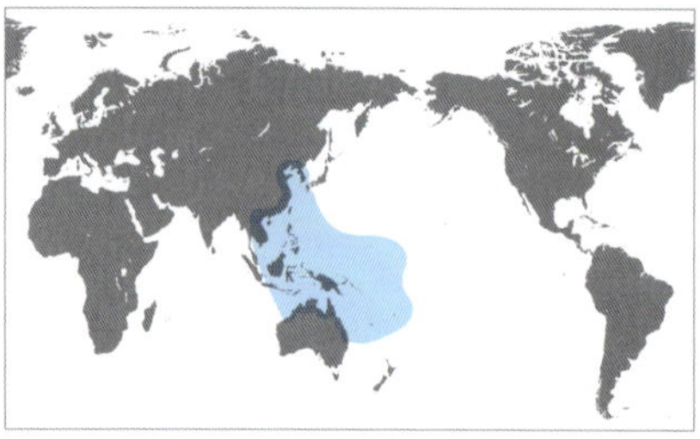

科	エゾバイ科　Buccinidae
貝殻の大きさ	20 〜 45mm
地理的分布	西太平洋
存在量	多産
生息深度	潮間帯
生息場所	岩やサンゴの下
食性	肉食性で腐肉を食べる
蓋	角質で卵形

貝殻の大きさ
20 〜 45mm

写真の貝殻
33mm

Cantharus undosus (Linnaeus, 1758)

スジグロホラダマシ

WAVED GOBLET

スジグロホラダマシは、二枚貝類やゴカイ類、腐肉などさまざまなものを食べる。それらはすべて、本種が好んで利用する生息場所、すなわち、泥の積もった岩や、サンゴ礫が堆積した所に豊富に存在する。生時には殻は厚い褐色の殻皮に覆われている。暖かい海に棲む他のエゾバイ類と同様、色鮮やかな美しい貝だが、近縁でも極域に棲む貝はずっと地味である。スジグロホラダマシの殻口縁は鮮やかな色に染まり、殻表には強い螺肋があるが、これらの特徴はホラダマシ類にとくによく見られる特徴である。この類には、強い縦肋をもつものも多い。

近縁種

テラマチホラダマシ *Cantharus wagneri* (Anton, 1839) は、同属種の中ではかなり希少で、熱帯太平洋に生息する。スジグロホラダマシと同様に螺層がかなり高いが、テラマチホラダマシでは縫合が非常に深く、螺層の境界が明瞭である。殻はクリーム色で褐色の太い螺帯が並ぶが、螺帯の色が縦肋の間でより濃い。また、縦肋がずっと顕著なため、螺肋が大きく波打つ。

スジグロホラダマシの殻は硬く、形は紡錘形。体層はやや膨らむ。色は白からベージュで、殻表にかすかな縦肋と輪郭のはっきりした栗色から焦げ茶色の螺肋が並ぶが、殻頂部では螺肋は不明瞭。螺塔は高く、縫合は細く不明瞭。外唇にも軸唇にも歯があり、殻口は白く、細いオレンジの縁取りがある。水管溝は短く幅広い。

実物大

科	エゾバイ科　Buccinidae
貝殻の大きさ	19 ～ 51mm
地理的分布	合衆国フロリダ州からブラジルにかけて、アセンション島
存在量	ややふつう
生息深度	潮間帯
生息場所	サンゴや岩の間
食性	肉食性で腐肉を食べる
蓋	角質で卵形

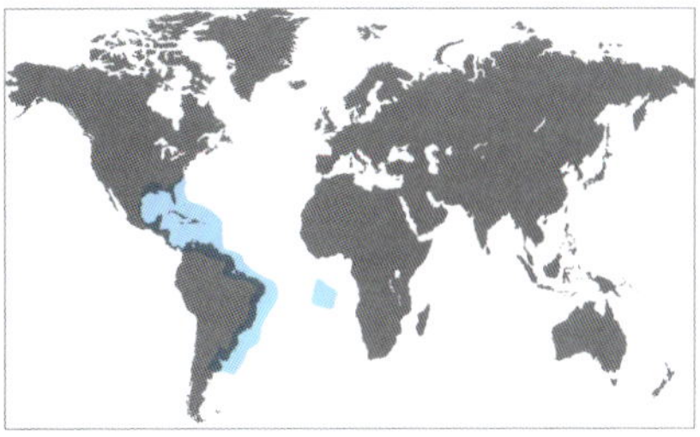

Pisania pusio (Linnaeus, 1758)

クロボシベッコウバイ

MINIATURE TRITON TRUMPET

貝殻の大きさ
19 ～ 51mm

写真の貝殻
55mm

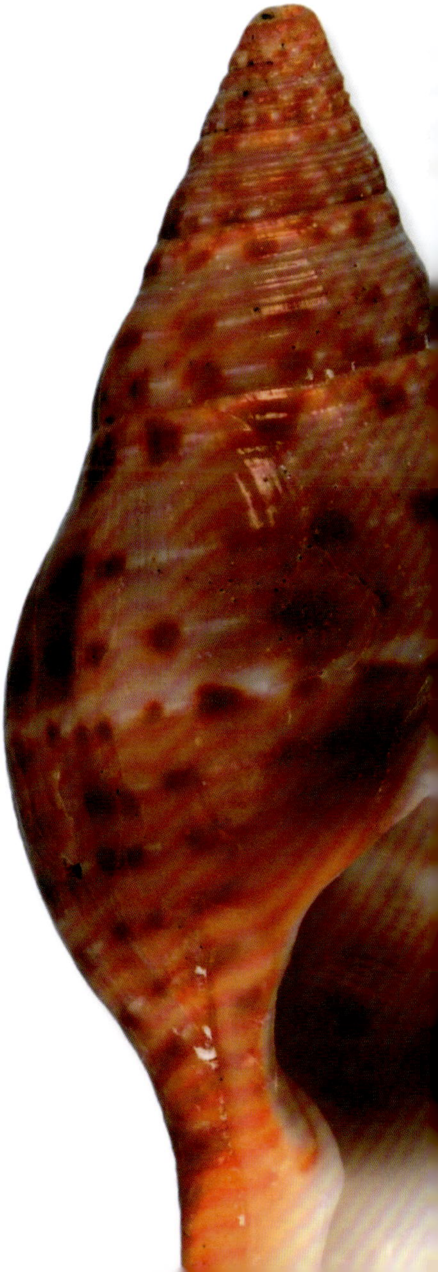

クロボシベッコウバイは、ほとんどいつもペアで見つかり、2つの貝の間が 30cm 以上離れていることはめったにない。岩やサンゴの間で腐肉のかけらを漁って食べるが、たまに生きているものを自ら捕まえて食べることもある。一方、本種はいくつかの捕食者に食べられる。とくに、沿岸に生息し、選り好みの激しい敏腕の捕食者、マダコ属のタコ、*Octopus insularis* の餌のかなりの割合をクロボシベッコウガイが占めている。このタコは、最近ブラジル沖で見つかって、新種として記載された種である。

近縁種

日本近海など西太平洋の浅海に生息するベッコウバイ *Pisania ignea* (Gmelin, 1791) は、ベッコウバイ属 *Pisania* の中でもひときわ人目を引く貝の1つである。クロボシベッコウバイ同様すべての螺層がわずかに丸みを帯びるが、殻がより小さくて薄い。また、外唇はより薄く、内壁の襞は不明瞭。殻は光沢があり、オレンジがかった明るい黄色で、オレンジの炎模様がある。

実物大

クロボシベッコウバイの殻は硬く、丸みを帯びた紡錘形。次体層はわずかに膨らむが、それ以外の螺塔の側面はほぼまっすぐ。殻口は卵形で、長い水管溝を備え、軸唇にも外唇にも襞が並ぶ。襞は殻口後端の深い切れ込みの所では鋸歯状になる。殻の地色はクリーム色からくすんだピンクで、栗色の小さな三角形の斑紋が螺状に並び、殻表には細い螺肋が並ぶ。また、体層の肩に1本の細い白色帯がある。

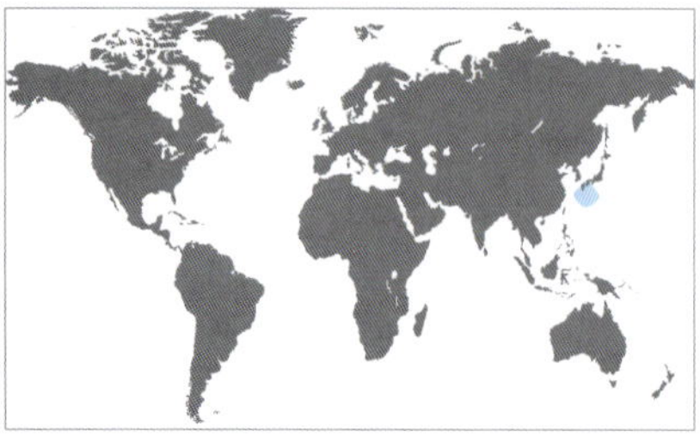

科	エゾバイ科　Buccinidae
貝殻の大きさ	35 〜 50mm
地理的分布	南日本
存在量	ふつう
生息深度	水深 10 〜 60m
生息場所	岩礁
食性	肉食性で腐肉を食べる
蓋	角質で卵形

貝殻の大きさ
35 〜 50mm

写真の貝殻
45mm

Siphonalia pfefferi Sowerby III, 1900

シマアラレミクリガイ

PFEFFER'S WHELK

実物大

シマアラレミクリガイは、膨らんだ紡錘形で、栗色がかった褐色斑点の並ぶ螺肋が殻表に浮き上がった美しい貝殻をもつ。殻の形には変異があり、上のエングレービングによる図の貝のように、湾曲した長い水管溝をもつものもいる。シマアラレミクリガイは沖合の砂底に棲む。ミクリガイ属 *Siphonalia* には日本固有種が何種かいるが、本種もその 1 つで、南日本にのみ生息している。日本の周辺海域はとくにエゾバイ科の多様性が高く、200 種を超えるエゾバイ類がこの海域で記録されている。

近縁種

トウガタミクリガイ *Siphonalia callizona* Kuroda and Habe, 1961 も日本固有種である。殻の外唇は薄く、体層はシマアラレミクリガイほど膨らまない。螺塔は非常に高く、殻表には細く弱い螺肋があり、さらに螺層の肩に先端の丸い、大きな結節状突起が並ぶ。殻の色はクリーム色がかった黄色で、結節状突起を横切ってオレンジの細い螺帯が走る。

シマアラレミクリガイの殻は丸みを帯びた紡錘形。殻口は大きく卵形で、螺塔は比較的高い。螺層は膨らみ、縫合が深いため螺層の境界は明瞭。外唇は肥厚し、水管溝はやや長め。殻の色は白く、さまざまな幅の、平たい螺肋の上に栗色がかった褐色の斑点が並ぶ。殻口内はピンクで、外唇の内壁と滑層に覆われる軸唇の上半分には襞が並ぶ。

科	エゾバイ科　Buccinidae
貝殻の大きさ	50 ~ 80mm
地理的分布	メキシコ西岸からエクアドルにかけて
存在量	ふつう
生息深度	水深 7 ~ 35m
生息場所	泥底
食性	肉食性で腐肉も食べる
蓋	角質でかぎ爪状

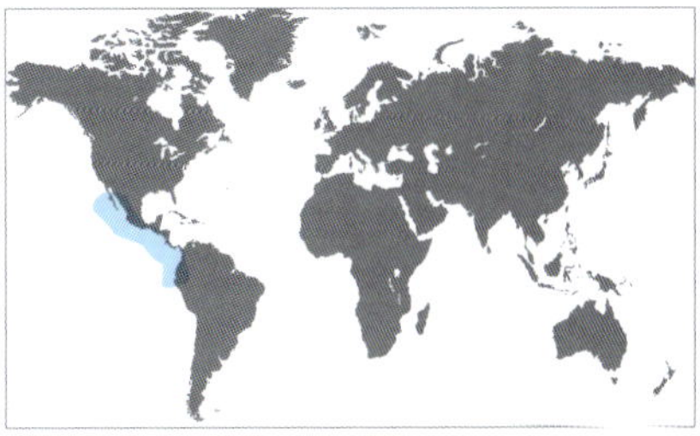

貝殻の大きさ
50 ~ 80mm

写真の貝殻
49mm

Northia pristis (Deshayes *in* Lamarck, 1844)

ブットウバイ

NORTH'S LONG WHELK

ブットウバイは、体層が滑らかで、外唇の縁に鋭い棘が並ぶ殻をもつ。沖合の浅い軟質底でふつうに見られる貝で、一見オリイレヨフバイ科 Nassariidae の貝に似ているが、歯舌の形態を見るとエゾバイ科の貝だとわかる。エゾバイ類は雌雄異体で、かつ体内受精である。雌は、それぞれに数十個の卵の入った革のように丈夫な卵嚢をいくつも産む。卵嚢には、いずれ出口となる孔が予め用意されているが、産卵時にはそこは栓で閉じられている。やがて、孵化の準備が整うと、子どもたちはその栓を溶かして卵嚢から出てくる。

実物大

近縁種

メキシコ南部からペルーにかけて分布する同属種の *Northia northiae* (Griffith and Pidgeon, 1834) は、ブットウバイに非常によく似るが、殻の幅はより広く、外唇に襞がない。インド太平洋に産するゲンロクノシガイ *Engina alveolata* (Kiener, 1836) は、白地に黒やオレンジ、黄色などの顆粒が螺状に並んだ小さな殻をもつ。

ブットウバイの殻は硬くて厚く、殻表は滑らかで光沢があり、形は紡錘形。螺塔は高く先端が尖り、縫合は明瞭。螺塔の螺層には螺肋と縦肋が見られるが、それらは体層に向かって弱くなり、体層では殻表は滑らか。殻口は披針形で、螺塔よりも短い。外唇は肥厚し、内壁に襞が並ぶ。軸唇は滑らか。殻の色は灰色がかった小麦色から褐色で、殻口内は白い。

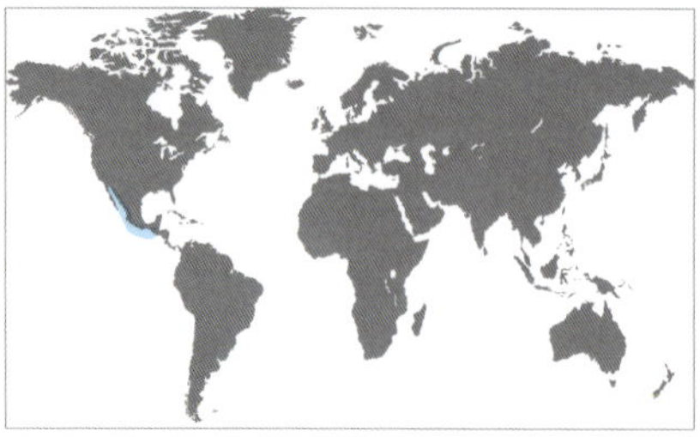

科	エゾバイ科　Buccinidae
貝殻の大きさ	35 ～ 87mm
地理的分布	カリフォルニア湾からメキシコ南部にかけて
存在量	ふつう
生息深度	潮間帯
生息場所	岩礁
食性	肉食性で腐肉を食べる
蓋	角質で卵形

貝殻の大きさ
35 ～ 87mm

写真の貝殻
65mm

Macron aethiops (Reeve, 1847)

マクロンガイ

RIBBED MACRON

マクロンガイの殻は重く、形は紡錘形。縫合が深くくびれ、殻表に平たい螺肋があり、縫帯のそばの螺肋が高く盛り上がっていることで識別できる。螺肋と螺肋の間は溝のようになり、その端は外唇に達して外唇縁を波打たせる。外唇の内壁にはかすかな襞が並ぶ。殻の色は白磁色だが、しばしば表面に殻皮が残り、緑がかった茶色を呈している。

マクロンガイが分類されているマクロンガイ属 *Macron* は、アメリカ西岸に固有で、ほとんどの種がカリフォルニア湾周辺に生息する。マクロンガイの種小名（「日に焼けた人」を意味するギリシャ語、イティオプス Aethiops から）は、殻皮の濃い色に因んでつけられたもので、本種には Ribbed Macron（肋のあるマクロンガイ）という英語名の他に、Ethiopian Macron（黒っぽいマクロンガイ）という呼び名もある。殻皮は色が濃いだけでなく、非常に厚い点でも注目に値する。殻皮は殻（殻そのものは白い）にぴったり貼り付いており、これはマクロンガイ属の特徴の 1 つである。また、水管溝が突出せず、幅広く深い切れ込み状であることも本属の特徴の 1 つである。

近縁種

もともとは別種と記載された同属種の多くが、現在は、マクロンガイの変異に過ぎないと見なされているが、今でも別種として区別されているものに *Macron lividus*（A. Adams, 1855）がある。この貝はマクロンガイの半分ほどの大きさで、殻の内面はオレンジ色である。また、縫帯に襞があることを除いては殻表に彫刻がなく、螺塔は先端が丸みを帯び、螺層がわずかに膨らむ。

実物大

科	エゾバイ科 Buccinidae
貝殻の大きさ	50 ～ 115mm
地理的分布	カナダのニューファンドランド島から合衆国ノースカロライナ州にかけて
存在量	ふつう
生息深度	水深 4 ～ 660m
生息場所	軟質底
食性	肉食性
蓋	角質でかぎ爪形、核は端にある

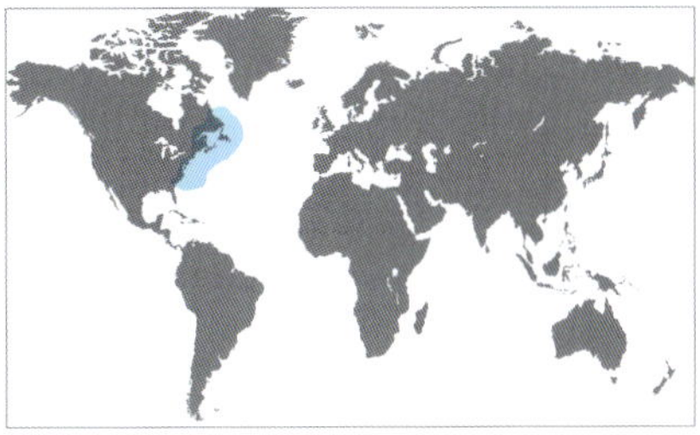

貝殻の大きさ
50 ～ 115mm

写真の貝殻
76mm

Neptunea lyrata decemcostata (Say, 1826)

トスジエゾボラ

NEW ENGLAND NEPTUNE

トスジエゾボラは、灰白色の地に赤褐色の強い螺肋が入った美しい殻をもち、容易に識別できる。寒海性エゾボラ類の普通種で、かなり深い所にも棲んでいるが、沖合の浅海で見つかることが多い。たまに、嵐の後に海岸に少数の殻が打ち上げられることがある。1987 年にアメリカ合衆国マサチューセッツ州で州の貝に認定された。

近縁種

日本および韓国に生息するセイタカエゾボラ *Neptunea elegantula* Ito and Habe, 1965 の殻は、体層に 14 本ほどの強い螺肋があり、殻がより細長く、螺肋の色がクリーム色である。アメリカ合衆国北東部および西ヨーロッパに分布するヨーロッパエゾバイ *Buccinum undatum* Linnaeus, 1758 は、それらの海域に生息する大型のエゾバイ類の中では最も多産する貝の 1 つで、現地の商業漁業を支えている。

トスジエゾボラの殻は中型で、厚くて重く、強靭で、形は紡錘形。螺塔は高く、螺層が階段状になり、縫合は深く明瞭。その名（種小名の *decemcostata* は「10 本の肋がある」の意）が示すように、本種の大きな特徴は殻に 10 本（実際は 7 ～ 10 本の間だが）の強い螺肋をもつことである。螺肋以外に目立った彫刻はない。殻口は大きく、披針形。外唇は薄く、水管溝は比較的短くて太い。殻の色は白または灰色で、螺肋は赤褐色。殻口内は白い。

実物大

科	エゾバイ科 Buccinidae
貝殻の大きさ	50 〜 83mm
地理的分布	スリランカおよびインド南東部
存在量	少産
生息深度	潮間帯から水深 20m
生息場所	砂底
食性	肉食性
蓋	角質で卵形、核は端にある

貝殻の大きさ
50 〜 83mm

写真の貝殻
83mm

Tudicla spirillus (Linnaeus, 1767)

オオシモトボラ

SPIRAL TUDICLA

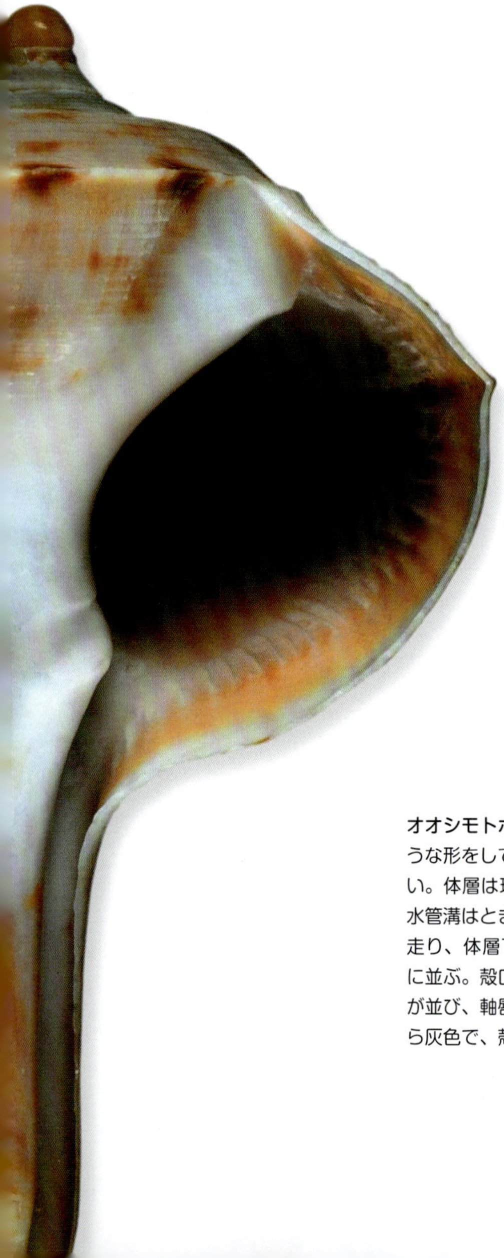

オオシモトボラは、幅広く球状に膨らんだ体層、低い螺塔、そして大きく丸い殻頂を備えた非常に特徴的な殻をもつ。スリランカとインド南東部に固有のめったに採れない貝で、1972 年に制定されたインド野生生物保護法によって保護されている。生態はよくわかっていない。化石種には同属種がいくつか知られており、本属の化石記録は白亜紀まで遡ることができるが、現生種はオオシモトボラだけである。

近縁種

オーストラリアの西部および北部に生息するシモトボラ *Tudivasum inerme* (Angas, 1878) は、殻の形が似ているため、かつてはオオシモトボラに近縁だと考えられていたが、現在は別科、オニコブシガイ科 Turbinellidae に分類されている。日本と台湾に産するテンコロボラ *Afer cumingii* (Reeve, 1844) は、螺塔が高く、長い水管溝を備えた、がっしりした殻をもつ。

オオシモトボラの殻は中型で厚く、カブの根のような形をしている。螺塔は非常に低く、先端が丸い。体層は球状に膨らみ、長い水管溝を備える。水管溝はときに湾曲する。体層の肩には鋭い稜が走り、体層下部に、大きな低い瘤が螺状に 1 列に並ぶ。殻口は卵形で大きく、外唇の内壁には襞が並び、軸唇は滑らか。殻の色は薄いオレンジから灰色で、殻口内は白い。

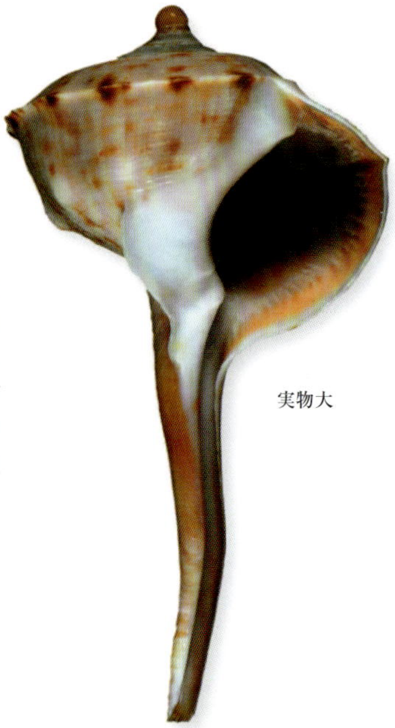

実物大

科	エゾバイ科 Buccinidae
貝殻の大きさ	50 ～ 90mm
地理的分布	日本および台湾
存在量	ふつう
生息深度	潮間帯から水深 50m
生息場所	砂底や泥底
食性	肉食性
蓋	角質で卵形、核は端にある

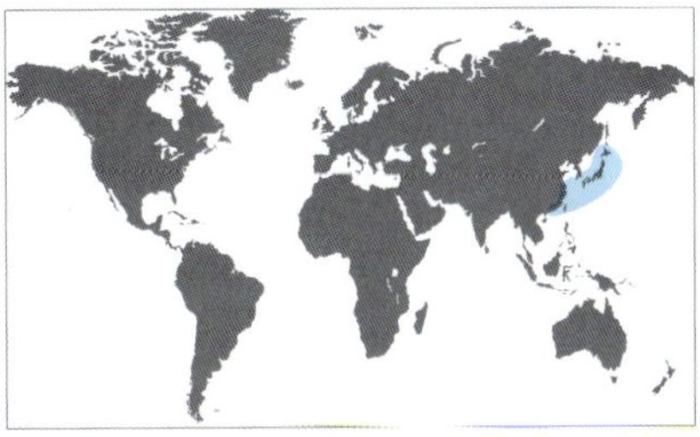

貝殻の大きさ
50 ～ 90mm

写真の貝殻
87mm

Afer cumingii (Reeve, 1844)

テンコロボラ

CUMING'S AFER

テンコロボラは、丸みのある大きな体層と長い水管溝を備えた殻をもつことで、日本近海に棲む他のエゾボラ類と容易に区別できる。浅海の細砂底あるいは泥底でふつうに見られる貝で、「Prince of Collectors（収集家の第一人者）」として知られる19世紀のイギリス随一の貝類収集家ヒュー・カミング（Hugh Cuming）に献名された数多くの種の1つである。ヒュー・カミングは世界を旅して、貝類（他の動物やランなどの植物も）を採集し、買い付け、交換して回り、ほぼ83,000に及ぶ膨大な数の貝殻の標本を集め、世界で最も素晴らしいコレクションを築き上げた。そのコレクションは彼の死後、大英博物館に買い上げられた。

近縁種

カナリア諸島からモーリタニアにかけて分布するクチムラサキテンコロボラ *Afer porphyrostoma* (Reeve, 1847) は、テンコロボラより小さく、その殻は水管溝がより短く、殻口が紫である。インド南東部およびスリランカに生息しているオオシモトボラ *Tudicla spirillus* (Linnaeus, 1767) の殻は、体層が大きく膨らみ、殻頂が丸く、螺塔が低い。この貝の殻にも長い水管溝がある。

実物大

テンコロボラの殻は中型で厚く、丸く膨らんだ紡錘形。螺塔は高く、螺層が階段状になり、縫合は明瞭。殻表には多数の強い螺脈があり、さらに各螺層の肩には低い瘤が螺状に1列に並ぶ。殻口は卵形で、外唇の内壁には襞が並び、軸唇は滑らか。水管溝は長く、ほとんど閉じている。殻の色は黄褐色で、それより濃い褐色と白色の斑紋が入る。殻口内は白い。

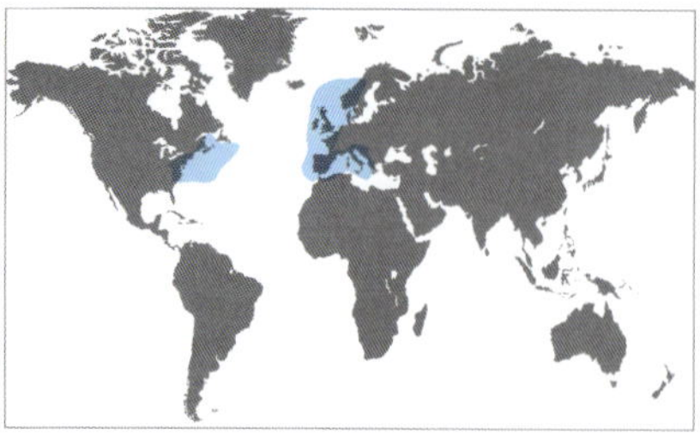

科	エゾバイ科　Buccinidae
貝殻の大きさ	30 ～ 130mm
地理的分布	合衆国北東部および西ヨーロッパ
存在量	多産
生息深度	潮間帯から水深 1200m
生息場所	砂底や泥底や岩石底
食性	肉食性
蓋	角質

貝殻の大きさ
30 ～ 130mm

写真の貝殻
90mm

Buccinum undatum Linnaeus, 1758

ヨーロッパエゾバイ

COMMON NORTHERN BUCCINUM

ヨーロッパエゾバイは、北大西洋の両側の冷たい海に豊富に生息しており、沿岸域の浅海群集の主要な種である。ヨーロッパでは商業漁業の対象となっており、ヨーロッパ北西部では先史時代から食用として採取されてきた。広食性の肉食者で、多毛類や二枚貝類を食べる。産卵時にはしばしば多くの雌が集まって、岩や石などの硬い基質に塊状に卵嚢を産む。ベルギーやオランダなどでは、何マイルも続く砂浜がこの貝の卵嚢で埋め尽くされることがある。

実物大

近縁種

スカンジナビア半島からフランスにかけて分布するムカシエゾボラ *Neptunea antiqua*（Linnaeus, 1758）は、ヨーロッパエゾバイに似た殻をもつが、ムカシエゾボラの殻には縦肋がない。スペイン北部からモロッコにかけての大西洋および地中海に生息するサカマキエゾボラ *Neptunea contraria*（Linnaeus, 1771）の殻には、何となくヨーロッパエゾバイに似て見えるものもあるが、この貝の殻は左巻き（反時計回りに巻いている）である。

ヨーロッパエゾバイの殻は中型で厚く、膨らみ、形は洋梨形。螺塔は高く先端が尖り、縫合は明瞭。殻口は卵形で、外唇も軸唇も滑らかで、水管溝は短い。殻表には螺肋が並び、成長線がそれらと交差する。ときに少し斜めになった縦肋も見られる。殻の大きさや重さ、殻表の彫刻、殻の色は変異に富む。殻の色はたいてい外面がくすんだ白か灰色あるいはクリーム色で、内面は白またはクリーム色である。

科	エゾバイ科　Buccinidae
貝殻の大きさ	75 〜 114mm
地理的分布	カナダのブリティッシュコロンビア州から合衆国カリフォルニア州にかけて
存在量	ややふつう
生息深度	水深 40 〜 400m
生息場所	砂底や泥底
食性	肉食性で腐肉を食べる
蓋	角質で卵形

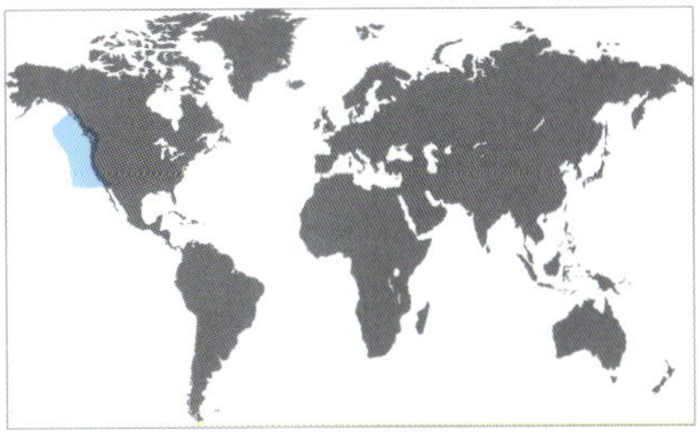

貝殻の大きさ
75 〜 114mm

写真の貝殻
95mm

Neptunea tabulata (Baird, 1863)

ネジヌキエゾボラ

TABLED NEPTUNE

エゾボラ属 *Neptunea* の貝は、北半球の寒帯から温帯に分布が限られている。どの種も螺層の膨らんだ重い殻をもち、同じ海域に棲む他のエゾバイ類と同様に、たいてい殻の色がかなり地味である。大きく開いた幅広の水管溝をもち、多くの種の殻表に螺肋がある。ネジヌキエゾボラの水管溝はエゾボラ属にしては珍しく長い。エゾボラ属の貝、とりわけネジヌキエゾボラは貝殻収集家の間で根強い人気がある。

近縁種

スペイン北部からモロッコにかけての大西洋および地中海に分布するサカマキエゾボラ *Neptunea contraria* (Linnaeus, 1771) は、エゾボラ属の特徴をすべて備えている。すなわち、さえない白からクリーム色の殻、丸みを帯びた螺層、細い螺肋、大きく開いた短い水管溝などである。しかし、この貝は、あたかも無理やり捻(ひね)られたかのように殻が反時計回りに巻いていて、エゾボラ属で唯一の左巻きの貝となっている。

実物大

ネジヌキエゾボラの殻は白からクリーム色で細長く、螺塔が高く、水管溝はやや長い。縫合は大きくくびれ、わずかに膨らんだ各螺層の上に平らな棚状部を形成する。棚状部の外縁に沿って縁のぎざぎざした竜骨状隆起が走り、内縁には小さな斜面がある。殻表には、いくぶん丸みのある螺肋が規則的に並ぶ。螺肋にはやや強いものと弱いものとがある。

科	エゾバイ科　Buccinidae
貝殻の大きさ	70 〜 195mm
地理的分布	メキシコ東岸のカンペチェ湾
存在量	少産
生息深度	水深 45 〜 90m
生息場所	沖合
食性	肉食性で二枚貝類を食べる
蓋	角質で大きく、核は端にある

貝殻の大きさ
70 〜 195mm

写真の貝殻
112mm

Busycon coarctatum (Sowerby I, 1825)

キングチコブシボラ

TURNIP WHELK

キングチコブシボラは、カブの根あるいは先太の棍棒のような殻の形と体層の肩にある小棘列によって容易に識別できる。沖合の海底に棲み、1950年にメキシコ湾でエビのトロール漁が行われて多くの貝が引き上げられるまでは、非常に希少な貝だと考えられていた。二枚貝類を食べる肉食者だが、腐肉を漁って食べることもある。嗅覚器と長い水管溝を使って餌の二枚貝の発するにおいを探知する。ひとたび餌を見つけると、筋肉質の大きな足で二枚貝を抱え込み、自分の殻の縁を鉄梃（かなてこ）のように使って二枚貝の殻を開ける。

近縁種

アメリカ合衆国ニュージャージー州からメキシコ東部のユカタン州にかけての大西洋およびメキシコ湾に生息するヒダリマキコブシボラ *Busycon perversum* (Linnaeus, 1758) は、非常に大きな左巻きの貝で、テキサス州では州の貝に選ばれている。幼貝の殻には稲妻のような模様があるため、英語では俗に Lightning Whelk（稲妻模様のコブシボラ）と呼ばれる。アメリカ合衆国ノースカロライナ州からメキシコのユカタン州にかけて分布するナシガタコブシボラ *Busycotypus spiratus* (Lamarck, 1816) は、殻の大きさと形がキングチコブシボラに似るが、殻口がより大きく、縫合は溝状である。

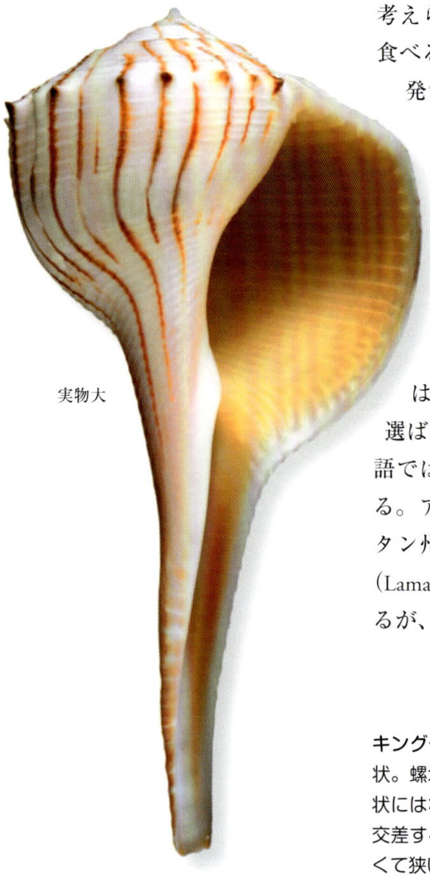

実物大

キングチコブシボラの殻は中型から大型で、厚くて頑丈で、先太の棍棒状。螺塔は低いかかなり扁平で、先端が尖る。螺層は角張り、縫合は溝状にはならない。殻表には細い螺状の線が並び、弱い成長線がそれらと交差する。殻口の内側には螺状の襞が並ぶ。殻口は大きく、水管溝は長くて狭い。殻の色はクリーム色からオフホワイトで、褐色の縦線が並ぶ。殻口内は黄色い。

科	エゾバイ科　Buccinidae
貝殻の大きさ	95 〜 120mm
地理的分布	日本
存在量	希少
生息深度	水深 450 〜 800m
生息場所	泥底
食性	肉食性
蓋	角質で卵形

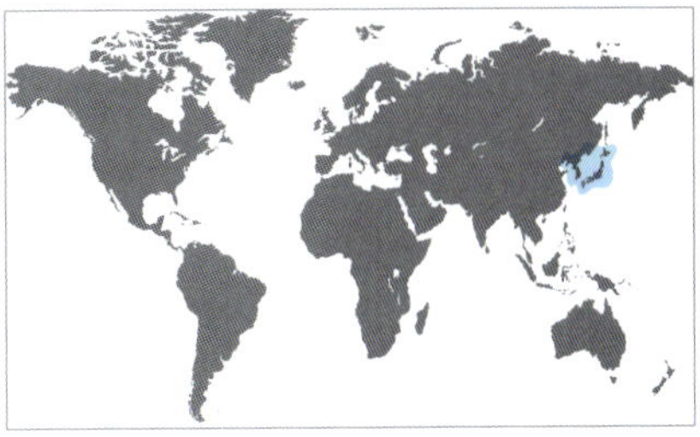

貝殻の大きさ
95 〜 120mm

写真の貝殻
120mm

Ancistrolepis grammatus (Dall, 1907)

ワダチバイ

GRAMMATUS WHELK

ワダチバイは、北海道沖の深海に固有の希少種である。他のワダチバイ属 *Ancistrolepis* の貝と同様、生時には褐色の厚い粘着性の殻皮に殻が完全に覆われ、殻皮の下の白磁色の殻は全く見えない。本属の貝の殻にはたいてい非常に人目を引く彫刻と、太く目立つ縫合、厚い蓋、そして縁が大きく広がった殻口が見られる。本属の貝はすべて希少で、北太平洋にのみ分布する。

近縁種

同じく日本固有種で、めったに見つからないモロハバイ *Ancistrolepis unicum* (Pilsbry, 1905) の殻には、典型的な深い縫合があり、その下に平らな棚状部が形成される。その外側には下の螺層の肩部にいたる斜面があり、肩部から下の螺層側面はほぼ垂直に切り立つ。螺層の肩部には強い螺肋が走り、体層下部にはやや弱い螺肋が数本並ぶ。南シナ海に生息するベトナムワダチバイ *Ancistrolepis vietnamensis* Sirenko and Goryachev, 1990 は、ワダチバイより小型で、螺層の丸みがより強く、螺肋の数がもっと多い。

実物大

ワダチバイの殻は大きく、いくぶん丸みのある紡錘形。螺塔は非常に高く、縫合は深くくびれる。螺塔の基部の縫合はとくに深くくびれる。殻表には高く盛り上がった螺肋が並ぶ。この螺肋は上が平らなことも丸いこともあり、肋と肋の間は広くあいて底の平らな溝のようになる。殻口は縁が広がり、殻口内には螺状の細い襞が並ぶ。前口前端の水管溝は切れ込み状で、深くて幅広い。殻は純白で、外面は緑がかった褐色の殻皮に覆われている。

科	エゾバイ科　Buccinidae
貝殻の大きさ	60 ～ 400mm
地理的分布	合衆国ニュージャージー州からメキシコのユカタン州にかけての大西洋およびメキシコ湾
存在量	ふつう
生息深度	潮間帯から水深 20m
生息場所	河口や入り江、カキ礁など
食性	肉食性で二枚貝類を食べる
蓋	角質で大きく、かぎ爪状の突起があり、同心円状に成長する

貝殻の大きさ
60 ～ 400mm

写真の貝殻
251mm

Busycon perversum (Linnaeus, 1758)

ヒダリマキコブシボラ

LIGHTNING WHELK

ヒダリマキコブシボラの殻は非常に大きくて重く、左巻きである。洋梨形で、螺塔が低く、横から見るとほとんど三角形に見える。螺層の肩は幅広く、大小の棘状、瘤状あるいは低い結節状の突起を備えることが多い。殻口は長く、軸唇は滑らかで、殻口の右側（殻口側から見て）にある。蓋は角質で大きく、殻口をしっかり塞いで殻の中に引っ込めた軟体部を守ることができる。水管溝は長く、先端に向かって徐々に細くなる。殻の色は成長に伴って変化し、幼貝ではオレンジがかった淡い小麦色の地に濃褐色の縞模様が入っているが、成貝の殻は小麦色あるいは灰色で顕著な模様がない。

ヒダリマキコブシボラは、アメリカ合衆国テキサス州で州の貝に選ばれている。合衆国の東部や南部沿岸でふつうに見られる大型の食用貝で、何千年にも渡って先住民に食料として利用されてきた。英語名の Lightning Whelk（稲妻模様のあるコブシボラ）は、幼貝の殻に見られる稲妻のような模様に因んでつけられたものだが、この模様は殻の成長に伴って色褪せる。コブシボラ属 *Busycon* の貝は伝統的にはテングンシ科 Melongenidae に分類されてきたが、最近の研究によってエゾバイ科に含めるべきものであることが明らかになった。現生種は約 10 種が知られるのみだが、本属には長く豊富な化石記録がある。

近縁種

アメリカ合衆国のマサチューセッツ州からフロリダ州北東部にかけて分布するトゲコブシボラ *Busycon carica* (Gmelin, 1791) は、ヒダリマキコブシボラに非常によく似ているが、その殻は左右が逆（すなわち、右巻き）になっている。メキシコ湾にはヒダリマキコブシボラのほかにも *Busycon candelabrum* (Lamarck, 1816) とキングチコブシボラ *Busycon coarctatum* (Sowerby I, 1825) も分布しているが、これらの貝はもっと深い所に棲んでおり、どちらも右巻きの殻をもつ。

実物大

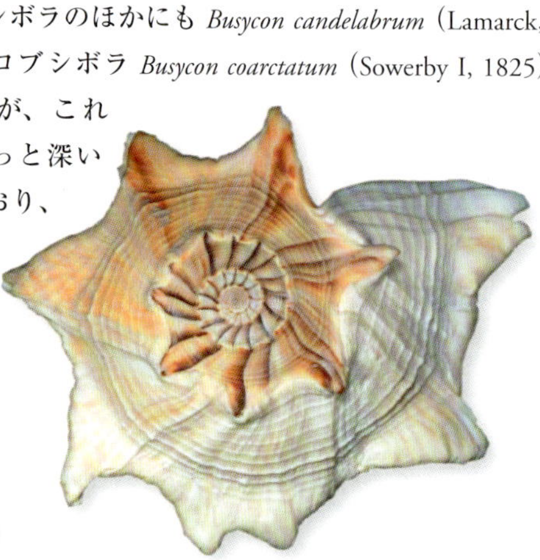

科	セコバイ科　Colubrariidae
貝殻の大きさ	35 ～ 79mm
地理的分布	日本からオーストラリアにかけて
存在量	少産
生息深度	水深 15m から深海まで
生息場所	岩の下
食性	魚類に寄生
蓋	角質

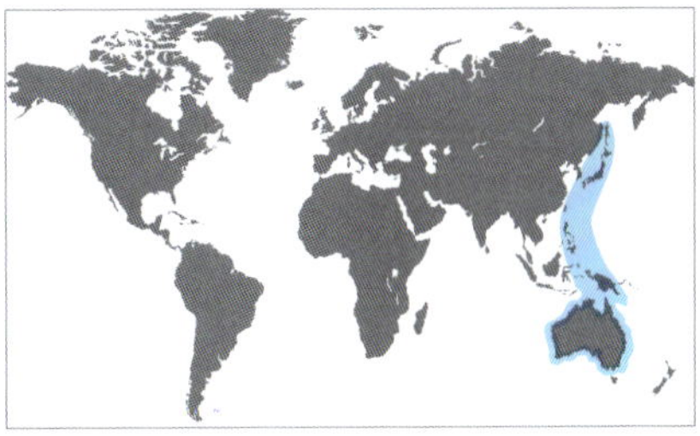

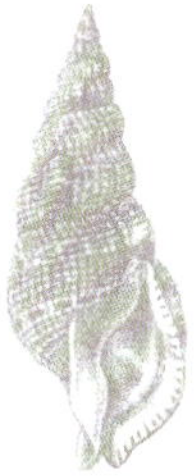

貝殻の大きさ
35 ～ 79mm

写真の貝殻
55mm

Colubraria castanea Kuroda and Habe, 1952

セコバイ

CHESTNUT DWARF TRITON

セコバイ類は厚い殻をもち、殻表に複雑な彫刻、とくに顕著な縦張肋があることで識別できる。殻口はかなり狭く、壁唇から軸唇にかけて滑層楯が発達し、湾曲した短い水管溝がある。螺塔は急峻で非常に高く、10 層前後の螺層があり、生きている時も収集家の陳列棚に並んでからもセコバイ類の殻は非常に目立つ。セコバイ科には、ありふれた貝はいない。

近縁種

フロリダセコバイ *Colubraria obscura* (Reeve, 1844) は珍しい貝で、アメリカ合衆国フロリダ州からブラジルにかけての浅海のサンゴ礁で見られる。この貝の殻はセコバイに非常によく似ているが、全体に色が薄く、地色が白から灰褐色で、地色より濃い色の斑紋が螺状に並び、輪郭の不明瞭な螺帯をなす。殻口は狭く、外唇もやや厚いが、どちらかというと軸唇のほうが厚く滑層で覆われる。

セコバイの殻は紡錘形で、螺塔が非常に高い。色はたいていオフホワイトから淡い栗色で、濃淡の斑紋が入る。殻口は比較的狭く、卵形で、殻の外面より色が薄い。殻表には細かい顆粒が螺列をなして並び、殻表彫刻は布目状。また、螺層および外唇の外縁付近に不規則に縦張肋が入り、それらの縦張肋のところで顆粒列がゆがむ。外唇は厚く、内壁に襞が並ぶ。軸唇は滑らかで、殻口後端の切れ込みのそばに 1 つだけ歯を備える。発達した滑層楯が縫帯上を覆う。

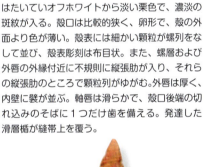

実物大

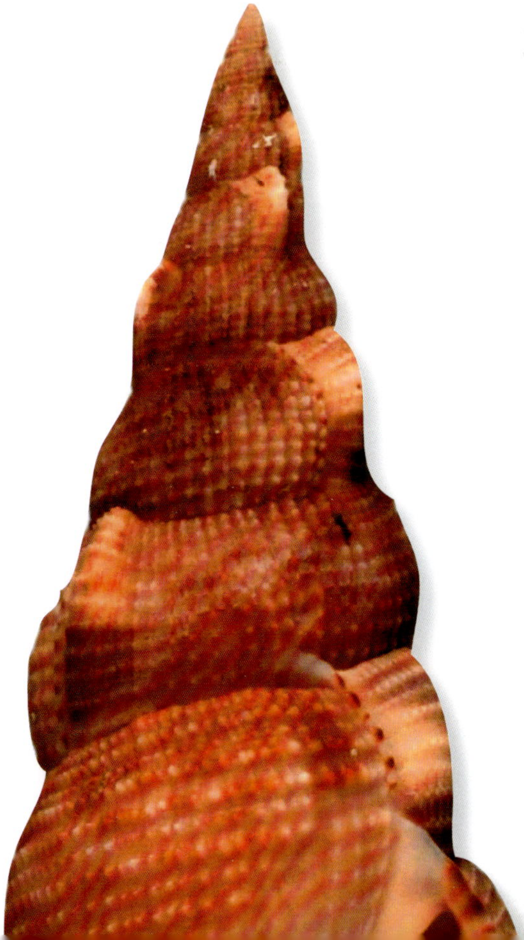

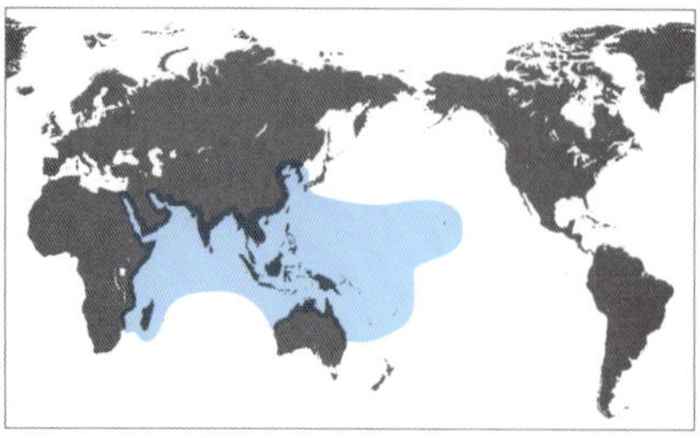

科	セコバイ科　Colubrariidae
貝殻の大きさ	45 ～ 112mm
地理的分布	インド太平洋
存在量	少産
生息深度	潮間帯
生息場所	岩礁やサンゴ礁
食性	魚類の血液を吸う
蓋	角質

貝殻の大きさ
45 ～ 112mm

写真の貝殻
88mm

Colubraria muricata (Lightfoot, 1786)

スギタニセコバイ（オボロセコバイ）

MACULATED DWARF TRITON

セコバイ類は猟奇的な食性をもち、眠っている魚の血を吸う。セコバイ類には非常に長い吻があり、その吻を魚の軟らかい組織の中に差し込む。血を吸う間、魚の血液が固まらないように、唾液腺からは抗血液凝固物質が分泌される。このように吸血性の貝であることから、セコバイ類には vampire shells（吸血鬼のような貝類）という呼び名もある。血を吸うために魚に鎮静作用のある物質を注入するわけではないので、目が覚めると魚は逃げてしまう。インド太平洋の浅海に棲み、岩礁やサンゴ礁の上を這い回りながら手当たり次第に餌の魚を見つけて吸血する。

近縁種

ネジレセコバイ *Colubraria tortuosa*（Reeve, 1844）は、西太平洋のサンゴ礁に棲む。殻軸がわずかにゆがんでいるために、この貝の螺塔は傾いている。また、殻表に大きく膨らんだ縦張肋があるために実際より大きく見える。殻の地色はクリーム色からベージュで褐色斑が螺状に並び、殻表には細かい四角形の顆粒が螺状列をなしてびっしり並んでいる。

実物大

スギタニセコバイの殻は紡錘形。殻の色は白からクリーム色で栗色と濃い栗色の斑紋が途切れ途切れに螺状に並ぶ。これらの斑紋はときに螺帯をなしたり、短い炎模様をなしたりすることがある。各螺層には不規則に並んだ縦張肋が数個ずつある。また、厚い外唇の縁にも 1 個の縦張肋がある。外唇の内壁には約 10 個の襞が並ぶ。殻口は狭く、内面は白。滑層楯はいくぶん広い。水管溝は外側に反り、溝は深い。

科	フトコロガイ科／タモトガイ科　Columbellidae
貝殻の大きさ	11 〜 16mm
地理的分布	合衆国フロリダ州南東部および西インド諸島からブラジルにかけて
存在量	ふつう
生息深度	潮間帯から水深 2m
生息場所	岩の下
食性	植食者
蓋	角質で丸く、薄い

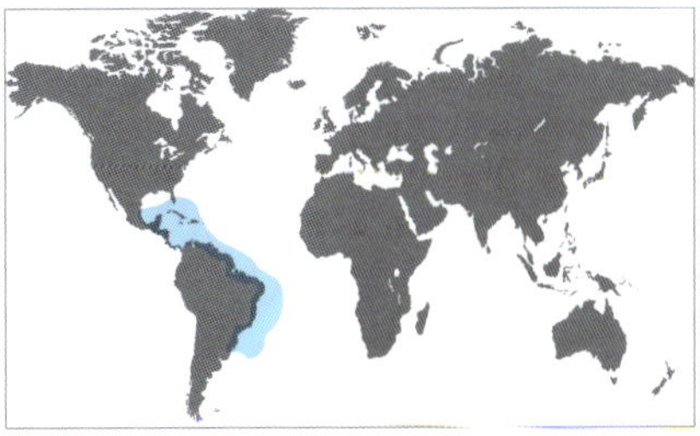

貝殻の大きさ
9 〜 16mm

写真の貝殻
13mm

Nitidella nitida (Lamarck, 1822)

フトコロガイ類の１種

GLOSSY DOVE SHELL

本種は、暖かく浅い海の砂底にある岩の下にびっしり密集していることが多い。フトコロガイ類の多くは日和見的食性をもつように思われるが、胃内容物から判断すると、なかには本種のように植食性の貝もいるらしい。フトコロガイ科の現生種は 400 〜 500 種と見積もられ、世界中の海で見られるが、とりわけ熱帯域で多様性が高い。大多数の種は殻長が 12mm 以下で、殻長 50mm を超える貝はほとんどいない。

近縁種

ヒロクチマツムシガイ *Nitidella laevigata* (Linnaeus, 1758) は、本種と同じ海域に生息しているが、どちらかと言えば、この貝のほうが本種より多産する。この貝の殻は本種より殻口が広く、外唇は薄い。また、白地に縦方向に走るオレンジのジグザグ模様があるので明瞭に区別できる。ヒロクチマツムシガイの殻にも軸唇に対になった細長い隆起部があるが、その位置が本種よりも水管溝寄りである。

実物大

Nitidella nitida の殻は、大多数のフトコロガイ類同様、非常に光沢がある。殻の色は赤褐色あるいは紫褐色で、白い斑点が散在する。螺塔の基部や体層では、斑点が密集してぼんやりした色帯状になる。螺塔はだいたい等辺で、縫合は不明瞭。殻口は長くて細く、外唇は肥厚し、軸唇には真ん中のやや下に２個の小さな細長い隆起部がある。

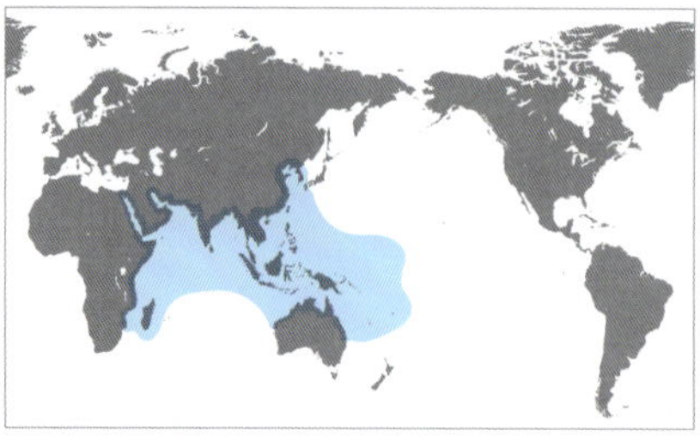

科	フトコロガイ科／タモトガイ科　Columbellidae
貝殻の大きさ	14 ～ 26mm
地理的分布	紅海からインド西太平洋にかけて
存在量	ややふつう
生息深度	潮間帯から水深 5m
生息場所	サンゴや岩の下の砂中
食性	肉食者
蓋	角質で細い

貝殻の大きさ
14 ～ 26mm

写真の貝殻
20mm

Pyrene punctata (Bruguière, 1789)

タモトガイ

TELESCOPED DOVE SHELL

タモトガイの殻は光沢があり、色は明るい小麦色から濃い小麦色で，赤褐色のものが最も多い。螺塔は膨らみ、縫合は深くくびれる。砂浜に打ち上げられた貝では殻頂はしばしば損傷していたり摩滅していたりする。螺塔には、所どころ縫合下に大きな白斑が入り、体層には多数の特徴的な三角形の斑点がある。縫帯には細い襞が並び、軸唇下部にも襞がある。

タモトガイには、ほとんど階段の段のようになった目立つ縫合があり、何となく望遠鏡のように見えることから Telescoped Dove Shell（望遠鏡のような形のフトコロガイ）という英語名がつけられている。分布域の中でも熱帯域でかなり多産し、やや数は少ないもののオーストラリア南東部のニューサウスウェールズ州などでも見つかる。タモトガイ属 *Pyrene* の貝と *Columbella* 属の貝は非常によく似ていて 1 つの属にまとめてもいいぐらいだが、インド太平洋産のタモトガイ属の貝を東太平洋産の *Columbella* 属の種と区別することを主目的に、それぞれ独立属として扱われてきた。

近縁種

ムシエビガイ *Pyrene flava* (Bruguière, 1789) は、タモトガイと同じ海域に分布するが、ムシエビガイのほうがふつうに見られる。大きさもほぼ同じで、螺塔に大きな白斑が入る（体層にも入ることがある）のも 2 種に共通している。しかし、ムシエビガイの殻はたいていタモトガイより色が薄く、外唇がより厚く、縫合がタモトガイほど深くくびれない。

実物大

科	フトコロガイ科／タモトガイ科　Columbellidae
貝殻の大きさ	14 ～ 25mm
地理的分布	カリフォルニア湾からエクアドルにかけての太平洋沿岸およびガラパゴス諸島
存在量	ややふつう
生息深度	潮間帯
生息場所	岩の下
食性	植食者
蓋	角質で細い

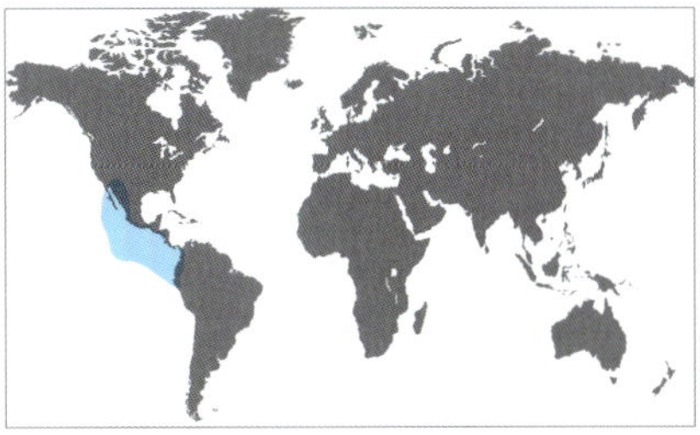

貝殻の大きさ
14 ～ 25mm

写真の貝殻
23mm

Columbella haemastoma Sowerby I, 1832

ハナヤカフトコロガイ

BLOODSTAINED DOVE SHELL

フトコロガイ科の貝の大多数は日和見的食性をもつように思われるが、ハナヤカフトコロガイおよび同属種は植食者である。ハナヤカフトコロガイはとくに夜よく動き、潮溜まりの底に溜まった砂や泥の上で餌を探して這い回っている。雌雄異体で、雌は岩や石、海藻などの上に半球状の卵嚢を産みつける。

ハナヤカフトコロガイの殻は濃い赤褐色からチョコレート色で、縫合の下に大きな白斑が入り、胎殻は真っ白である。体層は丸みがあり、外唇は肥厚して縁の中ほどがへこんでいる。殻口は狭く、軸唇、外唇、そして縫帯など、その周囲が広くオレンジから薄いオレンジに染まる。

近縁種

ソデフトコロガイ *Columbella strombiformis* Lamarck, 1822 は、ハナヤカフトコロガイと同じく、外唇の中ほどがへこんだ殻をもつ。しかし、ソデフトコロガイのほうが大きく、よりふつうに見られる。また、この貝の殻は体層がもっと膨らんで見え、特徴的な白いジグザグの縦縞模様がある。さらに水管溝がより長く、殻口はハナヤカフトコロガイの殻口と同じようなオレンジ色に染まるものの、その範囲が狭い。

実物大

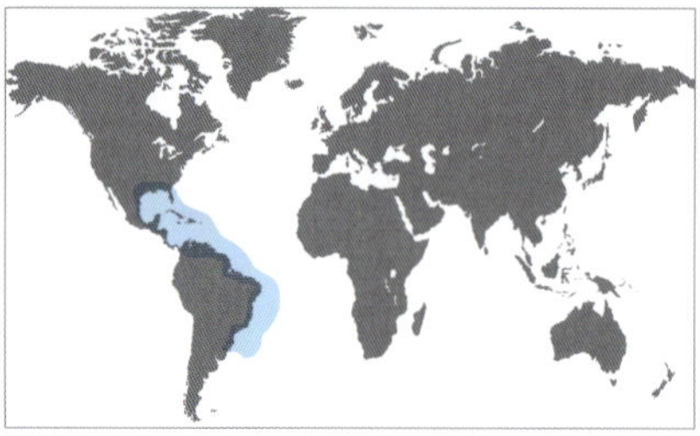

科	フトコロガイ科／タモトガイ科　Columbellidae
貝殻の大きさ	10 ～ 24mm
地理的分布	合衆国フロリダ州から南はブラジル、東は西インド諸島にかけて
存在量	多産
生息深度	潮間帯から水深 80m
生息場所	海草の上や岩の上など
食性	植食者
蓋	角質で、殻口より小さい

貝殻の大きさ
10 ～ 24mm

写真の貝殻
18mm

Columbella mercatoria (Linnaeus, 1758)

コバトフトコロガイ

COMMON DOVE SHELL

コバトフトコロガイは、フトコロガイ科の中でも最もよく知られる貝の1つで、カリブ海では海草の葉上で非常に多く見られる。殻は、生時には藻類に覆われていることが多く、殻皮は薄い。殻の色や模様に大きな変異が見られ、そのため非常に多くのシノニム（同物異名）がある。日和見的腐肉食性の大多数のフトコロガイ類と異なり、藻類を食べる植食者である。

近縁種

アフリカ北西部沿岸および地中海に生息するアフリカタモトガイ *Columbella rustica* (Linnaeus, 1758) は、コバトフトコロガイに非常によく似た殻をもつ。とくに、両者の殻の色や模様は似ており、どちらの種にも同じような変異が見られる。また、殻口が狭いこと、外唇に歯があり、軸唇に軸襞があることも両者に共通である。しかし、アフリカタモトガイのほうが螺塔がわずかに高く、体層の螺肋がずっと細い。

実物大

コバトフトコロガイの殻は、殻表に低い螺肋と非常に細い縦肋があることで識別できる。螺塔はやや低め。殻口は狭く、外唇は肥厚し、内壁に強い歯が並ぶ。軸唇には軸襞がある。色も模様も極めて変異に富むが、最も多いのは、白地にオレンジから褐色の縦縞もしくはジグザグ模様が入ったものである。

科	フトコロガイ科／タモトガイ科　Columbellidae
貝殻の大きさ	20 ～ 27mm
地理的分布	カリフォルニア湾からパナマにかけて
存在量	少産
生息深度	潮下帯から水深 100m
生息場所	泥底
食性	肉食性で腐肉も食べる
蓋	角質で卵形

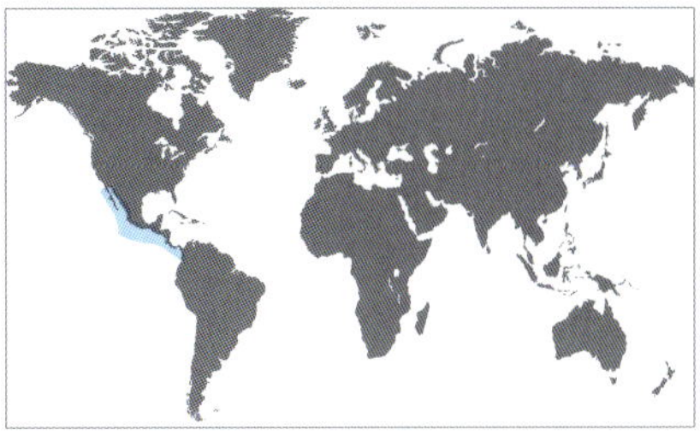

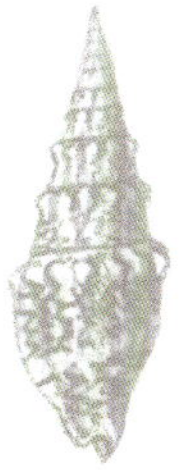

貝殻の大きさ
20 ～ 27mm

写真の貝殻
27mm

Strombina maculosa（Sowerby I, 1832）

サラサソデマツムシガイ

BLOTCHY STROMBINA

サラサソデマツムシガイやその同属種は、アメリカ西岸の熱帯域に分布し、沖合のやや深い泥底でうまく生活できるように進化しており、1 種を除いて、そのような環境に分布が限られている。水深 100m ぐらいまでの所に棲み、周りにいる微小な動物を漁って食べる。どの貝も独特なほっそりした高い螺塔を備えた殻をもつが、殻表の彫刻は種によってさまざまで、滑らかな螺層と細い縫合をもつものもいれば、サラサソデマツムシガイのように螺層の肩に瘤が並んだ殻をもつものもいる。

近縁種

カタカドソデマツムシガイ *Strombina angularis*（Sowerby I, 1832）は、サラサソデマツムシガイと同じ海域、同じ生息環境に棲むが、わずかにより大きな殻をもち、本種より希少である。螺塔がより低く、その先端は丸い。螺層の肩にある小瘤は連なって、でこぼこした螺肋のようになっている。また、殻に褐色の網目模様をもつことはサラサソデマツムシガイと共通だが、殻の地色がオフホワイトから黄みを帯びた白で、少し異なる。

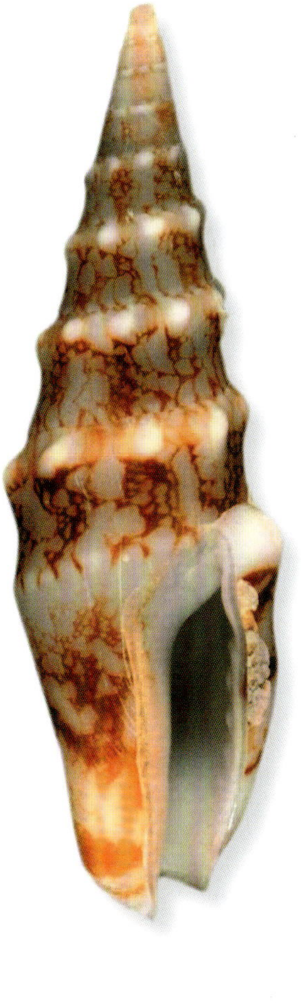

サラサソデマツムシガイの殻は細く、螺塔は高く、先端に向かって徐々に細くなる。螺層の肩に輪郭のはっきりした瘤が螺状に１列に並ぶ。水管溝はやや長く、深い。外唇は厚く、内壁に歯がある。殻の色は白で、オレンジがかった褐色の斑紋が殻全体に入る。

実物大

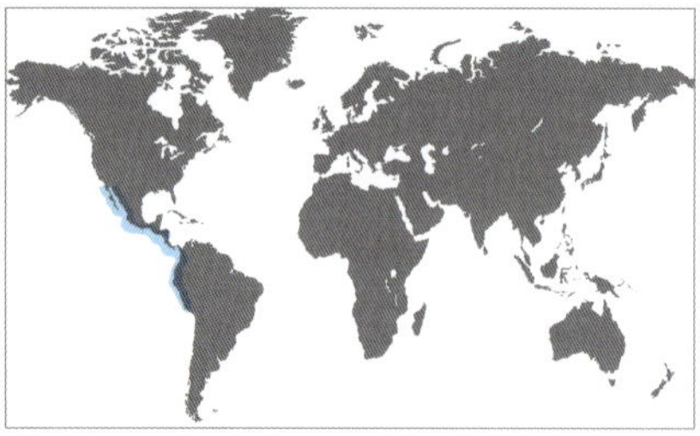

科	フトコロガイ科／タモトガイ科　Columbellidae
貝殻の大きさ	20 〜 30mm
地理的分布	カリフォルニア湾からペルーにかけて
存在量	ややふつう
生息深度	潮下帯から水深 128m
生息場所	平たい泥底
食性	肉食性
蓋	角質で卵形

貝殻の大きさ
20 〜 30mm

写真の貝殻
29mm

Strombina recurva (Sowerby I, 1832)

シャジクソデマツムシガイ

RECURVED STROMBINA

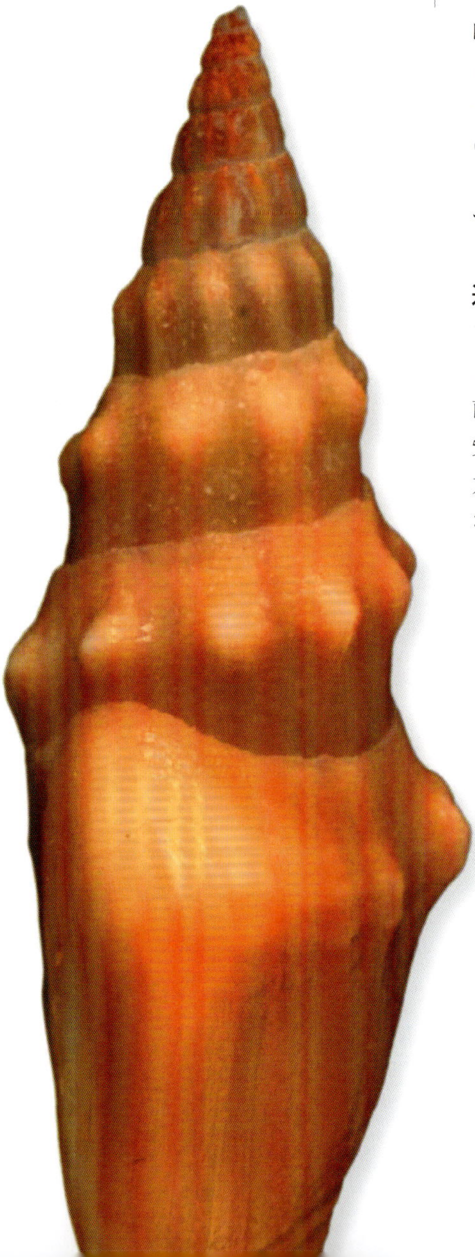

シャジクソデマツムシガイは、同属種の中でも殻表彫刻が比較的はっきりした種の1つである。また、最も広範囲に分布するものの1つでもあり、とくにかなり南方まで分布している。さらに、25mm を超える種がほとんどいないフトコロガイ科の中では比較的大型の種でもある。暖かい海域の沖合にある水深 128m ぐらいまでの平たい泥底に棲み、そのような場所に豊富に存在する小型無脊椎動物を食べて暮らしている。

近縁種

ツムガタソデマツムシガイ *Strombina fusinoidea* Dall, 1916 は、シャジクソデマツムシガイより分布域が狭く、その分布北限はより南に、南限はより北にある。殻の大きさはずっと大きく、殻長 50mm に達する。また、殻表はずっと滑らかで、螺層の肩には丸みがあり、シャジクソデマツムシガイに見られるような瘤はない。

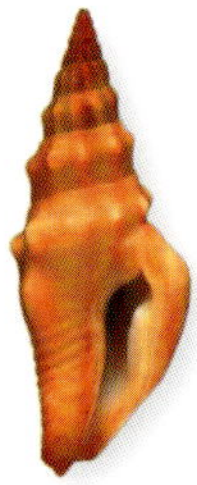

実物大

シャジクソデマツムシガイの殻は細く、螺塔は急峻で先端が尖る。殻の色は黄褐色からオレンジがかった褐色で、殻口の内側は白い。外唇の内壁は肥厚する。水管溝は長く、外側に反る。体層下部の殻表には軸唇から外唇まで達する螺条が 8 〜 10 本並び、螺層の肩に顕著な瘤が並ぶ。瘤は殻頂に近い螺層のものほど縦に長く伸びて、殻頂付近では縦肋のようになる。

科	オリイレヨフバイ科／ムシロガイ科　Nassariidae
貝殻の大きさ	5 〜 25mm
地理的分布	南西ヨーロッパの大西洋沿岸、地中海、黒海
存在量	ふつう
生息深度	潮下帯
生息場所	泥地や砂地
食性	肉食者
蓋	角質で黄色っぽい

貝殻の大きさ
5 〜 25mm

写真の貝殻
13mm

Cyclope neritea (Linnaeus, 1758)

オヒネリムシロガイの仲間

NERITE MUD SNAIL

本種は、多くの種を含むオリイレヨフバイ科の一員である。この科の貝は、英語では俗に dog whelks（肉食性海産巻貝の総称）、basket shells（籠目模様のある貝）、あるいは nassa mud snail（泥地に棲む、魚籠のような巻貝）などとも呼ばれる。オリイレヨフバイ科には何百にも及ぶ種が知られ、世界の温帯から熱帯にかけての海に広く分布している。深海に棲む貝も少しはいるが、大多数の種はより暖かい浅海を好み、泥干潟などに生息している。本種はもともと地中海産であったが、西へ分布を広げ、1970 年代からはポルトガルやフランスの大西洋沿岸でも見られるようになった。

近縁種

オヒネリムシロガイ *Cyclope pellucida* Risso, 1826 は、本種に近縁な地中海産の非常に小さな貝で、殻長は 5 〜 12mm ほどにしかならない。殻の色は淡い小麦色で、大小の不定形の白斑が密に入る。比較的大きな殻では、それらの白斑が濃い茶色で縁取られることがあり、縁取りはとくに斑紋の左側によく見られる。同様の模様が殻口内にも見られ、肥厚した外唇と軸唇は真っ白である。

Cyclope neritea **の殻はレンズ形で光沢があり、色は白から黄みを帯びた白色で、栗色あるいは栗色より濃い褐色の斑紋がある。螺塔は低く、幅広い体層に囲まれてほとんど見えない。殻口は丸く、よく発達した滑層楯が殻底のほぼ全面を覆う。外唇の内壁には非常に小さい襞が並んでいる。**

実物大

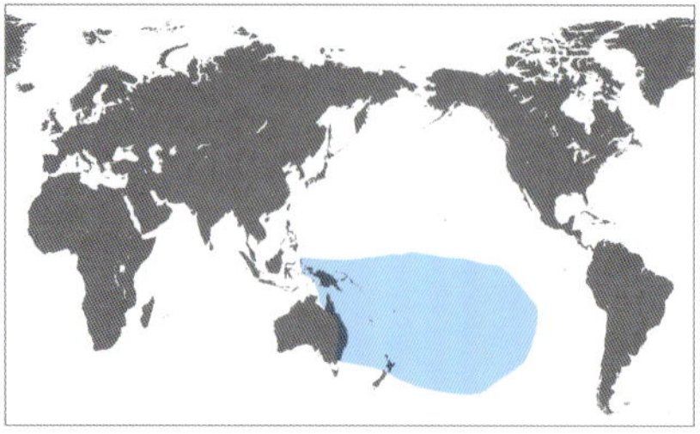

科	オリイレヨフバイ科／ムシロガイ科　Nassariidae
貝殻の大きさ	9 〜 28mm
地理的分布	南西太平洋
存在量	多産
生息深度	潮間帯
生息場所	干潟
食性	肉食性でおもに腐肉を食べる
蓋	角質で薄い

貝殻の大きさ
9 〜 28mm

写真の貝殻
13mm

Nassarius globosus (Quoy and Gaimard, 1833)

コブムシロガイ

GLOBOSE NASSA

コブムシロガイの殻は栗色がかった茶色。螺塔はやや低く、縫合はかなり深い。体層はほとんど半球状で、殻表に縦肋と螺肋が縦横に密に入り、布目状の彫刻をなす。殻口は卵形で、よく発達した白い滑層楯と外唇に囲まれ、殻底は完全に滑層で覆われている。

オリイレヨフバイ類は、餌を見つけるのがうまい。彼らは生息場所の干潟の泥の中に潜って餌を待つ。この時、水管を泥の上に伸ばしてセンサーとして使うので、水管を見れば、そこに貝がいることがわかる。オリイレヨフバイ類は水管を通して 30m も離れた所にある餌を感知できるという。コブムシロガイは、暖かく浅い海にたくさんの干潟が点在する南西太平洋の島々ではどこでも多産し、大きな集団をつくっている。

近縁種

オオカニノテムシロガイ *Nassarius pullus* (Linnaeus, 1758) は、コブムシロガイに似た貝で、分布域はより広く、インド西太平洋全域に生息する。この貝の殻は、コブムシロガイのように縦肋が螺肋によって切れ切れになることはなく、滑層楯はそれほど大きく発達しない。また、滑層楯の色がよりクリーム色がかり、体層にクリーム色と濃い栗色の特徴的な螺帯があるので、コブムシロガイと区別できる。

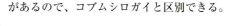

実物大

科	オリイレヨフバイ科／ムシロガイ科 Nassariidae
貝殻の大きさ	15 〜 20mm
地理的分布	地中海東部
存在量	ふつう
生息深度	潮間帯
生息場所	砂地
食性	肉食性でおもに腐肉を食べる
蓋	角質で薄く、卵形で、殻口より小さい

貝殻の大きさ
15 〜 20mm

写真の貝殻
15mm

Nassarius gibbosulus (Linnaeus, 1758)

シロハラヨフバイ

SWOLLEN NASSA

シロハラヨフバイは、オリイレヨフバイ属 *Nassarius* の典型的な特徴を示しており、外唇と大きな滑層楯の外縁が反り返って、殻の背面に殻底を取り巻く深いくぼみを形成している。また、特徴的な深い水管溝をもつ。オリイレヨフバイ類は暖水域の浅海に豊富に生息しており、日和見的に腐肉や他の有機物を摂取するだけでなく、二枚貝類や他の巻貝類を襲うこともある。

近縁種

ミダレシマヨフバイ *Nassarius mutabilis* (Linnaeus, 1758) は、シロハラヨフバイの棲む地中海東部にも生息するが、地中海だけでなく、アフリカ西岸沖や黒海にも分布する。ミダレシマヨフバイは沖合のやや深い所を好み、その殻は、体層だけでなく螺塔の螺層も膨らんでいる。また、やはり殻底を取り巻く殻背面のくぼみがあるが、それほど発達せず、滑層楯も小さい。

実物大

シロハラヨフバイの殻はたいてい明るい褐色で、大きく張り出した滑層楯、軸唇、そして外唇は白い。滑層楯と外唇の外縁は反り返って殻の背面に明瞭な濃褐色のくぼみを形成する。螺塔はかなり小さく、縫合はやや深い。体層は大きく膨らみ、殻表は、多数の成長線が見られるものの、おおむね滑らか。

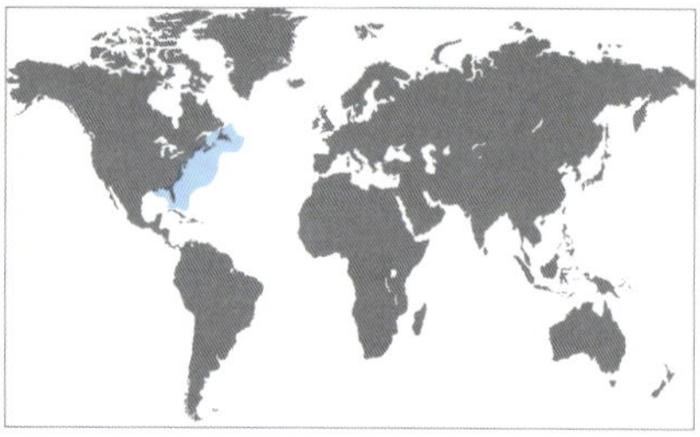

科	オリイレヨフバイ科／ムシロガイ科　Nassariidae
貝殻の大きさ	14 ～ 29mm
地理的分布	カナダのニューファンドランド島から合衆国フロリダ州東部にかけて
存在量	ふつう
生息深度	沖合、水深 50m ぐらいまで
生息場所	砂地
食性	肉食性でおもに腐肉を食べる
蓋	角質

貝殻の大きさ
14 ～ 29mm

写真の貝殻
28mm

Nassarius trivittatus (Say, 1822)

ニューイングランドムシロガイ

NEW ENGLAND NASSA

ニューイングランドムシロガイは、アメリカ合衆国東海岸では普通種である。浅海に棲み、水のきれいな所の砂底を好む。殻の色模様は変異に富み、本種の殻の中には3本の螺帯の入ったものがあり、この殻の特徴に因んで学名がつけられている（種小名の *trivittatus* は、3本の帯があるの意）。殻が砂浜でよく見つかる貝の1つだが、ニューヨーク市周辺では生きた状態で採集されることはめったにない。砂浜に打ち上げられた殻の多くには、体層に孔があいており、タマガイ類やアッキガイ類などの他の巻貝に捕食されたことがわかる。ニューイングランドムシロガイはまた、甲殻類のカニや鳥のカモ類などにも捕食される。

近縁種

チチュウカイカゴメムシロガイ *Nassarius clathratus* (Born, 1778) は、ニューイングランドムシロガイとほぼ同じ大きさで、殻表の彫刻も似ており、色もわずかに薄いぐらいである。しかし、縦肋が少なく、その間隔も広いため、縦肋がより目立ち、螺肋はもっと細い。また、分布域が東大西洋に限られており、アフリカ北西部沿岸および地中海に生息している。

実物大

ニューイングランドムシロガイの殻には、体層にも高い螺塔にも互いに同じ太さの縦肋と螺肋が並び、それらが交差して交点が瘤状となるため、殻表に多数の小瘤が規則的に並ぶ特徴的な彫刻が見られる。殻の色は白で、末端部は所どころ薄いオレンジに染まる。殻口はほぼ円形で、外唇も軸唇も薄く、水管溝は深い。

科	オリイレヨフバイ科／ムシロガイ科 Nassariidae
貝殻の大きさ	18 〜 40mm
地理的分布	インド西太平洋
存在量	非常によく見られる
生息深度	潮間帯から水深 2m ぐらいまで
生息場所	内湾の砂地や干潟
食性	肉食性でおもに腐肉を食べる
蓋	角質

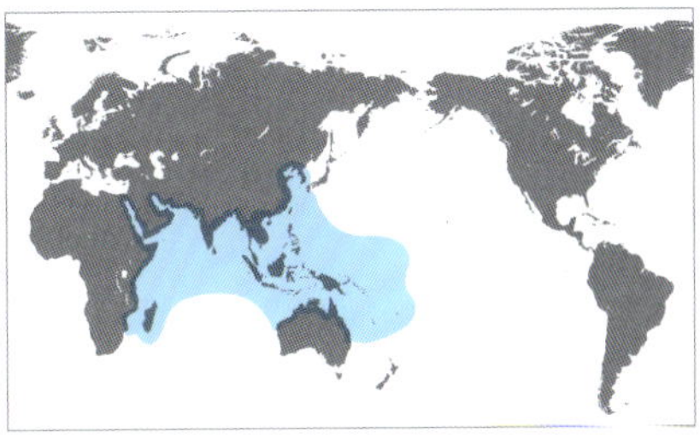

貝殻の大きさ
18 〜 40mm

写真の貝殻
33mm

Nassarius arcularia (Linnaeus, 1758)

オリイレヨフバイ

CAKE NASSA

本種をはじめ、オリイレヨフバイ類の大多数の種は暖水域の浅海を好む。西太平洋に浮かぶ島々の内湾の砂地は、オリイレヨフバイ類にとって理想的な生息場所である。彼らは足の左右半分ずつを交互に前に出して海底の砂をかき分けて進み、動物の残骸や小型動物を探したり、砂の中に隠れて餌が来るのを待ち伏せたりする。内湾の浅瀬は、波浪による水の撹乱や砂から露出する危険が非常に少なく、そのような生活に適している。

近縁種

東ではポリネシアやハワイの水深 20m ぐらいまでの所に棲むユカタヨフバイ *Nassarius hirtus* (Kiener, 1834)、西ではインド太平洋の浅瀬に棲むカタスジヨフバイ *Nassarius distortus* (A. Adams, 1852) が、オリイレヨフバイに似た色模様やよく目立つ縦肋をもつ。しかし、どちらの貝の殻もオリイレヨフバイよりも螺塔が高く、滑層楯がオリイレヨフバイのようには大きく発達しない。

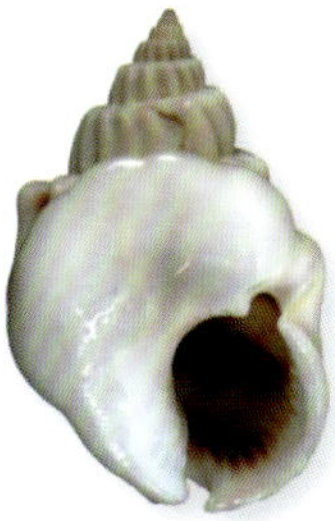

実物大

オリイレヨフバイの殻は、体層から螺塔まで殻表に高く盛り上がった縦肋が並んでいることで識別できる。殻の表面は非常に光沢があって白く、縫合のところにくっきりと段がついているため、何段にも重ねて糖衣をかけたケーキあるいはゼリー型を連想させる。殻底部は滑層楯に覆われる。外唇の内壁には明瞭な細い襞が並び、殻の内面はむらのある茶色。

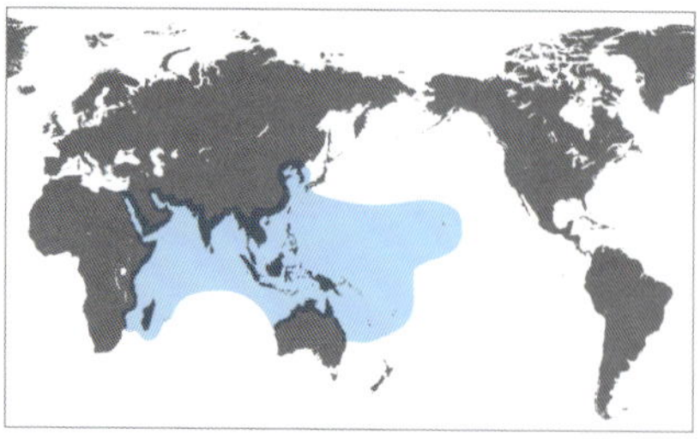

科	オリイレヨフバイ科／ムシロガイ科　Nassariidae
貝殻の大きさ	15 ～ 50mm
地理的分布	インド太平洋
存在量	ふつう
生息深度	潮間帯
生息場所	砂干潟や泥干潟
食性	肉食性でおもに腐肉を食べる
蓋	角質

貝殻の大きさ
15 ～ 50mm

写真の貝殻
36mm

Nassarius glans (Linnaeus, 1758)

キンシバイ

GLANS NASSA

キンシバイは、オリイレヨフバイ属 *Nassarius* の中では大きい方で、最も目立つ模様をもつ貝の1つである。光沢のある高い螺塔をどんぐりに見立てて学名がつけられたのかもしれないが（種小名の *glans* はどんぐりの意）、本種の同定を最も容易にしているのは殻表の赤い螺状線である。オリイレヨフバイ類の例に漏れず、キンシバイも腐肉食者であると同時に捕食者でもあり、他の巻貝類や二枚貝類、後鰓（こうさい）類の卵、海藻、腐った魚（キンシバイの嗅覚はとりわけ腐った魚に対して鋭敏である）などいろいろなものを食べる。

近縁種

メキシコ湾北部の深所に棲む *Fasciolaria* 属のチューリップボラ類の中には、キンシバイのものに似た螺状線の入った殻をもつ貝が数種いる。しかし、それらの貝の殻は、殻口が木の葉形で長く伸びた水管溝があるなど、キンシバイの殻とは大きな違いがある。また、螺状線の端（外唇縁）に棘はない。

キンシバイの殻は光沢があり、クリーム色で所どころオレンジに染まる。体層は丸く膨らみ、螺塔はやや高く、縫合がやや深くくびれる。螺塔の上部の螺層には細い縦肋があり、殻頂は赤褐色に染まる。殻全体に、外唇縁の棘から伸びる濃い赤褐色の螺状線が入る。縫帯には6本ほどの細い螺状の筋が並ぶ。

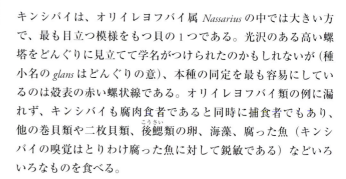

実物大

科	オリイレヨフバイ科／ムシロガイ科　Nassariidae
貝殻の大きさ	27 〜 50mm
地理的分布	アフリカ南部からオーストラリア西部にかけてのインド洋沿岸
存在量	ふつう
生息深度	潮間帯
生息場所	泥干潟
食性	肉食者
蓋	角質

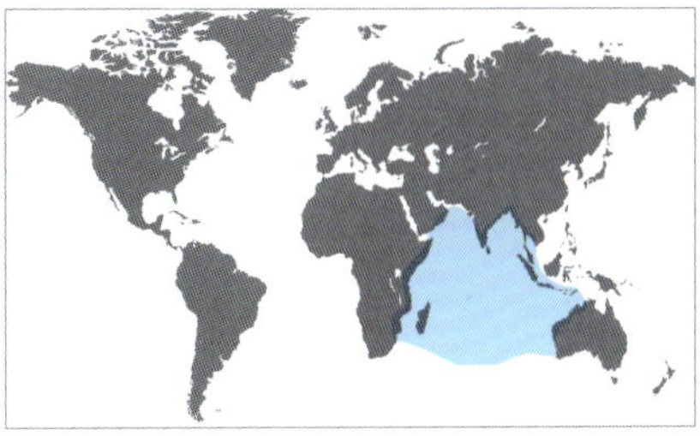

貝殻の大きさ
27 〜 50mm

写真の貝殻
38mm

Bullia livida Reeve, 1846

ホタルバイの仲間

RIBBON BULLIA

本種は、アフリカ南部からオーストラリア西部までインド洋の縁を取り巻くように広く分布している。この広い分布のために、本種には他の大多数の同属種よりも多くのシノニムが知られる。*Bullia plicata*、*Bullia vittata*、*Ancilla alba*、*Eburna monilis*、*Terebra buccinoidea* はすべて本種のシノニムで、俗称にもいろいろなものが知られる。本種の殻は、螺塔が高く、短いが強い縦肋が並んだ特徴的な螺帯が縫合に沿って走る。この螺帯には、ときに1本の螺溝が入ることがある。

近縁種

大なり小なり本種と地理的分布が重なっていて局所的にふつうに見られる同属種はいろいろいる。例えば、ウスイロホタルバイ *Bullia tenuis* Reeve, 1846 やコーヒーバイ *Bullia annulata* (Lamarck, 1816)、ホタルバイ *Bullia callosa* (Wood, 1828) は、すべて南アフリカの沖合のやや深い所で見つかる。一方、英語で Karachi bullia（カラチ産の *Bullia* 属の貝）と呼ばれるアラハダナツメバイ *Bullia kurrachensis* Angas, 1877 は、その名の通り、おもにカラチ市周辺の浅海で見られる。また本属には、南アメリカ東岸に沿って分布する別の一群の貝も知られる。

Bullia livida の殻は、淡黄色から灰色がかったライラック色までさまざま。体層の側面は、高い螺塔の側面になだらかにつながる。縫合はかなり深くくびれ、その直下に短い縦肋がずらりと並んでリボンの縁飾りのように螺層の肩を飾っている。それらの縦肋の下には細い螺溝が走る。外唇は肥厚し、その縁に沿って殻の背面に細長く浅いくぼみが入る。縫帯には細い筋が並ぶ。

実物大

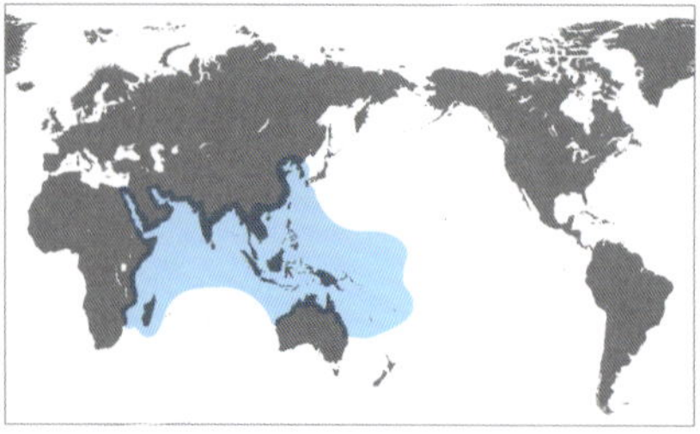

科	オリイレヨフバイ科／ムシロガイ科 Nassariidae
貝殻の大きさ	30 ～ 52mm
地理的分布	インド西太平洋
存在量	ややふつう
生息深度	潮間帯から水深 10m
生息場所	泥干潟など
食性	肉食性でおもに腐肉を食べる
蓋	角質

貝殻の大きさ
30 ～ 52mm

写真の貝殻
44mm

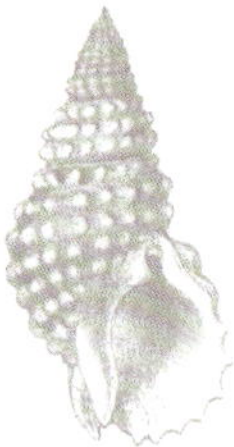

Nassarius papillosus (Linnaeus, 1758)

サメムシロガイ

PIMPLED NASSA

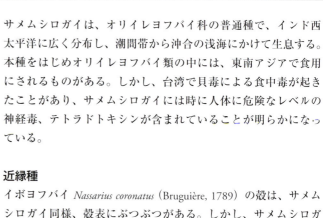

サメムシロガイは、オリイレヨフバイ科の普通種で、インド西太平洋に広く分布し、潮間帯から沖合の浅海にかけて生息する。本種をはじめオリイレヨフバイ類の中には、東南アジアで食用にされるものがある。しかし、台湾で貝毒による食中毒が起きたことがあり、サメムシロガイには時に人体に危険なレベルの神経毒、テトラドトキシンが含まれていることが明らかになっている。

近縁種

イボヨフバイ *Nassarius coronatus* (Bruguière, 1789) の殻は、サメムシロガイ同様、殻表にぶつぶつがある。しかし、サメムシロガイより小さく、よりずんぐりしており、滑層楯がやや大きく、外唇の内壁にある襞とそっくりの軸襞がある。

実物大

サメムシロガイの殻には高く盛り上がった縦肋があり、その高さと同じぐらいの深さの螺溝でぶつぶつに切られ、規則的に格子状に並んだ多数の小瘤が形成される。螺溝の端は外唇の縁に達し、そこに棘が出る。殻には光沢があり、地色は明るい褐色あるいは栗色がかった褐色で、小瘤は白い。螺塔はかなり高く、縫合は螺溝よりわずかに深い。殻口はほぼ円形。

科	テングニシ科／カンムリボラ科 Melongenidae
貝殻の大きさ	25 ～ 70mm
地理的分布	インド洋
存在量	多産
生息深度	潮間帯から水深 2m
生息場所	砂干潟や泥干潟
食性	肉食者
蓋	角質で大きく、卵形

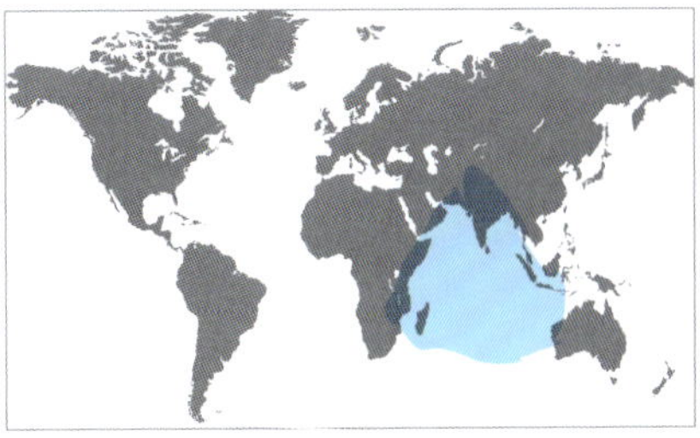

Volema paradisiaca Röding 1798

ゴクラクイチジクボラ

PEAR MELONGENA

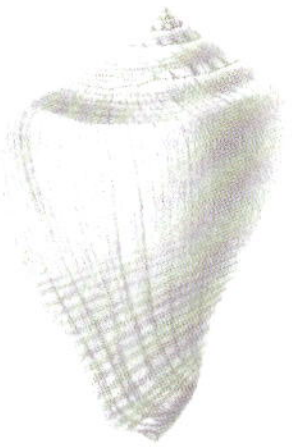

貝殻の大きさ
25 ～ 70mm

写真の貝殻
57mm

ゴクラクイチジクボラは、種数の比較的少ないテングニシ科に分類されており、英語圏では melon conchs（メロンのような貝）として知られる貝の 1 種である。本科には世界で約 30 種が知られ、温帯域にも分布を広げている種もいるが、大多数は熱帯海域に生息している。ゴクラクイチジクボラは、アフリカ東岸で最もふつうに見られる。同属種と同じく、濁水域あるいは汽水域を好み、マングローブ林の中や周辺で見られることが多い。なかには腐肉も食べるものがいるが、テングニシ科の貝はみな基本的には食欲旺盛な捕食者であり、本種もやはりそうである。

実物大

近縁種

サイヅチボラ *Volema myristica* Röding, 1798 は、ゴクラクイチジクボラよりわずかに大きいが、殻の形状は似ている。ただ、本種より螺塔がわずかに高く、螺層の肩部に並ぶ瘤が発達して小さな棘状になる。また、螺溝がより深く、外唇の縁がより大きく波打つ。サイヅチボラはイチジクボラよりも東に分布しており、西太平洋に生息する。

ゴクラクイチジクボラの殻は洋梨形で、螺塔はやや低い。体層の殻表には多数の浅い螺溝が入り、その肩にはいくぶん不明瞭な瘤が並ぶ。外唇は薄く、縁が波打つ。殻口は大きく、卵形でオレンジ色に染まり、輪郭のはっきりした細い後溝を備える。軸唇は滑らか。殻の色は黄褐色から赤褐色まで変異が見られ、ときにかすかな螺帯が入る。

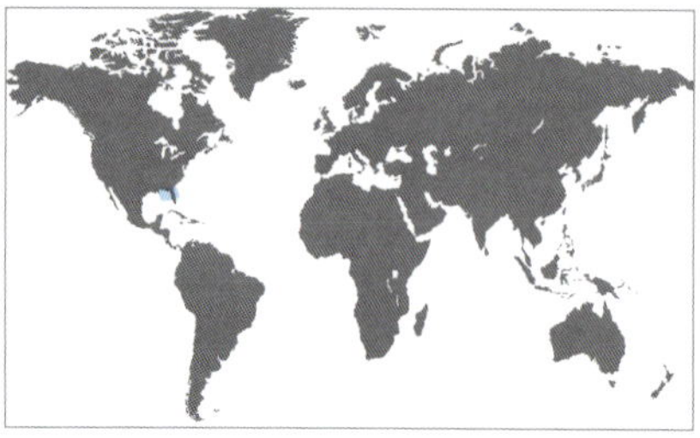

科	テングニシ科／カンムリボラ科　Melongenidae
貝殻の大きさ	25 ～ 205mm
地理的分布	合衆国アラバマ州からフロリダ州北東部にかけて
存在量	局所的に非常によく見られる
生息深度	潮間帯
生息場所	マングローブ林
食性	肉食者
蓋	角質で大きく、卵形

貝殻の大きさ
25 ～ 205mm

写真の貝殻
56mm

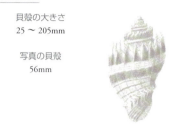

Melongena corona (Gmelin, 1791)

カンムリボラ

COMMON CROWN CONCH

カンムリボラの殻は丸く膨らみ、螺塔の高さは中程度。縫合は深くくびれ、螺層は角張り、殻表に中央で折れ曲がった三角形状の湾曲した棘が2列の螺状列をなして並ぶ。体層には、それらに加えて、真ん中より下に棘の列がもう1列ある。また、殻表にはかすかな縦肋が並び、（全体がクリーム色で模様のない殻もあるが）さまざまな太さの明るい褐色や紫褐色の螺帯がある。

この華やかな貝は、アメリカ合衆国フロリダ州北東部からフロリダ半島をぐるりと回ってアラバマ州のモビール湾にかけての比較的狭い範囲に分布が限られているが、マングローブの生えた汽水域で局所的に非常によく見られる。攻撃的な捕食者で、ハマグリやカキなどの二枚貝を襲って食べる。テングニシ科は種数の少ないグループで、30種ほどが知られるだけだが、インド洋にも太平洋にも大西洋にも分布し、熱帯から亜熱帯海域に広く生息している。

近縁種

ダルマカンムリボラ *Melongena melongena* (Linnaeus, 1758) は、西インド諸島に産する大型種である。螺塔は非常に小さく、螺塔には棘は全くないが、体層には棘が見られることがあり、多いものでは棘が4列ほどの螺状列をなして並んでいる。殻口の滑層はカンムリボラよりも大きく広がる。ダルマカンムリボラも肉食で、巻貝類などを食べる。

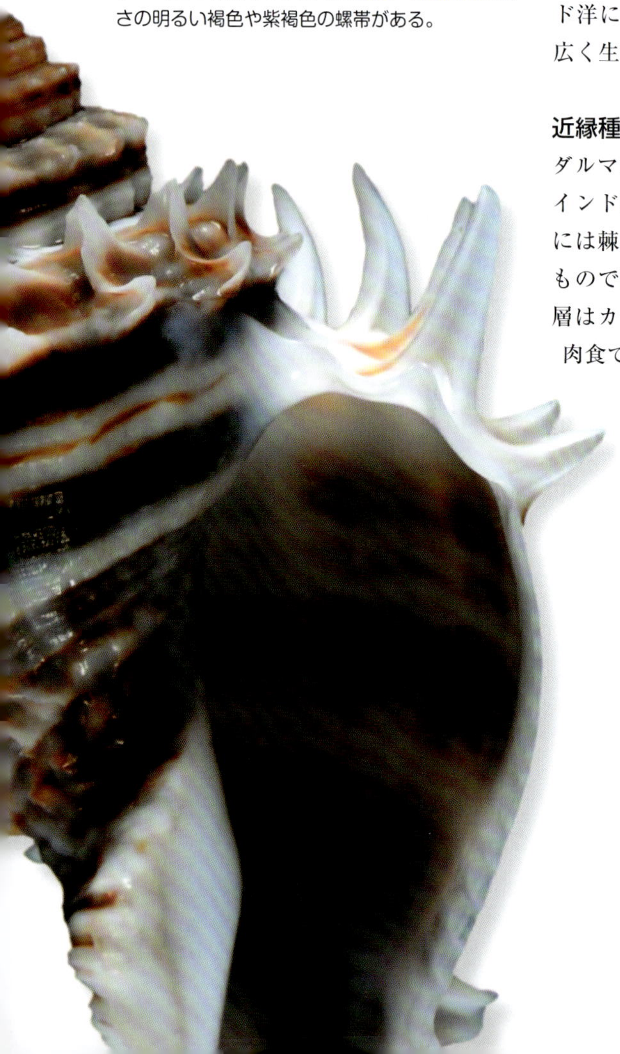

実物大

科	テングニシ科／カンムリボラ科　Melongenidae
貝殻の大きさ	75 ～ 270mm
地理的分布	トリニダード島からブラジルにかけての西大西洋 およびモーリタニアからアンゴラにかけての東大西洋
存在量	ふつう
生息深度	潮間帯から潮下帯浅部
生息場所	マングローブ林
食性	肉食者
蓋	角質で大きく、卵形

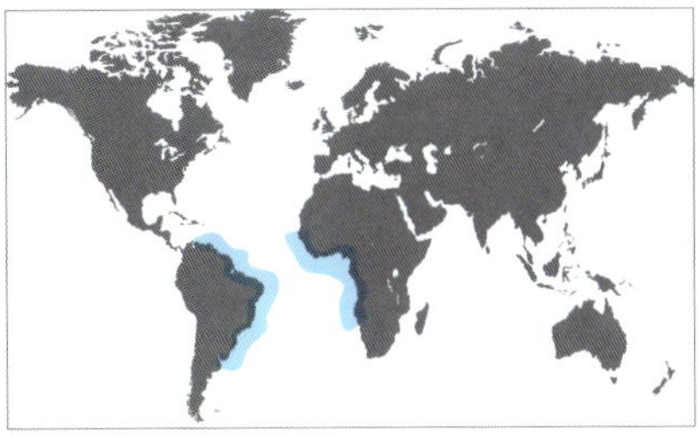

貝殻の大きさ
75 ～ 270mm

写真の貝殻
89mm

Pugilina morio（Linnaues, 1758）

シロオビクロテングニシ

GIANT HAIRY MELONGENA

シロオビクロテングニシは、大西洋の両側にのみ出現するという珍しい分布をしている。マングローブの生えた浅瀬の泥っぽい所に多く棲んでおり、二枚貝類や腐肉を食べて暮らしている。雌は雄より幅が広くて瘤が大きな殻（このページの写真の殻のような）をもつ。英語名の Giant Hairy Melongena（毛の生えた巨大なテングニシ）は、本種の殻を覆う、毛の生えた厚い殻皮に因んでつけられたものである。

近縁種

シロオビクロテングニシに殻が似るトゲコブシボラ *Busycon carica*（Gmelin, 1791）もテングニシ科の貝である。この貝はシロオビクロテングニシより大きく、殻の色はクリーム色からオレンジがかった白で、より長い水管溝をもつ。しかし、殻口の形態や殻表の瘤の分布には 2 種の間に大きな違いがない。トゲコブシボラは、アメリカ合衆国フロリダ州からマサチューセッツ州にかけての大西洋沿岸に生息している。かつてアメリカ先住民は、この貝の軸唇から細長いビーズをつくり、それを通貨として使っていた。

シロオビクロテングニシの殻は濃褐色から暗緑色で、形は紡錘形。螺塔はやや高く、螺層が階段状になる。螺層の肩部には大きな瘤が並び、肩が出っ張って見える。とりわけ若い貝では瘤が目立つ。殻表には殻全体にでこぼこした細い螺肋が並び、数本の淡褐色から褐色の色帯が入る。殻口は卵形で幅広く、内面に螺肋状の襞が並ぶ。水管溝はやや長い。

実物大

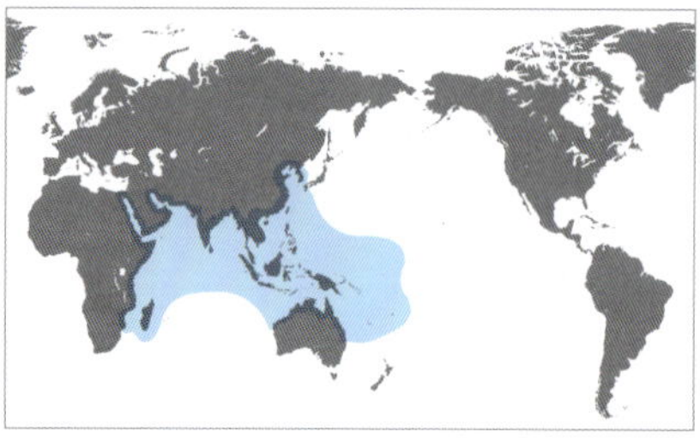

科	テングニシ科／カンムリボラ科 Melongenidae
貝殻の大きさ	60 〜 150mm
地理的分布	インド西太平洋
存在量	ふつう
生息深度	潮間帯から水深 2m
生息場所	泥が混じって水の濁った所
食性	肉食者
蓋	角質

貝殻の大きさ
60 〜 150mm

写真の貝殻
119mm

Pugilina cochlidium (Linnaeus, 1758)

アツテングニシ

SPIRAL MELONGENA

アツテングニシは、テングニシ科の他種と同様、生時には殻が厚い殻皮で覆われている。アツテングニシが好んで棲む水の濁った浅瀬には、本種をはじめ攻撃的な肉食者であるテングニシ類が食べる二枚貝類を育む栄養が豊富にある。アツテングニシの殻には、体層から殻頂まで螺層の肩に瘤がずらりと螺状に並んでおり、このことに因んで Spiral Melongena（螺旋状のテングニシ）という英語名がつけられている。とくに階段状になっているわけではないが、それらの瘤が等間隔に並んださまは螺旋階段を連想させる。ただし、上に行くにつれ、階段の幅と間隔がだんだん狭くなる螺旋階段ではあるが。

近縁種

サイヅチボラ *Volema myristica* Röding, 1798 は、アツテングニシより小さいが、よく似た殻をもっている。しかし、螺層の肩に並んだ瘤はアツテングニシのものほどは目立たない。外唇の縁は波打ち、そこから伸びる螺肋が体層の殻表に並ぶ。

実物大

アツテングニシの殻は非常に厚くて重く、色はオレンジから栗色がかった茶色で、ときに地色より濃い茶色の縦筋が入る。殻形は紡錘形で、体層は丸く膨らみ、前方に向かってだんだん細くなり、前端にかなり長い水管溝がある。体層の殻表にはかすかな螺肋がある。螺塔はやや高く、すべての螺層の肩に縦肋あるいは瘤が螺状に1列に並び、外唇の後端の棘までその列が続く。殻口部は滑らかで、外唇の内壁にかすかな襞が並び、縫帯にも襞がある。

科	テングニシ科／カンムリボラ科　Melongenidae
貝殻の大きさ	70 〜 250mm
地理的分布	インド西太平洋
存在量	ふつう
生息深度	潮下帯浅部から水深 40m
生息場所	砂底
食性	肉食者
蓋	角質で細長く、湾曲する

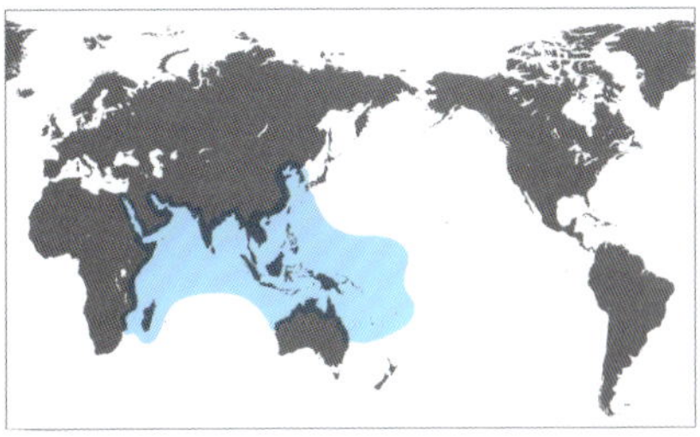

貝殻の大きさ
70 〜 250mm

写真の貝殻
183mm

Hemifusus crassicauda (Philippi, 1848)

オニニシ

THICK-TAIL FALSE FUSUS

オニニシは、テングニシ科の最大種の1つである。本種の大多数の殻は殻長が 250mm ぐらいまでだが、殻長 410mm を超えた殻の記録がある。インド西太平洋全域でふつうに見られ、二枚貝類を捕食するため、二枚貝類の密集した所でよく見つかる。

近縁種

日本から東シナ海にかけて分布するオオテングニシ *Hemifusus colosseus* (Lamarck, 1816) は、高い螺塔を備えた細長い大きな殻をもつ。オオテングニシの殻口はオニニシの殻口よりもさらに細長い。アツテングニシ *Pugilina cochlidium* (Linnaeus, 1758) は、インド洋やオーストラリア北部沿岸、フィリピンなどに生息し、オオテングニシの殻に似た堅固な重い殻をもつが、より小型で殻の幅がもっと広く、水管溝ももっと幅広い。

オニニシの殻は大きく、厚くて重く、殻表がでこぼこしていて、形は細長い紡錘形。螺塔は高く、殻頂が尖り、縫合は明瞭。螺層は角張り、その肩に尖った瘤が並ぶ。殻表にはやや太い螺肋と、それらと交差する成長線がある。殻口は大きく、細長く、前端に開いた長い水管溝がある。外唇は薄く、縁がわずかにぎざぎざになっている。軸唇は滑らかで、水管溝の内壁に小さな襞が並ぶ。殻はピンクがかった白で、褐色の厚い殻皮に覆われる。殻口内はピンクを帯びる。

実物大

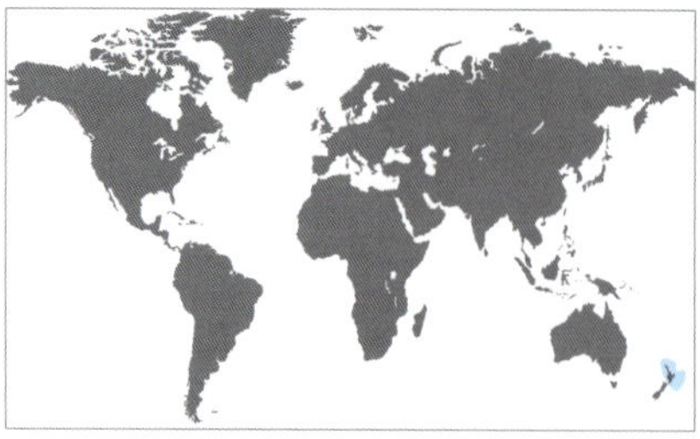

科	イトマキボラ科　Fasciolariidae
貝殻の大きさ	12 ～ 19mm
地理的分布	ニュージーランドの北島に固有
存在量	非常によく見られる
生息深度	潮間帯
生息場所	岩の上や下
食性	肉食者
蓋	角質で木の葉形

貝殻の大きさ
12 ～ 19mm

写真の貝殻
12mm

Taron dubius (Hutton, 1878)

イトマキボラ類の1種

DUBIUS SPINDLE SHELL

イトマキボラ科には多様な肉食性巻貝が含まれる。本科の種は殻軸に沿って伸びる水管溝を備えた紡錘形の殻をもつ。大多数の種は熱帯から温帯にかけての潮間帯から漸深海帯までの間に生息している。小型種は多毛類を、大型種は二枚貝類や他の巻貝類を食べることが多い。本種はイトマキボラ科の最小種の1つで、ニュージーランド北島に固有の属、*Taron* 属のタイプ種である。

近縁種

同属の *Taron mouatae* Powell, 1940 は、本種より大きく、より細長く薄い殻をもつ。また、本種より螺塔が高く、殻表の螺肋と縦肋はより細く、数が多い。殻の色は本種より濃い褐色である。別の同属種、*Taron albocostus* Ponder, 1968 は、同属種の中で最も小さい。この貝の殻は本種の殻より細く、黄みを帯びた白で、殻表に濃褐色の螺肋がある。

実物大

Taron dubius **の殻**は小さく、幅広い紡錘形で、円錐形の螺塔が殻長の半分ほどを占める。殻口は卵形で、水管溝は短く、幅が広い。胎殻は滑らか。後生殻の初期の螺層には弱い螺肋があり、殻の成長に伴ってそれらの螺肋がだんだん強くなり、さらに縦肋がより顕著になって螺肋と交差する。殻口の外唇は薄く、色は褐色で、軸唇は滑らかで白い。水管溝はオレンジ色。大多数のイトマキボラ類と同様、軟体部は鮮やかな赤である。

科	イトマキボラ科　Fasciolariidae
貝殻の大きさ	25 〜 37mm
地理的分布	インド西太平洋の熱帯域
存在量	ふつう
生息深度	潮間帯から潮下帯
生息場所	サンゴ礁原
食性	肉食者
蓋	角質で木の葉形

貝殻の大きさ
25 〜 37mm

写真の貝殻
32mm

Peristernia nassatula（Lamarck, 1822）

ムラサキツノマタガイモドキ

NETTED PERISTERNIA

ツノマタガイモドキ属 *Peristernia* の貝は、殻表に強い肋や瘤の並んだ華やかな重い殻をもつ。本類の殻にはしばしば偽臍孔があり、水管溝の中にある 1 本の軸襞に加えて、軸唇に 2、3 本の軸襞を備えることが多い。潮下帯の表在性動物で、岩礁やサンゴ礁に棲み、おもに管棲多毛類やホシムシ類を食べる。殻の上にしばしば他の生物がびっしりとついている。

近縁種

オーストラリアのクイーンズランド州に産するクロフツノマタガイ *Peristernia australiensis*（Reeve, 1847）は、ムラサキツノマタガイモドキより小さい。この貝の縦肋はもっと大きくて丸みが強く、数がもっと少ない。また、殻口はより角張る。インド太平洋に生息するベニマキガイ *Peristernia fastigium*（Reeve, 1847）は、ムラサキツノマタガイモドキより殻が細長く、水管溝も長い。同じくインド太平洋産の *Peristernia chlorostoma*（Sowerby I, 1825）は、ずっと小さく、螺塔の低い、より丸みのある殻をもつ。

実物大

ムラサキツノマタガイモドキの殻は幅の広い双円錐形で、肩が明瞭。螺塔は高く、その側面は膨らまない。殻口は卵形で、水管溝は短く、左に曲がる。殻表には一様に密に並んだ太い縦肋と、尖った細い螺肋があり、それらが交差する。縦肋は水管溝まで伸びる。螺肋と螺肋の間に、それらの螺肋より細い螺糸が入ることがある。殻口には、その後端に V 字形の切れ込みがあり、外唇は前縁が外側に反り、軸唇は水管溝のすぐ後ろに弱い軸襞を 2 本備える。殻の色は白から黄色、紫がかったものや褐色のものまで変異に富み、ときに縞模様が入ることがある。

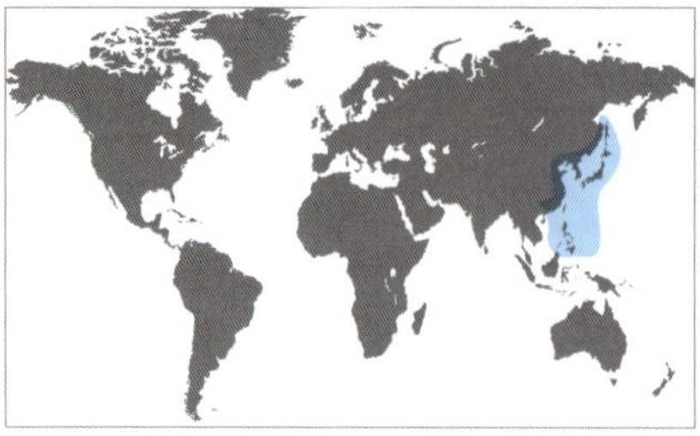

科	イトマキボラ科　Fasciolariidae
貝殻の大きさ	25 ~ 65mm
地理的分布	日本からフィリピンにかけて
存在量	少産
生息深度	水深 50 ~ 300m
生息場所	砂底
食性	肉食者
蓋	角質で小さく、丸い

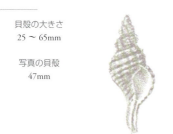

貝殻の大きさ
25 ~ 65mm

写真の貝殻
47mm

Granulifusus niponicus (Smith, 1879)

アラレナガニシ

GRANULAR SPINDLE

アラレナガニシの殻は中型で薄く、幅広い紡錘形。螺塔は高く、殻口は卵形で、長い水管溝が殻軸に沿って伸びる。螺層は全体が丸みを帯び、肩が角張らない。縦肋は幅が広く、肋間は縦肋そのものよりも少し広い。螺肋は縦肋と交わった所と外唇の所で最も太くなる。外唇の縁では螺肋の端が鋸歯状に尖る。殻の色は小麦色で、ときに褐色螺帯が入る。縦肋と螺肋が交わった所は結節状になり、白く染まる。

アラレナガニシ属 *Granulifusus* には 21 種の現生種が知られるが、それらは熱帯インド西太平洋の全域に分布しており、たいていは漸深海帯に生息している。アラレナガニシ類は砂底に棲み、多毛類や貝類はじめさまざまな無脊椎動物を捕食する。本属の貝は、殻表に顆粒状の彫刻があることと小さな丸い蓋をもつことで、ナガニシ属 *Fusinus* の貝と区別することができる。大多数のイトマキボラ類と異なり、アラレナガニシ属の貝の軟体部は赤ではなく、白あるいは黄みを帯びた白である。また、丸い蓋は痕跡的で小さい。

近縁種

アフリカ東岸に産するアルゴアナガニシ *Granulifusus rubrolineatus* (Sowerby II, 1870) は、アラレナガニシに殻の形が似るが、殻はより小さく、殻表の螺肋がより細く繊細である。日本産のヤサナガニシ *Granulifusus hayashii* Habe, 1961 は、アラレナガニシよりずっと細長い殻をもち、殻の長さに比例して水管溝も長く、それは左に曲がっている。

実物大

科	イトマキボラ科 Fasciolariidae
貝殻の大きさ	37 ～ 50mm
地理的分布	熱帯インド西太平洋
存在量	ややふつう
生息深度	潮下帯から水深 20m
生息場所	岩石底
食性	肉食者
蓋	角質で木の葉形

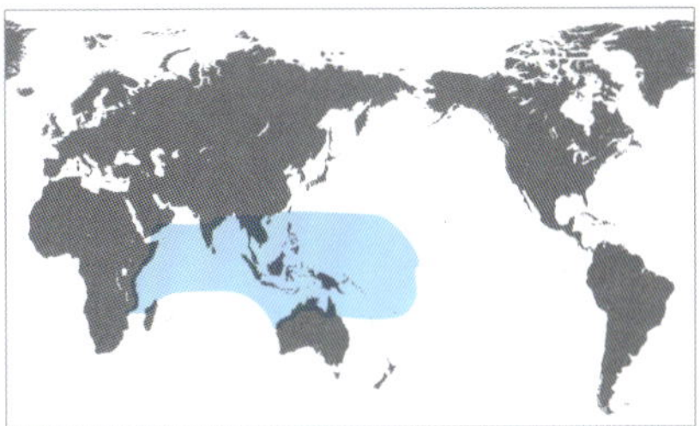

貝殻の大きさ
37 ～ 50mm

写真の貝殻
47mm

Turrilatirus turritus (Gmelin, 1791)

スジグロニシキニナ

TOWER LATIRUS

スジグロニシキニナが分類される *Turrilatirus* 属は、螺塔が高く、短い水管溝を備えた厚い殻をもつ少数の特徴的な種で構成される。本属の貝は、アフリカ東岸からポリネシアにかけての熱帯インド西太平洋に広く分布し、かなり浅い岩石底に棲んでいる。鮮やかな赤色の短く幅広い足をもち、その背側に厚い角質の蓋を付けている。最も古い *Turrilatirus* 属の化石は鮮新世のものが知られる。

近縁種

南日本に産するナガサキニシキニナ *Turrilatirus nagasakiensis* (Smith, 1880) は、スジグロニシキニナと同じぐらいの大きさだが、殻口はより細長く、水管溝も長い。ツノマタガイモドキ *Latirus belcheri* (Reeve, 1847) は、スジグロニシキニナの 2 倍ぐらいになることもあり、長方形に近い殻口をもち、肩が強く角張ること、縦肋の上に尖った結節状突起があること、水管溝がより明瞭でほぼまっすぐであることで、スジグロニシキニナと区別できる。

実物大

スジグロニシキニナの殻は頑丈で細長く、大きさは中型。螺塔は高く、殻長の半分以上を占め、形は円錐形。殻口は楕円形で、水管溝との境がくびれる。水管溝は短くて狭く、左に曲がる。殻口部には外唇の内壁に対をなす螺状の襞が並び、軸唇には水管溝との境にある襞の他に 2 本の弱い軸襞がある。水管溝のところに短い縫帯がある。殻表には低くて太い縦肋と、やや高く太い螺肋が並ぶ。殻の地色は黄色がかったオレンジで、螺肋は濃褐色。

科	イトマキボラ科　Fasciolariidae
貝殻の大きさ	25 ～ 75mm
地理的分布	バハカリフォルニアからペルーにかけての太平洋沿岸
存在量	ふつう
生息深度	潮間帯から潮下帯浅部
生息場所	岩礁海岸
食性	肉食性でフジツボや二枚貝を食べる
蓋	角質で厚い

貝殻の大きさ
25 ～ 75mm

写真の貝殻
42mm

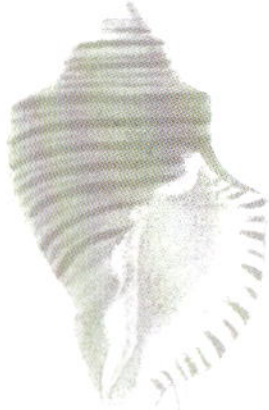

Opeatostoma pseudodon (Burrow, 1815)

シマツノグチガイ

THORN LATIRUS

実物大

大多数のイトマキボラ類は細長い紡錘形の殻をもつが、シマツノグチガイはずんぐりした幅広い殻をもつ。その殻には褐色と白色の螺帯が交互に並び、イトマキボラ類にしては珍しく、殻口の前縁に1本の湾曲した長い棘を備えるため、容易に識別できる。二枚貝類やフジツボ類の捕食者で、岩礁海岸の潮間帯から沖合の浅海で見つかる。イトマキボラ科の現生種は約200種が知られ、世界の熱帯から亜熱帯の海に生息している。本科の化石記録は白亜紀まで遡ることができる。

近縁種

シマツノグチガイは *Opeatostoma* 属の唯一の種である。比較的近縁だと思われるものには、ガラパゴス諸島や中央アメリカ西岸に生息するロウビキツノマタガイ *Leucozonia cerata* (Wood, 1828) や、マルケサス諸島に固有のアブサラボラ *Cyrtulus serotinus* Hinds, 1844 などがいる。前者は殻表に瘤の並んだ紡錘形の殻をもち、後者は細くて高い螺塔と不釣り合いに太い体層からなる独特な形の殻をもつ。

シマツノグチガイの殻は中型で硬く、厚くて重く、膨らんでいて幅広い紡錘形。螺塔は比較的低く、縫合は滑層で覆われる。螺層の肩は角張り、白い殻表にわずかに盛り上がっただけの濃褐色の螺肋が並ぶ。殻口は広く、外唇の縁にはぎざぎざがあり、軸唇には2、3本の軸襞がある。多少の長短はあるが、外唇の前縁に湾曲した長い棘が1本ある。殻皮は小麦色で、殻口内は白い。

科	イトマキボラ科　Fasciolariidae
貝殻の大きさ	30 〜 90mm
地理的分布	インド西太平洋
存在量	ふつう
生息深度	潮間帯から水深 18m
生息場所	岩やサンゴの間
食性	肉食性で他の無脊椎動物を食べる
蓋	角質で厚い

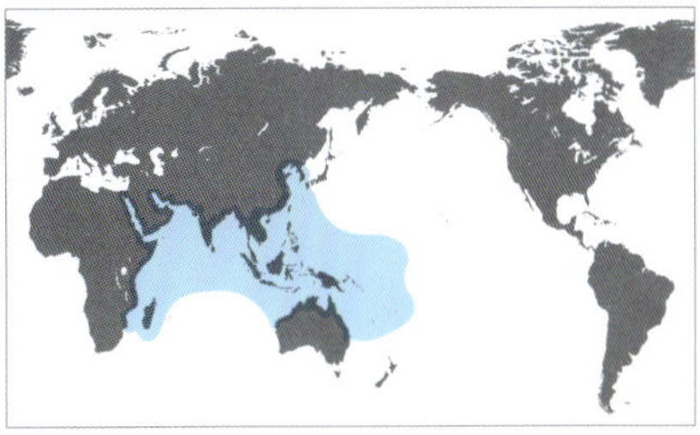

貝殻の大きさ
30 〜 90mm

写真の貝殻
56mm

Latirus belcheri (Reeve, 1847)

ツノマタガイモドキ

BELCHER'S LATIRUS

ツノマタガイモドキは、オーストラリアでは潮間帯の岩やサンゴの間にふつうに見られる。インド西太平洋域に広く分布し、水深 18m ぐらいまでの所に棲む。本種は、イギリス海軍の提督で、熱心な貝殻収集家でもあったエドワード・ベルチャー（Edward Belcher）に献名された多くの種の 1 つである。イトマキボラ類は肉食性で、他の無脊椎動物を食べる。とくに小型種は多毛類を、大型種は二枚貝類や巻貝類を捕食する。なかには共食いをする種も知られる。本類の雌は柄のついた卵嚢を産む。それぞれの卵嚢には多数の卵が詰まっている。

近縁種

アメリカ合衆国フロリダ州からブラジルにかけて分布するニシキノツノマタガイ *Latirus infundibulum*（Gmelin, 1791）は、螺塔の高い、厚い殻をもつ。殻の地色は金色で、殻表に高く盛り上がった瘤状の縦肋と、それらと交差する褐色の螺肋が並ぶ。バハカリフォルニアからペルーにかけての太平洋岸に生息するシマツノグチガイ *Opeatostoma pseudodon*（Burrow, 1815）は白地に多くの褐色の螺肋が並び、外唇の前縁に長い棘がある殻をもつ。

実物大

ツノマタガイモドキの殻は中型で厚くて硬く、形は幅広い紡錘形。螺塔は高く、縫合は不明瞭。螺塔の各螺層の殻表に尖った瘤が 1 列の螺状列をなして並ぶ。体層にはそれと同様の瘤の列が 2 列あり、さらに数本の螺肋が入る。殻口は大きくて四角張り、2 か所に明瞭な角がある。軸唇には 3、4 本の小さな軸襞がある。水管溝は広く、わずかに反る。殻の色は白またはクリーム色で、褐色斑がある。殻口内は白く、その縁は黒っぽい。

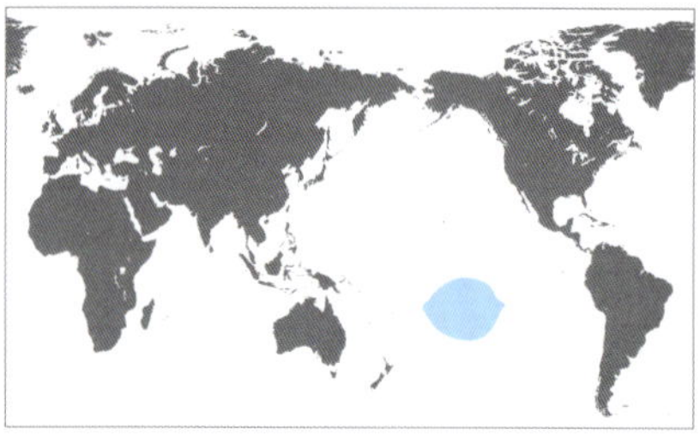

科	イトマキボラ科　Fasciolariidae
貝殻の大きさ	50 ～ 94mm
地理的分布	ポリネシア
存在量	少産
生息深度	水深 18 ～ 30m
生息場所	細砂底やシルト底
食性	肉食性で他の軟体動物を食べる
蓋	角質で同心円状に成長し、形は楕円形

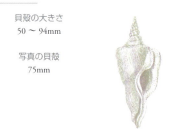

貝殻の大きさ
50 ～ 94mm

写真の貝殻
75mm

Cyrtulus serotinus Hinds, 1844

アブサラボラ

CYRTULUS SPINDLE

アブサラボラは、奇妙な形をした珍しい貝である。幼貝の殻は、ホソニシ（下記参照）の紡錘形の殻に形や彫刻が似るが、螺層の数が7、8層になった頃から螺管が肥厚して形が不揃いになり、幼貝時の螺層の特徴が失われてしまう。成貝の殻は、例えればナガニシ類の螺塔をつけた光沢のあるシャンクガイ *Turbinella pyrum*（Linnaeus, 1767）のようで、イトマキボラ類というよりオニコブシガイ類のように見える。アブサラボラはポリネシアの島々の沖合の細砂底あるいはシルト底に棲む。本種は *Cyrtulus* 属の唯一の種である。

近縁種

アブサラボラに近縁な他属の種は、もっとイトマキボラ類らしい紡錘形の殻をもっている。そのような貝には、例えばインド西太平洋に産するホソニシ *Fusinus colus*（Linnaeus, 1758）、ナガニシ属 *Fusinus* の最大種の 1 つで、日本など西太平洋域に生息し、螺層の肩に丸い瘤の並んだダイオウナガニシ *Fusinus longissimus*（Gmelin, 1791）、そして、ほとんどが白い殻をもつイトマキボラ科の中にあって例外的にカラフルな殻をもち、地中海からカナリア諸島にかけて分布するシラクサナガニシ *Fusinus syracusanus*（Linnaeus, 1758）などがいる。

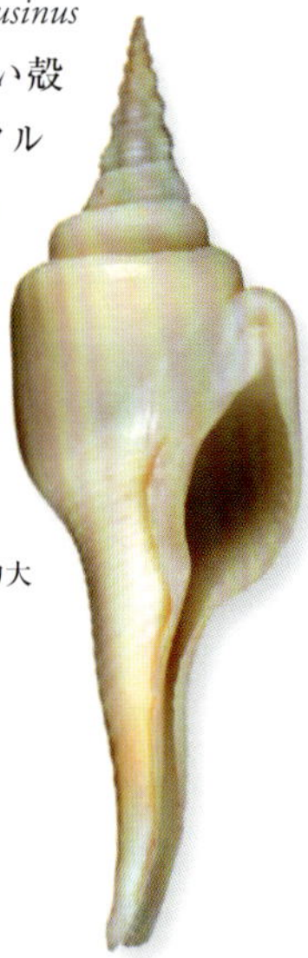

実物大

アブサラボラの殻は重くて硬く、棍棒状だが、螺塔は高く、ナガニシ属の殻の螺塔に似る。7、8層目より後に作られた螺管は、それまでのものより厚く、それまでのものに見られる殻表彫刻もなく、巻きもやや不規則になる。成貝の体層は角張り、円筒状で、真ん中の 1/3 ほどの部分は殻両側のラインがほぼ平行で、その前方は水管溝に向かってだんだん細くなる。殻口は細長い楕円形で、外唇は厚い。軸唇は滑らかで厚く、壁唇は反る。殻の色はクリーム色。殻口内は白い。

科	イトマキボラ科　Fasciolariidae
貝殻の大きさ	75 ～ 180mm
地理的分布	インド西太平洋
存在量	ふつう
生息深度	潮下帯から水深 40m
生息場所	砂底
食性	肉食性で他の軟体動物を食べる
蓋	角質

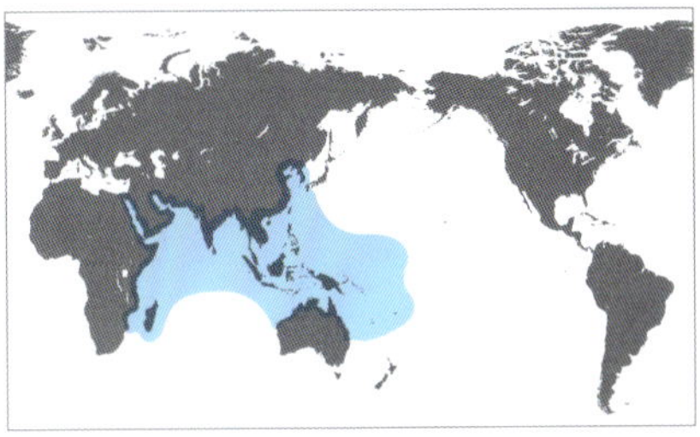

貝殻の大きさ
75 ～ 180mm

写真の貝殻
96mm

Fusinus nicobaricus (Röding, 1798)

チトセボラ

NICOBAR SPINDLE

チトセボラは、褐色の斑紋が縦に並んだ殻をもち、ナガニシ属 *Fusinus* の中で最も華やかな貝の1つである。その模様と、長くて優美な殻の形は、本種を収集家に人気のある貝の1つにしている。肉食性で、砂底の岩やサンゴ礫の間にいる自分より小さな軟体動物を見つけて食べる。本種は、よく雄と雌がペアになった状態で見つかる。

近縁種

ホソニシ *Fusinus colus* (Linnaeus, 1758) は、チトセボラと似た大きさだが、殻がより長くて薄く、斑紋が少ない。また、水管溝がたいてい褐色で、先端に向かってだんだん色が濃くなる。ブラジル東部や地中海、さらに紅海にも産するガラバリナガニシ *Fusinus marmoratus* (Philippi, 1851) は、チトセボラより殻が短く、全体に色が濃い。また、大きく盛り上がった縦肋がずっと体層まで連なっている。

チトセボラの殻は螺塔が高く、水管溝が螺塔よりわずかに短い。殻頂側の螺層にはやや丸みのある縦肋が並び、そのため螺層がいくぶん膨らんで見える。殻口側の螺層では縦肋がより瘤状になるため、殻全体は角張って見える。軸唇は薄く、滑層を通して殻表の螺肋が見える。外唇には細かい歯が並ぶ。殻口内は白い。

実物大

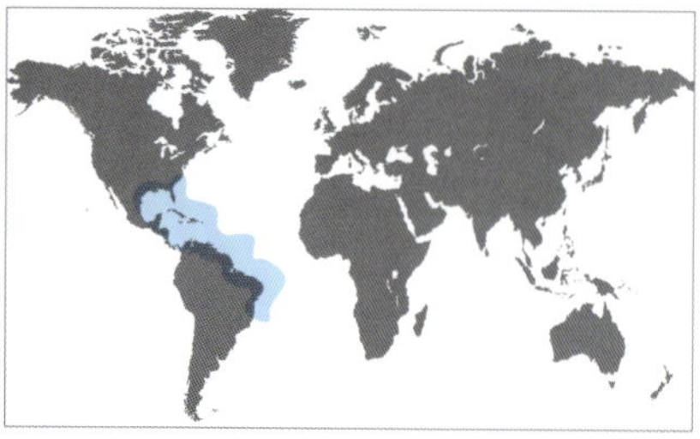

科	イトマキボラ科　Fasciolariidae
貝殻の大きさ	60 〜 250mm
地理的分布	合衆国ノースカロライナ州からブラジル北部にかけて
存在量	ふつう
生息深度	潮下帯から水深 75m
生息場所	砂底や海草群落
食性	肉食性で他の軟体動物を食べる
蓋	角質で厚い

貝殻の大きさ
60 〜 250mm

写真の貝殻
141mm

Fasciolaria tulipa (Linnaeus, 1758)

チューリップボラ

TRUE TULIP

チューリップボラは、イトマキボラ科の大型種で、入り江や河口域の海草群落でふつうに見られる。食欲旺盛な肉食者で、他の軟体動物を食べ、餌の中には *Fasciolaria lilium*（下記参照）などの同属種や、ピンクガイ *Strombus gigas* Linnaeus, 1758 の幼貝さえも含まれる。チューリップボラの軟体部の色は鮮やかなオレンジから赤で、食用になり、場所によっては採取されて食べられている。冬期、雌は壺形の卵嚢をひとかたまりに産みつける。殻の蓋は角質で厚く、殻口の内側にぴったりとはまる。本種の殻は、内湾域に棲むヤドカリに非常によく利用されている。

近縁種

アメリカ合衆国テキサス州からメキシコのキンタナ・ロー州にかけて分布する *Fisciolaria lilium* Fischer, 1807 は、チューリップボラに似た殻をもつが、より小さく、殻はクリーム色で褐色の細い線とピンクあるいは褐色がかった斑紋が入っている。ノースカロライナ州からメキシコのキンタナ・ロー州にかけて生息するダイオウイトマキボラ *Triplofusus giganteus* (Kiener, 1840) は、イトマキボラ類の最大種で大西洋で最大の巻貝でもある。この貝はフロリダ州で州の貝に選ばれている。

実物大

チューリップボラの殻は中型から大型で、わずかに膨らみ、形は紡錘形。螺塔は高く、螺層が膨らみ、縫合は明瞭。殻口は楕円形で、外唇の縁には細かいぎざぎざがあり、軸唇には 2 本の軸襞がある。水管溝は比較的短くて広い。殻表は滑らかで、非常に細い成長線が見られる。殻の基部には低い螺条が並ぶ。殻の色は変異に富むが、クリーム色の地に明るい茶色から赤みがかったオレンジの斑紋と、細くて黒っぽい螺状の線が入っているものが多い。殻口内は白またはオレンジ。

科	イトマキボラ科　Fasciolariidae
貝殻の大きさ	95 ～ 220mm
地理的分布	熱帯インド西太平洋
存在量	少産
生息深度	水深 50 ～ 120m
生息場所	砂底
食性	肉食者
蓋	角質で木の葉形

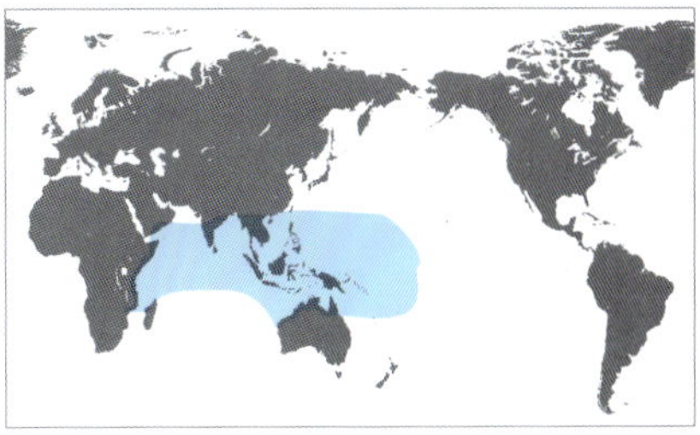

貝殻の大きさ
95 ～ 220mm

写真の貝殻
161mm

Fusinus crassiplicatus Kira, 1959

フトウネナガニシ

RIBBED SPINDLE

ナガニシ属 *Fusinus* の貝は、世界中の温帯および熱帯海域に分布している。多くの種は、大陸棚辺縁部あるいは大陸斜面に沿った深所の砂底に生息している。軟体部には赤い足があり、その縁近くに小さな黄色い斑点をもつものが多い。雌は卵を壺形の革質の卵嚢に詰めて、岩や貝殻片などの硬い物の上に産みつける。

近縁種

西太平洋に生息するアライトマキナガニシ *Fusinus salisburyi* Fulton, 1930 は、フトウネナガニシより大きく、螺層の肩がもっと張り出し、そこに他より強い螺肋が見られる。日本および台湾に産するナガニシ *Fusinus perplexus* (A. Adams, 1864) は、フトウネナガニシよりわずかに小さく、殻長の割に水管溝はより短く、殻口はより大きい。ナガニシの体層には顕著な縦肋は見られず、その肩はやや角張る。

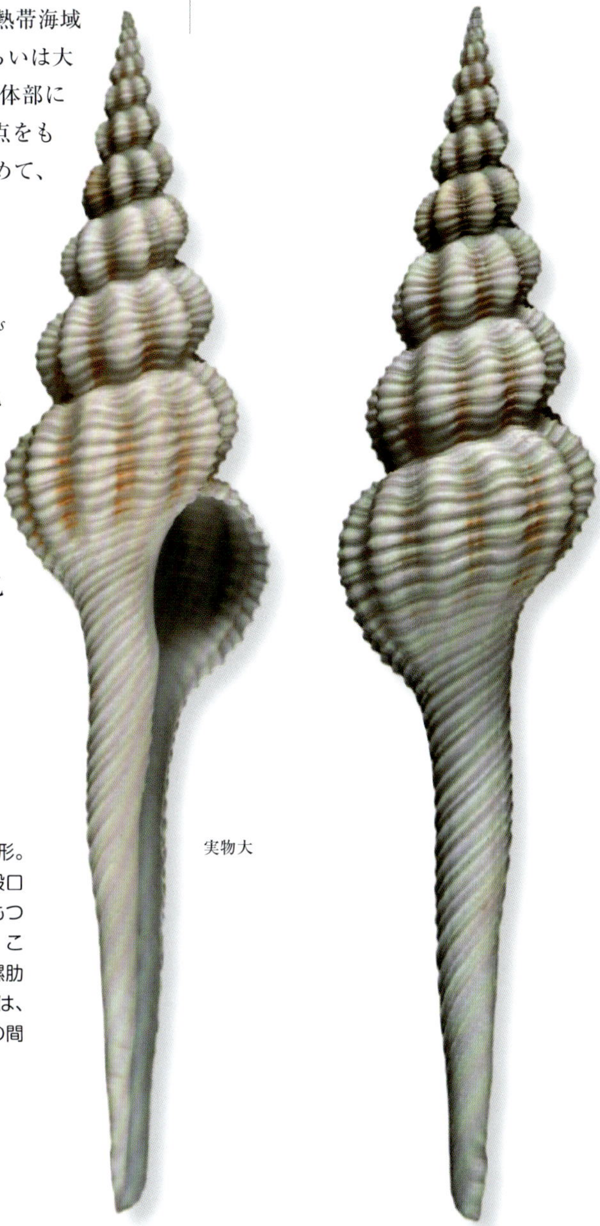

実物大

フトウネナガニシの殻は非常に大きく、細長く、形は紡錘形。螺塔は高く、水管溝が長く、殻長の半分ほどを占める。殻口は小さく、卵形。軸唇は滑らかで、なかには１本の襞をもつものもある。殻表には非常に目立つ顕著な縦肋が並ぶが、この縦肋は水管溝の部分には伸びない。殻表にはまた鋭い螺肋があり、それらは縦肋の上を横切って走る。水管溝の部分は、殻表に螺肋のみが見られる。殻の色は白で、縦肋と縦肋の間に小麦色の色帯が入ることがある。

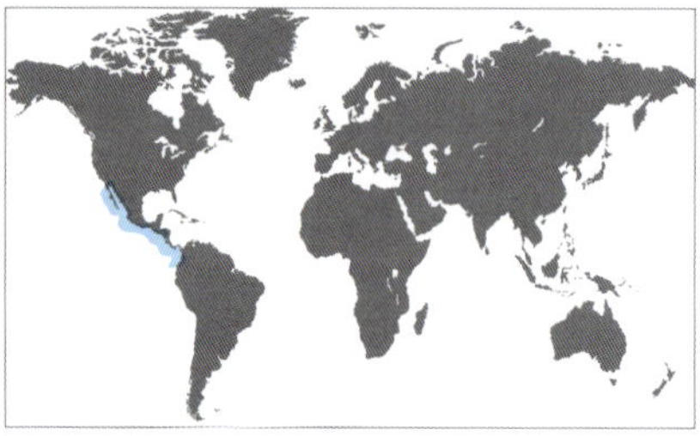

科	イトマキボラ科　Fasciolariidae
貝殻の大きさ	100 〜 250mm
地理的分布	バハカリフォルニアからエクアドルにかけて
存在量	ややふつう
生息深度	潮間帯から水深 100m
生息場所	砂底や粘土質の海底
食性	肉食性で他の軟体動物を食べる
蓋	角質で厚く、卵形

貝殻の大きさ
100 〜 250mm

写真の貝殻
223mm

Fusinus dupetitthouarsi (Kiener, 1840)

フトメナガニシ

DU PETIT'S SPINDLE

実物大

フトメナガニシは、ナガニシ属 *Fusinus* の貝の中で最大の殻をもつものの１つである。地域によって、とくにメキシコではこの貝の身が釣り餌として使われるが、食用にされることはめったにない。採れたばかりの貝は殻の外面が緑を帯びた褐色の薄い殻皮で覆われていて、人目をひく。本種も肉食性で、砂質や粘土質の海底で小型の軟体動物を捕まえて食べる。

近縁種

メキシコからペルーにかけての太平洋沿岸に生息するパナマナガニシ *Fusinus panamensis* (Dall, 1908) の殻は、フトメナガニシの殻よりがっしりしていて、縦肋の瘤の上に褐色斑がある。メキシコ湾およびフロリダキーズに産する *Fusinus stegeri* Lyons, 1978 の殻は、螺塔がもっと高く、螺層の丸みが強い。

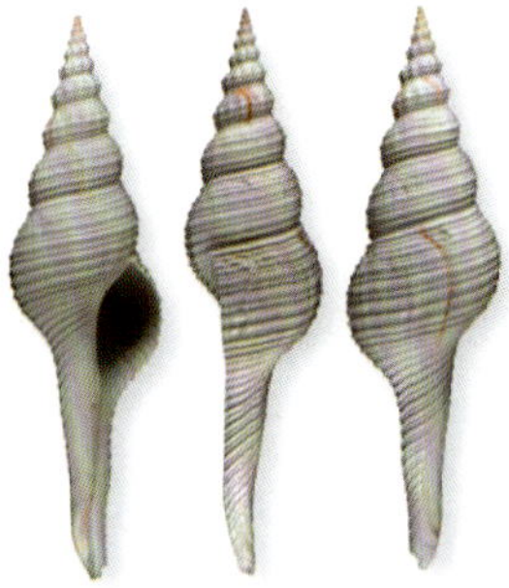

フトメナガニシの殻は螺塔が高く、水管溝が長い。水管溝の部分を含め、すべての螺層には殻表に明瞭な螺肋がある。殻口に近い、より大きな螺層では、その周縁の螺肋が最も強く、その上に瘤が並ぶことがある。それらの螺肋は白い殻口内と滑らかな軸唇の上にもかすかに現れている。殻の色は白く、所どころに淡褐色の縦筋が入る。この縦筋は殻頂付近で、色が濃くなる。

科	イトマキボラ科　Fasciolariidae
貝殻の大きさ	400 〜 609mm
地理的分布	合衆国ノースカロライナ州からメキシコ湾にかけて
存在量	ふつう
生息深度	潮間帯から水深 30m
生息場所	海草群落や泥干潟や砂底
食性	肉食性で他の軟体動物を食べる
蓋	角質で同心円状に成長し、端に核がある

貝殻の大きさ
400 〜 609mm

写真の貝殻
474mm

Triplofusus giganteus (Kiener, 1840)

ダイオウイトマキボラ

FLORIDA HORSE CONCH

ダイオウイトマキボラは、大西洋では最大の貝で、巻貝の中では世界で2番目に大きい。食欲旺盛な捕食者で、二枚貝類や巻貝類などの軟体動物を食べ、さらには同種でも自分より小さいものは食べてしまう。浅海の海草群落や泥干潟、そして砂底でふつうに見られる。アメリカ合衆国フロリダ州では州の貝に選ばれている。筋肉質の幅広い足は赤く、メキシコでは食用にされる。また、本種の殻はアメリカ先住民に、吹き鳴らして大きな音を出すラッパのように使われていた。

近縁種

メキシコ西岸からエクアドルにかけて生息するトノサマイトマキボラ *Pleuroploca princeps* (Sowerby I, 1825) は、ダイオウイトマキボラの殻に似た非常に大きな殻をもつ。比較的近縁なチューリップボラ *Fasciolaria tulipa* (Linnaeus, 1758) は、アメリカ合衆国ノースカロライナ州からブラジルまで分布し、ダイオウイトマキボラと同じく紡錘形の殻をもつが、殻表が滑らかで色彩に富む。

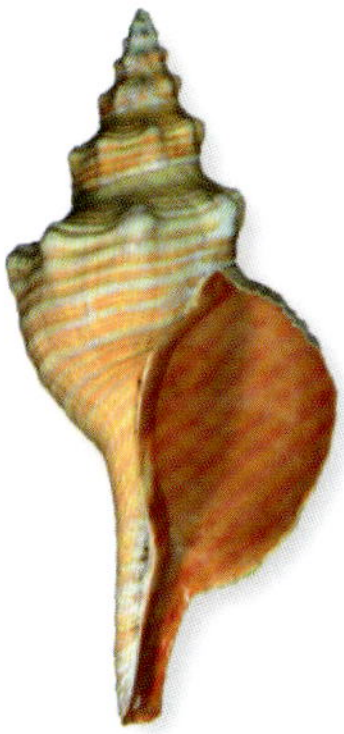

ダイオウイトマキボラの殻は大きく、重くて厚く、細長い紡錘形。螺塔は高く、螺層は角張る。殻表に螺肋と弱い縦肋があり、縦肋は、螺層の肩部で大きく盛り上がり、瘤状になる。体層は大きく、殻口は幅広い披針形。水管溝は長く、先端に向かって徐々に細くなる。軸唇には3本の斜めの軸襞がある。幼貝の殻はオレンジだが、成長に伴って殻の色が褪せ、成貝の殻は薄いオレンジからほぼ灰色になる。殻口内はオレンジ。すぐに剥がれ落ちてしまう褐色の殻皮が殻を覆っている。

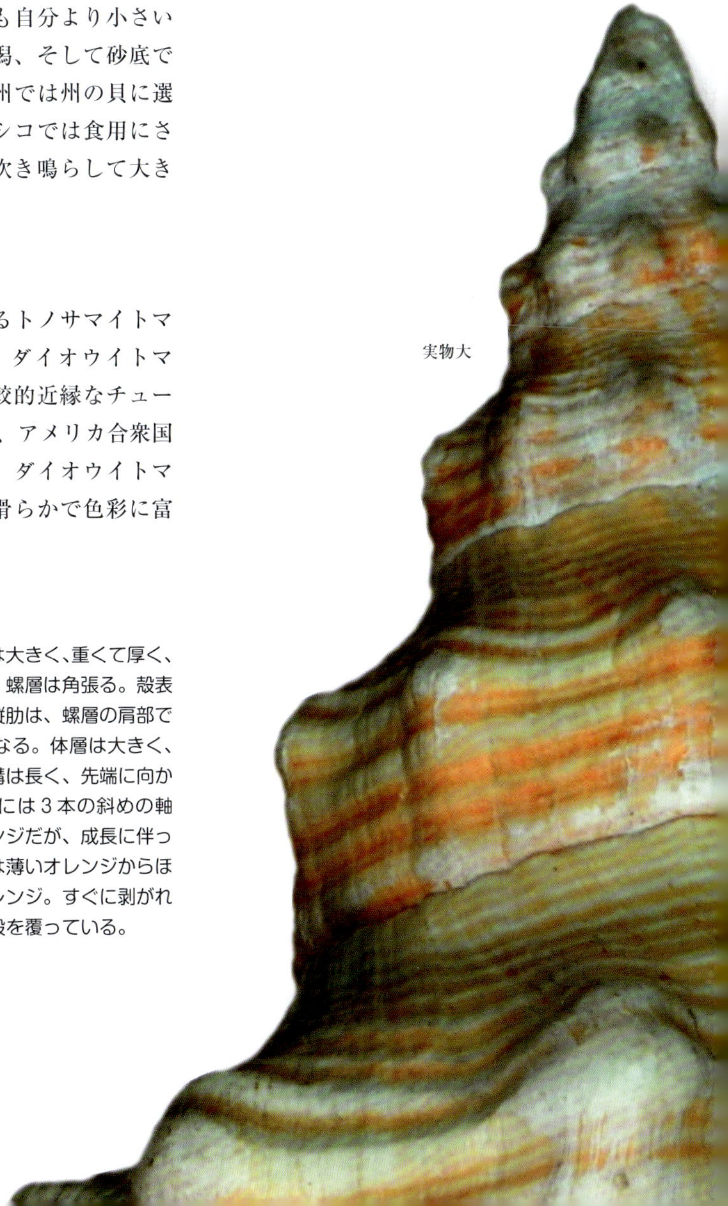

実物大

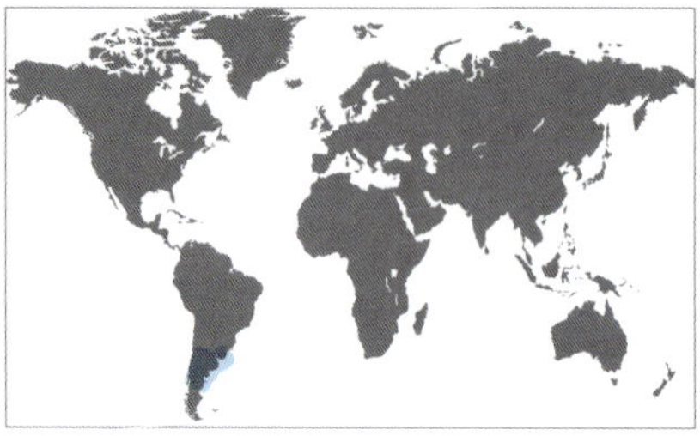

科	アッキガイ科　Muricidae
貝殻の大きさ	25 ～ 100mm
地理的分布	パタゴニア
存在量	ふつう
生息深度	潮間帯および潮下帯
生息場所	岩石底やイガイ床
食性	肉食者
蓋	ある

貝殻の大きさ
25 ～ 100mm

写真の貝殻
36mm

Trophon geversianus (Pallas, 1774)

ナンキョクツノオリイレガイ

GEVERS'S TROPHON

ナンキョクツノオリイレガイの殻は幅広く、螺塔が高く、肩が角張る。殻口は大きくて丸く、臍孔は狭く、水管溝は短く狭い。殻表には密に並んだ螺肋と多数の薄板状の縦襞がある。螺肋には細かいものも粗いものもあり、縦襞も低く不明瞭なものから、高くて刃状のものまでさまざま。螺肋も縦襞も顕著な殻では、殻表の彫刻は粗い布目状になる。殻の色は、白から栗色がかった褐色まで同一の殻でも場所によって違っていることがある。

ナンキョクツノオリイレガイは、パタゴニアの岩礁海岸の潮間帯から潮下帯に形成された大規模なイガイ床でふつうに見られる貝である。大多数のアッキガイ類と同様に肉食性の巻貝で、足の裏にある特別な器官から酸を分泌し、それを使って餌のイガイ類に孔をあける。殻にしっかり孔があくと、そこから殻の中に吻を伸ばして中の身を食べる。本種には、殻が小さく殻表が滑らかなものから、殻が大きく殻表に複雑な彫刻があるものまで変異が見られる。大きなものは上縁の波打った高い薄板状の襞を備えることが多く、そのような貝は潮下帯に生息している。

近縁種

ナンキョクツノオリイレガイは、大きさや色、殻表に目立つ縦襞があることなどが、南極水域に生息する数種のアッキガイ類に非常によく似ている。しかし実際は、それらの種より、アメリカ合衆国カリフォルニア州に産するベルチャーニシ *Forreria belcheri* (Hinds, 1843) により近縁である。ベルチャーニシは螺層の肩に棘の並んだ分厚い殻をもつ。

実物大

科	アッキガイ科 Muricidae
貝殻の大きさ	25 〜 50mm
地理的分布	合衆国フロリダ州からホンジュラスにかけての大西洋およびメキシコ湾、カリブ海
存在量	少産
生息深度	水深 205 〜 618m
生息場所	砂底や細礫底
食性	肉食者
蓋	角質で卵形

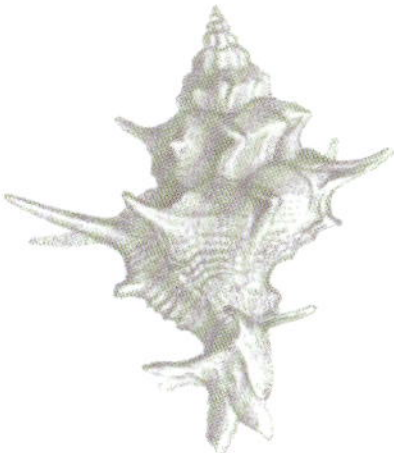

貝殻の大きさ
25 〜 50mm

写真の貝殻
39mm

Paziella pazi (Crosse, 1869)

カリブヒイラギガイ

PAZ'S MUREX

カリブヒイラギガイの殻には、多数の棘があり、肩にはほぼまっすぐな長い中空の棘が並ぶ。体層の下部や水管溝に生える棘には湾曲しているものもある。殻表には、棘の並んだ縦張肋が各螺層に6〜8本並ぶ。アメリカ合衆国フロリダ州沖からホンジュラスにかけての深海に生息しているが、めったに採れない。カリブヒイラギガイはアッキガイ類の中でも最も原始的な貝の1つと考えられている。これらの原始的な貝の殻は、約6千万年前の化石に似ている。殻の上の棘は、カリブヒイラギガイが砂の中に潜らないことを示している。本種は *Paziella* 属のタイプ種である。

実物大

近縁種

ニュージーランド沖に生息するヒイラギガイ *Poirieria zelandica* (Quoy and Gaimard, 1833) は、カリブヒイラギガイに似た殻をもつが、より大きくて螺塔が低く、棘がわずかに太い。地中海およびアフリカ北東部大西洋沿岸に分布するツロツブリボラ *Hexaplex trunculus* (Linnaeus, 1758) は、数本の強い縦張肋を備え、褐色帯と白色帯が交互に並んだ幅広い紡錘形の殻をもつ。

カリブヒイラギガイの殻は中型で比較的薄く、形は紡錘形で多数の棘を備える。螺塔は高く、殻頂が尖り、縫合は明瞭。螺塔の螺層は角張り、体層に近づくにつれて次第に丸みを帯びるようになる。大小の中空の棘が螺層の肩に沿って並び、体層および大きく開いた長い水管溝にはより多くの棘がある。殻口は卵形で、外唇は薄く、1本の大きな棘を備える。軸唇は滑らかで、壁唇は反る。殻の色は一様に白または薄い灰色。

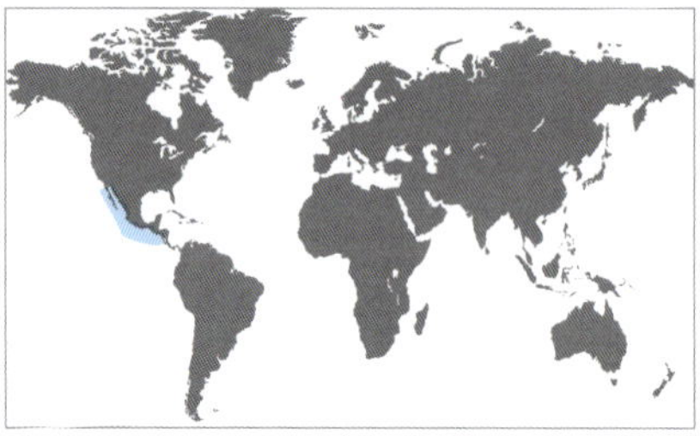

科	アッキガイ科　Muricidae
貝殻の大きさ	25 ～ 40mm
地理的分布	カリフォルニア湾からペルーにかけて
存在量	少産
生息深度	水深 6 ～ 100m
生息場所	泥底や岩石底
食性	肉食性で無脊椎動物を食べる
蓋	角質で薄く、卵形

貝殻の大きさ
25 ～ 40mm

写真の貝殻
39mm

Typhisala grandis (A. Adams, 1855)

フリソデエントツヨウラクガイ

GRAND TYPHIS

フリソデエントツヨウラクガイは、パイプヨウラクガイ亜科Typhinaeの中では最大種の1つである。外唇が大きく広がって楯のようになっているので、容易に識別できる。螺層の肩に沿って後溝がいくつも並んでいるが、楯のように張り出した外唇のすぐ後に開く、最も新しくつくられた1つだけが実際に肛門からの排出物を殻外に捨てるのに使われている。沖合に棲み、岩石底や泥底のトロール漁でたまに採れる。

近縁種

ニューカレドニアおよびオーストラリア沖の深海に産するパブロワヨウラクガイ *Trubatsa pavlova* (Iredale, 1936) の殻は、前端の水管溝も肩のところの後溝も非常に長く、独特である。バハカリフォルニアからペルーにかけての太平洋沿岸およびガラパゴス諸島に生息するクリフヨウラクガイモドキ *Vitularia salebrosa* (King and Broderip, 1832) は、螺層の肩が竜骨状に張り出し、開いた短い水管溝を備えた洋梨形の殻をもつ。

実物大

フリソデエントツヨウラクガイの殻はパイプヨウラクガイ亜科の貝にしては大きく、がっしりしていて、形は幅広い紡錘形。螺塔はやや高く、螺層は肩が竜骨状に張り出し、そこに先端が開いた管が並ぶ。縫合は深くくびれるが、部分的に不明瞭なところもある。殻表には多くの螺肋が並び、大きく目立つ縦張肋が各螺層に4本ずつある。殻口は卵形。外唇は大きく広がり、閉じた水管溝の壁とつながって一体となり、幅広い楯状部を形成する。殻の色は白から小麦色で、螺層の管の先端は紫がかった褐色に染まる。殻口内は白い。

科	アッキガイ科　Muricidae
貝殻の大きさ	16 ~ 65mm
地理的分布	メキシコ西岸からペルーにかけて
存在量	ふつう
生息深度	潮間帯から潮下帯浅部
生息場所	マングローブ林やカキ礁
食性	肉食性でカキを食べる
蓋	角質で端に核がある

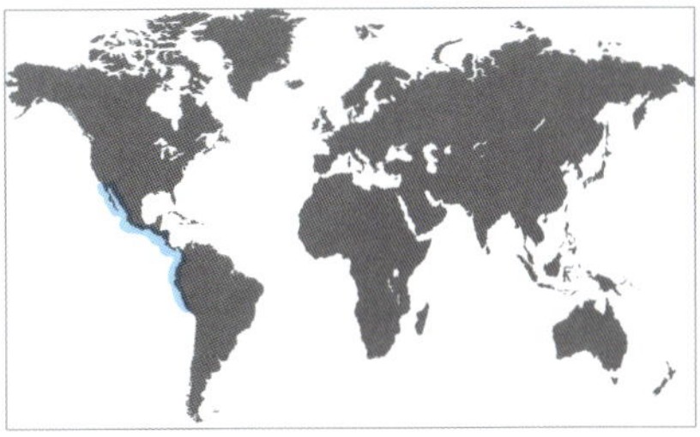

貝殻の大きさ
16 ~ 65mm

写真の貝殻
40mm

Stramonita kiosquiformis (Duclos, 1832)

アズマヤレイシガイ

KIOSK ROCK-SHELL

アズマヤレイシガイは、波打つ縫合と角張った殻の形で容易に識別できる。マングローブ林やカキ礁でふつうに見られ、非常に活発にカキを捕食する。他のアッキガイ類と同様に歯舌を使ってカキの殻に孔をあけ、カキの体を麻痺させる分泌液を注入する。この液は乳白色だが、空気に触れると紫に変わる。本種は、内側に1本の肥厚した細長い隆起部のある角質の蓋をもつ。

近縁種

インド西太平洋産のシラクモガイ *Thais armigera* (Link, 1807) は、先の丸い大きな棘が螺状に数列に並んだ分厚く重い殻をもつ。ペルーからチリ、さらにアルゼンチン南部まで分布するアワビモドキ（ロコガイ）*Concholepas concholepas* (Bruguière, 1792) は、厚いカサガイ形の殻をもつ。アワビモドキは食用に採取され、その身は美味しいと言われている。

アズマヤレイシガイの殻は中型で厚くて硬く、紡錘形で螺塔が高い。螺塔には螺層が数層あり、殻頂は尖り、縫合が波打つ。殻表には弱い螺肋が並び、螺層の周縁に大きな尖った瘤あるいは結節状突起が並ぶ。殻口は半円形で、外唇の縁にはぎざぎざがあり、軸唇は滑らか。殻の地色はチョコレート色で、螺状の白色帯が入る。殻口内は白で、所どころ褐色に染まる。

実物大

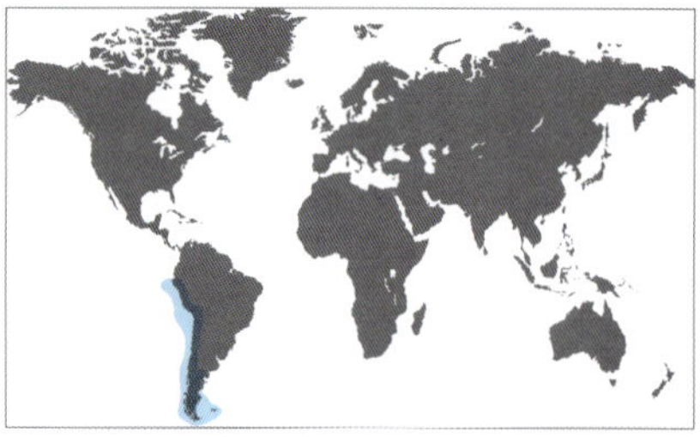

科	アッキガイ科　Muricidae
貝殻の大きさ	50 〜 130mm
地理的分布	ペルーからチリ、さらにアルゼンチン南部まで
存在量	ふつう
生息深度	潮間帯から水深 40m
生息場所	岩礁海岸
食性	肉食性で二枚貝やフジツボを食べる
蓋	角質

貝殻の大きさ
50 〜 130mm

写真の貝殻
53mm

Concholepas concholepas (Bruguière, 1789)

アワビモドキ（ロコガイ）

BARNACLE ROCK SHELL

実物大

アワビモドキは、アッキガイ科の巻貝だが、殻の形がカサガイ形になっている。カサガイ類やアワビと同じく、筋肉質の頑丈な足をもち、その足によってしっかりと岩表面にくっつくことができる。肉食性で、岩の上に棲むイガイ類やフジツボ類を食べる。その生息場所においては最上位の捕食者で、群集にとって重要な種となっている。殻はカサガイ形になってはいるが、本種はまだ殻の蓋をもっている。身は食用になり、美味しいため、Chilean Abalone（チリのアワビ）という紛らわしい名前がつけられ、世界中で売られている。チリでは最も重要な漁獲対象種の1つであり、「ロコ」の名で知られる。乱獲のために、現在は漁獲量が制限されている。*Concholepas* 属の現生種は本種だけである。

近縁種

西インド諸島に産するサラレイシガイ *Plicopurpura patula* (Linnaeus, 1758) は、殻がいくぶんアワビモドキに似ているが、より螺塔が高く、殻の膨らみが強く、殻表に結節状突起の螺列が並ぶ。サラレイシガイは、現在でも中央アメリカの先住民に、衣服を染める紫の染料を得るために利用されている。アカニシ *Rapana venosa* (Valenciennes, 1846) は、日本および中国が原産の大型の貝だが、今ではアメリカ合衆国のチェサピーク湾など、いろいろな所に移入されている。

アワビモドキの殻はがっしりしていて重く、形はほぼカサガイ形。殻口が広く、体層は大きく広がる。螺塔は低く、軸唇から殻の背面に広がる滑層の上にかろうじて見えるだけである。軸唇は肥厚して滑らかで、水管溝は短い。殻表には強い螺肋と、それらと交差する同心円状の成長線がある。さらにひだ飾りのような鱗片を備える殻もある。殻の背面は褐色から白色まで変異が見られ、大きな殻ではしばしばフジツボ類に覆われている。殻口の前縁に大きな歯が2つある。殻の内面はクリーム色で、縁に褐色の筋が並ぶ。

科	アッキガイ科　Muricidae
貝殻の大きさ	25 ～ 107mm
地理的分布	バハカリフォルニアからペルーにかけての太平洋沿岸およびガラパゴス諸島
存在量	ふつう
生息深度	潮間帯から潮下帯浅部
生息場所	岩礁海岸や転石の下
食性	他の貝に寄生する
蓋	角質で細長く、多旋型

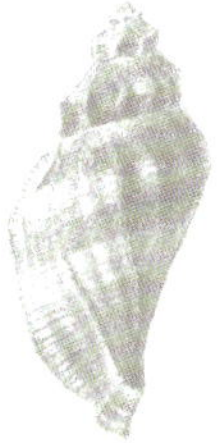

貝殻の大きさ
25 ～ 107mm

写真の貝殻
56mm

Vitularia salebrosa（King and Broderip, 1832）

クリフヨウラクガイモドキ

RUGGED VITULARIA

クリフヨウラクガイモドキは、アッキガイ科の中で餌を食べる速度が最も遅い種の1つに数えられる。他のアッキガイ類と同様、この貝も餌の貝の殻に孔をあけ、中の軟体部の組織を食べる。しかし、捕食の速度が著しく遅く、最近の研究によると、1回の捕食が90～230日もかかると見積もられている。餌の体液や中腸腺などの再生可能な部分を狙って食べるため、宿主が死んでしまうのを遅らせることができるからである。従って、捕食者というより外部寄生者だと見なすことができる。外部寄生への適応を示す本種の特徴としては、長く伸びた吻をもつことと、宿主の体内に採餌用の管をつくることなどが挙げられる。

近縁種

紅海から西太平洋にかけて生息するヨウラクガイモドキ *Vitularia miliaris*（Gmelin, 1791）もまた、他の貝に外部寄生する。この貝はクリフヨウラクガイモドキより殻が小さく、螺塔が低い。アルゼンチンからマゼラン海峡にかけて分布するナンキョクツノオリイレガイ *Trophon geversianus*（Pallas, 1774）は、大きさや殻表の彫刻が変異に富む膨らんだ紡錘形の殻をもつ。

実物大

クリフヨウラクガイモドキの殻は中型から大型で、分厚く、形は洋梨形。螺塔はやや高く、螺層の肩は竜骨状に張り出し、縫合は深くくびれる。殻表は、ほぼ滑らかなものから多くの細かい皺が入ったものまでさまざま。すべての螺層に縦の竜骨状隆起が並ぶが、殻口に近い螺層では、それらは結節状になって肩部に並ぶ。殻口はほぼ卵形で、外唇は肥厚し、その内壁に12～16個の歯が並ぶ。軸唇は滑らか。水管溝はやや長く、開く。殻の色は外面が白から褐色で、内面は白く、殻口部はオレンジに染まる。

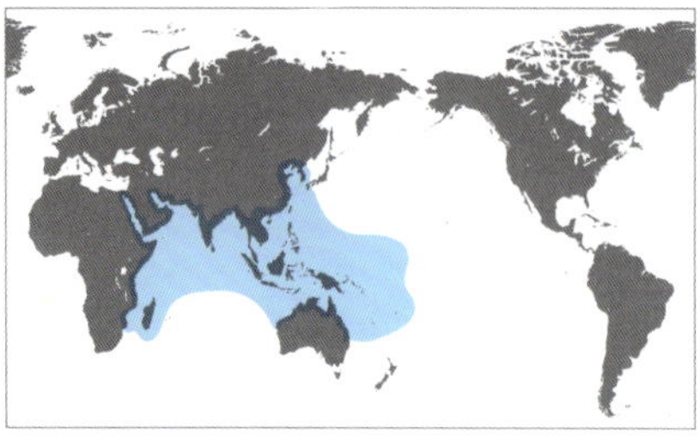

科	アッキガイ科　Muricidae
貝殻の大きさ	30 ～ 65mm
地理的分布	紅海からインド西太平洋
存在量	ふつう
生息深度	潮間帯から水深 90m
生息場所	岩石底
食性	肉食性で他の軟体動物やフジツボを食べる
蓋	角質で核が中心近くにある

貝殻の大きさ
30 ～ 65mm

写真の貝殻
57mm

Homalocantha scorpio (Linnaeus, 1758)

トゲナガイチョウガイ（サソリイチョウガイ）

SCORPION MUREX

トゲナガイチョウガイは、肉食性で軟体動物やフジツボを食べ、たいてい浅い所で見つかる。殻はしばしば石灰質の沈殿物や付着生物に覆われる。最近採集された殻には体層に 5 本の棘があるのに対し、古い標本にはたいてい 4 本の棘しかない。大多数の殻は褐色か、殻が白くても棘は褐色で、アルビノ（白子）の殻はめったにない。イチョウガイ属 *Homalocantha* には、本種のように先端が広がった棘をもつものもいるが、西アフリカ産のニシアフリカウニボラ *Homalocantha melanamathos* (Gmelin, 1791) のように先の細い棘しかもたないものもいる。本属の最も古い化石は白亜紀前期のものが知られる。

近縁種

イチョウガイ *Homalocantha anatomica* (Perry, 1811) は、地理的分布と殻の形態がトゲナガイチョウガイに似るが、殻の棘は数が少なく、より大きくて幅が広い。貝殻収集家にハワイ固有種と考えられている *Murex pele* Pilsbry, 1920 は、イチョウガイと同種である。アメリカ合衆国フロリダ州からホンジュラスにかけて生息するカリブヒイラギガイ *Paziella pazi* (Crosse, 1869) の殻には長いシンプルな棘がある。

実物大

トゲナガイチョウガイの殻はイチョウガイ属にしてはやや大きく、分厚く、紡錘形である。螺塔は丸みのある低めのものからやや高いものまであり、縫合は太く、深くくびれる。殻口は円形に近く、水管溝は長くまっすぐ。イチョウの葉状の平たい棘が 4、5 個並んだ縦張肋が 6、7 本あり、水管溝の殻表にも大きな棘が 2、3 本ある。殻の色は白から褐色まで変異が見られ、通常、棘のほうが殻自体よりも色が濃い。殻の内面は薄い灰色か紫がかった白。

科	アッキガイ科　Muricidae
貝殻の大きさ	20 ～ 60mm
地理的分布	インド西太平洋
存在量	少産
生息深度	潮間帯から水深 25m
生息場所	サンゴ礁
食性	肉食性で多毛類や小型甲殻類を食べる
蓋	角質で核が縁にある

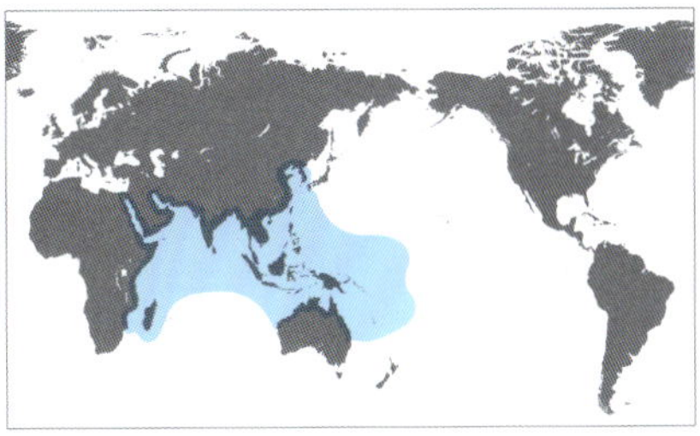

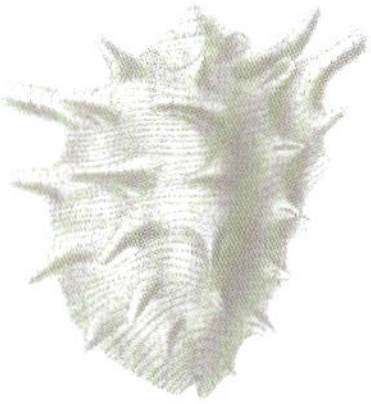

貝殻の大きさ
20 ～ 60mm

写真の貝殻
58mm

Drupa rubusidaeus Röding, 1798

アカイガレイシガイ

STRAWBERRY DRUPE

アカイガレイシガイは、英語では Strawberry Drupe（イチゴのようなイガレイシガイ）あるいは Rose Drupe（バラ色のイガレイシガイ）、また、あまり知られていないが Porcupine Castor Bean（ヤマアラシのように棘だらけのトウゴマの種のような貝）とも呼ばれ、サンゴ礁に生息する。その分布域のほぼ全域で、多毛類や小型甲殻類を食べ、ときに小型魚類をも食べるが、モルディブ近海ではカイメンを食べることが知られる。幼貝の時は棘の先端が黒染する傾向があるが、成熟するとその色が褪せて灰色がかった白になる。殻口はたいてい鮮やかなピンクで、棘が最も長い。

実物大

近縁種

ヒロクチイガレイシガイ *Drupa clathrata*（Lamarck, 1816）は、アカイガレイシガイと同様に棘のたくさんあるずんぐりした殻をもち、大きさも似る。また、殻の外唇にはやはり歯が並んでいるが、歯の間が褐色でよく目立つ。キマダライガレイシガイ *Drupa ricinus*（Linnaeus, 1758）は、より小さく、棘が紫がかった褐色で、殻口は白く、しばしばその外側を途切れ途切れになった淡黄色の色帯が取り巻いている。

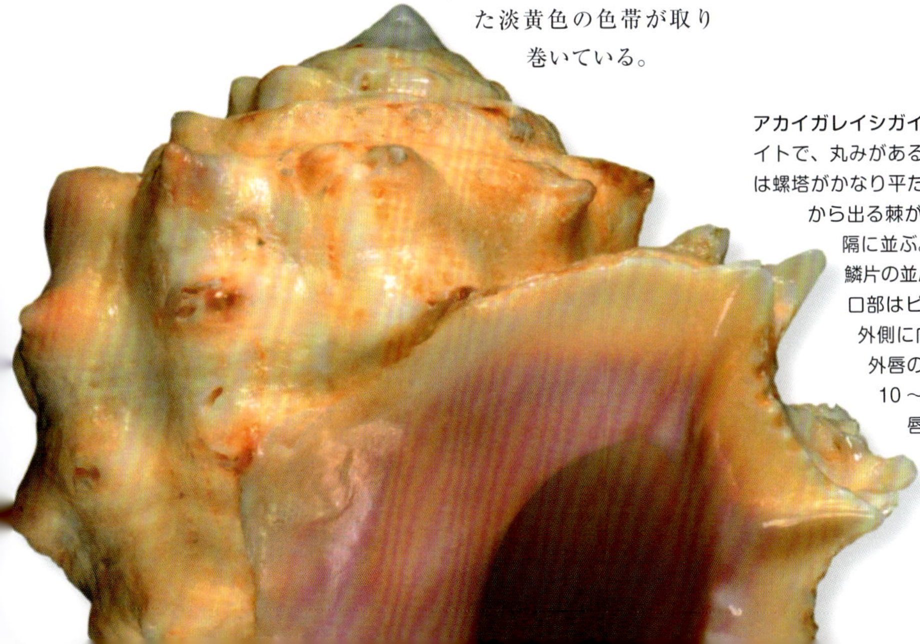

アカイガレイシガイの殻は小麦色からオフホワイトで、丸みがある。螺塔は低く、大きな殻では螺塔がかなり平たい。殻表には低い縦肋の上から出る棘が 5 列の螺状列をなして等間隔に並ぶ。螺状に並んだ棘列の間に、鱗片の並んだ螺肋が数本ずつ入る。殻口部はピンクで、その色が内側から外側に向かってだんだん濃くなる。外唇の縁はぎざぎざで、内壁には 10 ～ 12 個の白い歯が並び、軸唇には 3 本の襞がある。

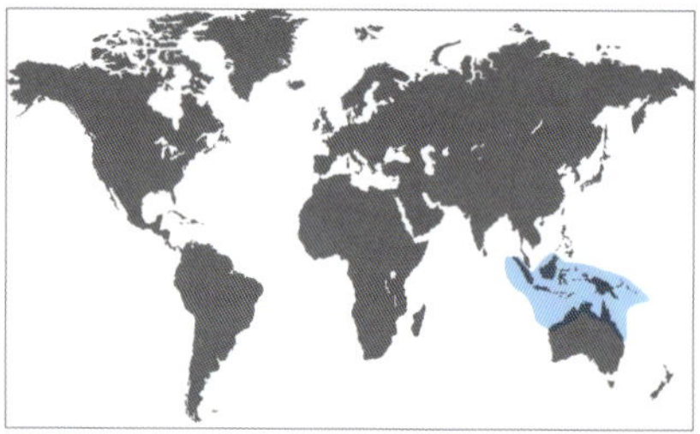

科	アッキガイ科 Muricidae
貝殻の大きさ	40 ～ 75mm
地理的分布	オーストラリア北部、インドネシア、パプアニューギニア
存在量	ふつう
生息深度	潮間帯から水深 180m
生息場所	岩石底
食性	肉食者
蓋	角質で卵形

貝殻の大きさ
40 ～ 75mm

写真の貝殻
58mm

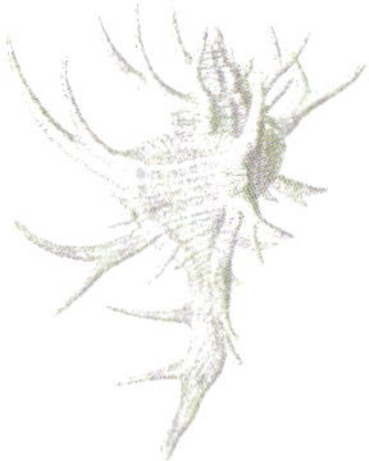

Chicoreus cervicornis (Lamarck, 1822)

シカノツノガイ

DEER ANTLER MUREX

シカノツノガイの殻は中型で比較的薄く、紡錘形。螺塔は比較的高く、殻頂が尖る。螺層は丸みを帯び、縫合は明瞭。殻表で目立つのは、各縦張肋から２本ずつ出た、枝分かれして湾曲した長い棘である。縦張肋は各螺層に３本ずつあり、殻表には数本の螺肋もある。殻口は卵形で、外唇は立ち、縁がわずかに波打つ。軸唇は湾曲し、表面は滑らか。水管溝は非常に長く、閉じている。殻の色は白から薄いオレンジ。殻口内は白い。

シカノツノガイという名前は、鹿の角（つの）のように枝分かれし、湾曲した長い棘をもつことに因んでつけられたものである。最も長い棘は、水管溝と同じぐらいの長さになることがある。シカノツノガイは、オーストラリア北岸とインドネシア、そしてパプアニューギニアからしか見つかっていない。本種が分類されているテングガイ属 *Chicoreus* はアッキガイ科の中でも最も多様性の高いグループで、少なくとも 30 種が知られる。それらは世界の熱帯海域に生息しており、そのうち半分近くがオーストラリアに産する。本属の貝の特徴は、先端の尖った棘あるいは葉状の棘が並んだ縦張肋が各螺層に 3 本ずつあることである。

近縁種

インド洋中部から西太平洋にかけて生息する *Chicoreus longicornis* (Dunker, 1864) は、殻の大きさや形がシカノツノガイに似るが、棘は枝分かれしない。紅海からインド西太平洋にかけて分布するテングガイ *Chicoreus ramosus* (Linnaeus, 1758) は、アッキガイ科の中では最大の貝である。テングガイの縦張肋の上には数本ずつ葉状の棘が並び、そのうち螺層の肩にある棘が最も長い。

実物大

科	アッキガイ科　Muricidae
貝殻の大きさ	35 〜 108mm
地理的分布	地中海およびアフリカ北東岸
存在量	ふつう
生息深度	潮下帯浅部
生息場所	岩石底や砂底や泥底
食性	肉食性で二枚貝を食べる
蓋	角質で同心円状に成長する

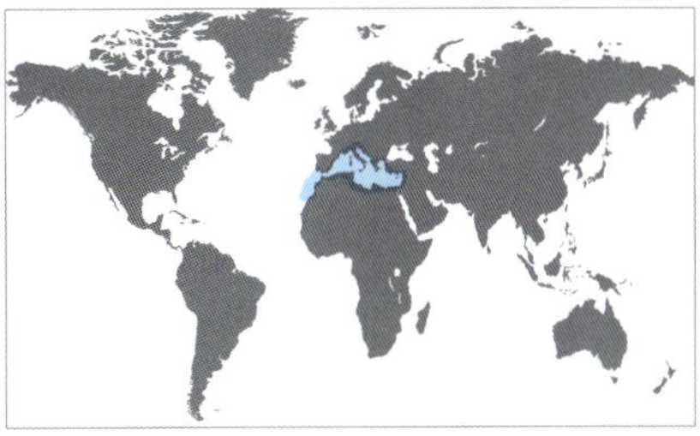

貝殻の大きさ
35 〜 108mm

写真の貝殻
68mm

Hexaplex trunculus (Linnaeus, 1758)

ツロツブリボラ

TRUNCULUS MUREX

ツロツブリボラは、地中海でふつうに見られる巻貝で、フェニキア人が貝紫染めに使った 2 種のアッキガイ類のうちの 1 種である。フェニキア人がこの貝の粘液から得た美しい紫色の染料は、フェニキアの都市テュロスに因んで「テュロスの紫」と呼ばれる。十分な量の染料を得るには多くの貝が必要で、1 着のチュニックを染めるのに 12,000 個もの貝が必要であったと見積もられている。多大な費用がかかったため、貴族の服だけがこの方法で染められていた。この染料には耐光性があり、色が褪せないことから、植物から抽出された染料よりもすぐれていた。ツロツブリボラは貝紫染めに利用されることはなくなったが、本種は今でも多くの場所で人気のあるシーフードの 1 つである。

近縁種

パナマからエクアドルにかけての太平洋沿岸に生息するウニガンゼキボラ *Hexaplex radix* (Gmelin, 1791) の殻は、大きくて重く、丸く膨らみ、殻表に多数の短く黒い棘がある。地中海産のシリアツブリボラ *Haustellum brandaris* (Linnaeus, 1758) は、フェニキア人がツロツブリボラとともに貝紫染めに利用した貝である。

実物大

ツロツブリボラの殻は中型で厚く、体層が大きい。螺塔は高く、先端が尖る。殻表には肩部に 1 本の大きな棘を備えた強い縦張肋と、粗い螺肋、さらに細かい螺糸がある。水管溝は短く、幅広く、背側に反る。水管溝の基部に深い臍孔がある。殻口は卵形で、外唇は厚く、縁が波打つ。軸唇は狭く、細長い滑層楯を備える。殻の色は黄色っぽいものから明るい褐色のものまでさまざまで、褐色と白色の螺帯が交互に並ぶ。

科	アッキガイ科　Muricidae
貝殻の大きさ	50 〜 155mm
地理的分布	パナマからエクアドル南部にかけて
存在量	ふつう
生息深度	潮間帯
生息場所	岩石底
食性	肉食性で軟体動物を食べる
蓋	角質で厚い

貝殻の大きさ
50 〜 155mm

写真の貝殻
88mm

Hexaplex radix (Gmelin, 1791)

ウニガンゼキボラ

RADISH MUREX

ウニガンゼキボラは、アッキガイ科の中でも殻に最も密に、最も多くの棘をもつ種の1つである。その棘は葉状で、しばしば先端が殻の上方を向くように湾曲している。この棘の特徴によって、より大型だが殻形が本種に似るシマガンゼキボラ（詳しくは下記参照）と区別できる。ウニガンゼキボラの膨らんだ白い体層は、紫というよりほとんど黒色の棘で覆われているが、これらの棘によって、軟体部が捕食者から守られている。また、棘のおかげで本種の殻は印象的で、貝殻収集家にとって魅力あるものになっている。肉食性で、岩の下から小型の軟体動物を捜し出して食べる。

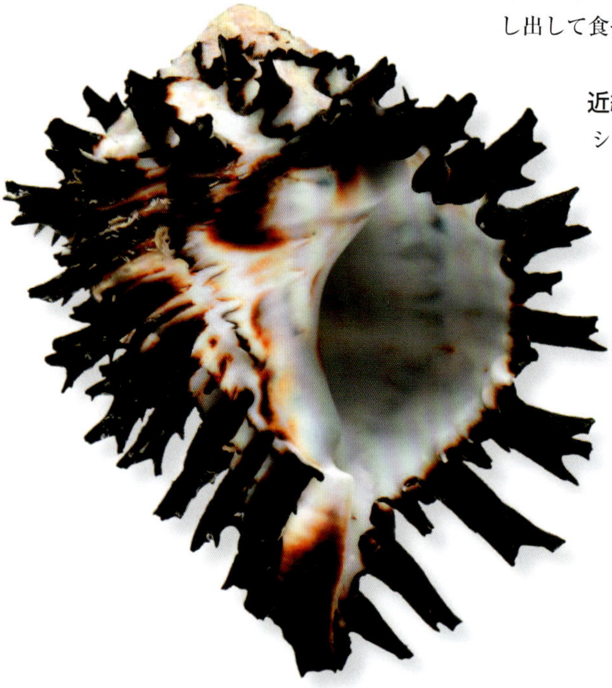

実物大

近縁種

シマガンゼキボラ *Hexaplex nigritus* (Phillipi, 1845) は、ウニガンゼキボラに非常によく似ており、人によっては別種とせず、ウニガンゼキボラの北方型に過ぎないと考えている。しかしシマガンゼキボラの殻はたいていウニガンゼキボラより大きく、やや細長い。また螺層の肩部は黒く染まり、太い黒色螺帯が入っているので、殻全体がより黒っぽく見える。そのためシマガンゼキボラには *nigritus*（黒い）という種小名が与えられている。

ウニガンゼキボラの殻は非常に大きく膨らみ、オフホワイトの螺塔は低くて先端が尖ったものから、ほとんど平たいものまで変異が見られる。体層は白く、6〜10本ほどの縦張肋があり、その縦張肋に沿って紫がかった黒色の棘が並ぶ。棘の多くは先端が波打つ。殻口内は白く、軸唇は白く滑らか。外唇の縁はぎざぎざで、殻口後縁に1個の歯を備える。

科	アッキガイ科　Muricidae
貝殻の大きさ	65 ～ 130mm
地理的分布	スリランカから南西太平洋にかけて
存在量	少産
生息深度	潮間帯から水深 90m
生息場所	岩石底
食性	肉食性で二枚貝や巻貝を食べる
蓋	角質で核が中央近くにある

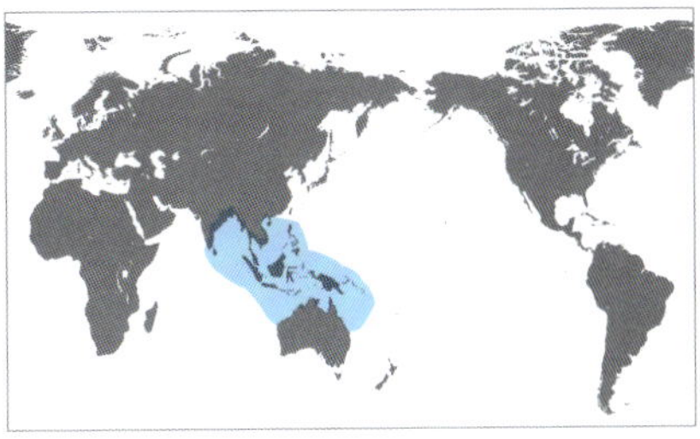

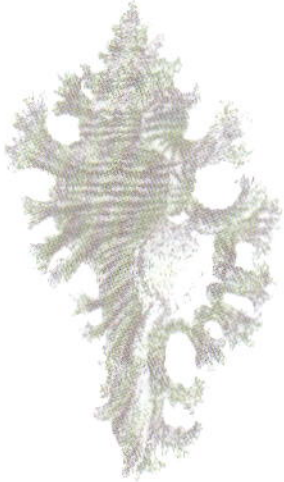

貝殻の大きさ
65 ～ 130mm

写真の貝殻
124mm

Chicoreus palmarosae (Lamarck, 1822)

センジュガイ

ROSE-BRANCH MUREX

センジュガイは、殻に多くの特徴的な葉状の突起がある魅力的な貝で、たいてい沖合の岩石底で見つかる。他のアッキガイ類と同じく食欲旺盛な肉食者で、他の軟体動物を食べ、餌の中にはシャコガイ類も含まれる。センジュガイは分布域の各所で殻の変異が見られる。例えば、スリランカで採れる殻は棘の先端がたいてい紫あるいはピンクがかっているが、フィリピンで得られるものは棘がスリランカのものより短く、全体に濃褐色である。貝商の中には、棘の色合いをよくして殻の価値を高めるために、棘をピンクやスミレ色の染料につける人がいる。本種の殻は付着生物や有機物片にびっしり覆われていることが多く、きれいにするのは一苦労である。

近縁種

パプアニューギニア西部からオーストラリア北部、そしてインドネシアに生息するシカノツノガイ *Chicoreus cervicornis* (Lamarck, 1822) は、殻に長い水管溝と鹿の角に似た二股に分かれた長い棘をもつ。シロガンゼキボラ *Chicoreus cnissodus* (Euthyme, 1889) は、インドからニューカレドニアおよび日本にかけて分布し、さまざまな長さの葉状の棘を備えたオフホワイトの殻をもつ。

実物大

センジュガイの殻は大きく、紡錘形で、長くて比較的幅広い水管溝を備える。螺塔は高く、9 層ほどの螺層からなり、縫合は明瞭。各螺層には 3 本の縦張肋がある。体層にも螺塔にも中空で葉状の長い棘があり、棘は螺層の肩部のものが最も長い。殻口は卵形で比較的小さく、外唇の内壁に先端の丸い歯が並ぶ。殻の色は褐色がかった赤で、褐色の螺肋が並ぶ。殻口は白い。スリランカで採れる殻の棘はピンクがかっている。

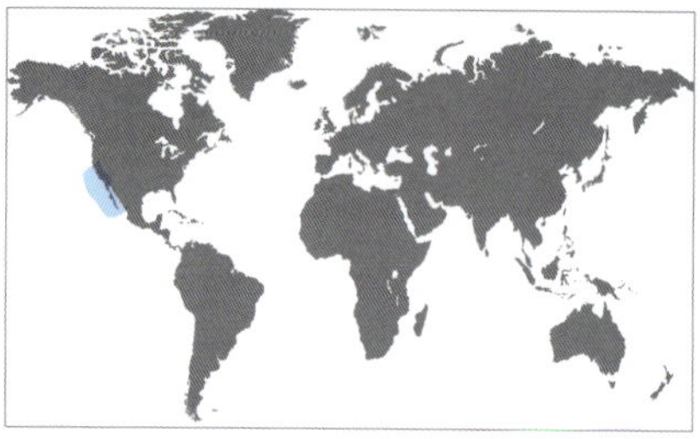

科	アッキガイ科　Muricidae
貝殻の大きさ	64 ～ 187mm
地理的分布	合衆国カリフォルニア州からバハカリフォルニアにかけて
存在量	ふつう
生息深度	潮間帯から水深 27m
生息場所	カキ礁や砂底
食性	肉食性でカキを食べる
蓋	角質で D 字形

貝殻の大きさ
64 ～ 187mm

写真の貝殻
114mm

Forreria belcheri (Hinds, 1843)

ベルチャーニシ

GIANT FORRERIA

実物大

ベルチャーニシは、アメリカ合衆国カリフォルニア州に産するアッキガイ類の中では最大の種である。カキ類の捕食者で、潮間帯から沖合まで生息し、カキ礁や砂底の上でよく見つかる。大多数のアッキガイ類と同様、足には餌動物の殻に孔をあけるのに使う酸を分泌する器官がある。この器官のことは 1800 年代後半から知られており、当初は殻にしっかりつかまるための吸盤だと考えられていた。その後、この器官を研究した科学者たちによって、それが餌の殻を溶かす酸を分泌するものであることが明らかになった。この酸とともに歯舌を使ってアッキガイ類は餌動物の殻に孔をあける。

近縁種

ベルチャーニシに似た地理的分布を示すカタリナヨウラクガイ *Austrotrophon catalinensis* (Oldroyd, 1927) の殻は、ずっと小型で、長く伸びた水管溝をもち、螺層の肩に上を向いた薄板状の大きな棘が並ぶ。メキシコのカリフォルニア湾南部沖の深所から得られる *Zacatrophon beebei* (Hertlein and Strong, 1948) は、ベルチャーニシより小さく、薄い殻をもつ。この貝の殻は螺層がゆるく巻いていて螺塔が高く、肩に沿って短い棘が 1 列に並ぶ。

ベルチャーニシの殻は大きく、厚くて重く、やや細長い紡錘形。体層の大きさの割に螺塔は低い。螺塔の先端は尖り、縫合は明瞭で、螺層は角張る。殻表には縦に走る成長線が見られ、螺層の肩に沿って大きな開いた棘が 1 列に並ぶ。殻口は卵形で大きく、外唇は縁が鋭利。軸唇は滑らかで、水管溝は長く、開いている。殻の蓋は大きく、D 字形である。殻の色はクリーム色から明るい褐色で、殻口内は白またはオフホワイト。

科	アッキガイ科　Muricidae
貝殻の大きさ	75 〜 190mm
地理的分布	インド太平洋
存在量	ふつう
生息深度	水深 10 〜 50m
生息場所	砂底や泥底
食性	肉食者
蓋	角質で同心円状に成長する

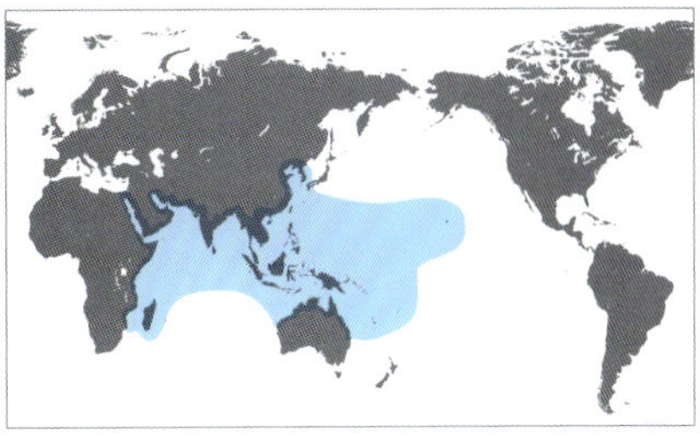

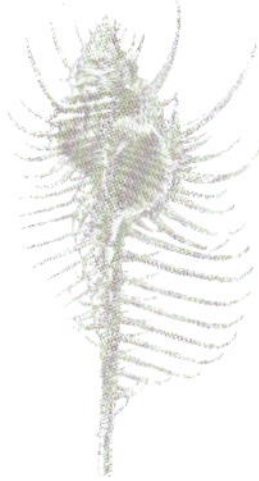

貝殻の大きさ
75 〜 190mm

写真の貝殻
119mm

Murex pecten Lightfoot, 1786

ホネガイ

VENUS COMB MUREX

ホネガイは、棘の長いアッキガイ類の中でも最も見応えのある殻をもち、収集家に人気がある。広範囲に分布し、浅海の軟質底でふつうに見られる。しかし、完全無欠の殻はめったにない。アッキガイ類の中で最も多くの棘をもち、殻には 100 を超える長くて壊れやすい棘がある。それらの棘は本種が海底の軟らかい砂や泥の中に沈むのを防ぐとともに、軟体部を捕食者から守っている。貝の成長に伴って、棘が殻口を塞いでしまわないように外套が一部の棘を分解して吸収し、殻の成長に合わせて新しい棘をつくる。

近縁種

インド西太平洋に産するアッキガイ *Murex troscheli* Lischke, 1868 は、ホネガイに似るが、殻に螺状の褐色線が並び、棘の数が少ない。また、アッキガイはホネガイより大きくなる。紅海およびインド太平洋に生息するサツマツブリボラ *Haustellum haustellum*（Linnaeus, 1758）は、螺塔が低く、まっすぐ伸びた長い水管溝を備えた球状に膨らんだ殻をもつ。この貝の殻には棘はない。

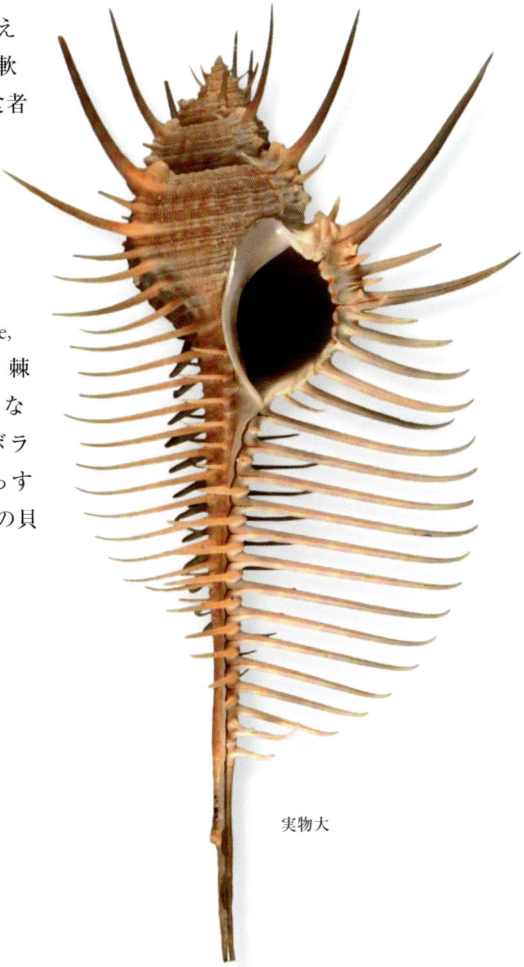

ホネガイの殻は大きく、薄く、まっすぐ伸びた長い水管溝を備え、殻表には多数のわずかに湾曲した長く繊細な棘がある。棘は閉じており、各螺層に 3 本ずつある縦張肋の上にほぼ等間隔に並ぶ。水管溝の部分の棘は水管溝の軸に対して約 90° の角度をなす。水管溝は非常に長く、ほとんど完全に閉じている。殻の色は白から明るい褐色で、殻口は白い。

実物大

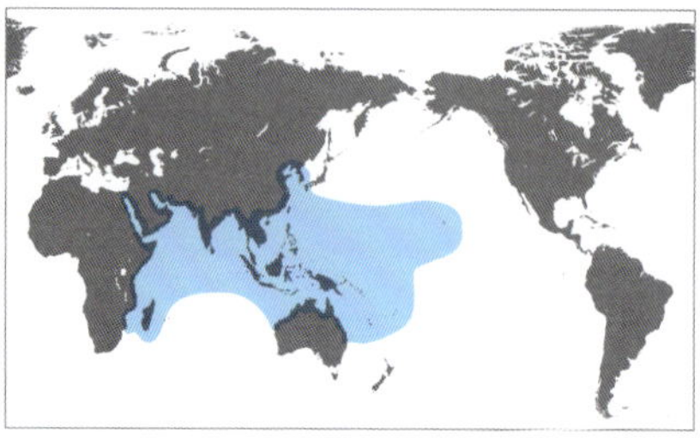

科	アッキガイ科　Muricidae
貝殻の大きさ	65 〜 185mm
地理的分布	紅海からインド太平洋にかけて
存在量	ふつう
生息深度	水深 3 〜 100m
生息場所	砂底やサンゴ礫底
食性	肉食性で生きた動物以外に腐肉も食べる
蓋	角質で核が中央近くにある

貝殻の大きさ
65 〜 185mm

写真の貝殻
126mm

Haustellum haustellum (Linnaeus, 1758)

サツマツブリボラ

SNIPE'S BILL

実物大

サツマツブリボラは、非常に長い水管溝をもち、殻の形が先端の膨らんだ棍棒状である。その長い水管溝がシギの嘴のように見えるため英語では Snipe's Bill（シギの嘴）と呼ばれる。普通種で、潮下帯浅部から水深 100m ぐらいまでの軟質底で見つかることが多い。選り好みしない肉食者で、腐肉も食べることがある。場所によっては食用にしたり貝殻を売買するために採取される。殻は変異に富み、殻の彫刻の目立ち具合や水管溝の長さなどの違いに基づいて数種の亜種が区別されている。

近縁種

日本からニューカレドニアにかけて分布するトサツブリボラ *Haustellum hirasei* (Hirase, 1915) もやはり先端の膨らんだ棍棒状の殻をもつが、螺塔はサツマツブリボラより高く、殻表には強い螺肋がある。ホネガイ *Murex pecten* Lightfoot, 1786 は長い水管溝のある殻をもつが、殻表に短い棘や長くて湾曲した棘など多数の棘を備えている。

サツマツブリボラの殻は中型から大型で、硬くてがっしりしており、水管溝が非常に長く、先端の膨らんだ棍棒状。螺塔は低くて丸みがあり、縫合は明瞭。殻口は広く、卵形。殻表には先端の丸い棘が 3、4 列の螺列をなして並ぶ。この棘は縦肋の上にある。殻の色はクリーム色かピンクで、栗色の螺状の筋が等間隔に並び、さらに濃褐色の破線模様あるいは斑紋が入る。殻口内はピンク。

科	アッキガイ科　Muricidae
貝殻の大きさ	45 〜 153mm
地理的分布	カリフォルニア湾からペルーにかけて
存在量	多産
生息深度	潮間帯から水深 300m
生息場所	浅海の岩の間
食性	肉食性で巻貝や二枚貝を食べる
蓋	角質で卵形、多旋型

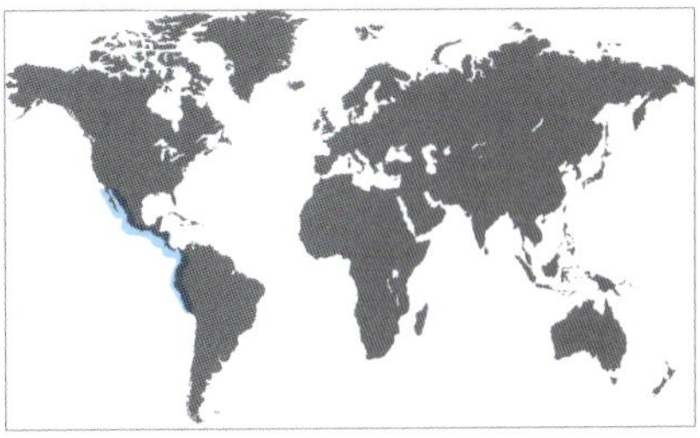

貝殻の大きさ
45 〜 153mm

写真の貝殻
136mm

Phyllonotus erythrostomus (Swainson, 1831)

クレナイガンゼキボラ

PINK-MOUTH MUREX

クレナイガンゼキボラは、大型で球状の殻をもち、かつてはカリフォルニア湾で最も多く見られる巻貝であった。しかし乱獲されたため、現在ではずっと数が少なくなり、潮下帯以深でしか見つからなくなった。エビのトロール漁でよく採れる。殻には各螺層に 4、5 本の縦張肋があるが、近縁属、*Hexaplex* の種では、各螺層に 5 〜 7 本の縦張肋がある。

近縁種

アメリカ合衆国ノースカロライナ州からブラジルまで分布するクダモノツブリボラ *Phyllonotus pomum* (Gmelin, 1791) は、クレナイガンゼキボラより小さいが、殻は厚くて硬く、丸く膨らんだ紡錘形で、殻表には螺層あたり 3、4 本の強い縦張肋がある。ノースカロライナ州からメキシコにかけて生息するオオチャイロガンゼキボラ *Hexaplex fulvescens* (Sowerby II, 1834) は、クレナイガンゼキボラに似た殻をもつが、より大きく、殻表の棘は長く、その数も多い。

実物大

クレナイガンゼキボラの殻は同属種の中ではやや大きめで、厚くて硬く、重く、形は球に近い卵形。螺塔は低く、その先端は尖り、縫合は次の螺層に隠れてよく見えない。殻の外面はでこぼこしており、開いた棘や閉じた棘が並んだ縦張肋がある。殻の内面は滑らかで光沢がある。殻口は大きく卵形で、外唇は縁がぎざぎざしている。軸唇は滑らかで、水管溝は閉じていて、大きい。殻の外面は白またはクリーム色がかったピンクで、内面は濃いピンク。

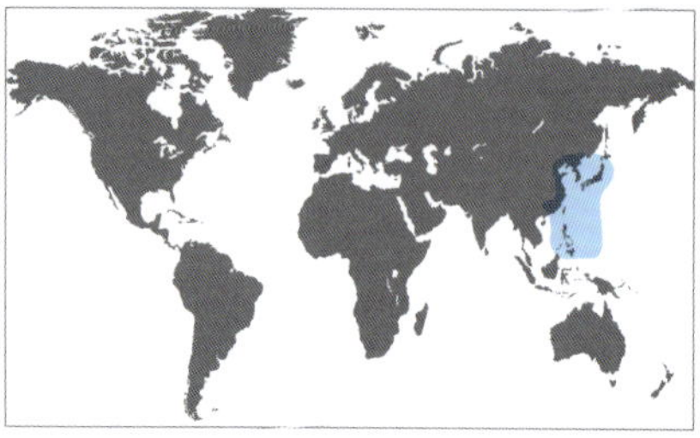

科	アッキガイ科　Muricidae
貝殻の大きさ	100 ～ 220mm
地理的分布	日本からフィリピンにかけて
存在量	少産
生息深度	水深 50 ～ 250m
生息場所	砂礫底
食性	肉食者
蓋	角質で同心円状に成長する

貝殻の大きさ
100 ～ 220mm

写真の貝殻
141mm

Siratus alabaster (Reeve, 1845)

ガンゼキバショウガイ

ALABASTER MUREX

実物大

ガンゼキバショウガイは、おそらくアッキガイ類の中で最も美しい貝の1つで、収集家に人気がある。かつては非常に希少な種だと考えられていた。縦張肋の鰭状突起が非常に薄い殻（19世紀のエングレービングの技法で描かれた上の図のような）をもつものもいるということが数十年前までは知られていなかったからである。初めは、台湾の漁船によって非常に大きな貝が採集されていたが、その後、フィリピン周辺のもっと深い所から台湾産のものより小さくて華奢な殻が見つかった。本種は、鰭状の突起をもつアッキガイ類の中では最大である。鰭状突起を備えた縦張肋は軟質底で殻を安定させるのに役立ち、軟体部を捕食者から守る。他のアッキガイ類と同様、本種も軟体動物の捕食者である。

近縁種

ブラジルに産するウスババショウガイ *Siratus tenuivaricosus* (Dautzenberg, 1927）は、ガンゼキバショウガイに似るが、殻はより小型で背が低い。また、棘が湾曲しており、鰭状突起を備える縦張肋はガンゼキバショウガイのものより細い。スリランカから南西太平洋にかけて生息するセンジュガイ *Chicoreus palmarosae* (Lamarck, 1822）は、殻が褐色で、殻表の棘は葉状で先端がピンクに染まる。この貝のスリランカ産の殻は、他の所で見つかるものより棘が大きく、縁が複雑に波打っていて美しい。

ガンゼキバショウガイの殻は大きいが、薄くて軽い。螺塔は高く先端が尖り、7～9層ほどの螺層からなる。各螺層には3本の縦張肋と6個の瘤が並び、縦張肋の上にはそれぞれ1本の長い棘がある。棘はまっすぐか、先端が上方にわずかに湾曲する。殻表にはさらに多数の螺糸が並び、それらは縦張肋上で広がって、殻軸に沿って伸びる薄くて長い鰭状突起を形成する。鰭状突起を備えた縦張肋のおかげで、本種の殻はとても魅力的な形になっている。殻口は大きく、その輪郭は丸みのある三角形状。軸唇は滑らかで、軸唇も外唇もともに縁が外側に広がる。水管溝は長く、わずかに湾曲する。殻の色は純白からクリーム色のものまで変異が見られる。

科	アッキガイ科 Muricidae
貝殻の大きさ	60 〜 213mm
地理的分布	合衆国ノースカロライナ州からメキシコ東岸にかけて
存在量	ふつう
生息深度	潮間帯から水深 80m
生息場所	岩礁やサンゴ礁
食性	肉食者
蓋	角質で褐色

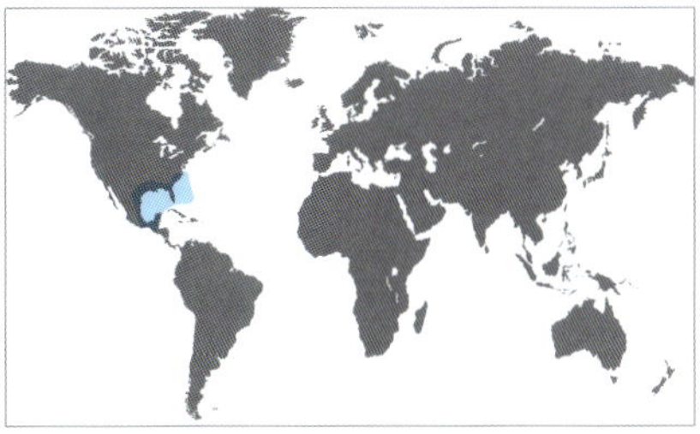

貝殻の大きさ
60 〜 213mm

写真の貝殻
173mm

Hexaplex fulvescens (Sowerby II, 1834)

オオチャイロガンゼキボラ

GIANT EASTERN MUREX

オオチャイロガンゼキボラは、大西洋産の *Hexaplex* 属の貝の中では最大で、比較的短くて枝分かれしない棘を多数備えた大きくてがっしりした殻をもつ。属名の *Hexaplex*（6 個の部分からなるの意）は、各螺層の殻表に縦張肋が 6 本ずつあることに因んでつけられたものである。アメリカ合衆国ノースカロライナ州からメキシコ東岸で生きた貝がふつうに見られるだけでなく、更新世の地層から化石がよく見つかる。食欲旺盛な肉食性巻貝で、カキを捕食する。

近縁種

アフリカ西岸に産するアフリカガンゼキボラ *Hexaplex duplex*（Röding, 1798）は、オオチャイロガンゼキボラと同じぐらいの大きさで、生息深度も似ている。アフリカガンゼキボラの殻には各螺層に約 8 本の縦張肋があり、その上に開いた短い棘が並ぶ。また、外唇の縁にも開いた棘（殻口の肩にあるものが最も長い）が並び、この外唇の棘の縁や軸唇、開いた水管溝は肉色がかったピンクから小麦色に染まり、殻の残りの部分はオフホワイトから白である。

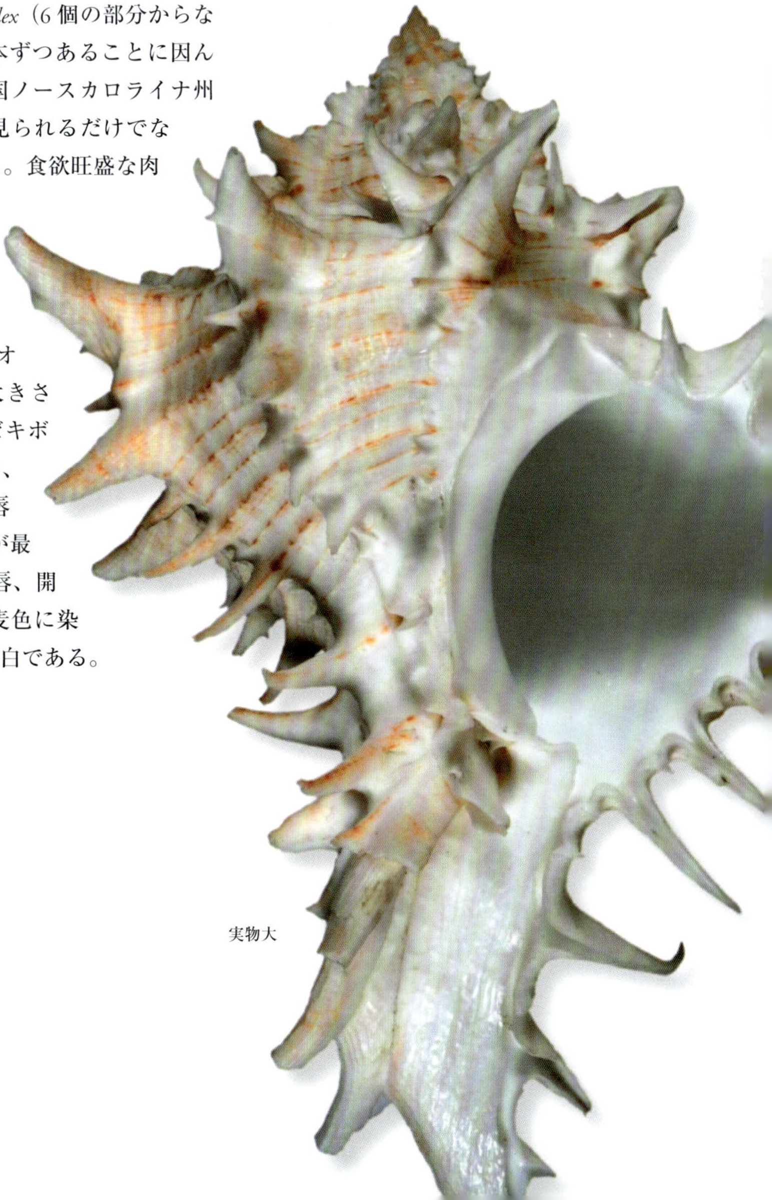

実物大

オオチャイロガンゼキボラの殻は白くて丸く膨らみ、螺塔は低い。水管溝はやや長めで湾曲し、ほとんど閉じている。殻表には赤褐色の螺肋が間を置いて並び、縦張肋が各螺層に 6 〜 10 本ずつあり、その上にかなり短くて先の丸い開いた棘が並ぶ。縦張肋上の棘は螺層の肩部のものがその上下のものより長い。水管溝と外唇の縁にも棘が並び、殻口の肩にある棘は最も長く、最も大きく開いている。殻口はオフホワイトで、円形。

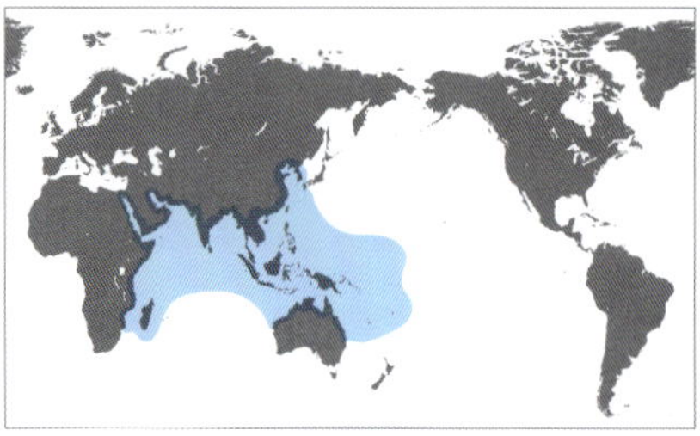

科	アッキガイ科 Muricidae
貝殻の大きさ	45 ～ 327mm
地理的分布	紅海からインド西太平洋にかけて
存在量	ふつう
生息深度	沖合の浅海
生息場所	サンゴ礁
食性	肉食者
蓋	角質

貝殻の大きさ
45 ～ 327mm

写真の貝殻
243mm

Chicoreus ramosus (Linnaeus, 1758)

テングガイ

RAMOSE MUREX

テングガイは、テングガイ属 *Chicoreus* の最大種で、その荘厳で重厚な殻は飾り物として高く評価されている。食欲旺盛な肉食者で、他の貝類の殻に孔をあけて中の身をむさぼり食う。本種が含まれるアッキガイ科には、共食いをする種もいる。新石器時代に本種が食用に採取されていたことを示す証拠が知られている。

近縁種

紅海に固有のオトメガンゼキボラ *Chicoreus virgineus* (Röding, 1798) は、殻表の彫刻がテングガイに似るが、棘の数はより少なく、その形は葉状ではなく、太く短い単純な棘である。オトメガンゼキボラの水管溝は完全に開き、螺塔はテングガイのものよりわずかに高く、ピンクがかった茶色の螺帯がまばらに入る。

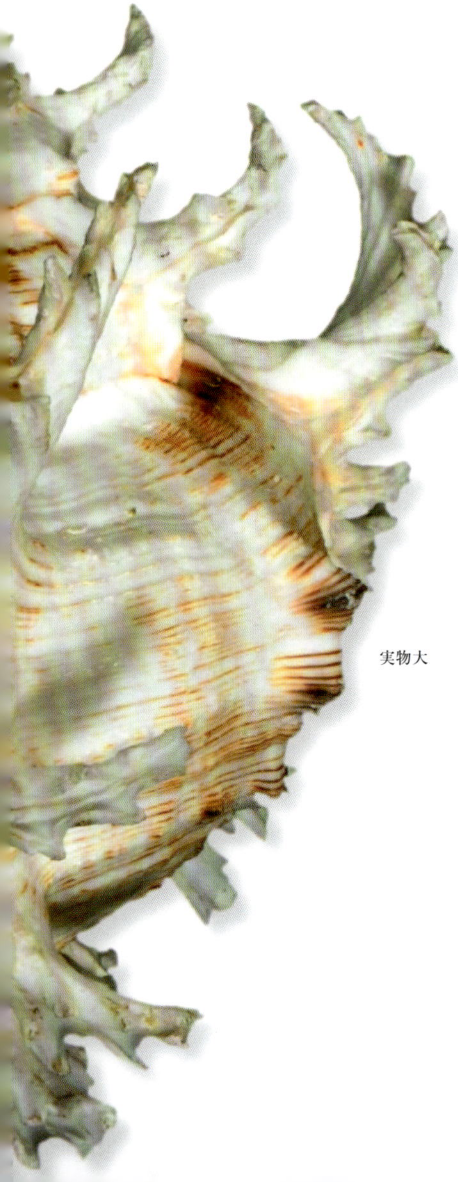

実物大

テングガイの殻は分厚く、大きく膨らむ。螺塔は低く、水管溝は長くて幅広く、わずかに湾曲する。殻の色は白く、所どころ栗色がかった褐色に染まる細い螺肋が並ぶ。各螺層には 3 本の縦張肋があり、その間に 1 本ずつ、瘤の並んだ縦肋がある。体層の肩から水管溝の先端にかけて 10 本ほどの葉状の棘が縦張肋の上に並ぶ。体層の肩にある棘と外唇の上縁に並ぶ棘はとくに長い。殻口はほぼ円形で、大きい。

科	サンゴヤドリガイ科　Coralliophilidae
貝殻の大きさ	20 〜 42mm
地理的分布	南日本から西は南シナ海、南はフィジーまで
存在量	少産
生息深度	水深 70 〜 580m
生息場所	岩石底
食性	サンゴに寄生
蓋	角質で卵形

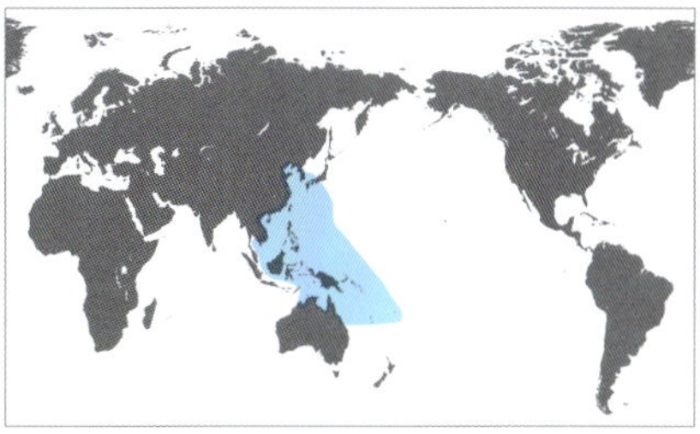

貝殻の大きさ
20 〜 42mm

写真の貝殻
42mm

Babelomurex diadema (A. Adams, 1854)

マドモチカセンガイ

DIADEM LATIAXIS

マドモチカセンガイは、南日本から西は南シナ海、南はフィジーまで分布し、深所の岩石底に生息する。成貝の殻は変異に富み、種の同定には胎殻が重要である。本種は、非常によく似た殻をもつ複数の種を含む可能性がある。ブットウカセンガイ属 *Babelomurex* の種多様性は非常に高いが、それは、それぞれの貝の宿主特異性が高いためだと考えられる。それぞれの貝の幼生は、宿主のサンゴが見つかるまでは着底することができない。

近縁種

アラビア湾からフィリピンにかけて分布するクマドリカセンガイ *Babelomurex princeps* (Melvill, 1912) は、マドモチカセンガイに似た殻をもつが、殻の棘がより長く、螺肋の数も多い。日本からフィリピンにかけて生息するバライロカセンガイ *Babelomurex spinaerosae* (Shikama, 1970) は、マドモチカセンガイより小さな殻をもち、殻に細長い棘がある。バライロカセンガイには殻全体がピンクのものと、殻は白で棘がピンクあるいは紫のものがいる。

マドモチカセンガイの殻は中型で殻表がでこぼこしていて、多くの棘を備え、形は紡錘形。螺塔は高く、螺層が角張り、縫合は明瞭で、殻頂は尖る。殻表には縦肋と、棘の生えた螺肋が 2、3 本ある。螺層の肩には、弓なりに曲がった大きな棘が並ぶ。殻口は広く、外唇の縁に大きな棘が 1 個と、それより小さな棘が数個並ぶ。水管溝は短く、捩じれており、軸唇は滑らか。殻の色は白からピンクに近いものまであり、しばしば螺肋の近くにピンクあるいは褐色の斑紋が入る。

実物大

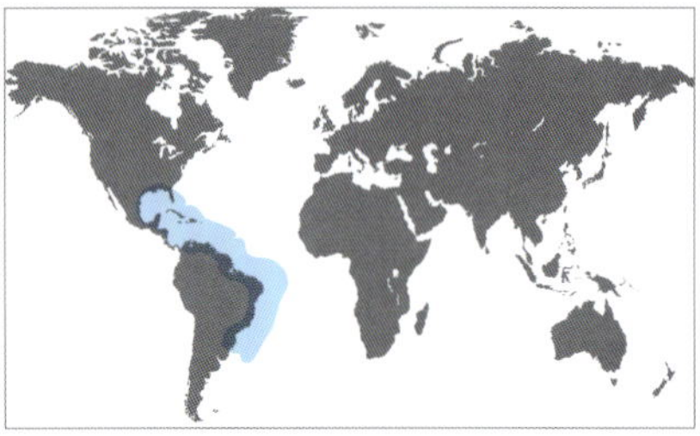

科	サンゴヤドリガイ科　Coralliophilidae
貝殻の大きさ	10 〜 64mm
地理的分布	合衆国フロリダ州からブラジルにかけて
存在量	ふつう
生息深度	潮間帯から水深 23m
生息場所	岩石底
食性	サンゴに寄生
蓋	角質で卵形

貝殻の大きさ
10 〜 64mm

写真の貝殻
58mm

Coralliophila abbreviata (Lamarck, 1816)

イジケサンゴヤドリガイ

SHORT CORAL SHELL

イジケサンゴヤドリガイは、浅海産の普通種で、少なくとも 8 種のサンゴに寄生し、他の多くのサンゴヤドリガイ類と同様に何か月も宿主の上でじっとしている。たいていは 1 つのサンゴについている貝の数はそれほど多くないが、ときには 1 つのサンゴの上に 20 個もの貝がついていることがあり、サンゴヤドリガイ類はサンゴの個体群構造に影響を及ぼす可能性がある。

近縁種

インド太平洋産のクチムラサキサンゴヤドリガイ *Coralliophila violacea* Kiener, 1836 は、イジケサンゴヤドリガイに少し似ているが、殻表の螺肋はより細く、殻表がびっしりと他物に覆われていることが多い。また殻口は濃い紫である。マドモチカセンガイ *Babelomurex diadema* (A. Adams, 1854) は、日本から西は南シナ海、南はフィジーまで分布し、殻の螺塔が高く、殻表に弓なりに曲がった棘が並ぶ。

イジケサンゴヤドリガイの殻は、カリブ海産のサンゴヤドリガイ類の中では最大級で、分厚く、表面がざらざらしていて、形は変異に富む。螺塔は低く、螺層は肩に丸みのあるものも肩が角張ったものもあり、縫合も明瞭なものと不明瞭なものがある。殻表には小鱗片に覆われた多数の螺肋と丸みのある縦肋があるが、多くの殻は（ここに示した殻のように）殻表がびっしりと他物に覆われていて、殻表彫刻はよく見えない。殻口は卵形で外唇は厚く、内壁に歯を備え、軸唇は滑らか。殻の色はたいてい白だが、ピンクがかったもの、黄みを帯びたものもある。殻口内は白い。

実物大

科	サンゴヤドリガイ科　Coralliophilidae
貝殻の大きさ	19 ～ 70mm
地理的分布	日本からオーストラリア北東部にかけて
存在量	局所的にふつう
生息深度	水深 50 ～ 200m
生息場所	サンゴ礁および砂泥底
食性	サンゴに寄生
蓋	角質で同心円状に成長する

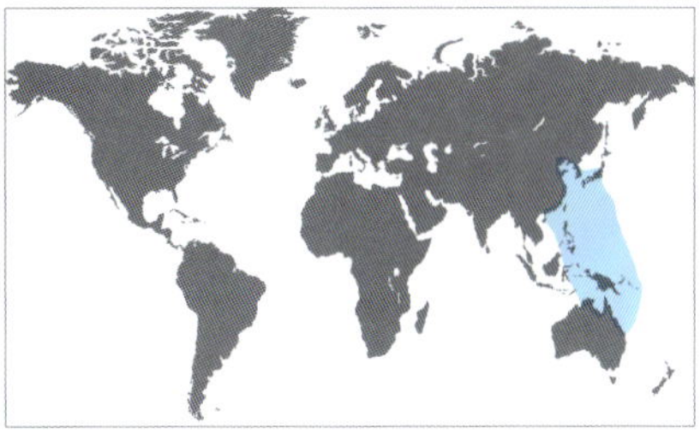

貝殻の大きさ
19 ～ 70mm

写真の貝殻
69mm

Latiaxis mawae (Griffith and Pidgeon, 1834)

ミズスイガイ

MAWE'S LATIAXIS

ミズスイガイは、殻頂が平らで体層が巻いていない独特な殻をもつ。深所の砂泥底で見つかり、場所によってはたくさんいる。他のサンゴヤドリガイ類と同様、歯舌がなく、イシサンゴ類に寄生してサンゴのポリプから体液を吸う。サンゴヤドリガイ類の殻は収集家に人気があるが、ミズスイガイの殻は形が変わっているため、とくに人気が高い。世界には 200 種以上のサンゴヤドリガイ類が知られるが、その多様性は熱帯海域で最も高い。

近縁種

日本からベトナムにかけて生息するハグルマミズスイガイ *Latiaxis pilsbryi* Hirase, 1908 は、ミズスイガイの幼貝に似た殻をもち、ミズスイガイと同じく螺塔は平たいが、螺層の肩に並ぶ棘はより長く、体層と次体層は離れない。日本からフィリピンまで分布するウニカセンガイ *Babelomurex echinatus* (Azuma, 1960) は、サンゴヤドリガイ類の中で最も多くの棘をもつ種の 1 つで、体層には 70 にも及ぶ棘がある。

実物大

ミズスイガイの殻は厚く、殻頂部は低いかほぼ平らで、その形は独特である。体層は部分的にしか巻かない。初期の螺層は平たいが、螺層は徐々に厚みを増して膨らむ。体層の肩には、螺塔を向くように湾曲した大きな三角形の棘が並ぶ。殻表には細い螺状線が並び、縦に走る成長線がそれらと交差する。体層の下部は丸みがあり、その末端には湾曲した水管溝があり、広く深い臍孔が形成される。臍孔の周りにも三角形の棘が並ぶ。殻の色はふつう白からクリーム色だが、ピンクやオレンジ、さらに紫のものもある。殻口内は白い。

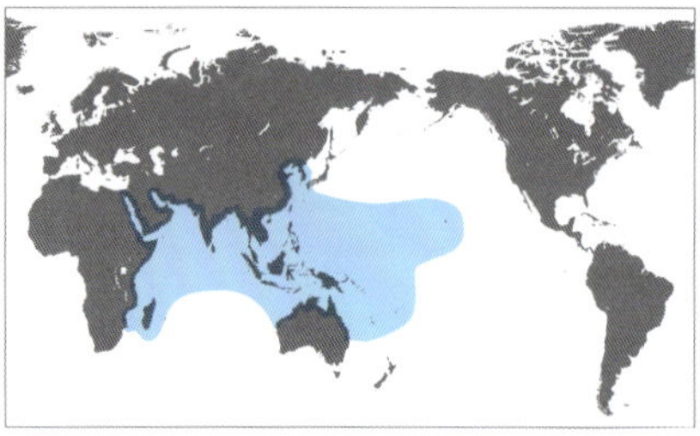

科	サンゴヤドリガイ科 Coralliophilidae
貝殻の大きさ	40 〜 90mm
地理的分布	インド太平洋
存在量	ふつう
生息深度	潮間帯から水深 300m
生息場所	ソフトコーラルに埋在
食性	ソフトコーラルに寄生
蓋	角質で薄い

貝殻の大きさ
40 〜 90mm

写真の貝殻
62mm

Rapa rapa (Linnaeus, 1758)

カブラガイ

RAPA SNAIL

カブラガイは、サンゴヤドリガイ科の中で最大の殻をもつ。ただし、イシカブラガイ（下記参照）がつくる炭酸カルシウムの長い管（この管だけでカブラガイの殻より長くなることがある）を殻と見なさなければ。カブラガイの殻は薄くてもろく、形は球状である。ウミキノコ属 *Sarcophyton* やカタトサカ属 *Sinularia* などのウミトサカ目 Alcyonacea のソフトコーラルに特異的に寄生する貝で、これらの宿主の柄の部分に小さな孔をあけて体内に入り込む。そのため、その孔だけが宿主の中に貝が寄生していることを知る手掛かりとなる。宿主の中に入り込むと、貝は内側から宿主の組織を食べて成長する。カブラガイには歯舌がないが、長い吻をもち、酵素を分泌して宿主の組織を溶かしてから、それを摂取する。

実物大

近縁種

インド西太平洋に生息するキイロカブラガイ *Rapa incurva* (Dunker, 1853) は、カブラガイに似ているが、より小さく、螺塔の低い殻をもつ。キイロカブラガイもウミトサカ類の中に埋没して生活する。同じくインド西太平洋に産するイシカブラガイ *Magilus antiquus* Montfort, 1810 は、大型のイシサンゴ類に穿孔し、その中で成長する。殻そのものは比較的小さいが、成長に伴って、長い炭酸カルシウムの管をつくり上げる。

カブラガイの殻はサンゴヤドリガイ科の貝にしては大きく、薄くてもろく、半透明。球状に膨らみ、カブの根のような形である。螺塔は非常に低いかほぼ平らで、縫合は明瞭。体層は大きく球状で、殻口は広くて長く、外唇は薄い。殻表には強い螺肋が並び、その末端が外唇縁から突き出して鋸歯状突起となる。軸唇は滑らかで、滑層楯がある。水管溝はやや長い。殻の色は一様に白またはクリーム色である。

科	オニコブシガイ科　Turbinellidae
貝殻の大きさ	25 ～ 50mm
地理的分布	オーストラリアの西オーストラリア州からクイーンズランド州にかけて
存在量	少産
生息深度	水深 20 ～ 200m
生息場所	細砂底
食性	肉食性で多毛類を食べる
蓋	角質で薄い

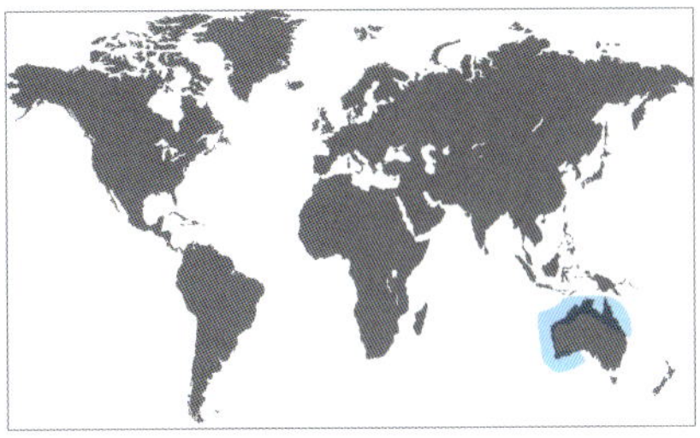

貝殻の大きさ
25 ～ 50mm

写真の貝殻
27mm

Tudivasum spinosum（H. and A. Adams, 1864）

カザグルマボラ

SPINY HAMMER VASE

オニコブシガイ属 *Vasum* に近縁ではあるが、シモトボラ属 *Tudivasum* の分布はより限定的で、ザンジバルで見つかっている例外的な 1 種を除き、この属の貝はオーストラリア沿岸に分布が限られている。殻は小さめで球状に膨らんだものが多く、独特な長い水管溝をもつ。カザグルマボラは沖合に棲み、めったに採集されない。多毛類を丸呑みして食べる。

近縁種

シモトボラ *Tudivasum inerme*（Angas, 1878）は、殻の大きさと形がカザグルマボラに非常によく似ているが、殻の色はより濃く、殻表が滑らかで、棘を欠くことで区別できる。カラタチボラ *Tudivasum armigerum*（A. Adams, 1856）は、より殻が大きくて螺塔も高く、螺層の肩と水管溝の部分にカザグルマボラのものよりずっと長い棘が螺状に並ぶ。トゲシモトボラ *Tudivasum kurtzi*（Macpherson, 1964）は、カラタチボラに似るが、螺層の肩と水管溝に螺状に並ぶ大きな棘の他に、その棘の列の間に並ぶ螺肋の上に多数の短い棘がある。

実物大

カザグルマボラの殻は小型で、螺塔は短い三角錐状。体層は球状に膨らみ、わずかに曲がりくねった水管溝が殻軸に沿って長く伸びる。胎殻は大きい。殻表には低い縦肋と多数の螺肋がある。それぞれの縦肋の上には短い棘が 1 本ずつあり、それらの棘が螺層の肩に沿って螺状に並ぶ。殻口は卵形で、軸唇は短く、3 本の軸襞を備える。殻の色はクリーム色で、赤褐色の色帯と、それらの色帯より色の濃い斑点あるいは縞が入る。殻口と水管溝の先端は白い。

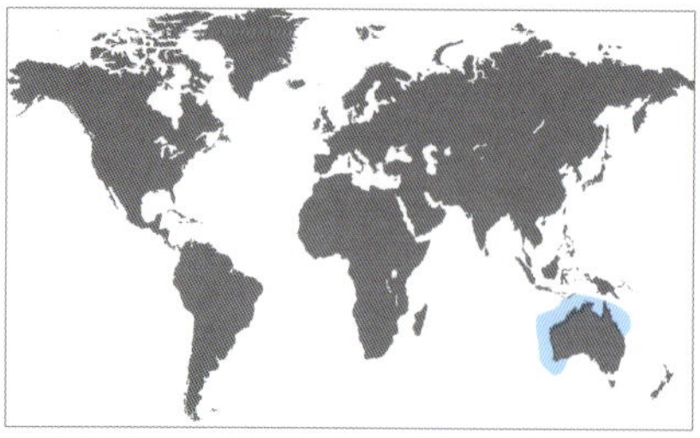

科	オニコブシガイ科　Turbinellidae
貝殻の大きさ	50 ～ 75mm
地理的分布	西オーストラリア州からクイーンズランド州にかけてのオーストラリア西岸と北岸
存在量	ややふつう
生息深度	潮下帯から水深 40m
生息場所	砂底や礫底
食性	肉食性で多毛類を食べる
蓋	角質で厚い

貝殻の大きさ
50 ～ 75mm

写真の貝殻
51mm

Tudivasum armigerum (A. Adams, 1856)

カラタチボラ

ARMORED HAMMER VASE

実物大

カラタチボラは、西オーストラリア州からクイーンズランド州にかけてのオーストラリアの熱帯海域に分布し、潮下帯の砂底や礫底でややふつうに見られる。殻は、とくに棘の数や長さ、そして色が変異に富む。放射状に伸びる棘は、本種が海底に潜って暮らすのではなく、その上を這って暮らしている貝であることを示している。

近縁種

シモトボラ属 *Tudivasum* には 6 種が知られるが、そのうちの 5 種はオーストラリアの熱帯域に分布が限られている。オーストラリア産種の中で、カザグルマボラ *Tudivasum spinosum* (H. and A. Adams, 1864) とシモトボラ *Tudivasum inerme* (Angas, 1878) は、ともにカラタチボラより小さいが、シモトボラは殻表が滑らかで棘のない丸い殻をもち、カザグルマボラは螺層の肩に棘が 1 列に並んだ殻をもつ。オーストラリア東部沿岸に棲むメオニコブシガイ *Tudivasum rasilistoma* (Abbott, 1959) は、螺層の周縁に大きな瘤の並んだ、より大きくて重い殻をもつ。

カラタチボラの殻は厚くて頑丈。洋梨形で、殻軸に沿って長く伸びる水管溝を備える。胎殻は大きく、螺塔の螺層はやや階段状になる。殻口は卵形で、外唇の内壁には歯が並び、軸唇には軸襞がある。放射状に伸びる、開いた長い棘が螺層および水管溝に螺状に並ぶ。さらに、それらの棘より小さな棘が殻底部と水管溝に並ぶことがある。殻の色は白から紫がかった褐色で、褐色の不規則な細い縦筋が並ぶ。

科	オニコブシガイ科　Turbinellidae
貝殻の大きさ	50 ～ 75mm
地理的分布	日本から南シナ海にかけて
存在量	少産
生息深度	潮下帯から水深 200m
生息場所	砂底
食性	肉食性で多毛類を食べる
蓋	角質で薄い

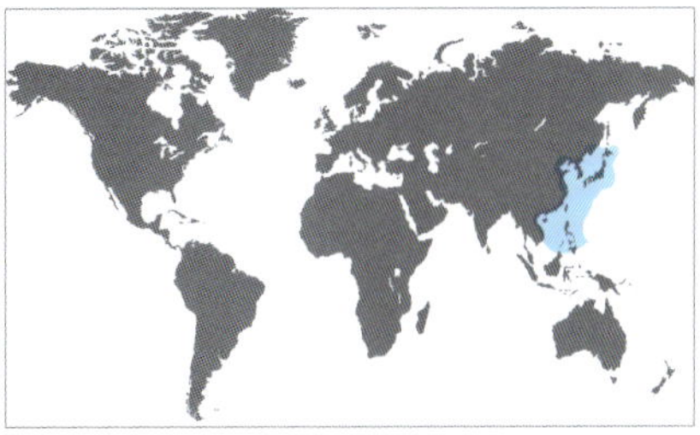

貝殻の大きさ
50 ～ 75mm

写真の貝殻
62mm

Columbarium pagoda (Lesson, 1831)

イトグルマガイ

FIRST PAGODA SHELL

イトグルマガイは、オニコブシガイ科の中でも深海産の種を多く含むイトグルマガイ亜科 Columbariinae に分類され、本亜科の他種と同じく大陸棚辺縁部や大陸斜面に棲む。軟体部には非常に長い吻があり、それを使って管棲多毛類を食べる。数種の近縁種がほぼ同じ海域に分布していることがあるが、それらの近縁種はそれぞれ異なる深度に生息している。

近縁種

オーストラリア東岸沖に産するオトヒメイトグルマガイ *Columbarium pagodoides* (Watson, 1882) は、イトグルマガイに似た殻をもつが、螺層の肩に沿って顕著な竜骨状隆起をもつ。やはりオーストラリア東岸に産するハリスイトグルマガイ *Columbarium harrisae* Harasewych, 1983 は、ずっと大きく、螺層の周縁に非常に低い棘が並ぶ白い殻をもつ。アフリカ南東岸の沖に生息するジュリアイトグルマガイ *Coluzea juliae* Harasewych, 1989 はイトグルマガイより大きく、殻は白く、殻表に縦肋と螺肋があり、棘が螺層の肩よりも下に並ぶ。

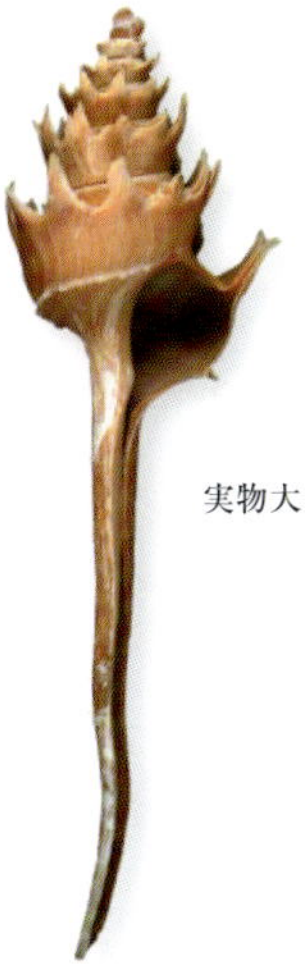

実物大

イトグルマガイの殻は細長く、螺塔は高く階段状で、わずかに曲がりくねった水管溝が殻軸に沿って非常に長く伸びる。胎殻は大きくて丸く膨らみ、光沢がある。殻口は小さくほぼ円形。螺層の肩は鋭く角張り、多くの開いた棘を備える。螺層の基部も竜骨状に張り出すため、横から見ると螺層が長方形に見える。やや広い間を置いて水管溝の上部に数本のざらざらした螺条が並ぶ。殻の色は一様に小麦色で、より色の濃い褐色の殻皮で覆われる。

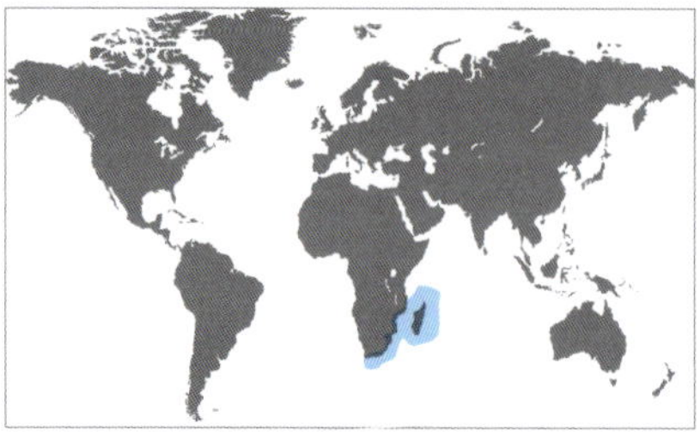

科	オニコブシガイ科 Turbinellidae
貝殻の大きさ	70 〜 100mm
地理的分布	アフリカ南東部沿岸
存在量	希少
生息深度	深海
生息場所	砂底や礫底
食性	肉食性で多毛類を食べる
蓋	角質で同心円状に成長し、核が端にある

貝殻の大きさ
70 〜 100mm

写真の貝殻
89mm

Coluzea juliae Harasewych, 1989

ジュリアイトグルマガイ

JULIA'S PAGODA SHELL

ジュリアイトグルマガイは、英語で pagoda shell（仏塔のような形の貝）と呼ばれる一群の深海産の巻貝、イトグルマガイ類の1種である。この類の多くは熱帯海域に生息しているが、極域に分布を広げているものもいる。砂底や泥底に棲み、長い吻を使って管棲多毛類を食べて暮らしている。

近縁種

オーストラリアの西オーストラリア州に産する *Coluzea aapta* Harasewych, 1986 は、螺層の肩に鋭く尖った棘が1列に並んだ殻をもつ。日本から台湾にかけて生息するイトグルマガイ *Columbarium pagoda* (Lesson, 1831) の殻は、胎殻が丸く、螺層の肩に先端の尖った幅広い三角形の棘が並ぶ。

ジュリアイトグルマガイの殻は細長い紡錘形で螺塔が高く、水管溝が長い。螺塔の高さは殻長の約1/4ほどで、縫合は明瞭。螺層と螺層の間は広い螺溝で隔てられている。殻表には3本の螺肋が並び、その最下部の螺肋は強い竜骨状隆起をなし、鱗片状の棘を備える。この鱗片状の棘は体層の螺肋ではとくに大きい。殻口は卵形。軸唇は滑らかで、軸襞はない。水管溝は長く、殻長の約半分を占め、その殻表にも螺肋が見られる。殻の色は白または灰色で、殻口内は白い。

実物大

科	オニコブシガイ科　Turbinellidae
貝殻の大きさ	50 ～ 113mm
地理的分布	ブラジル固有種
存在量	少産
生息深度	潮間帯から水深 60m
生息場所	泥底
食性	肉食性で多毛類や二枚貝を食べる
蓋	角質で厚く、かぎ爪状

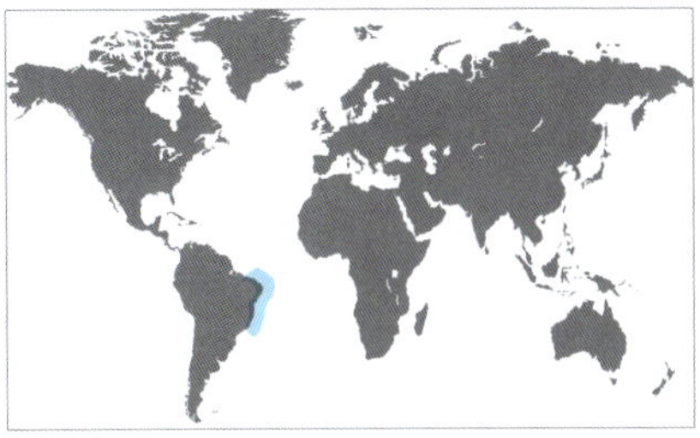

貝殻の大きさ
50 ～ 113mm

写真の貝殻
91mm

Vasum cassiforme (Kiener, 1840)

カブトコブシガイ

HELMET VASE

カブトコブシガイは、ブラジル固有種で、リオグランデ・ド・ノルテ州からエスピリトサント州にかけて生息している。たいてい潮間帯から沖合の浅海にかけての泥底で見つかる。波から遮蔽された穏やかな海域に棲むものは、外海に面した海岸に棲むものより長い棘をもつことが多く、浅い所に棲むものより深い所に棲むもののほうが、殻が細長い傾向がある。カブトコブシガイは、アメリカ合衆国フロリダ州チポラ層の中新世の化石として知られ、今では絶滅している *Vasum chipolense* Vokes, 1966 に非常によく似ている。

近縁種

アメリカ合衆国フロリダ州からベネズエラまで分布するカリビアオニコブシガイ *Vasum muricatum* (Born, 1778) は、カブトコブシガイによく似ているが、殻がより大きく、棘の数はたいてい少ない。アフリカ東部沿岸からポリネシアにかけて生息するコオニコブシガイ *Vasum turbinellus* (Linnaeus, 1758) もカブトコブシガイに似ており、殻の大きさも同じぐらいだが、やはり棘の数は少ない。この貝も開いた大きな棘をもつが、殻によってはその棘が著しく大きく太い。また、殻に黒と白の螺帯がある。

カブトコブシガイの殻は中型で極めて厚く、重く、多数の棘を備え、形は円錐形に近い。螺塔は低く、先端が尖る。螺層はわずかにへこみ、縫合は明瞭。殻表には瘤や棘のある薄層状の螺肋が 12 本ほど並ぶ。棘は肩部のものが最も大きく、殻の前端付近にも大きめの棘が 1 列の螺状列をなして並ぶ。殻口は狭くて長く、外唇は非常に厚く、縁が外側に広がり、その内壁に太く高い襞が並ぶ。軸唇には軸襞が 2 本ある。殻の色は白からクリーム色で、殻口の周囲の光沢ある厚い滑層はたいてい紫がかった褐色に染まる。

実物大

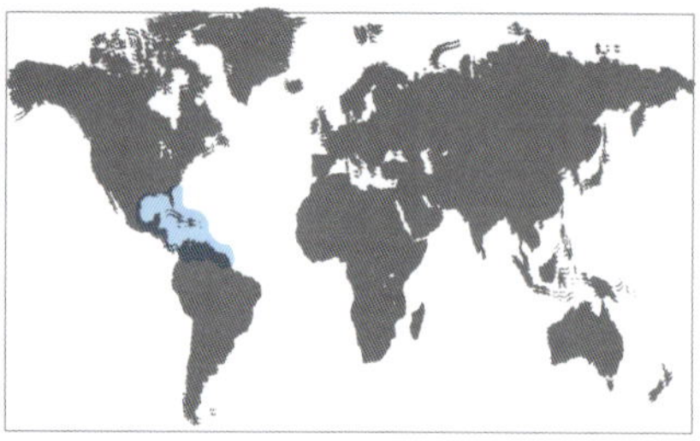

科	オニコブシガイ科　Turbinellidae
貝殻の大きさ	64 ~ 125mm
地理的分布	合衆国フロリダ州からベネズエラにかけてのカリブ海沿岸およびメキシコ湾
存在量	ふつう
生息深度	潮間帯から水深 15m
生息場所	砂底
食性	肉食性で多毛類や二枚貝を食べる
蓋	角質でかぎ爪状、同心円状に成長する

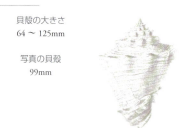

貝殻の大きさ
64 ~ 125mm

写真の貝殻
99mm

Vasum muricatum (Born, 1778)

カリビアオニコブシガイ

CARIBBEAN VASE

カリビアオニコブシガイの殻は重く、極めて厚く、形は円錐形に近い。螺塔は低く先端が尖り、縫合は明瞭。体層は大きく、殻表には強くて細い螺肋が並び、肩部と殻底近くの螺肋には先の丸い結節状突起が並ぶ。殻口は広くて長く、前端に向かって徐々に幅が狭くなる。軸唇は厚く、滑層が肥厚し、4、5本の軸襞を備える。殻は厚い褐色の殻皮に覆われる。殻そのものの色はクリーム色がかった色から明るい白。殻口内は白く、ときに紫に染まる。

カリビアオニコブシガイは、普通種で、浅海の海草群落周辺で砂やサンゴ礫に埋もれた状態でよく見つかる。幼貝は海底の砂に潜ることもあるが、成貝は砂の上で暮らす。アメリカ合衆国フロリダ州からベネズエラにかけてのカリブ海沿岸とメキシコ湾に生息し、肉食性で、長い吻を使っておもに多毛類や二枚貝類を食べる。夜行性で、日中は隠れている。また、ときに群れをなしていることがある。殻の蓋は角質で、核が端にあり、形はかぎ爪状である。

近縁種

ブラジル固有種のカブトコブシガイ *Vasum cassiforme* (Kiener, 1840) の殻は、滑層が厚く、軸唇が厚い滑層楯に覆われる。また、棘には環境による変異が見られ、穏やかな海域に棲むもののほうが波の荒い海岸に棲むものよりも棘が長い。オーストラリア西部および南部に生息するモモイロオニコブシガイ（コガネオニコブシガイ）*Altivasum flindersi* (Verco, 1914) は、オニコブシガイ亜科の最大種で、螺塔が高く、その高さは殻長の半分を超える。

実物大

科	オニコブシガイ科　Turbinellidae
貝殻の大きさ	100 ～ 220mm
地理的分布	インド南東部およびスリランカ
存在量	沖合に多産
生息深度	潮下帯浅部から沖合まで
生息場所	砂底
食性	肉食性で多毛類などを食べる
蓋	角質で細長く、同心円状に成長する

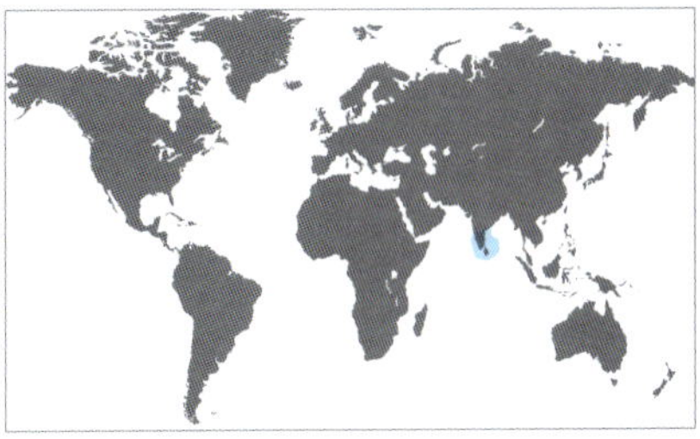

貝殻の大きさ
100 ～ 220mm

写真の貝殻
120mm

Turbinella pyrum (Linnaeus, 1767)

シャンクガイ

INDIAN CHANK

シャンクガイは、神聖な貝とされる数少ない種の1つである。名前に使われている「シャンク」という語は、サンスクリット語で「神聖な巻貝」を意味する。インド神話によると、神の化身クリシュナが、海の悪魔パンチャジャナを倒した時に、勝利の証としてその住まいであったこの貝の殻を持ち帰り、それで笛を作ったという。インドでは、戦いや宗教儀式の前にこの貝の殻でつくった笛が吹かれる。希少な左巻きの殻はふつうの右巻きのものよりさらに大きな宗教的力を秘めているとされ、とくに珍重される。本種は非常に変異に富み、いくつもの亜種が記載されている。

近縁種

ブラジル北東部に固有のホソシャンクガイ *Turbinella laevigata* Anton, 1839 は、大きさがシャンクガイに似るが、殻がより細長く、螺塔はより高い。西インド諸島に産するクチベニシャンクガイ *Turbinella angulata* (Lightfoot, 1786) は、シャンクガイより大きく、やや角張った殻をもち、螺層の肩には先端の尖った瘤が並ぶ。

実物大

シャンクガイの殻は大きく、がっしりしていて重く、一端の膨らんだ棍棒状。螺塔は低く、殻頂が小塔状になった殻もある。螺層は大きく膨らみ、殻表には螺肋があり（このページに示した殻では不明瞭）、螺肋は体層の下部のものが最も強い。螺層の肩には低い瘤が並ぶが、瘤が非常に低く不明瞭なものもある。殻口は細長い披針形で、外唇は厚く、その表面は滑らか。軸唇には3、4本の軸襞があり、後縁は滑層が肥厚する。水管溝は長い。殻は濃褐色の厚い殻皮に覆われるが、殻そのものの色は白または杏子色で、殻口内は黄みを帯びる。

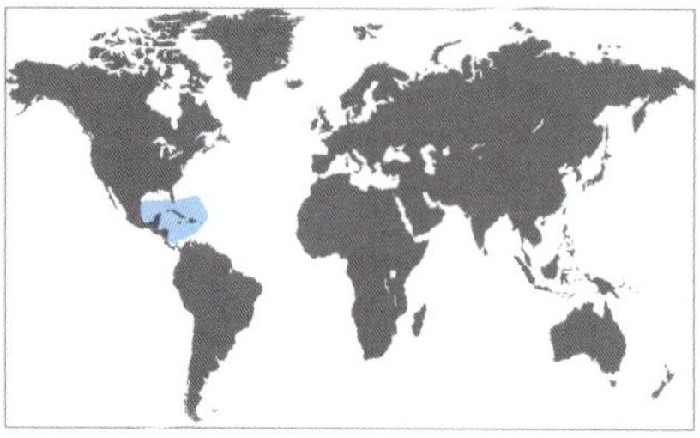

科	オニコブシガイ科　Turbinellidae
貝殻の大きさ	127 ～ 365mm
地理的分布	メキシコ東岸からパナマにかけて、バハマ諸島
存在量	ふつう
生息深度	潮下帯から水深 45m
生息場所	砂底
食性	肉食者
蓋	角質で卵形

貝殻の大きさ
127 ～ 365mm

写真の貝殻
345mm

Turbinella angulata (Lightfoot, 1786)

クチベニシャンクガイ

WEST INDIAN CHANK

クチベニシャンクガイの殻は非常に緻密で、螺塔は7層ほどの螺層からなり、非常に高く、各螺層に先端が殻頂方向を向く顕著な瘤がある。縫合は明瞭で、縫合の下から各螺層の肩にかけて弱い螺肋が並ぶ。瘤の並ぶ螺層周縁では螺肋がより弱くなり、体層の中ほどには螺肋はほとんど見られない。殻口は卵形で大きく、軸唇には3本の軸襞があり、外唇の後端にはV字形の切れ込みがある。殻は薄いオフホワイトから薄いオレンジ色で、褐色の殻皮に覆われる。

シャンクガイ類の殻は、大きさの割に最も重いものの部類に入る。クチベニシャンクガイは、その中で最大の大きさを誇り、大西洋産の巻貝の中では最大の貝の1つである。バハマ諸島では重要な食料となっており、現地ではペッパー・コンク Pepper Conch と呼ばれる。いろいろなシャンクガイ類の殻が道具や笛をつくるために使われてきたが、とくにクチベニシャンクガイの殻はすでにマヤ文明の古典期にそのような用途で使われている。

近縁種

アメリカ合衆国ノースカロライナ州からメキシコ湾にかけて生息するダイオウイトマキボラ *Pleuroploca gigantea* (Kiener, 1840) は、クチベニシャンクガイとそれほど近縁ではないが、本種と混同されることが多い。たいていダイオウイトマキボラのほうが大きく、体層全体に明瞭な螺肋が等間隔で並んでおり（クチベニシャンクガイの体層の真ん中あたりには螺肋がない）、また、軸唇は明瞭な軸襞を欠き、滑らかである。インドおよびスリランカに産するシャンクガイ *Turbinella pyrum* (Linnaues, 1758) の殻は、クチベニシャンクガイより螺塔が低く、螺層の肩に並ぶ瘤がずっと小さく目立たない。そのため、シャンクガイの殻はずっと丸く見える。

実物大

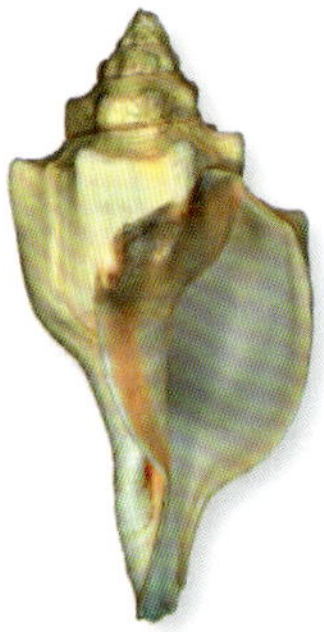

科	オニコブシガイ科　Turbinellidae
貝殻の大きさ	300 〜 1000mm
地理的分布	オーストラリア北部およびパプアニューギニア
存在量	ふつう
生息深度	潮下帯から水深 40m
生息場所	平たい砂地
食性	肉食性で大型の多毛類を食べる
蓋	角質で端に核がある

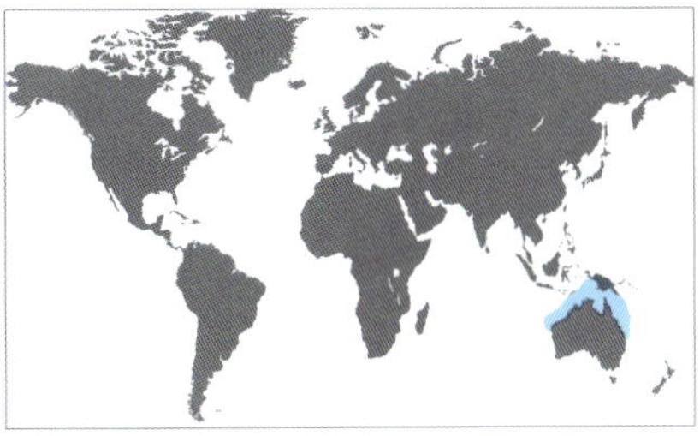

貝殻の大きさ
300 〜 1000mm

写真の貝殻
578mm

Syrinx aruanus (Linnaeus, 1758)

アラフラオオニシ

AUSTRALIAN TRUMPET

アラフラオオニシは、世界最大の巻貝である。本種はオーストラリア北部およびパプアニューギニアの干潟でかなりふつうに見られる。沖合の水深 40m ぐらいの所まで生息しており、他のオニコブシガイ類と同様、管棲多毛類を食べる。殻は重く容積が大きい。生時は褐色の薄い殻皮に覆われているが、死んで空っぽになった殻では殻皮が剥がれてしまう。本種は採取されて、身は食用に、殻は水を運ぶ道具や笛として使われる。採集が容易なため、場所によっては著しく数が減っており、保全に対する関心が高まっている。

近縁種

アラフラオオニシは、*Syrinx* 属の唯一の種である。本属が含まれるオニコブシガイ科には、さまざまな形の殻をもつ貝がいる。例えば、アメリカ合衆国フロリダ州沿岸やカリブ海に生息するカリビアオニコブシガイ *Vasum muricatum* (Born, 1778) のように花瓶形の殻をもつ貝もいれば、シャンクガイ *Turbinella pyrum* (Linnaeus, 1758) のように重厚な棍棒状の殻をもつ貝もいる。このシャンクガイが、アラフラオオニシに最も近縁だと考えられている。

アラフラオオニシの殻は非常に大きく紡錘形で、長くてまっすぐな水管溝を備える。殻口は軸唇も含めて滑らかで、臍孔は深くて細長く、部分的に滑層で覆われる。同じオーストラリアでも北岸に生息する貝の殻には螺層の肩に顕著な竜骨状隆起があるが、西オーストラリア産の殻では螺層の肩が丸い。胎殻はかなり長く、螺層が何層もある。幼貝の殻には胎殻が残っているものもあるが、大きな殻ではたいてい摩滅している。殻の色は杏子色かクリーム色で、殻口内は薄い黄色からオレンジ。

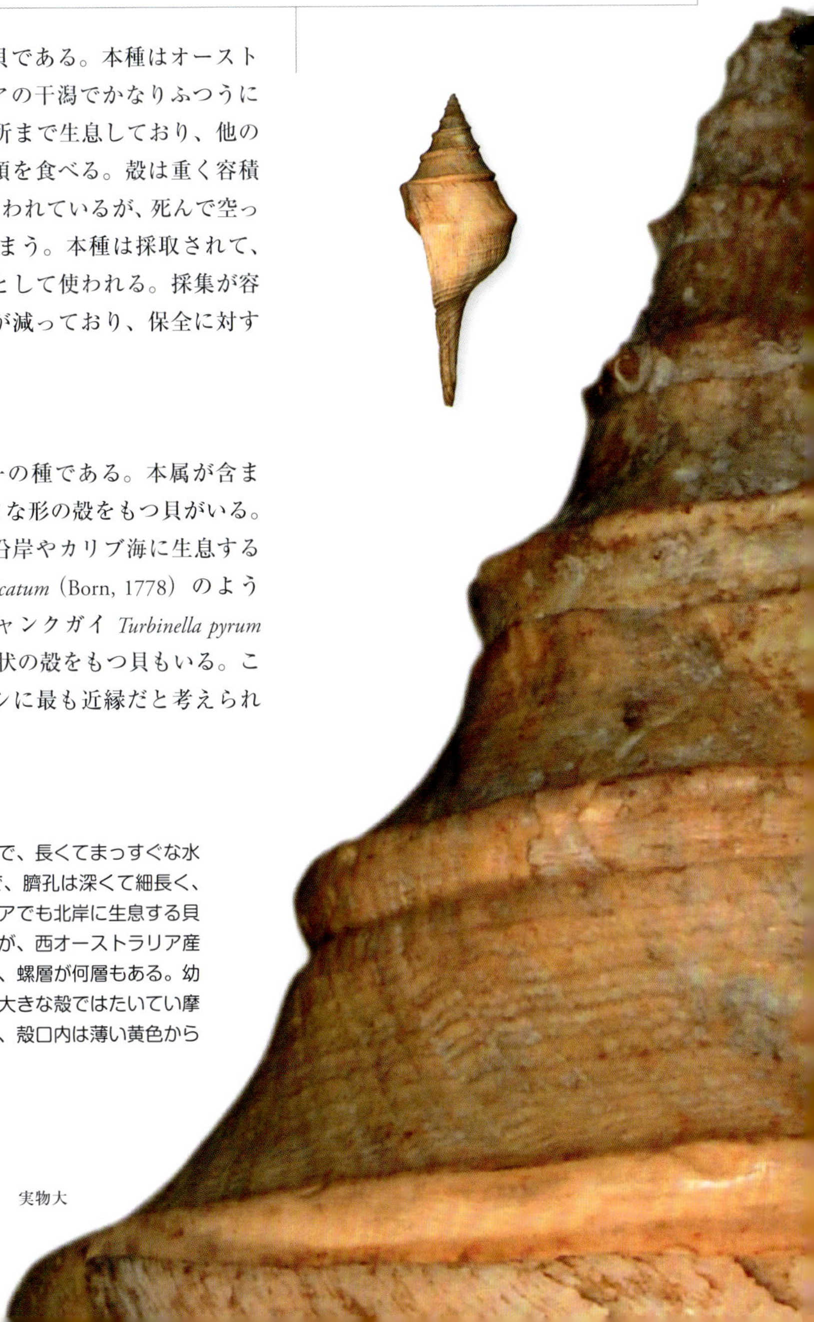

実物大

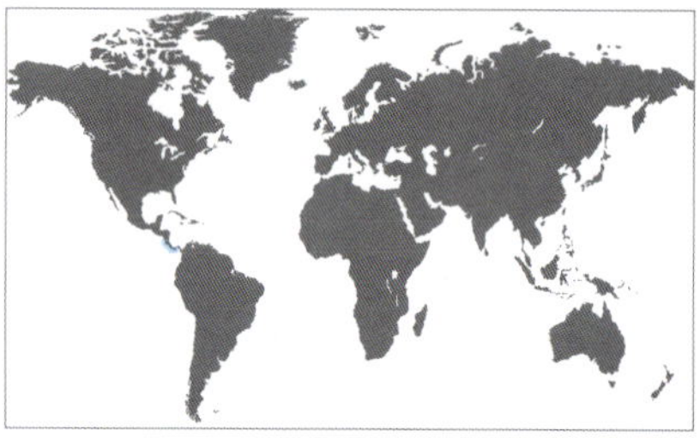

科	エゾツノマタガイ科　Ptychatractidae
貝殻の大きさ	27 ～ 38mm
地理的分布	コスタリカ沖
存在量	希少
生息深度	水深 2000m
生息場所	軟泥底
食性	おそらく肉食者
蓋	ない

貝殻の大きさ
27 ～ 38mm

写真の貝殻
26mm

Exilia blanda (Dall, 1908)

ツノキフデガイの仲間

SMOOTH EXILIA

実物大

Exilia blanda **の殻は小さく、薄くてもろく、細長い紡錘形。螺塔が高く、水管溝は長くて幅広い。螺塔の初期の数層の螺層には殻表に縦肋があるが、体層や次体層では縦肋は不明瞭になり、細い螺肋がより目立つ。殻口は卵形で、薄い滑層に覆われる。軸唇に襞はない。殻の色は黄みがかった小麦色。**

本種は極めて希少で、1 世紀以上前に行われた調査航海で採れた 1 個体の標本しか知られていない。その標本は、コスタリカ沖の太平洋にある深海平原の端で、軟泥底から採集されたものである。おそらく肉食性で、腐肉も食べる可能性がある。同属他種の大きさから考えると、ここに示した殻より少し大きくなるかもしれない。

近縁種

ニュージーランドに産する *Exilia kiwi* Kantor and Bouchet, 2001 は、本種よりやや浅い所（水深 1386 ～ 1676m）に生息し、より大きく幅広い殻をもつ。また、体層の螺肋がないか、あっても弱い。日本およびフィリピンから見つかっているツノキフデガイ *Exilia hilgendorfi* (Martens, 1897) は、殻長が 76mm を超えることがあり、本種よりずっと厚い殻をもつ。ツノキフデガイの螺塔には縦肋が並び、体層の殻表には螺溝が刻まれ、軸唇に 3 本の軸襞がある。

科	エゾツノマタガイ科　Ptychatractidae
貝殻の大きさ	30 ～ 52mm
地理的分布	台湾、フィリピン、インドネシアなど
存在量	希少
生息深度	水深 250 ～ 1000m
生息場所	砂底
食性	肉食者
蓋	角質で薄く退化的

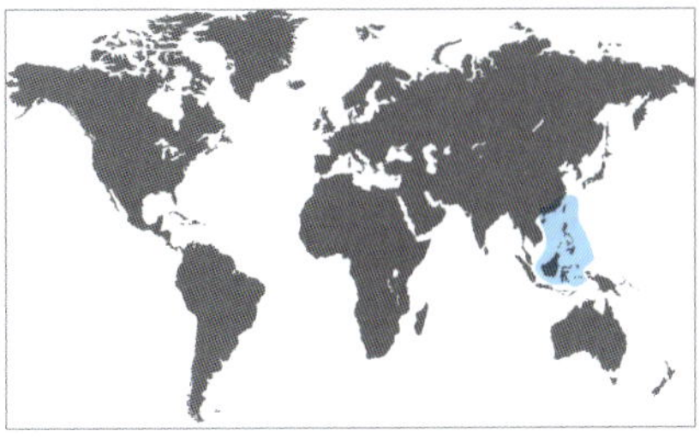

貝殻の大きさ
30 ～ 52mm

写真の貝殻
40mm

Latiromitra barthelowi (Bartsch, 1942)

ヒメワタゾコボラ

BARTHELOW'S LATIROMITRA

エゾツノマタガイ類の例に漏れず、ヒメワタゾコボラも深海に棲み、めったに採集されることがない。比較的広い範囲に分布し、大陸斜面上部の砂底にのみ生息しているようである。細くて長い殻は、本種が砂に潜る可能性があることを示している。

近縁種

キューバ沖の同じぐらいの水深から得られている *Latiromitra meekiana* (Dall, 1889) は、ヒメワタゾコボラより小型で、より幅の広い殻をもつ。この貝の殻表の縦肋はヒメワタゾコボラのものより弱く、軸唇の軸襞はより顕著である。カリブ海、アゾレス諸島、そしてモロッコのもっと深い所に生息している *Latiromitra cryptodon* (Fischer, 1882) は、ヒメワタゾコボラと同じぐらいの大きさだが、殻はより幅広く、より重い。また、ヒメワタゾコボラより縦肋が顕著で、水管溝は短い。

実物大

ヒメワタゾコボラの殻は、同属他種に比べて大きく、細長い紡錘形で薄い。螺塔は高く、殻口は狭い。水管溝は殻口の長さより短く、わずかに左に曲がる。螺塔には殻表に顕著な縦肋があるが、体層は滑らかか、細い螺状の筋が刻まれるのみ。軸唇には 3 本の弱い軸襞がある。殻は白く、緑がかった茶色の殻皮に覆われる。

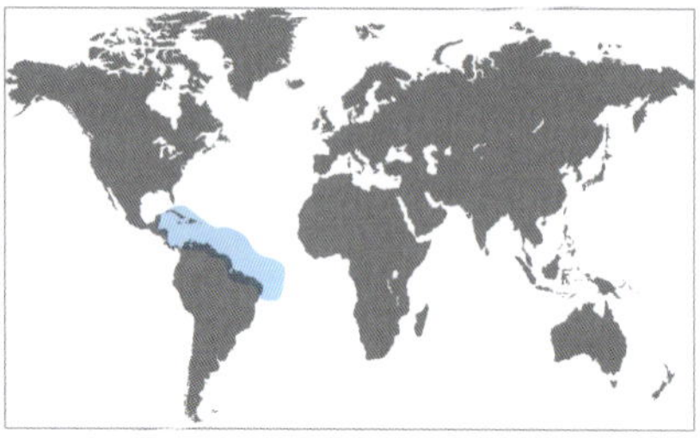

科	ガクフボラ科／ヒタチオビガイ科　Volutidae
貝殻の大きさ	11 ～ 19mm
地理的分布	カリブ海からブラジル北部にかけて
存在量	希少
生息深度	沖合、水深 30m ぐらいまで
生息場所	砂底
食性	肉食者
蓋	角質で細長い

貝殻の大きさ
11 ～ 19mm

写真の貝殻
14mm

Enaeta guildingii (Sowerby I, 1844)

アツデスジボラの仲間

GUILDING'S LYRIA

本種は、ガクフボラ科の最小種の1つで、ガクフボラ類というよりもフトコロガイ類あるいはエゾバイ類に見える。カリブ海からブラジル北部にかけて生息する希少な貝で、生態はあまりよくわかっていない。本種が分類されている *Enaeta* 属には小型種ばかり7種ほどが知られるのみで、ほとんどが少産から希少である。世界には250種ほどのガクフボラ科の貝が生息しているが、その多様性はオーストラリアで最も高い。

近縁種

ホンジュラスからブラジルにかけて生息するリーブスジボラ *Enaeta reevei* (Dall, 1907) は、殻の大きさと形が本種に似るが、リーブスジボラでは縦肋は螺塔では明瞭だが、体層では不明瞭になる。バハカリフォルニアからペルーまでの太平洋沿岸に分布するアツデスジボラ *Enaeta cumingii* (Broderip, 1832) は、同属種中唯一の普通種で、殻はより大きく、より幅広い。

実物大

Enaeta guildingii **の殻**はガクフボラ科の貝にしては非常に小さく、硬く、細長い楕円体。螺塔は高く、殻頂は丸みを帯びる。胎殻は殻表が滑らかだが、後生殻の殻表には縦肋と螺条がある。螺層は膨らみ、縫合は明瞭。殻口は狭く披針形。外唇は肥厚し、その後端付近に丸みのある歯が1つある。軸唇はへこみ、5、6本の軸襞を備える。殻の色はオレンジから褐色で、薄い色の螺状線が並ぶ。

科	ガクフボラ科／ヒタチオビガイ科　Volutidae
貝殻の大きさ	25 ～ 70mm
地理的分布	オーストラリアのクィーンズランド州からニューサウスウェールズ州にかけて
存在量	ふつう
生息深度	潮間帯から水深 55m
生息場所	砂底
食性	肉食者
蓋	ない

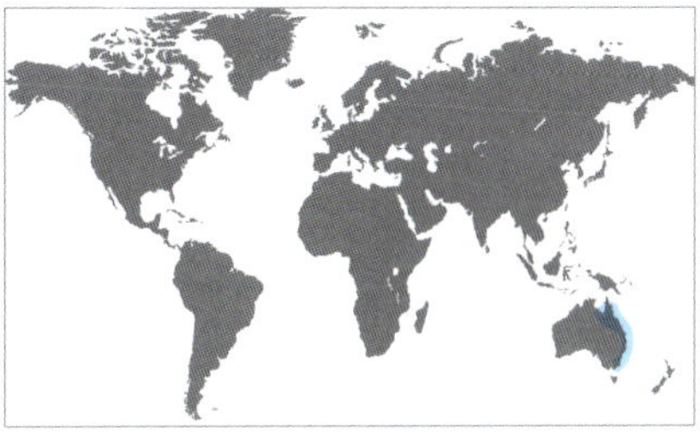

貝殻の大きさ
25 ～ 70mm

写真の貝殻
34mm

Amoria zebra (Leach, 1814)

マサメボラ

ZEBRA VOLUTE

マサメボラは、同属他種と同様、オーストラリア固有種である。本種はクイーンズランド州からニューサウスウェールズ州にかけて分布し、潮間帯から沖合にかけての砂底に棲む。他のガクフボラ類と同じく肉食性で、他の軟体動物を食べる。本種は時に大群をなしていることがある。マサメボラとその同属種は普通種と考えられているが、簡単に多くの個体を採集できるため、オーストラリアでは国際取引によって激減する可能性のある貝のリストに入っている。

近縁種

オーストラリア西部および北部に産するタテジマニンギョウボラ *Amoria dampieria* Weaver, 1960 は、殻の形や色模様がマサメボラに似るが、殻の縦縞はマサメボラのものより太い。オーストラリア北西部からクイーンズランド州まで分布するサラサニンギョウボラ *Amoria damonii* Gray, 1864 は、マサメボラより大きく、殻は細長い卵形で色が変異に富み、マクラガイ属 *Oliva* の殻に似る。

実物大

マサメボラの殻はガクフボラ科にしては小さく光沢があり、細長い卵形で、螺塔は低い。胎殻は丸みがあり、殻頂は尖らない。螺塔の螺層はわずかにへこみ、縫合はうねる。螺塔の螺層には縦肋が見られることがあるが、殻の残りの部分は殻表が滑らかで光沢がある。体層は大きく、肩が膨らむ。外唇は肥厚し、軸唇には４本の強い軸襞が並ぶ。殻の色は白から明るい褐色で、ときに金色を帯び、褐色の縦縞が並ぶ。殻口内および軸唇は白い。

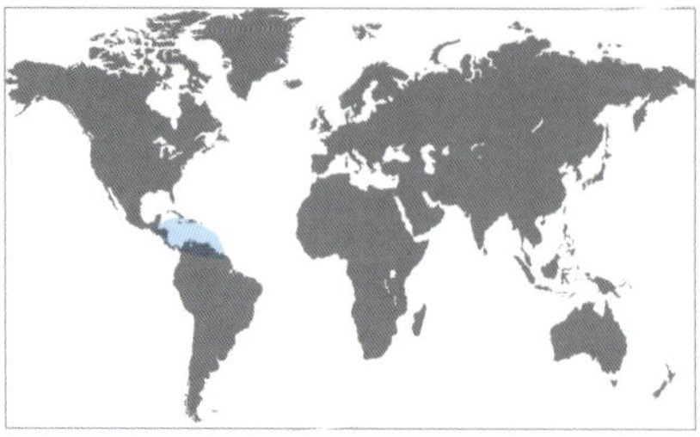

科	ガクフボラ科／ヒタチオビガイ科　Volutidae
貝殻の大きさ	28 ～ 111mm
地理的分布	ドミニカ共和国からベネズエラにかけてのカリブ海
存在量	ふつう
生息深度	潮下帯浅部から水深 10m
生息場所	砂底
食性	肉食性で他の軟体動物を食べる
蓋	角質で細長く、同心円状に成長する

貝殻の大きさ
28 ～ 111mm

写真の貝殻
52mm

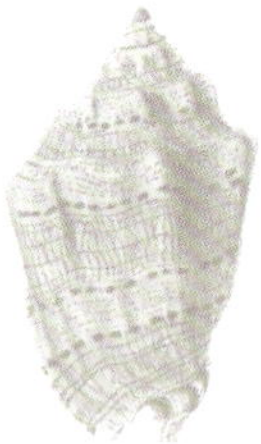

Voluta musica Linnaeus, 1758

ガクフボラ

COMMON MUSIC VOLUTE

ガクフボラの殻は厚くて重く、形と色が非常に変異に富み、殻の輪郭は卵形からほとんど三角形のものまでさまざま。胎殻は殻頂が丸く、殻表は滑らか。縫合は波打つ。螺層の肩には瘤が並び、瘤には先端が尖ったものも丸いものもある。殻口は長く、いくぶん広い。外唇は外側に反り、軸唇は光沢があり、10 本ほどの軸襞を備える。殻の色は象牙色からピンクがかった白で、赤褐色の線や斑紋、斑点が入り、その模様が楽譜を彷彿させる。

ガクフボラの殻には、螺状の線に縦筋、そして斑紋があり、楽譜を連想させることから、学名にもずばり音楽という意味の *musica* という種小名が与えられている。このカリブ海産の普通種は浅海の砂底に棲み、殻の形態が変異に富む。性的二型を示し、雌はたいてい雄より大きく、より顕著な瘤のある殻をもつことがいくつかの研究によって示唆されている。殻の形も色も非常に変異に富むため、誤って別種と同定されていた個体群もある。蓋は角質で、細長く、比較的小さい。

近縁種

ブラジル北東部に産するヘブライボラ *Voluta ebraea* Linnaeus, 1758 は、ガクフボラより大きく、細長くて重い殻をもつ。肩部に先の尖った棘が並んでおり、尖った瘤をもつタイプのガクフボラに似る。ベリーズからコロンビアにかけて生息するスジガクフボラ *Voluta virescens* Lightfoot, 1786 は、ガクフボラより小さく、より細長い殻をもち、たいていは殻表の瘤がガクフボラのものほど目立たない。

実物大

科	ガクフボラ科／ヒタチオビガイ科　Volutidae
貝殻の大きさ	60 ～ 105mm
地理的分布	南インドからスリランカにかけて
存在量	少産
生息深度	潮間帯から水深 25m
生息場所	砂底
食性	肉食性で他の軟体動物を食べる
蓋	角質で細長く、端に核がある

貝殻の大きさ
60 ～ 105mm

写真の貝殻
70mm

Harpulina arausiaca (Lightfoot, 1786)

キンスジボラ

VEXILLATE VOLUTE

キンスジボラは、ガクフボラ類の中でもとくに美しい貝で、インド南部からスリランカの間のごく限られた海域にのみ生息する。浅海に棲み、潮間帯でも見つかることがあるが、めったに採れないため収集家に非常に人気がある。生態はよくわかっていない。本種には同属種が３種いるが、すべて本種とおおむね同じ海域に分布が限られている。

近縁種

同じくインド南部からスリランカにかけて分布するイナズマインドボラ *Harpulina loroisi* (Valenciennes, 1863) は、キンスジボラに似るが、殻に濃褐色の縦縞がある。イナズマインドボラはキンスジボラより深い所に生息するが、キンスジボラよりはよく見つかる。ケニアからモンザンビークにかけてのインド洋沿岸に生息するコトスジボラ *Lyria lyraeformis* (Swainson, 1821) は、螺塔が高く、多くの縦肋のある紡錘形の美しい殻をもつ。

キンスジボラの殻は中型で硬くて重く、丸みのある紡錘形。螺塔はやや高く、胎殻は先端が尖る。初期の螺層には縦肋があるが、より新しい螺層では縦肋が不明瞭になり、殻表は滑らかになる。肩に結節状突起が１列の螺状列をなして並ぶ。殻口は長く、半楕円形で、外唇は滑らかで縁が鋭利。軸唇には６～８本の軸襞が並ぶ。殻の色はオフホワイトから薄いピンクで、赤みがかった鮮やかなオレンジの螺帯が並ぶ。殻口内は白い。

実物大

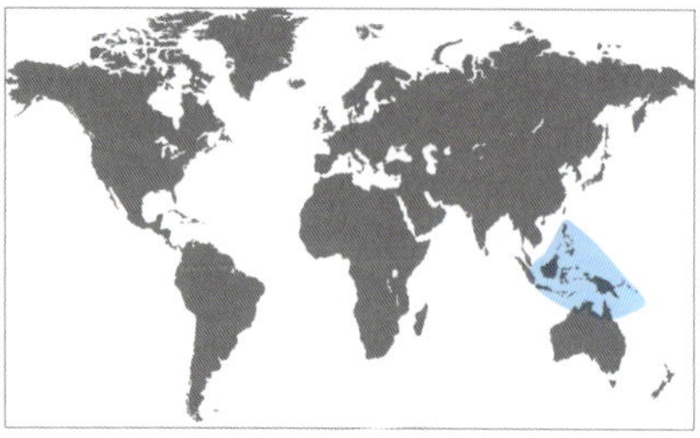

科	ガクフボラ科／ヒタチオビガイ科 Volutidae
貝殻の大きさ	45 〜 160mm
地理的分布	フィリピンからオーストラリア北部にかけての熱帯西太平洋
存在量	ふつう
生息深度	水深 1 〜 20m
生息場所	砂底や泥底
食性	肉食性で他の軟体動物を食べる
蓋	ない

貝殻の大きさ
45 〜 160mm

写真の貝殻
74mm

Cymbiola vespertilio (Linnaeus, 1758)

トウコオロギボラ

BAT VOLUTE

トウコオロギボラは、浅海産の普通種で、フィリピンからインドネシアを経てパプアニューギニアにいたる「コーラルトライアングル」と呼ばれる海域とオーストラリアのノーザンテリトリー州の沿岸だけに生息している。殻の形や色が非常に変異に富むため、多くの亜種や形態型が記載されている。食用に採取され、場所によっては市販もされているが、商業漁業にとって重要な種ではない。このページの写真の貝は突然変異のために殻が左巻きになったものだが、左巻きの殻をもつものは自然界では珍しく、標本も希少である。本種の正常な殻は右巻きで、殻口が軸唇の右側にくる。

近縁種

トゲコオロギ属 *Cymbiola* には多くの記載種が知られる。その中でもフィリピンに産するクレナイコオロギボラ *Cymbiola aulica* (Sowerby I, 1825) は、トウコオロギボラに形の似た殻をもつが、殻により赤みがある。オーストラリアのクイーンズランド州に生息するナンバンコオロギボラ *Cymbiola pulchra* (Sowerby I, 1825) は、トウコオロギボラと同じく殻の変異に富み、色模様の美しい殻をもつが、たいてい幅広い螺帯と白や褐色の斑紋があるのでトウコオロギボラと区別できる。

実物大

トウコオロギボラの殻は重く、おおむね細長い卵形だが、形や色が非常に変異に富む。螺塔は低く、肩に棘が並ぶ。棘には先端が尖ったものも丸いものもある。殻表は滑らかで光沢があり、細い成長線が見られる。殻口は広くて長く、軸唇には斜めになった軸襞が 4 本並ぶ。外唇は滑らかで、肥厚する。水管溝は広く、先端が V 字形に切れ込む。殻の色や模様はかなり変異に富むが、クリーム色からオリーブ色の地にジグザグや山形の線あるいは斑紋が入っているものが多い。殻の内面は灰色からクリーム色で、軸唇と外唇縁がオレンジに染まる。

科	ガクフボラ科／ヒタチオビガイ科　Volutidae
貝殻の大きさ	35 〜 81mm
地理的分布	アルゼンチン南端から南極大陸にかけて
存在量	希少
生息深度	水深約 3000m の深海
生息場所	泥底
食性	肉食性で他の軟体動物を食べる
蓋	ない

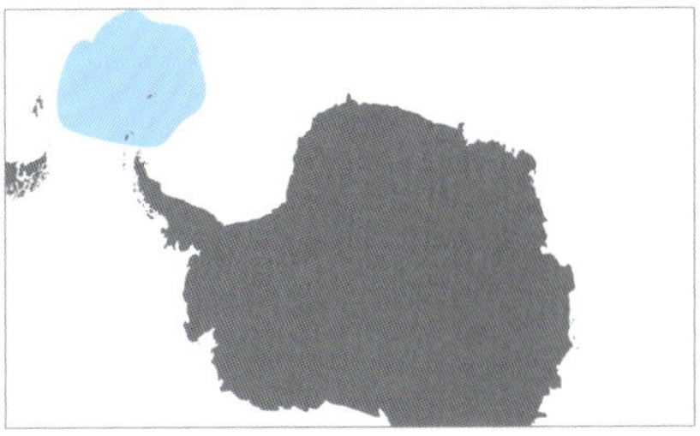

貝殻の大きさ
35 〜 81mm

写真の貝殻
81mm

Tractolira germonae Harasewych, 1987

パナマボラの仲間

GERMON'S VOLUTE

本種は、深海産の巻貝で、南極大陸沖の非常に深く冷たい海に分布し、炭酸塩補償深度より深い所に生息する。そこは水温が低く、水圧が高く、溶存二酸化炭素濃度が許容量に対して低いために、海水に直接さらされると殻の炭酸カルシウムが海水中に溶け出してしまう。しかし黒っぽく厚いタンパク質の層、すなわち殻皮が殻を覆って、殻が溶けるのを防いでいる。殻皮が摩滅したり傷ついたりしたところは、殻が溶けてしまうので、貝は新たに体から殻の成分を分泌して殻を修復しなければならない。殻頂はたいてい摩滅している。

近縁種

本種が分類される *Tractolira* 属には他に 3 種が知られるが、本種も含め、すべて深海に生息する。メキシコ西岸からパナマ湾にかけて分布するパナマボラ *Tractolira sparta* Dall, 1896 は細長い殻をもち、殻口は本種のものより狭い。ブラジル沖で見つかる *Tractolira tenebrosa* Leal and Bouchet, 1989 は、殻皮の色が薄く、螺層の肩に小さな瘤が並ぶ。南極のロス海に生息する *Tractolira delli* Leal and Harasewych, 2005 の殻は、殻口が大きく、殻表には細い縦条と螺条があり、それらが交差して細かい布目状の彫刻をなす。

実物大

Tractolira germonae **の殻**は極めて薄く、半透明で、細長い紡錘形。殻頂はたいてい摩滅しているが、胎殻の上にある特徴的な小突起の痕跡がまだ残っている殻もある。螺層はいくぶん膨らみ、縫合は明瞭。殻表には非常に細い螺条と細い縦条（成長脈）がある。殻口は卵形で、軸唇は滑らか。外唇も滑らかで、縁がわずかに広がる。殻は白く、褐色の厚い殻皮に覆われる。

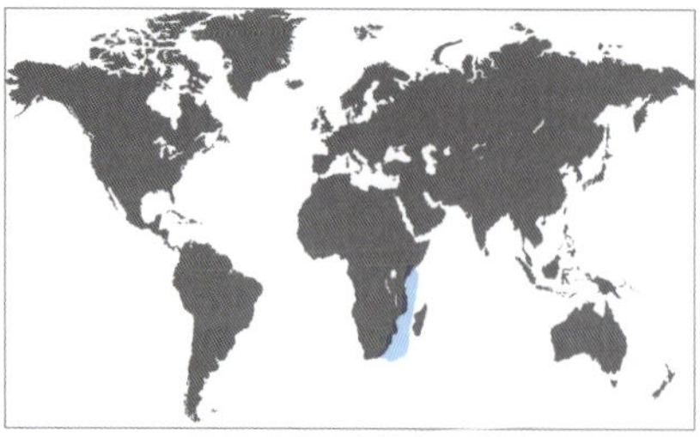

科	ガクフボラ科／ヒタチオビガイ科 Volutidae
貝殻の大きさ	74 〜 145mm
地理的分布	ケニアからモザンビーク北部までの東アフリカ沿岸
存在量	少産
生息深度	沖合、水深 250m ぐらいまで
生息場所	砂底
食性	肉食性で他の軟体動物を食べる
蓋	もしあれば、角質で細長いと考えられる

貝殻の大きさ
74 〜 145mm

写真の貝殻
87mm

Lyria lyraeformis (Swainson, 1821)

コトスジボラ

LYRE-FORMED LYRIA

コトスジボラの殻は硬く、細長い紡錘形で、螺塔が高い。胎殻は丸く膨らみ、その殻表は滑らか。螺層は高く、膨らみ、それぞれ 18 本ほどの縦肋をもつ。殻口は比較的小さく細長い楕円形で、前方が広がる。外唇は肥厚し、表面は滑らか。軸唇には 2、3 本の軸襞があり、さらに中ほどに小さな襞が並ぶ。殻前端にある水管溝は、単純な切れ込み状で小さい。殻の色はクリーム色から淡いピンクで、縦肋の肋間で切れ切れになった赤褐色の螺帯が入る。

実物大

コトスジボラは、東アフリカの深海に産するガクフボラ類の 1 種で、めったに見つからない。生きた状態で採集されることがほとんどないため、餌の好みも含めて、その生態はよく分かっていない。ガクフボラ類の種はみな直接発生で、卵が卵嚢内で稚貝にまで育つと考えられている。本類の多くの種は分布域が限られているが、それは浮遊幼生期をもたないためと考えられる。直接発生を行う種は、多くのガクフボラ類のように大きな胎殻をもつものが多く、フジツガイ科 Ranellidae のコウモリボラ属 *Cymatium* の多くの種のように長い浮遊幼生期をもつ種ではたいてい胎殻が小さい。

近縁種

東アフリカのサヤ・デ・マルハ・バンクから見つかった *Lyria doutei* Bouchet and Bail, 1991 は、コトスジボラに似た殻をもつが、殻表により多くの縦肋があり、殻の色が白っぽい。小アンティル諸島に産する *Lyria beauii* (Fischer and Bernardi, 1857) の殻は、コトスジボラの殻より小さく、螺塔がより低い。また、外唇の内壁に褐色の斑点がある。

科	ガクフボラ科／ヒタチオビガイ科　Volutidae
貝殻の大きさ	45 ～ 112mm
地理的分布	南アフリカ固有種
存在量	少産
生息深度	水深 110 ～ 550m
生息場所	鉄鉱石を含む海底や貝殻片の堆積した海底
食性	肉食性で他の軟体動物を食べる
蓋	ない

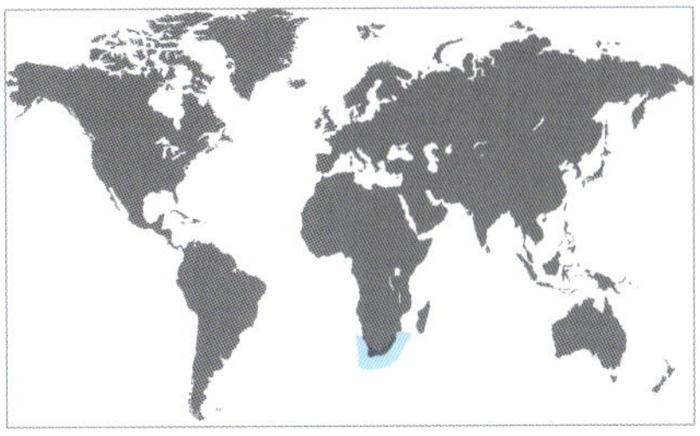

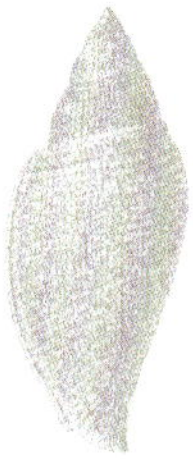

貝殻の大きさ
45 ～ 112mm

写真の貝殻
91mm

Volutocorbis abyssicola (Adams and Reeve, 1848)

ワタゾコフデボラ

DEEPSEA VOLUTE

ワタゾコフデボラは、白亜期から中新世に栄え、今では絶滅している *Volutilithes* 属の貝に似ているため、「生きた化石」と考えられている。本種は 1848 年に発見されたが、この太古の系統を継ぐものとしては初めて見つかった現生種であったので、その発見は驚きをもって迎えられた。その後、同じ系統と考えられる現生種が他に 9 種見つかったが、すべて本種と同じく深海産で、大多数はやはり南アフリカ近海に生息している。ワタゾコフデボラはそれらの中で最大である。めったに採集されないが、深海の本来の生息場所には比較的多くの個体が生息していると考えられている。軟体部には長い水管があり、頭部触角の肥厚した外縁沿いに眼がある。

ワタゾコフデボラの殻は中型から大型で、軽く、細長い洋梨形。螺塔は低く、螺層はわずかに膨らみ、縫合は顕著。殻頂は摩滅していることが多い。殻表には縦肋と螺肋があり、それらが交差して布目状の彫刻をなす。殻の内面は滑らか。殻口は比較的狭くて長く、外唇は肥厚し、内壁に多数の歯が並ぶ。軸唇には白くて強い軸襞がある。殻の色はベージュあるいは茶色で、殻口内はベージュである。

近縁種

アンゴラから南アフリカにかけて生息するオキナフデボラ *Volutocorbis lutosa* Koch, 1948 の殻は、ワタゾコフデボラの殻より小さくて幅広く、軸襞がそれほど目立たず、数も少ない。また、ワタゾコフデボラより浅い所に棲み、場所によってはよく見つかる。ワタゾコフデボラと同じく南アフリカに固有のタケノコボラ *Neptuneopsis gilchristi* Sowerby III, 1898 はもっと大きく、殻頂が大きくて丸く膨らんだ、細長い紡錘形の殻をもつ。

実物大

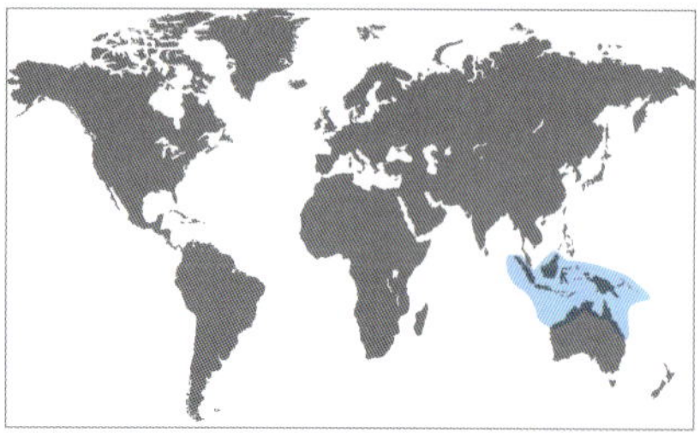

科	ガクフボラ科／ヒタチオビガイ科　Volutidae
貝殻の大きさ	70 ～ 160mm
地理的分布	オーストラリア北部からパプアニューギニアおよびインドネシアにかけて
存在量	かつては希少、現在は少産
生息深度	潮間帯から水深 100m
生息場所	砂底や海草群落
食性	肉食性で他の軟体動物を食べる
蓋	ない

貝殻の大きさ
70 ～ 160mm

写真の貝殻
95mm

Volutoconus bednalli (Brazier, 1878)

ブランデーガイ

BEDNALL'S VOLUTE

ブランデーガイは、白地にチョコレート色の網目模様の入った非常に目立つ殻をもつ。かつては、最も希少なガクフボラ類の中に数えられていたが、現在は真珠貝採りの潜水夫のおかげで以前より多くの貝が得られるようになった。たいてい潮下帯浅部から沖合にかけての砂底や海草群落に棲むが、潮間帯で見つかることもある。オーストラリア北部には少なくとも 4 種のブランデーガイ属 *Volutoconus* の貝が生息しているが、どれもめったに採れない。本属の貝の胎殻の上には針のような小突起があるが、この突起は幼生期に作られたものではなく、後に外套によって付加されたものである。

近縁種

オーストラリア西部に産するフトベニクジャクボラ（タテジワベニクジャクボラ）*Volutoconus hargreavesi* (Angas, 1872) は、ブランデーガイよりわずかに小さく、殻の形態が変異に富み、殻表はたいてい滑らかだが、オーストラリア西岸には、顕著な縦肋のある殻をもつ個体群もある。フィリピンからオーストラリア北部にかけて生息するトウコオロギボラ *Cymbiola vespertilio* (Linnaeus, 1758) は、浅海でふつうに見られ、食用に採取される。

実物大

ブランデーガイの殻は同属種の中では大型で、硬く、紡錘形で殻表に光沢がある。螺塔はやや高く、胎殻は大きくて丸く、その上に先端の尖った短い小突起がある。殻口は狭くて長く、外唇は滑らかで、軸唇には 3、4 本の強い軸襞が並ぶ。殻表はたいてい滑らかで、成長線が見られる。殻の色はクリーム色あるいは淡いピンクで、チョコレート色のジグザグの縦線が同色の螺状線と交わってできる網目状の模様がある。

科	ガクフボラ科／ヒタチオビガイ科 Volutidae
貝殻の大きさ	76 ～ 146mm
地理的分布	西太平洋
存在量	少産
生息深度	水深 30 ～ 300m
生息場所	不明
食性	おそらく肉食性で他の軟体動物を食べる
蓋	ない

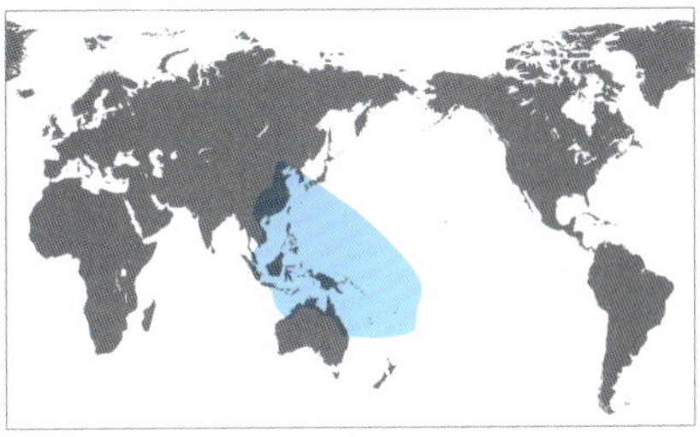

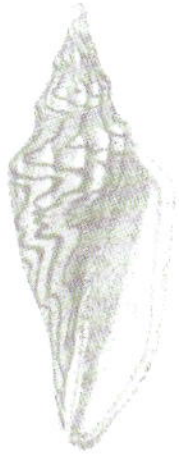

貝殻の大きさ
76 ～ 146mm

写真の貝殻
133mm

Fulgoraria rupestris (Gmelin, 1791)

タイワンイトマキヒタチオビガイ

ASIAN FLAME VOLUTE

タイワンイトマキヒタチオビガイは、深所に生息しており、かつては台湾沖のトロール漁で得られていた。現在は漁船団が他の場所に移って操業しているため、この貝の殻はめったに得られなくなった。トロール漁者は詳しい記録を残していないため、本種の生息環境はよくわかっていない。他のガクフボラ類と同じく肉食性で、おそらく他の軟体動物を食べると思われるが、生態もほとんどわかっていない。イトマキヒタチオビガイ属 *Fulgoraria* の貝は 25 種ほどが知られ、その大多数は日本と中国の沖合に生息する。

近縁種

日本および台湾に生息するイトマキヒタチオビガイ *Fulgoraria hamillei* (Crosse, 1869) は、殻の形や大きさがタイワンイトマキヒタチオビガイに似るが、縫合はより深く明瞭で、外唇縁にはぎざぎざがない。日本に産するニクイロヒタチオビガイ *Fulgoraria hirasei* (Sowerby III, 1912) は、タイワンイトマキヒタチオビガイより大きな紡錘形の殻をもち、その殻表には強い縦肋があり、細い螺溝が刻まれる。殻口はやや広く、長さは殻長の半分ほどである。

実物大

タイワンイトマキヒタチオビガイの殻は硬くて厚く、形は紡錘形。螺塔はやや高く、その先端には乳頭状の大きな胎殻があり、螺層は角張る。次体層には 14 本ほどの縦肋が並ぶが、体層では縦肋は不明瞭になる。体層の殻表には細い螺溝が刻まれる。殻口は長く、外唇は肥厚し、その外縁はほぼまっすぐで鋸歯状のぎざぎざがある。軸唇には 7 ～ 9 本の軸襞が並ぶ。殻の色はクリーム色がかった白から小麦色で、ジグザグになった褐色の炎模様が入る。殻口内は白から薄いピンク。

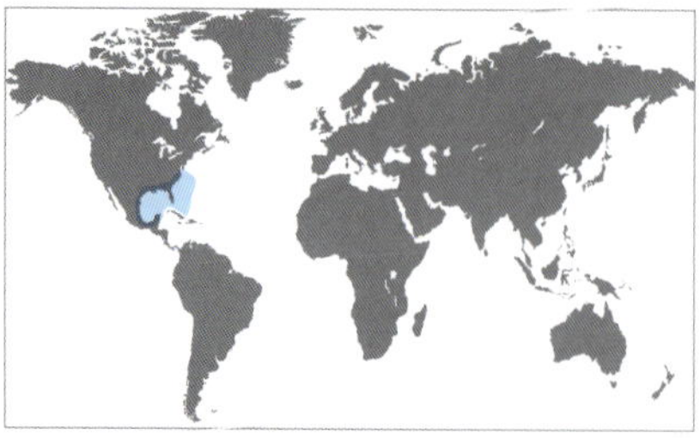

科	ガクフボラ科／ヒタチオビガイ科　Volutidae
貝殻の大きさ	64 ～ 155mm
地理的分布	合衆国ノースカロライナ州からフロリダキーズにかけての大西洋沿岸およびメキシコ湾
存在量	少産で、完全な殻は希少
生息深度	水深 20 ～ 90m
生息場所	砂底
食性	肉食性で他の軟体動物を食べる
蓋	ない

貝殻の大きさ
64 ～ 155mm

写真の貝殻
147mm

Scaphella junonia (Lamarck, 1804)

リュウグウボラ

JUNONIA

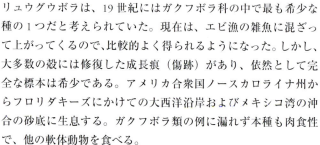

リュウグウボラは、19 世紀にはガクフボラ科の中で最も希少な種の 1 つだと考えられていた。現在は、エビ漁の雑魚に混ざって上がってくるので、比較的よく得られるようになった。しかし、大多数の殻には修復した成長痕（傷跡）があり、依然として完全な標本は希少である。アメリカ合衆国ノースカロライナ州からフロリダキーズにかけての大西洋沿岸およびメキシコ湾の沖合の砂底に生息する。ガクフボラ類の例に漏れず本種も肉食性で、他の軟体動物を食べる。

実物大

近縁種

そのいくつかは、広範囲に分布するカノコリュウグウボラ *Scaphella dohrni* (Sowerby III, 1903) の形態型が別種として区別されているのかもしれないが、リュウグウボラが含まれる *Scaphella* 属には約 10 種と、いくつかの亜種が知られる。そのうちアメリカ合衆国南東部とメキシコ湾に分布するものにはリュウグウボラの他に、斑紋のある細長い殻をもつワダツミリュウグウボラ *Scaphella dubia* (Broderip, 1827) や、金色あるいは薄いピンクの地に白っぽい螺帯の入った細長い殻をもつシマリュウグウボラ *Scaphella gouldiana* (Dall, 1887) がいる。

リュウグウボラの殻は紡錘形で硬く、大きい。螺塔は高く、縫合は明瞭。胎殻は 1.5 ～ 2 層の螺層をもち、表面は滑らか。後生殻には螺層が 5 層あり、殻表には弱い縦肋があるが、体層と次体層は縦肋が不明瞭で、殻表はほぼ滑らか。殻の色はクリーム色から薄い黄色で、長方形の褐色紋が螺状列をなして並ぶ。殻口は長く、軸唇に 4 本の軸襞を備える。軸唇と外唇はクリーム色。殻口内面は薄いピンクを帯びる。

科	ガクフボラ科／ヒタチオビガイ科　Volutidae
貝殻の大きさ	100〜360mm
地理的分布	セネガルからギニア湾にかけてのアフリカ西岸
存在量	ふつう
生息深度	潮下帯浅部
生息場所	砂底
食性	肉食性で他の軟体動物を食べる
蓋	ない

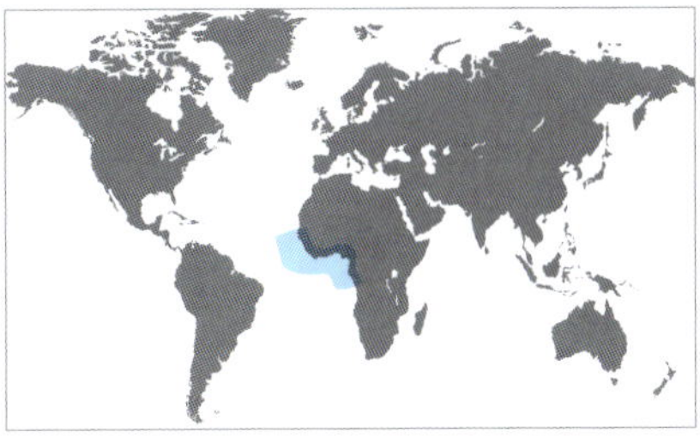

貝殻の大きさ
100〜360mm

写真の貝殻
215mm

Cymbium glans (Gmelin, 1791)

ガネサボラ

ELEPHANT'S SNOUT VOLUTE

西アフリカには12種ほどの*Cymbium*属の貝が知られるが、ガネサボラはその中で最大である。それらの種はみな殻頂の丸い円筒状の殻をもち、大なり小なり殻が膨らんでいる。ガクフボラ類は直接発生で、卵は卵嚢の中で稚貝にまで育ち、そこから這い出してくる。本属の貝は浅海の砂底や泥底に棲み、他のガクフボラ類と同じく肉食性で、筋肉に富む大きな足を使って他の軟体動物をしっかり押さえ込んで食べる。

近縁種

オキナハッカイボラ *Cymbium cucumis* Röding, 1798 とナツメヤシガイ *Cymbium pepo* (Lightfoot, 1786) は、ともにアフリカ中西部の沖合に生息する。前者はガネサボラに似るが、より小さく、もっと細長い円筒形の殻をもつ。後者の殻は大きくて背が低く、非常に大きく膨らんでいて、殻口も非常に広い。地中海およびアフリカ北西部の大西洋沿岸に分布するモロッコボラ *Cymbium olla* (Linnaeus, 1758) は、ナツメヤシガイよりも殻が小さく、殻の膨らみも小さい。また、螺塔が低く、殻頂が滑らかである。

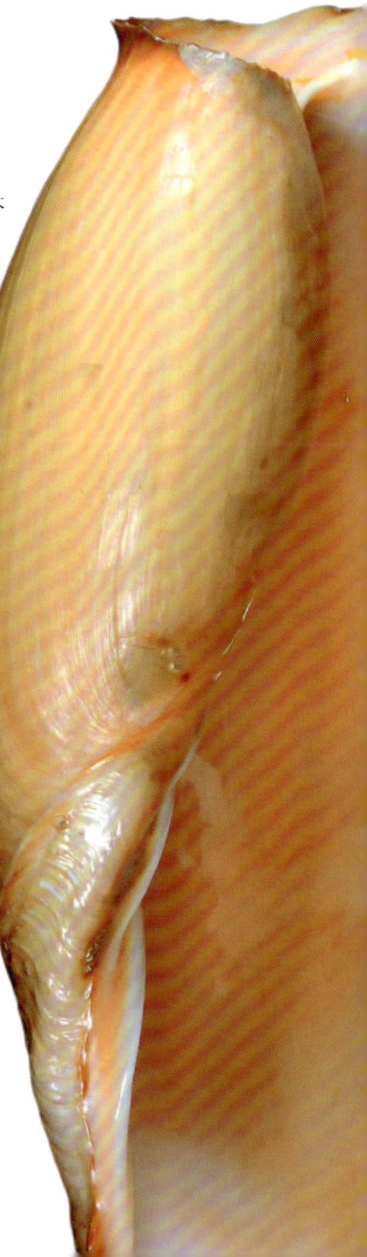

実物大

ガネサボラの殻は薄くて軽いが、頑丈で大きく、形は円筒形に近い楕円体。螺塔は体層の中に沈み込んでいて、殻頂は丸い。体層は非常に大きい。殻口は殻とほぼ同じ長さで、真ん中が最も幅広い。殻表は滑らかで細い成長線が見られる。小さな疣状隆起が所どころに散在する殻もある。外唇は薄く滑らかで、軸唇には4本の軸襞がある。殻の色はクリーム色からオレンジがかった茶色で、殻口内はオレンジ。

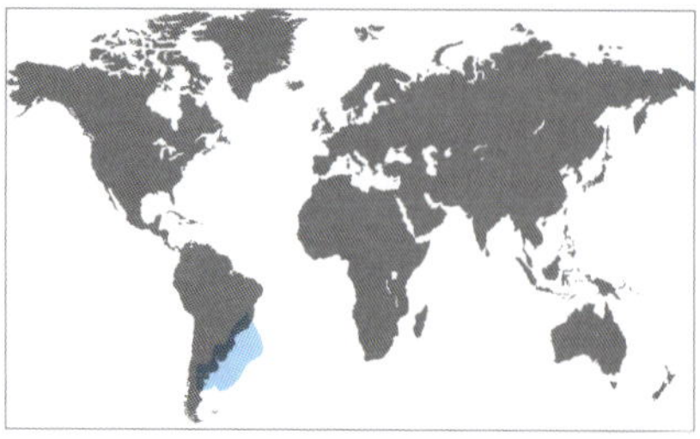

科	ガクフボラ科／ヒタチオビガイ科　Volutidae
貝殻の大きさ	100 ～ 270mm
地理的分布	ブラジルのリオデジャネイロ州からアルゼンチン中部まで
存在量	ふつう
生息深度	水深 15 ～ 200m
生息場所	砂や泥の積もった所
食性	肉食性で軟体動物を食べる
蓋	ない

貝殻の大きさ
100 ～ 270mm

写真の貝殻
221mm

Zidona dufresnei (Donovan, 1823)

ヒシメロンボラ

ANGULAR VOLUTE

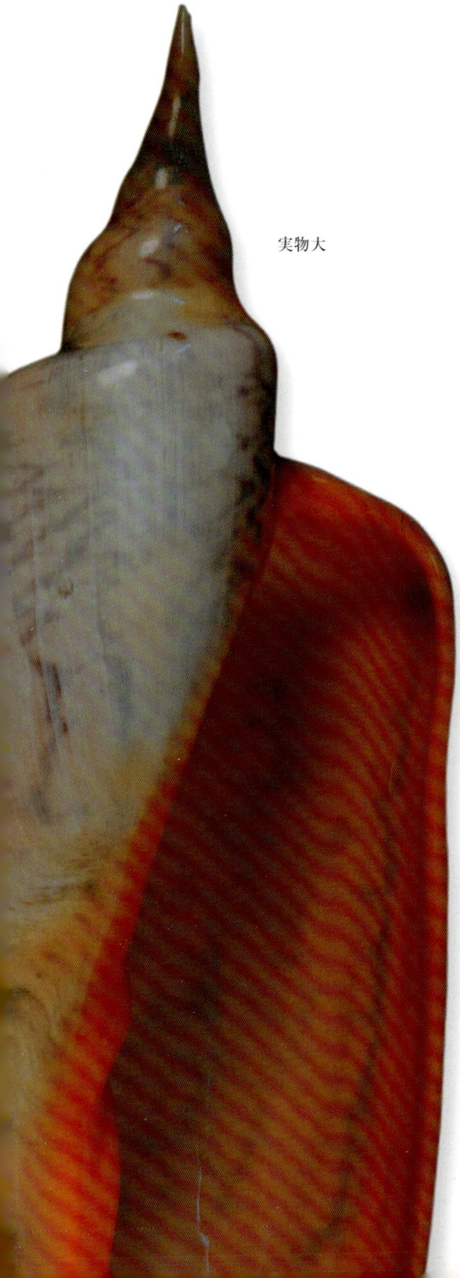

実物大

ヒシメロンボラは、肩が大きく角張った独特な殻をもつ貝で、なかには殻頂に長い突起のついた殻をもつものもいる。殻の形や大きさは変異に富み、少数の亜種が記載されている。外套が大きく、殻を包んでいるため、殻表には釉薬（ゆうやく）をかけられたような光沢がある。二枚貝類を食べ、ダーウィンニシキ *Chlamys tehuelchus* (d' Orbigny, 1846) が群棲している沖合の海底でよく見つかる。ヒシメロンボラは食用になり、商業漁業の対象となっている。

近縁種

ブラジル南部から南極にかけて生息するナデガタナンキョクメロンボラ *Zidona palliata* Kaiser, 1977 の殻は細長く、ヒシメロンボラの殻より小さくて薄い。ドミニカ共和国からベネズエラにかけて分布するガクフボラ *Voluta musica* Linnaeus, 1758 は、殻が厚くて重く、螺状線と縦筋の入った殻の模様が楽譜を連想させる。

ヒシメロンボラの殻は大きくて分厚く、表面に光沢があり、紡錘形。螺塔は高く、殻頂部は滑層で覆われる。殻頂部には、長くて先端が尖ったもの、まっすぐなものや湾曲したものがあり、さらに数は少ないが、先端が分かれてＹ字状になったものもある。螺層は角張り、その側面はほぼまっすぐ。殻口は長く、長方形に近い。殻表は滑らかで、釉薬をかけられたような光沢があり、色は黄みを帯びたオレンジで、赤褐色のジグザグ模様がある。殻口内は鮮やかなオレンジまたは淡いオレンジである。

科	ガクフボラ科／ヒタチオビガイ科 Volutidae
貝殻の大きさ	100 ～ 228mm
地理的分布	南アフリカ
存在量	ふつう
生息深度	水深 60 ～ 450m
生息場所	泥底
食性	肉食性で他の軟体動物を食べる
蓋	角質で細長い楕円形、端に核がある

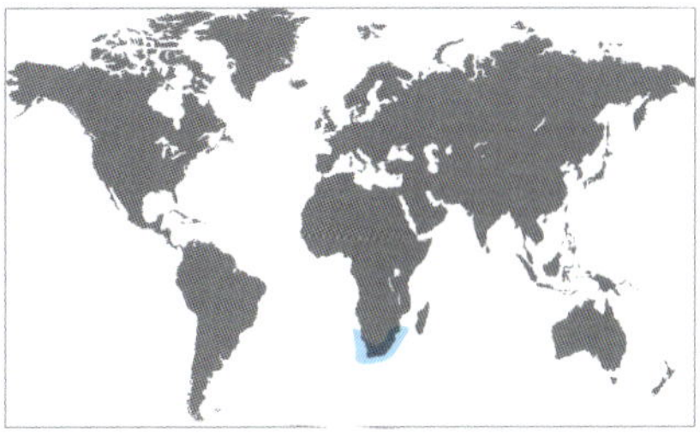

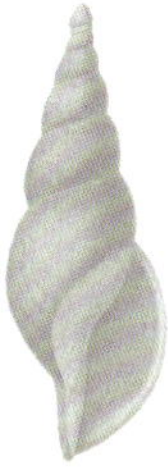

貝殻の大きさ
100 ～ 229mm

写真の貝殻
229mm

Neptuneopsis gilchristi Sowerby III, 1898

タケノコボラ

GILCHRIST'S VOLUTE

タケノコボラは、よく知られた大型の深海産巻貝で、収集家に人気がある。ガクフボラ類、タカラガイ類、イモガイ類をはじめ多くの軟体動物に南アフリカ固有種が知られるが、本種もその1つである。アフリカ大陸南端という地理的位置とその沿岸に上がってくる湧昇流の影響で、軟体動物だけでなく他の海産動物や海産植物でも、南アフリカ産の種、とくに深海産の種には固有種が多い。

近縁種

タケノコボラは *Neptuneopsis* 属の唯一の種である。他属の種で近縁だと考えられているものには、例えばフィリピンに産するスミスワタゾコボラ *Calliotectum smithi*（Bartsch, 1942）がある。この貝の殻は大きく、細長い紡錘形で、螺塔の螺層には殻表に縦肋がある。ブラジルからアルゼンチンにかけて生息するヒシメロンボラ *Zidona dufresnei*（Donovan, 1823）は、体層が角張った光沢のある大きな殻をもつ。この貝の胎殻の上には小突起がある。

タケノコボラの殻は大きいが軽く、紡錘形。螺塔は高く、胎殻は2層の螺層からなり、丸く膨らんでいて大きい。後生殻には6、7層の殻表の滑らかな膨らんだ螺層があり、縫合はぎざぎざしている。殻口は広く、半円形。軸唇は滑らかで、水管溝は短い。殻の色は薄いピンクで、緑がかった褐色の薄い殻皮に覆われる。殻口内は薄いピンクから小麦色。

実物大

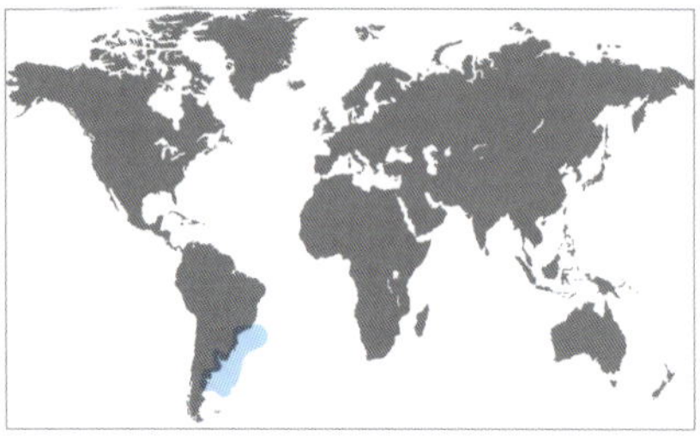

科	ガクフボラ科／ヒタチオビガイ科　Volutidae
貝殻の大きさ	150 ～ 505mm
地理的分布	ブラジル南部からアルゼンチンにかけて
存在量	少産
生息深度	水深 40 ～ 75m
生息場所	砂底や泥底
食性	肉食性で他の巻貝などを食べる
蓋	角質で細長い

貝殻の大きさ
150 ～ 505mm

写真の貝殻
332mm

Adelomelon beckii (Broderip, 1836)

テングボラ

BECK'S VOLUTE

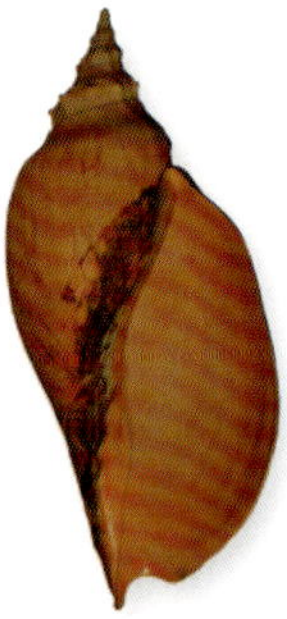

テングボラは、南大西洋では最大の巻貝で、世界全体で見ても最大級の巻貝の 1 つである。比較的浅い海域の砂底や泥底のトロール漁で得られる。殻の形態が変異に富むため、いくつかの形態型が記載されている。ガクフボラ類の例に漏れず、本種も肉食性で、他の軟体動物をはじめとする無脊椎動物を食べる。本種の胃内容物の調査では、ヒシメロンボラ（下記参照）などの他種のガクフボラ類の歯舌も見つかっている。テングボラは大きな足をもち、その大きな足を殻の中に完全に引っ込めることができる。

近縁種

同じくブラジル南部からアルゼンチン南部まで分布するリオスメロンボラ *Adelomelon riosi* Clench and Turner, 1964 は、テングボラに似た殻をもつが、より小型で、螺塔の螺層はより大きく膨らみ、殻表は滑らかである。ヒシメロンボラ *Zidona dufresnei* (Donovan, 1823) もブラジルからアルゼンチンにかけての大西洋岸に生息するが、体層の肩が角張った紡錘形のつやつやした殻をもつ。ヒシメロンボラの胎殻には、殻頂（胎殻の上）に突起がある。

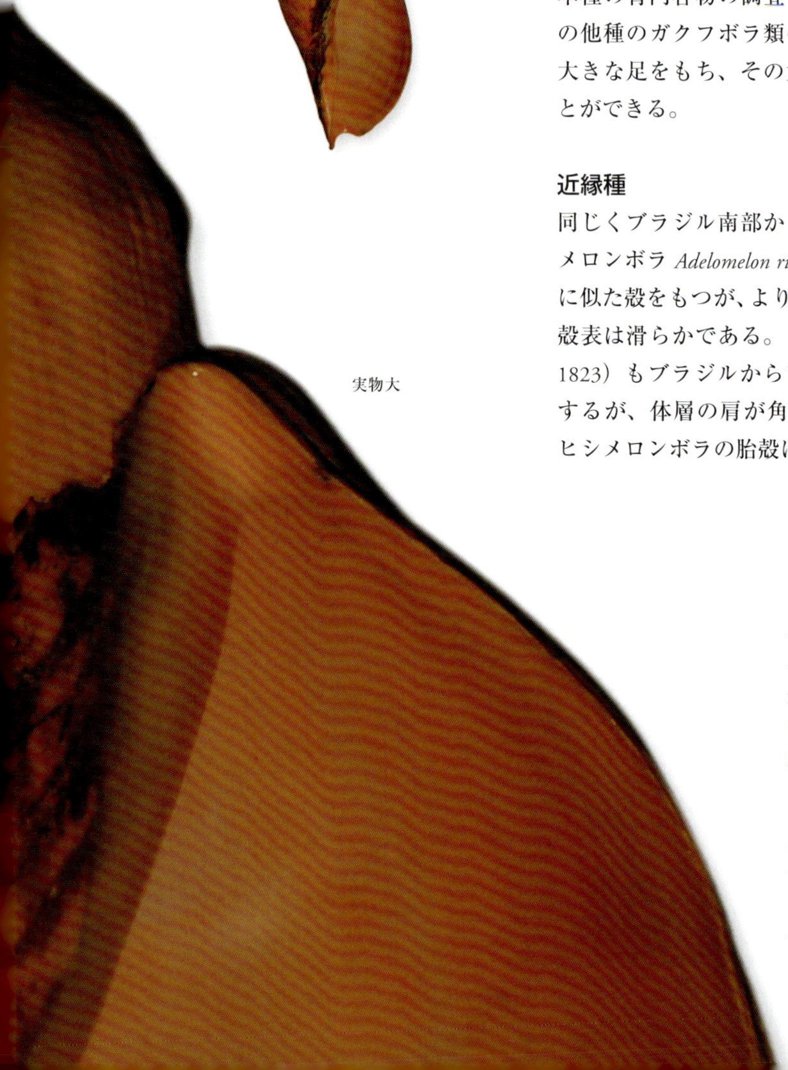

実物大

テングボラの殻は非常に大きく、紡錘形で、ほっそりしたものからやや膨らんだものまである。螺塔は高く先端が尖る。螺層の肩には瘤が並び、瘤は体層より初期の螺層でより顕著なことが多い。胎殻は乳頭状。殻口は大きく、殻長の約半分の長さがあり、披針形。殻の色はオレンジから薄いピンクで、褐色のジグザグの縦線が並ぶ。褐色の厚い殻皮が殻を覆っているが、殻皮は剥がれ落ちやすい。殻口と滑層楯は鮮やかなオレンジからピンクだが、殻が古くなると色褪せてそこがクリーム色になる。

科	ガクフボラ科／ヒタチオビガイ科　Volutidae
貝殻の大きさ	125 ～ 515mm
地理的分布	オーストラリアからパプアニューギニアおよびインドネシアにかけて
存在量	ふつう
生息深度	潮下帯浅部から水深 10m
生息場所	砂底や泥底
食性	肉食性で他の軟体動物を食べる
蓋	ない

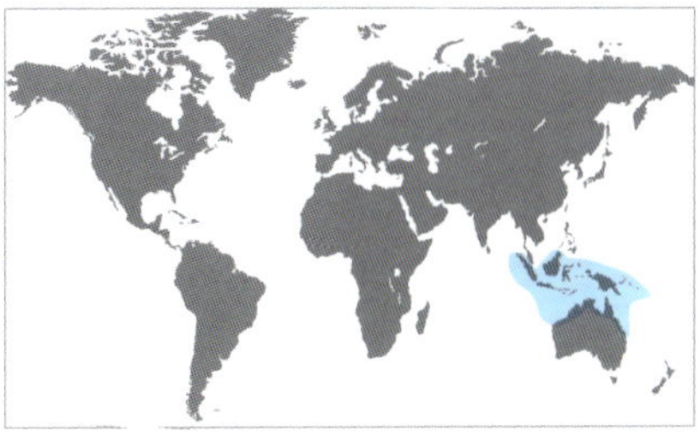

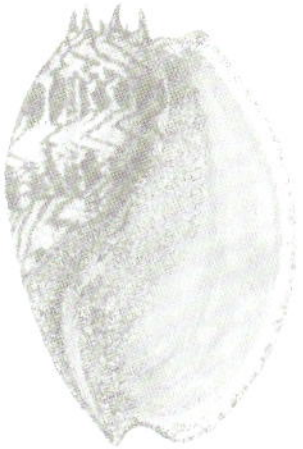

貝殻の大きさ
125 ～ 515mm

写真の貝殻
514mm

Melo amphora (Lightfoot, 1786)

イナズマツノヤシガイ

GIANT BALER

イナズマツノヤシガイは、世界最大の巻貝の1つで、その殻は容積が大きい。そのため、水を運んだりカヌーから水をくみ出したりする道具として、また、装飾用の容器として、原住民によく殻が利用されている。その身は大きさ、質とも食用として高く評価されている。筋肉に富む巨大な足をもち、完全に伸びた状態では足の長さは殻長の2倍近くになり、足の色が一様に褐色で模様のないものと、クリーム色の斑紋のあるものがいる。足は、餌の軟体動物を食べる間、それをしっかり捕まえておくのに使われる。食欲旺盛な肉食者で、ときに同種の小型個体を食べることがある。

近縁種

ハルカゼガイ属 *Melo* には、他にもハルカゼガイ *Melo melo* (Lightfoot, 1786) など数種が知られる。ハルカゼガイはインド洋から南シナ海まで分布し、イナズマツノヤシガイより小型で、もっと球形に近い殻をもつ。近縁なトゲコオロギボラ属 *Cymbiola* は本属より種数が多く、熱帯西太平洋に生息するトウコオロギボラ *Cymbiola vespertilio* (Linnaeus, 1758) や、フィリピンでは普通種で肩に棘のある殻をもつミヒカリコオロギボラ *Cymbiola imperialis* (Lightfoot, 1786) などを含む。

実物大

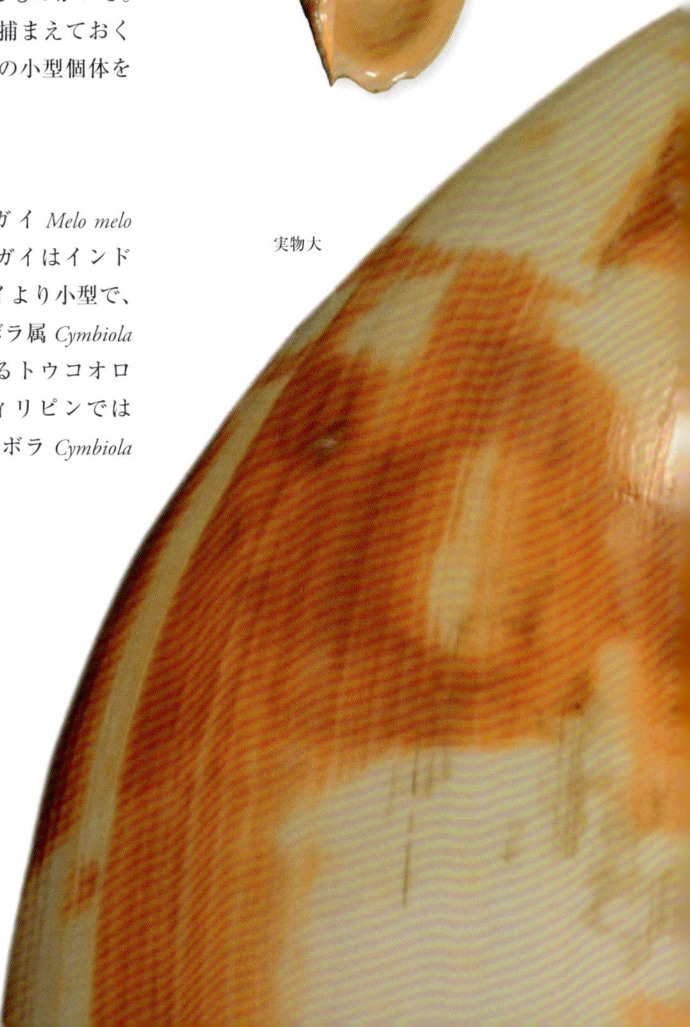

イナズマツノヤシガイの殻は非常に大きく、球状に膨らみ、卵形。螺塔は低くて丸く、体層の肩に並んだ棘が王冠のようにそれを取り囲んでいる。体層は膨らみ、殻表には多数の成長線が並ぶ。殻口は広く披針形で、長さは殻長とほぼ同じ。軸唇には斜めになった軸襞が3本ある。殻の色はオレンジから白までさまざまで、褐色からオレンジの不規則な縦縞模様があり、しばしば褐色斑が並んだ2本の螺帯も入る。殻口内には光沢があり、色はクリーム色からピンクがかったオレンジ。

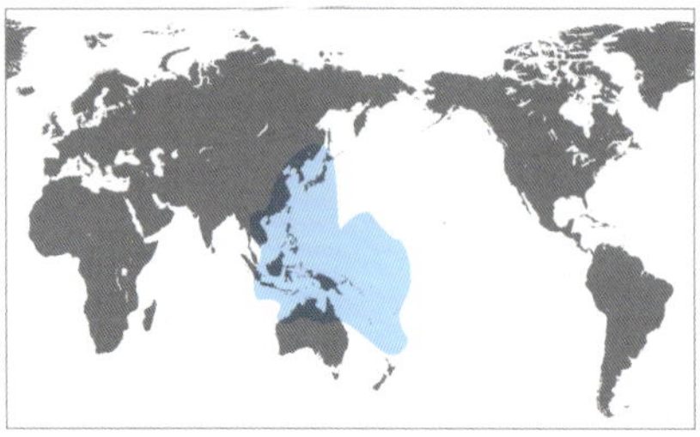

科	マクラガイ科　Olividae
貝殻の大きさ	10 ～ 30mm
地理的分布	熱帯西太平洋
存在量	ふつう
生息深度	潮間帯から水深 20m
生息場所	砂底
食性	肉食性
蓋	ない

貝殻の大きさ
10 ～ 30mm

写真の貝殻
19mm

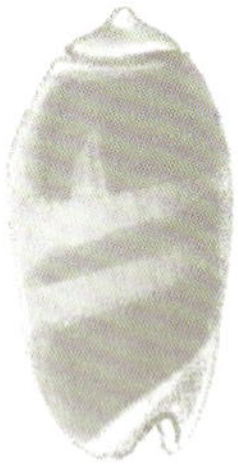

Oliva carneola (Gmelin, 1791)

ヒナマクラガイ

CARNELIAN OLIVE

ヒナマクラガイは、小型のマクラガイで熱帯西太平洋産の普通種である。日本から西はインドネシア、南はメラネシアやポリネシアの島々まで分布する。潮間帯から潮下帯浅部にかけての砂底で、砂に埋もれた状態で見つかる。殻は形と色が非常に変異に富むが、殻口に非常に厚い外唇を備え、オレンジの螺帯の入った殻をもつものが多い。他のマクラガイ類と同じく肉食性巻貝で、夜間に活動し、餌となる無脊椎動物を探し出して食べる。

近縁種

インド洋東部からニューカレドニアにかけて生息するルリグチマクラガイ *Oliva tessellata* Lamarck, 1811 は、殻の大きさと形がヒナマクラガイに似るが、ルリグチマクラガイの殻はクリーム色あるいは淡黄褐色で紫がかった褐色の斑点が散在し、殻口内はすみれ色に染まる。紅海から西太平洋にかけて分布するセキトリマクラガイ *Oliva bulbosa* (Röding, 1798) も似た殻をもつが、より大きくなる。セキトリマクラガイの殻の色は非常に変異に富む。

実物大

ヒナマクラガイの殻は小さく、厚くて頑丈で光沢があり、輪郭は細長い楕円形。螺塔は低く先端が尖り、厚い滑層に覆われる。縫合は深く溝状。殻表は滑らかで光沢がある。殻口は狭くて長く、外唇は非常に厚い。軸唇は白い滑層に覆われ、その上に襞が並ぶ。殻の色は非常に変異に富むが、象牙色の地にオレンジあるいは褐色の螺帯か、褐色のジグザグ模様が入るものが多く、殻口内はたいてい白い。

科	マクラガイ科 Olividae
貝殻の大きさ	20 ～ 32mm
地理的分布	インド西太平洋
存在量	少産
生息深度	潮間帯から水深 20m
生息場所	サンゴ礁周辺の砂地
食性	肉食性
蓋	ない

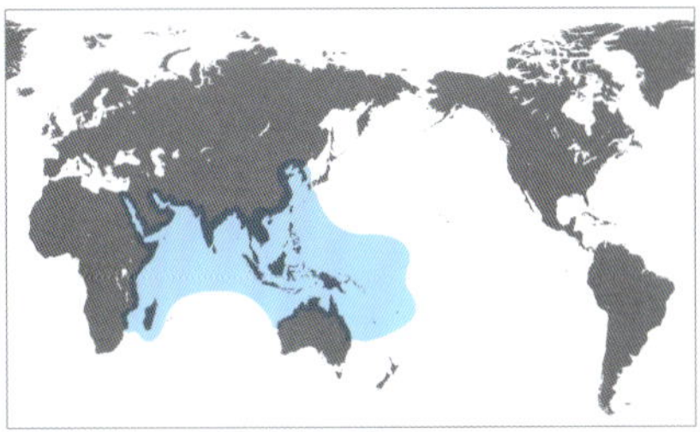

貝殻の大きさ
20 ～ 32mm

写真の貝殻
30mm

Oliva tessellata Lamarck, 1811

ルリグチマクラガイ

TESSELLATE OLIVE

ルリグチマクラガイは、小さいながら識別の容易な種で、マクラガイ科の中では数少ない斑点模様をもつ種の1つである。どの殻も模様はかなり似通っている（たまに、斑点をつなぐように線が入っている殻もある）が、殻の形は変異に富み、ほっそりした殻もあれば、幅広の太い殻もある。潮間帯から沖合のサンゴ礁周辺の砂地に棲む。軟体部は白く、筋肉質の大きな足には褐色斑が散在する。

近縁種

東アフリカからセーシェルにかけて分布する *Oliva maculata* Duclos, 1835 も斑点模様のある殻をもつが、この貝の殻はルリグチマクラガイの殻より大きくて細長く、もっと多くの斑点があり、斑点の色は灰色である。バハカリフォルニアからペルーにかけての太平洋沿岸に生息するワライマクラガイ *Oliva incrassata* (Lightfoot, 1786) の殻は、非常に分厚くて重く、肩が肥厚し、外唇が角張る。

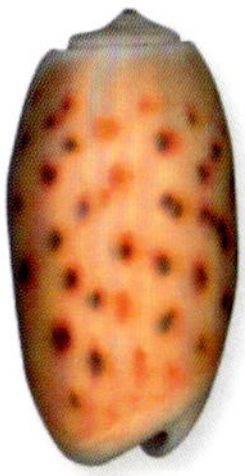

実物大

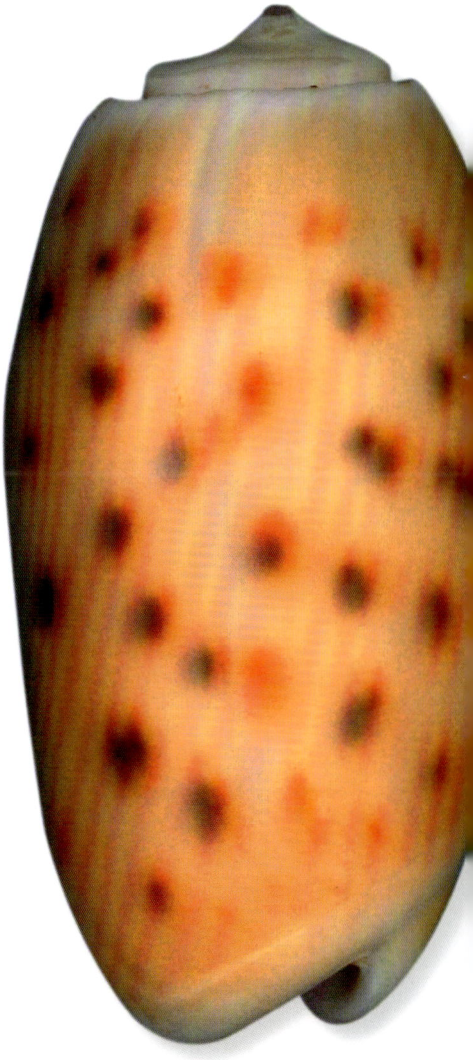

ルリグチマクラガイの殻は小さく、厚くて頑丈で、やや膨らみ、形は楕円体に近い円筒形。螺塔は低く、その螺層側面はへこみ、縫合は深く溝状。殻頂は尖り、滑層に覆われる。殻表は滑らかで光沢がある。体層の側面は膨らみ、殻幅は殻長の約半分である。殻口は狭く、外唇は厚くて滑らか。軸唇には低い襞が並ぶ。殻の色はベージュから薄い黄色で、紫がかった茶色のぼやけた斑点が散在する。殻口内はすみれ色。

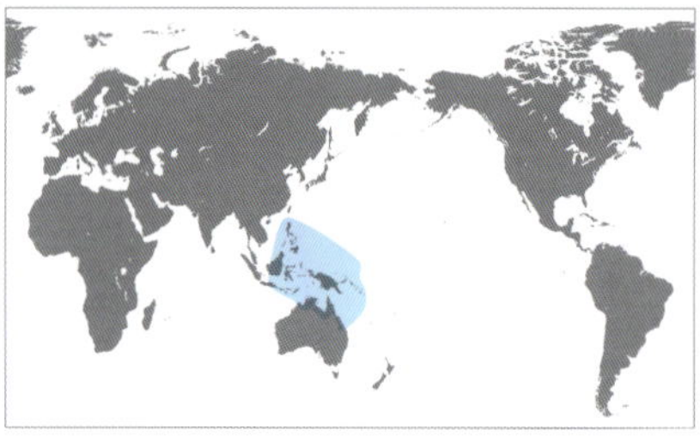

科	マクラガイ科　Olividae
貝殻の大きさ	25 ～ 40mm
地理的分布	フィリピンからメラネシアにかけて
存在量	ふつう
生息深度	水深 25 ～ 45m
生息場所	砂底
食性	肉食性
蓋	ない

貝殻の大きさ
25 ～ 40mm

写真の貝殻
33mm

Oliva rufula Duclos, 1835

イレズミマクラガイ

RUFULA OLIVE

イレズミマクラガイの殻は小型から中型で、厚く、楕円体に近い円筒形。螺塔は低く、先端が尖り、縫合は深く溝状。殻は前端に向かって次第に細くなり、その側面はわずかに膨らむ。殻表は滑らかで光沢があり、軸唇の近くに殻口に平行に走る浅い溝が並ぶ。殻口は狭く、外唇は厚くて滑らかで、軸唇には多数の小さな襞がある。殻表の色は淡黄褐色で、濃褐色あるいは灰色の山形模様が入る。殻口内は白い。

イレズミマクラガイは、楕円体に近い円筒形の小さな殻をもち、殻の色模様が独特なので、他のマクラガイ類と容易に区別できる。殻の形態が変異に富むイロガワリマクラガイ *Oliva vidua*（Röding, 1798）には、イレズミマクラガイに殻形の似たものがいるが、たいていはイレズミマクラガイより大きく、殻に濃色の筋模様をもつか、模様がなくほぼ単色かである。イロガワリマクラガイと同様、本種の殻表には殻口に平行に走る浅い溝が見られる。マクラガイ類は砂中に棲み、水管を砂の上に出して砂底の表面近くを這い回って餌を探す。大多数の種は肉食性だが、腐肉も食べる種もいる。

近縁種

イレズミマクラガイに似た地理的分布を示すジグザグマクラガイ *Oliva rufofulgurata* Schepman, 1904 は、イレズミマクラガイより小さいが、殻の形はやはり楕円体に近い円筒形で、色模様も何となく似ている。しかし地色はクリーム色で、淡褐色のジグザグ模様がイレズミマクラガイのものより細い。メキシコ西岸からペルーにかけての太平洋沿岸に生息するアデヤカマクラガイ *Oliva splendidula* Sowerby I, 1825 は、やはり楕円体に近い円筒形の殻をもつが、螺状の色帯と小さなテント形の斑紋をあわせもつ。

実物大

科	マクラガイ科 Olividae
貝殻の大きさ	27 〜 58mm
地理的分布	ペルーからチリにかけて
存在量	ふつう
生息深度	潮下帯浅部
生息場所	砂底
食性	肉食性
蓋	ない

貝殻の大きさ
27 〜 58mm

写真の貝殻
39mm

Oliva peruviana Lamarck, 1811

ペルーマクラガイ

PERUVIAN OLIVE

ペルーマクラガイは、よく知られた貝で、ペルーからチリ南部までの太平洋沿岸に生息する。外唇に角がある幅広い殻をもつため、容易に識別できる。殻の形や色にさまざまな変異が知られ、これらの殻の特徴に基づいていくつかの亜種や形態型が記載されている。例えば、非常に角張った殻をもつものは、*Oliva peruviana* form *coniformis* として区別されている。ペルーマクラガイは浅海に生息する。また、更新世の地層から化石がよく見つかる。チャールズ・ダーウィンもビーグル号による航海調査の際にチリでこの貝の化石をいくつか採集している。

ペルーマクラガイの殻は中型で厚くて重く、楕円体に近い円筒形。螺塔は低く縫合は溝状で、殻頂は尖る。殻の側面は膨らみ、殻形はより楕円体に近いものから、体層の肩が角張り円錐形に近くなったものまで変異が見られる。殻口は比較的広く、外唇は厚くて滑らかで，軸唇には数本の小さな襞がある。殻の色も変異に富むが、多くは淡いクリーム色か青みを帯びた灰色で、赤褐色の斑点あるいは筋模様が入る。殻口内は白い。

近縁種

ハワイ諸島に産する *Oliva nitidula sandwicensis* Pease, 1860 の殻は、形がペルーマクラガイの殻に似ているが、螺塔がより高く、たいていより小型である。また、ジグザグの縞模様はない。熱帯西太平洋に生息するヒナマクラガイ *Oliva carneola* (Gmelin, 1791) は、厚い外唇を備えた小さなずんぐりした殻をもつ。この貝の殻はたいてい色が薄く、螺状の色帯がある。

実物大

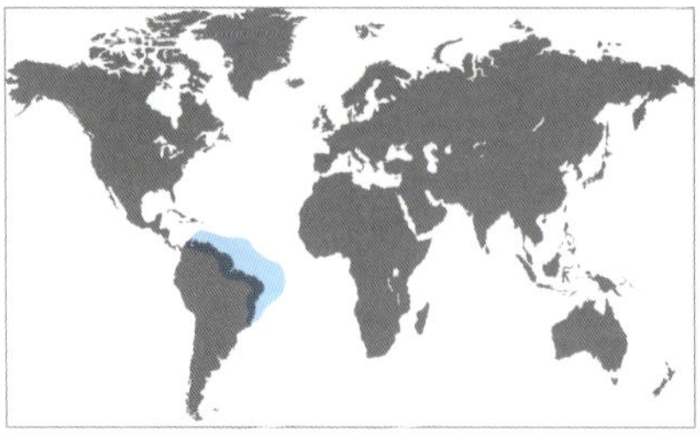

科	マクラガイ科　Olividae
貝殻の大きさ	25 ～ 55mm
地理的分布	ベネズエラからブラジル北東部にかけて
存在量	少産
生息深度	水深 6 ～ 65m
生息場所	砂底
食性	肉食性
蓋	角質で薄い

貝殻の大きさ
25 ～ 55mm

写真の貝殻
42mm

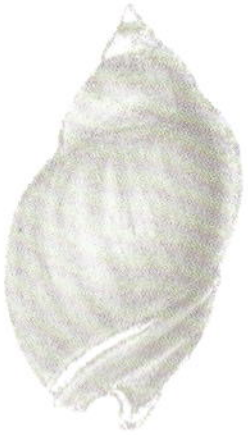

Ancilla lienardi (Bernardi, 1859)

ヒメコガネリュウグウボタルガイ

LIENARD'S ANCILLA

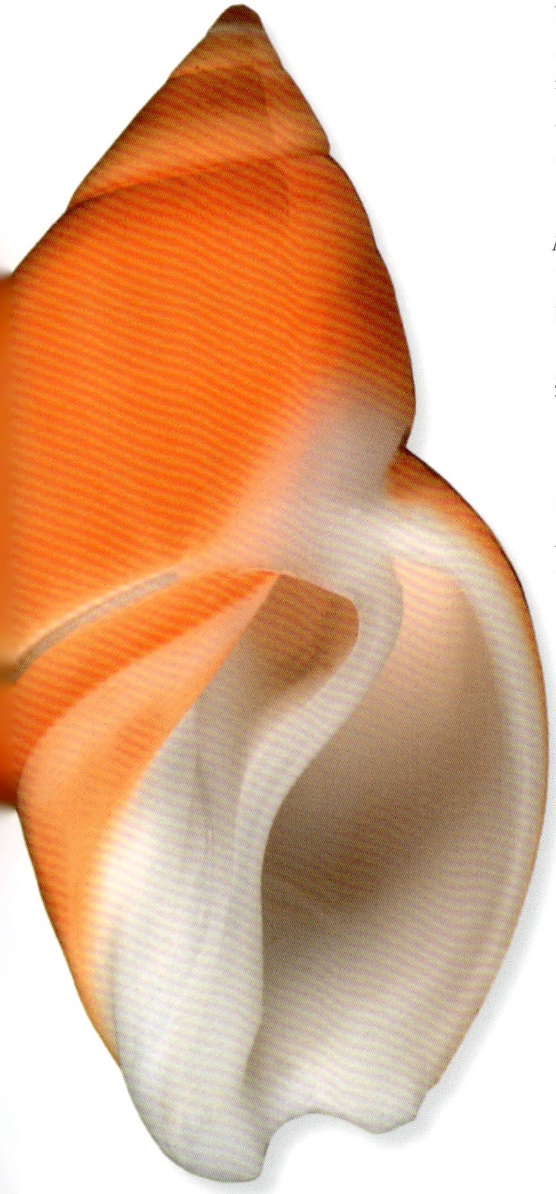

ヒメコガネリュウグウボタルガイは、縫合が溝状で殻の色が金色を帯びた明るいオレンジの非常に特徴的な殻をもつ。ブラジルの北東部ではふつうに見られ、この海域に固有の種であると考えられていた。しかし、数は多くないが、ずっと北のベネズエラまで生息している。ブラジルでは、軟体動物を食べる魚類の胃からしばしば見つかり、*ex pisces*（魚から見つかったもの）として知られていた。実際に生息場所が発見されるまで、*ex pisces* としてのみ知られる貝は少なくない。ヒメコガネリュウグウボタルガイの場合は、現在は、沖合の砂底や石灰藻の生えた海底に生息していることがわかっている。

近縁種

オーストラリア固有種のスソオビホタルガイ *Ancillista cingulata* (Sowerby I, 1830) は、おそらくホタルガイ類中最大の貝で、殻長 100mm に達する。ソマリアからタンザニアにかけて生息する *Ancilla aperta* (Sowerby I, 1825) の殻は、ずっと薄くて軽く、螺塔が低い。

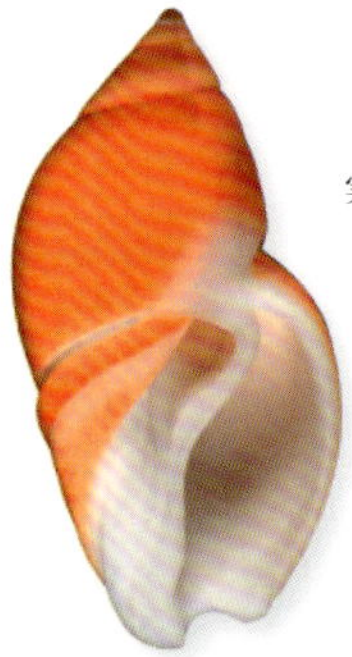

実物大

ヒメコガネリュウグウボタルガイの殻は中型で、厚くて重く、光沢があり、卵形に近い紡錘形。螺塔はやや高く、殻頂は丸く、縫合は溝状で明瞭。殻表は滑らかで、体層の前半部（下半分）に白い螺溝が 1 本ある。臍孔は深い。殻口は幅広く、外唇は滑らかで厚く、軸唇はへこみ、表面は滑らか。殻の色はたいてい一様に金色を帯びた明るいオレンジだが、淡い黄色のものや稀に白いものもある。殻口内は白い。

科	マクラガイ科　Olividae
貝殻の大きさ	30 〜 70mm
地理的分布	ブラジル中部からアルゼンチンにかけて
存在量	ふつう
生息深度	水深 5 〜 50m
生息場所	砂底
食性	肉食性で他の軟体動物を食べる
蓋	ない

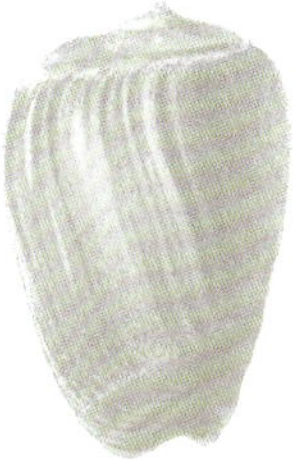

貝殻の大きさ
30 〜 70mm

写真の貝殻
44mm

Olivancillaria urceus（Röding, 1798）

ハコマクラガイ

BEAR ANCILLA

ハコマクラガイは、*Olivancillaria* 属の貝の中で最も大きく、最も重い。本属には数種が含まれるが、すべてが南アメリカに固有で、多くはブラジルからアルゼンチンにかけて生息する。ハコマクラガイは潮下帯浅部から沖合にかけての砂底に棲む普通種で、身はタンパク質を多く含み、食用に漁獲される。他のマクラガイ類と同様、他の軟体動物を食べる。

近縁種

ブラジル南部からアルゼンチンにかけて生息するククリマクラガイ *Olivancillaria vesica auricularia*（Lamarck, 1811）は、中型でずんぐりとした幅広い殻をもつ。この貝の殻口はとても広く、外唇は耳状である。ベネズエラからブラジル北東部まで分布するヒメコガネリュウグウボタルガイ *Ancilla lienardi*（Bernardi, 1859）は、光沢のある明るいオレンジあるいは黄色の殻をもつ。

実物大

ハコマクラガイの殻は中型で、厚くて重く、光沢があり、輪郭はやや三角形に近い卵形。螺塔は非常に低く、平たくて幅広く、厚い滑層で覆われる。殻頂は小さくて尖る。縫合は溝状。体層は側面が膨らみ、殻表は滑らかで、細い縦線が並び、軸唇から外唇の角にかけて斜めに 1 本の細い螺溝が走る。殻口は広く、外唇は厚く、軸唇には小さな襞が並ぶ。軸唇の後端付近に非常に大きな瘤状の滑層隆起が発達することがある。殻表の色は灰色がかった褐色で、殻口内は白からオレンジ。

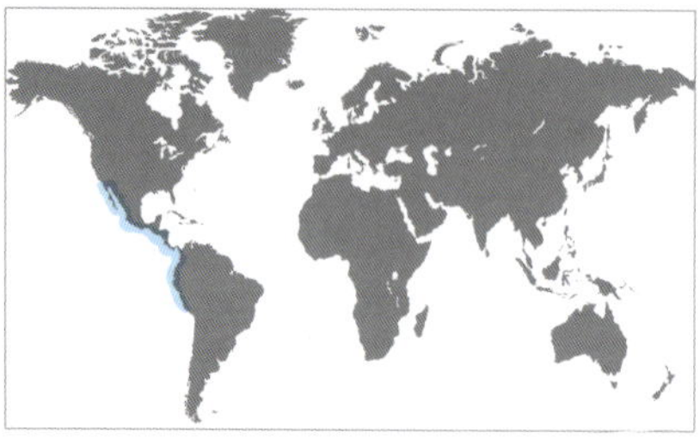

科	マクラガイ科　Olividae
貝殻の大きさ	28 〜 55mm
地理的分布	メキシコ西岸からペルーにかけて
存在量	ふつう
生息深度	潮間帯下部から水深 27m
生息場所	砂底
食性	肉食性
蓋	ない

貝殻の大きさ
28 〜 55mm

写真の貝殻
44mm

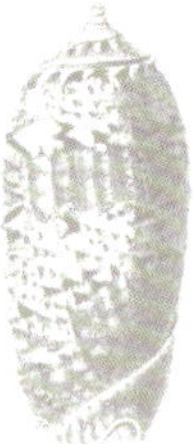

Oliva splendidula Sowerby I, 1825

アデヤカマクラガイ

SPLENDID OLIVE

実物大

アデヤカマクラガイは、メキシコ西岸からペルーにかけての浅海に生息する。マクラガイ類は足の両側の広がった部分で殻を包んでいるため、殻表に光沢がある。また、タカラガイ類と同様に、半透明の炭酸カルシウムの層が貝殻の背に付け足されて殻がだんだん厚くなり、この層の中には色素も含まれているため、殻の模様が立体的になる（大多数の貝では殻の模様は平面的である）。ほとんどのマクラガイ類の殻には 3 層の稜柱層があるが、アデヤカマクラガイの殻には稜柱層が 4 層ある。稜柱層が 1 層多いことは、本種の色模様が複雑なことの原因の 1 つとなっている。

近縁種

インド洋東部からポリネシアにかけて分布するオオジュドウマクラガイ *Oliva sericea*（Röding, 1798）の殻は変異に富む。なかには、殻に螺状の色帯とテント形の模様をもち、アデヤカマクラガイに似ているものもいるが、より殻が大きく、螺塔はもっと低い。カリフォルニア湾からパナマにかけて生息するニシキマクラガイ *Oliva porphyria*（Linnaeus, 1758）は、マクラガイ科最大の種で、殻に大きなテント形の模様がある。

アデヤカマクラガイの殻は中型で厚く、光沢があり、楕円体に近い円筒形。螺塔は比較的高く、縫合は溝状で、殻頂は尖り、くすんだピンクに染まる。殻は、側面がわずかに膨らみ、前端に向かって次第に細くなる。マクラガイ属の貝にしては殻口が比較的幅広い。外唇は厚く滑らかで、軸唇には多くの小さな襞が並ぶ。殻の模様は複雑で、クリーム色の地に 2 本の幅広い褐色螺帯が入り、さらにシナモンブラウンあるいはクリーム色の小さな斑点や三角紋がちりばめられる。外唇は白く、殻口内は黄みを帯びる。

科	マクラガイ科　Olividae
貝殻の大きさ	21 〜 60mm
地理的分布	紅海から南は南アフリカ、西は西太平洋にかけて
存在量	ふつう
生息深度	潮間帯から潮下帯浅部
生息場所	砂底
食性	肉食性
蓋	ない

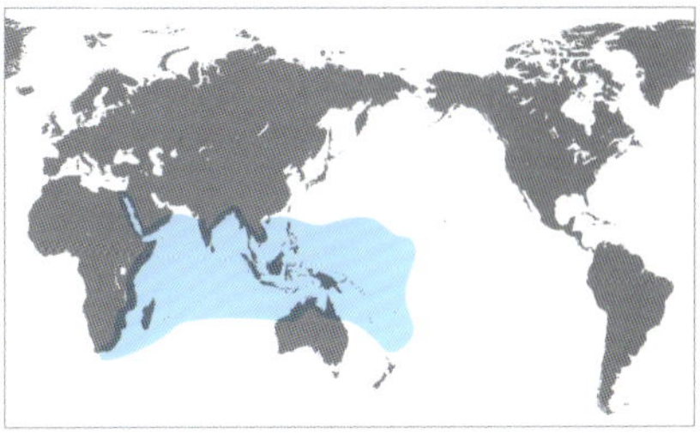

貝殻の大きさ
21 〜 60mm

写真の貝殻
49mm

Oliva bulbosa（Röding, 1798）

セキトリマクラガイ

INFLATED OLIVE

セキトリマクラガイは、殻がかなり膨らんで丸みの強いものが多いので、*bulbosa*（球根のような）という種小名がぴったりである。殻の形や色は変異に富むが、同一集団内では殻の模様は似通っているように思われ、その特徴に基づいていくつもの亜種が記載されている。殻は、その厚さや軸唇に1本のとさか様の隆起部があること、さらに後溝のそばに滑層隆起が見られることなどで他のマクラガイ類と容易に区別できる。マクラガイ属 *Oliva* には約150種が知られる。

実物大

近縁種

インド洋東部から西太平洋にかけて分布するコモンマクラガイ *Oliva bulbiformis* Duclos, 1835 は、セキトリマクラガイより小さく、やや膨らみの弱い殻をもつが、なかにはセキトリマクラガイに似た殻をもつものもいる。しかし、コモンマクラガイの殻には軸唇の上のとさか様の隆起部や後溝のそばの滑層隆起は見られない。南東太平洋に産するペルーマクラガイ *Oliva peruviana* Lamarck, 1811 も円筒形の膨らんだ殻をもつが、この貝の殻は殻頂から1/3ほどのところが最も幅広く、螺塔がセキトリマクラガイよりわずかに高い。

セキトリマクラガイの殻は中型で、厚くて重く、円筒形で殻の中ほどが膨らむ。螺塔は低く、殻口後端近くにある滑層隆起の長さよりも低いことがある。縫合は溝状。殻表は滑らかだが、殻口部には軸唇の基部に数本の小さな襞ととさか状の隆起部がある。殻口はやや広くて長い。外唇は厚いものから非常に厚いものまである。殻の色模様は非常に変異に富み、真っ白いものからオレンジのもの、小さな褐色斑点の入ったもの、不規則な色帯や斑紋の入ったものなどさまざま。殻口内は白い。

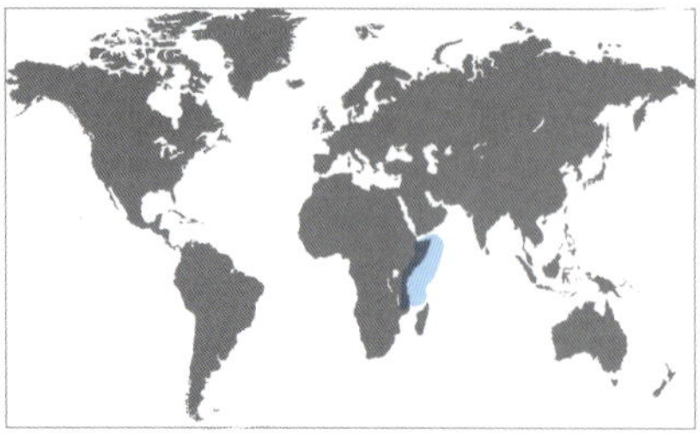

科	マクラガイ科 Olividae
貝殻の大きさ	30 〜 50mm
地理的分布	ソマリアからタンザニアにかけて
存在量	少産
生息深度	沖合
生息場所	砂底
食性	肉食性
蓋	角質で薄い

貝殻の大きさ
30 〜 50mm

写真の貝殻
49mm

Ancilla aperta (Sowerby I, 1825)

リュウグウボタルガイ類の1種

GAPING ANCILLA

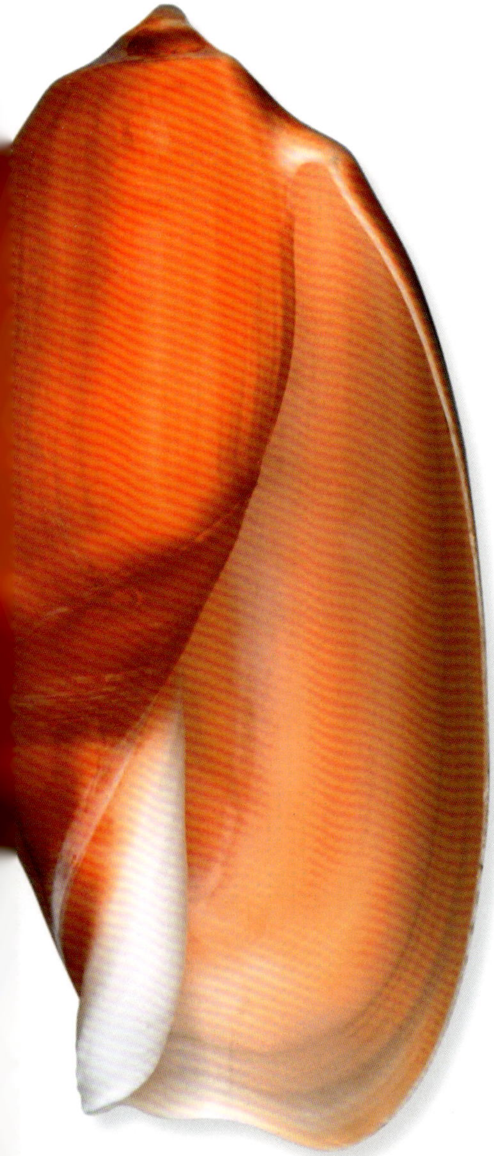

本種は、非常に薄い殻をもち、殻口が広いために *aperta*（開いた）という種小名がつけられている。ソマリアからタンザニアにかけてのインド洋の沖合の砂底に棲み、たまにトロール漁の網にかかる。かつてカメボタルガイ（下記参照）の幼貝と見なされたことがあるが、現在はやはり別の種だと考えられている。*Ancilla* 属および近縁属（*Eburnea* 属や *Anolacia* 属）には世界で約40種が知られるが、そのほとんどがインド洋に生息している。

近縁種

ソマリアからタンザニアにかけてのインド洋沿岸とマダガスカル島に生息するカメボタルガイ *Ancilla mauritiana* Sowerby I, 1830の殻は、本種の殻よりわずかに大きく、螺塔がより高く、殻表には多数の細い縦筋がある。ベネズエラからブラジル北東部にかけて分布するヒメコガネリュウグウボタルガイ *Ancilla lienardi* (Bernardi, 1859）は、頑丈で美しい殻をもつ。

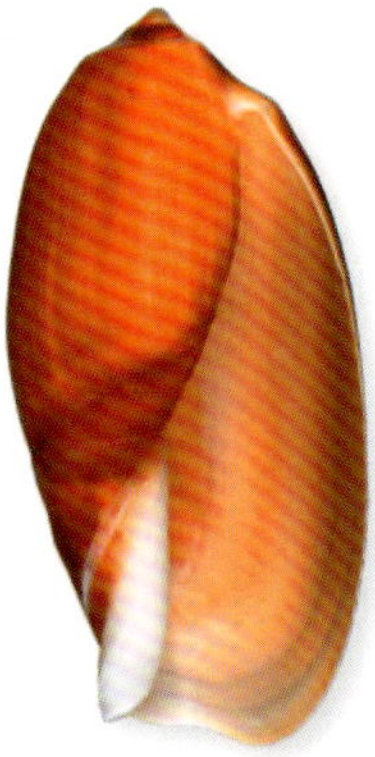

実物大

Ancilla aperta の殻は中型で、薄くて軽く、丸く膨らみ、形は丸みのある紡錘形。螺塔は低く先端が尖り、螺層はへこむ。縫合は不明瞭。殻表は滑らかで、軸唇の中ほどから外唇の前端に向かって斜めに1本の細い溝が入る。殻口は広くて長く、外唇は薄く、軸唇は滑らかでいくぶん捩れる。殻の色は赤褐色で、殻口内はオレンジ。軸唇の前方は白い。

科	マクラガイ科　Olividae
貝殻の大きさ	30 〜 90mm
地理的分布	合衆国ノースカロライナ州からメキシコのユカタン州にかけて
存在量	多産
生息深度	潮間帯から水深 130m
生息場所	砂底
食性	肉食性
蓋	ない

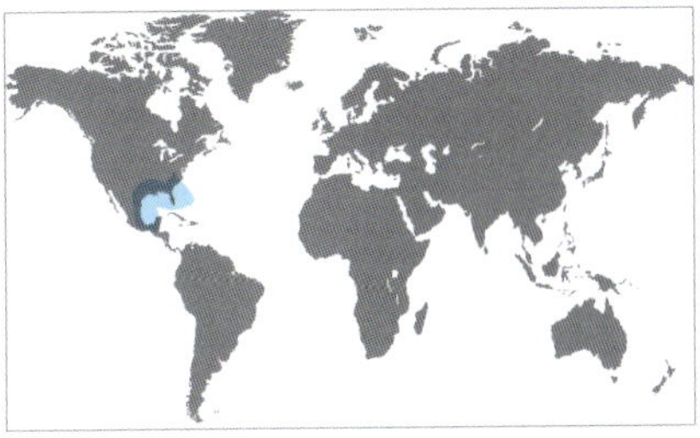

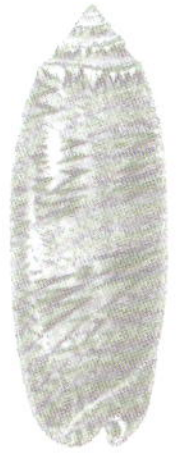

貝殻の大きさ
30 〜 90mm

写真の貝殻
68mm

Oliva sayana Ravenel, 1834

ユメマクラガイ

LETTERED OLIVE

ユメマクラガイは、アメリカ合衆国サウスカロライナ州では多産し、州の貝に選ばれている。合衆国のノースカロライナ州からメキシコのユカタン州まで分布し、潮間帯から沖合にかけての砂底に棲む。日中は海底の砂の中に埋もれ、夜間に活動する。英語名は Lettered Olive（文字の書かれたマクラガイ）であるが、これはユメマクラガイの殻の模様の中に文字を連想させるものがあることに由来する。殻は化石としても見つかり、本種は遅くとも鮮新世には出現していたことがわかっている。

近縁種

メキシコ東岸からブラジルにかけて分布するアオミマクラガイ *Oliva circinata* Marrat, 1871 の殻は、形と色模様がユメマクラガイに似るが、ユメマクラガイより小さく、わずかに幅広い。インド西太平洋に生息するルリグチマクラガイ *Oliva tessellata* Lamarck, 1811 の殻は、楕円体に近い円筒形で小さく、クリーム色の地に紫がかった茶色の斑点がある。

ユメマクラガイの殻はマクラガイ科の中では中型から大型で、厚くて硬く、形は円筒形でほっそりしている。螺塔はやや高く、先端が尖る。縫合は溝状で、その下縁に沿って上端の鋭利な畝状隆起が走る。殻表は滑らかで光沢があり、軸唇の前端から 1/3 ほどのところから外唇の前端にかけて 1 本の斜めの細い溝が走る。殻口は狭く、外唇は厚い。軸唇には小さな襞が並ぶ。殻の色は変異に富むが、灰色またはクリーム色の地に赤褐色のジグザグ模様が入っているものが多い。殻口内は薄い紫を帯びる。

実物大

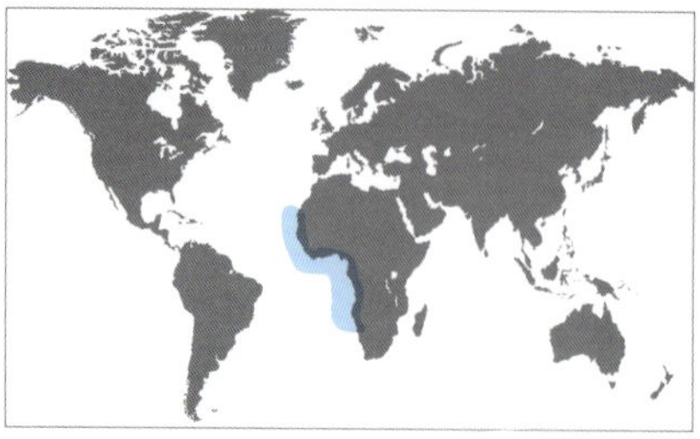

科	マクラガイ科 Olividae
貝殻の大きさ	30 〜 80mm
地理的分布	モーリタニアからアンゴラにかけてのアフリカ西岸
存在量	ふつう
生息深度	水深 2 〜 10m
生息場所	砂底
食性	肉食性
蓋	ない

貝殻の大きさ
30 〜 80mm

写真の貝殻
73mm

Agaronia acuminata（Lamarck, 1811）

ヤセマクラガイ

POINTED ANCILLA

ヤセマクラガイは、*Agaronia* 属の中では最大の種で、その種小名 *acuminata*（尖ったという意）は、殻頂が尖っていることに由来する。モーリタニアからアンゴラにかけてのアフリカ西岸の浅所でふつうに見られる。本種は、マクラガイ属 *Oliva* の貝のうち螺塔が高く、ほっそりした殻をもつものに似ている。海底から水管だけを出して砂中に潜り、餌を探して表面直下を這い回るため特徴的な這い痕を残す。世界には *Agaronia* 属の現生種が 17 種ほど知られ、アフリカ西岸でその多様性が最も高い。

近縁種

トガリヒロクチマクラガイ *Agaronia travassosi* Morretes, 1938 は、ブラジル固有種で、エスプリトサント州からサンタカタリーナ州にかけて分布している。この貝の殻は大きさや形がヤセマクラガイの殻に似るが、より小さくて幅広く、殻口が広い。オーストラリアの北部と西部に産するスソオビホタルガイ *Ancillista cingulata*（Sowerby I, 1830）は、楕円体に近い円筒形の非常に薄い大きな殻をもつ。この貝の螺塔は高く、殻頂は比較的大きくて丸い。

実物大

ヤセマクラガイの殻はマクラガイ科の中では中型から大型で、軽く、丸みのある紡錘形。螺塔はやや高く、先端が尖る。螺層の側面はまっすぐで、縫合は溝状。殻表は滑らかで光沢があり、1 本の細い螺溝が軸唇の中ほどから外唇前方にかけて斜めに走る。殻口は狭く、外唇は縁が鋭利で内側に曲がる。軸唇は白い滑層に覆われ、その上に多数の小さな襞が並ぶ。殻の色は灰色から淡黄褐色で、2 本の太い螺帯と不規則な斑紋が入る。殻口内は白またはベージュ。

科	マクラガイ科　Olividae
貝殻の大きさ	32 ～ 95mm
地理的分布	カリフォルニア湾からペルーにかけて
存在量	ふつう
生息深度	潮間帯から水深 10m
生息場所	砂底
食性	肉食性
蓋	ない

貝殻の大きさ
32 ～ 95mm

写真の貝殻
79mm

Oliva incrassata (Lightfoot, 1786)

ワライマクラガイ

ANGLED OLIVE

ワライマクラガイは、マクラガイ類の中で最も大きくて重いものの1つである。成貝の殻はしばしば肩が肥厚し、殻の中ほどより少し上が角張った特徴的な輪郭をもつ。幼貝の殻には肩部の角張った滑層の肥厚は見られない。殻の色は灰色から褐色で、褐色の斑点か細いジグザグの線が密に入ったものが多いが、たまに模様のない黄色の殻や非常に黒っぽい殻も見られる。ワライマクラガイは非常によく潮の引いた時に砂州の外縁付近で見られ、潮下帯浅部まで生息する。また、バハカリフォルニアのマグダレナ島などの更新世の地層から本種の化石が見つかる。

近縁種

バハカリフォルニアからペルーにかけて生息する *Oliva polpasta* Duclos, 1833 は、体層がいくぶん角張った小型から中型の殻をもつ。なかには殻が分厚くて重く、ワライマクラガイに似ているものもあるが、体層には縫合に沿って黄色の小さな三角形の斑紋が並び、一部の研究者によって「歯車」と呼ばれる模様をなす。ペルーからチリまでの太平洋沿岸に分布するペルーマクラガイ *Oliva peruviana* Lamarck, 1811 も角張った殻をもつが、ワライマクラガイより小さく、殻がずっと薄い。

実物大

ワライマクラガイの殻は中型から大型で、非常に厚くて重く、真ん中から少し上が膨らんで角張る。螺塔は低く先端が尖り、縫合は溝状。殻表は滑らかで光沢があり、軸唇から外唇前端にかけて1本の斜めの細い溝が走る。殻口はやや広く、外唇は非常に厚く、肩部が滑層で肥厚する。軸唇は白い滑層に覆われ、その上に小さな襞が並ぶ。殻の色はたいてい灰色または褐色で、たまに黄色のものもあり、細かいジグザグ模様が入る。殻口内は白い。

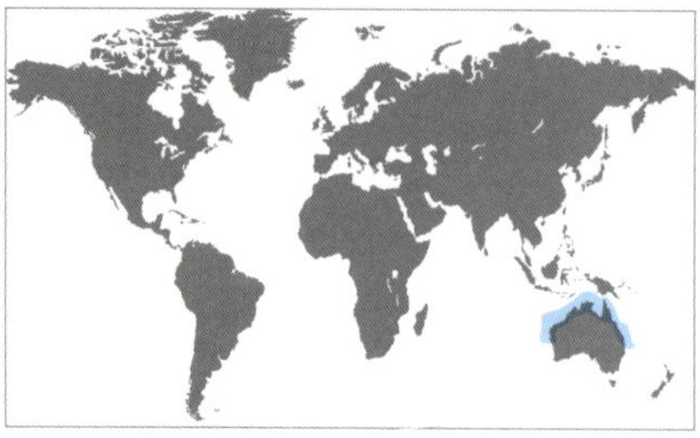

科	マクラガイ科　Olividae
貝殻の大きさ	55 ～ 100mm
地理的分布	オーストラリア北部に固有
存在量	ふつう
生息深度	潮間帯から水深 80m
生息場所	平たい砂地
食性	肉食性
蓋	角質で薄く、小さく、卵形

貝殻の大きさ
55 ～ 100mm

写真の貝殻
92mm

Ancillista cingulata (Sowerby I, 1830)

スソオビホタルガイ

CINGULATE ANCILLA

スソオビホタルガイの殻は大型で非常に薄く、軽い。また、細長く、膨らんでおり、丸みのある紡錘形。螺塔は高く、先端が白色で、比較的大きくて丸い。螺層はわずかに膨らみ、縫合は浅い。殻表は滑らか。殻口は広く、長さは殻長の約半分。外唇は薄く、軸唇は滑らかで湾曲する。殻の色はクリーム色がかった灰色から淡黄褐色で、殻の前方に褐色の螺帯が入り、縫合の下に体の白い螺帯がある。殻口内も殻の外面と同色。

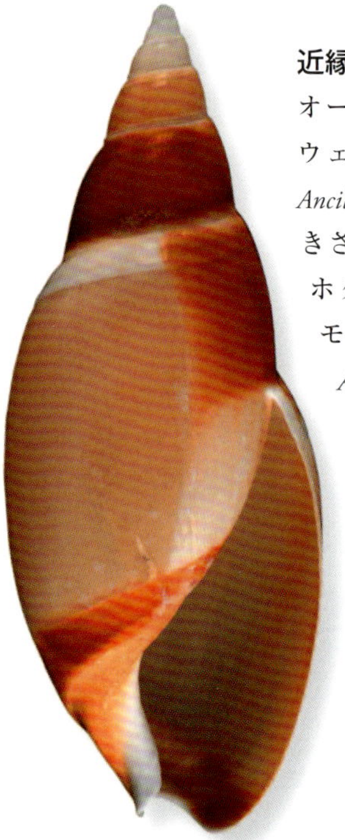

実物大

スソオビホタルガイは、殻の薄い大型のマクラガイで、オーストラリア固有種である。西オーストラリア州からクイーンズランド州までのオーストラリア北岸に生息する。インドネシア沖の深海からもいくつか記録があるが、それらについては本当にスソオビホタルガイかどうか確認する必要がある。本種は潮間帯の砂干潟でも見つかるが、沖合のやや深い所からも得られる。他のマクラガイ類と同様、大きくて幅広い筋肉質の足をもち、その前端には楯のような形をした部分（前足）、両側には殻を包む葉状部（後足）がある。何かに驚くと前足をバタバタと動かして泳いで逃げることができる。足には褐色、淡黄褐色、そして白い斑紋があり、足の後ろは二股に分かれている。

近縁種

オーストラリアのクイーンズランド州南部からニューサウスウェールズ州にかけて生息するオオタマテバコホタルガイ *Ancillista velesiana* Iredale, 1930 は、スソオビホタルガイに殻の大きさや色が非常によく似ている。そのため、この貝をスソオビホタルガイの亜種だと考える研究者もいる。アフリカ西岸のモーリタニアからアンゴラにかけて分布するヤセマクラガイ *Agaronia acuminata* (Lamarck, 1811) は、殻頂の尖ったほっそりした殻をもち、殻の色は変異に富むが、たいてい 2 本の太い螺帯と不規則な褐色斑がある。

科	マクラガイ科　Olividae
貝殻の大きさ	50 〜 130mm
地理的分布	メキシコのバハカリフォルニア州からペルーにかけて
存在量	少産
生息深度	潮間帯から水深 25m
生息場所	砂底
食性	肉食性で他の軟体動物を食べる
蓋	ない

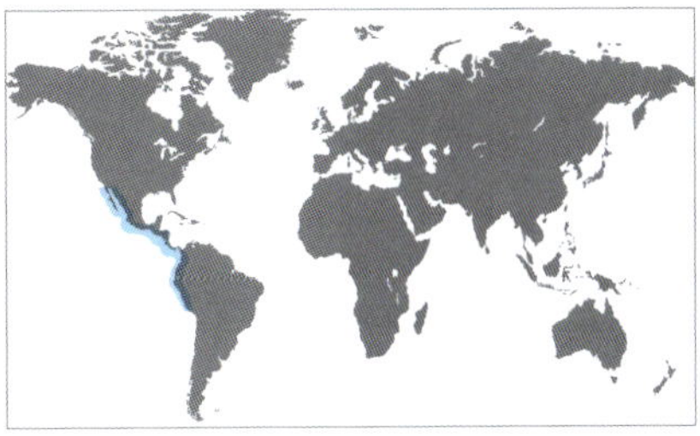

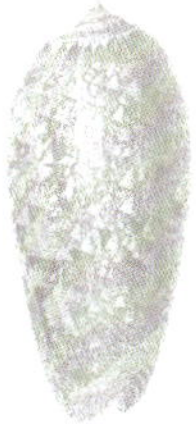

貝殻の大きさ
50 〜 130mm

写真の貝殻
106mm

Oliva porphyria (Linnaeus, 1758)

ニシキマクラガイ

TENT OLIVE

ニシキマクラガイは、マクラガイ科の中で最大かつ最も特徴的な種の1つである。めったに見つからない珍しい貝で、アメリカ大陸西岸の熱帯域に分布し、潮間帯から潮下帯浅部の砂底に棲む。砂中を這い回る時にも、大きな足の葉状部で殻全体が包まれており、殻には強い光沢がある。肉食性で、たいてい巻貝や二枚貝などの他の軟体動物を食べる。夜行性で、昼間は砂に埋もれてじっとしている。大きな筋肉質の足を使って捕まえた餌動物をしっかりつかむ。世界には何百種というマクラガイ科の貝が生息している。

近縁種

アメリカ合衆国カリフォルニア州からペルーにかけて生息するワライマクラガイ *Oliva incrassata* (Lightfoot, 1786) の殻は、大きさこそ最大ではないが、厚さと重さはマクラガイ属 *Oliva* の中で最大である。ブラジルからアルゼンチンにかけて分布するハコマクラガイ *Olivancillaria urceus* (Röding, 1798) は、輪郭が逆三角形に近い独特な殻をもつ。ハコマクラガイの殻口は広く、たいていその後ろに大きな滑層隆起がある。

ニシキマクラガイの殻は重くて硬く、円筒形で、膨らむ。螺塔は低く、殻頂は尖り、縫合は細い溝状。体層は大きくて膨らみ、殻口は長くて狭い。殻表は滑らかで光沢がある。外唇は厚く、中ほどがわずかにへこみ、表面は滑らか。軸唇は厚い滑層で覆われる。殻の地色はすみれ色がかった薄いピンクで、褐色線で縁取られた多数のテント形模様が入る。殻口内はオレンジから薄い黄色。

実物大

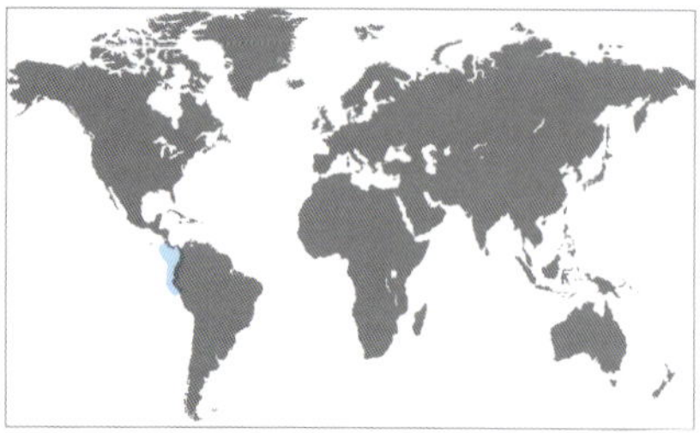

科	ホタルガイ科 Olivellidae
貝殻の大きさ	12 ～ 28mm
地理的分布	パナマからペルー北部にかけて
存在量	ふつう
生息深度	潮間帯
生息場所	砂浜や干潟
食性	肉食性
蓋	角質で薄い

貝殻の大きさ
12 ～ 28mm

写真の貝殻
17mm

Olivella volutella (Lamarck, 1811)

エスコバルボタルガイ

VOLUTE-SHAPED DWARF OLIVE

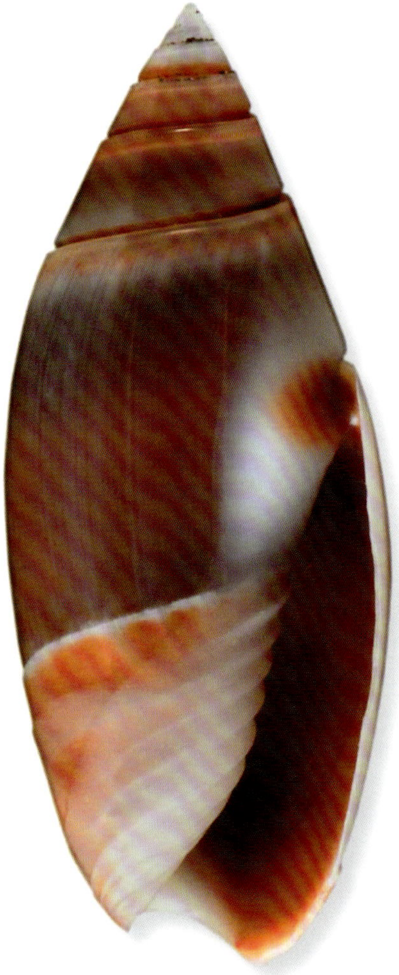

アメリカ大陸西岸の熱帯域では約20種のホタルガイ属 *Olivella* の貝が見られるが、エスコバルボタルガイもその1つである。本種は、パナマの干潟でとくに多産する。前足を鋤（すき）のように使って砂や泥をかき分け、比較的速く這うことができる。本種が潜っている所には、海底表面に砂や泥の小さな山ができている。海底に潜っていても、シュノーケルのような水管を通して餌の存在を感知できる。夜間、微小な二枚貝類や甲殻類などの無脊椎動物を漁（あさ）って食べる。

近縁種

ホソムシボタルガイ *Olivella gracilis* (Broderip and Sowerby I, 1829) は、エスコバルボタルガイと同じ海域に分布しているが、優美な白い殻をもつ。メキシコムシボタルガイ *Olivella dama* (Wood, 1828) は、エスコバルボタルガイより少し北まで分布しており、カリフォルニア湾の砂嘴（さし）でも見つかる。メキシコムシボタルガイの殻は明るい灰褐色で、縫帯がクリーム色に染まり、縫合の所が黒っぽい。

実物大

エスコバルボタルガイの殻はいくぶん薄いが、かなり硬く、殻表には強い光沢がある。螺塔は比較的高く、縫合は細い。殻口は狭く、やや三角形に近い。軸唇から縫帯にかけて螺状の細い筋が並ぶことで容易に識別できる。殻の色は一様に紫がかった褐色のものが最も多いが、白あるいはクリーム色の螺帯の入ったものや、縫帯が白いものなどもある。

科	ホタルガイ科　Olivellidae
貝殻の大きさ	13 ～ 28mm
地理的分布	バンクーバー諸島からバハカリフォルニアにかけて
存在量	ふつう
生息深度	潮間帯下部から水深 50m
生息場所	潟湖や内湾などの砂底
食性	肉食性
蓋	ない

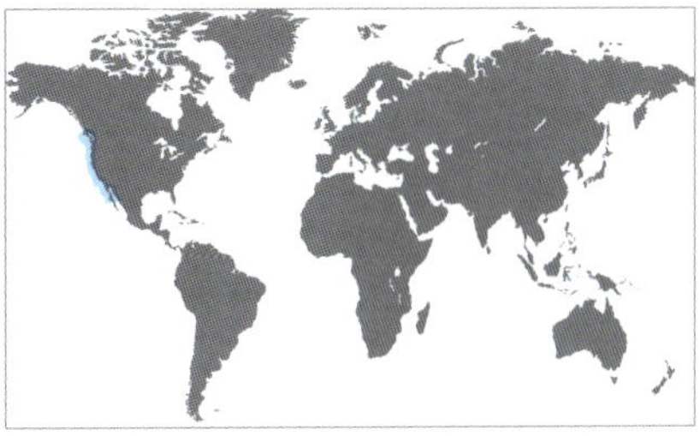

貝殻の大きさ
13 ～ 28mm

写真の貝殻
22mm

Olivella biplicata（Sowerby I, 1825）

エヒメボタルガイ

PURPLE DWARF OLIVE

エヒメボタルガイは、ホタルガイ属 *Olivella* の中では最大種の 1 つで、潟湖(せきこ)や遮蔽的な湾の潮間帯下部から沖合にかけての砂底でふつうに見られる。たいてい夜間に活動し、砂浜では大型個体のほうが小型個体よりも高い所に棲んでいる。また、多数個体が集まっているのをよく見かける。雄は、雌の這い痕をたどり、一時的に雌の殻の上に付着する。交尾の時間は長く、3 日に渡ることがある。雌はいくつもの小さな卵嚢を石や貝殻などの硬い物に産みつける。

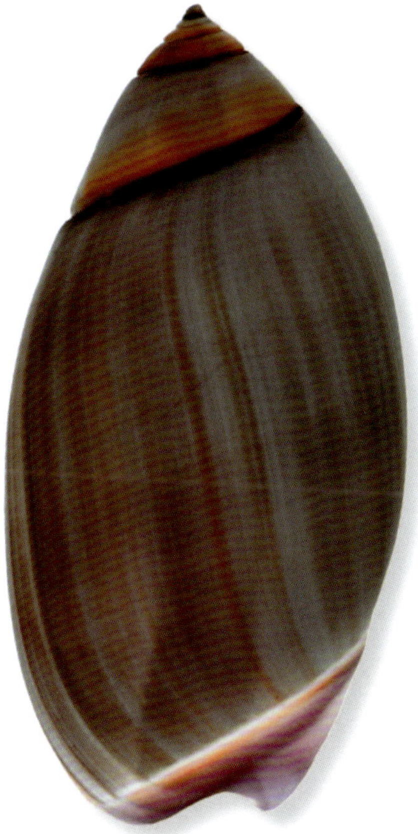

近縁種

パナマからペルー北部にかけての太平洋沿岸に生息するエスコバルボタルガイ *Olivella volutella*（Lamarck, 1811）は、エヒメボタルガイより小さくて細い殻をもつ。エスコバルボタルガイの殻は薄く、軸唇は前端付近で曲がるが、そこまではほとんど真っすぐで、数本の螺状の筋が並ぶ。アメリカ合衆国ノースカロライナ州からブラジル中部まで分布するニシインドムシボタルガイ *Olivella nivea*（Gmelin, 1791）の殻は、形がエスコバルボタルガイの殻に似るが、やや細く、殻口がもっと広く、軸唇ももっと滑らかである。ニシインドムシボタルガイの殻の色は非常に変異に富む。

実物大

エヒメボタルガイの殻は小型でがっしりしており、形は卵形。螺塔は低く先端が尖り、螺層はわずかに膨らむ。縫合は細いが明瞭。殻表は滑らかで、軸唇の中ほどから外唇前端にかけて斜めに走る白と紫の線が 1 本ずつある。殻口は比較的広く、外唇は薄く、軸唇には前縁に 2、3 本の襞が並ぶ。殻の色はたいてい灰色だが、白っぽいものや褐色を帯びたものもある。軸唇を覆う滑層は白く、殻の内面は薄い紫に染まる。

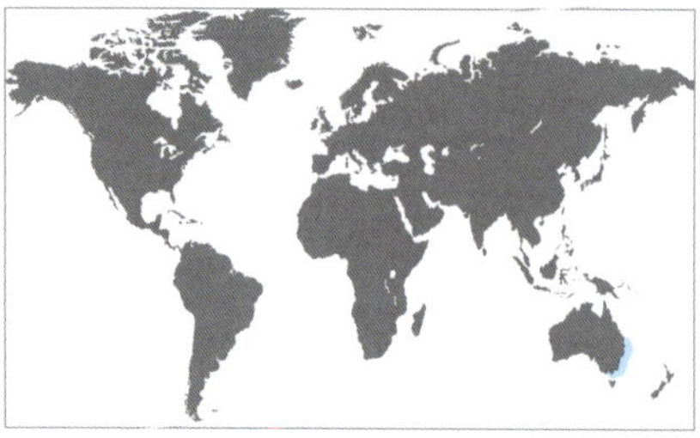

科	マクラガイモドキ科　Pseudolividae
貝殻の大きさ	19 ～ 25mm
地理的分布	オーストラリア東部
存在量	少産
生息深度	水深 80 ～ 150m
生息場所	細砂底や泥底
食性	肉食性
蓋	大きく卵形

貝殻の大きさ
19 ～ 25mm

写真の貝殻
21mm

Zemira australis (Sowerby I, 1833)

マクラガイモドキ類の１種

SOUTHERN ZEMIRA

本種が含まれる *Zemira* 属は、すでに絶滅した種を多く含むマクラガイモドキ科に分類される 14 属のうちの 1 つである。本科の貝の特徴は、殻の外唇に 1 つの歯があり、殻の中ほどより下にその歯から伸びる螺溝が入ることである。マクラガイモドキ科は、新生代古第三紀以降、多様性が低くなり、分布域も狭くなった。今も生き残っている貝は 20 種に満たない。大多数は深所に棲み、大陸棚辺縁部沿いに生息するもの、漸深海帯や深海帯に生息するものもいる。

近縁種

ヒネリバイ *Zemira bodalla* Garrard, 1966 は、オーストラリアのクイーンズランド州沖の大陸棚辺縁部に棲んでいる。この貝の殻は本種のものよりわずかに大きく、より幅広く、より分厚い。また、殻表の螺溝が本種のものよりよく揃っていて太く、外唇の歯から伸びる螺溝はやや不明瞭で、殻全体にむらなく濃褐色の斑紋が入る。

Zemira australis **の殻は小さく卵形で、比較的分厚く、縫合と螺層の肩との間に特徴的な溝がある。螺塔は高く階段状で、先端が丸い。殻口は卵形で、軸唇は厚くて滑らか。外唇の縁に短い歯が 1 つあり、殻口前端には、単純な切れ込み状の水管溝がある。殻表は滑らかで、浅い螺溝が並ぶ。外唇の歯の外側はへこみ、そこから殻表に並ぶ螺溝より深い 1 本の溝が殻の周縁に沿って螺状に走る。殻の色は白から小麦色で、殻の色より濃い褐色の斑点や斑紋が、螺層の肩部を中心に不規則に入る。**

実物大

科	マクラガイモドキ科　Pseudolividae
貝殻の大きさ	35 ～ 52mm
地理的分布	エルサルバドルからエクアドルにかけて
存在量	ふつう
生息深度	潮間帯から水深 5m
生息場所	泥干潟などの岩の上
食性	広食性の肉食者で腐肉も食べる
蓋	角質でかぎ爪状

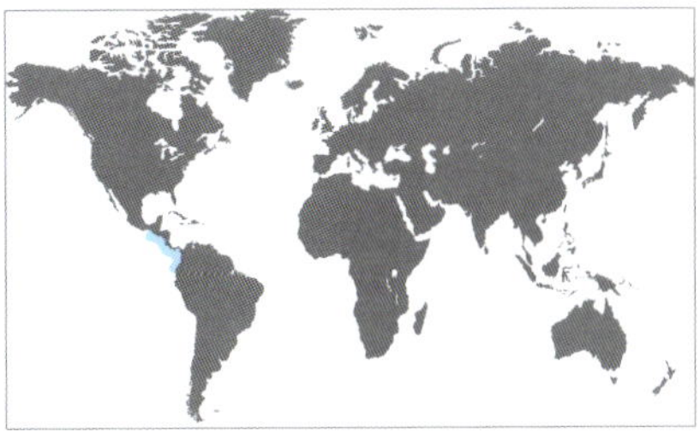

貝殻の大きさ
35 ～ 52mm

写真の貝殻
39mm

Triumphis distorta (Wood, 1828)

フリソデホラダマシ

DISTORTED TRIUMPHIS

フリソデホラダマシは、大きな後溝が耳状に突出した、おもしろい形の殻口をもち、殻口が捩じれているように見える。肥厚した外唇と狭い殻口は、捕食者に食べられにくくするための工夫である。多くの貝は、殻自体を厚くしたり、殻の一部を強固にしたり、殻に棘を備えたりして、捕食者に対抗している。フリソデホラダマシはマクラガイモドキ科の普通種で、潮間帯から潮下帯浅部にかけての浅所の泥底の岩の上で見つかる。

近縁種

同属のブンブクボラ *Triumphis subrostrata* (Wood, 1828) は、メキシコ西岸からコロンビアまで分布し、小さいながら厚く頑丈な紡錘形の殻をもつ。ブンブクボラの螺塔には螺層の周縁に沿って短い棘が1列に並んでいるが、その他の部分は殻表が滑らかである。インド西太平洋に生息するスジグロホラダマシ *Cantharus undosus* (Linnaeus, 1758) は、別の科に分類され、さほど近縁ではないが、殻の形はフリソデホラダマシやブンブクボラにやや似ている。スジグロホラダマシは、白あるいは淡褐色の地に褐色の螺肋が映える美しい小さな殻をもつ。

フリソデホラダマシの殻はマクラガイモドキ科の中では中型で、厚くて頑丈。形は樽形で、螺塔は低く、縫合は明瞭。殻表には布目状の彫刻があるが、この彫刻は殻の成長に伴って不明瞭になる。殻口はやや狭く、前端も後端も細まり、後溝が突出して耳状突起を形成する。外唇は肥厚し、内壁に襞が並ぶ。水管溝は短く、軸唇は滑らか。殻の色は白く、褐色の斑紋が入る。殻口内は白い。

実物大

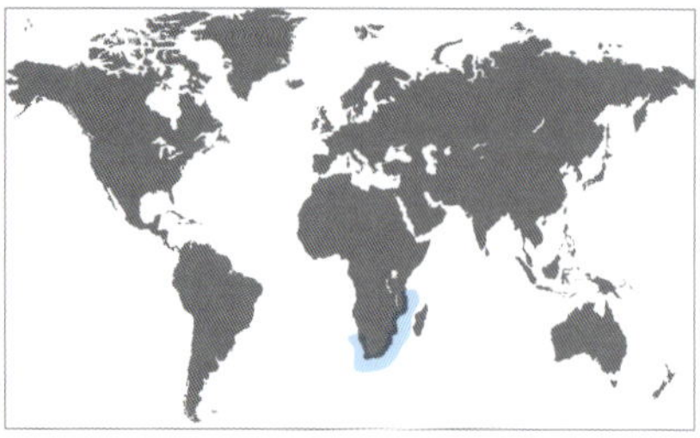

科	ストレプシドゥラ科　Strepsiduridae
貝殻の大きさ	20 ～ 73mm
地理的分布	モザンビークから南アフリカにかけて
存在量	少産
生息深度	水深 20 ～ 150m
生息場所	砂泥底
食性	肉食性
蓋	ない

貝殻の大きさ
20 ～ 73mm

写真の貝殻
22mm

Melapium elatum (Schubert and Wagner, 1829)

クチムラサキソデマクラガイ（オオソデマクラガイ）

ELATED ONION SHELL

クチムラサキソデマクラガイが分類されている *Melapium* 属は、地理的分布が非常に限られている。より広範に分布し、白亜紀から始新世の化石種のみが知られるストレプシドゥラ属 *Strepsidura* の貝に殻の特徴が似ているため、ストレプシドゥラ科に分類されている。クチムラサキソデマクラガイをはじめ、*Melapium* 属の貝は、縁に鮮やかな色（青、黄みの強いオレンジ、そして赤）の色帯が同心円状に並ぶ幅広の丸い足をもち、それを使って海底を這う。本属の貝の雌は、自分の殻の水管溝の軸唇上に革のような卵嚢を産みつける。

近縁種

ソデマクラガイ *Melapium lineatum* (Lamarck, 1822) は、クチムラサキソデマクラガイと地理的分布が重なっているが、殻全体にもっと丸みがあり、螺塔はより低く、水管溝に明瞭な縫帯が見られない。また、ソデマクラガイの軸唇は紫に染まらず、殻表の縦縞の色がやや薄く、もっと長く伸びて波打っていることが多い。ソデマクラガイの殻には体層の周縁に沿って濃褐色の斑紋が点在するものもある。

実物大

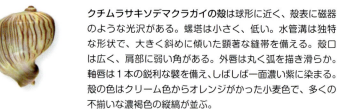

クチムラサキソデマクラガイの殻は球形に近く、殻表に磁器のような光沢がある。螺塔は小さく、低い。水管溝は独特な形状で、大きく斜めに傾いた顕著な縫帯を備える。殻口は広く、肩部に弱い角がある。外唇は丸く弧を描き滑らか。軸唇は1本の鋭利な襞を備え、しばしば一面濃い紫に染まる。殻の色はクリーム色からオレンジがかった小麦色で、多くの不揃いな濃褐色の縦縞が並ぶ。

科	バイ科　Babyloniidae
貝殻の大きさ	33 〜 50mm
地理的分布	南アフリカに固有
存在量	少産
生息深度	水深 25 〜 100m
生息場所	砂底や泥底
食性	おもに腐肉を食べる
蓋	角質で薄くてしなやか、端に核がある

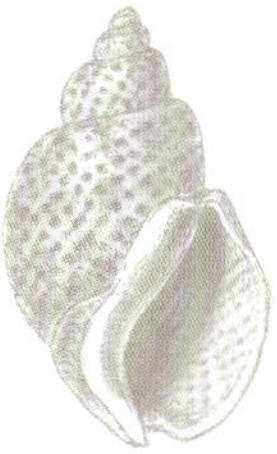

貝殻の大きさ
33 〜 50mm

写真の貝殻
38mm

Babylonia papillaris（Sowerby I, 1825）

コモンバイ

SPOTTED BABYLON

コモンバイは、南アフリカに固有の美しい殻をもった貝で、殻に多くの細かい斑点があることで同じ科の他種と区別できる。沖合の浅海からやや深い所まで分布し、砂底や泥底に棲んでいる。本種の殻は、貝類食の大型魚類の胃袋から他の貝の殻といっしょに見つかったことがある。稀に生きた状態で採集された標本を見ると、軟体部は鮮やかなオレンジで、多数の白い斑紋がちりばめられている。

近縁種

インドおよびスリランカから得られるセイロンバイ *Babylonia zeylanica*（Bruguière, 1789）の殻には、大きな不定形の斑紋が散在し、紫に染まった臍孔がある。南シナ海とタイ湾に産するランゾウゲバイ *Babylonia lani* Gittenberger and Gould, 2003 は、コモンバイに似た殻をもつが、殻の斑紋は大きく、螺状に並び、体層にはそれが 3 列ある。

実物大

コモンバイの殻は小さく、細長い。螺塔は高く、縫合は明瞭。胎殻は白く、丸い。殻表は滑らかで光沢があり、殻口部も軸唇、外唇を含め同様である。殻口は披針形で、軸唇の上に分厚く白い滑層楯が広く発達する。成貝の殻には臍孔はない。殻の色は白く、褐色斑点がびっしりとちりばめられている。

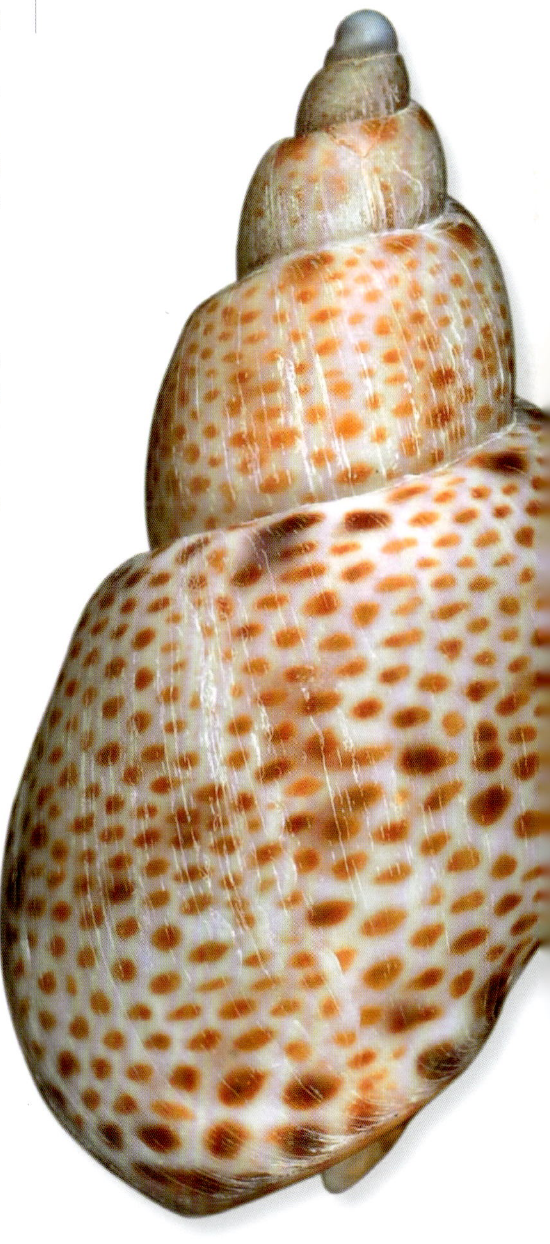

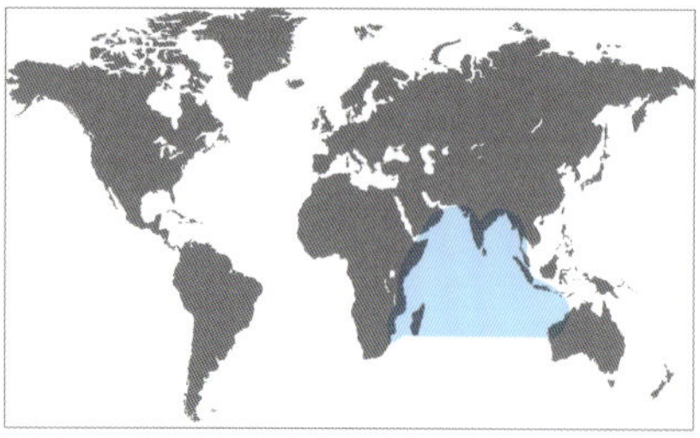

科	バイ科　Babyloniidae
貝殻の大きさ	40 〜 75mm
地理的分布	インド洋
存在量	局所的に多産
生息深度	水深 5 〜 60m
生息場所	砂底や泥底
食性	おもに腐肉を食べる
蓋	角質で薄くてしなやか、端に核がある

貝殻の大きさ
40 〜 75mm

写真の貝殻
53mm

Babylonia spirata (Linnaeus, 1758)

ベンガルバイ

SPIRAL BABYLON

ベンガルバイの殻は重くて硬く、幅広い卵形で、螺塔が高い。螺層は、縁が切り立った溝状の縫合で隔てられる。殻表、外唇および軸唇は滑らかで、軸唇は厚い滑層で覆われる。成貝の殻には臍孔が開いている。殻の色は白く、不定形の明るい褐色の斑紋や斑点がある。殻口内は白く、殻頂は紫に染まる。

ベンガルバイは、バイ科の中では最もふつうに見られる種で、螺層の間に深い溝の入った殻をもつ。インド洋に生息し、しばしば多産する。潮下帯浅部で見られることが多いが、それより深い所でも見つかることがあり、砂底や泥底に棲んでいる。インドでは、トロール漁やプッシュネット漁の混獲物として得られることが多いが、素潜りで採集されることもある。身も殻も商業価値があり、飼育下でも成長させることができるので、養殖漁業の対象となる可能性を秘めている。

近縁種

アラビア海に産する *Babylonia canaliculata* Schumacher, 1817 は、ベンガルバイによく似ているが、もっとずんぐりした殻をもつ。日本からタイにかけて分布するミヤビバイ（カゴシマバイ）*Babylonia magnifica* Faussen and Stratmann, 2005 の殻には、濃褐色の太い色帯が並び、体層にはそれが 3 本ある。

実物大

科	バイ科 Babyloniidae
貝殻の大きさ	50 〜 85mm
地理的分布	インドおよびスリランカ
存在量	多産
生息深度	潮間帯から水深 20m
生息場所	砂底や泥底
食性	おもに腐肉を食べる
蓋	角質で薄くてしなやか、端に核がある

貝殻の大きさ
50 〜 85mm

写真の貝殻
56mm

Babylonia zeylanica (Bruguière, 1789)

セイロンバイ

INDIAN BABYLON

セイロンバイは、潮間帯から浅海にかけての砂底や泥底に棲んでおり、南インドおよびスリランカでは多産する。おもに腐肉を食べる。バイ属 *Babylonia* の他の貝と同じく身は食用になり、アジア全域で食料として売られている。また鑑賞用に水族館などにも売られ、殻はヤドカリの棲みかとしてペットショップでも売られていることがある。バイ属には約 15 種が知られるが、どの種もインド洋や太平洋に分布が限られている。

近縁種

同属種にはセイロンバイに殻の模様が似たものがいくつかいる。例えば、インド洋から西太平洋にかけて生息するベンガルバイ *Babylonia spirata* (Linnaeus, 1758) もそうだが、この貝は独特の深い溝状の縫合をもつのでセイロンバイと区別できる。また、台湾からスリランカにかけて分布するゾウゲバイ *Babylonia areolata* (Link, 1807) も浅いながら溝状の縫合をもち、日本および台湾に産するバイ *Babylonia japonica* (Reeve, 1842) は、すみれ色の縫帯がないことで、それぞれセイロンバイと区別できる。

セイロンバイの殻はやや細長く、滑らかで、螺塔が高く、縫合は明瞭である。体層は大きく、殻表に多数の細い斜めの筋が見られる。殻口は披針形で、水管溝は短く単純な切れ込み状。軸唇は白い滑層に覆われて滑らかで、殻口後端付近に１本の襞がある。臍孔は深い。殻の地色は白で、褐色から明るい褐色の斑紋が螺状に並ぶ。臍孔周辺と殻頂はすみれ色に染まる。

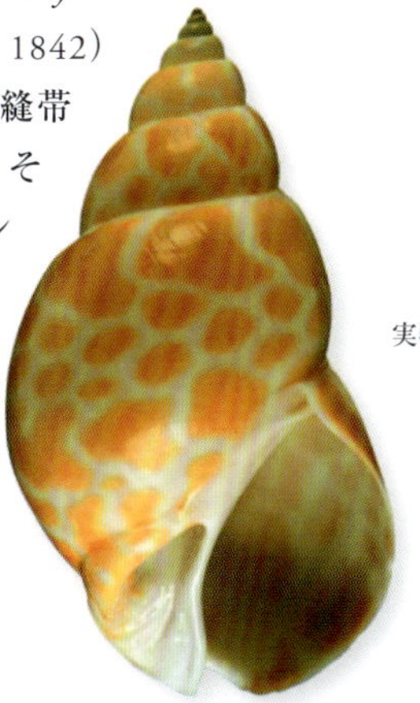

実物大

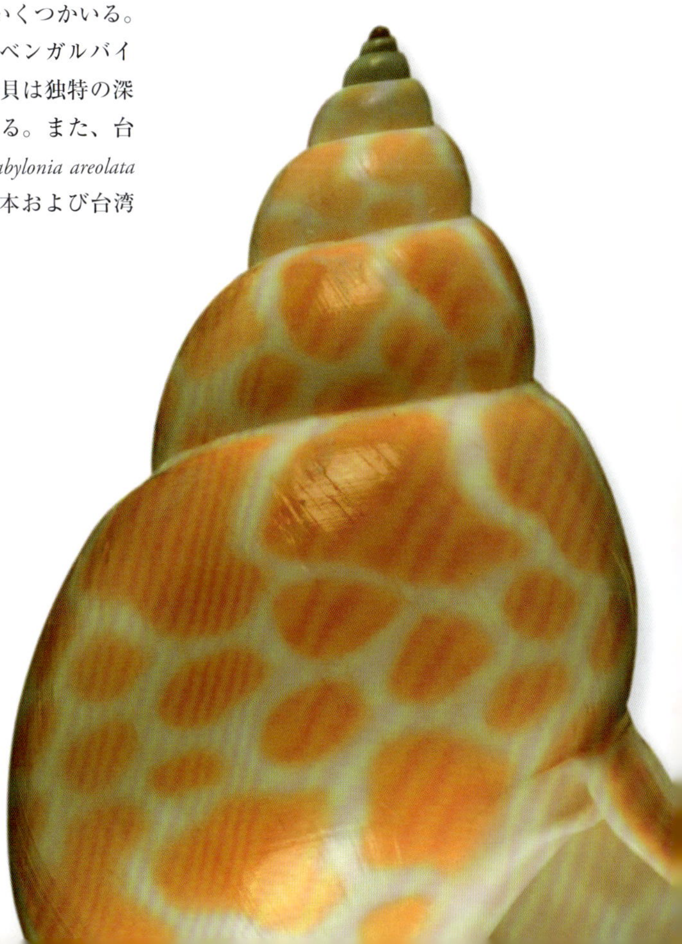

科	バイ科　Babyloniidae
貝殻の大きさ	50 ～ 85mm
地理的分布	台湾からタイにかけて
存在量	希少
生息深度	沖合、水深 30m ぐらいまで
生息場所	砂底や泥底
食性	おもに腐肉を食べる
蓋	角質で薄くてしなやか、端に核がある

貝殻の大きさ
50 ～ 85mm

写真の貝殻
78mm

Babylonia perforata (Sowerby II, 1870)

バイの仲間

PERFORATE BABYLON

実物大

本種は、バイ科の希少な貝で、縫合が溝状で太く、臍孔の周りに歯が並んだ細長い殻をもつ。台湾の近海で最もよく見つかる。バイ科の貝は雌雄異体で、ベンガルバイなどの一部の種では、雌のほうが雄よりわずかに大きくて重い殻をもつ。繁殖期には雄と雌が交尾と産卵のために集まり、15 ～ 20 個体ぐらいの雌が 1 か所に集まって産卵する。

近縁種

日本近海に生息するバイ *Babylonia japonica* (Reeve, 1842) は、本種より大きく、先端の尖った高い螺塔を備えた細長い殻をもつ。日本の沖縄に産するウスイロバイ *Babylonia kirana* Habe, 1959 は地味な栗色の殻をもち、バイ科の現生種の中で唯一、殻に模様がない。

Babylonia perforata **の殻**は硬く、バイ科にしては大きく、細長い。螺塔は高く先端が尖り、縫合は溝状。軸唇も外唇も滑らかで、軸唇の後端に滑層が厚く肥厚した部分がある。成貝の殻には臍孔が開き、その周りに歯が並ぶ。臍孔のそばには 1 本の顕著な螺状の畝があるが、その他の部分の殻表は滑らか。殻の色はクリーム色で、縁のぼやけた淡褐色の斑紋が入る。

科	ショクコウラ科　Harpidae
貝殻の大きさ	12 〜 43mm
地理的分布	カリフォルニア湾南部からペルーにかけての太平洋沿岸およびガラパゴス諸島
存在量	少産
生息深度	潮間帯
生息場所	岩の下
食性	肉食性
蓋	角質で薄い

貝殻の大きさ
12 〜 43mm

写真の貝殻
27mm

Morum tuberculosum（Reeve, 1842）

マクラエボシガイ

LUMPY MORUM

オニムシロガイ属 *Morum* には25種ほどの現生種が知られる。本属は、以前はトウカムリガイ科 Cassidae の一員だと見なされていたが、解剖学的研究によって分類し直され、現在はショクコウラ科に含められている。ショクコウラ科の他属の種と同様、オニムシロガイ属の貝も何かに驚くと足の一部を切り捨てて簡単に自切（じせつ）（トカゲ類がしっぽを切って逃げるように）する。肉食性だが、本属が分類されるオニムシロガイ亜科 Moruminae の貝は歯舌に少数の歯しかもたず、餌となる甲殻類の体を溶かして吸い取って食べていると考えられている。

近縁種

カリブ海産のマメユウビガイ *Morum oniscus*（Linnaeus, 1767）は、マクラエボシガイに似ており、2種はおそらく共通の祖先から派生したと考えられる。マメユウビガイの殻表の瘤はマクラエボシガイのように5列ではなく、3列の螺列をなして並び、殻口の滑層楯の表面が顆粒で覆われる。また、白地に褐色斑が入っており、マクラエボシガイの殻と地色と模様の色が逆になっている。

実物大

マクラエボシガイの殻は円錐形で側面がわずかに膨らみ、前端に向かって次第に細くなる。螺塔は殻頂部を除き、平坦である。殻口は狭く、ほぼ殻の全長に渡る。殻の色は濃褐色で、不定形の白斑が並ぶ太い螺帯が3本入る。殻表には低くて丸い瘤が5列の螺列をなして並ぶ。外唇の内壁には顕著な襞が並び、殻口内と軸唇は薄い黄色からオレンジがかった黄色に染まる。滑層楯は滑らかで、発達が悪く、ほとんど透明である。

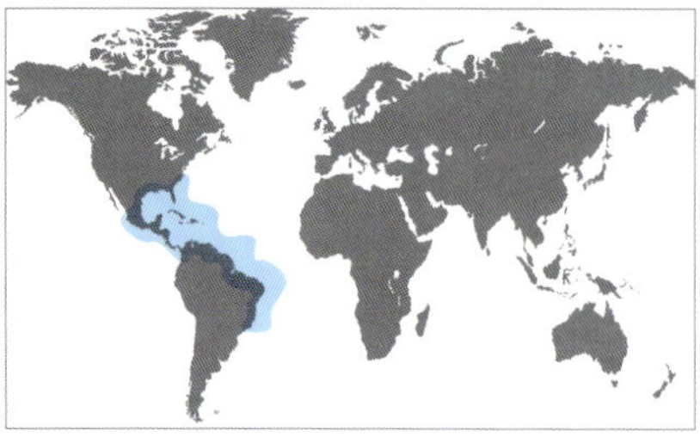

科	ショクコウラ科　Harpidae
貝殻の大きさ	33 ～ 66mm
地理的分布	合衆国ノースカロライナ州からブラジルにかけて
存在量	少産
生息深度	水深 30 ～ 90m
生息場所	岩の上や下
食性	肉食性
蓋	角質で薄い

貝殻の大きさ
30 ～ 66mm

写真の貝殻
47mm

Morum dennisoni (Reeve, 1842)

デニスンオニムシロガイ

DENNISON'S MORUM

デニスンオニムシロガイの殻は、多数の小さな白い疣のあるオレンジの滑層楯が軸唇の上に広がっていることで他種と区別できる。外唇の内壁もオレンジに染まり、そこに細いが顕著な白い襞が並ぶ。螺塔は低く、体層の殻表には縦肋と螺肋が交差して形成された布目状の彫刻がある。殻の色は白く、オレンジまたは褐色のぼんやりした螺帯が並ぶ。

他のオニムシロガイ類と同じく、デニスンオニムシロガイも大きな足で甲殻類を捕まえて、しっかり包み込んで食べる。歯舌には微小な歯が並んでいるが、おそらく、それらの歯を使ってカニの殻の関節の間に孔をあけ、そこから消化液を体内に注入し、体組織を溶かして食べると考えられる。1980年代にバルバドス沖で行われたドレッジ採集でかなり多くの標本が得られるまでは、40にも満たない少数の標本しか知られていなかった。デニスンオニムシロガイの標本は現在でも少なく、収集家の間で非常に珍重されている。

近縁種

東太平洋に産するココスオニムシロガイ *Morum veleroae* (Emerson, 1968) は、デニスンオニムシロガイに非常に近縁で、これら2種は二卵性の双子のようなものである。2種を比較すると、デニスンオニムシロガイのほうが体層の彫刻が顕著で、色帯もより目立つ。約300万年前にパナマ地峡によって太平洋とカリブ海が隔てられた時に共通祖先から分かれて以来、それぞれ別々の進化の道を辿ってきた。

実物大

科	ショクコウラ科　Harpidae
貝殻の大きさ	20 〜 65mm
地理的分布	紅海からインド太平洋にかけて
存在量	ふつう
生息深度	潮間帯から水深 30m
生息場所	砂底
食性	肉食性で小型のカニを食べる
蓋	ない

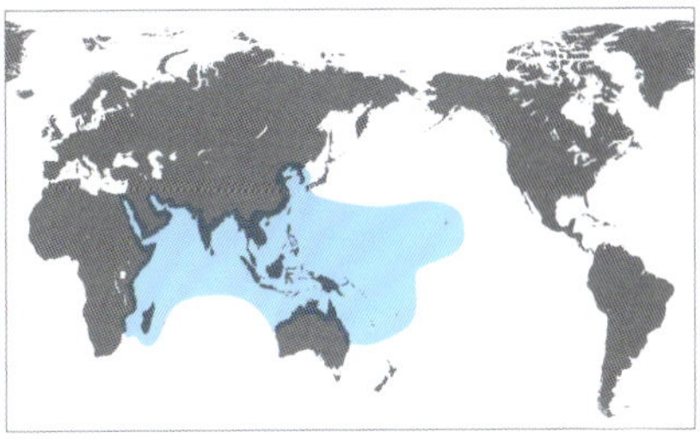

貝殻の大きさ
20 〜 65mm

写真の貝殻
47mm

Harpa amouretta Röding, 1798

ヒメショクコウラ

MINOR HARP

ヒメショクコウラは、殻の形が変異に富むが、殻が細長いことと、おそらくショクコウラ属 *Harpa* の種の中で最も高いと思われる高い螺塔をもつことで容易に識別できる。また、南は南アフリカ、東はハワイやマルケサス諸島まで、紅海からインド太平洋にかけて広く分布しており、本属の中で地理的分布が最も広い種の 1 つでもある。殻の形態にはかなりの変異が見られ、紅海やインド洋西部に生息するヒメショクコウラはかなり重い、ずんぐりした薄色の殻をもつが、インド洋東部や西太平洋では色がより濃く、もっと細長い殻をもつものが多い。

ヒメショクコウラの殻は小型から中型でやや細長く、円筒形で側面はほぼまっすぐ。螺塔は比較的（ショクコウラ科の貝にしては）高く、縫合は明瞭。体層は大きく、殻表に 12 〜 14 本のわずかに湾曲した縦肋がある。殻口は長く、外唇は肥厚し、肩部に鋭い角がある。水管溝は短く、単純な切れ込み状で、軸唇は滑らか。殻の色はクリーム色で、淡褐色の螺帯や螺状線が入る。殻口内は白またはクリーム色。

近縁種

南アフリカからインド西太平洋にかけて分布するホソショクコウラ *Harpa gracilis* Broderip and Sowerby I, 1829 は、ヒメショクコウラに似ているが、より小さく、螺層あたりの縦肋の数が多い。紅海とペルシャ湾、そしてインド洋に生息するウネショクコウラ *Harpa ventricosa* Lamarck, 1816 は、大きく、ヒメショクコウラより幅広い殻をもち、殻表には螺層あたり約 15 本の縦肋がある。

実物大

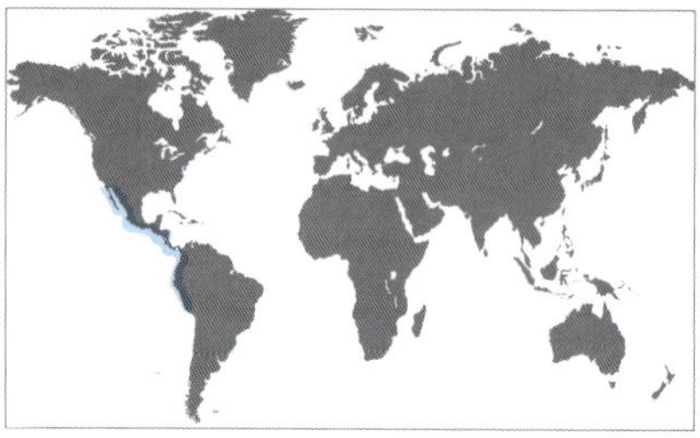

科	ショクコウラ科　Harpidae
貝殻の大きさ	50 〜 100mm
地理的分布	バハカリフォルニアからペルーにかけて
存在量	少産
生息深度	潮間帯から水深 60m
生息場所	砂底や泥底
食性	肉食性で甲殻類を食べる
蓋	ない

貝殻の大きさ
50 〜 100mm

写真の貝殻
82mm

Harpa crenata Swainson, 1822

スベリショクコウラ

PANAMA HARP

実物大

スベリショクコウラは、同属種の中でパナマ近海に分布する唯一のものである。潮間帯から水深 60m ぐらいまでの間に生息しており、たいてい泥底に棲んでいるが、めったに見つからない。肉食性で、大量の粘液を分泌する大きな筋肉質の足でカニなどの甲殻類を捕まえて食べる。歯舌の微細な歯を使ってカニの関節にある薄い膜に孔をあけ、消化液を含む唾液をそこからカニの体内に注入する。そして、体組織が溶けて液体になったものを摂取する。ショクコウラ類は昼間より夜間によく活動し、昼間は物陰に隠れている。ショクコウラ科には約 40 種が知られ、その大多数はインド太平洋の熱帯域に生息している。

近縁種

ヒメショクコウラ *Harpa amouretta* Röding, 1798 は、インド西太平洋に生息する普通種である。この貝の殻は小型で細長く、殻表には螺層あたり 13 本ほどの縦肋があり、螺塔が比較的高い。ハワイ諸島に固有の希少な貝、*Harpa goodwini* Rehder, 1993 の殻には、各螺層に 14 〜 16 本ほどの縦肋があり、それらがオレンジあるいはピンクの太い螺帯と交差する。

スベリショクコウラの殻は中型で膨らみ、丸みが強い。螺塔は低く先端が尖り、縫合は明瞭。胎殻は滑らかで光沢がある。螺層は角張り、肩が竜骨状に鋭く張り出す。体層には 12 〜 15 本の細くて低い縦肋が並び、その上に尖った棘を備える。縦肋は殻の前方で大きく後ろに曲がる。軸唇は滑らかで、前端付近が湾曲する。殻の色は小麦色から薄いピンクで、縦肋の間に不規則な細い褐色線、軸唇の上には褐色斑が入る。

科	ショクコウラ科　Harpidae
貝殻の大きさ	50 ～ 133mm
地理的分布	紅海、ペルシャ湾およびインド洋
存在量	ふつう
生息深度	潮間帯
生息場所	砂底
食性	肉食性で甲殻類を食べる
蓋	ない

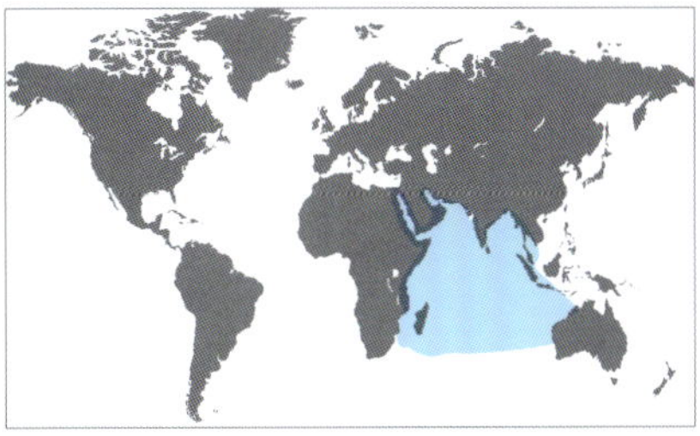

貝殻の大きさ
50 ～ 133mm

写真の貝殻
86mm

Harpa ventricosa Lamarck, 1816

ウネショクコウラ

VENTRAL HARP

ウネショクコウラは、ショクコウラ属 *Harpa* の最大種の１つで、紅海、ペルシャ湾およびインド洋の潮間帯の砂底でふつうに見られる。肉食性の巻貝で、小型のカニやエビを大きな足で捕まえて食べる。ショクコウラ属の貝は、いじめると足の後部を自切し、体から切り離されてもなお動いている組織を残して逃げる。砂地に棲む巻貝の多くが殻の蓋をもたないが、本属の貝もそうである。また、本属の種は非常に小さい歯舌をもつため、長く、歯舌をもっていないと信じられていた。

近縁種

ハワイをはじめ、インド太平洋域に広く分布するショクコウラ *Harpa major* Röding, 1798 の殻は、大きく、ウネショクコウラの殻より少し細長く、殻表の縦肋の間がより広くあく。アフリカ東岸沖にあるマスカリン諸島近海に固有のミサカエショクコウラ *Harpa costata*（Linnaeus, 1758）は、ショクコウラ属の中では最も希少な貝で、各螺層に 30 ～ 40 本の縦肋が並ぶ大きな殻をもつ。

実物大

ウネショクコウラの殻は中型で、厚くて重く、丸く膨らんだ卵形。螺塔は低く、滑らかで光沢のあるすみれ色の胎殻を備え、縫合は明瞭。螺層は角張り、肩が竜骨状に鋭く張り出し、縦肋の上に尖った棘を備える。体層は膨らんでいて大きく、殻の前方で後ろに強く曲がった縦肋が殻表に 15 本ほど並ぶ。軸唇は滑らか。殻の色は小麦色から薄いピンクで、地色より濃い螺帯が３本、縦肋と縦肋の間には多数の三日月形の褐色線が入り、軸唇には２つの大きな褐色斑がある。

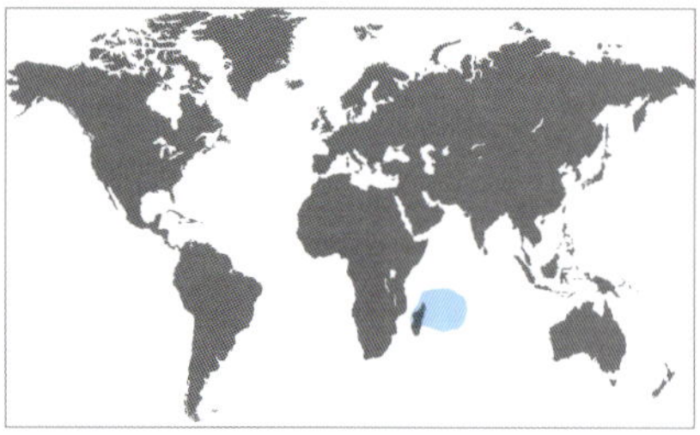

科	ショクコウラ科 Harpidae
貝殻の大きさ	60 〜 110mm
地理的分布	マルカリン諸島およびマダガスカル島北東部
存在量	希少
生息深度	潮下帯浅部から水深 12m
生息場所	砂底
食性	肉食性で甲殻類を食べる
蓋	ない

貝殻の大きさ
60 〜 110mm

写真の貝殻
92mm

Harpa costata (Linnaeus, 1758)

ミサカエショクコウラ

IMPERIAL HARP

ミサカエショクコウラの殻は中型で膨らみ、丸みが強い。螺塔は低く、先端が尖り、縫合は明瞭。胎殻は滑らかで光沢があり、バラ色。螺層は角張り、肩が竜骨状に鋭く張り出す。体層は膨らみ、非常に大きく、殻の前方で後ろに強く曲がった30〜40本の縦肋がびっしり並ぶ。殻口は大きく、殻口から体層の縦肋が見える。外唇も軸唇も滑らか。殻の色はクリーム色がかった黄色で、明るい褐色とピンクの螺帯が並び、縦肋と交差する。軸唇には褐色斑がある。

ミサカエショクコウラは、ショクコウラ属 *Harpa* の中でも最も希少で、美しい殻をもつので収集家の間で非常に珍重されている。マスカリン諸島（モーリシャスおよびレユニオン）とマダガスカル島北東部に固有である。同属他種とは、縦肋の数が螺層あたり 30 〜 40 本と非常に多いことで区別できる。軟体部は伸びた時には殻の長さの 2 倍近くになる。浅海の砂底に棲み、同属他種と同じく肉食性で、甲殻類、とくにカニ類を食べる。

近縁種

バハカリフォルニアからペルーにかけての太平洋沿岸に生息するスベリショクコウラ *Harpa crenata* Swainson, 1822 も膨らんだ殻をもつが、縦肋の数が螺層あたり 12 〜 15 本とミサカエショクコウラより少なく、肋間がより広くあいている。カーボベルデからアンゴラまで分布するバライロショクコウラ *Harpa doris* Röding, 1798 は、ミサカエショクコウラより細長く、膨らみの弱い殻をもつ。また、バライロショクコウラの殻には 2、3 本の赤色の太い螺帯と、白と褐色の斑紋がある。

実物大

科	コゴメガイ科　Cystiscidae
貝殻の大きさ	1 〜 4mm
地理的分布	合衆国フロリダ州からブラジル北部にかけて
存在量	ふつう
生息深度	潮間帯から水深 75m
生息場所	泥底やサンゴ砂底
食性	肉食性
蓋	ない

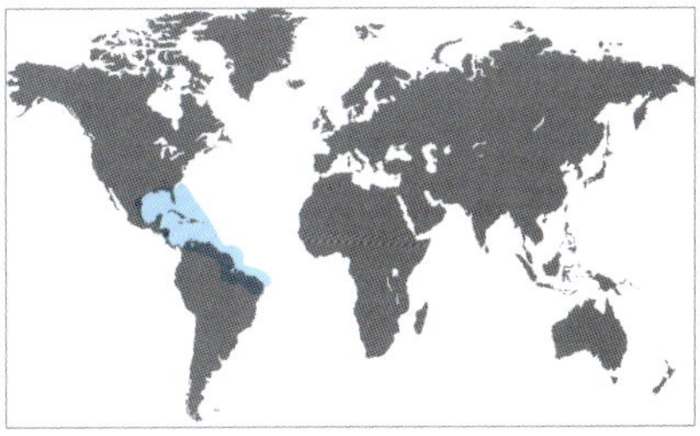

貝殻の大きさ
1 〜 4mm

写真の貝殻
2mm

Gibberula lavalleeana (d'Orbigny, 1842)

コゴメガイの仲間

SNOWFLAKE MARGINELLA

本種は、光沢のあるドーム状の殻をもつ微小な巻貝である。通常、浅海の泥底の上や海藻の上などで見つかるが、アメリカ合衆国のテキサス州では、沖合のサンゴ礁周辺の石灰質の堆積物の上で見つかる。幼貝の殻は半透明であるが、成長とともに殻が厚くなるにつれ、だんだん不透明になる。しかし、成貝でも殻を通して軟体部や体内の器官の色が透けて見えることがある。コゴメガイ科には多くの現生種が知られ、西大西洋だけでも 100 種を超えるコゴメガイ類が生息している。

近縁種

アフリカ北西部に生息するカミスジトリノコガイ *Persicula cingulata* (Dillwyn, 1817) は、殻の形が本種に似るが、より大きい。カミスジトリノコガイの殻は不透明で薄い黄色を帯び、赤褐色の螺状線が並ぶ。ブラジル北東部に産する *Persicula moscatellii* (Boyer, 2004) は、ベージュの地に鮫の歯を連想させる褐色の模様が入った、やや細長い小さな殻をもつ。

実物大

Gibberula lavalleeana の殻は非常に小さく、半透明。形はドーム状で、丸く膨らみ、前端が細まる。螺塔は非常に低く、螺層はわずかに膨らみ、縫合は明瞭で、殻の後方（殻頂）側から見た時にとりわけよく見える。殻表は滑らかで光沢があり、弱い縦条が見られる。殻口は狭くて長く、外唇は肥厚し、成貝ではその内壁に襞が並ぶ。軸唇にも 3、4 本の襞がある。殻口の前端に、単純な切れ込み状の水管溝がある。幼貝の殻は半透明で、成貝では殻はより白っぽくなる。殻の内面の色も外面と同様である。

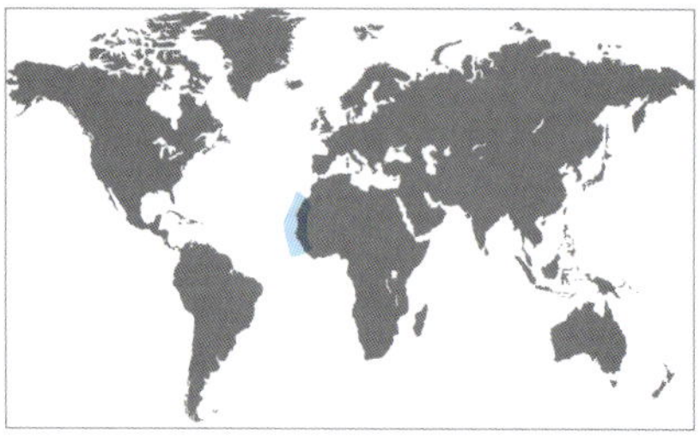

科	コゴメガイ科 Cystiscidae
貝殻の大きさ	14 ~ 28mm
地理的分布	西サハラからセネガルにかけての大西洋沿岸およびカナリア諸島
存在量	ふつう
生息深度	沖合
生息場所	砂底や泥底
食性	肉食性
蓋	ない

貝殻の大きさ
14 ~ 28mm

写真の貝殻
16mm

Persicula cingulata (Dillwyn, 1817)

カミスジトリノコガイ

GIRDLED MARGINELLA

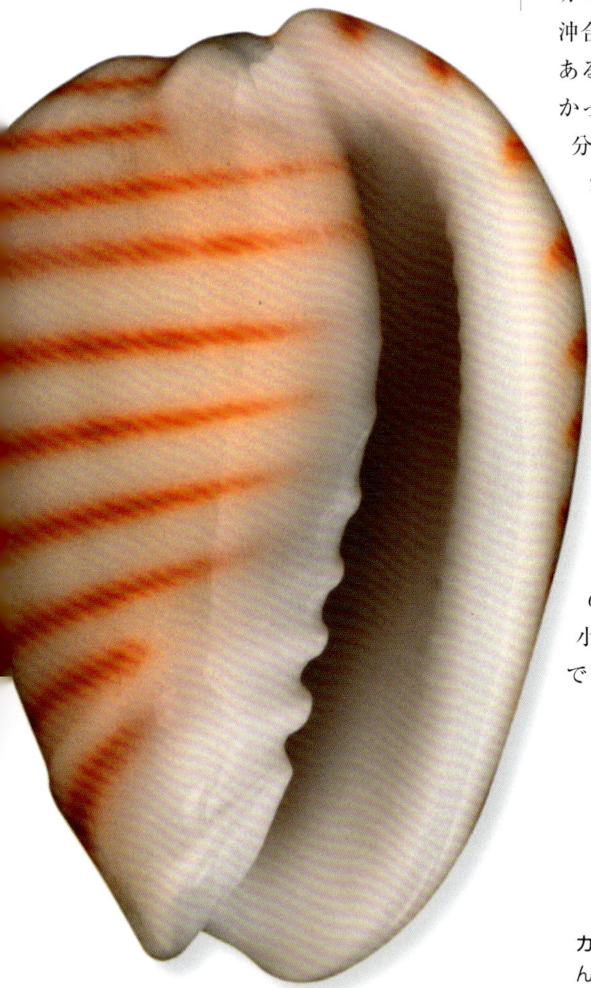

カミスジトリノコガイは、アフリカ北西部に生息する普通種で、沖合の砂底や泥底で見つかり、赤褐色の螺状線が並んだ光沢のある美しい殻をもつ。他のコゴメガイ類と同様、生態はよくわかっていない。コゴメガイ類はヘリトリガイ科 Marginellidae に分類されていたことがあるが、歯舌の形態や、殻の内側で螺管が部分的に溶かされて再吸収されることなどが、確かにヘリトリガイ類とは異なり、別科に分類すべきものであることを示している。コゴメガイ科は、おそらくヘリトリガイ科よりもマクラガイ科 Olividae に近いと考えられる。この類の系統的位置をよりよく理解するには、分子系統学的研究と解剖学的研究の両方が必要である。

近縁種

カナリア諸島に産するカナリートリノコガイ *Persicula canaryensis* (Clover, 1972) の殻は、淡褐色から灰色で細長く、螺塔は低い。スペインからアルジェリアにかけて生息する *Gibberula caelata* (Monterosato, 1877) は、殻口の狭い卵形の微小な殻をもち、殻の色は赤みがかったピンクから薄い黄色までさまざまである。

実物大

カミスジトリノコガイの殻は小さく、卵形で膨らむ。螺塔は体層の中に沈んでいて、滑層で覆われる。殻表は滑らかで光沢がある。体層は膨らみ、前端に向かって徐々に細くなる。殻口は狭くて長く、わずかに湾曲する。外唇は肥厚して盛り上がり、内壁に細い襞が並ぶ。軸唇には 7 本の襞が並び、後端に滑層隆起が見られる。水管溝は単純な切れ込み状。殻の色は薄い黄色から白で、赤褐色の螺状線が並ぶ。殻口内は白い。

科	コゴメガイ科　Cystiscidae
貝殻の大きさ	13 ～ 25mm
地理的分布	モーリタニアからギニアにかけての大西洋沿岸
存在量	少産
生息深度	沖合
生息場所	砂底
食性	肉食性
蓋	ない

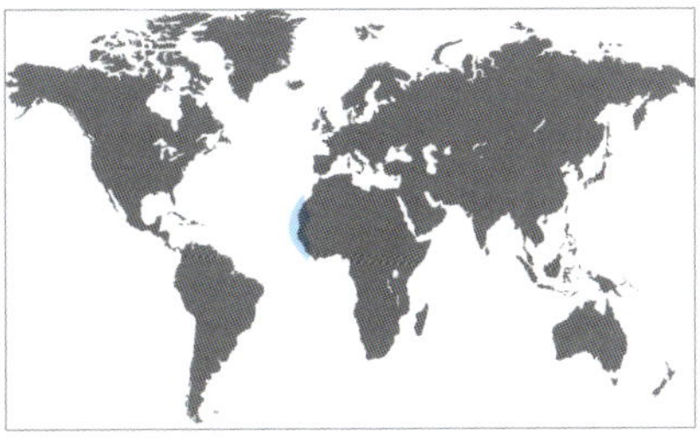

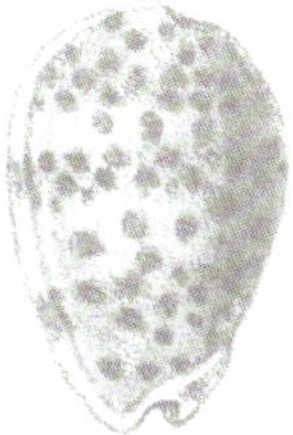

貝殻の大きさ
13 ～ 25mm

写真の貝殻
22mm

Persicula persicula (Linnaeus, 1758)

ゴマフトリノコガイ

SPOTTED MARGINELLA

ゴマフトリノコガイは、斑点模様のある幅広い卵形の殻をもつことで、他のコゴメガイ類と区別できる。アフリカ西岸の沖合の砂底に生息するが、めったに採れない。砂地に棲む他の多くの巻貝のように、本種の殻にも蓋がない。肉食性で、他の軟体動物を食べる。コゴメガイ類の軟体部は明るい色をしていることが多い。また、外套が幅広く、殻全体を包むことができるため、殻に光沢がある。コゴメガイ科の貝の多くは小さい。世界中の海に分布するが、熱帯域により多く、とりわけアフリカ西岸および南岸で多様性が高い。

近縁種

カミスジトリノコガイ *Persicula cingulata* (Dillwyn, 1817) は、ゴマフトリノコガイと同じくアフリカ北西部に生息し、赤褐色の螺状線の並んだ卵形の膨らんだ殻をもつ。アメリカ合衆国ノースカロライナ州からブラジルにかけて分布する *Gibberula lavalleeana* (d'Orbigny, 1842) は、半透明で白い微小な殻をもつ。この貝の殻は形がゴマフトリノコガイやカミスジトリノコガイにいくぶん似ており、一見、*Persicula* 属の小型種のように見える。

実物大

ゴマフトリノコガイの殻は小さく、分厚く、形は卵形。螺塔は体層の中に沈んでいて、滑走で覆われる。一見、タカラガイ類の殻に似ているが、外唇が滑らかで肥厚していること、軸唇には襞が6～9本ほど並ぶことで、タカラガイ類と見分けがつく。殻表は滑らかで光沢がある。殻口は狭く、長さは殻長とほぼ同じ。殻の色は白から薄い黄色、さらに茶色まで変異に富み、褐色斑点がちりばめられる。なかには褐色斑点が集まって螺帯をなす殻もある。殻口内は白い。

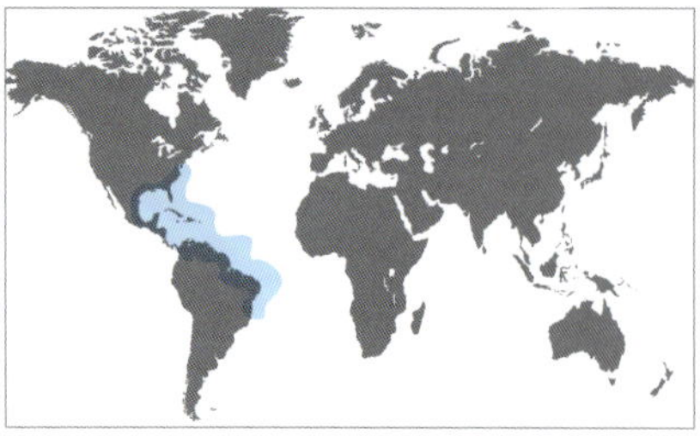

科	ヘリトリガイ科 Marginellidae
貝殻の大きさ	9 〜 16mm
地理的分布	合衆国ノースカロライナ州からブラジルにかけて
存在量	多産
生息深度	潮間帯から水深 5m
生息場所	岩の下の砂中
食性	肉食性
蓋	ない

貝殻の大きさ
9 〜 16mm

写真の貝殻
14mm

Volvarina avena (Kiener, 1834)

ホホベニヘリトリガイ

ORANGE-BANDED MARGINELLA

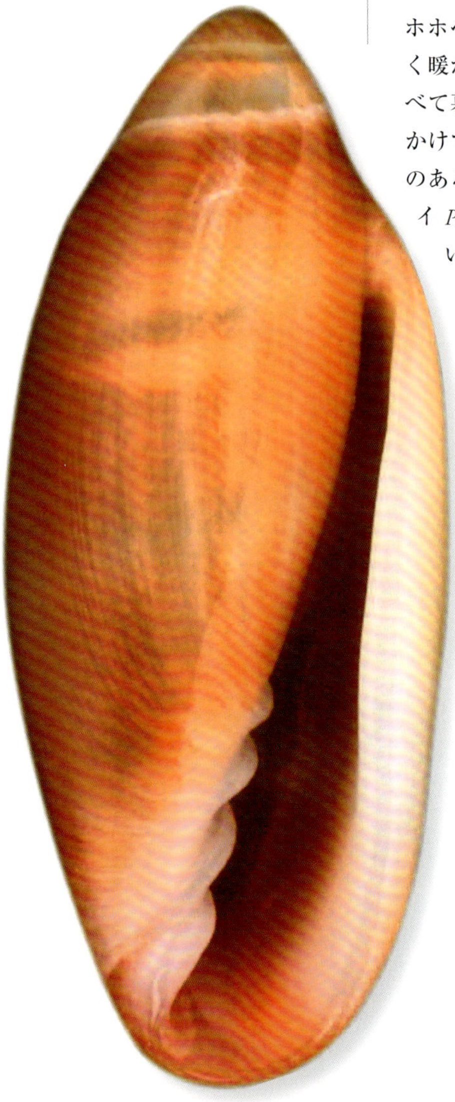

ホホベニヘリトリガイは、大多数のヘリトリガイ類と同じく浅く暖かい海域を好み、海底の砂の中に潜って他の軟体動物を食べて暮らしている。アメリカ合衆国フロリダ州からブラジルにかけての分布域の大部分で、White-Spotted Marginella（白い斑点のあるヘリトリガイ）という英語名をもつシモフリヘリトリガイ *Prunum guttatum*（Dillwyn, 1817）と一緒に見つかることが多い。

近縁種

カイコヘリトリガイ *Marginella philippinarum* Redfield, 1848 は、殻の形や色、そして生息場所までホホベニヘリトリガイにそっくりだが、地理的分布は大きく異なり、フィリピンからオーストラリア西部にかけて分布する。また、ホホベニヘリトリガイよりわずかに大きい。しかし、このわずかな違いを除けば、これら 2 種はほとんど区別できないほど似ており、不明瞭で白い縫合や外唇のわずかなへこみも両者に共通に見られる。

実物大

ホホベニヘリトリガイの殻は細く、螺塔は低い。縫合は浅く不明瞭だが、縫合が白いので何とか螺層の境界が分かる。螺塔と体層の間の縫合も不明瞭で、外唇上部にある肥厚部によってかろうじて境界が分かる。殻は光沢が強く、クリーム色から濃いピンクの地に、たいていオレンジ色をした太い不明瞭な螺帯が 3 本入っている。軸唇はまさしくヘリトリガイ類の特徴を示しており、その下半分に 4 本の軸襞が並んでいる。

科	ヘリトリガイ科 Marginellidae
貝殻の大きさ	10 ~ 16mm
地理的分布	タスマニア島を含むオーストラリア南東部
存在量	ふつう
生息深度	潮下帯浅部から水深 10m
生息場所	砂底
食性	肉食性
蓋	ない

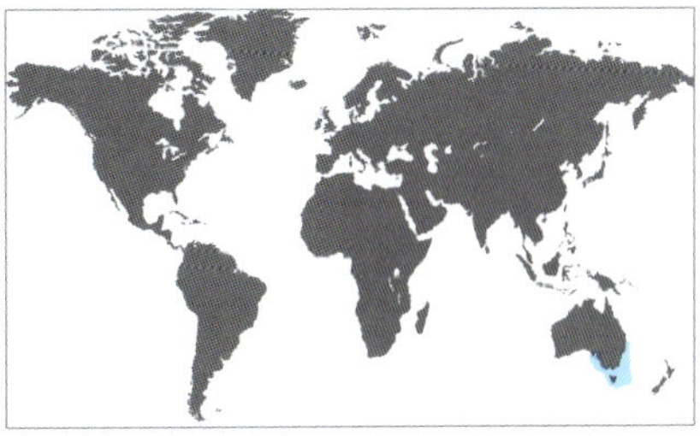

貝殻の大きさ
10 ~ 16mm

写真の貝殻
15mm

Austroginella muscaria (Lamarck, 1822)

ムシコゴメガイ

FLY MARGINELLA

ムシコゴメガイは、近縁種の大多数が好む熱帯や亜熱帯の海から遠く離れた南の海の比較的狭い範囲に分布しており、ヘリトリガイ類の中でも最も南に生息するものの1つである。ヘリトリガイ科は600以上の種を含む大きな科で、全世界に分布を広げているが、アフリカ大陸西岸沖の熱帯海域で多様性が最も高い。また、アメリカ大陸東岸の熱帯域にも多様な種が生息している。

近縁種

クモリトリノコガイ *Marginella fischeri* Bavay, 1902 はムシコゴメガイと同じくオフホワイトの小型の殻をもつ貝で分布域も限られており、フィリピンだけに生息している。クモリトリノコガイの螺塔は低く、平たい殻頂部だけが体層の上に見えている。また、体層にはかすかな螺溝が入り、外唇はムシコゴメガイよりずっと強く肥厚する。また軸唇の襞の数が6本前後とやや多く、下半分（前半分）だけでなく軸唇上部（後部）にも並ぶ。

実物大

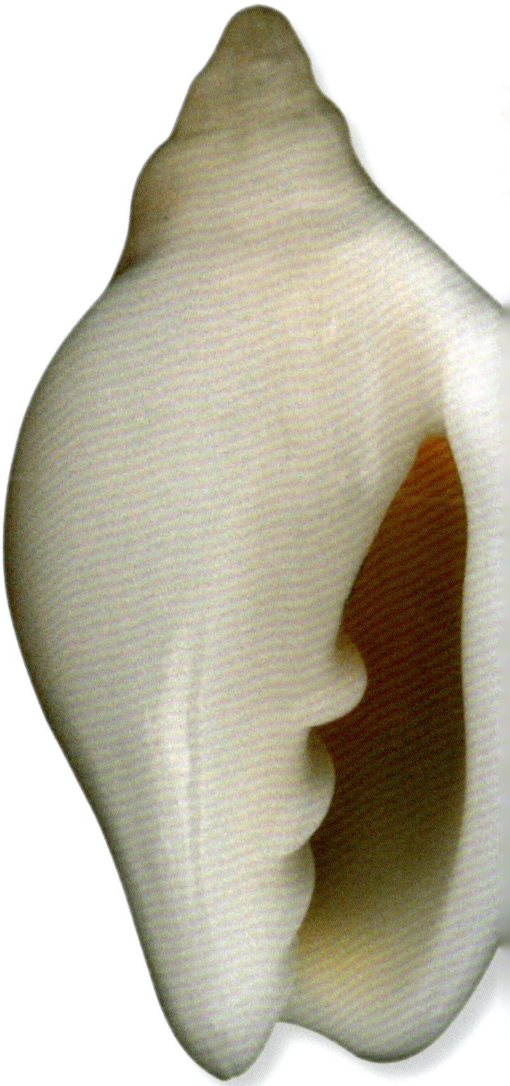

ムシコゴメガイの殻はオフホワイトで、体層は丸く膨らみ、殻の前端に向かって徐々に細くなる部分では殻の側面がややへこむ。螺塔はやや高く、螺層が膨らみ、縫合は浅い。外唇も軸唇も厚い滑層に覆われるため、殻口は分厚い滑層の帯に取り囲まれる。また、軸唇の内面に4本の軸襞があるが、これは大多数のヘリトリガイ類に共通に見られる特徴である。

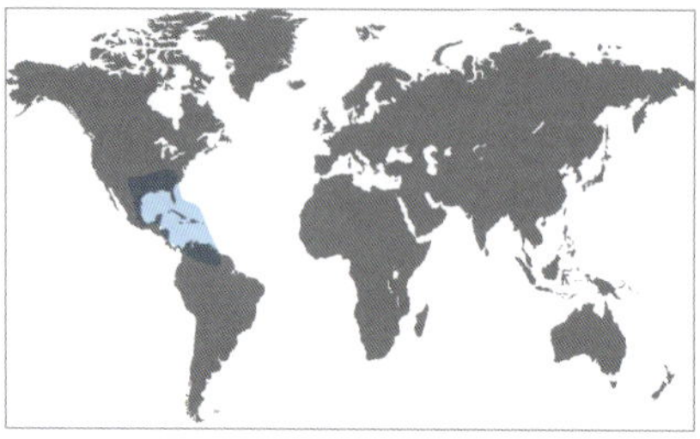

科	ヘリトリガイ科 Marginellidae
貝殻の大きさ	10 〜 20mm
地理的分布	合衆国フロリダ州からベネズエラにかけて（メキシコ湾を含む）
存在量	ややふつう
生息深度	沖合、水深 20m ぐらいまで
生息場所	海草群落
食性	肉食性
蓋	ない

貝殻の大きさ
10 〜 20mm

写真の貝殻
19mm

Prunum carneum（Storer, 1837）

ヘリトリガイ類の１種

ORANGE MARGINELLA

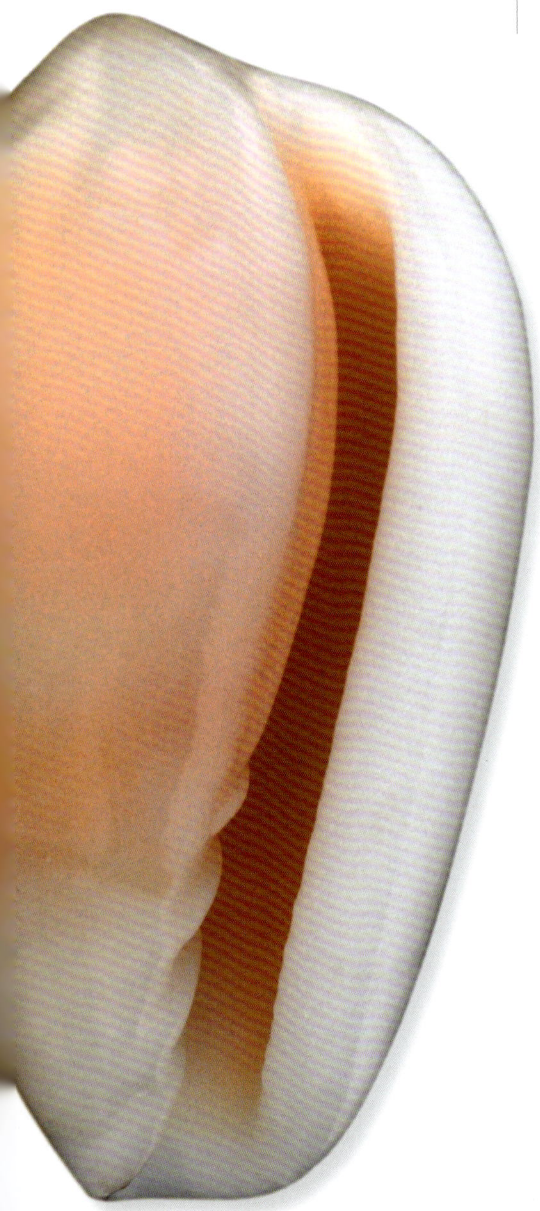

ヘリトリガイ科の貝の多くは、祖先種から分かれた小さな集団がそれぞれの分布域の環境に適応して急速に進化し、多様化してきた結果生じたと考えられている。その結果、ヘリトリガイ科の種数は非常に多く、それぞれの種は比較的限られた地理的分布を示すようになった。本種もそのような進化を遂げた貝の１つで、多くのヘリトリガイ類が生息するカリブ海西部の浅瀬の砂底から、より容易に餌動物を得ることのできる、やや深い沖合の海草群落に移動して、そこで進化したと考えられる。

実物大

近縁種

プラムヘリトリガイ *Marginella prunum*（Gmelin, 1791）は、本種よりさらに東に分布し、カリブ海南部からブラジルにかけて生息する。両者の殻は形と大きさが類似するが、プラムヘリトリガイのほうが殻口が広く、とくに水管溝の近くは幅が広い。また、プラムヘリトリガイの殻には縫合に沿って細い白帯が走り、軸唇も体層の他の部分と同じオレンジ色で、殻表に多数の細く白い縦筋が見られる。

Prunum carneum **の殻は厚く、強い光沢がある。螺塔は低い。殻口は非常に狭く、外唇は白い。軸唇には下半分に４本の襞が並び、色は周辺部も含めて非常に薄いオレンジ。殻の他の部分はオレンジで、螺層の肩と体層の下半分に薄いオレンジのかすかな螺帯が入る。**

科	ヘリトリガイ科　Marginellidae
貝殻の大きさ	20 〜 44mm
地理的分布	モーリタニアからギニアにかけての西アフリカ沿岸
存在量	少産
生息深度	沖合
生息場所	砂底
食性	肉食性
蓋	ない

貝殻の大きさ
20 〜 44mm

写真の貝殻
28mm

Glabella pseudofaba (Sowerby II, 1846)

ソバカスヘリトリガイ

QUEEN MARGINELLA

ソバカスヘリトリガイは、めったに見つからない珍しい貝で、美しい斑点模様のある殻をもち、西アフリカの沖合の砂底に棲む。世界には何百種ものヘラトリガイ類が知られ、とりわけ熱帯域には多くの種が生息している。生活史はあまりよく分かっていないが、食性が分かっているものは肉食性で、有孔虫や他の巻貝などを食べ、さらに腐肉も食べることがあるという。タカラガイ類やマクラガイ類と同様に、生きている時は光沢のある殻全体が外套で包まれている。

実物大

近縁種

セネガルなどに産するゴマダラヘリトリガイ *Glabella faba* (Linnaeus, 1758) は、殻にソバカスヘリトリガイに非常によく似た斑点模様をもつが、殻がより細長くて小さい。紅海からアデン湾にかけて分布する *Glabella mirabilis* (H. Adams, 1869) の殻は、ソバカスヘリトリガイより幅が広く、殻表に多数の縦肋が並ぶ。また、外唇が厚く、その上に赤あるいは褐色の斑点が散在する。

ソバカスヘリトリガイの殻は中型で光沢があり、硬い。螺塔はやや高く先端が尖る。螺層はやや角張り、肩部に 15 個ほどの丸みのある結節状突起が並ぶ。殻の幅は中ほどで最も広く、前端に向かって徐々に狭くなる。殻口は狭くて長い。外唇は肥厚し、その内壁に襞が並ぶ。軸唇には 4 本の強い軸襞がある。殻の色は白と茶の斑で、螺列をなして並ぶ多数の黒色あるいは濃褐色の角張った斑点がある。殻口内は白い。

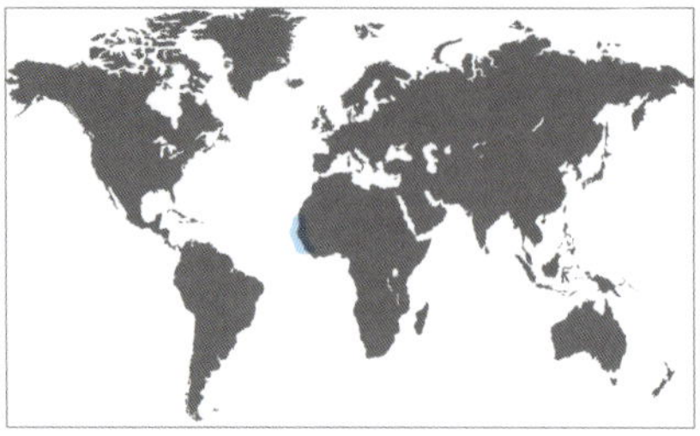

科	ヘリトリガイ科　Marginellidae
貝殻の大きさ	19 〜 35mm
地理的分布	モーリタニアからシエラレオネにかけて
存在量	少産
生息深度	沖合でやや深い所
生息場所	砂底
食性	肉食性
蓋	ない

貝殻の大きさ
19 〜 35mm

写真の貝殻
34mm

Marginella petitii Duval, 1841

ペチットヘリトリガイ

PETIT'S MARGINELLA

ペチットヘリトリガイは、モーリタニアからシエラレオネまでの限られた海域に分布し、沖合の砂底に棲む。ヘリトリガイ類は、世界のすべての海洋、あらゆる深度に生息しており、淡水（タイに淡水産の種が 1 種生息している）にさえ進出している。アフリカ西岸には最も多くのヘリトリガイ類が生息しているが、それはおそらく、この海域が砂底から泥底、さらにサンゴ礁、そして浅瀬から深海まで非常に生息場所の変化に富んでいるからだと思われる。

近縁種

ペチットヘリトリガイの分布域には、螺状に並んだ濃色の斑点がある殻をもつ種が他にも何種かいる。例えば、ゴマダラヘリトリガイ *Glabella faba* (Linnaeus, 1758) は、小型から中型の斑点のある殻をもち、斑点はおおむね上下で対になった螺列をなして並んでいる。同じく *Glabella* 属（殻表に明瞭な縦肋がある）のコトヘリトリガイ *Glabella harpaeformis* (Sowerby II, 1846) の殻には、ごく小さな斑点がまばらに並び、ソバカスヘリトリガイ *Glabella pseudofaba* (Sowerby II, 1846) の殻も斑点の数はそれほど多くないが、斑点がより大きい。

ペチットヘリトリガイの殻は滑らかで光沢がある。地色は白く、オレンジから栗茶色の三角格子模様がある。さらに、焦げ茶色の小さな斑点が規則的に螺列をなして並び、体層には縁のぼんやりした黒っぽい斑紋が並ぶ螺帯が 3 本ある。螺塔は低く、螺層は膨らみ、縫合は浅い。外唇は強く肥厚し、軸唇には 4 本の軸襞がある。

実物大

科	ヘリトリガイ科　Marginellidae
貝殻の大きさ	22 〜 53mm
地理的分布	マレー半島、ミャンマーからタイにかけて
存在量	少産
生息深度	潮下帯浅部
生息場所	砂底
食性	肉食性
蓋	ない

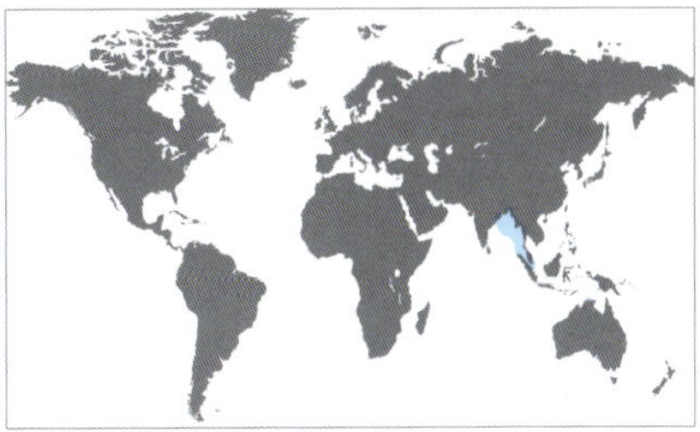

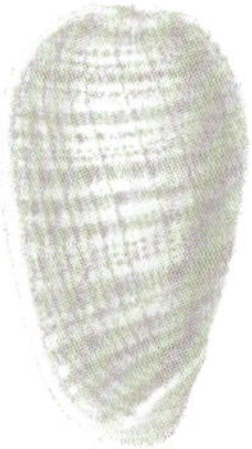

貝殻の大きさ
22 〜 53mm

写真の貝殻
34mm

Cryptospira elegans (Gmelin, 1791)

カスリトリノコガイ

ELEGANT MARGINELLA

ヘリトリガイ科の名は、この類の特徴的な肥厚した殻口縁あるいは殻口唇に因んでつけられたものである。殻口縁が著しく肥厚したヘリトリガイ類は世界中で見られ、とりわけアフリカ大陸西岸にはそのような種が多く生息する。しかし、このアジア産カスリトリノコガイほど優美な殻口唇をもつ貝は他にはいない。この貝の殻口は明るい色の口紅をつけた唇のように見え、殻全体を例えるなら、明るい灰色のツィード製のスカートの縁にオレンジの飾りをつけたようである。

近縁種

オオシマトリノコガイ（サザナミトリノコガイ）*Cryptospira strigata* (Dillwyn, 1817) は、殻の形、大きさや色だけでなく、分布域もカスリトリノコガイと同じだが、オオシマトリノコガイの殻では縦筋のほうが螺帯より色が濃く、切れ切れの薄い灰色の螺帯がそれらの細い縦筋と交差する。どちらの貝の殻も外唇に細かい歯が並び、軸唇にヘリトリガイ類に特徴的な軸襞が並ぶ。

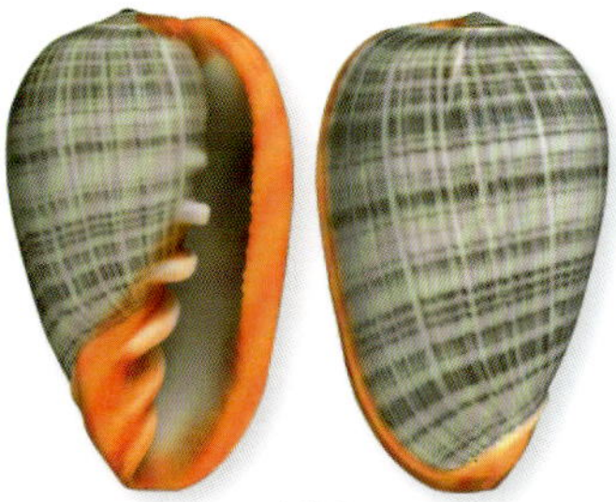

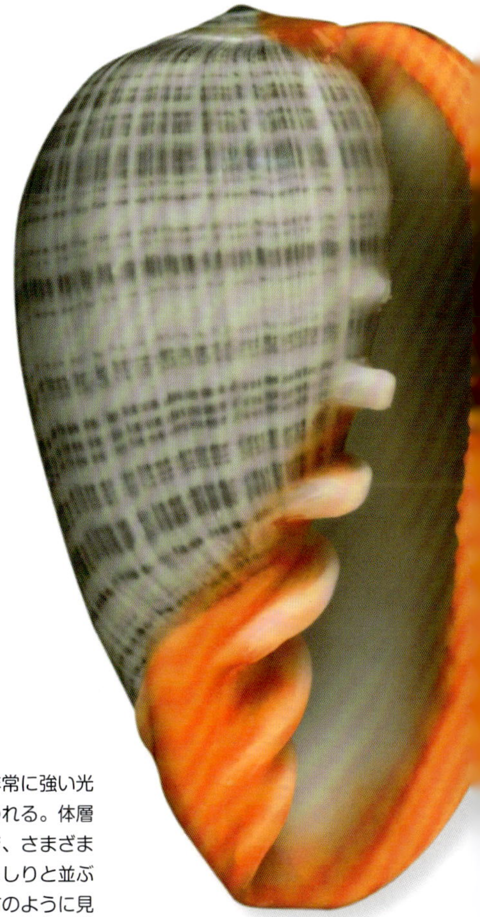

実物大

カスリトリノコガイの殻は卵形で、非常に強い光沢がある。螺塔はへこみ、滑層で覆われる。体層は後方が膨らみ、地色は薄い青灰色で、さまざまな太さのやや濃い灰色の螺帯と、びっしりと並ぶ薄い灰色の細い縦筋が交差して、織布のように見える。軸唇の前縁および強く肥厚した外唇は明るいオレンジで、狭い殻口の縁を鮮やかに彩る。

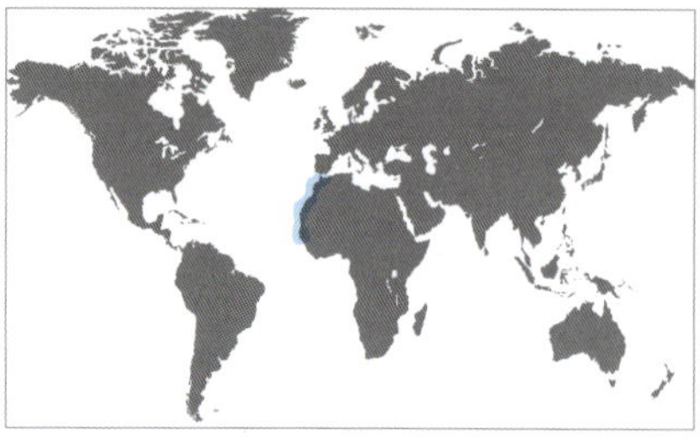

科	ヘリトリガイ科　Marginellidae
貝殻の大きさ	18 ～ 56mm
地理的分布	モロッコからセネガルにかけての大西洋沿岸、カーボベルデおよびカナリア諸島
存在量	ややふつう
生息深度	沖合、水深 80m ぐらいまで
生息場所	砂底
食性	肉食性
蓋	ない

貝殻の大きさ
18 ～ 56mm

写真の貝殻
37mm

Marginella glabella (Linnaeus, 1758)

アデヤカヘリトリガイ

SHINY MARGINELLA

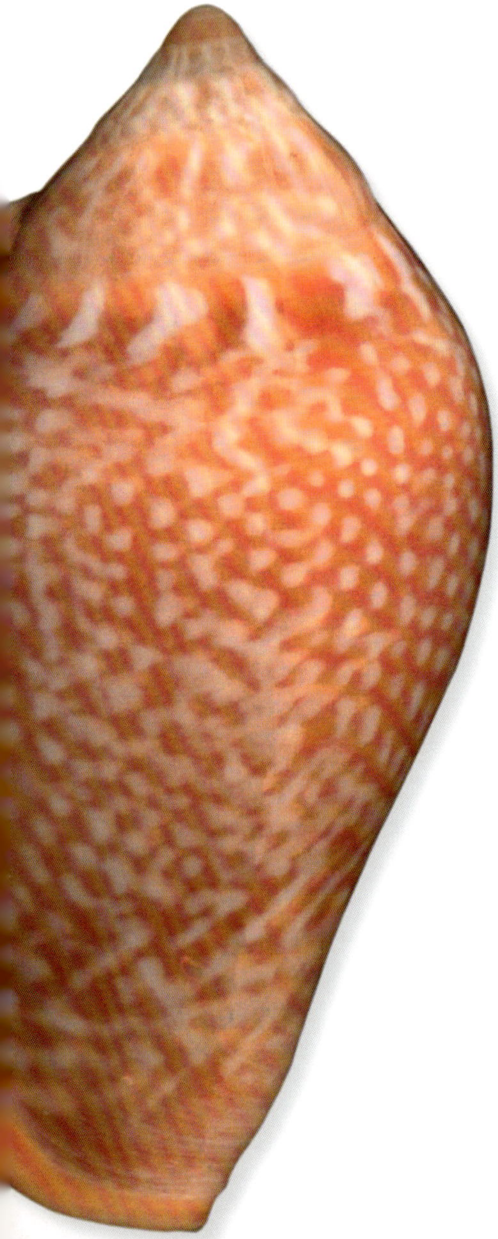

アデヤカヘリトリガイは、ヘリトリガイ類の多様性が特に高いアフリカ西岸に生息する。この類の殻の斑点模様は、しばしば種を区別する上で有用な特徴である。例えば、アデヤカヘリトリガイは同所的に生息する他のヘリトリガイ類の多くと殻の形や色が似ているが、その模様の斑点の大きさ、殻の大きさ、そして螺塔の高さで他種と区別できる。

近縁種

サテンヘリトリガイ *Marginella irrorata* Menke, 1828 は、アデヤカヘリトリガイより小型だが、両者は殻の形が非常によく似ている。しかし、サテンヘリトリガイの螺塔や縁の反った外唇は色がオフホワイトで、ピンクの体層にはアデヤカヘリトリガイのものより細かい斑点が密に入り、クリーム色の水の中に沈んだイチゴを連想させる。

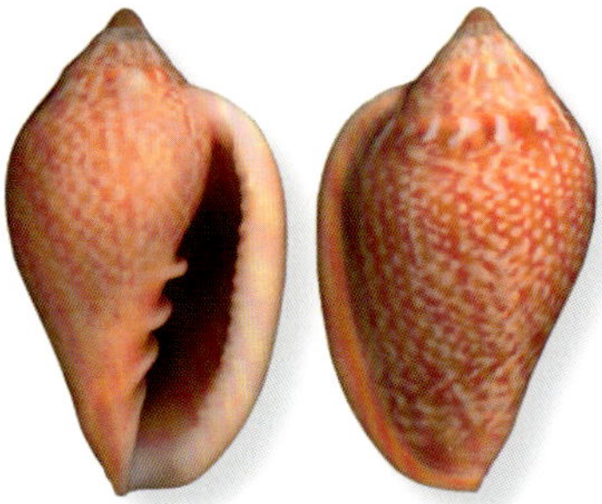

実物大

アデヤカヘリトリガイの殻は卵形で前方の側面がわずかにへこむ。色は変異に富むが、クリーム色の地に多数の中型の斑紋を残して淡褐色から赤みの強いピンクに染まり、それより色の濃い螺帯がその上に 3 本入っているものが多い。外唇は肥厚して縁が外側に反り、殻の背面縁に沿ってくぼみを形成する。外唇の内壁には襞が並び、軸唇には 4 本の軸襞がある。

科	ヘリトリガイ科　Marginellidae
貝殻の大きさ	34 ～ 101mm
地理的分布	ブラジル固有種
存在量	少産
生息深度	水深 3 ～ 25m
生息場所	砂底
食性	肉食性
蓋	ない

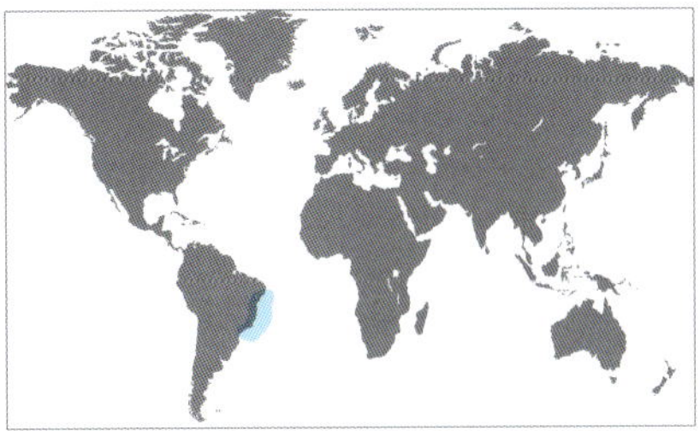

貝殻の大きさ
34 ～ 101mm

写真の貝殻
63mm

Bullata bullata (Born, 1778)

オオヘリトリガイ

BUBBLE MARGINELLA

何百もの種が知られるヘリトリガイ科だが、オオヘリトリガイのように殻長が優に 25mm を超えるものはあまりいない。本種はヘリトリガイ科の現生種の中で最大のものの１つで、バイア州からエスピリトサント州にかけてのブラジル北東岸に固有の貝である。ヘリトリガイ科の他種と同様に肉食性で、二枚貝類や甲殻類を食べる。砂に潜って暮らしているが、砂の上に伸ばした水管で敏感に餌を感知して捕まえることができる。

近縁種

ブラジルヘリトリガイ *Bullata matthewsi* (Van Mol and Tursch, 1967) は、オオヘリトリガイより小型で、殻はそれほど細長くない。本種と同じく、ブラジル沿岸の沖合に生息する。この貝の殻の色はオレンジから薄いオレンジで、外唇は色がより薄く、黄色っぽい。

オオヘリトリガイの殻は細長い卵形。色はベージュから桃色で、白からピンクの成長線と地色よりわずかに色の濃い不明瞭な螺帯が見られる。螺塔は体層の中に完全に沈む。外唇は後端が膨らみ、螺塔との間の縫合の少し上まで盛り上がる。水管溝は単純な切れ込み状で、水管溝に向かって殻口の幅が徐々に広くなる。軸唇および外唇内壁は白い。外唇は杏子色からオレンジで、縁が外側に反る。軸唇の前縁に４本の軸襞がある。

実物大

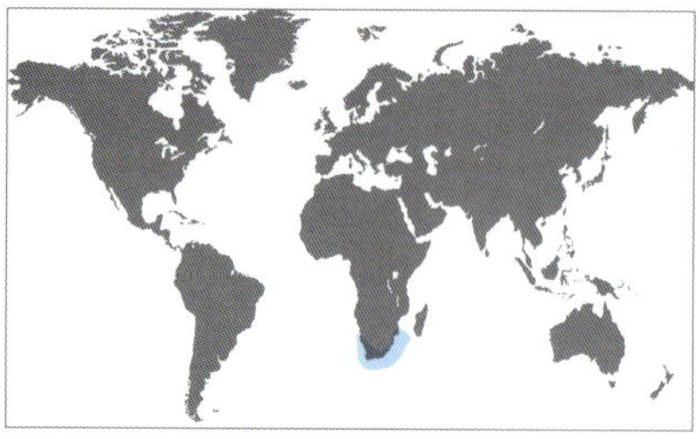

科	ヘリトリガイ科　Marginellidae
貝殻の大きさ	70 ～ 125mm
地理的分布	南アフリカ固有種
存在量	少産
生息深度	水深 70 ～ 500m
生息場所	沖合の軟質底
食性	肉食性
蓋	ない

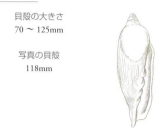

貝殻の大きさ
70 ～ 125mm

写真の貝殻
118mm

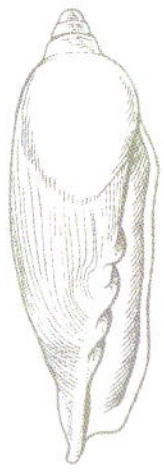

Afrivoluta pringlei Tomlin, 1947

ワダツミボラ

PRINGLE'S MARGINELLA

ワダツミボラの殻は軽くて壊れやすい。螺塔と殻口の間にクリーム色から白色の大きな丸い滑層肥厚部があり、軸唇にオレンジの大きな軸襞が4本並ぶことで識別できる。螺塔は低く、殻頂は丸く、縫合はいくぶん明瞭である。体層は長く、ピンクがかった淡褐色で、多数の白い成長線が並び、地色より色が薄く太い螺帯が1本、外唇の前縁から伸びる。

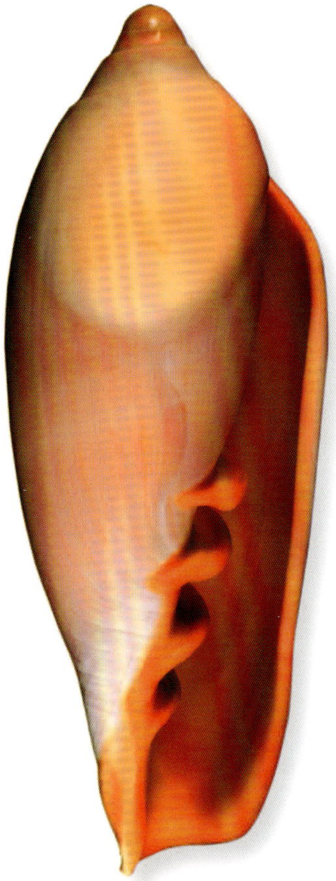

実物大

ヘリトリガイ類に特有の刀身状の軸襞があるにもかかわらず、発見されてから長い間、ワダツミボラはガクフボラ類の1種だと考えられていた。その後のより詳細な解剖学的研究によって、現在では、ヘリトリガイ科に含めるべきものであることが確認されている。ヘリトリガイ科の中では最大の貝の1つで、この科の中にあっても独特な形の殻をもっている。しかし、地理的分布に関しては、大多数のヘリトリガイ類同様特定の海域に分布が限られており、ワダツミボラは、南アフリカ沖の深所に生息している。

近縁種

ミガキコオロギボラ *Marginellona gigas* (Martens, 1904) は、インド洋東部から南シナ海にかけて生息し、ワダツミボラよりも大きくなる。ミガキコオロギボラの殻も単色で模様がなく、光沢があるが、ワダツミボラと異なり、螺塔の下に丸い滑層肥厚部はなく、目立つ軸襞もない。ミガキコオロギボラの標本にも、内部形態がよく分かるまでガクフボラ類と混同されていたものがいくつかある。

科	フデガイ科　Mitridae
貝殻の大きさ	11 ～ 25mm
地理的分布	インド太平洋
存在量	少産
生息深度	沖合
生息場所	砂底
食性	肉食性
蓋	ない

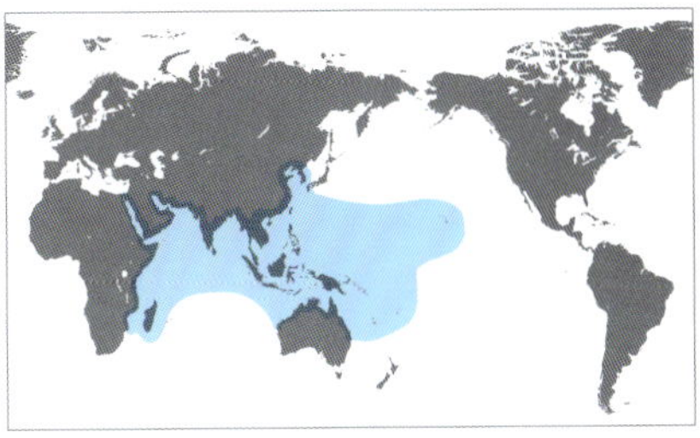

貝殻の大きさ
11 ～ 25mm

写真の貝殻
19mm

Imbricaria punctata (Swainson, 1821)

ツノイロチョウチンフデガイ

BONELIKE MITER

英語で Miter Shell（殻の形が司教冠に似た貝）と呼ばれるものにはフデガイ科だけでなく、ツクシガイ科 Costellariidae の貝も含まれ、合わせて 500 種ほどが知られる。そのうちの半分ぐらいがフデガイ科の貝である。おおまかな区別点は、フデガイ科の殻で目立つのは螺状彫刻だが、ツクシガイ科の貝には縦肋のあるものが多く、縦肋の形態が種の区別に役立つ。さらに、ツクシガイ科の貝の殻口の内側には細い螺状の襞が並ぶが、フデガイ科の貝にはそれが見られない。どちらの科も世界中の熱帯から温帯海域に分布しており、ともにインド太平洋域で最も多様性が高い。

近縁種

チビイモガイダマシ *Imbricaria carbonacea* Hinds, 1844 は、アフリカ西岸および南西岸の潮下帯の砂底で比較的よく見つかり、ツノイロチョウチンフデガイに殻の形が似るが、わずかに小さい。この貝の殻口はツノイロチョウチンフデガイのものより広く、殻口内はクリーム色がかった白である。殻の外側の色は変異に富むが、濃い赤茶色の殻が多い。

実物大

ツノイロチョウチンフデガイの殻は円錐状で、螺層の肩は丸く、体層の肩から前端にかけて側面がやや膨らみ、殻の幅は次第に細くなる。螺塔は低いものから非常に低いものまであり、縫合は浅い。体層の殻表には微小な刻点が連なって形成された浅い螺溝が並ぶ。殻の色は非常に薄いオレンジで、殻口唇と螺塔は特に色が薄い。外唇の縁には細かい歯が並び、軸唇には 6 本ほどのやや低い軸襞がある。縫帯は滑層で覆われる。

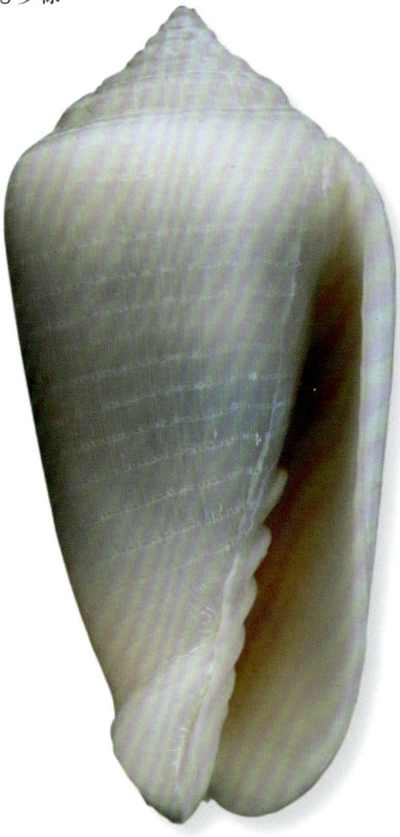

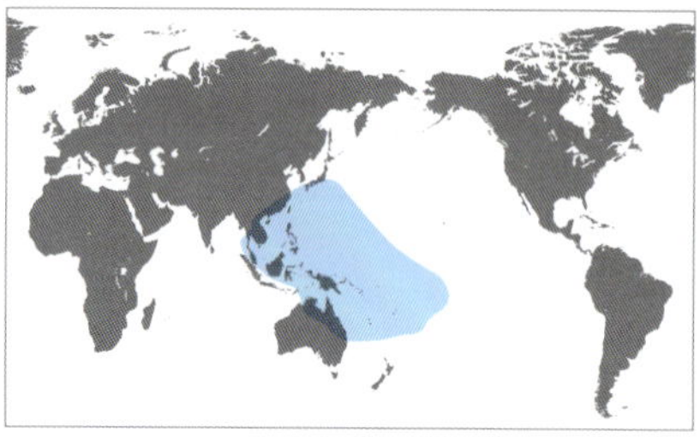

科	フデガイ科　Mitridae
貝殻の大きさ	13 ～ 26mm
地理的分布	西太平洋および中部太平洋
存在量	ややふつう
生息深度	潮下帯
生息場所	サンゴ砂底
食性	肉食性で腐肉も食べる
蓋	ない

貝殻の大きさ
13 ～ 26mm

写真の貝殻
25mm

Imbricaria conularis (Lamarck, 1811)

イトマキチョウチンフデガイ

CONE MITER

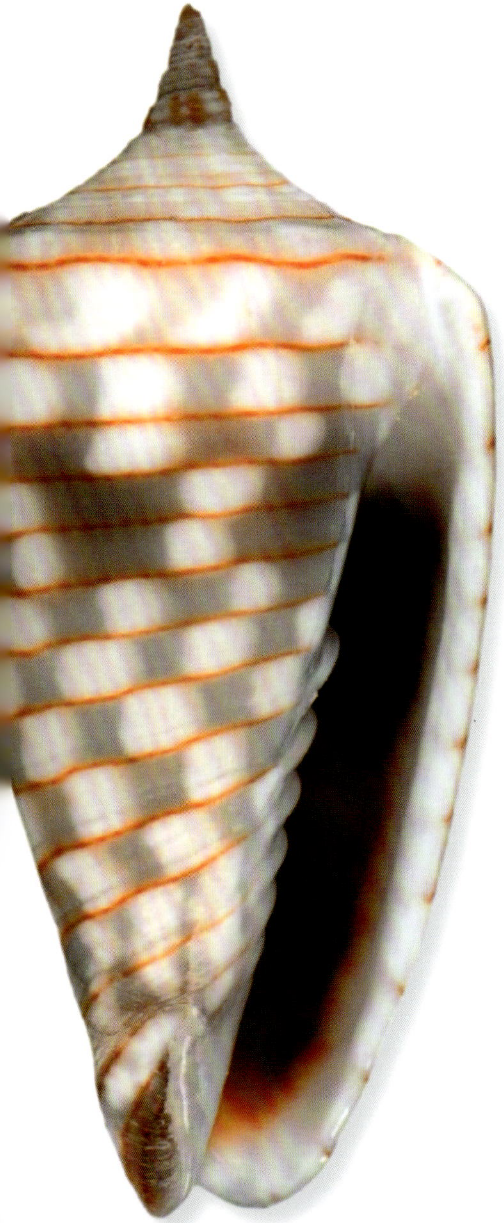

フデガイ科に分類されるチョウチンフデガイ属 *Imbricaria* の貝は熱帯海域の暖かい海だけに生息し、サンゴ砂底で見られる。フデガイ類の例に漏れず、腐肉も食べる肉食者で、低潮線以深の浅海に棲み、ホシムシ類を食べて暮らしている。イトマキチョウチンフデガイは独特な形と色の殻をもつため、容易に識別できる。その円錐状の殻はイモガイ類の殻に似るが、軸唇に軸襞があり、フデガイ類であることがわかる。

近縁種

同じく太平洋の熱帯域に生息するマクラフデガイ *Imbricaria olivaeformis* (Swainson, 1821) は、円錐状でなく細長い卵形の殻をもち、殻の色は緑を帯びた薄い黄色である。また、イトマキチョウチンフデガイの螺塔は先端が尖り、側面がへこんでいるが、マクラフデガイの螺塔は先端が丸く、側面が膨らむ。さらに、殻頂部と殻前端が紫に染まり、他の特徴と相まってマクラフデガイの殻は果実のように見える。

実物大

イトマキチョウチンフデガイの殻は円錐状で、螺塔はやや低く側面がへこむ。殻頂は紫で、外唇は白い。殻の残りの部分は乳白色と薄い紫のまだらで、褐色の波打った螺状の縞が並び、その間に不規則な白斑が入る。殻口は狭く、殻口内はオレンジがかった濃い茶色。すべての螺層の肩部に非常に低い縦肋、軸唇には低い軸襞が並ぶ。

科	フデガイ科　Mitridae
貝殻の大きさ	19 ～ 35mm
地理的分布	紅海からインド太平洋にかけて
存在量	少産
生息深度	潮間帯から水深 80m
生息場所	砂底や藻場
食性	肉食性
蓋	ない

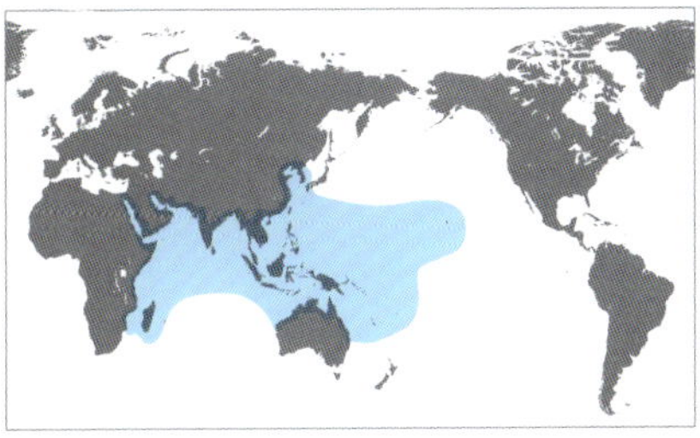

貝殻の大きさ
19 ～ 35mm

写真の貝殻
30mm

Ziba annulata (Reeve, 1844)

コガラシフデガイ

RINGED MITER

コガラシフデガイは、紅海から南はモザンビーク、東はマルケサス諸島まで広範囲に分布する。潮間帯から沖合のやや深い所まで、砂底や藻場で見られる。砂底に棲む多くの巻貝類と同様にフデガイ類も殻の蓋をもたないが、殻口がたいてい狭く、軸唇に軸襞があり、捕食者の攻撃を受けにくくなっている。フデガイ類の中には卵を壺形の卵嚢に詰めて産むものがいる。卵嚢あたりの卵数はまちまちで、およそ 100 から 500 の間である。

近縁種

ハワイからフィリピンにかけて生息する *Ziba maui* (Kay, 1979) は、形と色模様がコガラシフデガイに似た殻をもつが、コガラシフデガイより少し大きくなる。紅海からインド洋にかけて広く分布するコウジンカスミフデガイ *Scabricola fissurata* (Lamarck, 1811) は、淡褐色の螺帯と白い網目模様の入った細い魚雷形の殻をもつ。

実物大

コガラシフデガイの殻は中型で硬く、形は紡錘形。螺塔は高く先端が尖り、縫合が明瞭で、螺層は膨らむ。殻表には丸みのある螺肋、あるいは時に竜骨状になった螺肋があり、その肋間に各 2 列ずつの螺列をなして刻点が並ぶ。殻口は狭くて長く、外唇の縁には歯があり、軸唇には 4 ～ 6 本の軸襞が並ぶ。殻の色は白または薄いピンクで、螺肋の上に褐色の破線模様が入る。殻口内は褐色に染まる。

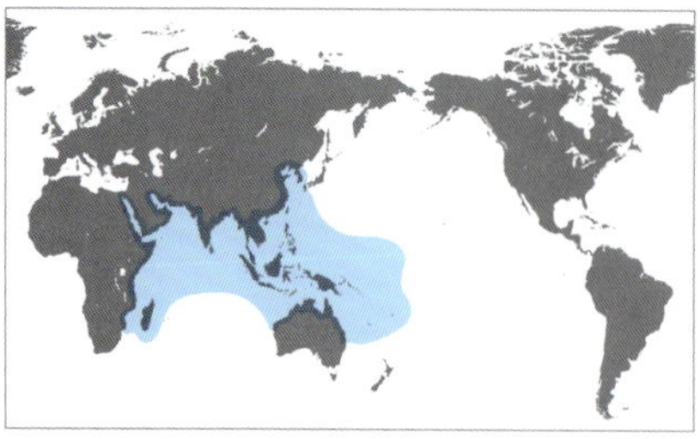

科	フデガイ科　Mitridae
貝殻の大きさ	21 ～ 65mm
地理的分布	紅海からインド西太平洋にかけて
存在量	少産
生息深度	潮下帯
生息場所	サンゴ砂底やサンゴ礫底
食性	肉食性で腐肉も食べる
蓋	ない

貝殻の大きさ
21 ～ 65mm

写真の貝殻
37mm

Scabricola fissurata (Lamarck, 1811)

コウジンカスミフデガイ

RETICULATE MITER

実物大

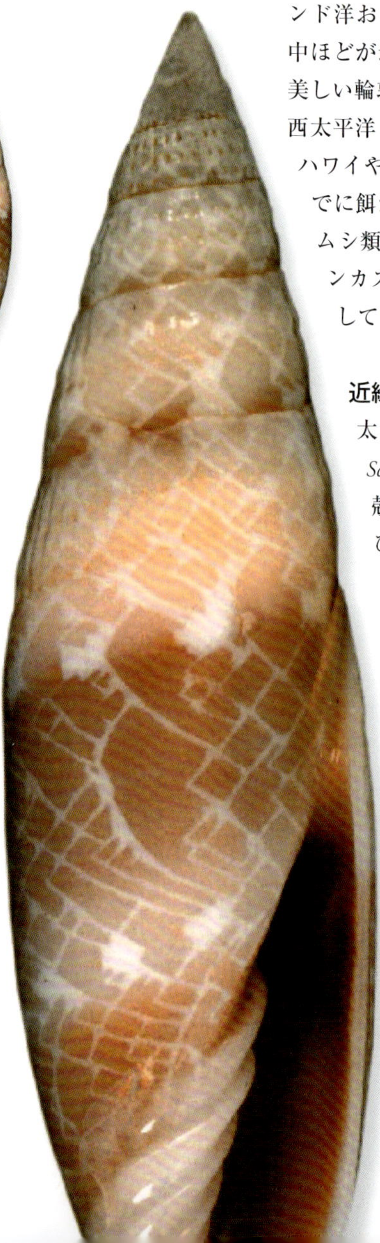

ヤグラフデガイ属 *Scabricola* の貝はみな少産か希少で、おもにインド洋および太平洋の西部や中部で見られる。本属の特徴は、中ほどが最も幅広く両端に向かって徐々に細くなる、滑らかで美しい輪郭の殻をもつことである。コウジンカスミフデガイは、西太平洋までしか分布していないが、同属種には、ずっと東のハワイやマルケサス諸島まで分布しているものもいる。これまでに餌が調べられているフデガイ類はすべて、もっぱらホシムシ類を食べていることが知られる。ホシムシ類は、コウジンカスミフデガイの棲むサンゴ礫底やサンゴ砂底にも生息している。

近縁種

太平洋の中部および西部に生息するオロチフデガイ *Scabricola variegata* (Gmelin, 1791) の殻は、独特である。殻表には細長い鱗片が並んだように見える低い螺肋がびっしり並び、この螺肋の上に白斑とオレンジがかった褐色の斑紋がまだらに入る。この殻の風合いから、本種は英語でも蛇のようなフデガイ (Snake Miter) と呼ばれる。オロチフデガイの縫合はフデガイ類にしては深く、外唇縁には丸みのあるぎざぎざが並び、軸唇には低い軸襞がある。

コウジンカスミフデガイの殻は紡錘形で、螺塔が高い。螺塔の螺層側面はなだらかに体層の側面につながり、細い縫合だけが螺塔と体層の境界を示している。殻頂部は非常に急峻で、螺塔の殻表には螺状の刻点列があるが、この刻点列は体層では痕跡的になる。殻の色はオフホワイトから淡い栗色で、体層の肩部より下に地色より濃い灰褐色の色帯、殻全体に白い編目模様が入る。

科	フデガイ科　Mitridae
貝殻の大きさ	25 ～ 50mm
地理的分布	カリフォルニア湾からエクアドルにかけて
存在量	少産
生息深度	水深 9 ～ 90m
生息場所	平たい砂地や泥地
食性	肉食性で腐肉も食べる
蓋	ない

貝殻の大きさ
25 ～ 50mm

写真の貝殻
48mm

Subcancilla attenuata (Broderip, 1836)

イガフデガイの仲間

SLENDER MITER

本種は、古い時代の貝の分類にはいろいろ問題があったことを示すよい例である。本種にはかつて 6 つほどの異なる学名がつけられていたことがあり、19 世紀前半にそれらが同一種の変異であることが明らかになった。また、本種は少なくとも 3 つの異なる属に分類されたことがあるが、現在ではイガフデガイ属 *Subcancilla* に落ち着いている。イガフデガイ属の特徴は、殻の形がすらりとした銃弾状であること、縫合がやや明瞭であること、そして螺塔にも体層にも殻表に規則的に螺肋が並ぶことなどである。

実物大

近縁種

イトヒキフデガイ *Subcancilla hindsii* (Reeve, 1844) は、殻の大きさ、地理的分布、そして生息場所の好みが本種と同じだが、もっと海岸から遠い、より深い所に棲んでいる。この貝の殻の色は明るい褐色から淡紫色までさまざまで、螺層の肩に白い螺帯が入り、螺肋が濃褐色から赤褐色でひときわ目立つ。また、殻口の周縁部が淡いオレンジに染まる。

Subcancilla attenuata **の殻**はほっそりして長く、銃弾状。螺塔は高く、縫合はやや明瞭。殻全体が白く、殻表に鋭い細い螺肋がある。螺肋は、わずかに丸く膨らんだ螺層の肩部のものが他のものより強い。殻口の外縁はオレンジで細く縁取られる。軸唇に 2、3 本の小さな襞がある。

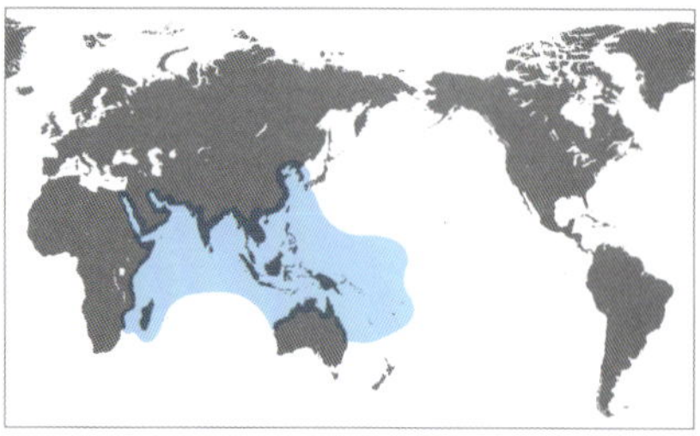

科	フデガイ科　Mitridae
貝殻の大きさ	19 ～ 65mm
地理的分布	紅海から西太平洋にかけて
存在量	少産
生息深度	潮間帯から水深 30m
生息場所	砂底や礫底
食性	肉食性
蓋	ない

貝殻の大きさ
19 ～ 65mm

写真の貝殻
53mm

Neocancilla papilio (Link, 1807)

クチベニアラフデガイ

BUTTERFLY MITER

クチベニアラフデガイは、螺肋と縦肋が布目状の彫刻をなす優雅な殻をもつ。潮間帯から沖合にかけての砂底や礫底に棲む。足は薄いオレンジで、白斑が散在する。紅海からインド西太平洋にかけて分布し、ハワイにはより小型の亜種、ハワイクチベニアラフデガイ *Neocancilla papilio langfordiana*（J. Cate, 1962）が生息している。

近縁種

イワカワフデガイ *Neocancilla clathrus*（Gmelin, 1791）もインド太平洋域に分布しているが、クチベニアラフデガイより小型で、螺塔の螺層にもっと丸みがある。この貝の殻はクリーム色からベージュがかったオレンジで、濃褐色の螺帯とやや大きな白斑が入り、殻の内面が薄いピンクである。

実物大

クチベニアラフデガイの殻は弾丸状で、螺層がやや膨らむ。殻表には、後端（殻頂側の端）が切り立った螺肋が密に並び、肋間に 1、2 本の非常に細い間肋が入る。これらの螺状肋は密に並んだ縦溝で刻まれる。螺肋の上には紫の斑点が点在する。体層には太い褐色螺帯があり、螺帯中の螺肋上の紫の斑点は他の肋のものより横に長くなる傾向がある。殻口内はオレンジから茶色。

科	フデガイ科　Mitridae
貝殻の大きさ	40 〜 74mm
地理的分布	合衆国フロリダ州東部からホンジュラスにかけて
存在量	希少
生息深度	水深 2 〜 30m
生息場所	砂底
食性	肉食性で腐肉も食べる
蓋	ない

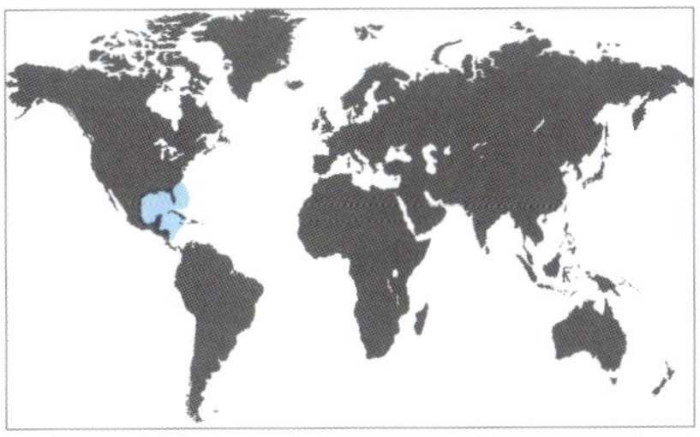

貝殻の大きさ
40 〜 74mm

写真の貝殻
54mm

Mitra florida Gould, 1856

フロリダフデガイ

FLORIDA MITER

フロリダフデガイは、西大西洋の熱帯域に生息し、フデガイ類の中では最も大きく、最も希少なものの1つである。サンゴ礁周辺の砂の積もった所に転がっている礫の上や下に棲んでおり、たまにダイバーによって、特に夜間のダイビング中に採集される。殻には9本の軸襞があるが、そのうち後端の2本だけが顕著で、その他の襞は低くて目立たない。

近縁種

インド太平洋に産するムシロフデガイ *Mitra floridula* Sowerby II, 1874 は、フロリダフデガイを彷彿させる殻をもつが、螺状に並ぶ斑点が白く、フロリダソデガイよりまばらである。また、殻の色は茶色で、螺層の肩に不定形の大きな白斑が並び、それらを横切ってクリーム色の螺帯が走る。

実物大

フロリダソデガイの殻は紡錘形で、螺塔はやや高く、その螺層は丸く膨らみ、体層はさらに大きく膨らんで球根状である。殻頂付近には非常に細い螺溝が並ぶ。殻口内は白から淡褐色。外唇は薄く、軸唇には多いものでは9本の襞があるが、後端の1本以外は殻口の中に隠れていて見えない。殻の色は白から淡いピンクで、やや横長の栗色の斑点が螺列をなして点々と並び、さらに淡褐色から褐色の大きな斑紋が各螺層に数個ずつ入る。

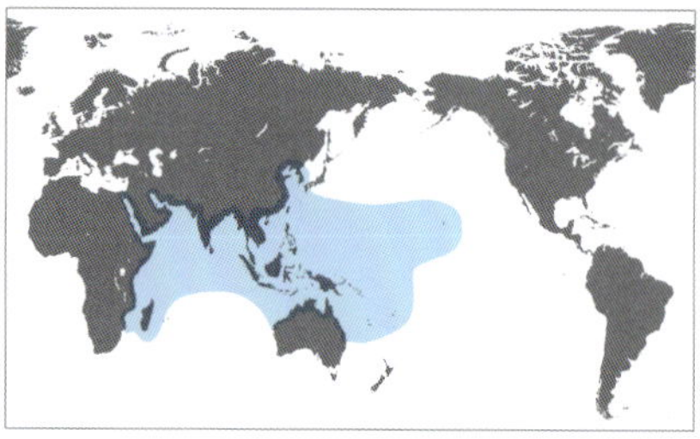

科	フデガイ科 Mitridae
貝殻の大きさ	44 ～ 160mm
地理的分布	紅海からインド太平洋にかけて
存在量	希少
生息深度	水深 40m までの浅海
生息場所	礁原
食性	肉食性で腐肉も食べる
蓋	ない

貝殻の大きさ
44 ～ 160mm

写真の貝殻
103mm

Mitra incompta (Lightfoot, 1786)

オキナフデガイ

TESSELLATE MITER

フデガイ類の多様性は熱帯インド太平洋の浅海で最も高い。そこでは同所的に生息するフデガイ類が底質の種類によって生息場所を棲み分けており、砂底に棲むものがいれば、いろいろな水深の岩や礫などを棲みかとしているものもいる。多くの大型のフデガイ類と同様、オキナフデガイは潮下帯の礁原に棲んでいる。

近縁種

キバフデガイ *Mitra puncticulata* Lamarck, 1811 もインド太平洋のサンゴ礁に生息している。この貝もオキナフデガイと同様に螺溝に刻点が並び、縫合下で殻が殻頂方向に張り出して縫合を取り囲み、さらに外唇縁がぎざぎざなので、殻の大きさが 55mm ほどの時は太めのオキナフデガイのように見える。キバフデガイの殻は濃いオレンジで、縫合の下に 1 本ずつクリーム色の細い螺帯、体層にはもう 1 本太い螺帯が入る。

オキナフデガイの殻はほっそりしていて長く、螺塔が体層より高い。縫合下で殻が殻頂方向に張り出して縫合を取り巻く。殻表には低い縦肋が並び、いくぶん深く刻まれた螺溝と交差する。螺溝の端はぎざぎざの外唇縁に達する。殻口は小麦色で、5、6 本の軸襞と不明瞭な縫帯を備える。殻の色はクリーム色から薄いオレンジで、淡褐色および濃褐色の縦縞が並び、体層下部に不明瞭な淡褐色の太い螺帯が入る。

実物大

科	フデガイ科　Mitridae
貝殻の大きさ	40 ～ 180mm
地理的分布	紅海からインド太平洋、およびガラパゴス諸島
存在量	ふつう
生息深度	潮間帯から水深 80m
生息場所	砂底
食性	肉食性でおそらくホシムシ類を食べる
蓋	ない

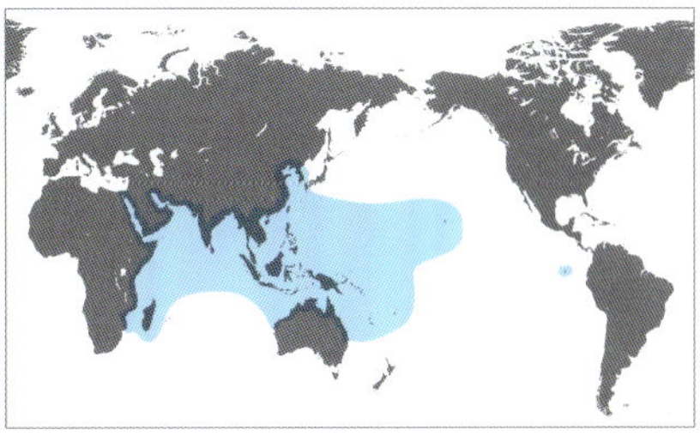

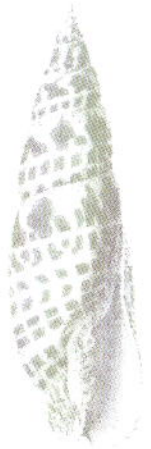

貝殻の大きさ
40 ～ 180mm

写真の貝殻
131mm

Mitra mitra (Linnaeus, 1758)

チョウセンフデガイ

EPISCOPAL MITER

チョウセンフデガイは、フデガイ科の最大種で、紅海からインド太平洋全域、さらにガラパゴス諸島にも生息し、非常に広範囲に分布する。昼間は砂の中に潜っており、夜になると活動を始め、砂から出て餌を漁って回る。他のフデガイ類と同じく、もっぱらホシムシ類を食べると考えられている。チョウセンフデガイは非常に細長い吻をもつ。この貝の殻の大きなものは、太平洋諸島で彫刻の道具として使われている。

近縁種

フデガイ科でチョウセンフデガイに次いで大きな貝はインド太平洋産のオニノキバフデガイ *Mitra papalis* (Linnaeus, 1758) とバハカリフォルニアからペルーにかけて生息するカキゾメフデガイ *Mitra swainsoni* Broderip, 1836 である。前者の殻には、縫合の下に鋸歯列があり、白地に赤褐色の斑紋が散在する。後者の殻は一様にクリーム色で模様がなく、螺塔が高く、階段状になっている。

実物大

チョウセンフデガイの殻は大きく、硬くて重く、細長い卵形。螺塔は高く、縫合は浅い。螺塔の螺層には螺溝があるが、新しい螺層ほど螺溝が不明瞭になり、殻表が滑らかになる。殻口の長さは螺塔の高さとほぼ同じ。外唇は厚く、前縁に細かいぎざぎざがある。軸唇には 4、5 本の襞が並ぶ。殻の色は白く、オレンジまたは赤っぽい四角張った斑紋が螺列をなして並ぶ。殻口内は白または淡黄色。

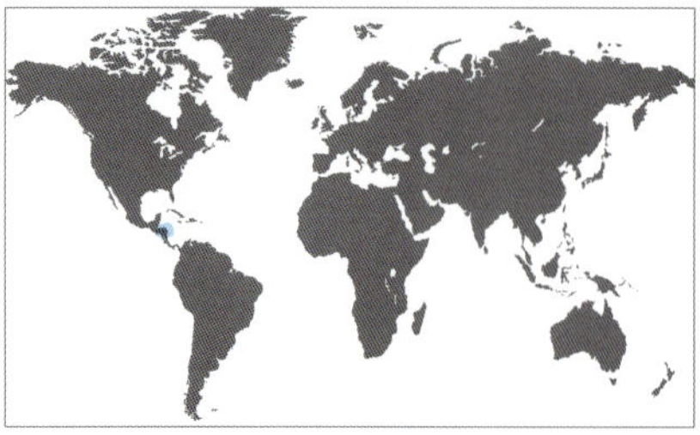

科	ヘレンフデガイ科　Pleioptygmatidae
貝殻の大きさ	69 ～ 125mm
地理的分布	ホンジュラス固有種
存在量	少産
生息深度	水深 35 ～ 150m
生息場所	岩石底
食性	肉食性
蓋	ない

貝殻の大きさ
69 ～ 125mm

写真の貝殻
94mm

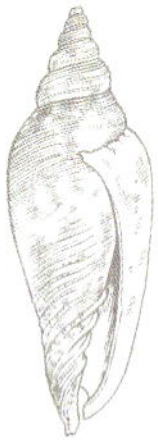

Pleioptygma helenae (Radwin and Bibbey, 1972)

ヘレンフデガイ

HELEN'S MITER

実物大

ヘレンフデガイは、いくつかの遠縁の科の特徴を合わせもつ独特な貝で、長年貝類学者を悩ませてきた。研究者によってはガクフボラ科 Volutidae に、別の研究者はフデガイ科 Mitridae に、また別の研究者はツクシガイ科 Costellariidae に本種を分類してきた。ホンジュラスに固有で深所に棲むため、めったに採集されず、初めて生きた貝が採集されたのは 1989 年である。その解剖学的研究によって、本種は他のどの巻貝とも大きく異なり、その違いは別の独立の科、ヘレンフデガイ科を設けるに十分であることが明らかになった。本種はおそらく、多毛類やホシムシ類などの体の軟らかい動物を食べていると考えられる。

近縁種

ヘレンフデガイは、ヘレンフデガイ科の唯一の現生種である。本科にはまたアメリカ合衆国の南北カロライナ両州とフロリダ州から記載された中新世と鮮新世の化石種が 3 種（他に、もしかしたら未記載種が 2 種）知られる。ヘレンフデガイ科はおそらくフデガイ科に最も近縁だと考えられる。

ヘレンフデガイの殻は中型から大型で硬く、やや軽く、細長い紡錘形。螺塔は高く先端が尖り、螺層はわずかに膨らみ、縫合は明瞭。殻の前端付近の殻表にはやや弱いものから非常に強いものまでさまざまな強さの螺肋が見られるが、殻の後方では螺肋は目立たなくなる。殻口は長くていくぶん広く、外唇は滑らかで薄い。軸唇には 6 ～ 9 本の襞が並ぶ。殻にはオレンジがかった褐色と白の大理石模様が入り、20 本ほどの螺状の破線が並ぶ。殻口内は白い。

科	フデヒタチオビガイ科　Volutomitridae
貝殻の大きさ	28mm
地理的分布	ベリングスハウゼン深海平原
存在量	希少
生息深度	水深 4419 ～ 4808m
生息場所	深海平原
食性	おそらく肉食性
蓋	ない

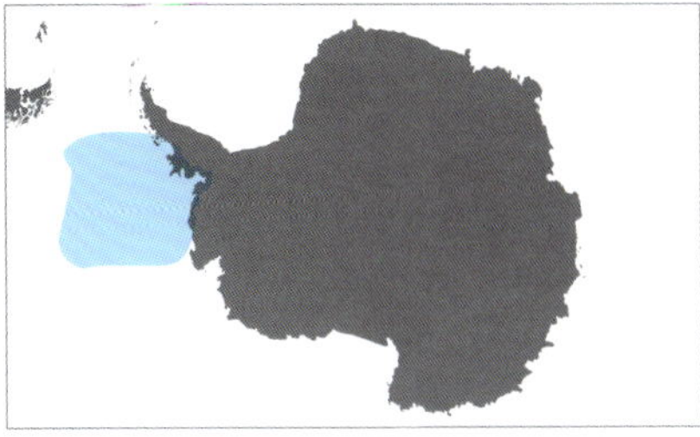

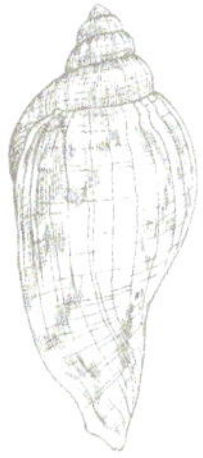

貝殻の大きさ
28mm

写真の貝殻
28mm

Daffymitra lindae Harasewych and Kantor, 2005

フデヒタチオビガイ類の1種

LINDA'S MITER-VOLUTE

本種は、南極大陸沖にある深海平原の 4600m 前後の深さの所から見つかっており、フデヒタチオビガイ類の中で唯一の深海産種である。これまでのところ、本種の標本はこのページに示した1標本しか得られていない。泥底あるいは砂底に棲み、肉食性だと考えられる。炭酸塩補償深度より深い所に棲む深海産貝類の例に漏れず、殻は非常に薄く、その外側を覆うタンパク質の層すなわち殻皮が、殻が海水中に溶け出すのを防いでいる。

近縁種

本種は、南極大陸沖のより浅い所に生息する *Paradmete fragillima* (Watson, 1882) に近縁だと考えられているが、本種の殻のほうが大きくて薄い。また、膨らみがより大きく、螺塔はより低い。熱帯域に生息するフデヒタチオビガイ類だけでなく、北極海近海に産するフデヒタチオビガイ *Volutomitra alaskana* Dall, 1902 も本種よりずっと厚い殻をもち、殻の螺塔がもっと高く、軸襞はより太い。また、フデヒタチオビガイの殻表には本種の殻に見られるような明瞭な彫刻がない。

実物大

Daffymitra lindae **の殻**は小さく、非常に薄くてもろい。螺塔はやや高く、螺層は膨らむ。殻口は大きく卵形で、長くて広い水管溝を備える。殻表には多くの細く鋭い縦肋とやや不明瞭な細い螺肋がある。軸唇には、殻口の奥に接近して並ぶ3本の細い螺状の襞がある。殻は白く、緑がかった褐色の薄い殻皮に覆われる。

科	フデヒタチオビガイ科　Volutomitridae
貝殻の大きさ	25 ～ 50mm
地理的分布	日本からアラスカを経てカリフォルニアに至る北太平洋沿岸
存在量	少産
生息深度	沖合、水深 150m ぐらいまで
生息場所	砂底や泥底
食性	肉食性
蓋	成貝にはない

貝殻の大きさ
25 ～ 50mm

写真の貝殻
40mm

Volutomitra alaskana Dall, 1902

フデヒタチオビガイ

ALASKA MITER-VOLUTE

フデヒタチオビガイは、北日本からシベリア、さらにアラスカからカリフォルニア北部にかけての北太平洋北部の大陸棚辺縁部の砂底などに棲み、めったに採集されない珍しい貝である。生態はほとんどわかっていないが、顎板と歯舌の形態から、おそらく餌動物の血液あるいは体液を摂取して生きていると考えられる。幼生および幼貝は殻の蓋をもっているが、成貝になると蓋を消失する。

近縁種

フデヒタチオビガイは、フデヒタチオビガイ科の大多数の貝よりも大きくて厚い殻をもつ。その殻には熱帯域に生息する本科の貝によく見られる明瞭な縦肋や肩部の角がない。南極大陸周辺に生息する *Paradmete fragillima*（Watson, 1882）はフデヒタチオビガイに似ているが、もっと小さく、殻はより薄く、殻口が殻の大きさの割に広い。

実物大

フデヒタチオビガイの殻はやや細く、均整のとれた紡錘形。螺塔は高く円錐形で、殻口は狭く細長い卵形。殻表はなめらかで、非常に細い螺糸が密に並ぶ。軸唇は長くまっすぐで、丸みのある強い襞が 3、4 本ある。殻の色は白から黄色がかった象牙色で、殻皮は濃い栗茶色。

科	ツクシガイ科／ミノムシガイ科　Costellariidae
貝殻の大きさ	20 〜 35mm
地理的分布	日本から西はインドネシア、南はトンガにかけて
存在量	ふつう
生息深度	潮間帯から潮下帯浅部
生息場所	岩石底や礫底
食性	肉食性
蓋	ない

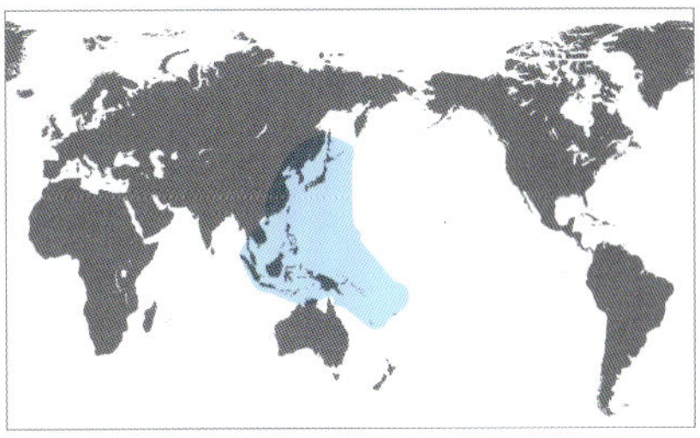

貝殻の大きさ
20 〜 35mm

写真の貝殻
26mm

Zierliana ziervogelii (Gmelin, 1791)

テツヤタテガイ

ZIERVOGEL'S MITER

テツヤタテガイは、ツクシガイ科の貝の中で最も厚くて最も頑丈な殻をもつものの１つである。テツヤタテガイ属 *Zierliana* に分類される少数の種はすべて殻口の外唇にも軸唇にも襞を備えるが、この特徴をもつのはツクシガイ科の中では本属の種だけである。殻が肥厚したり殻口に大きくて顕著な襞が発達したりするのは、カニなどの捕食者から身を守るための工夫の１つと考えられる。

近縁種

アンダマン海からソロモン諸島にかけて分布するヒメテツヤタテガイ *Zierliana woldemarii* (Kiener, 1838) は、テツヤタテガイに似ているが、ヒメテツヤタテガイの殻のほうが細長く、螺塔がもっと高い。紅海からインド西太平洋にかけて生息するサフランオトメフデガイ *Vexillum crocatum* (Lamarck, 1811) の殻は紡錘形で、螺層の肩が角張り、殻表に布目状の彫刻がある。

実物大

テツヤタテガイの殻は小型で厚くて硬く、ずんぐりしていて洋梨形。螺塔はツクシガイ科の貝にしては低く、縫合が明瞭で、螺層は側面がわずかにへこむ。殻表は滑らかで光沢があり､丸みのある螺肋が並ぶ。殻口は狭くて長い。外唇は厚く、内壁に襞を備え、軸唇にも大きく強い襞が 3、4 本並ぶ。殻の大部分は濃褐色か黒だが、殻頂部は白く、その下の数層の螺層は明るい褐色である。殻口内および殻口の襞は白い。

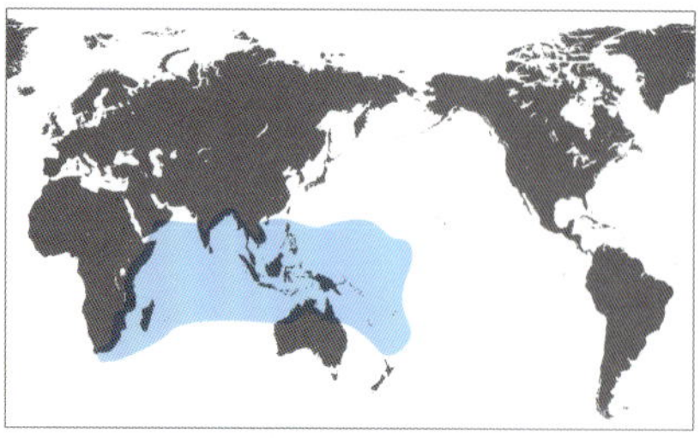

科	ツクシガイ科／ミノムシガイ科　Costellariidae
貝殻の大きさ	13 〜 28mm
地理的分布	インド西太平洋
存在量	少産
生息深度	潮間帯から水深 9m
生息場所	サンゴ礁周辺の砂地
食性	肉食性
蓋	ない

貝殻の大きさ
13 〜 28mm

写真の貝殻
28mm

Vexillum cadaverosum (Reeve, 1844)

トゲハマヅトガイ

GHASTLY MITER

トゲハマヅトガイは、小型のツクシガイである。種小名の *cadaverosum* は「死体のような」という意味で、殻の大部分が白いことに因んでつけられたものである。ツクシガイ類は肉食性で、多くは他の軟体動物を食べるが、なかにはホヤを食べるものもいる。ツクシガイ類もイモガイ類のように餌動物を殺すのに毒を使うが、イモガイ類の毒腺のような特別な器官はもたず、毒は唾液腺でつくられる。ツクシガイ類の殻は形が非常に変異に富むが、殻表に縦肋のあるものが多い。

近縁種

マリアナ諸島からパプアニューギニアおよびフィジーにかけて分布するブットウツクシガイ *Vexillum pagodula* (Hervier, 1898) は、トゲハマヅトガイに似た殻をもつが、トゲハマヅトガイより小さく、縦肋の数が少ない。また殻に 1 本の緑がかった褐色の太い螺帯がある。インド太平洋に生息するシワミノムシガイ *Vexillum rugosum* (Gmelin, 1791) は、トゲハマヅトガイより大きく、幅広い紡錘形の殻をもつ。

実物大

トゲハマヅトガイの殻は小型で厚くて硬く、細長い卵形。螺塔は高く、縫合は明瞭で、螺層が角張る。殻表に 10 〜 12 本の竜骨状の縦肋が並び、数本の螺溝がそれらと交差して布目状の彫刻をなす。縦肋は螺層の肩部で結節状に盛り上がる。殻口は狭く、外唇の内壁に細い襞が並び、軸唇にも 4 本の襞がある。殻の色は大部分が白またはオフホワイトで、縫合のすぐ上に 1 本の淡褐色の細い螺帯が入る。殻口内は白い。

科	ツクシガイ科／ミノムシガイ科　Costellariidae
貝殻の大きさ	17 ～ 36mm
地理的分布	紅海からインド西太平洋にかけて
存在量	少産
生息深度	潮下帯浅部
生息場所	サンゴ砂底やサンゴ礫底
食性	肉食性で腐肉も食べる
蓋	ない

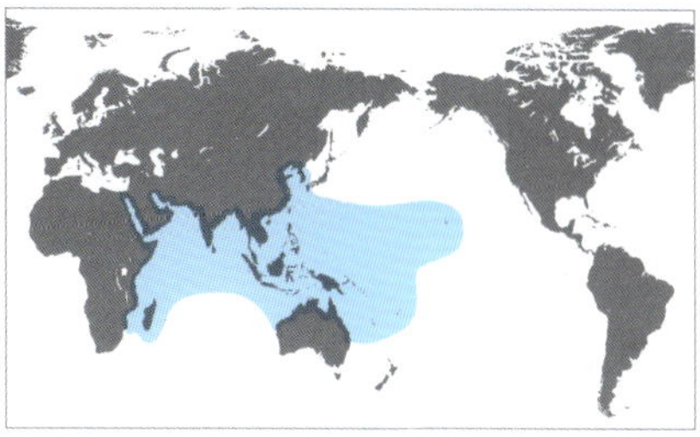

貝殻の大きさ
17 ～ 36mm

写真の貝殻
28mm

Vexillum crocatum（Lamarck, 1811）

サフランオトメフデガイ

SAFFRON MITER

サフランオトメフデガイの殻は彩りが非常に美しいので、この貝を分類する上で重要な殻表の彫刻に注意が向きにくいかもしれない。殻表には縦肋だけでなく明瞭な螺肋もあるが、他のツクシガイ科の種と同じく、より目立つのは縦肋のほうである。熱帯のサンゴ礁の砂や礫の溜まった所に棲み、生きているものも死んだものも食べる。砂浜に打ち上げられたサフランオトメフデガイの貝殻には、殻頂が破損していたり欠損していたりするものが多い。

近縁種

オオミノムシガイ *Vexillum plicarium*（Linnaeus, 1758）もインド太平洋の砂底に棲み、同じくオレンジの殻をもつが、サフランオトメフデガイよりわずかに大きく、螺状の色帯がもっと太い。また、螺肋がサフランオトメフデガイのものより細いので、螺層の肩にそれほど顕著な段がつかない。さらに、縫帯がより顕著で、殻口内は濃褐色である。

実物大

サフランオトメフデガイの殻はオレンジから淡いオレンジで、螺塔がやや高い。螺層は角張り、殻全体に高い縦肋と低い螺肋がびっしり並ぶ。縦肋は螺層の肩部で盛り上がって突出し、螺肋も肩部のものが他よりわずかに高い。螺肋の1本は白く染まり、螺肋の間に栗茶色の細い螺帯が入る。殻口内は淡い小麦色で、軸唇に4本前後の襞が並ぶ。

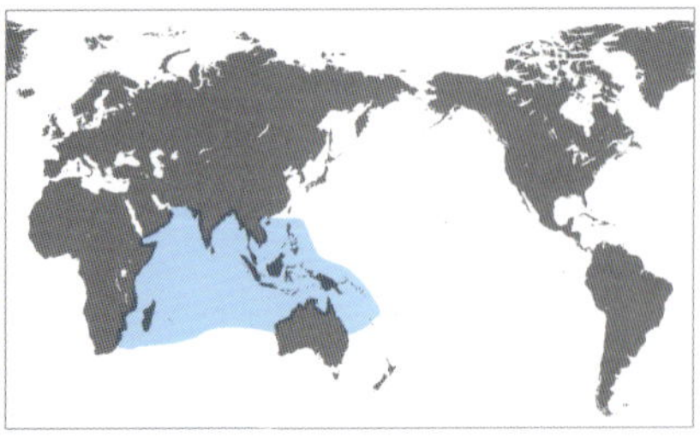

科	ツクシガイ科／ミノムシガイ科　Costellariidae
貝殻の大きさ	30 〜 63mm
地理的分布	アフリカ東岸からニューカレドニアにかけて
存在量	少産
生息深度	潮間帯から水深 50m
生息場所	サンゴ礁周辺の砂底
食性	肉食性
蓋	ない

貝殻の大きさ
30 〜 63mm

写真の貝殻
46mm

Vexillum costatum (Gmelin, 1791)

タケノコツクシガイ（タケノコフデガイ）

COSTATE MITER

タケノコツクシガイは、滑らかな殻表に細い縦溝と螺溝が格子状に刻まれた、すらりとした優美な殻をもつ。足と吻は深紅で、白斑が散在する。頭部触角は小さく細長く、その基部のそばの膨らんだ所に 1 つずつ眼がある。腹足類のいくつものグループに殻の蓋をもたない貝が知られる。その多くは幼貝の時は殻をもっていて成貝になるとそれを消失するが、ツクシガイ科の貝は幼貝の時も蓋をもたない。

近縁種

フィリピンに産する *Vexillum politum* Reeve, 1844 は、タケノコツクシガイに似た殻をもつが、より小さく、殻表はほとんど滑らかである。また、殻の色が小麦色から明るいオレンジで、縫合の少し上に 1 本の細いベージュの螺状線がある。インド太平洋に生息する *Vexillum citrinum* (Gmelin, 1791) も螺塔の高い細長い殻をもつが、殻表には顕著な縦肋とやや弱い螺肋があり、ツクシガイ類らしい彫刻が見られる。

実物大

タケノコツクシガイの殻は中型で硬く、光沢があって、細長く、形は紡錘形。螺塔は非常に高く、殻長の半分ほどを占める。縫合は明瞭で、螺層はわずかに膨らみ、殻頂は尖る（このページに示した殻では殻頂の一部が摩滅している）。殻表には細い縦溝と螺溝が等間隔に刻まれ、格子状の彫刻が見られる。殻口は細長く、外唇は厚く、内壁に細い襞が並ぶ。軸唇には 4、5 本の襞がある。殻の色は白く、オレンジの斑模様が入る。殻口内はオレンジ色。

科	ツクシガイ科／ミノムシガイ科　Costellariidae
貝殻の大きさ	24 ～ 64mm
地理的分布	インド太平洋
存在量	ややふつう
生息深度	潮間帯から水深 20m
生息場所	砂底や泥底
食性	肉食性で腐肉も食べる
蓋	ない

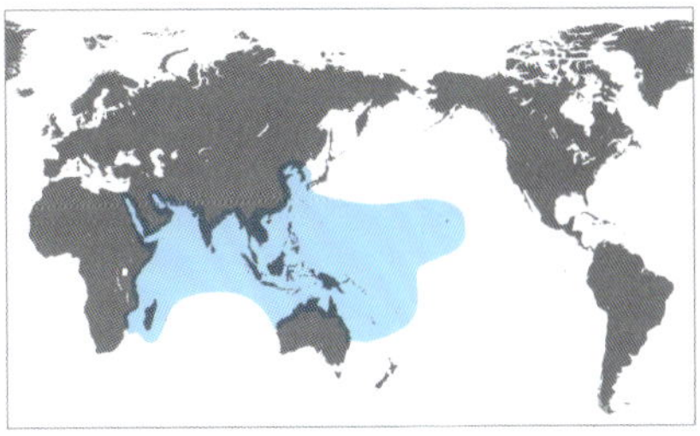

貝殻の大きさ
24 ～ 64mm

写真の貝殻
46mm

Vexillum rugosum (Gmelin, 1791)

シワミノムシガイ

RUGOSE MITER

ツクシガイ類の多くが殻に印象的な螺状の色帯をもつが、ツクシガイ類をフデガイ類から区別する目安となる最も分かりやすい特徴はツクシガイ類の殻表にある強い縦肋である。他にも両者を区別する特徴はいろいろある。例えば、ツクシガイ類の外唇には内壁に細い襞があり、歯舌歯は単歯尖で湾曲している。また、フデガイ類は伸縮自在の吻をもつが、ツクシガイ類の吻はより短く、触手より少し長く伸びる程度である。ツクシガイ科もフデガイ科も同じように栄えており、それぞれ250種ほどの種を含み、世界中の熱帯から温帯に広く分布している。

近縁種

インド太平洋に生息するクリフミノムシガイ *Vexillum vulpecula* (Linnaeus, 1758) とオーストラリア北部に産するその亜種、ジュークスミノムシガイ *Vexillum vulpecula jukesii* (A. Adams, 1853) は、シワミノムシガイをカラフルにしたような殻をもつ。クリフミノムシガイの殻は、地色が白または時に黄色で、オレンジから褐色の縞模様が入る。ジュークスミノムシガイはシワミノムシガイによく似るが、模様の縞がもっと太く、殻に白っぽい部分が少ない。また、ジュークスミノムシガイの殻は殻口内が濃褐色に染まる。

シワミノムシガイの殻は、螺塔が高く、螺塔にも体層にも殻表に低い螺肋と強い縦肋からなる粗い殻表彫刻がある。殻の色は白からクリーム色で、縫合の周りと体層に非常に色の濃い目立つ太い螺帯が入り、その螺帯の間にずっと細い褐色と黄色の螺帯が並ぶ。殻口は狭く、外唇の前縁が丸く張り出し、軸唇には4本の軸襞がある。

実物大

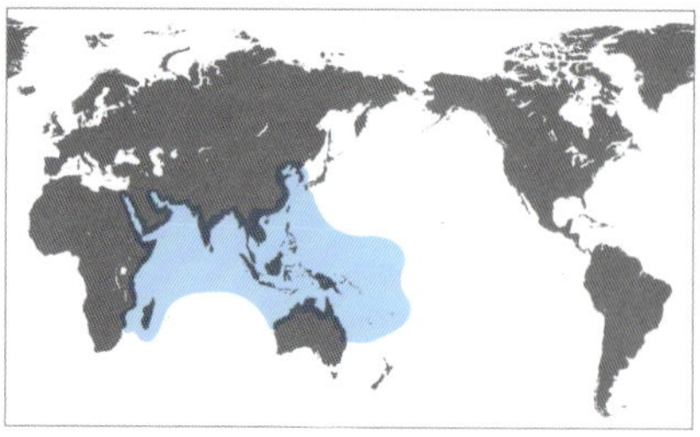

科	ツクシガイ科／ミノムシガイ科　Costellariidae
貝殻の大きさ	50 ～ 86mm
地理的分布	インド西太平洋
存在量	少産
生息深度	潮下帯浅部から水深 50m
生息場所	サンゴ礁周辺の砂底
食性	肉食性
蓋	ない

貝殻の大きさ
50 ～ 86mm

写真の貝殻
62mm

Vexillum citrinum (Gmelin, 1791)

ミノムシガイの仲間

QUEEN VEXILLUM

本種は、ツクシガイ科の中でも最もカラフルな殻をもつ貝の1つである。形態の変異に富み、色模様の違いに基づいていくつかの形態型が記載されている。熱帯域に分布し、たいていは潮下帯の浅い砂底に棲み、他の巻貝類を食べて暮らしている。ミノムシガイ属 *Vexillum* の貝は殻の形がフデガイ類に似ているため、もともとはフデガイ科 Mitridae に分類されていた。しかし、フデガイ類にはない外唇内壁の襞がミノムシガイ類にはあるなど、ミノムシガイ類とフデガイ類の間にはいくつか区別点がある。

近縁種

ナガミノムシガイ *Vexillum taeniatum* (Lamarck, 1811) も本種と同じくインド西太平洋に産するが、本種より殻が低くて幅広く、殻口がより大きい。日本からオーストラリアにかけて生息するベニシボリミノムシガイ *Vexillum stainforthii* (Reeve, 1841) の殻には、螺層あたり 10 本前後の強い縦肋と、その縦肋の上だけに点々と色のついた 6 本ほどの深紅の螺帯がある。

Vexillum citrinum **の殻は細長く、分厚く、形は紡錘形で、螺塔が高い。螺層はやや角張り、縫合は明瞭。殻表には多くの顕著な太い縦肋と、それらと交差する細く弱い螺肋がある。殻口は細長く、外唇は縁がまっすぐで、軸唇には 5 本の襞がある。水管溝は背側が曲がっている。殻の色は非常に変異に富むが、どの殻にも褐色、オレンジ、黄色や白の螺帯が入っている。殻口内は白または薄い黄色である。**

実物大

科	コロモガイ科　Cancellariidae
貝殻の大きさ	9 ～ 27mm
地理的分布	北極海とその周辺
存在量	少産
生息深度	水深 4 ～ 1400m
生息場所	砂底や泥底
食性	吸引食性
蓋	ない

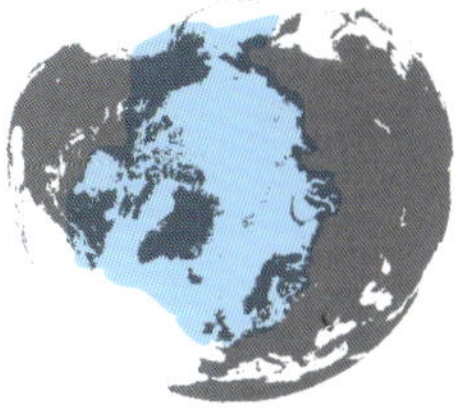

貝殻の大きさ
9 ～ 27mm

写真の貝殻
18mm

Admete viridula (Fabricius, 1780)

エゾゴロモガイ

GREENISH ADMETE

エゾゴロモガイは、コロモガイ科の小型種で、ヨーロッパ北部、ロシア、グリーンランドなど、北極の周りの海に広く分布する。殻の大部分に螺肋がある。コロモガイ科には数百に及ぶ現生種が知られ、インド太平洋および東太平洋でその多様性が最も高い。本科の最古の化石は白亜紀の地層から得られている。本科の貝の大多数は熱帯から亜熱帯の海に生息しているが、エゾゴロモガイ類のほとんどは極域や深海に分布が限られている。

近縁種

ロシア東部および北日本から合衆国のアラスカ州を経てオレゴン州まで分布する *Admete unalashkensis* (Dall, 1873) は、螺塔が階段状になったやや細長い小さな殻をもつ。この貝の殻表には強い螺肋とやや弱い縦肋があり、それらが交差して布目状の彫刻をなす。ニカラグアからペルーにかけて生息するフデコロモガイ *Cancellaria mitriformis* Sowerby I, 1832 の殻は細長い紡錘形で、殻表に細かい格子状の彫刻がある。

エゾゴロモガイの殻は小さく、表面がざらざらで、形は丸みのある紡錘形。螺塔はやや低く、螺層は丸みがあり、縫合は顕著に括れる。初期の螺層の殻表では縦肋が目立つが、新しい螺層ほど縦肋が弱くなり、螺肋が目立つようになる。殻によっては体層の殻表でも縦肋が目立つものもあるが、体層が大きなものでは、ほとんど螺肋だけになる。殻口は卵形で、外唇は薄く、軸唇には水管溝のところに小さな襞が1本だけある。殻はクリーム色で、褐色の薄い殻皮に覆われる。殻口内は白い。

実物大

科	コロモガイ科 Cancellariidae
貝殻の大きさ	19 〜 27mm
地理的分布	コスタリカからエクアドルにかけての太平洋沿岸およびガラパゴス諸島
存在量	少産
生息深度	沖合、水深 30m ぐらいまで
生息場所	砂底
食性	吸引食性
蓋	ない

貝殻の大きさ
19 〜 27mm

写真の貝殻
20mm

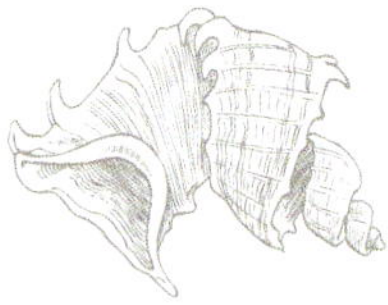

Trigonostoma milleri Burch, 1949

ハナレオリイレボラ

MILLER'S NUTMEG

ハナレオリイレボラの殻は小さく、螺管の巻きがゆるく、螺旋階段状。螺管の横断面および殻口の輪郭は三角形状である。螺層の肩と下部が鋭く突き出て竜骨状になり、その上に先端が殻軸のほうに曲がった短い棘が並ぶ。螺層の下部および殻口付近の棘は肩部に並ぶものよりも大きい。螺管の巻きが非常にゆるいので、螺層が互いに離れてくっつかない。殻の色はクリーム色から明るい褐色。

ハナレオリイレボラは、螺管が緩く巻いた、コルク抜きのような形状の独特な殻をもつため、コロモガイ類の中でもとくに人気の高い貝の1つである。属名の *Trigonostoma*（三角形の口の意）が示しているように、殻口が三角形状である。コロモガイ科の種の大多数は小さく、殻長 25mm ほどにしか成長しない。その科名、Cancellariidae（格子状を意味するラテン語に由来する）が示しているように、殻表に縦肋と螺肋が交差してできる格子状あるいは布目状の彫刻をもつのが特徴である。砂底に棲む多くの巻貝類と同様に、殻の蓋はない。世界には 150 種を超えるコロモガイ科の種が知られ、東太平洋にとりわけ多くの種が生息している。

近縁種

同じく東太平洋沿岸およびガラパゴス諸島に生息するボウシオリイレボラ *Trigonostoma elegantulum* Smith, 1947 は、螺塔が低く、螺層が角張った殻をもつ。日本からオーストラリアにかけて分布するイトカケオリイレボラ *Trigonostoma thysthlon* Petit and Harasewych, 1987 の殻は、螺層の肩が鋭く立ち上がって竜骨状になり、そこに短い棘が並ぶ。また広い臍孔を備える。

実物大

科	コロモガイ科 Cancellariidae
貝殻の大きさ	19 ～ 35mm
地理的分布	ニカラグアからペルーにかけて
存在量	少産
生息深度	潮下帯から水深 35m
生息場所	泥底
食性	吸引食性
蓋	ない

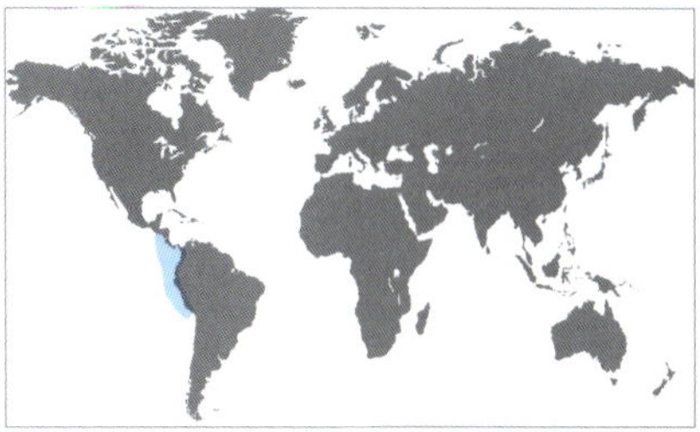

貝殻の大きさ
19 ～ 35mm

写真の貝殻
27mm

Cancellaria mitriformis Sowerby I, 1832

フデコロモガイ

MITER-SHAPED NUTMEG

フデコロモガイは、小さいながら優美な紡錘形の殻をもつ。その殻はいくぶんフデガイ類の殻に似るので、*mitriformis*（フデガイのような形をした）という種小名がつけられている。殻表に顕著な布目状彫刻が見られ、色が紫を帯びた褐色で、形が細長い紡錘形であることによって容易に識別できる。稀に潮間帯でも見つかることがあるが、本来は沖合の泥底に棲んでいる。コロモガイ類の食性はあまりよくわかっていないが、解剖して胃の中を調べても砂粒などの堆積物以外に形のあるものが見つからない。そのため、大型の貝類や魚類に外部寄生しているのではないかと考えている研究者もいる。少なくとも数種のコロモガイ類については、眠っている魚類の血液を吸うことが知られている。

近縁種

日本近海に産するトカシオリイレボラ *Cancellaria nodulifera* Sowerby I, 1825 は、フデコロモガイより大きく幅広い殻をもち、殻口が広く、殻表には結節状突起のある強い縦肋と螺肋がある。フィリピンに生息するダテコロモガイ *Scalptia mercadoi* Old, 1968 は、殻表に斜めに傾いた非常に強い縦肋とそれらと交差する細い螺糸があり、褐色の螺帯が入った美しい殻をもつ。規則的に並んだ非常に強い縦肋をもつので、イトカケガイ類の貝にいくぶん似るが、殻口に水管溝があるのを見ればすぐにイトカケガイ類と区別できる。

フデコロモガイの殻は中型で細長く、形は紡錘形。螺塔は高く、螺層が階段状で、縫合は明瞭。殻表には等間隔に並んだ縦肋と螺肋があり、布目状の彫刻をなす。螺肋のほうが縦肋よりわずかに強い。殻口は細長い楕円形で、外唇は厚く、螺肋のところで縁が鋸歯状に突出する。軸唇には 1 本の強い襞と数本のやや弱い襞がある。殻の色は紫がかった褐色で、内面はやや色が薄い。

実物大

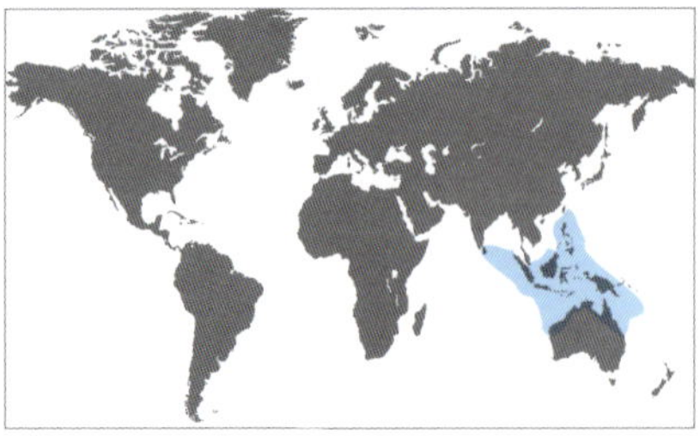

科	コロモガイ科 Cancellariidae
貝殻の大きさ	23 〜 40mm
地理的分布	スリランカからフィリピンおよびオーストラリアにかけて
存在量	少産
生息深度	沖合、水深 100m ぐらいまで
生息場所	砂礫底
食性	吸引食性
蓋	ない

貝殻の大きさ
23 〜 40mm

写真の貝殻
34mm

Trigonostoma scalare（Gmelin, 1791）

ラセンオリイレボラ

TRIANGULAR NUTMEG

ラセンオリイレボラは、イトカケオリイレボラ属 *Trigonostoma* の中では最大級の貝である。螺層の肩が竜骨状に鋭く張り出してその上が平らになった仏塔形の殻をもち、殻の形態が独特なので、殻形の多様性が高いコロモガイ科の中にあっても大多数の種と区別できる。沖合でたまに見つかる珍しい貝で、多くのコロモガイ類と同じく砂の積もった所に棲む。胃内容物に餌を知る手掛かりが見つからないため、コロモガイ類の餌はよくわかっていない。消化器系の特徴からは、本類は吸引食者だと考えられ、なかには歯舌を失う方向に進化しつつあると思われる種もいる。

近縁種

パナマ近海に産するハナレオリイレボラ *Trigonostoma milleri* Burch, 1949 は、殻の巻きがほとんど解けてしまったような螺旋階段状の小さな殻をもつ。その螺層の肩は鋭く突き出し、そこに棘が並んでいる。アメリカ合衆国ノースカロライナ州からコロンビアにかけて生息する *Axelella smithii*（Dall, 1888）は、卵形の小さな殻をもつ。コロモガイ科の種で詳細な解剖学的研究が行われているものは数少ないが、この貝はその数少ない種の 1 つである。

実物大

ラセンオリイレボラの殻はイトカケオリイレボラ属の貝にしては大きく、多くの棘があり、形は仏塔形。螺塔は高く、螺旋階段状で、螺層はかろうじて互いにくっつく。殻口はイトカケオリイレボラ属に特徴的な三角形状をしており、外唇は肥厚する。臍孔は深くて広く、その縁は鋭い竜骨状。殻表には螺層の肩部で棘状になる縦肋が並び、細い螺肋と交差する。殻の色は白またはベージュで、殻口内は明るい褐色。

科	コロモガイ科　Cancellariidae
貝殻の大きさ	22 ～ 50mm
地理的分布	フィリピンおよびインドネシア
存在量	希少
生息深度	水深 240 ～ 335m
生息場所	軟質底
食性	吸引食性
蓋	ない

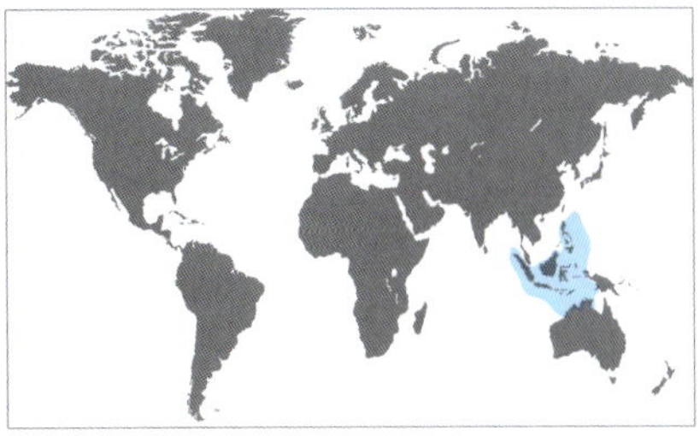

貝殻の大きさ
22 ～ 50mm

写真の貝殻
42mm

Plesiotriton vivus Habe and Okutani, 1981

ニヨリセコバイ

PLESIOTRITON VIVUS

ニヨリセコバイは、フィリピンとインドネシアだけで見つかっている希少な深海産の貝である。殻の螺塔が高く、螺層は所どころで直上の縫合の上まで張り出す。殻は遠縁のヒモカケセコバイ属 *Colubraria* のいくつかの貝に似るが、歯舌の形態がコロモガイ科の種であることを示している。コロモガイ類の歯舌には非常に長い歯が 1 列に並んでおり、歯舌の前端では歯と歯が尖端部で連結している。歯舌の形態や消化器系の他の解剖学的特徴、例えば、吻が非常に長いことなどは本類の種が吸引食性に特殊化していることを示している。

近縁種

コロモガイ科の中でニヨリセコバイより細長い殻をもつ貝の 1 つに、バハカリフォルニアからパナマにかけて生息する *Tritonoharpa siphonata* (Reeve, 1844) がいる。この貝は一見、殻が長くなったニヨリセコバイのように見えるが、殻表には格子状の彫刻があり、外唇が滑らかである。ナガコロモガイ *Cancellaria cooperi* Gabb, 1865 の殻も紡錘形で、螺塔が高いが、螺層の肩が角張り、色が黄褐色あるいはオレンジがかった褐色である。

実物大

ニヨリセコバイの殻はコロモガイ科の貝の中では中型で、殻表がざらざらしていて、形は細長い紡錘形。螺塔は高く先端が尖り、螺層は膨らむ。縫合は明瞭で、波状にうねる。殻表には丸みのある縦肋が並び、それらが螺糸と交差して交点が小結節状になる。また、不規則に並ぶ縦張肋もある。螺層あたりの縦張肋は多くても 2 本。殻口は披針形で、外唇は肥厚し、その内壁に襞が並ぶ。軸唇には 2、3 本の小さな襞がある。殻の色はクリーム色で、明るい褐色の螺帯が入る。殻口内は白い。

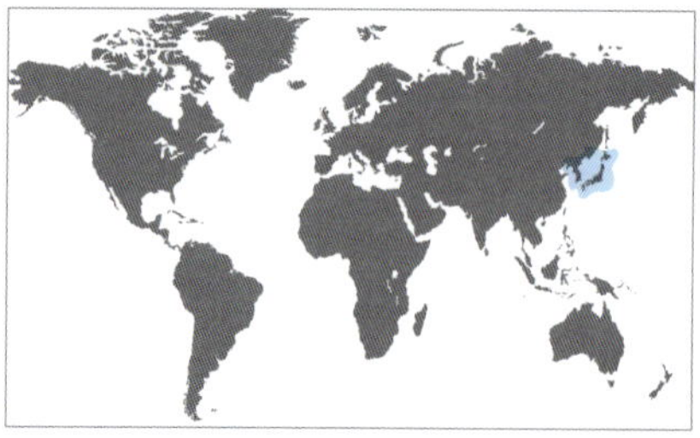

科	コロモガイ科　Cancellariidae
貝殻の大きさ	40 ～ 60mm
地理的分布	日本から東シナ海にかけて
存在量	少産
生息深度	水深 5 ～ 50m
生息場所	砂底や泥底
食性	吸引食性
蓋	ない

貝殻の大きさ
40 ～ 60mm

写真の貝殻
43mm

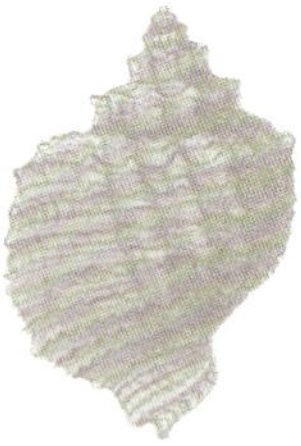

Cancellaria nodulifera Sowerby I, 1825

トカシオリイレボラ

KNOBBED NUTMEG

トカシオリイレボラは、北日本から東シナ海にかけての日本近海の潮下帯浅部で見られる。殻は幅広い樽形で、殻口が広く、殻表に強い縦肋と螺肋があり、それらの交点に結節状突起が形成される。とくに螺層の肩部では結節状突起が顕著で、先端が尖っているものもあり、本種は容易に識別できる。また、東京周辺はじめ日本各地の更新世の地層から本種の化石が得られる。コロモガイ科の貝は世界中に分布しており、大多数の種が熱帯から亜熱帯に生息しているが、温帯だけに分布する種もいる。

近縁種

ガラパゴス諸島に固有のカンムリコロモガイ *Sveltia gladiator* (Petit, 1976) は、螺塔の高い、壊れやすい殻をもつ。この貝の殻表には縦張肋と螺肋があり、それらの交点から棘が伸びる。この貝は、コロモガイ科にあっては棘のある殻をもつ数少ない貝の1つである。アメリカ合衆国カリフォルニア州に産するクロフォードコロモガイ *Cancellaria crawfordiana* (Dall, 1891) は、螺塔の高い紡錘形の殻をもつ。この貝の殻表には、コロモガイ科に典型的な格子状あるいは布目状の彫刻がある。

実物大

トカシオリイレボラの殻は中型で厚く、幅広い樽形。螺塔はやや低く、螺層は肩が角張り、縫合は明瞭。殻表には強い縦肋が並び、螺肋がそれらと交差して交点が小結節状になる。殻口は大きくて広い。外唇は薄く、その縁は螺肋のところが突出し、ぎざぎざである。軸唇には3本の小さな襞が並び、縫帯は部分的に滑層で覆われる。殻の色は外面が杏子色で、内面はクリーム色。

科	コロモガイ科 Cancellariidae
貝殻の大きさ	20 ～ 50mm
地理的分布	スペインからアンゴラにかけての大西洋沿岸および地中海
存在量	ふつう
生息深度	水深 10 ～ 40m
生息場所	泥底や貝砂底
食性	吸引食性
蓋	ない

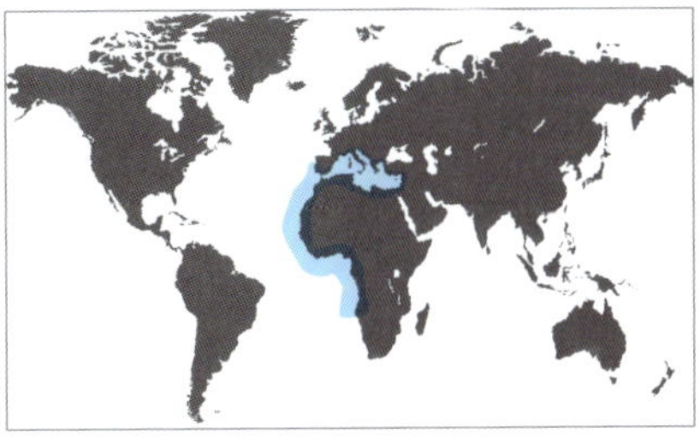

貝殻の大きさ
20 ～ 50mm

写真の貝殻
44mm

Cancellaria cancellata (Linnaeus, 1767)

ヨロイコロモガイ

CANCELLATE NUTMEG

ヨロイコロモガイは、コロモガイ属 *Cancellaria* のタイプ種である。普通種で、潮下帯浅部から沖合のやや深い所まで分布し、泥底でよく見つかる。地理的分布の中心はおそらくアフリカ西岸で、地中海では希少である。魚類などに寄生し、血液などの体液を吸っていると考えられている。ヨロイコロモガイは、更新世、鮮新世および中新世の地層から化石としても得られる。

近縁種

ハタエボラ *Cancellaria reticulata* (Linnaeus, 1767) は、アメリカ合衆国ノースカロライナ州からブラジルにかけての浅海に生息する普通種である。殻は厚く、卵形で殻頂が尖り、殻表に布目状の彫刻がある。ナガコロモガイ *Cancellaria cooperi* Gabb, 1865 の殻は、ヨロイコロモガイの殻より大きくて細長く、螺塔が高く、螺層の肩は角張る。また、褐色の細い螺帯が並び、殻表には螺層の肩で結節状に突出する顕著な縦肋がある。

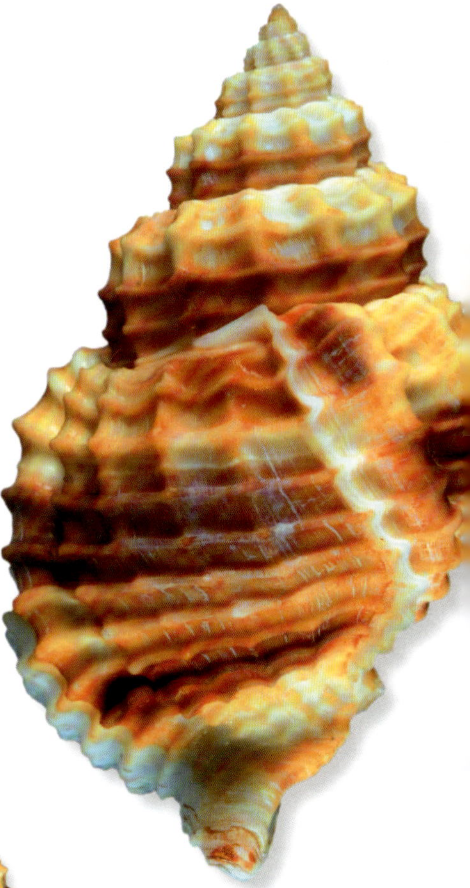

ヨロイコロモガイの殻は中型で厚く、膨らんだ卵形。螺塔はやや高く、先端が尖り、縫合は明瞭で、螺層は肩が角張る。殻表には強い縦肋と螺肋があり、それらが交差して格子状の彫刻をなす。殻口は卵形で小さく、外唇は肥厚し、その内壁に襞が並ぶ。軸唇には強い軸襞がある。殻の色は白または小麦色で、褐色の螺帯が入る。殻口内は白い。

実物大

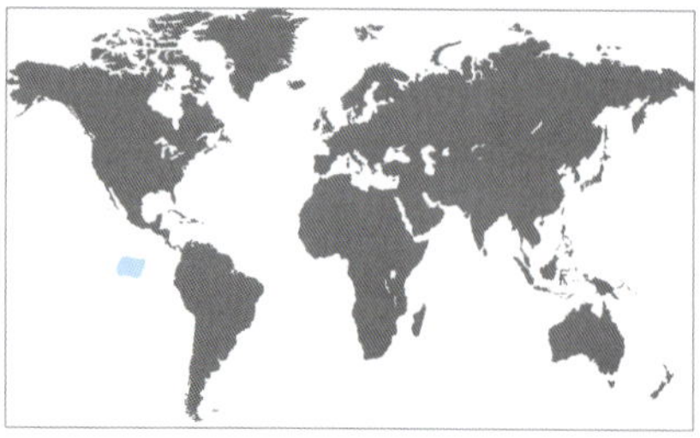

科	コロモガイ科　Cancellariidae
貝殻の大きさ	40 〜 50mm
地理的分布	ガラパゴス諸島
存在量	希少
生息深度	水深 200m までの深所
生息場所	硬い底質
食性	吸引食性
蓋	ない

貝殻の大きさ
40 〜 50mm

写真の貝殻
51mm

Sveltia gladiator (Petit, 1976)

カンムリコロモガイ

GLADIATOR NUTMEG

カンムリコロモガイは、コロモガイ類には非常に数少ない棘のある殻をもつ種の 1 つである。コロモガイ類は世界中で見られるが、熱帯域でよりふつうに見られ、とりわけ東太平洋で多様性が高い。コロモガイ類の生活史や生態はまだほとんどわかっていない。カンムリコロモガイをはじめとしてコロモガイ類の多くが単列の歯舌をもち、その歯はたいてい長くてしなやかである。少数の種については食性がわかっていて、生きている魚や他の軟体動物などの体組織から血液あるいは体液を吸い取って食べることが知られている。

近縁種

カセンコロモガイ *Sveltia centrota* (Dall, 1896) は、バハカリフォルニアからペルーにかけての太平洋沿岸に生息し、カンムリコロモガイに殻形が似るが、殻表の棘がやや短い。東太平洋沿岸とガラパゴス諸島に産するアラヌノコロモガイ *Cancellaria gemmulata* Sowerby I, 1832 は、殻高は低いが、殻表に格子状の彫刻のある、ずっとコロモガイ類らしい殻をもつ。

カンムリコロモガイの殻は中型で、螺層の肩が角張り、多くの棘を備える。螺塔は高く殻長の半分ほどを占め、縫合は明瞭。殻表には螺層あたり 7、8 本の強い螺肋と、それらと交差する 8 〜 10 本ほどの縦肋がある。各縦肋と螺層の強い肩角が交わるところに 1 本ずつ長い棘が出る。殻口は大きくて幅広く、卵形。外唇は縁が外側に反り、小さな棘を備える。軸唇には 3 本の襞がある。殻の色はクリーム色。

実物大

科	コロモガイ科　Cancellariidae
貝殻の大きさ	50 〜 69mm
地理的分布	合衆国ワシントン州からメキシコのバハカリフォルニアにかけて
存在量	少産
生息深度	沖合、水深 600m ぐらいまで
生息場所	砂底や泥底
食性	吸引食性
蓋	ない

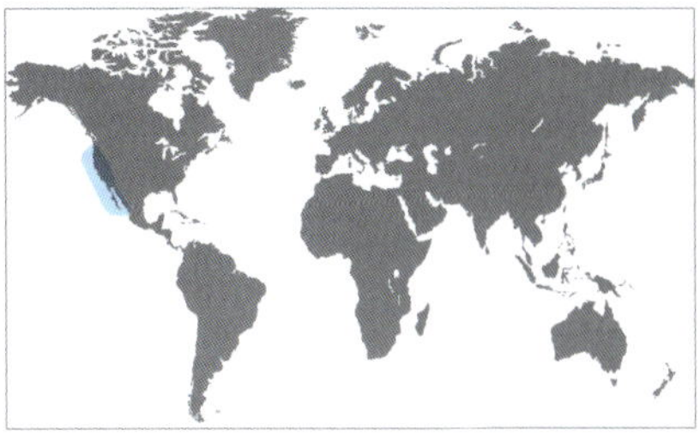

貝殻の大きさ
50 〜 69mm

写真の貝殻
62mm

Cancellaria cooperi Gabb, 1865

ナガコロモガイ

COOPER'S NUTMEG

ナガコロモガイは、コロモガイ科にしては大型で、沖合の軟質底に棲む。雌は卵を長い柄のついた卵嚢に詰めて産み出し、卵から孵化した幼生は殻の蓋をもつが、成貝は他のヨロイガイ類同様､殻に蓋をもたない。本種については生態が調べられており、魚に寄生すること、夜行性で餌動物の出す化学物質を頼りに餌を探すことなどが知られる。眠っているゴマフシビレエイを見つけると、それに取り付いて、その長い吻を伸ばし、歯舌を使って鰓などの軟らかい組織に孔をあけて宿主の血液を吸って摂取するという。

近縁種

トカシオリイレボラ *Cancellaria nodulifera* Sowerby I, 1825 は、螺塔が低くて殻口の広い幅広の殻をもつ。この貝の殻表には強い縦肋と螺肋がある。フィリピンとインドネシアに産するニヨリセコバイ *Plesiotriton vivus* Habe and Okutani, 1981 の殻は、細長い紡錘形で、螺層がやや不規則で、殻表には不規則に並ぶ縦肋がある。

ナガコロモガイの殻はコロモガイ科の中では大きいほうで、厚くて重く、形は細長い紡錘形。螺塔は高く先端が尖り、螺層の肩は角張る。殻表には肩部に鋭く尖った結節状突起を備えた強い縦肋が並ぶ。体層は大きく、水管溝は短く太い。殻口は披針形で、外唇は厚く、その内壁に襞が並ぶ。軸唇には襞が 2 本ある。殻の色は黄褐色あるいはオレンジがかった褐色で、褐色の螺状線が並ぶ。殻口内は白い。

実物大

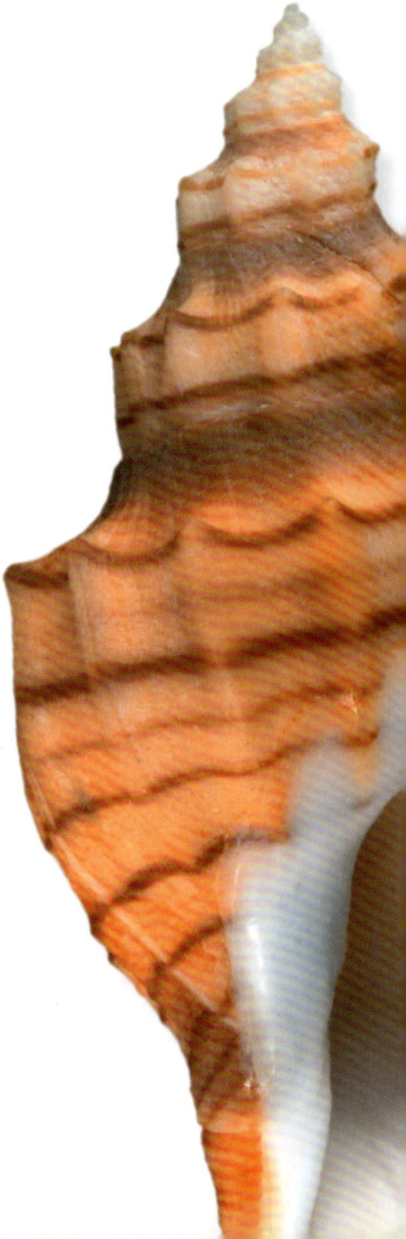

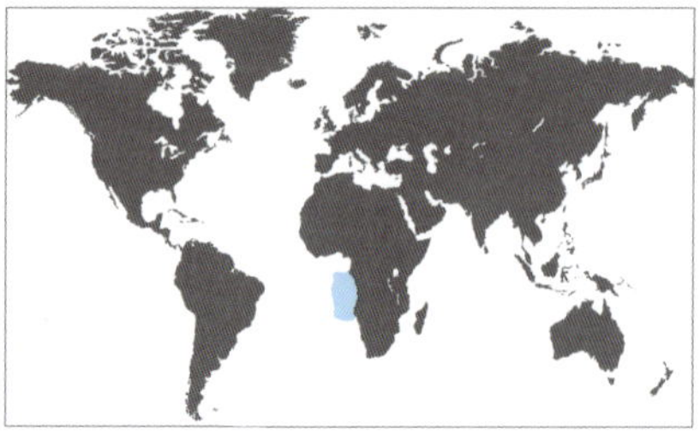

科	ヒメシャジクガイ科 Clavatulidae
貝殻の大きさ	38 ～ 58mm
地理的分布	アフリカ西岸
存在量	ふつう
生息深度	潮下帯、水深 30m ぐらいまで
生息場所	砂底
食性	肉食性
蓋	角質で薄い

貝殻の大きさ
38 ～ 58mm

写真の貝殻
49mm

Clavatula imperialis Lamarck, 1816

ヒメシャジクガイ類の1種

IMPERIAL TURRID

実物大

本種は、餌を捕まえるために毒器官を発達させた巻貝の一群、イモガイ上科（じょうか）Conoidea の一員だと考えられている。この上科には何千もの種が知られるが、この上科に分類されるさまざまな科の間の関係はまだよくわかっていない。この類のもつ毒器官にはいろいろな生化学的適応や解剖学的適応が見られ、大きな毒腺や毒球を発達させているものもいる。それらの器官は毒素の「カクテル」をつくり、それを餌動物に注入するのに使われる。

近縁種

セネガルからアンゴラにかけての大西洋沿岸に生息する *Clavatula kraepelini*（Strebel, 1914）は、本種よりわずかに小さく、殻はほぼ紡錘形で、殻表が滑らかで光沢がある。モーリタニアから南アフリカまで分布するフタカドクダマキガイ *Clavatula bimarginata*（Lamarck, 1822）は、美しい双円錐形の殻をもつ。この貝の水管溝は殻口とほぼ同じ長さである。

Clavatula imperialis **の殻はやや大きく、幅広い紡錘形。螺塔は円錐形で、螺層は階段状。殻口は幅広い卵形で、その縁には肩部に棘がある。体層の肩の下に細長いスリット状の後溝がある。後溝は殻の成長に伴って古いものから閉じて、螺層の肩に並ぶ棘の基部に沿って切れ込み帯が形成される。水管溝は短くて幅広く、わずかに右に曲がる。螺層の肩に並ぶ棘の他に、殻表には弱い螺肋と成長線が見られる。成長線はときに螺肋より強いこともある。殻の色は白く、切れ込み帯は褐色で白斑が並ぶ。殻口内は白い。**

科	ヒメシャジクガイ科 Clavatulidae
貝殻の大きさ	32 〜 83mm
地理的分布	モーリタニアからセネガルにかけての大西洋沿岸およびカナリア諸島
存在量	ややふつう
生息深度	沖合、水深 75m ぐらいまで
生息場所	砂底
食性	肉食性
蓋	角質で薄い

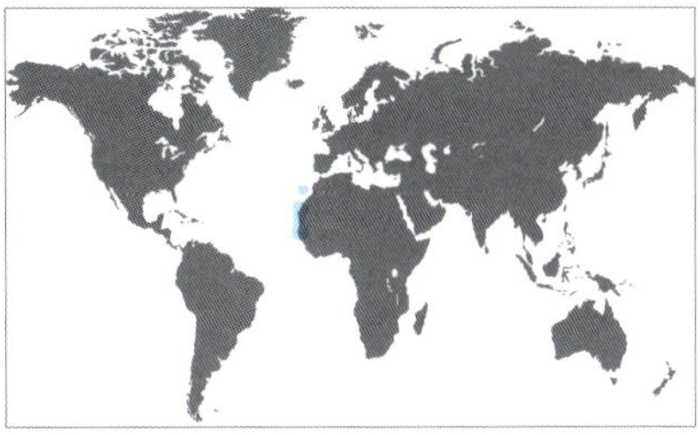

貝殻の大きさ
32 〜 83mm

写真の貝殻
56mm

Pusionella nifat (Bruguière, 1789)

クロボシカザリクダマキガイ

NIFAT TURRID

クロボシカザリクダマキガイは、イモガイ上科の大多数の種と同じく肉食性で、沖合の砂底に棲む多毛類を捕まえて食べる。滑らかな流線型の殻は、本種が砂中に潜ることを示している。ヒメシャジクガイ科の貝の歯舌には1列あたり3本の歯があり、中央の歯は退化して小さく、両側の歯は先端が尖って長く、溝が刻まれている。この溝を通して毒を餌動物の体内に送るのかもしれない。イモガイ上科の他科の貝では、中央の歯が消失しており、両側の歯は管状に変化していて、その先端は鋭く、逆棘(さかとげ)を備えている。

近縁種

同属の *Pusionella vulpina* (Born, 1780) は、分布域が狭く、セネガル沿岸だけに生息している。この貝はクロボシカザリクダマキガイより小さく、殻頂に向かって次第に細くなる象牙色の殻をもつ。同じくセネガルに産する *Pusionella milleti* (Petit, 1851) もわずかだが、より小さく、白色から栗茶色の紡錘形の殻をもつ。

実物大

クロボシカザリクダマキガイの殻は大きく滑らかで、形は丸みのある紡錘形。螺塔は高く円錐形で、すべての螺層が均等に膨らむ。殻口は楕円形で、後端に明瞭な後溝はない。水管溝は短くて幅広く、殻軸に対して斜めに出る。殻表は滑らかで、彫刻が認められる場合でも、それは非常に細い螺糸と成長線に限られている。殻の色は白または象牙色で、小麦色から濃褐色の長方形の斑点が螺状列をなして並ぶ。縫合と殻の周縁の間にある2列の斑点はときに上下つながって縦長の斑紋になることがある。殻口の内側は白い。

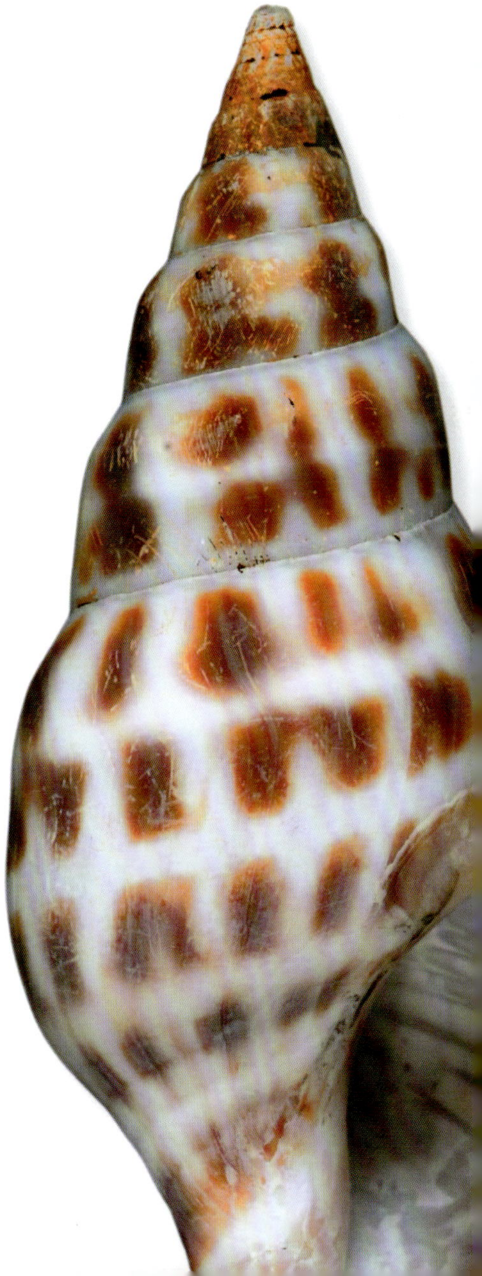

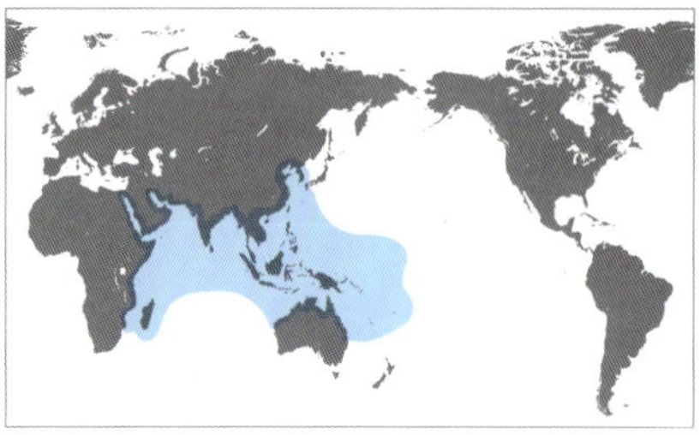

科	ヒメシャジクガイ科　Clavatulidae
貝殻の大きさ	50 〜 75mm
地理的分布	紅海からインド西太平洋にかけて
存在量	少産
生息深度	沖合、水深 35m ぐらいまで
生息場所	泥底
食性	肉食性
蓋	角質で薄い

貝殻の大きさ
50 〜 75mm

写真の貝殻
75mm

Turricula tornata (Dillwyn, 1817)

ハスジマイグチガイ

TURNED TURRID

ハスジマイグチガイは、かなり大きく滑らかな殻をもつ。このことは本種が潮下帯の砂中に潜って暮らす貝であることを示している。そのような生息場所には他にもヒメシャジク科の種がいろいろ生息している。同じような食性をもつ多くの種が同所的に生息している場合には、それぞれの種が異なる餌を利用するように特殊化していることがある。対照的に、タイワンイグチガイ属 *Turricula* のいくつかの種は広食性で、10 種を超えるさまざまな多毛類を食べる。

近縁種

同じく広範囲に分布するインド西太平洋産種のタイワンイグチガイ *Turricula javana* (Linnaeus, 1767) は、殻の大きさと形がハスジマイグチガイに似るが、タイワンイグチガイの殻は一様に小麦色で模様がない。インドネシアに生息する *Turricula nelliae* (Smith, 1877) は、螺塔の高い、より小さな殻をもつ。この貝の殻には褐色と白色の縦縞が並ぶ。

ハスジマイグチガイの殻は大きく、紡錘形。螺塔は高く、殻長の半分近くを占める。螺層の中ほどに鈍角をなす丸い肩がある。殻口は細長い卵形で、縫合から体層の肩にかけて V 字形に切れ込んだ幅広い後溝を備える。水管溝は長くて狭い。外唇は薄く、軸唇は滑らかで、水管溝のところに 1 本の顕著な襞がある。殻表はかなり滑らかで、非常に細い成長線が見られ、さらに螺糸も見られることがある。殻の地色は象牙色で、螺層の肩に沿って茶色っぽい斑紋が並び、外唇に対して斜角をなす多くの細い褐色の線が入る。

実物大

科	ヒメシャジクガイ科　Clavatulidae
貝殻の大きさ	50 〜 77mm
地理的分布	インド西太平洋、日本など
存在量	ふつう
生息深度	水深 10 〜 80m
生息場所	沖合の泥底
食性	肉食性
蓋	角質で木の葉形

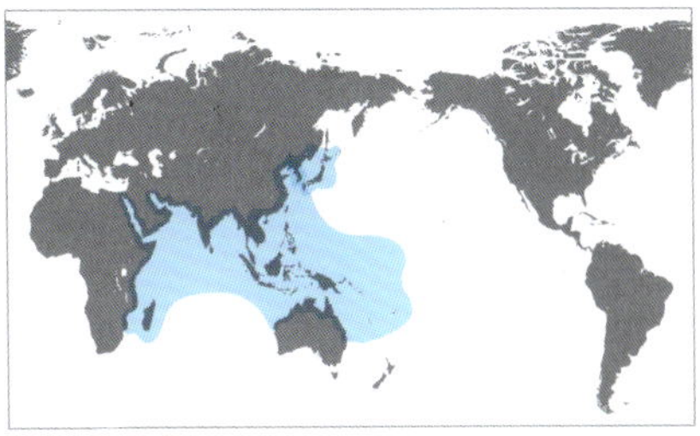

貝殻の大きさ
50 〜 77mm

写真の貝殻
76mm

Turricula javana（Linnaeus, 1767）

タイワンイグチガイ

JAVA TURRID

ヒメシャジクガイ類の最大種の1つであるタイワンイグチガイは、水深 80m ぐらいまでのさまざまな深度に生息する普通種で、泥っぽい底質に棲む多毛類を矢のような歯舌歯と毒を使って捕まえて食べる。よくトロール漁の網にかかるが、水産有用種ではない。

近縁種

紅海やタイ、西太平洋などで見られるハスジマイグチガイ *Turricula tornata*（Dillwyn, 1817）は、タイワンイグチガイより殻が細く、螺塔がもっと高く、水管溝ももっと長い。また、タイワンイグチガイの殻に見られるような螺層の周縁に並ぶ瘤はない。南アフリカ固有種の *Toxiclionella haliplex*（Bartsch, 1915）は、タイワンイグチガイより小さく、クリーム色と褐色の螺帯が交互に並んだ殻をもつ。やはり螺塔が高いが、その先端は丸い。

タイワンイグチガイの殻は比較的長く（高く）、螺塔が高い。螺層の周縁には斜めになった瘤が並ぶ。瘤の上は殻の色がやや薄い。縫合は深い。殻表には縫合と螺層の周縁の間に２本の螺肋がある。また、体層の肩から水管溝の先端にかけて特徴的な細い螺肋が並ぶ。水管溝はたまに捩じれていることがある。軸唇はうねり、外唇の後縁に湾入がある。殻の色は一様に淡褐色から濃褐色で模様はない。

実物大

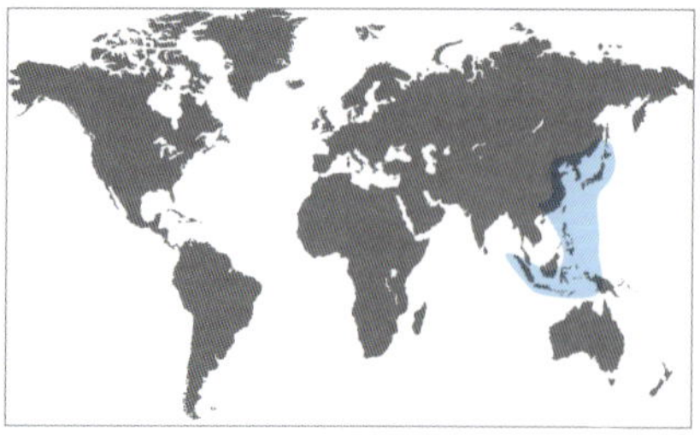

科	ツノクダマキガイ科　Drilliidae
貝殻の大きさ	13 ～ 17mm
地理的分布	日本からインドネシアおよびニューギニアにかけて
存在量	希少
生息深度	水深 60 ～ 150m
生息場所	砂底
食性	肉食性
蓋	角質で薄い

貝殻の大きさ
13 ～ 17mm

写真の貝殻
15mm

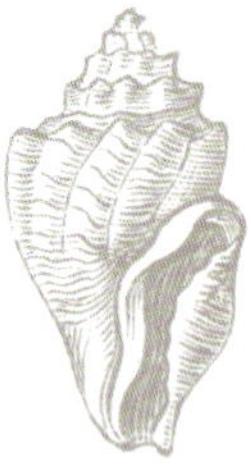

Conopleura striata Hinds, 1844

カンムリシャジクガイ（カンムリクダマキガイ）

STRIATED TURRID

カンムリシャジクガイの殻は小さく、形は双円錐形。螺塔が太く、殻口は細長い楕円形である。殻口の前端に短い水管溝があり、そのそばには縫帯がある。殻口の後縁には深くて細い切れ込み状の後溝がある。使われなくなった古い後溝は互いに外縁がつながって縫合を取り巻く外壁のようになり、殻は一見円錐形に見える。殻の色は白から金色がかった小麦色。

カンムリシャジクガイは、小さくもろい殻をもち、その殻には傷跡がほとんど見られない。このことは、カンムリシャジクガイがめったに捕食者に遭遇しないことを示している。イモガイ上科の大多数の種と同様に、多毛類を好んで食べる。本種は、独特な歯舌をもつことが知られるクダマキガイ科の一員である。クダマキガイ科の貝の歯舌には 1 列あたり 5 本の歯が並ぶが、中央の歯は退化して小さく、その両側に熊手形の歯、その外側に先端の尖った細長い歯がそれぞれ 1 本ある。熊手形の歯は餌の多毛類を口の奥に送り、それを飲み込むのを助ける働きをするのかもしれない。

近縁種

カンムリシャジクガイと地理的分布の似るヒレツノクダマキガイ *Clavus canalicularis* (Röding, 1798) は、カンムリシャジクガイの 2 倍ほどもあり、ずっと重い殻をもつ。ヒレツノクダマキガイの殻では使われなくなった古い後溝はそれぞれ別の棘となり、互いにつながらない。日本および韓国に産するカマクラマンジガイ *Guraleus kamakuranus* (Pilsbry, 1904) は、微小な貝で、カンムリシャジクガイの 1/3 ほどの大きさしかないが、殻の形はよく似ている。

実物大

科	ツノクダマキガイ科　Drilliidae
貝殻の大きさ	25 〜 32mm
地理的分布	熱帯西太平洋
存在量	少産
生息深度	水深 20m ぐらいまでの浅海
生息場所	砂礫底
食性	肉食性
蓋	角質で薄い

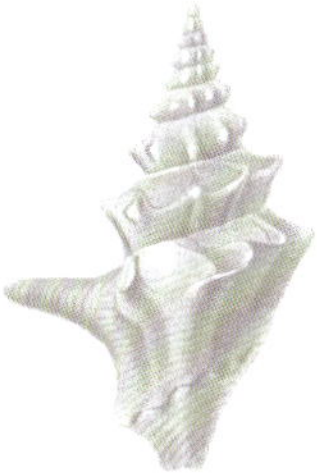

貝殻の大きさ
25 〜 32mm

写真の貝殻
28mm

Clavus canalicularis (Röding, 1798)

ヒレツノクダマキガイ

LITTLE DOG TURRID

ヒレツノクダマキガイは、潮下帯の礫底に棲む。外側に開くように突き出た長い棘のある幅広い殻をもつが、このことは、本種が底質の中に潜るのではなく、底質の上を這い回って暮らしていることを示している。活発に動く肉食性の巻貝の多くが長い水管をもつが、本種の水管も非常に長く、幅広く短い水管溝の端をはるかに超えて長く伸びる。餌を探す時には水管を右に左に動かし、水管を通って入ってくる水を「嗅いで」、餌の居場所を突き止める。

ヒレツノクダマキガイの殻は小さく、輪郭は菱形で、螺塔は高く円錐状。殻口は細長く水管溝は広く短い。後溝は、水管溝と同じぐらいの幅がある。殻表には 8 〜 10 本の顕著な縦肋が並び、大多数の殻にはその肩に各 1 本の開いた太い棘がある。殻表にはまた細い螺糸も見られる。殻の色は白く、殻の中ほど言い換えれば殻底の周りに 1 本の小麦色から褐色の螺帯が入る。殻口内は白い。

近縁種

太平洋中部に生息するツノクダマキガイ *Clavus exasperatus* (Reeve, 1843) は、大きさや殻の各部の比、そして色がヒレツノクダマキガイに似る。しかし、後溝の縁が広がってできる、外側に開くように並んだ幅広い棘はツノクダマキガイの殻にはない。南西太平洋に棲むエンナツノクダマキガイ *Clavus enna* (Dall, 1918) は、ヒレツノクダマキガイの 2 倍ほどの大きさになる。西太平洋産のレンガマキシャジクガイ *Clavus lamberti* (Montrouzier, 1860) は、殻表に顕著な縦肋が並び、白と黄色と褐色の色帯の入ったカラフルな光沢のある殻をもつ。

実物大

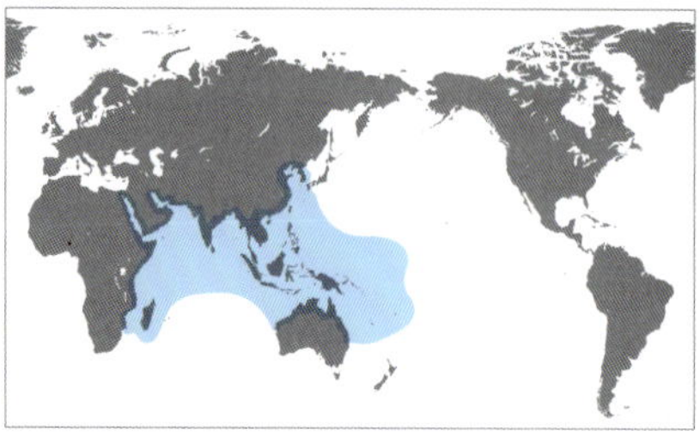

科	ツノクダマキガイ科　Drilliidae
貝殻の大きさ	25 ～ 52mm
地理的分布	インド西太平洋
存在量	少産
生息深度	潮下帯から水深 20m
生息場所	砂底や礫底
食性	肉食性
蓋	角質で薄い

貝殻の大きさ
25 ～ 52mm

写真の貝殻
44mm

Clavus flammulatus (Montfort, 1810)

シミツキツノクダマキガイ

FLAMING TURRID

シミツキツノクダマキガイは、インド洋と太平洋の熱帯域の浅海に広く分布するが、めったに見られない。このページの写真の殻をよく見ると、この殻をもっていた貝は、殻を壊すことのできる捕食者（おそらくカニではないかと思われる）の攻撃に耐えて生き延びたことがわかる。攻撃を受けると、貝は殻の奥深くに体を引っ込めて、蓋で殻の口を塞ぐ。しかし、カニはその殻を抑え、殻の外唇をはさみでぽきぽき折って粉々に壊してしまう。

近縁種

インド太平洋域に生息する同属種の *Clavus bilineatus* (Reeve, 1845) は、小型の貝で、殻の地色が赤褐色で、螺層の肩に沿って白色と濃褐色の線が1本ずつ入る。フィリピンおよびフィジーに産する *Clavus opalus* (Reeve, 1845) は、シミツキツノクダマキガイの半分ほどの大きさで、殻表に顕著な縦肋が並んだ白から明るい小麦色の殻をもつ。

シミツキツノクダマキガイの殻は中型で、形は双円錐形。螺塔は高く、殻長の半分を超える。殻口は細長く、両縁はほぼまっすぐ。水管溝は広くて短く、殻口との境はかろうじてわかる程度。後溝は水管溝と同じぐらいの幅があり、その縁は広がって外側に反る。螺層の肩は鋭く角張り、その殻表には 10 ～ 12 本ほどの縦に長い瘤が並び、その瘤の上に各 1 本の短い棘を備える。また、殻の前縁付近だけに細い螺糸が並ぶ。殻の地色は白く、大きさと形の不揃いな濃褐色の斑点が 5、6 列の螺列をなして並ぶ。肩の上下の列の斑点はしばしばつながって 1 つになる。殻口内は白いが、薄い外唇の周辺には外側と同様の斑点模様が見られることがある。

実物大

科	ツノクダマキガイ科 Drilliidae
貝殻の大きさ	30 ～ 52mm
地理的分布	南アメリカ大陸北岸
存在量	少産
生息深度	水深 6 ～ 20m
生息場所	砂底
食性	肉食性
蓋	角質で薄い

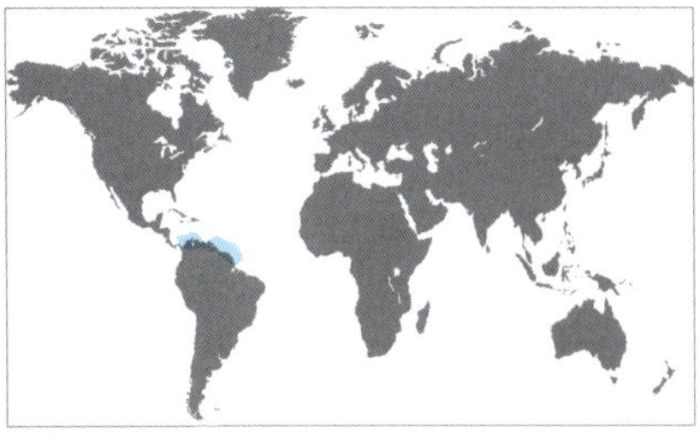

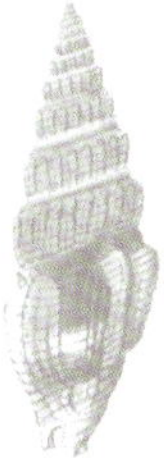

貝殻の大きさ
30 ～ 52mm

写真の貝殻
46mm

Drillia gibbosa (Born, 1778)

ナンベイヌノメシャジクガイ

HUMPED TURRID

ナンベイヌノメシャジクガイは、コロンビアからベネズエラにかけての南米沿岸の非常に狭い範囲にだけ分布している。この限られた地理的分布は、本種の生態と関係がある。同属他種と同じく、本種の雌も卵を丸く平たい皮質の小さな卵嚢に詰めて岩や貝殻片などの硬い物の上に産みつける。それぞれの卵嚢には 12 個に満たない少数の卵しか入っていない。本種の発生は、初期発生だけでなく、幼生期の発生もすべて卵嚢の中で進み、小さな稚貝になって卵嚢から這い出してくる。浮遊幼生期のない、このような発生様式をもつ巻貝の分布は孵化後に這って移動できる範囲に限られることになる。

近縁種

コスタリカからエクアドルにかけて生息する *Drillia clavata* (Sowerby I, 1834) は、殻の形がナンベイヌノメシャジクガイに似るが、ナンベイヌノメシャジクガイと違って殻表が滑らかで光沢がある。ガラパゴス諸島に固有の *Drillia albicostata* (Sowerby I, 1834) もナンベイヌノメシャジクガイに似ているが、殻表にはゆるくうねった、表面の滑らかな縦肋がある。

ナンベイヌノメシャジクガイの殻は中型で、螺層がやや階段状になった非常に高い円錐形の螺塔を備える。殻口は細長い楕円形で、独特な比較的長い水管溝と切れ込み状の狭い後溝を備える。螺層は肩が強く角張り、縫合と肩の間に螺状の畝がある。殻表には殻軸に対してわずかに斜めになった縦肋が密に並び、それらと螺肋が交差して弱い布目状の彫刻が形成される。殻の地色は白または象牙色で、真ん中に白帯の入った茶色の螺帯が入る。殻口内は白っぽく半透明で、外面の色が透けて見える。

実物大

科	シュードメラトーマ科　Pseudomelatomidae
貝殻の大きさ	32 〜 50mm
地理的分布	カリフォルニア湾からエクアドルにかけての太平洋沿岸およびガラパゴス諸島
存在量	ふつう
生息深度	潮間帯から水深 30m
生息場所	砂底
食性	肉食性
蓋	角質で退化して小さく、木の葉形

貝殻の大きさ
32 〜 50mm

写真の貝殻
47mm

Hormospira maculosa (Sowerby I, 1834)

カスリイグチガイ

BLOTCHY TURRID

同科別属の種と同じく、カスリイグチガイが含まれる *Hormospira* 属の種も 1 列あたり 3 本の歯が並んだ独特な歯舌をもつ。3 本の歯はどれも単尖で、1 つずつ毒腺を備える。カスリイグチガイは中南米太平洋沿岸の大陸棚内縁に沿った比較的浅い海に生息する。砂底に棲み、多毛類などの小型無脊椎動物を食べる。

近縁種

カスリイグチガイは *Hormospira* 属の唯一の種である。本属に近縁な *Tiariturris* 属の *Tiariturris libya* (Dall, 1919) と *Tiariturris spectabilis* Berry, 1958 はカスリイグチガイに似るが、殻がより大きく、螺層の肩に並ぶ瘤の下に細い縦肋があり、殻皮がもっと分厚く、濃い色をしている。ニクケイモミジボラの仲間の *Pseudomelatoma penicillata* (Carpenter, 1864) もカスリイグチガイに少し似ているが、殻がやや小さく、水管溝がより短い。また、螺層の肩は角張らず、殻表に縦肋があるのでカスリイグチガイと区別できる。

実物大

カスリイグチガイの殻は大きく、薄く、形は細長い紡錘形。螺塔は円錐状で非常に高い。螺層の肩に沿って 1 本の螺状の畝が走り、その上に瘤が並ぶ。殻口は細長い卵形で、その後縁はいくぶん深く湾入して後溝となり、前端には殻口とほぼ同じ長さの幅広い水管溝がある。殻表には細い螺条のみが見られる。殻の色は白く、不定形でやや濃い褐色の斑紋が散在する。斑紋の中にはつながって縦縞になるものもある。殻皮は薄く、色は明るい褐色。

科	クダマキガイ科／クダボラ科　Turridae
貝殻の大きさ	7 ～ 13mm
地理的分布	ホンジュラスからブラジルにかけてのカリブ海および大西洋
存在量	ふつう
生息深度	潮下帯
生息場所	岩礁
食性	肉食性
蓋	角質

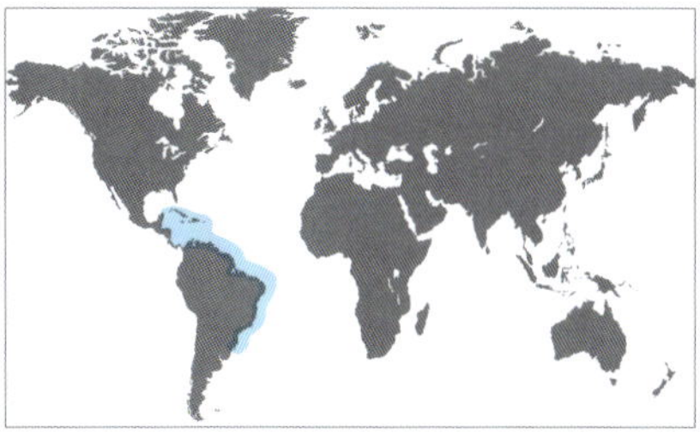

貝殻の大きさ
7 ～ 13mm

写真の貝殻
10mm

Monilispira quadrifasciata (Reeve, 1845)

フトウネシャジクガイの仲間

FOUR-BANDED TURRID

フトウネシャジクガイ属 *Monilispira* は、非常に多様性の高いトラフモミジボラ属 *Crassispira* の 1 亜属として扱われていた。本種は、チョコレート色の地に白い螺帯の入った独特の模様がある殻をもち、クダマキガイ科の 1 亜科、トラフモミジボラ亜科 Cassispirinae の中で最も容易に識別できる貝の 1 つである。

近縁種

トラフモミジボラ亜科の貝は、パナマ地峡近海にとりわけ多く生息しており、ある文献では、その西海岸だけで 60 を超える種が数えられている。その中の 1 種が、殻に際立った色模様をもつ *Monilispira ochsneri* Hertlein and Strong, 1949 である。この貝の殻は、地色が濃褐色で、螺層の肩に 1 本の黄色の太い螺帯が入り、その上に 2 本の赤褐色の細い螺帯が黄色の螺帯を 3 等分するように並ぶ。また、螺塔はやや黄みを帯びる。

実物大

Monilispira quadrifasciata の殻は紡錘形で、螺塔は高く、7 層の螺層からなる。胎殻は表面が滑らかだが、それ以外の部分には殻表に明瞭な縦肋が並ぶ。この縦肋は濃褐色の地色に対して白っぽく見えることがある。殻表にはまた 1 本の太くて低い白い螺肋が走り、その両側にずっと細い螺肋が 1 本ずつ入る。殻口には前端に短い水管溝、後縁に細いスリット状の後溝がある。

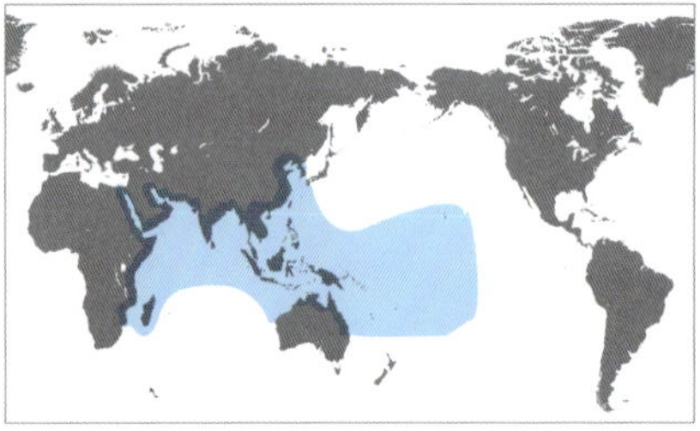

科	クダマキガイ科／クダボラ科 Turridae
貝殻の大きさ	11 ～ 25mm
地理的分布	東アフリカからハワイにかけて
存在量	少産
生息深度	潮間帯から水深 50m
生息場所	岩石底
食性	肉食性
蓋	角質

貝殻の大きさ
11 ～ 25mm

写真の貝殻
20mm

Turridrupa bijubata (Reeve, 1843)

クロイトマキハラブトシャジクガイ

CRESTED TURRID

クロイトマキハラブトシャジクガイの殻は小さくて硬く、ずんぐりした紡錘形。螺塔は高く、多くの螺層からなる。縫合はあまり明瞭でなく、殻頂は小さくて丸みがある（このページの写真の貝殻では殻頂は摩滅している）。殻表には数本の高くて強い螺肋が並ぶ。螺肋は、縫合の下2つ目のものが最も強い。殻口は小さく、外唇の後端にU字形の深い切れ込み（後溝）があり、内壁には細い襞がある。水管溝は短く、先端が截断状。殻の色は濃褐色で、螺肋は白から薄い黄色。

クロイトマキハラブトシャジクガイは、インド太平洋域に産する多くの小型のクダマキガイ類の1つである。クダマキガイ科は、すべての軟体動物の科の中で最も多様性が高く、赤道から極域まで世界中に分布し、あらゆる深度に生息している。インド太平洋で行われたいくつもの詳しい野外調査によって、どこでもクダマキガイ科の多様性は高いものの、大多数の種は少数のサンプルしか得られず、その生息密度は非常に低いことがわかっている。クロイトマキハラブトシャジクガイの標本を収蔵している博物館はあまり多くない。最近の分子系統分類学的研究によって、互いに外部形態の似た貝が、じつは多くの異なる種を含む場合もあることが示されている。クダマキガイ類の多くは小型あるいは微小なので、まだ発見されていない種が何千といるに違いない。

近縁種

ハワイ諸島に産する *Turridrupa weaveri* Powell, 1967 は、殻の形や大きさがクロイトマキハラブトシャジクガイに似るが、螺肋に丸みがあり、殻の大部分は色が赤褐色で、そこに白い斑紋が入っている。ホンジュラスからブラジルにかけて生息する *Monilispira quadrifasciata* (Reeve, 1845) も形の似た殻をもつが、殻表彫刻が異なる。この貝の殻表には縦肋があり、縫合の下には1本の太い螺肋が走り、体層下部にも数本の螺肋がある。

実物大

科	クダマキガイ科／クダボラ科　Turridae
貝殻の大きさ	45 ～ 60mm
地理的分布	合衆国フロリダ州からコロンビアにかけて
存在量	非常に希少
生息深度	水深 55 ～ 1480m
生息場所	砂底や泥底
食性	肉食性
蓋	角質で細長い

貝殻の大きさ
45 ～ 60mm

写真の貝殻
57mm

Cochlespira elegans (Dall, 1881)

クリンクダマキガイ

ELEGANT SLAR TURRID

クリンクダマキガイは、仏塔形の優美な殻をもつ。螺層は強く角張り、肩部に上端が鋭い竜骨状隆起がある。この竜骨状隆起には、先端が殻の後方に向いた短い棘が2列の螺列をなして並ぶ。本種は深所の砂底や泥底に棲み、めったに採集されることがない。本種をはじめとするテンジククダマキ亜科 Cochlespirinae の貝は、長い水管溝と丸みのある三角形状の後溝を備えた仏塔形の殻をもつ。その大多数は深所に棲み、希少である。テンジククダマキガイ類は最も古いクダマキガイ類の一群で、その化石記録は白亜紀まで遡る。

クリンクダマキガイの殻は中型で薄く、形は仏塔形で細長い。螺塔は高く、先端が尖り、縫合は明瞭で、螺層は肩が竜骨状に鋭く張り出す。殻表には顆粒の並ぶ多数の細い螺肋と短い棘の螺列が2列あるが、肩から上の殻表は滑らかである。殻口は三角形状で細長く、長い水管溝になだらかにつながる。後溝の切れ込みは肩より上にある。外唇は薄く、軸唇は滑らか。殻の色はオフホワイトで、殻口内は白い。

近縁種

フィリピンおよびインドネシアに産する同属の *Cochlespira pulchella* (Schepman, 1913) は、クリンクダマキガイより小さく、螺層の肩により大きな棘が並び、その棘列と縫合の間がくぼんだ殻をもつ。アメリカ合衆国フロリダ州からブラジル北部にかけて生息するガラスクダマキガイ *Polystira albida* (Perry, 1811) は、大西洋産のクダマキガイ類の中で最大である。ガラスクダマキガイの殻もやはり螺塔が高く、長い水管溝を備えるが、殻の形が細長い紡錘形で、殻表に多くの明瞭な螺肋がある。

実物大

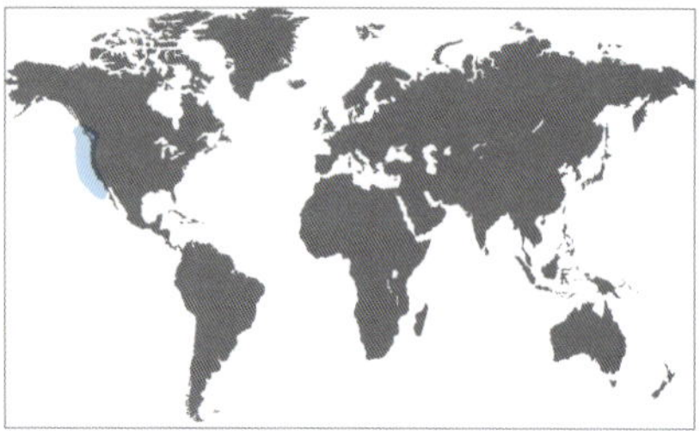

科	クダマキガイ科／クダボラ科　Turridae
貝殻の大きさ	44 ～ 71mm
地理的分布	アメリカ合衆国アラスカ州からカリフォルニア州南部にかけて
存在量	ふつう
生息深度	水深 80 ～ 600m
生息場所	泥底
食性	肉食性
蓋	角質

貝殻の大きさ
10 ～ 71mm

写真の貝殻
68mm

Antiplanes perversa (Gabb, 1865)

ヒダリマキイグチガイの仲間

LARGE PERVERSE TURRID

ヒダリマキイグチガイ属 *Antiplanes* の貝には左巻きの殻をもつものと右巻きの殻をもつものがいる。本種は本属のタイプ種で、左巻きの殻をもつ。本属の大多数の種は深所に棲み、殻にたいてい短くて丸みのある後溝があり、殻表は滑らかであるが、水管溝の長さは種によってまちまちである。アメリカ合衆国アラスカ州からカリフォルニア州南部にかけて生息しており、化石が北太平洋周縁の鮮新世の地層から得られる。

近縁種

エゾイグチガイ *Antiplanes sanctiioannis* (Smith, 1875) は、右巻きの貝で、ロシア東部および北日本の沖合の深所に生息している。この種の殻は多くの同属種と同じく白亜質で、色は白く、模様はない。しかし、表面に褐色の厚い殻皮が残っていることが多い。

Antiplanes perversa の殻は滑らかで、木工用のきりのような形である。螺塔が高く、螺層は膨らむ。殻の地色は白だが、深く括れた縫合の直下にピンクがかった小麦色の螺帯が1本あり、体層外面と殻口の内側がピンクに染まる。殻頂部および軸唇前端は白いままである。前溝（水管溝）は短いものからやや長いものまで長さがまちまちで、後溝はスリット状で短く、丸みがある。

実物大

科	クダマキガイ科／クダボラ科　Turridae
貝殻の大きさ	40 ～ 85mm
地理的分布	ベーリング海とその周辺、日本からアラスカまで
存在量	少産
生息深度	深海
生息場所	砂底
食性	肉食性
蓋	角質

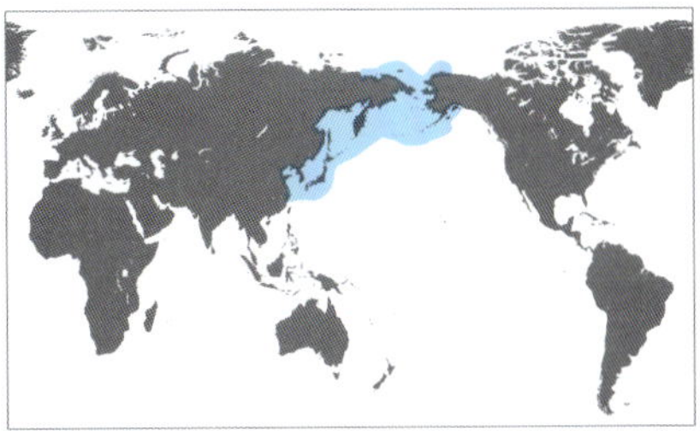

貝殻の大きさ
40 ～ 85mm

写真の貝殻
112mm

Aforia circinata (Dall, 1873)

ヤゲンイグチガイ

RIDGED TURRID

ヤゲンイグチガイ属 *Aforia* の種は大多数が深海産である。本属の種多様性は南極大陸周辺およびベーリング海でとりわけ高い。ヤゲンイグチガイは日本からベーリング海を経てアラスカまで分布している。成熟した雌の殻口には、水管溝と後溝の他に殻口に第3の溝がある。これはヤゲンイグチガイに限られた特徴ではないが、多くの貝には見られない特徴である。この第3の溝は繁殖行動、交尾あるいは産卵に関係していると考えられている。

近縁種

同属の *Aforia magnifica* (Strebel, 1908) は、殻の形態がヤゲンイグチガイに非常によく似ているが、地球の反対側、南極周辺の島々や南極半島近海の深所に生息する。ヤゲンイグチガイと同じく、この貝の殻も光沢のない白で、殻表には細い螺肋が並び、螺層の肩に顕著な畝が1本ある。

ヤゲンイグチガイの殻は光沢のない白で、形は紡錘形で螺塔が高い。殻表には細くて低い螺肋が並び、螺層の肩に沿って1本の鋭い畝が走る。外唇は薄く、その内壁に肩部の畝状隆起の輪郭が見えている。軸唇は白い滑層で覆われる。水管溝は非常に長く、大きく開いて浅く、わずかに捩じれる。

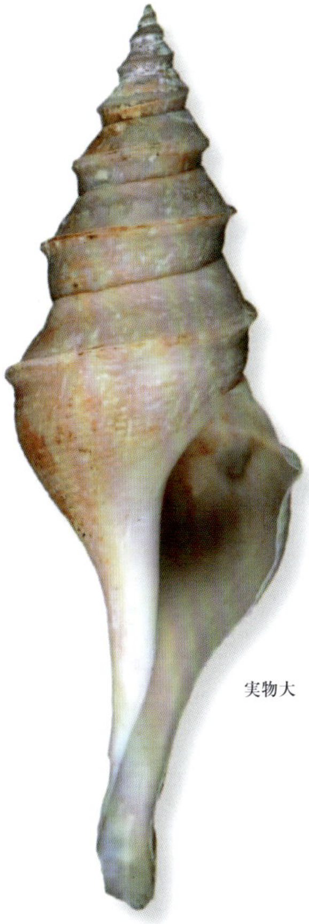

実物大

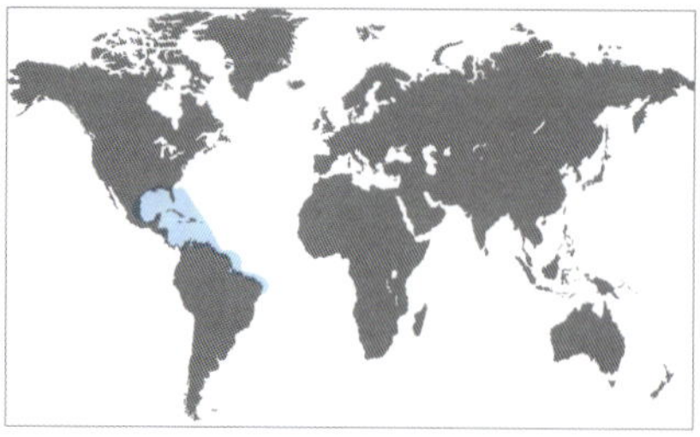

科	クダマキガイ科／クダボラ科　Turridae
貝殻の大きさ	44 ～ 127mm
地理的分布	合衆国フロリダ州からメキシコ湾およびブラジルにかけて
存在量	ふつう
生息深度	水深 15 ～ 230m
生息場所	砂底や泥底
食性	肉食性
蓋	角質で細長い

貝殻の大きさ
44 ～ 127mm

写真の貝殻
69mm

Polystira albida (Perry, 1811)

ガラスクダマキガイ

WHITE GIANT TURRID

ガラスクダマキガイは、まさしくその英語名 White Giant Turrid（大きな白いクダマキガイ）のとおり、殻の白い最大級のクダマキガイで、西大西洋産のクダマキガイ類の中では最大である。アメリカ合衆国フロリダ州から西はメキシコ湾、南はブラジル北部まで分布し、沖合の砂底や泥底に棲む。殻にはしばしば修復された傷跡が見られるが、そのような傷跡は、カニなどの捕食者が本種を食べようと襲ったものの、それが失敗に終わったことを示している。傷跡のある殻は貝殻収集家には好まれないが、生物学者にとってはそのような殻こそが有益な情報を提供してくれるので、重要である。殻の傷跡の研究は、貝とその捕食者の生態を知る手掛かりとなる。

近縁種

ブラジル北東部に生息する *Polystira coltrorum* Petuch, 1993 は、ガラスクダマキガイに似た殻をもつが、殻の大きさがより小さく、螺肋はもっと滑らかである。また、この貝の殻には小麦色がかったものもある。インド太平洋産のクダボラ *Turris crispa* (Lamarck, 1816) は、クダマキガイ科の最大種で、殻はやはり紡錘形で螺塔が高いが、ガラスクダマキガイと比べると殻の大きさの割に水管溝が短い。クダボラの殻も白いが、螺肋の上に褐色の短い線あるいは斑紋が並ぶ。

実物大

ガラスクダマキガイの殻はクダマキガイ科の貝にしては大きく、厚くて硬く、形は細長い紡錘形。螺塔は高く、先端が尖り、縫合は明瞭で、螺層は角張る。殻表には輪郭の明瞭な強い螺肋が並ぶ。螺肋は螺層の肩のものが最も強い。殻口は細長く、水管溝は長い。外唇は螺肋のところが鋸歯状になり縁がぎざぎざである。軸唇は滑らか。殻の色はたいてい真っ白だが、たまにクリーム色のものもある。初期の螺層は小麦色あるいは茶色に染まることが多い。殻の蓋は細長く、色は茶色。

科	クダマキガイ科／クダボラ科　Turridae
貝殻の大きさ	35 ～ 90mm
地理的分布	インドから東は日本、南はオーストラリアにかけて
存在量	少産
生息深度	潮下帯浅部から水深 50m
生息場所	砂底
食性	肉食性
蓋	角質で細長い

貝殻の大きさ
35 ～ 90mm

写真の貝殻
88mm

Lophiotoma indica (Röding, 1798)

マダラクダマキガイ

INDIAN TURRID

マダラクダマキガイは、トラフクダマキガイ属 *Lophiotoma* の浅海産種の中では最大で、沖合のやや深い所にも生息する。殻の形には生息深度による変異が見られ、浅い所のもののほうが深い所のものより殻がずんぐりしていることが多い。「インドの」を意味する *indica* という種小名がつけられてはいるが、本種は、インドよりもフィリピンやオーストラリアの近海で見つかることが多い。殻の特徴に基づいて数種の亜種が記載されている。クダマキガイ類を同定するために用いられる形質には、殻の形や大きさ、殻表の彫刻、胎殻の螺層の数、歯舌歯の型と数、そして後溝の位置などが挙げられる。しかし、殻頂の胎殻はしばしば摩滅あるいは欠損しており、このことが、非常に種数の多いクダマキガイ科の貝の同定をより難しくしている。

近縁種

日本からニュージーランドにかけて分布するカスリクダマキガイ *Lophiotoma millepunctata* (Sowerby III, 1909) は、マダラクダマキガイより小さく、殻の螺塔は同じように高いが、水管溝は短い。また、カスリクダマキガイの殻には千もあろうかと思われる多くの斑点があり、このことに因んで *millepunctata*（千の斑点のある）という、ぴったりの種小名が与えられている。フィリピンからインドネシア、そしてソロモン諸島などにも生息するハデクダマキガイ *Turris babylonia* (Linnaeus, 1758) は、クダマキガイ科の普通種で、かつ大型種である。殻はマダラクダマキガイに似るが、水管溝がマダラクダマキガイよりも少し短い。また、マダラクダマキガイと同じく殻が白く、角張った斑点模様があるが、斑点の色が黒いので区別できる。

実物大

マダラクダマキガイの殻は中型で硬く、形は細長い紡錘形。螺塔は高く、先端が尖る。螺層は角張り、縫合は明瞭。殻表には螺層の肩に強い螺肋が1本と、その下にそれより弱い螺肋がいくつか（螺塔の螺層には2本ほど）ある。殻口は卵形で、その前端は開いた長い水管溝になだらかにつながる。後溝は体層の肩にある。殻の地色は白で、褐色の斑点模様が入る。

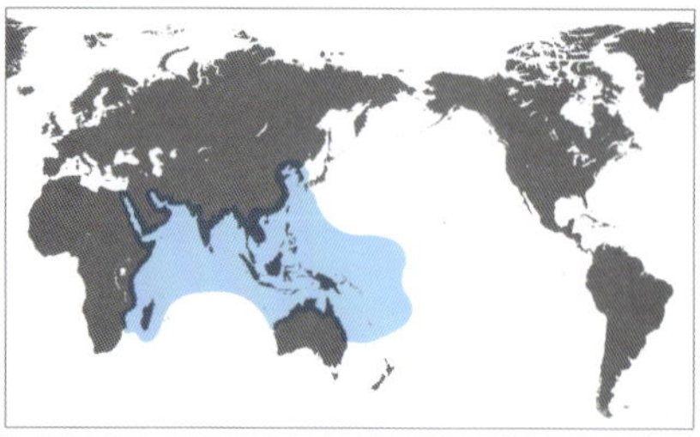

科	クダマキガイ科／クダボラ科 Turridae
貝殻の大きさ	60 ～ 160mm
地理的分布	インド西太平洋
存在量	少産
生息深度	水深 10 ～ 30m
生息場所	沖合の泥底
食性	肉食性
蓋	角質

貝殻の大きさ
60 ～ 160mm

写真の貝殻
127mm

Turris crispa (Lamarck, 1816)

クダボラ

SUPREME TURRID

実物大

クダボラは、クダマキガイ科の最大種で、ほどよい大きさの細く長い殻、殻表に並ぶまちまちの大きさの螺肋、そして規則的に並んだチョコレート色の斑紋は本種を収集家に人気ある貝の1つにしている。殻はかなり変異に富むため、アヤクダマキガイ *Turris crispa variegata* Kiener, 1839 やミノボラ *Turris crispa yeddoensis* (Jousseaume, 1883)、ハワイクダボラ *Turris crispa intricata* Powell, 1964 など、いくつかの亜種が区別されている。

近縁種

インド西太平洋に産するトラフクダマキガイ *Lophiotoma acuta* (Perry, 1811) は、クダボラより殻が低く、縫合がより深い。また、螺層の肩に顕著な螺肋が2本並ぶという特徴がある。たいていの殻には斑点模様があるが、斑点の数はクダボラほど多くない。フィリピン、インドネシア、そしてソロモン諸島などに生息するハデクダマキガイ *Turris babylonia* (Linnaeus, 1758) の殻もクダボラより低い。殻の縫合は深く、比較的太い螺肋を引き立てるのに一役買っている。また、この貝の螺肋の上には濃褐色の四角い斑点が規則的に並んでいるが、これらの斑点は殻の他の部分の斑点よりも著しく大きい。

クダボラの殻の螺塔は高く、先端が鋭く尖る。水管溝は螺塔より短く、たいていはまっすぐである。螺管は側扁し、その殻表はさまざまな高さと太さの螺肋に覆われる。どの螺肋にも褐色斑が規則的に並び、水管溝と体層の褐色斑はしばしば整列する。殻口内は白く、軸唇は滑らかで、外唇の後端に切れ込みがある。

科	イモガイ科　Conidae
貝殻の大きさ	12 ～ 23mm
地理的分布	西インド諸島の小アンティル諸島
存在量	少産
生息深度	潮下帯浅部から水深 6m
生息場所	岩石底
食性	肉食性で多毛類を食べる
蓋	角質で細長い

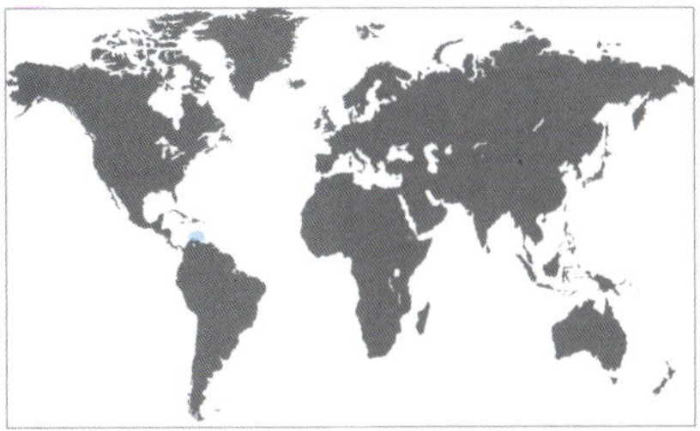

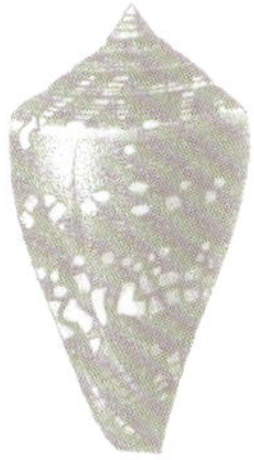

貝殻の大きさ
12 ～ 23mm

写真の貝殻
16mm

Conus hieroglyphus Duclos, 1833
テガキイモガイ
HIEROGLYPHIC CONE

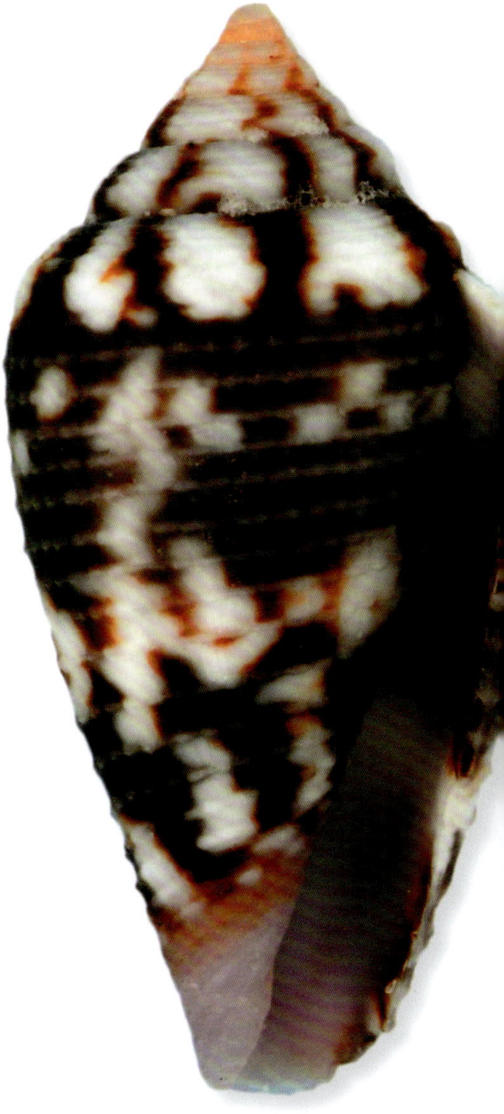

テガキイモガイは、小型のイモガイで、その分布は狭い海域に限られており、小アンティル諸島のアルバ島、ボネール島およびキュラソー島（頭文字を取って ABC 諸島と呼ばれる）だけに生息しているようだ。アルバ島の西海岸で見つかるテガキイモガイはたいてい他の場所で見つかるものより大きく、斑紋のある明るい赤褐色の殻をもつ。同じアルバ島でも東海岸で見られるものは西海岸のものより小型で、殻の色がずっと濃い。本種は浅海の岩の下や上に棲んでいる。

近縁種

ブラジル北部大西洋岸に産する *Conus selenae* Van Mol, Tursch, and Kempf, 1967 は、テガキイモガイに似るが、もっと小さい。この貝の殻には殻表が滑らかで目立った彫刻のないもの、殻表に螺筋が刻まれるものや殻表彫刻がいくぶん布目状になるものなど変異が見られる。また、色も白からオレンジ、さらに明るい褐色までさまざまである。アフリカ西岸に生息するニンギョウイモガイ *Conus genuanus* Linnaeus, 1758 は、黒っぽい四角張った斑点あるいは破線模様が入った白い螺帯と、模様のない淡褐色の螺帯が交互に並んだ殻をもつ。

実物大

テガキイモガイの殻は小さく、軽く、光沢があり、形は円錐形。螺塔はやや高く、螺層が階段状で、縫合は明瞭。殻頂部は尖るが、その先端は丸みがある。体層はわずかに膨らみ、肩は丸い。殻表には螺状の顆粒列が並び、さらに殻の前端部に数本の螺肋がある。殻口は広く、外唇は薄い。殻の色はたいてい濃い赤褐色で、白っぽい不定形の斑紋が 3 列の螺列をなして並ぶ。殻口内は淡いすみれ色。

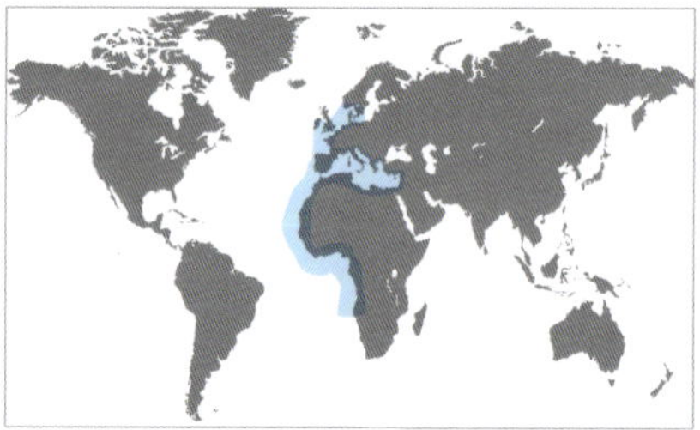

科	イモガイ科　Conidae
貝殻の大きさ	10 ～ 23mm
地理的分布	ヨーロッパ北部からアンゴラにかけての大西洋沿岸および地中海
存在量	少産
生息深度	水深 10 ～ 100m
生息場所	砂底や礫底、岩石底、海草群落の周辺など
食性	肉食性
蓋	角質

貝殻の大きさ
10 ～ 23mm

写真の貝殻
23mm

Raphitoma purpurea (Montagu, 1803)

フデシャジクガイ類の１種

PURPLE RAPHITOMA

本種は、ヨーロッパ産の同属種の中で最大で、イギリスでは北部より南部でよく見つかる。同属種の中には本種よりよく見られるものもある。本種は殻表に布目状の彫刻のある細長い優美な殻、内壁が厚く肥厚してそこに襞が並んだ独特の外唇をもつことで、容易に識別できる。沖合に生える海草のアマモ類（アマモ属 *Zostera*）や褐藻のコンブ類（コンブ属 *Laminaria*）の間や、石の下、あるいは岩の割れ目などに棲む。

実物大

近縁種

ノルウェーからカナリア諸島にかけての大西洋および地中海に生息する *Raphitoma linearis* (Montagu, 1803) は、本種に似るが、殻がもっと小さく、ずんぐりしていて、殻表の縦肋がもっと強く、螺肋の数はやや少ない。アメリカ合衆国ルイジアナ州から小アンティル諸島のキュラソー島にかけて分布する *Gymnobela edgariana* (Dall, 1889) は、深所に棲み、殻表の滑らかな紡錘形の殻をもつ。この貝の殻は螺層の肩が角張り、殻口は殻長の半分近い長さがある。

Raphitoma purpurea **の殻**は小さく、軽いが頑丈で、細長い紡錘形。螺塔は高く、8 ～ 12 層の螺層からなり、縫合は明瞭で、殻頂が細い。螺塔の螺層には殻表に螺肋が 7 本ほど、体層には 25 本ほどあり、18 ～ 20 本の縦肋がそれらと交差して、交点が顆粒状になる。殻口は披針形で、外唇が肥厚し、その内壁に襞が並ぶ。殻の色はたいてい赤褐色で、外唇は白い。

科	イモガイ科　Conidae
貝殻の大きさ	20 ～ 69mm
地理的分布	インド西太平洋
存在量	少産
生息深度	潮間帯から水深 120m
生息場所	砂底やサンゴの下など
食性	肉食性で他の軟体動物を食べる
蓋	角質で細長い

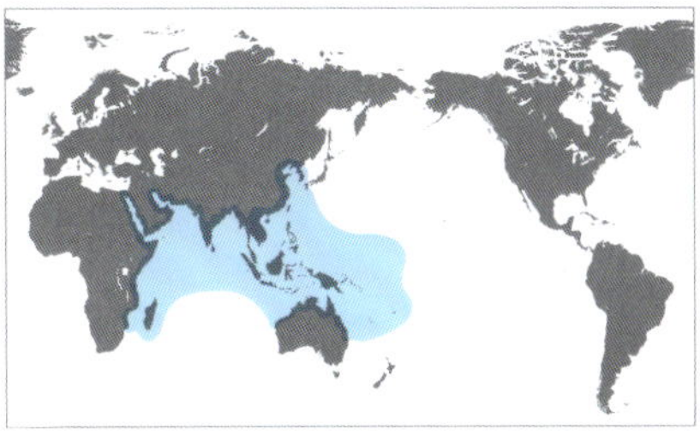

貝殻の大きさ
20 ～ 69mm

写真の貝殻
43mm

Conus pertusus Hwass *in* Bruguière, 1792

バラフイモガイ

PERTUSUS CONE

バラフイモガイは、殻の色がオレンジからピンクで 3 列の白斑列があること、螺塔が膨らみ先端が小さく尖っていることでたいていは容易に識別できる。しかし、殻の色は変異に富み、なかには殻の大部分が白または淡黄色で、淡褐色の斑紋が入ったものもある。本種はアフリカ東岸からハワイまで、インド西太平洋に広く分布し、浅瀬から沖合にかけての砂底やサンゴの下などに棲む。ほとんどの所では、めったに採れない。

実物大

近縁種

同じくインド太平洋域に産するカバミナシガイ *Conus vexillum* Gmelin, 1791 は、バラフイモガイよりずっと大きな殻をもつが、この貝の小型個体の中にはバラフイモガイに似ているものもいる。カバミナシガイの大型個体の殻は淡黄色から濃褐色まで色の変異に富む。小アンティル諸島に生息するホウセキミナシガイ *Conus cedonulli* Linnaeus, 1767 は、橙褐色の地に不定形の白い斑紋や斑点が螺列をなして並んだ美しい殻をもつ。

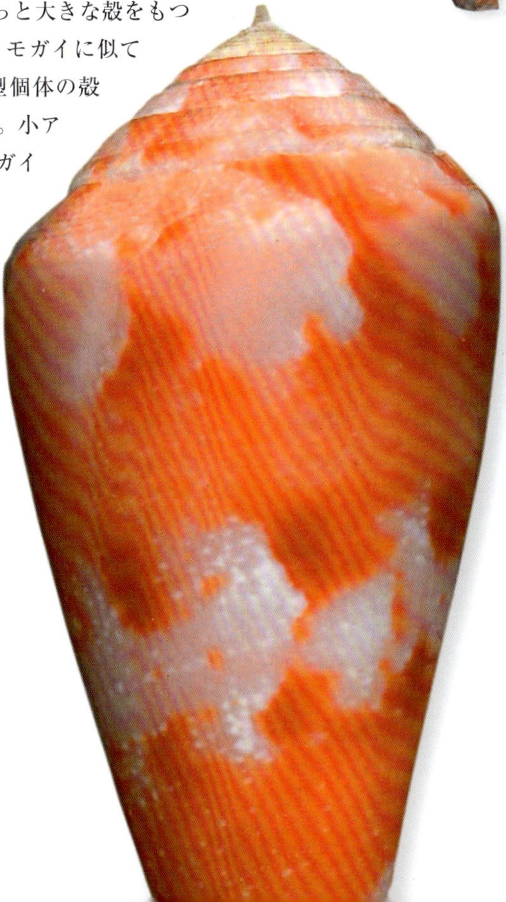

バラフイモガイの殻は中型でやや重く、いくぶん光沢があり、形は円錐形。螺塔は低く、膨らみ、殻頂は小さく尖っている。縫合は浅い溝状。体層は側面がまっすぐで膨らんでいないものも、膨らんだものもある。殻表も、滑らかなものから強い螺肋のあるものまで変異が見られる。殻口は狭く、前方が広がり、外唇は薄い。殻の色は鮮やかな橙赤色から濃いピンク、さらに白っぽいものまでさまざまで、たいてい不定形の白斑が 3 列の螺列をなして並んでいる。

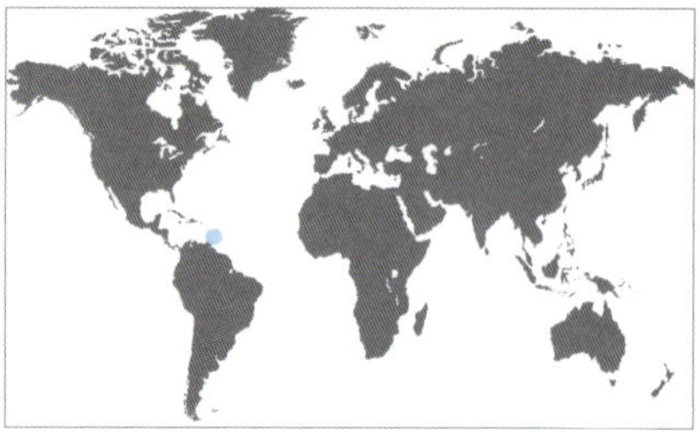

科	イモガイ科　Conidae
貝殻の大きさ	40 〜 78mm
地理的分布	小アンティル諸島
存在量	少産
生息深度	水深 2 〜 50m
生息場所	岩石底
食性	肉食性で多毛類を食べる
蓋	角質でかなり小さく、核が端にある

貝殻の大きさ
40 〜 78mm

写真の貝殻
48mm

Conus cedonulli Linnaeus, 1767

ホウセキミナシガイ

MATCHLESS CONE

ホウセキミナシガイは、18 世紀には最も希少な貝の 1 つであった。実際、1796 年、あるオークションで本種の殻が、同じオークションで売られたフェルメールの絵の 6 倍の値段で落札されている。今でも希少から少産と考えられており、色模様が美しいこともあって収集家に高く評価されている。しかし、スキューバダイビングの普及に伴って以前よりは見つかる頻度が高くなった。イモガイ類はすべて毒をもっており、生きた貝は注意して扱う必要がある。ホウセキミナシガイの毒はヒトを死に至らしめることはないが、刺されるとやはり痛い。イモガイ属 *Conus* には 500 種を超える現生種が知られている。

近縁種

いずれもカリブ海南部に産する *Conus mappa* Lightfoot, 1786、カノコイモガイ *Conus aurantius* Hwass, 1792、*Conus pseudaurantius* Vink and Cosel, 1985 などは、ホウセキミナシガイと近縁で、本種とともにホウセキミナシガイ種群として知られる。また、これらより分布域が広く、アメリカ合衆国ジョージア州からブラジル南部にかけて生息するカンムリイモガイ *Conus regius* Gmelin, 1791 もこの種群に含まれる。この種群の貝はみな殻模様の変異に富む。

ホウセキミナシガイの殻は厚く、形は円錐形。殻口は狭くて長く、外唇と軸唇がほぼ平行である。螺塔は低く、階段状。体層は膨らまず、側面がまっすぐである。殻表には細い螺条が並び、螺条は殻底付近のものが最も顕著。殻の地色は白で、黄色からオレンジ、あるいは褐色などの不規則な螺状線や顆粒、斑紋などで美しく飾られる。殻の模様は極めて変異に富み、いくつかの亜種が記載されている。

実物大

科	イモガイ科　Conidae
貝殻の大きさ	35 ～ 64mm
地理的分布	メキシコ湾およびカリブ海
存在量	希少
生息深度	水深 500m までの深海
生息場所	砂底や泥底
食性	肉食性
蓋	角質

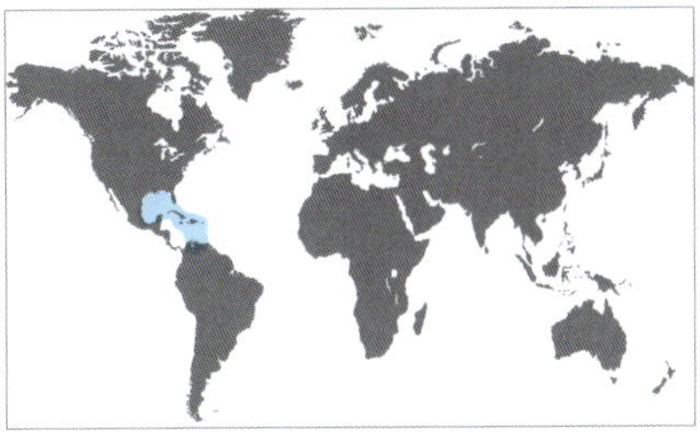

貝殻の大きさ
35 ～ 64mm

写真の貝殻
48mm

Pleurotomella edgariana (Dall, 1889)

ナデガタチマキボラ

EDGAR'S PLEUROTOMELLA

ナデガタチマキボラが分類されている *Pleurotomella* 属は、イモガイ科の中でも深海産種のみで構成されるグループである。本属の貝の特徴は、螺塔が高く、たいてい殻表彫刻が顕著であること、そして水管溝が長いことである。本属の貝は、イモガイ類の多くが生息する熱帯域だけでなく、温帯域や冷水域にも分布している。他属の貝同様、中空の歯舌歯を通して毒腺から強力な毒を餌動物に注入して餌を捕まえる。ナデガタチマキボラの殻は厚くて丈夫な殻皮で覆われ、蓋はかぎ爪状である。

近縁種

同属の *Pleurotomella packardi* Verrill, 1872 は、殻表に粗い彫刻のある殻をもち、*Pleurotomella* 属の特徴をよりよく示している。この貝の殻はオフホワイトで螺層が膨らみ、殻表にはやや湾曲して斜めになった高い縦肋があり、それらを横切って走る細い螺肋が広い間をおいて並ぶ。螺塔は高く、殻口は卵形で、水管溝は短く、開いている。殻長は 18mm ほどで、ノルウェーからスペインのジブラルタルにかけての北西大西洋および北海に生息している。

実物大

ナデガタチマキボラの殻は紡錘形で光沢があり、色は白から淡い小麦色。螺塔は高く、体層は円錐状。螺層にはなだらかな肩があり、初期の螺層には肩に瘤が並ぶ。縫合は深く括れる。殻表にはかすかな細い螺条があり、とりわけ体層の下部に多く見られる。殻口は細長い卵形で、外唇は薄い。水管溝はやや長く、開いている。殻の内面は白く、光沢がある。

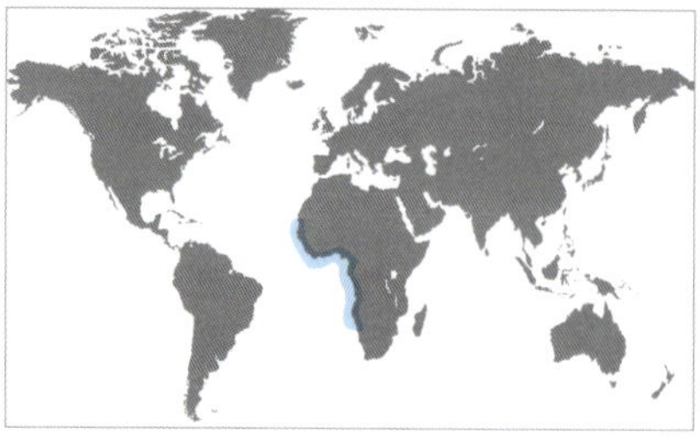

科	イモガイ科　Conidae
貝殻の大きさ	33 〜 75mm
地理的分布	セネガルからアンゴラにかけての大西洋沿岸およびカーボベルデ
存在量	少産
生息深度	潮下帯浅部から水深 100m
生息場所	岩石底
食性	肉食性で多毛類を食べる
蓋	角質で細長い

貝殻の大きさ
33 〜 75mm

写真の貝殻
52mm

Conus genuanus Linnaeus, 1758

ニンギョウイモガイ

GARTER CONE

実物大

ニンギョウイモガイは、黒っぽい長方形の斑紋の螺列と濃褐色の斑点の螺列が交互に並びその間に明るい褐色や淡褐色の螺帯が入った、他種と見間違えることのない美しい殻をもつ。その斑点と斑紋の模様のパターンから英語ではMorse Code Cone（モールス符号のついたイモガイ）とも呼ばれる。おもに浅海に生息しているが、ずっと深い所から採れることもある。多毛類、とくにウミケムシ類の1種、*Hermodice carunculata* を食べる。水族館で飼育されているニンギョウイモガイは、このウミケムシ以外は食べようとしないという。カナリア諸島では、一部化石化した本種の殻が見つかる。長い間保管している殻は、色模様が褪せていることが多い。

近縁種

アフリカ南東岸からポリネシアにかけて分布するダイミョウイモガイ *Conus betulinus* Linnaeus, 1758 には、殻の色模様がニンギョウイモガイに似ているものがいるが、ダイミョウイモガイのほうが大きい。ダイミョウイモガイの殻は地色がオレンジで、模様は、どれも同じぐらいの大きさの斑点である。西サハラからアンゴラにかけての大西洋沿岸に生息するコチョウイモガイ *Conus pulcher* Lightfoot, 1786 は、イモガイ科の最大種の1つで、幼貝の殻には鮮明な模様があるが、大きな殻では模様の色が薄くなる。

ニンギョウイモガイの殻は中型で硬くて重く、光沢がある。形は円錐形で、殻の側面はまっすぐである。螺塔は低く先端が尖り、縫合は非常に不明瞭で、かろうじてわかる程度。殻口は長くて狭く、縁はまっすぐで体層の壁に平行に走る。外唇は薄く、縁が鋭利。体層の殻表は滑らかで、成長線のみが見られる。殻の地色はクリーム色がかった白で、一様に淡褐色あるいは明るい褐色の螺帯と、濃褐色あるいは黒色の斑紋や斑点の螺列が交互に並ぶ。殻口内は白い。

科	イモガイ科　Conidae
貝殻の大きさ	30 〜 135mm
地理的分布	インド西太平洋
存在量	ふつう
生息深度	潮間帯から水深 70m
生息場所	砂底
食性	肉食性で多毛類を食べる
蓋	角質で細長い

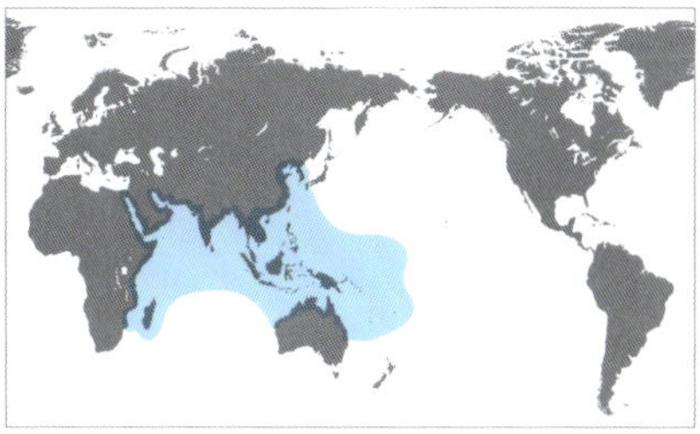

貝殻の大きさ
30 〜 135mm

写真の貝殻
57mm

Conus figulinus Linnaeus, 1758

スジイモガイ

FIG CONE

スジイモガイは、螺塔が低く、多くの褐色の螺状線が入った重い殻をもつ。浅海でふつうに見られるイモガイで、砂底に少し埋もれた状態で見つかる。雌は夏、大きなピンクの卵嚢を産む。大多数のイモガイ類と異なり、スジイモガイは常に砂の上で卵嚢を産むが、最初に産み出す 4、5 個の卵嚢には卵が入っておらず、それらはその後に産み出される卵嚢の塊を砂中に固定する働きをする。卵は卵嚢の中で発生が進み、やがて浮遊性の幼生となって卵嚢から孵化する。

近縁種

アフリカ東岸からポリネシアにかけて分布するダイミョウイモガイ *Conus betulinus* Linnaeus, 1758 は、スジイモガイに似た殻をもつが、その殻はもっと大きくて重い。また、殻の模様はスジイモガイのような連続した線ではなく、斑点あるいは斑紋が螺状に並んだ点線状である。インド西太平洋に産するアンボイナガイ *Conus geographus* Linnaeus, 1758 の殻は、中型から大型で、薄く、比較的軽い。その殻口は前方が広くなり、螺層の肩に尖った瘤が並ぶ。アンボイナガイは魚食性の貝で、イモガイ類の中でも最も強い毒をもつものの 1 つである。

実物大

スジイモガイの殻は中型で非常に重く、殻表にいくぶん光沢がある。形は円錐形。螺塔はやや低いものから非常に低いものまであり、縫合は浅く、あまり目立たない。殻頂は尖る。体層は大きく、その肩は丸く、殻表は滑らかであるが、前端付近には何本か螺糸が並び、ときに成長線が見られる。殻口は長く、比較的幅広く、全長に渡ってほぼ同じ幅である。外唇は頑丈で、その縁は鋭い。殻の色は灰色から濃い小麦色で、多くの濃褐色の螺状線が入る。殻口内は白い。

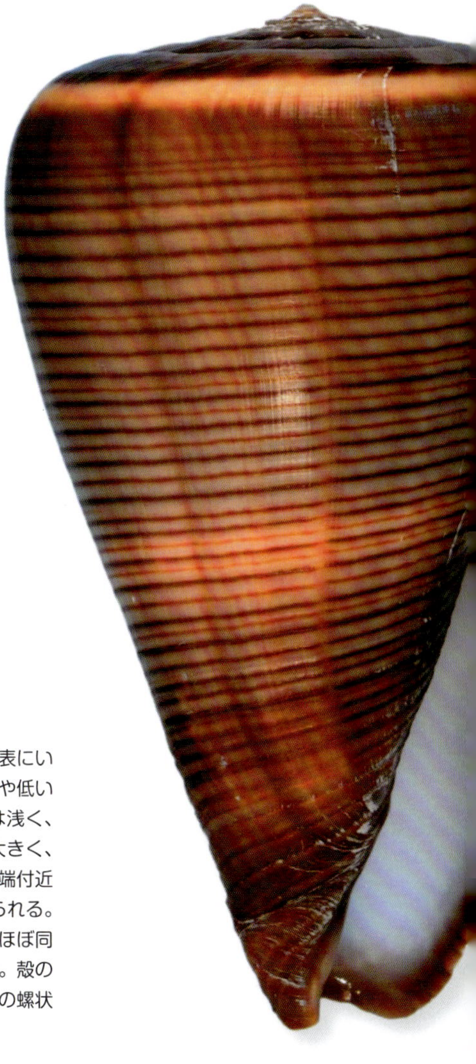

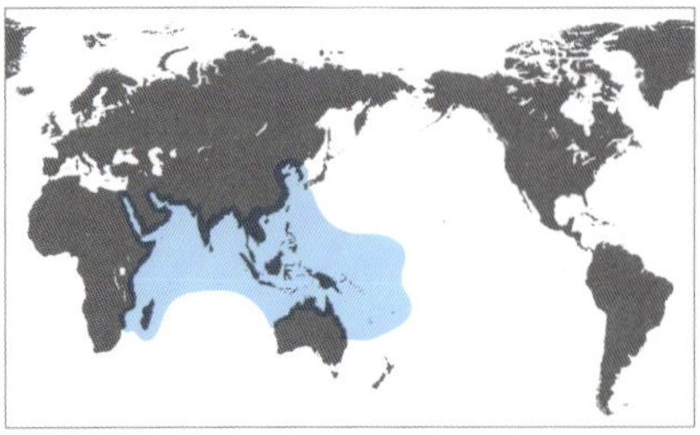

科	イモガイ科　Conidae
貝殻の大きさ	42 〜 109mm
地理的分布	インド西太平洋
存在量	ふつう
生息深度	潮間帯から水深 250m
生息場所	砂底や砂泥底など
食性	肉食性で他の軟体動物を食べる
蓋	角質で細長い

貝殻の大きさ
42 〜 109mm

写真の貝殻
61mm

Conus ammiralis Linnaeus, 1758

テンジクイモガイ

ADMIRAL CONE

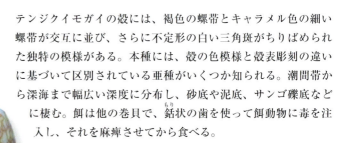

テンジクイモガイの殻には、褐色の螺帯とキャラメル色の細い螺帯が交互に並び、さらに不定形の白い三角斑がちりばめられた独特の模様がある。本種には、殻の色模様と殻表彫刻の違いに基づいて区別されている亜種がいくつか知られる。潮間帯から深海まで幅広い深度に分布し、砂底や泥底、サンゴ礫底などに棲む。餌は他の巻貝で、銛状の歯を使って餌動物に毒を注入し、それを麻痺させてから食べる。

近縁種

紅海およびインド洋から南シナ海にかけて分布するハデミナシガイ *Conus milneedwardsi* Jousseaume, 1894 は、三角斑のあるオフホワイトの大きな殻をもつ。この貝は、同属種の中では最も高い螺塔をもつ貝の1つである。インド西太平洋産のスジイモガイ *Conus figulinus* Linnaeus, 1758 は、螺塔の低い幅広の重い殻をもつ。

実物大

テンジクイモガイの殻は中型で、殻表にいくぶん光沢があり、形は円錐形。螺塔はやや高く先端が尖り、側面はへこむ。縫合はやや不明瞭。体層は側面がほぼまっすぐで、肩は角張る。殻表はほとんどが滑らか。殻口は比較的幅広く、前方が広がる。外唇は薄く、縁が鋭利。殻の色模様は変異に富むが、2本の太い褐色螺帯と3本のキャラメル色の螺帯、そしてさまざまな大きさの白い三角斑がちりばめられたものが多い。殻口内は白い。

科	イモガイ科　Conidae
貝殻の大きさ	32 〜 87mm
地理的分布	インド太平洋
存在量	ふつう
生息深度	水深 50 〜 425m
生息場所	岩石底
食性	肉食性で多毛類を食べる
蓋	角質で細長い

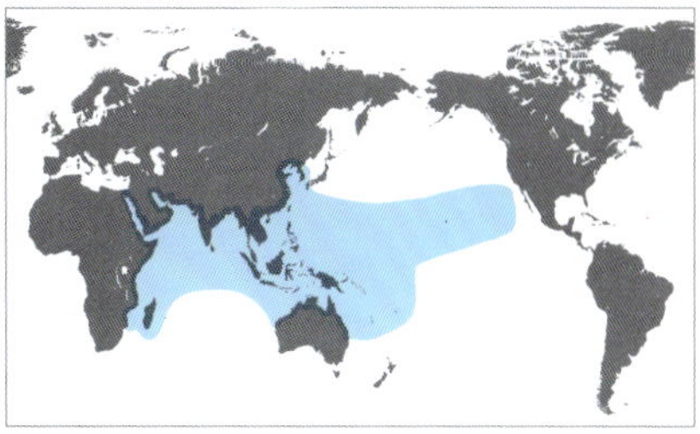

貝殻の大きさ
32 〜 87mm

写真の貝殻
63mm

Conus orbignyi Audouin, 1831

オルビニイモガイ

ORBIGNY'S CONE

オルビニイモガイは、深い所に生息するイモガイで、殻が細長く螺塔が高いため、容易に識別できる。アフリカ東岸からインド太平洋域全域に広く分布する。その分布域のあらゆる所で見つかっているわけではないが、見つかっている所ではたいていよく採れる貝である。イモガイ類の歯舌歯は独特な形状に変化しており、それぞれが小さな銛のような形になっていて、中に強力な毒が入っている。

近縁種

アメリカ合衆国テキサス州からルイジアナ州にかけて生息する *Conus sauros* García, 2006 は、オルビニイモガイに似ているが、オルビニイモガイより明らかに厚い殻をもっている。この貝も深所に棲む。インド西太平洋に産するバラフイモガイ *Conus pertusus* Hwass *in* Bruguière, 1792 の殻は、殻頂が小さくて尖り、螺塔は丸みがあって膨らみ、たいてい橙赤色あるいは濃いピンクの鮮やかな色をしている。

実物大

オルビニイモガイの殻は中型で軽く、形は細長い円錐形。螺塔はやや高く、先端が鋭く尖り、螺層の肩に丸い瘤が１列に並ぶ。体層は側面がわずかにへこみ、前端に長い水管溝を備える。殻口は長くて狭く、外唇は薄く、もろい。殻表には、多くの低くて平たい螺肋と、刻点がびっしり並んだ浅い螺溝が交互に並ぶ。殻の色は白またはクリーム色で褐色螺帯が入り、ときに褐色斑も入る。

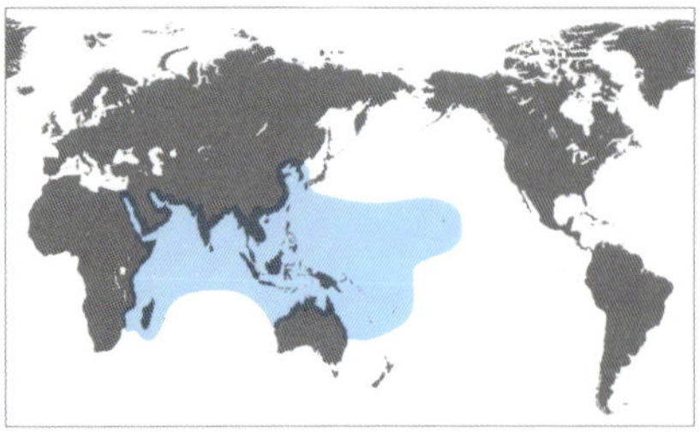

科	イモガイ科　Conidae
貝殻の大きさ	42 ～ 110mm
地理的分布	インド太平洋
存在量	ふつう
生息深度	潮間帯から水深 80m
生息場所	サンゴや岩の間の砂地
食性	肉食性で多毛類を食べる
蓋	角質で細長い

貝殻の大きさ
42 ～ 110mm

写真の貝殻
79mm

Conus imperialis Linnaeus, 1758

ミカドミナシガイ

IMPERIAL CONE

ミカドミナシガイは、イモガイ類の中で最も容易に識別できる貝の1つである。殻は形や色模様が変異に富むが、尖った瘤が並んだ王冠状の螺層の肩、低い螺塔、そして黒い斑点や破線が何列にも螺状に並んだ模様は非常に独特である。本種は、潮間帯から沖合にかけてのサンゴ砂底に生息する普通種である。狭食性の肉食者で、ウミケムシ科の多毛類の1種、ハナオレウミケムシ *Eurythoe complanata* だけを食べる。本種の殻には捕食者の攻撃によってできた成長痕すなわち修復された傷跡がよく見られる。また、サンゴモに覆われていることもある。

近縁種

西オーストラリア州に固有のカスガイモガイ *Conus dorreensis* Péron, 1807 の殻は、黒線で縁取られた1本の太い小麦色の螺帯が入った独特な殻皮に覆われる。インド西太平洋に生息するテンジクイモガイ *Conus ammiralis* Linnaeus, 1758 は、2本の太い褐色螺帯と3本のキャラメル色の螺帯、そして多数の白い三角斑が入った美しい模様の殻をもつ。

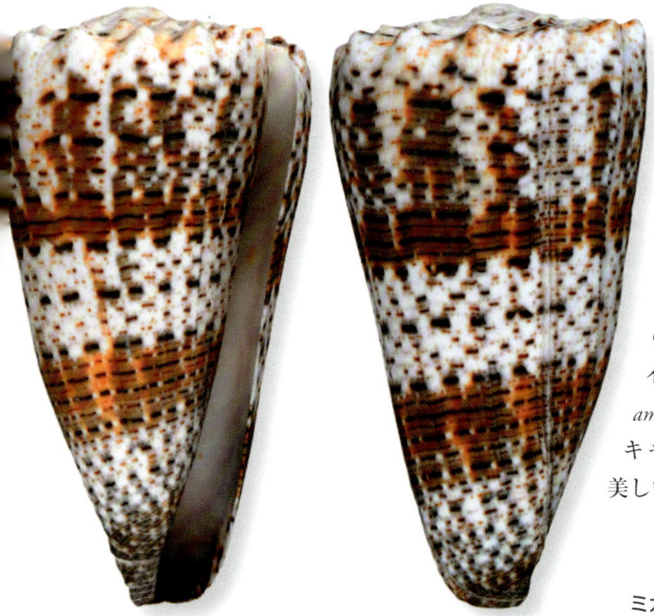

実物大

ミカドミナシガイの殻は中型で厚くて重く、形は円錐形。螺塔は非常に低いか、ほぼ平坦。螺層の肩に尖った瘤が並ぶ。体層は、前端付近の殻表に螺肋が並ぶことがあるが、大部分は滑らかで、ときに捕食者の攻撃によってできた成長痕が見られる。殻口は狭くて長く、前端に向かって広くなる。外唇は薄く、縁が鋭い。殻の色はクリーム色がかった白で、明るい褐色あるいは緑がかった褐色の螺帯が2本と、多数の波打った螺列をなして並ぶ黒い破線模様や黒点が入る。殻口内は白っぽいが、その前端付近は紫に染まる。

科	イモガイ科　Conidae
貝殻の大きさ	70 〜 120mm
地理的分布	日本からオーストラリア北西部にかけて
存在量	少産
生息深度	水深 60 〜 600m
生息場所	泥底
食性	肉食性で多毛類を食べる
蓋	ない

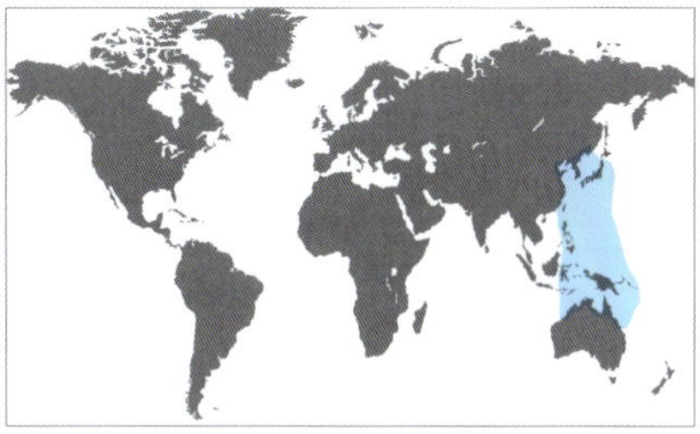

貝殻の大きさ
70 〜 120mm

写真の貝殻
83mm

Thatcheria mirabilis Angas, 1877

チマキボラ

JAPANESE WONDER SHELL

チマキボラは、世界的に見ても最も特色ある貝の1つである。実際に、他のどの貝ともあまりに違っているので、ただ1つ発見された殻に基づいて本種が新種として記載された時には多くの研究者がそれは何かの奇形だと信じていた。それから半世紀以上が経って新たな標本が得られ、本種はやっと独立種として認められた。建築家のフランク・ロイド・ライトは本種の殻の形にインスピレーションを得て、ニューヨークのグッゲンハイム美術館を設計したと言われる。チマキボラは、チマキボラ属 *Thatcheria* の唯一の種である。

近縁種

ヨーロッパ北部からアンゴラにかけての大西洋沿岸および地中海に生息する *Raphitoma purpurea* (Montagu, 1803) は、布目状の殻表彫刻のある細長い紡錘形の殻をもつ。フィリピンに産するポッペフデシャジクガイ *Tritonoturris poppei* Vera-Peláez and Vega-Luz, 1999 は、殻表が滑らかで螺塔の高い紡錘形の殻をもつ。これら2種はともに以前はクダマキガイ科 Turridae に分類されていたが、現在はチマキボラとともにイモガイ科の1亜科、フデシャジクガイ亜科 Raphitominae に分類されている。

実物大

チマキボラの殻は薄くて軽く、角張っている。螺塔は高く、螺旋階段状。胎殻の殻表には、互いに十字に交差して菱形の目を作る斜めの筋がある。螺層は側面がほぼまっすぐで、肩が竜骨状に鋭く角張る。縫合は深い。体層は大きく、広い水管溝に向かって急激に細くなる。後溝はクダマキガイ類と同じく切れ込み状で、幅広くて深く、深さは殻の巻きの1/4ほどもある。殻口は大きく、殻長の半分ほどの長さがあり、輪郭は角張る。軸唇は滑らか。殻の色はくすんだ黄色で、殻口内および軸唇は白く、光沢がある。

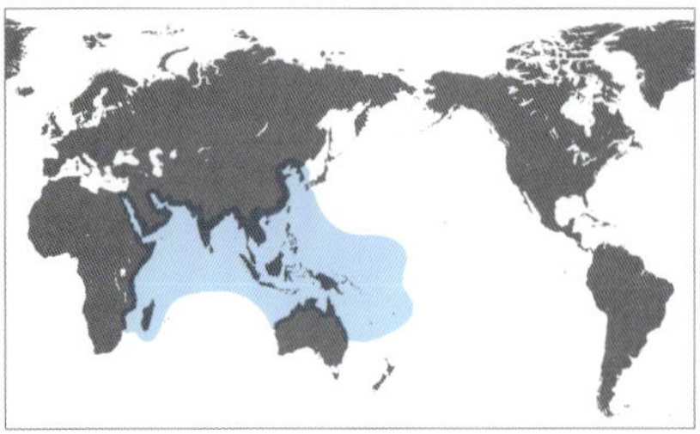

科	イモガイ科　Conidae
貝殻の大きさ	44 ～ 129mm
地理的分布	紅海からインド西太平洋
存在量	ふつう
生息深度	潮下帯浅部
生息場所	サンゴ礁周辺の砂底
食性	肉食性で魚類を食べる
蓋	角質で同心円状に成長し、細長い

貝殻の大きさ
44 ～ 129mm

写真の貝殻
88mm

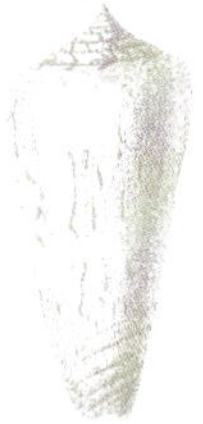

Conus striatus Linnaeus, 1758

ニシキミナシガイ

STRIATE CONE

ニシキミナシガイの殻は中型で硬く、円筒形。螺塔は低く、先端の胎殻は尖る。螺層はへこみ、肩が竜骨状になる。体層はわずかに膨らみ、肩の下が最も幅広い。殻口は非常に長くて幅が狭く、殻の前端に向かって徐々に広がる。殻表には細い螺肋が並び、縦に走る成長線がそれらを横切る。殻の色は変異に富み、地色は白から薄いピンクで、不規則な太い螺帯やジグザグになった明るい褐色から黒の縦縞などが入る。殻口内は白い。

ニシキミナシガイは、よく知られた魚食性のイモガイで、広い地理的分布を示す。紅海から南太平洋にかけて広く分布し、とくにサンゴ礁周辺の浅い砂底に棲む。強力な毒をもつため、生きた貝に触る時にはとくに注意しなければならない。その美しい殻には、色や形にさまざまなタイプのものが見られる。殻の外側の部分は厚くて頑丈ではあるが、殻の中にある初期の螺層の壁はほぼ全面が軟体部に溶かされ再吸収されて非常に薄く、ほとんど透明になっている。

近縁種

ニシキミナシガイに近縁なインド西太平洋産のイモガイ類には、フクスケヤキイモガイ *Conus consors* Sowerby I, 1833 やヤキイモガイ *Conus magus* Linnaeus, 1758、アケボノイモガイ *Conus stercusmuscarum* Linnaeus, 1758 などが含まれる。フクスケヤキイモガイの殻はほっそりしていて、やはり螺塔が低く、殻頂が尖る。ヤキイモガイは殻の色模様が非常に変異に富むが、たいてい螺塔に黒っぽい斑紋が入っている。アケボノイモガイは、白地に小さな褐色斑点の螺列がびっしり並んだ殻をもつ。

実物大

科	イモガイ科　Conidae
貝殻の大きさ	31 ～ 150mm
地理的分布	インド西太平洋
存在量	ふつう
生息深度	潮間帯から水深 50m
生息場所	岩石底
食性	肉食性で他の軟体動物を食べる
蓋	角質で細長い

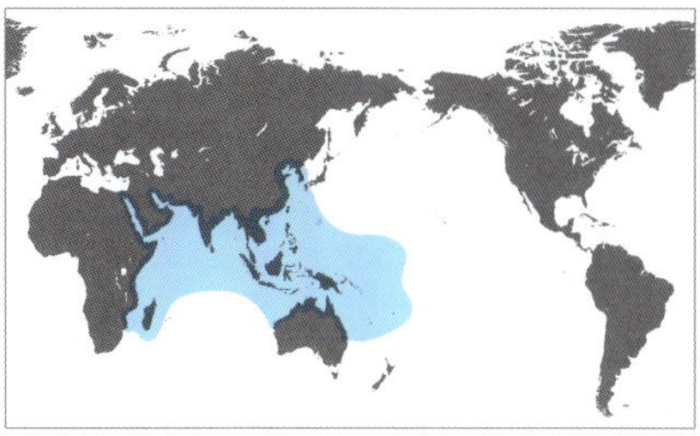

貝殻の大きさ
31 ～ 150mm

写真の貝殻
88mm

Conus marmoreus Linnaeus, 1758

ナンヨウクロミナシガイ

MARBLE CONE

ナンヨウクロミナシガイは、イモガイ属 *Conus* のタイプ種である。人目を引く黒白模様の殻をもつため容易に識別でき、よく知られた貝である。殻の模様は非常に変異に富み、黒地に大きな白いテント形（三角形）の斑紋が斜めに傾いた螺列をなして並ぶものから小さな三角斑がびっしり入っているもの、さらにニューカレドニアにはキャラメル色の殻をもつものや純白の殻をもつものさえ知られる。本種は潮間帯から沖合にかけての岩石底やサンゴの下などで見つかる。他の軟体動物を食べ、多くのイモガイ類と異なり、昼間よく動く。

ナンヨウクロミナシガイの殻は中型から大型で、重く、いくぶん光沢があり、形は円錐形。螺塔は低く、縫合は明瞭で、螺層の肩に丸みのある大きな結節状突起が並ぶ。体層は側面がほとんどまっすぐで、後端部がほんのわずかに膨らむ。殻口は長く、前端部が最も幅広い。外唇は厚いものも薄いものもある。殻表はたいてい滑らかだが、前方に螺条の並ぶものもある。殻の色は黒で、斜めに傾いた螺列をなして並ぶ多数の白い三角斑がある。殻口内は白い。

近縁種

インドネシアのバリ島とフローレス島に固有のビクターイモガイ *Conus nobilis victor* Broderip, 1842 は、ナンヨウクロミナシガイに似たテント形の模様の入った殻をもつ。ビクターイモガイの殻は地色がキャラメル色で、白いテント形の斑紋だけでなく、褐色の螺帯も入る。インド太平洋全域に広く分布するオルビニイモガイ *Conus orbignyi* Audouin, 1831 は、螺塔の高い、すらりとした細長い殻をもつ。

実物大

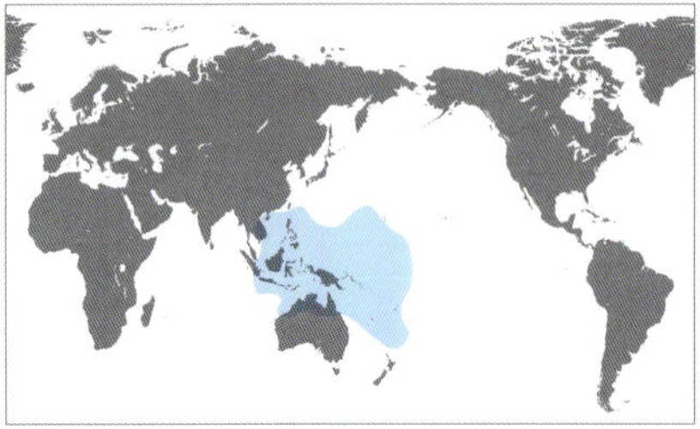

科	イモガイ科　Conidae
貝殻の大きさ	70 ～ 162mm
地理的分布	熱帯西太平洋
存在量	少産
生息深度	潮間帯から水深 80m
生息場所	細砂底
食性	肉食性で他の軟体動物を食べる
蓋	角質で同心円状に成長し、小さくて細長い

貝殻の大きさ
70 ～ 162mm

写真の貝殻
101mm

Conus gloriamaris Cheminitz, 1777

ウミノサカエイモガイ

GLORY-OF-THE-SEA CONE

実物大

ウミノサカエイモガイは、かつて世界で最も希少な貝と考えられていたことがある。1900 年までは 10 個余りの殻しか見つかっていなかったが、数十年前にスキューバ潜水が可能になり、パプアニューギニアやフィリピンで本種の生息場所が見つかってからは、ずっと頻繁に採集されるようになった。とはいえ、本種の殻の大多数はスキューバ潜水が不可能な深さの海底から、タングルネットを使って採集されたものである。イモガイ類には他の軟体動物を食べるものがたくさんいるが、本種もその 1 つで、とくに巻貝類をよく食べ、特殊な形に進化した歯舌歯を使って多くのペプチドが混合された毒液を餌動物に注入してそれを捕まえる。

近縁種

ウミノサカエイモガイのように殻にテント形の斑紋があるイモガイ類は多い。インド洋および南シナ海に生息するハデミナシガイ *Conus milneedwardsi* Jousseaume, 1894 もその 1 つで、この貝も螺塔が高く、その螺層が階段状になった殻をもつ。また、螺塔が低く、卵形に近いずんぐりした殻をもつインド太平洋産のタガヤサンミナシガイ *Conus textile* Linnaeus, 1758、螺層の肩に結節状突起が並んで王冠状になり、ややへこんだ螺塔のある殻をもつインド西太平洋産のナンヨウクロミナシガイ *Conus marmoreus* Linnaeus, 1758 などもテント形の斑紋をもつ。ナンヨウクロミナシガイの殻はたいてい黒く、黒地によく映える白いテント形の斑紋がある。

ウミノサカエイモガイの殻は比較的大きく、硬く、細長い。螺塔は高く急峻で、殻長の 1/4 ほどあり、螺層はいくぶん階段状。体層は側面がほぼまっすぐで、殻表は滑らかで光沢がある。殻口は長く、前方がわずかに広がる。外唇は薄く、縁が鋭利。軸唇は滑らか。殻の色はクリーム色から青みがかった白で、テント形すなわち三角形の小さな白抜きの斑紋がびっしり入り、さらに螺塔の螺層には各 1 本の褐色の螺帯、体層には 5 本前後の太い濃褐色の螺帯が入る。殻口内は白い。

科	イモガイ科　Conidae
貝殻の大きさ	43 〜 166mm
地理的分布	インド西太平洋
存在量	ふつう
生息深度	潮下帯浅部
生息場所	サンゴ礁周辺の砂底
食性	肉食性で魚類を食べる
蓋	角質で同心円状に成長し、細長い

貝殻の大きさ
43 〜 166mm

写真の貝殻
106mm

Conus geographus Linnaeus, 1758

アンボイナガイ

GEOGRAPHY CONE

アンボイナガイは、軟体動物中最強の毒をもつ。イモガイ属 *Conus* の大多数の貝は多毛類を食べるが、それらの貝がもつ毒は多毛類には猛毒でも、ヒトにとってはとくに危険というほどのものではない。次に多いのが軟体動物を食べる貝で、これらの貝のもつ毒はヒトに対しても強い毒性をもつ可能性がある。そして、アンボイナなど比較的少数のイモガイは魚類を食べる。魚食性のイモガイの毒は脊椎動物にとくに効くようになっているものなので、ヒトにも致命的な害がある。少なくとも 30 人のヒトがイモガイ類に刺されて命を落としているが、その大多数がアンボイナガイによるものである。

近縁種

最近の分子系統分類学的研究によると、イモガイ科では少なくとも 3 回独立に魚食性が進化したことがわかっている。従って、魚食性のイモガイ類がすべて近縁というわけではない。例えば、インド西太平洋産のクリイロイモガイ *Conus radiatus* Gmelin, 1791 は、アンボイナガイとは系統が違うことがわかっている。熱帯東太平洋産のアヤメイモガイ *Conus purpurascens* Sowerby I, 1833 も別の系統である。現在のところ西大西洋から知られる魚食性イモガイはフトベッコウイモガイ（フクレベッコウイモガイ）*Conus ermineus* Born, 1778 だけだが、この貝はアヤメイモガイに近縁であることがわかっている。

実物大

アンボイナガイの殻は比較的大きく、膨らみ、薄くて軽く、光沢がある。螺塔は非常に低く、螺層の肩に低い結節状突起が並ぶ。体層の殻表が滑らかで、縦に走る細い成長線が見られる。殻皮は褐色で厚く、ときに表面に畝状隆起をもつことがある。殻口は前端が広がり、軸唇は滑らかで端が切り取られたようになっている。殻の地色は白またはクリーム色、あるいはピンクで、栗色の螺帯が 2 本以上入り、それらの螺帯の周りに無数の細かいテント形の斑紋がある。殻口内は白い。

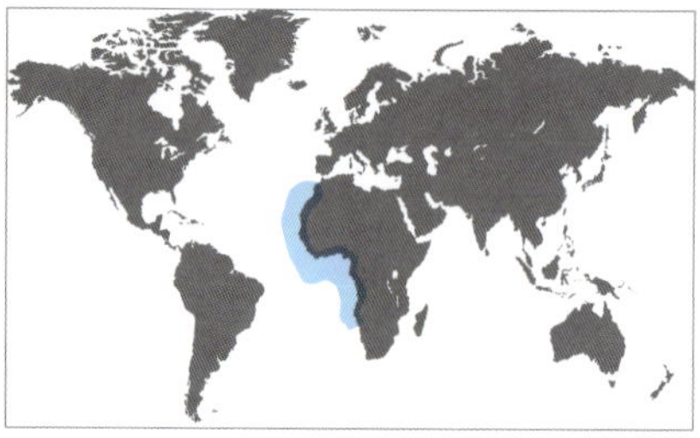

科	イモガイ科 Conidae
貝殻の大きさ	50 ～ 226mm
地理的分布	西サハラからアンゴラにかけてのアフリカ西岸
存在量	ふつう、ただし大きな殻は希少
生息深度	潮下帯浅部
生息場所	砂底
食性	肉食性で他の軟体動物を食べる
蓋	角質で細長く、同心円状に成長する

貝殻の大きさ
50 ～ 226mm

写真の貝殻
135mm

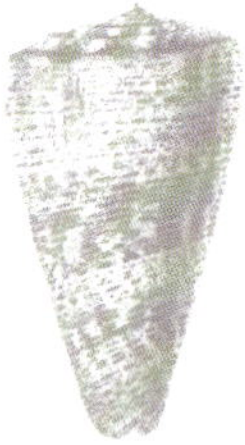

Conus pulcher Lightfoot, 1786

コチョウイモガイ

BUTTERFLY CONE

コチョウイモガイは、現存するイモガイ類の中で最大で、殻長は 226mm に達する。しかし、標本として保管されている殻の大多数はその半分に満たない。殻には捕食者の攻撃を受けたためにできた成長痕がよく見られ、殻の形と色は変異に富む。他のイモガイ類と同じく肉食で、通常、夜間によく動く。殻の例外的な大きさと特色ある色模様によって、アフリカ西岸沿岸に生息する他のイモガイ類の多くと容易に区別できる。

近縁種

ワラベイモガイ *Conus mercator* Linnaeus, 1758 やニンギョウイモガイ *Conus genuanus* Linnaeus, 1758 などコチョウイモガイと同所的に生息しているイモガイ類の多くは、ずっと小さい。インド太平洋産種のクロフモドキ *Conus leopardus* (Röding, 1798) は、コチョウイモガイに迫る大きさである。大きさの点ではやや劣るが、クロフモドキの殻はコチョウイモガイのものよりはるかに重い。クロフモドキの殻には単純な螺状列をなして並ぶ斑点模様がある。

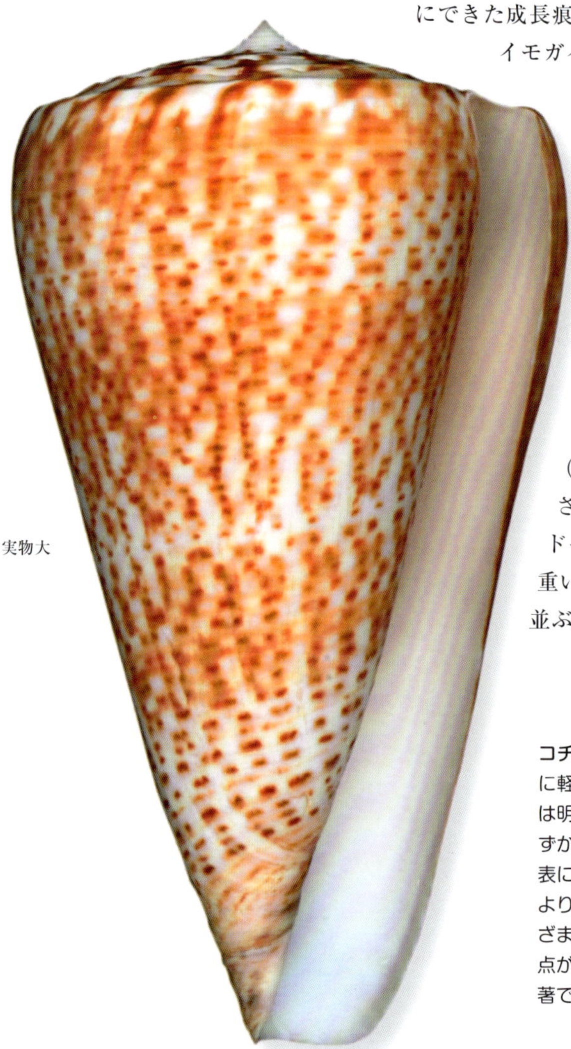

実物大

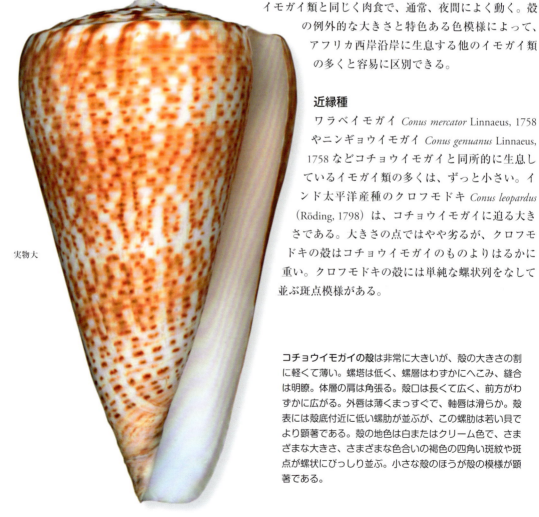

コチョウイモガイの殻は非常に大きいが、殻の大きさの割に軽くて薄い。螺塔は低く、螺層はわずかにへこみ、縫合は明瞭。体層の肩は角張る。殻口は長くて広く、前方がわずかに広がる。外唇は薄くまっすぐで、軸唇は滑らか。殻表には殻底付近に低い螺肋が並ぶが、この螺肋は若い貝でより顕著である。殻の地色は白またはクリーム色で、さまざまな大きさ、さまざまな色合いの褐色の四角い斑紋や斑点が螺状にびっしり並ぶ。小さな殻のほうが殻の模様が顕著である。

科	タケノコガイ科 Terebridae
貝殻の大きさ	13 〜 40mm
地理的分布	合衆国フロリダ州からブラジル中部にかけて
存在量	ふつう
生息深度	潮間帯
生息場所	砂浜
食性	肉食性で多毛類を食べる
蓋	角質で小さく、卵形

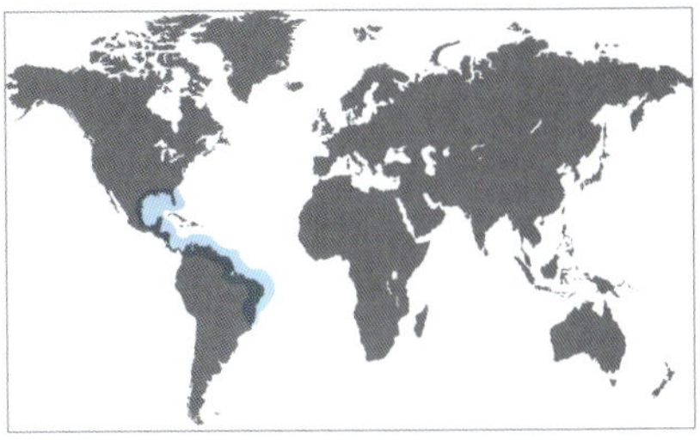

貝殻の大きさ
13 〜 40mm

写真の貝殻
21mm

Hastula salleana (Deshayes, 1859)

シチクガイの仲間

SALLÉ'S AUGER

本種は、タケノコガイ科の普通種で、砂浜の波打ち際でよく見かける。砂に潜る速度が速く、波打ち際より上に打ち上げられると素早く砂の中に潜る。また、足をウォーターセイルのように使って引波にのって海に戻ることもできる。狭食性の肉食者で、砂浜に棲む多毛類を食べる。世界には 270 種ほどのタケノコガイ科の現生種が知られるが、その多様性はインド太平洋で最も高い。本科の化石記録は白亜紀後期まで遡ることができる。

近縁種

紅海からインド太平洋全域に広く分布し、ハワイやポリネシアにも生息しているシチクガイモドキ *Hastula strigilata* (Linnaeus, 1758) は、本種に似た殻をもつが、より大きくなり、殻がもっとカラフルである。シチクガイモドキの殻には褐色の斑点あるいは斑紋が螺状に並んでいるので、容易に区別できる。やはり紅海からインド太平洋にかけて広く分布するムラクモタケガイ *Impages hectica* (Linnaeus, 1758) は、より大きく、わずかに幅広い殻をもつ。

実物大

Hastula salleana **の殻は中型で、薄いが頑丈で、光沢があり、非常に細長い円錐形。螺塔は非常に高く、螺層の数は 12 層を超え、その側面はほとんどまっすぐで、尖った殻頂に向かって徐々に細くなる。縫合下の殻表に短い縦肋が螺状に並ぶが、残りの部分は殻表が滑らかである。殻口は長方形で、外唇は薄く、軸唇は滑らか。殻の色は青っぽい灰色から褐色がかった灰色で、縫合の下に褐色の螺帯、殻の前端付近に細い白色帯が入る。殻口内は小麦色。**

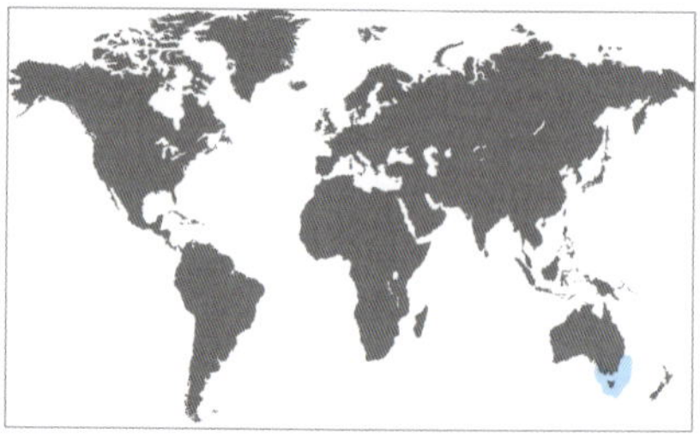

科	タケノコガイ科　Terebridae
貝殻の大きさ	19 ～ 37mm
地理的分布	オーストラリア南東部
存在量	少産
生息深度	潮下帯から水深 150m
生息場所	砂底
食性	肉食性
蓋	角質で卵形

貝殻の大きさ
19 ～ 37mm

写真の貝殻
24mm

Duplicaria ustulata（Deshayes, 1857）

シロオビトクサガイの仲間

SCORCHED AUGER

本種は、おそらくシロオビトクサガイ属 *Duplicaria* の中で最も幅広い殻をもつ。螺層に強い縦肋が並び、さらに縫合の少し下に深い螺溝が走る独特な殻なので、容易に識別できる。オーストラリア固有種で、ニューサウスウェールズ州からビクトリア州、そしてタスマニア島に生息している。タスマニアには他の地域よりも多く生息しているようである。沖合のやや深い所で見つかることが多いが、ときに潮下帯でも見られる。シロオビトクサガイ属の貝は、例えばトクサガイモドキ（下記参照）のように、たいてい捩じれた軸唇をもつが、本種はそれらに比べて表面が滑らかな軸唇をもつため、別属（*Pervicacia*）に分類されることがある。

近縁種

ブラジル南東部からチリにかけて分布する *Duplicaria gemmulata*（Kiener, 1839）は、本種より大きく、より細長い殻をもつ。また、殻表の縦肋がもっと長く、各螺層には 2 本の白色螺帯と 2 列の螺状の顆粒列がある。紅海から南は南アフリカ、西は西太平洋にかけて生息するトクサガイモドキ *Duplicaria duplicata*（Linnaeus, 1758）は、縫合の少し下に深い螺溝が走り、各螺層に多数の平たく幅広い縦肋のある、大きく優美な殻をもつ。

実物大

Duplicaria ustulata の殻は中型で光沢があり、形は円錐形。螺塔は高く、先端が尖り、縫合は明瞭。殻表には縫合の少し下に螺溝が走り、その下側に強い縦肋が並ぶ。縦肋は螺溝の上側にも見られることがあり、その数は次体層で 20 ～ 25 本である。殻口は広く、外唇は薄く、軸唇は滑らかで湾曲する。殻の色は小麦色またはベージュで、殻口内も同様の色である。

科	タケノコガイ科　Terebridae
貝殻の大きさ	30 〜 80mm
地理的分布	紅海からインド西太平洋にかけて
存在量	ふつう
生息深度	潮間帯
生息場所	砂底
食性	肉食性
蓋	角質で卵形

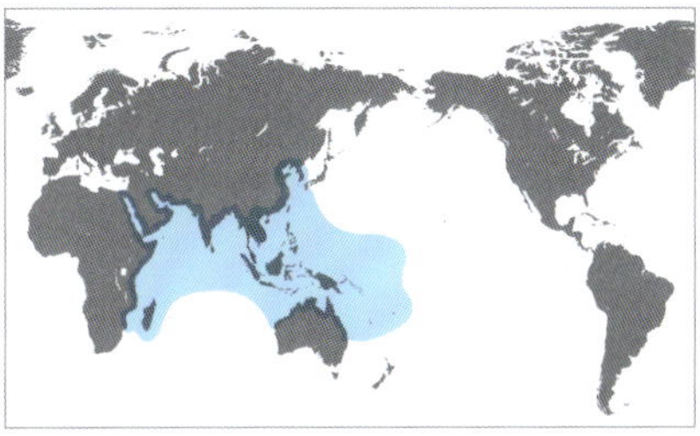

貝殻の大きさ
30 〜 80mm

写真の貝殻
36mm

Impages hectica (Linnaeus, 1758)

ムラクモタケガイ

SANDBEACH AUGER

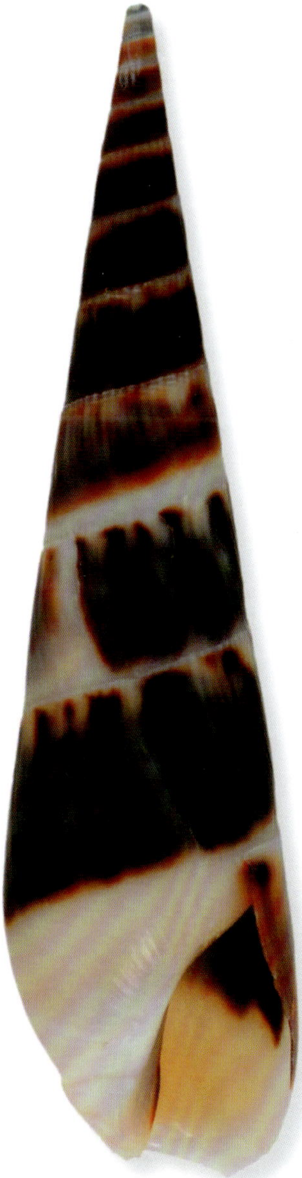

ムラクモタケガイは、白波に洗われる、外洋に面した砂浜でふつうに見られる貝で、紅海からインド西太平洋にかけて広く分布している。すべてのタケノコガイ類は肉食性で、その食性には3つの基本型が認められる。その1つは、特殊化した歯舌を使って餌となる多毛類を突き刺して強力な毒を注入し、その体を麻痺させてから丸呑みするもので、ムラクモタケガイはこのタイプの食性をもつ。しかし、多くのタケノコガイ類は毒腺を消失しており、餌をただ丸呑みする。これが2つ目の食べ方で、3つ目はミズヒキゴカイ科の多毛類を食べるものに見られ、このタイプの食性をもつタケノコガイ類は、ミズヒキゴカイ類の触手をしっかりつかんで摂取するための特別な器官をもつ。

近縁種

熱帯インド太平洋に生息するゴバンタケガイ *Hastula solida* (Deshayes, 1857) は、ムラクモタケガイよりも小さく、殻は円筒形に近い円錐形で網目模様がある。この貝の殻はムラクモタケガイとだいぶ違って見えるが、分子系統分類学的研究によってこれらの2種は近縁であることが示されている。紅海から東太平洋にかけて広く分布するリュウキュウタケガイ *Terebra maculata* (Linnaeus, 1758) は、タケノコガイ科の最大種で、巨大なムラクモタケガイのように見える。しかし、リュウキュウタケガイの殻はムラクモタケガイの殻より重く、また幅広く、殻口がもう少し長い。

実物大

ムラクモタケガイの殻は中型で光沢があり、形は円錐形。螺塔は高く、先端が尖り、縫合は細く不明瞭。螺層は膨らまず、側面はほとんどまっすぐである。殻表は滑らかで細い成長線が並ぶ。殻口は木の葉形で、外唇は薄く、軸唇は滑らかで湾曲する。殻は地色がクリーム色で、1本の黒色螺帯が入る。黒色螺帯は太いものから細いものまで変異が見られる。殻口内は白い。

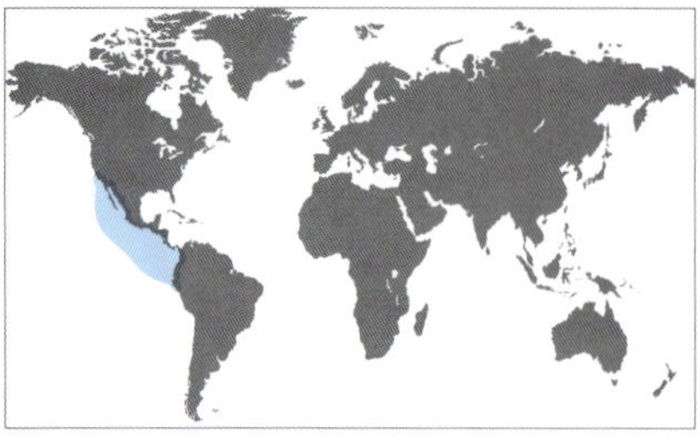

科	タケノコガイ科 Terebridae
貝殻の大きさ	20 〜 70mm
地理的分布	合衆国カリフォルニア州南部からペルーにかけての太平洋沿岸およびガラパゴス諸島
存在量	多産
生息深度	潮間帯から水深 110m
生息場所	砂底や泥底
食性	肉食性
蓋	角質で卵形

貝殻の大きさ
20 〜 70mm

写真の貝殻
42mm

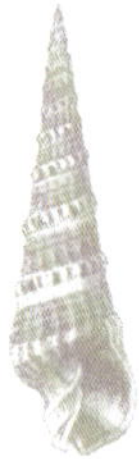

Terebra armillata Hinds, 1844

フトイボツクシガイ

COLLAR AUGER

フトイボツクシガイは、縫合の直下に顆粒の並んだ強い螺肋が1本入った独特な殻をもつ。その螺肋は、服の詰め襟、あるいは腕にはめた腕輪を連想させる。殻表には螺状線も刻まれるが、螺状線は体層に近づくにつれ不明瞭になり、緩やかに湾曲する縦肋だけが目立つようになる。殻の形や色は変異に富む。本種は、潮間帯から沖合にかけての砂底や泥底に豊富に生息している。また、アメリカ合衆国カリフォルニア州のマグダレナ湾では、更新世の地層から本種の化石が得られる。

近縁種

アメリカ合衆国メリーランド州からブラジルにかけての西大西洋沿岸とカリフォルニア州からパナマにかけての東太平洋沿岸に生息するアメリカトクサガイ *Terebra dislocata* (Say, 1822) は、大きさと殻表彫刻がフトイボツクシガイに似た殻をもつ。ハワイ諸島を含め、インド太平洋域に広く分布するキリガイ *Terebra triseriata* Gray, 1834 は、タケノコガイ科の中で最も細長い殻をもつ貝の1つで、大きなキリガイの殻には40を超える螺層がある。

フトイボツクシガイの殻は中型で、殻表には明瞭な彫刻があり、形は円錐形。螺塔は高く先端が尖り、縫合は細く不明瞭。殻表の彫刻には変異が見られ、殻によっては初期の螺層には螺状線が刻まれるが、殻によってはそこに縦肋がある。また、体層に近い螺層では、殻によって縦肋だけが目立つものと、螺肋も比較的強く、縦肋との交点が顆粒状になるものがある。螺肋の強さも殻によってまちまちである。殻口は細長く、外唇は薄く、軸唇は捩じれる。殻の地色はクリーム色から褐色までさまざまで、灰色や白あるいは褐色の螺帯が入る。

実物大

科	タケノコガイ科　Terebridae
貝殻の大きさ	25 〜 76mm
地理的分布	インド西太平洋
存在量	ふつう
生息深度	潮間帯から水深 120m
生息場所	砂底
食性	肉食性
蓋	角質で卵形

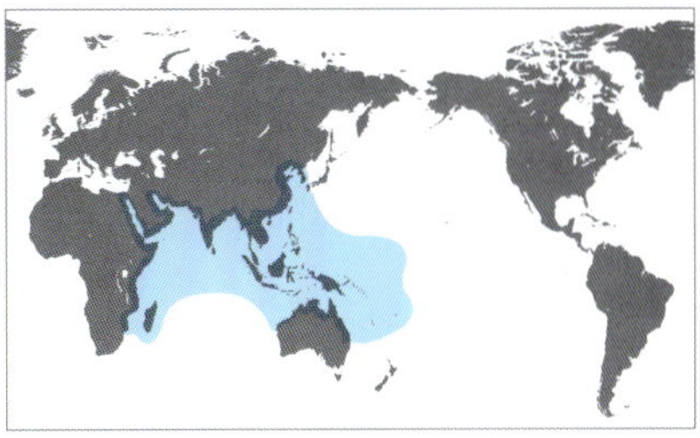

貝殻の大きさ
25 〜 76mm

写真の貝殻
56mm

Hastula lanceata (Linnaeus, 1767)

シマタケガイ

LANCE AUGER

シマタケガイは、優美な模様のある細長い殻をもち、収集家に人気がある。殻の形状や模様にほとんど変異がないため、最も容易に、自信をもって同定できる貝の1つである。タケノコガイ類の例に漏れず本種も肉食性で、多毛類を食べる。タケノコガイ属 *Terebra* およびシチクガイ属 *Hastula* の貝は口器に毒をもち、銛のような形の中空の歯を通して毒液を餌動物に注入して麻痺させてから、それを食べる。

近縁種

シマタケガイと同じ海域に分布するヤナギシボリタケガイ *Hastula penicillata* (Hinds, 1844) は、シマタケガイより殻が短く、螺塔はそれほど尖らず、縫合のくびれが弱い。ときにシマタケガイに似た模様をもつものがいるが、ヤナギシボリタケガイの場合は模様に大きな種内変異が見られる。同じくインド西太平洋域に生息するウシノツノガイ *Terebra areolata* (Link, 1807) は、たいていシマタケガイより長い殻をもち、殻には縦線でなく、螺状の斑紋列が並ぶ。斑紋は縫合の直上に並ぶものが最も大きい。

シマタケガイの殻は螺塔が高く、殻頂が鋭く尖るが、殻頂部はしばしば欠失している。殻頂付近の小さな螺層には殻表に縦肋が見られるが、殻口に近い大きな螺層では不明瞭になる。螺層には、赤褐色の縦線が等間隔に並ぶ。縦線は、浅いが明瞭な縫合の直下から出る。体層では縦線がやや不揃いになり、1本の細い白色螺帯によって分断されることがある。殻口は狭くて小さく、軸唇は表面がへこみ前半分が外側に反る。

実物大

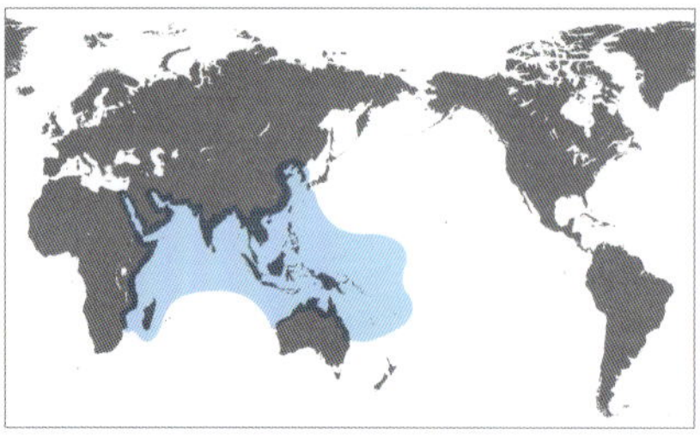

科	タケノコガイ科　Terebridae
貝殻の大きさ	20 ～ 93mm
地理的分布	紅海からインド西太平洋にかけて
存在量	ふつう
生息深度	潮間帯から水深 60m
生息場所	砂底
食性	肉食性
蓋	角質で卵形

貝殻の大きさ
20 ～ 93mm

写真の貝殻
78mm

Duplicaria duplicata (Linnaeus, 1758)

トクサガイモドキ

DUPLICATE AUGER

実物大

トクサガイモドキは、殻表に多数の太い縦肋と 1 本の螺溝が入った優美な殻をもつ。その 1 本の螺溝を隔てて螺層の殻表が 2 つの螺帯に分けられるが、2 つの螺帯はしばしば色が異なり、殻の彫刻や色が変異に富む。きれいな砂の積もった海底に生息するが、海草群落の周辺では見られず、より沖合で多く見つかる。タケノコガイ科の貝の食性は大きく 3 つのタイプに分けられるが、最近の分子系統学的研究によって、食性の違いにかかわらず、本科は単系統、すなわち、すべての種がある共通の祖先種から派生したものであることが示されている。

近縁種

オーストラリアの北部と西部、そしてフィジーに生息する *Duplicaria australis* (Smith, 1873) は、トクサガイモドキに似るが、殻がもっと細く、殻全体に渡って殻表に強い縦肋が並び、縫合下帯（螺層の中ほどに入った 1 本の螺溝とその上の縫合までの間の螺帯）の殻表彫刻が残りの部分の彫刻と少し異なる。紅海からハワイにかけて分布するベニタケガイ *Terebra dimidiata* (Linnaeus, 1758) の殻は大きく、殻表は縫合下帯も含めて滑らかである。殻の色はオレンジで、1 本の細い白色螺帯が走り、不揃いな白い縦線が並ぶ。

トクサガイモドキの殻は中型で硬く、光沢があり、細長い円錐形。螺塔は高く、側面がほぼまっすぐで、殻頂が尖る。縫合は溝状。殻表には多数の縦肋が並び、縫合の少し下を走る螺溝がそれを横切る。縦肋はたいてい太いが、ときに細いこともあり、殻頂に近い螺層では盛り上がるが、殻口に近い螺層では平たくなる。殻口は比較的細長く、外唇は薄く、軸唇には 1 本の斜めの襞がある。殻の色は白、ベージュ、オレンジ、灰色、茶色などさまざまで、模様のないものやまだら模様の入ったものがある。

科	タケノコガイ科　Terebridae
貝殻の大きさ	50 ～ 136mm
地理的分布	インド西太平洋からハワイにかけて
存在量	少産
生息深度	潮下帯から水深 150m
生息場所	砂底や泥底
食性	肉食性
蓋	角質で卵形

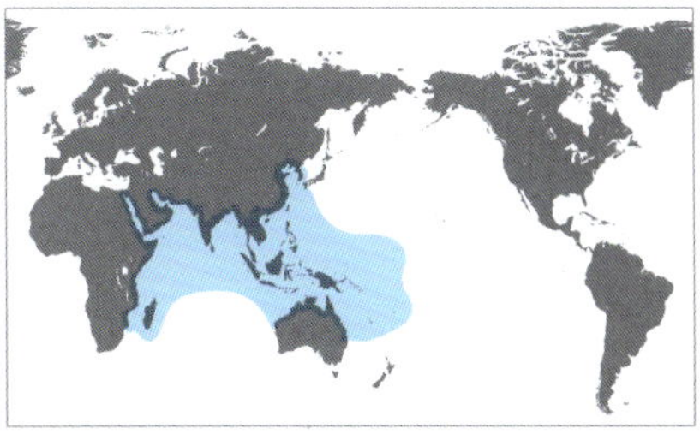

貝殻の大きさ
50 ～ 136mm

写真の貝殻
84mm

Terebra triseriata Gray, 1834

キリガイ

TRISERIATE AUGER

キリガイは、螺旋状に巻いた殻をもつ巻貝の中では最も細く、非常に細長い殻をもち、大きなものでは螺層の数が 40 を超える。非常に細長い殻を背負っているというのは、貝にとって物理的に大変なことである。殻口は相対的に小さく、それに見合った本種の足の筋肉量は、それなりに重い殻を背負って動くことができるぎりぎりの量に近いと思われる。キリガイは日本からフィリピンにかけて分布しているが、日本近海で最もよく見つかる。潮下帯浅部から沖合のやや深い所にかけて砂底や泥底に生息している。

実物大

近縁種

キリガイと同じく日本からフィリピンにかけて分布しているフトギリガイ *Terebra pretiosa* Reeve, 1842 も非常に細長い殻をもつが、その殻はキリガイの殻よりほんの少し太く、殻表には湾曲した縦肋が並び、各螺層に 1 本の褐色螺帯がある。アメリカ合衆国カリフォルニア州からペルーにかけての太平洋沿岸およびガラパゴス諸島に生息するフトイボツクシガイ *Terebra armillata* Hinds, 1844 の殻は、より小型でずっと短く（あるいは低く）、縫合下帯が盛り上がり、その殻表に結節状の太い縦肋、その他の部分にはやや細い湾曲した縦肋が並ぶ。

キリガイの殻はタケノコガイ科の中では大型で、薄く、殻表に多数の顆粒が並び、極めて細く、非常に細長い円錐形。螺塔は非常に高く、側面がほぼまっすぐで、先端が尖る。縫合は明瞭。縫合下帯とその下を走る 1 本の強い螺肋の上には顆粒が並ぶ。それ以外の部分には細い螺条が 3、4 本あり、それらと細い縦条が交差して布目状の彫刻をなす。殻口は長方形で、外唇は薄く、軸唇は滑らか。殻の色はクリーム色または薄いオレンジで、縫合下帯とその下の 1 本の強い螺肋の色がその他の部分より薄いことがある。

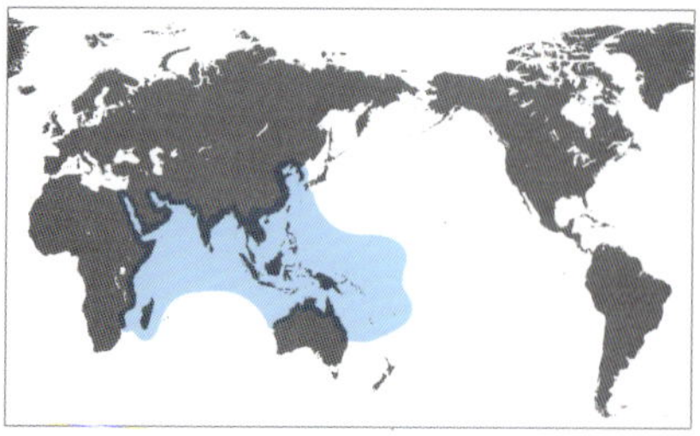

科	タケノコガイ科　Terebridae
貝殻の大きさ	55 〜 166mm
地理的分布	インド西太平洋
存在量	ふつう
生息深度	浅海
生息場所	砂底
食性	肉食性
蓋	角質

貝殻の大きさ
55 〜 166mm

写真の貝殻
107mm

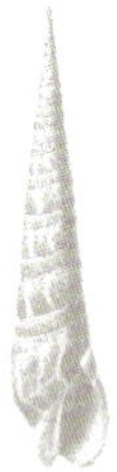

Terebra dimidiata (Linnaeus, 1758)

ベニタケガイ

DIVIDED AUGER

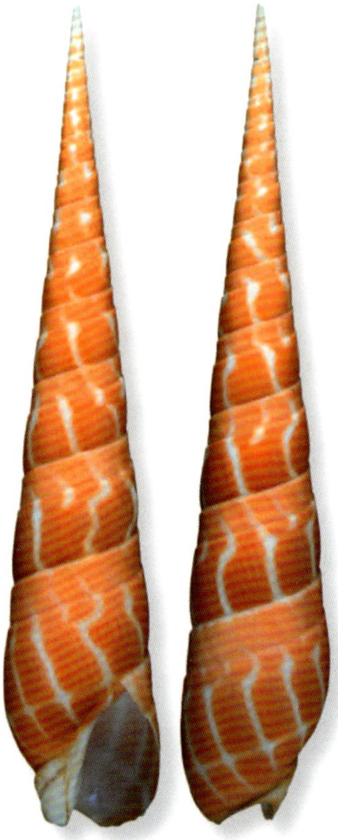

実物大

ベニタケガイは、タケノコガイ属 *Terebra* に分類される、毒をもつ貝で、棲み場所の砂底の表面に特徴的な這い痕を残して砂の中に潜っている。英語名は Divided Auger（区分された殻をもつタケノコガイ）で、Dimidiate Auger（2つに区分された殻をもつタケノコガイ）とか Orange Auger（オレンジ色のタケノコガイ）とも呼ばれるが、ベニタケの「区分された殻」とは、各螺層の後端部に色の薄い部分（縫合下帯）があり、殻が2層に区分されているように見えることに由来する。本種の殻は非常に薄く、太陽光線が殻を透過する。

近縁種

インド西太平洋産のキバタケガイ *Terebra crenulata* (Linnaeus, 1758) の殻は、ベニタケガイの殻より硬く、螺層の肩に結節状突起が並び、その間に赤褐色の短い線が入る。なかには結節状突起が大きくなり、先の尖った瘤のようになった殻もあり、ベニタケガイの殻より色が薄く、赤みが強くない。やはりインド西太平洋に生息するマキザサガイ *Terebra babylonia* Lamarck, 1822 の殻は、ベニタケガイの殻より低く、殻表には特徴的な縦肋が規則的に並び、それらが縫合下帯や螺肋と交差して交点が瘤状になるので、殻全体が瘤に覆われているように見える。

ベニタケガイの殻は優美で、螺塔は高く、殻頂が尖る。螺管はやや側扁し、成熟した貝では螺層の数が20層に達することがある。各螺層には縫合の下に縫合下帯があるため、殻が2層に分かれているように見える。螺層の下部2/3ほどには輪郭のはっきりした白い波状の縦線が並ぶが、上部1/3では、縦線は不明瞭になる。殻口は他のタケノコガイ類のものより短く、軸唇はわずかに折れ曲がる。殻の地色は橙赤色で、波状の白い縦線がよく映える。

科	タケノコガイ科　Terebridae
貝殻の大きさ	150 〜 250mm
地理的分布	紅海からインド太平洋にかけて
存在量	局所的にふつう
生息深度	潮下帯から水深 200m
生息場所	砂底
食性	肉食性で多毛類を食べる
蓋	角質で薄い

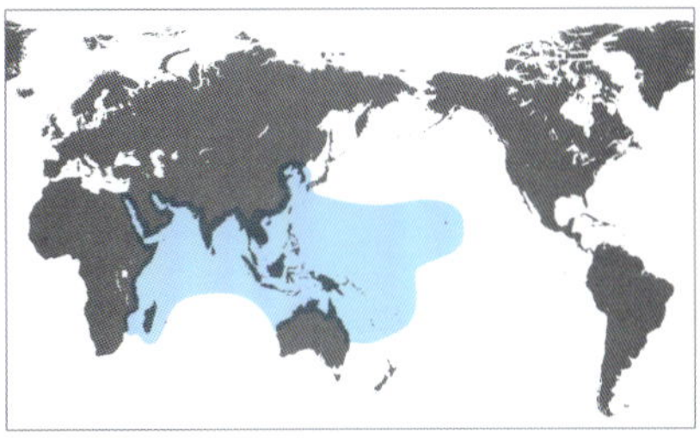

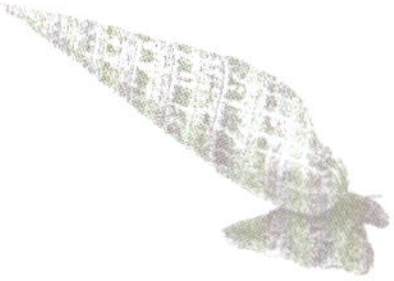

貝殻の大きさ
150 〜 250mm

写真の貝殻
184mm

Terebra maculata (Linnaeus, 1758)

リュウキュウタケガイ

MARLINSPIKE AUGER

リュウキュウタケガイは、タケノコガイ属 *Terebra* の最大種で、頑丈な重い殻をもつ。砂底の表面直下を餌となる多毛類を探して動き回り、餌を見つけると毒のある歯舌歯でそれを麻痺させて食べる。動く時には通常、明瞭な這い痕を残す。その這い痕を端までたどり、そこの砂を注意深くすくい取ると、しばしばリュウキュウタケガイが見つかる。タケノコガイ科の貝はオニノツノガイ科 Cerithiidae の貝によく似ているが、タケノコガイ類の殻は殻口がより小さく、軸唇には 1、2 本の襞があり、たいてい螺管がより強く側扁する。

近縁種

インド太平洋産のウシノツノガイ *Terebra areolata* (Link, 1807) の殻には、茶色の斑紋があり、体層ではそれが 4 列の螺列をなして並ぶ。リュウキュウタケガイの殻の斑紋は紫がかった茶色で不揃いな上に、螺列の数も 2 列と少ないので区別できる。キバタケガイ *Terebra crenulata* (Linnaeus, 1758) の殻は、螺層の肩に結節状突起が並び、肩が目立つ。また、リュウキュウタケガイの殻には見られる紫がかった茶色の斑紋がキバタケガイにはない。

リュウキュウタケガイの殻は細長く、螺塔は高く、先端が尖る。殻口は比較的広く、軸唇は折れ曲がり、その上の殻口縁と約 120°の角度をなす。縫帯は小さいが明瞭で、中ほどに顕著な溝がある。各螺層の後半分（上半分）に、紫がかった褐色の特徴的な斑紋の螺列がある。この斑紋は殻によって大きさや形が比較的揃っているものも不揃いなものもある。その少し前（下）に、同様の色合いで、大きさのずっと小さい斑紋の螺列が 1 列入る。殻の色はたいてい淡い小麦色から明るい褐色である。

実物大

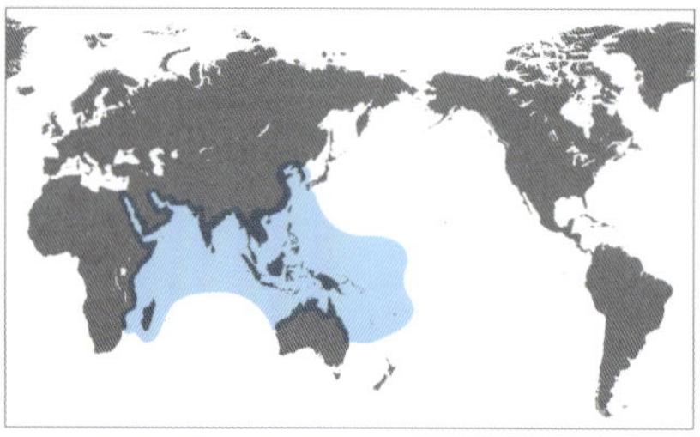

科	クルマガイ科　Architectonicidae
貝殻の大きさ	8 ～ 18mm
地理的分布	紅海からインド西太平洋にかけて
存在量	ふつう
生息深度	潮間帯から水深 20m
生息場所	砂底
食性	肉食性
蓋	角質で螺旋状に巻く

貝殻の大きさ
8 ～ 18mm

写真の貝殻
15mm

Heliacus areola (Gmelin, 1791)

コシダカナワメグルマガイ

VARIEGATED SUNDIAL

クルマガイ科の貝は熱帯から亜熱帯海域のさまざまな深度に生息する。大多数の種はインド太平洋域に分布しているが、西大西洋や東太平洋に分布するものもいる。本科は比較的小さな科で、*Discotectonica* 属やクルマガイ属 *Architectonica*、そして殻表彫刻がもっと顕著なコシダカナワメグルマガイ属 *Heliacus* など十数個の属に分類される 130 種ほどの貝からなる。その中で、最も小型で最も美しい彫刻や模様をもつ貝の 1 つがコシダカナワメグルマガイである。本種は、アフリカ東岸から中部太平洋まで分布しており、潮間帯から沖合にかけて生息する。殻には螺塔が低いものから高いものまで変異が見られる。

近縁種

クロスジグルマガイ *Architectonica perspectiva* (Linnaeus, 1758) は、コシダカナワメグルマガイと同じ海域に生息し、殻表にはやはり多数の顆粒があり、一見コシダカナワメグルマガイに似るが、殻がより大きく、もっと深い所に棲んでいる。クロスジグルマガイの殻には、人目を引く一連の螺状の彫刻がある。まず、縫合の上に栗色の散らし模様が入ったクリーム色の螺肋があり、その上には顆粒が並んでいる。その次に、細い栗色の螺帯が 2 本入った太いクリーム色の螺肋があり、この螺肋の上には縦溝が並ぶ。そして最も殻頂に近いところに同じく縦溝の並んだ白い螺肋がある。

実物大

コシダカナワメグルマガイの殻は小型で、地色はたいてい白からクリーム色で、濃褐色あるいは赤褐色の縞や斑点が入っている。模様の縞や斑点は殻によってやや少ないものと多いものがあり、多いものでは地色の部分がほとんどなくなるほど模様が入っていることがある。螺塔は比較的低く、殻頂は丸く、体層はやや扁圧される。臍孔が開き、その周囲に白またはオフホワイトの顆粒が螺状に並ぶ。殻口は円形。

科	クルマガイ科 Architectonicidae
貝殻の大きさ	24 ～ 50mm
地理的分布	日本からオーストラリア北部にかけて
存在量	希少
生息深度	水深 50 ～ 200m
生息場所	砂底
食性	肉食性
蓋	角質

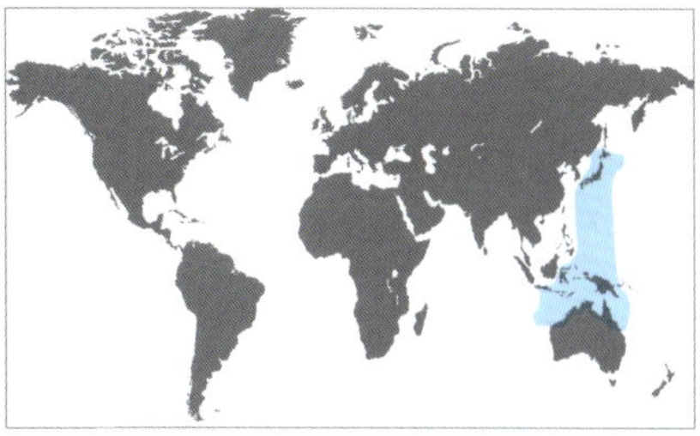

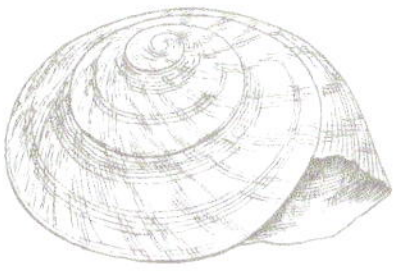

貝殻の大きさ
24 ～ 50mm

写真の貝殻
50mm

Discotectonica acutissima（Sowerby III, 1914）

ウスバグルマガイ

SHARP-EDGED SUNDIAL

ウスバグルマガイの殻は、上から見ると輪郭が円形で、螺塔が低いため、円盤状。海産生物の地理的分布は、それぞれの温度耐性に従って特定の緯度範囲に限られていることが多いが、ウスバグルマガイの分布域は南北に伸びた帯状になっている。この分布域には熱帯も温帯も含まれ、本種は海水温の大きな変動に耐えることができる。クルマガイ類はすべて浮遊幼生期をもっており、幼生が長い間プランクトンとして海水中を漂うため、遠くまで分布を広げることができる。本類の幼生の殻は左巻きだが、巻きの方向が逆転し、成貝の殻は右巻きになる。

近縁種

インド太平洋の浅海に生息するゴショグルマガイ *Philippia radiata*（Röding, 1798）は、殻の色合いがウスバグルマガイに似るが、より小さく、ずっと高い螺塔のある殻をもつ。また、ゴショグルマガイの殻では、オレンジの筋が結合して細長い炎のような模様となり、縫合の下の濃いオレンジの螺帯の下に並ぶ。

実物大

ウスバグルマガイの殻は平たく円盤状で、螺塔の低いものから非常に低いものまである。体層の周縁は張り出して竜骨状になる。殻の地色はオフホワイトからベージュで、縫合の上に地色より色の薄い螺帯が1本入り、斜めになったオレンジの縦筋が並ぶ。殻表には螺溝が密に刻まれる。臍孔は深く、その周囲には1列の顆粒列がある。

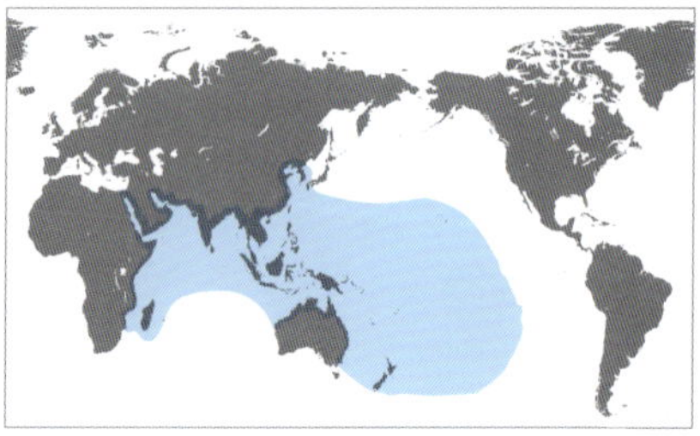

科	クルマガイ科　Architectonicidae
貝殻の大きさ	19 〜 82mm
地理的分布	ハワイを含むインド太平洋
存在量	ふつう
生息深度	水深 10 〜 50m
生息場所	砂底
食性	肉食性
蓋	角質

貝殻の大きさ
19 〜 82mm

写真の貝殻
62mm

Architectonica maxima (Philippi, 1849)

マキミゾグルマガイ

GIANT SUNDIAL

マキミゾグルマガイは、クルマガイ科の最大種で、大きさに相応しい広い分布域をもち、ニュージーランドからハワイ、そして南アフリカからポリネシアにかけて生息する。多くのクルマガイ類と同じくサンゴ礁周辺の砂地に棲み、イソギンチャクやサンゴのポリプなどを食べて暮らしている。殻には磁器のような光沢がある。本種の殻はしばしば傷ついていて、とりわけ殻口の周囲に傷が多い。

近縁種

他のクルマガイ類のような殻表に顆粒のある殻をもつが、ウスイログルマガイ *Architectonica laevigata* (Lamarck, 1816) の殻はかなり滑らかで光沢がある。また、螺塔が比較的高く、縫合が顕著で、各螺層に 4 本前後の螺溝が入る。殻の色はクリーム色から薄いすみれ色で、薄い栗色の斑紋が散在する。ウスイログルマガイはインド洋の浅海でかなりふつうに見られる。

実物大

マキミゾグルマガイの殻は殻底がわずかに膨らみ、螺塔が低くて幅広い。特徴的な一連の螺状彫刻とその模様によって識別できる。まず、縫合の上には白斑と褐色斑が交互に並んだ 2 本の螺肋が並ぶ。次にベージュまたはピンクの広く平らな部分があり、その次に、多くの縦溝が刻まれた 2 本の螺肋が並ぶ。殻底には白斑と褐色斑が交互に並んだ螺肋が 2 対あり、それぞれの対の間は広くあき、そこに低い縦襞が並ぶ。殻底中央には臍孔が開き、その内側に小歯状突起が螺旋状に並ぶ。

科	ガラスツボ科　Rissoellidae
貝殻の大きさ	1 〜 2mm
地理的分布	合衆国フロリダ州からブラジル北部にかけて
存在量	ふつう
生息深度	潮間帯から水深 25m
生息場所	サンゴ礁周辺の海藻上
食性	グレーザー
蓋	石灰質で半円形、内側に杭(くい)のような突起がある

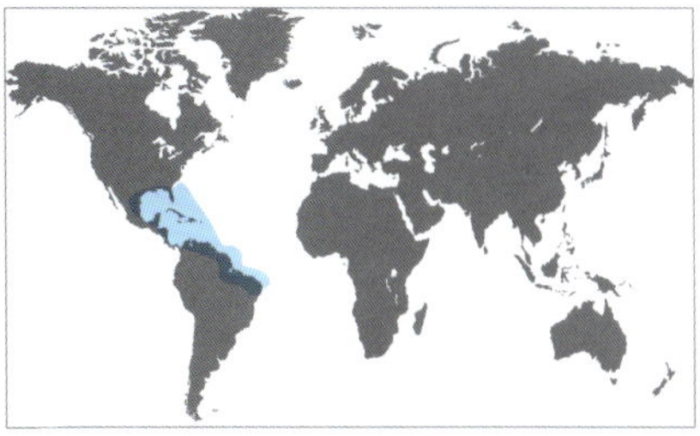

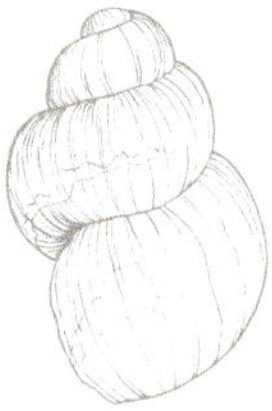

貝殻の大きさ
1 〜 2mm

写真の貝殻
1mm

Rissoella caribaea Rehder 1943

ガラスツボ類の１種

CARIBBEAN RISSO

本種は、西大西洋の熱帯域でふつうに見られる微小貝で、サンゴ礁周辺に生えている海藻の上を這いながら、デトリタスや海藻の糸状体、珪藻類などを食べて暮らしている。ガラスツボ科の貝の殻はたいてい滑らかで、生時には透明から半透明であるが、死殻は乾くと白くなる。透き通った殻を透して軟体部の色が見えることが多く、軟体部の色が種同定の助けになることがある。ガラスツボ科の貝の多くは大きさや形が似ているので、同定には軟体部の形質がとくに重要である。例えば、本種の軟体部は黒いが、同属種でも *Rissoella galba* の軟体部は黄色い。ガラスツボ科には世界で約 40 種が知られるが、そのすべてが熱帯や温帯の海に生息している。

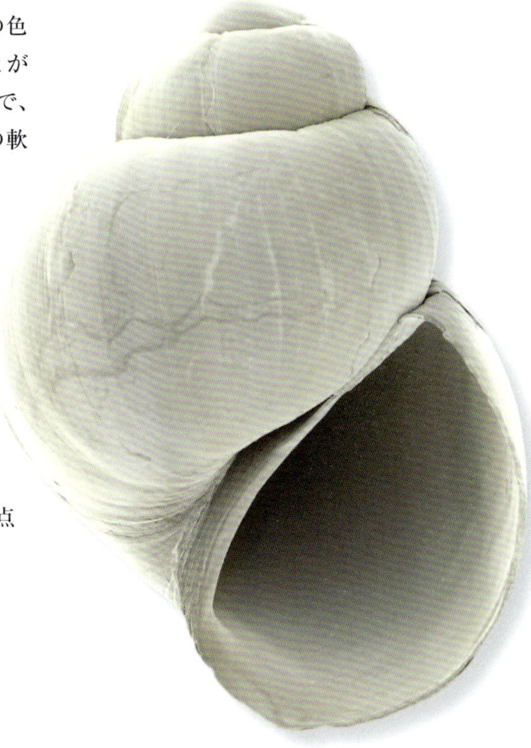

近縁種

メキシコ湾からバハマにかけて生息する *Rissoella galba* Robertson, 1961 は、形と色が本種に似た殻をもつが、殻の大きさは本種の半分ほどにしかならず、螺塔がもっと低い。ハワイ産の *Rissoella longispira* Kay, 1979 も本種に形が似た殻をもつが、螺塔がもっと高く、軟体部は淡紅色で灰色の斑点がある。

実物大

Rissoella caribaea **の殻**は非常に小さく、薄くてもろく、半透明で、形は卵形に近い円錐形。螺塔は低く、螺層は膨らみ、縫合は明瞭。体層は大きく、強く膨らむ。殻口は半円形で、外唇は薄く、単純。軸唇は滑らかで、臍孔は狭く、裂け目状。蓋は半円形で螺旋に巻かない。蓋の内側には短い杭のような突起がある。この突起は軸唇に蓋を固定するのに役立つ。死殻は透明感がなくなり、白っぽくなる。

科	ミジンワダチガイ科　Omalogyridae
貝殻の大きさ	0.7mm
地理的分布	キューバ北部から合衆国テキサス州にかけて
存在量	少産
生息深度	水深 4 ～ 50m
生息場所	サンゴ礁周辺の海藻上
食性	植食性で海藻を食べる
蓋	角質で核が中心にある

貝殻の大きさ
0.7mm

写真の貝殻
0.7mm

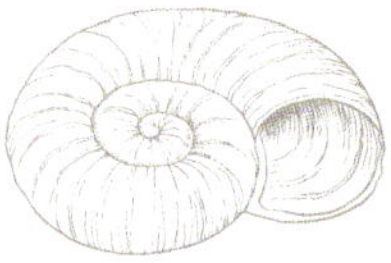

Omalogyra zebrina Rolán, 1992

スベリワダチガイの仲間

ZEBRINA OMALOGYRA

本種は、世界最小の貝の 1 つで、成貝でも殻幅が 0.7mm ほどにしかならない。場所によっては珍しくないが、顕微鏡でしか見えないほど小さいためにめったに採集されることがない。通常、浅海の海藻の上に棲み、歯舌を使って海藻の細胞に孔をあけて細胞内液を吸い取って食べる。殻の蓋は角質で、核が中心にある。ミジンワダチガイ類は隣接的雌雄同体で、まず雄になり、その後、雌に性転換する。世界中で見られ、どの種も非常に小さな平巻きの殻をもち、多くは殻が半透明である。

近縁種

メキシコ湾からカナリア諸島にかけて生息する *Ammonicera lineofuscata* Rolán, 1992 も非常に小さな白い殻をもつが、この貝の殻には両面に 1 本ずつ赤褐色の螺帯がある。同じくメキシコ湾からカナリア諸島に生息する *Ammonicera minortalis* Rolán, 1992 の殻は、さらに小さく、*Omalogyra zebrina* の半分ほどの大きさしかない。色は褐色で半透明である。

実物大

Omalogyra zebrina **の殻は顕微鏡でしか見えないほど小さく、平巻き。螺塔は沈み、形は平たい円盤状で、ほぼ左右対称。胎殻の殻表には非常に細い縦条が並ぶ。殻口は円形で、螺管の断面は丸い。殻表には多数の細い縦肋がある。殻は白く半透明で、両面に赤褐色の斑紋の列が並ぶ。**

科	ミジンワダチガイ科　Omalogyridae
貝殻の大きさ	0.5 〜 0.7mm
地理的分布	キューバから合衆国テキサス州にかけてとカナリア諸島
存在量	ふつう
生息深度	水深 3 〜 24m
生息場所	サンゴ礁周辺の海藻上
食性	植食性で海藻を食べる
蓋	角質で核が中心にある

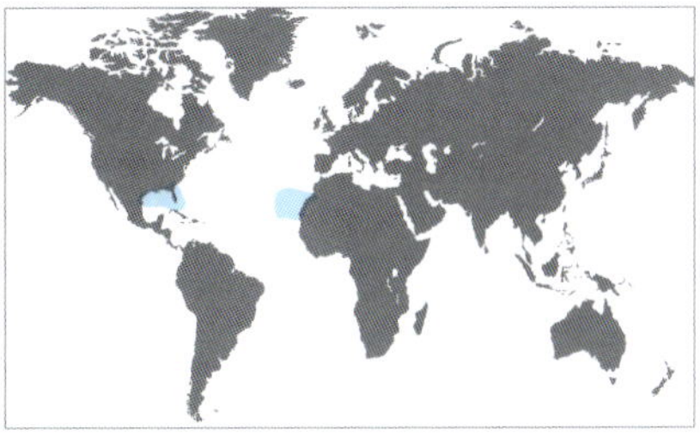

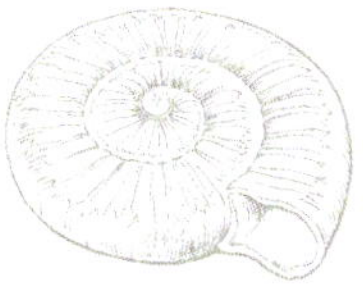

貝殻の大きさ
0.5 〜 0.7mm

写真の貝殻
0.7mm

Ammonicera lineofuscata Rolán, 1992

ミジンワダチガイの仲間

BROWN-LINED AMMONICERA

本種は、ミジンワダチガイ科の大多数の貝と同じく最小の巻貝類の 1 つである。軟体部はほとんど透明で、殻をほとんど垂直に立てて海底を這う。潮下帯浅部に棲み、海藻を食べて暮らす。ミジンワダチガイ類の多くは隣接的雌雄同体だが、同時的雌雄同体と思われるものもいる。現在までに記載されているミジンワダチガイ科の貝は世界全体でも 40 種に満たない。

近縁種

メキシコ湾からカナリア諸島にかけて生息する *Ammonicera minortalis* Rolán, 1992 と、西太平洋産のミジンワダチガイ *Ammonicera japonica* Habe, 1972 はどちらも世界最小の巻貝と考えられていたことがある。どちらも本種の半分ほどの大きさにしかならず、殻表に 18 本前後の縦肋が並んだ褐色の殻をもつ。

実物大

Ammonicera lineofuscata **の殻**は非常に小さく平巻きで、螺塔は沈む。形は平たく円盤状で、ほぼ左右対称である。胎殻の殻表には非常に細い縦条が並ぶ。殻口は円形で、螺管の断面は丸い。殻表には多数の細い縦肋がある。殻の色は白く半透明で、両面に 1 本ずつ赤褐色の細い螺帯がある。

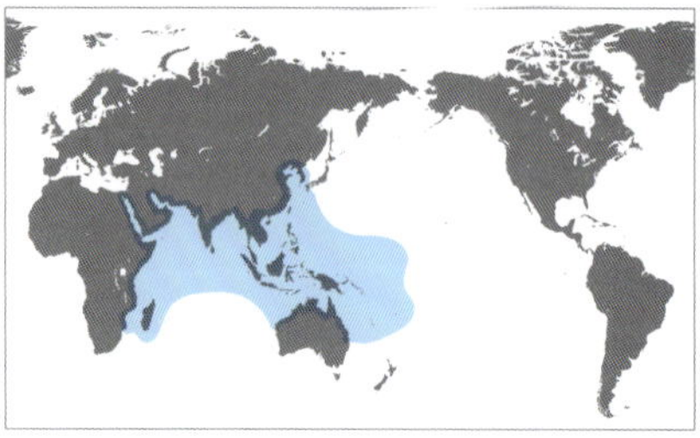

科	トウガタガイ科　Pyramidellidae
貝殻の大きさ	10 〜 30mm
地理的分布	インド西太平洋
存在量	少産
生息深度	潮間帯から水深 20m
生息場所	砂底
食性	寄生性の肉食者
蓋	角質で楕円形、少旋型

貝殻の大きさ
10 〜 30mm

写真の貝殻
20mm

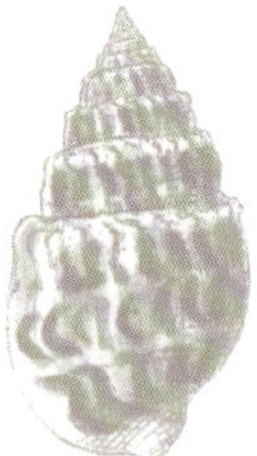

Otopleura auriscati (Holten, 1802)

ネコノミミクチキレガイ

CAT'S EAR PYRAM

トウガタガイ科には6000を超える種が知られ、本科の貝は地球上のすべての海のあらゆる深度で見られる。大多数は殻長13mmにも満たない小型種で、多くは顕微鏡でしか見えないほど小さい。なかには活発に二枚貝や多毛類を捕食する種もいるが、大多数は外部寄生性で、それぞれ特定の宿主に寄生する。トウガタガイ類は歯舌をもたず、代わりに長い目打ちのような吻を使って餌動物の体表に孔をあけて体液や組織を吸引して食べる。

近縁種

シイノミクチキレガイ *Otopleura mitralis* (A. Adams, 1853) は、捕食性のトウガタガイ類の1種で、殻表にネコノミミクチキレガイのものに似た細い縦肋がある。シイノミクチキレガイの殻は白く、殻の外面にも内面にも褐色から紫のちらし模様が入り、ときに散らし模様が集まって螺帯を形成する。殻口は水管溝に向かってわずかに広がり、軸唇に3本の軸襞が並ぶ。

実物大

ネコノミミクチキレガイの殻は球根状で、殻口は殻長の半分ほどの長さである。縫合は明瞭で、各螺層の肩の上に傾斜した段がつく。殻表には細い縦肋が密に並ぶ。殻の色はオフホワイトで、縁のぼやけた小麦色から濃褐色の斑紋が螺状に並び、切れ切れになった螺帯を形成する。外唇は薄く、軸唇に3本の軸襞が並ぶ。

科	トウガタガイ科 Pyramidellidae
貝殻の大きさ	14 〜 50mm
地理的分布	インド西太平洋
存在量	少産
生息深度	潮間帯から潮下帯浅部
生息場所	内湾の砂底など
食性	寄生性の肉食者
蓋	角質で楕円形、少旋型

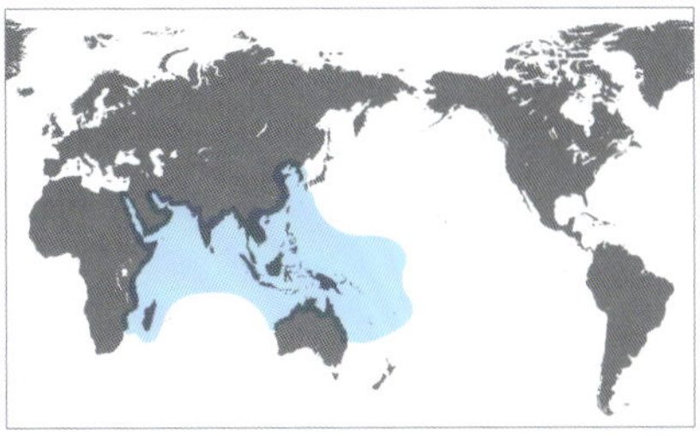

貝殻の大きさ
14 〜 50mm

写真の貝殻
27mm

Pyramidella terebellum (Müller, 1774)

ダテトウガタガイ

TEREBRA PYRAM

トウガタガイ科の貝はすべて雌雄同体で、一部の種は精包すなわち精子の詰まったカプセルをつくり、それを他個体に渡す。本科の貝の大多数は寄生性で、卵を大きなゼラチン質の卵塊に詰めて、それぞれの宿主の殻や外皮の上に産みつける。また、トウガタガイ類の幼生の殻は左巻きで、反時計回りに巻いている。しかし、成貝の殻は右巻きである。そのため、本類の殻では胎殻の殻軸と後生殻の殻軸の間に大きな捩れによる角(かど)ができている。

近縁種

トウガタガイ *Pyramidella dolabrata* (Linnaeus, 1758) は、インド太平洋とカリブ海に生息する。ダテトウガタガイはしばらく、トウガタガイの種内変異に過ぎず、太平洋だけに出現する色彩型だと考えられていた。トウガタガイの殻の螺帯はダテトウガタガイより少なく、色もより薄く、たいてい小麦色から栗色である。また、軸襞の後ろの溝がダテトウガタガイのものより深い。

実物大

ダテトウガタガイの殻は滑らかで、形がタケノコガイ類の殻に似る。螺塔は非常に高く、体層は丸みがある。縫合はやや深い。螺塔の螺層はわずかに膨らみ、白からクリーム色の地に3本の濃褐色の螺帯が並ぶ。体層には褐色螺帯がもう4本入り、それらの螺帯は狭い殻口を通して殻の内面にも見られる。軸唇にはかすかな襞がある。

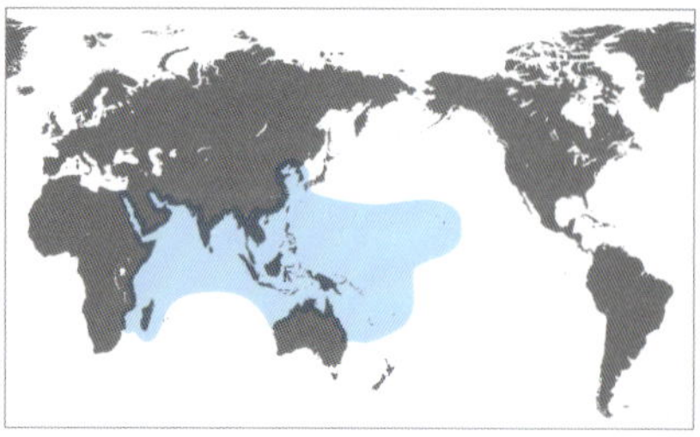

科	トウガタガイ科 Pyramidellidae
貝殻の大きさ	20 ～ 40mm
地理的分布	インド太平洋
存在量	ふつう
生息深度	潮間帯から潮下帯浅部
生息場所	砂底
食性	寄生性の肉食者
蓋	角質で楕円形、少旋型

貝殻の大きさ
20 ～ 40mm

写真の貝殻
30mm

Pyramidella tessellata (A. Adams, 1854)

ゴバンクチキレガイ

TESSELLATE PYRAM

トウガタガイ類のほとんどが寄生性の肉食者で、餌動物を殺すことなく、尖った吻を餌動物に突き刺し、その組織や体液を吸い取るだけである。大多数のトウガタガイ類は非常に小さく、13mm を超えることはほとんどない。ゴバンクチキレガイは最大級のトウガタガイ類の1つで、同所的に生息しているオオクチキレガイ *Pyramidella sulcata* (A. Adams, 1854) の種内変異だと考えられていたことがあった。オオクチキレガイはゴバンクチキレガイより殻の色が薄く、模様も少ない。また、縫合が太い溝状である。しかし、両者の殻の形と大きさは非常によく似ている。

近縁種

タケノコクチキレガイ *Pyramidella acus* (Gmelin, 1791) は、ゴバンクチキレガイよりさらに大きく、たいてい 50mm 前後まで成長する。この貝の殻はクリーム色で、縫合が深く、濃褐色の大きな斑点が螺塔の螺層では2、3列、体層では5列の螺列をなして並ぶ。また、軸唇にはゴバンクチキレガイと同様の軸襞があるが、外唇はゴバンクチキレガイに比べて薄い。

ゴバンクチキレガイの殻はタケノコガイ類の殻に似る。色は白から淡褐色で、褐色の短い縦縞の並んだ螺帯が入る。殻によって縦縞の数が多いものも少ないものもあり、各螺帯の縞は互いに縦に整列し、途切れ途切れになった炎のような模様をなす。外唇はやや薄く、軸唇には3本の軸襞がある。軸襞は最も前（下）のものが一番小さく、最も後ろ（上）のものが一番大きい。砂浜に打ち上げられた殻には、殻頂部が壊れたものが多い。

実物大

科	オオシイノミガイ科　Acteonidae
貝殻の大きさ	10 ～ 25mm
地理的分布	インド西太平洋
存在量	希少
生息深度	潮間帯から水深 100m
生息場所	砂底
食性	肉食性で多毛類を食べる
蓋	角質で細長い

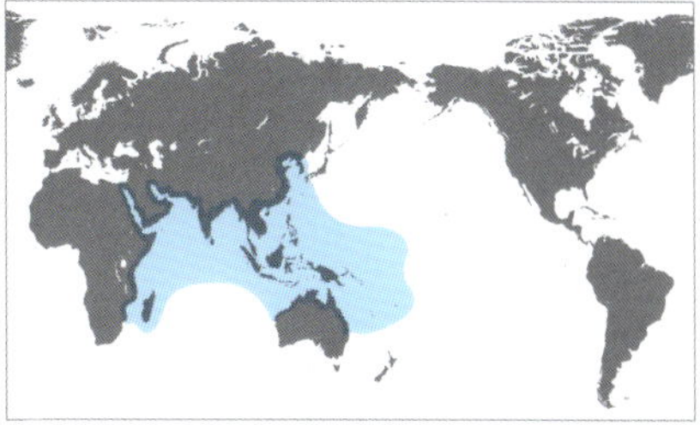

貝殻の大きさ
10 ～ 25mm

写真の貝殻
23mm

Acteon virgatus (Reeve, 1842)

ヤナギシボリキジビキガイ

STRIPED ACTEON

オオシイノミガイ科は、頭楯目(とうじゅんもく) Cephalaspidea の後鰓(こうさい)類の中で最も原始的なグループの１つだと考えられている。他科の種には多かれ少なかれ殻が薄くなったり、退化して小さくなったり、あるいは完全に消失してしまったものが見られるが、オオシイノミガイ科の貝はみな体の外側に厚い殻をもっている。ヤナギシボリキジビキガイは、殻の中に軟体部を完全に収納することができ、蓋ももっている。世界にはオオシイノミガイ類が約 50 種知られ、潮間帯から深海まで見られる。オオシイノミガイ類の最古の化石は、白亜紀の地層から得られている。

近縁種

オマーン固有種のモヨウカヤノミガイ *Acteon eloiseae* Abbott, 1973 は、非常に珍しい貝で、濃褐色の縁取りのある縦長の大きなオレンジの斑紋が螺状に並んだ、とても魅力的な殻をもつため収集家にとても人気がある。この貝の螺肋も体層の中ほどに向かってだんだん太くかつ平たくなる。

ヤナギシボリキジビキガイの殻は卵形で、螺塔は低く、縫合はやや明瞭。殻口は前方が広がる。軸唇に１本の捩じれた襞がある。殻表には密に螺肋が並ぶ。螺肋は螺層の中ほどに向かって徐々に太くかつ平らになり、螺層の中ほどは殻表がほぼ滑らかである。殻の地色は白く、不規則な濃褐色の細い縦縞が入る。

実物大

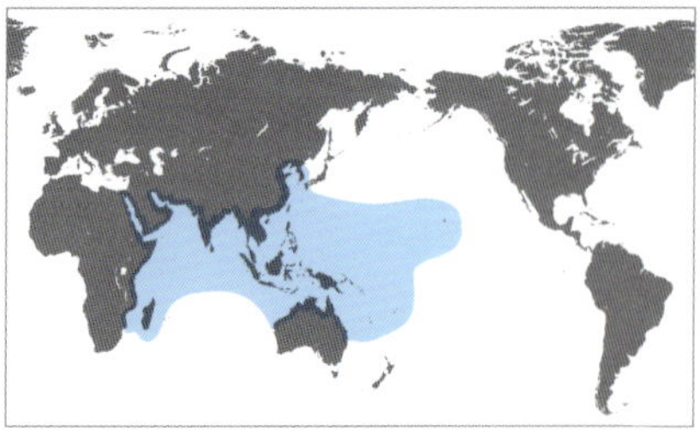

科	オオシイノミガイ科 Acteonidae
貝殻の大きさ	12 ～ 27mm
地理的分布	インド太平洋
存在量	ふつう
生息深度	潮間帯から水深 30m
生息場所	砂底
食性	肉食性で多毛類を食べる
蓋	角質で細長い

貝殻の大きさ
12 ～ 27mm

写真の貝殻
24mm

Pupa solidula (Linnaeus, 1758)

タイワンカヤノミガイ

SOLID PUPA

タイワンカヤノミガイの殻は卵形で、螺塔はやや低く、殻表にやや丸みのある螺肋が並ぶ。殻の地色は白く、螺肋の上には黒や小麦色、あるいは赤の細長い斑点が並ぶ。斑点の色で一番よく見られるのは赤で、少数の螺肋には斑点模様がないこともある。殻頂部と殻口内は白く模様がない。軸唇の下部（前部）に2層になった襞があり、その少し上にも1本の襞がある。

実物大

カヤノミガイ属 *Pupa* は、英語で一般に bubble shell（非常に薄い殻をもつ巻貝の総称）と呼ばれる巻貝の属の1つである。本属の貝の殻はいろいろな点でオオシイノミガイ属 *Acteon* のものに似るが、オオシイノミガイ類と異なり、軸唇下部（前部）にある大きな襞に加えてもう1本、少し上（後ろ）にやや小さな襞があり、また、螺肋はより太く、丸みがある。タイワンカヤノミガイは分布域全域で広く見られる。本種には、フィリピンからオーストラリアの間だけに分布する亜種、*Pupa solidula fumata* (Reeve, 1865) が知られる。この貝はタイワンカヤノミガイよりは珍しく、殻の模様が薄い灰色かベージュである。

近縁種

カヤノミガイ *Pupa sulcata* (Gmelin, 1791) は、タイワンカヤノミガイと地理的分布が重なっているが、それほどふつうには見られない。殻の体層はタイワンカヤノミガイよりも膨れ、螺肋がもっと平たく、黒あるいは小麦色の斑点は不鮮明で汚れかしみのようである。また、殻の前縁と螺塔が小麦色に染まっていることがある。

科	ミスガイ科　Aplustridae
貝殻の大きさ	12 ～ 30mm
地理的分布	インド西太平洋
存在量	ややふつう
生息深度	潮間帯から水深 2m
生息場所	砂底や泥底
食性	肉食性で多毛類を食べる
蓋	ない

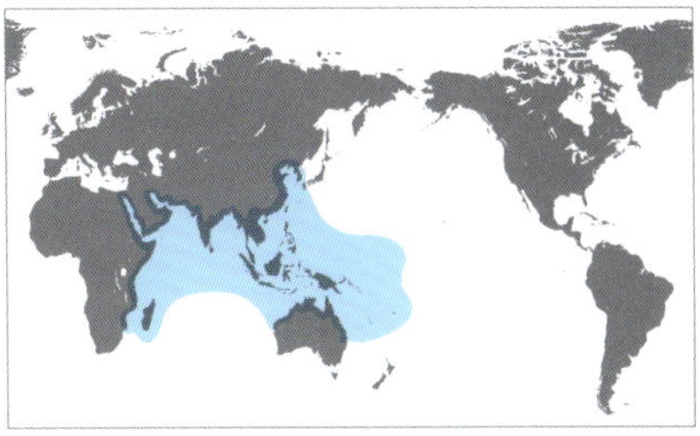

貝殻の大きさ
12 ～ 30mm

写真の貝殻
12mm

Hydatina amplustre（Linnaeus, 1758）

ベニヤカタガイ

ROYAL PAPER BUBBLE

ベニヤカタガイは、ミスガイ科の中で最も小さくかつ比較的強く石灰化した殻をもつ貝の 1 つである。ミスガイ科の貝はたいてい軟体部のほうが殻よりもカラフルだが、ベニヤカタガイは色彩の美しい殻をもち、半透明で薄い灰色の外套がそれを包んでいる。本種は、頭楯に 2 対の触角様の突起をもつ。皮膚には酸分泌腺をもち、そこから捕食者を不快にする化学物質を出して身を守る。また、砂の中に避難することもできる。世界には 10 種余りのミスガイ科の現生種が知られ、それらは熱帯から亜熱帯の海に生息している。その多様性はインド太平洋域で最も高い。

ベニヤカタガイの殻は小さく、薄く、半透明で光沢があり、形はやや細長い卵形。螺塔は低く、先端は丸く、縫合は明瞭。殻表は滑らかで、弱い成長線だけが見られる。殻口は長く、やや狭い。外唇も軸唇も滑らか。殻の色は白で、太い黒色の線で縁取られる 2 本の太いバラ色の螺帯がある。その螺帯や線の色は殻の内側からもぼんやり見える。

近縁種

紅海からインド太平洋にかけて広く分布するミスガイ *Hydatina physis*（Linnaeus, 1758）は、褐色の細い螺状線が並んだ大きな球状の殻をもつ。コンシボリガイ *Micromelo undatus*（Bruguière, 1792）は、世界中の熱帯域を中心に分布し、殻は白く、細い暗赤色の粗い網目模様が入る。コンシボリガイの軟体部は半透明で、灰色の地に白い斑点が散在する。また、その縁は青みを帯び、明るい黄色の色帯と赤の細い線で縁取られる。

実物大

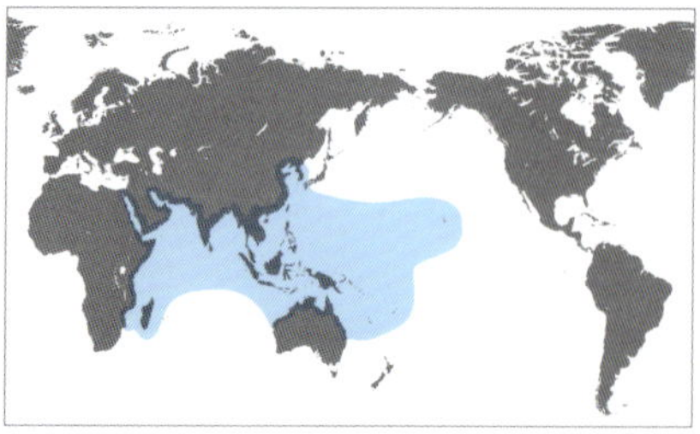

科	ミスガイ科　Aplustridae
貝殻の大きさ	15 〜 65mm
地理的分布	紅海からインド太平洋にかけて
存在量	ふつう
生息深度	潮間帯から水深 28m
生息場所	シルト質の砂が積もった海底
食性	肉食性で多毛類を食べる
蓋	ない

貝殻の大きさ
15 〜 65mm

写真の貝殻
28mm

Hydatina physis (Linnaeus, 1758)

ミスガイ

GREEN-LINED PAPERBUBBLE

ミスガイは、カラフルな有殻のウミウシで、紅海から南は南アフリカ、西は西太平洋まで、インド太平洋に広く分布している。本種の殻は非常に薄くてもろいので、捕食者から身を守ることにほとんど役立たない。縁がひだ飾りのように複雑に波打ったピンクの大きな軟体部には白い縁取りがあり、バラの花びらを彷彿させる。殻の割に軟体部が大きく、軟体部を完全に殻の中に引っ込めることはできず、本種をはじめミスガイ科の種は殻の蓋をもたない。頭部中央に 2 つの小さな黒い眼をもつが、触角はなく、代わりに 2 対の平たく幅広い触角様の突起をもつ。本種はもっぱら多毛類を食べる。

実物大

近縁種

アメリカ合衆国フロリダ州からブラジルにかけて生息するアメリカミスガイ *Hydatina vesicaria* (Lightfoot, 1786) は、ミスガイに非常によく似るが、殻はより小さくてやや細く、螺塔は低いが体層の中に沈まない。インド太平洋産のベニヤカタガイ *Hydatina amplustre* (Linnaeus, 1758) は、2 本のバラ色の螺帯と 3 本の白色螺帯が交互に並び、それらの間に太い黒色の線が入った非常に特色ある小さな殻をもつ。

ミスガイの殻はミスガイ科にしては大型で、非常に薄くて軽く、形は球状。体層が大きく、螺塔は体層の中に沈む。殻口は広く、外唇は薄くて滑らか。殻表も同様に滑らかだが、弱い成長線が見られる。殻の色は乳白色で、さまざまな太さの波状の褐色線が密に並ぶ。軸唇は白く、殻口内も白いが、外面の色模様が透けて見えることがある。外唇内壁の縁は黒っぽい。

科	スイフガイ科　Cylichnidae
貝殻の大きさ	32 〜 75mm
地理的分布	アイスランドからカナリア諸島にかけての東大西洋および地中海
存在量	局所的にふつう
生息深度	潮下帯浅部から水深 700m
生息場所	砂底
食性	肉食性で二枚貝や多毛類などを食べる
蓋	ない

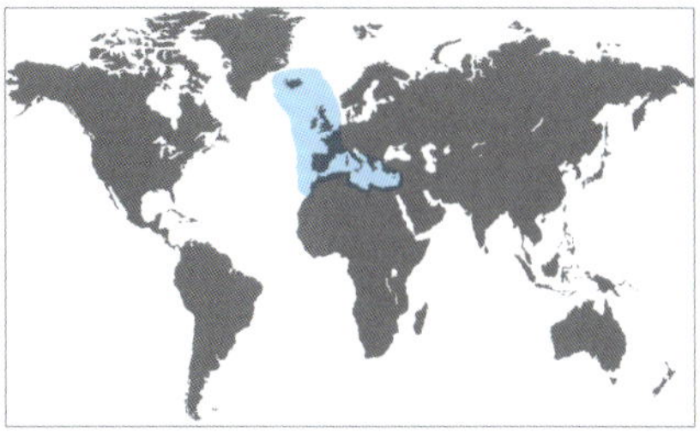

貝殻の大きさ
32 〜 75mm

写真の貝殻
56mm

Scaphander lignarius (Linnaeus, 1758)

セイラーガイ

WOODY CANOEBUBBLE

セイラーガイは、スイフガイ科の中では最大の貝の1つで、餌を求めて砂の中に5cmほどの深さまで潜ることができる。餌は二枚貝、多毛類、有孔虫、小型甲殻類などである。他のスイフガイ類と同じく、殻の割に軟体部が大きく、殻の中に軟体部を完全に収納することはできない。平たい頭部には触角はなく、頭楯を備える。大きな足の両側には側足葉(そくそくよう)があり、それを使って泳ぐことができる。また、体内には石灰化した大きな胃板(いばん)あるいは砂嚢板(さのうばん)が3つあり、砂嚢の強力な筋肉の力も借りてそれらを使って取り込んだ餌をすりつぶす。砂地に棲む多くの巻貝類と同様、この貝の殻にも蓋がない。世界には約50種のスイフガイ科の貝が知られる。

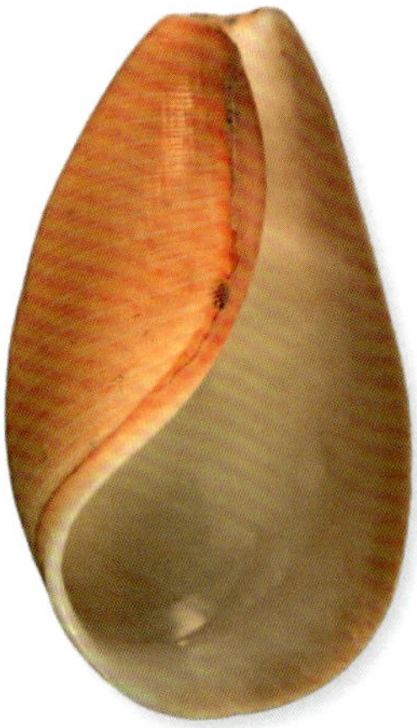

実物大

近縁種

アメリカ合衆国ノースカロライナ州からベネズエラにかけて分布するワトソンスイフガイ *Scaphander watsoni* Dall, 1881 は、殻の形がセイラーガイに似るが、セイラーガイより小さく、殻の色が白またはクリーム色で、螺溝の間がもっと広くあく。地中海および北東大西洋に生息する *Akera bullata* Müller, 1776 の殻はもっと円筒形に近く、半透明でもろい。

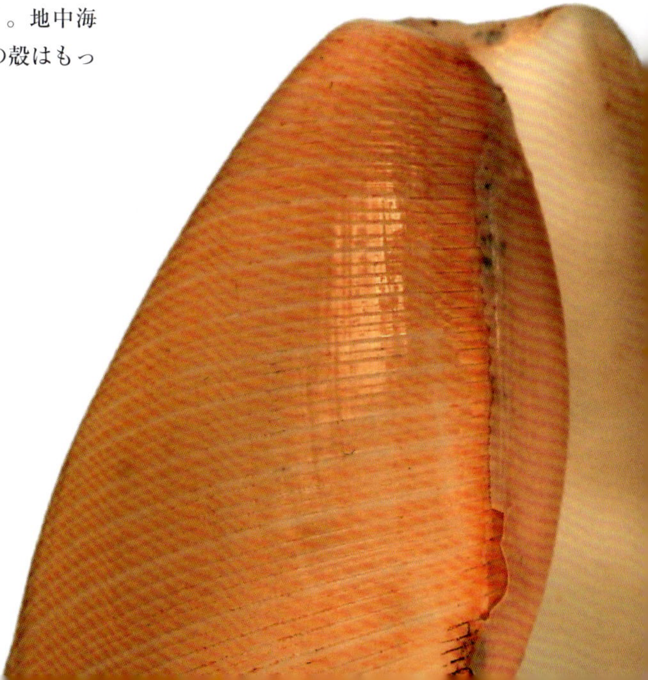

セイラーガイの殻は薄いが頑丈で、形は卵形。螺塔は体層の中に沈む。体層は前方が大きく広がり、殻頂に向かって細くなる。殻口は殻と同じ長さで、前端部が最も広い。外唇は薄く、後端が殻頂の上に突出する。軸唇は滑らかで湾曲し、白い滑層楯を備える。殻表には細い螺溝が並び、それらが成長線と交差する。殻は小麦色で、より色の濃い殻皮に覆われる。殻の内面は白い。

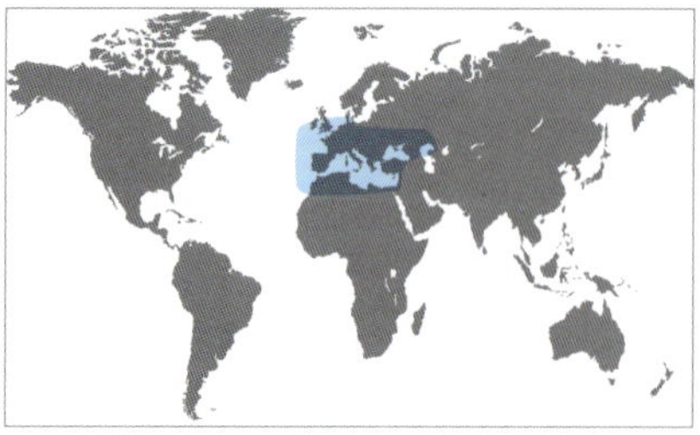

科	ブドウガイ科　Haminoeidae
貝殻の大きさ	15 〜 32mm
地理的分布	アイルランドから地中海にかけて
存在量	ふつう
生息深度	潮下帯浅部から水深 5m
生息場所	砂底や泥底
食性	植食性で珪藻類を食べる
蓋	ない

貝殻の大きさ
15 〜 32mm

写真の貝殻
29mm

Haminoea navicula (da Costa, 1778)

ブドウガイの仲間

NAVICULA PAPERBUBBLE

Haminoea navicula の殻は小型で、薄くてもろく、球状で、内巻き型。螺塔は体層の中に沈み、体層が大きく膨らみ、殻全体を包み込む。殻表には細い螺状線が並び、それらが成長線と交差する。殻口は大きく、外唇は薄く、その後端は殻頂の上に突出する。軸唇は湾曲し、表面は滑らかで、滑層楯を備える。殻は白から薄い黄色で、薄い殻皮に覆われる。

本種は、ヨーロッパの浅海に生息するブドウガイ類の中では最大で、世界的に見ても最大の種の 1 つである。砂底や泥底に棲み、植食性でおもに珪藻類を食べるが、植物由来のデトリタスも食べる。ブドウガイ類は殻内の螺管を溶かして再吸収するので、殻内に比較的大きな空所ができ、殻の 2 倍ほどある大きな軟体部でも殻の中に完全に収納することができる。大きな頭楯と側足葉をもち、頭部に触角はなく、殻の蓋ももたない。ブドウガイ類の中には昼間は海底の底質中に潜っていて、夜間に動き回るものもいる。

近縁種

アメリカ合衆国フロリダ州からブラジルにかけて生息する *Haminoea antillarum*（d'Orbigny, 1841）は普通種で、本種に似るが、より小さく、殻はもっと丸みが強い。殻口はやはり前方が大きく広がる。西太平洋からハワイにかけて分布するタマゴガイ *Atys naucum*（Linnaeus, 1758）の殻も内巻き型だが、丸みがもっと強く、分厚い。

実物大

科	ブドウガイ科　Haminoeidae
貝殻の大きさ	15 〜 50mm
地理的分布	インド太平洋、ハワイを含む
存在量	ふつう
生息深度	潮間帯から水深 27m
生息場所	砂底
食性	植食性
蓋	ない

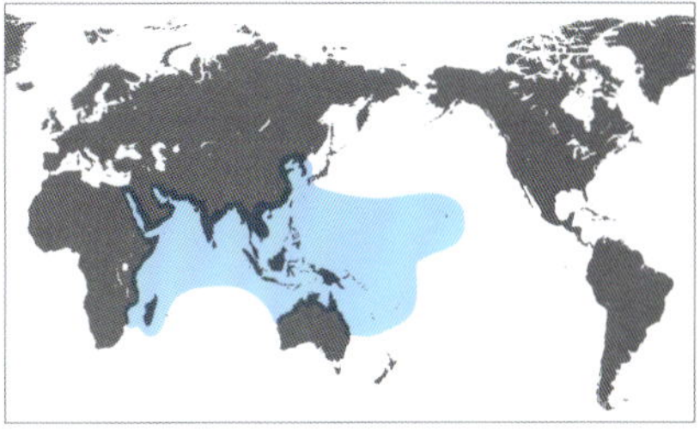

貝殻の大きさ
15 〜 50mm

写真の貝殻
51mm

Atys naucum（Linnaeus, 1758）

タマゴガイ

WHITE PACIFIC ATYS

タマゴガイは、薄い半透明の膨らんだ殻をもつ植食性巻貝の一群、ブドウガイ科の最大種の 1 つである。タマゴガイの殻は中ほどが最も幅広く、内巻きで、螺塔が完全に体層の中に包まれている。軟体部には幅の広い足があり、その両側に側足葉と呼ばれる大きな張り出しがあって、それで殻を包んでいる。なかには、側足葉をバタバタ動かして短距離を泳ぐことができる貝もいる。ブドウガイ類は世界中の熱帯域にも温帯域にも生息しており、たいてい浅海の軟質底で見られる。

近縁種

インド西太平洋に産するカイコガイ *Atys cylindricum*（Helbling, 1779）は、円筒形の細長い殻をもち、殻の色が白からクリーム色で、殻の両端付近だけ殻表に螺溝が並ぶ。アイルランドから地中海にかけて生息する *Haminoea navicula*（da Costa, 1778）は、小さな膨らんだ殻をもつ。この貝の殻は薄くてもろい。

タマゴガイの殻は球状で、ブドウガイ科にしては大型で、かなり硬いが軽い。内巻き型で、殻の後端の沈んだ螺塔の上に小さなくぼみがある。体層は大きく、膨らみ、殻表に細い螺溝が並び、それらが弱い成長線と交差する。螺溝は殻の両端に向かってだんだん深くなる。殻口は広くて長く、殻の全長に渡る。軸唇は滑らかで、前方が曲がる。殻の色は真っ白だが、オレンジがかった褐色の殻皮が殻表に残っていることが多い。

実物大

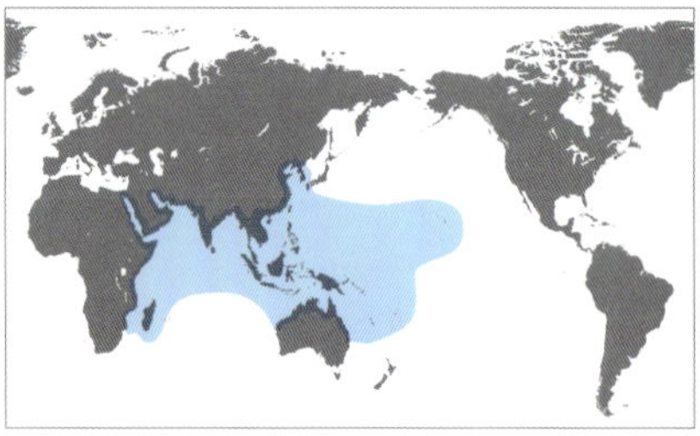

科	ミドリガイ科　Smaragdinellidae
貝殻の大きさ	8 ～ 15mm
地理的分布	インド太平洋、ハワイを含む
存在量	多産
生息深度	潮間帯
生息場所	岩礁あるいは海藻の間
食性	植食性
蓋	ない

貝殻の大きさ
8 ～ 15mm

写真の貝殻
11mm

Smaragdinella calyculata (Broderip and Sowerby I, 1829)

ミドリガイ

SMARAGDINELLA CALYCULATA

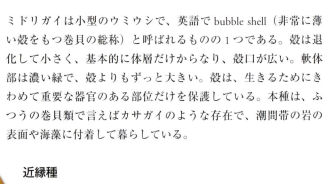

ミドリガイは小型のウミウシで、英語で bubble shell（非常に薄い殻をもつ巻貝の総称）と呼ばれるものの 1 つである。殻は退化して小さく、基本的に体層だけからなり、殻口が広い。軟体部は濃い緑で、殻よりもずっと大きい。殻は、生きるためにきわめて重要な器官のある部位だけを保護している。本種は、ふつうの巻貝類で言えばカサガイのような存在で、潮間帯の岩の表面や海藻に付着して暮らしている。

近縁種

インド西太平洋に産するタテジワミドリガイ *Smaragdinella sieboldi* A. Adams, 1864 は、ミドリガイより小さく、輪郭がスプーン形の白い半透明の殻をもつ。軟体部はミドリガイに似るが、色はより薄く、白点が散在する。同じくインド西太平洋産のチョウチョウミドリガイ *Phanerophthalmus smaragdinus* (Rüpell and Leuckart, 1828) は、ミドリガイより細長い緑色の軟体部と、痕跡的で小さい白い殻をもつ。

実物大

ミドリガイの殻は退化的で小さく、硬く、帽子形。螺塔は体層に隠れて見えない。次体層までの螺層は退化して、内唇から体層内に突出するスプーン形の突起となっている。殻表は滑らかで、成長線だけが見られる。殻口は広く、外唇は薄く、軸唇は滑らか。殻の色はくすんだ黄緑色（生時は黄色）で、内唇は白い。

科	ナツメガイ科　Bullidae
貝殻の大きさ	20 〜 65mm
地理的分布	インド西太平洋
存在量	非常によく見られる
生息深度	潮間帯から潮下帯浅部
生息場所	海草群落
食性	植食性
蓋	ない

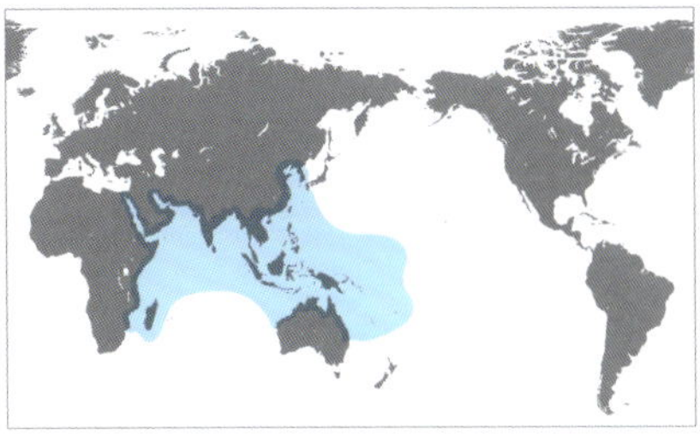

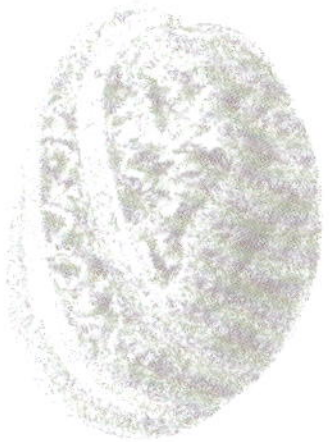

貝殻の大きさ
20 〜 65mm

写真の貝殻
54mm

Bulla ampulla Linnaeus, 1758

タイワンナツメガイ

AMPULLE BUBBLE

ナツメガイ属 *Bulla* に分類される貝の殻はたいてい螺塔が体層の中に深く沈んでおり、その部分が細長い臍孔のように見える。殻の蓋こそもたないが、本属の貝はすべて軟体部を殻の中に完全に収納することができる。ナツメガイ科の種は世界中の浅海で見られる。タイワンタツメガイは夜行性の植食者で、日中は海底の砂の中に潜っている。夜になると、砂から這い出してきて海藻や海草を食べるので、夜、懐中電灯をもって探せば容易に見つけることができる。

実物大

近縁種

インド太平洋のタイワンナツメガイに相当するものを大西洋や地中海産の貝から選ぶとするとタイセイヨウナツメガイ *Bulla striata* Bruguière, 1792 である。この貝はタイワンナツメガイより小さく、殻はやや細長い卵形で、前端が後端よりわずかに幅広い。殻の両端付近の殻表に螺溝が並ぶ。殻の色は変異の幅も含めてタイワンナツメガイによく似ている。

タイワンナツメガイの殻は卵形で、螺塔は体層の中に沈む。殻表は滑らかで、成長線だけが見られる。殻の色はクリーム色がかったピンクから小麦色がかった灰色までさまざまで、褐色から濃褐色の斑紋が殻全体に入る。殻口は体層よりも長く、両端がともに体層縁の外側にくる。殻口の幅は前方のほうが著しく広い。外唇は沈んだ螺塔を超えて、その先まで伸びる。

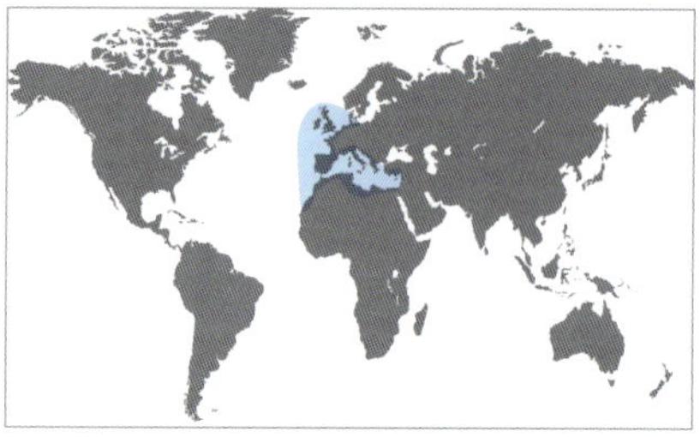

科	ウツセミガイ科　Akeridae
貝殻の大きさ	25 ～ 40mm
地理的分布	地中海および北東大西洋
存在量	少産
生息深度	潮間帯から潮下帯浅部
生息場所	軟質底、とくに泥底
食性	植食性で藻類を食べる
蓋	ない

貝殻の大きさ
25 ～ 40mm

写真の貝殻
16mm

Akera bullata Müller, 1776

ウツセミガイの仲間

BUBBLE AKERA

本種は、膨らんだ薄い殻をもち、軟体部に長く伸びた頭頸部を備えた少数の原始的なアメフラシ類からなる一群、ウツセミガイ科の一員である。足の両側には体の上で合わさる側足がある。何かに驚くと、断続的に側足をバタバタと動かして泳ぐことができる。この動きは30分近くも続くことがある。本種は、軟体部を殻の中に完全に収納することができない。従って、殻の蓋はない。頭だけを表面に出して、泥っぽい海底に潜ってほとんどの時間を過ごす。ときに、本種が大群をなして泳いでいるのが観察されている。ウツセミガイ科にはわずかに4種の現生種が知られるのみで、すべて本種に似た殻をもっている。

近縁種

ウツセミガイ *Akera soluta*（Gmelin, 1791）は、アフリカ東岸から中部太平洋まで分布する。ウツセミガイ類は、アメリカ合衆国ロードアイランド州からテキサス州、さらにバーミューダー諸島にも生息する *Aplysia morio*（Verrill, 1901）などのアメフラシ類に近縁である。このアメフラシは大きく、体長が400mmにもなる。しかし、殻は退化して小さく、体内に埋在し、その長さは60mmほどにしかならない。

実物大

Akera bullata **の殻**は卵形で薄くてもろく、半透明で内巻き型。螺塔は平たいか非常に低く、縫合は明瞭で溝状。殻表には多くの細い螺状線と成長線が見られるが、おおむね滑らか。殻口は大きくて長く、殻とほぼ同じ長さで、前端が最も広い。軸唇は滑らか。殻の色は後方が小麦色で、前方は灰白色。

科	アメフラシ科　Aplysiidae
貝殻の大きさ	25 〜 67mm
地理的分布	インド西太平洋
存在量	ふつう
生息深度	潮下帯浅部から水深 12m
生息場所	海草群落や軟質底
食性	植食性で海藻を食べる
蓋	ない

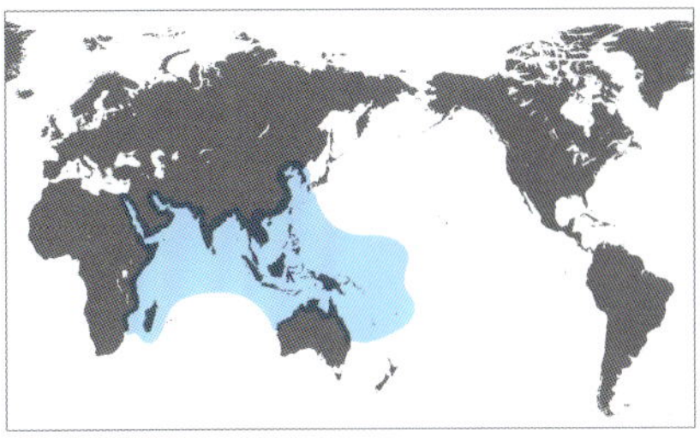

貝殻の大きさ
25 〜 67mm

写真の貝殻
44mm

Dolabella auricularia (Lightfoot, 1786)

タツナミガイ

SHOULDERBLADE SEA CAT

タツナミガイは、大型のアメフラシ類、すなわち体内に退化して小さくなった殻をもつ腹足類の一群、アメフラシ科の一員である。アメフラシ類の頭部には、2 本の突起すなわち触角があり、その様子がウサギを連想させるので、英語では sea hare（海のウサギ）と呼ばれる。タツナミガイは植食者で、褐藻類や緑藻類を食べる。内湾や礁湖でふつうに見られ、とくに海草群落でよく見られるが、潮溜まりなどにもいる。他のアメフラシ類と同じく、刺激を受けると身を守るために紫汁を出す。体内に埋在している殻は、他の巻貝類が体の外にもつ殻の名残で、背中の外套の下、鰓や内臓の上にある。

実物大

近縁種

インド洋に生息する *Dolabella gigas* (Rang, 1828) は、殻がタツナミガイよりわずかに大きく、殻頂部の受け皿状の突出部もより大きく丸い。アメリカ合衆国カリフォルニア州に産する *Aplysia vaccaria* Winkler, 1955 は、アメフラシ科の最大種で、殻は体内にあって小さいが、体長は 1m ほどになり、「世界最大の腹足類」のタイトルを狙える有力候補の 1 つである。

タツナミガイの殻は退化していて小さく、平たくて皿状。アメフラシ科の殻にしては、よく石灰化しているが、幼体の殻は乾燥によって壊れやすくなったり、形が変形したりする。形は耳状で（種小名、*auricularia* はこのことに由来する）、大型の殻では殻頂に受け皿状の突出部がある。螺旋状に巻かない本種の殻は成長が速く、成長線が細い。殻は白く、背面は淡褐色の殻皮に覆われるが、幼体の殻の殻皮は簡単に剥がれてしまう。

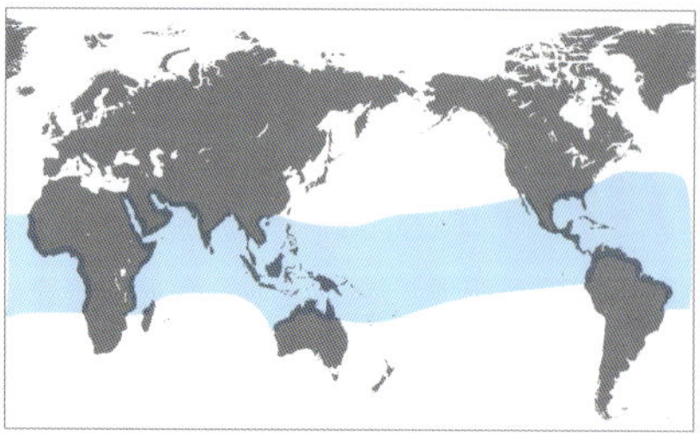

科	ヒトエガイ科　Umbraculidae
貝殻の大きさ	75 ～ 100mm；体長は 280mm に達する
地理的分布	世界中の暖海
存在量	少産
生息深度	潮間帯から水深 275m
生息場所	サンゴ礁周辺の軟質底
食性	肉食性でカイメンを食べる
蓋	ない

貝殻の大きさ
75 ～ 100mm

写真の貝殻
60mm

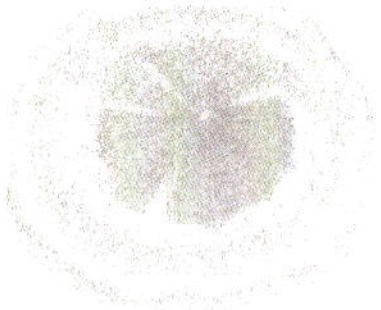

Umbraculum umbraculum (Lightfoot, 1786)

ヒトエガイ

UMBRELLA SHELL

実物大

ヒトエガイは、大型の後鰓類で、その殻はカサガイ類の殻のように平たく、大きさは軟体部の半分に満たない。ヒトエガイはその小さな殻を軟体部の背側に笠のように背負っている。学名（ラテン語の umbraculum は日よけや木陰、日傘などの意味をもつ）は、このことに因んでつけられたものである。浅海や潮溜まりで見つかることが多いが、桁網（けたあみ）などによって深所から採集されることもある。軟体部は黄色またはオレンジで、大きな疣に覆われており、いくつかの餌のカイメンに色と風合いが非常によく似ている。体の横に鰓をもち、眼は触角の基部にある。歯舌は長くて幅広く、その上に 80 万個の歯があると見積もられている。

ヒトエガイの殻は平たく、非常に背の低い円錐状で、上から見ると楕円形。胎殻だけが巻き、その螺層は 1 層のみ。大きな殻では、胎殻は摩滅していることが多い。殻表には細い同心円状の成長線が並び、ときに殻の内面に細い放射状の筋やゆるやかな起伏が見られる。殻の外面は褐色の殻皮に覆われる。殻の色は白から黄色で、中心から少しはずれたところにある殻頂部が黄色や白あるいは褐色に染まる。

近縁種

ヒトエガイ科に最も近縁な科はジンガサヒトエガイ科 Tylodinidae で、オーストラリア産の *Tylodina corticalis* (Tate, 1889) やメキシコ湾およびカリブ海に生息する *Tylodina americana* Dall, 1890 は、ともに黄色い殻をもち、ヒトエガイに似ている。しかし、前者の殻は 25mm 前後にしかならず、後者はさらに小さく、その半分ほどで、殻に放射条紋がある。

科	カメガイ科　Cavolinidae
貝殻の大きさ	5 ～ 20mm
地理的分布	全世界
存在量	ふつう
生息深度	水深 0 ～ 30m
生息場所	外洋性
食性	広食性でさまざまなプランクトンを食べる
蓋	ない

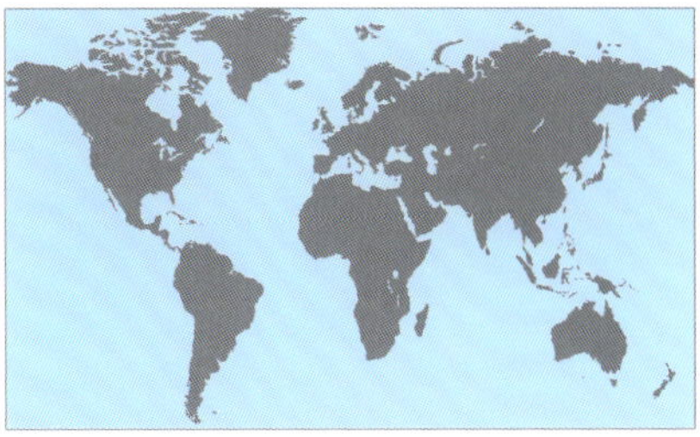

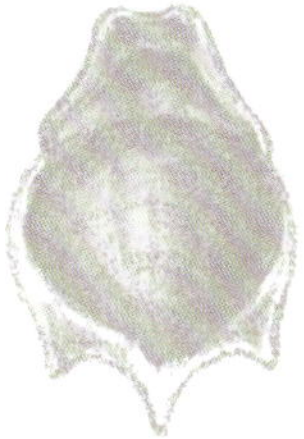

貝殻の大きさ
5 ～ 20mm

写真の貝殻
18mm

Cavolinia tridentata Niebuhr, 1775

カメガイ

THREE-TOOTHED CAVOLINE

カメガイは、カメガイ科の大型種で、かつ普通種である。カメガイ類は浮遊性の巻貝類の一群で、足に大きな張り出しがあり、それを翅(はね)のようにバタバタ動かして泳ぐので、英語では sea butterflies（海のチョウ）とも呼ばれる。カメガイは秒速 140mm ほどの速度で泳ぐことができる。カメガイ類の例に漏れず、本種も光沢のある薄い半透明の殻をもち、その殻は左右対称である。本科の貝の殻には非常にさまざまな形のものが見られる。カメガイ類は広食性で、粘液の「網」をつくり、それを使ってさまざまなプランクトンを捕まえて食べる。カメガイ科には世界で約 30 種の現生種が知られ、そのすべてが外洋性である。本科の最古の化石は始新世のものが知られる。

近縁種

カメガイ科のおもな殻の形には他にも次のようなものがある。1 つは、一端が尖ったピラミッド形の殻、この形の殻をもつ種としてはウキビシガイ *Clio pyramidata* Linnaeus, 1767 が挙げられる。ウキビシガイの殻は非常にもろく、一端が尖っているのでめったに完全な形のものが採れない。次に、側面がまっすぐで、開口した一端からもう一端に向かって徐々に細くなる非常に細長い殻で、例えばウキヅノガイ *Creseis acicula*（Rang, 1828）がこのような殻をもつ。また、ヒラカメガイ *Diacria trispinosa*（Blainville, 1821）などは平たく幅広い殻をもつ。ヒラカメガイの殻にもカメガイのように 3 本の棘があり、中央のものは非常に長い。さらに、ウキヅツガイ *Cuvierina columnella*（Rang, 1827）のように小さな瓶のような形の殻をもつものもいる。

実物大

カメガイの殻は小型で薄くてもろく、軽く、球状。螺旋の名残を留めず、左右対称である。殻表は滑らかで光沢があり、細い成長線が見られる。殻口は狭く、湾曲し、外唇は肥厚する。殻口の反対側に 3 本の棘が並び、その中央の棘が最も長い。殻の色は飴色。

頭足類

CEPHALOPODS

現存する約900種の頭足類の中で、原始的なオウムガイ属 *Nautilus* に分類される6種だけが現在でも体の外側に貝殻をもっている。これらの種は、内部がいくつかの小室に仕切られた左右相称の殻をもち、その最後の小室に軟体部が納まっている。残りの小室には気体が詰まっていて、浮力調節に使われる。オウムガイ類は、昼間はサンゴ礁の周りの深海にいるが、夜になると、より浅い所に上がってきて、頭の周囲にある80～90本の触手を使って餌を捕らえて食べる。コウイカ類やツツイカ類は体内に著しく退化した殻をもつ。イカ類は泳ぎが速く、8本の腕と2本の触腕（しょくわん）を使って餌を捕まえる。タコ類は貝殻をもたない。タコ類は8本の腕をもつ。

アオイガイ類の雌は卵を保護するための殻をつくる。この殻は一見、貝殻のように見え、オウムガイ類の殻と同じく左右相称であるが、オウムガイ類の殻に比べてずっと薄く、内部は小室に仕切られておらず、中が空になっても浮くことはない。

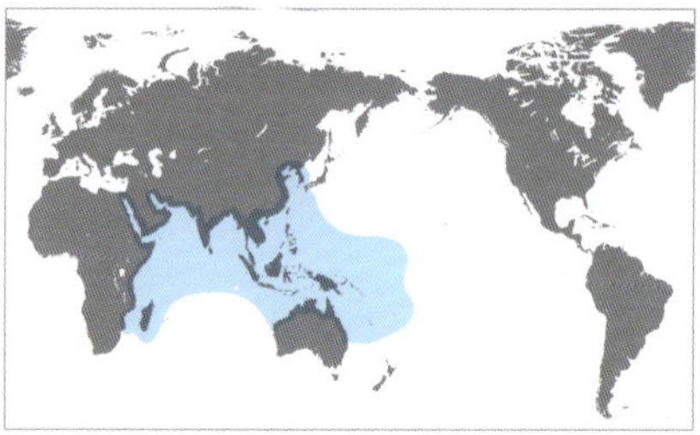

科	オウムガイ科　Nautilidae
貝殻の大きさ	150 〜 268mm
地理的分布	インド西太平洋
存在量	ふつう
生息深度	水深 200 〜 450m、夜にはより浅い所に上がってくる
生息場所	サンゴ礁から急に深海に落ち込むような場所の水中
食性	肉食性でヤドカリや魚などを食べる
蓋	蓋はないが、革のように堅い頭巾が蓋に似た働きをする

貝殻の大きさ
150 〜 268mm

写真の貝殻
166mm

Nautilus pompilius Linnaeus, 1758

オウムガイ

CHAMBERED NAUTILUS

オウムガイの殻は大きく、薄くて軽く、内巻きで平巻き。また、殻口が広く、左右対称。他のいくつかのオウムガイ類と異なり、本種の臍孔は閉じている。殻表には成長線が並ぶ。殻はクリーム色あるいは白で、茶色から赤の不規則な縞模様が入る。この模様は殻口部に近づくにつれ色褪せる。殻口に面する部分は殻が茶色または黒色に染まっているが、そこがオウムガイの頭巾が殻に接していた部分である。殻口および殻内の小室は白く、真珠のような光沢がある。

現存する頭足類の中で体の外側に真の貝殻をもつのはオウムガイ類だけで、オウムガイ類は生きた化石、すなわち4億年を超える長い化石記録をもつ有殻頭足類の唯一の生残者と考えられている。昼間は450mもの深さに潜っていることもあり、夜になると水深100mほどの所まで上がってくる。貝殻は小室に仕切られており、殻口部にある、最後の小室にオウムガイの体が入っている。残りの小室は気体と液体で満たされていて、すべての小室は連室細管と呼ばれる中空の管でつながれており、この管を通してオウムガイ類は浮力を調節している。

近縁種

オオベソオウムガイ *Nautilus macromphalus* Sowerby II, 1849 は、ニューカレドニア沖からオーストラリア北東部にかけて分布し、両側に1つずつ大きな臍孔のある殻をもつ。パラオ産のパラオオウムガイ *Nautilus belauensis* Saunders, 1981 は、オウムガイに似た殻をもち、オーストラリアのグレートバリアリーフに生息するコベソオウムガイ *Nautilus stenomphalus* Sowerby II, 1849 の殻には臍孔の上に、それを部分的に覆う滑層がある。

実物大

科	オウムガイ科　Nautilidae
貝殻の大きさ	180 〜 215mm
地理的分布	ニューギニア島からソロモン諸島にかけて
存在量	少産
生息深度	水深 100 〜 300m
生息場所	サンゴ礁から急に深海に落ち込むような場所の水中
食性	肉食性でエビやカニ、魚などを食べる
蓋	蓋はないが、革のように堅い頭巾が蓋に似た働きをする

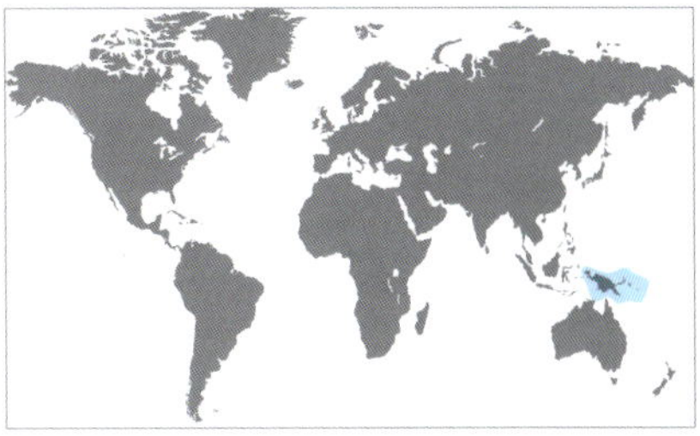

貝殻の大きさ
180 〜 215mm

写真の貝殻
168mm

Nautilus scrobiculatus Lightfoot, 1786

ヒロベソオウムガイ

CRUSTY NAUTILUS

ヒロベソオウムガイは、パプアニューギニア沖からソロモン諸島にかけての限られた海域に分布し、深所に生息する。他の頭足類と同様、オウムガイ属 *Nautilus* の種も、漏斗と呼ばれる筋肉質の器官から水を噴出して後ろ向きに泳ぐことができる。ヒロベソオウムガイは約 90 本の触手をもち、餌動物の出す化学物質を手掛かりに餌を探し、餌を見つけると触手を使ってそれを捕まえる。他のオウムガイ類と同じく、殻は 30 にも及ぶ中空の小室に仕切られる。

ヒロベソオウムガイの殻は大きく、平巻きで、殻の両側に大きな臍孔が開いている。殻表には正弦曲線を描く多数の放射状の皺がある。殻の外面はくすんだクリーム色で、殻の 1/4 〜 1/2 に渡って茶色から赤の細い縞が放射状に並ぶ。殻口に面した部分は軟体部の頭巾によって黒く染められる。殻口および殻内の小室は白く、真珠のような光沢がある。

近縁種

インドネシアのバリ島周辺に生息する *Nautilus perforatus* Conrad, 1847 は、同属種の中でも最もヒロベソオウムガイに近縁で、貝殻にはやはり臍孔がある。両種とも、広範に分布するオウムガイ *Nautilus pompilius* Linnaeus, 1758 に比べると、ずっと珍しい。パラオ産のパラオオウムガイ *Nautilus belauensis* Saunders, 1981 は、オウムガイ属中 2 番目に大きな殻をもち、ニューカレドニアからオーストラリア北東部にかけて分布するオオベソオウムガイ *Nautilus macromphalus* Sowerby II, 1849 は、同属種中最小の殻をもつ。

実物大

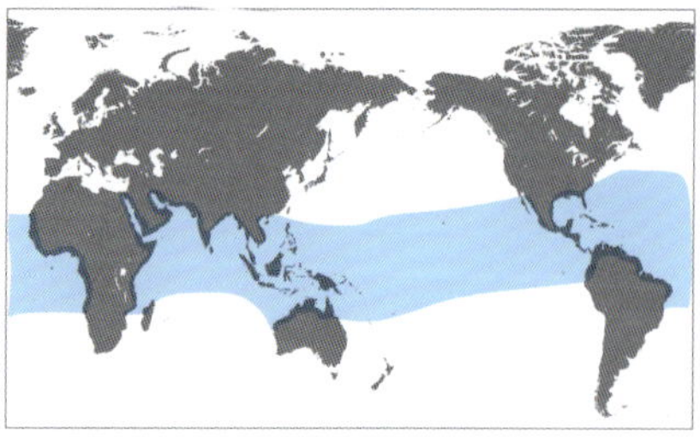

科	トグロコウイカ科　Spirulidae
貝殻の大きさ	20 ～ 30 mm
地理的分布	世界中の暖海
存在量	ふつう
生息深度	水深 100 ～ 1000m
生息場所	外洋性
食性	肉食性
蓋	ない

貝殻の大きさ
20 ～ 30mm

写真の貝殻
23mm

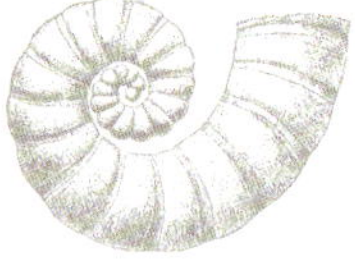

Spirula spirula (Linnaeus, 1758)

トグロコウイカ

SPIRULA

トグロコウイカは、深海産の小型頭足類で、めったに生きた状態で見つかることがないためその生態はよく分かっていない。世界中の暖かい海に広く分布し、水中に浮いて生活する。昼間は水深 500 ～ 1000m の深海にいて、夜には昼間より浅い所に移動する日周移動を行う。オウムガイ類と同じく、小室に仕切られた殻を浮力調節に使うが、殻は体外ではなく体内にある。殻には浮力があるため中が空になると海面に浮き、潮流によってはるか遠くまで運ばれることがある。本種は、トグロコウイカ属 *Spirula* 唯一の現生種であるだけでなく、トグロコウイカ科唯一の現生種でもある。

近縁種

トグロコウイカに最も近縁だと考えられているのは、トグロコウイカ科の化石種および絶滅したベレムナイト類である。ベレムナイト類は小室に仕切られたまっすぐな殻を体内にもち、現生のツツイカ類に似ていたと考えられている。現存するものでトグロコウイカに近縁なのは、コウイカ類やツツイカ類などである。

実物大

トグロコウイカの殻は小さく、同一平面上で巻いた渦巻き状で、螺層の間があいている。殻の内側は小室に仕切られ、湾曲した細い連室細管がそれらの小室をつないでいる。殻口は丸く、その奥のへこんだ壁すなわち隔壁は真珠のような光沢がある。殻表の色は白亜色だが、殻の内部にある隔壁がクリーム色の色帯としてはっきり透けて見える。殻は頑丈だが、隔壁のところではより割れやすく、割れると内部の小室や連室細管を見ることができる。

科	コウイカ科　Sepiidae
貝殻の大きさ	300 〜 400 mm
地理的分布	熱帯インド西太平洋
存在量	ふつう
生息深度	水深 10 〜 100m
生息場所	浅海の海底付近に棲む
食性	肉食性で魚類や甲殻類を食べる
蓋	ない

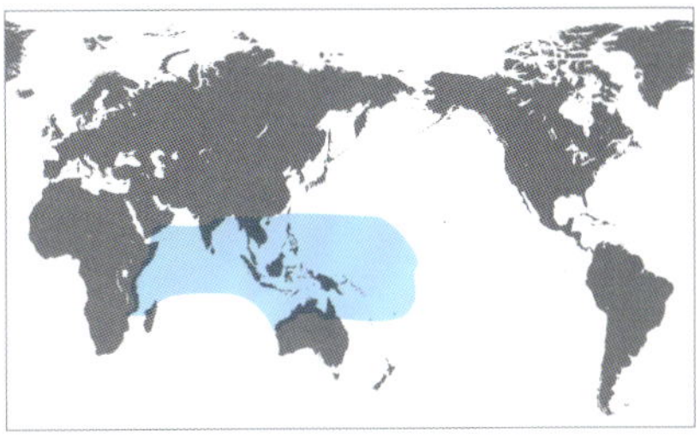

貝殻の大きさ
300 〜 400mm

写真の貝殻
261mm

Sepia pharaonis Ehrenberg, 1831

トラフコウイカ

PHARAOH CUTTLEFISH

コウイカ類は、小室に仕切られた炭酸カルシウムの殻を体内にもつ。オウムガイ属の種と同じく、小室内の液体と気体を出し入れして浮力を調節する。コウイカ類は食欲旺盛な捕食者で、吸盤のついた 10 本の腕を使って甲殻類や魚類を捕らえて食べる。体の色をすばやく変えることができ、体の模様をぱっと浮かび上がらせたり、体の姿勢を変えたりして他個体とコミュニケーションをとることができる。世界には 100 種を超えるコウイカ類が知られ、南北アメリカ大陸沿岸を除く、世界の熱帯、亜熱帯および温帯の海に生息している。

近縁種

同属種でトラフコウイカよりもよく知られているのがヨーロッパコウイカ *Sepia officinalis* Linnaeus, 1758 である。この種は大型で、地中海と東大西洋に生息する。オーストラリア南部に生息するオーストラリアコウイカ *Sepia apama* Gray, 1849 は、コウイカ類中最大の種で、外套の長さが 50cm 以上になる。

実物大

トラフコウイカの殻は「イカの骨」として知られる。大きな厚い炭酸カルシウムの殻ではあるが、内部が多数の小室に仕切られているため、大きさの割に軽い。輪郭は披針形でほぼ平たく、幅広いキチン質の縁があり、後端に1本の短い棘を備える。殻の背面はざらざらしており、腹面には1本の浅い縦溝と多数の低い肋がある。それぞれの肋は殻内の各小室に対応している。殻は白亜色で非常にもろく、水に浮き、海岸によく打ち上げられている。

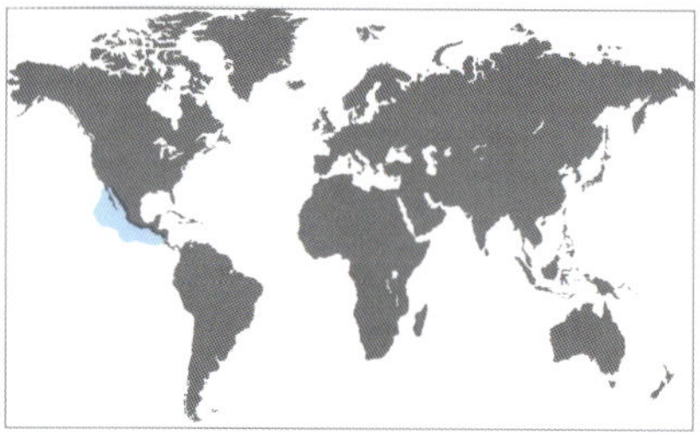

科	アオイガイ科／カイダコ科 Argonautidae
貝殻の大きさ	80 ～ 98mm
地理的分布	バハカリフォルニアからパナマにかけて
存在量	少産
生息深度	表層から深海まで
生息場所	外洋性
食性	肉食性で甲殻類や他の軟体動物を食べる
蓋	ない

貝殻の大きさ
80 ～ 98mm

写真の貝殻
95mm

Argonauta cornutus Conrad, 1854

アオイガイの仲間

HORNED PAPER NAUTILUS

本種は、おそらくアオイガイ類の中で最も希少な種であろう。オウムガイ属の種を彷彿させるが、その「殻」はオウムガイ類の殻とも他のどの軟体動物の殻とも異なり、アオイガイ科のみに見られる新奇な形質である。それは卵を保護するための構造で、雌の背側にある、広い膜のついた2本の腕から分泌される。アオイガイ類はタコの仲間で、他のタコ類と同様、8本の腕をもつ。殻の周縁には、比較的長い尖った結節状突起が2列に並び、殻口の両側には角状突起がある。

Argonauta cornutus **の殻**は中型で、非常に薄くてもろく、軽く、側扁し、円盤状。殻口の両側に各1本の角状突起がある。殻表には放射肋があり、放射肋はほぼ1本置きに先端が殻の周縁から突き出て、先の尖った結節状突起を形成する。殻の内面では肋のところはへこみ、溝になっている。殻口は長くて幅広く、外唇部が薄い。色は白く、巻きの中心に近い部分では周縁の結節状突起が褐色に染まるが、殻口に近づくにつれてその色は褪せて白くなる。殻の内面は白い。

実物大

近縁種

南西太平洋およびバハカリフォルニアからパナマにかけての東太平洋に生息するヤサガタタコブネ *Argonauta nouryi* Lorois, 1852は、アオイガイ科の中で最も細長い殻をもち、殻口も長い。世界中の暖海に広く分布するアオイガイ *Argonauta argo* Linnaeus, 1758は、アオイガイ類の中で最も大きく、最もよく知られている。オーストラリア南部や南アフリカでは、アオイガイが大量に漂着することがある。

科	アオイガイ科／カイダコ科　Argonautidae
貝殻の大きさ	250 〜 300mm
地理的分布	世界中の暖海
存在量	局所的にふつう
生息深度	水深 1 〜 150m
生息場所	外洋性
食性	肉食性で小型甲殻類や軟体動物、クラゲなどを食べる
蓋	ない

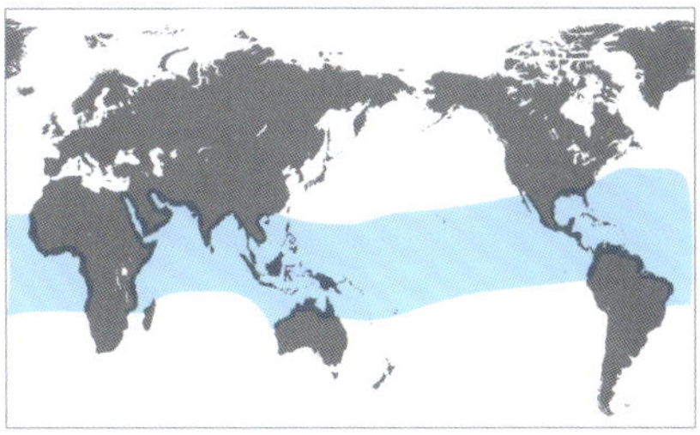

貝殻の大きさ
250 〜 300mm

写真の貝殻
245mm

Argonauta argo Linnaeus, 1758

アオイガイ（カイダコ）

PAPER NAUTILUS

アオイガイは、浮遊性のタコの1種で、アオイガイ科の中で最も大きく、最もよく知られている。その「殻」は、卵を保護するために雌ダコがつくり出した入れ物である。アオイガイは著しい性的二型を示し、雄は15mmほどにしかならないのに対し、雌は100mmに達することがあり、その殻は直径が300mmにもなることがある。アオイガイ属 *Argonauta* には6種が知られ、そのほとんどが世界に広く分布している。

近縁種

インド太平洋産のチリメンアオイガイ *Argonauta nodosus* Lightfoot, 1786もやはり大きな殻をつくり、それはアオイガイの殻に似る。世界の熱帯域に広く分布するタコブネ（フネダコ）*Argonauta hians* Lightfoot,1786は、アオイガイより珍しく、やや色の濃いより小さな殻をもつ。インド太平洋に生息するチジミタコブネ *Argonauta bottgeri* Maltzan, 1881は、アオイガイ類中最小で、タコブネに似た殻をもつ。

アオイガイの殻は非常に薄く、白く、オウムガイ類のもつ真の殻とは異なり、殻内は小室に仕切られていない。殻全体がカルサイトで構成されており（アラゴナイトを含まない）、多少しなやかだが、もろい。形は円盤状で、側扁する。殻の周縁に沿って結節状突起が2列に並び、周縁が鋭い竜骨状になる。巻きの中心に近い部分では結節状突起は黒または濃褐色だが、殻口に近づくにつれて色が薄れ、白くなる。殻表には、不規則で滑らかな放射肋がある。多いものでは放射肋の数は50に達し、肋の部分は殻の内面では溝状にへこむ。

実物大

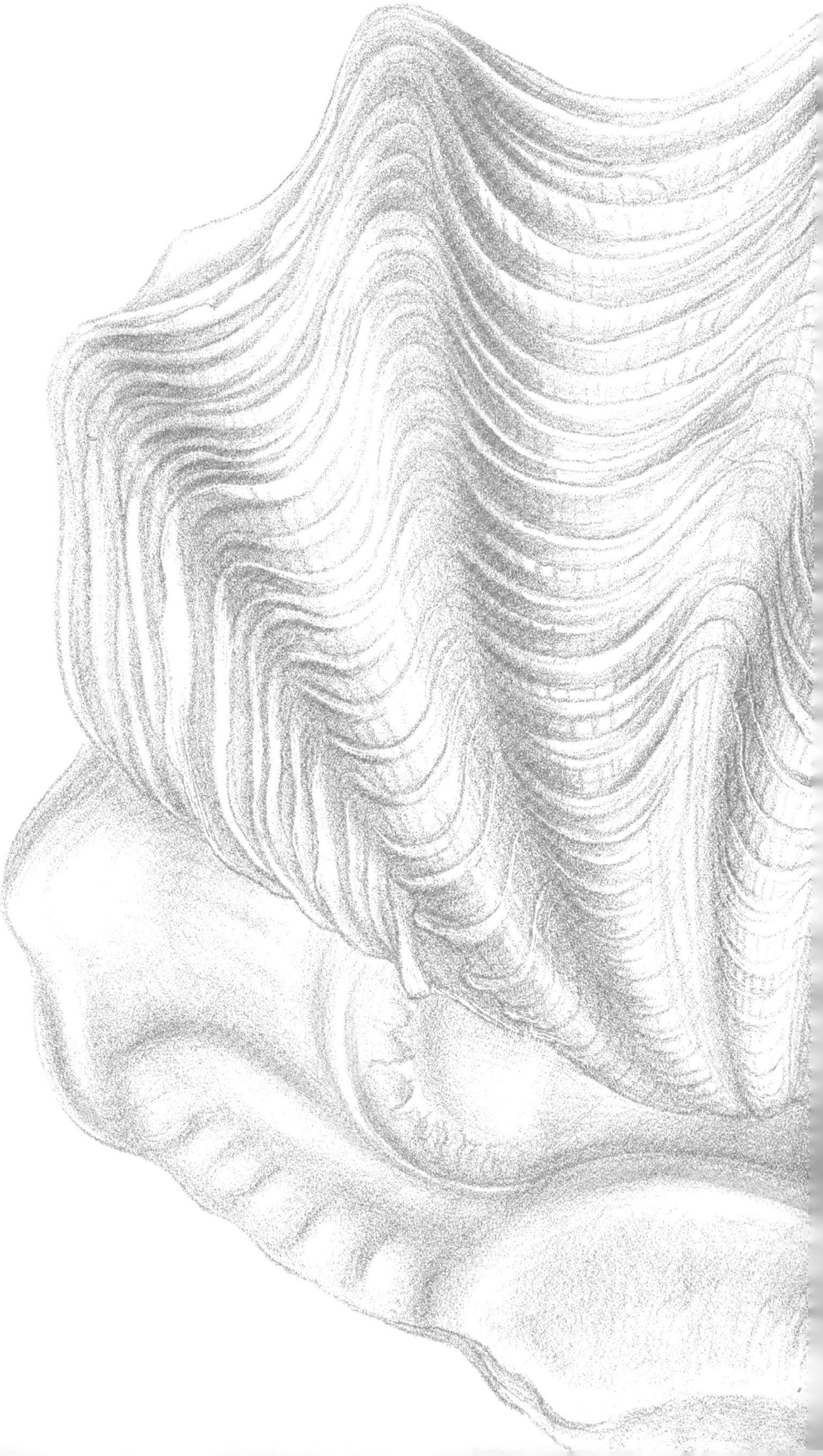

付　録

参考文献

書籍

全般

Abbott, R. Tucker, *Kingdom of the Seashell* (Crescent Books, 1988)

Abbott, R. Tucker, *Seashells of the World: a guide to the better known species* (St. Martin's Press, 2002)

Abbott, R. T. and S. P. Dance, *Compendium of Seashells* (E. P. Dutton, Inc., New York, 1982)

Dance, S. P., *Shells* (DK Publishing, Inc., New York, 2002)

Harasewych, M. G., *Shells, Jewels from the Sea* (Courage Books, Philadelphia, 1989)

Robin, A., *Encyclopedia of Marine Gastropods* (ConchBooks, Wiesbaden, 2008)

Rosenberg, G., *The Encyclopedia of Seashells* (Dorset Press, New York, 1992)

Stix, H., M. Stix, R. T. Abbott, and H. Landshoff,
The Shell (Abrams, 1978)

地域別

Abbott, R. T., *American Seashells*, 2nd edition (Van Nostrand Reinhold Company, New York, 1974)

Dance, S. P. (ed.) *Seashells of Eastern Arabia* (Motivate Publishing, Dubai, 1998)

Kay, E. A., *Hawaiian Marine Shells* (Bishop Museum Press, Honolulu, 1979)

Keen, A. M., *Sea Shells of Tropical West America*, 2nd edition (Stanford University Press, Stanford, 1971)

Lamprell, K. and T. Whitehead, *Bivalves of Australia. Volume 1* (Crawford House Press Pty Ltd., Bathurst, 1992)

Lamprell, K. and J. Healy, *Bivalves of Australia.*
Volume 2 (Backhuys Publishers, Leiden, 1998)

Mikkelsen, P. M. and R. Bieler, *Seashells of Southern Florida. Living Marine Mollusks of the Florida Keys and Adjacent Regions. Bivalves* (Princeton University Press, Princeton, 2008)

Okutani, T. (ed.) *Marine Mollusks in Japan* (Tokai University Press, Tokyo, 2000)

Poppe, G. T., *Philippine Marine Mollusks* (ConchBooks, Hackenheim, 2008)

Poppe, G. T. and Y. Goto, *European Seashells* (Verlag Christa Hemmen, Wiesbaden, 1991–1993)

Rios, E. C., *Compendium of Brazilian Sea Shells* (Universidade Federal do Rio Grande and Museu Oceanográfico Prof. Eliézer de Carvalho Rios, Rio Grande, 2009)

Thach, N. N., *Shells of Vietnam* (ConchBooks, Hackenheim, 2005)

Tunnell, J. W., Andrews, J., Barrera, N., and F. Moretzsohn, *Encyclopedia of Texas Seashells*
(Texas A&M University Press, Texas, 2010)

Wilson, B., *Australian Marine Shells* (Odyssey Publishing, Kallaroo, 1993–1994)

Zhongyan, Q. (ed.) *Seashells of China* (China Ocean Press, Beijing, 2004)

採集法

Jacobson, M. K. (ed.), "How to study and collect shells: A symposium." 4th edition (American Malacological Union, Inc. Wrightsville Beach, NC, 1974)

Pisor, D. L., *Pisor's Registry of World Record Size Shells*, 5th edition (ConchBooks, Hackenheim, 2008)

Sturm, C. F., T. A. Pearce, and A. Valdés. *The Mollusks: A Guide to their study, collection, and preservation* (Universal Publishers, 2006)

分類

Houart, R., *The genus* Chicoreus *and related genera: Gastropoda (Muricidae) in the Indo-West Pacific* (Editions du Muséum, Paris,1992)

Lorenz, F. and A. Hubert, *A Guide to Worldwide Cowries*, 2nd edition (Conchbooks, Hackenheim, 2000)

Lorenz, F. and D. Fehse, *The Living Ovulidae. A Manual of the Families of Allied Cowries: Ovulidae, Pediculariidae and Eocypraeidae* (ConchBooks, Hackenheim, 2009)

Radwin, G. E. and A. D'Attillio, *Murex Shells of the World* (Stanford University Press, Stanford, 1976)

Röckel, D, W. Korn, and A. J. Kohn, *Manual of the living Conidae. Volume 1. Indo-Pacific Region* (Wiesbaden, 1995)

Rombouts, A., *Guidebook to Pecten Shells. Recent Pectinidae and Propeamussiidae of the World* (Universal Book Services/Dr. W. Backhuys, Leiden, 1991)

Slieker F. J. A. *Chitons of the World, An Illustrated Synopsis of Recent Polyplacophora* (L'Informatore Piceno, 2000)

Weaver, C. S. and J. E. du Pont, *The Living Volutes* (Delaware Museum of Natural History, Greenville, 1970)

国立および国際的な組織

American Malacological Society
http://www.malacological.org/index.php

Conchologists of America, Inc.
http://www.conchologistsofamerica.org/home/

Malacological Society of Australasia
www.malsocaus.org/

Malacological Society of London
http://www.malacsoc.org.uk/

Unitas Malacologica
http://www.unitasmalacologica.org

ウェブサイト

The Bailey-Matthews Shell Museum
http://www.shellmuseum.org/
A museum web site with excellent resources and links.

Conchology, Inc.
http://www.conchology.be/
A dealer's price list, but with many useful and informative links.

The Conus Biodiversity Web Site
http://biology.burke.washington.edu/conus/
A comprehensive web site dealing exclusively with the genus *Conus*. Includes a catalog of species and illustrations of many type specimens.

A Database of Western Atlantic Marine Mollusca
http://www.malacolog.org/
A database for research on the systematics, biogeography, and diversity of mollusks

Hardy's Internet Guide to Marine Gastropods
http://www.gastropods.com/
A partly illustrated catalog of recent marine gastropods.

Jacksonville Shells
http://www.jaxshells.org/
An excellent web site providing information about mollusks at many levels. Its emphasis is the fauna of northeastern Florida.

Let's Talk Seashells
http://www.letstalkseashells.com/
Informative lists and links, and a discussion forum.

OBIS Indo-Pacific Molluscan Database
http://clade.ansp.org/obis/find_mollusk.html
A database of marine mollusks in the tropical Indo-West Pacific.

Sea Slug Forum
http://www.seaslugforum.net
This site deals mostly with shell-less gastropods, but includes information on bubble shells and
sea hares, which have internal shells.

軟体動物の分類

軟体動物の系統（進化）関係。**太字**は本書で取り上げた分類群。

💧 淡水生のもの

■ 陸生のもの

○ 石灰化した貝殻をもたないもの

- ○Class Aplacophora 無板綱
  - ○Subclass Chaetodermomorpha 尾腔亜綱
    - ○ Family Chaetodermatidae ケハダウミヒモ科
    - ○ Family Prochaetodermatidae ケハダヒモモドキ科
  - ○ Subclass Neomeniomorpha 溝腹亜綱
    - ○ Family Dondersiidae
    - ○ Family Lepidomeniidae ウロコノヒモ科
    - ○ Family Neomeniidae サンゴノフトヒモ科
    - ○ Family Phyllomeniidae コノハウミヒモ科
    - ○ Family Pruvotinidae
    - ○ Family Proneomeniidae サンゴノホソヒモ科
    - ○ Family Epimeniidae カセミミズ科

- Class Monoplacophora 単板綱
  - Order Tryblidiida ネオピリナ目
    - Family Laevipilinidae レビピリナ科
    - Family Micropilinidae ミクロピリナ科
    - Family Monoplacophoridae モノプラコフォルス科
    - Family Neopilinidae ネオピリナ科

- **Class Polyplacophora 多板綱（ヒザラガイ綱）**
  - Order Neoloricata 新多板目（新ヒザラガイ目）
    - Suborder Lepidopleurina サメハダヒザラガイ亜目
      - Family Lepidochitonidae サメハダヒザラガイ科
      - Family Hanleyidae ハンレイヒザラガイ科
      - Family Xylochitonidae
      - Family Abyssochitonidae
    - Suborder Choriplacina マボロシヒザラガイ亜目
      - Family Choriplacidae マボロシヒザラガイ科
    - Suborder Ischnochitonina ウスヒザラガイ亜目
      - **Family Ischnochitonidae ウスヒザラガイ科**
      - Family Schizochitonidae サケオヒザラガイ科
      - **Family Mopaliidae ヒゲヒザラガイ科**
      - **Family Chitonidae クサズリガイ科**
    - Suborder Acanthochitonina ケハダヒザラガイ亜目
      - **Family Acanthochitonidae ケハダヒザラガイ科**
      - Family Cryptoplacidae ケムシヒザラガイ科

- **Class Bivalvia 二枚貝綱**
  - Subclass Protobranchia 原鰓亜綱
    - Order Nuculoida クルミガイ目
      - Superfamily Nuculoidea クルミガイ上科
        - **Family Nuculidae クルミガイ科**
      - Superfamily Pristiglomoidea
        - Family Pristiglomidae トメソデガイ科
    - Order Solemyoida キヌタレガイ目
      - Superfamily Solemyoidea キヌタレガイ上科
        - **Family Solemyidae キヌタレガイ科**
      - Superfamily Manzanelloidea
        - Family Manzanellidae
    - Order Nuculanoida ロウバイガイ目
      - Superfamily Nuculanoidea ロウバイガイ上科／シワロウバイガイ上科
        - **Family Nuculanidae ロウバイガイ科／シワロウバイガイ科**
        - Family Malletiidae スミゾメソデガイ科
        - Family Neilonellidae ハトムギソデガイ科
        - **Family Yoldiidae ナギナタソデガイ科**
        - Family Siliculidae
        - Family Phaseolidae
        - Family Tindariidae ミジンソデガイ科
  - Subclass Pteriomorphia 翼形亜綱
    - Order Arcoida フネガイ目
      - Superfamily Arcoidea フネガイ上科
        - **Family Arcidae フネガイ科**
        - **Family Cucullaeidae ヌノメアカガイ科**
        - Family Noetiidae
        - **Family Glycymerididae タマキガイ科**
      - Superfamily Limopsoidea シラスナガイ上科／オオシラスナガイ上科
        - **Family Limopsidae シラスナガイ科／オオシラスナガイ科**
        - Family Philobryidae シラスナガイモドキ科
    - Order Mytiloida イガイ目
      - Superfamily Mytiloidea イガイ上科
        - **Family Mytilidae イガイ科**
    - Order Pterioida ウグイスガイ目
      - Superfamily Pterioidea ウグイスガイ上科
        - **Family Pteriidae ウグイスガイ科**
        - **Family Isognomonidae マクガイ科**
        - **Family Malleidae シュモクガイ科／シュモクガキ科**
        - Family Pulvinitidae プルヴィニテス科
      - Superfamily Ostreoidea イタボガキ上科
        - **Family Ostreidae イタボガキ科**
        - **Family Gryphaeidae ベッコウガキ科**
      - Superfamily Pinnoidea ハボウキガイ上科
        - **Family Pinnidae ハボウキガイ科**
    - Order Limoida ミノガイ目
      - Superfamily Limoidea ミノガイ上科
        - **Family Limidae ミノガイ科**
    - Order Pectinoida イタヤガイ目
      - Superfamily Pectinoidea イタヤガイ上科
        - **Family Pectinidae イタヤガイ科**
        - Family Entoliidae
        - **Family Propeamussiidae ワタゾコツキヒガイ科**
        - **Family Spondylidae ウミギクガイ科**
      - Superfamily Plicatuloidea ネズミノテガイ上科
        - **Family Plicatulidae ネズミノテガイ科**
      - Superfamily Anomioidea ナミマガシワガイ上科
        - **Family Anomiidae ナミマガシワガイ科**
        - **Family Placunidae マドガイ科**
      - Superfamily Dimyoidea イシガキ上科
        - Family Dimyidae イシガキ科
  - Subclass Paleoheterodonta 古異歯亜綱
    - Order Trigonioida サンカクガイ目
      - Superfamily Trigonioidea サンカクガイ上科
        - **Family Trigoniidae サンカクガイ科**
    - 💧 Order Unionoida イシガイ目
      - 💧 Superfamily Unionoidea イシガイ上科
        - 💧 Family Unionidae イシガイ科
        - 💧 Family Margaritiferidae カワシンジュガイ科
      - 💧 Superfamily Etherioidea エゼリアガイ上科
        - 💧 Family Etheriidae エゼリアガイ科
        - 💧 Family Hyriidae ヒリア科
        - 💧 Family Mycetopodidae ミセトポダ科
        - 💧 Family Iridinidae イリディナ科
  - Subclass Heterodonta 異歯亜綱
    - Order Carditoida トマヤガイ目

Superfamily Crassatelloidea モシオガイ上科
Family Crassatellidae モシオガイ科
Family Cardiniidae
Family Astartidae エゾシラオガイ科
Family Carditidae トマヤガイ科
Family Condylocardiidae ミジンモシオガイ科
Order Anomalodesmata 異靭帯目
Family Pholadomyidae ウミタケガイモドキ科
Family Parilimyidae
Family Pandoridae ネリガイ科
Family Lyonsiidae サザナミガイ科
Family Clavagellidae ハマユウガイ科
Family Laternulidae オキナガイ科
Family Periplomatidae リュウグウハゴロモガイ科
Family Spheniopsidae
Family Thraciidae スエモノガイ科
Family Myochamidae ミツカドカタビラガイ科
Family Cleidothaeridae キクザルガイダマシ科
Order Septibranchia 隔鰓目
Family Verticordiidae オトヒメゴコロガイ科
Family Poromyidae スナメガイ科
Family Cuspidariidae シャクシガイ科
Order Veneroida マルスダレガイ目
Superfamily Lucinoidea ツキガイ上科
Family Lucinidae ツキガイ科
Family Ungulinidae フタバシラガイ科
Family Thyasiridae ハナシガイ科
♦ Family Cyrenoididae
Superfamily Chamoidea キクザルガイ上科
Family Chamidae キクザルガイ科
Superfamily Galeommatoidea ウロコガイ上科
Family Lasaeidae チリハギガイ科
Family Galeommatidae ウロコガイ科
Family Montacutidae ブンブクヤドリガイ科
Superfamily Hiatelloidea キヌマトイガイ上科
Family Hiatellidae キヌマトイガイ科
Superfamily Gastrochaenoidea ツクエガイ上科
Family Gastrochaenidae ツクエガイ科
Superfamily Arcticoidea アイスランドガイ上科
Family Arcticidae アイスランドガイ科
Family Trapeziidae フナガタガイ科
Superfamily Glossoidea コウボネガイ上科
Family Glossidae コウボネガイ科
Family Kelliellidae ケシハマグリ科
Family Vesicomyidae オトヒメハマグリ科
Superfamily Cyamioidea
Family Cyamiidae
Family Sportellidae イソカゼガイ科
♦ Superfamily Sphaerioidea ドブシジミ上科
♦ Family Corbiculidae シジミ科
♦ Family Sphaeriidae ドブシジミ科
Superfamily Cardioidea ザルガイ上科
Family Cardiidae ザルガイ科
Family Hemidonacidae シオヤナミノコガイ科
Superfamily Veneroidea マルスダレガイ上科
Family Veneridae マルスダレガイ科
Family Glauconomidae ハナグモリガイ科
Family Neoleptonidae
Superfamily Tellinoidea ニッコウガイ上科
Family Tellinidae ニッコウガイ科
Family Donacidae フジノハナガイ科
Family Psammobiidae シオサザナミガイ科
Family Semelidae アサジガイ科
Family Solecurtidae キヌタアゲマキガイ科
Superfamily Solenoidea マテガイ上科
Family Solenidae マテガイ科
Family Pharidae ユキノアシタガイ科
Superfamily Mactroidea バカガイ上科
Family Mactridae バカガイ科
Family Anatinellidae チトセノハナガイ科
Family Cardiliidae キサガイ科
Family Mesodesmatidae チドリマスオガイ科

Superfamily Dreissenoidea カワホトトギスガイ上科
Family Dreissenidae カワホトトギスガイ科
Order Myoida オオノガイ目
Superfamily Myoidea オオノガイ上科
Family Myidae オオノガイ科
Family Corbulidae クチベニガイ科
Family Erodonidae ヌマコダキガイ科
Superfamily Pholadoidea ニオガイ上科
Family Pholadidae ニオガイ科
Family Teredinidae フナクイムシ科

Class Scaphopoda 掘足綱（ツノガイ綱）
Order Gadilida クチキレツノガイ目
Suborder Entalimorpha ミカドツノガイ亜目
Family Entalinidae ミカドツノガイ科
Suborder Gadilimorpha クチキレツノガイ亜目
Family Pulsellidae ヒゲツノガイ科
Family Wemersoniellidae
Family Gadilidae クチキレツノガイ科
Order Dentaliida ゾウゲツノガイ目
Family Dentaliidae ゾウゲツノガイ科
Family Fustiariidae サケツノガイ科
Family Rhabdidae
Family Laevidentaliidae セトモノツノガイ科／ミガキツノガイ科
Family Gadilinidae シラサヤツノガイ科
Family Omniglyptidae ハリツノガイ科

Class Gastropoda 腹足綱
Subclass Eogastropoda 始祖腹足亜綱
Order Patellogastropoda カサガイ目
Suborder Patellina ツタノハガイ亜目
Superfamily Patelloidea ツタノハガイ上科
Family Patellidae ツタノハガイ科
Suborder Nacellina ヨメガカサガイ亜目
Superfamily Nacelloidea ヨメガカサガイ上科
Family Nacellidae ヨメガカサガイ科
Superfamily Acmaeoidea エンスイカサガイ上科
Family Acmaeidae エンスイカサガイ科
Family Lepetidae シロガサガイ科
Family Lottiidae ユキノカサガイ科
Subclass Orthogastropoda 直腹足亜綱
Superorder Cocculiniformia ワタゾコシロガサガイ上目
Superfamily Cocculinoidea ワタゾコシロガサガイ上科
Family Cocculinidae ワタゾコシロガサガイ科
Family Bathysciadiidae
Superfamily Lepetelloidea ワダツミシロガサガイ上科
Family Lepetellidae
Family Addisoniidae アディソニア科
Family Bathyphytophilidae
Family Caymanabyssiidae ケイマンアビシニア科
Family Pseudococculinidae オトヒメガサガイ科
Family Osteopeltidae
Family Cocculinellidae ホソワタゾコシロガサガイ科
Family Choristellidae ウロダマヤドリガイ科
Family Peltospiridae ペルトスピラ科
Superorder Vetigastropoda 古腹足上目
Superfamily Pleurotomarioidea オキナエビスガイ上科
Family Pleurotomariidae オキナエビスガイ科
Family Scissurellidae クチキレエビスガイ科
Family Haliotidae ミミガイ科
Superfamily Fissurelloidea スカシガイ上科
Family Fissurellidae スカシガイ科
Superfamily Turbinoidea サザエ上科／リュウテンサザエ上科
Family Turbinidae サザエ科／リュウテンサザエ科
Family Liotiidae ヒメカタベガイ科
Family Phasianellidae サラサバイ科
Superfamily Trochoidea ニシキウズガイ上科
Family Trochidae ニシキウズガイ科
Family Calliostomatidae エビスガイ科
Family Skeneidae ワタゾコシタダミ科
Family Pendromidae
Superfamily Seguenzioidea ホウシュエビスガイ上科

Family Seguenziidae　ホウシュエビスガイ科
Superorder Neritopsina　アマオブネガイ上目
Superfamily Neritoidea　アマオブネガイ上科
Family Neritopsidae　アマガイモドキ科
Family Neritidae　アマオブネガイ科
Family Phenacolepadidae　ユキスズメガイ科
Family Titiscaniidae　チチカケガイ科
Family Hydrocenidae　ゴマオカタニシ科
■ Family Helicinidae　ヤマキサゴ科
Superorder Caenogastropoda　新生腹足上目
■ Order Architaenioglossa　原始紐舌目
■ Superfamily Cyclophoroidea　ヤマタニシ上科
■ Family Cyclophoridae　ヤマタニシ科
■ Family Pupinidae　アズキガイ科
■ Family Diplommatinidae　ゴマガイ科
♦ Superfamily Ampullarioidea　リンゴガイ上科
♦ Family Viviparidae　タニシ科
♦ Family Ampullariidae　リンゴガイ科
Order Sorbeoconcha　吸腔目
Family Abyssochrysidae　ワタゾコニナ科
Superfamily Cerithioidea　オニノツノガイ上科／カニモリガイ上科
Family Cerithiidae　オニノツノガイ科／カニモリガイ科
Family Dialidae　スズメハマツボ科
Family Litiopidae　ウキツボ科
Family Turritellidae　キリガイダマシ科
Family Siliquariidae　ミミズガイ科
Family Planaxidae　ゴマフニナ科
Family Potamididae　フトヘナタリガイ科／キバウミニナ科
♦ Family Thiaridae　トウガタカワニナ科／トゲカワニナ科
Family Diastomatidae　ディアストマ科
Family Modulidae　カタベガイダマシ科
Family Scaliolidae　スナモチツボ科
Superfamily Campaniloidea　エンマノツノガイ上科
Family Campanilidae　エンマノツノガイ科
Family Plesiotrochidae　チグサカニモリガイ科
Suborder Hypsogastropoda　高等新生腹足亜目
Infraorder Littorinimorpha　タマキビガイ型新生腹足下目
Superfamily Littorinoidea　タマキビガイ上科
Family Littorinidae　タマキビガイ科
Family Pickworthiidae　ソビエツブ科
Family Skeneopsidae　スケネオプシス科
Superfamily Cingulopsoidea　ホシノミキビガイ上科
Family Cingulopsidae　ホシノミキビガイ科
Family Eatoniellidae　アオジタキビガイ科
Family Rastodentidae
Superfamily Rissooidea　リソツボ上科
Family Barleeiidae　チャツボ科
Family Anabathridae　オチョボグチツボ科
Family Emblandidae
Family Rissoidae　リソツボ科
Family Epigridae
Family Iravadiidae　カワグチツボ科／ワカウラツボ科
Family Hydrobiidae　ミズツボ科
Family Pomatiopsidae　イツマデガイ科
Family Assimineidae　カワザンショウガイ科
Family Truncatellidae　クビキレガイ科
Family Elachisinidae　フロリダツボ科／サザナミツボ科
Family Bithyniidae　エゾマメタニシ科
Family Caecidae　ミジンギリギリツツガイ科
Family Hydrococcidae
Family Tornidae　イソコハクガイ科／イソマイマイ科
Family Stenothyridae　ミゾゴマツボ科
Superfamily Stromboidea　ソデボラ上科
Family Strombidae　ソデボラ科／スイショウガイ科
Family Aporrhaidae　モミジソデガイ科
Family Seraphsidae　トンボガイ科
Family Struthiolariidae　ダチョウボラ科
Superfamily Vanikoroidea　シロネズミガイ上科
Family Hipponicidae　スズメガイ科
Family Vanikoridae　シロネズミガイ科
Family Haloceratidae　コモチシダタミ科
Superfamily Calyptraeoidea　カリバガサガイ上科
Family Calyptraeidae　カリバガサガイ科
Superfamily Capuloidea　カツラガイ上科
Family Capulidae　カツラガイ科
Superfamily Xenophoroidea　クマサカガイ上科
Family Xenophoridae　クマサカガイ科
Superfamily Vermetoidea　ムカデガイ上科
Family Vermetidae　ムカデガイ科
Superfamily Cypraeoidea　タカラガイ上科
Family Cypraeidae　タカラガイ科
Family Ovulidae　ウミウサギガイ科
Superfamily Velutinoidea　ハナヅトガイ上科
Family Triviidae　シラタマガイ科
Family Velutinidae　ハナヅトガイ科
Superfamily Naticoidea　タマガイ上科
Family Naticidae　タマガイ科
Superfamily Tonnoidea　ヤツシロガイ上科
Family Bursidae　オキニシ科
Family Cassidae　トウカムリガイ科
Family Ficidae　ビワガイ科
Family Laubierinidae　フクロナワボラ科
Family Personidae　イボボラ科
Family Pisanianuridae　ヤイバボラ科
Family Ranellidae　フジツガイ科
Family Tonnidae　ヤツシロガイ科
Superfamily Carinarioidea　ゾウクラゲ上科
Family Atlantidae　クチキレウキガイ科
Family Carinariidae　ゾウクラゲ科
Family Pterotracheidae　ハダカゾウクラゲ科
Infraorder Ptenoglossa　翼舌下目
Superfamily Triphoroidea　ミツクチキリオレガイ上科
Family Triphoridae　ミツクチキリオレガイ科
Family Cerithiopsidae　クリイロケシカニモリガイ科
Superfamily Janthinoidea　アサガオガイ上科
Family Janthinidae　アサガオガイ科
Family Epitoniidae　イトカケガイ科
Family Aclididae　センマイドウシガイ科
Superfamily Eulimoidae　ハナゴウナ上科
Family Eulimidae　ハナゴウナ科
Infraorder Neogastropoda　新腹足下目
Superfamily Muricoidea　アッキガイ上科
Family Buccinidae　エゾバイ科
Family Colubrariidae　セコバイ科
Family Columbellidae　フトコロガイ科／タモトガイ科
Family Nassariidae　オリイレヨフバイ科／ムシロガイ科
Family Melongenidae　テングニシ科／カンムリボラ科
Family Fasciolariidae　イトマキボラ科
Family Muricidae　アッキガイ科
Family Coralliophilidae　サンゴヤドリガイ科
Family Turbinellidae　オニコブシガイ科
Family Ptychatractidae　エゾツノマタガイ科
Family Volutidae　ガクフボラ科／ヒタチオビガイ科
Family Olividae　マクラガイ科
Family Olivellidae　ホタルガイ科
Family Pseudolividae　マクラガイモドキ科
Family Strepsiduridae　ストレプシドゥラ科
Family Babyloniidae　バイ科
Family Harpidae　ショクコウラ科
Family Cystiscidae　コゴメガイ科
Family Marginellidae　ヘリトリガイ科
Family Mitridae　フデガイ科
Family Pleioptygmatidae　ヘレンフデガイ科
Family Volutomitridae　フデヒタチオビガイ科
Family Costellariidae　ツクシガイ科／ミノムシガイ科
Superfamily Cancellarioidea　コロモガイ上科
Family Cancellariidae　コロモガイ科
Superfamily Conoidea　イモガイ上科
Family Clavatulidae　ヒメシャジクガイ科
Family Drillidae　ツノクダマキガイ科
Family Pseudomelatomidae　シュードメラトーマ科
Family Turridae　クダマキガイ科／クダボラ科
Family Conidae　イモガイ科
Family Terebridae　タケノコガイ科

Superorder Heterobranchia 異鰓上目
Superfamily Valvatoidea ミズシタダミ上科
Family Cornirostridae カクメイ科
Family Orbitestellidae ミジンハグルマガイ科
Family Xylodisculidae
Superfamily Architectonicoidea クルマガイ上科
Family Mathildidae タクミニナ科
Family Architectonicidae クルマガイ科
Superfamily Rissoelloidea ガラスツボ上科
Family Rissoellidae ガラスツボ科
Superfamily Omalogyroidea ミジンワダチガイ上科
Family Omalogyridae ミジンワダチガイ科
Superfamily Pyramidelloidea トウガタガイ上科
Family Pyramidellidae トウガタガイ科
Family Amathinidae イソチドリガイ科
Family Cimidae キマツボ科
Family Donaldinidae
Family Ebalidae ガクバンゴウナ科
Opistobranchia 後鰓類
Order Cephalaspidea 頭楯目
Superfamily Acteonoidea オオシイノミガイ上科
Family Acteonidae オオシイノミガイ科
Family Bullinidae ベニシボリガイ科
Family Aplustridae ミスガイ科
Superfamily Ringiculoidea マメウラシマガイ上科
Family Ringiculidae マメウラシマガイ科
Superfamily Cylindrobulloidea ニセイワヅタブドウガイ上科
Family Cylindrobullidae ニセイワヅタブドウガイ科
Superfamily Diaphanoidea アワツブガイ上科
Family Notodiaphanidae
Family Diaphanidae アワツブガイ科
Superfamily Philinoidea キセワタガイ上科
Family Cylichnidae スイフガイ科
Family Retusidae ヘコミツララガイ科
Family Philinidae キセワタガイ科
Family Philinoglossidae スナヒモウミウシ科
Family Aglajidae カノコキセワタガイ科
Family Gastropteridae ウミコチョウ科
Superfamily Haminoeoidea ブドウガイ上科
Family Haminoeidae ブドウガイ科
Family Bullactidae
Family Smaragdinellidae ミドリガイ科
Superfamily Bulloidea ナツメガイ上科
Family Bullidae ナツメガイ科
Superfamily Runcinoidea ウズムシウミウシ上科
Family Runcinidae ウズムシウミウシ科
Family Ilbiidae エラナシウズムシウミウシ科
Order Acochlidea スナウミウシ目
Superfamily Acochlidioidea マミズスナウミウシ上科
Family Acochlidiidae マミズスナウミウシ科
Family Hedylopsidae スナウミウシ科
Superfamily Microhedyloidea ミジンスナウミウシ上科
Family Asperspinidae
Family Microhedylidae ミジンスナウミウシ科
Family Ganatidae
Order Rhodopemorpha ロドープ目
Family Rhodopidae ロドープ科
Order Sacoglossa 嚢舌目（のうぜつもく）
Superfamily Oxynooidea ナギサノツユ上科
Family Volvatellidae ウスカワブドウギヌガイ科
Family Oxynoidae ナギサノツユ科
Family Juliidae ユリヤガイ科
Superfamily Elysioidea ゴクラクミドリガイ上科
Family Placobranchidae チドリミドリガイ科
Family Elysiidae ゴクラクミドリガイ科
Family Boselliidae ササノハミドリガイ科
Family Gascoignellidae
Family Platyhedylidae スナヒラウミウシ科
Superfamily Limapontioidea ハダカモウミウシ上科
Family Caliphyllidae カンランウミウシ科
Family Costasiellidae オオアリモウミウシ科
Family Hermaeidae ミドリアマモウミウシ科

Family Limapontiidae ハダカモウミウシ科
Order Anaspidea アメフラシ目
Superfamily Akeroidea ウツセミガイ上科
Family Akeridae ウツセミガイ科
Superfamily Aplysioidea アメフラシ上科
Family Aplysiidae アメフラシ科
Order Notaspidea ヒトエガイ目
Superfamily Tylodinoidea ジンガサヒトエガイ上科
Family Tylodinidae ジンガサヒトエガイ科
Family Umbraculidae ヒトエガイ科
Superfamily Pleurobranchoidea カメノコフシエラガイ上科
Family Pleurobranchidae カメノコフシエラガイ科
Order Thecosomata 有殻翼足目
Family Limacinidae ミジンウキマイマイ科
Family Cavoliniidae カメガイ科
Family Peraclidae アミメウキマイマイ科
Family Cymbuliidae ヤジリカンテンカメガイ科
Family Desmopteridae コチョウカメガイ科
Order Gymnosomata 裸殻翼足目
Suborder Gymnosomata
Family Pneumodermatidae ニュウモデルマ科
Family Notobranchaeidae
Family Cliopsidae クリオプシス科
Family Clionidae ハダカカメガイ科
Suborder Gymnoptera
Family Hydromylidae マメツブハダカカメガイ科
○ Order Nudibranchia 裸鰓目（らさいもく）
○ Suborder Doridina ドーリス亜目
○ Superfamily Anadoridoidea 顕ウミウシ上科
○ Family Corambidae コランベ科
○ Family Goniodorididae ネコジタウミウシ科
○ Family Onchidorididae ラメリウミウシ科
○ Family Polyceridae フジタウミウシ科
○ Family Gymnodorididae キヌハダウミウシ科
○ Family Aegiretidae センヒメウミウシ科
○ Family Vayssiereidae オカダウミウシ科
○ Superfamily Eudoridoidea 真ウミウシ上科
○ Family Hexabranchidae ミカドウミウシ科
○ Family Dorididae ドーリス科
○ Family Chromodorididae イロウミウシ科
○ Family Dendrodorididae クロシタナシウミウシ科
○ Family Phyllidiidae イボウミウシ科
○ Suborder Dendronotina スギノハウミウシ亜目
○ Family Tritoniidae ホクヨウウミウシ科
○ Family Bornellidae ユビウミウシ科
○ Family Marianinidae マリアニナ科
○ Family Hancockiidae ハンコッキア科
○ Family Dotidae マツカサウミウシ科
○ Family Scyllaeidae オキウミウシ科
○ Family Phylliroidae コノハウミウシ科
○ Family Lomanotidae ロマノータス科
○ Suborder Arminina タテジマウミウシ亜目
○ Family Arminidae タテジマウミウシ科
○ Family Doridomorphidae ドリドモルファ科
○ Family Charcotiidae カルコティア科
○ Family Madrellidae ショウジョウウミウシ科
○ Family Zephyrinidae コヤナギウミウシ科
○ Family Pinufiidae ピヌフィウス科
○ Suborder Aeolidina ミノウミウシ亜目
○ Family Flabellinidae サキシマミノウミウシ科
○ Family Eubranchidae ホリミノウミウシ科
○ Family Aeolidiidae オオミノウミウシ科
○ Family Glaucidae アオミノウミウシ科
○ Family Embletoniidae ヨツマタミノウミウシ科
○ Family Tergipedidae オショロミノウミウシ科
○ Family Fionidae ヒダミノウミウシ科
Pulmonata 有肺類
■ Order Systellommatophora 収眼目
■ Superfamily Otinoidea
■ Family Smeagolidae スメアゴル科
■ Superfamily Onchidioidea イソアワモチ上科／ドロアワモチ上科

■ Family Onchidiidae　イソアワモチ科／ドロアワミチ科
■ Superfamily Rathousioidea　ホソアシヒダナメクジ上科
■ Family Rathousiidae　ホソアシヒダナメキジ科
■ Family Veronicellidae　アシヒダナメクジ科
Order Basommatophora　基眼目
■ Superfamily Amphiboloidea　ウミマイマイ上科／フタマイマイ上科
■ Family Amphibolidae　ウミマイマイ科／フタマイマイ科
Superfamily Siphonarioidea　カラマツガイ上科
Family Siphonariidae　カラマツガイ科
■ Superfamily Lymnaeoidea　モノアラガイ上科
■ Family Lymnaeidae　モノアラガイ科
■ Family Ancylidae　カワコザラガイ科
■ Family Planorbidae　ヒラマキガイ科
■ Family Physidae　サカマキガイ科
■ Superfamily Glaucidorboidea　グラシドルビス上科
■ Family Glacidorbidae　グラシドルビス科
Order Eupulmonata　真正有肺目
Suborder Actophila　海棲亜目
Superfamily Ellobioidea　オカミミガイ上科
Family Ellobiidae　オカミミガイ科
■ Suborder Trimusculiformes　ユキカラマツガイ亜目
■ Superfamily Trimusculoidea　ユキカラマツガイ上科
■ Family Trimusculidae　ユキカラマツガイ科
■ Suborder Stylommatophora　柄眼亜目
■ Infraorder Orthurethra　直輪尿管下目
■ Superfamily Achatinelloidea　ハワイマイマイ上科
■ Family Achatinellidae　ハワイマイマイ科
■ Superfamily Cionelloidea　ヤマボタルガイ上科
■ Family Cionellidae　ヤマボタルガイ科
■ Superfamily Pupilloidea　サナギガイ上科
■ Family Pupillidae　サナギガイ科
■ Family Pleurodiscidae　ナタネガイモドキ科
■ Family Vallonidae　ミジンマイマイ科
■ Superfamily Partuloidea　ポリネシアマイマイ上科
■ Family Enidae　キセルモドキ科
Family Partulidae　ポリネシアマイマイ科
■ Infraorder Sigmurethra　曲輪尿管下目
■ Superfamily Achatinoidea　アフリカマイマイ上科
■ Family Ferussaciidae　トガリオカクチキレガイ科
■ Family Subulinidae　オカクチキレガイ科
■ Family Megaspiridae　ダイオウオカチョウジガイ科
■ Family Achatinidae　アフリカマイマイ科
■ Superfamily Streptaxoidea　ネジレガイ上科
■ Family Streptaxidae　ネジレガイ科
■ Superfamily Rhytidoidea　ヌリツヤマイマイ上科
■ Family Rhytididae　ヌリツヤマイマイ科
■ Superfamily Acavoidea　アカマイマイ上科
■ Family Caryodidae　リンゴマイマイ科
■ Superfamily Bulimuloidea　トウガタマイマイ上科
■ Family Bulimulidae　トウガタマイマイ科
■ Superfamily Arionoidea　オオコウラナメクジ上科
■ Family Punctidae　ナタネガイ科
■ Family Charopidae　クッションマイマイ科
■ Family Helicodiscidae　イシノシタ科
■ Family Arionidae　オオコウラナメクジ科（クロコウラナメクジ科）
■ Superfamily Limacoidea　コウラナメクジ上科
■ Family Limacidae　コウラナメクジ科
■ Family Milacidae　ニワコウラナメクジ科
■ Family Zonitidae　コハクガイ科
■ Family Trochomorphidae　カサマイマイ科
■ Family Helicarionidae　ベッコウマイマイ科
■ Family Cystopeltidae
■ Family Testacellidae　カサカムリナメクジ科
■ Superfamily Succineoidea　オカモノアラガイ上科
■ Family Succineidae　オカモノアラガイ科
■ Family Athoracophoridae
■ Superfamily Polygyroidea　アパラチアマイマイ上科
■ Family Coriidae
■ Superfamily Camaenoidea　ナンバンマイマイ上科
■ Family Camaenidae　ナンバンマイマイ科（ニッポンマイマイ科）
■ Superfamily Helicoidea　マイマイ上科
■ Family Helicidae　エスカルゴ科（マイマイ科・リンゴマイマイ科）
■ Family Bradybaenidae　オナジマイマイ科

Class Cephalopoda　頭足綱
Subclass Nautiloidea　オウムガイ亜綱
Superfamily Nautiloidea　オウムガイ上科
Family Nautilidae　オウムガイ科
Subclass Coleoidea　鞘形亜綱
Order Sepioidea　コウイカ目
Family Spirulidae　トグロコウイカ科
Family Sepiidae　コウイカ科
● Family Sepiadariidae　ミミイカダマシ科
● Family Sepiolidae　ダンゴイカ科
● Family Idiosepiidae　ヒメイカ科
● Order Teuthoidea　ツツイカ目
● Suborder Myopsida　閉眼亜目（ヤリイカ亜目）
● Family Pickfordiateuthidae　ピックフォードイカ科
● Family Loliginidae　ヤリイカ科
● Suborder Oegopsida　開眼亜目（スルメイカ亜目）
● Family Lycoteuthidae　ヒカリイカ科
● Family Enoploteuthidae　ホタルイカモドキ科
● Family Octopoteuthidae　ヤツデイカ科
● Family Onychoteuthidae　ツメイカ科
● Family Walvisteuthidae　ワルビスイカ科
● Family Cycloteuthidae　ウチワイカ科
● Family Gonatidae　テカギイカ科
● Family Psychroteuthidae　ナンキョクイカ科
● Family Lepidoteuthidae　ウロコイカ科
● Family Architeuthidae　ダイオウイカ科
● Family Histioteuthidae　ゴマフイカ科
● Family Neoteuthidae　ネオトウチス科
● Family Ctenopterygidae　ヒレギレイカ科
● Family Brachioteuthidae　クビナガイカ科
● Family Batoteutidae　コウモリイカ科
● Family Ommastrephidae　アカイカ科
● Family Thysanoteuthidae　ソデイカ科
● Family Chiroteuthidae　ユウレイイカ科
● Family Promachoteuthidae　ダルマイカ科
● Family Grimalditeuthidae　トックリイカ科
● Family Joubiniteuthidae　オナガイカ科
● Family Cranchiidae　サメハダホウズキイカ科
● Order Vampyromorpha　コウモリダコ目
● Family Vampyroteuthidae　コウモリダコ科
● Order Octopoda　八腕形目（タコ目）
● Suborder Cirrata　有触手亜目（ヒゲダコ亜目）
● Family Cirroteuthidae　ヒゲダコ科
● Family Stauroteuthidae　ジュウモンジダコ科
● Family Opisthoteuthidae　メンダコ科
● Suborder Incirrata　無触手亜目（マダコ亜目）
● Family Bolitaenidae　フクロダコ科
● Family Amphitretidae　クラゲダコ科
● Family Idioctopodidae　テナガヤワラダコ科
● Family Vitreledonellidae　スカシダコ科
● Family Octopodidae　マダコ科
● Family Tremoctopodidae　ムラサキダコ科
● Family Ocythoidae　アミダコ科
Family Argonautidae　アオイガイ科／カイダコ科
● Family Alloposidae　カンテンダコ科

索　引

＊太字は見出しのあるページ

【和名】

［ア行］
アイスランドガイ **117**
アオイガイ（カイダコ）636, **637**
アオイガイの仲間 **636**
アオジタキビガイ類の1種 **281**
アオミマクラガイ 507
アカアワビ 201
アカイガレイシガイ **455**
アカガイ 46
アカガネカサガイ 181
アカニシ 452
アケボノイモガイ 594
アゲマキガイモドキ **152**, 153
アサガオガイ 389, **390**
アザミヒヨクガイ 76
アサヤケダカラガイ 331
アズマヤレイシガイ **451**
アダムズケシカニモリガイ **388**
アダンソンオキナエビスガイ 196
アツキガイ 461
アツソデガイ 295
アツデスジボラ 482
アツデスジボラの仲間 **482**
アツテングニシ **434**, 435
アツハナザルガイ **122**
アディソニア・エクセントリア **192**
アデヤカヘリトリガイ **536**
アデヤカマクラガイ 500, **504**
アブサラボラ 440, **442**
アフリカガンゼキボラ 465
アフリカタモトガイ 420
アフリカフクロガイ 358
アフリカラクダガイ 300, 302
アマガイモドキ **236**
アマボウシ 94
アミメミヤコドリガイの仲間 **194**
アメガイ **365**
アメリカイリエヒバリガイ 51
アメリカウズラタマキビガイ 275
アメリカウバガイ 157, 158, **160**
アメリカキヌガサガイ 318
アメリカサヤガイ **116**
アメリカショウジョウガイ **86**, 87
アメリカタマキガイ 48, **49**
アメリカタマツメタガイ 360
アメリカツメザルガイ 125
アメリカトクサガイ 602
アメリカトサカガキ **61**
アメリカナミガイ 115
アメリカナミマガシワガイ 89, 90
アメリカハボウキガイ 65
アメリカビクニシラタマガイ 344, **345**, 346
アメリカフクロガイ **357**, 358
アメリカマメグルミガイ **38**, 39
アメリカミスガイ 620
アメリカモシオガイ 92
アメリカモミジソデガイ 304, **305**
アメリカヤチヨノハナガイ **157**, 159
アヤクダマキガイ 582
アヤメイモガイ 597
アライトマキナガニシ 445
アラスジアマガイ 244
アラスジウチワガイ **48**, 49
アラヌノコロモガイ 564
アラヌノメガイ 132, **136**
アラハダナツメバイ 429
アラビアシドロガイ 289
アラフラオオニシ **479**
アラフラシドロガイ 293
アラレナガニシ **438**
アルゴアナガニシ 438
アルメハガイ 150, **151**
アワビモドキ（コロガイ）189, 451, **452**
アンボイナガイ 589, **597**
イガギンエビスガイ 225
イガコガネエビスガイ **225**
イガフデガイの仲間 **543**
イギリスコダキガイ 163
イシカブラガイ 470
イジケサンゴヤドリガイ **468**
イジンノユメハマグリ 131, **137**
イタリーテンガイガイ **210**, 212
イチゴナツモモガイ **222**, 223
イチョウガイ 454
イトカケオリイレボラ 558
イトカワトキワガイ 384
イトグルマガイ **473**, 474
イトヒキサラサバイ 220
イトヒキフデガイ 543
イトマキチョウチンフデガイ **540**
イトマキヒタチオビガイ 491
イトマキボラ類の1種 **436**
イトマンツノガイ **173**
イナズマインドボラ 485
イナズマツノヤシガイ **497**
イバラウグイスガイ 56
イボアナゴ **201**, 203, 205
イボカブトウラシマガイ **366**, 367
イボソデガイ **292**
イボダカラガイ **326**
イボナデシコガイ 83
イボベッコウタマガイ **347**
イボヨフバイ 430
イヨスダレガイ 134
イリエツボ 284
イレズミマクラガイ **500**
イロガワリケルブチグサガイ 226
イロガワリマクラガイ 500
イワカワフデガイ 544
イワツバメガイ 57
インドダンダラマテガイ 154
インドマガキガイ 291
ウキヅツガイ 629
ウキヅノガイ 629
ウキビシガイ 629
ウコンフクリンガイ 343
ウシノツノガイ 603, 607
ウスイログルマガイ 610
ウスイロバイ 520
ウスイロホタルバイ 429
ウスオビカニモリガイ **253**
ウスオビクイガイ **97**
ウスバグルマガイ **609**
ウスババショウガイ 464
ウスマウリエビスガイ 234
ウズラガイ 382, **383**, 384
ウズラタマキビガイ **275**
ウチアカツキガイ 110
ウツセミガイ 626
ウツセミガイの仲間 **626**
ウニカセンガイ 469
ウニガンゼキボラ 457, **458**
ウニザルガイ 112
ウネショクコウラ 523, **525**
ウネマキカニモリガイ **251**
ウミウサギガイ **342**, 343
ウミギクガイモドキ 73, **77**
ウミコハクガイの仲間 **282**
ウミタケガイモドキ 95
ウミタケガイモドキの仲間 **95**
ウミダリアガイ 87
ウミノサカエイモガイ **596**
ウラウズカニモリガイ 258
ウラシマダカラガイ 330
ウロコキンチャクガイ **72**, 74
ウロコハリナデシコガイの仲間 **85**
エスコバルボタルガイ **512**, 513
エゾイグチガイ 578
エゾイソチドリガイ 317
エゾイトカケガイ **391**
エゾオオノガイ 162
エゾゴロモガイ **557**
エゾシラオガイ 93
エゾフネガイの仲間 **315**
エダウネイシガキモドキ 88
エヒメボタルガイ **513**
エマイトキワガイ 383, **384**
エメラルドカノコガイ **237**
エンスイカサガイ 185, **186**
エンスイツメタガイ **352**
エントツガイ 68, 166, **167**
エンナツノクダマキガイ 571
エンマノツノガイ **270**
オーウェンダカラガイ 324
オウサマダカラガイ 331, **335**, 336
オウムガイ 13, **632**, 633
オオアマオブネガイ **246**
オオイシカゲガイ 122
オオイトカケガイ **396**
オオウキモ 225
オオカニノテムシロガイ 424
オオカラミミズガイ 260
オオキララガイ 38, **39**
オオクチキレガイ 616
オオサラサバイ 220, 226
オオシボリミゾガイ **155**, 156
オオシマチグサカニモリガイ **249**
オオシマトリノコガイ 535
オオシマヒオウギガイ 71, **73**
オオシモトボラ **408**, 409
オオシャコガイ 68, 124, 128, **130**, 166
オオジュドウマクラガイ 504
オオシラスナガイ **50**
オオゾウガイ **378**, 380
オオタカラシタダミ 224
オオタマキガイ 48
オオタマテバコホタルガイ 510
オオチャイロガンゼキボラ 463, **465**
オオナルトボラ **364**
オオバンヒザラガイ **35**
オオヒノデニシキガイ 77
オオビワガイ 372, **373**
オオベソオウムガイ 632, 633
オオベッコウガサガイ 183, **184**
オオヘナタリガイ 264
オオヘビガイの仲間 **323**
オオヘリトリガイ **537**
オオマテガイ 154
オオミツカドカタビラガイ **102**
オオミノムシガイ 553
オオミヤシロガイ 384
オオヨロイツノブエガイ 252
オカイシマキガイ **239**
オカナミマガシワガイ **89**
オキナガイ 99
オキナガイの仲間 **99**
オキナハッカイボラ 493
オキナフデガイ **546**
オキナフデボラ 489
オキナワミヤコドリガイ 247
オーストラリアコウイカ 635
オーストラリアツメタガイ 352
オーストラリアトコブシ 202
オトヒメイトグルマガイ 473
オトメガサガイ 212
オトメガンゼキボラ 466
オニニシ **435**
オニノキバフデガイ 547
オニノツノガイ **255**
オネジニナ 398
オネジニナの仲間 **398**
オハグロイボソデガイ 292
オハグロガイ 287
オハグロシドロガイ 288, **289**
オヒネリムシロガイ 423
オヒネリムシロガイの仲間 **423**
オボロヅキコガモガイ 189
オリイレヨフバイ **427**
オルビニイモガイ **591**, 595
オロシガネタイラギ **67**, 68
オロチフデガイ 542

［カ行］
カイコガイ 623
カイコヘリトリガイ 530
カキゾメフデガイ 547
ガクフボラ **484**, 494
カゲロウガイ **65**
カゴガイ 108
カゴシマバイ 518
カコボラ 376
カゴメシロネズミガイ **310**
カゴメソデガイ 286
カゴメミヤコドリガイの仲間 **247**
カサガイ 181, **183**, 184
カザグルマボラ **471**, 472
カジトリグルマガイ 319, **321**
カシュウイガイ 52
カシュウウバガイ 160
カシュウツボミガイ **188**
カスガイモガイ 592
ガスコインダカラガイ 328
カズラガイ 367
カスリイグチガイ **574**
カスリイシガキモドキ 88
カスリクダマキガイ 581
カスリトリノコガイ **535**
カセンコロモガイ 564
カタカドソデマツムシガイ 421
カタスジヨフバイ 427
カタタイラギ 67
カタベガイダマシ **269**
カタリナヨウラクガイ 460
カドバリイボボラ 374
カナリートリノコガイ 528
ガネサボラ **493**
カノコイモガイ 586
カノコシボリコウボネガイ **118**, 119
カノコダカラガイ **328**
カノコリュウグウボラ 492
カバグチカノコガイの仲間 **241**
カバミナシガイ 585
カフスボタンガイ **340**
カブトコブシガイ **475**, 476
カブラガイ **470**
カブラツキガイ **109**
カマクラマンジガイ 570
カミスジトリノコガイ 527, **528**, 529
カミナリサザエ **213**, 217
カミングダカラガイ 328
カムチャッカアワビ 206
カメガイ **629**
カメボタルガイ 506
カモンダカラガイ 333
カヤノミガイ 618
ガラスクダマキガイ 577, **580**
ガラスツボ類の1種 **611**
カラタチボラ 471, **472**
ガラードトミガイ 352
ガラパゴスシロウリガイ **120**
ガラパゴスニシキガイ 83
ガラパリナガニシ 443
ガランタマキビガイ 278
カリバガサガイの仲間 **311**
カリバガサガイ類の1種 **314**
カリビアオニコブシガイ 475, **476**, 479
カリビアダカラガイ 333
カリビアマスオガイ 147, 148, 149
カリブアワビ 200
カリブウニザルガイ **112**, 113
カリブガキ 63
カリブキヌガサガイ 319, **320**
カリブクロタマキビガイモドキ **262**
カリブコムラサキガイ **147**, 149
カリブツキヒガイ 76, **80**, 82
カリブヒイラギガイ **449**, 454
カリブヒザラガイ **34**
カリブミノガイ 69
カリブモシオガイ **92**
カリブヨコスジタマキビガイモドキ 262
カワリオオヒザラガイ 34
カンコガイ 365, **367**
ガンゼキバショウガイ **464**
カンペチェニオガイ 165
カンペチェビノスガイ 139
カンムリイモガイ 586
カンムリコロモガイ 562, **564**
カンムリシャジクガイ（カンムリクダマキガイ）**570**
カンムリボラ **432**
キイロカニモリガイ **252**, 255
キイロカブラガイ 470
キイロダカラガイ **327**
キカブラツキガイ 109
キクスズメガイ 309
キジバイ **220**
キジョウハイガイ 312
キナノカタベガイ 214
キヌガサガイ **318**, 321
キヌガサスズメガイ 316, **317**
キヌタアゲマキガイ 153
キヌメコデマリクチキレエビスガイ 198, **199**
キノコダマガイ **339**, 342
キバアマガイ 246
キバウミニナ 265, 266, **267**
キバタケガイ 606, 607
キハダトミガイ **354**
キバフデガイ 546
キマダライガレイシガイ 455
キムスメカノコガイ 238
キララガイ 39
キリガイ 602, **605**
キリガイダマシ 258, **259**
キンウチカンスガイ 213
キングチコブシボラ **412**, 414
キンシバイ **428**
キンスジボラ **485**
ギンタカハマガイ 231
キンチャクガイ 75
ククリマクラガイ 503
クジャクアワビ（メキシコアワビ）201, 206, **207**
クジャクガイ 51
クダボラ 580, **582**
クダモノツブリボラ 463
クチキレウキガイ **385**
クチキレエビスガイの仲間 **198**
クチグロトウカムリガイ 370
クチバシシャクシガイ **105**
クチベニアラフデガイ **544**
クチベニガイ **163**
クチベニシャンクガイ 477, **478**
クチベニタマガイ 352
クチムラサキサンゴヤドリガイ 468
クチムラサキソデマクラガイ（オオソデマクラガイ）**516**

クチムラサキタマガイ **351**
クチムラサキタマガイの仲間 **348**
クチムラサキテンコロボラ 409
クビレマツカワガイ 376
クマドリカセンガイ 467
クモリトリノコガイ 531
クラマドガイ 90
クリイロイモガイ 597
クリイロミヤコボラ 361, **362**, 363
クリフハマツボ **257**
クリフミノムシガイ 555
クリフヨウラクガイモドキ 450, **453**
クリンクダマキガイ **577**
クレナイアシヤガマガイ 223
クレナイガンゼキボラ **463**
クレナイコオロギボラ 486
クレンチオオザルガイ 126
クロイトマキハラブトシャジクガイ **576**
クロガネダカラガイ **334**
クロシギノハシガイ **55**
クロシュミセンガイ 60
クロスジアマオブネガイ **245**
クロスジグルマガイ 608
クロタイラギ 67
クロタマキビガイ **273**
クロチョウガイ **56**, 57
クロフアマオブネガイ **244**
クロフモドキ 598
クロフォードコロモガイ 562
クロフツノマタガイ 437
クロボシカザリクダマキガイ **567**
クロボシベッコウバイ **403**
クロユリダカラガイ **333**
ケイマンアビシア・スピラ **193**
ケルプチグサガイ **226**
ケルマデクカサガイ 180
ゲンロクノシガイ 405
コウカイオニノツノガイ 255
ゴウシュウウノアシガイ 190
コウジンカスミフデガイ 541, **542**
コウモリボラ **379**, 381
コオニコブシガイ 475
コオリヒザラガイ 31, **32**
コガタツキヒガイ 80
コガネオニコブシガイ 476
コガネナミノコガイ 145
コガラシフデガイ **541**
コギククチキレエビスガイ 198
ゴクラクイチジクボラ **431**
コゲチドリダカラガイ 325
コケヒゲヒザラガイ 33
コケミミズガイ 261
ココスオニムシロガイ 522
コゴメガイの仲間 **527**
コジカダカラガイ 338
ゴシキカサガイ 179
ゴシキカノコガイ 239, 243
コシダカナワメグルマガイ **608**
ゴショグルマガイ 609
ゴセンソデガイ 298
コダイコアワビ 207
コチョウイモガイ 588, **598**
コチョウナミノコガイ **145**, 146
コッテイソデガイ 295, **296**
コトスジボラ 485, **488**
コトヘリトリガイ 534
コナルトボラ 361
コノハザクラガイ 141, **144**
コハクダマガイ 354
コハクニシキガイ **71**
コバトフトコロガイ **420**
ゴバンクチキレガイ **616**
ゴバンシマイボボラ 375
ゴバンタケガイ 601
コーヒーシラタマガイ 345, **346**
コビトアワビ **200**
コビトウラウズガイの仲間 **271**
コーヒーバイ 429
コブシカタベガイ 214
コブナデシコガイ 75, **83**
コブムシロガイ **424**
コベソオウムガイ 632
ゴホウラ 303
ゴマダラヘリトリガイ 533, 534
ゴマツボ 283, **284**
ゴマフアラレカニモリガイ 250
ゴマフダマガイ **353**
ゴマフトリノコガイ **529**
ゴマフニナ **263**
ゴマフマウリエビスガイ 233
コモンバイ **517**
コモンマクラガイ 505
コンシボリガイ 619
コンドルノハガイ 43, **44**, 46

[サ行]
サイヅチボラ 431, 434
サカマキエゾボラ 410, 411
ザクロガイの仲間 **344**
サザエ 219
サザナミスイショウガイ **288**
サザナミタマガイ **359**
サザナミトリノコガイ 535
サザナミネリガイ **96**
サソリガイ 300
サツマツブリボラ 461, **462**
サテンヘリトリガイ 536
サビイロカサガイ 176
サビキリオレガイ 388
サフランオトメフデガイ 551, **553**
サメムシロガイ **430**
サヤガイ 116
サラサアマガイ 242
サラサキサゴ **221**
サラサスダレガイ **134**
サラサソデマツムシガイ **421**
サラサダカラガイ 335, 336
サラサニンギョウボラ 483
サラサバテイラ 222, 224, **230**
サラサヒノデガイ 143
サラレイシガイ 452
サルボウガイ 47
シイノミクチキレガイ 614
ジェームズホタテガイ **82**, 84, 143
シカダカラガイ **338**
シカノツノガイ **456**, 459
ジグザグタマキビガイ **272**
ジグザグマクラガイ 500
シゲトウボラ 377
シコロタマキビガイ 271, **274**
シシリアタイラギ 66, **68**
シチクガイの仲間 **599**
シチクガイモドキ 599
シチリアハボウキガイ 66
シマアラレミクリガイ **404**
シマイボボラ **374**, 375
シマウマダカラガイ 338
シマカノコガイ 238
シマガンゼキボラ 458
シマタケガイ **603**
シマタマキビガイ **276**
シマツノグチガイ **440**, 441
シマブクロツブの仲間 **279**
シマリュウグウボラ 492
シミツキツノクダマキガイ **572**
シモトボラ 408, 471, 472
シモフリヘリトリガイ 530
シモンカフスボタンガイ 340
シャゴウガイ **127**, 130
シャコガキ **64**
シャジクソデマツムシガイ **422**
ジャックナイフガイ→ヨーロッパマテガイモドキ
ジャノメダカラガイ **331**
シャンクガイ 442, **477**, 478, 479
ジュークスミノムシガイ 555
シュモクアオリガイ 58, 60
シュモクガイ（シュモクガキ）59, **60**
ジュリアイトグルマガイ 473, **474**
ジュンリンヒゲヒザラガイ **33**
ジョウオウクボガイ **227**
ショウジョウガイ 86, **87**
ショウジョウカタベガイ 214
ショウジョウミヤコボラ 362, **363**
ジョウロガイ **98**
ジョオウカムリガイ **371**
ショクコウラ 525
シラクサナガニシ 442
シラクモガイ 451
シラナミガイ **129**, 130
シリアツブリボラ 457
シリブトチョウジガイ 284
シロウリガイ 120
シロオビクロテングニシ **433**
シロオビトクサガイの仲間 **600**
シロガンゼキボラ 459
シロハラヨフバイ **425**
シロビワガイ **372**, 373
シワアサジガイ 151
シワミノムシガイ 552, **555**
シンサンカクガイ **91**
シンテイツキヒガイ 85
スイジガイ **300**, 302
スエヒロフナガタガイ 117
スエモノガイ 101
スギタニセコバイ（オボロセコバイ）**416**
スゲガサガイ 187
スケネオプシス・プラノルビス **280**
スジイモガイ **589**, 590
スジガクフボラ 484
スジクロニシキニナ **439**
スジグロホラダマシ **402**, 515
スジツキガイ **107**
スジヒバリガイ 51, **53**, 55
スジマキアワビ 207
スズメハマツボ 257
スソオビホタルガイ 502, 508, **510**
スソヨツメダカラガイ 324, **329**
スダレオオハネガイ 70
スッポンダカラガイ 326
スナメガイの仲間 **104**
スベリショクコウラ **524**, 526
スベリヒシガイ 123
スベリワダチガイの仲間 **612**
スミスワタゾコボラ 495
スミノエガキ 63
スミレアサジガイ **150**, 151
スルスミアワビ **206**
スルスミヒザラガイ 33
ズングリダチョウボラ 308
セイエビスガイ **232**
セイタカエゾボラ 407
セイヨウエビスガイ 232
セイヨウオオノガイ **162**
セイヨウカサガイ **176**, 179
セイヨウカズラガイ 366
セイヨウカタベガイダマシ 269
セイヨウスエモノガイ **101**
セイヨウトコブシ 203
セイヨウフタバシラガイ 111
セイヨウホラガイ 381
セイラーガイ **621**
セイロンバイ 517, **519**
セキトリオトメガサガイ 208, **212**
セキトリコウボネガイ 119
セキトリニシキガイ 78
セキトリマクラガイ 498, **505**
セコバイ **415**
セネガルモミジソデガイ 306
セバメスソキレガイ **208**, 210
セムシウミウサギガイ 339, **341**
セワケツキガイ 106
センジュガイ **459**, 464
センニンガイ **266**
ゾウクラゲ 386
ゾウゲツノガイ **171**, 172, 173
ゾウゲバイ 519
ソデフトコロガイ 419
ソデマクラガイ 516
ソバカスヘリトリガイ **533**, 534
ソビエウラウズカニモリガイ **258**
ソマリアソデガイ 296
ソマリアムカシダカラガイ 342
ソメワケアオリガイ 58
ソリカエリイガイ **51**, 53
ソロバンダマカタベガイダマシ 269

[タ行]
ダイオウイトマキボラ 444, **447**, 478
ダイオウカガミガイ 138, **140**
ダイオウカブトウラシマガイ 366
ダイオウキヌガサガイ 321
ダイオウキリオレガイ 387
ダイオウコウモリボラ 379
ダイオウサザエ 216, 218, **219**
ダイオウサルボウガイ 45, **46**
ダイオウソデガイ 301, **303**
ダイオウテンガイガイ 209, **211**
ダイオウトウカムリガイ 371
ダイオウナガニシ 442
ダイオウナミノコガイ（トゲナミノコガイ）145, **146**
ダイオウハラブトツノガイ 170
ダイコクオオミゾガイ 155
タイセイヨウコナルトボラ **361**
タイセイヨウタマゴボラ 368
タイセイヨウナツメガイ 625
ダイミョウイモガイ 588, 589
タイワンイグチガイ 568, **569**
タイワンイトマキヒタチオビガイ **491**
タイワンカヤノミガイ **618**
タイワンキヌガサガイ 320
タイワンナツメガイ **625**
ダーウィンニシキ 494
タカサゴツキヒガイ 79
タカシマウミタケガイモドキ 95
タガヤサンミナシガイ 596
タケノコカニモリガイ 253
タケノコクチキレガイ 616
タケノコシドロガイ 289, 291, **293**, 297
タケノコチグサカニモリガイ 249
タケノコツクシガイ（タケノコフデガイ）**554**
タケノコボラ 489, **495**
タケボウキガイ 9, 65, **66**
タコブネ 637
ダチョウウノアシガイ 179
ダチョウボラ **308**
タツナミガイ **627**
タツマキサザエ 218
タテガサガイ 190
ダテコロモガイ 559
タテジマニンギョウボラ 483
タテジワベニクジャクボラ 490
タテジワミドリガイ 624
ダテトウガタガイ **615**
タートンネジガイ 392, **393**
タートンフロガイ 350
タマゴガイ 622, **623**
タマズサガイ **43**, 44
タモトガイ **418**
ダルマカンムリボラ 432
ダンベイキサゴ 221
チサラガイ 73
チヂミタコブネ 637
チダシアマオブネガイ 239, **242**
チヂミカゴガイ **108**, 109, 110
チチュウカイカゴメムシロガイ 426
チトセボラ **443**
チドリダカラガイ **325**
チビイモガイダマシ 539
チマキボラ **593**
チャイロツキヒガイ 80
チャイロマメツブガイ 131
チャウダーガイ 226, **229**
チャオビナガイトカケガイ 397
チャグチフクロガイ **356**
チャツボの仲間 283
チュウタカラシタダミ **224**, 225
チューリップボラ **444**, 447
チョウセンフデガイ **547**
チョウチョウミドリガイ 624
チリメンアオイガイ 637
チリメンアマオブネガイ 243
チリメンニナ **394**, 397
チリレンゲガイ 176, 177, **178**
チレニアキヌタアゲマキガイ 152, **153**
ツガイ **358**
ツキガイ 106, 108, **110**
ツキヒガイ 12, 81
ツキヨノハマグリ 132
ツクエガイ 116
ツタノハガイ 178
ツツガキ 98
ツナヒキアマオブネガイ 245
ツノイロチョウチンフデガイ **539**
ツノキフデガイ 480
ツノキフデガイの仲間 **480**
ツノクダマキガイ 571
ツノブエガイ 251
ツノマタガイモドキ 439, **441**
ツバサカノコガイ 241
ツボミガイ 189
ツマベニヒガイ 341, 342, **343**
ツムガタソデマツムシガイ 422
ツロツブリボラ 449, **457**
ディアストマ・メラニオイデス **268**
テイオウナツモモガイ 222
テガキイモガイ **583**
テツアキチドリダカラガイ 325
テツヤタテガイ **551**
デニスンオニムシロガイ **522**
テマリカノコガイ **238**
テラマチホラダマシ 402
テリコウボネガイ 118
テングガイ 456, **466**
テングボラ **496**
テンコロボラ 408, **409**
テンジクイモガイ **590**, 592
テンシノツバサガイ 134, 135, 164, **165**
テンスジタマガイ 350
トウガタガイ 615
トウガタクチキレウキガイ 385
トウガタミクリガイ 404
トウカムリガイ 369, **370**, 371
トウコオロギボラ **486**, 490, 497
トウマキタマキビガイ 276
トウマキボラ **377**, 378
トカシオリイレボラ 559, **562**, 565
トガリウノアシガイ **177**, 178, 180
トガリヒロクチマクラガイ 508
トキワガイ 382
トクサガイモドキ 600, **604**
トグロコウイカ 25, **634**
トゲカゴメソデガイ **286**, 299
トゲキジョウハイガイ **313**
トゲコケミミズガイ **260**, 261
トゲコブシボラ 414, 433
トゲシモトボラ 471

トゲタマキビガイ 274
トゲトゲウミニナ **256**
トゲトゲカサガイ 177
トゲトゲヒザラガイ 34
トゲナガイチョウガイ（サソリイチョウガイ） **454**
トゲハマヅトガイ **552**
トサカガキ 61, **62**, 64
トサツブリボラ 462
トスジエゾボラ **407**
トノサマイトマキボラ 447
トヘロアガイ 161
トライオンニシキガイ **76**, 79
トラフクダマキガイ 582
トラフコウイカ **635**
トラフマウリエビスガイ 232, **233**
トリオイガサガイ **179**
トンボガイ **307**

［ナ行］
ナガイトカケガイ 394, **397**
ナガコロモガイ 561, 563, **565**
ナガサキニシキニナ 439
ナガタケノコカニモリガイ 253, **254**
ナガニシ 445
ナガフタバシラガイ **111**
ナガミノムシガイ 556
ナシガタコブシボラ 372, 412
ナスビガサガイ 188, **190**
ナツゾラニッコウガイ 142, **143**
ナツメヤシガイ 493
ナデガタチマキボラ **587**
ナデガタナンキョクメロンボラ 494
ナミジワターバンガイ 215
ナミビアカサガイ 180
ナメリヒザラガイ **30**, 32
ナンアメクラガイ 229
ナンアワタゾコニナ **248**
ナンキョクカサガイ **182**
ナンキョクツキヒガイ 77, **79**
ナンキョクツノオリイレガイ **448**, 453
ナンバンコオロギボラ 486
ナンベイチドリマスオ 161
ナンベイヌノメシャジクガイ **573**
ナンヨウクロミナシガイ **595**, 596
ナンヨウダカラガイ 331, 335, **336**
ナンヨウツキヒガイ **81**
ニオガイ類の1種 **164**
ニオナリイワホリガイ 134, **135**
ニクイロヒタチオビガイ 491
ニシアフリカウニボラ 454
ニシインドムシボタルガイ 513
ニシキアマオブネガイ **243**
ニシキアワビ（ユメノミミガイ） **203**
ニシキガイ 72, **74**
ニシキツノガイ 173
ニシキノツノマタガイ 441
ニシキマクラガイ 504, **511**
ニシキミナシガイ **594**
ニシノニオナリイワホリガイ 135
ニチリンカサガイ 176
ニチリンサザエ **217**
ニューイングランドムシロガイ **426**
ニヨリセコバイ **561**, 565
ニヨリトゲウネガイ **142**, 144
ニワトリガキ 60
ニンギョウイモガイ 583, **588**, 598
ヌノメアカガイ **47**
ネコジタウミギクガイ 86
ネコゼフネガイ 315
ネコノミミクチキレガイ **614**
ネジヌキエゾボラ **411**
ネジレセコバイ 416
ネズミダカラガイ 330
ネッタイザルガイ 125, **126**
ノシガイ **401**
ノリスガイ 227, **228**

［ハ行］
バイ 519, 520
バイの仲間 **520**
ハグルマケボリガイ 341
ハグルマミズスイガイ 469
ハコマクラガイ **503**, 511
ハシナガソデガイ 286, 297, **299**
バージニアガキ（アメリカガキ） 53, 62, **63**
ハスジマイグチガイ **568**, 569
ハタエボラ 563
パタゴニアテンガイガイ 210
ハチジョウダカラガイ 332, 337
バーチタマゴボラ **368**
ハチマキクボガイ 227
ハデウネボラ 364
ハデクダマキガイ 581, 582
ハデミナシガイ 590, 596
ハトガタシドロガイ 289
ハナオレウミケムシ 592
ハナシキヌマトイガイ **114**, 115
ハナビラダカラガイ 327
ハナビラリュウグウハゴロモガイ 100
バナマオナガトリガイ 121
パナマナガニシ 446
パナマボラ 487
パナマボラの仲間 **487**
ハナヤカイトカケガイ **395**
ハナヤカカニモリガイ **250**
ハナヤカスカシガイ 209, 211
ハナヤカフトコロガイ **419**
ハナレオリイレボラ **558**, 560
バハマカガミガイ 133, 140
バハマハネガイ **69**, 70
ハブタエルリガイ 390
パブロワヨウラクガイ 450
ハボウキガイ 68
ハモンシロサガイ **187**
バライロカセンガイ 467
バライロショクコウラ 526
パラオオウムガイ 632, 633
ハラダカラガイ **332**, 337
バラフイモガイ **585**, 591
ハラブトツノガイ類の1種 **170**
ハリオレガイ 387
ハリスイトグルマガイ 473
ハリナガモミジソデガイ 305
ハリナガリンボウガイ 9, **215**, 217
ハリミヤコボラ 362
ハルカゼガイ 497
ハワイクダボラ 582
ハワイクチベニアラフデガイ 544
ヒイラギガイ 449
ヒカリニオガイ 165
ビクターイモガイ 595
ビクニシラタマガイ 345
ヒシメロンボラ **494**, 495, 496
ヒダリマキイグチガイの仲間 **578**
ヒダリマキコブシボラ 412, **414**
ヒトエガイ **628**
ヒトデナカセガイ 398, **399**
ビードロダカラガイ 334
ビードロナワボラ 316
ヒナキンチャクガイ **75**, 78
ヒナヅルガイ 365
ヒナノウラウズガイ 271
ヒナマクラガイ **498**, 501
ヒネリバイ 514
ビノスワスレ 134
ビビガイ 146
ヒマワリガサガイ 184
ヒメエゾシラオガイ **93**
ヒメオキナエビスガイ **196**, 197
ヒメカノコガイ 237
ヒメコオリヒザラガイ 32
ヒメコガネリュウグウボタルガイ **502**, 503, 506
ヒメゴゼンソデガイ 293, **297**
ヒメゴホウラ 292, **295**
ヒメシャコガイ 129
ヒメシャジクガイ類の1種 **566**
ヒメショクコウラ **523**, 524
ヒメゾウクラゲ 386
ヒメテツヤタテガイ 551
ヒメホシタカラガイ 336
ヒメモミジソデガイ 304, 305, **306**
ヒメワタゾコボラ **481**
ビャクレンダカラガイ 327
ヒヤシンスガイ 74, **78**
ヒョウダカラガイ 337
ヒラアナゴ 207
ヒラカメガイ 629
ヒラヒメアワビ 221, **223**
ピラミッドウズガイ **231**
ヒラリュウグウハゴロモガイ **100**
ヒルガオガイ 389
ヒレインコガイ 112, **113**
ヒレシャコガイ **128**, 129
ヒレツノクダマキガイ 570, **571**
ヒレナシシャコガイ 127, 128
ヒロクチイガレイシガイ 455
ヒロクチカノコガイ 239
ヒロクチソトオリガイ 99
ヒロクチマツムシガイ 417
ビロードナワボラ **316**
ヒロベソオウムガイ **633**
ビワガイ 372
ピンクガイ 7, 298, **301**, 303, 444
フウリンチドリガイ 189, **309**
フエゴカサガイ 182
フクスケヤキイモガイ 594
フクトコブシ 205
フクレベッコウイモガイ 597
フクロガイ 356
フジイロハマグリ **138**, 140
フシリュウキュウアオイガイ 124
フタエオオアナテンガイガイ 209
フタカドクダマキガイ 566
フタゾコフデボラ **489**
ブットウキリガイダマシ 259
ブットウタマキビガイ **278**
ブットウツクシガイ 552
ブットウバイ **405**
フデコロモガイ 557, **559**
フデシャジクガイ類の1種 **584**
フデヒタチオビガイ 549, **550**
フデヒタチオビガイ類の1種 **549**
フトイボツクイシガイ **602**, 605
ブドウガイの仲間 **622**
フトウネシャジクガイの仲間 **575**
フトウネトマヤガイ **94**
フトウネナガニシ **445**
フトギリガイ 605
フトコロガイ類の1種 **417**
フトスジアマガイ **240**
フトベッコウイモガイ 597
フトベニクジャクボラ 490
フトメナガニシ **446**
フナクイムシ **166**, 167
フネソデガイ **42**
フネダコ 637
ブラジルニシキガイ 72
ブラジルヘリトリガイ 537
ブラムヘリトリガイ 532
ブランデーガイ **490**
フリソデエントツヨウラクガイ **450**
フリソデホラダマシ **515**
フロガイ **350**
フロリダアザミガイ 217
フロリダイボボラ 374, **375**
フロリダウネシゲゴコロガイ **103**
フロリダオナガトリガイ **121**, 126
フロリダキヌタレガイ 40
フロリダセコバイ 415
フロリダセワケツキガイ **106**, 107
フロリダヤチヨノハナガイ 157
フロリダフデガイ **545**
ブンブクボラ 515
ペガサスノツバサガイ 164
ヘソアキハナゴウナの仲間 **400**
ペチットヘリトリガイ **534**
ベッコウガキ 64
ベッコウバイ 403
ベトナムワダチバイ 413
ベドネルシンサンカクガイ 91
ヘナタリガイ **264**
ベニイボヒトデシロスズメガイ 399
ベニエガイ **45**
ベニオキナエビスガイ 197
ベニシボリミノムシガイ 556
ベニシリダカガイ 230
ベニタケガイ 604, **606**
ベニマキガイ 437
ベニヤカタダガイ **619**, 620
ヘブライボラ 484
ヘリトリガイ類の1種 **532**
ペルチャーニシ 448, **460**
パキデルミア・ラエビス **195**
ペルナイガイ 54
ペルーマクラガイ **501**, 505, 509
ヘルメットダカラガイ 334
ヘレンフデガイ **548**
ベンガルバイ **518**, 519
ホウオウガイ **59**
ボウシオリイレボラ 558
ホウシュエビスガイ類の1種 **235**
ホウセキミナシガイ 585, **586**
ホカケソデガイ 288
ホクベイチドリマスオガイ **161**
ホシガタタカサガイ 177
ホシキヌタガイ 335
ホシダカラガイ 332, **337**
ホソシャンクガイ 477
ホソショクコウラ 523
ホソニシ 442, 443
ホソノシガイ 401
ホソヒザラガイ 30, **31**
ホソヘビガイ **322**, 323
ホソムシボタルガイ 512
ホタルバイ 429
ホタルバイの仲間 **429**
ホッキョクタマガイ 349
ホッキョクタマガイの仲間 **349**
ポッペフデシャジクガイ 593
ホネガイ **461**, 462
ホノオトウカムリガイ 369, 370
ホホベニヘリトリガイ **530**
ホラガイ 11, 379, **381**
ホンカリバガサガイ 311
ホンサバダカラガイ 324, 329
ホンタマキガイ 49
ホンネジマガキガイ 287, **290**
ホンビノスガイ 117, 136, **139**
ホンミノガイ 69

［マ行］
マウリエビスガイ **234**
マガキ 61, 62
マガキガイ 290, **291**
マキザサガイ 606
マキミゾアマオブネガイ 240
マキミゾグルマガイ **610**
マクガイ **58**
マクラエボシガイ **521**
マクラガイモドキ類の1種 **514**
マクラフデガイ 540
マクロンガイ **406**
マサメボラ **483**
マスオガイ 148
マゼランアヤボラ 380
マゼランツキヒガイ 81, **84**
マダラクダマキガイ **581**
マツカワガイ **376**
マツバガイ 8, **181**, 182
マテナリアゲマキガイ 152
マドガイ 89, **90**
マドモチウミニナ 264, **265**, 267
マドモチカセンガイ **467**, 468
マベガイ 56, **57**
マボロシニッコウガイ 143
マボロシハマグリ **132**, 133, 137
マメガキ **88**
マメツブガイ **131**
マメニセザクラガイ **141**
マメユウビガイ 521
マラガカミソリガイ **154**
マリアナダカラガイ **324**, 329
マルアサジガイ 150
マルアワビ（ネコゼトコブシ） **202**, 204
マルオミナエシガイ **133**
マルツノガイ 171
マルトマヤガイ 94
マンガルツボ 284
マンボウガイ 368, **369**, 371
ミガキコオロギボラ 538
ミガキシャゴウガイ 127
ミガキソデガイ **41**
ミカドイトカケガイ 393
ミカドミナシガイ **592**
ミサカエカタベガイ 213, **214**
ミサカエショクコウラ 525, **526**
ミジンギリギリツツガイの仲間 **285**
ミジンワダチガイ 613
ミジンワダチガイの仲間 **613**
ミズイロツノガイ 171
ミスガイ 619, **620**
ミズスイガイ **469**
ミダレシマヨフバイ 425
ミツウネアワビ 202, **204**
ミツカドソデガイ 298
ミツクチキリオレガイ類の1種 **387**
ミツユビガイ **287**
ミドリイガイ 52, **54**
ミドリガイ **624**
ミドリテンガイガイ **209**, 211
ミナミオオトリガイ **159**
ミナミキヌタレガイ **40**
ミノボラ 582
ミノムシガイの仲間 **556**
ミヒカリコオロギボラ 497
ミミガイ 200, 203, **205**
ミミズガイ類の1種 **261**
ミヤコドリ 247
ミヤシロガイ **382**, 383
ミヤビバイ 518
ミルクソデガイ 301
ムカシエゾボラ 410
ムカシタモトガイ 290
ムカデソデガイ 294
ムギツブダカラガイ 339
ムシエビガイ 418
ムシコゴメガイ **531**
ムシロフデガイ 545
ムスジスナシタダミ 282
ムラクモタケガイ 599, **601**
ムラクモタマガイ 351
ムラサキアリソガイ **158**, 160
ムラサキガイ 147, **148**
ムラサキツノマタガイモドキ **437**
ムラサキムカデソデガイ（ムラサキソデガイ） **294**

メオニコブシガイ 472
メガイアワビ 204
メキシコダイオウカサガイ 178, **180**
メキシコムシボタルガイ 512
メリケンカリバガサガイ **312**
メリケンクマサカガイ 318, **319**, 320
モエギオオハネガイ 69
モクハチアオイガイ **123**
モクレンタマガイ 355
モシキオオトリガイ 159
モスソウミタケガイモドキ 95
モミジソデガイ **304**, 306
モモイロオニコブシガイ 476
モヨウカヤノミガイ 617
モヨウクボガイ 228
モヨウヒメミミガイ 357
モロッコボラ 493
モロハバイ 413
モンツキソデガイ 289

[ヤ行]
ヤエバイトカケガイ 394
ヤキイモガイ 594
ヤグラビョウブガイ 43
ヤゲンイグチガイ **579**
ヤコウガイ 216
ヤサガタタコブネ 636
ヤサナガニシ 438
ヤスリツノガイの仲間 **172**
ヤセオオフナクイムシ 166
ヤセマクラガイ **508**, 510
ヤナギシボリキジビキガイ **617**
ヤナギシボリタケガイ 603
ヤマナリアメリカミルクイ 158
ユカタヨフバイ 427
ユビサソリガイ 294
ユメアナゴ 205
ユメマクラガイ **507**
ヨウラクガイモドキ 453
ヨコスジタマキビガイモドキ 263
ヨコワカニモリガイ 254
ヨリメツツガキ 98
ヨロイコロモガイ **563**
ヨロイツノブエガイ 256
ヨーロッパアヤボラ 377, **380**
ヨーロッパイガイ **52**, 54
ヨーロッパイトカケガイ 391, **392**, 393, 396
ヨーロッパエゾバイ 407, **410**
ヨーロッパオオハネガイ **70**
ヨーロッパコウイカ 635
ヨーロッパタマキビガイ **277**
ヨーロッパナミガイ 114, **115**
ヨーロッパホタテガイ 82
ヨーロッパマテガイモドキ 155, **156**
ヨーロッパワスレガイ 138

[ラ行]
ラクダガイ **302**
ラセンオリイレボラ **560**
ラマルクゾウクラゲ **386**
ラマルクダカラガイ 333
ランゾウゲバイ 517
リオスメロンボラ 496
リスガイ **355**
リーブスジボラ 482
リュウオウゴコロガイ 118, **119**
リュウオウスガイ **218**
リュウキュウアオイガイ 121, 123, **124**
リュウキュウウノアシガイ 188, **189**
リュウキュウタケガイ 601, **607**
リュウキュウマスオガイ 148, **149**
リュウグウオキナエビスガイ 196, **197**
リュウグウダカラガイ **330**
リュウグウボタルガイ類の1種 506
リュウグウボラ **492**
リュウテンサザエ **216**, 219
リンボウガイ 215
ルリガイ **389**, 390
ルリグチマクラガイ 498, **499**, 507
ルンバソデガイ 296, **298**
レーウィスタマガイ **360**
レンガマキシャジクガイ 571
ロウビキツノマタガイ 440
ロッセルダカラガイ 334

[ワ行]
ワシノハガイ 44
ワタゾコシロアミガサガイの仲間 **185**
ワタゾコシロアミガサガイモドキ 186
ワタゾコシロガサガイ 191
ワタゾコシロガサガイ類の1種 **191**
ワタゾコニナ 248
ワタゾコフデボラ 489
ワダチザルガイ 122, **125**
ワダチバイ **413**
ワダツミボラ **538**
ワダツミリュウグウボラ 492
ワタナベボラ 299
ワトソンスイフガイ 621
ワライマクラガイ 499, **509**, 511
ワラベイモガイ 598

【学名】

Abyssochrysos brasilianum 248
Abyssochrysos melanioides **248**
Abyssochrysos melvilli 248
Acanthochitona pygmaea 35
Acanthopleura granulata 34
Acanthosepion pharaonis → *Sepia pharaonis*
Acesta excavata **70**
Acesta marissinica 70
Acesta rathbuni 69
Acila divaricata 38, **39**
Acila insignis 39
Acmaea mitra 185, **186**
Acmaea subrotundata 185
Acteon eloiseae 617
Acteon virgatus **617**
Adamussium colbecki 77, **79**
Addisonia brophyi 192
Addisonia enodis 192
Addisonia excentrica **192**
Adelomelon beckii **496**
Adelomelon riosi 496
Admete unalashkensis 557
Admete viridula **557**
Adrana suprema 41
Aequipecten glyptus **76**, 79
Aequipecten muscosus 76
Afer cumingii 408, **409**
Afer porphyrostoma 409
Aforia circinata **579**
Aforia magnifica 579
Afrivoluta pringlei **538**
Agaronia acuminata **508**, 510
Agaronia travassosi 508
Akera bullata 621, **626**
Akera soluta 626
Altivasum flindersi 476
Amaea magnifica 394, **397**
Amaea mitchelli 397
Amauropsis aureolutea **349**
Amauropsis islandica 349
Americardia biangulata **122**
Ammonicera japonica 613
Ammonicera lineofuscata 612, **613**
Ammonicera minortalis 612, 613
Amoria damonii 483
Amoria dampieria 483
Amoria zebra **483**
Amphiplica plutonica 193
Amusium balloti **81**
Amusium japonicum 12, 81
Amusium laurenti → *Euvola laurentii*
Amusium obliteratum 80
Amusium pleuronectes 79
Anadara grandis 45, **46**
Anadara subcrenata 47
Anatina anatina 157
Anatoma crispata 198, **199**
Anatoma parageia 199
Ancilla alba → *Bullia livida*
Ancilla aperta 502, **506**
Ancilla lienardi **502**, 503, 506
Ancilla mauritiana 506
Ancillista cingulata 502, 508, **510**
Ancillista velesiana 510
Ancistrolepis grammatus **413**
Ancistrolepis unicum 413
Ancistrolepis vietnamensis 413
Angaria delphinus melanacantha 213, **214**
Angaria sphaerula 214
Angaria tyria 214
Angaria vicdani 214
Anodontia alba 109
Anodontia edentula **109**
Anomia simplex 89, 90
Antalis longitrorsa **173**
Antiplanes perversa **578**
Antiplanes sanctiioannis 578
Aplysia morio 626
Aplysia vaccaria 627
Aporrhais occidentalis 304, **305**
Aporrhais pesgallinae 305
Aporrhais pespelecani **304**, 306
Aporrhais senegalensis 306
Aporrhais serresianus 304, 305, **306**
Arca navicularis 44
Arca zebra 43, **44**, 46
Architectonica laevigata 610
Architectonica maxima **610**
Architectonica perspectiva 608
Arcinella arcinella **112**, 113
Arcinella cornuta 112
Arctica islandica **117**
Argonauta argo 636, **637**
Argonauta bottgeri 637
Argonauta cornutus **636**
Argonauta hians 637
Argonauta nodosus 637
Argonauta nouryi 636
Asaphis deflorata 147, 148, 149
Asaphis violascens 148, **149**
Astarte borealis 93
Astarte smithii 93
Astarte sulcata **93**
Astraea heliotropium **217**
Astralium phoebium 217
Atlanta peroni **385**
Atlanta turriculata 385
Atrina rigida 67
Atrina seminuda 65
Atrina serrata **67**, 68
Atrina vexillum 67
Atys cylindricum 623
Atys naucum 622, **623**
Austroginella muscaria **531**
Austrotrophon catalinensis 460
Axelella smithii 560

Babelomurex diadema **467**, 468
Babelomurex echinatus 469
Babelomurex princeps 467
Babelomurex spinaerosae 467
Babylonia areolata 519
Babylonia canaliculata 518
Babylonia japonica 519, 520
Babylonia kirana 520
Babylonia lani 517
Babylonia magnifica 518
Babylonia papillaris **517**
Babylonia perforata **520**
Babylonia spirata **518**, 519
Babylonia zeylanica 517, **519**
Bankia carinata 166
Barbatia amygdalumtostum **45**
Barbatia clathrata 45
Barleeia haliotiphila 283
Barleeia subtenuis 281, **283**
Bassina disjecta 131, **137**
Bassina pachyphylla 137
Bathyacmaea nipponica 186
Bathybembix bairdii **225**
Bathybembix crumpii 225
Beguina semiorbiculata 94
Biplex perca **376**
Biplex pulchra 376
Bolma girgyllus **213**, 217
Bolma guttata 213
Botula fusca 55
Brachidontes exustus 51
Brechites giganteus 98
Brechites penis **98**
Buccinum undatum 407, **410**
Bufonaria borisbeckeri 363
Bufonaria bufo 361, **362**, 363
Bufonaria echinata 362
Bufonaria foliata 362, **363**
Bulla ampulla **625**
Bulla striata 625
Bullata bullata **537**
Bullata matthewsi 537
Bullia annulata 429
Bullia callosa 429
Bullia kurrachensis 429
Bullia livida **429**
Bullia tenuis 429
Bursa corrugata 364
Bursa ranelloides ranelloides 361
Bursa ranelloides tenuisculpta **361**
Busycon candelabrum 414
Busycon carica 414, 433
Busycon coarctatum **412**, 414
Busycon perversum 412, **414**
Busycotypus spiratus 372, 412

Cadulus simillimus **170**
Caecum clava 285
Caecum imbricatum 285
Caecum pulchellum **285**
Calliostoma sayanum **232**
Calliostoma zizyphinum 232
Calliotectum smithi 495
Callista chione 138
Callista erycina **138**, 140
Callochiton septemvalvis **30**, 32
Calpurnus verrucosus 339, **341**
Calyptogena diagonalis 120
Calyptogena magnifica **120**
Calyptogena soyoae 120
Calyptraea chinensis 311
Calyptraea extinctorium **311**
Campanile symbolicum **270**
Cancellaria cancellata **563**
Cancellaria cooperi 561, 563, **565**
Cancellaria crawfordiana 562
Cancellaria gemmulata 564
Cancellaria mitriformis 557, **559**
Cancellaria nodulifera 559, **562**, 565
Cancellaria reticulata 563
Cantharus undosus **402**, 515
Cantharus wagneri 402
Capulus incurvatus 317
Capulus ungaricus 316, **317**
Cardiomya cleriana 105
Cardita antiquata 94
Cardita crassicosta **94**
Cardium costatum 122, **125**
Cardium indicum 125
Carenzia carinata 235
Carenzia trispinosa **235**
Caribachlamys imbricata → *Caribachlamys pellucens*
Caribachlamys ornata 72
Caribachlamys pellucens **72**, 74
Carinaria cristata 386
Carinaria japonica 386
Carinaria lamarcki **386**
Casmaria ponderosa **365**
Casmaria vibex 365
Cassis cornuta 369, **370**, 371
Cassis flammea 369, 370
Cassis madagascariensis 370
Cassis madagascariensis spinella **371**
Cassis tuberosa 371
Cavolinia tridentata **629**
Caymanabyssia spina **193**
Cellana mazatlandica 181, **183**, 184
Cellana nigrolineata 8, **181**, 182
Cellana sandwicensis 183
Cellana solida 184
Cellana testudinaria 183, **184**
Cenchritis muricatus 271, **274**
Cerithidea cingulata **264**
Cerithidea obtusa 264
Cerithidea pliculosa 265
Cerithium citrinum **252**, 255
Cerithium erythraeonense 255
Cerithium lifuensis 256
Cerithium litteratum **250**
Cerithium muscarum 250
Cerithium nodulosum **255**
Cerithium novaehollandiae 252
Chama frondosa 113
Chama lazarus 112, **113**
Charonia tritonis 11, 379, **381**
Charonia variegata 381
Cheilea equestris 189, **309**
Cheilea flindersi 309
Chicoreus cervicornis **456**, 459
Chicoreus cnissodus 459
Chicoreus longicornis 456
Chicoreus palmarosae **459**, 464
Chicoreus ramosus 456, **466**
Chicoreus virgineus 466
Chiton glaucus 34
Chiton tuberculatus **34**
Chlamys squamata 72, **74**
Chlamys tehuelchus 494
Chlamys townsendi 78
Cinnalepeta pulchella 247
Circulus texanus 282
Cirsotrema rugosum 394
Cirsotrema varicosum **394**, 397
Cittarium pica 226, **229**
Clanculus pharaonius 222
Clanculus puniceus **222**, 223
Clavatula bimarginata 566
Clavatula imperialis **566**

Clavatula kraepelini 566
Clavocerithium taeniatum **253**
Clavus bilineatus 572
Clavus canalicularis 570, **571**
Clavus enna 571
Clavus exasperatus 571
Clavus flammulatus **572**
Clavus lamberti 571
Clavus opalus 572
Clinocardium nuttallii 122
Clio pyramidata 629
Cocculina japonica 191
Cochlespira elegans **577**
Cochlespira pulchella 577
Codakia distinguenda 110
Codakia tigerina 106, 108, **110**
Colubraria castanea **415**
Colubraria muricata **416**
Colubraria obscura 415
Colubraria tortuosa 416
Columbarium harrisae 473
Columbarium pagoda **473**, 474
Columbarium pagodoides 473
Columbella haemastoma **419**
Columbella mercatoria **420**
Columbella rustica 420
Columbella strombiformis 419
Coluzea aapta 474
Coluzea juliae 473, **474**
Concholepas concholepas 189, 451, **452**
Conopleura striata **570**
Contrasimnia xanthochila 343
Conuber conicum **352**
Conuber melastoma 352
Conuber putealis 352
Conuber sordidum 352
Conus ammiralis **590**, 592
Conus aurantius 586
Conus betulinus 588, 589
Conus cedonulli 585, **586**
Conus consors 594
Conus dorreensis 592
Conus ermineus 597
Conus figulinus **589**, 590
Conus genuanus 583, **588**, 598
Conus geographus 589, **597**
Conus gloriamaris **596**
Conus hieroglyphus **583**
Conus imperialis **592**
Conus leopardus 598
Conus magus 594
Conus mappa 586
Conus marmoreus **595**, 596
Conus mercator 598
Conus milneedwardsi 590, 596
Conus nobilis victor 595
Conus orbignyi **591**, 595
Conus pertusus **585**, 591
Conus pseudaurantius 586
Conus pulcher 588, **598**
Conus purpurascens 597
Conus radiatus 597
Conus regius 586
Conus sauros 591
Conus selenae 583
Conus stercusmuscarum 594
Conus striatus **594**
Conus textile 596
Conus vexillum 585
Copulabyssia riosi 193
Coralliophila abbreviata **468**
Coralliophila violacea 468
Corbula amethystina 163
Corbula erythrodon **163**
Corculum cardissa 121, 123, **124**
Corculum dionaeum 124
Coriocella nigra **347**
Crassostrea ariakensis 63
Crassostrea gigas 61, 62
Crassostrea rhizophorae 63
Crassostrea virginica 53, 62, **63**
Crepidula fornicata 315
Crepidula plana **315**
Creseis acicula 629
Crucibulum scutellatum 312
Crucibulum serratum 313
Crucibulum serratum concameratum 313
Crucibulum spinosum **313**
Cryptobranchia concentrica **187**
Cryptochiton stelleri **35**
Cryptospira elegans **535**
Cryptospira strigata 535
Cucullaea labiata **47**
Cuspidaria gigantea 105
Cuspidaria rostrata **105**
Cuvierina columnella 629
Cyclope neritea **423**
Cyclope pellucida 423
Cyclopecten pernomus **85**
Cyclopecten perplexus 85
Cyclostremiscus beauii 282
Cymatium cingulatum 377
Cymatium femorale **379**, 381
Cymatium parthenopeum 376
Cymatium ranzanii 379
Cymatium succinctum **377**, 378
Cymbiola aulica 486
Cymbiola imperialis 497
Cymbiola pulchra 486
Cymbiola vespertilio **486**, 490, 497
Cymbium cucumis 493
Cymbium glans **493**
Cymbium olla 493
Cymbium pepo 493
Cyphoma gibbosum **340**
Cyphoma mcgintyi 340
Cyphoma signatum 340
Cypraea acicularis 333
Cypraea annulus 327
Cypraea argus **331**
Cypraea aurantium 331, 335, **336**
Cypraea bistrinotata 325
Cypraea broderipii 335, 336
Cypraea cervinetta 338
Cypraea cervus **338**
Cypraea cicercula (takahashii) **325**
Cypraea cribraria **328**
Cypraea cumingii 328
Cypraea friendii **334**
Cypraea fultoni **330**
Cypraea gaskoinii 328
Cypraea goodalli **324**, 329
Cypraea granulata 326
Cypraea gravida 328
Cypraea guttata **333**
Cypraea helvola 333
Cypraea lamarckii 333
Cypraea leucodon 331, **335**, 336
Cypraea lynx 336
Cypraea mappa **332**, 337
Cypraea margarita 325
Cypraea marginata 334
Cypraea mauritiana 332, 337
Cypraea moneta **327**
Cypraea mus 330
Cypraea nucleus **326**
Cypraea obvelata 327
Cypraea owenii 324
Cypraea pantherina 337
Cypraea porteri 331
Cypraea rosselli 334
Cypraea stolida 324, **329**
Cypraea teulerei 330
Cypraea thersites 334
Cypraea tigris 332, **337**
Cypraea ursellus 324, 329
Cypraea vitellus 335
Cypraea zebra 338
Cypraecassis rufa 368, **369**, 371
Cyrtopleura costata 134, 135, 164, **165**
Cyrtulus serotinus 440, **442**

Daffymitra lindae **549**
Decatopecten plica **75**, 78
Decatopecten striatus 75
Dendostrea frons → Lopha frons
Dentalium aprinum 171
Dentalium elephantinum **171**, 172, 173
Dentalium formosum 173
Dentalium vernedei 171
Depressigyra planispira 195
Diacria trispinosa 629
Diala albugo **257**
Diala flammea 257
Diala varia 257
Diastoma melanioides **268**
Dinocardium robustum 126
Diodora italica **210**, 212
Diodora listeri **209**, 211
Diodora patagonica 210
Diplodonta rotundata 111
Discotectonica acutissima **609**
Distorsio anus **374**, 375
Distorsio burgessi 375
Distorsio clathrata 374, **375**
Distorsio kurzi 374
Divaricella dentata **106**, 107
Divaricella soyoae 106
Dolabella auricularia **627**
Dolabella gigas 627
Donax deltoides 146
Donax serra 145
Donax variabilis **145**, 146
Dosinia discus 133, 140
Dosinia ponderosa 138, **140**
Drillia albicostata 573
Drillia clavata 573
Drillia gibbosa **573**
Drupa clathrata 455
Drupa ricinus 455
Drupa rubusidaeus **455**
Duplicaria australis 604
Duplicaria duplicata 600, **604**
Duplicaria gemmulata 600
Duplicaria ustulata **600**

Eatoniella depressa 281
Eatoniella exigua 281
Eatoniella kerguelenensis **281**
Eburna monilis → Bullia livida
Echinolittorina lineolata 272
Echinolittorina placida 273
Echinolittorina ziczac **272**
Emarginula peasei 208
Emarginula tuberculosa **208**, 210
Enaeta cumingii 482
Enaeta guildingii **482**
Enaeta reevei 482
Engina alveolata 405
Engina mendicaria **401**
Engina zonalis 401
Enigmonia aenigmatica **89**
Ensis directus → Ensis siliqua
Ensis siliqua 155, **156**
Ensis tropicalis 156
Entemnotrochus adansonianus 196
Entemnotrochus rumphii 196, **197**
Entodesma beana **97**
Entodesma navicula 97
Epitonium albidum 396
Epitonium clathrum 391, **392**, 393, 396
Epitonium greenlandicum **391**
Epitonium imperialis 393
Epitonium krebsii 392, 395
Epitonium scalare **396**
Epitonium turtonis 392, **393**
Epitonium ulu 391
Equichlamys bifrons 74, **78**
Erato grata 344
Erato voluta **344**
Euciroa galathea 103
Eucrassatella antillarum **92**
Eucrassatella donacina 92
Eucrassatella speciosa 92
Eurythoe complanata 592
Euspira heros 360
Euspira lewisii **360**
Euvola laurenti 76, **80**, 82
Euvola papyracea 80
Exilia blanda **480**
Exilia hilgendorfi 480
Exilia kiwi 480

Fasciolaria lilium 444
Fasciolaria tulipa **444**, 447
Fastigiella carinata **251**
Fedikovella caymanensis 191
Ficus communis **372**, 373
Ficus gracilis 372, **373**
Ficus subintermedia 372
Fimbria fimbriata **108**, 109, 110
Fimbria soverbii 108
Fisciolaria lilium 444
Fissidentalium megathyris **172**
Fissurella aperta 209
Fissurella costaria → Diodora italica
Fissurella picta 209, 211
Fissurellidea megatrema 211
Forerria belcheri 448, **460**
Fulgoraria hamillei 491
Fulgoraria hirasei 491
Fulgoraria rupestris **491**
Fusinus colus 442, 443
Fusinus crassiplicatus **445**
Fusinus dupetitthouarsi **446**
Fusinus longissimus 442
Fusinus marmoratus 443
Fusinus nicobaricus **443**
Fusinus panamensis 446
Fusinus perplexus 445
Fusinus salisburyi 445
Fusinus stegeri 446
Fusinus syracusanus 442
Fusitriton magellanicus 380
Gadila mayori 170
Galeodea echinophora **366**, 367
Galeodea rugosa 366
Gari elongata 148
Gastrochaena cuneiformis 116
Gaza fischeri **224**, 225
Gaza superba 224
Gemma gemma **131**
Geukensia demissa 51, **53**, 55
Geukensia granosissima 53
Gibberula caelata 528
Gibberula lavalleeana **527**, 529
Glabella faba 533, 534
Glabella harpaeformis 534
Glabella mirabilis 533
Glabella pseudofaba **533**, 534
Globularia fluctuata 355
Gloripallium pallium 73
Gloripallium speciosum 71, **73**
Glossus humanus 118, **119**
Glycymeris americana 48, **49**
Glycymeris gigantea 48
Glycymeris glycymeris 49
Glycymeris inaequalis **48**, 49
Glyphepithema alapapilionis **350**
Granulifusus hayashii 438
Granulifusus niponicus **438**
Granulifusus rubrolineatus 438
Guildfordia triumphans 215
Guildfordia yoka 9, **215**, 217
Guraleus kamakuranus 570
Gymnobela edgariana 584

Haliotis asinina 200, 203, **205**
Haliotis brazieri 207
Haliotis clathrata 205
Haliotis cracherodii **206**
Haliotis cyclobates **202**, 204
Haliotis diversicolor 205
Haliotis elegans **203**
Haliotis fatui 207
Haliotis fulgens 201, 206, **207**
Haliotis gigantea 204
Haliotis jacnensis **200**
Haliotis kamtschatkana 206
Haliotis planata 207
Haliotis pourtalesii 200
Haliotis queketti 207
Haliotis roei 202
Haliotis rubra 201
Haliotis scalaris 202, **204**
Haliotis tuberculata 203
Haliotis varia **201**, 203, 205
Haminoea antillarum 622
Haminoea navicula **622**, 623
Harpa amouretta **523**, 524
Harpa costata 525, **526**
Harpa crenata **524**, 526
Harpa doris 526
Harpa goodwini 524
Harpa gracilis 523
Harpa major 525
Harpa ventricosa 523, **525**
Harpulina arausiaca **485**
Harpulina loroisi 485
Hastula hectica → Impages hectica
Hastula lanceata **603**
Hastula penicillata 603
Hastula salleana **599**
Hastula solida 601
Hastula strigilata 599
Haustellum brandaris 457
Haustellum haustellum 461, **462**
Haustellum hirasei 462
Hecuba scortum 145, **146**
Heliacus areola **608**
Hemifusus crassicauda **435**
Heterodonax bimaculatus **147**, 149
Hexaplex duplex 465
Hexaplex fulvescens 463, **465**
Hexaplex nigritus 458
Hexaplex radix 457, **458**
Hexaplex trunculus 449, **457**
Hiatella arctica **114**, 115
Hiatella australis 114
Hiatula diphos → Soletellina diphos
Hinnites gigantea 77
Hippopus hippopus **127**, 130
Hippopus porcellanus 127
Homalocantha anatomica 454
Homalocantha melanamathos 454
Homalocantha scorpio **454**
Hormospira maculosa **574**
Hydatina amplustre **619**, 620
Hydatina physis 619, **620**
Hydatina vesicaria 620
Hyotissa hyotis **64**

Imbricaria carbonacea 539
Imbricaria conularis **540**
Imbricaria olivaeformis 540
Imbricaria punctata **539**
Impages hectica 599, **601**
Inella asperrima 387
Iravadia quadrasi 284
Iravadia trochlearis 283, **284**
Iravadia yendoi 284
Ischadium recurvum **51**, 53
Ischnochiton papillosus 31
Ischnochiton wilsoni 30
Isognomon bicolor 58
Isognomon ephippium **58**
Isognomon isognomon 58, 60
Ittibittium nipponkaiense 249
Ittibittium parcum **249**
Ittibittium turriculum 249

Janthina globosa **389**, 390
Janthina janthina 389, **390**
Janthina pallida 390
Jenneria pustulata **339**, 342
Jouannetia quillingi 165

Kaiparapelta askewi 194
Katharina tunicata 33
Kuphus polythalamia 68, 166, **167**

Laevidentalium lubricatum 172
Lambis chiragra **300**, 302
Lambis crocata 300
Lambis digitata 294
Lambis millepeda 294
Lambis truncata 300
Lambis truncata sebae/truncata **302**
Lambis violacea **294**
Lamellaria perspicua 347
Laternula anatina 99
Laternula spengleri **99**
Laternula truncata 99
Latiaxis mawae **469**
Latiaxis pilsbryi 469
Latiromitra barthelowi **481**
Latiromitra cryptodon 481
Latiromitra meekiana 481
Latirus belcheri 439, **441**
Latirus infundibulum 441
Lepeta fulva 187
Leptopecten bavayi 71
Leptopecten latiauratus **71**
Leucozonia cerata 440
Lima caribaea 69
Lima lima 69
Lima scabra **69**, 70
Limalepeta lima 187
Limopsis cristata 50
Limopsis panamensis 50
Limopsis tajimae **50**
Lioconcha castrensis **133**
Lirapex humata 195
Lithophaga teres **55**
Lithopoma undosa 215
Littorina littorea **277**
Littorina littoralis 277
Littorina modesta 276
Littorina scabra **275**
Littorina scabra angulifera 275
Littorina sitkana **273**
Littorina zebra **276**
Lopha cristagalli 61, **62**, 64
Lopha frons **61**
Lophiotoma acuta 582
Lophiotoma indica **581**
Lophiotoma millepunctata 581
Lottia gigantea 188, **190**
Lottia insessa **188**
Lottia lindbergi 189
Lucina leucocyma 107
Lucina pensylvanica **107**
Lunulicardia hemicardium 123
Lunulicardia retusa **123**
Lutraria lutraria 159
Lutraria rhynchaena **159**
Lyonsia hyaline 97
Lyria beauii 488
Lyria doutei 488
Lyria lyraeformis 485, **488**
Lyropecten nodosus 75, **83**

Macleaniella moskalevi **191**
Macrocallista nimbosa 134
Macrocystis pyrifera 225
Macromphalina palmalitoris 310
Macron aethiops **406**
Macron lividus 406
Mactra violacea **158**, 160
Magilus antiquus 470
Malea pomum 384
Malea ringens 383, **384**
Malleus albus 59, **60**
Malleus malleus 60
Malleus regula 60
Mammilla melanostoma **355**
Marginella fischeri 531
Marginella glabella **536**
Marginella irrorata 536
Marginella petitii **534**
Marginella philippinarum 530
Marginella prunum 532
Marginellona gigas 538
Marseniopsis mollis 347
Marshallora modesta **387**
Maurea pellucida 234
Maurea punctulata 233
Maurea selecta **234**
Maurea tigris 232, **233**
Megathura crenulata 209, **211**
Meiocardia hawaiana 118
Meiocardia moltkiana **118**, 119
Meiocardia vulgaris 119
Meioceras nitidum 285
Melapium elatum **516**
Melapium lineatum 516
Melo amphora **497**
Melo melo 497
Melongena corona **432**
Melongena melongena 432
Mercenaria campechiensis 139
Mercenaria mercenaria 117, 136, **139**
Mesodesma arctatum **161**
Mesodesma donacium 161
Micromelo undatus 619
Mikadotrochus hirasei 197
Mitra florida **545**
Mitra floridula 545
Mitra incompta **546**
Mitra mitra **547**
Mitra papalis 547
Mitra puncticulata 546
Mitra swainsoni 547
Modulus disculus 269
Modulus modulus 269
Modulus tectum **269**
Monilispira ochsneri 575
Monilispira quadrifasciata **575**, 576
Mopalia lignosa **33**
Mopalia muscosa 33
Morum dennisoni **522**
Morum oniscus 521
Morum tuberculosum **521**
Morum veleroae 522
Murex pecten **461**, 462
Murex pele → *Homalocantha anatomica*
Murex troscheli 461
Mya arenaria **162**
Mya truncata 162
Myadora delicata 102
Myadora striata **102**
Myochama anomioides 102
Mytilus californianus 52
Mytilus edulis **52**, 54

Nacella clypeater 181
Nacella fuegiensis 182
Nacella mytilina **182**
Nassarius arcularia **427**
Nassarius clathratus 426
Nassarius coronatus 430
Nassarius distortus 427
Nassarius gibbosulus **425**
Nassarius glans **428**
Nassarius globosus **424**
Nassarius hirtus 427
Nassarius mutabilis 425
Nassarius papillosus **430**
Nassarius pullus 424
Nassarius trivittatus **426**
Natica arachnoidea 351
Natica aurantia **354**
Natica caneloensis 350
Natica stellata 354
Natica turtoni 350
Natica variolaria 353
Naticarius canrena **359**
Naticarius hebraeus 359
Nausitora fusticula 167
Nautilus belauensis 632, 633
Nautilus macromphalus 632, 633
Nautilus perforatus 633
Nautilus pompilius 13, **632**, 633
Nautilus scrobiculatus **633**
Nautilus stenomphalus 632
Neocancilla clathrus 544
Neocancilla papilio **544**
Neocancilla papilio langfordiana 544
Neopycnodonte cochlear 64
Neoteredo reynei 167
Neotrigonia bednalli 91
Neotrigonia lamarcki 91
Neotrigonia margaritacea **91**
Neptunea antiqua 410
Neptunea contraria 410, 411
Neptunea elegantula 407
Neptunea lyrata decemcostata **407**
Neptunea tabulata **411**
Neptuneopsis gilchristi 489, **495**
Nerita costata **240**
Nerita exuvia 240
Nerita funiculata 245
Nerita maxima **246**
Nerita peloronta 239, **242**
Nerita plicata 246
Nerita polita **243**
Nerita polita antiquata 243
Nerita scabricosta **245**
Nerita textilis **244**
Nerita undata 244
Nerita versicolor 242
Neritina auriculata 241
Neritina communis 239, 243
Neritina latissima **241**
Neritina turrita 238
Neritina violacea 239
Neritina virginea 238
Neritina zebra 238
Neritodryas cornea **239**
Neritopsis atlantica 236
Neritopsis radula **236**
Neritopsis richeri 236
Niso splendidula 400
Niso tricolor 399, **400**
Nitidella laevigata 417
Nitidella nitida **417**
Nodilittorina tuberculata 274
Nodipecten fragosus 83
Nodipecten magnificus 83
Norrisia norrisii 227, **228**
Northia northiae 405
Northia pristis **405**
Notocochlis tigrina **353**
Notocrater houbricki 194
Notocrater youngi **194**
Nucula calcicola 38
Nucula proxima **38**, 39
Nuculana polita **41**
Nuttallochiton hyadesi 32
Nuttallochiton mirandus 31, **32**

Oliva bulbiformis 505
Oliva bulbosa 498, **505**
Oliva carneola **498**, 501
Oliva circinata 507
Oliva incrassata 499, **509**, 511
Oliva maculata 499
Oliva nitidula sandwicensis 501
Oliva peruviana **501**, 505, 509
Oliva polpasta 509
Oliva porphyria 504, **511**
Oliva rufofulgurata 500
Oliva rufula **500**
Oliva sayana **507**
Oliva sericea 504
Oliva splendidula 500, **504**
Oliva tessellata 498, **499**, 507
Oliva vidua 500
Olivancillaria urceus **503**, 511
Olivancillaria vesica auricularia 503
Olivella biplicata **513**
Olivella dama 512
Olivella gracilis 512
Olivella nivea 513
Olivella volutella **512**, 513
Omalogyra zebrina **612**
Onustus caribaeus 319, **320**
Onustus exutus **318**, 321
Onustus indicus 320
Onustus longleyi 318
Oocorys bartschi **368**
Oocorys sulcata 368
Opeatostoma pseudodon **440**, 441
Orectospira shikoensis 258
Orectospira tectiformis **258**
Ostrea conchaphila 61
Otopleura auriscati **614**
Otopleura mitralis 614
Ovula ovum **342**, 343
Oxystele sinensis 229

Pachydermia laevis **195**
Panacca loveni 95
Pandora arcuata 96
Pandora ceylanica 96
Pandora inaequivalvis **96**
Panopea generosa 115
Panopea glycymeris 114, **115**
Paphia textile **134**
Paphia undulata 134
Papyridea aspersa 121
Papyridea soleniformis **121**, 126
Paradmete fragillima 549, 550
Parastarte triquetra 131
Patella argenvillei 180
Patella barbara 177
Patella chapmani 177
Patella cochlear 176, 177, **178**
Patella compressa **179**
Patella ferruginea 176
Patella flexuosa 178
Patella granatina 179
Patella kermadecensis 180
Patella longicosta **177**, 178, 180
Patella mexicana 178, **180**
Patella miniata 179
Patella variabilis 176
Patella vulgata **176**, 179
Patelloida alticostata 190
Patelloida conulus 189
Patelloida saccharina 188, **189**
Paziella pazi **449**, 454
Peasiella conoidalis 271
Peasiella tantilla **271**
Pecten imbricatus → *Caribachlamys pellucens*
Pecten maximus jacobaeus **82**, 84, 143
Pecten maximus maximus 82
Pectinodonta arcuata **185**, 186
Pedum spondyloideum 73, **77**
Penicillus philippinensis 98
Periglypta multicostata 136
Periglypta reticulata 132, **136**
Periploma margaritaceum 100
Periploma pentadactylus 100
Periploma planiusculum **100**
Perissodonta mirabilis 308
Peristernia australiensis 437
Peristernia chlorostoma 437
Peristernia fastigium 437
Peristernia nassatula **437**
Perna perna 54
Perna viridis 52, **54**
Perotrochus quoyanus **196**, 197
Persicula canaryensis 528
Persicula cingulata 527, **528**, 529
Persicula moscatellii 527
Persicula persicula **529**
Pervicacia ustulata → *Duplicaria ustulata*
Petaloconchus erectus 323
Petaloconchus innumerabilis 322
Petaloconchus varians **322**, 323
Petricola parallea 135
Petricola pholadiformis 134, **135**
Petricola stellae 135
Phalium flammiferum 367
Phalium glaucum 365, **367**
Phalium saburon 366
Phanerophthalmus smaragdinus 624
Phasianella australis 220, 226
Phasianella ventricosa **220**
Phasianotrochus bellulus 226
Phasianotrochus eximius **226**
Phenacolepas asperulata 247
Philippia radiata 609
Phlyctiderma semiaspera 111
Pholadidea loscombiana **164**
Pholadomya candida **95**
Pholadomya levicaudata 95
Pholadomya maoria 95
Pholadomya pacifica 95
Pholadomya takasimensis 95
Pholas campechiensis 165
Pholas dactylus 165
Pholas orientalis 164
Phylloda foliacea 141, **144**
Phyllodina squamifera 144
Phyllonotus erythrostomus **463**
Phyllonotus pomum 463
Pinctada longisquamosa 56
Pinctada margaritifera **56**, 57
Pinna bicolor 68
Pinna nobilis 66, **68**

Pinna rudis 66
Pinna rugosa 9, 65, 66
Pisania ignea 403
Pisania pusio 403
Pitar dione 132
Pitar lupanaria 132, 133, 137
Placopecten magellanicus 81, 84
Placuna ephippium 90
Placuna placenta 89, 90
Plagiocardium pseudolima 125, 126
Planaxis labiosa 263
Planaxis lineatus 262
Planaxis nucleus 262
Planaxis sulcatus 263
Pleioptygma helenae 548
Plesiothyreus cytherae 247
Plesiothyreus galathea 247
Plesiotriton vivus 561, 565
Plesiotrochus penetricinctus 270
Pleuroploca gigantea 478
Pleuroploca princeps 447
Pleurotomella edgariana 587
Pleurotomella packardi 587
Plicatula australis 88
Plicatula gibbosa 88
Plicatula plicata 88
Plicopurpura patula 452
Poirieria zelandica 449
Polyschides magnus 170

Polystira albida 577, 580
Polystira coltrorum 580
Pophies ventricosa 161
Poromya microdonta → Poromya tornata
Poromya perla 104
Poromya rostrata 104
Poromya tornata 104
Portlandia arctica 42
Propeamussium watsoni 85
Propeleda carpenteri 41
Prunum carneum 532
Prunum guttatum 530
Pseudoamussium septemradiatum 84
Pseudocypraea adamsonii 339
Pseudomelatoma penicillata 574
Pseudovertagus aluco 251
Pteria colymbus 57
Pteria penguin 56, 57
Pugilina cochlidium 434, 435
Pugilina morio 433
Pupa solidula 618
Pupa solidula fumata 618
Pupa sulcata 618
Puperita pupa 238
Pusionella milleti 567
Pusionella nifat 567
Pusionella vulpina 567
Pyramidella acus 616
Pyramidella dolabrata 615
Pyramidella sulcata 616
Pyramidella terebellum 615
Pyramidella tessellata 616
Pyrene flava 418
Pyrene punctata 418

Raeta plicatella 157, 159
Ranella olearium 377, 380
Ranularia oblita 378
Ranularia pyrum 378, 380
Rapa incurva 470
Rapa rapa 470
Rapana venosa 452
Raphitoma linearis 584
Raphitoma purpurea 584, 593
Recluzia rollandiana 389
Rhinoclavis aspera 254
Rhinoclavis fasciata 253, 254
Rhinoclavis vertagus 253
Rhinocoryne humboldti 256
Rhynocoryne humboldti → Rhinocoryne humboldti
Rissoella caribaea 611
Rissoella galba 611
Rissoella longispira 611
Rissopsis typica 284
Rotaovula hirohitoi 341

Sabia conica 309
Sansonia alisonae 279
Sansonia tuberculata 279
Scabricola fissurata 541, 542
Scabricola variegata 542
Scalenostoma carinata 398
Scalenostoma subulatum 398, 400
Scalptia mercadoi 559
Scaphander lignarius 621
Scaphander watsoni 621
Scapharca broughtonii 46
Scaphella dohrni 492
Scaphella dubia 492
Scaphella gouldiana 492
Scaphella junonia 492
Scissurella coronata 198
Scissurella rota 198, 199
Scurria scurra 190
Scutus antipodes 208, 212
Scutus sinensis 212
Seguenzia lineata 235
Seila adamsii 388
Seila marmorata 388
Semele decisa 151
Semele proficua 150
Semele purpurascens 150, 151
Semele solida 150, 151
Sepia apama 635
Sepia officinalis 635
Sepia pharaonis 635
Septifer bilocularis 51
Serpulorbis oryzata 322, 323
Sherbornia mirabilis 279
Sigapatella calyptraeformis 314
Sigapatella novaezelandiae 314
Siliqua patula 155
Siliqua radiata 155, 156
Sinum concavum 358
Sinum cymba 356
Sinum incisum 358
Sinum javanicum 356
Sinum maculatum 357
Sinum perspectivum 357, 358
Siphonalia callizona 404
Siphonalia pfefferi 404
Siratus alabaster 464
Siratus tenuivaricosus 464
Skeneopsis planorbis 280
Smaragdia viridis 237
Smaragdinella calyculata 624
Smaragdinella sieboli 624
Solecurtus divaricatus 153
Solecurtus strigilatus 152, 153
Solemya australis 40
Solemya togata 40, 42
Solemya velum 40
Solen ceylonensis 154
Solen grandis 154
Solen marginatus 154
Soletellina diphos 147, 148
Solitigyra reticulata 195
Spengleria mytiloides 116
Spengleria rostrata 116
Sphaenia fragilis 162
Sphaerocypraea incomparabilis 342
Spinosipella acuticostata 103
Spinosipella agnes → Spinosipella acuticostata
Spinosipella ericia 103
Spirula spirula 25, 634
Spisula hemphillii 160
Spisula solidissima 157, 158, 160
Spondylus americanus 86, 87
Spondylus gaederopus 87
Spondylus linguaefelis 86
Spondylus regius 86, 87
Starkeyna starkeyae 280
Stellaria gigantea 321
Stellaria solaris 319, 321
Stenochiton longicymba 30, 31
Sthenorytis pernobilis 395
Sthenorytis turbinum 395
Stomatella planulata 221, 223
Stomatellina sanguinea 223
Stramonita kiosquiformis 451
Streptopinna saccata 65
Strigilla mirabilis 141
Strigilla pisiformis 141
Strombina angularis 421
Strombina fusinoidea 422
Strombina maculosa 421
Strombina recurva 422
Strombus campbelli 293
Strombus canarium 288
Strombus costatus 301
Strombus decorus 291
Strombus dentatus 287
Strombus epidromis 288
Strombus gallus 296, 298
Strombus gibberulus 287, 290
Strombus gigas 7, 298, 301, 303, 444
Strombus goliath 301, 303
Strombus latissimus 303
Strombus lentiginosus 292
Strombus listeri 293, 297
Strombus luhuanus 290, 291
Strombus mutabilis 290
Strombus oldi 296
Strombus peruvianus 298
Strombus pipus 292
Strombus plicatus (sibbaldi/columba) 288, 289
Strombus sinuatus 292, 295
Strombus taurus 295, 296
Strombus thersites 295
Strombus tricornis 298
Strombus urceus 287
Strombus variabilis 289
Strombus vittatus 289, 291, 293, 297
Struthiolaria papulosa 308
Struthiolaria vermis 308
Subcancilla attenuata 543
Subcancilla hindsii 543
Sveltia centrota 564
Sveltia gladiator 562, 564
Syrinx aruanus 479

Tagelus plebeius 152, 153
Taron albocostus 436
Taron dubius 436
Taron mouatae 436
Tectarius pagodus 278
Tectarius tectumpersicum 278
Tectonatica micra 348
Tectonatica pusilla 348
Tectonatica violacea 351
Tectura scutum 190
Tectus conus 230
Tectus dentatus 231
Tectus niloticus 222, 224, 230
Tectus pyramis 231
Tectus pyramis noduliferus 231
Tagelus californianus 152
Tegula euryomphala 228
Tegula fasciata 228
Tegula funebralis 227
Tegula regina 227
Teinostoma reclusum 282
Telescopium telescopium 266
Tellidora burneti 142
Tellidora cristata 142, 144
Tellina cumingii 143
Tellina magna 143
Tellina radiata 142, 143
Tenagodus anguina 261
Tenagodus modestus 260, 261
Tenagodus ponderosus 260
Tenagodus squamatus 260, 261
Terebellum terebellum 307
Terebra areolata 603, 607
Terebra armillata 602, 605
Terebra babylonia 606
Terebra buccinoidea → Bullia livida
Terebra crenulata 606, 607
Terebra dimidiata 604, 606
Terebra dislocata 602
Terebra maculata 601, 607
Terebra pretiosa 605
Terebra triseriata 602, 605
Terebralia palustris 265, 266, 267
Terebralia semistriata 267
Terebralia sulcata 264, 265, 267
Teredo navalis 166, 167
Tetraphora princeps 387
Thais armigera 451
Thalassocyon bonus 373
Thatcheria mirabilis 593
Thelyssa callisto 235
Theodoxus oualaniensis 237
Thracia kakumana 101
Thracia myopsis 101
Thracia pubescens 101
Thyca crystallina 398, 399
Thyca nardoafrianti 399
Tiariturris libya 574
Tiariturris spectabilis 574
Tibia fusus 286, 297, 299
Tibia martinii 299
Tonna allium 382
Tonna galea 384
Tonna perdix 382, 383, 384
Tonna sulcosa 382, 383
Torellia mirabilis 316
Torellia smithi 316
Toxiclionella haliplex 569
Trachycardium egmontianum 125
Tractolira delli 487
Tractolira germonae 487
Tractolira sparta 487
Tractolira tenebrosa 487
Trapezium oblongum 117
Tresus capax 158
Trichamathina nobilis 317
Tricolia speciosa 220
Tridacna crocea 129
Tridacna derasa 127, 128
Tridacna gigas 68, 124, 128, 130, 166
Tridacna maxima 129, 130
Tridacna squamosa 128, 129
Trigonostoma elegantulum 558
Trigonostoma milleri 558, 560
Trigonostoma scalare 560
Trigonostoma thysthlon 558
Triplofusus giganteus 444, 447
Trisidos semitorta 43
Trisidos tortuosa 43, 44
Tritonoharpa siphonata 561
Tritonoturris poppei 593
Triumphis distorta 515
Triumphis subrostrata 515
Trivia monacha 345
Trivia pediculus 344, 345, 346
Trivia solandri 345, 346
Triviella calvariola 346
Trochita trochiformis 312
Trophon geversianus 448, 453
Trubatsa pavlova 450
Tudicla spirillus 408, 409
Tudivasum armigerum 471, 472
Tudivasum inerme 408, 471, 472
Tudivasum kurtzi 471
Tudivasam rasilistoma 472
Tudivasum spinosum 471, 472
Turbinella angulata 477, 478
Turbinella laevigata 477
Turbinella pyrum 442, 477, 478, 479
Turbo cornutus 219
Turbo jourdani 216, 218, 219
Turbo marmoratus 216
Turbo petholatus 216, 219
Turbo reevei 218
Turbo sarmaticus 218
Turbo verconis 219
Turricula javana 568, 569
Turricula nelliae 568
Turricula tornata 568, 569
Turridrupa bijubata 576
Turridrupa weaveri 576
Turrilatirus nagasakiensis 439
Turrilatirus turritus 439
Turris babylonia 581, 582
Turris crispa (intricata/variegata/yeddoensis) 580, 582
Turritella bicingulata 259
Turritella duplicata 259
Turritella terebra 258, 259
Tutufa bardeyi 361, 364
Tutufa bufo 364
Tylodina americana 628
Tylodina corticalis 628
Tympanotonus radula 266
Typhisala grandis 450

Umbonium giganteum 221
Umbonium vestiarium 221
Umbraculum umbraculum 628
Ungulina cuneata 111

Vanikoro cancellata 310
Vanikoro expansa 310
Varicorbula gibba 163
Varicospira cancellata 286
Varicospira crispata 286, 299
Vasum cassiforme 475, 476
Vasum chipolense 475
Vasum muricatum 475, 476, 479
Vasum turbinellus 475
Vexillum cadaverosum 552
Vexillum citrinum 554, 556
Vexillum costatum 554
Vexillum crocatum 551, 553
Vexillum pagodula 552
Vexillum plicarium 553
Vexillum politum 554
Vexillum regina → Vexillum citrinum
Vexillum rugosum 552, 555
Vexillum stainforthii 556
Vexillum taeniatum 556
Vexillum vulpecula 555
Vexillum vulpecula jukesii 555
Viriola incisa 388
Vitularia miliaris 453
Vitularia salebrosa 450, 453
Volema myristica 431, 434
Volema paradisiaca 431
Voluta ebraea 484
Voluta musica 484, 494

Voluta virescens 484
Volutoconus bednalli 490
Volutoconus hargreavesi 490
Volutocorbis abyssicola 489
Volutocorbis lutosa 489
Volutomitra alaskana 549, 550
Volva volva 341, 342, 343
Volvarina avena 530
Vulsella spongiarum 59
Vulsella vulsella 59

Xenophora conchyliophora 318, 319, 320

Yoldia thraciaeformis 42

Zacatrophon beebei 460
Zemira australis 514
Zemira bodalla 514
Ziba annulata 541
Ziba maui 541
Zidona dufresnei 494, 495, 496
Zidona palliata 494
Zierliana woldemarii 551
Zierliana ziervogelii 551

【英語名】

Adams' miniature cerith 388
Admete viridula → Greenish admete
Admiral cone 590
Alabaster murex 464
Alaska miter-volute 550
Almond ark 45
American crown conch → Common crown conch
American pelican's foot 305
American thorny oyster 86
Amethyst gem clam 131
Ampulle bubble 625
Anatoma crispata → Crispate scissurelle
Angel wing 165
Angled olive 509
Angular triton 379
Angular volute 494
Antillean crassatella 92
Arctic saxicave 114
Arctic wedge clam 161
Arcuate pectinodont 185
Armored hammer vase 472
Asian cup-and-saucer 311
Asian flame volute 491
Atlantic carrier shell 319
Atlantic deepsea scallop 84
Atlantic distorsio 375
Atlantic kitten's paw 88
Atlantic nut clam 38
Atlantic ribbed mussel 53
Atlantic Spengler clam 116
Atlantic surf clam 160
Atlantic turkey wing 44
auger-like miter → tessellate miter
Australian awning clam 40
Australian brooch clam 91
Australian cardita 94
Australian trumpet 479

Baby's ear moon 357
Baggy pen shell 65
Baird's bathybembix 225
Ballot's moon scallop 81
Banded creeper/vertagus → Striped cerith
Banded tun 382
Barnacle rock shell 452
Barren carrier shell 318
Barthelow's latiromitra 481
Bartsch's false tun 368
Basket lucine → Common basket lucine
Bat volute 486
Beaded periwinkle 274
Bear ancilla 503
Bear paw clam 127
Beautiful caecum 285
Beck's volute 496
Bednall's volute 490
Belcher's latirus 441
Bell clapper 270
Bifrons scallop 78
Black abalone 206
Black atlantic planaxis 262
Black coriocella 347
Black-lined limpet 181
Black mouth moon 355
Bleeding-tooth nerite 242
Blistered marginella → Bubble marginella
Bloodstained dove shell 419
Blotchy strombina 421
Blotchy turrid 574
Blue mussel → Common blue mussel
Blunted cockle 123
Boat ear moon 356
Bonelike miter 539
Bonin Island limpet 183
Broad yoldia 42
Brown-lined ammonicera 613
Bubble akera 626
Bubble marginella 537
Bull conch 296
Bullmouth helmet 369
Butterfly cone 598
Butterfly miter 544
Butterfly moon 350
Button top → Common button top

Cadulus simillimus 170
Cake nassa 427
Camp pitar venus 133
Cancellate nutmeg 563
Cancellate vanikoro 310
Carinate false cerith 251
Carnelian olive 498
Carribean carrier shell 320
Carribean piddock clam 95
Caribbean risso 611
Caribbean vase 476
Casket nassa → Cake nassa
Cat's ear pyram 614
Caymanabyssia spina 193
Chambered nautilus 632
Channeled duck clam 157
Chestnut dwarf triton 415
Chestnut frog shell 362
Chickpea cowrie 325
Chiragra spider conch 300
Cingulate ancilla 510
Circular slipper 314
Clasping stenochiton 31
Clench's helmet 371
Cock's comb oyster 62
Coffee bean trivia 345
Colbeck's scallop 79
Collar auger 602
Colorful Atlantic moon 359
Commerical top 230
Common basket lucine 108
Common blue mussel 52
Common button top 221
Common crown conch 432
Common distorsio 374
Common dove shell 420
Common egg cowrie 342
Common European limpet 176
Common fig shell 372
Common janthina 390
Common music volute 484
Common northern buccinum 410
Common pelican's foot 304
Common periwinkle 277
Common prickly winkle → Beaded periwinkle
Common screw shell → Great screw shell
Common turtle limpet 184
Common watering pot 98
Common wentletrap 392
Cone miter 540
Conical moon 352
Cooper's nutmeg 565
Coquina donax 145
Costate miter 554
Costate tuskshell 172
Covered modulus → Tectum modulus
Crested turrid 576
Crispate scissurelle 199
Crown conch → Common crown conch
Crusty nautilus 633
Crystalline thyca 399
Cuming's afer 409
Cyclopecten pernomus → Pernomus glass scallop
Cylinder date mussel 55
Cyrtulus spindle 442
Deepsea volute 489
Deer antler murex 456
Deer cowrie 338
Dennison's morum 522
Dentate top 231
Diadem latiaxis 467
Diala albugo → White spotted diala
Dimidiate auger → Divided auger
Diphos sanguin 148
Distorsio → Common distorsio
Distorted eulima 398
Distorted triumphis 515
Divaricate nut clam 39
Divided auger 606
Dog conch 288
Donkey's ear abalone 205
Dove shell → Common dove shell
Dubius spindle shell 436
Duplicate auger 604
Du Petit's spindle 446
Dwarf Atlantic planaxis → Black Atlantic planaxis
Dwarf Pacific planaxis → Ribbed planaxis

Eastern American oyster 63
Eastern white slipper 315
Edgar's pleurotomella 587
Egg cowrie → Common egg cowrie
Elated onion shell 516
Elegant abalone 203
Elegant marginella 535
Elegant star turrid 577
Elephant's snout volute 493
Elephant tusk 171
Elongate giant clam 129
Elongate janthina 389
Elongate tusk 173
Emerald nerite 237
Episcopal miter 547
Ethiopian macron → Ribbed macron
European giant lima 70
European limpet → Common European limpet
European panopea 115
Eyed cowrie 331

False angel wing 135
False cup-and-saucer 309
Fig cone 589
Fig shell → Common fig shell
Fine-sculptured frog shell 361
First pagoda shell 473
Fischer's gaza 224
Flaming turrid 572
Flamingo tongue 340
Flat skeneopsis 280
Flattened stomatella 223
Florida crown conch → Common crown conch
Florida horse conch 447
Florida miter 545
Fluted giant clam 128
Fly marginella 531
Foliated tellin 144
Fool's cap 317
Four-banded turrid 575
Fragile barleysnail 283
Friend's cowrie 334
Frilled frog shell 363
Frond oyster 61
Fulton's cowrie 330

Gaping ancilla 506
Garter cone 588
Geography cone 597
Germon's volute 487
Gevers's trophon 448
Ghastly miter 552
Giant American bittersweet 49
Giant baler 497
Giant clam 130
Giant cockle 126
Giant eastern murex 465
Giant forerria 460
Giant hairy melongena 433
Giant knobbed cerith 255
Giant Mexican limpet 180
Giant owl limpet 190
Giant razor shell 156
Giant sundial 610
Gilchrist's volute 495
Girdled horn shell 264
Girdled marginella 528
Girgylla star shell 213
Gladiator nutmeg 564
Glans nassa 428
Globose nassa 424
Glory-of-the-sea cone 596
Glossy dove shell 417
Goliath conch 303
Golden amauropsis 349
Golden cowrie 336
Golden moon 354
Goodall's cowrie 324
Graceful fig shell 373
Grammatus whelk 413
Grand ark 46
Grand typhis 450
Granular spindle 438
Gray bonnet 367
Great keyhole limpet 211
Great ribbed cockle 125
Great screw shell 259
Great spotted cowrie 333
Green abalone 207
Green jewel top 226
Green mussel 54
Greenish admete 557
Greenland wentletrap 391
Green-lined paperbubble 620
Grinning tun 384
Grooved razor clam 154
Guilding's lyria 482
Gumboot chiton 35

Heavy bonnet 365
Helen's miter 548
Helmet vase 475
Hieroglyphic cone 583
Honeycomb oyster 64
Hooded ark 47
Hooked mussel 51
Horned helmet 370
Horned paper nautilus 636
Horny nerite 239
Humpback conch 290
Humped turrid 573

Imperial cone 592
Imperial delphinula 214
Imperial harp 526
Imperial turrid 566
Incised moon 358
Indian babylon 519
Indian chank 477
Indian turrid 581
Inflated olive 505
Italian keyhole limpet 210
Ittibittium parcum → Poor ittibittium

Jacna abalone 200
Janthina → Common janthina
Japanese wonder shell 593
Java turrid 569
Jenner's false cowrie 339
Jourdan's turban 219
Julia's pagoda shell 474
Junonia 492

Kelp limpet 179
Kelp scallop 71
Kerguelen Island eatoniella 281
King's crown conch → Common crown conch
Kiosk rock-shell 451
Knobbed nutmeg 562
Knobby scallop 72
Knobby snail → Tectum modulus

Laciniate conch 295
Lamarck's glassy carinaria 386
Lance auger 603
Large ostrich-foot 308
Large perverse turrid 578
Laurent's moon scallop 80
Lazarus jewel box 113
Leather donax 146
Lesser girdled triton 377
Lettered olive 507
Lewis' moon 360
Lienard's ancilla 502
Lightning whelk 414
Linda's miter-volute 549
Lion's paw 83
Lister's conch 297
Lister's keyhole limpet 209
Little dog turrid 571
Long-ribbed limpet 177
Lumpy morum 521
Lyre-formed lyria 488

Maculated dwarf triton 416
Magnificent calypto clam 120
Magnificent wentletrap 397
Magpie shell → West Indian top
Mangrove jingle shell 89
Mangrove periwinkle 275
Map cowrie 332
Maple leaf triton 376
Marble cone 595
Marlinspike auger 607
Matchless cone 586
Mawe's latiaxis 469
Maximum nerite 246
Mediterranean pelican's foot 306
Melanioid abyssal snail 248
Melanioid diastoma 268
Miller's nutmeg 558
Miniature moon snail 348
Miniature triton trumpet 403
Minor harp 523
Miraculous torellia 316
Miter-shaped nutmeg 559
Modest triphora 387
Modest worm snail 261
Moltke's heart clam 118
Money cowrie 327
Morse code cone → Garter cone
Moskalev's macleaniella 191
Mud creeper 267
Mud tube clam 167
Music volute → Common music volute
Mytiline limpet 182

Naval shipworm 166
Navicula paperbubble 622
Nerite mud snail 423
Netted peristernia 437
Netted tibia 286
New England nassa 426
New England neptune 407
Nicobar spindle 443
Nifat turrid 567
Noble pen shell 68
Noble wentletrap 395
Norris's top 228
Northern buccinum → Common northern buccinum
Northern quahog 139
North's long whelk 405
Nucleus cowrie 326
Nuttallochiton mirandus 32

Ocean quahog 117
Orange auger → Divided auger
Orange marginella 532
Orange-banded marginella 530
Orbigny's cone 591
Oxheart clam 119

Pacific asaphis 149
Pacific partridge tun 383
Pacific sugar limpet 189
Pacific tiger lucine 110
Pagoda cerith 258
Pagoda prickly winkle 278
Panama harp 524
Paper argonaut → Paper nautilus
Paper nautilus 637
Paper piddock 164
Paradoxical blind limpet 192
Paz's murex 449
Pea strigilla 141
Pear melongena 431
Pear triton 378
Pearl oyster 56
Pearly lyonsia 97
Pedum oyster 77
Pelican's foot → Common pelican's foot
Penguin wing oyster 57
Pennsylvania lucine 107
Pepper conch → West Indian chank
Perforate babylon 520
Periwinkle → Common periwinkle
Pernomus glass scallop 85
Peron's sea butterfly 385
Pertusus cone 585
Peruvian hat 312
Peruvian olive 501
Petit's marginella 534
Pfeffer's whelk 404
Pharaoh cuttlefish 635
Pharaoh's horn → Striped cerith
Pimpled nassa 430
Pink-mouth murex 463
Plesiotriton vivus 561

Pleurotomella edgariana → Edgar's pleurotomella
Plicate conch 289
Plicate scallop 75
Plum marginella → Orange marginella
Pointed ancilla 508
Polished nerite 243
Polished nut clam 41
Ponderous dosinia 140
Poor ittibittium 249
Porcupine castor bean → Strawberry drupe
Precious wentletrap 396
Pringle's marginella 538
Propellor ark 43
Pubescent thracia 101
Pulley iravadia 284
Punctate cerith → Striped cerith
Purple dwarf olive 513
Purple raphitoma 584
Purplish American semele 150

Queen conch 301
Queen marginella 533
Queen scallop → Bifrons scallop
Queen tegula 227
Queen vexillum 556
Quoy's slit shell 196

Radial sundial → Sharp-edged sundial
Radish murex 458
Radula nerite 236
Ramose murex 466
Rapa snail 470
Raphitoma purpurea → Purple raphitoma
Recluse vitrinella 282
Recurved strombina 422
Reddish callista 138
Red-ringed frog shell 364
Red-toothed corbula 163
Regal thorny oyster 87
Reticulate miter 542
Reticulate venus 136
Rhino cerith 256
Ribbed macron 406
Ribbed nerite 240
Ribbed planaxis 263
Ribbed spindle 445
Ribbon bullia 429
Ribbon cerith 253
Rice worm snail 323
Ridged turrid 579
Ringed blind limpet 187
Ringed miter 541
Rooster-tail conch 298
Rose drupe → Strawberry drupe
Rose-branch murex 459
Rostrate cuspidaria 105
Rosy diplodon 111
Rota scissurelle 198
Rough lima 69
Rough-ribbed nerite 245
Royal paper bubble 619
Rufula olive 500
Rugged vitularia 453
Rugose miter 555
Rugose pen shell 66
Rumphius' slit shell 197

Saddle tree oyster 58
Saffron miter 553
Saint James scallop 82
Sallé's auger 599
Samar conch 287
Sandbeach auger 601
Saw-toothed pen shell 67
Say's top 232
Scaly Pacific scallop 74
Scissurella rota → Rota scissurelle
Scorched auger 600
Scorpion murex 454
Scraper solecurtus 153
Seaweed limpet 188
Seba's spider conch 302
Select maurea 234
Serpulorbis oryzata → Rice worm snail
Sharp-edged sundial 609
Sharp-ribbed verticord 103
Shinbone tibia 299
Shiny marginella 536
Short coral shell 468
Short shield limpet 212
Shoulderblade sea cat 627

Shuttlecock volva 343
Sieve cowrie 328
Silver conch 292
Sinum incisum → Incised moon
Sitka periwinkle 273
Slender miter 543
Slit worm snail 260
Small false donax 147
Smaragdinella calyculata 624
Smooth European chiton 30
Smooth exilia 480
Smooth pachyderm shell 195
Snake miter → Reticulate miter
Snipe's bill 462
Snout otter clam 159
Snowflake marginella 527
Soft shell clam 162
Solander's trivia 346
Solid pupa 618
Solid semele 151
South African turban 218
Southern zemira 514
Specious scallop 73
Spengler's lantern clam 99
Spiny bonnet 366
Spiny cup-and-saucer 313
Spiny hammer vase 471
Spiny paper cockle 121
Spiny venus 132
Spiral babylon 518
Spiral melongena 434
Spiral tudicla 408
Spirula 634
Splendid olive 504
Sponge finger oyster 59
Spoon limpet 178
Spotted babylon 517
Spotted marginella 529
Staircase abalone 204
Stocky cerith 250
Stolid cowrie 329
Stout American tagelus 152
Strawberry conch 291
Strawberry drupe 455
Strawberry top 222
Striate cone 594
Striate myadora 102
Striated turrid 570
Striped acteon 617
Striped cerith 254
Striped conch 293
Striped engina 401
Sulcate astarte 93
Sulcate swamp cerith 265
Sunburst carrier shell 321
Sunburst star shell 217
Sunrise tellin 143
Sunset siliqua 155
Supreme turrid 582
Swollen nassa 425
Swollen pheasant 220

Tabled neptune 411
Tajima's limopsis 50
Tapestry turban 216
Tectum modulus 269
Telescope snail 266
Telescoped dove shell 418
Tent olive 511
Terebellum conch 307
Terebra pyram 615
Tessellate miter 546
Tessellate olive 499
Tessellate pyram 616
Textile nerite 244
Textile venus 134
Thick-tail false fusus 435
Thorn latirus 440
Three-rowed carenzia 235
Three-toothed cavoline 629
Tiger cowrie 337
Tiger maurea 233
Tiger moon 353
Toothed cross-hatched lucine 106
Toothless lucine 109
Tower latirus 439
Tower screw shell → Great screw shell
Triangular nutmeg 560
Tricolor niso 400
Trifle peasiella 271
Triseriate auger 605
Triumphis distorta → Distorted triumphis
True heart cockle 124
True spiny jewel box 112
True tulip 444

Trumpet triton 381
Trunculus murex 457
Tryon's scallop 76
Tuberculate sansonia 279
Tuberculate emarginula 208
Turned poromya 104
Turned turrid 568
Turnip whelk 412
Turtle limpet → Common turtle limpet
Turton's wentletrap 393

Umbilical ovula 341
Umbrella shell 628
Unequal bittersweet 48
Unequal pandora 96

Variable abalone 201
Variable worm snail 322
Varicose wentletrap 394
Variegated sundial 608
Ventral harp 525
Venus comb murex 461
Venus sugar limpet 247
Vexillate volute 485
Violet mactra 158
Violet moon 351
Violet spider conch 294
Volute erato 344
Volute-shaped dwarf olive 512

Wandering triton 380
Watering pot → Common watering pot
Waved goblet 402
Wedding cake venus 137
Wentletrap → Common wentletrap
West Indian chank 478
West Indian chiton 34
West Indian top 229
Western spoon clam 100
Western strawberry cockle 122
Whirling abalone 202
White-cap limpet 186
White cerith → Striped cerith
White crested tellin 142
White giant turrid 580
White hammer oyster 60
White Pacific atys 623
White spotted diala 257
White-toothed cowrie 335
Widest neritina 241
Winding stair shell → Spiral melongena
Windowpane oyster 90
Woody canoebubble 621
Woody chiton 33

Yellow cerith 252
Yoka star turban 215
Young's false cocculina 194

Zebra nerite 238
Zebra periwinkle 276
Zebra volute 483
Zebrina omalogyra 612
Ziervogel's miter 551
Zigzag periwinkle 272

謝　辞

M. G. HARASEWYCH
I would like to thank the many shell collectors and dealers who have, over the years, brought to my attention and allowed me to photograph numerous extraordinary specimens of mollusks. Al and Bev Deynzer of Showcase Shells, Sanibel, Florida and Sue Hobbs Specimen Shells, Cape May, New Jersey have been especially helpful in providing specimens for photography for this book. Many of the illustrated shells, including specimens from the William D. Bledsoe, Roberta Cramner, and Richard M. Kurz collections, are in the collection of the National Museum of Natural History, Smithsonian Institution. Ms. Yolanda Villacampa provided invaluable assistance in the production of the scanning electron micrographs of the minute shells. Special thanks are due to Kate Shanahan, Jason Hook, Caroline Earle, Michael Whitehead, and Kim Davis of Ivy Press as well as to reviewers and readers for their many contributions to the concept, design, organization, and content of The Book of Shells. I especially thank my wife and daughters for their patience and support during the production of this work.

FABIO MORETZSOHN
I am grateful to Colin Slater and Steve Luck, as well as Allison and Justin Knight, of Corpus Christi, Texas, for their assistance with research. Several people contributed information on queries about certain species; in particular I thank Marcus Coltro of Femorale.com, Brazil; Marta deMaintenon of the University of Hawaii at Hilo, Hawaii; Brian Hayes of Algoa Bay Specimen Shells, Raleigh, North Carolina; Richard Petit of North Mirtle Beach, South Carolina; and, Fabio Wiggers of Florianópolis, Brazil. Robert and Juying Janowsky of MdM Shell Books, Wellington, Florida, and Klaus and Christina Groh of ConckBooks, Hackenheim, Germany, provided most of the books used in this project and were instrumental in fetching some hard-to-find books. I thank all of the staff at Ivy Press, in particular Caroline Earle and Kate Shanahan, for their help and guidance, and the reviewers and readers for their constructive suggestions. And last, but not least, I thank my wife and daughters for their constant support and encouragement.

訳者あとがき

原書 *The Book of Shells* をはじめて手にした時、何て素敵なデザインの本だろうと思いました。しかしすぐに、この本の一番の素晴らしさはデザインや写真の美しさではなく、その内容にあることに気づきました。そこには、図鑑になくてはならない形態や分布の情報だけでなく、貝の暮らし方に関する貴重な情報がちりばめられていました。最近は、美しい写真がふんだんに掲載された図鑑がいろいろ出版されていますので、貝殻の美しさを楽しむ機会は他書でももつことができるでしょう。でも、本書のように、同時に貝の暮らしを豊かに想像できる図鑑は少ないのではないでしょうか。

一方、本書で使われている学名の中には日本の図鑑と異なるものがいくつかあり、出版から5年以上が経っていることもあって分類体系にも最新の体系と大きく違っているところが見られます。生物の分類体系も研究の進展に伴って変わるものです。とくに最近は分子遺伝学的手法を取り入れて、広くさまざまな生物で分類の再検討が進められています。手法が違えば結果が違うこともあり、研究者の間に見解の違いが見られることも少なくありません。そこで、スペルミスなどの明らかな間違いを除いて、学名や分類体系も原書に従いました。本書の内容の豊かさは、多少の学名や分類体系の古さを補って余りあるものと確信しています。

本書の序に書かれているように、貝殻は美しいだけではありません。長い進化の歴史の中でそれぞれの種が培ってきた「知恵と工夫」が詰まっています。また、貝殻についた傷跡でさえも貴重な「記録」だと、著者たちは言います。美しいだけではない貝殻、その素晴らしさを少しでも感じていただけましたら訳者としてこの上ない喜びです。終わりに、訳者の大幅に遅れがちな原稿にも忍耐強くまた懇切丁寧にご対応くださり、限られた時間の中で大部の原稿をまとめてくださった柊風舎の麻生緑さんに心から厚くお礼申し上げます。

平野弥生

【著者】
M. G. ハラセウィッチ（M. G. Harasewych）
世界最大の軟体動物コレクションの1つを所蔵するスミソニアン自然史博物館無脊椎動物学部門のキュレーター。様々な貝の新種を記載し、学術雑誌に掲載された論文も多数。著書に *Shells : Jewels from the sea* などがある。

ファビオ・モレゾーン（Fabio Moretzsohn）
博士（動物学専攻）。テキサス A&M 大学コーパクリスティー校ハート・メキシコ湾研究所の研究員かつ同大学の生物学非常勤講師。共著に *Encyclopedia of Texas Seashells* などがある。

【訳者】
平野弥生（Yayoi Hirano）
千葉県立中央博物館分館海の博物館の共同研究員としてクラゲやウミウシなどを研究。理学博士。共著に『日本クラゲ大図鑑』、共訳に『ワークブックで学ぶ生物学の基礎』などがある。

Shufusha

世界の貝 大図鑑
形態・生態・分布

2017年2月1日 第1刷

著　者　M. G. ハラセウィッチ
　　　　ファビオ・モレゾーン
訳　者　平野弥生
装　丁　古村奈々
発行者　伊藤甫律
発行所　株式会社 柊風舎

〒161-0034 東京都新宿区上落合 1-29-7 ムサシヤビル 5F
TEL 03-5337-3299／FAX 03-5337-3290

日本語版組版／明光社印刷所

ISBN978-4-86498-043-2

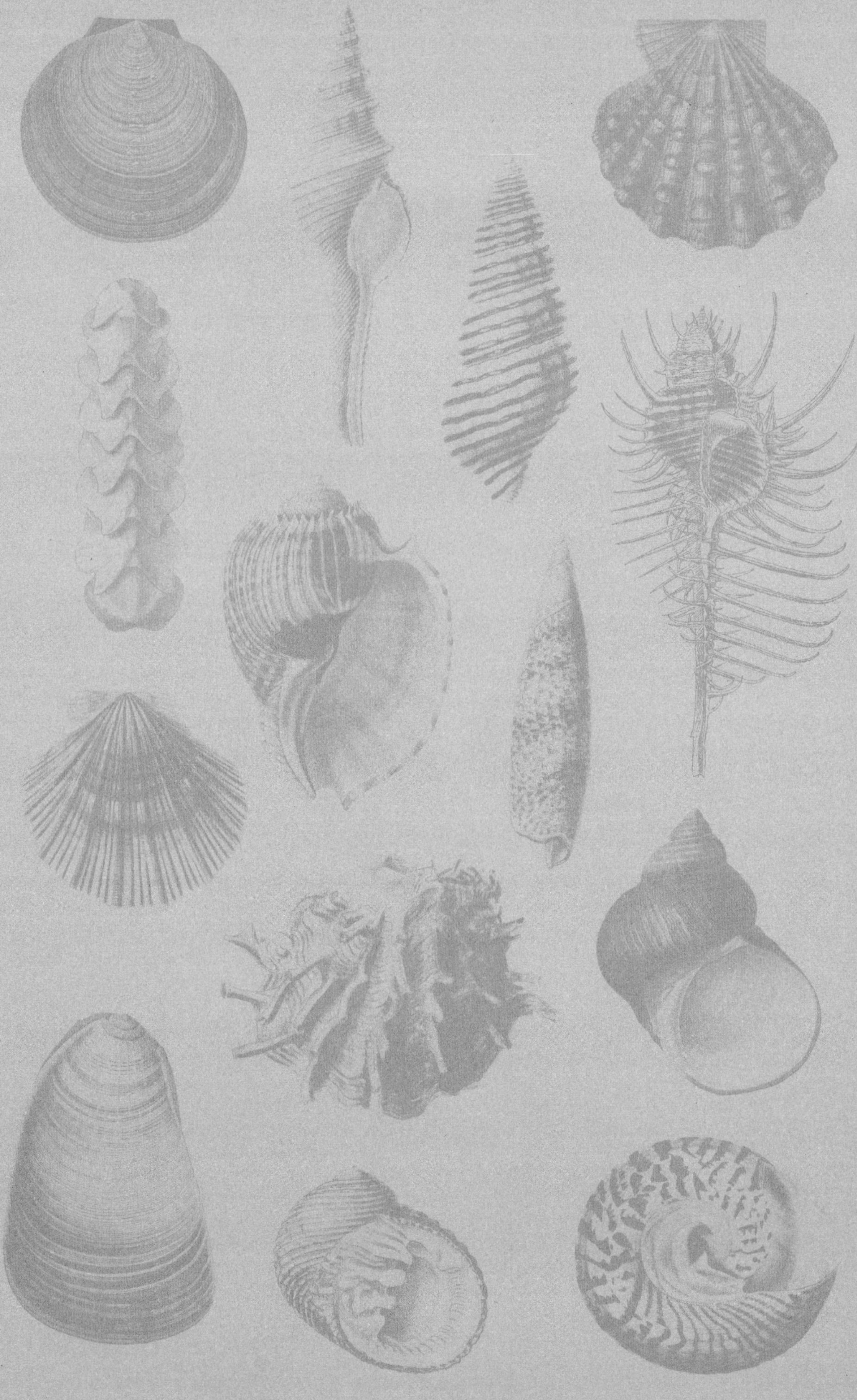